Bibliographia
Cartographica

Bibliographia Cartographica

Internationale Dokumentation des kartographischen Schrifttums
International documentation of cartographical literature
Documentation internationale de la littérature cartographique

Herausgegeben von der
Staatsbibliothek zu Berlin
- Preußischer Kulturbestitz -
In Verbindung mit der
Deutschen Gesellschaft für Kartographie e.V.

Redaktion: Wolfgang Crom

Vol. 33 (2006)

De Gruyter · Saur

Redaktionsschluss: 15.10.2010

Redaktion in der Staatsbibliothek zu Berlin:

Verantwortlich:

Wolfgang Crom
Leiter des Arbeitskreises "Bibliographie des kartographischen Schrifttums"
in der Deutschen Gesellschaft für Kartographie
Leiter der Kartenabteilung der Staatsbibliothek zu Berlin
Preußischer Kulturbesitz
10772 Berlin

Redaktionsteam:

Susanne Boltzendahl
Jens-Peter Grell
Gerd Weidemann

Redaktionelle Mitarbeit:

Dr. Markus Heinz
Dr. Diethard Loeser (ehrenamtlich)
Steffi Mittenzwei
Martina Schulz

LOC-Number: 76644039

ISBN 978-3-11-023143-4
ISSN 0340-0409

Bibliografische Information der Deutschen Nationalbibliothek

Die Deutsche Nationalbibliothek verzeichnet diese Publikation
in der Deutschen Nationalbibliografie; detaillierte bibliografische Daten
sind im Internet über http://dnb.d-nb.de abrufbar.

Satz: bsix information exchange GmbH, Braunschweig
Druck und Bindung: Strauss GmbH, Mörlenbach

♾ Gedruckt auf säurefreiem Papier

Printed in Germany

www.degruyter.com

Preface to volume 33

When volume 32 of the Bibliographia Cartographica was published with some delay it was nevertheless welcomed by the specialists. The publication of the present volume marks the return to a regular frequency of publication. In the present volume more attention was paid to the evaluation and bibliographical indexing of lesser known languages, in the preceding volume a somehow neglected section of international cartographic literature. However, further efforts are still needed to completely fill remaining gaps.

We invite all those who use and benefit from the bibliography to support our efforts in a very comfortable way by using an Email form, which colleagues from other countries may access at http://bc.staatsbibliothek-berlin.de/titelvorschlag.php. Everyone wishing to submit title information can use this entry form. Please support the editorial team by using it frequently. The quality of the Bibliographia Cartographica as an international reference tool of cartographic literature largely depends on your cooperation.

With all the new communication facilities in the networked community the concept needed redesigning. These innovations replace the traditional concept of an editorial team being supported by colleagues from many different countries who submit title information in a conventional way. The changing publication market becoming increasingly diversified and fragmented has made it nearly impossible for one single person to observe and evaluate a country's publications relating to cartography and the history of maps.

On this occasion the editorial team of the Bibliographia Cartographica would like to extend their grateful thanks to their colleagues Ingrid Kretschmer and Nedjeljko Frančula, Ivan Kupčík and Hansgeorg Schlichtmann for their continuous support over many years. We also say thanks to all contributors who sent valuable references. We hope that they will continue to inform us about relevant publications and use the new electronic possibilities, although the list of collaborators was published for the last time in volume 32. For without your cooperation the Bibliographia Cartographica 33 would not have its present size and quality. We are grateful to those colleagues who have already promised to give their support in the future and continue the task of national correpondents even under rapidly changing conditions.

A much more efficient procedure will be to directly access the database and enter records with the subject classification. We currently develop a form which we may present with the publication of the next volume. This would enhance the international support from cartographic specialists. We would especially welcome subject classification of articles which either lack an abstract or have been published in periodicals from outside the Anglo-American and Western European language area.

Every single information on a new title is appreciated, no matter how it reaches the editorial team, may it be in written form on paper or in an unstructured form in an Email message (bc@sbb.spk-berlin.de). With your support it will be possible to considerably reduce the backlog, fill gaps and keep the printed volumes of the bibliography up-to-date.

Wolfgang Crom and Jens-Peter Grell

Vorwort zum Band 33

Nachdem Band 32 der Bibliographia Cartographica mit einiger Verzögerung erschien und dennoch von der Fachwelt dankbar aufgenommen wurde, zeichnet sich nun mit dem vorliegenden Band wieder ein konsolidierter Erscheinungsverlauf ab. Auch dem im vorhergehenden Band noch als "etwas vernachlässigten Anteil aus entlegenen Sprachen" bezeichneten Teil der internationalen kartographischen Fachliteratur konnte wieder deutlich mehr Aufmerksamkeit bei seiner Auswertung und bibliographischen Verzeichnung gewidmet werden, obgleich es für ein komplettes Schließen allfälliger Lücken weiterer Anstrengungen bedarf.

Hierbei können Sie, als bisheriger Anwender und Nutznießer der Bibliographie, uns ab sofort sehr komfortabel und nachhaltig unterstützen, da mittlerweile die Möglichkeit einer elektronischen Zulieferung von Titelmaterial durch berichtende Kolleginnen und Kollegen aus anderen Ländern mittels eines E-Mail-Formulars besteht, welches unter http://bc.staatsbibliothek-berlin.de/titelvorschlag.php aufgerufen werden kann. Dieses Formular kann von jedem, der einen Titel melden möchte, genutzt werden. Bitte unterstützen Sie die Redaktion durch die ausgiebige Nutzung des Meldeformulars. Die Qualität der Bibliographia Cartographica als internationale Dokumentation des kartographischen Schrifttums hängt ganz wesentlich von Ihrer Mitwirkung ab.

Angesichts der neuen kommunikativen Möglichkeiten in einer vernetzten Fachwelt bedurfte das bisherige Konzept dringender Überholung. Diese Neuerungen lösen das bisherige Prinzip ab, bei dem der Redaktion von nationalen Berichterstattern Titel auf konventionellem Wege mitgeteilt wurden. Die vielfältiger werdende Publikationslandschaft sowie die mehr und mehr verstreut erscheinende Literatur sind Gründe dafür, dass die Sichtung und Auswertung des kartographischen und kartographiehistorischen Literaturmarktes eines Landes von einzelnen Personen kaum noch zu leisten ist. Bei dieser Gelegenheit möchte sich das Redaktionsteam der Bibliographia Cartographica besonders bei der Kollegin Frau Ingrid Kretschmer und den Kollegen Nedjeljko Frančula, Ivan Kupčík und Hansgeorg Schlichtmann für die über Jahre kontinuierliche Unterstützung sehr herzlich bedanken. Aber auch allen anderen Zulieferern sprechen wir unsern Dank aus und hoffen, dass sie uns unter Verwendung der neuen Teilnahmemöglichkeiten treu bleiben, auch wenn das Verzeichnis der Mitarbeiter in Band 32 letztmalig veröffentlicht wurde. Denn ohne Ihre Beiträge wäre auch der vorliegende Band nicht von derartigem Umfang wie fachlicher Qualität. So freuen wir uns besonders über die Kolleginnen und Kollegen, die uns ihre Unterstützung schon zugesagt haben und die Aufgabe der nationalen Korrespondenten auch unter diesen sich schnell ändernden Rahmenbedingungen weiterführen werden.

Eine noch effizientere Übermittlungsmethode wird die direkte Eingabe in die Datenbank bei gleichzeitiger inhaltlicher Erschließung darstellen. Ein entsprechendes Erfassungsmodul befindet sich derzeit in der Entwicklung, so dass wir dieses mit Erscheinen des nächsten Bandes anzeigen können. Dadurch erhoffen wir uns eine verbesserte internationale Unterstützung. Besonders erwünscht und wertvoll wären fachliche Einordnungen der Artikel aus Fachzeitschriften, die nicht im anglo-amerikanischen und westeuropäischen Sprachraum erscheinen oder kein für den internationalen Markt verständliches Abstract aufweisen.

Jeder einzelne Eintrag zählt, auch wenn er in brieflicher Form oder unstrukturiert als E-Mail bei der Redaktion (bc@sbb.spk-berlin.de) eingeht. Und eventuell gelingt es mit Ihrer Unterstützung sogar, den Verzugszeitraum der gedruckten Bände sukzessive zu verringern...

Wolfgang Crom und Jens-Peter Grell

Contents

Inhaltsübersicht

Table des matières

Regularly evaluated journals in the Berlin State Library
Regelmäßig in der Staatsbibliothek zu Berlin ausgewertete Zeitschriften
Journaux observés régulièrement dans la Bibliothèque d'Etat à Berlin

Titel / title / titre

Allgemeine Vermessungs-Nachrichten: AVN
BIMCC newsletter / Brussels International Map Collectors' Circle
Bollettino della Associazione Italiana di Cartografia
Bulletin / Association of Canadian Map Libraries and Archives
The Bulletin of the Society of Cartographers
Caert-thresoor : tijdschrift voor de geschiedenis van de kartografie in Nederland
The cartographic journal / The British Cartographic Society
Cartographic perspectives : journal of the North American Cartographic Information Society
Cartographica : the international journal for geographic information and geovisualization
Cartographica helvetica : Fachzeitschrift für Kartengeschichte
Cartography and geographic information science
Cartouche : the operational publication of the Canadian Cartographic Association
GeoBIT : Geoinformationstechnologie für die Praxis
Geodetický a kartografický obzor
Geodetski list : glasilo Hrvatskoga Geodetskog Drustva
Geodetski vestnik : glasilo Zveze Geodetov Slovenije = journal of the Association of Surveyors of Slovenia
Geodézia és kartográfia
Geodezija i kartografija : oficial'nyj organ Roskartografii i Geodeziceskich Sluzb Stran SNG
Geodezija, kartografija, zemeustrojstvo = Géodésie, cartographie, aménagement foncier
Geodezja i kartografia : kwartalnik naukowy = Geodesy and cartography
Geo-Info : tijdschrift voor Geo-Informatie Nederland
Geomatica
Geomatics and information science of Wuhan University
Geomatik Schweiz : Geoinformation und Landmanagement = Géomatique Suisse = Geomatica Svizzera
Geo-spatial information science : quarterly = Diqiu-kongjian-xinxi-kexue-xuebao
GIScience & remote sensing
The Globe / Australian Map Circle
Globe studies : the journal of the International Coronelli Society
Der Globusfreund : wissenschaftliche Zeitschrift für Globenkunde
ICA news = Nouvelles de l'ACI / International Cartographic Association
IGN magazine / Institut Géographique National
Imago mundi : the international journal for the history of cartography
Indian surveyor : the journal of the Institution of Surveyors
Information bulletin / Western Association of Map Libraries
International journal of applied earth observation and geoinformation : JAG

Itineraria : letteratura di viaggio e conoscenza del mondo dall'Antichità al Rinascimento = travel literature and knowledge of the world from Antiquity to the Renaissance
Journal of spatial science
Journal of the International Map Collectors' Society
Kart & bildteknik : mapping and image science
Kart og plan : vitenskapelig tidsskrift
Kartografické listy
Kartografija i geoinformacije : KiG ; znanstveno-strucno-informativni casopis Hrvatskoga Kartografskog Drustva = Cartography and geoinformation
Kartographische Nachrichten : KN ; Fachzeitschrift für Geoinformation und Visualisierung
LIBER quarterly : the journal of European Research Libraries
LSA VERM : Zeitschrift für das öffentliche Vermessungswesen des Landes Sachsen-Anhalt
Map : journal of the Japan Cartographers Association
Mapline : a quarterly newsletter publ. by the Herman Dunlap Smith Center for the History of Cartography at the Newberry Library
M@ppemonde [Elektronische Ressource] : revue trimestrielle sur l'image géographique et les formes du territoire
Mitteilungen des DVW-Bayern e.V.
Mitteilungen / Deutscher Verein für Vermessungswesen, Landesverein Hessen und Thüringen
Mitteilungen / Freundeskreis für Cartographica in der Stiftung Preußischer Kulturbesitz e.V.
Mitteilungen und Veröffentlichungen zum Vermessungswesen aus den Themenbereichen Geodäsie, Geoinformation und Landmanagement / Deutscher Verein für Vermessungswesen, Landesverein Baden-Württemberg e.V.
Mitteilungsblatt des Deutschen Vereins für Vermessungswesen, Landesverein Rheinland-Pfalz e.V. [Elektronische Ressource]
Le Monde des Cartes : revue du Comité Français de Cartographie
Nachrichten der Niedersächsischen Vermessungs-u. Katasterverwaltung
Nachrichtenblatt der Vermessungs- und Katasterverwaltung Rheinland-Pfalz
New Zealand Map Society journal
Newsletter / Philip Lee Phillips Society / Library of Congress, Geography and Map Division
Newsletter / The Australian Map Circle
NÖV : Nachrichten aus dem öffentlichen Vermessungswesen Nordrhein-Westfalen
Nya Lantmätaren
Photogrammetrie, Fernerkundung, Geoinformation : PFG ; Organ der Deutschen Gesellschaft für Photogrammetrie und Fernerkundung e.V.
Polski przegląd kartograficzny = Pol'skij kartograficeskij obzor = Polish cartographical review
The Portolan : the journal of the Washington Map Society
Rittenhouse : journal of the American Scientific Instrument Enterprise
Sheetlines / The Charles Close Society for the Study of Ordnance Survey Maps
Surveying and land information science : an official journal of ACSM devoted to the sciences of surveying and mapping, land information and related fields
Terrae incognitae : the journal for the history of discoveries the official publication of the Society for the History of Discoveries
Topografía y cartografía : TOPCART ; revista del Colegio Oficial de Ingenieros Técnicos en Topografía
Vermessung Brandenburg / Ministerium des Innern des Landes Brandenburg
VGI : österreichische Zeitschrift für Vermessung & Geoinformation
XYZ : revue de l'Association Française de Topographie
ZfV : Zeitschrift für Geodäsie, Geoinformation und Landmanagement

A. Bibliography, Documentation, General Literature
Bibliographie, Dokumentation, Allgemeines Schrifttum
Bibliographie, documentation, littérature générale

1. Reference Tools
Allgemeine Hilfsmittel
Moyens auxiliaires généraux

0001
Acronyms and abbreviations for cartography : interim report 3 by the Commission for Cartographic Terms, JCA. In: Map : journal of the Japan Cartographers Association. 43.2005,2, p.15-20. [Jap. and Engl.]. ISSN 0009-4897.

0002
Alphabetischer Index : Bearb. von Eckhard Eggers. By: Eggers, Eckhard; Schmid, Wolfgang P.; Krahe, Hans. 2005, XXIII, 560 p. + 1 CD-ROM. (Hydronymia Germaniae ; Reihe A, Sonderbd. 1).

0003
Biolik, Maria: Die fließenden Gewässer = Nazwy wód płynących. 2005, 235 p., mp. (Hydronymia Europaea ; 19). [Pol. and Germ.].

0004
Blažiene, Grasilda: Baltische Ortsnamen in Ostpreußen. – Stuttgart: Franz Steiner Verlag 2005, 413 p., mp. (Hydronymia Europaea : Sonderband ; 3). ISBN 3-515-08845-8; 978-3-515-08845-9.

0005
Broderick, George: Placenames of the Isle of Man : Douglas and appendices ; vol. 7. – Tübingen: Niemeyer 2005, XIII, 750 p., mp. ISBN 3-484-40135-4.

0006
Das Flussgebiet der Unterweser und der mittleren Weser. Bearb. von Ulf Borchers unter Verwendung der Vorarb. von Wolfgang Kramer. 2005, 172 p., mp. (Hydronymia Germaniae ; Reihe A, Lfg. 18).

0007
Dictionnaire toponymique des communes suisses : DTS = Lexikon der schweizerischen Gemeindenamen. Ed.: Huber [u.a.]. Centre de Dialectologie, Université de Neuchâtel.Réd. Florence Cattin...Documentation Dorothée Aquino-Weber... Huber [u.a.] 2005, 1102 p., ill. [Germ., French and Ital.]. [Literaturverz. p.1041-1085].

0008
Ellingsve, Eli Johanne: Stedsnavn på Svalbard = Names on Svalbard. – Trondheim: Tapir Akademisk Forlag 2005, 186 p., ill., mp. [Norweg. and Engl.]. [Includes bibliographical references (p.185-[186])] ISBN 82-519-2011-6.

0009
Frančula, Nedjeljko: Bibliographia Cartographica : Kumuliertes Autorenregister 1 (1974) – 29 (2002) ; Band 1 A-K ; Band 2 L-Z. In: Kartografija i geoinformacije : KiG ; znanstveno-stručno-informativni časopis Hrvatskoga kartografskog društva. 3.2004, p.110. [Croat. and Engl.]. ISSN 1333-896X.

0010
Gaspar, Joaquim Alves: Dicionário de ciências cartográficas. – Lisboa: Lidel 2004, VIII, 327 p., ill., mp. Dictionary of cartographic sciences. [Port.]. ISBN 9789727572366; 9727572367.

0011
Hellmann, Paul T.: Historical gazetteer of the United States. Ed.: Routledge. Routledge 2005, XVII, 865 p. [Includes index].

0012
Hrodzenskaja voblasc'. By: Haponenka, I. A.; Lemcjuhova, V. P. – Minsk: Tėchnalohija 2004, 469 p., mp. (Nazvy naselenych punktaў Rėspubliki Belarus' : narmatyўny davednik) Hrodna region. [Belarus.]. ISBN 985-458-098-9.

0013
Kaemmerer, Margarete: Ortsnamenverzeichnis der Ortschaften jenseits von Oder und Neiße. – Leer: Rautenberg 2005, 230 p., mp. ISBN 3-8003-3086-5.

0014
Kattnig, Franz; Kulnik, Michael; Zerzer, Janko: Zweisprachiges Kärnten : zweisprachiges Ortsnamenverzeichnis von Südkärnten = Dvojezicna Koroska. – Klagenfurt: Hermagoras 2005, 115, 144 p., ill., mp. – 2., vollst. überarb. und vervollst. Ausg. [Text dt. und slow.] ISBN 3-7086-0106-8.

0015
Klauck, Hans Peter: Lexikon der saarländischen Orte, Gehöfte, Mühlen, Industrieanlagen und Wohnplätze : mit Angaben zu Pfarr- und Standesamtszugehörigkeiten. Ed.: Kreisarchiv <Saarlouis>. – Saarlouis: Kreisarchiv <Saarlouis> 2005, 469 p., ill., mp. (Veröffentlichung der Vereinigung für die Heimatkunde im Landkreis Saarlouis e.V. : Sonderband ; 10). [Ortsverzeichnis] ISBN 3-933926-37-8.

0016
Kovarsky, Joel: A condensed digital traveler's guide : web resources for map collectors & enthusiasts. In: The Portolan : the journal of the Washington Map Society. 62.2005, p.30-36. ISSN 1096-1925.

0017
Kovarsky, Joel: An annotated list of reference books for the beginning antiquarian map collector. In: The Portolan : the journal of the Washington Map Society. 63.2005, p.40-50. ISSN 1096-1925.

0018
La documentación cartográfica : tratamiento, gestión y uso. Ed.: Pelayo, Jesús Jiménez; López-Menchero, Jesús Monteagudo. – Huelva: Universidad de Huelva 2001, 596 p., ill., mp. The cartographic documentation : treatment, management and use of data. [Span.]. [Includes bibliographical references p. 563-578] ISBN 84-95699-03-6; 978-84-95699-03-9.

0019
Lange, Dietrich: Geographisches Ortsregister Ostpreußen. – Königslutter: SOL Verlag 2005, 1 CD-ROM, 12 cm – überarb. Aufl. [Parallel als Buch-Ausg. erschienen] ISBN 3-934652-50-6.

0020
Mann, Joel F.: An international glossary of place name elements. – Lanham, Md. [u.a.]: Scarecrow Press 2005, XXII, 189 p. ISBN 0-8108-5040-0.

0021
Marčuk, Jurij Nikolaevič; Jakovleva, Svetlana Anatol'evna: Russko-anglijsko-ispansko-francuzsko-kitajskij slovar' geografičeskich terminov : okolo 1500 terminov = Russian-English-Spanish-French-Chinese dictionary of geographical terms – Dictionnaire des termes géographiques russe-anglais-espagnol-français-chinois. – Moskva: Vostok-Zapad; AST 2005, 367 p. ISBN 5-17-030394-7; 5-478-00059-0.

0022
Marshall, Brian: From sextants to satellites : a cartographic time line for New Zealand. 2005, 136 p. (New Zealand map society journal ; 18.2005). [Bibliographical references p.111-125].

0023
Minskaja voblasc'. By: Haponenka, I. A.; Lemcjuhova, V. P. – Minsk: Tèchnalohija 2003, 604 p., mp. (Nazvy naselenych punktaŷ Rèspubliki Belarus' : narmatyŷny davednik) Minsk region. [Belarus.]. ISBN 985-458-054-7.

0024
Nazvy naselenych punktaŷ Rèspubliki Belarus' : narmatyŷny davednik. By: Haponenka, I. A.; Lemcjuhova, V. P. – Minsk: Tèchnalohija 2003. [Belarus.]. [Consists of 6 vol.].

0025
Ormeling, Ferjan: Standaardisatie van Nederlandse exoniemen. In: Geo-Info : tijdschrift voor Geo-Informatie Nederland, GIN. 2.2005,2, p.78-82, 3 ill. Standardization of exonyms in the Netherlands. [Dutch]. ISSN 1572-5464.

0026
Porter, Richard T.: Pitcairn island : a gazetteer, with notes on the mapping of the island since 1767. – Southampton: 2004, 51 p., mp.

0027
Steiner, Thaddäus: Füssen : ehemaliger Landkreis Füssen. Ed.: Bayerische Akademie der Wissenschaften / Kommission für Bayerische Landesgeschichte. – München: Bayerische Akademie der Wissenschaften / Kommission für Bayerische Landesgeschichte 2005, 40, 276 p., ill., mp + 1 mp.-suppl. (Historisches Ortsnamenbuch von Bayern / Schwaben ; 9). ISBN 3-7696-6861-8.

0028
Wauer, Sophie: Die Ortsnamen des Kreises Beeskow-Storkow. – Stuttgart: Franz Steiner Verlag 2005, 269 p., mp. (Brandenburgisches Namenbuch ; 12). [Literaturverz. S. 237 – 249] ISBN 3-515-08664-1.

2. Bibliographies, Catalogues
Bibliographien, Kataloge
Bibliographies, catalogues

0029
Africa, Asia and America, including the "secret" atlas of the Dutch East India Company (VOC) : descriptive catalogue of volumes 35-46 of the atlas. Comp. by Peter van der Krogt and Erlend de Groot. 2005, 644 p., ill., mp. (The atlas Blaeu-Van der Hem of the Austrian National Library). ISBN 90-6194-199-7.

0030
Auswahlbibliographie Karten in Archiven. Ed.: Archivschule Marburg. Archivschule Marburg 2005.

0031
Beech, Geraldine: The National Archives map catalogur retrospective conversion project. In: The Cartographic Journal. 42.2005,3, p.241-244, 3 ill. ISSN 0008-7041.

0032
Berger, Andreas: Brandenburgisches Landeshauptarchiv, Repositur 37, Herrschaft Lübbenau : das Kartenverzeichnis. ; Brandenburgisches Landeshauptarchiv <Potsdam>. – Berlin: 2001, II, 204 p., mp.

0033
Cartografia da conquista do território das Minas. By: Costa, Antônio Gilberto; Renger, Friedrich Ewald; Furtado, Júnia Ferreira; Santos, Márcia Maria Duarte do. – Belo Horizonte: UFMG 2004, 245 p., ill., mp. Cartography of the conquest of the Minas territory. [Port.]. ISBN 85-7041-386-6.

0034
Catálogo de cartografía histórica de Sevilla : A – L. Ed.: Instituto de Cartografía de Andalucía. – Sevilla: Consejería de Obras Publicas y Transportes 2004, p.1-759, ill. (Catálogo de cartografía histórica de Sevilla) Catalogue of the historic cartography of Seville : A – L. [Span.]. ISBN 84-8095-383-7.

0035
Catálogo de cartografía histórica de Sevilla : Índices. Ed.: Instituto de Cartografía de Andalucía. – Sevilla: Consejería de Obras Publicas y Transportes 2004, p.1567-1888, ill. (Catálogo de cartografía histórica de Sevilla) Catalogue of the historic cartography of Seville : Indexes. [Span.]. ISBN 84-8095-385-3.

0036
Catálogo de cartografía histórica de Sevilla : M – Z. Ed.: Instituto de Cartografía de Andalucía. – Sevilla: Consejería de Obras Publicas y Transportes 2004, p.769-1557, ill. (Catálogo de cartografía histórica de Sevilla) Catalogue of the historic cartography of Seville : M – Z. [Span.]. ISBN 84-8095-384-5.

0037
Catálogo de cartografía histórica de Sevilla. Ed.: Instituto de Cartografía de Andalucía. – Sevilla: Consejería de Obras Publicas y Transportes 2004, Bde 1 – 3. Catalogue of the historic cartography of Seville. [Span.]. ISBN 84-8095-382-9.

0038
Ferguson, W. S.: Maps and views of Derry 1600 – 1914 : a catalogue. Ed.: Royal Irish Academy <Dublin>. – Dublin: Royal Irish Academy <Dublin> 2005, XIV, 108 p., ill. [Includes bibliographical references] ISBN 1-904890-07-5.

0039
Guide to Geography Programs in North America 2004-2005. Ed.: Association of American Geographers. – Washington, DC: Association of American Geographers 2005. (Guide to geography programs in North America : AAG handbook and directory of geographers ; with theses and dissertations completed during ... ; 2005).

0040
Heijden, Henk A.M. van der; Blonk, Dirk I.: De kaart van de Republiek der VII Provinciën 1615 – 1797. – Alphen aan den Rijn: Canaletto/Repro-Holland 2005, 442 p., ill., mp. The maps of the Republic of the VII provinces 1615-1797. [Dutch]. ISBN 90-6469-787-6.

0041
Herbert, Francis: Cartobibliography : one British overview. In: The Cartographic Journal. 42.2005,3, p.255-257. ISSN 0008-7041.

0042
Imago Cataloniae : mapes de Cataluña, huellas de la historia = Imago Cataloniae : maps of Catalonia, the imprint of history. Ed.: Generalitat de Catalunya. – Barcelona: Generalitat de Catalunya 2005. [Span. and Engl.]. [Literaturverz. S. 281] ISBN 84-393-6950-6; 84-97852-25-7.

0043
Karten, Pläne und Übersichtstafeln im Stadtarchiv Hof : Findmittel mit Abbildungen von Hofer Stadtplänen von 1811 bis 1960. Ed.: Nordoberfränkischer Verein für Natur-, Geschichts- und Landeskunde. – Hof: Nordoberfränkischer Verein für Natur-, Geschichts- und Landeskunde 2005, 1 DVD-ROM. (Veröffentlichungen des Stadtarchivs Hof ; 7).

0044
Katalog kart i atlasov, izdannych v 1986-1996 gg. : Tom 2 (1993-1996). By: Ivanova, L. G. – Moskva: Kartgeocentr – Geodezizdat 2002, 128 p. (Katalog kart i atlasov, izdannych v 1986 – 1996 gg.) Catalogue of maps and atlases published between 1986 and 1996 : Vol. 2 (1993-1996). [Russ.]. ISBN 5-86066-057-X.

0045
Kil'djuševskij, L.: Zerkalo mira : pjat' vekov geografičeskogo atlasa iz sobranija Rossijskoj Nacional'noj Biblioteki ; katalog Vystavki v Rossijskoj Nacional'noj Biblioteke, Posvjaščennoj Okončaniju Proekta po Restavracii Niderlanskogo Atlasa 16 Veka ; 24 sentjabrja-15 oktjabrja 2004 = Speculum orbis terrae. – Sankt Petersburg: OM-Press 2005, 161 p., mp. [Russ. and Engl.]. [Nebent.: Iz fondov Rossijskoj Nacional'noj Biblioteki = In the collection of the National Library of Russia].

0046
Labicki, Peter; Resnik, Boris: Bibliographie zur Geschichte des Vermessungswesens = Bibliography of the history of surveying ; Erg.-Lfg. 2. – Wiesbaden: Chmielorz 2005, IX, 131 p. (Schriftenreihe des Förderkreises Vermessungstechnisches Museum e.V. ; 34). ISBN 3-87124-315-9.

0047
Land- und Flurkarten betreffend Gebiete des Kurfürstentums bzw. Königreichs Württemberg : 1804-1840, 1934-1937, (1970) und o.J. Ed.: Hauptstaatsarchiv <Stuttgart>. – Stuttgart: Hauptstaatsarchiv <Stuttgart> 2005, 61 p. (Repertorien / Hauptstaatsarchiv Stuttgart ; Bestand N,60). [Bearb.-Stand 4. November 2005].

0048
Montaner, Maria Carme: Cartografia de la província de Barcelona : 1833 – 2000. Ed.: *Diputació de Barcelona, Xarxa de Municipis. – Barcelona: *Diputació de Barcelona, Xarxa de Municipis 2003, 179 p., ill., mp. Cartography of the province of Barcelona. [Catalan]. [Includes bibliographical references and index] ISBN 84-7794-874-7.

0049
Needell, Keith: Printed maps of Somersetshire 1575-1850. – Muswell Hill: Needell 2005, 2 vol.

0050
OICRF : a study and documentation centre for cadastre, land administration and affiliated fields of interest. Ed.: International Office of Cadastre and Land Records. – Apeldoorn: International Office of Cadastre and Land Records 2004. [Datenbank – Fachbibliographie (Online-Ressource)].

0051
Oliver, Richard, R.: A guide to the ordnance survey one-inch seventh series. – London: The Charles Close Society 2004, 68 p., mp. – 2. ed. [Includes bibliographical references] ISBN 1-87059-823-7.

0052
Pesaro, Allesandro: Il segna e la memoria : due secoli di mappe e cartografie manoscritte a S. Daniele del Friuli. – Udine: Forum 2004, VII, 127 p., ill., mp. The sign and the memory : two centuries of maps and handwritten cartogrpahy for S. Daniele di Friuli. [Ital.]. [Contains bibliography and notes] ISBN 88-8420-228-0.

0053
Pflederer, Richard: Catalogue of the portolan charts and atlases in the British Library : based on a detailed physical inspection completed on site during the years 2000-2001. Prepared by Richard Pflederer. – [Williamsburg, Va.]: Selbstverlag 2005, 341 p. – 3. printing. [CD-ROM-Ausg. u.d.T.: Portolan charts and atlases of the British Library].

0054
Prescott, Dorothy F.: Bibliography of the history of Australia's national topographic mapping agencies. Ed.: International Cartographic Association / Commission f. history of cartography. – Victoria: International Cartographic Association / Commission f. history of cartography 2003, 40 p.

0055
Pressenda, Paola: Carte topografiche e memorie corografiche : un contributo alla storia della cartografia della regione alpina. – Alessandria: Edizioni dell'Orso 2002, 204 p. (Geographica ; 3) Topographic maps and corographical memories : a contribution to history of cartography in the Alps region. [Ital.]. [Contains bibliography, bibl. references and notes] ISBN 88-7694-635-7.

0056
Pressenda, Paola: Le mappe del cabreo : repertorio cartobibliographico. In: Il libro delle mappe dell'Arcidiacono Riperti : un cabreo astigiano del Settecento. Ed.: Sereno, Paola. – Asti: Asti <Provincia> 2002, p.115-182, 27 ill. Cadastral maps : cartobibliographical repertory. [Ital.].

0057
Publications en histoire de la cartographie, France 2004. In: Le Monde des Cartes : revue du Comité Français de Cartographie. 184.2005, p.107-111. ISSN 1634-3522.

0058
Rockwell, Ken: New mapping of Western North America. In: Information bulletin / Western Association of Map Libraries. 36.2005,2, p.143-147. ISSN 0049-7282.

0059
Rockwell, Ken: New mapping of Western North America. In: Information bulletin / Western Association of Map Libraries. 36.2005,3, p.210-217. ISSN 0049-7282.

0060
Rockwell, Ken: New mapping of Western North America. In: Information bulletin / Western Association of Map Libraries. 37.2005,1, p.25-30. ISSN 0049-7282.

0061
Sammartino, Simone; Totaro, Pierluigi: Atlante della bibliografia storica dei terremoti italiani. In: Bollettino della Associazione Italiana di Cartografia. 42.2005,123/125, p.479-490, 4 ill., 1 tab. Atlas of the historical bibliography of Italian earthquakes. [Ital. with Engl. rés.]. ISSN 0044-9733.

0062
Schnelling-Reinicke, Ingeborg: Online-Findbücher im Geheimen Staatsarchiv Preußischer Kulturbesitz : Neue Nutzungsmöglichkeiten historischer Karten. In: Jahrbuch Preußischer Kulturbesitz. 40.2003, p.221-230, 3 ill. ISSN 0342-0124.

0063
Schumacher, Heinrich: Bibliographie der Campschen Karten von Ostfriesland. In: Die große handgezeichnete Campsche Karte von Ostfriesland von 1806 : (Staatsbibliothek zu Berlin Preußischer Kulturbesitz, Kart. N 27299). Ed.: Henninger, Wolfgang; Kappelhoff, Bernd. – Hannover: 2005, p.51-54 (Veröffentlichungen der Historischen Kommission für Niedersachsen und Bremen ; 226).

0064
Soares, Richard: Index to geologic maps of Utah by U.S.G.S. Topographic Quadrangle Name, part 3 : 1971-1980, M-Z. In: Information bulletin / Western Association of Map Libraries. 36.2005,2, p.111-134. ISSN 0049-7282.

0065
Szaniawska, Lucyna: Project to include Index Sheets in the Polish National Bibliography of Cartographic Materials. In: LIBER quarterly : the journal of European Research Libraries. 15.2005,1, p.65-74. ISSN 1435-5205.

0066
Welch, Grace: A basic bibliography for new map librarians. In: Bulletin / Association of Canadian Map Libraries and Archives. 122.2005, p.27-28. ISSN 0840-9331.

0067
Westfälisches Ruhrgebiet : Stadt Bochum, Stadt Bottrop, Stadt Dortmund, Stadt Gelsenkirchen, Stadt Herne, Kreis Recklinghausen. Bearb. von Michael Schmitt unter Mitarb. von Patrick Schuchert. – Münster: Ardey 2005, 352 p., ill., mp. (Westfalia picta : Erfassung westfälischer Ortsansichten vor 1900 ; 9). ISBN 3-87023-238-2.

0068
Winkler, Richard: Die handgezeichneten Karten des Staatsarchivs Bamberg bis 1780. Ed.: Bayern / Generaldirektion der Staatlichen Archive. – München: Bayern / Generaldirektion der Staatlichen Archive 2005, IX, 574 p., 16 [Bl.], mp. (Schriften zur Heimatpflege in Oberfranken : Reihe 1, Geschichte und Museumswesen ; 4). ISBN 3-921635-93-4.

3. Documentation, Classifications Dokumentation, Klassifikation Documentation, classification

0069
Andrew, Paige G.: Cataloging sheet maps : the basics. – New York [u.a.]: Haworth Information Press 2003, XV, 240 p., ill., mp. [Includes bibliographical references (p. 229-231) and index] ISBN 0-7890-1482-3; 978-0-7890-1482-5.

0070
Herbert, Francis: Cartobibliography : one British overview. In: The Cartographic Journal. 42.2005,3, p.255-257. ISSN 0008-7041.

0071
Larsgaard, Mary Lynette: Metaloging of digital geospatial data. In: The Cartographic Journal. 42.2005,3, p.231-237. ISSN 0008-7041.

0072
Williams, Paula: Where do I start? : A cartographic cataloguing code. In: The Cartographic Journal. 42.2005,3, p.227-230. ISSN 0008-7041.

4. General Works on Cartography, Collective Writings Gesamtdarstellungen der Kartographie, Sammelwerke Représentations générales de la cartographie, recueils

0073
Cybercartography : theory and practice. Ed.: Taylor, David Ruxton Fraser. – Amsterdam: Elsevier Science 2005, XX, 574 p., 1 CD-ROM – 1. ed. (Modern cartography ; 4). ISBN 0-444-51629-8.

0074
Dasgupta, S.P.: Development of the science of cartography. In: Bridging the digital divide and taking cartography at grassroots level : 25th INCA international congress, Sagar, Nov. 28 – Dec. 1, 2005. Ed.: Trivedi, R. K. – Ahmedabad: Indian National Cartographic Association 2005, p.8-20, 11 ill. (Indian cartographer ; 25.2005).

0075
De Maeyer, Philippe; De Vliegher, Beata Maria; Brondeel, Marijke: De spiegel van de wereld : fundamenten van de cartografie. – Gent: Academia Press 2004, XIII, 374 p., ill., mp. The mirror of the world : fundamentals of cartography. [Dutch]. ISBN 90-382-0633-X.

5. Periodicals Periodika Périodiques

0076
Ostrowski, Jerzy: Problematyka kartograficzna w miesięczniku "Geodeta. Magazyn Geoinformacyjny". In: Polski przegląd kartograficzny. 36.2004,1, p.37-40, 1 ill. The problems of cartography in the monthly "Geodeta. Geoinformational Magazine". ISSN 0324-8321.

B. History of Cartography
Geschichte der Kartographie
Histoire de la cartographie

1. General Features
Allgemeines
Généralités

0077
100 maps : the science, art and politics of cartography throughout history. Ed.: Clark, John O. E. – New York: Sterling Publishing 2005, 256 p., ill., mp. [Introd. by Jeremy Black].

0078
Bäärnhielm, Göran: Resan till Stora Skälmslandet och ett geografiskt instrument från 1700-talet. In: Kart & bildteknik : mapping and image science. 19.2004,4, p.24-27, 9 ill. The journey to Utopia and a geographical instrument from the 18th century. [Swed.]. ISSN 1651-792X.

0079
Beech, Geraldine; Gill, Eunice; Mitchell. Rose: Safeguarding the memory : major military map holdings in the UK. In: The Cartographic Journal. 42.2005,2, p.168-172, 2 ill. ISSN 0008-7041.

0080
Black, Jeremy: Geschichte der Landkarte : von der Antike bis zur Gegenwart. – Leipzig: Koehler und Amelang 2005, 176 p., ill., mp. ISBN 3-7338-0339-6.

0081
Bretterbauer, Kurt: Zur Konstruktion von Verzerrungslinien mittels der multiquadratischen Methode von Hardy. In: Kartographische Nachrichten : KN ; Fachzeitschrift für Geoinformation und Visualisierung ; Organ der Deutschen Gesellschaft für Kartographie e.V., der Schweizerischen Gesellschaft für Kartographie und der Österreichischen Kartographischen Kommission in der Österreichischen Geographischen Gesellschaft. 55.2005,2, p.83-85, 1 ill., 1 tab. ISSN 0022-9164.

0082
Brink, Lowie: De aardrijkskundige wandkaarten van uitgeverij W.J. Thieme & Cie. In: Geo-Info : tijdschrift voor Geo-Informatie Nederland, GIN. 2.2005,9, p.410-417,10 ill, 1 tab. The geographical wall maps from WJ Thieme & Cie Publishers. [Dutch with Engl. and French rés.]. ISSN 1572-5464.

0083
Brunner, Kurt: Kartographie und Geoinformation : Karten als Klimazeugen. In: Mitteilungen der Österreichischen Geographischen Gesellschaft : MÖGG ; Jahresband. 147.2005, p.237-264, 19 ill. ISSN 0029-9138.

0084
Crane, Nicholas: Der Weltbeschreiber : Gelehrter, Ketzer, Kosmograph – wie die Karten des Gerhard Mercator die Welt veränderten. Ed.: Droemer Knaur. Aus d. Engl. von Harald Stadler. Droemer Knaur 2005, 381 p., ill., mp.

0085
Dasgupta, S.P.: Development of the science of cartography. In: Bridging the digital divide and taking cartography at grassroots level : 25th INCA international congress, Sagar, Nov. 28 – Dec. 1, 2005. Ed.: Trivedi, R. K. – Ahmedabad: Indian National Cartographic Association 2005, p.8-20, 11 ill. (Indian cartographer ; 25.2005).

0086
David, Robert G.: IMCoS 22nd International Symposium in Cyprus. In: Journal of the International Map Collectors' Society. 95.2003, p.57-62, 10 ill.

0087
Dolz, Wolfram: Die "Geographische Universal-Zeig und Schlag-Uhr" von Johann Baptist Homann und die kleinen Globen von Sichelbarth und Doppelmayr als wichtige Bestandteile astronomischer Uhren des 18. Jahrhunderts. In: Der Globusfreund : wissenschaftliche Zeitschrift für Globenkunde. 51/52.2003/04, p.33-45, 3 ill. ISSN 0436-0664.

0088
Dolz, Wolfram: Johann Baptist Homann's geographic universal clock and the small globes of Sichelbarth and Doppelmayr : important components of 18th-century astronomical clocks. In: Globe studies : the journal of the International Coronelli Society ; English version of Der Globusfreund. 51/52.2003/04, p.33-45, 3 ill. [Engl. with French rés.].

0089
Drder, Mira Miletić; Lapaine, Miljenko: 20. međunarodna konferencija o povijesti kartografije : Cambridge, Massachusetts i Portland, Maine, 15-20 lipnja 2003 = 20th International Conference on the history of cartography : Cambridge, Massachusetts and Portland, Maine, June 15-20, 2003. In: Kartografija i geoinformacije : KiG ; znanstveno-stručno-informativni časopis Hrvatskoga kartografskog društva. 3.2004, p.126-133, ill. [Croat. and Engl.]. ISSN 1333-896X.

0090
Du tropique au cercle polaire. Ed.: Institut Géographique National. – Paris: Institut Géographique National 2001, 99 p., 45 p., ill., mp. (Les cahiers historiques de l'IGN ; 2.2001).

0091
Dušan, Adam: Analýza pozemních komunikcí ve vybraném území na 1. a 2. vojenském mapování. In: Historická geografie. 33.2005, p.71-95, 7 ill., 7 tab. Analysis of terrestrial communications in the region of interest on the maps of the first and second military mapping. [Czech with Engl. rés.].

0092
Edney, Matthew H.: Putting "cartography" into the history of cartography : Arthur H. Robinson, David Woodward, and the creation of a discipline. In: Cartographic perspectives : journal of the North American Cartographic Information Society. 51.2005, p.14-29, 1 ill. ISSN 1048-9053.

0093
Egmond, Marco van: International conference on the history of cartography. In: Geo-Info : tijdschrift voor Geo-Informatie Nederland, GIN. 2.2005,9, 394-395, 2 ill. [Dutch]. ISSN 1572-5464.

0094
Egmond, Marco van: Kaarten op koers. In: Geo-Info : tijdschrift voor Geo-Informatie Nederland, GIN. 2.2005,2, p.72-76, 7 ill. Maps on course. [Dutch with Engl. and French rés.]. ISSN 1572-5464.

0095
Feldmann, Hans-Uli: 12. Kartographiehistorisches Colloquium in Frankfurt a.M. : 30. September bis 2. Oktober 2004. In: Cartographica Helvetica : Fachzeitschrift für Kartengeschichte. 2005,31, p.42-43, 1 ill. ISSN 1015-8480.

0096
Feldmann, Hans-Uli: International Cartographic Conference : 11. bis 16. Juli 2005 in La Coruña. In: Cartographica Helvetica : Fachzeitschrift für Kartengeschichte. 2005,32, p.44, 1 ill. ISSN 1015-8480.

0097
Forstner, Gustav: Längenfehler und Ausgangsmeridiane in alten Landkarten und Positionstabellen. Ed.: Studiengang Geodäsie und Geoinformation der Universität der Bundeswehr München. – Neubiberg: Univ. d. Bundeswehr München, Fak. f. Bauingenieur- u. Vermessungswesen 2005, VIII, 321 p., ill., mp. (Schriftenreihe / Studiengang Geodäsie und Geoinformation Universität der Bundeswehr München ; 80). [Zugl.: München, Univ. der Bundeswehr, Diss., 2005].

0098
Ginsberg, Bill: 24th IMCoS International Symposium in Denver. In: Journal of the International Map Collectors' Society. 103.2005.

0099
Hauschke, Sven: Globen und wissenschaftliche Instrumente. In: Quasi Centrum Europae : Europa kauft in Nürnberg ; 1400 – 1800. Ed.: Germanisches Nationalmuseum. – Nürnberg: Verlag des Germanischen Nationalmuseums 2002, p.364-389, ill.

0100
Jędrzejczyk, Dobiesław: O mapach w powieściach Jliusza Verne'a. In: Polski przegląd kartograficzny. 37.2005,4, p.308-310 On maps in J. Verne's novels. [Pol.]. ISSN 0324-8321.

0101
Johnson, Bert: IMCoS in Italy. In: The Portolan : the journal of the Washington Map Society. 61.2004, p.68-71, 5 ill. ISSN 1096-1925.

0102
Johnson, Hubert O.: IMCoS 2003 in Cyprus. In: The Portolan : the journal of the Washington Map Society. 58.2003, p.63-65, 2 ill. ISSN 1096-1925.

0103
Koch, Tom: Cartographies of disease : maps, mapping and medicine. – Redlands, CA: ESRI Press 2005, XVII, 388 p., ill., mp. [Includes bibliographical references and index] ISBN 1-589-48120-8; 978-1-589-48120-6.

0104
Koch, Tom: Mapping the Miasma : air, health, and place in early medical mapping. In: Cartographic perspectives : journal of the North American Cartographic Information Society. 52.2005, p.4-27, 17 ill. ISSN 1048-9053.

0105
Kozica, Kazimierz: Dawne mapy odbijane na jedwabiu. In: Polski przegląd kartograficzny. 37.2005,4, p.303-307 Ancient maps printed on silk. [Pol.]. ISSN 0324-8321.

0106
Kupčík, Ivan: 20. mezinárodní kenference k dejinám kartografie. In: Geografie : sborník Česke Geografické Společnosti. 108.2003,4, p.307-309 20th international conference on the history of cartography. [Czech]. ISSN 1210-115X / 1212-0014.

0107
Kupčík, Ivan: Nutzen stiften aus alten Karten : über das 12. Kartographiehistorische Colloqium 2004, Frankfurt am Main. In: Kartographische Nachrichten : KN ; Fachzeitschrift für Geoinformation und Visualisierung ; Organ der Deutschen Gesellschaft für Kartographie e.V., der Schweizerischen Gesellschaft für Kartographie und der Österreichischen Kartographischen Kommission in der Österreichischen Geographischen Gesellschaft. 55.2005,4, p.210-212, 2 ill. ISSN 0022-9164.

0108
Kupčík, Ivan: Vědecká konference "Historické mapy" na Slovensku. In: Geografie : sborník Česke Geografické Společnosti. 110.2005,2, p.123-124 Scientific Conference "Historical Maps" in Slovakia. [Czech]. ISSN 1210-115X / 1212-0014.

0109
Labicki, Peter; Resnik, Boris: Bibliographie zur Geschichte des Vermessungswesens = Bibliography of the history of surveying ; Erg.-Lfg. 2. – Wiesbaden: Chmielorz 2005, IX, 131 p. (Schriftenreihe des Förderkreises Vermessungstechnisches Museum e.V. ; 34). ISBN 3-87124-315-9.

0110
Lapaine, Miljenko: 21. međunarodna konferencija o povijesti kartografije : Budimpešta, 17-22. srpnja 2005 = 21st international conference on the history of cartography : Budapest, 17-22 2005. In: Kartografija i geoinformacije : KiG ; znanstveno-stručno-informativni časopis Hrvatskoga kartografskog društva. 4.2005, p.162-167, ill. [Croat. and Engl.]. ISSN 1333-896X.

0111
Lierz, Wolfgang: 21. Internationale KOnferenz zur Geschichte der Kartographie : 17. bis 22. Juli 2005 in Budapest. In: Cartographica Helvetica : Fachzeitschrift für Kartengeschichte. 2005.32, p.42-43, 3 ill. ISSN 1015-8480.

0112
Lodovisi, Achille; Torresani, Stefano: Cartografia e informazione geografica : storia e tecniche. – Bologna: Pàtron 2005, 468 p., ill. – 2. ed. (Geografia e organizzazione dello sviluppo territoriale ; 33) Cartography and geographic information: history and techniques. [Ital.]. [Contains bibliography (p. 423-466), bibl. references, notes, name index and appendix] ISBN 88-555-2834-3.

0113
Lovrić, Paško; Kosek, Melita: Cartography at the end of the 20th century = Kartografija krajem 20. stoljeća. In: Five centuries of maps and charts of Croatia = Pet stoljeća geografskih i pomorskih karata Hrvatske. Ed.: Novak, Drago. – Zagreb: Školska Knjiga 2005, p.62-85, 9 ill. [Croat. and Engl.].

0114
Mapping the world : an illustrated history of cartography. Ed.: Ehrenberg, Ralph E. – Washington, D.C.: National Geographic Society 2005, 256 p., ill., mp. ISBN 0-7922-6525-4.

0115
Moreschi, Emilio: Un itinerario nella cartografia. In: La Lombardia e la Bergamasca : rappresentazioni cartografiche ; sec. XVI-XIX. Ed.: Moreschi, Emilio. – Bergamo: Ateneo di Scienze, Lettere ed Arti <Bergamo> 2005, p.11-18 A route in cartography. [Ital.].

0116
Mumford, Ian: On the invention of photolithography as applied to map making. In: The Portolan : the journal of the Washington Map Society. 58.2003, p.10-21, ill. ISSN 1096-1925.

0117
Patterson, Tom: Looking closer : a guide to making bird's-eye views of national park service cultural and historical sites. In: Cartographic perspectives : journal of the North American Cartographic Information Society. 52.2005, p.59-75, 24 ill. ISSN 1048-9053.

0118
Petrella, Marco: La cartografia storica in rete. Proposte per la ricerca, la valutazione, la strutturazione. In: Bollettino della Associazione Italiana di Cartografia. 42.2005,123/125, p.263-272 Historical cartography in the net. Proposals for searching, evaluating and structuring internet sources. [Ital. with Engl. rés.]. ISSN 0044-9733.

0119
Picone, Marco: Tempo e spazio nelle cartografie non-europee. In: Bollettino della Associazione Italiana di Cartografia. 42.2005,123/125, p.459-468, 10 ill. Time and space in non-european cartographies. [Ital. with Engl. rés.]. ISSN 0044-9733.

0120
Pravda, Ján: Georeliéf na mapách. In: Geodetický a kartografický obzor. 51.2005,8, p.173-179, 24 ill. Geo-relief on the maps. [Czech with Engl. rés.]. ISSN 0016-7096.

0121
Publications en histoire de la cartographie, France 2004. In: Le Monde des Cartes : revue du Comité Français de Cartographie. 184.2005, p.107-111. ISSN 1634-3522.

0122
Récits de voyages et cartes anciennes du 16e au 19e siècle : [exposition à la] Bibliothèque Humaniste de Sélestat, 18 juin – 4 oct. 2004. By: Nass, Laurent. – Sélestat: Les Amis de la Bibliothèque Humaniste de Sélestat 2004, 49 p., ill. mp. ISBN 2-9508256-3-X.

0123
Remarkable maps : 100 examples of how cartography defined, changed and stole the world. Ed.: Clark, John O. E. – London: Conway Maritime Press 2005, 256 p., ill., mp.

0124
Sáenz-López Pérez, Sandra: La representación de Gog y Magog y la imagen del Anticristo en las cartas náuticas bajomedievales. In: Archivo Español de Arte. 78.2005,311, p.263-276.

0125
Sandler, Christian: Johann Baptista Homann (1664-1724) und seine Landkarten : ein Handbuch. Ed.: Rockstuhl, Harald. – Bad Langensalza: Rockstuhl 2005, 65 p., 1 portr. – 2. Auflage. [Nachdruck nach dem Original von 1886, enthält Biographisches zum Autor Christian Sandler] ISBN 3-936030-01-4.

0126
Schönherr, H.: Zur Rolle der Kartographie – Aspekte und Perspektiven. In: Mitteilungen und Veröffentlichungen zum Vermessungswesen aus den Themenbereichen Geodäsie, Geoinformation und Landmanagement / Deutscher Verein für Vermessungswesen, Landesverein Baden-Württemberg e.V. 52.2005,1, p.41-58. ISSN 0940-2942.

0127
Sezgin, Fuat: Mathematical geography and cartography in islam and their continuation in the occident. Ed.: Institut für Geschichte der Arabisch-Islamischen Wissenschaften. Transl. by Guy Moore and Geoff Sammon. – Frankfurt a.M.: Institut für Geschichte der Arabisch-Islamischen Wissenschaften 2005, Bd.1 (Historical presentation): XXXII, 636 p., ill., mp. ; Bd.3 (Vol. of maps): XIII,362 p., mp. ISBN 3-8298-0063-0.

0128
Singh, R. B.: Advent of modern cartography in nautical charting. In: Bridging the digital divide and taking cartography at grassroots level : 25th INCA international congress, Sagar, Nov. 28 – Dec. 1, 2005. Ed.: Trivedi, R. K. – Ahmedabad: Indian National Cartographic Association 2005, p.248-252 (Indian cartographer ; 25.2005).

0129
Slukan Altić, Mirela: Povijesna kartografija : kartografski izvori u povijesnim znanostima. – Samobor: 2003, 495 p., ill., mp. (Biblioteca Geographia Croatica ; 18) Historical cartography : cartographic sources in historical sciences. [Hung. with Engl. rés.]. [English summary: Cartographic sources in historical sciences] ISBN 953-7004-75-9.

0130
Sunder, J.D. Paul Sunder: Historical perspective and recent technological revolutions in cartography and survey. In: Bridging the digital divide and taking cartography at grassroots level : 25th INCA international congress, Sagar, Nov. 28 – Dec. 1, 2005. Ed.: Trivedi, R. K. – Ahmedabad: Indian National Cartographic Association 2005, p.85-87, 1 ill. (Indian cartographer ; 25.2005).

0131
Szykuła, Krystyna: 12 Kolokwium na temat Historii Kartografii we Frankfurcie nad Menem. In: Polski przegląd kartograficzny. 36.2004.4, p.326-327. [Pol.]. ISSN 0324-8321.

0132
Tang, Chenxi: Romantische Orientierungstechnik : Kartographie und Dichtung um 1800. In: Topographien der Literatur : deutsche Literatur im transnationalen Kontext. Ed.: Böhme, Hartmut. – Stuttgart: Metzler 2005, p.151-176 (Germanistische Symposien-Berichtsbände : im Auftrag der Germanistischen Kommission der Deutschen Forschungsgemeinschaft und in Verbindung mit der "Deutschen Vierteljahrsschrift für Literaturwissenschaft und Geistesgeschichte" ; 27).

0133
The map book. Ed.: Barber, Peter. – London: Weidenfeld & Nicolson 2005, 360 p., ill., mp., facs. ISBN 0-297-84372-9.

0134
Topographien der Literatur : deutsche Literatur im transnationalen Kontext. Ed.: Böhme, Hartmut. – Stuttgart: Metzler 2005, XXIII, 792 p., ill., mp. (Germanistische Symposien-Berichtsbände : im Auftrag der Germanistischen Kommission der Deutschen Forschungsgemeinschaft und in Verbindung mit der "Deutschen Vierteljahrsschrift für Literaturwissenschaft und Geistesgeschichte" ; 27). [Aufsatzsammlung] ISBN 3-476-02117-3; 978-3-476-02117-5.

0135
Turnbull, David: Masons, tricksters and cartographers : comparative studies in the sociology of scientific and indigenous knowledge. – London [u.a.]: Routledge 2003, X, 263 p., ill., mp. – Repr. ISBN 90-5823-001-5; 978-90-5823-001-0.

0136
Tyner, Judith A.: Elements of cartography : tracing fifty years of academic cartography. In: Cartographic perspectives : journal of the North American Cartographic Information Society. 51.2005, p.4-13, 8 ill. ISSN 1048-9053.

0137
Wenderlein, Werner: Das kollektiv Bedeutsame. In: Allgemeine Vermessungs-Nachrichten : AVN ; Zeitschrift für alle Bereiche des Vermessungswesens. 112.2005,3, p.99-103, 2 ill. ISSN 0002-5968.

0138
Whitfield, Peter: Cities of the world : a history in maps. Ed.: British Library. – London: British Library 2005, 208 p., ill., mp.

0139
Zierhut, H.; Zill, V.: Einzug der digitalen Technik in die Kartographie. In: 100 Jahre Amtsgebäude Krotenthallergasse : see you: www.bev.gv.at ; [1905 - 2005]. [inhaltl. Gestaltung: BEV - Bundesamt für Eich- und Vermessungswesen, Gruppe Vermessung]. Österreich / Bundesamt für Eich- und Vermessungswesen. – Wien: 2005, p.50-69, 14 ill.

2. Regional History of Cartography
Regionale Geschichte der Kartographie
Histoire régionale de la cartographie

0140
Buisseret, David: I mondi nuovi : la cartografia nell'Europa moderna. – Milano: Edizioni Sylvestre Bonnard 2004, 270 p., ill. New worlds : cartography in modern Europe. [Ital.]. ISBN 88-86842-68-6.

a. The World
Welt
Le monde

0141
Albu, Emily: Imperial geography and the medieval Peutinger map. In: Imago Mundi : the international journal for the history of cartography. 57.2005,2, p.136-148, 5 ill., 1 plate. [Engl. with French, Germ. and Span. rés.]. ISSN 0308-5694.

0142
Astengo, Corradino: Il planisfero di Vesconte Maggiolo conservato a Fano (1504). In: Ritorno al mondo nuovo : il planisfero di Vesconte Maggiolo (1504) e il suo tempo. Ed.: Biblioteca Comunale Federiciana <Fano>. saggi di Corradino Astengo e Giorgio Mangani. – Fano: Biblioteca Comunale Federiciana <Fano> 2005, p.5-15 The planisphere of Vesconte Maggiolo conserved at Fano (1504).

0143
Baynton-Williams, Ashley: The world described. In: MapForum. 1.2004, p.14-21, 10 ill. ISSN 1742-4615.

0144
Baynton-Williams, Miles: The joy of maps. In: MapForum. 1.2004, p.10-13, ill., mp. ISSN 1742-4615.

0145
Biltcliffe, Pippa: Walter Crane and the Imperial Federation Map Showing the Extent of the British Empire. In: Imago Mundi : the international journal for the history of cartography. 57.2005,1, p.63-69, 2 ill., 2 plates. ISSN 0308-5694.

0146
Boorsch, Suzanne: The case for Francesco Rosselli as the engraver of Berlinghieri's Geographia. In: Imago Mundi : the international journal for the history of cartography. 56.2004,2, p.152-169, 13 ill. [Engl. with French, Germ. and Span. rés.]. ISSN 0308-5694.

0147
Brown, Wesley A.: Discovery of the New World through old maps. In: The Portolan : the journal of the Washington Map Society. 61.2004, p.41-48, 6 ill. ISSN 1096-1925.

0148
Carhart, George S.: How long did it take to engrave an early modern map? A consideration of craft practices. In: Imago Mundi : the international journal for the history of cartography. 56.2004,2, p.194-197, 1 ill. ISSN 0308-5694.

0149
Cattaneo, Angelo: Scritture di viaggio e scrittura cartografica : la mappamundi di Fra Mauro e i racconti di Marco Polo e Niccolò de' Conti. In: Itineraria : letteratura di viaggio e conoscenza del mondo dall'Antichità al Rinascimento. 3/4.2004/2005, p.157-202 + 7 ill. Travel writer and cartographic writers : the mappamundi of Fra Mauro and the writings of Marco Polo and Niccolò de' Conti. [Ital.]. ISSN 1594-1019.

0150
Cha, Kyung-Ho: Der Äquator – Weltrand und Weltmitte. In: Topographien der Literatur : deutsche Literatur im transnationalen Kontext. Ed.: Böhme, Hartmut. – Stuttgart: Metzler 2005, p.673-697, 1 ill. (Germanistische Symposien-Berichtsbände : im Auftrag der Germanistischen Kommission der Deutschen Forschungsgemeinschaft und in Verbindung mit der "Deutschen Vierteljahrsschrift für Literaturwissenschaft und Geistesgeschichte" ; 27).

0151
Crane, Nicholas: Der Weltbeschreiber : Gelehrter, Ketzer, Kosmograph – wie die Karten des Gerhard Mercator die Welt veränderten. Ed.: Droemer Knaur. Aus d. Engl. von Harald Stadler. Droemer Knaur 2005, 381 p., ill., mp.

0152
Das Verhältnis von Text-und Kartentradition in der Geographie des Klaudios Ptolemaios. von Florian Mittenhuber. – Bern: Selbstverlag 2005, 1 CD-ROM, 1 Beil. [Bern, Univ., Diss., 2004].

0153
Depuydt, Joost: Monumenta cartographica : facsimile's van uniek kaartmateriaal (tot ca. 1550) en originale kosmografische bronnen. Ed.: Universiteitsbibliotheek Amsterdam. – Leuven: Leuven Univ. Press 2005, 36 p., ill. Facsimiles from unique map material (to approx. 1550) and original cosmographic sources. [Catalogus bij de Tentoonstelling Monumenta Cartographica in de Universiteitsbibliotheek van de K.U. Leuven, van 11 maart tot en met 22 april 2005].

0154
Dolz, Wolfram: Die "Wiedergeburt" des Gottorfer Globus in Schleswig. In: Kartographische Nachrichten : KN ; Fachzeitschrift für Geoinformation und Visualisierung ; Organ der Deutschen Gesellschaft für Kartographie e.V., der Schweizerischen Gesellschaft für Kartographie und der Österreichischen Kartographischen Kommission in der Österreichischen Geographischen Gesellschaft. 55.2005,6, p.324-325, 3 ill. ISSN 0022-9164.

0155
Edson, Evelyn; Savage-Smith, Emilie: Medieval views of the Cosmos : [picturing the universe in the Christian and Islamic Middle Ages]. Ed.: Bodleian Library. – Oxford: Bodleian Library 2005, 122 p., ill. [Includes bibliographical references] ISBN 1-85124-184-1.

0156
Edson, Evelyn; Savage-Smith, Emilie; Brincken, Anna-Dorothee von: Der mittelalterliche Kosmos : Karten der christlichen und islamischen Welt. Aus dem Engl. von Thomas Ganschow. – Darmstadt: Wissenschaftliche Buchgesellschaft 2005, 128 p., ill., mp. ISBN 3-534-19000-9.

0157
Flatness, James: Mapping the world : library receives Hammond archives. In: Information bulletin / The Library of Congress. 62.2003,5, p.103-105, 3 ill. ISSN 0041-7904.

0158
Gauvin, Jean-François: Mid-18th century traditions in globe making : a comparative study on the Valks, Didier Robert de Vaugondy and Åkerman. In: Globe studies : the journal of the International Coronelli Society ; English version of Der Globusfreund. 51/52.2003/04, p.47-57, 1 ill. [Engl. with French rés.].

0159
Gauvin, Jean-François: Traditionen des Globenbaus um 1750 : die Valks, Didier Robert de Vaugondy und Åkerman im Vergleich. In: Der Globusfreund : wissenschaftliche Zeitschrift für Globenkunde. 51/52.2003/04, p.47-58, 1 ill., 1 tab. [German with French rés.]. ISSN 0436-0664.

0160
Hauschke, Sven: Elector John Frederick of Saxony and Johannes Schöner, astronomer and mathematician: the globe pair of 1533/1534 at Weimar. In: Globe studies : the journal of the International Coronelli Society ; English version of Der Globusfreund. 51/52.2003/04, p.9-19, 2 ill.

0161
Hauschke, Sven: Kurfürst Johann Friedrich von Sachsen und der Astronom und Mathematiker Johannes Schöner : Das Globenpaar von 1533/1534 in Weimar. In: Der Globusfreund : wissenschaftliche Zeitschrift für Globenkunde. 51/52.2003/04, p.9-19, 2 ill. ISSN 0436-0664.

0162
Hébert, John R.: The map that named America : library acquires 1507 Waldseemüller map of the world. In: Information bulletin / The Library of Congress. 62.2003,9, p.187-193, ill., mp. ISSN 0041-7904.

0163
Heijden, Henk A.M. van der: De Atlas Calenberg : een 18de -eeuwse verzamelatlas van de wereld in twintig delen. In: Caert-thresoor : tijdschrift voor de geschiedenis van de kartografie in Nederland. 24.2005,2, p.62-66, 3 ill. The Calenberg-atlas : an eighteenth-century "atlas factice" of the world in twenty volumes. ISSN 0167-4994.

0164
Hoare, Michael Rand: The quest for the true figure of the earth : ideas and expeditions in four centuries of geodesy. – Aldershot [u.a.]: Ashgate 2005, XII, 275 p., ill., mp. [Includes bibliographical references] ISBN 0-7546-5020-0.

0165
Hong-Schunka, S. M.; Ptak, Roderich: Die koreanische Weltkarte in St. Ottilien : ein Beitrag zur Kartographie des Ferdinand Verbiest. In: Zeitschrift der Deutschen Morgenländischen Gesellschaft : ZDMG. 154.2004,1, p.201-218, 2 ill. ISSN 0341-0137.

0166
Johns, Jeremy; Savage-Smith, Emilie: The Book of Curiosities : A Newly Discovered Series of Islamic maps. In: Imago Mundi : the international journal for the history of cartography. 55.2003,1, p.7-24, 6 ill. ISSN 0308-5694.

0167
Kummer, Werner: J. A. Brandegger, F. Schneider, J. C. Dibold, J. C. Garthe and W. Müller : minor German globe makers in the late 18th and early 19th centuries. In: Globe studies : the journal of the International Coronelli Society ; English version of Der Globusfreund. 51/52.2003/04, p.59-71, 6 ill. [Engl. with French rés.].

0168
Kummer, Werner: J. A. Brandegger, F. Schneider, J. C. Dibold, J. C. Garthe und W. Müller : weniger bekannte deutsche Globenhersteller des späten 18. und 19. Jahrhunderts. In: Der Globusfreund : wissenschaftliche Zeitschrift für Globenkunde. 51/52.2003/04, p.59-71, 6 ill. [German with Engl. rés.]. ISSN 0436-0664.

0169
Leenders, Eric: Pictures at a gallery II : Monumenta cartographica. In: BIMCC newsletter / Brussels International Map Collectors' Circle. 22.2005, p.5, 1 ill. ISSN 1379-3306.

0170
Margheri, Giacomo: Le quattro grandi mappe 'blaviane' dell'Istituto Geografico Militare : una proposta di versione italiana della didascalia bilingue ; notta introduttiva. In: L'universo: geografia, cartografia, studi urbani, territoriali e ambientali. 84.2004,1, p.124-131, 5 ill. The four big "blavian" maps of the geographic military institute : a proposal of the Italian version of the bilingual title ; introductory note. [Ital.]. ISSN 0042-0409.

0171
Mekenkamp, Peter; Ververgaert, Piet: Klassieke wereldbeelden : wat scheidt Europa van Azië?. In: Caert-thresoor : tijdschrift voor de geschiedenis van de kartografie in Nederland. 24.2005,2, p.53-59, 8 ill. Classical images of the world : what distinguishes Europe from Asia?. ISSN 0167-4994.

0172
Milanesi, Marica: Vincenzo Coronelli and his globes : an assessment. In: Journal of the International Map Collectors' Society. 100.2005, p.17-27.

0173
Plank, Irmgard: Problematik der Globenbild-Erstellung für virtuelle Globen : gezeigt anhand der Faksimilierung eines historischen Globus und der Umsetzung von Globenbildern für einen virtuellen Globus für Unterrichtszwecke. – Wien: 2005, 120 p., 67 ill., 12 tab. [Dipl. Arb. Univ. Wien].

0174
Ritorno al mondo nuovo : il planisfero di Vesconte Maggiolo (1504) e il suo tempo. Ed.: Biblioteca Comunale Federiciana <Fano>. saggi di Corradino Astengo e Giorgio Mangani. – Fano: Biblioteca Comunale Federiciana <Fano> 2005, 47 p., ill. Return to the New World : the planisphere of Vesconte Maggiolo (1504) and its time. [Ital.]. [Exhibition catalogue, Fano (Pesaro), Saletta Nolfi, 2005].

0175
Salway, Benet: The nature and genesis of the Peutinger map. In: Imago Mundi : the international journal for the history of cartography. 57.2005,2, p.119-135, 3 ill., 1 plate. [Engl. with French, Germ. and Span. rés.]. ISSN 0308-5694.

0176
Shirley, Rodney: A Lafreri atlas in the Biblioteca Marucelliana, Florence. In: Journal of the International Map Collectors' Society. 100.2005, p.29-31.

0177
Terkla, Dan: The original placement of the Hereford Mappa Mundi. In: Imago Mundi : the international journal for the history of cartography. 56.2004,2, p.131-151, 10 ill., 3 plates. [Engl. with French, Germ. and Span. rés.]. ISSN 0308-5694.

0178
"The Imperial Map": the 15th Nebenzahl lectures. In: Mapline : a quarterly newsletter published by the Hermon Dunlap Smith Center for the History of Cartography at the Newberry Library. 99.2005, p.1-2 + p.7, 2 ill.

0179
Tomberger, Harald: Computergestützte Methoden zur Untersuchung historischer Globen : Techniken zur digitalen Erfassung sowie die Entwicklung einer Software für die Analyse. – Wien: 2005, 97 p., 49 ill., 2 tab. [Dipl. Arb. Univ. Wien].

0180
Valerio, Vladimiro: Giovanni Maria Cassini's globe gores (1790/92) – a study of text and images. In: Globe studies : the journal of the International Coronelli Society ; English version of Der Globusfreund. 51/52.2003/04, p.73-84, 6 ill. [Engl. with french rés.].

0181
Valerio, Vladimiro: Giovanni Maria Cassini's Globusstreifen (1790/1792) – eine Text- und Bildstudie. In: Der Globusfreund : wissenschaftliche Zeitschrift für Globenkunde. 51/52.2003/04, p.73-85, 6 ill. [German with Engl. rés.]. ISSN 0436-0664.

0182
Wanser, Heather: Treatment and preparation of Waldseemüller's map. In: Information bulletin / The Library of Congress. 62.2003,9, p.194-197, 9 ill. ISSN 0041-7904.

0183
Watt, David: Soviet military mapping. In: Sheetlines / The Charles Close Society for the Study of Ordnance Survey Maps. 74.2005, p.9-12, 1 ill. ISSN 0962-8207.

0184
Weltkarten : eine Vermessenheit. – Sulgen: 2005, 114 p., ill, mp. (Du : Zeitschrift für Kultur ; 762). ISBN 3-03717020-4.

0185
Wieczorek, Małgorzata; Zalewski, Wojciech: Od Merkatora do Space Oblique Mercator. In: Polski przegląd kartograficzny. 37.2005,3, p.196-212, 8 ill., 1 tab. From Mercator to Space Oblique Mercator. [Pol. with Engl. and Russ. rés.]. ISSN 0324-8321.

0186
Zukas, Alex: Terra Incognita / Terra Nullius : modern imperialism, maps, and deception. In: Lived topographies and their mediational forces. Ed.: Backhaus, Gary; Murungi, John. – Lanham, Md.: Lexington Books 2005, p.49-76, 2 ill.

b. Oceans and Seas
Ozeane und Meere
Les océans et les mers

0187
Aczel, Amir D.: Der Kompass : eine Erfindung verändert die Welt. – Reinbek: Rowohlt 2005, 174 p., ill., mp. [Literaturverzeichnis S. 164 – [167]; Amerikanische Originalausgabe The riddle of the compass : the invention that changed the world] ISBN 3-498-00056-X.

0188
Astengo, Corradino: Tradition et innovation dans la cartographie nautique manuscrite : l'atlas RésGeEE5610 de la Bibliothèque nationale de France. In: Le Monde des Cartes : revue du Comité Français de Cartographie. 184.2005, p.23-30, 4 ill. ISSN 1634-3522.

0189
Astengo, Corradino: Una carta da navigare del 1567. In: Itineraria : letteratura di viaggio e conoscenza del mondo dall'Antichità al Rinascimento. 2.2003, p.289-303, 2 ill. A sea chart of 1567. [Ital.]. ISSN 1594-1019.

0190
Bacqué-Grammont, Jean-Louis: Les portulans et les cartes de Pîrî Re'îs, écrivain nautique ottoman. In: Le Monde des Cartes : revue du Comité Français de Cartographie. 184.2005, p.31-55, 5 ill. ISSN 1634-3522.

0191
Bellec, François: La cartographie nautique de L'Océan Indien : une hydrographie d'excellence. In: Baudin-Flinders dans l'Océan indien : voyages, découvertes, rencontre. sous la direction de Serge M. Rivière et Kumari R. Issur. – Paris: L'Harmattan 2007, p.43-56, 5 ill.

0192
Blake, John: The sea chart : the illustrated history of nautical maps and navigational charts. – London: Conway Maritime Press 2005, 160 p., ill., mp. – Reprinted. [Includes bibliograhical references (S. 158) and index] ISBN 0-85177-945-X.

0193
Bodenstein, Wulf: Pictures at a gallery I : La mer. Terreur et fascination = The sea. Fright and fascination. In: BIMCC newsletter / Brussels International Map Collectors' Circle. 22.2005, p.4, 1 ill. ISSN 1379-3306.

0194
Bouet-Leboeuf, Jean-Louis: Carte marine : 40 ans d'évolution ; de la carte national à la carte internationale numérique ; une révolution. In: Le Monde des Cartes : revue du Comité Français de Cartographie. 184.2005, p.90-106, 23 ill. ISSN 1634-3522.

0195
Carpine-Lancre, Jacqueline: Une entreprise majeure de la cartographie océanographique : la Carte génerale bathymétrique des océans. In: Le Monde des Cartes : revue du Comité Français de Cartographie. 184.2005, p.67-89, 10 ill., 2 tab. ISSN 1634-3522.

0196
Chapuis, Olivier: Naissance d'une carte marine au XIXe siècle : la méthode Beautemps-Peaupré appliqué à Belle-Île. In: Le Monde des Cartes : revue du Comité Français de Cartographie. 184.2005, p.56-66, 8 ill. ISSN 1634-3522.

0197
David, Andrew: Admiral Nelson, Alexander Dalrymple and the early years of the Hydrographical Office. In: Journal of the International Map Collectors' Society. 102.2005, p.5-19, 11 ill., 1 portr.

0198
David, Andrew: Admiralty surveys of Cornwall 1681-1810. In: Journal of the International Map Collectors' Society. 100.2005, p.33-47, 7 ill.

0199
D'Hollander, Raymond: Loxodromie et projection de Mercator. Ed.: Institut Océanographique. – Paris [u.a.]: Institut Océanographique 2005, 239 p., ill., mp. ISBN 2-903581-31-2.

0200
Dutkiewicz, Cassilde: Essai méthodologique d'un outil de diagnostic : la carte écodynamique (exemple sur le littoral dunaire de Merlimont-plage et du Touquet-sud (Pas-de-Calais)). In: Le Monde des Cartes : revue du Comité Français de Cartographie. 185.2005, p.15-22, 4 ill. ISSN 1634-3522.

0201
Frumin, Mitia: Honorable mention 2003 Ristow Prize for cartographic history and librarianship : Russian navy mapping activities in the Eastern and Southern Mediterranean (late 18th century). In: The Portolan : the journal of the Washington Map Society. 60.2004, p.13-26, 5 ill., 3 tab. ISSN 1096-1925.

0202
Hollander, Raymond d': Cartographier la mer. In: XYZ : revue de l'Association Française de Topographie. 105.2005,4, p.20-21, 2 ill. ISSN 0290-9057.

0203
Kupčík, Ivan: Neznámé portolánové atlasy z 15. a z pocátku 16. století v benátském Rovigu. In: Z Dějin geodézie a kartografie. 12, p.82-94, 16 mp. Unknown Portolan atlases from 15th and beginning of 16th centuries in Rovigo (Venice). [Czech].

0204
Lawrence, David M.: Upheaval from the abyss : ocean floor mapping and the earth science revolution. – New Brunswick, NJ [u.a.]: Rutgers University Press 2002, XVII, 284 p., ill., mp. ISBN 0-8135-3028.

0205
Maroto Camino, Mercedes: Producing the Pacific : maps and narratives of Spanish exploration (1567-1606). – Amsterdam [u.a.]: Rodopi 2005, 144 p., [16] Bl., ill, mp. (Portada hispánica). ISBN 90-420-1994-8.

0206
Milli, Manuela; Nobili, Alessandro; Surace, Luciano: La rappresentazione del fondo marino nella cartografia nautica e terrestre. In: Bollettino della Associazione Italiana di Cartografia. 42.2005,123/125, p.159-169, 14 ill. The representation of marine floor in nautical and terrestrial cartography. ISSN 0044-9733.

0207
Mucha, Ludvík: El libro del conoscimiento – kniha praporů středověkých portolanů a jejich edice. In: Z Dějin geodézie a kartografie. 12, p.100-103, 2 ill. El libro del conoscimiento – the book of flags on the portolan charts and editions. [Czech].

0208
Pflederer, Richard: Catalogue of the portolan charts and atlases in the British Library : based on a detailed physical inspection completed on site during the years 2000-2001. Prepared by Richard Pflederer. – [Williamsburg, Va.]: Selbstverlag 2005, 341 p. – 3. printing. [CD-ROM-Ausg. u.d.T.: Portolan charts and atlases of the British Library].

0209
Pflüger, Börge: Das Meereis um Südgrönland 1777 – 2002 = Die Eisverhältnisse an der Südspitze Grönlands 1777 – 2002; Eiskartensammlung. Ed.: Geographische Gesellschaft <Hamburg>. – Hamburg: Geographische Gesellschaft <Hamburg> 2005, IV, 255 p., ill., mp. + 1 CD-ROM. (Mitteilungen der Geographischen Gesellschaft in Hamburg ; 97). [Zugl.: Hamburg, Univ., Fachbereich Geowiss., Diss., 2005 u.d.T.: Pflüger, Börge: Die Eisverhältnisse an der Südspitze Grönlands 1777 – 2002; CD-ROM u.d.T.: Eiskartensammlung] ISBN 3-515-08779-6.

0210
Putman, Robert: Nederlandse zeekaarten uit de Gouden Eeuw. – Abcoude: Uniepers 2005, 144 p., ill., mp.

0211
Ritchie, Steve: From up in the attic to Creechbarrow Down : the Hydrographic Office home at last. In: Journal of the International Map Collectors' Society. 102.2005, p.21-29, 9 ill., 1 portr.

0212
Sea charts of the British Isles : a voyage of discovery around Britain & Ireland's coastline. By: Blake, John. – London: Conway Maritime Press 2005, 128 p., ill., mp. [Literaturverz. S. 126] ISBN 1-8448-6024-8; 978-1-8448-6024-1.

0213
Sheesley, Benjamin C.: 2003 Ristow Prize for cartographic history and librarianship : a Humboldtian science framework for William Whewell's maps of the oceanic tides. In: The Portolan : the journal of the Washington Map Society. 59.2004, p.9-26, 7 ill. ISSN 1096-1925.

0214
Suárez, Thomas: Early mapping of the Pacific. In: The Portolan : the journal of the Washington Map Society. 63.2005, p.32-39, 4 ill. ISSN 1096-1925.

0215
Vagnon, Emmanuelle: Un atlas retrouvé de Grazioso Benincasa : cartographie marine à la fin du XVe s. d'après les collections de la Bibliothèque national de France. In: Le Monde des Cartes : revue du Comité Français de Cartographie. 184.2005, p.12-22, 4 ill., 2 tab. ISSN 1634-3522.

c. Africa
Afrika
L'Afrique

0216
Africa, Asia and America, including the "secret" atlas of the Dutch East India Company (VOC) : descriptive catalogue of volumes 35-46 of the atlas. Comp. by Peter van der Krogt and Erlend de Groot. 2005, 644 p., ill., mp. (The atlas Blaeu-Van der Hem of the Austrian National Library). ISBN 90-6194-199-7.

0217
Arnaud, Jean-Luc: Cartographie des mégapoles. In: Mégapoles méditerranéennes : géographie urbaine rétrospective ; actes du colloque ; (Rome, 8 – 11 mai 1996). – Paris: 2000, p.705-722, 6 ill.

0218
Arnaud, Jean-Luc: Dresser un plan de Tunis au début des années 1860. In: Biographies et récits de vie. – Tunis: 2005, p.157-167, 2 ill. (Alfa. Maghreb et sciences sociales ; 2005).

0219
Arnaud, Jean-Luc: Un outil cartographique : le cadastre informatisé d'Alexandrie. In: Études alexandrines. 6.2002, p.159-175, 8 mp. ISSN 1110-6441.

0220
Barrucand, Marianne: Das Kairo Saladins. In: Saladin und die Kreuzfahrer : [Begleitband zur Sonderausstellung " Saladin und die Kreuzfahrer"]. Ed.: Wieczorek, Alfried; Fansa, Mamoun; Meller, Harald. – Mainz: Verlag Philipp von Zabern 2005, p.264-267, 1 ill., 1 mp. (Schriftenreihe des Landesmuseums für Natur und Mensch Oldenburg ; 17).

0221
Batchelor, Caroline: The mythical mountains of Kong. In: BIMCC newsletter / Brussels International Map Collectors' Circle. 23.2005, p.19-21, 5 ill. ISSN 1379-3306.

0222
Bigaignon, Geoffroy: Into and out of Africa : mapping the dark continent in the later 19th century ; 4th International BIMCC conference on ancient cartography. In: BIMCC newsletter / Brussels International Map Collectors' Circle. 21.2005, p.8-10, 4 ill. ISSN 1379-3306.

0223
Bodenstein, Wulf: Croquis de l'Afrique centrale, by A.J. Wauters, 1886. In: BIMCC newsletter / Brussels International Map Collectors' Circle. 21.2005, p.17-20, 1 mp. ISSN 1379-3306.

0224
Brambilla, Chiara: Confini, cartografia e identità : l'esempio della frontiera coloniale tra Ghana e Togo. In: Bollettino della Associazione Italiana di Cartografia. 42.2005,123/125, p.285-296, 5 ill. Borders, cartography and identity : The case of the colonial frontier between Ghana and Togo. [Ital. with Engl. rés.]. ISSN 0044-9733.

0225
Carrère, Jean: L'IGN à Djibouti. In: Du tropique au cercle polaire. Ed.: Institut Géographique National. – Paris: Institut Géographique National 2001, p.1-99, ill., mp. (Les cahiers historiques de l'IGN ; 2.2001).

0226
Cavelti Hammer, Madlena: Die Carte topographique de l'Égypte des Ägypten-Feldzugs von Napoleon, 1798/99. In: Cartographica Helvetica : Fachzeitschrift für Kartengeschichte. 2005,31, p.21-30, 11 ill. ISSN 1015-8480.

0227
Daerden, Peter: Cartographic entries in Stanley's sketch books. In: BIMCC newsletter / Brussels International Map Collectors' Circle. 21.2005, p.11-14, 3 ill. ISSN 1379-3306.

0228
Etherington, Norman: A false emptiness : how historians may have been misled by early nineteenth century maps of South-eastern Africa. In: Imago Mundi : the international journal for the history of cartography. 56.2004,1, p.67-86, 12 ill., 1 plate. [Engl. with French, Germ. and Span. rés.]. ISSN 0308-5694.

0229
Fortna, Benjamin C.: Change in the school maps of the late Ottoman Empire. In: Imago Mundi : the international journal for the history of cartography. 57.2005,1, p.23-34, 4 ill., 1 plate. [Engl. with French, Germ. and Span. rés.]. ISSN 0308-5694.

0230
Graeve, Jan de: The Belgian contribution to the measurement of the 30th meridian arc in Africa. In: BIMCC newsletter / Brussels International Map Collectors' Circle. 23.2005, p.10-13, 2 ill. ISSN 1379-3306.

0231
Margheri, Giacomo: Le quattro grandi mappe 'blaviane' dell'Istituto Geografico Militare : una proposta di versione italiana della didascalia bilingue di Nova Africae geographica et hydrographica descriptio. In: L'universo: geografia, cartografia, studi urbani, territoriali e ambientali. 84.2004,2, p.264-279, 8 ill. The four big "blavian" maps of the geographic military institute : a proposal of the Italian version of the bilingual title of Nova Africae geographica et hydrographica descriptio. [Ital.]. ISSN 0042-0409.

0232
Palmer, Hilary C.: Lieutnant H. E. O'Neill RN v. The Reverend W. P. Johnson: the controversy surrounding the true source of the Lujenda River: a late-nineteenth century example of science challenging instinct as the basis of "discovery". In: Terrae incognitae : the journal for the history of discoveries the official publication of the Society for the History of Discoveries. 36.2004, p.70-82, 5 ill. ISSN 0082-2884.

0233
Slogar, Christopher: Polyphemus africanus : mapping cannibals in the history of the Cross River Region of Nigeria, ca. 1500-1985. In: Terrae incognitae : the journal for the history of discoveries the official publication of the Society for the History of Discoveries. 37.2005, p.16-27. ISSN 0082-2884.

0234
Slukan Altić, Mirela: Mirko Seljan (1871 – 1913). In: Cartographica Helvetica : Fachzeitschrift für Kartengeschichte. 2005,31, p.31-38, 7 ill., 2 portr. ISSN 1015-8480.

0235
Szűcs, László: Földmérés és térképezés az ókori Egyiptomban. In: Geodézia és kartográfia. 57.2005,7, p.24-28, 7 ill. Surveying and mapping at the Ancient Egypt. [Hung. with Engl. rés.]. ISSN 0016-7118.

0236
Withers, Charles W.J.: Mapping the Niger, 1798-1832 : trust, testimony and 'ocular demonstration' in the late Enlightenment. In: Imago Mundi : the international journal for the history of cartography. 56.2004,2, p.170-193, 8 ill. [Engl. with French, Germ. and Span. rés.]. ISSN 0308-5694.

d. The Americas
Amerika
L'Amérique

0237
Africa, Asia and America, including the "secret" atlas of the Dutch East India Company (VOC) : descriptive catalogue of volumes 35-46 of the atlas. Comp. by Peter van der Krogt and Erlend de Groot. 2005, 644 p., ill., mp. (The atlas Blaeu-Van der Hem of the Austrian National Library). ISBN 90-6194-199-7.

0238
Bauer, Kurt W.: A control survey and mapping project for an urbanizing region (a study in persistence). In: Surveying and land information science : an official journal of ACSM devoted to the sciences of surveying and mapping, land information and related fields. 65.2005,2, p.75-83, 5 ill. ISSN 1538-1242; 1052-2905.

0239
Brown, Wesley A.: J. H. Colton's territories of New Mexico and Utah. In: The Portolan : the journal of the Washington Map Society. 62.2005, p.48-51, 1 mp. ISSN 1096-1925.

0240
Cardinal, Louis: Record of an ideal : Father Francesco Guiseppe Bressani's 1657 map of New France. In: The Portolan : the journal of the Washington Map Society. 61.2004, p.13-28, 8 ill. ISSN 1096-1925.

0241
Cartografia da conquista do território das Minas. By: Costa, Antônio Gilberto; Renger, Friedrich Ewald; Furtado, Júnia Ferreira; Santos, Márcia Maria Duarte do. – Belo Horizonte: UFMG 2004, 245 p., ill., mp. Cartography of the conquest of the Minas territory. [Port.]. ISBN 85-7041-386-6.

0242
Craig, Robert W.: Recognizing a new genre : the large-scale, local map of the mid-19th century. In: The Portolan : the journal of the Washington Map Society. 58.2003, p.22-31, 11 ill. ISSN 1096-1925.

0243
Dalrymple, Helen: Rivers, Edens, Empires : Exhibition charts the "Revealing" of America. In: Information bulletin / The Library of Congress. 62.2003,6, p.123-1235 + 128-129, 8 ill. ISSN 0041-7904.

0244
Dean, William G.: Remapping the war of 1812 – 1814. In: Bulletin / Association of Canadian Map Libraries and Archives. 122.2005, p.17-26, 6 mp. ISSN 0840-9331.

0245
Dünne, Jörg: Die Karte als imaginierter Ursprung : zur frühneuzeitlichen Konkurrenz von textueller und kartographischer Raumkonstitution in den America-Reisen Theodor de Brys. In: Topographien der Literatur : deutsche Literatur im transnationalen Kontext. Ed.: Böhme, Hartmut. – Stuttgart: Metzler 2005, p.73-99, 8 ill. (Germanistische Symposien-Berichtsbände : im Auftrag der Germanistischen Kommission der Deutschen Forschungsgemeinschaft und in Verbindung mit der "Deutschen Vierteljahrsschrift für Literaturwissenschaft und Geistesgeschichte" ; 27).

0246
Edwards, Jess: Writing, geometry, and space in seventeenth-century England and America : circles in the sand. – London [u.a.]: Routledge 2005, X,166 p., ill. (Routledge studies in Renaissance literature and culture ; 5). [Includes bibliographical references and index] ISBN 0-415-32341-X.

0247
Engstrom, Kathryn: Washington in maps 1606 – 2000, Iris Miller. In: Information bulletin / The Library of Congress. 62.2003,5, p.112-113, 3 ill. ISSN 0041-7904.

0248
Eusman, Elmer: 100 Fragments of the American West. In: Information bulletin / The Library of Congress. 62.2003,6, p.126-127 + 129, ill. ISSN 0041-7904.

0249
Francaviglia, Richard V.: Mapping and imagination in the Great Basin : a cartographic history. – Reno, Nev.: 2005, XVIII,231 p., ill., mp. – 1. print. [Includes bibliographical references (p.197-215, 217-222)] ISBN 0-87417-609-3.

0250
Frenay, Pierre: L'IGN au Groenland : 1959 – 1968. In: Du tropique au cercle polaire. Ed.: Institut Géographique National. – Paris: Institut Géographique National 2001, p.1-43, ill., mp. (Les cahiers historiques de l'IGN ; 2.2001).

0251
Gomes, Plinio Freire: Blank variations : travel literature, mapmaking, and the experience of the unknown in the New World. In: Unravelling civilisation : European travel and travel writing. Ed.: Schulz-Forberg, Hagen. – Bruxelles [u.a.]: Lang 2005, p.89-105, 1 ill. (Series "Multiple Europes" ; 30).

0252
Hales, John: Shooting polaris : a personal survey in the American West. – Columbia, MO: Univ. of Missouri Press 2005, VIII, 275 p., ill. ISBN 0-8262-1616-1; 978-0-8262-1616-8.

0253
Hébert, John R.: The map that named America : library acquires 1507 Waldseemüller map of the world. In: Information bulletin / The Library of Congress. 62.2003,9, p.187-193, ill., mp. ISSN 0041-7904.

0254
Hellmann, Paul T.: Historical gazetteer of the United States. Ed.: Routledge. Routledge 2005, XVII, 865 p. [Includes index].

0255
Hubbard, Mina: The woman who mapped the Labrador : the life and expedition diary of Mina Hubbard. Ed.: Buchanan, Roberta. Ed. by Roberta Buchanan. – Montreal [u.a.]: McGill-Queen's University Press 2005, XXI, 506 p., ill., mp. ISBN 0-7735-2924-1.

0256
Hutson, James: Adventures in British America : papers found in Scottish castle shed light on revolutionary war era. In: Information bulletin / The Library of Congress. 62.2003,4, p.71-74, ill. ISSN 0041-7904.

0257
Krogt, Peter van der: J.V.D. Werbata, een topograaf uit Oost-Indië, karteert in West-Indië : de eerste topografische kaarten van de Nederlandse Antillen, 1911-1915. In: Caert-thresoor : tijdschrift voor de geschiedenis van de kartografie in Nederland. 24.2005,1, p.3-13, 8 ill., 2 portr. J.V.D. Werbata, East-Indian topographer, maps the Dutch-West-Indies : the first topographical maps of the Dutch Antilles, 1911-1915. ISSN 0167-4994.

0258
Kupčík, Ivan: Vývoj mapového znázornění Amazonie. In: K pramenům Amazonky. Ed.: Janský, Bohumír. – Praha: 2004, p.118-129, 10 mp. Development of the cartographical representation of Amazonia.

0259
Larmour, Judy: Laying down the lines : a history of land surveying in Alberta. – Calgary: Brindle & Glass Publishing 2005, X, 325 p., ill., mp. ISBN 1-89714-202-1.

0260
López Rodríguez, Omar: La cartografía de Santiago de Cuba : una fuente inagotable. Ed.: Santiago de Cuba / Oficina del Conservador de la Ciudad. – Santiago de Cuba: Santiago de Cuba / Oficina del Conservador de la Ciudad 2005, 59 p., ill., mp. – 1. ed. The cartography of Santiago de Cuba : an inexhaustible source. [Span.]. ISBN 84-8095-404-3.

0261
MacLaren, I. S.: Mapper of mountains : M.P. Bridgland in the Canadian Rockies, 1902 – 1930. Ed.: University <Calgary, Alberta>. – Edmonton, Alta.: University <Calgary, Alberta> 2005, XVII, 240 p., ill., mp. ISBN 0-88864-456-6.

0262
Magister, Karl-Heinz: New York und die Macht der Karten : Kartographie von Migration, Urbanisierung und Ethnizität. In: TopoGraphien der Moderne : Medien zur Repräsentation und Konstruktion von Räumen. Ed.: Stockhammer, Robert. – München: 2005, p.341-382, 2 ill., 7 mp. (Trajekte : Zeitschrift des Zentrums für Literaturforschung Berlin).

0263
Mapmaker's vision, beholder's eyes : the art of maps ; the exhibition October 1, 2004 – January 15, 2005. Gallery guide editor and exhibition curator: Katherine R. Goodwin. – Arlington, TX: Special Collections, University of Texas at Arlington Libraries 2004, 23 p., 8 mp. [Includes bibliographical references (p.23); "Exhibition ... created in conjunction with the Fourth Biennial Virginia Garrett Lectures on the History of Cartography"–P. 4].

0264
Margheri, Giacomo: Le quattro grandi mappe 'blaviane' dell'Istituto Geografico Militare : una proposta di versione italiana della didascalia bilingue di Nova Totius Americae sive Novi Orbis Tabula. In: L'universo: geografia, cartografia, studi urbani, territoriali e ambientali. 84.2004,3, p.404-418, 7 ill. The four big "blavian" maps of the geographic military institute : a poposal of the Italian version of the bilingual title of Nova Totius Americae sive Novi Orbis Tabula. [Ital.]. ISSN 0042-0409.

0265
Martiníc Beros, Mateo: El Canal Beagle en un mapa del siglo XVII. In: Anales del Instituto de la Patagonia. – Punta Arenas: 0, p.7-13, ill. The canal Beagle on a map of the 17th century. [Span.].

0266
Meyer, Thomas H.; Roman, Daniel R.; Zilkoski, David B.: What does height really mean? : Part I: Introduction. In: Surveying and land information science : an official journal of ACSM devoted to the sciences of surveying and mapping, land information and related fields. 64.2004,4, p.223-233, 3 ill., 2 tab. ISSN 1538-1242; 1052-2905.

0267
Moser, Robert H.: History of cartography in Brazil in the 1940s : Jaime Cortesão's Lecture Courses. In: Imago Mundi : the international journal for the history of cartography. 57.2005,1, p.70-74, 1 ill. ISSN 0308-5694.

0268
Nisbet, Jack: The mapmaker's eye : David Thompson on the Columbia Plateau. Ed.: Washington State University. – Pullman, Wash.: Washington State University 2005, XII, 180 p., ill., mp. – 1. printing. [Includes bibliographical references (p.[171]-173) and index] ISBN 0-87422-285-0.

0269
Noy, Rick van: Surveying the interior : literary cartographers and the sense of place. – Reno, NV: 2003, XXII, 220 p., 11 ill. [Includes bibliographical references and index] ISBN 0-87417-548-8.

0270
Ormeling, Ferjan: De Nederlandse bijdrage aan de kartografie van Amerika. In: Geo-Info : tijdschrift voor Geo-Informatie Nederland, GIN. 2.2005,11, p.492-498, 13 ill. The Dutch contribution to the cartography of America. [Dutch with Engl. and French rés.]. ISSN 1572-5464.

0271
Ormeling, Ferjan: The invention of the world : representations of America and Chile in the imagination and the cartography of the 16th – 18th centuries. In: ICA News = Nouvelles de l'ACI. 41.2004, p.17-18, 3 ill.

0272
Ormeling, Ferjan: The invention of the world : representations of America and Chile in the imagination and the cartography of the 16th-18th centuries. In: ICA News = Nouvelles de l'ACI. 42.2004, p.17-18, 3 ill.

0273
Penney, Gerald: "The earliest known map of St. John's" : Henry Southwood's 1675 inset of St. John's Harbour. In: Bulletin / Association of Canadian Map Libraries and Archives. 123.2005, p.7-16, 18 ill. ISSN 0840-9331.

0274
Postnikov, Alexey V.: The first Russian voyage around the world and its influence on the exploration and development of Russian America. In: Terrae incognitae : the journal for the history of discoveries the official publication of the Society for the History of Discoveries. 37.2005, p.53-62, 1 ill. ISSN 0082-2884.

0275
Rebert, Paula: Views of the borderlands : the report on the United States and Mexican Boundary Survey, 1857-1859. In: Terrae incognitae : the journal for the history of discoveries the official publication of the Society for the History of Discoveries. 37.2005, p.75-90, 9 ill. ISSN 0082-2884.

0276
Reinhartz, Dennis: Ambition and enterprise : Zebulon Pike's maps relationg to the exploration of the southern Louisiana Purchase. In: Journal of the International Map Collectors' Society. 103.2005, p.25-37, 7 ill., 2 portr.

0277
Robson, John: James Cook's contribution to the mapping of Newfoundland and Newfoundland's contribution to the career of James Cook. In: Bulletin / Association of Canadian Map Libraries and Archives. 124.2005, p.3-13, 9 ill. ISSN 0840-9331.

0278
Scheel, Eugene: Early detailed map of Loudoun County Virginia. In: The Portolan : the journal of the Washington Map Society. 62.2005, p.45-47, 3 ill. ISSN 1096-1925.

0279
Stephenson, Richard W.: General Lee's forgotten mapmaker : Major Albert H. Campbell and the department of Northern Virginia's topographical department. In: The Portolan : the journal of the Washington Map Society. 60.2004, p.27-39, 5 ill. ISSN 1096-1925.

0280
Tebel, René: "...dass dieses Land keine Insel, sondern ein Kontinent ist..." : zur frühen Wiedergabe Südamerikas im Kartenbild. In: Lateinamerika 1492-1850/70. Ed.: Edelmayer, Friedrich. – Wien: Promedia 2005, p.32-38, 3 ill. (Edition Weltregionen ; 12).

0281
The third coast : mapping the Gulf of Mexico and the Caribbean Sea ; October 4, 2002 – January 15, 2003. Ed.: Special Collections, University of Texas at Arlington Libraries. Gallery guide editor and exhibition curator: Katherine R. Goodwin. – Arlington, TX: Special Collections, University of Texas at Arlington Libraries 2002, 48 p., 16 mp. [Includes bibliographical references (p. [46]-48)].

0282
Thrower, Norman J.W.: How the west was mapped : the cartography of the North American Southwest ; from Waldseemüller to Whitney. Ed.: American Geographical Society Collection of the Golda Meir Library. – Milwaukee, Wisc.: American Geographical Society Collection of the Golda Meir Library 2001, 20 p., 16 ill. (American Geographical Society Collection special publication ; 7). ISBN 1-879281-22-8.

0283
Varela Marcos, Jesús: Fonseca, autor del primer mapa impreso de América. In: Juan Rodríguez de Fonseca : su imagen y su obra. Ed.: Universidad Valladolid. – Valladolid: Universidad Valladolid 2005, p.141-162, 8 mp. (Descubrimientos y cartografía ; 11) Fonseca, author of the first printed map of America. [Span.].

0284
Vorsey, Louis de: Historical maps as evidence : geographer calls on young George Washington's maps as evidence in nation's longest runnig land case. In: The Portolan : the journal of the Washington Map Society. 59.2004, p.42-52,5 ill. ISSN 1096-1925.

0285
Vorsey, Louis de: The role of native American maps in the discovery and exploration of North America. In: Journal of the International Map Collectors' Society. 103.2005, p.5-20, 6 ill.

0286
Wagner, Henry Raup: The cartography of the Northwest Coast of America to the year 1800. – Manfield Centre, CT: Martino Pub 2005, XI, 543 p., ill. [Originally published: Berkeley, CA: University of California Press, 1937; Includes bibliographical references and index] ISBN 1-578-98164-6.

0287
Wanser, Heather: Treatment and preparation of Waldseemüller's map. In: Information bulletin / The Library of Congress. 62.2003,9, p.194-197, 9 ill. ISSN 0041-7904.

0288
Wiesner, Hartmut: Briefe an Tina O. : über das Navigieren, Messen und Kartieren in Lewisiana. In: "Mit dem Boot über die Rocky Mountains – unter Wölfen, Büffeln, Bären und Indianern" : die Reise von Lewis und Clark. Ed.: Stinshoff, Richard; Leeb, Anne; Gelderblom, Anne. – Oldenburg: Isensee-Verlag 2005, p.68-[93], 12 ill. (Schriftenreihe des Landesmuseums für Natur und Mensch Oldenburg ; 40).

0289
Woods, Cheryl; Dubreuil, Lorraine: Nineteenth century Canadian County Maps GIS Project. In: Bulletin / Association of Canadian Map Libraries and Archives. 123.2005, p.25-26,1 ill. ISSN 0840-9331.

0290
Wooldridge, William C.: Ortelius's Chesapeake. In: The Portolan : the journal of the Washington Map Society. 61.2004, p.37-40, 2 ill. ISSN 1096-1925.

e. Asia
Asien
L'Asie

0291
Africa, Asia and America, including the "secret" atlas of the Dutch East India Company (VOC) : descriptive catalogue of volumes 35-46 of the atlas. Comp. by Peter van der Krogt and Erlend de Groot. 2005, 644 p., ill., mp. (The atlas Blaeu-Van der Hem of the Austrian National Library). ISBN 90-6194-199-7.

0292
Arnaud, Jean-Luc: Cartographie des mégapoles. In: Mégapoles méditerranéennes : géographie urbaine rétrospective ; actes du colloque ; (Rome, 8 – 11 mai 1996). – Paris: 2000, p.705-722, 6 ill.

0293
Arnaud, Jean-Luc: Corpus cartographique pour l'histoire de Damas, Syrie, à la fin de la période ottomane (1760-1924). In: Imago Mundi : the international journal for the history of cartography. 53.2001, p.46-70, 16 ill. ISSN 0308-5694.

0294
Arnaud, Jean-Luc: Entre mythe et réalité, l' iconographie des villes du Proche-Orient durant la période moderne. In: Façonner le passé : représentations et cultures de l'histoire XVIe – XXe siècle. – Aix-en-Provence: Publications de l'Université de Provence 2004, p.219-240, 9 ill.

0295
Arnaud, Jean-Luc: Iconographie et cartographie des villes dans l'empire ottoman. In: Tourisme, voyages et littérature : VIes Rencontres Méditerranéennes du Tourisme. Ed.: Euzière Paul; Madani, Latifa. – Nice: Éditions du Losange 2005, p.141-153, 8 ill.

0296
Arnaud, Jean-Luc: L'image des villes dans les Six Voyages de Jean-Baptiste Tavernier : de l'auteur à l'éditeur. In: Anatolia moderna ; travaux et recherches de l'Institut Français d'Etudes Anatoliennes et de l'Observatoire Urbain d'Istanbul. 9.2000, p.97-112, 10 ill.

0297
Arunachalam, B.: Todarmal lecture, 2005 : Indian prelude to British cadastral and revenue maps. In: Bridging the digital divide and taking cartography at grassroots level : 25th INCA international congress, Sagar, Nov. 28 – Dec. 1, 2005. Ed.: Trivedi, R. K. – Ahmedabad: Indian National Cartographic Association 2005, p.1-4 (Indian cartographer ; 25.2005).

0298
Barrucand, Marianne: Damaskus und Saladin. In: Saladin und die Kreuzfahrer : [Begleitband zur Sonderausstellung " Saladin und die Kreuzfahrer"]. Ed.: Wieczorek, Alfried; Fansa, Mamoun; Meller, Harald. – Mainz: Verlag Philipp von Zabern 2005, p. 260-263, 3 ill. (Schriftenreihe des Landesmuseums für Natur und Mensch Oldenburg ; 17).

0299
Baumgärtner, Ingrid: Jerusalem, Nabel der Welt. In: Saladin und die Kreuzfahrer : [Begleitband zur Sonderausstellung " Saladin und die Kreuzfahrer"]. Ed.: Wieczorek, Alfried; Fansa, Mamoun; Meller, Harald. – Mainz: Verlag Philipp von Zabern 2005, p.288-293, 4 ill. (Schriftenreihe des Landesmuseums für Natur und Mensch Oldenburg ; 17).

0300
Boulay, Steve: Historic maps of Russia. In: The Portolan : the journal of the Washington Map Society. 61.2004, p.49-52, 6 ill. ISSN 1096-1925.

0301
Brenner, Karel: Vývoj mapového zobrazení Kurilských ostrovů a Sachalinu. In: Z Dějin geodézie a kartografie. 12, p.104-112, 11 mp. The development of the cartographical representation of the Kurill island and Sachalin. [Czech].

0302
Brink, Lowie: De Schoolkart van Insulinde van R. Schuiling : een overzicht van de Indische cartografie in 1898 op vijf m^2. In: De wereld tussen twee stokken : de geschiedenis van de Nederlandse schoolwandkaarten. Ed.: Brink, Lowie; Holl, Lucy. – Nijmegen: Antiquariaat De Wereld aan de Wand 2005, p.67-76, 4 ill., 1 portr. R. Schuiling's Schoolkaart van Insulinde : a survey of the cartography in the Dutch East Indies in 1898 on five m^2. [Dutch].

0303
Cook, Cynthia: Historical maps of Afghanistan in the collections of the Library of Congress. In: The Portolan : the journal of the Washington Map Society. 59.2004, p.35-41, 5 mp. ISSN 1096-1925.

0304
Donkers, Henk: Cartografisch pionierswerk : Monumentale Grote Atlas Nederlands Oost-Indië. In: Geografie. 13.2004,9/10, p.6-9, 3 mp. Cartographic achievement: The big comprehensive Atlas of the Netherlands East Indies. [Dutch]. ISSN 0926-3837.

0305
Dreyer-Eimbcke, Oswald: Matteo Ricci and his Chinese Jesuit cartography. In: Journal of the International Map Collectors' Society. 102.2005, p.48-49.

0306
Du, Yongtao: Contesting spatial order : merchant geography in late-Ming China. In: The Portolan : the journal of the Washington Map Society. 63.2005, p.10-31, 2 mp., 1 tab. ISSN 1096-1925.

0307
Favreau-Lilie, Marie-Luise: Die italienischen Handelsniederlassungen. In: Saladin und die Kreuzfahrer : [Begleitband zur Sonderausstellung " Saladin und die Kreuzfahrer"]. Ed.: Wieczorek, Alfried; Fansa, Mamoun; Meller, Harald. – Mainz: Verlag Philipp von Zabern 2005, p.72-81, 6 ill. (Schriftenreihe des Landesmuseums für Natur und Mensch Oldenburg ; 17).

0308
Fortna, Benjamin C.: Change in the school maps of the late Ottoman Empire. In: Imago Mundi : the international journal for the history of cartography. 57.2005,1, p.23-34, 4 ill., 1 plate. [Engl. with French, Germ. and Span. rés.]. ISSN 0308-5694.

0309
Hong-Schunka, S. M.; Ptak, Roderich: Die koreanische Weltkarte in St. Ottilien : ein Beitrag zur Kartographie des Ferdinand Verbiest. In: Zeitschrift der Deutschen Morgenländischen Gesellschaft : ZDMG. 154.2004,1, p.201-218, 2 ill. ISSN 0341-0137.

0310
Hooghoff, Pieke; Ormeling, Ferjan: Wilhelm Linnemann : ervaringen bij het karteren van Nederlands-Indië, 1926-1936. In: Caert-thresoor : tijdschrift voor de geschiedenis van de kartografie in Nederland. 24.2005,1, p.14-34, 19 ill., 1 tab., 1 portr. Wilhelm Linnemann : experiences in the mapping of the Dutch East Indies 1926-1936. ISSN 0167-4994.

0311
Li, Xiaocong: Chinese maps in the collections of the Library of Congress. In: The Portolan : the journal of the Washington Map Society. 62.2005, p.37-44, 4 ill. ISSN 1096-1925.

0312
Madan, P.L.: River Ganga : a cartographic mystery. – New Dehli: Manohar Publ. 2005, 110 p., mp. [Includes bibliographical references, p. 109-110] ISBN 81-7304637-9.

0313
Margheri, Giacomo: Le quattro grandi mappe 'blaviane' dell'Istituto Geografico Militare : una proposta di versione italiana della didascalia bilingue di Nova et exacta Asiae geographica descriptio. In: L'universo: geografia, cartografia, studi urbani, territoriali e ambientali. 84.2004,6, p.818-834, 4 ill. The four big "blavian" maps of the geographic military institute : a proposal of the Italian version of the bilingual title of the new and exact geographic description of Asia. [Ital.]. ISSN 0042-0409.

0314
O'Loughlin, Thomas: Map and text : a mid ninth-century map for the Book of Joshua. In: Imago Mundi : the international journal for the history of cartography. 57.2005,1, p.7-22, 1 ill., 1 plate. [Engl. with French, Germ. and Span. rés.]. ISSN 0308-5694.

0315
Osmaston, Gordon: Memories of surveying in India 1919 – 1939. Ed.: Osmaston, Timothy G. – Windermere: Selbstverl. 2005, 55 p., ill., mp.

0316
Parry, David E.: The cartography of the East Indian Islands : insulae indiae orientalis. – London: Countrywide Ed. 2005, 241 p., ill., mp. ISBN 0-9551701-1-7.

0317
Wajntraub, Eva; Wajntraub, Gimpel: Jacob Ziegler (1470? – 1549?) : an enlightened man from a dark period. In: Journal of the International Map Collectors' Society. 100.2005, p.49-54, 7 ill., 1 portr.

f. Australia and Pacific Islands
Australien und Ozeanien
L'Australie et l'Océanie

0318
Goodman, Jordan: The Rattlesnake : a voyage of discovery to the Coral Sea. – London: Faber and Faber 2005, X, 357 p., ill. mp. [Includes bibliographical references (S. 303 – 314) and index] ISBN 0-571-21073-2.

0319
Holm, Janet: Caught mapping : the life and times of New Zealand's early surveyors. – Christchurch: Hazard Press 2005, 302 p., ill., mp. ISBN 1-87727-086-5.

0320
Marshall, Brian: From sextants to satellites : a cartographic time line for New Zealand. 2005, 136 p. (New Zealand map society journal ; 18.2005). [Bibliographical references p.111-125].

0321
O'Connor, Maura: Mapping Australia's transhumance : snow lease and stock-route maps of New South Wales. In: New Zealand map society journal. 17.2004, p.1-16, 9 ill. ISSN 0113-2458.

0322
Porter, Richard T.: Pitcairn island : a gazetteer, with notes on the mapping of the island since 1767. – Southampton: 2004, 51 p., mp.

0323
Prescott, Dorothy F.: Bibliography of the history of Australia's national topographic mapping agencies. Ed.: International Cartographic Association / Commission f. history of cartography. – Victoria: International Cartographic Association / Commission f. history of cartography 2003, 40 p.

0324
Snowdon, Ian: Bits of real estate : digitizing the Church map collection of heritage maps at Auckland City Libraries. In: New Zealand map society journal. 17.2004, p.27-33, 3 ill. ISSN 0113-2458.

0325
Williams, Lynette J.: 'X' marks the spot: Newall's map of the Waikato. In: New Zealand map society journal. 17.2004, p.17-26, 2 ill. ISSN 0113-2458.

g. Europe
Europa
L'Europe

0326
Albu, Emily: Imperial geography and the medieval Peutinger map. In: Imago Mundi : the international journal for the history of cartography. 57.2005,2, p.136-148, 5 ill., 1 plate. [Engl. with French, Germ. and Span. rés.]. ISSN 0308-5694.

0327
Aliprandi, Giorgio; Aliprandi, Laura: Storia della cartografia alpina. – Torino: Priuli & Verlucca 2005, 359 p., ill., mp. – Nuova ed. ampliata. (Le grandi Alpi nella cartografia : 1482 – 1885) The history of the alpine cartography. [Ital.]. ISBN 88-8068-278-4; 978-88-8068-278-3.

0328
Aliprandi, Laura; Aliprandi, Giorgio: Cartografia : disegno del territorio. In: Enciclopedia della Valle d'Aosta. Ed.: Giglio, Pietro; Pecchio, Oriana. – Bologna: Zanichelli 2005, p.26-33, 5 mp. Cartography : design of the territory. [Ital.].

0329
Aliprandi, Laura; Aliprandi, Giorgio: Le grandi Alpi nella cartografia : 1482 – 1885. – Torino: Priuli & Verlucca 2005 – Nuova ed. ampliata. (Collana Antica cartografia) The cartography of the Great Alps. [Ital.]. [Frühere Ausg. u.d.T.: Aliprandi, Giorgio: Le grandi Alpi nella cartografia dei secoli passati, 1482 – 1865].

0330
Almanaque perpetuo de Abraham Zacuto : (Venecia 1502). By: Carrera de la Red, Avelina. – Valladolid: Seminario Iberoamericano de Descubrimientos y Cartografía, Instituto Interuniversitario de Estudios de Iberoamérica y Portugal 2004, 182 p., ill. (Descubrimientos y cartografía ; 10) Perpetual almanac of Abraham Zacuto : (Venice 1502). [Span.]. ISBN 84-933003-8-1.

0331
Altermatt, Urs: Johann Baptist Altermatt und seine Carte topographique du Canton de Soleure 1795-1798 = Carte topographique du Canton de Soleure faite en 1796, 97 et 1798. Ed.: Stüdeli, Hugo. – Solothurn: Selbstverl. 2005, 72 p., 1 mp. auf 4 Bl. – Normalausg., Faks.-Ausg. von 1798. [Orig.-Vorlage: kolor. Handzeichn., Staatsarchiv Solothurn] ISBN 3-03-300547-0.

0332
Arnaud, Jean-Luc: Entre mythe et réalité, l' iconographie des villes du Proche-Orient durant la période moderne. In: Façonner le passé : représentations et cultures de l'histoire XVIe – XXe siècle. – Aix-en-Provence: Publications de l'Université de Provence 2004, p.219-240, 9 ill.

0333
Arnaud, Jean-Luc: Iconographie et cartographie des villes dans l'empire ottoman. In: Tourisme, voyages et littérature : VIes Rencontres Méditerranéennes du Tourisme. Ed.: Euzière Paul; Madani, Latifa. – Nice: Éditions du Losange 2005, p.141-153, 8 ill.

0334
Astengo, Corradino: Una carta da navigare del 1567. In: Itineraria : letteratura di viaggio e conoscenza del mondo dall'Antichità al Rinascimento. 2.2003, p.289-303, 2 ill. A sea chart of 1567. [Ital.]. ISSN 1594-1019.

0335
Augusteijn, Joost: Een kaart van Drenthe door Gaspar Bouttats. In: Caert-thresoor : tijdschrift voor de geschiedenis van de kartografie in Nederland. 24.2005,2, p.60-61, 4 ill. A map of Drenthe by Gaspar Bouttats. ISSN 0167-4994.

0336
Bagrow, Leo: Istorija russkoj kartografii. – Moskva: Centrpoligraf 2005, 522 p., ill., mp. A history of Russian cartography. [Russ.]. [Literaturverz. S. 512-521; In kyrill. Schr., russ.] ISBN 5-954167-6-4.

0337
Barber, Peter: John Darby's map of the parish of Smallburgh in Norfolk, 1582. In: Imago Mundi : the international journal for the history of cartography. 57.2005,1, p.55-58, 4 ill., 1 plate. ISSN 0308-5694.

0338
Bartels, Christoph: "gründtliche Abbildung des uhralten Bergwercks" : historischer Erzbergbau des Harzes in Dokumenten und Animationen auf CD mit Begleitband. In: Industrie-Kultur : Denkmalpflege, Landschaft, Sozial-, Umwelt- und Technikgeschichte. 21.2002,4, p.7-9, 4 ill. ISSN 0949-3751.

0339
Bartoszewicz, Henryk: Siedzby rodowe na mapach i planach. In: Geodeta : magazyn geoinformacyjny. 1(116).2005, p.58-61, 5 ill. Family domiciles in maps and plans. [Pol.].

0340
Begleitband zur Kartenausstellung in der Friedrichsburg Vohenstrauß anlässlich des Jubiläums "500 Jahre Pfalz Neuburg". Ed.: Heimatkundlicher Arbeitskreis Vohenstrauß e. V. – Vohenstrauß: Heimatkundlicher Arbeitskreis Vohenstrauß e. V. 2005, 231 p., ill., mp. (Streifzüge : Beiträge zur Heimatkunde und Heimatgeschichte der Stadt und Großgemeinde Vohenstrauß und Umgebung ; 27).

0341
Berger, Andreas: Brandenburgisches Landeshauptarchiv, Repositur 37, Herrschaft Lübbenau : das Kartenverzeichnis. ; Brandenburgisches Landeshauptarchiv <Potsdam>. – Berlin: 2001, II, 204 p., mp.

0342
Blauw, Maili: "Eene aanschouwelijke voorstelling van den waterstaat" : de Waterstaatskaart van Nederland, 1865-1992. In: Caert-thresoor : tijdschrift voor de geschiedenis van de kartografie in Nederland. 24.2005,24, p.112-119, 7 ill. A graphic representation of the "waterstaat" : the "Waterstaats" map of The Netherlands, 1865-1992. ISSN 0167-4994.

0343
Bliß, Winfried: Carl Ludwig von Oesfeld. In: Mitteilungen / Freundeskreis für Cartographica in der Stiftung Preussischer Kulturbesitz e.V. 18.2005, p.6-16, 1 mp. ISSN 1612-9512.

0344
Boer, Adri den: Bronzen landmeter bijna 35 jaar. In: Geo-Info : tijdschrift voor Geo-Informatie Nederland, GIN. 2.2005,12, p.582-583, 3 ill. Bronze surveyor nearly 35 years old. [Dutch]. ISSN 1572-5464.

0345
Bolenz, Eckhard: Johann Gottfried Brügelmann hatte einen Plan ... : politische Entwicklung und kartografisches Erfassungswesen um 1800. In: Industrie-Kultur : Denkmalpflege, Landschaft, Sozial-, Umwelt- und Technikgeschichte. 21.2002,4, p.16-17, 3 ill. ISSN 0949-3751.

0346
Boorsch, Suzanne: The case for Francesco Rosselli as the engraver of Berlinghieri's Geographia. In: Imago Mundi : the international journal for the history of cartography. 56.2004,2, p.152-169, 13 ill. [Engl. with French, Germ. and Span. rés.]. ISSN 0308-5694.

0347
Boulay, Steve: Historic maps of Russia. In: The Portolan : the journal of the Washington Map Society. 61.2004, p.49-52, 6 ill. ISSN 1096-1925.

0348
Brink, Lowie: De aardrijskundige wandkaarten van uitgeverij W.J. Thieme & Cie. In: De wereld tussen twee stokken : de geschiedenis van de Nederlandse schoolwandkaarten. Ed.: Brink, Lowie; Holl, Lucy. – Nijmegen: Antiquariaat De Wereld aan de Wand 2005, p.59-66, 10 ill., 1 tab. The geographical wall maps from WJ Thieme & Cie. Publishers. [Dutch with Engl. and French rés.].

0349
Brink, Lowie: De Nederlandse schoolwandkaarten uitgerold: Een en al ontwikkelingen vanaf 1820. In: De wereld tussen twee stokken : de geschiedenis van de Nederlandse schoolwandkaarten. Ed.: Brink, Lowie; Holl, Lucy. – Nijmegen: Antiquariaat De Wereld aan de Wand 2005, p.3-40, 18 ill., 1 tab. The Dutch school wall maps unfolded : developments since 1820. [Dutch].

0350
Brink, Lowie: De Schoolkart van Insulinde van R. Schuiling : een overzicht van de Indische cartografie in 1898 op vijf m². In: De wereld tussen twee stokken : de geschiedenis van de Nederlandse schoolwandkaarten. Ed.: Brink, Lowie; Holl, Lucy. – Nijmegen: Antiquariaat De Wereld aan de Wand 2005, p.67-76, 4 ill., 1 portr. R. Schuiling's Schoolkaart van Insulinde : a survey of the cartography in the Dutch East Indies in 1898 on five m². [Dutch].

0351
Brink, Lowie: Een zee zo zwart als de nacht : de geologische schoolwandkaart van Noord-Holland van W. Kloeke. In: De wereld tussen twee stokken : de geschiedenis van de Nederlandse schoolwandkaarten. Ed.: Brink, Lowie; Holl, Lucy. – Nijmegen: Antiquariaat De Wereld aan de Wand 2005, p.77-82, 5 ill. A sea as black as the night : the geological school wall map of North Holland by W. Kloeke. [Dutch with Engl. rés.].

0352
Brink, Lowie: Roelf Bos uit de schaduw van Pieter Roelf Bos: Vergeten vernieuwer van het aardrijkskunde-onderwijs rond 1900. In: De wereld tussen twee stokken : de geschiedenis van de Nederlandse schoolwandkaarten. Ed.: Brink, Lowie; Holl, Lucy. – Nijmegen: Antiquariaat De Wereld aan de Wand 2005, p.55-58, 4 ill. Roelf Bos. [Dutch].

0353
Brink, Lowie; Holl, Lucy: De aloude Moederkerk aan stokken : Van Luyns schoolwandkaart van katholiek Nederland. In: De wereld tussen twee stokken : de geschiedenis van de Nederlandse schoolwandkaarten. Ed.: Brink, Lowie; Holl, Lucy. – Nijmegen: Antiquariaat De Wereld aan de Wand 2005, p.89-90, 3 ill. The ancient mother church on sticks : Van Luyns school wall map of the Catholic Netherlands. [Dutch].

0354
Brůna, Vladimír; Křováková, Kateřina: Interpretace map stabilního katastru pro potřeby krajinné ekologie. In: Kartografické listy. 13.2005, p.25-33, 4 ill. Interpretation of stabile cadastre maps for landscape ecology purposes. [Slovak with Engl. rés.].

0355
Buisseret, David: I mondi nuovi : la cartografia nell'Europa moderna. – Milano: Edizioni Sylvestre Bonnard 2004, 270 p., ill. New worlds : cartography in modern Europe. [Ital.]. ISBN 88-86842-68-6.

0356
Buisseret, David: Re-examining "Ground on which was fought the memorable battle of Waterloo". In: Mapline : a quarterly newsletter published by the Hermon Dunlap Smith Center for the History of Cartography at the Newberry Library. 97/98.2004, p.1-3, 2 ill.

0357
Calatrava, Juan; Ruiz Morales, Mario: Los planos de Granada 1500 – 1909 : cartografía urbana e imagen de la ciudad. – Granada: 2005, 153 p., ill., mp. + 1 CD-ROM. (Los libros de la estrella : ciencia y medio ambiente ; 26.2005) The maps of Granada 1500 – 1909 : urban cartography and the image of the city. [Span.]. ISBN 84-7807-397-3; 978-84-7807-397-9.

0358
Čanković, Dušanka: Five centuries of the Adriatic on maps = Pet stoljeća Jadrana na kartama. In: Five centuries of maps and charts of Croatia = Pet stoljeća geografskih i pomorskih karata Hrvatske. Ed.: Novak, Drago. – Zagreb: Školska Knjiga 2005, p.203-224, 15 ill. [Summaries of all articles, short biographies of the authors, list of illustrations, and index of names at the end of the book].

0359
Carrabetta, Anna: Vulcani, paesaggio e richiami archeologici nelle carte d'autore tra Settecento e Ottocento. In: L'universo: geografia, cartografia, studi urbani, territoriali e ambientali. 84.2004,5, p.658-670, 6 ill. Volcanos, landscape and archeological findings on the maps of artists fom the 17th and 18th centuries. [Ital.]. ISSN 0042-0409.

0360
Carrera de la Red, Avelina: Almanaque perpetuo. In: Almanaque perpetuo de Abraham Zacuto : (Venecia 1502). – Valladolid: Seminario Iberoamericano de Descubrimientos y Cartografía, Instituto Interuniversitario de Estudios de Iberoamérica y Portugal 2004, p.33-52 (Descubrimientos y cartografía ; 10) Perpetual almanach. [Span.].

0361
Catálogo de cartografía histórica de Sevilla : A – L. Ed.: Instituto de Cartografía de Andalucía. – Sevilla: Consejería de Obras Publicas y Transportes 2004, p.1-759, ill. (Catálogo de cartografía histórica de Sevilla) Catalogue of the historic cartography of Seville : A – L. [Span.]. ISBN 84-8095-383-7.

0362
Catálogo de cartografía histórica de Sevilla : Índices. Ed.: Instituto de Cartografía de Andalucía. – Sevilla: Consejería de Obras Publicas y Transportes 2004, p.1567-1888, ill. (Catálogo de cartografía histórica de Sevilla) Catalogue of the historic cartography of Seville : Indexes. [Span.]. ISBN 84-8095-385-3.

0363
Catálogo de cartografía histórica de Sevilla : M – Z. Ed.: Instituto de Cartografía de Andalucía. – Sevilla: Consejería de Obras Publicas y Transportes 2004, p.769-1557, ill. (Catálogo de cartografía histórica de Sevilla) Catalogue of the historic cartography of Seville : M – Z. [Span.]. ISBN 84-8095-384-5.

0364
Catálogo de cartografía histórica de Sevilla. Ed.: Instituto de Cartografía de Andalucía. – Sevilla: Consejería de Obras Publicas y Transportes 2004, Bde 1 – 3. Catalogue of the historic cartography of Seville. [Span.]. ISBN 84-8095-382-9.

0365
Cavelti Hammer, Madlena: Die Carte topographique de l'Égypte des Ägypten-Feldzugs von Napoleon, 1798/99. In: Cartographica Helvetica : Fachzeitschrift für Kartengeschichte. 2005,31, p.21-30, 11 ill. ISSN 1015-8480.

0366
Cavelti Hammer, Madlena: Les monuments suisses sous le consulat et l'Empire figurant sur les cartes et les plans. In: Waterloo : monuments et représentations de mémoires européennes (1792-2001) : actes du colloque international de Louvain-la-Neuve, organisé par l'Association Franco-Européenne de Waterloo le 20 octobre 2001. – Louvain-la-Neuve: Association Franco-Européenne de Waterloo 2003, p.115-126, 1 portr., 2 ill.

0367
Cebecauerová, Martina; Cebecauer, Tomáš: Špecifické vizualizácie zmien krajinnej pokrývky ako nástroj poznávania krajiny. In: Kartografické listy. 13.2005, p.34-42, 9 ill. Specific visualizations of land cover changes as a tool of landscape cognition. [Slovak with Engl. rés.].

0368
Česnulevičius, Algimantas: Gnoseological aspects of geographical space perception by 17th and 18th century Lithuanian maps. In: Cartography and cartosemiotics : the selected problems of theoretical cartography 2003 : proceedings of a joint seminar of the ICA Commission on theoretical cartography and Centre for cartography, Vilnius University. Ed.: Wolodtschenko, Alexander; Česnulevičius, Algimantas; Beconytè, Giedre. – Vilnius: Vilnius University; Lithuanian Cartographic Society; International Cartographic Association 2004, p.25-30, 4 ill., 1 tab.

0369
Clarke, Mike: Die Untergrundkanäle bei Worsley und Zabrze : Planüberlieferungen zur britischen Industriegeschichte in preußischen Archiven. In: Industrie-Kultur : Denkmalpflege, Landschaft, Sozial-, Umwelt- und Technikgeschichte. 21.2002,4, p.20-21, 3 ill., 1 mp. ISSN 0949-3751.

0370
Conti, Simonetta: Cartografia e Paludi nel Lazio. In: L'universo: geografia, cartografia, studi urbani, territoriali e ambientali. 85.2005,2, p.268-276, 8 mp. Cartography and the Paludi nel Lazio. [Ital.]. ISSN 0042-0409.

0371
Cosgrove, Denis: Maps, mapping, modernity : art and cartography in the twentieth century. In: Imago Mundi : the international journal for the history of cartography. 57.2005,1, p.35-54, 7 ill., 3 plates. [Engl. with French, Germ. and Span. rés.]. ISSN 0308-5694.

0372
Crom, Wolfgang: Goering's Atlas : die Wiederentdeckung geheimer Karten. In: Mitteilungen / Freundeskreis für Cartographica in der Stiftung Preussischer Kulturbesitz e.V. 18.2005, p.25-30, 1 mp. ISSN 1612-9512.

0373
Cruickshank, J.L.: The Reichsamt für Landesaufnahme and The Ordnance Survey : a comparison of two mapping organisations between 1919 and the Second World War (part I). In: Sheetlines / The Charles Close Society for the Study of Ordnance Survey Maps. 72.2005, p.9-22, 3 ill. ISSN 0962-8207.

0374
Cruickshank, J.L.: The Reichsamt für Landesaufnahme and The Ordnance Survey : a comparison of two mapping organisations between 1919 and the Second World War (part II). In: Sheetlines / The Charles Close Society for the Study of Ordnance Survey Maps. 73.2005, p.39-52, 2 ill. ISSN 0962-8207.

0375
Csaplovics, Elmar: Zur Topochronologie der Landschaft um den Neusiedler See bis zum Ende des 16. Jahrhunderts. Ed.: Burgenländisches Landesarchiv und Burgenländische Landesbibliothek <Eisenstadt>. – Eisenstadt: Burgenländisches Landesarchiv und Burgenländische Landesbibliothek <Eisenstadt> 2005, 224 p., ill., mp. (Burgenländische Forschungen ; 91). [Literaturverz. S. 206-223] ISBN 3-901517-50-2.

0376
Czechowicz, Bogusław: Drzeworyt 'Erste Land-Charte vom Herzogthum Schlesien' z 1561 r. jako źródło obrazowe, dziełosztuki i pomnik śląskiego humanizmu. In: Imago narrat : obraz jako komunikat w społeczeństwach europejskich = Imago narrat : das Bild als Bericht in den europäischen Gesellschaften seit der Vorgeschichte bis in die Neuzeit. Ed.: Uniwersytet Wrocławski / Instytut Historyczny. – Wrocław: Uniwersytet Wrocławski / Instytut Historyczny 2002, p.51-61 (Acta Universitatis Wratislaviensis ; 2478). [Pol.].

0377
Dalrymple, Helen: Planning D-day : relief model of Utah beach given to library. In: Information bulletin / The Library of Congress. 62.2003,4, p.86-87 + p.89, ill. ISSN 0041-7904.

0378
Damoiseaux, Maurice: De grenzen van waterschappen in beeld. In: Geo-Info : tijdschrift voor Geo-Informatie Nederland, GIN. 2.2005,7/8, p.338-342, 5 ill. Boundaries of water boards in the picture. [Dutch with Engl. and French rés.]. ISSN 1572-5464.

0379
Das Licht ersetzt den Zeichner : die Erstellung von Karten und Plänen bei der Deutschen Reichsbahn in den 1930er Jahren. In: Industrie-Kultur : Denkmalpflege, Landschaft, Sozial-, Umwelt- und Technikgeschichte. 21.2002,4, p.18-19, 1 mp. ISSN 0949-3751.

0380
Das Reisetagebuch des Hauptmanns Bendemann : aus der preußischen Landesvermessung des Sauerlandes im 19. Jahrhundert. Ed.: Fröhlich, Hans; Spata, Manfred. – Sankt Augustin: Selbstverlag Fröhlich 2004, 84 p., ill. + 2 mps. + 1 DVD-R – 2., erw. Aufl.

0381
Das Salzburg-Panorama von Johann Michael Sattler. Ed.: Marx, Erich. – Salzburg: Salzburger Museum Carolino Augusteum 2005.

0382
Das Werk und sein Schöpfer. Ed.: Marx, Erich. – Salzburg: Salzburger Museum Carolino Augusteum 2005, 143 p., ill. mp. (Das Salzburg-Panorama von Johann Michael Sattler). ISBN 3-900088-12-8.

0383
Davies, John: Uncle Joe knew where you lived : the story of Soviet mapping of Britain (part I). In: Sheetlines / The Charles Close Society for the Study of Ordnance Survey Maps. 72.2005, p.26-38, 6 ill., 1 tab. ISSN 0962-8207.

0384
Davies, John: Uncle Joe knew where you lived : the story of Soviet mapping of Britain (part II). In: Sheetlines / The Charles Close Society for the Study of Ordnance Survey Maps. 73.2005, p.6-2011 ill. ISSN 0962-8207.

0385
De wereld tussen twee stokken : de geschiedenis van de Nederlandse schoolwandkaarten. Ed.: Brink, Lowie; Holl, Lucy. – Nijmegen: Antiquariaat De Wereld aan de Wand 2005, 95 p., ill. + 1 CD-ROM. The world between two sticks : the history of the Dutch school wall maps. [Dutch]. [CD-ROM enth.: Karten und Kartenausschnitte] ISBN 90-9020052-5; 978-90-9020052-1.

0386
Déak, Antal Andreas; Lapaine, Miljenko; Kljajić, Ivka: Johann Christoph Müller (1673-1721). In: Kartografija i geoinformacije : KiG ; znanstveno-stručno-informativni časopis Hrvatskoga kartografskog društva. 3.2004, p.68-80, 2 ill. [Croat. and Engl.]. ISSN 1333-896X.

0387
Delano-Smith, Catherine: Stamped signs on manuscript maps in the Renaissance. In: Imago Mundi : the international journal for the history of cartography. 57.2005,1, p.59-62, 2 ill., 1 plate. ISSN 0308-5694.

0388
Der Schönbuch im Kartenbild der Jahrhunderte : Katalog einer Ausstellung ; [Ausstellung im Winterrefektorium des Klosters Bebenhausen vom 20. Juni bis 21. Juli 1996]. By: Grees, Hermann; Beck, Rolf; Rosner, Hans-Joachim. – Tübingen: Geographisches Institut der Universität Tübingen 2002, 139 p., ill., mp. (Kleinere Arbeiten aus dem Geographischen Institut der Universität Tübingen ; 27.2002). ISBN 3-88121-060-1.

0389
Die große handgezeichnete Campsche Karte von Ostfriesland von 1806 : (Staatsbibliothek zu Berlin Preußischer Kulturbesitz, Kart. N 27299). Ed.: Henninger, Wolfgang; Kappelhoff, Bernd. – Hannover: 2005, 73 p. + 6 mp.-suppl. (Veröffentlichungen der Historischen Kommission für Niedersachsen und Bremen ; 226). ISBN 3-7752-6026-9.

0390
Doherty, Gillian: The Irish ordnance survey : history, culture and memory. – Dublin: Four Courts Press 2004, 237 p., ill. [Includes bibliographical references (p. 213-228) and index] ISBN 1-85182-861-3.

0391
Dohle, Oskar: Hieronimuskataster und Francizäischer Kataster : zwei Schlüsselquellen zur regionalen Geschichte des Landes Salzburg. In: Mitteilungen der Gesellschaft für Salzburger Landeskunde. 145.2005, p.33-66, 20 ill. ISSN 0435-8279.

0392
Donkers, Henk: 's Neerlands oudste wereldatlas. In: Geografie. 14.2005,2, p.16-19, 3 ill., 2 mp. The oldest Netherlands world atlas. [Dutch]. ISSN 0926-3837.

0393
Doornbos, Willem G.: De Groninger provincie-wandkaart van Theodorus Beckeringh. In: Caert-thresoor : tijdschrift voor de geschiedenis van de kartografie in Nederland. 24.2005,4, p.105-11, 5 ill. The Groningen provincial map of Theodorus Beckeringh. ISSN 0167-4994.

0394
Dora, Veronica della: Mapping science and myth on the holy mountain : renaissance and enlightenment ; visions on Mount Athos. In: The Portolan : the journal of the Washington Map Society. 62.2005, p.10-29, 9 ill. ISSN 1096-1925.

0395
Dukaczewski, Dariusz: Elektroniczna mapa animowana Gór Izerskich. In: Polski przegląd kartograficzny. 37.2005,1, p.23-36, 4 ill., 3 tab. Electronic animated map of Gór Izerskich. [Pol. with Engl. and Russ. rés.]. ISSN 0324-8321.

0396
Dušátko, Drahomír: Dvě osobnosti evropské geodézie s podobnými osudy – španělský generál Carlos Ibáñez a náš plukovník Dr. Ladislav Beneš. In: Geodetický a kartografický obzor. 50.2004,10, p.203-208, 6 ill. Two European personalities in the field of geodesy sharing a similar fate – the Spanish general Carlos Ibáñez and our colonel Dr. Ladislav Beneš. [Slov.]. ISSN 0016-7096.

0397
Dutkiewicz, Cassilde: Essai méthodologique d'un outil de diagnostic : la carte écodynamique (exemple sur le littoral dunaire de Merlimont-plage et du Touquet-sud (Pas-de-Calais)). In: Le Monde des Cartes : revue du Comité Français de Cartographie. 185.2005, p.15-22, 4 ill. ISSN 1634-3522.

0398
Edwards, Jess: Writing, geometry, and space in seventeenth-century England and America : circles in the sand. – London [u.a.]: Routledge 2005, X,166 p., ill. (Routledge studies in Renaissance literature and culture ; 5). [Includes bibliographical references and index] ISBN 0-415-32341-X.

0399
Egli, Hans-Rudolf; Flury, Philipp; Frey, Thomas; Schiedt, Hans-Ulrich: GIS-Dufour – Verkehrs- und Raumanalyse auf historischer Grundlage. In: Geomatik Schweiz : Geoinformation und Landmanagement. 103.2005,5, p.246-249, 3 ill. ISSN 0252-9424; 1660-4458.

0400
Eichholz, Klaus: Bergbauhistorische Karten der Grafschaft Mark als unbekannte Quellen der Orts- und Regionalgeschichte. In: Märkisches Jahrbuch für Geschichte. 105.2005, p.148-191. ISSN 0937-1621.

0401
Elementi di cartografia per l'architettura e l'urbanistica. By: Baratin, Laura; Orioli, Valentina. – Bologna: Pitagora 2004, 106 p., ill., mp. + 1 CD-ROM. Elements of cartography for architecture and urban planning. [Ital.]. [Contains bibliographical refs] ISBN 88-371-1532-6.

0402
Enhörning, Gunilla: The extension of Göteborg according to town plans 1866 – ca. 1920: the case of the Landeris. In: Kart & bildteknik : mapping and image science. 20.2005,2, Beil., p.48-60, 32 ill. ISSN 1651-792X.

0403
Erb, Siegfried: Tobias Mayer – ein beinahe vergessenes Genie : Vermessungsgeschichte ganz in unserer Nähe. In: Ingenieurblatt für Baden-Württemberg : Mitteilungsblatt des Baden-Württembergischen Baumeister- und Ingenieurbundes ; Bund Deutscher Baumeister, Architekten und Ingenieure, BDB. 51.2005,2, p.128-133, 7 ill. ISSN 0020-1189.

0404
Erb, Siegfried: "Vermesser des Meeres, der Erde und des Himmels" : Tobias Meyer – ein beinahe vergessenes Genie. In: Mitteilungen und Veröffentlichungen zum Vermessungswesen aus den Themenbereichen Geodäsie, Geoinformation und Landmanagement / Deutscher Verein für Vermessungswesen, Landesverein Baden-Württemberg e.V. 51.2004,2, p.113-146, 12 ill., 1 portr. ISSN 0940-2942.

0405
Faričić, Josip; Simičić, Zdenko: Kornati na starim geografskim i pomorskim kartama = Kornati Islands on old geographic maps and charts. In: Kartografija i geoinformacije : KiG ; znanstveno-stručno-informativni časopis Hrvatskoga kartografskog društva. 4.2005, p.58-77, 15 ill. [Croat. and Engl.]. ISSN 1333-896X.

0406
Ferguson, W. S.: Maps and views of Derry 1600 – 1914 : a catalogue. Ed.: Royal Irish Academy <Dublin>. – Dublin: Royal Irish Academy <Dublin> 2005, XIV, 108 p., ill. [Includes bibliographical references] ISBN 1-904890-07-5.

0407
Ferrar, M.J.: The Venerable Bede and the Tabula Peutingeriana. In: The Cartographic Journal. 42.2005,2, p.157-167, 4 ill. ISSN 0008-7041.

0408
Ficker, Friedbert: Nikolaus Dankov und die Kartographie in Bulgarien. In: Zeitschrift für Balkanologie. 41.2005, 1, p.15-28, 5 ill. ISSN 0044-2356.

0409
Finizio, Antonio Lucio: The colonial cartography of the Military Geographic Institute. In: Journal of the International Map Collectors' Society. 100.2005, p.5-15, 20 ill.

0410
Fischer, H.: Ignaz Ambros von Amman – sein Leben, seine Werke. In: Mitteilungen und Veröffentlichungen zum Vermessungswesen aus den Themenbereichen Geodäsie, Geoinformation und Landmanagement / Deutscher Verein für Vermessungswesen, Landesverein Baden-Württemberg e.V. 52.2005,2, p.105-115, 2 ill. ISSN 0940-2942.

0411
Fischer, Hanspeter: Die Carte de l'Empereur (1808 – 1812) und die Carte militaire de l'Allemagne (1822 – 1830). In: Cartographica Helvetica : Fachzeitschrift für Kartengeschichte. 2005,31, p.15-20, 6 ill., 1 portr. ISSN 1015-8480.

0412
Fischer, Hanspeter: Die Rauch'sche Landtafel der Herrschaft Waldburg von 1626. In: Im Oberland : Kultur, Geschichte, Natur; Beiträge aus Oberschwaben und dem Allgäu. 16.2005,2, p.29-36, 8 ill. ISSN 0939-8864.

0413
Five centuries of maps and charts of Croatia = Pet stoljeća geografskih i pomorskih karata Hrvatske. Ed.: Novak, Drago. – Zagreb: Školska Knjiga 2005, 467 p., ill., mp. [Croat. and Engl.]. [Summaries, short biographies of the authors, list of illustrations and index of names at the end of the book] ISBN 953-0-61571-X.

0414
Flury, Philipp: Verkehrssystem und Raumentwicklung in der Schweiz zwischen 1750 und 1910 : digitale Erfassung und Analyse auf der Grundlage von Kartenwerken des 19. Jahrhunderts. In: Kulturlandschaft digital : Forschung und Anwendung ; 15. Fachtagung des Umweltamtes (Landschaftsverband Rheinland) ; 11. Jahrestagung der Arbeitsgruppe Angewandte Historische Geographie (Arbeitskreis für Historische Kulturlandschaftsforschung ARKUM), 2. bis 5. März 2005 in Aachen ; Tagungsdokumentation. Ed.: Rheinland / Umweltamt. – Köln: Rheinland / Umweltamt 2005, p.165-170, 3 ill. (Kulturlandschaft : Zeitschrift für angewandte historische Geographie ; 15.2005).

0415
Fortna, Benjamin C.: Change in the school maps of the late Ottoman Empire. In: Imago Mundi : the international journal for the history of cartography. 57.2005,1, p.23-34, 4 ill., 1 plate. [Engl. with French, Germ. and Span. rés.]. ISSN 0308-5694.

0416
Frančula, Nedjeljko; Lapaine, Miljenko: Geodesy in Croatia from 1878 to 2003. In: Annual of the Croatian academy of engineering. 2003, p.13-28, 3 ill. ISSN 1332-3482.

0417
Freutsmiedl, Johannes: Römische Straßen der Tabula Peutingeriana in Noricum und Raetien. – Büchenbach: Verlag Dr. Faustus 2005, 239 p., ill., mp. ISBN 3-933474-36-1.

0418
Gigli, Stefania Quilici; Valerio, Vladimiro; Pettaco, Laura; Renda, Guiseppina: Cartografia storica della campania tra 1780 e 1980: esperienze di stratigrafia cartografica attraverso le tecnologie digitali. In: Bollettino della Associazione Italiana di Cartografia. 42.2005,123/125, p.73-90, 8 ill. Historical cartography of Campania (1780-1980). ISSN 0044-9733.

0419
Godlewska, Anne; Letourneau, Marcus R.; Schauerte, Paul: Maps, paintings and lies : portraying Napoleon's battlefields in Northern Italy. In: Imago Mundi : the international journal for the history of cartography. 57.2005,2, p.149-163, 3 ill., 9 plates. [Engl. with French, Germ. and Span. rés.]. ISSN 0308-5694.

0420
Gołaszewski, Janusz: Spuścizna kartograficzna Schaffgotschów w zasobie Archiwum Państwowego we Wrocławiu. In: Rocznik jeleniogórski. 27.2005, p.127-146, 4 ill. The cartographic heritage of the Schaffgotsch family in the stock of the National Archive in Wroclaw. [Pol. with Czech and Germ. rés.]. ISSN 0080-3480.

0421
Greiner, Piotr: Mapy Kanału Kłodnickiego. In: Rocznik Muzeum w Gliwicach. 19.2004(2005), p.75-82, 18 ill. The maps of the Kłodnica Canal. [Pol. with Engl. and Germ. rés.]. ISSN 0860-0937.

0422
Grim, Tomáš: Sidla na Helwigově mapě Slezska. In: Z Dějin geodézie a kartografie. 12, p.95-99, 7 ill. Settlements on the Helwig map of Silesia. [Czech].

0423
Hagen, Dietrich: Die jämmerliche Flut von 1717 : Untersuchungen zu einer Karte des frühen 18. Jahrhunderts. – Oldenburg: KomRegis 2005, 92 p., ill., mp. [Literaturverz. S. 85-89; Im Jahr nach der Weihnachtsflut genannten Sturmflut von 1717 entstand eine Landkarte der Nordseeküste, auf der diese Naturkatastrophe bildhaft dargestellt wurde. Der Autor setzt sich mit allen Bestandteilen dieser Karte auseinander, dokumentiert die Texte und schafft damit einen Schlüssel zu ihrem Verständnis.] ISBN 3-938501-08-1.

0424
Heere, Elger ; Storms, Martijn: Kadaster 1832 toegepast; de pilotprojecten van De WoonOmgeving. In: Caert-thresoor : tijdschrift voor de geschiedenis van de kartografie in Nederland. 24.2005,3, p.93-98, 12 ill. Applications of the 1832 cadastre; the pilot projects of "De WoonOmgeving". ISSN 0167-4994.

0425
Heijden, Henk A.M. van der; Blonk, Dirk I.: De kaart van de Republiek der VII Provinciën 1615 – 1797. – Alphen aan den Rijn: Canaletto/Repro-Holland 2005, 442 p., ill., mp. The maps of the Republic of the VII provinces 1615-1797. [Dutch]. ISBN 90-6469-787-6.

0426
Henwood, Bill: Ruins, ridges and reservoirs : notes on some 1:50,000 First Series 'bar' reprints. In: Sheetlines / The Charles Close Society for the Study of Ordnance Survey Maps. 74.2005, p.24-27, 4 ill. ISSN 0962-8207.

0427
Hernando, Agustín: Sensibilidad territorial, imaginación geográfica y representación : el atlas geográfico de España (1804) producido por Tomás López. In: El atlas geográfico de España (1804) = Atlas geográfico de España, que comprende el mapa general del Reyno y los particulares de sus provincias. Ed.: España / Ministerio de Fomento. – Madrid: España / Ministerio de Fomento 2005, p.9-69, ill. Territorial sensitivity, geographical imagination and representation : the geographic atlas of Spain (1804) produced for Tomás López.

0428
Hesche, Jens: Eisenbahnkarten deutschsprachiger Länder (Deutschland, Österreich, Schweiz). 2005, 1. Band: XXV, 399 p., 97 tab.; 2. Band: Kartenkatalog: XIX, 513 p.; 3. Band XIX, 9 p., 278 ill., 4 mp. [Besteht aus 3 Bänden; Diss. Univ. Wien].

0429
Hinrichs, Wiard: Die geographischen Namen der Campschen Karte. In: Die große handgezeichnete Campsche Karte von Ostfriesland von 1806 : (Staatsbibliothek zu Berlin Preußischer Kulturbesitz, Kart. N 27299). Ed.: Henninger, Wolfgang; Kappelhoff, Bernd. – Hannover: 2005, p.55-72 (Veröffentlichungen der Historischen Kommission für Niedersachsen und Bremen ; 226).

0430
Hirsch, Anton: Die Reichsstadt Schweinfurt "mitten im Frankenland" im Rahmen der frühen Kartographie. In: Schweinfurter historische Forschungen. Ed.: Müller, Uwe. hrsg. im Auftrag des Historischen Vereins Schweinfurt von Uwe Müller ... – Schweinfurt: Historischer Verein <Schweinfurt> 2005, p.325-386, 41 ill. (Veröffentlichungen des Historischen Vereins Schweinfurt ; N.F. 7).

0431
Historische Ansichten von Tolkewitz : Begleitheft zur Ausstellung im Turmzimmer der Bethlehemkirche Dresden-Tolkewitz ; 22.August bis 19.September 2004. Ed.: Evang.-Luth. Bethlehemkirchgemeinde Dresden-Tolkewitz. Hrsg. von Hans-Peter Hasse [Text: Martin Kaden]. Evang.-Luth. Bethlehemkirchgemeinde Dresden-Tolkewitz 2005, 63 p., ill., mp. [2., korr. Aufl.].

0432
Historische und aktuelle Bodenkarten von Niederösterreich und der Nachbargebiete : Ausstellung von Exponaten aus der Privatsammlung von O. Nestroy, 23. Oktober bis 14. Dezember 2001 im Ausstellungsraum der NÖ Landesbibliothek Sankt Pölten. Ed.: Amt der Niederösterreichischen Landesregierung, Abt. NÖ Landesbibliothek. – Sankt Pölten: Amt der Niederösterreichischen Landesregierung, Abt. NÖ Landesbibliothek 2001. (Sonder- und Wechselausstellungen der Niederösterreichischen Landesbibliothek ; 21).

0433
Hodson, Yolande: Coloured roads on ordnance survey first edition 1 : 2500 plans and one-inch maps 1897-1935, and the rights of way disclaimer. In: The Cartographic Journal. 42.2005,2, p.85-110, 14 ill. ISSN 0008-7041.

0434
Hooghoff, Pieke; Ormeling, Ferjan: Wilhelm Linnemann : ervaringen bij het karteren van Nederlands-Indië, 1926-1936. In: Caert-thresoor : tijdschrift voor de geschiedenis van de kartografie in Nederland. 24.2005,1, p.14-34, 19 ill., 1 tab., 1 portr. Wilhelm Linnemann : experiences in the mapping of the Dutch East Indies 1926-1936. ISSN 0167-4994.

0435
Hubmann, Bernhard; Cernajsek, Tillfried: 175 Jahre geologische Karte der Steiermark. In: Mitteilungen des Naturwissenschaftlichen Vereines für Steiermark. 134.2005, p.5-22. ISSN 0369-1136.

0436
Hubmann, Bernhard; Cernajsek, Tillfried: Die erste geologische Gebietskarte des Grazer Paläozoikums von Conrad Clar aus dem Jahr 1877. In: Joannea Geologie und Paläontologie. 6.2005, p.5-16, 3 ill. ISSN 1562-9449.

0437
Il libro delle mappe dell'Arcidiacono Riperti : un cabreo astigiano del Settecento. Ed.: Sereno, Paola. – Asti: Asti <Provincia> 2002, 188 p., ill., mp. + 8 mp. in a case. The book of maps of the Archdeacon Riperti : a cabreo (cadaster) of the Asti region from the 18th century. [Ital.]. ISBN 88-88491-12-0.

0438
Imago Cataloniae : mapes de Cataluña, huellas de la historia = Imago Cataloniae : maps of Catalonia, the imprint of history. Ed.: Generalitat de Catalunya. – Barcelona: Generalitat de Catalunya 2005. [Span. and Engl.]. [Literaturverz. S. 281] ISBN 84-393-6950-6; 84-97852-25-7.

0439
Johnson, Bert: Missa de la mapa mundi : a cartophonic mystery. In: The Portolan : the journal of the Washington Map Society. 63.2005, p.51-53. ISSN 1096-1925.

0440
Käck, Bengt Olof: Halmstad 1696. In: Nya lantmätaren. 2005,5, p.13, 1 mp. [Swed.].

0441
Käck, Bengt Olof: Månadens karta : Baggårds by i Nordmalings socken. In: Nya lantmätaren. 2005,4, p.7, 2 ill. [Swed.].

0442
Kalinowska, Barbara: Sidoki miast górnośląskich – rozważania nad formą przekazu. In: Imago narrat : obraz jako komunikat w społeczeństwach europejskich = Imago narrat : das Bild als Bericht in den europäischen Gesellschaften seit der Vorgeschichte bis in die Neuzeit. Ed.: Uniwersytet Wrocławski / Instytut Historyczny. – Wrocław: Uniwersytet Wrocławski / Instytut Historyczny 2002, p.69-83 (Acta Universitatis Wratislaviensis ; 2478). [Pol.].

0443
Karsay, Ferenc: A magyar kartográfia szakmatörténetének elmúlt negyadszázada I. rész. In: Geodézia és kartográfia. 57,2005,5, p.13-19 About the quarter of the last century on the history of Hungarian cartography I part. [Hung.]. ISSN 0016-7118.

0444
Karsay, Ferenc: A magyar kartográfia szakmatörténetének elmúlt negyedszázada II. rész. In: Geodézia és kartográfia. 57.2005,6, p.19-25 About the quarter of the last century on the history of Hungarian cartography II part. [Hung. with Engl. rés.]. ISSN 0016-7118.

0445
Karten, Pläne und Übersichtstafeln im Stadtarchiv Hof : Findmittel mit Abbildungen von Hofer Stadtplänen von 1811 bis 1960. Ed.: Nordoberfränkischer Verein für Natur-, Geschichts- und Landeskunde. – Hof: Nordoberfränkischer Verein für Natur-, Geschichts- und Landeskunde 2005, 1 DVD-ROM. (Veröffentlichungen des Stadtarchivs Hof ; 7).

0446
Kastner-Masilko, Horst: Franciscus de Paula Triesnecker : 1745 – 1817 ; Astronom, Mathematiker und Landvermesser aus Mallon bei Kirchberg am Wagram. – Gösing am Wagram: Edition Weinviertel 2005, 184 p., ill., mp. – 1. Aufl. [Literaturverz. S.169-174] ISBN 3-901616-73-X.

0447
Keller, Wilfried: Tirol als Einheit im Kartenbild : Teil 1: Ein Rückblick auf 50 Jahr Atlasgeschichte. In: Südtirol in Wort und Bild. 49.2005,2, p.19-27, 25 ill.

0448
Kisić, Anica: The origins pf Camocio's and Rosaccio's Isolario in Croatian collections = O Camocijevu i Rosaccijevu izolaru iz hrvatskih zbirki. In: Five centuries of maps and charts of Croatia = Pet stoljeća geografskih i pomorskih karata Hrvatske. Ed.: Novak, Drago. – Zagreb: Školska Knjiga 2005, p.293-330, 30 ill. [Engl. and Croat.].

0449
Klevisser, Florinda; Lo Rè, Addolorata: Applicazione di techniche G.I.S. per lo studio dell'evolizione della struttura urbana e degli effeti della planificazione: il caso della città di Trieste. In: Bollettino della Associazione Italiana di Cartografia. 42.2005,123/125, p.199-211, 6 ill. G.I.S. technologies for the study of urban structure changes and the effects of planning: the city of Trieste. ISSN 0044-9733.

0450
Knockaert, Alysse; Brondeel, Marijke: 3 D historische reconstructie : meer dan een mooi plaatje!?. In: Geo-Info : tijdschrift voor Geo-Informatie Nederland, GIN. 2.2005,11, p.500-502, 5 ill. 3 D historical reconstruction : more than a nice map. [Dutch]. ISSN 1572-5464.

0451
Koller-Weiss, Katharina: Aegidius Tschudis grosse Manuskriptkarte des schweizerischen Raums und der angrenzenden Gebiete, um 1565. In: Cartographica Helvetica : Fachzeitschrift für Kartengeschichte. 2005,32, p.3-16, 7 ill., 1 portr. ISSN 1015-8480.

0452
Konias, Andrzej: Wojskowe zdjęcia topograficzne na obszarze Małopolski i Górnego Śląska od połowi XVIII do początku XX wieku. In: Sprawozdania z posiedzeń komisji naukowych. 2.2002 (2000), p.107-108, 1 mp. Military topographic photographies in Lesser Poland and Upper Silesia since the middle of the 18th to the beginning of the 20th centuries. [Pol.]. ISSN 0079-354X.

0453
Konopska, Beata: Ewolucja sygnetu wydawniczego Książnicy-Atlas. In: Polski przegląd kartograficzny. 36.2004,1, p.32-36, 12 ill. Evolution of the imprint of the Książnicy-Atlas. [Pol.]. ISSN 0324-8321.

0454
Konopska, Beata: Ewolucja sygnetu wydawniczego Spółki Akcyjnej Atlas i Instytutu Kartograficznego im. Eugeniusza Romera. In: Polski przegląd kartograficzny. 36.2004,3, p.204-208, 7 ill. Evolution of the publisher's imprint of Spółka Akcyjna Atlas and E. Romer's Cartographical Institute. [Pol.]. ISSN 0324-8321.

0455
Korbelářová, Irena; Žáček, Rudolf: Slezsko v I. vojenském (tzv. josefském) mapováni : Edice komentáře. Ed.: Stredisko pro Vydávání Historických Pramenů. – Opava: Stredisko pro Vydávání Historických Pramenů 2005. (Prameny k dejinám Slezska ; 6) Silesia in the I. military (the so called Josefska) map : commented edition. [Czech]. ISBN 80-86224-52-X.

0456
Kozica, Kazimierz: Nieznane wydanie z 1612 roku mapy Śląka Martina Helwiga z 1561 roku. In: Polski przegląd kartograficzny. 36.2004,2, p.92-103, 5 ill., 1 tab. Unknown 1612 edition of the 1561 map of Silesia by Martin Helwig. ISSN 0324-8321.

0457
Kozieł, Andrzej: Haga w Kamieńcu Ząbkovickim, czyli słów kilka o cyklu holenderskich wedut z kamienickiego pałacu. In: Marmur dziejowy: studia z historii sztuki = Historical marble : studies in art history. – Poznań: Wydawnictwo Poznańskiego towarzystwa przyjaciól Nauk 2002, p.390-397, 7 ill. (Prace Komisji Historii Sztuki ; 32) Den Haag in Kamenz, oder einige Worte über den Zyklus der holländischen Veduten aus dem Kamenzer Schloss. [Pol. with Germ. rés.].

0458
Kozličić, Mithad: Historical development of the mapping of Croatian lands = Povijesni razvoj kartografiranja hrvatskih zemalja. In: Five centuries of maps and charts of Croatia = Pet stoljeća geografskih i pomorskih karata Hrvatske. Ed.: Novak, Drago. – Zagreb: Školska Knjiga 2005, p.22-44, 8 ill. [Croat. and Engl.].

0459
Kozličić, Mithad: Panorame Dalmacije Guiseppea Riegera = I panorami della Damazia di giuseppe Rieger; The panoramas of Dalmatia by Guiseppe Rieger; Panoramen Dalmatiens von Giuseppe Rieger. – Split: Hrvatski Hydrografski Institut 2003, 159 p., ill., mp. (Posebna izdanja ; 1). [Croat, Ital., Engl., German]. ISBN 953-6165-07-4.

0460
Kučera, Zdeněk: Bílina a Bílinsko na 7. sekci Müllerovy mapy Čech. In: Z Dějin geodézie a kartografie. 12, p.39-41, 1 mp. Bílina and Bílinsko on the map sheet No. 7 of the Müller map of Silesia. [Czech].

0461
Kučera, Zdeněk; Vacek, Miroslav; Veverka, Jaroslav: Bílinsko na starých mapách. Ed.: Měsko Bílina. – Bílina: Měsko Bílina 2003, 50 p., mp. Bilina in old maps. [Pol.]. ISBN 80-2392260-2.

0462
Küntzel, Rudolf: Ingenieur Richard La Nicca (1794-1883). In: Geomatik Schweiz : Geoinformation und Landmanagement. 103.2005,3, p.126-130, 11 ill. ISSN 0252-9424; 1660-4458.

0463
Kuntzsch, Brigitte: Karten auf Stein : In der größten Steinbibliothek der Welt lagern die ersten Katasterkarten Bayerns. In: Industrie-Kultur : Denkmalpflege, Landschaft, Sozial-, Umwelt- und Technikgeschichte. 21.2002,4, p.4-6, 2 ill., 2 mp. ISSN 0949-3751.

0464
Kupčík, Ivan: Atlas abreviado de Bohemia (1757) Thomase Lópeze z Univerzitní knihovný v Salamance. In: Z Dějin geodézie a kartografie. 12, p.42-46, 4 ill. Bílina and Bílinsko on the map sheet No. 7 of the Müller map of Silesia. [Czech].

0465
La cartothèque de l'IGN : tour d'horizon d'une collection. In: IGN magazine. 13.2002, p.4-9, ill. ISSN 1624-9305.

0466
La Galleria delle carte geografiche in Vaticano = The Gallery of maps in the Vatican. Ed.: Malafarina, Gianfranco. Fotografie di Alessandro Angeli. – Modena: Librerie Panini 2005, 156 p., ill. (Mirabilia Italiae / Guide ; 5). [Ital. and Engl.].

0467
La Lombardia e la Bergamasca : rappresentazioni cartografiche ; sec. XVI-XIX. Ed.: Moreschi, Emilio. – Bergamo: Ateneo di Scienze, Lettere ed Arti <Bergamo> 2005, 154 p., ill. Lombardy and the region of Bergamo : cartographic representations. [Ital.]. [Contains bibl. references, notes and index].

0468
Laboulais-Lesage. Isabelle: Reading a vision of space : the geographical map collection of Charles-Etienne Coquebert de Montbret (1755-1831). In: Imago Mundi : the international journal for the history of cartography. 56.2004,1, p.48-66, 4 ill., 4 plates. [Engl. with French, Germ. and Span. rés.]. ISSN 0308-5694.

0469
Lago, Luciano: Italia : La 'fabrica' della figura. In: L'universo : geografia, cartografia, studi urbani, territoriali e ambientali. 85.2005,3, p.407-419, 5 ill. [Ital.]. ISSN 0042-0409; 0041-0409.

0470
Lago, Luciano: Paesaggi della memoria nella cartografia storica del territorio friulano. In: L'universo : geografia, cartografia, studi urbani, territoriali e ambientali. 85.2005,5, p.703-712, 3 ill. [Ital.]. ISSN 0042-0409; 0041-0409.

0471
Land- und Flurkarten betreffend Gebiete des Kurfürstentums bzw. Königreichs Württemberg : 1804-1840, 1934-1937, (1970) und o.J. Ed.: Hauptstaatsarchiv <Stuttgart>. – Stuttgart: Hauptstaatsarchiv <Stuttgart> 2005, 61 p. (Repertorien / Hauptstaatsarchiv Stuttgart ; Bestand N,60). [Bearb.-Stand 4. November 2005].

0472
Lapaine, Miljenko; Kljajić, Ivka: Some important persons in Croatian Cartography = Nekoliko važnih osoba za hrvatsku kartografiju. In: Five centuries of maps and charts of Croatia = Pet stoljeća geografskih i pomorskih karata Hrvatske. Ed.: Novak, Drago. – Zagreb: Školska Knjiga 2005, p.113-166, 39 ill. [Engl. and Croat.].

0473
Le antiche terre del Ducato di Spoleto : i territori di Spoleto e Terni nella cartografia dei secoli XVI - XIX. Ed.: Ronca, Fabrizio. – Terni: Arti Grafiche Celori 2005, XV, 298 p., ill., mp. The ancient lands of Ducato di Spoleto : the territories of Spoleto and Terni in the cartography of 16th to 19th centuries. [Ital.]. [Exibition catalogue: Mostra "Le Antiche Terre del Ducato di Spoleto. I Territori di Spoleto e Terni nella Cartografia dei Secoli XVI - XIX" ; (Terni) : 2005.09.16-10.15; Contains bibl. references, notes and name index].

0474
Le mappe storiche della Città di Crescentino : immagini cartografiche dei secoli XVIII e XIX. By: Cesare, Allessandra. – Crescentino: Città di Crescentino 2003, [34] p., mp. Historical maps of the city of Crescentino : cartographic images of the 18th and 19th centuries. [Ital.]. [Contains bibliography].

0475
Le Paris des lumières : d'après le plan de Turgot (1734 - 1739) ; [à l'occasion de l'Exposition Paris 1730 d'après le Plan de Turgot, Centre Historique des Archives Nationales, Musée d'Histoire de France, du 12 octobre 2005 au 9 janvier 2006]. By: Fierro, Alfred; Sarazin, Jean-Yves. – Paris: 2005, 143 p., ill., mp. ISBN 2-7118-4985-6; 978-2-7118-4985-7.

0476
Leenders, Eric: Is there still a "Scheldt question"?. In: BIMCC newsletter / Brussels International Map Collectors' Circle. 22.2005, p.21-23, 6 ill. ISSN 1379-3306.

0477
León Guerrero, Montserrat: Introducción Histórica. In: Almanaque perpetuo de Abraham Zacuto : (Venecia 1502). – Valladolid: Seminario Iberoamericano de Descubrimientos y Cartografía, Instituto Interuniversitario de Estudios de Iberoamérica y Portugal 2004, p.7-31 (Descubrimientos y cartografía ; 10) Historical Introduction. [Span.].

0478
Les étapes de création de la «carte de base». In: IGN magazine. 18.2003, p.4-7, ill. ISSN 1624-9305.

0479
Lippstreu, Lothar: Von den Anfängen der geologischen Kartierung im ehemaligen Prueßen – ein Beitrag zum Beginn der geologisch-agronomischen Kartierung im Norddeutschen Flachland vor 125 Jahren. In: Brandenburgische geowissenschaftliche Beiträge. 7.2000,1/2, p.5-19, 1 ill., 3 mp., 5 portr. ISSN 0947-1995.

0480
Lo Rè, Addolorata; Terrana, Medea: Evoluzione spaziale dell'area industriale di Trieste: applicazione di techniche GIS ad una serie di carte antiche. In: Bollettino della Associazione Italiana di Cartografia. 42.2005,123/125, p.213-222, 5 ill. Spatial development of industrial zone of Trieste city: application of GIS technique to some old map. [Ital. with Engl. rés.]. ISSN 0044-9733.

0481
Lucht, Roland: Kartenverfälschung in der DDR : verklärende Rückschau oder kritische Aufarbeitung?. In: Kartographische Nachrichten : KN ; Fachzeitschrift für Geoinformation und Visualisierung ; Organ der Deutschen Gesellschaft für Kartographie e.V., der Schweizerischen Gesellschaft für Kartographie und der Österreichischen Kartographischen Kommission in der Österreichischen Geographischen Gesellschaft. 55.2005,2, p.89-91. ISSN 0022-9164.

0482
Lučić, Josip: Cartography in the Republic of Dubrovnik = O kartografiji u Dubrovačkoj Republici. In: Five centuries of maps and charts of Croatia = Pet stoljeća geografskih i pomorskih karata Hrvatske. Ed.: Novak, Drago. – Zagreb: Školska Knjiga 2005, p.225-255, 17 ill. [Engl. and Croat.].

0483
Lundén, Thomas: Att skapa stater – med kartan som vapen. In: Kart & bildteknik : mapping and image science. 19.2004,2, p.23-25, 2 ill. About the forming of states – with the support of maps. [Swed.]. ISSN 1651-792X.

0484
Machajdíková, Elena; Ragačová, Júlia: Slovensko na mapách v. 16. – 20. storočí. In: Kartografické listy. 13.2005, p.83-91, 5 ill. Slovakia on maps from the 16th to 20th centuries. [Slovak with Engl. rés.].

0485
Macnair, Andrew: Faden's 1797 map of Norfolk digitally redrawn. In: The Bulletin of the Society of Cartographers. 39.2005,1-2, p.71-77, 5 ill. ISSN 0036-1984.

0486
Madan, P.L.: River Ganga : a cartographic mystery. – New Dehli: Manohar Publ. 2005, 110 p., mp. [Includes bibliographical references, p. 109-110] ISBN 81-7304637-9.

0487
Magnus, Olaus: Carta marina [Texte imprimé] : 1539. Ed.: Balzamo, Elena. Éd. et raconté par Elena Balzamo. – Paris: Librairie José Corti 2005, 187 p., ill., mp. (Collection merveilleux ; 26). ISBN 2-7143-0894-5.

0488
Mallinger-Hohensinn, Andreas: Der digitale Franziszeische Kataster. Weltneuheit: Digitalisierung des Franziszeischen Katasters – Daten von 1824 bis 1830 über Internet abrufbar. In: GW-Unterricht : eine Zeitschrift des Vereins "Forum Wirtschaftserziehung" für Geographie und Wirtschaftskunde. 98.2005, p.98-99, 1 ill.

0489
Mapa Górnego Śląska z uwzględniem stosunków językowych, granic powiatowych i kolei żelaznych z 1904 roku. In: Ziemia Śląska. 6.2005, p.455-459, i mp., 1 tab. The map of upper Silesia in consideration of language, district boundaries and railway from the year 1904. ISSN 0860-6676.

0490
Margheri, Giacomo: Le quattro grandi mappe 'blaviane' dell'Istituto Geografico Militare : una proposta di versione italiana della didascalia bilingue di Nova et acurata totius Europae tabula. In: L'universo: geografia, cartografia, studi urbani, territoriali e ambientali. 84.2004,4, p.550-563, 4 ill. The four big "blavian" maps of the geographic military institute : a poposal of the Italian version of the bilingual title of Nova et acurata totius Europae tabula. [Ital.]. ISSN 0042-0409.

0491
Marković, Mirko: Scientific study of old maps of Croatia = Stare karte Hrvatske i njihovo znanstveno izučavanje. In: Five centuries of maps and charts of Croatia = Pet stoljeća geografskih i pomorskih karata Hrvatske. Ed.: Novak, Drago. – Zagreb: Školska Knjiga 2005, p.13-21, 5 ill. [Croat. and Engl.].

0492
Matschenz, Andreas: Vom Selter-Plan zur digitalen K5 : Versuch einer Berliner Stadtkarten-Genealogie. In: Kartographische Nachrichten : KN ; Fachzeitschrift für Geoinformation und Visualisierung ; Organ der Deutschen Gesellschaft für Kartographie e.V., der Schweizerischen Gesellschaft für Kartographie und der Österreichischen Kartographischen Kommission in der Österreichischen Geographischen Gesellschaft. 55.2005,3, p.129-136, 4 ill. ISSN 0022-9164.

0493
Medyńska-Gulij, Beata: Mapy księstw śląskich świdnickiego, jaworskiego i legnickiego z II połowy XVII wieku Fryderyka Khünoviusa = Die Karten der schlesischen Fürstentümer Schweidnitz, Jauer und Liegnitz von Friedrich Khünovius aus der 2. Hälfte des 17. Jahrhunderts. – Wrocław: GAJT Wydawnictwo 2002, 133 p., 43 ill. + 3 mp.-suppl. Fryderyk Khünovius's maps of Silesian duchies (Świdnica, Jawor and Legnica) from the second half of the 17th century. [Pol. with Engl. and Germ. rés.]. ISBN 83-88178-17-2.

0494
Michał, Mączka: Die kartographischen Unterlagen der Plankammer des Oberbergamts Breslau : ihr Verhältnis zu den europäischen Industriegebieten und insbesondere zum Ruhrgebiet. In: Die Überlieferung der preußischen Bergverwaltung : Erfahrungen und Perspektiven zur Bearbeitung des sachthematischen Inventars der preußischen Berg-, Hütten- und Salinenverwaltung, 1763-1865. Ed.: Black-Veldtrup, Mechthild; Farrenkopf, Michael; Reininghaus, Wilfried. – Münster: Landesarchiv Nordrhein-Westfalen 2005, p. 80- 84 (Veröffentlichungen des Landesarchivs Nordrhein-Westfalen ; 1).

0495
Mikšovský, Miroslav; Zimová, Růžena: Soudobé vojonské státní mapové dílo na území České republiky. In: Geodetický a kartografický obzor. 50.2004,12, p.247-251 Up-to-date military state maps on the territory of the Czech republic. [Czech]. ISSN 0016-7096.

0496
Miletić-Drder, Mira: The atlas of the adriatic coast by C.F. Beautemps-Beaupré. In: Five centuries of maps and charts of Croatia = Pet stoljeća geografskih i pomorskih karata Hrvatske. Ed.: Novak, Drago. – Zagreb: Školska Knjiga 2005, p.390-407, 5 ill. Atlas jadranske obale C.F. Beautemps-Beaupréa. [Engl. and Croat.].

0497
Mittermaier, R.; Paul, G.: Die topographische Landesaufnahme im Wandel der Zeit : Von der Vierten zur Fünften Landesaufnahme. In: 100 Jahre Amtsgebäude Krotenthallergasse : see you: www.bev.gv.at ; [1905 – 2005]. [inhaltl. Gestaltung: BEV – Bundesamt für Eich- und Vermessungswesen, Gruppe Vermessung]. Österreich / Bundesamt für Eich- und Vermessungswesen. – Wien: 2005, p.39-49, 9 ill., 2 tab.

0498
Montaner, Maria Carme: Cartografia de la província de Barcelona : 1833 – 2000. Ed.: *Diputació de Barcelona, Xarxa de Municipis. – Barcelona: *Diputació de Barcelona, Xarxa de Municipis 2003, 179 p., ill., mp. Cartography of the province of Barcelona. [Catalan]. [Includes bibliographical references and index] ISBN 84-7794-874-7.

0499
Moreschi, Emilio: La rappresentazione cartografica della Lombardia e della Bergamasca. In: La Lombardia e la Bergamasca : rappresentazioni cartografiche ; sec. XVI-XIX. Ed.: Moreschi, Emilio. – Bergamo: Ateneo di Scienze, Lettere ed Arti <Bergamo> 2005, p.19-128, mp. ill. The cartographic representation of Lombardy and the region of Bergamo. [Ital.].

0500
Moser, Robert H.: History of cartography in Brazil in the 1940s : Jaime Cortesão's Lecture Courses. In: Imago Mundi : the international journal for the history of cartography. 57.2005,1, p.70-74, 1 ill. ISSN 0308-5694.

0501
Müller, Guido: Gustav Pelikan (1840-1919) : ein bedeutender österreichischer Kartograf und Geoplastiker. In: Raumbilder im Wandel : 40 Jahre Geographie an der Universität Salzburg. Ed.: Breuste, Jürgen. – Salzburg: Universität Salzburg / Fachbereich für Geographie, Geologie und Mineralogie 2005, p.27-36, 1 portr., 2 ill. (Salzburger geographische Arbeiten ; 38).

0502
Naddeo, Barbara Ann: Topographies of difference : cartography of the city of Naples, 1627-1776. In: Imago Mundi : the international journal for the history of cartography. 56.2004,1, p.23-47, 13 ill. [Engl. with French, Germ. and Span. rés.]. ISSN 0308-5694.

0503
Nagel, Jürgen G.; Schmidt, Martin: Historische Karten und Listen : zu den Möglichkeiten raumbezogener Industrialisierungsforschung. In: Industrie-Kultur : Denkmalpflege, Landschaft, Sozial-, Umwelt- und Technikgeschichte. 21.2002,4, p.2-3, 2 mp. ISSN 0949-3751.

0504
Needell, Keith: Printed maps of Somersetshire 1575-1850. – Muswell Hill: Needell 2005, 2 vol.

0505
Néma, Sandor: A Győr megyei úrbéri térképek digitalizálása, a helytörténetírás és történetírás. In: Geodézia és kartográfia. 57.2005,11, p.8-11, 8 ill. Writing local history and the digitalisation of the fief maps in Győr County. [Hung. with Geman rés.]. ISSN 0016-7118.

0506
Neubert, Marco; Walz, Ulrich: Historische Landschaftsanalyse für grenzüberschreitende Nationalparkregionen. In: Angewandte Geoinformatik 2005 : Beiträge zum 17. AGIT-Symposium Salzburg. Ed.: Strobl, Josef; Blaschke, Thomas; Griesebner, Gerald. – Heidelberg: Herbert-Wichmann-Verlag 2005, p.513-518, 3 ill., 1 tab.

0507
Niederöst, Jana: Das Relief der Urschweiz von Ludwig Pfyffer (1716-1802) : 3D-Rekonstruktion, Analyse und Interpretation. Ed.: Institut für Geodäsie und Photogrammetrie <Zürich>. – Zürich: Institut für Geodäsie und Photogrammetrie <Zürich> 2005, 211 p., ill., mp. (Mitteilungen / Institut für Geodäsie und Photogrammetrie an der Eidgenössischen Technischen Hochschule Zürich ; 89). [Zugl.: Zürich, Techn. Hochsch., Diss., 2005] ISBN 3-906467-56-2.

0508
Niklasson, Henrik: Unik kartskatt på Internet. In: Nya lantmätaren. 2004,10, p.6-7, 2 mp. Unique map treasure in the Internet. [Swed.].

0509
Noack, Helmut: Allgemeiner geschichtlicher Abriss. In: Nachrichtenblatt der Vermessungs- und Katasterverwaltung Rheinland-Pfalz. 48.2005,2, p.54-72, 13 ill., 6 portr. ISSN 0939-2378.

0510
Novak, Drago; Milinarić, Dubravka: Adriatic Coast and Islands in the Kitab-i Bahriye by Pîrî Reis = Jadranska obala i otoci u kfelu Kitab-i Bahriye Pîrîja Reisa. In: Five centuries of maps and charts of Croatia = Pet stoljeća geografskih i pomorskih karata Hrvatske. Ed.: Novak, Drago. – Zagreb: Školska Knjiga 2005, p.331-367, 18 ill. [Engl. and Croat.].

0511
Novak, Drago; Mlinarić, Dubravka; Lapaine, Miljenko: Usporedbena studija osmanskog kartografiranja hrvatske obale i otoka u 16. stoljeću = A comparative analysis of the 16th century Ottoman mapping of the Croatian coast and islands. In: Kartografija i geoinformacije : KiG ; znanstveno-stručno-informativni časopis Hrvatskoga kartografskog društva. 4.2005, p.78-110, 20 ill., 3 tab. [Croat. and Engl.]. ISSN 1333-896X.

0512
Nováková, Pavlína: Jablunkovské šance – plány a map uložené ve Válečném archivu ve Vídni, Zemském archivu v Opavě a Vojenském historickém archivu v Praze. In: Cieszyńskie studia muzealne. 2.2005, p.184-187, 1 ill. + p.364 Jablunkov Fortifications – plans and maps kept in the War Archive / Kriegsarchiv in Vienna, Regional Archives /Zemský archiv in Opava and the War Historical Institute / Vojenský historický ústav in Prague. [Czech. with Engl. rés.]. ISSN 1733-9820.

0513
Novosel-Žic, Petrica; Richter-Novosel, Željka: Croatian cartographers of the 16th and 17th centuries = Hrvatski kartografi 16. i 17. stoljeća. In: Five centuries of maps and charts of Croatia = Pet stoljeća geografskih i pomorskih karata Hrvatske. Ed.: Novak, Drago. – Zagreb: Školska Knjiga 2005, p.86-111, 11 ill. [Croat. and Engl.].

0514
Olejnizak, Klaus: Die Anfänge des Liegenschaftskatasters im Raum Trier (von 1720 bis 1934). In: Nachrichtenblatt der Vermessungs- und Katasterverwaltung Rheinland-Pfalz. 48.2005,2, p.98-114, 25 ill., 3 tab. ISSN 0939-2378.

0515
Oliver, Richard, R.: A guide to the ordnance survey one-inch seventh series. – London: The Charles Close Society 2004, 68 p., mp. – 2. ed. [Includes bibliographical references] ISBN 1-87059-823-7.

0516
Oliver, Richard, R.: Ordnance survey maps : a concise guide for historians. Ed.: The Charles Close Society. – London: The Charles Close Society 2005, 256 p., ill., mp. – 2. ed., rev. and expanded. [Includes bibliographical references and index] ISBN 1-87059-824-5.

0517
Opll, Ferdinand: Katasterkarten und Ansichten der Stadt Wien (spätes 18. bis frühes 19. Jahrhundert). In: Wiener Geschichtsblätter. 60.2005,4, p.15-28. ISSN 0043-5317.

0518
Orachev, Atanas: Bulgaria in the European cartographic concepts until XIX century. – Sofia: Borina 2005, 143 p., ill., mp. ISBN 954-500135-6.

0519
Ottoson, Lars: Den svenska topografiska kartläggningen 200 år. In: Kart & bildteknik : mapping and image science. 20.2005,2, p.14-16, 4 ill. 200 years of Swedish topographic survey. [Swed.]. ISSN 1651-792X.

0520
Pätzold, Stefan: Die Pforzheimer Stadtansichten des Georg Gadner (1594) und des Matthäus Merian (1643). – 2. Aufl In: Pforzheim zur Zeit Reuchlins : anlässlich des 550. Geburtsjahres von Johannes Reuchlin. – Ubstadt-Weiher: Verl. für Regionalgeschichte 2005, p.50-56, 2 ill. (Ängste und Auswege : Bilder aus Umbruchszeiten in Pforzheim ; 2).

0521
Pagani, Lelio: Il recupero di un prezioso documento : la carta del Museo Adriano Bernareggi, nel contesto della produzione cartografica di Cristoforo Sorte. In: La Lombardia e la Bergamasca : rappresentazioni cartografiche ; sec. XVI-XIX. Ed.: Moreschi, Emilio. – Bergamo: Ateneo di Scienze, Lettere ed Arti <Bergamo> 2005, p.129-148, 9 ill. The recovery of a precious document : the map of the museum Adriano Bernareggi, in context of the cartographical production of Cristoforo Sorte. [Ital.].

0522
Pandžić, Ankica: Territorial boundaries and geographical and polizical division of Croatia = Granice i geografsko-politička podijeljenost Hrvatske. In: Five centuries of maps and charts of Croatia = Pet stoljeća geografskih i pomorskih karata Hrvatske. Ed.: Novak, Drago. – Zagreb: Školska Knjiga 2005, p.45-61, 12 ill. [Croat. and Engl.].

0523
Panten, Albert: Studien zum Danewerk. In: Archäologische Nachrichten aus Schleswig-Holstein : Mitteilungen der Archäologischen Gesellschaft Schleswig-Holstein e.V. 13.2005, p.132-159, 16 ill. ISSN 0942-9107.

0524
Papp, Júlia: The catalogue of Bernhard Paul Moll (1697-1780) and his Atlas Hungaricus. In: Imago Mundi : the international journal for the history of cartography. 57.2005,2, p.185-194, 5 ill., 2 plates. [Engl. with French, Germ. and Span. rés.]. ISSN 0308-5694.

0525
Papp-Váry, Arpád: Torzított turistatérképek Magyarországon. In: Geodézia és kartográfia. 57.2005,11, p.18-23, 2 ill. Distorted hiking maps in Hungary. [Hung. with Engl. rés.]. ISSN 0016-7118.

0526
Parent, Thomas: Ortsgrundrisse als Geschichtsquellen : das Beispiel des Glasmacherorts Gernheim/Weser. In: Industrie-Kultur : Denkmalpflege, Landschaft, Sozial-, Umwelt- und Technikgeschichte. 21.2002,4, p.10-15, 7 ill. ISSN 0949-3751.

0527
Pasławski, Jacek: O inicjatywie wydania przed I wojną światową polskich arkuszy Międzynarodowej Mapy Świata 1:1 000 000. In: Polski przegląd kartograficzny. 36.2004,1, p.26-29, 1 ill. On the initiative to publish Polish sheets of the International Map of the World 1:1 000 000 before the World War I. [Pol.]. ISSN 0324-8321.

0528
Pastoureau, Mireille: Some interesting maps of Croatia = Neke zanimlijive karte Hrvatske koje se čuvaju u Bibliothèque Nationale u Parizu. In: Five centuries of maps and charts of Croatia = Pet stoljeća geografskih i pomorskih karata Hrvatske. Ed.: Novak, Drago. – Zagreb: Školska Knjiga 2005, p.167-178, 6 ill. [Engl. and Croat.].

0529
Paviot, Jacques: Les cartes et leur utilisation à la fin du Moyen Âge : l'exemple des principautés bourguignonnes et angévines. In: Itineraria : letteratura di viaggio e conoscenza del mondo dall'Antichità al Rinascimento. 2.2003, p.201-228. ISSN 1594-1019.

0530
Pawlak, Władysław: Kartografia na tle innych badań i działalności Eugeniusza Romera. In: Polski przegląd kartograficzny. 36.2004,1, p.3-11, 1 portr. Cartography among other research and activities of Eugeniusz Romer. [Pol. with Engl. and Russ. rés.]. ISSN 0324-8321.

0531
Pesaro, Allesandro: Il segna e la memoria : due secoli di mappe e cartografie manoscritte a S. Daniele del Friuli. – Udine: Forum 2004, VII, 127 p., ill., mp. The sign and the memory : two centuries of maps and handwritten cartogrpahy for S. Daniele di Friuli. [Ital.]. [Contains bibliography and notes] ISBN 88-8420-228-0.

0532
Pešt'ák, Jaroslav; Zimová, Růžena: Polohová přesnost objektů na mapách prvního a druhého vojenského mapování. In: Kartografické listy. 13.2005, p.92-100, 3 ill., 4 tab. Position accuracy of objects in the maps of 1st and 2nd military mapping. [Slovak with Engl. rés.].

0533
Petto, Christine M.: From "l'État, c'est moi" to "L'État, c'est l'État" : mapping in early modern France. In: Cartographica : the international journal for geographic information and geovisualization. 40.2005,3, p.53-78,7 ill. ISSN 0340-0654; 0317-7173.

0534
Pfahlbusch, René: Bemerkungen zur Entgegnung von D. Unverhau "Offensichtlich vom Standpunkt der Ehre aus betrachtet" (KN 1/2005, Seite 36). In: Kartographische Nachrichten : KN ; Fachzeitschrift für Geoinformation und Visualisierung ; Organ der Deutschen Gesellschaft für Kartographie e.V., der Schweizerischen Gesellschaft für Kartographie und der Österreichischen Kartographischen Kommission in der Österreichischen Geographischen Gesellschaft. 55.2005,1, p.39-40. ISSN 0022-9164.

0535
Photographic reconnaissance and photographic intelligence, 1939-1944. – Fulbourne: GeoInformation historic 2003. [Originally published: 1945, in UK air ministries serial evidence camera] ISBN 0-9545270-0-3; 978-0-9545270-0-6.

0536
Pinon, Pierre: Les plans de Paris : histoire d'une capitale. – Paris: Le Passage 2005, 135 p., mp. – [2. Aufl.]. ISBN 2-8474-2061-4.

0537
Pinyana i Gari, Maria Carme: Cartografia històrica de la Corona d'Aragó : segles XVI a XVIII ; collecció de la Universitat Jaume I. – Castello: 2005, 219 p., mp. Historical cartography of Aragón : XVI to XVIII century ; collection of the University Jaume I. [Span.]. ISBN 84-8021-539-9; 978-84-8021-539-8.

0538
Plann und Grundriß vom gantzen Deßenberg und angrentzenden Landschafften auff demselben : gezeichnet von Samuel Bodmer, 1709. In: Schriftenreihe Verein Bielerseeschutz VBS. 14.2005, 8 p., 6 ill.

0539
Polto, Corradina: L'atlante di Marinelli e la cartografia storica : il caso di alcuni tipi geografici della Sicilia orientale. In: L'universo : geografia, cartografia, studi urbani, territoriali e ambientali. 85.2005,6, p.835-848, 17 ill. [Ital.]. ISSN 0042-0409; 0041-0409.

0540
Poppe, Eddie: Ijswegenkaarten. In: Geo-Info : tijdschrift voor Geo-Informatie Nederland, GIN. 2.2005,2, p.77, 1 mp. Iceway maps. ISSN 1572-5464.

0541
Pressenda, Paola: Carte topografiche e memorie corografiche : un contributo alla storia della cartografia della regione alpina. – Alessandria: Edizioni dell'Orso 2002, 204 p. (Geographica ; 3) Topographic maps and corographical memories : a contribution to history of cartography in the Alps region. [Ital.]. [Contains bibliography, bibl. references and notes] ISBN 88-7694-635-7.

0542
Pressenda, Paola: Il cabreo della Prebenda Arcidiaconale del Capitolo della Cattedrale di Asti e l'attività dell'agrimensore Petrino Musso. In: Il libro delle mappe dell'Arcidiacono Riperti : un cabreo astigiano del Settecento. Ed.: Sereno, Paola. – Asti: Asti <Provincia> 2002, p.43-61, 8 ill., 1 tab. The cadaster of the archdeaconal benefice of the capitol of the Asti Cathedral and the activities of the land surveyor Petrino Musso. [Ital.].

0543
Pressenda, Paola: Le mappe del cabreo : repertorio cartobibliographico. In: Il libro delle mappe dell'Arcidiacono Riperti : un cabreo astigiano del Settecento. Ed.: Sereno, Paola. – Asti: Asti <Provincia> 2002, p.115-182, 27 ill. Cadastral maps : cartobibliographical repertory. [Ital.].

0544
Przybytek, Dariusz: Kartografia historyczna Śląska XVIII – XX wieku. – Wrocław: Wydawn. Uniwersytetu Wrocławskiego 2002, 187 p., ill., mp. (Acta Universitatis Wratislaviensis ; 2456) Historical cartography of Silesia, 18th to 20th century. [Pol. with Germ. rés.]. ISBN 83-229-2346-5; 978-83-229-2346-7.

0545
Przyłuska, Barbara: Wystawa "Eugeniusz Romer – geograf i kartograf trzech epok" w Bibliotece Narodowej. In: Polski przegląd kartograficzny. 36.2004,3, p.234-237, 2 ill. [Pol.]. ISSN 0324-8321.

0546
Raffestin, Claude: From text to image. In: Geopolitics. 5.2000,2, p.7-34, 26 mp. ISSN 1465-0045.

0547
Rappresentare e misurare il mondo : da Vespucci alla modernità. Ed.: Cantile, Andrea; Lazzi, Giovanna; Rombai, Leonardo. – Firenze: Polistampa 2004, 342 p., ill., mp. Representing and measuring the world : from Vespucci to modern era. [Ital.]. [Contains bibliography] ISBN 88-8304-817-2.

0548
Riebau, Michaela H.: Die schwedische Matrikelkarte von Vorpommern und ihrte Bedeutung für die Erforschung der Bodendenkmäler dargestellt am Beispiel der Gebiete um Greifswald-Wusterhusen und der Insel Usedom. – Langenweißbach: Beier & Beran 2005, 210 p., 16 Taf., ill., mp. (Beiträge zur Ur- und Frühgeschichte Mitteleuropas ; 41). [Zugl.: Greifswald, Univ., Diss., 2003].

0549
Rodier, Xavier: Représentation de l'espace gaulois d'après Grégoire de Tours. In: M@ppemonde : revue trimestrielle sur l'image géographique et les formes du territoire. 76.2004,4, 5 p., 10 ill. ISSN 0764-3470.

0550
Rose, Edward P.F.: Specialist maps of the channel islands prepared by German military geologists during the second world war : German expertise deployed on British terrain. In: The Cartographic Journal. 42.2005,2, p.111-136, 26 ill. ISSN 0008-7041.

0551
Ruiz Morales, Mario: El mejor cartógrafo andalusí y su paradójica descripción de Granada. In: Topografía y cartografía : TOPCART ; revista del Colegio Oficial de Ingenieros Técnicos en Topografía. 21.2004,125, p.39-41, 3 ill. The best Andalus cartographer and his paradoxical description of Granada. [Span.]. ISSN 0212-9280.

0552
Ruiz Morales, Mario: Laussedat y la Academia de Ciencias de España (I). In: Topografía y cartografía : TOPCART ; revista del Colegio Oficial de Ingenieros Técnicos en Topografía. 22.2005,128, p.27-34, 8 ill. Laussedat and the Spanish Academy of Science. [Span.]. ISSN 0212-9280.

0553
Ruiz Morales, Mario: Laussedat y la Academia de Ciencias de España (y II). In: Topografía y cartografía : TOPCART ; revista del Colegio Oficial de Ingenieros Técnicos en Topografía. 22.2005,129, p.29-47, 3 tab. Laussedat and the Spanish Academy of Science. [Span.]. ISSN 0212-9280.

0554
Ruiz Morales, Mario; Ruiz Bustos, Mónica: Jorge Juan y sus proyectos para un mapa de España. Ed.: Universidad <Granada>. – Granada: Universidad <Granada> 2005, 136 p., ill. (Monográfica : Biblioteca de humanidades ; Chrónica nova de estudios históricos ; 91) Jorge Juan and his plans for a map of Spain. [Span. and Engl.]. ISBN 84-338-3506-8.

0555
Sáenz-López Pérez, Sandra: La representación de Gog y Magog y la imagen del Anticristo en las cartas náuticas bajomedievales. In: Archivo Español de Arte. 78.2005,311, p.263-276.

0556
Salgaro, Silvino: Gli ingegneri geografi militari francesi e la raffigurazione del terreno tra XVIII e XIX secolo. In: Bollettino della Associazione Italiana di Cartografia. 42.2005,123/125, p.223-249, 10 ill.b.2.g The military French geographical engineers and the representation of the territory between the XVIII and XIX century. [Ital. with Engl. rés.]. ISSN 0044-9733.

0557
Salway, Benet: The nature and genesis of the Peutinger map. In: Imago Mundi : the international journal for the history of cartography. 57.2005,2, p.119-135, 3 ill., 1 plate. [Engl. with French, Germ. and Span. rés.]. ISSN 0308-5694.

0558
Samuelsson, Göran: Det svenska Lantmäteriets digitala arkiv. In: Kart & bildteknik : mapping and image science. 19.2004,4, p.6-10, 7 ill. The Swedish land survey's digital archive. [Swed.]. ISSN 1651-792X.

0559
Schäfer-Weiss, Dorothea; Versemann, Jens: The influence of Goethe's Farbenlehre on early geological map colouring : Goethe's contribution to Christian Keferstein's General Charte von Teutschland. In: Imago Mundi : the international journal for the history of cartography. 57.2005,2, p.164-184, 1 ill., 4 plates. [Engl. with French, Germ. and Span. rés.]. ISSN 0308-5694.

0560
Schans, René van der: Waar het gebeurde : de plek van de geschiedenis. In: Geo-Info : tijdschrift voor Geo-Informatie Nederland, GIN. 2.2005,5, p.238-243, 21 ill. Where it happened : the place of history. [Dutch with Engl. rés.]. ISSN 1572-5464.

0561
Schiedt, Hans-Ulrich: Die Karte der Schweiz von Joseph Edmund Woerl, 1835/36. In: Cartographica Helvetica : Fachzeitschrift für Kartengeschichte. 2005,32, p.33-39, 6 ill. ISSN 1015-8480.

0562
Schmidt-Rutsch, Olaf: Pläne für Doppelschleusen und Schiffstunnel : Verkehrsprobleme an der Ruhr und ihre möglichen Lösungen vor 160 Jahren. In: Industrie-Kultur : Denkmalpflege, Landschaft, Sozial-, Umwelt- und Technikgeschichte. 21.2002,4, p.22-23, 2 mp. ISSN 0949-3751.

0563
Schumacher, Heinrich: Bibliographie der Campschen Karten von Ostfriesland. In: Die große handgezeichnete Campsche Karte von Ostfriesland von 1806 : (Staatsbibliothek zu Berlin Preußischer Kulturbesitz, Kart. N 27299). Ed.: Henninger, Wolfgang; Kappelhoff, Bernd. – Hannover: 2005, p.51-54 (Veröffentlichungen der Historischen Kommission für Niedersachsen und Bremen ; 226).

0564
Schumacher, Heinrich: Die Ostfriesland-Karten des niederländischen Artillerie-Kapitäns Willem Camp. In: Die große handgezeichnete Campsche Karte von Ostfriesland von 1806 : (Staatsbibliothek zu Berlin Preußischer Kulturbesitz, Kart. N 27299). Ed.: Henninger, Wolfgang; Kappelhoff, Bernd. – Hannover: 2005, p.31-50, 6 ill., 2 tab. (Veröffentlichungen der Historischen Kommission für Niedersachsen und Bremen ; 226).

0565
Sea charts of the British Isles : a voyage of discovery around Britain & Ireland's coastline. By: Blake, John. – London: Conway Maritime Press 2005, 128 p., ill., mp. [Literaturverz. S. 126] ISBN 1-8448-6024-8; 978-1-8448-6024-1.

0566
Semotanová, Eva: Kdy zmizel ze starých maprybník Blato na Poděbradsku?. In: Z Dějin geodézie a kartografie. 12, p.30-38, 7 mp. When does the pond Blato disappear on old maps?. [Czech].

0567
Semotanová, Eva: Místopis Kladska na Historické mapě Čech Františka Palackého ve srovnání s názvoslovím vybraných map středních měřítek. In: Vladimír Wolf et Opera Corcontica : sborník příspěvků k šedesátinám Prof. PhDr. Vladimíra Wolfa. – Hradec Králové: 2002, p.326-347, 3 ill. (Dissertationes historicae ; 7.2002) Die Topographie des Glatzer Landes auf der Historischen Karte Böhmens von František Palacký im Vergleich zur Terminologie ausgewählter Karten des mittleren Maßstabes.

0568
Sereno, Paola: "Far riconoscer per misura giudiciale" : la formazione dei cabrei e delle mappe cabreistiche. In: Il libro delle mappe dell'Arcidiacono Riperti : un cabreo astigiano del Settecento. Ed.: Sereno, Paola. – Asti: Asti <Provincia> 2002, p.19-42, 11 ill. Legalize by judicial measurement : the formation of "Cabrei" (cadasters) and of cadastral maps.

0569
Sheesley, Benjamin C.: 2003 Ristow Prize for cartographic history and librarianship : a Humboldtian science framework for William Whewell's maps of the oceanic tides. In: The Portolan : the journal of the Washington Map Society. 59.2004, p.9-26, 7 ill. ISSN 1096-1925.

0570
Skrycki, Radosław: Kartografia Nowej Marchii do końca XVIII wieku. In: Polski przegląd kartograficzny. 36.2004,4, p.295-301, 5 ill. Cartography of Nowa Marchia at the end of the 18th century. ISSN 0324-8321.

0571
Slukan Altić, Mirela: New findings on the Portolan Atlas by Diogo Homem = Novi podaci o portulanskom atlasu Dioga Homema. In: Five centuries of maps and charts of Croatia = Pet stoljeća geografskih i pomorskih karata Hrvatske. Ed.: Novak, Drago. – Zagreb: Školska Knjiga 2005, p.408-428, 10 ill. [Engl. and Croat.].

0572
Slukan Altić, Mirela: Povijesna kartografija : kartografski izvori u povijesnim znanostima. – Samobor: 2003, 495 p., ill., mp. (Biblioteca Geographia Croatica ; 18) Historical cartography : cartographic sources in historical sciences. [Hung. with Engl. rés.]. [English summary: Cartographic sources in historical sciences] ISBN 953-7004-75-9.

0573
Smith, Jim R.: The Struve Geodetic Arc. In: Surveying and land information science : an official journal of ACSM devoted to the sciences of surveying and mapping, land information and related fields. 64.2004,4, p.259-265, 6 ill., 2 tab. ISSN 1538-1242; 1052-2905.

0574
Šolar, Renata; Radovan, Dalibor: Projekt digitalizacije starih karata slovenskog prostora – u suradnji bibliotekarstvo i geodezija = The project of digitisation of old maps of Slovenian territory – librarianship and geodesy in cooperation. In: Kartografija i geoinformacije : KiG ; znanstveno-stručno-informativni časopis Hrvatskoga kartografskog društva. 3.2004, p.60-66, 3 ill. [Croat. and Engl.]. ISSN 1333-896X.

0575
Sossa, Rostyslav Ivanovyč: Kartohrafuvannja terytoriï Ukraïny : istorija, perspektyvy, naukovi osnovy. – Kyïv: Naukova dumka 2005, 290 p., 76 ill., 14 tab. ISBN 966-00-0455-9.

0576
Sponberg Pedly, Mary: The commerce of cartography : making and marketing maps in eighteenth-century France and England. – Chicago, Ill.: Univ. of Chicago Press 2005, XV, 345p., ill., mp. ISBN 0-226-65341-2.

0577
Spyra, Janusz: Najstarsze plany Cieszyna. In: Cieszyńskie studia muzealne. 2.2005, p.188-207, 3 ill. + p.364-365. [Pol. with Engl. rés.]. ISSN 1733-9820.

0578
Storms, Martijn: Op zoek naar buitenlandse kaartboeken. In: Geo-Info : tijdschrift voor Geo-Informatie Nederland, GIN. 2.2005,7/8, p.356-360, 5 ill. On the search of foreign mapbooks. [Dutch]. ISSN 1572-5464.

0579
Svedjemo, Gustav; Jungert, Erland: Ontology over the historical maps of Gotland 1693-1705. In: ScanGIS'2005 – Proceedings of the 10th Scandinavian Research Conference on Geographical Information Science, Stockholm, Sweden, 13-15 June 2005. Ed.: Tveite, Håvard; Hauska, Hans. Kungliga Tekniska Högskolan : KTH 2005, p.17-30, 5 ill., 3 tab.

0580
Symposium zur schwedischen Nationalausgabe der älteren geometrischen Karten aus Anlass des 250-jährigen Bestehens der Königlichen Akademie der Geisteswissenschaften in Stockholm vom 27. bis 28. November 2003. In: Rundbrief Geographie. 187.2004, p.26-27.

0581
Szafarz, Jolanta: Schlesiens Bild in der Kartographie des 17. Jahrhunderts. In: Kulturgeschichte Schlesiens in der Frühen Neuzeit : Band 1. Ed.: Garber, Klaus. – Tübingen: Niemeyer 2005, p. 513-519 (Kulturgeschichte Schlesiens in der Frühen Neuzeit).

0582
Szaniawska, Lucyna: Cenne kopie dawnych planów miast polskich z Biblioteki Państwowej w Berlinie w Bibliotece Narodowej. In: Polski przegląd kartograficzny. 36.2004,3, p.208-210, 3 ill. Valuable copies of old plans of Polish towns from the State Library in Berlin exhibited in the National Library. [Pol.]. ISSN 0324-8321.

0583
Timár, Gábor: GIS integration of the second military survey sections – a solution valid on the territory of Slovakia and Hungary. In: Kartografické listy. 12.2004, p.119-126, 2 ill. [Engl. with Slovak rés.].

0584
Tobé, Erik: Perfekt karta med enkla metoder. In: Kart & bildteknik : mapping and image science. 19.2004,2, p.14, 1 ill. Perfect map with a clear method. [Swed.]. ISSN 1651-792X.

0585
Tollin, Clas: Geometrisk jordebok P2 över Gudhems härad. In: Kart & bildteknik : mapping and image science. 19.2004,2, p.26-28, 3 ill. Geometric land register P2 regarding Gudhem. [Swed.]. ISSN 1651-792X.

0586
Torge, Wolfgang: Der lange Weg der preußischen Landesvermessung : zum 100. Todestag von Oscar Schreiber (1829-1905). In: ZfV : Zeitschrift für Geodäsie, Geoinformation und Landmanagement. 130.2005,6, p.359-371, 6 ill. ISSN 1618-8950.

0587
Tra mappe, catasti, cabrei : la rappresentazione del territorio e del paessagio della provincia di Terni tra Settecento e Ottocento. By: Ciuffetti, Augusto; Arca Petrucci, Marcella. – Terni: Provincia di Terni 2003. (Collana "Conoscere e sapere" : cataloghi per la conoscenza e la valorizzazione dei beni culturali nel territorio della Provincia di Terni ; 14) About maps, cadastres : the representation of the territory and the countryside of the province of Terni in the eighteenth and nineteenth centuries. [Ital.]. [Contains notes].

0588
Unverhau, Dagmar: Offensichtlich vom Standpunkt der Ehre aus betrachtet : eine Entgegnung auf René Pfahlbuschs " 'Kartenverfälschung'" in Deutschlanrd?!" (KN 5, 2004, S.218-224). In: Kartographische Nachrichten : KN ; Fachzeitschrift für Geoinformation und Visualisierung ; Organ der Deutschen Gesellschaft für Kartographie e.V., der Schweizerischen Gesellschaft für Kartographie und der Österreichischen Kartographischen Kommission in der Österreichischen Geographischen Gesellschaft. 55.2005,1, p.36-39. ISSN 0022-9164.

0589
Valerio, Vladimiro: La cartografia storica nell'analisi territoriale. Esame e considerazioni storiche sulla Fagianeria annessa al Real Palazzo di Portici. In: L'universo : geografia, cartografia, studi urbani, territoriali e ambientali. 85.2005,1, p.106-129, 20 ill. [Ital.]. ISSN 0042-0409; 0041-0409.

0590
Vandenbroucke, Martijn: An extraordinary example of local cartography : the land books of Baron von Plotho. In: BIMCC newsletter / Brussels International Map Collectors' Circle. 21.2005, p.21-23, 2 ill., 1 tab. ISSN 1379-3306.

0591
Ventura, Antonio: L' Italia di Piri Re'is : la cartografia turca alla corte di Solimano il Magnifico. – Lecce: Capone editore 2000, 95 p., ill., mp. The Italy of Piri Re'is : the Turkish cartography at the court of Solimano il Magnifico. [Ital.]. [First publ. in 3 vols. 1988-1991; Contains bibliography and notes] ISBN 88-8349-008-8.

0592
Vischer, Daniel; Feldmann, Hans-Uli: Die erste Juragewässerkorrektion, 1868-1891. In: Cartographica Helvetica : Fachzeitschrift für Kartengeschichte. 2005,32, p.17-32, 17 ill., 1 portr. ISSN 1015-8480.

0593
Wallace, Timothy; Heuvel, Charles van den: Truth and accountability in geographic and historical visualizations. In: The Cartographic Journal. 42.2005,2, p.173-181, 4 ill. ISSN 0008-7041.

0594
Wallis, Helen: The Franciscan Vincenzo Coronelli and the Adriatic Sea = Franjevac Vincenzo Coronelli i Jadransko more. In: Five centuries of maps and charts of Croatia = Pet stoljeća geografskih i pomorskih karata Hrvatske. Ed.: Novak, Drago. – Zagreb: Školska Knjiga 2005, p.179-201, 10 ill. [Engl. and Croat.].

0595
Watelet, Marcel: L'après-Waterloo : cartographie et paysage mémoriel. Essai de typologie. In: Waterloo : monuments et représentations de mémoires européennes (1792-2001) : actes du colloque international de Louvain-la-Neuve, organisé par l'Association Franco-Européenne de Waterloo le 20 octobre 2001. – Louvain-la-Neuve: Association Franco-Européenne de Waterloo 2003, p.269-296, 8 ill.

0596
Westfälisches Ruhrgebiet : Stadt Bochum, Stadt Bottrop, Stadt Dortmund, Stadt Gelsenkirchen, Stadt Herne, Kreis Recklinghausen. Bearb. von Michael Schmitt unter Mitarb. von Patrick Schuchert. – Münster: Ardey 2005, 352 p., ill., mp. (Westfalia picta : Erfassung westfälischer Ortsansichten vor 1900 ; 9). ISBN 3-87023-238-2.

0597
Wheeler, R.C.: What is a place?. In: Sheetlines / The Charles Close Society for the Study of Ordnance Survey Maps. 74.2005, p.28-32, 4 ill. ISSN 0962-8207.

0598
Wildmann, Radek: Mapová tvorba a proces její standardizace v GeoSI AČR. In: Geodetický a kartografický obzor. 51.2005,6-7, p.114-123, 12 ill., 2 tab. Cartographic production and its standardization process in geographic service of the Czech Armed Forces. [Czech with Engl. rés.]. ISSN 0016-7096.

0599
Winkler, Richard: Die handgezeichneten Karten des Staatsarchivs Bamberg bis 1780. Ed.: Bayern / Generaldirektion der Staatlichen Archive. – München: Bayern / Generaldirektion der Staatlichen Archive 2005, IX, 574 p., 16 [Bl.], mp. (Schriften zur Heimatpflege in Oberfranken : Reihe 1, Geschichte und Museumswesen ; 4). ISBN 3-921635-93-4.

0600
Woźniak, Michał: Niemieckie mapy turystyczne Karkonoszy do 1945 roku. In: Polski przegląd kartograficzny. 37.2005,2, p.101-110, 4 mp. German tourist maps of Karkonosze before 1945. [Pol. with Engl. and Russ. rés.]. ISSN 0324-8321.

0601
Wytyczak, Roman: Mapa Śląska M. Quada z XVI w., księstwa cieszy T.C. Lottera z XVIII w. i Ukrainy wedł W. Beauplana z XVII stulecia – nowe nabytki gabinetu kartografii Ossolineum = Die Karte Schlesiens von M. Quos aus dem 16. Jahrhundert, des Herzogtums Teschen von T.C. Lotter aus dem 18. Jahrhundert und der Ukraine von W. Beauplan aus dem 17. Jahrhundert – Neuerwertb des Kartographiekabinetts des Ossolineums. In: Czasopismo Zakladu Narodowego Imienia Ossolińskich. 13.2002, p.177-187, 6 ill. [Pol. with Germ. rés.]. ISSN 1230-221X.

0602
Wytyczak, Roman: Z badań nad chronologią wydań i wiarygodnością treści map Jonasa Scultetusa. In: Polski przegląd kartograficzny. 36.2004,3, p.187-198, 5 ill., 9 tab. Fromthe research on the chronology of editions and the reliability of the maps. ISSN 0324-8321.

0603
Zölitz-Möller, Reinhard: Die Schwedische Landesaufnahme von Vorpommern 1692-1709 : herausragendes Katasterwerk und Quelle für die Kulturlandschaftsforschung in einem peripheren Raum. In: Siedlungsforschung : Archäologie, Geschichte, Geographie. 22.2004, p.145-158. ISSN 0175-0046.

0604
Zoeren, M.R. van: Leonardo da Vinci bracht een stad in kaart. In: Geo-Info : tijdschrift voor Geo-Informatie Nederland, GIN. 2.2005,12, p.564-567, 5 ill. Leonardo da Vinci put a town on a map. [Dutch]. ISSN 1572-5464.

h. Polar Regions
Polargebiete
Régions polaires

0605
Friolo, Riccardo: L'evoluzione cartografico-conoscitiva dei luoghi ricondotti alla rotta marittima verso il Polo Nord. In: Bollettino della Associazione Italiana di Cartografia. 42.2005,123/125, p.297-308, 1 tab. The cartographic-cognitive evolution of the places linked to the maritime route to the North Pole. [Ital. with Engl. rés.]. ISSN 0044-9733.

0606
Seibold, Eugen: Antike Vorstellungen und die Nordostpassage. Ed.: Akademie der Wissenschaften und der Literatur. – Stuttgart: Franz Steiner Verlag 2005, 20 p., mp. (Abhandlungen der Mathematisch-Naturwissenschaftlichen Klasse ; 2005,2). [Literaturverz. S. 18-20] ISBN 3-515-08752-4.

i. Outer Space
Weltraum
L'espace cosmique

0607
Blumer, R.; Butenuth, J.; Münzenmayer, H.: Johann Gottlieb Friedrich Bohnenberger und der große astronomische Kreis der Fa. Reichenbach-Utzschneider im Tübinger Observatorium. In: Mitteilungen und Veröffentlichungen zum Vermessungswesen aus den Themenbereichen Geodäsie, Geoinformation und Landmanagement / Deutscher Verein für Vermessungswesen, Landesverein Baden-Württemberg e.V. 52.2005,2, p.96-104, 7 ill. ISSN 0940-2942.

0608
Brosche, Peter: Der Astronom der Herzogin : Leben und Werk von Franz Xaver von Zach ; 1754 – 1832. – Frankfurt am Main: Deutsch 2001, 305 p., ill. – 1. Aufl. (Acta historica astronomiae ; 12). ISBN 3-8171-1656-X.

0609
Celestial images : antiquarian astronomical charts and maps from the Mendillo Collection. Ed.: Boston University. – Boston, Mass. [u.a.]: Boston University 2005, 87 p., ill. ISBN 1-88145-022-8; 978-1-88145-022-1.

0610
Cuvigny, Hélène: Une sphère céleste antique en argent ciselé. In: Gedenkschrift Ulrike Horak : (P. Horak). Ed.: Harrauer, Hermann; Pintaudi, Rosario. – Firenze: Gonnelli, Edizioni 2004, p.345-[381], 11 ill. (Papyrologica Florentina ; 34.2004).

0611
Dekker, Elly: Die Sammlung von Planetenbahnen, Sphären und Globen in Florenz. In: Der Globusfreund : wissenschaftliche Zeitschrift für Globenkunde. 51/52.2003/04, p.87-105, 7 ill. [German with Engl. rés.]. ISSN 0436-0664.

0612
Dolz, Wolfram: Die "Wiedergeburt" des Gottorfer Globus in Schleswig. In: Kartographische Nachrichten : KN ; Fachzeitschrift für Geoinformation und Visualisierung ; Organ der Deutschen Gesellschaft für Kartographie e.V., der Schweizerischen Gesellschaft für Kartographie und der Österreichischen Kartographischen Kommission in der Österreichischen Geographischen Gesellschaft. 55.2005,6, p.324-325, 3 ill. ISSN 0022-9164.

0613
Dolz, Wolfram: Präsentation eines Marsglobus. In: Dresdener Kunstblätter : Vierteljahresschrift der Staatlichen Kunstsammlungen Dresden. 47.2003,5, p.286-287, 1 ill. ISSN 0418-0615.

0614
Erb, Siegfried: Tobias Mayer – ein beinahe vergessenes Genie : Vermessungsgeschichte ganz in unserer Nähe. In: Ingenieurblatt für Baden-Württemberg : Mitteilungsblatt des Baden-Württembergischen Baumeister- und Ingenieurbundes ; Bund Deutscher Baumeister, Architekten und Ingenieure, BDB. 51.2005,2, p.128-133, 7 ill. ISSN 0020-1189.

0615
Erb, Siegfried: "Vermesser des Meeres, der Erde und des Himmels" : Tobias Meyer – ein beinahe vergessenes Genie. In: Mitteilungen und Veröffentlichungen zum Vermessungswesen aus den Themenbereichen Geodäsie, Geoinformation und Landmanagement / Deutscher Verein für Vermessungswesen, Landesverein Baden-Württemberg e.V. 51.2004,2, p.113-146, 12 ill., 1 portr. ISSN 0940-2942.

0616
Kluckert, Ehrenfried: Vom Himmelsglobus zum Sternentheater : die Vorgeschichte des Planetariums. – Bremgarten: Donzelli-Kluckert-Verlag 2005, 143 p., ill. – 1. Aufl. (Caelum ; 1). [Literaturverz.: S. 130-132] ISBN 3-933284-14-7.

0617
Kraupe, Thomas W.: Denn was innen, das ist draußen : die Geschichte des modernen Planetariums. – Bremgarten: Donzelli-Kluckert-Verlag 2005, 166 p., ill., mp. (Caelum ; 2). ISBN 3-933284-15-5.

0618
Künzl, Ernst: Himmelsgloben und Sternkarten : Astronomie und Astrologie in Vorzeit und Altertum. – Darmstadt: Wissenschaftliche Buchgesellschaft 2005, 127 p., ill., mp. ISBN 3-534-18773-3.

0619
Milanesi, Marica: Vincenzo Coronelli and his globes : an assessment. In: Journal of the International Map Collectors' Society. 100.2005, p.17-27.

0620
Oestmann, Günther: Der Himmelsglobus des Jakob Rabus (1546). In: Der Globusfreund : wissenschaftliche Zeitschrift für Globenkunde. 51/52.2003/04, p.21-32, 8 ill. [German with Engl. rés.]. ISSN 0436-0664.

0621
Oestmann, Günther: The celestial globe of Jacobus Rabus (1546). In: Globe studies : the journal of the International Coronelli Society ; English version of Der Globusfreund. 51/52.2003/04, p.21-32, 8 ill. [Engl. with French rés.].

0622
Seifarth, Andreas: Atlas Coelestis : Himmelsatlanten aus drei Jahrhunderten ; eine Ausstellung der Thüringer Universitäts- und Landesbibliothek Jena sowie des Astrophysikalischen Instituts und der Universitäts-Sternwarte Jena vom 16. Juni bis 28. August 2004. – Jena: Astrophysikalisches Institut 2004, 23 p., ill.

0623
Smeltzer, Ronald K.: An early American planisphere : Pettengill's Stellarota of 1828 – addendum. In: Rittenhouse : journal of the American Scientific Instrument Enterprise. 19.2005,1, p.63-64.

0624
Smeltzer, Ronald K.: An early American planisphere : Pettengill's Stellarota of 1828. In: Rittenhouse : journal of the American Scientific Instrument Enterprise. 18.2004,2, p.31-39, 1 ill.

3. Epochs of the History of Cartography Epochen der Geschichte der Kartographie Epoques de l'histoire de la cartographie

a. General Works Allgemeines Généralités

0625
Cha, Kyung-Ho: Der Äquator – Weltrand und Weltmitte. In: Topographien der Literatur : deutsche Literatur im transnationalen Kontext. Ed.: Böhme, Hartmut. – Stuttgart: Metzler 2005, p.673-697, 1 ill. (Germanistische Symposien-Berichtsbände : im Auftrag der Germanistischen Kommission der Deutschen Forschungsgemeinschaft und in Verbindung mit der "Deutschen Vierteljahrsschrift für Literaturwissenschaft und Geistesgeschichte" ; 27).

0626
Kugler, Hartmut: Zur kognitiven Kartierung mittelalterlicher Epik : Jean Bodels >drei Materien< und die >Matière de la Germanie<. In: Topographien der Literatur : deutsche Literatur im transnationalen Kontext. Ed.: Böhme, Hartmut. – Stuttgart: Metzler 2005, p.244-263 (Germanistische Symposien-Berichtsbände : im Auftrag der Germanistischen Kommission der Deutschen Forschungsgemeinschaft und in Verbindung mit der "Deutschen Vierteljahrsschrift für Literaturwissenschaft und Geistesgeschichte" ; 27).

b. Antiquity Antike Antiquité

0627
Künzl, Ernst: Himmelsgloben und Sternkarten : Astronomie und Astrologie in Vorzeit und Altertum. – Darmstadt: Wissenschaftliche Buchgesellschaft 2005, 127 p., ill., mp. ISBN 3-534-18773-3.

0628
Mapping Augustan Rome. Dir. by Lothar Haselberger, ed. by Elisha Ann Dumser. – Portsmouth, RI: 2002, 275 p., ill., mp. + 2 mp.-suppl. (Journal of Roman archaeology : an international journal ; JRA / supplementary series ; 50). [Wörterbuch] ISBN 1-88782-950-4.

0629
Mekenkamp, Peter; Ververgaert, Piet: Klassieke wereldbeelden : wat scheidt Europa van Azië?. In: Caert-thresoor : tijdschrift voor de geschiedenis van de kartografie in Nederland. 24.2005,2, p.53-59, 8 ill. Classical images of the world : what distinguishes Europe from Asia?. ISSN 0167-4994.

0630
Seibold, Eugen: Antike Vorstellungen und die Nordostpassage. Ed.: Akademie der Wissenschaften und der Literatur. – Stuttgart: Franz Steiner Verlag 2005, 20 p., mp. (Abhandlungen der Mathematisch-Naturwissenschaftlichen Klasse ; 2005,2). [Literaturverz. S. 18-20] ISBN 3-515-08752-4.

c. Middle Ages Mittelalter Moyen Âge

0631
Albu, Emily: Imperial geography and the medieval Peutinger map. In: Imago Mundi : the international journal for the history of cartography. 57.2005,2, p.136-148, 5 ill., 1 plate. [Engl. with French, Germ. and Span. rés.]. ISSN 0308-5694.

0632
Barrucand, Marianne: Damaskus und Saladin. In: Saladin und die Kreuzfahrer : [Begleitband zur Sonderausstellung " Saladin und die Kreuzfahrer"]. Ed.: Wieczorek, Alfried; Fansa, Mamoun; Meller, Harald. – Mainz: Verlag Philipp von Zabern 2005, p. 260-263, 3 ill. (Schriftenreihe des Landesmuseums für Natur und Mensch Oldenburg ; 17).

0633
Barrucand, Marianne: Das Kairo Saladins. In: Saladin und die Kreuzfahrer : [Begleitband zur Sonderausstellung " Saladin und die Kreuzfahrer"]. Ed.: Wieczorek, Alfried; Fansa, Mamoun; Meller, Harald. – Mainz: Verlag Philipp von Zabern 2005, p.264-267, 1 ill., 1 mp. (Schriftenreihe des Landesmuseums für Natur und Mensch Oldenburg ; 17).

0634
Baumgärtner, Ingrid: Jerusalem, Nabel der Welt. In: Saladin und die Kreuzfahrer : [Begleitband zur Sonderausstellung " Saladin und die Kreuzfahrer"]. Ed.: Wieczorek, Alfried; Fansa, Mamoun; Meller, Harald. – Mainz: Verlag Philipp von Zabern 2005, p.288-293, 4 ill. (Schriftenreihe des Landesmuseums für Natur und Mensch Oldenburg ; 17).

0635
Cattaneo, Angelo: Scritture di viaggio e scrittura cartografica : la mappamundi di Fra Mauro e i racconti di Marco Polo e Niccolò de' Conti. In: Itineraria : letteratura di viaggio e conoscenza del mondo dall'Antichità al Rinascimento. 3/4.2004/2005, p.157-202 + 7 ill. Travel writer and cartographic writers : the mappamundi of Fra Mauro and the writings of Marco Polo and Niccolò de' Conti. [Ital.]. ISSN 1594-1019.

0636
Dünne, Jörg: Die Karte als imaginierter Ursprung : zur frühneuzeitlichen Konkurrenz von textueller und kartographischer Raumkonstitution in den America-Reisen Theodor de Brys. In: Topographien der Literatur : deutsche Literatur im transnationalen Kontext. Ed.: Böhme, Hartmut. – Stuttgart: Metzler 2005, p.73-99, 8 ill. (Germanistische Symposien-Berichtsbände : im Auftrag der Germanistischen Kommission der Deutschen Forschungsgemeinschaft und in Verbindung mit der "Deutschen Vierteljahrsschrift für Literaturwissenschaft und Geistesgeschichte" ; 27).

0637
Edson, Evelyn; Savage-Smith, Emilie: Medieval views of the Cosmos : [picturing the universe in the Christian and Islamic Middle Ages]. Ed.: Bodleian Library. – Oxford: Bodleian Library 2005, 122 p., ill. [Includes bibliographical references] ISBN 1-85124-184-1.

0638
Edson, Evelyn; Savage-Smith, Emilie; Brincken, Anna-Dorothee von: Der mittelalterliche Kosmos : Karten der christlichen und islamischen Welt. Aus dem Engl. von Thomas Ganschow. – Darmstadt: Wissenschaftliche Buchgesellschaft 2005, 128 p., ill., mp. ISBN 3-534-19000-9.

0639
Favreau-Lilie, Marie-Luise: Die italienischen Handelsniederlassungen. In: Saladin und die Kreuzfahrer : [Begleitband zur Sonderausstellung " Saladin und die Kreuzfahrer"]. Ed.: Wieczorek, Alfried; Fansa, Mamoun; Meller, Harald. – Mainz: Verlag Philipp von Zabern 2005, p.72-81, 6 ill. (Schriftenreihe des Landesmuseums für Natur und Mensch Oldenburg ; 17).

0640
Johns, Jeremy; Savage-Smith, Emilie: The Book of Curiosities : A Newly Discovered Series of Islamic maps. In: Imago Mundi : the international journal for the history of cartography. 55.2003,1, p.7-24, 6 ill. ISSN 0308-5694.

0641
Kugler, Hartmut: Zur kognitiven Kartierung mittelalterlicher Epik : Jean Bodels >drei Materien< und die >Matière de la Germanie<. In: Topographien der Literatur : deutsche Literatur im transnationalen Kontext. Ed.: Böhme, Hartmut. – Stuttgart: Metzler 2005, p.244-263 (Germanistische Symposien-Berichtsbände : im Auftrag der Germanistischen Kommission der Deutschen Forschungsgemeinschaft und in Verbindung mit der "Deutschen Vierteljahrsschrift für Literaturwissenschaft und Geistesgeschichte" ; 27).

0642
Leenders, Eric: Pictures at a gallery II : Monumenta cartographica. In: BIMCC newsletter / Brussels International Map Collectors' Circle. 22.2005, p.5, 1 ill. ISSN 1379-3306.

0643
Paviot, Jacques: Les cartes et leur utilisation à la fin du Moyen Âge : l'exemple des principautés bourguignonnes et angévines. In: Itineraria : letteratura di viaggio e conoscenza del mondo dall'Antichità al Rinascimento. 2.2003, p.201-228. ISSN 1594-1019.

0644
Salway, Benet: The nature and genesis of the Peutinger map. In: Imago Mundi : the international journal for the history of cartography. 57.2005,2, p.119-135, 3 ill., 1 plate. [Engl. with French, Germ. and Span. rés.]. ISSN 0308-5694.

0645
Scheuer, Hans Jürgen: Topographie in Literatur und Kartographie des 12./13. Jahrhunderts (Hereford-Karte, >Straßburger Alexander<). In: Topographien der Literatur : deutsche Literatur im transnationalen Kontext. Ed.: Böhme, Hartmut. – Stuttgart: Metzler 2005, p.12-36, 1 ill. (Germanistische Symposien-Berichtsbände : im Auftrag der Germanistischen Kommission der Deutschen Forschungsgemeinschaft und in Verbindung mit der "Deutschen Vierteljahrsschrift für Literaturwissenschaft und Geistesgeschichte" ; 27).

d. Renaissance
Renaissance
Renaissance

0646
Barber, Peter: The maps, town-views and historical prints in the Columbus inventory. In: The Print Collection of Ferdinand Columbus (1488-1539) : a Renaissance Collector in Seville ; Vol. 1: History and Commentary. Ed.: McDonald, Mark P. – London: British Museum Press 2005, p.246-262, 6 ill.

0647
Buisseret, David: I mondi nuovi : la cartografia nell'Europa moderna. – Milano: Edizioni Sylvestre Bonnard 2004, 270 p., ill. New worlds : cartography in modern Europe. [Ital.]. ISBN 88-86842-68-6.

0648
Castelnovi, Michele: Luoghi e tempi di un errore cartografico : L'istmo di Verrazzano (1524-1593). In: Bollettino della Associazione Italiana di Cartografia. 42.2005,123/125, p.309-320, 1 ill. Places and time of a cartographic error : the Verrazzano Isthmus (1524-1593). [Ital. with Engl. rés.]. ISSN 0044-9733.

0649
Czechowicz, Bogusław: Drzeworyt 'Erste Land-Charte vom Herzogthum Schlesien' z 1561 r. jako źródło obrazowe, dziełosztuki i pomnik śląskiego humanizmu. In: Imago narrat : obraz jako komunikat w społeczeństwach europejskich = Imago narrat : das Bild als Bericht in den europäischen Gesellschaften seit der Vorgeschichte bis in die Neuzeit. Ed.: Uniwersytet Wrocławski / Instytut Historyczny. – Wrocław: Uniwersytet Wrocławski / Instytut Historyczny 2002, p.51-61 (Acta Universitatis Wratislaviensis ; 2478). [Pol.].

0650
Delano-Smith, Catherine: Stamped signs on manuscript maps in the Renaissance. In: Imago Mundi : the international journal for the history of cartography. 57.2005,1, p.59-62, 2 ill., 1 plate. ISSN 0308-5694.

0651
Fiorani, Francesca: The marvel of maps : art, cartography and politics in Renaissance Italy. Ed.: Yale Univ. Press. Yale Univ. Press 2005, IX, 347 p., ill., mp. [Includes bibliographical references and index].

0652
Hirsch, Anton: Die Reichsstadt Schweinfurt "mitten im Frankenland" im Rahmen der frühen Kartographie. In: Schweinfurter historische Forschungen. Ed.: Müller, Uwe. hrsg. im Auftrag des Historischen Vereins Schweinfurt von Uwe Müller ... – Schweinfurt: Historischer Verein <Schweinfurt> 2005, p.325-386, 41 ill. (Veröffentlichungen des Historischen Vereins Schweinfurt ; N.F. 7).

0653
Kupčík, Ivan: Neznámé portolánové atlasy z 15. a z pocátku 16. století v benátském Rovigu. In: Z Dějin geodézie a kartografie. 12, p.82-94, 16 mp. Unknown Portolan atlases from 15th and beginning of 16th centuries in Rovigo (Venice). [Czech].

0654
Meurer, Peter H.: Das Editionsprojekt : die Manuskriptatlanten Christian Sgrootens. In: Mitteilungen / Freundeskreis für Cartographica in der Stiftung Preussischer Kulturbesitz e.V. 18.2005, p.16-22, 1 mp. ISSN 1612-9512.

0655
Novak, Drago; Mlinarić, Dubravka; Lapaine, Miljenko: Usporedbena studija osmanskog kartografiranja hrvatske obale i otoka u 16. stoljeću = A comparative analysis of the 16th century Ottoman mapping of the Croatian coast and islands. In: Kartografija i geoinformacije : KiG ; znanstveno-stručno-informativni časopis Hrvatskoga kartografskog društva. 4.2005, p.78-110, 20 ill., 3 tab. [Croat. and Engl.]. ISSN 1333-896X.

0656
Svatek, Petra: Wolfgang Lazius als Kartograph : eine Analyse seiner Karten in Bezug auf die Werke anderer Kartenmacher des 16. und 17. Jahrhunderts. – Wien: 2005, 474 p., 60 ill., 30 tab. [Besteht aus zwei Bänden; Diss. Wien].

e. Baroque
Barock
Baroque

0657
Hirsch, Anton: Die Reichsstadt Schweinfurt "mitten im Frankenland" im Rahmen der frühen Kartographie. In: Schweinfurter historische Forschungen. Ed.: Müller, Uwe. hrsg. im Auftrag des Historischen Vereins Schweinfurt von Uwe Müller ... – Schweinfurt: Historischer Verein <Schweinfurt> 2005, p.325-386, 41 ill. (Veröffentlichungen des Historischen Vereins Schweinfurt ; N.F. 7).

0658
Ormeling, Ferjan: The invention of the world : representations of America and Chile in the imagination and the cartography of the 16th – 18th centuries. In: ICA News = Nouvelles de l'ACI. 41.2004, p.17-18, 3 ill.

0659
Reitinger, Franz: The persuasiveness of cartography : Michel Le Nobletz (1577-1652) and the School of Le Conquet (France). In: Cartographica : the international journal for geographic information and geovisualization. 40.2005,3, p.79-103, 5 ill. ISSN 0340-0654; 0317-7173.

0660
Svatek, Petra: Wolfgang Lazius als Kartograph : eine Analyse seiner Karten in Bezug auf die Werke anderer Kartenmacher des 16. und 17. Jahrhunderts. – Wien: 2005, 474 p., 60 ill., 30 tab. [Besteht aus zwei Bänden; Diss. Wien].

0661
Szafarz, Jolanta: Schlesiens Bild in der Kartographie des 17. Jahrhunderts. In: Kulturgeschichte Schlesiens in der Frühen Neuzeit : Band 1. Ed.: Garber, Klaus. – Tübingen: Niemeyer 2005, p. 513-519 (Kulturgeschichte Schlesiens in der Frühen Neuzeit).

f. Modern Period
Moderne
Modernité

0662
Albertz, Jörg: Kartographie und Fernerkundung : Stationen einer Entwicklung über acht Jahrzehnte ; Begleitheft zur Ausstellung der Kommission "Kartographie und Fernerkundung". Ed.: Deutsche Gesellschaft für Kartographie. – Rostock: Deutsche Gesellschaft für Kartographie 2005, 20 p., 33 ill.

0663
Bliß, Winfried: Carl Ludwig von Oesfeld. In: Mitteilungen / Freundeskreis für Cartographica in der Stiftung Preussischer Kulturbesitz e.V. 18.2005, p.6-16, 1 mp. ISSN 1612-9512.

0664
Brink, Lowie: 'Herzien door K. Zeeman' : het verhaal van de gedreven schoolkartograaf. In: De wereld tussen twee stokken : de geschiedenis van de Nederlandse schoolwandkaarten. Ed.: Brink, Lowie; Holl, Lucy. – Nijmegen: Antiquariaat De Wereld aan de Wand 2005, p.48-54, 5 ill. 'Revised by K. Zeeman' : the story of the zealous school cartographer. [Dutch with Engl., and French rés.].

0665
Brink, Lowie; Holl, Lucy: De aardrijkskundige wandkaarten van Noordhoff en Wolters : van de ene herdruk naar de andere. In: De wereld tussen twee stokken : de geschiedenis van de Nederlandse schoolwandkaarten. Ed.: Brink, Lowie; Holl, Lucy. – Nijmegen: Antiquariaat De Wereld aan de Wand 2005, p.41-47, 3 ill. 2 tab. The geographic wall charts of Noordhoff en Wolters : from one reprint to the next. [Dutch with Engl. and French rés.].

0666
Brink, Lowie; Holl, Lucy: Mijlpaal of mislukking? Een gewaagd experiment van uitgeverij Ten Brink in de onderwijskartografie. In: De wereld tussen twee stokken : de geschiedenis van de Nederlandse schoolwandkaarten. Ed.: Brink, Lowie; Holl, Lucy. – Nijmegen: Antiquariaat De Wereld aan de Wand 2005, p.83-86, 4 ill. Landmark or failure? A risky experiment of publisher Ten Brink in educational cartography. [Dutch with Engl. rés.].

0667
Feldmann, Hans-Uli: Der Topograph Charles Jacot-Guillarmod (1868 – 1925): einer der Pioniere der Schweizer Felddarstellung. In: Cartographica Helvetica : Fachzeitschrift für Kartengeschichte. 2005,31, p.3-13, 14 ill., 1 portr. ISSN 1015-8480.

0668
Kok, Hans: Luchtvaartkaarten voor "long-range navigation" in de periode 1940-1970. In: Caert-thresoor : tijdschrift voor de geschiedenis van de kartografie in Nederland. 24.2005,3, p.84-92, 9 ill. Aeronautical charts for long-range navigation 1940-1970. ISSN 0167-4994.

0669
Novak, Drago: Napoleon's map of Dalmatia from 1807 = Napoleonova karta Dalmacije iz 1807. godine. In: Five centuries of maps and charts of Croatia = Pet stoljeća geografskih i pomorskih karata Hrvatske. Ed.: Novak, Drago. – Zagreb: Školska Knjiga 2005, p.369-389, 9 ill. [Engl. and Croat.].

0670
Scharfe, Martin: Das Relief des Großvaters – ein Vorgriff aufs 20. Jahrhundert. In: Alpenverein / Österreichischer Alpenverein. 60(130).2005,2, p.49.

0671
Tang, Chenxi: Romantische Orientierungstechnik : Kartographie und Dichtung um 1800. In: Topographien der Literatur : deutsche Literatur im transnationalen Kontext. Ed.: Böhme, Hartmut. – Stuttgart: Metzler 2005, p.151-176 (Germanistische Symposien-Berichtsbände : im Auftrag der Germanistischen Kommission der Deutschen Forschungsgemeinschaft und in Verbindung mit der "Deutschen Vierteljahrsschrift für Literaturwissenschaft und Geistesgeschichte" ; 27).

C. Biographical Aspects of Cartography
Persönlichkeiten der Kartographie
Personnages de la cartographie

0672
Africa, Asia and America, including the "secret" atlas of the Dutch East India Company (VOC) : descriptive catalogue of volumes 35-46 of the atlas. Comp. by Peter van der Krogt and Erlend de Groot. 2005, 644 p., ill., mp. (The atlas Blaeu-Van der Hem of the Austrian National Library). ISBN 90-6194-199-7.

0673
Almanaque perpetuo de Abraham Zacuto : (Venecia 1502). By: Carrera de la Red, Avelina. – Valladolid: Seminario Iberoamericano de Descubrimientos y Cartografía, Instituto Interuniversitario de Estudios de Iberoamérica y Portugal 2004, 182 p., ill. (Descubrimientos y cartografía ; 10) Perpetual almanac of Abraham Zacuto : (Venice 1502). [Span.]. ISBN 84-933003-8-1.

0674
Altermatt, Urs: Johann Baptist Altermatt und seine Carte topographique du Canton de Soleure 1795-1798 = Carte topographique du Canton de Soleure faite en 1796, 97 et 1798. Ed.: Stüdeli, Hugo. – Solothurn: Selbstverl. 2005, 72 p., 1 mp. auf 4 Bl. – Normalausg., Faks.-Ausg. von 1798. [Orig.-Vorlage: kolor. Handzeichn., Staatsarchiv Solothurn] ISBN 3-03-300547-0.

0675
Astengo, Corradino: Il planisfero di Vesconte Maggiolo conservato a Fano (1504). In: Ritorno al mondo nuovo : il planisfero di Vesconte Maggiolo (1504) e il suo tempo. Ed.: Biblioteca Comunale Federiciana <Fano>. saggi di Corradino Astengo e Giorgio Mangani. – Fano: Biblioteca Comunale Federiciana <Fano> 2005, p.5-15 The planisphere of Vesconte Maggiolo conserved at Fano (1504).

0676
Augusteijn, Joost: Een kaart van Drenthe door Gaspar Bouttats. In: Caert-thresoor : tijdschrift voor de geschiedenis van de kartografie in Nederland. 24.2005,2, p.60-61, 4 ill. A map of Drenthe by Gaspar Bouttats. ISSN 0167-4994.

0677
Bacqué-Grammont, Jean-Louis: Les portulans et les cartes de Pîrî Re'îs, écrivain nautique ottoman. In: Le Monde des Cartes : revue du Comité Français de Cartographie. 184.2005, p.31-55, 5 ill. ISSN 1634-3522.

0678
Barber, Peter: The maps, town-views and historical prints in the Columbus inventory. In: The Print Collection of Ferdinand Columbus (1488-1539) : a Renaissance Collector in Seville ; Vol. 1: History and Commentary. Ed.: McDonald, Mark P. – London: British Museum Press 2005, p.246-262, 6 ill.

0679
Baynton-Williams, Ashley: The world described. In: MapForum. 1.2004, p.14-21, 10 ill. ISSN 1742-4615.

0680
Blankemeijer, Rolf: Plaat of staat? : de titelpagina van het Theatrum Orbis Terrarum. In: Caert-thresoor : tijdschrift voor de geschiedenis van de kartografie in Nederland. 24.2005,3, p.73-78, 4 ill., 1 tab. State or plate? : the titlepages of the Theatrum Orbis Terrarum. ISSN 0167-4994.

0681
Bliß, Winfried: Carl Ludwig von Oesfeld. In: Mitteilungen / Freundeskreis für Cartographica in der Stiftung Preussischer Kulturbesitz e.V. 18.2005, p.6-16, 1 mp. ISSN 1612-9512.

0682
Blumer, R.; Butenuth, J.; Münzenmayer, H.: Johann Gottlieb Friedrich Bohnenberger und der große astronomische Kreis der Fa. Reichenbach-Utzschneider im Tübinger Observatorium. In: Mitteilungen und Veröffentlichungen zum Vermessungswesen aus den Themenbereichen Geodäsie, Geoinformation und Landmanagement / Deutscher Verein für Vermessungswesen, Landesverein Baden-Württemberg e.V. 52.2005,2, p.96-104, 7 ill. ISSN 0940-2942.

0683
Boorsch, Suzanne: The case for Francesco Rosselli as the engraver of Berlinghieri's Geographia. In: Imago Mundi : the international journal for the history of cartography. 56.2004,2, p.152-169, 13 ill. [Engl. with French, Germ. and Span. rés.]. ISSN 0308-5694.

0684
Brink, Lowie: De aardrijskundige wandkaarten van uitgeverij W.J. Thieme & Cie. In: De wereld tussen twee stokken : de geschiedenis van de Nederlandse schoolwandkaarten. Ed.: Brink, Lowie; Holl, Lucy. – Nijmegen: Antiquariaat De Wereld aan de Wand 2005, p.59-66, 10 ill., 1 tab. The geographical wall maps from WJ Thieme & Cie. Publishers. [Dutch with Engl. and French rés.].

0685
Brink, Lowie: De Schoolkart van Insulinde van R. Schuiling : een overzicht van de Indische cartografie in 1898 op vijf m². In: De wereld tussen twee stokken : de geschiedenis van de Nederlandse schoolwandkaarten. Ed.: Brink, Lowie; Holl, Lucy. – Nijmegen: Antiquariaat De Wereld aan de Wand 2005, p.67-76, 4 ill., 1 portr. R. Schuiling's Schoolkaart van Insulinde : a survey of the cartography in the Dutch East Indies in 1898 on five m². [Dutch].

0686
Brink, Lowie: 'Herzien door K. Zeeman' : het verhaal van de gedreven schoolkartograaf. In: De wereld tussen twee stokken : de geschiedenis van de Nederlandse schoolwandkaarten. Ed.: Brink, Lowie; Holl, Lucy. – Nijmegen: Antiquariaat De Wereld aan de Wand 2005, p.48-54, 5 ill. 'Revised by K. Zeeman' : the story of the zealous school cartographer. [Dutch with Engl., and French rés.].

0687
Brink, Lowie: Roelf Bos uit de schaduw van Pieter Roelf Bos: Vergeten vernieuwer van het aardrijkskunde-onderwijs rond 1900. In: De wereld tussen twee stokken : de geschiedenis van de Nederlandse schoolwandkaarten. Ed.: Brink, Lowie; Holl, Lucy. – Nijmegen: Antiquariaat De Wereld aan de Wand 2005, p.55-58, 4 ill. Roelf Bos. [Dutch].

0688
Brosche, Peter: Der Astronom der Herzogin : Leben und Werk von Franz Xaver von Zach ; 1754 – 1832. – Frankfurt am Main: Deutsch 2001, 305 p., ill. – 1. Aufl. (Acta historica astronomiae ; 12). ISBN 3-8171-1656-X.

0689
Carrera de la Red, Avelina: Almanaque perpetuo. In: Almanaque perpetuo de Abraham Zacuto : (Venecia 1502). – Valladolid: Seminario Iberoamericano de Descubrimientos y Cartografía, Instituto Interuniversitario de Estudios de Iberoamérica y Portugal 2004, p.33-52 (Descubrimientos y cartografía ; 10) Perpetual almanach. [Span.].

0690
Castelnovi, Michele: Luoghi e tempi di un errore cartografico : L'istmo di Verrazzano (1524-1593). In: Bollettino della Associazione Italiana di Cartografia. 42.2005,123/125, p.309-320, 1 ill. Places and time of a cartographic error : the Verrazzano Isthmus (1524-1593). [Ital. with Engl. rés.]. ISSN 0044-9733.

0691
Castner, Henry: The Robinson XI projection. In: Cartographic perspectives : journal of the North American Cartographic Information Society. 51.2005, p.63-66, 2 ill. ISSN 1048-9053.

0692
Castner, Henry W.: Arthur Robinson : an academic family tree. In: Cartographic perspectives : journal of the North American Cartographic Information Society. 51.2005, p.30-31, 1 ill. ISSN 1048-9053.

0693
Cattaneo, Angelo: Scritture di viaggio e scrittura cartografica : la mappamundi di Fra Mauro e i racconti di Marco Polo e Niccolò de' Conti. In: Itineraria : letteratura di viaggio e conoscenza del mondo dall'Antichità al Rinascimento. 3/4.2004/2005, p.157-202 + 7 ill. Travel writer and cartographic writers : the mappamundi of Fra Mauro and the writings of Marco Polo and Niccolò de' Conti. [Ital.]. ISSN 1594-1019.

0694
Chapuis, Olivier: Naissance d'une carte marine au XIXe siècle : la méthode Beautemps-Peaupré appliqué à Belle-Île. In: Le Monde des Cartes : revue du Comité Français de Cartographie. 184.2005, p.56-66, 8 ill. ISSN 1634-3522.

0695
Cook, Karen Severud: A lifelong curiosity about maps. In: Cartographic perspectives : journal of the North American Cartographic Information Society. 51.2005, p.43-54. ISSN 1048-9053.

0696
Cook, Karen Severud: Arthur H. Robinson (1915-2004). In: Imago Mundi : the international journal for the history of cartography. 57.2005,2, p.195-197. [Engl. with French, Germ. and Span. rés.]. ISSN 0308-5694.

0697
Cosgrove, Denis E.; Della Dora, Veronica: Mapping global war : Los Angeles, the Pacific, and Charles Owens's pictorial cartography. In: Annals of the Association of American Geographers. 2, p.373-390, 9 ill. ISSN 0004-5608.

0698
Crane, Nicholas: Der Weltbeschreiber : Gelehrter, Ketzer, Kosmograph – wie die Karten des Gerhard Mercator die Welt veränderten. Ed.: Droemer Knaur. Aus d. Engl. von Harald Stadler. Droemer Knaur 2005, 381 p., ill., mp.

0699
Daerden, Peter: Cartographic entries in Stanley's sketch books. In: BIMCC newsletter / Brussels International Map Collectors' Circle. 21.2005, p.11-14, 3 ill. ISSN 1379-3306.

0700
Das neu entdeckte Schlarraffenland : Johann Andreas Schnebelins Erklärung der Wunderseltzamen Land-Charten UTOPIAE aus dem Jahr 1694. Ed.: Reitinger, Franz. – Bad Langensalza: Rockstuhl 2004, 336 p, ill., mp. [Reprint] ISBN 3-936030-38-3.

0701
Das Reisetagebuch des Hauptmanns Bendemann : aus der preußischen Landesvermessung des Sauerlandes im 19. Jahrhundert. Ed.: Fröhlich, Hans; Spata, Manfred. – Sankt Augustin: Selbstverlag Fröhlich 2004, 84 p., ill. + 2 mps. + 1 DVD-R – 2., erw. Aufl.

0702
Das Salzburg-Panorama von Johann Michael Sattler. Ed.: Marx, Erich. – Salzburg: Salzburger Museum Carolino Augusteum 2005.

0703
Das Verhältnis von Text-und Kartentradition in der Geographie des Klaudios Ptolemaios. von Florian Mittenhuber. – Bern: Selbstverlag 2005, 1 CD-ROM, 1 Beil. [Bern, Univ., Diss., 2004].

0704
Das Werk und sein Schöpfer. Ed.: Marx, Erich. – Salzburg: Salzburger Museum Carolino Augusteum 2005, 143 p., ill. mp. (Das Salzburg-Panorama von Johann Michael Sattler). ISBN 3-900088-12-8.

0705
David, Andrew: Admiral Nelson, Alexander Dalrymple and the early years of the Hydrographical Office. In: Journal of the International Map Collectors' Society. 102.2005, p.5-19, 11 ill., 1 portr.

0706
Déak, Antal Andreas; Lapaine, Miljenko; Kljajić, Ivka: Johann Christoph Müller (1673-1721). In: Kartografija i geoinformacije : KiG ; znanstveno-stručno-informativni časopis Hrvatskoga kartografskog društva. 3.2004, p.68-80, 2 ill. [Croat. and Engl.]. ISSN 1333-896X.

0707
D'Hollander, Raymond: Loxodromie et projection de Mercator. Ed.: Institut Océanographique. – Paris [u.a.]: Institut Océanographique 2005, 239 p., ill., mp. ISBN 2-903581-31-2.

0708
Die große handgezeichnete Campsche Karte von Ostfriesland von 1806 : (Staatsbibliothek zu Berlin Preußischer Kulturbesitz, Kart. N 27299). Ed.: Henninger, Wolfgang; Kappelhoff, Bernd. – Hannover: 2005, 73 p. + 6 mp.-suppl. (Veröffentlichungen der Historischen Kommission für Niedersachsen und Bremen ; 226). ISBN 3-7752-6026-9.

0709
Diez, Dietrich; Hoppe, Achim: Heinz Morhard 60 Jahre. In: Kartographische Nachrichten : KN ; Fachzeitschrift für Geoinformation und Visualisierung ; Organ der Deutschen Gesellschaft für Kartographie e.V., der Schweizerischen Gesellschaft für Kartographie und der Österreichischen Kartographischen Kommission in der Österreichischen Geographischen Gesellschaft. 55.2005.6, p.328-329, 1 portr. ISSN 0022-9164.

0710
Dodt, Jürgen: Peter Aschenberner 60 Jahre. In: Kartographische Nachrichten : KN ; Fachzeitschrift für Geoinformation und Visualisierung ; Organ der Deutschen Gesellschaft für Kartographie e.V., der Schweizerischen Gesellschaft für Kartographie und der Österreichischen Kartographischen Kommission in der Österreichischen Geographischen Gesellschaft. 55.2005,6, p.327-328, 1 portr. ISSN 0022-9164.

0711
Dolz, Wolfram: Die "Wiedergeburt" des Gottorfer Globus in Schleswig. In: Kartographische Nachrichten : KN ; Fachzeitschrift für Geoinformation und Visualisierung ; Organ der Deutschen Gesellschaft für Kartographie e.V., der Schweizerischen Gesellschaft für Kartographie und der Österreichischen Kartographischen Kommission in der Österreichischen Geographischen Gesellschaft. 55.2005,6, p.324-325, 3 ill. ISSN 0022-9164.

0712
Doornbos, Willem G.: De Groninger provinciewandkaart van Theodorus Beckeringh. In: Caert-thresoor : tijdschrift voor de geschiedenis van de kartografie in Nederland. 24.2005,4, p.105-11, 5 ill. The Groningen provincial map of Theodorus Beckeringh. ISSN 0167-4994.

0713
Dreyer-Eimbcke, Oswald: Matteo Ricci and his Chinese Jesuit cartography. In: Journal of the International Map Collectors' Society. 102.2005, p.48-49.

0714
Dünne, Jörg: Die Karte als imaginierter Ursprung : zur frühneuzeitlichen Konkurrenz von textueller und kartographischer Raumkonstitution in den America-Reisen Theodor de Brys. In: Topographien der Literatur : deutsche Literatur im transnationalen Kontext. Ed.: Böhme, Hartmut. – Stuttgart: Metzler 2005, p.73-99, 8 ill. (Germanistische Symposien-Berichtsbände : im Auftrag der Germanistischen Kommission der Deutschen Forschungsgemeinschaft und in Verbindung mit der "Deutschen Vierteljahrsschrift für Literaturwissenschaft und Geistesgeschichte" ; 27).

0715
Edney, Matthew H.: David Woodward, an appreciation. In: Cartographic perspectives : journal of the North American Cartographic Information Society. 51.2005, p.58-59. ISSN 1048-9053.

0716
Edney, Matthew H.: Obituary : David Alfred Woodward (1942-2004). In: Imago Mundi : the international journal for the history of cartography. 57.2005,1, p.75-83, 1 portr. ISSN 0308-5694.

0717
Edney, Matthew H.: The origins and development of J.B. Harley's cartographic theories. Ed.: University of Toronto Press. – Toronto: University of Toronto Press 2005, XI, 153 p., ill., mp. (Cartographica : the international journal for geographic information and geovisualization ; 40,1/2 (Monograph ; 54)). [Doppelte Zählung: Monograph ; 54].

0718
Erb, Siegfried: Tobias Mayer – ein beinahe vergessenes Genie : Vermessungsgeschichte ganz in unserer Nähe. In: Ingenieurblatt für Baden-Württemberg : Mitteilungsblatt des Baden-Württembergischen Baumeister- und Ingenieurbundes ; Bund Deutscher Baumeister, Architekten und Ingenieure, BDB. 51.2005,2, p.128-133, 7 ill. ISSN 0020-1189.

0719
Erb, Siegfried: "Vermesser des Meeres, der Erde und des Himmels" : Tobias Meyer – ein beinahe vergessenes Genie. In: Mitteilungen und Veröffentlichungen zum Vermessungswesen aus den Themenbereichen Geodäsie, Geoinformation und Landmanagement / Deutscher Verein für Vermessungswesen, Landesverein Baden-Württemberg e.V. 51.2004,2, p.113-146, 12 ill., 1 portr. ISSN 0940-2942.

0720
Feldmann, Hans-Uli: Der Topograph Charles Jacot-Guillarmod (1868 – 1925): einer der Pioniere der Schweizer Felddarstellung. In: Cartographica Helvetica : Fachzeitschrift für Kartengeschichte. 2005,31, p.3-13, 14 ill., 1 portr. ISSN 1015-8480.

0721
Ficker, Friedbert: Nikolaus Dankov und die Kartographie in Bulgarien. In: Zeitschrift für Balkanologie. 41.2005, 1, p.15-28, 5 ill. ISSN 0044-2356.

0722
Fischer, H.: Ignaz Ambros von Amman – sein Leben, seine Werke. In: Mitteilungen und Veröffentlichungen zum Vermessungswesen aus den Themenbereichen Geodäsie, Geoinformation und Landmanagement / Deutscher Verein für Vermessungswesen, Landesverein Baden-Württemberg e.V. 52.2005,2, p.105-115, 2 ill. ISSN 0940-2942.

0723
Fuchs, Angela: Helmut Fuchs 1922-2005. In: Kartographische Nachrichten : KN ; Fachzeitschrift für Geoinformation und Visualisierung ; Organ der Deutschen Gesellschaft für Kartographie e.V., der Schweizerischen Gesellschaft für Kartographie und der Österreichischen Kartographischen Kommission in der Österreichischen Geographischen Gesellschaft. 55.2005,3, p.156-157, 1 portr. ISSN 0022-9164.

0724
Gauvin, Jean-François: Mid-18th century traditions in globe making : a comparative study on the Valks, Didier Robert de Vaugondy and Åkerman. In: Globe studies : the journal of the International Coronelli Society ; English version of Der Globusfreund. 51/52.2003/04, p.47-57, 1 ill. [Engl. with French rés.].

0725
Gauvin, Jean-François: Traditionen des Globenbaus um 1750 : die Valks, Didier Robert de Vaugondy und Åkerman im Vergleich. In: Der Globusfreund : wissenschaftliche Zeitschrift für Globenkunde. 51/52.2003/04, p.47-58, 1 ill., 1 tab. [German with French rés.]. ISSN 0436-0664.

0726
Goodman, Jordan: The Rattlesnake : a voyage of discovery to the Coral Sea. – London: Faber and Faber 2005, X, 357 p., ill. mp. [Includes bibliographical references (S. 303 – 314) and index] ISBN 0-571-21073-2.

0727
Hagen, Dietrich: Die jämmerliche Flut von 1717 : Untersuchungen zu einer Karte des frühen 18. Jahrhunderts. – Oldenburg: KomRegis 2005, 92 p., ill., mp. [Literaturverz. S. 85-89; Im Jahr nach der Weihnachtsflut genannten Sturmflut von 1717 entstand eine Landkarte der Nordseeküste, auf der diese Naturkatastrophe bildhaft dargestellt wurde. Der Autor setzt sich mit allen Bestandteilen dieser Karte auseinander, dokumentiert die Texte und schafft damit einen Schlüssel zu ihrem Verständnis.] ISBN 3-938501-08-1.

0728
Hauschke, Sven: Elector John Frederick of Saxony and Johannes Schöner, astronomer and mathematician: the globe pair of 1533/1534 at Weimar. In: Globe studies : the journal of the International Coronelli Society ; English version of Der Globusfreund. 51/52.2003/04, p.9-19, 2 ill.

0729
Hauschke, Sven: Globen und wissenschaftliche Instrumente. In: Quasi Centrum Europae : Europa kauft in Nürnberg ; 1400 – 1800. Ed.: Germanisches Nationalmuseum. – Nürnberg: Verlag des Germanischen Nationalmuseums 2002, p.364-389, ill.

0730
Hauschke, Sven: Kurfürst Johann Friedrich von Sachsen und der Astronom und Mathematiker Johannes Schöner : Das Globenpaar von 1533/1534 in Weimar. In: Der Globusfreund : wissenschaftliche Zeitschrift für Globenkunde. 51/52.2003/04, p.9-19, 2 ill. ISSN 0436-0664.

0731
Hébert, John R.: The map that named America : library acquires 1507 Waldseemüller map of the world. In: Information bulletin / The Library of Congress. 62.2003,9, p.187-193, ill., mp. ISSN 0041-7904.

0732
Henninger, Wolfgang: Der Artillerieoffizier, Vermessungsingenieur und Kartograph Willem Camp (1761-1855) : Lebensbild eines niederländischen Emigranten in Ostfriesland zur Revolutionszeit. In: Die große handgezeichnete Campsche Karte von Ostfriesland von 1806 : (Staatsbibliothek zu Berlin Preußischer Kulturbesitz, Kart. N 27299). Ed.: Henninger, Wolfgang; Kappelhoff, Bernd. – Hannover: 2005, p.17-30, 5 ill. (Veröffentlichungen der Historischen Kommission für Niedersachsen und Bremen ; 226).

0733
Herb, Guntram H.: David as a map. In: Cartographic perspectives : journal of the North American Cartographic Information Society. 51.2005, p.60-61. ISSN 1048-9053.

0734
Hernando, Agustín: Sensibilidad territorial, imaginación geográfica y representación : el atlas geográfico de España (1804) producido por Tomás López. In: El atlas geográfico de España (1804) = Atlas geográfico de España, que comprende el mapa general del Reyno y los particulares de sus provincias. Ed.: España / Ministerio de Fomento. – Madrid: España / Ministerio de Fomento 2005, p.9-69, ill. Territorial sensitivity, geographical imagination and representation : the geographic atlas of Spain (1804) produced for Tomás López.

0735
Herzog, Werner: Jürgen Bosserhoff 1940-2005. In: Kartographische Nachrichten : KN ; Fachzeitschrift für Geoinformation und Visualisierung ; Organ der Deutschen Gesellschaft für Kartographie e.V., der Schweizerischen Gesellschaft für Kartographie und der Österreichischen Kartographischen Kommission in der Österreichischen Geographischen Gesellschaft. 55.2005,6, p.330-331, 1 portr. ISSN 0022-9164.

0736
Hong-Schunka, S. M.; Ptak, Roderich: Die koreanische Weltkarte in St. Ottilien : ein Beitrag zur Kartographie des Ferdinand Verbiest. In: Zeitschrift der Deutschen Morgenländischen Gesellschaft : ZDMG. 154.2004,1, p.201-218, 2 ill. ISSN 0341-0137.

0737
Hooghoff, Pieke; Ormeling, Ferjan: Wilhelm Linnemann : ervaringen bij het karteren van Nederlands-Indië, 1926-1936. In: Caert-thresoor : tijdschrift voor de geschiedenis van de kartografie in Nederland. 24.2005,1, p.14-34, 19 ill., 1 tab., 1 portr. Wilhelm Linnemann : experiences in the mapping of the Dutch East Indies 1926-1936. ISSN 0167-4994.

0738
In memory of David Woodward and Arthur Robinson. In: Mapline : a quarterly newsletter published by the Hermon Dunlap Smith Center for the History of Cartography at the Newberry Library. 99.2005, p.3-4 + p.7, 1 ill.

0739
Kaiser, Klaus-Dieter: Erfurt und Freiherr von Müffling : 1775 – 1851 ; ein Leben in preußischen und weimarischen Diensten. Ed.: Verein für die Geschichte und Altertumskunde von Erfurt. – Erfurt: Verein für die Geschichte und Altertumskunde von Erfurt 2005, 134 p., ill., mp. (Kleine Schriften des Vereins für die Geschichte und Altertumskunde von Erfurt e.V. ; 9). ISBN 3-9809896-9-0.

0740
Kastner-Masilko, Horst: Franciscus de Paula Triesnecker : 1745 – 1817 ; Astronom, Mathematiker und Landvermesser aus Mallon bei Kirchberg am Wagram. – Gösing am Wagram: Edition Weinviertel 2005, 184 p., ill., mp. – 1. Aufl. [Literaturverz. S.169-174] ISBN 3-901616-73-X.

0741
Koller-Weiss, Katharina: Aegidius Tschudis grosse Manuskriptkarte des schweizerischen Raums und der angrenzenden Gebiete, um 1565. In: Cartographica Helvetica : Fachzeitschrift für Kartengeschichte. 2005,32, p.3-16, 7 ill., 1 portr. ISSN 1015-8480.

0742
Kozličić, Mithad: Panorame Dalmacije Guiseppea Riegera = I panorami della Damazia di giuseppe Rieger; The panoramas of Dalmatia by Guiseppe Rieger; Panoramen Dalmatiens von Giuseppe Rieger. – Split: Hrvatski Hydrografski Institut 2003, 159 p., ill., mp. (Posebna izdanja ; 1). [Croat, Ital., Engl., German]. ISBN 953-6165-07-4.

0743
Kretschmer, Ingrid: Obituary : Wolfgang Scharfe (1942-2003). In: Imago Mundi : the international journal for the history of cartography. 56.2004,2, p.198-199. ISSN 0308-5694.

0744
Krogt, Peter van der: J.V.D. Werbata, een topograaf uit Oost-Indië, karteert in West-Indië : de eerste topografische kaarten van de Nederlandse Antillen, 1911-1915. In: Caert-thresoor : tijdschrift voor de geschiedenis van de kartografie in Nederland. 24.2005,1, p.3-13, 8 ill., 2 portr. J.V.D. Werbata, East-Indian topographer, maps the Dutch-West-Indies : the first topographical maps of the Dutch Antilles, 1911-1915. ISSN 0167-4994.

0745
Küntzel, Rudolf: Ingenieur Richard La Nicca (1794-1883). In: Geomatik Schweiz : Geoinformation und Landmanagement. 103.2005,3, p.126-130, 11 ill. ISSN 0252-9424; 1660-4458.

0746
Kummer, Werner: J. A. Brandegger, F. Schneider, J. C. Dibold, J. C. Garthe and W. Müller : minor German globe makers in the late 18th and early 19th centuries. In: Globe studies : the journal of the International Coronelli Society ; English version of Der Globusfreund. 51/52.2003/04, p.59-71, 6 ill. [Engl. with French rés.].

0747
Kummer, Werner: J. A. Brandegger, F. Schneider, J. C. Dibold, J. C. Garthe und W. Müller : weniger bekannte deutsche Globenhersteller des späten 18. und 19. Jahrhunderts. In: Der Globusfreund : wissenschaftliche Zeitschrift für Globenkunde. 51/52.2003/04, p.59-71, 6 ill. [German with Engl. rés.]. ISSN 0436-0664.

0748
Kupčík, Ivan: Atlas abreviado de Bohemia (1757) Thomase López z Univerzitní knihovný v Salamance. In: Z Dějin geodézie a kartografie. 12, p.42-46, 4 ill. Bílina and Bílinsko on the map sheet No. 7 of the Müller map of Silesia. [Czech].

0749
Kupčík, Ivan: David Woodward 1942-2004. In: Kartographische Nachrichten : KN ; Fachzeitschrift für Geoinformation und Visualisierung ; Organ der Deutschen Gesellschaft für Kartographie e.V., der Schweizerischen Gesellschaft für Kartographie und der Österreichischen Kartographischen Kommission in der Österreichischen Geographischen Gesellschaft. 55.2005,1, p.46-48, 1 portr. ISSN 0022-9164.

0750
Lapaine, Miljenko; Kljajić, Ivka: Some important persons in Croatian Cartography = Nekoliko važnih osoba za hrvatsku kartografiju. In: Five centuries of maps and charts of Croatia = Pet stoljeća geografskih i pomorskih karata Hrvatske. Ed.: Novak, Drago. – Zagreb: Školska Knjiga 2005, p.113-166, 39 ill. [Engl. and Croat.].

0751
Le Paris des lumières : d'après le plan de Turgot (1734 – 1739) ; [à l'occasion de l'Exposition Paris 1730 d'après le Plan de Turgot, Centre Historique des Archives Nationales, Musée d'Histoire de France, du 12 octobre 2005 au 9 janvier 2006]. By: Fierro, Alfred; Sarazin, Jean-Yves. – Paris: 2005, 143 p., ill., mp. ISBN 2-7118-4985-6; 978-2-7118-4985-7.

0752
León Guerrero, Montserrat: Introducción Histórica. In: Almanaque perpetuo de Abraham Zacuto : (Venecia 1502). – Valladolid: Seminario Iberoamericano de Descubrimientos y Cartografía, Instituto Interuniversitario de Estudios de Iberoamérica y Portugal 2004, p.7-31 (Descubrimientos y cartografía ; 10) Historical Introduction. [Span.].

0753
MacLaren, I. S.: Mapper of mountains : M.P. Bridgland in the Canadian Rockies, 1902 – 1930. Ed.: University <Calgary, Alberta>. – Edmonton, Alta.: University <Calgary, Alberta> 2005, XVII, 240 p., ill., mp. ISBN 0-88864-456-6.

0754
Macnair, Andrew: Faden's 1797 map of Norfolk digitally redrawn. In: The Bulletin of the Society of Cartographers. 39.2005,1-2, p.71-77, 5 ill. ISSN 0036-1984.

0755
Magnus, Olaus: Carta marina [Texte imprimé] : 1539. Ed.: Balzamo, Elena. Éd. et raconté par Elena Balzamo. – Paris: Librairie José Corti 2005, 187 p., ill., mp. (Collection merveilleux ; 26). ISBN 2-7143-0894-5.

0756
Medyńska-Gulij, Beata: Mapy księstw śląskich świdnickiego, jaworskiego i legnickiego z II połowy XVII wieku Fryderyka Khünoviusa = Die Karten der schlesischen Fürstentümer Schweidnitz, Jauer und Liegnitz von Friedrich Khünovius aus der 2. Hälfte des 17. Jahrhunderts. – Wrocław: GAJT Wydawnictwo 2002, 133 p., 43 ill. + 3 mp.-suppl. Fryderyk Khünovius's maps of Silesian duchies (Świdnica, Jawor and Legnica) from the second half of the 17th century. [Pol. with Engl. and Germ. rés.]. ISBN 83-88178-17-2.

0757
Mersey, Jan: In remembrance of David Woodward : of mentors and Madison. In: Cartographic perspectives : journal of the North American Cartographic Information Society. 21.2005, p.55-58, 1 ill. ISSN 1048-9053.

0758
Meurer, Peter H.: Das Editionsprojekt : die Manuskriptatlanten Christian Sgrootens. In: Mitteilungen / Freundeskreis für Cartographica in der Stiftung Preussischer Kulturbesitz e.V. 18.2005, p.16-22, 1 mp. ISSN 1612-9512.

0759
Milanesi, Marica: Vincenzo Coronelli and his globes : an assessment. In: Journal of the International Map Collectors' Society. 100.2005, p.17-27.

0760
Morrison, Joel: Arthur H. Robinson : reflections on the personage. In: Cartographic perspectives : journal of the North American Cartographic Information Society. 51.2005, p.34-38. ISSN 1048-9053.

0761
Müller, Guido: Gustav Pelikan (1840-1919) : ein bedeutender österreichischer Kartograf und Geoplastiker. In: Raumbilder im Wandel : 40 Jahre Geographie an der Universität Salzburg. Ed.: Breuste, Jürgen. – Salzburg: Universität Salzburg / Fachbereich für Geographie, Geologie und Mineralogie 2005, p.27-36, 1 portr., 2 ill. (Salzburger geographische Arbeiten ; 38).

0762
Nag, Prithvish: Thematic mapping & cartography : Prof. S. P. Chatterjee Memorial Lecture 2005. In: Bridging the digital divide and taking cartography at grassroots level : 25th INCA international congress, Sagar, Nov. 28 – Dec. 1, 2005. Ed.: Trivedi, R. K. – Ahmedabad: Indian National Cartographic Association 2005, p.5-7 (Indian cartographer ; 25.2005).

0763
Nebenzahl, Kenneth: A tribute to David Woodward. In: The Portolan : the journal of the Washington Map Society. 61.2004, p.10-11. ISSN 1096-1925.

0764
Neumann, Joachim: Peter Mesenburg 65 Jahre. In: Kartographische Nachrichten : KN ; Fachzeitschrift für Geoinformation und Visualisierung ; Organ der Deutschen Gesellschaft für Kartographie e.V., der Schweizerischen Gesellschaft für Kartographie und der Österreichischen Kartographischen Kommission in der Österreichischen Geographischen Gesellschaft. 55.2005,4, p.212-213, 1 portr. ISSN 0022-9164.

0765
Niederöst, Jana: Das Relief der Urschweiz von Ludwig Pfyffer (1716-1802) : 3D-Rekonstruktion, Analyse und Interpretation. Ed.: Institut für Geodäsie und Photogrammetrie <Zürich>. – Zürich: Institut für Geodäsie und Photogrammetrie <Zürich> 2005, 211 p., ill., mp. (Mitteilungen / Institut für Geodäsie und Photogrammetrie an der Eidgenössischen Technischen Hochschule Zürich ; 89). [Zugl.: Zürich, Techn. Hochsch., Diss., 2005] ISBN 3-906467-56-2.

0766
Nisbet, Jack: The mapmaker's eye : David Thompson on the Columbia Plateau. Ed.: Washington State University. – Pullman, Wash.: Washington State University 2005, XII, 180 p., ill., mp. – 1. printing. [Includes bibliographical references (p.[171]-173) and index] ISBN 0-87422-285-0.

0767
Novak, Drago: Vincentius Demetrius Volcius Raguseus (1563 – 1607) : a portolan chart maker from Dubrovnik = Vicko Dimitrije Volčić Dubrovčanin (1563 – 1607) : majstor portulana iz Dubrovnika. In: Five centuries of maps and charts of Croatia = Pet stoljeća geografskih i pomorskih karata Hrvatske. Ed.: Novak, Drago. – Zagreb: Školska Knjiga 2005, 257-291, 17 ill. [Engl. and Croat.].

0768
Novak, Drago; Milinarić, Dubravka: Adriatic Coast and Islands in the Kitab-i Bahriye by Pîrî Reis = Jadranska obala i otoci u kfelu Kitab-i Bahriye Pîrîja Reisa. In: Five centuries of maps and charts of Croatia = Pet stoljeća geografskih i pomorskih karata Hrvatske. Ed.: Novak, Drago. – Zagreb: Školska Knjiga 2005, p.331-367, 18 ill. [Engl. and Croat.].

0769
Oestmann, Günther: Der Himmelsglobus des Jakob Rabus (1546). In: Der Globusfreund : wissenschaftliche Zeitschrift für Globenkunde. 51/52.2003/04, p.21-32, 8 ill. [German with Engl. rés.]. ISSN 0436-0664.

0770
Oestmann, Günther: The celestial globe of Jacobus Rabus (1546). In: Globe studies : the journal of the International Coronelli Society ; English version of Der Globusfreund. 51/52.2003/04, p.21-32, 8 ill. [Engl. with French rés.].

0771
Olson, Judy: A tribute to our founding editor : Arthur H. Robinson, 1915-2004. In: Cartography and geographic information science : an official journal of ACSM devoted to the advancement of cartography in all its aspects. 32.2005,2, p.133, 1 portr. ISSN 1523-0406.

0772
Olson, Judy M.: Remembering Arthur Robinson. In: Cartographic perspectives : journal of the North American Cartographic Information Society. 51.2005, p.40-43. ISSN 1048-9053.

0773
Osmaston, Gordon: Memories of surveying in India 1919 – 1939. Ed.: Osmaston, Timothy G. – Windermere: Selbstverl. 2005, 55 p., ill., mp.

0774
Pagani, Lelio: Il recupero di un prezioso documento : la carta del Museo Adriano Bernareggi, nel contesto della produzione cartografica di Cristoforo Sorte. In: La Lombardia e la Bergamasca : rappresentazioni cartografiche ; sec. XVI-XIX. Ed.: Moreschi, Emilio. – Bergamo: Ateneo di Scienze, Lettere ed Arti <Bergamo> 2005, p.129-148, 9 ill. The recovery of a precious document : the map of the museum Adriano Bernareggi, in context of the cartographical production of Cristoforo Sorte. [Ital.].

0775
Pawlak, Władysław: Kartografia na tle innych badań i działalności Eugeniusza Romera. In: Polski przegląd kartograficzny. 36.2004,1, p.3-11, 1 portr. Cartography among other research and activities of Eugeniusz Romer. [Pol. with Engl. and Russ. rés.]. ISSN 0324-8321.

0776
Pearce, Jeremy: David Woodward. In: Newsletter / The Australian Map Circle. 92.2004, p.12. [Obituary from NY Times 2004/08/31] ISSN 0811-9511.

0777
Penney, Gerald: "The earliest known map of St. John's" : Henry Southwood's 1675 inset of St. John's Harbour. In: Bulletin / Association of Canadian Map Libraries and Archives. 123.2005, p.7-16, 18 ill. ISSN 0840-9331.

0778
Plann und Grundriß vom gantzen Deßenberg und angrentzenden Landschafften auff demselben : gezeichnet von Samuel Bodmer, 1709. In: Schriftenreihe Verein Bielerseeschutz VBS. 14.2005, 8 p., 6 ill.

0779
Prado, Max: Mercator : le père de la géographie moderne. – Castelnau-le-Lez: Editions M. Prado 2005, 102 p., ill., mp. ISBN 2-9510959-6-1.

0780
Pressenda, Paola: Il cabreo della Prebenda Arcidiaconale del Capitolo della Cattedrale di Asti e l'attività dell'agrimensore Petrino Musso. In: Il libro delle mappe dell'Arcidiacono Riperti : un cabreo astigiano del Settecento. Ed.: Sereno, Paola. – Asti: Asti <Provincia> 2002, p.43-61, 8 ill., 1 tab. The cadaster of the archdeaconal benefice of the capitol of the Asti Cathedral and the activities of the land surveyor Petrino Musso. [Ital.].

0781
Przyłuska, Barbara: Wystawa "Eugeniusz Romer – geograf i kartograf trzech epok" w Bibliotece Narodowej. In: Polski przegląd kartograficzny. 36.2004,3, p.234-237, 2 ill. [Pol.]. ISSN 0324-8321.

0782
Rebert, Paula: In memory of David Woodward, scholar and mentor. In: Cartographic perspectives : journal of the North American Cartographic Information Society. 51.2005, p.61-62. ISSN 1048-9053.

0783
Rech, Monika: Präsident und Professor : Professor Dietmar Grünreich, Präsident des BKG ; ein Portrait. In: GeoBit : Geoinformationstechnologie für die Praxis. 2005,5, p.36-37, 1 ill., 1 portr. ISSN 1430-3663.

0784
Reichenbacher, Tumasch: Kurt Brunner 60 Jahre. In: Kartographische Nachrichten : KN ; Fachzeitschrift für Geoinformation und Visualisierung ; Organ der Deutschen Gesellschaft für Kartographie e.V., der Schweizerischen Gesellschaft für Kartographie und der Österreichischen Kartographischen Kommission in der Österreichischen Geographischen Gesellschaft. 55.2005,5, p.269-270, 1 portr. ISSN 0022-9164.

0785
Reinhartz, Dennis: Ambition and enterprise : Zebulon Pike's maps relationg to the exploration of the southern Louisiana Purchase. In: Journal of the International Map Collectors' Society. 103.2005, p.25-37, 7 ill., 2 portr.

0786
Reitinger, Franz: Die Wunder-seltzame Land-Charten Utopiae : Ein Hauptwerk barocker Lachkultur. In: Das neu entdeckte Schlarraffenland : Johann Andreas Schnebelins Erklärung der Wunder-seltzamen Land-Charten UTOPIAE aus dem Jahr 1694. Ed.: Reitinger, Franz. – Bad Langensalza: Rockstuhl 2004, p.275-336.

0787
Reitinger, Franz: The persuasiveness of cartography : Michel Le Nobletz (1577-1652) and the School of Le Conquet (France). In: Cartographica : the international journal for geographic information and geovisualization. 40.2005,3, p.79-103, 5 ill. ISSN 0340-0654; 0317-7173.

0788
Ritchie, Steve: From up in the attic to Creechbarrow Down : the Hydrographic Office home at last. In: Journal of the International Map Collectors' Society. 102.2005, p.21-29, 9 ill., 1 portr.

0789
Ritorno al mondo nuovo : il planisfero di Vesconte Maggiolo (1504) e il suo tempo. Ed.: Biblioteca Comunale Federiciana <Fano>. saggi di Corradino Astengo e Giorgio Mangani. – Fano: Biblioteca Comunale Federiciana <Fano> 2005, 47 p., ill. Return to the New World : the planisphere of Vesconte Maggiolo (1504) and its time. [Ital.]. [Exhibition catalogue, Fano (Pesaro), Saletta Nolfi, 2005].

0790
Robson, John: James Cook's contribution to the mapping of Newfoundland and Newfoundland's contribution to the career of James Cook. In: Bulletin / Association of Canadian Map Libraries and Archives. 124.2005, p.3-13, 9 ill. ISSN 0840-9331.

0791
Rötzer, Hans Gerd: Kolumbus kam ihm zuvor : Hieronymus Münzer und der Seeweg westwärts. In: Montfort, Vierteljahresschrift für Geschichte und Gegenwart Vorarlbergs. 57.2005,3, p.223-227. ISSN 0027-0148.

0792
Ruiz Morales, Mario: El mejor cartógrafo andalusí y su paradójica descripción de Granada. In: Topografía y cartografía : TOPCART ; revista del Colegio Oficial de Ingenieros Técnicos en Topografía. 21.2004,125, p.39-41, 3 ill. The best Andalus cartographer and his paradoxical description of Granada. [Span.]. ISSN 0212-9280.

0793
Ruiz Morales, Mario: Laussedat y la Academia de Ciencias de España (I). In: Topografía y cartografía : TOPCART ; revista del Colegio Oficial de Ingenieros Técnicos en Topografía. 22.2005,128, p.27-34, 8 ill. Laussedat and the Spanish Academy of Science. [Span.]. ISSN 0212-9280.

0794
Ruiz Morales, Mario: Laussedat y la Academia de Ciencias de España (y II). In: Topografía y cartografía : TOPCART ; revista del Colegio Oficial de Ingenieros Técnicos en Topografía. 22.2005,129, p.29-47, 3 tab. Laussedat and the Spanish Academy of Science. [Span.]. ISSN 0212-9280.

0795
Ruiz Morales, Mario; Ruiz Bustos, Mónica: Jorge Juan y sus proyectos para un mapa de España. Ed.: Universidad <Granada>. – Granada: Universidad <Granada> 2005, 136 p., ill. (Monográfica : Biblioteca de humanidades ; Chrónica nova de estudios históricos ; 91) Jorge Juan and his plans for a map of Spain. [Span. and Engl.]. ISBN 84-338-3506-8.

0796
Sandler, Christian: Johann Baptista Homann (1664-1724) und seine Landkarten : ein Handbuch. Ed.: Rockstuhl, Harald. – Bad Langensalza: Rockstuhl 2005, 65 p., 1 portr. – 2. Auflage. [Nachdruck nach dem Original von 1886, enthält Biographisches zum Autor Christian Sandler] ISBN 3-936030-01-4.

0797
Scheele, Theo: De Oeffening van Willem Ferdinandusse, geadmitteerd landmeter in Zeeland. In: Geo-Info : tijdschrift voor Geo-Informatie Nederland, GIN. 2.2005,10, p.452-454, 4 ill. The activities of Willem Ferdinandusse, licensed surveyor in Zeeland. [Dutch]. ISSN 1572-5464.

0798
Schiedt, Hans-Ulrich: Die Karte der Schweiz von Joseph Edmund Woerl, 1835/36. In: Cartographica Helvetica : Fachzeitschrift für Kartengeschichte. 2005,32, p.33-39, 6 ill. ISSN 1015-8480.

0799
Schmidt, Gerold: Zur Kartographenfamilie Behrens in Varel. In: Oldenburgische Familienkunde. 1, p.174-208, 4 ill.

0800
Schumacher, Heinrich: De kartering van Oost-Friesland door Willem Pieter Camp, 1798-1804. In: Caert-thresoor : tijdschrift voor de geschiedenis van de kartografie in Nederland. 24.2005,2, p.45-51, 6 ill., 1 portr. The mapping of East Frisia by Willem Pieter Camp 1798-1804. ISSN 0167-4994.

0801
Schumacher, Heinrich: Die Ostfriesland-Karten des niederländischen Artillerie-Kapitäns Willem Camp. In: Die große handgezeichnete Campsche Karte von Ostfriesland von 1806 : (Staatsbibliothek zu Berlin Preußischer Kulturbesitz, Kart. N 27299). Ed.: Henninger, Wolfgang; Kappelhoff, Bernd. – Hannover: 2005, p.31-50, 6 ill., 2 tab. (Veröffentlichungen der Historischen Kommission für Niedersachsen und Bremen ; 226).

0802
Shirley, Rodney: A Lafreri atlas in the Biblioteca Marucelliana, Florence. In: Journal of the International Map Collectors' Society. 100.2005, p.29-31.

0803
Slukan Altić, Mirela: Mirko Seljan (1871 – 1913). In: Cartographica Helvetica : Fachzeitschrift für Kartengeschichte. 2005,31, p.31-38, 7 ill., 2 portr. ISSN 1015-8480.

0804
Stams, Werner: Prof. Dr. sc. techn. Hans-Ludwig Ewert 75 Jahre. In: Vom Militärischen zum Sicherheitsgeowesen : Hans-Ludwig Ewert zum 75. Geburtstag. Ed.: Technische Universität Dresden / Institut für Geographie. – Dresden: Technische Universität Dresden / Institut für Geographie 2005, p.9-12 (Kartographische Bausteine : KB ; 33).

0805
Stams, Werner: Prof. Dr.-Ing. Hans-Ludwig Ewert 75 Jahre. In: Kartographische Nachrichten : KN ; Fachzeitschrift für Geoinformation und Visualisierung ; Organ der Deutschen Gesellschaft für Kartographie e.V., der Schweizerischen Gesellschaft für Kartographie und der Österreichischen Kartographischen Kommission in der Österreichischen Geographischen Gesellschaft. 55.2005,2, p.107-109, 1 portr. ISSN 0022-9164.

0806
Stupp, Walter: Martin Waldseemüller : Kosmograph, Geograph und Humanist. In: Kartographische Nachrichten : KN ; Fachzeitschrift für Geoinformation und Visualisierung ; Organ der Deutschen Gesellschaft für Kartographie e.V., der Schweizerischen Gesellschaft für Kartographie und der Österreichischen Kartographischen Kommission in der Österreichischen Geographischen Gesellschaft. 55.2005,6, p.322-324, 3 ill. ISSN 0022-9164.

0807
Svatek, Petra: Wolfgang Lazius als Kartograph : eine Analyse seiner Karten in Bezug auf die Werke anderer Kartenmacher des 16. und 17. Jahrhunderts. – Wien: 2005, 474 p., 60 ill., 30 tab. [Besteht aus zwei Bänden; Diss. Wien].

0808
Thrower, Norman J.W.: Arthur H. Robinson : an appreciation. In: Cartographic perspectives : journal of the North American Cartographic Information Society. 51.2005, p.32-34. ISSN 1048-9053.

0809
Tobé, Erik: Struves meridianmätning från höga norden till Svarta havet. In: Kart & bildteknik : mapping and image science. 19.2004,1, p.6-7, 2 ill. The meridian surveying of Struve from the High North to the Black Sea. [Swed.]. ISSN 1651-792X.

0810
Torge, Wolfgang: Der lange Weg der preußischen Landesvermessung : zum 100. Todestag von Oscar Schreiber (1829-1905). In: ZfV : Zeitschrift für Geodäsie, Geoinformation und Landmanagement. 130.2005,6, p.359-371, 6 ill. ISSN 1618-8950.

0811
Vagnon, Emmanuelle: Un atlas retrouvé de Grazioso Benincasa : cartographie marine à la fin du XVe s. d'après les collections de la Bibliothèque national de France. In: Le Monde des Cartes : revue du Comité Français de Cartographie. 184.2005, p.12-22, 4 ill., 2 tab. ISSN 1634-3522.

0812
Valerio, Vladimiro: Giovanni Maria Cassini's globe gores (1790/92) – a study of text and images. In: Globe studies : the journal of the International Coronelli Society ; English version of Der Globusfreund. 51/52.2003/04, p.73-84, 6 ill. [Engl. with french rés.].

0813
Valerio, Vladimiro: Giovanni Maria Cassini's Globusstreifen (1790/1792) – eine Text- und Bildstudie. In: Der Globusfreund : wissenschaftliche Zeitschrift für Globenkunde. 51/52.2003/04, p.73-85, 6 ill. [German with Engl. rés.]. ISSN 0436-0664.

0814
Varela Marcos, Jesús: Fonseca, autor del primer mapa impreso de América. In: Juan Rodríguez de Fonseca : su imagen y su obra. Ed.: Universidad Valladolid. – Valladolid: Universidad Valladolid 2005, p.141-162, 8 mp. (Descubrimientos y cartografía ; 11) Fonseca, author of the first printed map of America. [Span.].

0815
Ventura, Antonio: L' Italia di Piri Re'is : la cartografia turca alla corte di Solimano il Magnifico. – Lecce: Capone editore 2000, 95 p., ill., mp. The Italy of Piri Re'is : the Turkish cartography at the court of Solimano il Magnifico. [Ital.]. [First publ. in 3 vols. 1988-1991; Contains bibliography and notes] ISBN 88-8349-008-8.

0816
Wajntraub, Eva; Wajntraub, Gimpel: Jacob Ziegler (1470? – 1549?) : an enlightened man from a dark period. In: Journal of the International Map Collectors' Society. 100.2005, p.49-54, 7 ill., 1 portr.

0817
Wallis, Helen: The Franciscan Vincenzo Coronelli and the Adriatic Sea = Franjevac Vincenzo Coronelli i Jadransko more. In: Five centuries of maps and charts of Croatia = Pet stoljeća geografskih i pomorskih karata Hrvatske. Ed.: Novak, Drago. – Zagreb: Školska Knjiga 2005, p.179-201, 10 ill. [Engl. and Croat.].

0818
Wennström, Hans-Fredrik: Struves gradmätning och meridianbåge som blivande världsarv. In: Kart & bildteknik : mapping and image science. 19.2004,1, p.8-9, 1 ill. The surveying and the meridian arc of Struve the future world heritage. [Swed.]. ISSN 1651-792X.

0819
Wiesner, Hartmut: Briefe an Tina O. : über das Navigieren, Messen und Kartieren in Lewisiana. In: "Mit dem Boot über die Rocky Mountains – unter Wölfen, Büffeln, Bären und Indianern" : die Reise von Lewis und Clark. Ed.: Stinshoff, Richard; Leeb, Anne; Gelderblom, Anne. – Oldenburg: Isensee-Verlag 2005, p.68-[93], 12 ill. (Schriftenreihe des Landesmuseums für Natur und Mensch Oldenburg ; 40).

0820
Wood, Alberta Auringer: The Hon. Fabian O'Dea's map collection. In: Bulletin / Association of Canadian Map Libraries and Archives. 124.2005, p.19-22, 1 portr., 1 ill. ISSN 0840-9331.

0821
Wytyczak, Roman: Z badań nad chronologią wydań i wiarygodnością treści map Jonasa Scultetusa. In: Polski przegląd kartograficzny. 36.2004,3, p.187-198, 5 ill., 9 tab. Fromthe research on the chronology of editions and the reliability of the maps. ISSN 0324-8321.

0822
Zemřel profesor Wolfgang Scharfe. In: Geodetický a kartografický obzor. 50(92).2004,3, p.61 Professor Wolfgang Scharfe. [Czech]. ISSN 0016-7096.

0823
Zögner, Lothar: Die Welt in Händen : Professor Rudolf Schmidt 80 Jahre. In: Mitteilungen / Freundeskreis für Cartographica in der Stiftung Preussischer Kulturbesitz e.V. 18.2005, p.36. ISSN 1612-9512.

D. Organizations and Institutions of Cartography
Organisationen und Institutionen der Kartographie
Organisations et institutions de la cartographie

1. General Features
Allgemeines
Généralités

0824
Bauer, Rainer; Schilcher, Matthäus: Leitfaden für kommunale GIS-Einsteiger. In: Mitteilungen des DVW-Bayern e.V. 57.2005,2, p.257-276, 14 ill. ISSN 0723-6336.

0825
Bernard, Lars: INSPIRE : der Weg zu einer Europäischen Geodateninfrastruktur. In: Kartographische Nachrichten : KN ; Fachzeitschrift für Geoinformation und Visualisierung ; Organ der Deutschen Gesellschaft für Kartographie e.V., der Schweizerischen Gesellschaft für Kartographie und der Österreichischen Kartographischen Kommission in der Österreichischen Geographischen Gesellschaft. 55.2005,5, p.232-236, 2 ill. ISSN 0022-9164.

0826
Cetl, Vlado; Roić, Miodrag; Šiško, Darko: Prema infrastrukturi prostornih podataka u Hrvastkoj = Towards a spatial data infrastructure in Croatia. In: Kartografija i geoinformacije : KiG ; znanstveno-stručno-informativni časopis Hrvatskoga kartografskog društva. 3.2004, p.36-50, 6 ill. [Croat. and Engl.]. ISSN 1333-896X.

0827
Christl, Arnulf B.; Trakas, Athina: Geodateninfrastrukturen nutzbar machen – technische, organisatorische und rechtliche Aspekte. In: Angewandte Geoinformatik 2005 : Beiträge zum 17. AGIT-Symposium Salzburg. Ed.: Strobl, Josef; Blaschke, Thomas; Griesebner, Gerald. – Heidelberg: Herbert-Wichmann-Verlag 2005, p.88-93.

0828
Ehrmanntraut, Ewald: Strategie zum Aufbau der Geodateninfrastruktur Hessen (GDI-HE). In: Mitteilungen / Deutscher Verein für Vermessungswesen, Landesverein Hessen e.V. ; Landesverein Thüringen. 2005,2, p.2-5, 2 ill. ISSN 0949-7900; 0173-6280.

0829
Fornefeld, Martin; Oefinger, Peter: Verrechnungsmodelle für Geo-Webdienste : ein Beitrag für den Aufbau einer Geodateninfrastruktur in der Schweiz im Auftrag des Bundesamtes für Landestopographie (swisstopo) und der Koordination der Geoinformation und Geografischen Informationssysteme (KOGIS). – Düsseldorf: 2005, 27 p., ill. (Zeitschrift für deutsches Altertum und deutsche Literatur : ZfdA ; 135.2006,4).

0830
Gleixner, Heinrich; Glock, Clemens; Maier, Andreas; Bangerdt, Waldemar: DeutschlandViewer : Integrierte Präsentation von verteilt vorliegenden Geobasis- und Geofachdaten über Internet. In: Mitteilungen des DVW-Bayern e.V. 57.2005,2, p.241-255, 8 ill. ISSN 0723-6336.

0831
Grünreich, Dietmar: Die Rolle der Kartographie bei Aufbau und Nutzung von Geodaten-infrastrukturen. In: Kartographische Nachrichten : KN ; Fachzeitschrift für Geoinformation und Visualisierung ; Organ der Deutschen Gesellschaft für Kartographie e.V., der Schweizerischen Gesellschaft für Kartographie und der Österreichischen Kartographischen Kommission in der Österreichischen Geographischen Gesellschaft. 55.2005,6, p.291-296, 3 ill. ISSN 0022-9164.

0832
Henninger, Walter; Gläßel, Helmut: Vom Gebietstopographen zum Kartenpixel. In: Mitteilungen des DVW-Bayern e.V. 57.2005,3, p.387-400, 10 ill. ISSN 0723-6336.

0833
Ivánová, Ivana: Standardization of geographic information. In: Kartografické listy. 13.2005, p.61-69, 2 ill., 1 tab. [Engl. with Slovak rés.].

0834
Konopska, Beata: Ewolucja sygnetu wydawniczego Spółki Akcyjnej Atlas i Instytutu Kartograficznego im. Eugeniusza Romera. In: Polski przegląd kartograficzny. 36.2004,3, p.204-208, 7 ill. Evolution of the publisher's imprint of Spółka Akcyjna Atlas and E. Romer's Cartographical Institute. [Pol.]. ISSN 0324-8321.

0835
Lauriault, Tracey P.: Cybercartography and the New Economy : collaborative research in action. – 1. ed. In: Cybercartography : theory and practice. Ed.: Taylor, David Ruxton Fraser. – Amsterdam: Elsevier Science 2005, p.181-210, 3 ill., 6 tab. (Modern cartography ; 4).

0836
Lenk, Martin: IMAGI – das Gremium des Bundes zur Koordinierung des Geoinformationswesens in der Bundesverwaltung. In: Mitteilungen des Bundesamtes für Kartographie und Geodäsie. 57.2005,4, p.519-529, 3 ill. ISSN 1436-3445.

0837
Les SIG au service du monde rural, le pays basque montre l'exemple. In: IGN magazine. 32.2005, p.4-10, ill. ISSN 1624-9305.

0838
L'Europe géographique : en route vers l'harmonie. In: IGN magazine. 29.2005, p.4-10, ill. ISSN 1624-9305.

0839
Löffelholz, Christian: INSPIRE – Aufbau einer Europäischen Geodateninfrastruktur : Ziel, Stand und Auswirkungen der Initiative. In: Nachrichtenblatt der Vermessungs- und Katasterverwaltung Rheinland-Pfalz. 48.2005,3, p.136-148, 7 ill, 1 tab. ISSN 0939-2378.

0840
Lovrić, Paško; Kosek, Melita: Cartography at the end of the 20th century = Kartografija krajem 20. stoljeća. In: Five centuries of maps and charts of Croatia = Pet stoljeća geografskih i pomorskih karata Hrvatske. Ed.: Novak, Drago. – Zagreb: Školska Knjiga 2005, p.62-85, 9 ill. [Croat. and Engl.].

0841
Lucht, Roland: Kartenverfälschung in der DDR : verklärende Rückschau oder kritische Aufarbeitung?. In: Kartographische Nachrichten : KN ; Fachzeitschrift für Geoinformation und Visualisierung ; Organ der Deutschen Gesellschaft für Kartographie e.V., der Schweizerischen Gesellschaft für Kartographie und der Österreichischen Kartographischen Kommission in der Österreichischen Geographischen Gesellschaft. 55.2005,2, p.89-91. ISSN 0022-9164.

0842
Luckhardt, Thomas; Bergmann, Frauke: Aufbau einer Berliner Geodateninfrastruktur (GDI-Berlin). In: Vermessung Brandenburg. 2005,2, p.14-23. ISSN 1430-7650.

0843
Ludwig, Robert: Geodateninfrastruktur in Bayern. In: Mitteilungen des DVW-Bayern e.V. 57.2005,2, p.203-223, 9 ill. ISSN 0723-6336.

0844
Niksová, Nadezda: Aktivity Slovenskej republiky v projektoch EuroGeographics-SABE, EuroGlobalMap and EuroRegionalMap. In: Geodetický a kartografický obzor. 51(93).2005,6-7, p.105-109, 61 ill. Activities of the Slovak republic in projects EuroGeographics-SABE, EuroGlobalMap and EuroRegionalMap. [Slovak with Engl. rés.]. ISSN 0016-7096.

0845
Pfahlbusch, René: Bemerkungen zur Entgegnung von D. Unverhau "Offensichtlich vom Standpunkt der Ehre aus betrachtet" (KN 1/2005, Seite 36). In: Kartographische Nachrichten : KN ; Fachzeitschrift für Geoinformation und Visualisierung ; Organ der Deutschen Gesellschaft für Kartographie e.V., der Schweizerischen Gesellschaft für Kartographie und der Österreichischen Kartographischen Kommission in der Österreichischen Geographischen Gesellschaft. 55.2005,1, p.39-40. ISSN 0022-9164.

0846
Reindl, Wolfgang: Geodateninfrastruktur in Deutschland : Geschäfts- und Koordinierungsstelle GDI-DE in Frankfurt a. Main. In: Mitteilungen des DVW-Bayern e.V. 57.2005,4, p.530-537, 1 ill. ISSN 0723-6336.

0847
Stößel, Wolfgang: Geodateninfrastruktur in Bayern. In: Mitteilungen des DVW-Bayern e.V. 57.2005,4, p.538-544, 2 ill. ISSN 0723-6336.

0848
Stoffel, Hans Gerd; Glock, Heidrun: Geodateninfrastruktur Rheinland-Pfalz. In: Nachrichtenblatt der Vermessungs- und Katasterverwaltung Rheinland-Pfalz. 48.2005,3, p.131-135, 5 ill. ISSN 0939-2378.

0849
Unverhau, Dagmar: Offensichtlich vom Standpunkt der Ehre aus betrachtet : eine Entgegnung auf René Pfahlbuschs " 'Kartenverfälschung'" in Deutschlanrd?!" (KN 5, 2004, S.218-224). In: Kartographische Nachrichten : KN ; Fachzeitschrift für Geoinformation und Visualisierung ; Organ der Deutschen Gesellschaft für Kartographie e.V., der Schweizerischen Gesellschaft für Kartographie und der Österreichischen Kartographischen Kommission in der Österreichischen Geographischen Gesellschaft. 55.2005,1, p.36-39. ISSN 0022-9164.

0850
Vojtičko, Andrej: Realizácia koncepcie tvorby základnej báze ZB GIS v rezorte ÚGKK Slovenskej republiky za roky 2001 až 2005. In: Geodetický a kartografický obzor. 51(93).2005,6-7, p.145-150, 2 tab. Realization of conception of building ZB GIS in the organizations of geodesy, cartography and cadastre authority of the Slovak republic from 2001 to 2005. [Slovak with Engl. rés.]. ISSN 0016-7096.

0851
Weigel, Ingrid: Der Aufbau von Geodateninfrastrukturen in der Europäischen Gemeinschaft. In: Vermessung Brandenburg. 2005,1, p.63-74. ISSN 1430-7650.

0852
Witschas, Sabine: Cross-border mapping : Grenzerfahrungen kartographischer ARt. In: Kartographische Nachrichten : KN ; Fachzeitschrift für Geoinformation und Visualisierung ; Organ der Deutschen Gesellschaft für Kartographie e.V., der Schweizerischen Gesellschaft für Kartographie und der Österreichischen Kartographischen Kommission in der Österreichischen Geographischen Gesellschaft. 55.2005,4, p.201-207, 10 ill. ISSN 0022-9164.

2. Cartographic Societies Kartographische Gesellschaften Sociétés cartographiques

0853
30th anniversary Canadian Cartographic Association = 30ième anniversaire Association canadienne de cartographie. 2005. (Cartouche : the operational publication of the Canadian Cartographic Association ; 60.2005).

0854
Argus-Längberg, Elisabeth; Szegö, Janos; Ottoson, Patrik; Harrie, Lars; Qvist, Ewa; Elg, Margareta: ICC i La Coruna. In: Kart & bildteknik : mapping and image science. 20.2005,3, p.6-14, 2 ill. ICC (International Cartographic Conference) in La Coruna. [Swed.]. ISSN 1651-792X.

0855
Castner, Henry W.: Those "unfranchised" cartographers: thirty years later : opening note to the 2005 CCA conference held in St. John's. In: Cartouche : the operational publication of the Canadian Cartographic Association. 59.2005, p.7-9 + 34. ISSN 1183-2045.

0856
Grånäs, Karin: Tio frågor till Kartografiska Sällskapets nya ordförande. In: Kart & bildteknik : mapping and image science. 19.2004,2, p.12-13, 2 ill. Ten questions to the new president of the Swedish Cartographic Society. [Swed.]. ISSN 1651-792X.

0857
Karsay, Ferenc: A magyar geodézia szakmatörténetének elmúlt negyedszázada. In: Geodézia és kartográfia. 57.2005,3, p.17-25 About the quarter of the last century on the history of Hungarian geodesy. [Hung. with Engl. rés.]. ISSN 0016-7118.

0858
Klöppel, Reinhard: Die AdV – das unbekannte Wesen. In: Vermessung Brandenburg. 2005,2, p.3-13. ISSN 1430-7650.

0859
Konecny, Milan: Strategic plan of the ICA : ways of realization. In: Map : journal of the Japan Cartographers Association. 43.2005,1, p.9-16. ISSN 0009-4897.

0860
Lapaine, Miljenko: 21. međunarodna kartografska konferencija i 12. generalna skupština Međunarodnoga kartografskog društva : Durban, 10-16. kolovoza 2003 = The 21st international cartographic conference and the 12th general assembly of the International Cartographic Association : Durban, August 10-16, 2003. In: Kartografija i geoinformacije : KiG ; znanstveno-stručno-informativni časopis Hrvatskoga kartografskog društva. 3.2004, p.116-119, 4 ill. [Croat. and Engl.]. ISSN 1333-896X.

0861
Mucha, Ludvík: Padesát let mezinárodní Coronelliho globografické společnosti. In: Z Dějin geodézie a kartografie. 12, p.74-75 Fifty years of the International Coronelli Globographical Society. [Czech].

0862
Ostrowski, Jerzy: Czterdzieści lat udziału Polski w pracach Międynarodowej Asocjacji Kartograficznej. In: Polski przegląd kartograficzny. 36.2004,3, p.147-176, 5 ill., 1 tab. Forty years of Poland's participation in the activities of the International Cartographic Association. [Pol. with Engl. and Russ. rés.]. ISSN 0324-8321.

0863
Ottoson, Patrik: Medlemmarnas åsikter om Kartografiska Sällskapet. In: Kart & bildteknik : mapping and image science. 20.1005,2, p.20-22, ill. Membership opinion survey about Kartografiska Sällskapet. [Swed.]. ISSN 1651-792X.

0864
Shingareva, Kira B.; Zimbelman, Jim; Buchroithner, Manfred F.; Hargitai, Henrik I.: The realization of ICA Commission projects on planetary cartography. In: Cartographica : the international journal for geographic information and geovisualization. 40.2005,4, p.105-114, 5 ill. ISSN 0340-0654; 0317-7173.

0865
Tikunov, Vladimir: ICA statutes and some practical steps for the realization of the strategic plan. In: ICA News = Nouvelles de l'ACI. 42.2004, p.9-11, 3 ill.

3. Teaching and Research Institutions Institutionen der Lehre und Forschung Institutions de l'enseignement et de la recherche

0866
Bernabé, Miguel Angel: Linking Eruope and Latin America : current initiatives in the area of cartography. In: ICA News = Nouvelles de l'ACI. 40.2003, p.13-14, 1 ill.

0867
Frančula, Nedjeljko; Frangeš, Stanislav: Bolonjska deklaracija i reforma studija na Geodetskom fakultetu Sveučilišta u Zagrebu. In: Geodetski list : glasilo Hrvatskoga Geodetskog Drustva. 58(81).2004,3, p.211-217, 3 tab. The Bologna declaration and the reform of study at the faculty of geodesy of the university of Zagreb. [Croat.]. ISSN 0016-710x.

0868
Hagemans, Eric; Velsink, Hiddo: HBO Geodesie/Geo-informatica. In: Geo-Info : tijdschrift voor Geo-Informatie Nederland, GIN. 2.2005,1, p.8-12, 6 ill., 1 tab. HBO Geodesy/Geo-information technology. [Dutch]. ISSN 1572-5464.

0869
Lapaine, Miljenko: Centar za geoinformacije i kartografiju Akademije tehničkih znanosti Hrvatske = Centre for geoinformation and cartography of the Croatian academy of engineering. In: Kartografija i geoinformacije : KiG ; znanstveno-stručno-informativni časopis Hrvatskoga kartografskog društva. 4.2005, p.188-189. [Croat. and Engl.]. ISSN 1333-896X.

0870
L'École nationale des sciences géographiques : un campus ouvert sur le monde. In: IGN magazine. 12.2002, p.4-[12], ill. ISSN 1624-9305.

0871
Lilje, Boo G.: La enseñanza de la topografía en el Instituto Técnico de Lun (Suecia). In: Topografía y cartografía : TOPCART ; revista del Colegio Oficial de Ingenieros Técnicos en Topografía. 22.2005,129, p.48-55, 5 ill. Topographic education at the Institut of Technics at Lund (Sweden). [Span. with Engl. rés.]. ISSN 0212-9280.

0872
Ruiz Morales, Mario: Laussedat y la Academia de Ciencias de España (I). In: Topografía y cartografía : TOPCART ; revista del Colegio Oficial de Ingenieros Técnicos en Topografía. 22.2005,128, p.27-34, 8 ill. Laussedat and the Spanish Academy of Science. [Span.]. ISSN 0212-9280.

0873
Ruiz Morales, Mario: Laussedat y la Academia de Ciencias de España (y II). In: Topografía y cartografía : TOPCART ; revista del Colegio Oficial de Ingenieros Técnicos en Topografía. 22.2005,129, p.29-47, 3 tab. Laussedat and the Spanish Academy of Science. [Span.]. ISSN 0212-9280.

0874
Scheele, Theo: Dertig jaar Opleidingscentrum Ingenieursbureau Zondag. In: Geo-Info : tijdschrift voor Geo-Informatie Nederland, GIN. 2.2005,11, p.514-518, 8 ill. Thirty years of the educational institute "Zondag". [Dutch with Engl. and French rés.]. ISSN 1572-5464.

0875
Stankiewicz, Michał; Kaczynski, Zenon Andrzej: 50 lat studiów kartograficznych w Politechnike Warszawskiej. In: Polski przegląd kartograficzny. 36.2004,3, p.199-202 50 years of cartographic studies at Warsaw Technical University. ISSN 0324-8321.

4. Cartographic Training
Kartographische Ausbildung
Formation cartographique

0876
Ali, Tarig A.; Nave, Jerry W.; Clark, Marian N.: A new bachelor degree curriculum at East Tennessee State University. In: Surveying and land information science : an official journal of ACSM devoted to the sciences of surveying and mapping, land information and related fields. 65.2005,3, p.195-200, 4 ill., 5 tab. ISSN 1538-1242; 1052-2905.

0877
Bähr, Hans-Peter: eLearning – the possible and impossible. In: Photogrammetric Week '05 : [papers of the 50th Photogrammetric Week, Stuttgart (September 5 to 9, 2005)]. Ed.: Fritsch, Dieter. – Heidelberg: Herbert-Wichmann-Verlag 2005, p.311-319, 2 ill., 1 tab.

0878
Baulch, Samantha; MacDonald, Ronald: Cybercartography for education : the case of the Cybercartographic Atlas of Antarctica. – 1. ed. In: Cybercartography : theory and practice. Ed.: Taylor, David Ruxton Fraser. – Amsterdam: Elsevier Science 2005, p.491-515, 3 ill., 3 tab. (Modern cartography ; 4).

0879
Burkholder, Earl F.: Geomatics curriculum design issues. In: Surveying and land information science : an official journal of ACSM devoted to the sciences of surveying and mapping, land information and related fields. 65.2005,3, p.151-157. ISSN 1538-1242; 1052-2905.

0880
Burtch, Robert: Surveying education and technology : who's zooming who. In: Surveying and land information science : an official journal of ACSM devoted to the sciences of surveying and mapping, land information and related fields. 65.2005,3, p.135-143. ISSN 1538-1242; 1052-2905.

0881
Chalmers, Lex: Mapping and cartography futures. In: New Zealand Journal of Geography. 114.2002, p.30-31. ISSN 0028-8292.

0882
Chueca Pazos, Manuel: Ingeniería en geomática y topografía : proyectos de futuro y convergencia Europea. In: Topografía y cartografía : TOPCART ; revista del Colegio Oficial de Ingenieros Técnicos en Topografía. 21.2004,125, p.54-63, 5 ill. Engineering in geomatics and topography : projects of the future and European convergence. [Span.]. ISSN 0212-9280.

0883
Datta, M.M.: Cartographic education beyond 2000. In: Indian Surveyor : the journal of the institution of surveyors. 56.2002,1, p.25-30. ISSN 0970-3470.

0884
Elg, Margareta: En enkät om katografiutbildning. In: Kart & bildteknik : mapping and image science. 19.2004,3, p.18-20, 4 ill. A survey on cartography instruction. [Swed.]. ISSN 1651-792X.

0885
Frančula, Nedjeljko; Frangeš, Stanislav: Bolonjska deklaracija i reforma studija na Geodetskom fakultetu Sveučilišta u Zagrebu. In: Geodetski list : glasilo Hrvatskoga Geodetskog Drustva. 58(81).2004,3, p.211-217, 3 tab. The Bologna declaration and the reform of study at the faculty of geodesy of the university of Zagreb. [Croat.]. ISSN 0016-710x.

0886
Freitag, Ulrich: Kartographie-Studium an der Freien Universität Berlin eingestellt. In: Kartographische Nachrichten : KN ; Fachzeitschrift für Geoinformation und Visualisierung ; Organ der Deutschen Gesellschaft für Kartographie e.V., der Schweizerischen Gesellschaft für Kartographie und der Österreichischen Kartographischen Kommission in der Österreichischen Geographischen Gesellschaft. 55.2005,2, p.106-107. ISSN 0022-9164.

0887
Geertmann, Stan; Duijn, Arie-Pieter van: Intensieve samenwerking bij MSc-GIMA. In: Geo-Info : tijdschrift voor Geo-Informatie Nederland, GIN. 2.2005,1, p.18-20, 2 ill., 1 tab. Intensive cooperation at MSc-GIMA. [Dutch]. ISSN 1572-5464.

0888
Hazelton, N.W.J.: Off-shoring the Geomatics Industry and Geomatics Education. In: Surveying and land information science : an official journal of ACSM devoted to the sciences of surveying and mapping, land information and related fields. 65.2005,3, p.145-150. ISSN 1538-1242; 1052-2905.

0889
Hazelton, N.W.J.: Surveying, geomatics, and engineering : a "structure" for a rapidly evolving profession. In: Surveying and land information science : an official journal of ACSM devoted to the sciences of surveying and mapping, land information and related fields. 65.2005,3, p.211-222, 1 ill. ISSN 1538-1242; 1052-2905.

0890
L'art de la mesure : les métiers de la géomatique. In: IGN magazine. 21.2004, p.4-10, ill. ISSN 1624-9305.

0891
L'École nationale des sciences géographiques : un campus ouvert sur le monde. In: IGN magazine. 12.2002, p.4-[12], ill. ISSN 1624-9305.

0892
Lilje, Boo G.: La enseñanza de la topografía en el Instituto Técnico de Lun (Suecia). In: Topografía y cartografía : TOPCART ; revista del Colegio Oficial de Ingenieros Técnicos en Topografía. 22.2005,129, p.48-55, 5 ill. Topographic education at the Institut of Technics at Lund (Sweden). [Span. with Engl. rés.]. ISSN 0212-9280.

0893
Magel, Holger: New challenges to education in geodesy and geoinformation. In: Geodetski vestnik : glasilo Zveze Geodetov Slovenije. 48.2004,4, p.477-491, ill. ISSN 0351-0271.

0894
Magel, Holger: Novi izzivi za izobraževanje na področju geodezije in geoinformatike. In: Geodetski vestnik : glasilo Zveze Geodetov Slovenije. 48.2004,4, p.492-507, ill. New challenges to education in geodesy and geoinformation. [Sloven.]. [Slovenian version of English article] ISSN 0351-0271.

0895
Ormeling, Ferjan: Focus on future cartographic education : message from ICA. In: Indian Surveyor : the journal of the institution of surveyors. 55.2001,2, p.131-137. [Congress speech] ISSN 0970-3470.

0896
Paquette, Martin D.: A capstone course in a two-year geomatics program. In: Surveying and land information science : an official journal of ACSM devoted to the sciences of surveying and mapping, land information and related fields. 65.2005,3, p.223-226, 3 tab. ISSN 1538-1242; 1052-2905.

0897
Plasker, Jim: ABET and ACSM – a symbiotic relationship. In: Surveying and land information science : an official journal of ACSM devoted to the sciences of surveying and mapping, land information and related fields. 64.2004,4, p.267-273. ISSN 1538-1242; 1052-2905.

0898
Scheele, Theo: Dertig jaar Opleidingscentrum Ingenieursbureau Zondag. In: Geo-Info : tijdschrift voor Geo-Informatie Nederland, GIN. 2.2005,11, p.514-518, 8 ill. Thirty years of the educational institute "Zondag". [Dutch with Engl. and French rés.]. ISSN 1572-5464.

0899
Schiewe, Jochen: E-Learning-Angebote zur Aus- und Weiterbildung in der Kartographie : Status und Bewertung. In: Kartographische Nachrichten : KN ; Fachzeitschrift für Geoinformation und Visualisierung ; Organ der Deutschen Gesellschaft für Kartographie e.V., der Schweizerischen Gesellschaft für Kartographie und der Österreichischen Kartographischen Kommission in der Österreichischen Geographischen Gesellschaft. 55.2005,5, p.250-257, 3 ill., 1 tab. ISSN 0022-9164.

0900
Schiewe, Jochen: Quo vadis education in photogrammetry? : The contribution of E-learning. In: Photogrammetric Week '05 : [papers of the 50th Photogrammetric Week, Stuttgart (September 5 to 9, 2005)]. Ed.: Fritsch, Dieter. – Heidelberg: Herbert-Wichmann-Verlag 2005, p.295-302, 1 ill.

0901
Stankiewicz, Michał; Kaczynski, Zenon Andrzej: 50 lat studiów kartograficznych w Politechnike Warszawskiej. In: Polski przegląd kartograficzny. 36.2004,3, p.199-202 50 years of cartographic studies at Warsaw Technical University. ISSN 0324-8321.

0902
Sukhwal, B.L.: Job prospects for cartographers in US versus Indian scenario. In: Bridging the digital divide and taking cartography at grassroots level : 25th INCA international congress, Sagar, Nov. 28 – Dec. 1, 2005. Ed.: Trivedi, R. K. – Ahmedabad: Indian National Cartographic Association 2005, p.52 (Indian cartographer ; 25.2005).

0903
Tiwari, P.S.: Taking cartography to the grassroot level. In: Bridging the digital divide and taking cartography at grassroots level : 25th INCA international congress, Sagar, Nov. 28 – Dec. 1, 2005. Ed.: Trivedi, R. K. – Ahmedabad: Indian National Cartographic Association 2005, p.32-34 (Indian cartographer ; 25.2005).

0904
Ulugtekin, Necla: GIS eLearning experiences in Turkey. In: Photogrammetric Week '05 : [papers of the 50th Photogrammetric Week, Stuttgart (September 5 to 9, 2005)]. Ed.: Fritsch, Dieter. – Heidelberg: Herbert-Wichmann-Verlag 2005, p.303-319.

0905
Welch, Grace: A basic bibliography for new map librarians. In: Bulletin / Association of Canadian Map Libraries and Archives. 122.2005, p.27-28. ISSN 0840-9331.

5. Map Producers
Kartenhersteller
Producteurs de cartes

0906
100 Jahre Amtsgebäude Krotenthallergasse : see you: www.bev.gv.at ; [1905 – 2005]. [inhaltl. Gestaltung: BEV – Bundesamt für Eich- und Vermessungswesen, Gruppe Vermessung]. ; Österreich / Bundesamt für Eich- und Vermessungswesen. – Wien: 2005, 88 p., ill., mp.

0907
Archer, David: Living dinosaurs : a pessimistic view of the digital future?. In: The Cartographic Journal. 42.2005,3, p.260-261. ISSN 0008-7041.

0908
Asch, Kristine; Lahner, Lothar: Moderne Kartographie im Dienst der Geologie in der Bundesanstalt für Geowissenschaften und Rohstoffe. In: Kartographische Nachrichten : KN ; Fachzeitschrift für Geoinformation und Visualisierung ; Organ der Deutschen Gesellschaft für Kartographie e.V., der Schweizerischen Gesellschaft für Kartographie und der Österreichischen Kartographischen Kommission in der Österreichischen Geographischen Gesellschaft. 55.2005,5, p.258-264, 4 ill. ISSN 0022-9164.

0909
Auringer Wood, Alberta: Barbara Bartz Petchenik Children's Map Competition 2003. In: ICA News = Nouvelles de l'ACI. 41.2003, p.7.

0910
Baynton-Williams, Ashley: Selling antiquarian maps to libraries. In: The Cartographic Journal. 42.2005,3, p.258-259, 1 ill. ISSN 0008-7041.

0911
Brink, Lowie: De aardrijskundige wandkaarten van uitgeverij W.J. Thieme & Cie. In: De wereld tussen twee stokken : de geschiedenis van de Nederlandse schoolwandkaarten. Ed.: Brink, Lowie; Holl, Lucy. – Nijmegen: Antiquariaat De Wereld aan de Wand 2005, p.59-66, 10 ill., 1 tab. The geographical wall maps from WJ Thieme & Cie. Publishers. [Dutch with Engl. and French rés.].

0912
Brink, Lowie; Holl, Lucy: De aardrijkskundige wandkaarten van Noordhoff en Wolters : van de ene herdruk naar de andere. In: De wereld tussen twee stokken : de geschiedenis van de Nederlandse schoolwandkaarten. Ed.: Brink, Lowie; Holl, Lucy. – Nijmegen: Antiquariaat De Wereld aan de Wand 2005, p.41-47, 3 ill. 2 tab. The geographic wall charts of Noordhoff en Wolters : from one reprint to the next. [Dutch with Engl. and French rés.].

0913
Brink, Lowie; Holl, Lucy: Mijlpaal of mislukking? Een gewaagd experiment van uitgeverij Ten Brink in de onderwijskartografie. In: De wereld tussen twee stokken : de geschiedenis van de Nederlandse schoolwandkaarten. Ed.: Brink, Lowie; Holl, Lucy. – Nijmegen: Antiquariaat De Wereld aan de Wand 2005, p.83-86, 4 ill. Landmark or failure? A risky experiment of publisher Ten Brink in educational cartography. [Dutch with Engl. rés.].

0914
Carrère, Jean: L'IGN à Djibouti. In: Du tropique au cercle polaire. Ed.: Institut Géographique National. – Paris: Institut Géographique National 2001, p.1-99, ill., mp. (Les cahiers historiques de l'IGN ; 2.2001).

0915
Cruickshank, J.L.: The Reichsamt für Landesaufnahme and The Ordnance Survey : a comparison of two mapping organisations between 1919 and the Second World War (part I). In: Sheetlines / The Charles Close Society for the Study of Ordnance Survey Maps. 72.2005, p.9-22, 3 ill. ISSN 0962-8207.

0916
Cruickshank, J.L.: The Reichsamt für Landesaufnahme and The Ordnance Survey : a comparison of two mapping organisations between 1919 and the Second World War (part II). In: Sheetlines / The Charles Close Society for the Study of Ordnance Survey Maps. 73.2005, p.39-52, 2 ill. ISSN 0962-8207.

0917
David, Andrew: Admiral Nelson, Alexander Dalrymple and the early years of the Hydrographical Office. In: Journal of the International Map Collectors' Society. 102.2005, p.5-19, 11 ill., 1 portr.

0918
David, Andrew: Admiralty surveys of Cornwall 1681-1810. In: Journal of the International Map Collectors' Society. 100.2005, p.33-47, 7 ill.

0919
Davies, John: Uncle Joe knew where you lived : the story of Soviet mapping of Britain (part I). In: Sheetlines / The Charles Close Society for the Study of Ordnance Survey Maps. 72.2005, p.26-38, 6 ill., 1 tab. ISSN 0962-8207.

0920
Doherty, Gillian: The Irish ordnance survey : history, culture and memory. – Dublin: Four Courts Press 2004, 237 p., ill. [Includes bibliographical references (p. 213-228) and index] ISBN 1-85182-861-3.

0921
Du tropique au cercle polaire. Ed.: Institut Géographique National. – Paris: Institut Géographique National 2001, 99 p., 45 p., ill., mp. (Les cahiers historiques de l'IGN ; 2.2001).

0922
Ficor, Dusan: Koexistencia státnej a privátnej kartografie v podmienkach Slovenskej republiky. In: Geodetický a kartografický obzor. 51(93).2005,6-7, p.101-104 Co-existence of the state and private cartography in the Slovak Republic. [Czech with Engl. rés.]. ISSN 0016-7096.

0923
Finizio, Antonio Lucio: The colonial cartography of the Military Geographic Institute. In: Journal of the International Map Collectors' Society. 100.2005, p.5-15, 20 ill.

0924
Flatness, James: Gaining geographical perspective : geography and map collections aid understanding. In: Information bulletin / The Library of Congress. 62.2003,9, p.182-183, ill. ISSN 0041-7904.

0925
Flatness, James: Mapping the world : library receives Hammond archives. In: Information bulletin / The Library of Congress. 62.2003,5, p.103-105, 3 ill. ISSN 0041-7904.

0926
Fleet, Christopher; Kowal, Kimberly: Planning the migration to OS MasterMap in the UK Legal Deposit Libraries. In: The Cartographic Journal. 42.2005,3, p.214-221, 4 ill., 1 tab. ISSN 0008-7041.

0927
Flynn, Rod; Mifsud, George: Vicmap topographic digital mapping. In: The Globe. 57.2005, p.27-34, 3 ill. ISSN 0311-3930.

0928
Franzen, M.; Gold, W.; Kohlhofer, G.; Ries, Ch.; Rudolf, N.: Photogrammetrie und Fernerkundung im BEV. In: 100 Jahre Amtsgebäude Krotenthallergasse : see you: www.bev.gv.at ; [1905 – 2005]. [inhaltl. Gestaltung: BEV – Bundesamt für Eich- und Vermessungswesen, Gruppe Vermessung]. Österreich / Bundesamt für Eich- und Vermessungswesen. – Wien: 2005, p.28-38, 18 ill.

0929
Frenay, Pierre: L'IGN au Groenland : 1959 – 1968. In: Du tropique au cercle polaire. Ed.: Institut Géographique National. – Paris: Institut Géographique National 2001, p.1-43, ill., mp. (Les cahiers historiques de l'IGN ; 2.2001).

0930
Gothaer Geowissenschaftler in 220 Jahren. Ed.: Urania Kultur- und Bildungsverein <Gotha>. – Gotha: Urania Kultur- und Bildungsverein <Gotha> 2005, 60 p., ill., mp.

0931
Guy, Russell: A dealer's perspective on the future of paper maps. In: The Cartographic Journal. 42.2005,3, p.262-267, 2 tab. ISSN 0008-7041.

0932
Harbeck, Rolf: Zur Situation der amtlichen topographischen Kartographie in Deutschland. In: Kartographische Nachrichten : KN ; Fachzeitschrift für Geoinformation und Visualisierung ; Organ der Deutschen Gesellschaft für Kartographie e.V., der Schweizerischen Gesellschaft für Kartographie und der Österreichischen Kartographischen Kommission in der Österreichischen Geographischen Gesellschaft. 55.2005,6, p.297-307, 9 ill. ISSN 0022-9164.

0933
Hertin, Paul W.: Datenbankschutz für topographische Landkarten? : eine Kontroverse zwischen den Landesvermessungsämtern und den privatwirtschaftlichen Verlegern von Kartographie. In: Kartographische Nachrichten : KN ; Fachzeitschrift für Geoinformation und Visualisierung ; Organ der Deutschen Gesellschaft für Kartographie e.V., der Schweizerischen Gesellschaft für Kartographie und der Österreichischen Kartographischen Kommission in der Österreichischen Geographischen Gesellschaft. 55.2005,1, p.25-30. ISSN 0022-9164.

0934
Hooghoff, Pieke; Ormeling, Ferjan: Wilhelm Linnemann : ervaringen bij het karteren van Nederlands-Indië, 1926-1936. In: Caert-thresoor : tijdschrift voor de geschiedenis van de kartografie in Nederland. 24.2005,1, p.14-34, 19 ill., 1 tab., 1 portr. Wilhelm Linnemann : experiences in the mapping of the Dutch East Indies 1926-1936. ISSN 0167-4994.

0935
How to keep your Admiralty charts up-to-date. Ed.: Great Britain / Hydrographic Office. – Taunton: Great Britain / Hydrographic Office 2005, 56 p., ill., mp. – 3rd ed. (NP : Admiralty charts and publications ; 294). ISBN 0-7077-1521-0.

0936
Huber, Hans Georg; Weber-Blonsky, Michael; Miller, Karl-Heinz: Geowissenschaften im Dienst politischer Krisenreaktion und Konfliktlösung : das Amt für Geoinformationswesen der Bundeswehr. In: Kartographische Nachrichten : KN ; Fachzeitschrift für Geoinformation und Visualisierung ; Organ der Deutschen Gesellschaft für Kartographie e.V., der Schweizerischen Gesellschaft für Kartographie und der Österreichischen Kartographischen Kommission in der Österreichischen Geographischen Gesellschaft. 55.2005,3, p.141-147, 9 ill. ISSN 0022-9164.

0937
Katalog kart i atlasov, izdannych v 1986-1996 gg. : Tom 2 (1993-1996). By: Ivanova, L. G. – Moskva: Kartgeocentr – Geodezizdat 2002, 128 p. (Katalog kart i atlasov, izdannych v 1986 – 1996 gg.) Catalogue of maps and atlases published between 1986 and 1996 : Vol. 2 (1993-1996). [Russ.]. ISBN 5-86066-057-X.

0938
Krogt, Peter van der: J.V.D. Werbata, een topograaf uit Oost-Indië, karteert in West-Indië : de eerste topografische kaarten van de Nederlandse Antillen, 1911-1915. In: Caert-thresoor : tijdschrift voor de geschiedenis van de kartografie in Nederland. 24.2005,1, p.3-13, 8 ill., 2 portr. J.V.D. Werbata, East-Indian topographer, maps the Dutch-West-Indies : the first topographical maps of the Dutch Antilles, 1911-1915. ISSN 0167-4994.

0939
Le référentiel à grande échelle : un grand enjeu pour l'IGN. In: IGN magazine. 6.2001. [Numéro spécial RGE] ISSN 1624-9305.

0940
Mang, Reinhard: IMG und BEV – eine Erfolgsstory. In: 100 Jahre Amtsgebäude Krotenthallergasse : see you: www.bev.gv.at ; [1905 – 2005]. [inhaltl. Gestaltung: BEV – Bundesamt für Eich- und Vermessungswesen, Gruppe Vermessung]. Österreich / Bundesamt für Eich- und Vermessungswesen. – Wien: 2005, p.18-27, 10 ill.

0941
Matschenz, Andreas: Vom Selter-Plan zur digitalen K5 : Versuch einer Berliner Stadtkarten-Genealogie. In: Kartographische Nachrichten : KN ; Fachzeitschrift für Geoinformation und Visualisierung ; Organ der Deutschen Gesellschaft für Kartographie e.V., der Schweizerischen Gesellschaft für Kartographie und der Österreichischen Kartographischen Kommission in der Österreichischen Geographischen Gesellschaft. 55.2005,3, p.129-136, 4 ill. ISSN 0022-9164.

0942
Nag, P.: Maponomics. In: Indian Surveyor : the journal of the institution of surveyors. 56.2002,2, p.137-146, 4 ill. ISSN 0970-3470.

0943
Neumann, Joachim: 50 Jahre VKViD : Wettbewerber in einem Boot. In: Kartographische Nachrichten : KN ; Fachzeitschrift für Geoinformation und Visualisierung ; Organ der Deutschen Gesellschaft für Kartographie e.V., der Schweizerischen Gesellschaft für Kartographie und der Österreichischen Kartographischen Kommission in der Österreichischen Geographischen Gesellschaft. 55.2005,3, p.147-153, 4 ill. ISSN 0022-9164.

0944
Nuñez Reyes, Jesús: The Barbara Petchenik Children's Map Competition 2005. In: ICA News = Nouvelles de l'ACI. 45.2005, p.7.

0945
Ottoson, Lars: Den svenska topografiska kartläggningen 200 år. In: Kart & bildteknik : mapping and image science. 20.2005,2, p.14-16, 4 ill. 200 years of Swedish topographic survey. [Swed.]. ISSN 1651-792X.

0946
Pawlak, Władysław: Kartografia na tle innych badań i działalności Eugeniusza Romera. In: Polski przegląd kartograficzny. 36.2004,1, p.3-11, 1 portr. Cartography among other research and activities of Eugeniusz Romer. [Pol. with Engl. and Russ. rés.]. ISSN 0324-8321.

0947
Perkins, Chris; Scarle, Nick; Thomson, Anna Z.: Designs on community mapping : (re)cycling and walking. In: The Bulletin of the Society of Cartographers. 39.2005,1-2, p.63-70, 5 ill. ISSN 0036-1984.

0948
Radouch, Ferdinand; Vanko, Ján: 50 let ústředního úřadu pro obor geodezie a kartografie. In: Geodetický a kartografický obzor. 50.2004,9, p.173-174 50 years of central office for geodesy and cartography. [Czech]. ISSN 0016-7096.

0949
Rech, Monika: Präsident und Professor : Professor Dietmar Grünreich, Präsident des BKG ; ein Portrait. In: GeoBit : Geoinformationstechnologie für die Praxis. 2005,5, p.36-37, 1 ill., 1 portr. ISSN 1430-3663.

0950
Ritchie, Steve: From up in the attic to Creechbarrow Down : the Hydrographic Office home at last. In: Journal of the International Map Collectors' Society. 102.2005, p.21-29, 9 ill., 1 portr.

0951
Ruas, Anne; Mustière, Sébastien: Bases de données géographiques et cartographiques et cartographiques à différents niveaux de détail. In: Le Monde des Cartes : revue du Comité Français de Cartographie. 185.2005, p.5-14, 7 ill. ISSN 1634-3522.

0952
Sandler, Christian: Johann Baptista Homann (1664-1724) und seine Landkarten : ein Handbuch. Ed.: Rockstuhl, Harald. – Bad Langensalza: Rockstuhl 2005, 65 p., 1 portr. – 2. Auflage. [Nachdruck nach dem Original von 1886, enthält Biographisches zum Autor Christian Sandler] ISBN 3-936030-01-4.

0953
Sandner, Peter: Landkartenabteilung der Zukunft : Archivierung digitaler georeferenzieller Topografiedaten des Hessischen Landesvermessungsamts. Ed.: Hessisches Hauptstaatsarchiv. Hessisches Hauptstaatsarchiv 2005, 75 p., ill. [Elektronische Ressource].

0954
Schütz, H.: Von der Abteilung "Reproduktions- und Drucktechnik" zum "Verlag Geoinformation". In: 100 Jahre Amtsgebäude Krotenthallergasse : see you: www.bev.gv.at ; [1905 – 2005]. [inhaltl. Gestaltung: BEV – Bundesamt für Eich- und Vermessungswesen, Gruppe Vermessung]. Österreich / Bundesamt für Eich- und Vermessungswesen. – Wien: 2005, p.70-84, 10 ill.

0955
Simon, Doris; Schaab, Gertrud; Düpmeier, Clemens: Ein Kartendienst für die dynamische Erzeugung von Karten für den Themenpark Boden-Geologie-Natur. In: Kartographische Nachrichten : KN ; Fachzeitschrift für Geoinformation und Visualisierung ; Organ der Deutschen Gesellschaft für Kartographie e.V., der Schweizerischen Gesellschaft für Kartographie und der Österreichischen Kartographischen Kommission in der Österreichischen Geographischen Gesellschaft. 55.2005,4, p.187-193, 6 ill. ISSN 0022-9164.

0956
Smith, Mike J.: Open access journal publication : methods of implementation and copyright issues. In: The Bulletin of the Society of Cartographers. 39.2005,1-2, p.21-24. ISSN 0036-1984.

0957
Sponberg Pedly, Mary: The commerce of cartography : making and marketing maps in eighteenth-century France and England. – Chicago, Ill.: Univ. of Chicago Press 2005, XV, 345p., ill., mp. ISBN 0-226-65341-2.

0958
Stöhr, G.; Strenn, L.: 100 Jahre Amtsgebäude Krotenthallergasse des BEV. In: 100 Jahre Amtsgebäude Krotenthallergasse : see you: www.bev.gv.at ; [1905 – 2005]. [inhaltl. Gestaltung: BEV – Bundesamt für Eich- und Vermessungswesen, Gruppe Vermessung]. Österreich / Bundesamt für Eich- und Vermessungswesen. – Wien: 2005, p.7-17, 15 ill.

0959
Ternes, Hans-Peter: Die "Neue Regierung" und ihre wechselvolle Nutzung 1905-2005 : das Dienstgebäude des Vermessungs- und Katasteramtes Trier. In: Nachrichtenblatt der Vermessungs- und Katasterverwaltung Rheinland-Pfalz. 48.2005,2, p.73-83, 9 ill., 6 suppl. ISSN 0939-2378.

0960
Une collaboration entre l'IGN et l'ACT : la cartographie du Luxembourg. In: IGN magazine. 3.2001, p.6-8, ill. ISSN 1624-9305.

0961
Vatrt, Viliam; Dušátko, Drahomír: Vojenský topografický ústav Dobruška padesálitelý (1951-2001). In: Z Dějin geodézie a kartografie. 12, p.47-51, 4 ill. 50th anniversary of the military topographical institution in Dobruska. [Czech].

0962
Watt, David: Soviet military mapping. In: Sheetlines / The Charles Close Society for the Study of Ordnance Survey Maps. 74.2005, p.9-12, 1 ill. ISSN 0962-8207.

0963
Wilmersdorf, Erich: Bereitstellung kartographischer Produkte aus dem kommunalen Geodatenhaushalt mittels Webservices. In: Tagung 2004 / Arbeitsgruppe Automation in der Kartographie. Ed.: Bundesamt für Kartographie und Geodäsie <Deutschland>. – Frankfurt a.M.: Bundesamt für Kartographie und Geodäsie <Deutschland> 2005, p.141-150, 7 ill. (Mitteilungen des Bundesamtes für Kartographie und Geodäsie ; 34).

6. Map Collections Kartensammlungen Cartothèques

0964
Association of Canadian Map Libraries and Archives / Association des Cartothécaires et Archives Cartographiques du Canada : Annual General Meeting ; Memorial University of Newfoundland St. Johns, Newfoundland, July 28, 2005. In: Bulletin / Association of Canadian Map Libraries and Archives. 124.2005, p.28-41, 1 tab. ISSN 0840-9331.

0965
Auswahlbibliographie Karten in Archiven. Ed.: Archivschule Marburg. Archivschule Marburg 2005.

0966
Barber, Peter: The maps, town-views and historical prints in the Columbus inventory. In: The Print Collection of Ferdinand Columbus (1488-1539) : a Renaissance Collector in Seville ; Vol. 1: History and Commentary. Ed.: McDonald, Mark P. – London: British Museum Press 2005, p.246-262, 6 ill.

0967
Baynton-Williams, Ashley: Selling antiquarian maps to libraries. In: The Cartographic Journal. 42.2005,3, p.258-259, 1 ill. ISSN 0008-7041.

0968
Beech, Geraldine: The National Archives map catalogur retrospective conversion project. In: The Cartographic Journal. 42.2005,3, p.241-244, 3 ill. ISSN 0008-7041.

0969
Beech, Geraldine; Gill, Eunice; Mitchell. Rose: Safeguarding the memory : major military map holdings in the UK. In: The Cartographic Journal. 42.2005,2, p.168-172, 2 ill. ISSN 0008-7041.

0970
Bühler, Jürg: A digital map library : electronic information in the map collection. In: The Cartographic Journal. 42.2005,3, p.222-226, 9 ill. ISSN 0008-7041.

0971
Čanković, Dušanka: Five centuries of the Adriatic on maps = Pet stoljeća Jadrana na kartama. In: Five centuries of maps and charts of Croatia = Pet stoljeća geografskih i pomorskih karata Hrvatske. Ed.: Novak, Drago. – Zagreb: Školska Knjiga 2005, p.203-224, 15 ill. [Summaries of all articles, short biographies of the authors, list of illustrations, and index of names at the end of the book].

0972
Carlucci, April: Physical considerations of the storage of printed cartographic materials in libraries, or, my life in a map case. In: The Cartographic Journal. 42.2005,3, p.245-254, 22 ill. ISSN 0008-7041.

0973
Cobb, David: Crossroads – Bridging the Digital Divide. In: LIBER quarterly : the journal of European Research Libraries. 15.2005,1, p.16-27. ISSN 1435-5205.

0974
Cruz, António da: The map curator's toolbox. In: The Cartographic Journal. 42.2005,3, p.268-272, 1 ill. ISSN 0008-7041.

0975
Cullingworth, Christine: Implementation of geographic information systems (GIS) into library and archival systems. In: Bulletin / Association of Canadian Map Libraries and Archives. 122.2005, p.3-16, 23 ill. ISSN 0840-9331.

0976
Dalrymple, Helen: On the Move : maps of U.S. rehoused in year-long project. In: Information bulletin / The Library of Congress. 62.2003,9, p.208-209, ill. ISSN 0041-7904.

0977
Dekker, Elly: Die Sammlung von Planetenbahnen, Sphären und Globen in Florenz. In: Der Globusfreund : wissenschaftliche Zeitschrift für Globenkunde. 51/52.2003/04, p.87-105, 7 ill. [German with Engl. rés.]. ISSN 0436-0664.

0978
Drder, Mira Miletić: 13. konferencija LIBER (Ligue des bibliothèques européennes de recherche) – GdC (Groupe des cartothécaires) : 3-7. rujna 2002., Helsinška sveučilišna knjižnica, Helsinki, Finska = 13th LIBER conference (Ligue des bibliothèques européennes de recherche) – GdC (Groupe des cartothécaires) : September 3-7, 2002, The Helsinki University Library, Helsinki, Finland. In: Kartografija i geoinformacije : KiG ; znanstveno-stručno-informativni časopis Hrvatskoga kartografskog društva. 3.2004, p.138-143, 2 ill. [Croat. and Engl.]. ISSN 1333-896X.

0979
Drder, Mira Miletić: Kartografska i grafička zbirka Nacionalne i sveučilišne knjižnice u Ljubljani = Map and graphic collection of the National and University Library in Ljubljana. In: Kartografija i geoinformacije : KiG ; znanstveno-stručno-informativni časopis Hrvatskoga kartografskog društva. 3.2004, p.112-115, 6 ill. [Croat. and Engl.]. ISSN 1333-896X.

0980
Egmond, Marco van: Een nieuw onderdak voor de kaartenverzameling van de Utrechtse Faculteit Geowetenschappen. In: Caert-thresoor : tijdschrift voor de geschiedenis van de kartografie in Nederland. 24.2005,3, p.79-83, 4 ill. A new housing for the map library of the Utrecht Faculty of Geosciences. ISSN 0167-4994.

0981
Egmond, Marco van: Kaarten op koers. In: Geo-Info : tijdschrift voor Geo-Informatie Nederland, GIN. 2.2005,2, p.72-76, 7 ill. Maps on course. [Dutch with Engl. and French rés.]. ISSN 1572-5464.

0982
Eusman, Elmer: 100 Fragments of the American West. In: Information bulletin / The Library of Congress. 62.2003,6, p.126-127 + 129, ill. ISSN 0041-7904.

0983
Flatness, James: Cartographic materials acquired in response to 9/11. In: Newsletter : Philip Lee Phillips Society. 7.2002,2=8.2003,1, p.20-22, 3 ill.

0984
Flatness, James: Library acquires Hammond company archives. In: Newsletter : Philip Lee Phillips Society. 7.2002,2=8.2003,1, p.17-19,4 ill.

0985
Flatness, James: Mapping the world : library receives Hammond archives. In: Information bulletin / The Library of Congress. 62.2003,5, p.103-105, 3 ill. ISSN 0041-7904.

0986
Flatness, James: Touchton funds preservation of Florida maps. In: Newsletter : Philip Lee Phillips Society. 7.2002,2=8.2003,1, p.6-8, 2 ill.

0987
Fleet, Christopher; Kowal, Kimberly: Planning the migration to OS MasterMap in the UK Legal Deposit Libraries. In: The Cartographic Journal. 42.2005,3, p.214-221, 4 ill., 1 tab. ISSN 0008-7041.

0988
Gill, Eunice: The National Archives and Public Records. In: The Cartographic Journal. 42.2005,3, p.238-240. ISSN 0008-7041.

0989
Ginsberg, Bill: 24th IMCoS International Symposium in Denver. In: Journal of the International Map Collectors' Society. 103.2005.

0990
Gołaszewski, Janusz: Spuścizna kartograficzna Schaffgotschów w zasobie Archiwum Państwowego we Wrocławiu. In: Rocznik jeleniogórski. 27.2005, p.127-146, 4 ill. The cartographic heritage of the Schaffgotsch family in the stock of the National Archive in Wroclaw. [Pol. with Czech and Germ. rés.]. ISSN 0080-3480.

0991
Greiner, Piotr: Mapy Kanału Kłodnickiego. In: Rocznik Muzeum w Gliwicach. 19.2004(2005), p.75-82, 18 ill. The maps of the Kłodnica Canal. [Pol. with Engl. and Germ. rés.]. ISSN 0860-0937.

0992
Häkli, Esko: Map Collections as National Treasures. In: LIBER quarterly : the journal of European Research Libraries. 13.2003,1, p.21-27. ISSN 1435-5205.

0993
Höhener, Hans-Peter: Tagung der Kommission Kartenkuratoren in der Deutschen Gesellschaft für Kartographie und der Arbeitsgruppe Kartenbibliothekarinnen / Kartenbibliothekare. In: Cartographica Helvetica : Fachzeitschrift für Kartengeschichte. 2005,32, p.44-45. ISSN 1015-8480.

0994
Jones, Pete: Report on the 14th Conference of the Groupe des Cartothécaires de LIBER, 31st August to 4th September, Cambridge, United Kingdom. In: LIBER quarterly : the journal of European Research Libraries. 15.2005,1, p.8-15. ISSN 1435-5205.

0995
Kisić, Anica: The origins pf Camocio's and Rosaccio's Isolario in Croatian collections = O Camocijevu i Rosaccijevu izolaru iz hrvatskih zbirki. In: Five centuries of maps and charts of Croatia = Pet stoljeća geografskih i pomorskih karata Hrvatske. Ed.: Novak, Drago. – Zagreb: Školska Knjiga 2005, p.293-330, 30 ill. [Engl. and Croat.].

0996
La cartothèque de l'IGN : tour d'horizon d'une collection. In: IGN magazine. 13.2002, p.4-9, ill. ISSN 1624-9305.

0997
La Galleria delle carte geografiche in Vaticano = The Gallery of maps in the Vatican. Ed.: Malafarina, Gianfranco. Fotografie di Alessandro Angeli. – Modena: Librerie Panini 2005, 156 p., ill. (Mirabilia Italiae / Guide ; 5). [Ital. and Engl.].

0998
Laboulais-Lesage. Isabelle: Reading a vision of space : the geographical map collection of Charles-Etienne Coquebert de Montbret (1755-1831). In: Imago Mundi : the international journal for the history of cartography. 56.2004,1, p.48-66, 4 ill., 4 plates. [Engl. with French, Germ. and Span. rés.]. ISSN 0308-5694.

0999
Lapaine, Miljenko: 22. međunarodna kartografska konferencija i 13. generalna skupština ICA-e : A Coruña, 11-16. srpnja 2005 = 22nd International Cartographic Conference and 13th general assembly of the ICA : A Coruña, 11-16 July 2005. In: Kartografija i geoinformacije : KiG ; znanstveno-stručno-informativni časopis Hrvatskoga kartografskog društva. 4.2005, p.146-153, 6 ill. [Croat. and Engl.]. ISSN 1333-896X.

1000
Larsgaard, Mary Lynette: Metaloging of digital geospatial data. In: The Cartographic Journal. 42.2005,3, p.231-237. ISSN 0008-7041.

1001
Lenschau-Teglers, Annie; Gade Rønsberg, Vivi: Digitised Maps in the Danish Map Collection. In: LIBER quarterly : the journal of European Research Libraries. 15.2005,1, p.45-48. ISSN 1435-5205.

1002
Li, Xiaocong: Chinese maps in the collections of the Library of Congress. In: The Portolan : the journal of the Washington Map Society. 62.2005, p.37-44, 4 ill. ISSN 1096-1925.

1003
Lindé, Krister: Kartkuratorer – finns dom?. In: Kart & bildteknik : mapping and image science. 19.2004,4, p.20-21 Map curators – do they exist?. ISSN 1651-792X.

1004
Loiseaux, Olivier: Les collections cartographiques numérisées de la BnF. In: LIBER quarterly : the journal of European Research Libraries. 15.2005,1, p.49-53. ISSN 1435-5205.

1005
Map and Geographic Information Collections in Transition Confernce : abstracts of presentations. In: Information bulletin / Western Association of Map Libraries. 36.2005,3, p.189-195. ISSN 0049-7282.

1006
Margheri, Giacomo: Le quattro grandi mappe 'blaviane' dell'Istituto Geografico Militare : una proposta di versione italiana della didascalia bilingue ; notta introduttiva. In: L'universo: geografia, cartografia, studi urbani, territoriali e ambientali. 84.2004,1, p.124-131, 5 ill. The four big "blavian" maps of the geographic military institute : a proposal of the Italian version of the bilingual title ; introductory note. [Ital.]. ISSN 0042-0409.

1007
Margheri, Giacomo: Le quattro grandi mappe 'blaviane' dell'Istituto Geografico Militare : una proposta di versione italiana della didascalia bilingue di Nova Africae geographica et hydrographica descriptio. In: L'universo: geografia, cartografia, studi urbani, territoriali e ambientali. 84.2004,2, p.264-279, 8 ill. The four big "blavian" maps of the geographic military institute : a proposal of the Italian version of the bilingual title of Nova Africae geographica et hydrographica descriptio. [Ital.]. ISSN 0042-0409.

1008
Margheri, Giacomo: Le quattro grandi mappe 'blaviane' dell'Istituto Geografico Militare : una proposta di versione italiana della didascalia bilingue di Nova et acurata totius Europae tabula. In: L'universo: geografia, cartografia, studi urbani, territoriali e ambientali. 84.2004,4, p.550-563, 4 ill. The four big "blavian" maps of the geographic military institute : a poposal of the Italian version of the bilingual title of Nova et acurata totius Europae tabula. [Ital.]. ISSN 0042-0409.

1009
Margheri, Giacomo: Le quattro grandi mappe 'blaviane' dell'Istituto Geografico Militare : una proposta di versione italiana della didascalia bilingue di Nova et exacta Asiae geographica descriptio. In: L'universo: geografia, cartografia, studi urbani, territoriali e ambientali. 84.2004,6, p.818-834, 4 ill. The four big "blavian" maps of the geographic military institute : a proposal of the Italian version of the bilingual title of the new and exact geographic description of Asia. [Ital.]. ISSN 0042-0409.

1010
Margheri, Giacomo: Le quattro grandi mappe 'blaviane' dell'Istituto Geografico Militare : una proposta di versione italiana della didascalia bilingue di Nova Totius Americae sive Novi Orbis Tabula. In: L'universo: geografia, cartografia, studi urbani, territoriali e ambientali. 84.2004,3, p.404-418, 7 ill. The four big "blavian" maps of the geographic military institute : a poposal of the Italian version of the bilingual title of Nova Totius Americae sive Novi Orbis Tabula. [Ital.]. ISSN 0042-0409.

1011
Michel, Peter; Newman, Linda; Rankin, Katherine; Toy-Smith, Vicky; Willis, Glee: From drawer to digital : a statewide collaboration for building digital historic map collections. In: Cartographic perspectives : journal of the North American Cartographic Information Society. 52.2005, p.75-81, 7 ill. ISSN 1048-9053.

1012
Miletić-Drder, Mira: The atlas of the adriatic coast by C.F. Beautemps-Beaupré. In: Five centuries of maps and charts of Croatia = Pet stoljeća geografskih i pomorskih karata Hrvatske. Ed.: Novak, Drago. – Zagreb: Školska Knjiga 2005, p.390-407, 5 ill. Atlas jadranske obale C.F. Beautemps-Beaupréa. [Engl. and Croat.].

1013
Millea, Nick: Map library usage in the United Kingdom : a vision for the future?. In: The Cartographic Journal. 42.2005,3, p.202-213, 11 ill., 10 tab. ISSN 0008-7041.

1014
Mokre, Jan: Das Globenmuseum der Österreichischen Nationalbibliothek. Ed.: Allmayer-Beck, Peter E. – Wien: Bibliophile Edition 2005, 71 p., ill.

1015
Mokre, Jan: The Globe Museum of the Austrian National Library. – [Wien]: Bibliophile Edition 2005, 71 p., ill., mp.

1016
Moore, John: Digital map soup: what's cooking in British Academic Libraries and are we helping our users?. In: LIBER quarterly : the journal of European Research Libraries. 15.2005,1, p.34-44. ISSN 1435-5205.

1017
Moulder, Cathy: Map and geographic information collections in transition conference report, Library of Congress, Washington, DC : May 12-13, 2005. In: Bulletin / Association of Canadian Map Libraries and Archives. 123.2005, p.42-49, 4 ill. ISSN 0840-9331.

1018
Papp, Júlia: The catalogue of Bernhard Paul Moll (1697-1780) and his Atlas Hungaricus. In: Imago Mundi : the international journal for the history of cartography. 57.2005,2, p.185-194, 5 ill., 2 plates. [Engl. with French, Germ. and Span. rés.]. ISSN 0308-5694.

1019
Parry, R.B.: Moving on : where should the University map collection be going. In: The Cartographic Journal. 42.2005,3, p.197-201. ISSN 0008-7041.

1020
Pastoureau, Mireille: Some interesting maps of Croatia = Neke zanimlijive karte Hrvatske koje se čuvaju u Bibliothèque Nationale u Parizu. In: Five centuries of maps and charts of Croatia = Pet stoljeća geografskih i pomorskih karata Hrvatske. Ed.: Novak, Drago. – Zagreb: Školska Knjiga 2005, p.167-178, 6 ill. [Engl. and Croat.].

1021
Paviot, Jacques: Les cartes et leur utilisation à la fin du Moyen Âge : l'exemple des principautés bourguignonnes et angévines. In: Itineraria : letteratura di viaggio e conoscenza del mondo dall'Antichità al Rinascimento. 2.2003, p.201-228. ISSN 1594-1019.

1022
Pinyana i Gari, Maria Carme: Cartografia històrica de la Corona d'Aragó : segles XVI a XVIII ; collecció de la Universitat Jaume I. – Castello: 2005, 219 p., mp. Historical cartography of Aragón : XVI to XVIII century ; collection of the University Jaume I. [Span.]. ISBN 84-8021-539-9; 978-84-8021-539-8.

1023
Pressenda, Paola: Carte topografiche e memorie corografiche : un contributo alla storia della cartografia della regione alpina. – Alessandria: Edizioni dell'Orso 2002, 204 p. (Geographica ; 3) Topographic maps and corographical memories : a contribution to history of cartography in the Alps region. [Ital.]. [Contains bibliography, bibl. references and notes] ISBN 88-7694-635-7.

1024
Récits de voyages et cartes anciennes du 16e au 19e siècle : [exposition à la] Bibliothèque Humaniste de Sélestat, 18 juin – 4 oct. 2004. By: Nass, Laurent. – Sélestat: Les Amis de la Bibliothèque Humaniste de Sélestat 2004, 49 p., ill. mp. ISBN 2-9508256-3-X.

1025
Schnelling-Reinicke, Ingeborg: Online-Findbücher im Geheimen Staatsarchiv Preußischer Kulturbesitz : Neue Nutzungsmöglichkeiten historischer Karten. In: Jahrbuch Preußischer Kulturbesitz. 40.2003, p.221-230, 3 ill. ISSN 0342-0124.

1026
Seifarth, Andreas: Atlas Coelestis : Himmelsatlanten aus drei Jahrhunderten ; eine Ausstellung der Thüringer Universitäts- und Landesbibliothek Jena sowie des Astrophysikalischen Instituts und der Universitäts-Sternwarte Jena vom 16. Juni bis 28. August 2004. – Jena: Astrophysikalisches Institut 2004, 23 p., ill.

1027
Snowdon, Ian: Bits of real estate : digitizing the Church map collection of heritage maps at Auckland City Libraries. In: New Zealand map society journal. 17.2004, p.27-33, 3 ill. ISSN 0113-2458.

1028
Šolar, Renata; Radovan, Dalibor: Projekt digitalizacije starih karata slovenskog prostora – u suradnji bibliotekarstvo i geodezija = The project of digitisation of old maps of Slovenian territory – librarianship and geodesy in cooperation. In: Kartografija i geoinformacije : KiG ; znanstveno-stručno-informativni časopis Hrvatskoga kartografskog društva. 3.2004, p.60-66, 3 ill. [Croat. and Engl.]. ISSN 1333-896X.

1029
Suzuki, Mabel: Halloween Flood at University of Hawai'i Library. In: Information bulletin / Western Association of Map Libraries. 36.2005,2, p.101-110, 18 ill. ISSN 0049-7282.

1030
Szaniawska, Lucyna: Project to include Index Sheets in the Polish National Bibliography of Cartographic Materials. In: LIBER quarterly : the journal of European Research Libraries. 15.2005,1, p.65-74. ISSN 1435-5205.

1031
Szykuła, Krystyna: Bemerkenswerte Globen in der Kartensammlung der Universitätsbibliothek in Breslau (Wrocław). In: Der Globusfreund : wissenschaftliche Zeitschrift für Globenkunde. 51/52.2003/04, p.107-112, 3 ill. [German with Engl. rés.]. ISSN 0436-0664.

1032
Tohver, Margit: La numérisation de la cartothèque de la Bibliothèque Nationale d'Estonie. In: LIBER quarterly : the journal of European Research Libraries. 15.2005,1, p.54-59. ISSN 1435-5205.

1033
WAML Fall Meeting 2005 Recap. In: Information bulletin / Western Association of Map Libraries. 37.2005,1, p.7-15, 6 ill. ISSN 0049-7282.

1034
WAML Spring Meeting 2005 Recap. In: Information bulletin / Western Association of Map Libraries. 36.2005,3, p.179-188, 5 ill. ISSN 0049-7282.

1035
Wanser, Heather: Treatment and preparation of Waldseemüller's map. In: Information bulletin / The Library of Congress. 62.2003,9, p.194-197, 9 ill. ISSN 0041-7904.

1036
Wheate, Roger: Carto 2005 : joint annual meeting of the CCA and ACMLA. In: Cartographica : the international journal for geographic information and geovisualization. 40.2005,4, p.113-120, 3 ill., 1 tab. ISSN 0340-0654; 0317-7173.

1037
Williams, Paula: Where do I start? : A cartographic cataloguing code. In: The Cartographic Journal. 42.2005,3, p.227-230. ISSN 0008-7041.

1038
Wood, Alberta Auringer: The Hon. Fabian O'Dea's map collection. In: Bulletin / Association of Canadian Map Libraries and Archives. 124.2005, p.19-22, 1 portr., 1 ill. ISSN 0840-9331.

7. Events, Conferences, and Exhibitions Veranstaltungen, Tagungen und Ausstellungen Conférences, Réunions et expositions

1039
22e Conférence cartographique internationale, La Corogne 9-16 Juillet 2005. 2005, 49 p., ill. (Le Monde des Cartes : revue du Comité Français de Cartographie ; 186.2005). [Themenheft].

1040
Albertz, Jörg: Kartographie und Fernerkundung : Stationen einer Entwicklung über acht Jahrzehnte ; Begleitheft zur Ausstellung der Kommission "Kartographie und Fernerkundung". Ed.: Deutsche Gesellschaft für Kartographie. – Rostock: Deutsche Gesellschaft für Kartographie 2005, 20 p., 33 ill.

1041
Angewandte Geoinformatik 2005 : Beiträge zum 17. AGIT-Symposium Salzburg. Ed.: Strobl, Josef; Blaschke, Thomas; Griesebner, Gerald. – Heidelberg: Herbert-Wichmann-Verlag 2005, XV, 823 p., ill., mp. ISBN 3-87907-422-4.

1042
Argus-Längberg, Elisabeth; Szegö, Janos; Ottoson, Patrik; Harrie, Lars; Qvist, Ewa; Elg, Margareta: ICC i La Coruna. In: Kart & bildteknik : mapping and image science. 20.2005,3, p.6-14, 2 ill. ICC (International Cartographic Conference) in La Coruna. [Swed.]. ISSN 1651-792X.

1043
Association of Canadian Map Libraries and Archives / Association des Cartothécaires et Archives Cartographiques du Canada : Annual General Meeting ; Memorial University of Newfoundland St. Johns, Newfoundland, July 28, 2005. In: Bulletin / Association of Canadian Map Libraries and Archives. 124.2005, p.28-41, 1 tab. ISSN 0840-9331.

1044
Auringer Wood, Alberta: Barbara Bartz Petchenik Children's Map Competition 2003. In: ICA News = Nouvelles de l'ACI. 41.2003, p.7.

1045
Auringer Wood, Alberta: ICA Executive Meeting : report on meeting of the Executive Committee and Commission Chairs of the International Cartographic Association. In: ICA News = Nouvelles de l'ACI. 40.2003, p. 4 – 6, 2 ill.

1046
Auringer Wood, Alberta: The 21st International Cartographic Conference. In: ICA News = Nouvelles de l'ACI. 41.2003, p.2-3 + 10-11, 17 ill.

1047
Auto-Carto 2005 : research symposium proceedings. 2005, p.217-433., ill., mp. (Cartography and geographic information science : an official journal of ACSM devoted to the advancement of cartography in all its aspects ; 32.2005,4). [Themenheft].

1048
Begleitband zur Kartenausstellung in der Friedrichsburg Vohenstrauß anlässlich des Jubiläums "500 Jahre Pfalz Neuburg". Ed.: Heimatkundlicher Arbeitskreis Vohenstrauß e. V. – Vohenstrauß: Heimatkundlicher Arbeitskreis Vohenstrauß e. V. 2005, 231 p., ill., mp. (Streifzüge : Beiträge zur Heimatkunde und Heimatgeschichte der Stadt und Großgemeinde Vohenstrauß und Umgebung ; 27).

1049
Bigaignon, Geoffroy: Into and out of Africa : mapping the dark continent in the later 19th century ; 4th International BIMCC conference on ancient cartography. In: BIMCC newsletter / Brussels International Map Collectors' Circle. 21.2005, p.8-10, 4 ill. ISSN 1379-3306.

1050
Bodenstein, Wulf: Pictures at a gallery I : La mer. Terreur et fascination = The sea. Fright and fascination. In: BIMCC newsletter / Brussels International Map Collectors' Circle. 22.2005, p.4, 1 ill. ISSN 1379-3306.

1051
Bridging the digital divide and taking cartography at grassroots level : 25th INCA international congress, Sagar, Nov. 28 – Dec. 1, 2005. Ed.: Trivedi, R. K. – Ahmedabad: Indian National Cartographic Association 2005, XXIII, 348 p., ill., mp. (Indian cartographer ; 25.2005). [Aufsatzsammlung].

1052
Cartographic technologies for water, land and infrastructure development : XXIV INCA international congress, Kolkata, October 6 – 9, 2004 ; [... important contributions presented at the XXIV INCA International Congress on the Theme "Cartographic Technologies for Water, Land and Infrastructure Development"...]. Ed.: Dasgupta, Ajit Kumar. – Hyderabad: Indian National Cartographic Association 2005, XXV, 539 p., ill., mp. (Indian cartographer ; 24.2004).

1053
Cartography and cartosemiotics : the selected problems of theoretical cartography 2003 : proceedings of a joint seminar of the ICA Commission on theoretical cartography and Centre for cartography, Vilnius University. Ed.: Wolodtschenko, Alexander; Česnulevičius, Algimantas; Beconytė, Giedre. – Vilnius: Vilnius University; Lithuanian Cartographic Society; International Cartographic Association 2004. ISBN 9955-9673-0-7.

1054
Celestial images : antiquarian astronomical charts and maps from the Mendillo Collection. Ed.: Boston University. – Boston, Mass. [u.a.]: Boston University 2005, 87 p., ill. ISBN 1-88145-022-8; 978-1-88145-022-1.

1055
Cook, Karen S.: The 20th international conference on the history of cartography. In: Imago Mundi : the international journal for the history of cartography. 56.2004,1, p.87-93. ISSN 0308-5694.

1056
Crommert, Peter van de: Grenzen überschreiten. In: Geo-Info : tijdschrift voor Geo-Informatie Nederland, GIN. 2.2005,12, p.574-575, 4 ill. [Dutch]. ISSN 1572-5464.

1057
Dalrymple, Helen: Colourful and dramatic : Landsat Images of the earth on display in geography and map division. In: Information bulletin / The Library of Congress. 61.2002,10, p.228-229, 5 ill. ISSN 0041-7904.

1058
Dalrymple, Helen: Rivers, Edens, Empires : Exhibition charts the "Revealing" of America. In: Information bulletin / The Library of Congress. 62.2003,6, p.123-1235 + 128-129, 8 ill. ISSN 0041-7904.

1059
Danckaert, Lisette: International conference on the history of cartography : Budapest, 17-22 July 2005. In: BIMCC newsletter / Brussels International Map Collectors' Circle. 23.2005, p.22-23, 1 ill. ISSN 1379-3306.

1060
David, Robert G.: IMCoS 22nd International Symposium in Cyprus. In: Journal of the International Map Collectors' Society. 95.2003, p.57-62, 10 ill.

1061
Depuydt, Joost: Monumenta cartographica : facsimile's van uniek kaartmateriaal (tot ca. 1550) en originale kosmografische bronnen. Ed.: Universiteitsbibliotheek Amsterdam. – Leuven: Leuven Univ. Press 2005, 36 p., ill. Facsimiles from unique map material (to approx. 1550) and original cosmographic sources. [Catalogus bij de Tentoonstelling Monumenta Cartographica in de Universiteitsbibliotheek van de K.U. Leuven, van 11 maart tot en met 22 april 2005].

1062
Der Schönbuch im Kartenbild der Jahrhunderte : Katalog einer Ausstellung ; [Ausstellung im Winterrefektorium des Klosters Bebenhausen vom 20. Juni bis 21. Juli 1996]. By: Grees, Hermann; Beck, Rolf; Rosner, Hans-Joachim. – Tübingen: Geographisches Institut der Universität Tübingen 2002, 139 p., ill., mp. (Kleinere Arbeiten aus dem Geographischen Institut der Universität Tübingen ; 27.2002). ISBN 3-88121-060-1.

1063
Dodsworth, Eva: GIS Day 2005 : events on campuses across Canada. In: Bulletin / Association of Canadian Map Libraries and Archives. 124.2005, p.48-50, 2 ill. ISSN 0840-9331.

1064
Drder, Mira Miletić: 13. konferencija LIBER (Ligue des bibliothèques européennes de recherche) – GdC (Groupe des cartothécaires) : 3-7. rujna 2002., Helsinška sveučilišna knjižnica, Helsinki, Finska = 13th LIBER conference (Ligue des bibliothèques européennes de recherche) – GdC (Groupe des cartothécaires) : September 3-7, 2002, The Helsinki University Library, Helsinki, Finland. In: Kartografija i geoinformacije : KiG ; znanstveno-stručno-informativni časopis Hrvatskoga kartografskog društva. 3.2004, p.138-143, 2 ill. [Croat. and Engl.]. ISSN 1333-896X.

1065
Drder, Mira Miletić; Lapaine, Miljenko: 20. međunarodna konferencija o povijesti kartografije : Cambridge, Massachusetts i Portland, Maine, 15-20 lipnja 2003 = 20th International Conference on the history of cartography : Cambridge, Massachusetts and Portland, Maine, June 15-20, 2003. In: Kartografija i geoinformacije : KiG ; znanstveno-stručno-informativni časopis Hrvatskoga kartografskog društva. 3.2004, p.126-133, ill. [Croat. and Engl.]. ISSN 1333-896X.

1066
Dreyer-Eimbcke, Oswald: Dänemark auf dem Kartenbild : Kartenausstellung in der Königlichen Bibliothek in Kopenhagen. In: Mitteilungen / Freundeskreis für Cartographica in der Stiftung Preussischer Kulturbesitz e.V. 18.2005, p.30-32. ISSN 1612-9512.

1067
Egmond, Marco van: International conference on the history of cartography. In: Geo-Info : tijdschrift voor Geo-Informatie Nederland, GIN. 2.2005,9, 394-395, 2 ill. [Dutch]. ISSN 1572-5464.

1068
Feldmann, Hans-Uli: 12. Kartographiehistorisches Colloquium in Frankfurt a.M. : 30. September bis 2. Oktober 2004. In: Cartographica Helvetica : Fachzeitschrift für Kartengeschichte. 2005,31, p.42-43, 1 ill. ISSN 1015-8480.

1069
Feldmann, Hans-Uli: International Cartographic Conference : 11. bis 16. Juli 2005 in La Coruña. In: Cartographica Helvetica : Fachzeitschrift für Kartengeschichte. 2005,32, p.44, 1 ill. ISSN 1015-8480.

1070
Five centuries of maps and charts of Croatia = Pet stoljeća geografskih i pomorskih karata Hrvatske. Ed.: Novak, Drago. – Zagreb: Školska Knjiga 2005, 467 p., ill., mp. [Croat. and Engl.]. [Summaries, short biographies of the authors, list of illustrations and index of names at the end of the book] ISBN 953-0-61571-X.

1071
Geo-Government, wirtschaftliche Innovation durch Geodaten : 53. Deutscher Kartographentag der DGfK und 25. wissenschaftlich-technische Jahrestagung der DGPF, 21. – 23. September 2005 in Rostock ; Publikationen der Deutschen Gesellschaft für Photogrammetrie, Fernerkundung und Geoinformation e.V. ; Band 14. Ed.: Deutsche Gesellschaft für Photogrammetrie und Fernerkundung. – Postdam [u.a.]: DGPF 2005, 1 CD-ROM. [Elektronische Ressource; Aufsatzsammlung; Parallel als Buch-Ausg. erschienen].

1072
Geo-Government, wirtschaftliche Innovation durch Geodaten : Vorträge ; 25. wissenschaftlich-technische Jahrestagung der DGPF, 21. – 23. September 2005 in Rostock ; Publikationen der Deutschen Gesellschaft für Photogrammetrie, Fernerkundung und Geoinformation e.V. ; Band 14. Ed.: Seyfert, Eckhardt. – Postdam [u.a.]: Deutsche Gesellschaft für Photogrammetrie und Fernerkundung 2005, 491 p., ill. [Aufsatzsammlung; Parallel als CD-ROM-Ausg. erschienen].

1073
Gewässernamen in Bayern und Österreich : 3. Kolloquium des Arbeitskreises für Bayerisch-Österreichische Namenforschung (Regensburg, 27./28.Februar 2004). Ed.: Greule, Albrecht. – Regensburg: Edition Vulpes 2005, 257 p., ill., mp. (Regensburger Studien zur Namenforschung ; 1). ISBN 3-939112-00-3.

1074
Gillavry, Edward Mac: 53e Duitse Kartografendag. In: Geo-Info : tijdschrift voor Geo-Informatie Nederland, GIN. 2.2005,11, p.530 53rd German cartographers' day. [Dutch]. ISSN 1572-5464.

1075
Ginsberg, Bill: 24th IMCoS International Symposium in Denver. In: Journal of the International Map Collectors' Society. 103.2005.

1076
Hall, Debbie: From Ptolemy to terrabytes. In: MapForum. 1.2004, p.23-27, 7 ill. ISSN 1742-4615.

1077
Harbeck, Rolf: Innovationen in Aus- und weiterbildung mit Geoinformationssystemen : eine Nachlese zur gleichnamigen Tagung am 2./3. Juni 2005 in Potsdam. In: Kartographische Nachrichten : KN ; Fachzeitschrift für Geoinformation und Visualisierung ; Organ der Deutschen Gesellschaft für Kartographie e.V., der Schweizerischen Gesellschaft für Kartographie und der Österreichischen Kartographischen Kommission in der Österreichischen Geographischen Gesellschaft. 55.2005,4, p.208-210, 2 ill., 1 tab. ISSN 0022-9164.

1078
Historische Ansichten von Tolkewitz : Begleitheft zur Ausstellung im Turmzimmer der Bethlehemkirche Dresden-Tolkewitz ; 22.August bis 19.September 2004. Ed.: Evang.-Luth. Bethlehemkirchgemeinde Dresden-Tolkewitz. Hrsg. von Hans-Peter Hasse [Text: Martin Kaden]. Evang.-Luth. Bethlehemkirchgemeinde Dresden-Tolkewitz 2005, 63 p., ill., mp. [2., korr. Aufl.].

1079
Historische und aktuelle Bodenkarten von Niederösterreich und der Nachbargebiete : Ausstellung von Exponaten aus der Privatsammlung von O. Nestroy, 23. Oktober bis 14. Dezember 2001 im Ausstellungsraum der NÖ Landesbibliothek Sankt Pölten. Ed.: Amt der Niederösterreichischen Landesregierung, Abt. NÖ Landesbibliothek. – Sankt Pölten: Amt der Niederösterreichischen Landesregierung, Abt. NÖ Landesbibliothek 2001. (Sonder- und Wechselausstellungen der Niederösterreichischen Landesbibliothek ; 21).

1080
Höhener, Hans-Peter: Tagung der Kommission Kartenkuratoren in der Deutschen Gesellschaft für Kartographie und der Arbeitsgruppe Kartenbibliothekarinnen / Kartenbibliothekare. In: Cartographica Helvetica : Fachzeitschrift für Kartengeschichte. 2005,32, p.44-45. ISSN 1015-8480.

1081
Hollander, Raymond d': Cartographier la mer. In: XYZ : revue de l'Association Française de Topographie. 105.2005,4, p.20-21, 2 ill. ISSN 0290-9057.

1082
Illert, Andreas: Erfassung, Verwaltung und Standardisierung geographischer Namen in Afrika : Trainingskurse der Vereinten Nationen in Khartum und Maputo. In: Kartographische Nachrichten : KN ; Fachzeitschrift für Geoinformation und Visualisierung ; Organ der Deutschen Gesellschaft für Kartographie e.V., der Schweizerischen Gesellschaft für Kartographie und der Österreichischen Kartographischen Kommission in der Österreichischen Geographischen Gesellschaft. 55.2005,2, p.87-88, 2 ill. ISSN 0022-9164.

1083
Intergeo® 2004 in Stuttgart – Für mobile Menschen. In: Mitteilungen des DVW-Bayern e.V. 57.2005,1, p.113-115, 3 ill. ISSN 0723-6336.

1084
Jeschke, Hans Peter: Die Ausstellung "Denkmal- und Erinnerungslandschaft Mauthausen / Gusen" im neuen Besucherzentrum der KZ-Gedenkstätte Mauthausen in Oberösterreich : zur Topographie und zum System des nationalsozialistischen Terrors in der Region Mauthausen, Gusen und St. Georgen. In: Kulturlandschaft digital : Forschung und Anwendung ; 15. Fachtagung des Umweltamtes (Landschaftsverband Rheinland) ; 11. Jahrestagung der Arbeitsgruppe Angewandte Historische Geographie (Arbeitskreis für Historische Kulturlandschaftsforschung ARKUM), 2. bis 5. März 2005 in Aachen ; Tagungsdokumentation. Ed.: Rheinland / Umweltamt. – Köln: Rheinland / Umweltamt 2005, p.144-153, 3 ill. (Kulturlandschaft : Zeitschrift für angewandte historische Geographie ; 15.2005).

1085
Johnson, Bert: IMCoS in Italy. In: The Portolan : the journal of the Washington Map Society. 61.2004, p.68-71, 5 ill. ISSN 1096-1925.

1086
Johnson, Hubert O.: IMCoS 2003 in Cyprus. In: The Portolan : the journal of the Washington Map Society. 58.2003, p.63-65, 2 ill. ISSN 1096-1925.

1087
Jones, Pete: Report on the 14th Conference of the Groupe des Carthothécaires de LIBER, 31st August to 4th September, Cambridge, United Kingdom. In: LIBER quarterly : the journal of European Research Libraries. 15.2005,1, p.8-15. ISSN 1435-5205.

1088
Kil'djuševskij, L.: Zerkalo mira : pjat' vekov geografičeskogo atlasa iz sobranija Rossijskoj Nacional'noj Biblioteki ; katalog Vystavki v Rossijskoj Nacional'noj Biblioteke, Posvjaščennoj Okončaniju Proekta po Restavracii Niderlanskogo Atlasa 16 Veka ; 24 sentjabrja-15 oktjabrja 2004 = Speculum orbis terrae. – Sankt Petersburg: OM-Press 2005, 161 p., mp. [Russ. and Engl.]. [Nebent.: Iz fondov Rossijskoj Nacional'noj Biblioteki = In the collection of the National Library of Russia].

1089
Kriz, Karel: 4th ICA Mountain Cartography Workshop : Vall de Núria, Catalonia, Spain. In: ICA News = Nouvelles de l'ACI. 43.2004, p.6-7, 1 ill.

1090
Kriz, Karel: The 4th ICA Mountain Cartography Workshop, Vall de Núria, Catalonia, Spain (30 September – 2 October 2004). In: Cartographica : the international journal for geographic information and geovisualization. 40,1/2 (Monograph ; 54);, p.147-149, 1 ill. ISSN 0340-0654; 0317-7173.

1091
Kriz, Karel; Pucher, Alexander: 22nd ICA/ACI International Cartographic Conference : La Coruña, Spanien, 9. bis 16. Juli 2005. In: Mitteilungen der Österreichischen Geographischen Gesellschaft : MÖGG ; Jahresband. 147.2005, p.285-286. ISSN 0029-9138.

1092
Kulturlandschaft digital : Forschung und Anwendung ; 15. Fachtagung des Umweltamtes (Landschaftsverband Rheinland) ; 11. Jahrestagung der Arbeitsgruppe Angewandte Historische Geographie (Arbeitskreis für Historische Kulturlandschaftsforschung ARKUM), 2. bis 5. März 2005 in Aachen ; Tagungsdokumentation. Ed.: Rheinland / Umweltamt. – Köln: Rheinland / Umweltamt 2005, 225 p., ill., mp. (Kulturlandschaft : Zeitschrift für angewandte historische Geographie ; 15.2005).

1093
Kupčík, Ivan: 20. mezinárodní kenference k dejinám kartografie. In: Geografie : sborník Česke Geografické Společnosti. 108.2003,4, p.307-309 20th international conference on the history of cartography. [Czech]. ISSN 1210-115X / 1212-0014.

1094
Kupčík, Ivan: Nutzen stiften aus alten Karten : über das 12. Kartographiehistorische Colloqium 2004, Frankfurt am Main. In: Kartographische Nachrichten : KN ; Fachzeitschrift für Geoinformation und Visualisierung ; Organ der Deutschen Gesellschaft für Kartographie e.V., der Schweizerischen Gesellschaft für Kartographie und der Österreichischen Kartographischen Kommission in der Österreichischen Geographischen Gesellschaft. 55.2005,4, p.210-212, 2 ill. ISSN 0022-9164.

1095
Kupčík, Ivan: Védecká konference "Historické mapy" na Slovensku. In: Geografie : sborník Česke Geografické Společnosti. 110.2005,2, p.123-124 Scientific Conference "Historical Maps" in Slovakia. [Czech]. ISSN 1210-115X / 1212-0014.

1096
Lapaine, Miljenko: 21. međunarodna kartografska konferencija i 12. generalna skupština Međunarodnoga kartografskog društva : Durban, 10-16. kolovoza 2003 = The 21st international cartographic conference and the 12th general assembly of the International Cartographic Association : Durban, August 10-16, 2003. In: Kartografija i geoinformacije : KiG ; znanstveno-stručno-informativni časopis Hrvatskoga kartografskog društva. 3.2004, p.116-119, 4 ill. [Croat. and Engl.]. ISSN 1333-896X.

1097
Lapaine, Miljenko: 21. međunarodna konferencija o povijesti kartografije : Budimpešta, 17-22. srpnja 2005 = 21st international conference on the history of cartography : Budapest, 17-22 2005. In: Kartografija i geoinformacije : KiG ; znanstveno-stručno-informativni časopis Hrvatskoga kartografskog društva. 4.2005, p.162-167, ill. [Croat. and Engl.]. ISSN 1333-896X.

1098
Lapaine, Miljenko: 22. međunarodna kartografska konferencija i 13. generalna skupština ICA-e : A Coruña, 11-16. sprnja 2005 = 22nd International Cartographic Conference and 13th general assembly of the ICA : A Coruña, 11-16 July 2005. In: Kartografija i geoinformacije : KiG ; znanstveno-stručno-informativni časopis Hrvatskoga kartografskog društva. 4.2005, p.146-153, 6 ill. [Croat. and Engl.]. ISSN 1333-896X.

1099
Lawall, Klaus-Peter: 52. Deutscher Kartographentag 2004 in Stuttgart. In: Kartographische Nachrichten : KN ; Fachzeitschrift für Geoinformation und Visualisierung ; Organ der Deutschen Gesellschaft für Kartographie e.V., der Schweizerischen Gesellschaft für Kartographie und der Österreichischen Kartographischen Kommission in der Österreichischen Geographischen Gesellschaft. 55.2005,2, p.86-87, 3 ill. ISSN 0022-9164.

1100
Le antiche terre del Ducato di Spoleto : i territori di Spoleto e Terni nella cartografia dei secoli XVI – XIX. Ed.: Ronca, Fabrizio. – Terni: Arti Grafiche Celori 2005, XV, 298 p., ill., mp. The ancient lands of Ducato di Spoleto : the territories of Spoleto and Terni in the cartography of 16th to 19th centuries. [Ital.]. [Exibition catalogue: Mostra "Le Antiche Terre del Ducato di Spoleto. I Territori di Spoleto e Terni nella Cartografia dei Secoli XVI – XIX" ; (Terni) : 2005.09.16-10.15; Contains bibl. references, notes and name index].

1101
Le mappe storiche della Città di Crescentino : immagini cartografiche dei secoli XVIII e XIX. By: Cesare, Allessandra. – Crescentino: Città di Crescentino 2003, [34] p., mp. Historical maps of the city of Crescentino : cartographic images of the 18th and 19th centuries. [Ital.]. [Contains bibliography].

1102
Le Paris des lumières : d'après le plan de Turgot (1734 – 1739) ; [à l'occasion de l'Exposition Paris 1730 d'après le Plan de Turgot, Centre Historique des Archives Nationales, Musée d'Histoire de France, du 12 octobre 2005 au 9 janvier 2006]. By: Fierro, Alfred; Sarazin, Jean-Yves. – Paris: 2005, 143 p., ill., mp. ISBN 2-7118-4985-6; 978-2-7118-4985-7.

1103
Leenders, Eric: Pictures at a gallery II : Monumenta cartographica. In: BIMCC newsletter / Brussels International Map Collectors' Circle. 22.2005, p.5, 1 ill. ISSN 1379-3306.

1104
Lierz, Wolfgang: 21. Internationale KOnferenz zur Geschichte der Kartographie : 17. bis 22. Juli 2005 in Budapest. In: Cartographica Helvetica : Fachzeitschrift für Kartengeschichte. 2005.32, p.42-43, 3 ill. ISSN 1015-8480.

1105
Lindé, Krister: Kartkuratorer - finns dom?. In: Kart & bildteknik : mapping and image science. 19.2004,4, p.20-21 Map curators - do they exist?. ISSN 1651-792X.

1106
Malhotra, T.P.: Report on XXII INCA International Congress Ahmedabad, October 30 - November 1, 2002. In: Indian Surveyor : the journal of the institution of surveyors. 57.2003,1, p.49-62. ISSN 0970-3470.

1107
Map and Geographic Information Collections in Transition Confernce : abstracts of presentations. In: Information bulletin / Western Association of Map Libraries. 36.2005,3, p.189-195. ISSN 0049-7282.

1108
Mapmaker's vision, beholder's eyes : the art of maps ; the exhibition October 1, 2004 - January 15, 2005. Gallery guide editor and exhibition curator: Katherine R. Goodwin. - Arlington, TX: Special Collections, University of Texas at Arlington Libraries 2004, 23 p., 8 mp. [Includes bibliographical references (p.23); "Exhibition ... created in conjunction with the Fourth Biennial Virginia Garrett Lectures on the History of Cartography"–P. 4].

1109
Mersey, Janet E.: XXII International Cartographic Conference : mapping approaches into a changing world. In: Geomatica. 59.2005,4, p.457-459, 4 ill. ISSN 1195-1036.

1110
Meždunarodni s"bitija po kartografija. In: Geodezija, kartografija, zemeustrojstvo. 45.2005,5/6, p.55-58, 7 ill. International cartographic events. [Bulg.]. ISSN 0324-1610.

1111
Mikšovský, Miroslav: 21. mezinárodní kartografická konference a 12. valné shromáždění ICA. In: Geodetický a kartografický obzor. 50.2004,2, p.35-37, 2 ill. 21st International Cartographic Conference ICA. [Czech]. ISSN 0016-7096.

1112
Moulder, Cathy: Map and geographic information collections in transition conference report, Library of Congress, Washington, DC : May 12-13, 2005. In: Bulletin / Association of Canadian Map Libraries and Archives. 123.2005, p.42-49, 4 ill. ISSN 0840-9331.

1113
Müller, Marina: 41. Sitzung der Arbeitsgruppe (AgA) Automation in der Kartographie : am 21./22.9.2004 in Hamburg. In: Photogrammetrie, Fernerkundung, Geoinformation : PFG ; Organ der Deutschen Gesellschaft für Photogrammetrie und Fernerkundung e.V. 2005,1, p.85-87. ISSN 1432-8364.

1114
Neumann, Joachim: Bericht über die Schulatlantenausstellung : Stuttgart 6.10.-17.12.2004. In: Mitteilungen / Freundeskreis für Cartographica in der Stiftung Preussischer Kulturbesitz e.V. 18.2005, p.32-34, 1 ill. ISSN 1612-9512.

1115
Nuñez Reyes, Jesús: The Barbara Petchenik Children's Map Competition 2005. In: ICA News = Nouvelles de l'ACI. 45.2005, p.7.

1116
Ormeling, Ferjan: 3rd ICA Mountain Cartography Workshop. In: ICA News = Nouvelles de l'ACI. 41.2003.

1117
Ormeling, Ferjan: Focus on future cartographic education : message from ICA. In: Indian Surveyor : the journal of the institution of surveyors. 55.2001,2, p.131-137. [Congress speech] ISSN 0970-3470.

1118
Ormeling, Ferjan: Internationale kartografische conferentie in A Coruña. In: Geo-Info : tijdschrift voor Geo-Informatie Nederland, GIN. 2.2005,9, p.418-419, 3 ill. International Cartographic Conference in La Coruña. [Dutch]. ISSN 1572-5464.

1119
Ostrowski, Jerzy: Czterdzieści lat udziału Polski w pracach Międzynarodowej Asocjacji Kartograficznej. In: Polski przegląd kartograficzny. 36.2004,3, p.147-176, 5 ill., 1 tab. Forty years of Poland's participation in the activities of the International Cartographic Association. [Pol. with Engl. and Russ. rés.]. ISSN 0324-8321.

1120
Ottoson, Patrik: Kartdagar 2004 – årets stora satsning inom geografisk IT. In: Kart & bildteknik : mapping and image science. 19.2004,2, p.6-7, 3 ill. Map day 2004 – the year's big event in geographic IT. [Swed.]. ISSN 1651-792X.

1121
Photogrammetric Week '05 : [papers of the 50th Photogrammetric Week, Stuttgart (September 5 to 9, 2005)]. Ed.: Fritsch, Dieter. – Heidelberg: Herbert-Wichmann-Verlag 2005, IX, 346 p., ill. ISBN 3-87907-421-6.

1122
Przyłuska, Barbara: Wystawa "Eugeniusz Romer – geograf i kartograf trzech epok" w Bibliotece Narodowej. In: Polski przegląd kartograficzny. 36.2004,3, p.234-237, 2 ill. [Pol.]. ISSN 0324-8321.

1123
Rappresentare e misurare il mondo : da Vespucci alla modernità. Ed.: Cantile, Andrea; Lazzi, Giovanna; Rombai, Leonardo. – Firenze: Polistampa 2004, 342 p., ill., mp. Representing and measuring the world : from Vespucci to modern era. [Ital.]. [Contains bibliography] ISBN 88-8304-817-2.

1124
Récits de voyages et cartes anciennes du 16e au 19e siècle : [exposition à la] Bibliothèque Humaniste de Sélestat, 18 juin – 4 oct. 2004. By: Nass, Laurent. – Sélestat: Les Amis de la Bibliothèque Humaniste de Sélestat 2004, 49 p., ill. mp. ISBN 2-9508256-3-X.

1125
Remote sensing & GIS for environmental studies : applications in geography ; [GGRS 2004, 1st Göttingen GIS & Remote Sensing Days – Environmental Studies, 7- 8 October 2004, Göttingen, Germany]. Ed.: Erasmi, Stefan. – Göttingen: Goltze 2005, XIV, 330 p., ill., mp. (Göttinger geographische Abhandlungen ; 113). ISBN 3-88452-113-6.

1126
Ritorno al mondo nuovo : il planisfero di Vesconte Maggiolo (1504) e il suo tempo. Ed.: Biblioteca Comunale Federiciana <Fano>. saggi di Corradino Astengo e Giorgio Mangani. – Fano: Biblioteca Comunale Federiciana <Fano> 2005, 47 p., ill. Return to the New World : the planisphere of Vesconte Maggiolo (1504) and its time. [Ital.]. [Exhibition catalogue, Fano (Pesaro), Saletta Nolfi, 2005].

1127
Ruas, Anne: Quelques aperçus sur la conférence cartographique internationale de La Corogne. In: 22e Conférence cartographique internationale, La Corogne 9-16 Juillet 2005. 2005, p.5 (Le Monde des Cartes : revue du Comité Français de Cartographie ; 186.2005).

1128
Scheele, Theo: De zevende Map Fair in de Grote Kerk te Breda. In: Geo-Info : tijdschrift voor Geo-Informatie Nederland, GIN. 2.2005,1, p.60-61, 3 ill. The seventh Map Fair in the Grote Kerk te Breda. [Dutch]. ISSN 1572-5464.

1129
Seifarth, Andreas: Atlas Coelestis : Himmelsatlanten aus drei Jahrhunderten ; eine Ausstellung der Thüringer Universitäts- und Landesbibliothek Jena sowie des Astrophysikalischen Instituts und der Universitäts-Sternwarte Jena vom 16. Juni bis 28. August 2004. – Jena: Astrophysikalisches Institut 2004, 23 p., ill.

1130
Symposium zur schwedischen Nationalausgabe der älteren geometrischen Karten aus Anlass des 250-jährigen Bestehens der Königlichen Akademie der Geisteswissenschaften in Stockholm vom 27. bis 28. November 2003. In: Rundbrief Geographie. 187.2004, p.26-27.

1131
Szaniawska, Lucyna: 14 Konferencja Grupy Bibliotekarzy – Kartografów LIBER w Cambridge. In: Polski przegląd kartograficzny. 36.2004,4, p.324-325. [Pol.]. ISSN 0324-8321.

1132
Szaniawska, Lucyna: Cenne kopie dawnych planów miast polskich z Biblioteki Państwowej w Berlinie w Bibliotece Narodowej. In: Polski przegląd kartograficzny. 36.2004,3, p.208-210, 3 ill. Valuable copies of old plans of Polish towns from the State Library in Berlin exhibited in the National Library. [Pol.]. ISSN 0324-8321.

1133
Szaniawska, Lucyna: Przekazanie w darze kopii dawnych planów miast polskich przez Bibliotekę Państwową w Berlinie trzem polskim bibliotekom. In: Polski przegląd kartograficzny. 36.2004,3, p.250-251, 2 ill. [Pol.]. ISSN 0324-8321.

1134
Szykuła, Krystyna: 12 Kolokwium na temat Historii Kartografii we Frankfurcie nad Menem. In: Polski przegląd kartograficzny. 36.2004.4, p.326-327. [Pol.]. ISSN 0324-8321.

1135
Tag der Geoinformationswirtschaft im Landtag von Nordrhein-Westfalen. In: Mitteilungen des DVW-Bayern e.V. 57.2005,1, p.117-121, 1 ill. ISSN 0723-6336.

1136
Tagung 2004 / Arbeitsgruppe Automation in der Kartographie. Ed.: Bundesamt für Kartographie und Geodäsie <Deutschland>. – Frankfurt a.M.: Bundesamt für Kartographie und Geodäsie <Deutschland> 2005, 165 p., ill., mp. (Mitteilungen des Bundesamtes für Kartographie und Geodäsie ; 34). ISBN 3-89888-794-4.

1137
Talhofer, Václav: 16. kartografická konference. In: Geodetický a kartografický obzor. 51.2005,11, p.252-253, 3 ill. 16th cartographic conference. ISSN 0016-7096.

1138
"The Imperial Map": the 15th Nebenzahl lectures. In: Mapline : a quarterly newsletter published by the Hermon Dunlap Smith Center for the History of Cartography at the Newberry Library. 99.2005, p.1-2 + p.7, 2 ill.

1139
The third coast : mapping the Gulf of Mexico and the Caribbean Sea ; October 4, 2002 – January 15, 2003. Ed.: Special Collections, University of Texas at Arlington Libraries. Gallery guide editor and exhibition curator: Katherine R. Goodwin. – Arlington, TX: Special Collections, University of Texas at Arlington Libraries 2002, 48 p., 16 mp. [Includes bibliographical references (p. [46]-48)].

1140
Trivedi, R. K.: 25th INCA congress, 2005 : a report. In: Bridging the digital divide and taking cartography at grassroots level : 25th INCA international congress, Sagar, Nov. 28 – Dec. 1, 2005. Ed.: Trivedi, R. K. – Ahmedabad: Indian National Cartographic Association 2005 (Indian cartographer ; 25.2005).

1141
VIII Congreso Nacional de Topografía y Cartografía TOP-CART 2004. In: Topografía y cartografía : TOPCART ; revista del Colegio Oficial de Ingenieros Técnicos en Topografía. 22.2005,126, p.32-33 VIII National Congress of Topography and Cartography TOP-CART. [Span.]. ISSN 0212-9280.

1142
VIII Congreso Nacional de topografía y cartografía : TOP-CART 2004. In: Topografía y cartografía : TOPCART ; revista del Colegio Oficial de Ingenieros Técnicos en Topografía. 21.2004,125, p.3-17, ill. ISSN 0212-9280.

1143
Vom Militärischen zum Sicherheitsgeowesen : Hans-Ludwig Ewert zum 75. Geburtstag. Ed.: Technische Universität Dresden / Institut für Geographie. – Dresden: Technische Universität Dresden / Institut für Geographie 2005, 66 p., ill., mp. (Kartographische Bausteine : KB ; 33). ISBN 978-3-86780-082-2.

1144
Wahlund, Sara: ISPRS XXth Congress i Istanbul 12-23 juli 2004. In: Kart & bildteknik : mapping and image science. 19.2004,3, p.22-23, 1 ill. ISPRS XXth congress in Istanbul 12-23 July 2004. [Swed.]. ISSN 1651-792X.

1145
WAML Fall Meeting 2005 Recap. In: Information bulletin / Western Association of Map Libraries. 37.2005,1, p.7-15, 6 ill. ISSN 0049-7282.

1146
WAML Spring Meeting 2005 Recap. In: Information bulletin / Western Association of Map Libraries. 36.2005,3, p.179-188, 5 ill. ISSN 0049-7282.

1147
Web and wireless geographical information systems : 5th International Workshop, W2GIS 2005, Lausanne, Switzerland, December 15-16, 2005 ; proceedings. Ed.: Li, Ki-Joune; Vangenot, Christelle. – Berlin [u.a.]: Axel Springer AG 2005, XI, 307 p., ill., mp. (Lecture notes in computer science ; 3833). ISBN 3-540-30848-2.

1148
Wheate, Roger: Carto 2005 : joint annual meeting of the CCA and ACMLA. In: Cartographica : the international journal for geographic information and geovisualization. 40.2005,4, p.113-120, 3 ill., 1 tab. ISSN 0340-0654; 0317-7173.

1149
Wiesenmüller, Heidrun: Karten in unserer Hand – Kartographie im Alltag : eine Ausstellung der Württembergischen Landesbibliothek Stuttgart. In: Kartographische Nachrichten : KN ; Fachzeitschrift für Geoinformation und Visualisierung ; Organ der Deutschen Gesellschaft für Kartographie e.V., der Schweizerischen Gesellschaft für Kartographie und der Österreichischen Kartographischen Kommission in der Österreichischen Geographischen Gesellschaft. 55.2005,1, p.44-46, 3 ill. ISSN 0022-9164.

1150
Wood, Alberta Auringer: Carto 2005 : Joint ACMLA and CCA Conference July 26 – July 30, St. John's : conference report. In: Bulletin / Association of Canadian Map Libraries and Archives. 123.2005, p.29-41, 12 ill. ISSN 0840-9331.

1151
XXII International Cartographic Conference. In: ICA News = Nouvelles de l'ACI. 45.2005, p.3-4 + 10-11.

1152
Zögner, Lothar: Von Berlin in die Welt. In: Mitteilungen / Freundeskreis für Cartographica in der Stiftung Preussischer Kulturbesitz e.V. 18.2005, p.34-35, 1 ill. ISSN 1612-9512.

8. Legal Questions, Copyright Rechtsfragen, Urheberrecht Questions juridiques, droit d'auteur

1153
Christl, Arnulf B.; Trakas, Athina: Geodateninfrastrukturen nutzbar machen – technische, organisatorische und rechtliche Aspekte. In: Angewandte Geoinformatik 2005 : Beiträge zum 17. AGIT-Symposium Salzburg. Ed.: Strobl, Josef; Blaschke, Thomas; Griesebner, Gerald. – Heidelberg: Herbert-Wichmann-Verlag 2005, p.88-93.

1154
Coast, Steve: OpenStreetMap. In: The Bulletin of the Society of Cartographers. 39.2005,1-2, p.62, 1 ill. ISSN 0036-1984.

1155
Diez, Dietrich: Luxemburg hat gesprochen: EuGH begrenzt den Schutzbereich des Rechts des Datenbankherstellers. In: Kartographische Nachrichten : KN ; Fachzeitschrift für Geoinformation und Visualisierung ; Organ der Deutschen Gesellschaft für Kartographie e.V., der Schweizerischen Gesellschaft für Kartographie und der Österreichischen Kartographischen Kommission in der Österreichischen Geographischen Gesellschaft. 55.2005,5, p.265-266. ISSN 0022-9164.

1156
Döllner, Jürgen: Geospatial digital rights management in geovisualization. In: The Cartographic Journal. 42.2005,1, p.27-34, 6 ill. ISSN 0008-7041.

1157
Forgács, Zoltán: Szerzői jogi kérdések a digitális térképek vonatkozásában. In: Geodézia és kartográfia. 57.2005,5, p.23-25 Copyright of digital maps. [Hung. with Engl. rés.]. ISSN 0016-7118.

1158
Hertin, Paul W.: Datenbankschutz für topographische Landkarten? : eine Kontroverse zwischen den Landesvermessungsämtern und den privatwirtschaftlichen Verlegern von Kartographie. In: Kartographische Nachrichten : KN ; Fachzeitschrift für Geoinformation und Visualisierung ; Organ der Deutschen Gesellschaft für Kartographie e.V., der Schweizerischen Gesellschaft für Kartographie und der Österreichischen Kartographischen Kommission in der Österreichischen Geographischen Gesellschaft. 55.2005,1, p.25-30. ISSN 0022-9164.

1159
Longhorn, Roger: Open geodata policy issues. In: The Bulletin of the Society of Cartographers. 39.2005,1-2, p.13-19. ISSN 0036-1984.

1160
Rösler-Goy, Michael: Datenbankschutz für topographische Karten : Gericht undtersagt Kartendigitalisierung. In: Kartographische Nachrichten : KN ; Fachzeitschrift für Geoinformation und Visualisierung ; Organ der Deutschen Gesellschaft für Kartographie e.V., der Schweizerischen Gesellschaft für Kartographie und der Österreichischen Kartographischen Kommission in der Österreichischen Geographischen Gesellschaft. 55.2005,6, p.325-326. ISSN 0022-9164.

1161
Smith, Mike J.: Open access journal publication : methods of implementation and copyright issues. In: The Bulletin of the Society of Cartographers. 39.2005,1-2, p.21-24. ISSN 0036-1984.

1162
Walsh, Jo: Open geodata, free software and civic information. In: The Bulletin of the Society of Cartographers. 39.2005,1-2, p.25-27. ISSN 0036-1984.

E. Theory of Cartography
Theorie der Kartographie
Théorie de la cartographie

1. Nature and Philosophy of Cartography
Wesen der Kartographie
Nature de la cartographie

1163
Buřil, Tomáš; Traurig, Michal: Kartografie a Internet. In: Geodetický a kartografický obzor. 50.2004,2, p.30-32, 2 ill. Cartography and Internet. [Czech]. ISSN 0016-7096.

1164
Cannarozzo, Renato; Cucciarini, Lanfranco; Meschieri, William: Carte, misure, rilievi. – Bologna: Zanichelli 2004, Consists of two vol. Maps, measures, reliefs. [Ital.].

1165
Caquard, Sébastien; Taylor, David Ruxton Fraser: Art, maps and cybercartography : stimulating reflexivity among map-users. – 1. ed. In: Cybercartography : theory and practice. Ed.: Taylor, David Ruxton Fraser. – Amsterdam: Elsevier Science 2005, p.265-307, 6 ill. (Modern cartography ; 4).

1166
Federzoni, Laura: L'opera cartografica nell'epoca della sua riproducibilità digitale. In: Bollettino della Associazione Italiana di Cartografia. 42.2005,123/125, p.59-72. [Ital. with Engl. rés.]. ISSN 0044-9733.

1167
Frančula, Nedjeljko: Kartografija u 21. stoljeću = Cartography in the 21st century. In: Kartografija i geoinformacije : KiG ; znanstveno-stručno-informativni časopis Hrvatskoga kartografskog društva. 4.2005, p.4-15, 10 ill. [Croat. and Engl.]. ISSN 1333-896X.

1168
Greenspan, Brian: Mapping play : what cybercartographers can learn from popular culture. – 1. ed. In: Cybercartography : theory and practice. Ed.: Taylor, David Ruxton Fraser. – Amsterdam: Elsevier Science 2005, p.309-329 (Modern cartography ; 4).

1169
Grünreich, Dietmar: Die Rolle der Kartographie bei Aufbau und Nutzung von Geodaten-infrastrukturen. In: Kartographische Nachrichten : KN ; Fachzeitschrift für Geoinformation und Visualisierung ; Organ der Deutschen Gesellschaft für Kartographie e.V., der Schweizerischen Gesellschaft für Kartographie und der Österreichischen Kartographischen Kommission in der Österreichischen Geographischen Gesellschaft. 55.2005,6, p.291-296, 3 ill. ISSN 0022-9164.

1170
Katz, David: The dangers of modern cartography : observations of a non-cartosemiotic interloper. In: Cartography and cartosemiotics : the selected problems of theoretical cartography 2003 : proceedings of a joint seminar of the ICA Commission on theoretical cartography and Centre for cartography, Vilnius University. Ed.: Wolodtschenko, Alexander; Česnulevičius, Algimantas; Beconytė, Giedre. – Vilnius: Vilnius University; Lithuanian Cartographic Society; International Cartographic Association 2004, p.57-60.

1171
Konecny, Milan: Strategic plan of the ICA : ways of realization. In: Map : journal of the Japan Cartographers Association. 43.2005,1, p.9-16. ISSN 0009-4897.

1172
Lovrić, Paško; Kosek, Melita: Cartography at the end of the 20th century = Kartografija krajem 20. stoljeća. In: Five centuries of maps and charts of Croatia = Pet stoljeća geografskih i pomorskih karata Hrvatske. Ed.: Novak, Drago. – Zagreb: Školska Knjiga 2005, p.62-85, 9 ill. [Croat. and Engl.].

1173
Magister, Karl-Heinz: New York und die Macht der Karten : Kartographie von Migration, Urbanisierung und Ethnizität. In: TopoGraphien der Moderne : Medien zur Repräsentation und Konstruktion von Räumen. Ed.: Stockhammer, Robert. – München: 2005, p.341-382, 2 ill., 7 mp. (Trajekte : Zeitschrift des Zentrums für Literaturforschung Berlin).

1174
Miklošík, František: Aktuální otázky dalšího výzkumu v teoretické kartografii. In: Kartografické listy. 12.2004, p.58-65, 2 ill. Current questions of further research in the theoretical cartography. [Slovak with Engl. rés.].

1175
Monmonier, Mark: POMP and circumstance : plain old map products in a cybercartographic world. – 1. ed. In: Cybercartography : theory and practice. Ed.: Taylor, David Ruxton Fraser. – Amsterdam: Elsevier Science 2005, p.15-34, 5 ill., 2 tab. (Modern cartography ; 4).

1176
Müller, Marina; Bähr, Hans-Peter: Beschreibungen in Text- und Kartenform : Grundlagen für einen formalen Vergleich. In: Tagung 2004 / Arbeitsgruppe Automation in der Kartographie. Ed.: Bundesamt für Kartographie und Geodäsie <Deutschland>. – Frankfurt a.M.: Bundesamt für Kartographie und Geodäsie <Deutschland> 2005, p.85-94, 8 ill. (Mitteilungen des Bundesamtes für Kartographie und Geodäsie ; 34).

1177
Pápay, Gyula: Die Beziehung von Kartographie, allgemeiner Bildwissenschaft und Semiotik. In: Bildwissenschaft zwischen Reflexion und Anwendung. Ed.: Sachs-Hombach, Klaus. – Köln: Halem Verlag 2005, p.86-100, 2 ill.

1178
Ren, Fu; Du, Qingyun: Change of geographic information service model in mobile context. In: Geo-spatial information science : quarterly = Diqiu-kongjian-xinxi-kexue-xuebao. 8.2005,4, p.269-275, 8 ill. ISSN 1009-5020.

1179
Schönherr, H.: Zur Rolle der Kartographie – Aspekte und Perspektiven. In: Mitteilungen und Veröffentlichungen zum Vermessungswesen aus den Themenbereichen Geodäsie, Geoinformation und Landmanagement / Deutscher Verein für Vermessungswesen, Landesverein Baden-Württemberg e.V. 52.2005,1, p.41-58. ISSN 0940-2942.

1180
Stockhammer, Robert: Verortung : die Macht der Karten und die Literatur, im 20. Jahrhundert. In: TopoGraphien der Moderne : Medien zur Repräsentation und Konstruktion von Räumen. Ed.: Stockhammer, Robert. – München: 2005, p.319-340, 4 ill. (Trajekte : Zeitschrift des Zentrums für Literaturforschung Berlin).

1181
Tang, Chenxi: Romantische Orientierungstechnik : Kartographie und Dichtung um 1800. In: Topographien der Literatur : deutsche Literatur im transnationalen Kontext. Ed.: Böhme, Hartmut. – Stuttgart: Metzler 2005, p.151-176 (Germanistische Symposien-Berichtsbände : im Auftrag der Germanistischen Kommission der Deutschen Forschungsgemeinschaft und in Verbindung mit der "Deutschen Vierteljahrsschrift für Literaturwissenschaft und Geistesgeschichte" ; 27).

1182
Tiwari, P.S.: Taking cartography to the grassroot level. In: Bridging the digital divide and taking cartography at grassroots level : 25th INCA international congress, Sagar, Nov. 28 – Dec. 1, 2005. Ed.: Trivedi, R. K. – Ahmedabad: Indian National Cartographic Association 2005, p.32-34 (Indian cartographer ; 25.2005).

1183
Turnbull, David: Masons, tricksters and cartographers : comparative studies in the sociology of scientific and indigenous knowledge. – London [u.a.]: Routledge 2003, X, 263 p., ill., mp. – Repr. ISBN 90-5823-001-5; 978-90-5823-001-0.

1184
Vöckler, Kai: Die Kunst der Kartierung. In: Leipzig Protestatlas : Text Bild Karte. Ed.: General Panel für Experimentale e.V. – Leipzig: General Panel für Experimentale e.V. 2005, p.46-69, ill.

1185
Wörz, Oskar: Kartenmenschen : Gedanken und Erinnerungen anlässlich einer kartografischen Reise. In: Alpenverein / Österreichischer Alpenverein. 60(130).2005,3, p.34-36, 6 ill.

1186
Wolf, Elisabeth: Kartographie – eine wissenschaftliche Disziplin, Globographie – eine Teildisziplin?. – Wien: 2005, 111p., 9 ill., 3 tab. [Dipl. Arb. Univ. Wien].

1187
Zierhut, H.; Zill, V.: Einzug der digitalen Technik in die Kartographie. In: 100 Jahre Amtsgebäude Krotenthallergasse : see you: www.bev.gv.at ; [1905 – 2005]. [inhaltl. Gestaltung: BEV – Bundesamt für Eich- und Vermessungswesen, Gruppe Vermessung]. Österreich / Bundesamt für Eich- und Vermessungswesen. – Wien: 2005, p.50-69, 14 ill.

2. Cartographic Terminology
Kartographische Terminologie
Terminologie cartographique

1188
Angsüsser, Stephan: Zum Begriff "Icon" am der Benutzerschnittstelle zur Geoinformation. In: Kartographische Nachrichten : KN ; Fachzeitschrift für Geoinformation und Visualisierung ; Organ der Deutschen Gesellschaft für Kartographie e.V., der Schweizerischen Gesellschaft für Kartographie und der Österreichischen Kartographischen Kommission in der Österreichischen Geographischen Gesellschaft. 55.2005,2, p.63-70, 6 ill., 1 tab. ISSN 0022-9164.

1189
Gaspar, Joaquim Alves: Dicionário de ciências cartográficas. – Lisboa: Lidel 2004, VIII, 327 p., ill., mp. Dictionary of cartographic sciences. [Port.]. ISBN 9789727572366; 9727572367.

1190
Koch, Wolf Günther: Map design and cartographic visualization – only a terminological problem. In: Projektowanie i redakcja map = Map design and map compilation. Ed.: Uniwersytet Wrocławski. – Wrocław: Uniwersytet Wrocławski 2005, p.28-37, 4 ill. (Glówne problemy wspólczesnej kartografii ; 2005). [Auch erschienen in: "Beiträge zur wissenschaftlichen Kartographie" (2007)].

1191
Kusendová, Dagmar: Terminológia počítačovej tvorby máp. In: Kartografická terminológia. Zborník referátov. – Bratislava: 2001, p.85-94 The terminology of the computer cretaion of maps. [Slovak with rés. in Engl.].

1192
La documentación cartográfica : tratamiento, gestión y uso. Ed.: Pelayo, Jesús Jiménez; López-Menchero, Jesús Monteagudo. – Huelva: Universidad de Huelva 2001, 596 p., ill., mp. The cartographic documentation : treatment, management and use of data. [Span.]. [Includes bibliographical references p. 563-578] ISBN 84-95699-03-6; 978-84-95699-03-9.

1193
Neumann, Jan: "Vzhled jevu" jako kartografie termínu "feature" v českém překladu mezinárodních norem geografické informace. In: Geodetický a kartografický obzor. 50(92).2004,12, p.32-34 The Czech translation equivalent of the term "feature" as "vzhled jevu" in the Czech translation of international standards of geographic information. ISSN 0016-7096.

1194
Pravda, Ján: Sémantika a spisovnosť' kartografických termínov. In: Geodetický a kartografický obzor. 50.2004,9, p.179-183, 2 ill. Semantics and standard level of language with cartographic terms. [Czech]. ISSN 0016-7096.

3. Theoretical Foundations of Cartography
Theoretische Grundlagen der Kartographie
Bases théoriques de la cartographie

1195
Beconytè, Giedre: Conceptual models for cartographic representation. In: Cartography and cartosemiotics : the selected problems of theoretical cartography 2003 : proceedings of a joint seminar of the ICA Commission on theoretical cartography and Centre for cartography, Vilnius University. Ed.: Wolodtschenko, Alexander; Česnulevičius, Algimantas; Beconytè, Giedre. – Vilnius: Vilnius University; Lithuanian Cartographic Society; International Cartographic Association 2004, p.12-24, 5 ill., 1 tab.

1196
Bláha, Jan D.: Hodnocení kartografických děl z hlediska estetiky a uživatelské vstřícnosti. In: Kartografické listy. 13.2005, p.14-24, 2 ill. Assessment of cartographic works from the point of view of their aesthetics and user-friendliness. [Slovak with Engl. rés.].

1197
Bretterbauer, Kurt: Zur Konstruktion von Verzerrungslinien mittels der multiquadratischen Methode von Hardy. In: Kartographische Nachrichten : KN ; Fachzeitschrift für Geoinformation und Visualisierung ; Organ der Deutschen Gesellschaft für Kartographie e.V., der Schweizerischen Gesellschaft für Kartographie und der Österreichischen Kartographischen Kommission in der Österreichischen Geographischen Gesellschaft. 55.2005,2, p.83-85, 1 ill., 1 tab. ISSN 0022-9164.

1198
Brun, Carmen: Die Qualität von Karten in geografischen Informationssystemen. – Zürich: Universität Zürich-Irchel, Geographisches Inst. 2000, V, 266 p., 96 ill., 5 tab. (Geoprocessing-Reihe ; 37). [Zugl.: Zürich, Univ., Diplomarbeit, 1998] ISBN 3-906254-37-2.

1199
Carmen Reyes, María del: Cybercartography from a modeling perspective. – 1. ed. In: Cybercartography : theory and practice. Ed.: Taylor, David Ruxton Fraser. – Amsterdam: Elsevier Science 2005, p.63-97, 11 ill. (Modern cartography ; 4).

1200
Cartography and cartosemiotics : the selected problems of theoretical cartography 2003 : proceedings of a joint seminar of the ICA Commission on theoretical cartography and Centre for cartography, Vilnius University. Ed.: Wolodtschenko, Alexander; Česnulevičius, Algimantas; Beconytè, Giedre. – Vilnius: Vilnius University; Lithuanian Cartographic Society; International Cartographic Association 2004. ISBN 9955-9673-0-7.

1201
Česnulevičius, Algimantas: Gnoseological aspects of geographical space perception by 17th and 18th century Lithuanian maps. In: Cartography and cartosemiotics : the selected problems of theoretical cartography 2003 : proceedings of a joint seminar of the ICA Commission on theoretical cartography and Centre for cartography, Vilnius University. Ed.: Wolodtschenko, Alexander; Česnulevičius, Algimantas; Beconytė, Giedre. – Vilnius: Vilnius University; Lithuanian Cartographic Society; International Cartographic Association 2004, p.25-30, 4 ill., 1 tab.

1202
Chalmers, Lex: Mapping and cartography futures. In: New Zealand Journal of Geography. 114.2002, p.30-31. ISSN 0028-8292.

1203
Danado, J.; Dias, E.; Romão, T.; Correia, N.; Trabuco, A.; Santos, C.; Serpa, J.; Costa, M.; Câmara, A.: Mobile environment visualization. In: The Cartographic Journal. 42.2005,1, p.61-68, 6 ill., 1 tab. ISSN 0008-7041.

1204
Domnick, Immelyn: Probleme sehen – Ansichtssache : Wahrnehmung von kartographischen Darstellungen als visuelle Kommunikationsmittel in der Entwicklungszusammenarbeit. Ed.: Institut für Geoforschung <Berlin>. – Berlin: Institut für Geoforschung <Berlin> 2005, VII, 215 p., ill., mp. – 1. Aufl. (Geo3-Forum ; 1). [Zugl.: Berlin, Freie Univ., Diss., 2005] ISBN 3-9809581-9-1.

1205
Dramstad, Wenche E.; Økland, R.H.; Pedersen, O.; Solstad, H.; Heergard, E.: Hva et kart kan fortelle. In: Kart og plan : vitenskapelig tidsskrift. 98.2005,2, p.117-123, 1 ill, 1 tab., What a map can reveal. [Norw. with Engl. rés.]. ISSN 0047-3278.

1206
Dumbliauskienė, Marytė: Methodology for evaluation of the communicative quality of the thematic maps (Lithuanian experience). In: Cartography and cartosemiotics : the selected problems of theoretical cartography 2003 : proceedings of a joint seminar of the ICA Commission on theoretical cartography and Centre for cartography, Vilnius University. Ed.: Wolodtschenko, Alexander; Česnulevičius, Algimantas; Beconytė, Giedre. – Vilnius: Vilnius University; Lithuanian Cartographic Society; International Cartographic Association 2004, p.31-40, 5 ill.

1207
Eddy, Brian G.; Taylor, David Ruxton Fraser: Exploring the concept of cybercartography using the holonic tenets of integral theory. – 1. ed. In: Cybercartography : theory and practice. Ed.: Taylor, David Ruxton Fraser. – Amsterdam: Elsevier Science 2005, p.35-61, 6 ill., 2 tab. (Modern cartography ; 4).

1208
Edney, Matthew H.: The origins and development of J.B. Harley's cartographic theories. Ed.: University of Toronto Press. – Toronto: University of Toronto Press 2005, XI, 153 p., ill., mp. (Cartographica : the international journal for geographic information and geovisualization ; 40,1/2 (Monograph ; 54)). [Doppelte Zählung: Monograph ; 54].

1209
Gartner, Georg: Individualisierung in der Kartographie am Beispiel der Siedlungsselektion. In: Kartographische Nachrichten : KN ; Fachzeitschrift für Geoinformation und Visualisierung ; Organ der Deutschen Gesellschaft für Kartographie e.V., der Schweizerischen Gesellschaft für Kartographie und der Österreichischen Kartographischen Kommission in der Österreichischen Geographischen Gesellschaft. 55.2005,4, p.181-187, 2 ill. ISSN 0022-9164.

1210
Gartner, Georg: TeleCartography : a new means of Geocommunication. – 1. ed. In: Cybercartography : theory and practice. Ed.: Taylor, David Ruxton Fraser. – Amsterdam: Elsevier Science 2005, p.373-387, 1 ill. (Modern cartography ; 4).

1211
Gaspar, Joaquim Alves: Cartas e projecçoes cartográficas. – Lisboa: Lidel 2005, 331 p., ill., mp. – 3. ed. actualizada e aumentada. Maps and cartographic projections. [Port.]. ISBN 972-757-371-1; 978-972-757-371-4.

1212
Gordyeyev, Anton: Concerning structure of navigation charts. In: Cartography and cartosemiotics : the selected problems of theoretical cartography 2003 : proceedings of a joint seminar of the ICA Commission on theoretical cartography and Centre for cartography, Vilnius University. Ed.: Wolodtschenko, Alexander; Česnulevičius, Algimantas; Beconytė, Giedre. – Vilnius: Vilnius University; Lithuanian Cartographic Society; International Cartographic Association 2004, p.41-48, 8 tab.

1213
Hawley, Kevin; Moellering, Harold: A comparative analysis of areal interpolation methods. In: Auto-Carto 2005 : research symposium proceedings. 2005, p.411-423,5 ill., 4 tab. (Cartography and geographic information science : an official journal of ACSM devoted to the advancement of cartography in all its aspects ; 32.2005,4).

1214
Ishikawa, Toru; Barnston, Anthony G. ; Kastens, Kim A.; Louchouarn, Patrick; Ropelewski, Chester F.: Climate forecast maps as a communication and decision-support tool : an empirical test with prospective policy makers. In: Cartography and geographic information science : an official journal of ACSM devoted to the advancement of cartography in all its aspects. 32.2005,1, p.3-16, 6 ill. ISSN 1523-0406.

1215
Kardos, Julian; Moore, Antoni; Benwell, George: Exploring the hidden potential of common spatial data models to visualize uncertainty. In: Auto-Carto 2005 : research symposium proceedings. 2005, p.359-367, 5 ill., 1 tab. (Cartography and geographic information science : an official journal of ACSM devoted to the advancement of cartography in all its aspects ; 32.2005,4).

1216
Korycka-Skorupa, Jolanta: Kartodiagram i kartogram a charakter danych - badania eksperymantalne. In: Polski przegląd kartograficzny. 36.2004,1, p.12-25 Diagram map and chloropleth map in relation to data type - experimental reasearch. [Pol. with Engl. and Russ. rés.]. ISSN 0324-8321.

1217
Kronenfeld, Barry: Gradation as a communication device in area-class maps. In: Auto-Carto 2005 : research symposium proceedings. 2005, p.231-241, 9 ill., 1 tab. (Cartography and geographic information science : an official journal of ACSM devoted to the advancement of cartography in all its aspects ; 32.2005,4).

1218
Le, Yanfen: A prototype temporal GIS for multiple spatio-temporal representations. In: Auto-Carto 2005 : research symposium proceedings. 2005, p.315-329, 16 ill. (Cartography and geographic information science : an official journal of ACSM devoted to the advancement of cartography in all its aspects ; 32.2005,4).

1219
Li, Chengming; Wang, Jizhou; Liu, Yong: Theory and application of moving GIS. In: Geomatics and information science of Wuhan University. 29.2004,11, p.990-993, 6 ill. [Chin. with Engl. rés.]. ISSN 1671-8860; 1000-050X.

1220
Li, Lin; Miao, Lei: Models of temporal dynamic map. In: Geomatics and information science of Wuhan University. 29.2004,6, p.484-487, 3 ill., 1 tab. [Chin. with Engl. rés.]. ISSN 1671-8860; 1000-050X.

1221
MacEachren, Alan M.; Robinson, Anthony; Hopper, Susan; Gardner, Steven; Murray, Robert; Gahegan, Mark; Hetzler, Elisabeth: Visualizing geospatial information uncertainty : what we know and what we need to know. In: Cartography and geographic information science : an official journal of ACSM devoted to the advancement of cartography in all its aspects. 32.2005,3, p.139-160, 9 ill., 2 tab. ISSN 1523-0406.

1222
Makowski, Andrzej: Spór o mapę : wprowadzenie do pojęcia mapy. In: Projektowanie i redakcja map = Map design and map compilation. Ed.: Uniwersytet Wrocławski. - Wrocław: Uniwersytet Wrocławski 2005, p.65-72, 1 ill. (Główne problemy współczesnej kartografii ; 2005) A dispute on the map : an approach to the map conception and definition. [Pol. with Engl. res.].

1223
Mennis, Jeremy; Viger, Roland; Tomlin, C. Dana: Cubic map algebra functions for spatio-temporal analysis. In: Cartography and geographic information science : an official journal of ACSM devoted to the advancement of cartography in all its aspects. 32.2005,1, p.17-32, 7 ill., 6 tab. ISSN 1523-0406.

1224
Miklošík, František: Aktuální otázky dalšího výzkumu v teoretické kartografii. In: Kartografické listy. 12.2004, p.58-65, 2 ill. Current questions of further research in the theoretical cartography. [Slovak with Engl. rés.].

1225
Nižnanský, Branislav: Grafická jednotka mapového znaku. In: Kartografické listy. 12.2004, p.80-91, 2 ill. Graphic unit of map sign. [Slovak with Engl.rés.].

1226
Ostrowski, Wiesław: Transformacja teorii w praktycznym redagowaniu mapy. In: Projektowanie i redakcja map = Map design and map compilation. Ed.: Uniwersytet Wrocławski. - Wrocław: Uniwersytet Wrocławski 2005, p.38-47, 5 ill. (Główne problemy współczesnej kartografii ; 2005) Transformation of theory in the practical map editing process.

1227
Pápay, Gyula: Die Beziehung von Kartographie, allgemeiner Bildwissenschaft und Semiotik. In: Bildwissenschaft zwischen Reflexion und Anwendung. Ed.: Sachs-Hombach, Klaus. - Köln: Halem Verlag 2005, p.86-100, 2 ill.

1228
Pasławski, Jacek: Uwagi o klasyfikacji ilościowych form prezentacji kartograficznej. In: Polski przegląd kartograficzny. 37.2005,2, p.95-100, 2 ill. Remarks on the classification of quantitative cartographic methods of presentation. [Pol. with Engl. and Russ. rés.]. ISSN 0324-8321.

1229
Pasławski, Jacek: Wybrane problemy opracowania legendy ilościowych form prezentacji. In: Projektowanie i redakcja map = Map design and map compilation. Ed.: Uniwersytet Wrocławski. - Wrocław: Uniwersytet Wrocławski 2005, p.140-146, 8 ill. (Główne problemy współczesnej kartografii ; 2005) Certain issues of the quantitative map legend preparation.

1230
Perkins, Chris: Cartography – cultures of mapping: power in practice. In: Progress in Human Geography : an international review of geographical work in the social sciences and humanities. 28.2004,3, p.381-391. ISSN 0309-1325.

1231
Picone, Marco: Tempo e spazio nelle cartografie non-europee. In: Bollettino della Associazione Italiana di Cartografia. 42.2005,123/125, p.459-468, 10 ill. Time and space in non-european cartographies. [Ital. with Engl. rés.]. ISSN 0044-9733.

1232
Pilipaitis, Albinas-Algirdas: Discoursive transformation of cartographic information of Lithuanian cultural heritage. In: Cartography and cartosemiotics : the selected problems of theoretical cartography 2003 : proceedings of a joint seminar of the ICA Commission on theoretical cartography and Centre for cartography, Vilnius University. Ed.: Wolodtschenko, Alexander; Česnulevičius, Algimantas; Beconytė, Giedre. – Vilnius: Vilnius University; Lithuanian Cartographic Society; International Cartographic Association 2004, p.65-67.

1233
Pravda, Ján: Niekol'ko poznámok o logike mapy. In: Geografický časopis : časopis geografického ústavu Slovenskej Akadémie Vied. 56.2004,3, p.249-262, 10 ill. Some comments on web logic. [Slov. with Engl. rés.]. ISSN 0016-7193.

1234
Roberts, Shelley; Parush, Avi; Lindgaard, Gitte: Cognitive theories and aids to support navigation of multimedia information space. – 1. ed. In: Cybercartography : theory and practice. Ed.: Taylor, David Ruxton Fraser. – Amsterdam: Elsevier Science 2005, p.231-256, 5 ill., 1 tab. (Modern cartography ; 4).

1235
Roy Barman, Nivedita: Topic: maximum linkage regions of agricultural development in Purba and Paschim Medinipur districts of West Bengal. In: Cartographic technologies for water, land and infrastructure development : XXIV INCA international congress, Kolkata, October 6 – 9, 2004 ; [... important contributions presented at the XXIV INCA International Congress on the Theme "Cartographic Technologies for Water, Land and Infrastructure Development"...]. Ed.: Dasgupta, Ajit Kumar. – Hyderabad: Indian National Cartographic Association 2005, p.290-295, 3 ill. (Indian cartographer ; 24.2004).

1236
Sandner, Peter: Landkartenabteilung der Zukunft : Archivierung digitaler georeferenzieller Topografiedaten des Hessischen Landesvermessungsamts. Ed.: Hessisches Hauptstaatsarchiv. Hessisches Hauptstaatsarchiv 2005, 75 p., ill. [Elektronische Ressource].

1237
Schulz, Michael: Anwenderwissen als Parameter kartographischer Präsentationen. In: Kartographische Nachrichten : KN ; Fachzeitschrift für Geoinformation und Visualisierung ; Organ der Deutschen Gesellschaft für Kartographie e.V., der Schweizerischen Gesellschaft für Kartographie und der Österreichischen Kartographischen Kommission in der Österreichischen Geographischen Gesellschaft. 55.2005,3, p.136-141, 2 ill., 2 tab. ISSN 0022-9164.

1238
Seong, Jeong Chang: Assessing resampling accuracy of categorical data using random points. In: Auto-Carto 2005 : research symposium proceedings. 2005, p.393-400, 8 ill., 1 tab. (Cartography and geographic information science : an official journal of ACSM devoted to the advancement of cartography in all its aspects ; 32.2005,4).

1239
Tinnachote, C.; Chen, Xiaoyong: An approach for object-based positional error model. In: Journal of spatial science. 1.2005, p.1-12, 11 ill., 1 tab.

1240
Votrubec, Jan: Voronoiovy diagramy. In: Geodetický a kartografický obzor. 50.2004,7, p.133-137, 11 ill. Voronoi's diagrams. [Czech with Engl. rés.]. ISSN 0016-7096.

1241
Wallace, Timothy; Heuvel, Charles van den: Truth and accountability in geographic and historical visualizations. In: The Cartographic Journal. 42.2005,2, p.173-181, 4 ill. ISSN 0008-7041.

1242
Wheeler, R.C.: What is a place?. In: Sheetlines / The Charles Close Society for the Study of Ordnance Survey Maps. 74.2005, p.28-32, 4 ill. ISSN 0962-8207.

1243
Wolodtschenko, Alexander: Cartography and cartosemiotics : conception vision. In: Map : journal of the Japan Cartographers Association. 43.2005,1, p.17-196 ill. ISSN 0009-4897.

1244
Yao, Xiaobai; Jiang, Bin: Visualization of qualitative locations in geographic information systems. In: Auto-Carto 2005 : research symposium proceedings. 2005, p.219-229, 5 ill. (Cartography and geographic information science : an official journal of ACSM devoted to the advancement of cartography in all its aspects ; 32.2005,4).

1245
Zarycki, Tomasz: Struktura mapy w ujęciu pragmatycznym. In: Polski przegląd kartograficzny. 36.2004,2, p.75-82, 1 ill. Map structure in pragmatic approach. [Pol. with Engl. and Russ. rés.]. ISSN 0324-8321.

4. Graphic Foundations of Cartography Graphische Grundlagen der Kartographie Bases graphiques de la cartographie

1246
Ai, Tinghua: Visualization of uncertainty geographic phenomena based on Monte Carlo method. In: Geomatics and information science of Wuhan University. 29.2004,3, p.239-243, 2 ill. [Chin. with Engl. rés.]. ISSN 1671-8860; 1000-050X.

1247
Angsüsser, Stephan: Zum Begriff "Icon" am der Benutzerschnittstelle zur Geoinformation. In: Kartographische Nachrichten : KN ; Fachzeitschrift für Geoinformation und Visualisierung ; Organ der Deutschen Gesellschaft für Kartographie e.V., der Schweizerischen Gesellschaft für Kartographie und der Österreichischen Kartographischen Kommission in der Österreichischen Geographischen Gesellschaft. 55.2005,2, p.63-70, 6 ill., 1 tab. ISSN 0022-9164.

1248
Bianchin, Alberta: Attualitá dell'approccio di Jacques Bertin nell'insegnamento della cartografia. In: Bollettino della Associazione Italiana di Cartografia. 42.2005,123/125, p.147-157, 3 ill. The actuality of Jacques Bertin's approach for contemporary cartography. ISSN 0044-9733.

1249
Brunet, Roger: D'une erreur commune à propos de cartes et de modèles : commentaire sur «Quel fond de carte pour l'Australie?» de Patrick Poncet. In: M@ppemonde : revue trimestrielle sur l'image géographique et les formes du territoire. 74.2004,2, 2 p. ISSN 0764-3470.

1250
Cai, Jinhua; Long, Yi; Wu, Hehai; Chen, Dan: Automatic determination of fractal non-scale interval of map objects on inverse 'S' mathematical model. In: Geomatics and information science of Wuhan University. 29.2004,3, p.249-253, 6 ill., 1 tab. [Chin. with Engl. rés.]. ISSN 1671-8860; 1000-050X.

1251
Cartography and cartosemiotics : the selected problems of theoretical cartography 2003 : proceedings of a joint seminar of the ICA Commission on theoretical cartography and Centre for cartography, Vilnius University. Ed.: Wolodtschenko, Alexander; Česnulevičius, Algimantas; Beconytė, Giedre. – Vilnius: Vilnius University; Lithuanian Cartographic Society; International Cartographic Association 2004. ISBN 9955-9673-0-7.

1252
Casti, Emanuela: Towards a theory of interpretation : cartographic semiosis. In: Cartographica : the international journal for geographic information and geovisualization. 40.2005,3. ISSN 0340-0654; 0317-7173.

1253
Cebecauer, Tomáš: Porovnanie vybraných metód tvorby tieňovaných vizualizácií areálových tematických dát. In: Geodetický a kartografický obzor. 51.2005,6-7, p.150-156, 10 ill. Comparison of selected methods of hill-shaded visualizations creation from areal thematic data. [Czech with Engl. rés.]. ISSN 0016-7096.

1254
Chen, Tao; Ai, Tinghua: Automatic extraction of skeleton and center of area feature. In: Geomatics and information science of Wuhan University. 29.2004,5, p.443-446 + p.455, 7 ill. [Chin. with Engl. rés.]. ISSN 1671-8860; 1000-050X.

1255
Cromley, Robert G.: An alternative to maximum contrast symbolization for classed choropleth mapping. In: The Cartographic Journal. 42.2005,2, p.137-144, 5 ill. ISSN 0008-7041.

1256
Fei, Lifan: Solving graphic conflicts between streets and buildings in map compilation by simualting human cartographers. In: Geomatics and information science of Wuhan University. 29.2004,5, p.426-432, 13 ill. [Chin. with Engl. rés.]. ISSN 1671-8860; 1000-050X.

1257
Fischer, Hanspeter: Die Rauch'sche Landtafel der Herrschaft Waldburg von 1626. In: Im Oberland : Kultur, Geschichte, Natur; Beiträge aus Oberschwaben und dem Allgäu. 16.2005,2, p.29-36, 8 ill. ISSN 0939-8864.

1258
Frangeš, Stanislav; Riba, Dolores; Slevka, Berto: Razlike u kartografici katastarskih planova. In: Geodetski list : glasilo Hrvatskoga Geodetskog Drustva. 58(81).2004,4, p.287-298, 9 ill. Differences in the map graphics of cadastral plans. [Croat. with Engl. rés.]. ISSN 0016-710x.

1259
Głażewski, Andrzej: Methodological aspects of designing topographic map symbols. In: Geodezja i kartografia : kwartalnik naukowy. 53.2004,1, p.49-64, 4 ill., 4 tab. [Engl. with Pol. and Russ. rés.]. ISSN 0016-7134.

1260
Głażewski, Andrzej: Podstawy metodyczne w projektowaniu znaków map topograficznych. In: Projektowanie i redakcja map = Map design and map compilation. Ed.: Uniwersytet Wrocławski. – Wrocław: Uniwersytet Wrocławski 2005, p.73-88, 5 ill., 2 tab. (Główne problemy współczesnej kartografii ; 2005) Methodological basis of designing topographic map symbols. [Pol. with Engl. res.].

1261
Gökgöz, Türkay: Generalization of contours using deviation angles and error bands. In: The Cartographic Journal. 42.2005,2, p.145-156, 25 ill. ISSN 0008-7041.

1262
Gulbinas, Zenonas; Kryžanauskas, Audrius; Pileckas, Marijus; Petravičiūtė, Roma: Cartographical visualisation of applied territorial exploration. In: Cartography and cartosemiotics : the selected problems of theoretical cartography 2003 : proceedings of a joint seminar of the ICA Commission on theoretical cartography and Centre for cartography, Vilnius University. Ed.: Wolodtschenko, Alexander; Česnulevičius, Algimantas; Beconytè, Giedre. – Vilnius: Vilnius University; Lithuanian Cartographic Society; International Cartographic Association 2004, p.49-56, 4 ill.

1263
Guo, Lizhen; Li, Lin: Automatic implementation of color design in administrative map. In: Geomatics and information science of Wuhan University. 29.2004,11, p.1025-1029, 9 ill., 2 tab. [Chin. with Engl. rés.]. ISSN 1671-8860; 1000-050X.

1264
Guo, Lizhen; Li, Lin; Zhang, Yuanyu: Color design of the hillshading map based on the visual image. In: Geomatics and information science of Wuhan University. 29.2004,6, p.492-495, 5 ill., 1 tab. [Chin. with Engl. rés.]. ISSN 1671-8860; 1000-050X.

1265
Guo, Qingsheng; Wang, Xiaoyan: Study on light direction and color in hill-shading. In: Geomatics and information science of Wuhan University. 29.2004,1, p.20-23, 2 ill. [Chin. with Engl. rés.]. ISSN 1671-8860; 1000-050X.

1266
He, Zhonghuan: Designing technique of complicated linear symbols in GIS symbol database. In: Geomatics and information science of Wuhan University. 29.2004,2, p.132-134, 10 ill. [Chin. with Engl. rés.]. ISSN 1671-8860; 1000-050X.

1267
Henebichler, Wolfgang: Digitale kartographische Ausdrucksformen im Schulunterricht : technische Umsetzung eines Hyperglobus mittels Shockwave 3D. – Wien: 2005, IX, 145 p., 46 ill. + 1 CD. [Dipl. Arb. Univ. Wien].

1268
Huang, Peizhi; Poh-Chin, Lai: Problems on visualization of spatio-temporal data. In: Geomatics and information science of Wuhan University. 29.2004,7, p.584-587, 6 ill. [Chin. with Engl. rés.]. ISSN 1671-8860; 1000-050X.

1269
Jiang, Wenping; Wu, Hehai; Du, Qingyun; Guo, Lizhen: Automatic generation technology of large-scale colored hill-shading. In: Geomatics and information science of Wuhan University. 29.2004,6, p.496-499, 5 ill. [Chin. with Engl. rés.]. ISSN 1671-8860; 1000-050X.

1270
Kałamucki, Krysztof: Legenda mapy -ogniwo scalające wizję kartografa, mapę i jej użytkownika. In: Projektowanie i redakcja map = Map design and map compilation. Ed.: Uniwersytet Wrocławski. – Wrocław: Uniwersytet Wrocławski 2005, p.147-156, 1 ill. (Główne problemy współczesnej kartografii ; 2005) Map legend : a link between the cartographer's vision, the map and its user. [Pol. with Engl. res.].

1271
Kent, Alexander J.: Aesthetics : a lost cause in cartographic theory?. In: The Cartographic Journal. 42.2005,2, p.182-188. ISSN 0008-7041.

1272
Kowalski, Paweł; Ostrowski, Wiesław: Napisy na mapach jako problem redacyjny. In: Projektowanie i redakcja map = Map design and map compilation. Ed.: Uniwersytet Wrocławski. – Wrocław: Uniwersytet Wrocławski 2005, p.205-218, 15 ill. (Główne problemy współczesnej kartografii ; 2005) Map lettering as the mapmaking problem. [Pol. with Engl. res.].

1273
Li, Lin; Miao, Lei: Models of temporal dynamic map. In: Geomatics and information science of Wuhan University. 29.2004,6, p.484-487, 3 ill., 1 tab. [Chin. with Engl. rés.]. ISSN 1671-8860; 1000-050X.

1274
Liu, Chun; Tong, Xiaohua: Relationship of uncertainty between polygon segment and line segment for spatial data in GIS. In: Geo-spatial information science : quarterly = Diqiu-kongjian-xinxi-kexue-xuebao. 8.2005,3, p.183-188, 6 ill., 1 tab. ISSN 1009-5020.

1275
Macias, Andrzej; Medyńska-Gulij, Beata: Koncepcja mapy tematycznej geografia a jej redakcyjne opracowanie przez kartografa. In: Polski przegląd kartograficzny. 37.2005,4, p.274-281, 3 ill. Geographer's concept of a map and ist editing by a cartographer. [Pol. with Engl. and Russ. rés.]. ISSN 0324-8321.

1276
Mishra, Kaustubh Narayan: Graphical representation of statistical data-causes and consequences. In: Bridging the digital divide and taking cartography at grassroots level : 25th INCA international congress, Sagar, Nov. 28 – Dec. 1, 2005. Ed.: Trivedi, R. K. – Ahmedabad: Indian National Cartographic Association 2005, p.126-129, 5 ill. (Indian cartographer ; 25.2005).

1277
Nakos, Byron P.; Mitropoulos, Vasilis Ch.: Critical point detection using the Length Ratio (LR) for line generalization. In: Cartographica : the international journal for geographic information and geovisualization. 40.2005,3, p.35-51, 10 ill., 4 tab. ISSN 0340-0654; 0317-7173.

1278
Neumann, Karl; Kupfer, Andreas; Mathiak, Brigitte: Umsetzung des Signaturenkataloges SK25 bei der XML-basierten Erzeugung kartenähnlicher Graphiken. In: Tagung 2004 / Arbeitsgruppe Automation in der Kartographie. Ed.: Bundesamt für Kartographie und Geodäsie <Deutschland>. – Frankfurt a.M.: Bundesamt für Kartographie und Geodäsie <Deutschland> 2005, p.107-118, 4 ill. (Mitteilungen des Bundesamtes für Kartographie und Geodäsie ; 34).

1279
Nižnanský, Branislav: Grafická jednotka mapového znaku. In: Kartografické listy. 12.2004, p.80-91, 2 ill. Graphic unit of map sign. [Slovak with Engl.rés.].

1280
Poncet, Patrick: Quel fond de carte pour l'Australie?. In: M@ppemonde : revue trimestrielle sur l'image géographique et les formes du territoire. 74.2004,2, 8 p., 4 ill. ISSN 0764-3470.

1281
Pravda, Ián: O chybách na mapách. In: Kartografické listy. 12.2004, p.92-103, 8 ill. About the errors in maps. [Slovak with Engl. rés.].

1282
Qiao, Chaofei; Zhao, Renliang; Chen, Jun; Chen, Yunhao: A method for generating contour tree based on Voronoi interior adjacency. In: Geo-spatial information science : quarterly = Diqiu-kongjian-xinxi-kexue-xuebao. 8.2005,4, p.287-290 + 310, 2 ill. ISSN 1009-5020.

1283
Rousseaux, Vanessa: Langage graphique et transmission du savoir : la C.A.O. In: Le Monde des Cartes : revue du Comité Français de Cartographie. 183.2005, p.36-44, 4 mp. ISSN 1634-3522.

1284
Russian military mapping : a guide to using the most comprehensive source of global geospatial intelligence = Spravočnik oficera po topografičeskim i special'nym kartam <engl.>. By: Smirnova, Yuliya. – Minneapolis: East View Cartographic 2005, 187 p., ill., mp. ISBN 0-9742973-1-3.

1285
Shevchenko, Victor: Cartosemiotic principles in creation of regional ecological-geographical maps. In: Cartography and cartosemiotics : the selected problems of theoretical cartography 2003 : proceedings of a joint seminar of the ICA Commission on theoretical cartography and Centre for cartography, Vilnius University. Ed.: Wolodtschenko, Alexander; Česnulevičius, Algimantas; Beconytė, Giedre. – Vilnius: Vilnius University; Lithuanian Cartographic Society; International Cartographic Association 2004, p.68-74, 2 ill.

1286
Slevka, Berto; Frangeš, Stanislav: Cestovna raskrižja u više razina na kartografskim prikazima različitih mjerila. In: Geodetski list : glasilo Hrvatskoga Geodetskog Drustva. 58(81).2004,3, p.235-249, 7 ill., 6 tab. Multilevel road crossings on cartographic presentations at various scales. [Croat. with Engl. rés.]. ISSN 0016-710x.

1287
Špūraitė, Jurga: Visual perception of signs in tourist maps. In: Cartography and cartosemiotics : the selected problems of theoretical cartography 2003 : proceedings of a joint seminar of the ICA Commission on theoretical cartography and Centre for cartography, Vilnius University. Ed.: Wolodtschenko, Alexander; Česnulevičius, Algimantas; Beconytė, Giedre. – Vilnius: Vilnius University; Lithuanian Cartographic Society; International Cartographic Association 2004, p.75-87, 9 ill.

1288
Topographic maps: map graphics and generalisation. Ed.: Schweizerische Gesellschaft für Kartographie. Team of authors: Ernst Spiess... – Zürich: Schweizerische Gesellschaft für Kartographie 2005, 1 CD-ROM, 1 suppl.(12 p.) + 1 suppl.([1 Bl.]). (Cartographic publication series). [Elektronische Ressource; ; Deutsche Ausgabe u.d.T.: Topographische Karten: Kartengrafik und Generalisierung].

1289
Wang, H.; Ai, Tinghua; Zhu, Guorui: Adaptive strategy on the visualization of electronic map. In: Geomatics and information science of Wuhan University. 29.2004,6, p.525-528, 8 ill. [Chin. with Engl. rés.]. ISSN 1671-8860; 1000-050X.

1290
Wang, Tao; Wu, Hehai: Construction and applications of topological relation among contour lines. In: Geomatics and information science of Wuhan University. 29.2004,5, p.438-442, 5 ill. [Chin. with Engl. rés.]. ISSN 1671-8860; 1000-050X.

1291
Wolodtschenko, Alexander: New cartosemiotics. In: Cartography and cartosemiotics : the selected problems of theoretical cartography 2003 : proceedings of a joint seminar of the ICA Commission on theoretical cartography and Centre for cartography, Vilnius University. Ed.: Wolodtschenko, Alexander; Česnulevičius, Algimantas; Beconytė, Giedre. – Vilnius: Vilnius University; Lithuanian Cartographic Society; International Cartographic Association 2004, p.89-93, 3 ill.

1292
Wu, Lichun; Hu, Peng: Establishment of vector symbol base based on information block and implementation of symbolization. In: Geomatics and information science of Wuhan University. 28.2003,5, p.600-603, 2 ill., 6 tab. [Chin. with Engl. rés.]. ISSN 1671-8860; 1000-050X.

1293
Wu, Lichun; Hu, Peng: Establishment of vector symbol base based on information block and implementation of symbolization. In: Geomatics and information science of Wuhan University. 28.2003,5, p.600-603, 2 ill., 6 tab. [Chin. with Engl. rés.]. ISSN 1671-8860; 1000-050X.

1294
Wu, Xiaofang; Xu, Zhiyong; Cai, Zhongliang; Du, Qingyun: Design and implementation of high precision map symbol library based on GDI. In: Geomatics and information science of Wuhan University. 29.2004,10, p.928-932, 7 ill. [Chin. with Engl. rés.]. ISSN 1671-8860; 1000-050X.

1295
Yin, Zhangcai; Li, Lin; Long, Yi; Zhang, Yuanyu: Design of area map symbols in layers. In: Geomatics and information science of Wuhan University. 29.2004,12, p.1111-1114, 5 ill., 1 tab. [Chin. with Engl. rés.]. ISSN 1671-8860; 1000-050X.

1296
Yin, Zhangcai; Li, Lin; Zhu, Haihong; Tong, Xuejuan: Description model of map symbols based on SVG. In: Geomatics and information science of Wuhan University. 29.2004,6, p.544-547, 8 ill. [Chin. with Engl. rés.]. ISSN 1671-8860; 1000-050X.

1297
Zhang, Yuanyu; Li, Lin; Jin, Yuping; Zhu, Haihong: Structured design of dendritic river networks based on graph. In: Geomatics and information science of Wuhan University. 29.2004,6, p.537-539 + p.543, 5 ill. [Chin. with Engl. rés.]. ISSN 1671-8860; 1000-050X.

1298
Zhong, Yexun: Mathematical definition of geographical space and analysis of limit factors for cartographic symbols. In: Geomatics and information science of Wuhan University. 29.2004,1, p.29-33. [Chin. with Engl. rés.]. ISSN 1671-8860; 1000-050X.

1299
Zhu, Qing; Gao, Yurong; Wei, Yongjun; Huang, Duo: Design of 3D models for 3D GIS. In: Geomatics and information science of Wuhan University. 28.2003,3, p.283-287, 6 ill. [Chin. with Engl. rés.]. ISSN 1671-8860; 1000-050X.

5. Surveying for Mapping Kartendaten-Aufnahme Lever cartographique

1300
Abd-el-Kader, Yann: Catalogage de traitements informatiques du domaine géographique, conception et expolitation d'un modèle de métadonnées. In: 22e Conférence cartographique internationale, La Corogne 9-16 Juillet 2005. 2005, p.22-29, 4 ill. (Le Monde des Cartes : revue du Comité Français de Cartographie ; 186.2005).

1301
Bernard, Lars: INSPIRE : der Weg zu einer Europäischen Geodateninfrastruktur. In: Kartographische Nachrichten : KN ; Fachzeitschrift für Geoinformation und Visualisierung ; Organ der Deutschen Gesellschaft für Kartographie e.V., der Schweizerischen Gesellschaft für Kartographie und der Österreichischen Kartographischen Kommission in der Österreichischen Geographischen Gesellschaft. 55.2005,5, p.232-236, 2 ill. ISSN 0022-9164.

1302
Bischoff, Hubert: Geodaten – quo vadis?. In: Kartographie – Ihnen werden wir's zeigen : Symposium 2007, 14-16. Mai 2007 Königslutter am Elm. – Bonn: Kirschbaum 2007, p.19-21 (Kartographische Schriften ; 14).

1303
Brown, David: Preservation and management of geospatial data. In: Bulletin / Association of Canadian Map Libraries and Archives. 123.2005, p.17-24, 2 ill. ISSN 0840-9331.

1304
Brun, Carmen: Die Qualität von Karten in geografischen Informationssystemen. – Zürich: Universität Zürich-Irchel, Geographisches Inst. 2000, V, 266 p., 96 ill., 5 tab. (Geoprocessing-Reihe ; 37). [Zugl.: Zürich, Univ., Diplomarbeit, 1998] ISBN 3-906254-37-2.

1305
Casaca, João Martins; Matos, João Luís de; Dias, José Miguel Baio: Topografia geral : [GPS, fotogrametria, detecção remota, modelação numérica do relevo]. – Lisboa: Lidel 2000, 306 p., ill., mp. General Topography : [GPS, photogrammetry, remote sensing, digital terrain modeling]. [Port.]. [Includes bibliographical references and index] ISBN 972-757-135-2; 978-972-757-135-2.

1306
Cetl, Vlado; Roić, Miodrag; Šiško, Darko: Prema infrastrukturi prostornih podataka u Hrvastkoj = Towards a spatial data infrastructure in Croatia. In: Kartografija i geoinformacije : KiG ; znanstveno-stručno-informativni časopis Hrvatskoga kartografskog društva. 3.2004, p.36-50, 6 ill. [Croat. and Engl.]. ISSN 1333-896X.

1307
Chen, Jing; Gong, Jianya; Zhu, Xinyan; Li, Qingquan: Web-based publication and interactive browsing for massive terrain data. In: Geomatics and information science of Wuhan University. 29.2004,3, p.264-268, 5 ill. [Chin. with Engl. rés.]. ISSN 1671-8860; 1000-050X.

1308
Cheng, Penggen; Shi, Wenzhong; Gong, Jianya; Zhou, Guoqing: QTPV data model and algorithm and its application to geological exploration engineering. In: Geo-spatial information science : quarterly = Diqiu-kongjian-xinxi-kexue-xuebao. 8.2005,1, p.64-71, 11 ill. ISSN 1009-5020.

1309
Christl, Arnulf B.; Trakas, Athina: Geodateninfrastrukturen nutzbar machen – technische, organisatorische und rechtliche Aspekte. In: Angewandte Geoinformatik 2005 : Beiträge zum 17. AGIT-Symposium Salzburg. Ed.: Strobl, Josef; Blaschke, Thomas; Griesebner, Gerald. – Heidelberg: Herbert-Wichmann-Verlag 2005, p.88-93.

1310
Cullingworth, Christine: Issues surrounding the archiving of geospatial data. In: Bulletin / Association of Canadian Map Libraries and Archives. 124.2005, p.14-18. ISSN 0840-9331.

1311
Di Martino, Ferdinando; Giordano, Michele: I sistemi informativi territoriali : teoria i metodi. – Roma: Aracne 2005, X, 425 p., ill., mp. The territorial information systems : theory and methods. [Ital.]. [Contains bibl. and notes] ISBN 88-548-0172-0; 978-88-548-0172-1.

1312
Dunkars, Mats: Multiple representation databases for topographic information. Ed.: Royal Inst. of Technology, department of infrastructure. – Stockholm: Kungliga Tekniska Högskolan : KTH 2004, XVI, 164 p., ill., mp. (TRITA-INFRA ; 2004,36). [Zugl.: Stockholm, KTH, Diss., 2004] ISBN 91-7323-100-2.

1313
Dvořaček, Petr: Geoportál Zeměměřického úřadu. In: Geodetický a kartografický obzor. 51.2005,9, p.205-209, 4 ill. Geoportal of land survey office. [Czech with Engl. rés.]. ISSN 0016-7096.

1314
Ehrmanntraut, Ewald: Strategie zum Aufbau der Geodateninfrastruktur Hessen (GDI-HE). In: Mitteilungen / Deutscher Verein für Vermessungswesen, Landesverein Hessen e.V. ; Landesverein Thüringen. 2005,2, p.2-5, 2 ill. ISSN 0949-7900; 0173-6280.

1315
Gleixner, Heinrich; Glock, Clemens; Maier, Andreas; Bangerdt, Waldemar: DeutschlandViewer : Integrierte Präsentation von verteilt vorliegenden Geobasis- und Geofachdaten über Internet. In: Mitteilungen des DVW-Bayern e.V. 57.2005,2, p.241-255, 8 ill. ISSN 0723-6336.

1316
Grünreich, Dietmar: Die Rolle der Kartographie bei Aufbau und Nutzung von Geodaten-infrastrukturen. In: Kartographische Nachrichten : KN ; Fachzeitschrift für Geoinformation und Visualisierung ; Organ der Deutschen Gesellschaft für Kartographie e.V., der Schweizerischen Gesellschaft für Kartographie und der Österreichischen Kartographischen Kommission in der Österreichischen Geographischen Gesellschaft. 55.2005,6, p.291-296, 3 ill. ISSN 0022-9164.

1317
Huang, Peizhi; Poh-Chin, Lai: Problems on visualization of spatio-temporal data. In: Geomatics and information science of Wuhan University. 29.2004,7, p.584-587, 6 ill. [Chin. with Engl. rés.]. ISSN 1671-8860; 1000-050X.

1318
Ivánová, Ivana: Standardization of geographic information. In: Kartografické listy. 13.2005, p.61-69, 2 ill., 1 tab. [Engl. with Slovak rés.].

1319
Labicki, Peter; Resnik, Boris: Bibliographie zur Geschichte des Vermessungswesens = Bibliography of the history of surveying ; Erg.-Lfg. 2. – Wiesbaden: Chmielorz 2005, IX, 131 p. (Schriftenreihe des Förderkreises Vermessungstechnisches Museum e.V. ; 34). ISBN 3-87124-315-9.

1320
Lan, Yueming; Tao, Benzao: Covariance function of place error for map digitizing data. In: Geomatics and information science of Wuhan University. 29.2004,1, p.63-66, 1 ill., 3 tab. [Chin. with Engl. rés.]. ISSN 1671-8860; 1000-050X.

1321
Liu, Chun; Shi, Wenzhong; Liu, Dajie: Quality assessment of attribute data in GIS based on simple random sampling. In: Geo-spatial information science : quarterly = Diqiu-kongjian-xinxi-kexue-xuebao. 6.2003,2, p.13-19, 1 ill., 2 tab. ISSN 1009-5020.

1322
Liu, Chun; Tong, Xiaohua: Relationship of uncertainty between polygon segment and line segment for spatial data in GIS. In: Geo-spatial information science : quarterly = Diqiu-kongjian-xinxi-kexue-xuebao. 8.2005,3, p.183-188, 6 ill., 1 tab. ISSN 1009-5020.

1323
Löffelholz, Christian: INSPIRE – Aufbau einer Europäischen Geodateninfrastruktur : Ziel, Stand und Auswirkungen der Initiative. In: Nachrichtenblatt der Vermessungs- und Katasterverwaltung Rheinland-Pfalz. 48.2005,3, p.136-148, 7 ill, 1 tab. ISSN 0939-2378.

1324
Longhorn, Roger: Open geodata policy issues. In: The Bulletin of the Society of Cartographers. 39.2005,1-2, p.13-19. ISSN 0036-1984.

1325
Ludwig, Robert: Geodateninfrastruktur in Bayern. In: Mitteilungen des DVW-Bayern e.V. 57.2005,2, p.203-223, 9 ill. ISSN 0723-6336.

1326
Luo, Fang; Ai, Tinghua; Wang, Hong: An algorithm to create topological relationship based on closed coordinate chain data. In: Geomatics and information science of Wuhan University. 29.2004,6, p.558-561, 5 ill. [Chin. with Engl. rés.]. ISSN 1671-8860; 1000-050X.

1327
MacLaren, I. S.: Mapper of mountains : M.P. Bridgland in the Canadian Rockies, 1902 – 1930. Ed.: University <Calgary, Alberta>. – Edmonton, Alta.: University <Calgary, Alberta> 2005, XVII, 240 p., ill., mp. ISBN 0-88864-456-6.

1328
Mäs, Stephan ; Reinhardt, Wolfgang: Standardisierte Internetdienste bei der mobilen GIS-Datenerfassung. In: Geomatik Schweiz : Geoinformation und Landmanagement. 103.2005,12, p.656-660, 3 ill. ISSN 0252-9424; 1660-4458.

1329
Masser, Ian: GIS worlds : creating spatial data infrastructures. – Redlands, Calif.: ESRI Press 2005, XXI, 312 p. – 1st ed. [Includes bibliographical references (p. 276-284) and index] ISBN 1-589-48122-4.

1330
Müller, Andreas: Datenexploration und Wissenskommunikation in der Geovisualisierung. In: Kartographische Nachrichten : KN ; Fachzeitschrift für Geoinformation und Visualisierung ; Organ der Deutschen Gesellschaft für Kartographie e.V., der Schweizerischen Gesellschaft für Kartographie und der Österreichischen Kartographischen Kommission in der Österreichischen Geographischen Gesellschaft. 55.2005,5, p.236-243, 8 ill., 1 tab. ISSN 0022-9164.

1331
Pierkot, Christelle: Un modèle de métadonnées pour gérer les évolutions de données géographiques héterogènes et distribuées. In: 22e Conférence cartographique internationale, La Corogne 9-16 Juillet 2005. 2005, p.6-14, 5 ill. (Le Monde des Cartes : revue du Comité Français de Cartographie ; 186.2005).

1332
Pulsifer, Peter L.; Taylor, David Ruxton Fraser: The cartographer as mediator : cartographic representation from shared geographic information. – 1. ed. In: Cybercartography : theory and practice. Ed.: Taylor, David Ruxton Fraser. – Amsterdam: Elsevier Science 2005, p.149-179, 3 ill. (Modern cartography ; 4).

1333
Rožić, Nevio: Strategy and system of quality control of the official geographic data produced by private companies in Croatia. In: Geodetski list : glasilo Hrvatskoga Geodetskog Drustva. 58(81).2004,2, p.133-142. ISSN 0016-710x.

1334
Šíma, Jiří; Egrmajerová, Lenka: Ověření přesnosti digitálního modelu reliéfu Základní báze geografických dat. In: Geodetický a kartografický obzor. 50.2004,11, p.213-231, 4 ill., 15 tab. Accuracy testing of digital terrain model of the fundamental base of geographic data. [Czech]. ISSN 0016-7096.

1335
VIII Congreso Nacional de Topografía y Cartografía TOP-CART 2004. In: Topografía y cartografía : TOPCART ; revista del Colegio Oficial de Ingenieros Técnicos en Topografía. 22.2005,126, p.32-33 VIII National Congress of Topography and Cartography TOP-CART. [Span.]. ISSN 0212-9280.

1336
Volman, Rainer: Einsatz digitaler 3D-Daten inder Basler Nutzungsplanung. In: Geomatik Schweiz : Geoinformation und Landmanagement. 103.2005,6, p.354-355, 3 ill. ISSN 0252-9424; 1660-4458.

1337
Volz, Steffen: Modellierung und Nutzung von Relationen zwischen Mehrfachrepräsentätionen. In: Tagung 2004 / Arbeitsgruppe Automation in der Kartographie. Ed.: Bundesamt für Kartographie und Geodäsie <Deutschland>. – Frankfurt a.M.: Bundesamt für Kartographie und Geodäsie <Deutschland> 2005, p.119-129, 7 ill., 3 tab. (Mitteilungen des Bundesamtes für Kartographie und Geodäsie ; 34).

1338
Walsh, Jo: Open geodata, free software and civic information. In: The Bulletin of the Society of Cartographers. 39.2005,1-2, p.25-27. ISSN 0036-1984.

1339
Wang, Yanmin; Li, Deren; Gong, Jianya: A multi-scale GIS scheme and its data model. In: Geomatics and information science of Wuhan University. 28.2003,4, p.458-462, 3 ill. [Chin. with Engl. rés.]. ISSN 1671-8860; 1000-050X.

1340
Warriner, Tim; Mandlburger, Gottfried: Generating a new high resolution DTM product from various data sources. In: Photogrammetric Week '05 : [papers of the 50th Photogrammetric Week, Stuttgart (September 5 to 9, 2005)]. Ed.: Fritsch, Dieter. – Heidelberg: Herbert-Wichmann-Verlag 2005, p.197-206, 4 ill., 4 tab.

1341
Weigel, Ingrid: Der Aufbau von Geodateninfrastrukturen in der Europäischen Gemeinschaft. In: Vermessung Brandenburg. 2005,1, p.63-74. ISSN 1430-7650.

1342
Wilmersdorf, Erich: Bereitstellung kartographischer Produkte aus dem kommunalen Geodatenhaushalt mittels Webservices. In: Tagung 2004 / Arbeitsgruppe Automation in der Kartographie. Ed.: Bundesamt für Kartographie und Geodäsie <Deutschland>. – Frankfurt a.M.: Bundesamt für Kartographie und Geodäsie <Deutschland> 2005, p.141-150, 7 ill. (Mitteilungen des Bundesamtes für Kartographie und Geodäsie ; 34).

1343
Witschas, Sabine: Cross-border mapping : Grenzerfahrungen kartographischer ARt. In: Kartographische Nachrichten : KN ; Fachzeitschrift für Geoinformation und Visualisierung ; Organ der Deutschen Gesellschaft für Kartographie e.V., der Schweizerischen Gesellschaft für Kartographie und der Österreichischen Kartographischen Kommission in der Österreichischen Geographischen Gesellschaft. 55.2005,4, p.201-207, 10 ill. ISSN 0022-9164.

1344
World spatial metadata standards : scientific and technical descriptions, and full descriptions with crosstable. Ed.: Moellering, Harold. Ed. Harold Moellering. – Amsterdam [u.a.]: Elsevier Science 2005, XIX, 689 p., ill. + 1 suppl. ISBN 0-08-0439-49-7.

1345
Zhao, Lihua; Yang, Yuanxi; Zhang, Qin: Quality analysis of digitalized map by using strain tensor. In: Geomatics and information science of Wuhan University. 29.2004,8, p.725-727, 3 ill. [Chin. with Engl. rés.]. ISSN 1671-8860; 1000-050X.

a. Geodesy, Topography
Geodäsie, Vermessung, Topographie
Géodésie, topographie

1346
100 Jahre Amtsgebäude Krotenthallergasse : see you: www.bev.gv.at ; [1905 – 2005]. [inhaltl. Gestaltung: BEV – Bundesamt für Eich- und Vermessungswesen, Gruppe Vermessung]. ; Österreich / Bundesamt für Eich- und Vermessungswesen. – Wien: 2005, 88 p., ill., mp.

1347
Almanaque perpetuo de Abraham Zacuto : (Venecia 1502). By: Carrera de la Red, Avelina. – Valladolid: Seminario Iberoamericano de Descubrimientos y Cartografía, Instituto Interuniversitario de Estudios de Iberoamérica y Portugal 2004, 182 p., ill. (Descubrimientos y cartografía ; 10) Perpetual almanac of Abraham Zacuto : (Venice 1502). [Span.]. ISBN 84-933003-8-1.

1348
Almqvist, Allan: Övergång till nationellt referenssystem för Malmö. In: Kart & bildteknik : mapping and image science. 20.2005,1, p.22-24, 2 ill. Transition to a national reference system for Malmö. [Swed.]. ISSN 1651-792X.

1349
Altiner, Yüksel: Diagnoseausgleichung SAPOS : Integration von SAPOS-Stationen in Internationale Netze. In: ZfV : Zeitschrift für Geodäsie, Geoinformation und Landmanagement. 130.2005,4, p.209-217, 10 ill. ISSN 1618-8950.

1350
Bajracharya, Sujan; Sideris, Michael G.: Density and gravity interpolation effects on Helmert geoid determination. In: Geodezja i kartografia : kwartalnik naukowy. 54.2005,2, p.51-68, 11 ill., 8 tab. [Engl. with Pol. rés.]. ISSN 0016-7134.

1351
Bauer, Kurt W.: A control survey and mapping project for an urbanizing region (a study in persistence). In: Surveying and land information science : an official journal of ACSM devoted to the sciences of surveying and mapping, land information and related fields. 65.2005,2, p.75-83, 5 ill. ISSN 1538-1242; 1052-2905.

1352
Benker, Uli: GPS : Praxisbuch und Ratgeber für die GPS-Navigation auf Outdoor-Touren. – München: Bruckmann 2005, 192 p., ill., mp. – 1. Aufl. ISBN 3-7654-4252-6.

1353
Blumer, R.; Butenuth, J.; Münzenmayer, H.: Johann Gottlieb Friedrich Bohnenberger und der große astronomische Kreis der Fa. Reichenbach-Utzschneider im Tübinger Observatorium. In: Mitteilungen und Veröffentlichungen zum Vermessungswesen aus den Themenbereichen Geodäsie, Geoinformation und Landmanagement / Deutscher Verein für Vermessungswesen, Landesverein Baden-Württemberg e.V. 52.2005,2, p.96-104, 7 ill. ISSN 0940-2942.

1354
Boer, Adri den: Bronzen landmeter bijna 35 jaar. In: Geo-Info : tijdschrift voor Geo-Informatie Nederland, GIN. 2.2005,12, p.582-583, 3 ill. Bronze surveyor nearly 35 years old. [Dutch]. ISSN 1572-5464.

1355
Bond, J.; Chrzanowski, A.; Wilkins, R.: Using GPS for augmenting deformation monitoring systems in open pit mines : problems and solutions. In: Geomatica. 59.2005,1, p.73-82, 12 ill., 3 tab. ISSN 1195-1036.

1356
Borza, Tibor; Busics, György: A GPS technológián alapuló geodéziai pontmeghatározások végrehajtásának és dokumentálásának szabályozásáról. In: Geodézia és kartográfia. 57.2005,6, p.3-10 On the regulation of GPS-based geodetic point determination and its documentation. [Hung. with Engl. rés.]. ISSN 0016-7118.

1357
Broida, Rick: How to do everything with your GPS. – New York [u.a.]: McGraw Hill/Osborne 2004, XIV, 294 p., ill. mp. ISBN 0-07-223171-8.

1358
Bučo, Igor; Cigrovski-Detelić, Brankica: Geodätische Arbeiten bei der Urbanisierung von Buchten. In: Allgemeine Vermessungs-Nachrichten : AVN ; Zeitschrift für alle Bereiche des Vermessungswesens. 112.2005,11-12, p.3-62-372, 2 ill., 8 tab. ISSN 0002-5968.

1359
Busics, György: Az ETRS89 és a HD72 rendszerek közötti térbeli hasonlósági transzformáció néhány gyakorlati kérdése. In: Geodézia és kartográfia. 57.2005,1, p.14-19, 5 ill. Some practical questions of the ETRS89-HD72 local 3D transformations. [Hung. with Engl. rés.]. ISSN 0016-7118.

1360
Carrera de la Red, Avelina: Almanaque perpetuo. In: Almanaque perpetuo de Abraham Zacuto : (Venecia 1502). – Valladolid: Seminario Iberoamericano de Descubrimientos y Cartografía, Instituto Interuniversitario de Estudios de Iberoamérica y Portugal 2004, p.33-52 (Descubrimientos y cartografía ; 10) Perpetual almanach. [Span.].

1361
Carrère, Jean: L'IGN à Djibouti. In: Du tropique au cercle polaire. Ed.: Institut Géographique National. – Paris: Institut Géographique National 2001, p.1-99, ill., mp. (Les cahiers historiques de l'IGN ; 2.2001).

1362
Černohorský, Jiří; Kolář, Rudolf; Kostelecký, Jan; Šimek, Jaroslav: Rozvoj geodetických základů České republiky v kontextu EUREF. In: Geodetický a kartografický obzor. 50.2004,4-5, p.63-79, 16 ill., 1 tab. Development of geodetic control in the Czech republic in context of EUREF. [Czech with Engl. rés.]. ISSN 0016-7096.

1363
Cheng, Qimin; Yang, Chongjun; Shao, Zhenfeng; Liu, Donglin; Gao, Liang: Design and implementation of WebGIS-based GPS vehicle monitoring system. In: Geo-spatial information science : quarterly = Diqiu-kongjian-xinxi-kexue-xuebao. 7.2004,2, p.96-100, 5 ill. ISSN 1009-5020.

1364
Cosquer, Gérard; Hangouët, Jean-François: Delimitación de límites fronterizos marítimos y terrestres : bases geodésicas y geométricas. In: Topografía y cartografía : TOPCART ; revista del Colegio Oficial de Ingenieros Técnicos en Topografía. 22.2005,127, p.3-15, 3 ill. Fixing of terrestrial and maritime boundaries : geodetic and geometrical bases. [Span.]. ISSN 0212-9280.

1365
Cuadrado, Óscar; Asenjo, Luis García; Hernández, David; Nuñez, Alfonso: Planificación y ejecución de redes de control de calidad en procesos cartográficos : el proyecto RGPA en el Principado de Asturias. In: Topografía y cartografía : TOPCART ; revista del Colegio Oficial de Ingenieros Técnicos en Topografía. 21.2004,125, p.42-52, 4 ill., 4 tab. Planning and realization of quality control in cartographic procedures : the project RGPA in the Principality of Asturias. [Span.]. ISSN 0212-9280.

1366
Das Reisetagebuch des Hauptmanns Bendemann : aus der preußischen Landesvermessung des Sauerlandes im 19. Jahrhundert. Ed.: Fröhlich, Hans; Spata, Manfred. – Sankt Augustin: Selbstverlag Fröhlich 2004, 84 p., ill. + 2 mps. + 1 DVD-R – 2., erw. Aufl.

1367
Die Erde als Kartoffel : Das Potsdamer Geoid. Ed.: GeoForschungsZentrum Potsdam (GFZ). – Potsdam: GeoForschungsZentrum Potsdam (GFZ) 2005, [4] p., 6 ill.

1368
Doherty, Gillian: The Irish ordnance survey : history, culture and memory. – Dublin: Four Courts Press 2004, 237 p., ill. [Includes bibliographical references (p. 213-228) and index] ISBN 1-85182-861-3.

1369
Doskocz, Adam: The use of statistical analysis for estimation of positional accuracy of large-scale digital maps. In: Geodezja i kartografia : kwartalnik naukowy. 54.2005,3, p.131-150. ISSN 0016-7134.

1370
Dušátko, Drahomír: Dvě osobnosti evropské geodézie s podobnými osudy – španělský generál Carlos Ibáñez a náš plukovník Dr. Ladislav Beneš. In: Geodetický a kartografický obzor. 50.2004,10, p.203-208, 6 ill. Two European personalities in the field of geodesy sharing a similar fate – the Spanish general Carlos Ibáñez and our colonel Dr. Ladislav Beneš. [Slov.]. ISSN 0016-7096.

1371
Engberg, Lars E.; Persson, Inger: Nytt indexsystem och ny bladindelning. In: Kart & bildteknik : mapping and image science. 20.2005,1, p.7-9, 7 ill. Useful index system and new sheet division. [Swed.]. ISSN 1651-792X.

1372
Erb, Siegfried: Tobias Mayer – ein beinahe vergessenes Genie : Vermessungsgeschichte ganz in unserer Nähe. In: Ingenieurblatt für Baden-Württemberg : Mitteilungsblatt des Baden-Württembergischen Baumeister- und Ingenieurbundes ; Bund Deutscher Baumeister, Architekten und Ingenieure, BDB. 51.2005,2, p.128-133, 7 ill. ISSN 0020-1189.

1373
Field, Harry L.: Landscape surveying. – Clifton Park, NY: Thomson Delmar Learning 2004, XIII, 178 p., ill. [Includes index] ISBN 1-4018-0961-8; 978-1-4018-0961-4.

1374
Fischer, H.: Ignaz Ambros von Amman – sein Leben, seine Werke. In: Mitteilungen und Veröffentlichungen zum Vermessungswesen aus den Themenbereichen Geodäsie, Geoinformation und Landmanagement / Deutscher Verein für Vermessungswesen, Landesverein Baden-Württemberg e.V. 52.2005,2, p.105-115, 2 ill. ISSN 0940-2942.

1375
Fotopoulos, G.; Sideris, M.G.: Spatial modeling and analysis of adjusted residuals over a network of GPS-levelling benchmarks. In: Geomatica. 59.2005,3, p.251-262, 10 ill., 3 tab. ISSN 1195-1036.

1376
Frančula, Nedjeljko; Frangeš, Stanislav: Bolonjska deklaracija i reforma studija na Geodetskom fakultetu Sveučilišta u Zagrebu. In: Geodetski list : glasilo Hrvatskoga Geodetskog Drustva. 58(81).2004,3, p.211-217, 3 tab. The Bologna declaration and the reform of study at the faculty of geodesy of the university of Zagreb. [Croat.]. ISSN 0016-710x.

1377
Frančula, Nedjeljko; Lapaine, Miljenko: Geodesy in Croatia from 1878 to 2003. In: Annual of the Croatian academy of engineering. 2003, p.13-28, 3 ill. ISSN 1332-3482.

1378
Frenay, Pierre: L'IGN au Groenland : 1959 – 1968. In: Du tropique au cercle polaire. Ed.: Institut Géographique National. – Paris: Institut Géographique National 2001, p.1-43, ill., mp. (Les cahiers historiques de l'IGN ; 2.2001).

1379
García-Asenjo, Luis; Hernández, David; Llácer, César: Estudio de la influencia de las correcciones geodésicas sobre trabajos topográficos realizados a partir de mediciones clásicas y de GPS. In: Topografía y cartografía : TOPCART ; revista del Colegio Oficial de Ingenieros Técnicos en Topografía. 22.2005,127, p.42-59, 1 ill. Studies on the influence of geodetic corrections on topographic works based on traditional measurement and GPS. [Span.]. ISSN 0212-9280.

1380
Gomarasca, Mario A.: Elementi di geomatica : con elementi di: geodesia e cartografia, fotogrammetria, telerilevamento, informatica, sistemi di ripresa, sistemi di posizionamento satellitare, elaborazione digitale. Ed.: Associazione italiana di rilevamento. Associazione italiana di rilevamento 2004, XLVI, 618 p., ill. Elements of geomatics : with elements of: geodetics and cartography, photogrammetry, remote sensing, informatics, recording systems, satellite navigation systems, digital elaboration. [Ital.]. [Contains bibliographies and dictionary (p.545-570)] ISBN 88-900943-7-0.

1381
Goodman, Jordan: The Rattlesnake : a voyage of discovery to the Coral Sea. – London: Faber and Faber 2005, X, 357 p., ill. mp. [Includes bibliographical references (S. 303 – 314) and index] ISBN 0-571-21073-2.

1382
Granath, Lars: Kartans vita fläckar är blå. In: Kart & bildteknik : mapping and image science. 19.2004,1, p.14-17, 1 ill., 2 mp. The map's white spots are blue. [Swed.]. ISSN 1651-792X.

1383
Gregor, Viktor: Morfologické zmeny tatranských plies zanášaním. In: Geodetický a kartografický obzor. 51.2005,1, p.9-14, 9 ill. Morphological changes of the Tatras mountains lakes due to silting. [Czech with Engl. rés.]. ISSN 0016-7096.

1384
Guo, Jiming; Lin, Hui: Investigation of ionosphere TEC distribution in China region by GIM model. In: Geo-spatial information science : quarterly = Diqiu-kongjian-xinxi-kexue-xuebao. 8.2005,3, p.197-200, 3 ill., 1 tab. ISSN 1009-5020.

1385
Gyula, Deme: Gondolatok múltról és jelenről – ahogyan egy földmérő látja. In: Geodézia és kartográfia. 57.2005,5, p.26-34, 1 ill., 1 tab. [Hung. with Engl. rés.]. ISSN 0016-7118.

1386
Hagemans, Eric; Velsink, Hiddo: HBO Geodesie/Geo-informatica. In: Geo-Info : tijdschrift voor Geo-Informatie Nederland, GIN. 2.2005,1, p.8-12, 6 ill., 1 tab. HBO Geodesy/Geo-information technology. [Dutch]. ISSN 1572-5464.

1387
Hales, John: Shooting polaris : a personal survey in the American West. – Columbia, MO: Univ. of Missouri Press 2005, VIII, 275 p., ill. ISBN 0-8262-1616-1; 978-0-8262-1616-8.

1388
Hanauer, R.: Vermessung von archäologischen Geländedenkmälern in Baden-Württemberg. In: Mitteilungen und Veröffentlichungen zum Vermessungswesen aus den Themenbereichen Geodäsie, Geoinformation und Landmanagement / Deutscher Verein für Vermessungswesen, Landesverein Baden-Württemberg e.V. 51.2004.2, p.84-97, 14 ill. ISSN 0940-2942.

1389
Heckmann, Bernhard: Einführung des Lagebezugssystems ETRS 89/UTM beim Umstieg auf ALKIS. In: Mitteilungen / Deutscher Verein für Vermessungswesen, Landesverein Hessen e.V. ; Landesverein Thüringen. 2005,1, p.17-25, 2 ill., 5 tab. ISSN 0949-7900; 0173-6280.

1390
Hefty, Ján: Výsledky geodetických meraní využitel'ných na štúdium neotektonických pohybov na území Slovenska. In: Geodetický a kartografický obzor. 21.2005,9, p.185-195, 5 ill. Results of geodetic measurements applied for study of neo-tectonic movements on the territory of Slovakia. ISSN 0016-7096.

1391
Henninger, Walter; Gläßel, Helmut: Vom Gebietstopographen zum Kartenpixel. In: Mitteilungen des DVW-Bayern e.V. 57.2005,3, p.387-400, 10 ill. ISSN 0723-6336.

1392
Herzfeld, Günter: Aufgabe und Bedeutung des Liegenschaftskatasters. In: Nachrichtenblatt der Vermessungs- und Katasterverwaltung Rheinland-Pfalz. 48.2005,2, p.115-121, 2 ill. ISSN 0939-2378.

1393
Heuchel, Tobias: Experience in applying matching techniques using images from digital cameras. In: Photogrammetric Week '05 : [papers of the 50th Photogrammetric Week, Stuttgart (September 5 to 9, 2005)]. Ed.: Fritsch, Dieter. – Heidelberg: Herbert-Wichmann-Verlag 2005, p.181-188, 4 ill., 3 tab.

1394
Hoare, Michael Rand: The quest for the true figure of the earth : ideas and expeditions in four centuries of geodesy. – Aldershot [u.a.]: Ashgate 2005, XII, 275 p., ill., mp. [Includes bibliographical references] ISBN 0-7546-5020-0.

1395
Höh, Rainer: GPS-Outdoor-Navigation. – Bielefeld: Reise-Know-How-Verlag Rump 2005, 160 p., ill., mp. – 4. aktualisierte Aufl. ISBN 3-8317-1116-X.

1396
Höh, Rainer: GPS-Outdoor-Navigation. – Bielefeld: Reise-Know-How-Verlag Rump 2000, 160 p., ill., mp. – 1. Aufl. ISBN 3-89416-762-9.

1397
Holm, Janet: Caught mapping : the life and times of New Zealand's early surveyors. – Christchurch: Hazard Press 2005, 302 p., ill., mp. ISBN 1-87727-086-5.

1398
Huisman, Lennard: Kwaliteit van GPS-RTK referentiemethoden. In: Geo-Info : tijdschrift voor Geo-Informatie Nederland, GIN. 2.2005,3, p.144-149, 6 ill., 2 tab. Quality of GPS-RTK reference methods. [Dutch with Engl. and French rés.]. ISSN 1572-5464.

1399
Hummel, Reinhold: Entwicklungstendenzen im zukunftsorientierten Liegenschaftskataster. In: 4. Vermessungsingenieurtag 2002. Ed.: Fachhochschule Stuttgart, Hochschule für Technik. – Stuttgart: Fachhochschule Stuttgart, Hochschule für Technik 2002, p.8,1-10, 4 ill. (Veröffentlichungen der Fachhochschule Stuttgart, Hochschule für Technik ; 57).

1400
Ingwersen, Maik: Die Einführung des amtlichen Bezugssystems ETRS89 im Kataster- und Vermessungsamt der Landeshauptstadt Potsdam. In: NÖV : Nachrichten aus dem öffentlichen Vermessungsdienst Nordrhein-Westfalen. 38.2005,1, p.19-33, 2 ill., 4 tab.

1401
Intergeo® 2004 in Stuttgart – Für mobile Menschen. In: Mitteilungen des DVW-Bayern e.V. 57.2005,1, p.113-115, 3 ill. ISSN 0723-6336.

1402
Jeyapalan, Kandiah: Local geoid determination using global positioning systems. In: Surveying and land information science : an official journal of ACSM devoted to the sciences of surveying and mapping, land information and related fields. 64.2004,1, p.65-75, 12 ill., 17 tab. ISSN 1538-1242; 1052-2905.

1403
Jezek, Jan: Transformace souradnic v GIS produktech. In: Geodetický a kartografický obzor. 51(93).2005,6-7, p.129-133, 1 ill., 1 tab. Transformations between coordinates in GIS products. [Czech with Engl. rés.]. ISSN 0016-7096.

1404
Jiao, Wenhai; Wei, Ziqing; Liu, Guangming; He, Tao: Spectrum analysis of transformnation parameters between PZ-90 GLONASS and ITRF. In: Geomatics and information science of Wuhan University. 28.2003,6, p.740-744, 7 ill., 2 tab. [Chin. with Engl. rés.]. ISSN 1671-8860; 1000-050X.

1405
Karsay, Ferenc: A magyar geodézia szakmatörténetének elmúlt negyedszázada. In: Geodézia és kartográfia. 57.2005,3, p.17-25 About the quarter of the last century on the history of Hungarian geodesy. [Hung. with Engl. rés.]. ISSN 0016-7118.

1406
Kern, Friedel; Schwenzer, Susanne Petra: Im Labyrinth der Koordinatensysteme : Probleme bei der der Nutzung der amtlichen topographischen Karten. In: Mitteilungen / Deutscher Verein für Vermessungswesen, Landesverein Hessen e.V. ; Landesverein Thüringen. 2005,1, p.2-16, 3 tab. ISSN 0949-7900; 0173-6280.

1407
Kettemann, Rainer: Neue Entwicklungen bei der Automatisierten Liegenschaftskarte BW – Betrachtungen aus Anwendersicht -. In: 4. Vermessungsingenieurtag 2002. Ed.: Fachhochschule Stuttgart, Hochschule für Technik. – Stuttgart: Fachhochschule Stuttgart, Hochschule für Technik 2002, p.1,1-13, 15 ill. (Veröffentlichungen der Fachhochschule Stuttgart, Hochschule für Technik ; 57).

1408
Kingdon, Robert; Vaniček, Petr; Santos, Marcelo; Ellmann, Artu; Tenzer, Robert: Toward an improved orthometric height system for Canada. In: Geomatica. 59.2005,3, p.241-24912, 12 ill., 1 tab. ISSN 1195-1036.

1409
Kingsley-Hughes, Kathie: Hacking GPS. – Indianapolis, IN: Wiley 2005, 350 p., ill. ISBN 0-7645-8424-3.

1410
Knaut, Wilfried: Großräumige Waldgrenzermittlungen – Erfahrungsbericht. In: Mitteilungen des DVW-Bayern e.V. 57.2005,4, p.507-518, 10 ill. ISSN 0723-6336.

1411
Kohli, Alexander: Wiederaufbau des Katasters im Kosovo. In: Geomatik Schweiz : Geoinformation und Landmanagement. 103.2005,11, p.613-616, 3 ill., 1 tab. ISSN 0252-9424; 1660-4458.

1412
Kopp, B.; Schucker, T.: Aspekte bei der Entwicklung von GEO-Samos : ein Vermessungsprogramm mit Innen- und Außendienstfunktionalität. In: Mitteilungen und Veröffentlichungen zum Vermessungswesen aus den Themenbereichen Geodäsie, Geoinformation und Landmanagement / Deutscher Verein für Vermessungswesen, Landesverein Baden-Württemberg e.V. 52.2005,1, p.89-102. ISSN 0940-2942.

1413
Krynski, Jan; Lyszkowicz, Adam: Study on choice of geopotential model for quasigeoid determination in Poland. In: Geodezja i kartografia : kwartalnik naukowy. 54.2005,1, p.17-36, 9 ill., 5 tab. [Engl. with Pol. rés.]. ISSN 0016-7134.

1414
Krynski, Jan; Mank, Magdalena; Grzyb, Malgorzata: Evaluation of digital terrain models in Poland in view of a cm geoid modelling. In: Geodezja i kartografia : kwartalnik naukowy. 54.2005,4, p.155-175, 21 ill., 13 tab. [Engl. with Pol. rés.]. ISSN 0016-7134.

1415
Krynski, Jan; Zanimonskiy, Yevgen M.: Tide gauge records-derived variations of Baltic sea level in terms of geodynamics. In: Geodezja i kartografia : kwartalnik naukowy. 53.2004,2, p.85-98, 7 ill., 1 tab. [Engl. with Pol. rés.]. ISSN 0016-7134.

1416
Landau, Herbert: Soporte de formatos de redes RTK en tiempo real : solución de red Trimble GPSNet. In: Topografía y cartografía : TOPCART ; revista del Colegio Oficial de Ingenieros Técnicos en Topografía. 22.2005,130, p.54-58, 2 ill., 1 tab. Support of network format RTK in realtime : network solution of Trimble GPSNet. [Span.]. ISSN 0212-9280.

1417
Larmour, Judy: Laying down the lines : a history of land surveying in Alberta. – Calgary: Brindle & Glass Publishing 2005, X, 325 p., ill., mp. ISBN 1-89714-202-1.

1418
Laubscher, Raphael; Tschachtli, Eduard: Geodaten – warum und wie Menschen die Erde vermessen. – Zug: Klett u. Balmer 2004, 33 p., ill., mp. ISBN 3-264-83515-0; 978-3-264-83515-1.

1419
Lazio, Peter: GPS geodesy and applications (GPS-GAP) – an internet based geodesy and GPS educational application. In: Surveying and land information science : an official journal of ACSM devoted to the sciences of surveying and mapping, land information and related fields. 65.2005,2, p.95-98. ISSN 1538-1242; 1052-2905.

1420
León Guerrero, Montserrat: Introducción Histórica. In: Almanaque perpetuo de Abraham Zacuto : (Venecia 1502). – Valladolid: Seminario Iberoamericano de Descubrimientos y Cartografía, Instituto Interuniversitario de Estudios de Iberoamérica y Portugal 2004, p.7-31 (Descubrimientos y cartografía ; 10) Historical Introduction. [Span.].

1421
Li, Dajun; Guan, Yunlan; Gong, Jianya; Du, Daosheng: Entropy error model of planar geometry features in GIS. In: Geo-spatial information science : quarterly = Diqiu-kongjian-xinxi-kexue-xuebao. 6.2003,2, p.20-24, 4 ill. ISSN 1009-5020.

1422
Li, Haiping; Zhuang, Dafang; Xiong, Liya: Technical method of collecting desertificated land spectrum data. In: Geomatics and information science of Wuhan University. 28.2003,4, p.484-487, 3 ill. [Chin.]. ISSN 1671-8860; 1000-050X.

1423
Lilje, Boo G.: La enseñanza de la topografía en el Instituto Técnico de Lun (Suecia). In: Topografía y cartografía : TOPCART ; revista del Colegio Oficial de Ingenieros Técnicos en Topografía. 22.2005,129, p.48-55, 5 ill. Topographic education at the Institut of Technics at Lund (Sweden). [Span. with Engl. rés.]. ISSN 0212-9280.

1424
Lucht, Roland: Kartenverfälschung in der DDR : verklärende Rückschau oder kritische Aufarbeitung?. In: Kartographische Nachrichten : KN ; Fachzeitschrift für Geoinformation und Visualisierung ; Organ der Deutschen Gesellschaft für Kartographie e.V., der Schweizerischen Gesellschaft für Kartographie und der Österreichischen Kartographischen Kommission in der Österreichischen Geographischen Gesellschaft. 55.2005,2, p.89-91. ISSN 0022-9164.

1425
Maily, Bikas: Past, present and future of surveying. In: Indian Surveyor : the journal of the institution of surveyors. 58(93).2004,2, p.37-44. ISSN 0970-3470.

1426
Mansfeld, Werner: Satellitenortung und Navigation : Grundlagen und Anwendung globaler Satellitennavigationssysteme. – Wiesbaden: Vieweg 2004, XII, 352 p., ill., mp. – 2., überarb. und erg. Aufl. [Literaturverz. S. 333 – 342] ISBN 3-528-16886-2; 978-3-528-16886-5.

1427
Marchesini, Claudio: Determinazione delle variazioni della costa sabbiosa per l'aggiornamento della cartografia. In: Bollettino della Associazione Italiana di Cartografia. 42.2005,123/125, p.417-419, 1 ill. Evaluation of the sand coast variations for the cartographic update. [Ital. with Engl. rés.]. ISSN 0044-9733.

1428
Meyer, Thomas H.; Roman, Daniel R.; Zilkoski, David B.: What does height really mean? : Part I: Introduction. In: Surveying and land information science : an official journal of ACSM devoted to the sciences of surveying and mapping, land information and related fields. 64.2004,4, p.223-233, 3 ill., 2 tab. ISSN 1538-1242; 1052-2905.

1429
Mozetič, Blaž: Terestrično 3D (Trirazsežno) lasersko skeniranje. In: Geodetski vestnik : glasilo Zveze Geodetov Slovenije. 48.2004,3, p.351-362, 11 ill. Terrestrial 3D (three-dimensional) laser scanning. [Sloven. with Engl. rés.]. ISSN 0351-0271.

1430
Nágl, Jaroslav: Porovnání modelů globálních geoidů. In: Geodetický a kartografický obzor. 50.2004,12, p.233-247, 20 ill., 3 tab. The comparison of global geoid models. [Czech]. ISSN 0016-7096.

1431
Nave, Jerry W.; Ali,Tarig A.; Wallace, Steven C.: Developing a GIS database for the Gray Fossil Site, Tennessee, based on modern surveying. In: Surveying and land information science : an official journal of ACSM devoted to the sciences of surveying and mapping, land information and related fields. 65.2005,4, p.259-264, 5 ill. ISSN 1538-1242; 1052-2905.

1432
Niederöst, Jana: Das Relief der Urschweiz von Ludwig Pfyffer (1716-1802) : 3D-Rekonstruktion, Analyse und Interpretation. Ed.: Institut für Geodäsie und Photogrammetrie <Zürich>. – Zürich: Institut für Geodäsie und Photogrammetrie <Zürich> 2005, 211 p., ill., mp. (Mitteilungen / Institut für Geodäsie und Photogrammetrie an der Eidgenössischen Technischen Hochschule Zürich ; 89). [Zugl.: Zürich, Techn. Hochsch., Diss., 2005] ISBN 3-906467-56-2.

1433
Noack, Helmut: Allgemeiner geschichtlicher Abriss. In: Nachrichtenblatt der Vermessungs- und Katasterverwaltung Rheinland-Pfalz. 48.2005,2, p.54-72, 13 ill., 6 portr. ISSN 0939-2378.

1434
Nübel, Birgit: Das Liegenschaftskataster auf dem Weg zu ALKIS. In: LSA VERM : Zeitschrift für das öffentliche Vermessungswesen des Landes Sachsen-Anhalt. 11.2005,2, p.97-106, 2 ill., 6 tab. ISSN 1435-2338.

1435
OICRF : a study and documentation centre for cadastre, land administration and affiliated fields of interest. Ed.: International Office of Cadastre and Land Records. – Apeldoorn: International Office of Cadastre and Land Records 2004. [Datenbank – Fachbibliographie (Online-Ressource)].

1436
Olejnizak, Klaus: Die Anfänge des Liegenschaftskatasters im Raum Trier (von 1720 bis 1934). In: Nachrichtenblatt der Vermessungs- und Katasterverwaltung Rheinland-Pfalz. 48.2005,2, p.98-114, 25 ill., 3 tab. ISSN 0939-2378.

1437
Osmaston, Gordon: Memories of surveying in India 1919 – 1939. Ed.: Osmaston, Timothy G. – Windermere: Selbstverl. 2005, 55 p., ill., mp.

1438
Owings, Rich: GPS mapping : make your own maps. – Fort Bragg, CA: Ten Mile Press 2005. [Includes bibliographical references and index] ISBN 0-9760926-3-8.

1439
Pathak, Virendra; Bhargava, D. S.; Sharma, S. P.: GPS applications in mapping and utility services. In: Indian Surveyor : the journal of the institution of surveyors. 57.2003,2, p.41-46. ISSN 0970-3470.

1440
Pearson, Chris: The national spatial reference system readjustment of NAD 83. In: Surveying and land information science : an official journal of ACSM devoted to the sciences of surveying and mapping, land information and related fields. 65.2005,2, p.69-74. ISSN 1538-1242; 1052-2905.

1441
Penna, N.; Lo, J.; Luton, G.: Geodetic GPS analysis of land Victoria's GPSnet. In: Journal of spatial science. 1.2005, p.45-57, 4 ill., 6 tab.

1442
Pešt'ák, Jaroslav; Zimová, Růžena: Polohová přesnost objektů na mapách prvního a druhého vojenského mapování. In: Kartografické listy. 13.2005, p.92-100, 3 ill., 4 tab. Position accuracy of objects in the maps of 1st and 2nd military mapping. [Slovak with Engl. rés.].

1443
Petrovič, Dušan; Brumec, Miran; Radovan, Dalibor: Geodetski in topografski sistem v prostorskem načrtovanju – od geodetskih podlag do koordinate. In: Geodetski vestnik : glasilo Zveze Geodetov Slovenije. 49.2005,4, p.545-557, 6 ill. Geodetic and topographic system in spatial planning – from geodetic plans to the coordinate. [Sloven. with Engl. rés.]. ISSN 0351-0271.

1444
Pfahlbusch, René: Bemerkungen zur Entgegnung von D. Unverhau "Offensichtlich vom Standpunkt der Ehre aus betrachtet" (KN 1/2005, Seite 36). In: Kartographische Nachrichten : KN ; Fachzeitschrift für Geoinformation und Visualisierung ; Organ der Deutschen Gesellschaft für Kartographie e.V., der Schweizerischen Gesellschaft für Kartographie und der Österreichischen Kartographischen Kommission in der Österreichischen Geographischen Gesellschaft. 55.2005,1, p.39-40. ISSN 0022-9164.

1445
Plan, Lukas: Richtwerte für die Angabe der Lagegenauigkeit von Koordinaten. In: Höhlenkundliche Mitteilungen des Landesvereines für Höhlenkunde in Wien und Niederösterreich. 61.2005,1, p.7-9, 1 ill.

1446
Pressenda, Paola: Il cabreo della Prebenda Arcidiaconale del Capitolo della Cattedrale di Asti e l'attività dell'agrimensore Petrino Musso. In: Il libro delle mappe dell'Arcidiacono Riperti : un cabreo astigiano del Settecento. Ed.: Sereno, Paola. – Asti: Asti <Provincia> 2002, p.43-61, 8 ill., 1 tab. The cadaster of the archdeaconal benefice of the capitol of the Asti Cathedral and the activities of the land surveyor Petrino Musso. [Ital.].

1447
Ridder, Detlef: Unterwegs mit GPS, Kompass & Höhenmesser. – Bonn: Bhv-Verlag 2005, 207 p., ill., mp. + 1 CD-ROM – 1. Aufl. ISBN 3-8266-7386-7.

1448
Samuelsson, Göran: Det svenska Lantmäteriets digitala arkiv. In: Kart & bildteknik : mapping and image science. 19.2004,4, p.6-10, 7 ill. The Swedish land survey's digital archive. [Swed.]. ISSN 1651-792X.

1449
Sánchez Fernández, Benjamín; Puente Rodríguez, Delfín; Muñiz Rubiera, Beatriz; Salcedo Mederos, Pablo: Medición con técnicas GPS y de Topografía clásica : comparación de las observaciones. In: Topografía y cartografía : TOPCART ; revista del Colegio Oficial de Ingenieros Técnicos en Topografía. 22.2005,130, p.48-53, 8 ill., 7 tab. Measurement with GPS-techniques and classic topography : comparison of observations. [Span. with Engl. rés.]. ISSN 0212-9280.

1450
Sanjosé Blasco de, José Juan; Atkinson Gordo, Alan D.J.; Andrés de Pablo, Nuria ; Palacios Estremera, David; Zamorano Orozco, José Juan: Utilidad de las técnicas geomáticas para la prevención de catástrofes provocadas por el volcán Popocatépetl (Mexico). In: Topografía y cartografía : TOPCART ; revista del Colegio Oficial de Ingenieros Técnicos en Topografía. 22.2005,130, p.37-46, 13 ill., 2 tab. Utility of geomatical techniques for the prevention of catastrophes caused by the volcan Popocatépetl (Mexico). [Span. with Engl. rés.]. ISSN 0212-9280.

1451
Scheele, Theo: Dertig jaar Opleidingscentrum Ingenieursbureau Zondag. In: Geo-Info : tijdschrift voor Geo-Informatie Nederland, GIN. 2.2005,11, p.514-518, 8 ill. Thirty years of the educational institute "Zondag". [Dutch with Engl. and French rés.]. ISSN 1572-5464.

1452
Schneid, S.; Meichle, H.: Normalhöhen in Baden-Württemberg, Arbeiten zur Einführung von Höhen im System des Deutschen Haupthöhennetzes 1992. In: Mitteilungen und Veröffentlichungen zum Vermessungswesen aus den Themenbereichen Geodäsie, Geoinformation und Landmanagement / Deutscher Verein für Vermessungswesen, Landesverein Baden-Württemberg e.V. 52.2005,2, p.29-62, 13 ill. ISSN 0940-2942.

1453
Schönfeld, Ralf: Das GPS-Handbuch : GPS-Handgeräte in der Praxis. – Münster: Edition Octopus / Monsenstein und Vannerdat OHG 2005.

1454
Schönfeld, Ralf: Grundlagen, Basis-Funktionen, Navigation und Orientierung, Karten. – Münster: Edition Octopus / Monsenstein und Vannerdat OHG 2005, 474 p. (Das GPS-Handbuch : GPS-Handgeräte in der Praxis ; Bd.1).

1455
Schönfeld, Ralf: PC-Software, sowie digitale Karten, GPS-Empfänger der Fa. Garmin. – Münster: Edition Octopus / Monsenstein und Vannerdat OHG 2005, 399 p., ill., mp. (Das GPS-Handbuch : GPS-Handgeräte in der Praxis). ISBN 3-86582-238-X.

1456
Schulz, Torsten; Ingensand, Hilmar: El escaneado por láser terrestre : Investigaciones y aplicaciones del escaneado de alta precisión. In: Topografía y cartografía : TOPCART ; revista del Colegio Oficial de Ingenieros Técnicos en Topografía. 22.2005,131, p.3-12, 12 ill., 2 tab. Terrestrial laser scanning : Analysis and applications of High Precision Laser. [Span. with Engl. rés.]. ISSN 0212-9280.

1457
Schumacher, Heinrich: Die Ostfriesland-Karten des niederländischen Artillerie-Kapitäns Willem Camp. In: Die große handgezeichnete Campsche Karte von Ostfriesland von 1806 : (Staatsbibliothek zu Berlin Preußischer Kulturbesitz, Kart. N 27299). Ed.: Henninger, Wolfgang; Kappelhoff, Bernd. – Hannover: 2005, p.31-50, 6 ill., 2 tab. (Veröffentlichungen der Historischen Kommission für Niedersachsen und Bremen ; 226).

1458
Shen, Yunzhong: Method for calculating transformation parameters by way of integrating GPS data observed in different periods. In: Geomatics and information science of Wuhan University. 28.2003,6, p.728-731, 1 ill., 2 tab. [Chin. with Engl. rés.]. ISSN 1671-8860; 1000-050X.

1459
Shen, Yunzhong: Method for calculating transformation parameters by way of integrating GPS data observed in different periods. In: Geomatics and information science of Wuhan University. 28.2003,6, p.728-731, 1 ill., 2 tab. [Chin. with Engl. rés.]. ISSN 1671-8860; 1000-050X.

1460
Shi, Yimin: Advantages of geodesic coordinate system and its application to exact positioning of large cities. In: Geomatics and information science of Wuhan University. 28.2003,6, p.710-713, 1 ill. [Chin. with Engl. rés.]. ISSN 1671-8860; 1000-050X.

1461
Smith, Jim R.: The arc of the 30th meridian. In: Surveying and land information science : an official journal of ACSM devoted to the sciences of surveying and mapping, land information and related fields. 64.2004,3, p.201-208, 8 ill. ISSN 1538-1242; 1052-2905.

1462
Smith, Jim R.: The Struve Geodetic Arc. In: Surveying and land information science : an official journal of ACSM devoted to the sciences of surveying and mapping, land information and related fields. 64.2004,4, p.259-265, 6 ill., 2 tab. ISSN 1538-1242; 1052-2905.

1463
Steed, Jim; Allmann, J.: The accuracy of Australia's geodetic network. In: Journal of spatial science. 1.2005, p.35-44, 6 ill., 1 tab.

1464
Steinberg, G.; Even-Tzur, G.: Establishment of national grid based on permanent GPS Stations in Israel. In: Surveying and land information science : an official journal of ACSM devoted to the sciences of surveying and mapping, land information and related fields. 65.2005,1, p.47-52, 3 ill. ISSN 1538-1242; 1052-2905.

1465
Stoffel, Hans Gerd; Glock, Heidrun: Geodateninfrastruktur Rheinland-Pfalz. In: Nachrichtenblatt der Vermessungs- und Katasterverwaltung Rheinland-Pfalz. 48.2005,3, p.131-135, 5 ill. ISSN 0939-2378.

1466
Sui, Haigang; Hua, Li; Zhao, Haitao; Zhang, Yongli: A fast algorithm of cartographic sounding selection. In: Geo-spatial information science : quarterly = Diqiu-kongjian-xinxi-kexue-xuebao. 8.2005,4, p.262-268, 6 ill. ISSN 1009-5020.

1467
Sunder, J.D. Paul Sunder: Historical perspective and recent technological revolutions in cartography and survey. In: Bridging the digital divide and taking cartography at grassroots level : 25th INCA international congress, Sagar, Nov. 28 – Dec. 1, 2005. Ed.: Trivedi, R. K. – Ahmedabad: Indian National Cartographic Association 2005, p.85-87, 1 ill. (Indian cartographer ; 25.2005).

1468
Szűcs, László: Földmérés és térképezés az ókori Egyiptomban. In: Geodézia és kartográfia. 57.2005,7, p.24-28, 7 ill. Surveying and mapping at the Ancient Egypt. [Hung. with Engl. rés.]. ISSN 0016-7118.

1469
Tcholeev, Ivan: Obv"rzvane na topografskata i spatnikova informacija pri modelirane na formite na relefa. In: Geodezija, kartografija, zemeustrojstvo. 45.2005,1/2, p.20-23, 3 ill. Integration of topographic and satellite information in relief form modelling. [Bulg. with Engl. rés.]. ISSN 0324-1610.

1470
Ternes, Hans-Peter: Die "Neue Regierung" und ihre wechselvolle Nutzung 1905-2005 : das Dienstgebäude des Vermessungs- und Katasteramtes Trier. In: Nachrichtenblatt der Vermessungs- und Katasterverwaltung Rheinland-Pfalz. 48.2005,2, p.73-83, 9 ill., 6 suppl. ISSN 0939-2378.

1471
Tobé, Erik: Struves meridianmätning från höga norden till Svarta havet. In: Kart & bildteknik : mapping and image science. 19.2004,1, p.6-7, 2 ill. The meridian surveying of Struve from the High North to the Black Sea. [Swed.]. ISSN 1651-792X.

1472
Tocho, Claudia; Vergos, Georgios S.; Sideris, Michael G.: A new marine geoid model for Argentina combining altimetry, shipborne gravity data and CHAMP/GRACE-type EGMs. In: Geodezja i kartografia : kwartalnik naukowy. 54.2005,4, p.177-189, 3 ill., 8 tab. [Engl. with Pol. rés.]. ISSN 0016-7134.

1473
Torge, Wolfgang: Der lange Weg der preußischen Landesvermessung : zum 100. Todestag von Oscar Schreiber (1829-1905). In: ZfV : Zeitschrift für Geodäsie, Geoinformation und Landmanagement. 130.2005,6, p.359-371, 6 ill. ISSN 1618-8950.

1474
Unverhau, Dagmar: Offensichtlich vom Standpunkt der Ehre aus betrachtet : eine Entgegnung auf René Pfahlbuschs " 'Kartenverfälschung'" in Deutschlanrd?!" (KN 5, 2004, S.218-224). In: Kartographische Nachrichten : KN ; Fachzeitschrift für Geoinformation und Visualisierung ; Organ der Deutschen Gesellschaft für Kartographie e.V., der Schweizerischen Gesellschaft für Kartographie und der Österreichischen Kartographischen Kommission in der Österreichischen Geographischen Gesellschaft. 55.2005,1, p.36-39. ISSN 0022-9164.

1475
Völgyesi, Lajos; Kenyeres, Ambrus; Papp, Gábor; Tóth, Gyula: A geoidmeghatározás jelenlegi helyzete Magyarországon. In: Geodézia és kartográfia. 57.2005,1, p.4-12, 7 ill. The present state of geoid determination in Hungary. [Hung. with Engl. rés.]. ISSN 0016-7118.

1476
Völgyesi, Lajos; Tóth, Gyula; Csapó, Géza; Szabó, Zoltán: Az eötvös-inga mérések geodéziai célú hasznosításának helyzete Magyarországon. In: Geodézia és kartográfia. 57.2005,5, p.3-12, 9 ill. The present state of geodetic apllications of Torsion balance measurements in Hungary. [Hung. with Engl. rés.]. ISSN 0016-7118.

1477
Wagner, Jörg F.: From Bohnenberger's machine to integrated navigation systems, 200 years of inertial navigation. In: Photogrammetric Week '05 : [papers of the 50th Photogrammetric Week, Stuttgart (September 5 to 9, 2005)]. Ed.: Fritsch, Dieter. – Heidelberg: Herbert-Wichmann-Verlag 2005, p.123-134, 10 ill., 1 tab.

1478
Welkamp, Frans: Zakboek Kaart, Kompas, GPS. – Baarn: Tirion 2005, 94 p., ill., mp. Manual map, compass, GPS. [Dutch]. ISBN 90-439-0570-4; 978-90-439-0570-1.

1479
Wennström, Hans-Fredrik: Struves gradmätning och meridianbåge som blivande världsarv. In: Kart & bildteknik : mapping and image science. 19.2004,1, p.8-9, 1 ill. The surveying and the meridian arc of Struve the future world heritage. [Swed.]. ISSN 1651-792X.

1480
Wieser, Erich: ALKIS im E-Government. In: ZfV : Zeitschrift für Geodäsie, Geoinformation und Landmanagement. 130.2005,2, p.70-76, 2 ill. ISSN 1618-8950.

1481
Wiesner, Hartmut: Briefe an Tina O. : über das Navigieren, Messen und Kartieren in Lewisiana. In: "Mit dem Boot über die Rocky Mountains – unter Wölfen, Büffeln, Bären und Indianern" : die Reise von Lewis und Clark. Ed.: Stinshoff, Richard; Leeb, Anne; Gelderblom, Anne. – Oldenburg: Isensee-Verlag 2005, p.68-[93], 12 ill. (Schriftenreihe des Landesmuseums für Natur und Mensch Oldenburg ; 40).

1482
Yu, Ming; Zuo, Xiaoqing; Li, Qingquan: A view-dependent dynamic multi-resolution terrain model of TIN. In: Geomatics and information science of Wuhan University. 29.2004,12, p.1106-1110, 6 ill., 2 tab. [Chin. with Engl. rés.]. ISSN 1671-8860; 1000-050X.

1483
Zacuto, Abraham: Almanaque perpetuo de todos los movimientos celestes, recientemente corregido con la mayor exactitude. como complemento lleva unas adiciones que se le han hecho. In: Almanaque perpetuo de Abraham Zacuto : (Venecia 1502). – Valladolid: Seminario Iberoamericano de Descubrimientos y Cartografía, Instituto Interuniversitario de Estudios de Iberoamérica y Portugal 2004, p.53-158 (Descubrimientos y cartografía ; 10) Perpetual almanac of all celestial movements, recently corrected with the highest exactitude. complemented by some additions. [Span.].

b. Photogrammetry, Remote Sensing
Photogrammetrie, Fernerkundung
Photogrammétrie, télédétection

1484
Albertz, Jörg: Kartographie und Fernerkundung : Stationen einer Entwicklung über acht Jahrzehnte ; Begleitheft zur Ausstellung der Kommission "Kartographie und Fernerkundung". Ed.: Deutsche Gesellschaft für Kartographie. – Rostock: Deutsche Gesellschaft für Kartographie 2005, 20 p., 33 ill.

1485
Allenbach, Bernard: Cartographie rapide des catastrophes naturelles avec les satellites. In: Le Monde des Cartes : revue du Comité Français de Cartographie. 185.2005, p.25-31, 5 ill. ISSN 1634-3522.

1486
Alshawabkeh, Yahya: Using Terretrial Laser Scanning for the 3D Reconstruction of Petra / Jordan. In: Photogrammetric Week '05 : [papers of the 50th Photogrammetric Week, Stuttgart (September 5 to 9, 2005)]. Ed.: Fritsch, Dieter. – Heidelberg: Herbert-Wichmann-Verlag 2005, p.39-47, 9 ill.

1487
Al-Tahir, Raid; Ali, Asim: Assessing land cover changes in the coastal zone using aerial photography. In: Surveying and land information science : an official journal of ACSM devoted to the sciences of surveying and mapping, land information and related fields. 64.2004,2, p.107-112, 4 ill., 1 tab. ISSN 1538-1242; 1052-2905.

1488
Anand, P.H.: GPS data base for urban traffic management. In: Cartographic technologies for water, land and infrastructure development : XXIV INCA international congress, Kolkata, October 6 – 9, 2004 ; [... important contributions presented at the XXIV INCA International Congress on the Theme "Cartographic Technologies for Water, Land and Infrastructure Development"...]. Ed.: Dasgupta, Ajit Kumar. – Hyderabad: Indian National Cartographic Association 2005, p.507-521, 12 ill., 2 tab. (Indian cartographer ; 24.2004).

1489
Arnberg, Wolter; Wästfelt, Anders: Från bild till tolkning och visualisering – en fråga om information, skala och modell. In: Kart & bildteknik : mapping and image science. 20.2005,1, p.25-28, 2 ill. From the image to representation and visualization – a question of information, scale and model. [Swed.]. ISSN 1651-792X.

1490
Ashok, Prashasti; Singh, J.P.; Ekka, N.S.: Application of satellite imagery and GIS in land cover / land use monitoring and mapping in Central Sind Catchment. In: Cartographic technologies for water, land and infrastructure development : XXIV INCA international congress, Kolkata, October 6 – 9, 2004 ; [... important contributions presented at the XXIV INCA International Congress on the Theme "Cartographic Technologies for Water, Land and Infrastructure Development"...]. Ed.: Dasgupta, Ajit Kumar. – Hyderabad: Indian National Cartographic Association 2005, p.358-366, 5 ill., 2 tab. (Indian cartographer ; 24.2004).

1491
Bach, Martin; Hietel, Elke; Frede, Hans-Georg; Waldhart, Rainer: Überprüfung der Landnutzungsmodelle ATKIS, CORINE Land Cover und Landsat-Klassifikation anhand Feldkartierung. In: Photogrammetrie, Fernerkundung, Geoinformation : PFG ; Organ der Deutschen Gesellschaft für Photogrammetrie und Fernerkundung e.V. 2005,2, p.135-145, 1 ill., 5 tab. ISSN 1432-8364.

1492
Bähr, Hans-Peter: eLearning – the possible and impossible. In: Photogrammetric Week '05 : [papers of the 50th Photogrammetric Week, Stuttgart (September 5 to 9, 2005)]. Ed.: Fritsch, Dieter. – Heidelberg: Herbert-Wichmann-Verlag 2005, p.311-319, 2 ill., 1 tab.

1493
Barber, Christopher P.; Shortridge, Ashton: Lidar elevation data for surface hydrologic modeling : resolution and representation issues. In: Auto-Carto 2005 : research symposium proceedings. 2005, p.401-410, 3 ill., 9 tab. (Cartography and geographic information science : an official journal of ACSM devoted to the advancement of cartography in all its aspects ; 32.2005,4).

1494
Barsi, Arpád; Kugler, Szófia; Mélykúti, Gábor; Mészöly, Tamás: Az automatikus fotogrammetriai tájékozás lehetőségeiről. In: Geodézia és kartográfia. 57.2005,10, p.28-32, 5 ill. About the chance of automatic photogrammetric orientation procedure. [Hung. with Engl. rés.]. ISSN 0016-7118.

1495
Bastariya, V. S.: Water resource management with GIS, remote sensing and modern cartographic devices. In: Bridging the digital divide and taking cartography at grassroots level : 25th INCA international congress, Sagar, Nov. 28 – Dec. 1, 2005. Ed.: Trivedi, R. K. – Ahmedabad: Indian National Cartographic Association 2005, p.221-225, 2 ill. (Indian cartographer ; 25.2005).

1496
Bat, M V: Feasibility and accuracy of map updation using high resolution imagery. In: Indian Surveyor : the journal of the institution of surveyors. 59.2005,2, p.42-43. ISSN 0970-3470.

1497
Baveja, S.D.: Potential application of geospatial data. In: Bridging the digital divide and taking cartography at grassroots level : 25th INCA international congress, Sagar, Nov. 28 – Dec. 1, 2005. Ed.: Trivedi, R. K. – Ahmedabad: Indian National Cartographic Association 2005, p.119-122 (Indian cartographer ; 25.2005).

1498
Bělka, Luboš: Využití stereoskopického pozorování pro geomorfologické mapování. In: Kartografické listy. 13.2005, p.5-13, 4 ill. Exploitation of steroscopic observation for geomorphological mapping. [Slovak with Engl. rés.].

1499
Benomar, Tarik Bashir; Bian, Fuling: Improved geological mapping using Landsat-5 TM data in Weixi area, Yunnan province, China. In: Geo-spatial information science : quarterly = Diqiu-kongjian-xinxi-kexue-xuebao. 8.2005,2, p.110-114, 4 ill., 4 tab. ISSN 1009-5020.

1500
Böhm, Jan: Terrestrial laser scanning – a supplementary approach for 3D documentation and animation. In: Photogrammetric Week '05 : [papers of the 50th Photogrammetric Week, Stuttgart (September 5 to 9, 2005)]. Ed.: Fritsch, Dieter. – Heidelberg: Herbert-Wichmann-Verlag 2005, p.263-271, 6 ill.

1501
Boyd, Diane: Using ArcIMS to provide an index/download web site for the orthophotographs for Southern Ontario. In: Bulletin / Association of Canadian Map Libraries and Archives. 123.2005, p.27-28, 1 ill. ISSN 0840-9331.

1502
Bozheva, Aleksandra M.; Petrov, Andrey N.; Sugumaran, Ramanathan: The effect of spatial resolution of remotely sensed data in dasymetric mapping of residential areas. In: GIScience and remote sensing. 42.2005,2, p.113-130, 5 ill., 5 tab. ISSN 1548-1603.

1503
Busch, Andreas; Gerke, Markus; Grünreich, Dietmar; Heipke, Christian; Liedtke, Claus-Eberhard; Müller, Sönke: Automatisierte Verifikation topographischer Geoinformation unter Nutzung optischer Fernerkundungsdaten : Systemdesign und praktische Ergabnisse. In: Photogrammetrie, Fernerkundung, Geoinformation : PFG ; Organ der Deutschen Gesellschaft für Photogrammetrie und Fernerkundung e.V. 2005,2, p.111-122, 4 ill., 4 tab. ISSN 1432-8364.

1504
Cebecauer, Tomáš: Porovnanie vybraných metód tvorby tieňovaných vizualizácií areálových tematických dát. In: Geodetický a kartografický obzor. 51.2005,6-7, p.150-156, 10 ill. Comparison of selected methods of hill-shaded visualizations creation from areal thematic data. [Czech with Engl. rés.]. ISSN 0016-7096.

1505
Čekada, Mihaela Triglav: Test uporabnosti fotoklinometrije za monoslikovno restitucijo. In: Geodetski vestnik : glasilo Zveze Geodetov Slovenije. 49.2005,3, p.395-406, 5 ill. Test of applicability of photoclinometry for single image restitution. [Sloven. with Engl. rés.]. ISSN 0351-0271.

1506
Čekada, Mihaela Triglav: Uporaba klinometrije za izdelavo digitalnih modelov reliefov planetov. In: Geodetski vestnik : glasilo Zveze Geodetov Slovenije. 48.2004,3, p.340-350, 2 ill. The production of digital elevation models of planets with an emphasis on clinometry. [Sloven. with Engl. rés.]. ISSN 0351-0271.

1507
Čerňanský, Jozef; Stanková, H.: Objektovo-orientovaná klasifikácia krajinnej pokrývky oblasti Chopok-Jasná. In: Kartografické listy. 12.2004, p.104-113, 4 ill., 1 tab. Object-oriented classification of Chopok-Jasná. [Slovak with Engl. rés.].

1508
Chen, Chujiang; Li, Deren: Practical research of IKONOS-2 geopositioning and its accuracy in Tibet of China. In: Geo-spatial information science : quarterly = Diqiu-kongjian-xinxi-kexue-xuebao. 8.2005,1, p.33-38, 1 ill. ISSN 1009-5020.

1509
Chikhaoui, Mohamed; Bonn, Ferdinand; Bokoye, Amadou Idrissa: A spectral index for land degradation mapping using ASTER data : application to a semi-arid Mediterranean catchment. In: International journal of applied earth observation and geoinformation : JAG ; the official quarterly publication of the International Institute for Aerospace Survey and Earth Sciences (ITC). 7.2005,2, p.140-153, 10 ill., 5 tab. ISSN 0303-2434.

1510
Choudhury, Swagata: Application of remote sensing and GIS in soil erosion modelling & land evaluation. In: Cartographic technologies for water, land and infrastructure development : XXIV INCA international congress, Kolkata, October 6 – 9, 2004 ; [... important contributions presented at the XXIV INCA International Congress on the Theme "Cartographic Technologies for Water, Land and Infrastructure Development"...]. Ed.: Dasgupta, Ajit Kumar. – Hyderabad: Indian National Cartographic Association 2005, p.281-289, 15 ill., 2 tab. (Indian cartographer ; 24.2004).

1511
Ciołkosz, Andrzej: Nowe generacje satelitów obserwacyjnych Ziemi. In: Polski przegląd kartograficzny. 37.2005,4, p.118-125, 2 ill., 3 tab. New generations of observation satellites of the Earth. [Pol.]. ISSN 0324-8321.

1512
Cotonnec, Adeline; Fournier, Jérôme; Gouery, Pascal; Mokrani, Mouna; Anselme, Brice; Dréau, Alain; Dubreuil, Vincent; Panizza, Andrea C.; Talec, Pascal: Utilisation de données SPOT5 pour la cartographie des habitats bentiques littoraux : application à l'archipel des île Chausey (golfe normand-breton, France). In: Géographie du littoral : approche géomatique. Textes réunis par Serge Suanez. – Rennes: Presses Universitaires <Rennes> 2005, p.37-50, 6 ill., 4 tab. (Norois : revue géographique des universités de l'Ouest ; environnement, aménagement, société ; 196.2005). [Themenheft der Zeitschrift: Norois : revue géographique des universités de l'Ouest ; environnement, aménagement, société. 196.2005].

1513
Cruickshank, J.L.: The Reichsamt für Landesaufnahme and The Ordnance Survey : a comparison of two mapping organisations between 1919 and the Second World War (part II). In: Sheetlines / The Charles Close Society for the Study of Ordnance Survey Maps. 73.2005, p.39-52, 2 ill. ISSN 0962-8207.

1514
Dalrymple, Helen: Colourful and dramatic : Landsat Images of the earth on display in geography and map division. In: Information bulletin / The Library of Congress. 61.2002,10, p.228-229, 5 ill. ISSN 0041-7904.

1515
De ramp in kaart : van satellietbeeld tot basiskartering. In: Geografie. 14.2005,3, p.9-11, 4 ill. The catastrophe on map. [Dutch]. ISSN 0926-3837.

1516
Digitale Bildverarbeitung : Anwendungen in Photogrammetrie, Fernerkundung und GIS. Ed.: Bähr, Hans-Peter; Vögtle, Thomas. – Heidelberg: Herbert-Wichmann-Verlag 2005, IX, 325 p., ill. – 4., völlig neu bearb. Aufl. ISBN 3-87907-409-7.

1517
Dorninger, Peter: Methoden zur Analyse und Visualisierung der Topographie am Beispiel des Planeten Mars. In: VGI : österreichische Zeitschrift für Vermessung & Geoinformation. 93.2005,2, p.59-71, 11 ill. ISSN 0029-9650.

1518
Dukaczewski, Dariusz: Elektroniczna mapa animowana Gór Izerskich. In: Polski przegląd kartograficzny. 37.2005,1, p.23-36, 4 ill., 3 tab. Electronic animated map of Gór Izerskich. [Pol. with Engl. and Russ. rés.]. ISSN 0324-8321.

1519
El-Sheimy, Naser; Valeo, Caterina; Habib, Ayman: Digital terrain modeling : acquisition, manipulation, and applications. – Boston, Mass. [u.a.]: Artech House 2005, XI, 257 p., ill. ISBN 1-580-53921-1.

1520
Favretto, Andrea; Lo Rè, Addolorata: Coperture in cemento-amianto in ambito urbano. Valutazioni comparative di mappature realizzate con classificatori automatici diversi per immagini telerilevate MIVIS. In: Bollettino della Associazione Italiana di Cartografia. 42.2005,123/125, p.273-284, 8 ill. Asbestos cement roofs in urban zone. Comparing different maps obtained with two automated classification algorithms applied to a MIVIS remotely sensed scene. [Ital. with Engl. rés.]. ISSN 0044-9733.

1521
Flatness, James: Gaining geographical perspective : geography and map collections aid understanding. In: Information bulletin / The Library of Congress. 62.2003,9, p.182-183, ill. ISSN 0041-7904.

1522
Flint, Doug: Innovations to increase productivity of Airborne Sensors. In: Photogrammetric Week '05 : [papers of the 50th Photogrammetric Week, Stuttgart (September 5 to 9, 2005)]. Ed.: Fritsch, Dieter. – Heidelberg: Herbert-Wichmann-Verlag 2005, p.69-77, 14 ill.

1523
Franzen, M.; Gold, W.; Kohlhofer, G.; Ries, Ch.; Rudolf, N.: Photogrammetrie und Fernerkundung im BEV. In: 100 Jahre Amtsgebäude Krotenthallergasse : see you: www.bev.gv.at ; [1905 – 2005]. [inhaltl. Gestaltung: BEV – Bundesamt für Eich- und Vermessungswesen, Gruppe Vermessung]. Österreich / Bundesamt für Eich- und Vermessungswesen. – Wien: 2005, p.28-38, 18 ill.

1524
Frohn, Robert: Satellite mapping and monitoring of wild rice. In: GIScience and remote sensing. 42.2005,4, p.358-367, 8 ill., 1 tab. ISSN 1548-1603.

1525
Fuller, R.M.; Cox, R.; Clarke, R.T.; Rothery, P.; Hill, R.A.; Smith, G.M.; Thomson, A.G.; Brown, N.J.; Howard, D.C.; Stott, A.P.: The UK land cover map 2000 : planning, construction and calibration of a remotely sensed, user-oriented map of broad habitats. In: International journal of applied earth observation and geoinformation : JAG ; the official quarterly publication of the International Institute for Aerospace Survey and Earth Sciences (ITC). 7.2005,3, p.202-216, 3 ill., 3 tab. ISSN 0303-2434.

1526
Geist, Thomas; Höfle, Bernhard; Rutzinger, Martin; Stötter, Johann: Der Einsatz von flugzeuggestützten Laserscanner Daten für geowissenschaftliche Untersuchungen in Gebirgsräumen. In: Photogrammetrie, Fernerkundung, Geoinformation : PFG ; Organ der Deutschen Gesellschaft für Photogrammetrie und Fernerkundung e.V. 2005,3, p.183-190, 3 ill., 1 tab. ISSN 1432-8364.

1527
Geo-Government, wirtschaftliche Innovation durch Geodaten : 53. Deutscher Kartographentag der DGfK und 25. wissenschaftlich-technische Jahrestagung der DGPF, 21. – 23. September 2005 in Rostock ; Publikationen der Deutschen Gesellschaft für Photogrammetrie, Fernerkundung und Geoinformation e.V. ; Band 14. Ed.: Deutsche Gesellschaft für Photogrammetrie und Fernerkundung. – Postdam [u.a.]: DGPF 2005, 1 CD-ROM. [Elektronische Ressource; Aufsatzsammlung; Parallel als Buch-Ausg. erschienen].

1528
Geo-Government, wirtschaftliche Innovation durch Geodaten : Vorträge ; 25. wissenschaftlich-technische Jahrestagung der DGPF, 21. – 23. September 2005 in Rostock ; Publikationen der Deutschen Gesellschaft für Photogrammetrie, Fernerkundung und Geoinformation e.V. ; Band 14. Ed.: Seyfert, Eckhardt. – Postdam [u.a.]: Deutsche Gesellschaft für Photogrammetrie und Fernerkundung 2005, 491 p., ill. [Aufsatzsammlung; Parallel als CD-ROM-Ausg. erschienen].

1529
Ghosal, Subhojit; Sarkar, Ashis: Mapping the landuse / landcover of a geographical space through digital image processing of satellite data. In: Cartographic technologies for water, land and infrastructure development : XXIV INCA international congress, Kolkata, October 6 – 9, 2004 ; [... important contributions presented at the XXIV INCA International Congress on the Theme "Cartographic Technologies for Water, Land and Infrastructure Development"...]. Ed.: Dasgupta, Ajit Kumar. – Hyderabad: Indian National Cartographic Association 2005, p.346-352, 8 ill., 3 tab. (Indian cartographer ; 24.2004).

1530
Giese, Bernd; Oberst, Jürgen; Scholten, Frank; Hoffmann, Harald; Spiegel, Michael; Neukum, Gerhard: Ein hoch auflösendes digitales Oberflächenmodell des Marsmondes Phobos. In: Photogrammetrie, Fernerkundung, Geoinformation : PFG ; Organ der Deutschen Gesellschaft für Photogrammetrie und Fernerkundung e.V. 2005,5, p.435-440, 3 ill. ISSN 1432-8364.

1531
Ginzler, Christian; Mathys, Lukas; Wicki, Patrick: Luftbildeinsatz im dritten Landesforstinventar der Schweiz. In: Mitteilungen des DVW-Bayern e.V. 57.2005,4, p.495-505, 5 ill. ISSN 0723-6336.

1532
Ginzler, Christian; Mathys, Lukas; Wicki, Patrick: Luftbildeinsatz im dritten Landesforstinventar der Schweiz. In: DVW Bayern. Mitteilungsblatt. 57.2005,4, p.495-555, 5 ill., 2 tab.

1533
Giri, J.D.; Mohan, V.; Tailor, B.L.; Singh, R.S.; Shyampura, R.L.: Remote sensing and GIS application for assessing groundwater potential around Udaipur, Rajasthan. In: Cartographic technologies for water, land and infrastructure development : XXIV INCA international congress, Kolkata, October 6 – 9, 2004 ; [... important contributions presented at the XXIV INCA International Congress on the Theme "Cartographic Technologies for Water, Land and Infrastructure Development"...]. Ed.: Dasgupta, Ajit Kumar. – Hyderabad: Indian National Cartographic Association 2005, p.66-77, 5 ill. (Indian cartographer ; 24.2004).

1534
Gomarasca, Mario A.: Elementi di geomatica : con elementi di: geodesia e cartografia, fotogrammetria, telerilevamento, informatica, sistemi di ripresa, sistemi di posizionamento satellitare, elaborazione digitale. Ed.: Associazione italiana di rilevamento. Associazione italiana di rilevamento 2004, XLVI, 618 p., ill. Elements of geomatics : with elements of: geodetics and cartography, photogrammetry, remote sensing, informatics, recording systems, satellite navigation systems, digital elaboration. [Ital.]. [Contains bibliographies and dictionary (p.545-570)] ISBN 88-900943-7-0.

1535
Gregor, Viktor: Fotogrammetrické meranie tatranských plies pre hydrologický výskum. In: Geodetický a kartografický obzor. 50.2004,10, p.193-199, 2 ill., 5 tab. Fotogrammetry measurements of mountain lakes in the Tatras for hydrologic research. [Slov.]. ISSN 0016-7096.

1536
Gregor, Viktor: Morfologické zmeny tatranských plies zanášaním. In: Geodetický a kartografický obzor. 51.2005,1, p.9-14, 9 ill. Morphological changes of the Tatras mountains lakes due to silting. [Czech with Engl. rés.]. ISSN 0016-7096.

1537
Gruber, Walter; Slupetzky, Heinz: Gletscher-Monitoring : von terrestrischer Vermessung zu modernen Methoden der Fernerkundung anhand von Beispielen aus den Hohen Tauern und der Coast Range (B.C., Canada). In: Raumbilder im Wandel : 40 Jahre Geographie an der Universität Salzburg. Ed.: Breuste, Jürgen. – Salzburg: Universität Salzburg / Fachbereich für Geographie, Geologie und Mineralogie 2005, p.37-52, 18 ill. + 1 map-suppl. (Salzburger geographische Arbeiten ; 38).

1538
Gupta, R.K.; Vijayan, D.: Thermal stress monitoring of dry deciduous ecosystem. In: Bridging the digital divide and taking cartography at grassroots level : 25th INCA international congress, Sagar, Nov. 28 – Dec. 1, 2005. Ed.: Trivedi, R. K. – Ahmedabad: Indian National Cartographic Association 2005, p.44-48, 4 ill., 1 tab. (Indian cartographer ; 25.2005).

1539
Gupta, R.K.; Vijayan, D.; Prasad, T. S.: Critical utility assessment of maximum likelihood and ann classifiers. In: Bridging the digital divide and taking cartography at grassroots level : 25th INCA international congress, Sagar, Nov. 28 – Dec. 1, 2005. Ed.: Trivedi, R. K. – Ahmedabad: Indian National Cartographic Association 2005, p.88-93, 1 ill., 6 tab. (Indian cartographer ; 25.2005).

1540
Gutjahr, Karlheinz; Raggam, Hannes; Franke, Martina: Herleitung digitaler Oberflächenmodelle aus hochauflösenden Stereo-Bilddaten im alpinen Gelände. In: VGI : österreichische Zeitschrift für Vermessung & Geoinformation. 93.2005,2. ISSN 0029-9650.

1541
Gwinner, Klaus; Scholten, Frank; Giese, Bernd; Oberst, Jürgen; Jaumann, Ralf; Spiegel, Michael; Schmidt, Ralph; Neukum, Gerhard: Hochauflösende digitale Geländemodelle auf der Grundlage von Mars Express HRSC-Daten. In: Photogrammetrie, Fernerkundung, Geoinformation : PFG ; Organ der Deutschen Gesellschaft für Photogrammetrie und Fernerkundung e.V. 2005,5, p.387-394, 7 ill., 2 tab. ISSN 1432-8364.

1542
Hazeu, G.: Landelijk Grondegebruiksbestand Nederland (LGN5). In: Geo-Info : tijdschrift voor Geo-Informatie Nederland, GIN. 2.2005,10, p.456-462, 9 ill., 1 tab. National land use Netherlands (LGN5). [Dutch with Engl. and French rés.]. ISSN 1572-5464.

1543
Heipke, Christian: Web-based photogrammetric image and geospatial services – an overview. In: Photogrammetric Week '05 : [papers of the 50th Photogrammetric Week, Stuttgart (September 5 to 9, 2005)]. Ed.: Fritsch, Dieter. – Heidelberg: Herbert-Wichmann-Verlag 2005, p.157-163, 1 ill.

1544
Heipke, Christian; Albertz, Jörg; Attwenger, Maria; Gehrke, Stephan; Lehmann, Hartmut; Neukum, Gerhard: HRSC auf Mars Express : photogrammetrische und kartographische Auswertungen. In: ZfV : Zeitschrift für Geodäsie, Geoinformation und Landmanagement. 130.2005,6, p.379-386, 11 ill., 1 tab. ISSN 1618-8950.

1545
Hellwich, Olaf; Reigber, Andreas; Guillaso, Stephan; Jäger, Marc; Neumann, Maxim; Bellmann, Anke: Current developments in airborne SAR Remote Sensing. In: Photogrammetric Week '05 : [papers of the 50th Photogrammetric Week, Stuttgart (September 5 to 9, 2005)]. Ed.: Fritsch, Dieter. – Heidelberg: Herbert-Wichmann-Verlag 2005, p.135-146, 26 ill.

1546
Hickey, Robert J.: An investigation of the multispectral response patterns of West Australian bauxite deposits. In: Journal of spatial science. 2.2005, p.97-113, 16 ill., 1 tab.

1547
Hochschild, Volker; Weise, Christian; Selsam, Peter: Die Aktualisierung der "Digitalen Grundkarte Landwirtschaft" in Thüringen mit Hilfe von Fernerkundungsdaten. In: Photogrammetrie, Fernerkundung, Geoinformation : PFG ; Organ der Deutschen Gesellschaft für Photogrammetrie und Fernerkundung e.V. 2005,3, p.201-208, 5 ill. ISSN 1432-8364.

1548
IGN espace à bord de Spot 5 : la terre vue des étoiles. In: IGN magazine. 14.2003, p.4-12, ill. ISSN 1624-9305.

1549
Jabbar, Mushtak Talib; Hu, Guangdao; Zhang, Zhenfei: Application of remote sensing and GIS technology to the study of desertification of arable lands in North Shaanxi, China. In: Geo-spatial information science : quarterly = Diqiu-kongjian-xinxi-kexue-xuebao. 7.2004,3, p.187-192, 1 ill., 7 tab. ISSN 1009-5020.

1550
Jain, Sadhana ; Kumar, Amit; Sharma, Sachin: Space use inventory in the central part of Dehradun : an approach using high resolution satellite data. In: Bridging the digital divide and taking cartography at grassroots level : 25th INCA international congress, Sagar, Nov. 28 – Dec. 1, 2005. Ed.: Trivedi, R. K. – Ahmedabad: Indian National Cartographic Association 2005, p.116-118, 1 ill., 2 tab. (Indian cartographer ; 25.2005).

1551
Jaiswal, Rajeev Kumar; Thomas, T.; Nayak, T. R. ; Bhar, A. K.: Application of remote sensing & GIS for groundwater potential areas mapping. In: Bridging the digital divide and taking cartography at grassroots level : 25th INCA international congress, Sagar, Nov. 28 – Dec. 1, 2005. Ed.: Trivedi, R. K. – Ahmedabad: Indian National Cartographic Association 2005, p.216-220, 6 ill., 2 tab. (Indian cartographer ; 25.2005).

1552
Katiyar, S. K.; Kumar, Anand: Forest density mapping using remotely sensed imagery : some operational issues. In: Bridging the digital divide and taking cartography at grassroots level : 25th INCA international congress, Sagar, Nov. 28 – Dec. 1, 2005. Ed.: Trivedi, R. K. – Ahmedabad: Indian National Cartographic Association 2005, p.137-139 (Indian cartographer ; 25.2005).

1553
Koleny, Mladen; Čerňanský, Jozef: Využitie ortofotomáp v prieskume urýchlenej plošnej vodnej erózie. In: Kartografické listy. 12.2004, p.29-36, 3 ill. Using of orthofotomaps in the survey of accelerated surface water erosion. [Slovak with Engl. rés.].

1554
Kosmatin Fras, Mojca: Vpliv kakovosti vhodnih podatkov na kakovost ortofota. In: Geodetski vestnik : glasilo Zveze Geodetov Slovenije. 48.2004,2, p.167-178 Influence of input data on the quality of orthophoto. [Sloven. with Engl. rés.]. ISSN 0351-0271.

1555
Krüger, Tobias; Buchroithner, Manfred F.; Lehmann, Frank: GIS-gestützte Kartierung hochwasserschutzrelevanter topographischer Informationen mit HRSC-Daten. In: Photogrammetrie, Fernerkundung, Geoinformation : PFG ; Organ der Deutschen Gesellschaft für Photogrammetrie und Fernerkundung e.V. 2005,33, p.129-133, 6 ill. ISSN 1432-8364.

1556
Kugler, Szófia; Barsi, Arpád; Mélykúti, Gábor; Ládai, András Dénes: Automatikus fotogrammetriai eljárással előállított digitális terepmodell beépített környezetben. In: Geodézia és kartográfia. 57.2005,12, p.12-17, 5 ill. Digital terrainmodelling generation in build-up area with automatic photogrammetric procedures. [Hung. with Engl. and German rés.]. ISSN 0016-7118.

1557
Kumar, R.Siva: Accuracy issues in digital topographic databases. In: Indian Surveyor : the journal of the institution of surveyors. 55.2001,1, p.63-72. ISSN 0970-3470.

1558
Kushwaha, Suraj Dev Kumar ; Patel, Nilanchal; Panda, Ranjan Kumar: Assessment of changes in environs of Ranchi City through remote sensing and GIS techniques. In: Bridging the digital divide and taking cartography at grassroots level : 25th INCA international congress, Sagar, Nov. 28 – Dec. 1, 2005. Ed.: Trivedi, R. K. – Ahmedabad: Indian National Cartographic Association 2005, p.193-195, 6 ill. (Indian cartographer ; 25.2005).

1559
La fabrication d'ortho-images intégrales. In: IGN magazine. 16.2003, p.10-11. ISSN 1624-9305.

1560
Ládai, András Dénes; Barsi, Arpád; Le Mouelic, Stéphane; Sotin, Christophe; Combe, Jean-Philippe: A Mars felszínének kőzettani vizsgálata hiperspektrális felvételek alapján. In: Geodézia és kartográfia. 57.2005,7, p.14-18, 10 ill. Geological investigations of the Mars surface with hyperspectral image processing. [Hung. with French rés.]. ISSN 0016-7118.

1561
Landes, Tania; Grussenmeyer, Pierre; Najjar, Georges: Télédétection et photogrammétrie, chaînons dans la détermination du climat urbain à Strasbourg. In: XYZ : revue de l'Association Française de Topographie. 103.2005,2, p.27-34, 12 ill., 2 tab. ISSN 0290-9057.

1562
Latifovic, Rasim; Fytas, Kostas; Chen, Jing; Paraszczak, Jacek: Assessing land cover change resulting from large surface mining development. In: International journal of applied earth observation and geoinformation : JAG ; the official quarterly publication of the International Institute for Aerospace Survey and Earth Sciences (ITC). 7.2005,1, p.29-48, 16 ill., 3 tab. ISSN 0303-2434.

1563
Le Berre, Iwan; Hénaff, Alain; Devogèle, Thomas; Mascret, Ariane; Wenzel, Franck: SPOT5 : un outil pertinent pour le suivi du trait de côte?. In: Géographie du littoral : approche géomatique. Textes réunis par Serge Suanez. – Rennes: Presses Universitaires <Rennes> 2005, p.23-35, 7 ill., 4 tab. (Norois : revue géographique des universités de l'Ouest ; environnement, aménagement, société ; 196.2005). [Themenheft der Zeitschrift:; ; ; ; Norois : revue géographique des universités de l'Ouest ; environnement, aménagement, société. 196.2005].

1564
Le projet Litto3D. In: IGN magazine. 26.2004, p.12-13, ill. ISSN 1624-9305.

1565
Leckie, Donald G.; Cloney, Ed; Joyce, Steve P.: Automated detection and mapping of crown discolouration caused by jack pine budworm with 2.5 m resolution multispectral imagery. In: International journal of applied earth observation and geoinformation : JAG ; the official quarterly publication of the International Institute for Aerospace Survey and Earth Sciences (ITC). 7.2005,1, p.61-77, 4 ill., 3 tab. ISSN 0303-2434.

1566
Lencinas, José D.: Native forest mapping in Patagonian Andes based on optical satellite imagery. In: Photogrammetrie, Fernerkundung, Geoinformation : PFG ; Organ der Deutschen Gesellschaft für Photogrammetrie und Fernerkundung e.V. 2005,2, p.147-156, 3 ill., 3 tab. ISSN 1432-8364.

1567
Les modèles numériques d'élévation : les recherches du matis. In: IGN magazine. 8.2001, p.10-11, ill. ISSN 1624-9305.

1568
Li, Feipeng; Yang, Zhigao; Qin, Qianqing; Li, Deren: Real-time compression of high-resolution remote sensing image. In: Geomatics and information science of Wuhan University. 29.2004,3, p.259-263, 5 ill. [Chin. with Engl. rés.]. ISSN 1671-8860; 1000-050X.

1569
Li, Hao; Zhang, Youjing; Hua, Xisheng; Yang, Biao: Geologic logging of digital photos and its basic algorithm. In: Geomatics and information science of Wuhan University. 29.2004,9, p.804-808, 5 ill., 1 tab. [Chin. with Engl. rés.]. ISSN 1671-8860; 1000-050X.

1570
Li, Jianping; Zhang, Bai; Gao, Feng: RS-and-GIS-supported forecast of grassland degradation in Southwest Songnen Plain by Markov model. In: Geo-spatial information science : quarterly = Diqiu-kongjian-xinxi-kexue-xuebao. 8.2005,2, p.104-109, 3 ill., 4 tab. ISSN 1009-5020.

1571
L'IGN en direct du ciel : la photographie aérienne. In: IGN magazine. 7.2001, p.4-9, ill. ISSN 1624-9305.

1572
Lilje, Boo G.: La enseñanza de la topografía en el Instituto Técnico de Lun (Suecia). In: Topografía y cartografía : TOPCART ; revista del Colegio Oficial de Ingenieros Técnicos en Topografía. 22.2005,129, p.48-55, 5 ill. Topographic education at the Institut of Technics at Lund (Sweden). [Span. with Engl. rés.]. ISSN 0212-9280.

1573
Lin, Pingxian; Yu, Jie; Bian, Fuling: Acquisition of directional parameters in aerial images based on DEM data. In: Geo-spatial information science : quarterly = Diqiu-kongjian-xinxi-kexue-xuebao. 8.2005,1, p.23-27, 7 ill., 3 tab. ISSN 1009-5020.

1574
Lin, Zongjian; Xuan, Wenling; Wang, Yan: A novel method for high resolution image positioning. In: Geomatics and information science of Wuhan University. 29.2004,4, p.363-366, 5 ill. [Chin. with Engl. rés.]. ISSN 1671-8860; 1000-050X.

1575
Liu, Gang: Remote sensing image segmentation with probabilistic neural networks. In: Geo-spatial information science : quarterly = Diqiu-kongjian-xinxi-kexue-xuebao. 8.2005,1, p.28-32 + 49, 3 ill., 3 tab. ISSN 1009-5020.

1576
Liu, Zhengrong: Methods and prospects of road and linear structure automatic extraction from remote sensing images. In: Geo-spatial information science : quarterly = Diqiu-kongjian-xinxi-kexue-xuebao. 6.2003,2, p.63-68. ISSN 1009-5020.

1577
Liu, Zhifang; Zhang, Jianqing; Zhang, Zuxun; Fan, Hong: Change detection based on DSM and image features in urban areas. In: Geo-spatial information science : quarterly = Diqiu-kongjian-xinxi-kexue-xuebao. 6.2003,2, p.35-41, 4 ill. ISSN 1009-5020.

1578
Löffler, Ernst; Honecker, Ulrich; Stabel, Edith: Geographie und Fernerkundung : eine Einführung in die geographische Interpretation von Luftbildern und modernen Fernerkundungsdaten ; mit 9 Tabellen. – Berlin [u.a.]: Borntraeger 2005, 287 p., ill., mp. – 3., neubearb. und erw. Aufl. [Literaturverz. S. [259] – 275] ISBN 3-443-07140-6.

1579
Lung, Tobias: Landbedeckungsänderungen im Gebiet "Kakamega Forest und assoziierte Waldgebiete" (Westkenia) : multispektrale Klassifikation von Landsat-Satellitenbilddaten und Auswertung mittels Methoden im Raster-GIS = Landcover change in the region of Kakamega Forest and associated forest areas (Westkenya). – Karlsruhe: Fachhochschule Karlsruhe, Hochschule für Technik, Fachbereich Geoinformationswesen 2004, XVI, 114 p., ill., mp. (Karlsruher geowissenschaftliche Schriften, Reihe A, Kartographie und Geographie ; 15). [Zugl.: Karlsruhe, Fachhochsch., Diplom-Arbeit, 2004; Zugl.: enthalten in Reihe BIOTA East Africa report, 3] ISBN 3-89063-017-0.

1580
Maas, Hans-Gerd: Adquisition von 3D-GIS-Daten durch Flugzeug-Laserscanning. In: Kartographische Nachrichten : KN ; Fachzeitschrift für Geoinformation und Visualisierung ; Organ der Deutschen Gesellschaft für Kartographie e.V., der Schweizerischen Gesellschaft für Kartographie und der Österreichischen Kartographischen Kommission in der Österreichischen Geographischen Gesellschaft. 55.2005,1, p.3-11, 10 ill. ISSN 0022-9164.

1581
Maingi, John K.; Luhn, William M.: Mapping insect-induced pine mortality in the Daniel Boone National Forest, Kentucky using Landsat TM and ETM+ data. In: GIScience and remote sensing. 42.2005,3, p.224-250, 8 ill., 4 tab. ISSN 1548-1603.

1582
Mandal, D.K.: Role of RS and GIS on the study of ground water potential of Doon Valley area. In: Cartographic technologies for water, land and infrastructure development : XXIV INCA international congress, Kolkata, October 6 – 9, 2004 ; [... important contributions presented at the XXIV INCA International Congress on the Theme "Cartographic Technologies for Water, Land and Infrastructure Development"...]. Ed.: Dasgupta, Ajit Kumar. – Hyderabad: Indian National Cartographic Association 2005, p.57-65, 1 ill., 1 tab. (Indian cartographer ; 24.2004).

1583
Marzo, C.; Losurdo, A.; Guerriero, L.; Colangelo, A.: Esperienze di utilizzo di tecnologie SAR nel calcolo del digital elevation model e nel monitoraggio di strutture edilizie interessate da deformazioni del territorio. In: Bollettino della Associazione Italiana di Cartografia. 42.2005,123/125, p.525-533, 11 ill. Experiences about interferometric technique in order to produce digital elevation model and in order to monitor buildings involved in deformations of the territory. [Ital. with Engl. rés.]. ISSN 0044-9733.

1584
Mauro, Giovanni; Lullo, Andrea di: L'utilizzo dei dati iperspettrali MIVIS Per un'analisi geografico-territoriale : la media valle del Tagliamento come caso di studio. In: Bollettino della Associazione Italiana di Cartografia. 42.2005,123/125, p.435-446, 5 ill. Hyperspectral data (MIVIS) to study the Tagliamento middle valley. [Ital. with Engl. rés.]. ISSN 0044-9733.

1585
Mayer, Helmut: What next: autonomous photogrammetric image understanding?. In: Photogrammetric Week '05 : [papers of the 50th Photogrammetric Week, Stuttgart (September 5 to 9, 2005)]. Ed.: Fritsch, Dieter. – Heidelberg: Herbert-Wichmann-Verlag 2005, p.331-339, 9 ill.

1586
McKee, Susan: Remote Sensing issues at the Supreme Court of Canada. In: Bulletin / Association of Canadian Map Libraries and Archives. 123.2005, p.3-6. ISSN 0840-9331.

1587
Mennis, Jeremy; Viger, Roland; Tomlin, C. Dana: Cubic map algebra functions for spatio-temporal analysis. In: Cartography and geographic information science : an official journal of ACSM devoted to the advancement of cartography in all its aspects. 32.2005,1, p.17-32, 7 ill., 6 tab. ISSN 1523-0406.

1588
Mishra, D. K.; Diwan, P.: Correlation & characterisation of limestone deposits of Chhattisgarh through RS-GIS interface. In: Bridging the digital divide and taking cartography at grassroots level : 25th INCA international congress, Sagar, Nov. 28 – Dec. 1, 2005. Ed.: Trivedi, R. K. – Ahmedabad: Indian National Cartographic Association 2005, p.150-153, 5 ill. (Indian cartographer ; 25.2005).

1589
Mishra, Vandana; Srivastava, Abhishek; Srivastava, Shweta: Digital image processing of IRS-IC LISS-III data for natural resource classification. In: Cartographic technologies for water, land and infrastructure development : XXIV INCA international congress, Kolkata, October 6 – 9, 2004 ; [... important contributions presented at the XXIV INCA International Congress on the Theme "Cartographic Technologies for Water, Land and Infrastructure Development"...]. Ed.: Dasgupta, Ajit Kumar. – Hyderabad: Indian National Cartographic Association 2005, p.257-265, 5 ill., 2 tab. (Indian cartographer ; 24.2004).

1590
Moharana, P. C.: Present day geomorphic processes, land surface development and hazards in Churu District – assessment using visual remote sensing. In: Bridging the digital divide and taking cartography at grassroots level : 25th INCA international congress, Sagar, Nov. 28 – Dec. 1, 2005. Ed.: Trivedi, R. K. – Ahmedabad: Indian National Cartographic Association 2005, p.200-204, 3 ill., 1 tab. (Indian cartographer ; 25.2005).

1591
Mukherjee, Sudershan: Landuse mapping : a first aid to contain environmental pollution. In: Cartographic technologies for water, land and infrastructure development : XXIV INCA international congress, Kolkata, October 6 – 9, 2004 ; [... important contributions presented at the XXIV INCA International Congress on the Theme "Cartographic Technologies for Water, Land and Infrastructure Development"...]. Ed.: Dasgupta, Ajit Kumar. – Hyderabad: Indian National Cartographic Association 2005 (Indian cartographer ; 24.2004).

1592
Nasipuri, Pritam; Mitra, D.S.; Majumdar, T.J.: Generation of thermal inertia image over a part of Gujarat : a new tool for geological mapping. In: International journal of applied earth observation and geoinformation : JAG ; the official quarterly publication of the International Institute for Aerospace Survey and Earth Sciences (ITC). 7.2005,2, p.129-139, 9 ill, 1 tab. ISSN 0303-2434.

1593
Nayak, T. R.; Chhaya Pandey; Jain, J. L.: Change detection in landuse of Sagar Lake catchment through satellite data. In: Bridging the digital divide and taking cartography at grassroots level : 25th INCA international congress, Sagar, Nov. 28 – Dec. 1, 2005. Ed.: Trivedi, R. K. – Ahmedabad: Indian National Cartographic Association 2005, p.179-181, 3 ill., 1 tab. (Indian cartographer ; 25.2005).

1594
Orthophotographie et partage de l'information : le Grand Lyon. In: IGN magazine. 4.2001, p.6-8, ill. ISSN 1624-9305.

1595
Pan, Li; Zheng, Hong; Zhang, Zuxun; Zhang, Jianqing: Genetic feature selection for texture classification. In: Geo-spatial information science : quarterly = Diqiu-kongjian-xinxi-kexue-xuebao. 7.2004,3, p.162-166, 1 ill. ISSN 1009-5020.

1596
Pathak, Virendra; Bhargava, D. S.; Sharma, S. P.: GPS applications in mapping and utility services. In: Indian Surveyor : the journal of the institution of surveyors. 57.2003,2, p.41-46. ISSN 0970-3470.

1597
Photogrammetric Week '05 : [papers of the 50th Photogrammetric Week, Stuttgart (September 5 to 9, 2005)]. Ed.: Fritsch, Dieter. – Heidelberg: Herbert-Wichmann-Verlag 2005, IX, 346 p., ill. ISBN 3-87907-421-6.

1598
Photographic reconnaissance and photographic intelligence, 1939-1944. – Fulbourne: GeoInformation historic 2003. [Originally published: 1945, in UK air ministries serial evidence camera] ISBN 0-9545270-0-3; 978-0-9545270-0-6.

1599
Prises de vues aériennes : le «tout numérique». In: IGN magazine. 30.2005, p.4-13, ill. ISSN 1624-9305.

1600
Qian, Jun; Shu, Ning: Correction of control point slope based on EM algorithm and shading of single SAR image. In: Geomatics and information science of Wuhan University. 29.2004,12, p.1089-1092, 5 ill., 2 tab. [Chin. with Engl. rés.]. ISSN 1671-8860; 1000-050X.

1601
Raha, Atanu Kumar: Real time forest cover mapping using IRS-P6 data. In: Cartographic technologies for water, land and infrastructure development : XXIV INCA international congress, Kolkata, October 6 – 9, 2004 ; [... important contributions presented at the XXIV INCA International Congress on the Theme "Cartographic Technologies for Water, Land and Infrastructure Development"...]. Ed.: Dasgupta, Ajit Kumar. – Hyderabad: Indian National Cartographic Association 2005, p.333-340, 4 tab. (Indian cartographer ; 24.2004).

1602
Rajasekhar, P.V.: Adaptability of satellite remote sensing in survey of India as a tool for topographic mapping : a case study. In: Indian Surveyor : the journal of the institution of surveyors. 50.2000,2, p.44-52. ISSN 0970-3470.

1603
Raju, Prasada: Monitoring and prediction of landslide hazards using remotly sensed data and decision support systems. In: Bridging the digital divide and taking cartography at grassroots level : 25th INCA international congress, Sagar, Nov. 28 – Dec. 1, 2005. Ed.: Trivedi, R. K. – Ahmedabad: Indian National Cartographic Association 2005, p.205-211, 2 ill., 3 tab. (Indian cartographer ; 25.2005).

1604
Raju, Prasada; Ghosh, Sujata; Saibaba, J.: Status of large scale mapping in the context of space technology : a review. In: Cartographic technologies for water, land and infrastructure development : XXIV INCA international congress, Kolkata, October 6 – 9, 2004 ; [... important contributions presented at the XXIV INCA International Congress on the Theme "Cartographic Technologies for Water, Land and Infrastructure Development"...]. Ed.: Dasgupta, Ajit Kumar. – Hyderabad: Indian National Cartographic Association 2005, p.375-387, 2 tab. (Indian cartographer ; 24.2004).

1605
Ram, Balak ; Chauhan, J. S.: Delineation and assessment of lands available for developing alternate land use systems in Jodhpur District of arid Rajasthan. In: Bridging the digital divide and taking cartography at grassroots level : 25th INCA international congress, Sagar, Nov. 28 – Dec. 1, 2005. Ed.: Trivedi, R. K. – Ahmedabad: Indian National Cartographic Association 2005, p.188-192, 1 ill., 2 tab. (Indian cartographer ; 25.2005).

1606
Ram, Balak; Patidar, M.; Rastogi, Ankita; Singh, Gopal: Evaluation of biophysical resources though cadastral information, remotely sensed data digital cartography for microlevel land use planning in arid agro-ecosystem. In: Cartographic technologies for water, land and infrastructure development : XXIV INCA international congress, Kolkata, October 6 – 9, 2004 ; [... important contributions presented at the XXIV INCA International Congress on the Theme "Cartographic Technologies for Water, Land and Infrastructure Development"...]. Ed.: Dasgupta, Ajit Kumar. – Hyderabad: Indian National Cartographic Association 2005, p.313-323, 8 ill., 5 tab. (Indian cartographer ; 24.2004).

1607
Ray, Amit K.; Chaudhuri, Buddhadeb: Tectonic appraisal of the Narmada-Tapti-Kutch linear belt and the Cambay basin in western India. In: Cartographic technologies for water, land and infrastructure development : XXIV INCA international congress, Kolkata, October 6 – 9, 2004 ; [... important contributions presented at the XXIV INCA International Congress on the Theme "Cartographic Technologies for Water, Land and Infrastructure Development"...]. Ed.: Dasgupta, Ajit Kumar. – Hyderabad: Indian National Cartographic Association 2005, p.247-256, 10 ill. (Indian cartographer ; 24.2004).

1608
Rejas, Juan G.; Martínez, Rubén; Sánchez, José A.; Ojeda, Juan C.: Georeferenciación directa de imágenes : calibración de la Unidad de Medida Inercial (IMU) en sensores ópticos. In: Topografía y cartografía : TOPCART ; revista del Colegio Oficial de Ingenieros Técnicos en Topografía. 22.2005,127, p.3-11, 8 ill., 1 tab. Georeferencing directed by images : calibration of the Inertial Measurement Unit (IMU) with optical sensors. [Span.]. ISSN 0212-9280.

1609
Remote sensing & GIS for environmental studies : applications in geography ; [GGRS 2004, 1st Göttingen GIS & Remote Sensing Days – Environmental Studies, 7- 8 October 2004, Göttingen, Germany]. Ed.: Erasmi, Stefan. – Göttingen: Goltze 2005, XIV, 330 p., ill., mp. (Göttinger geographische Abhandlungen ; 113). ISBN 3-88452-113-6.

1610
Rocchini, D.: Resolution problems in calculating landscape metrics. In: Journal of spatial science. 2.2005, p.25-35, 4 ill., 1 tab.

1611
Rosengarten, Hartmut: Intergraph's World of Earth Imaging. In: Photogrammetric Week '05 : [papers of the 50th Photogrammetric Week, Stuttgart (September 5 to 9, 2005)]. Ed.: Fritsch, Dieter. – Heidelberg: Herbert-Wichmann-Verlag 2005, p.23-38, 5 ill.

1612
Rottensteiner, Franz: Automatische Ableitung detaillierter Gebäudemodelle für 3D Stadtmodelle. In: VGI : österreichische Zeitschrift für Vermessung & Geoinformation. 93.2005,4, p.179-185, 7 ill. ISSN 0029-9650.

1613
Ruiz Morales, Mario: Laussedat y la Academia de Ciencias de España (I). In: Topografía y cartografía : TOPCART ; revista del Colegio Oficial de Ingenieros Técnicos en Topografía. 22.2005,128, p.27-34, 8 ill. Laussedat and the Spanish Academy of Science. [Span.]. ISSN 0212-9280.

1614
Ruiz Morales, Mario: Laussedat y la Academia de Ciencias de España (y II). In: Topografía y cartografía : TOPCART ; revista del Colegio Oficial de Ingenieros Técnicos en Topografía. 22.2005,129, p.29-47, 3 tab. Laussedat and the Spanish Academy of Science. [Span.]. ISSN 0212-9280.

1615
Saïd Allili, Mohand; Ziou, Djemel: Automatic change detection and updating of topographic databases by using satellite imagery : a level set approach. In: Geomatica. 59.2005,3, p.275-281, 5 ill. ISSN 1195-1036.

1616
Sarkar, Dipak: Remote sensing and computer cartographic technique involving GIS for agricultural land management : a case study in Subarnarekha watershed, district Ranchi, Jharkhand. In: Cartographic technologies for water, land and infrastructure development : XXIV INCA international congress, Kolkata, October 6 – 9, 2004 ; [... important contributions presented at the XXIV INCA International Congress on the Theme "Cartographic Technologies for Water, Land and Infrastructure Development"...]. Ed.: Dasgupta, Ajit Kumar. – Hyderabad: Indian National Cartographic Association 2005, p.398-406, 3 ill., 5 tab. (Indian cartographer ; 24.2004).

1617
Schiewe, Jochen: Quo vadis education in photogrammetry? : The contribution of E-learning. In: Photogrammetric Week '05 : [papers of the 50th Photogrammetric Week, Stuttgart (September 5 to 9, 2005)]. Ed.: Fritsch, Dieter. – Heidelberg: Herbert-Wichmann-Verlag 2005, p.295-302, 1 ill.

1618
Schmidtlein, Sebastian; Grabner, Sabine; Sassin, Julia: Eine Fallstudie zum Einsatz abbildender Spektroskopie in der Grünlandkartierung. In: Photogrammetrie, Fernerkundung, Geoinformation : PFG ; Organ der Deutschen Gesellschaft für Photogrammetrie und Fernerkundung e.V. 2005,3, p.219-226, 4 ill., 1 tab. ISSN 1432-8364.

1619
Scholten, Frank; Roatsch, Thomas; Gwinner, Klaus; Matz, Klaus-Dieter; Mertens, Volker; Flohrer, Joachim; Wählisch, Marita; Giese, Bernd; Pischel, René; Oberst, Jürgen; Jaumann, Ralf; Neukum, Gerhard: Von Rohdaten aus dem Mars Express Orbit zu Digitalen Geländemodellen und Orthobildern : operationelle Verarbeitung von HRSC Daten. In: Photogrammetrie, Fernerkundung, Geoinformation : PFG ; Organ der Deutschen Gesellschaft für Photogrammetrie und Fernerkundung e.V. 2005,5, p.365-372, 6 ill., 2 tab. ISSN 1432-8364.

1620
Sensarma, Kakali; Bhattacharyya, S.; Sikdar, P.: Application of remote sensing and GIS for managing a vast waterlogged area in Murshidabad district, West Bengal. In: Cartographic technologies for water, land and infrastructure development : XXIV INCA international congress, Kolkata, October 6 – 9, 2004 ; [... important contributions presented at the XXIV INCA International Congress on the Theme "Cartographic Technologies for Water, Land and Infrastructure Development"...]. Ed.: Dasgupta, Ajit Kumar. – Hyderabad: Indian National Cartographic Association 2005, p.296-307, 2 ill., 2 tab. (Indian cartographer ; 24.2004).

1621
Shi, Wenzhong; Cao, Hui; Zhang, Jianqing: 3D urban building modeling based on high resolution satellite images. In: Geomatics and information science of Wuhan University. 29.2004,9, p.783-787, 3 ill., 1 tab. [Chin. with Engl. rés.]. ISSN 1671-8860; 1000-050X.

1622
Shi, Wenzhong; Shaker, Ahmed: Approximate approaches to geometric corrections of high resolution satellite imagery. In: Geo-spatial information science : quarterly = Diqiu-kongjian-xinxi-kexue-xuebao. 7.2004,1, p.24-30, 1 ill., 1 tab. ISSN 1009-5020.

1623
Shu, Ning: On the texture of multi-spectral and super-dimensional images. In: Geomatics and information science of Wuhan University. 29.2004,4, p.292-295, 1 ill. [Chin. with Engl. rés.]. ISSN 1671-8860; 1000-050X.

1624
Singh, R. M.; Trivedi, R. K.: New trends of digital cartography in cadastral mapping with special reference to remote sensing and GIS applications. In: Bridging the digital divide and taking cartography at grassroots level : 25th INCA international congress, Sagar, Nov. 28 – Dec. 1, 2005. Ed.: Trivedi, R. K. – Ahmedabad: Indian National Cartographic Association 2005, p.70-78, 4 ill. (Indian cartographer ; 25.2005).

1625
Sinha, A. K.; Kumar, Anup: Satellite data based landuse change analysis of Jaipur City and its hinterland, Rajasthan, India. In: Bridging the digital divide and taking cartography at grassroots level : 25th INCA international congress, Sagar, Nov. 28 – Dec. 1, 2005. Ed.: Trivedi, R. K. – Ahmedabad: Indian National Cartographic Association 2005, p.213-215, 2 ill., 1 tab. (Indian cartographer ; 25.2005).

1626
Smith, Scot; Nunley, Janet; Dewitt, Bon; Genc, Levent: Assessment of the use of remote sensing techniques for locating and mapping ordinary high water lines for Lakes Kissimmee and Hatchineha in Florida. In: Surveying and land information science : an official journal of ACSM devoted to the sciences of surveying and mapping, land information and related fields. 64.2004,2, p.113-129, 13 ill. ISSN 1538-1242; 1052-2905.

1627
Šrámková, Renáta: Digitálne ortofotomapy slovenskej republiky. In: Kartografické listy. 12.2004, p.114-118, 1 ill. Continuous Orthophotomaps of the Slovak Republic. [Slovak with Engl. rés.].

1628
Srivastava, Aradhana; Kandya, A. K.; Mohan, S.; Ajai: Evaluation of SAR and optical data fusion for landcover discrimination. In: Bridging the digital divide and taking cartography at grassroots level : 25th INCA international congress, Sagar, Nov. 28 – Dec. 1, 2005. Ed.: Trivedi, R. K. – Ahmedabad: Indian National Cartographic Association 2005, p.169-174, 5 ill., 3 tab. (Indian cartographer ; 25.2005).

1629
Stabel, Edith: Satellitenbasierte Analyse der Morphodynamik großer Fließgewässer als Teil einer integrierten Hochwasservorsorge : am Beispiel des Oderhochwassers 1997. Ed.: Universität des Saarlandes <Saarbrücken>. – Saarbrücken: Selbstverlag 2005, 126 p., ill., mp. (Saarbrücker geographische Arbeiten ; 50). [Zsfassung in dt., engl., franz. und poln. Sprache; Zugl.: Saarbrücken, Univ., Diss., 2004] ISBN 3-924525-50-1.

1630
Stalin, M.; Ramakrishnan, S. S.; Nagarajan, B.; Sanjeevi, S.: Fusion of quick bird digital images for generating large scale maps. In: Bridging the digital divide and taking cartography at grassroots level : 25th INCA international congress, Sagar, Nov. 28 – Dec. 1, 2005. Ed.: Trivedi, R. K. – Ahmedabad: Indian National Cartographic Association 2005, p.64-69, 2 ill., 3 tab. (Indian cartographer ; 25.2005).

1631
Štěpánek, Petr: Systém Doris : princip a výsledky analýzy dat Bernským softwarem. In: Geodetický a kartografický obzor. 51.2005,2, p.21-26, 3 ill., 3 tab. DORIS system : the principles and results of data analysis using the Bernesse software. ISSN 0016-7096.

1632
Stümer, Wolfgang ; Köhl, Michael: Kombination von terrestrischen Aufnahmen und Fernerkundungsdaten mit Hilfe der k-Nächste-Nachbarn-Methode zur Klassifizierung und Kartierung von Wäldern. In: Photogrammetrie, Fernerkundung, Geoinformation : PFG ; Organ der Deutschen Gesellschaft für Photogrammetrie und Fernerkundung e.V. 2005,1, p.23-36, 5 ill., 2 tab. ISSN 1432-8364.

1633
Su, Junying; Cao, Hui; Zhang, Jianqing: Semi-automatic extraction technique of residential area in high resolution remote sensing image. In: Geomatics and information science of Wuhan University. 29.2004,9, p.791-795, 4 ill., 3 tab. [Chin. with Engl. rés.]. ISSN 1671-8860; 1000-050X.

1634
Sui, Haigang; Li, Deren; Gong, Jianya;: Automatic change detection for road networks from images based on GIS. In: Geo-spatial information science : quarterly = Diqiu-kongjian-xinxi-kexue-xuebao. 6.2003,4, p.44-50, 4 ill. ISSN 1009-5020.

1635
Sukumar B.; Ahalya Sukumar; Devavrathan S.: Delineation of drought prone areas in Palakkad District, Kerala using satellite imagery. In: Bridging the digital divide and taking cartography at grassroots level : 25th INCA international congress, Sagar, Nov. 28 – Dec. 1, 2005. Ed.: Trivedi, R. K. – Ahmedabad: Indian National Cartographic Association 2005, p.175-178, 4 ill., 1 tab. (Indian cartographer ; 25.2005).

1636
Tabor, Mark; Marshall, Paul: An integrated approach to production utilising the Intergraph DMC and TerraShare. In: Photogrammetric Week '05 : [papers of the 50th Photogrammetric Week, Stuttgart (September 5 to 9, 2005)]. Ed.: Fritsch, Dieter. – Heidelberg: Herbert-Wichmann-Verlag 2005, p.173-180, 4 ill.

1637
Taghvakish, Sina ; Jalal, Amin: Determinación del Peso Óptimo en una Spline de Lámina Fina para la generación de Modelos Digitales del Terreno. In: Topografía y cartografía : TOPCART ; revista del Colegio Oficial de Ingenieros Técnicos en Topografía. 22.2005,131, p.19-28, 5 ill., 4 tab. Determination of optimal weight in thin plate spline for the development of a Digital Terrain Model. [Span. with Engl. rés.]. ISSN 0212-9280.

1638
Tcholeev, Ivan: Obv"rzvane na topografskata i spatnikova informacija pri modelirane na formite na relefa. In: Geodezija, kartografija, zemeustrojstvo. 45.2005,1/2, p.20-23, 3 ill. Integration of topographic and satellite information in relief form modelling. [Bulg. with Engl. rés.]. ISSN 0324-1610.

1639
Teeuw, Richard M.: Field techniques: GIS, GPS and remote sensing = GIS, GPS and remote sensing. – London: 2005, 368 p., ill., mp. + 1 CD-R. [CD-R u.d.T.: Geographical information sciences CD; CD-R enth.: Useful documents, GPS documents, useful software] ISBN 0-907649-88-2.

1640
Thomas, T.; Jaiswal, R. K.; Bhar, A. K.: Estimation of SCS-CN for run-off prediction of a watershed using remote sensing techniques. In: Bridging the digital divide and taking cartography at grassroots level : 25th INCA international congress, Sagar, Nov. 28 – Dec. 1, 2005. Ed.: Trivedi, R. K. – Ahmedabad: Indian National Cartographic Association 2005, p.226-231, 4 ill., 3 tab. (Indian cartographer ; 25.2005).

1641
Tiwari, Deepmala; Mishra, Shweta; Patel, Vivekanand; Jain, J. L.: Geological evaluation of terrain using remote sensing techniques. In: Bridging the digital divide and taking cartography at grassroots level : 25th INCA international congress, Sagar, Nov. 28 – Dec. 1, 2005. Ed.: Trivedi, R. K. – Ahmedabad: Indian National Cartographic Association 2005, p.196-199, 2 ill. (Indian cartographer ; 25.2005).

1642
Vajsáblová, Margita; Fencík, Robert: Analýza výškovej presnosti digitálneho modelu reliéfu územia kočín. In: Kartografické listy. 12.2004, p.13-20, 5 ill., 2 tab. Analysis of the vertical accuracy of digital model of relief of territory Kočín. [Slovak with Engl. rés.].

1643
Wahlund, Sara: ISPRS XXth Congress i Istanbul 12-23 juli 2004. In: Kart & bildteknik : mapping and image science. 19.2004,3, p.22-23, 1 ill. ISPRS XXth congress in Istanbul 12-23 July 2004. [Swed.]. ISSN 1651-792X.

1644
Walter, Volker: Phoogle the Web – Google's approach of spatial data visualisation. In: Photogrammetric Week '05 : [papers of the 50th Photogrammetric Week, Stuttgart (September 5 to 9, 2005)]. Ed.: Fritsch, Dieter. – Heidelberg: Herbert-Wichmann-Verlag 2005, p.321-330, 8 ill.

1645
Wang, Ruisheng; Hu, Yong; Zhang, Xinmei: Extraction of road networks using pan-sharpened multispectral and panchromatic quickbird images. In: Geomatica. 59.2005,3, p.263-273, 9 ill., 1 tab. ISSN 1195-1036.

1646
Wettaufer, Chad: Tsunami disaster mapping portal. In: Cartouche : the operational publication of the Canadian Cartographic Association. 57.2005, p.13-14, 1 ill. ISSN 1183-2045.

1647
Willneff, J.; Poon, J.; Fraser, C.: Monoplotting applied to high-resolution satellite imagery. In: Journal of spatial science. 2.2005, p.1-11, 6 ill., 5 tab.

1648
Wit, Allard de: Land toepassingen van ENVISAT. In: Geo-Info : tijdschrift voor Geo-Informatie Nederland, GIN. 2.2005,7/8, p.352-354, 3 ill. Land use by ENVISAT. [Dutch]. ISSN 1572-5464.

1649
Wu, Jun; Chen, Danqing: Deblurring texture extraction from digital aerial image by reforming "Steep edge" curve. In: Geo-spatial information science : quarterly = Diqiu-kongjian-xinxi-kexue-xuebao. 8.2005,1, p.39-44, 8 ill. ISSN 1009-5020.

1650
Wu, Lianxi; Su, Xiaoxia: RS image fusion technique for information preservation. In: Geo-spatial information science : quarterly = Diqiu-kongjian-xinxi-kexue-xuebao. 7.2004,4, p.274-278, 6 ill. ISSN 1009-5020.

1651
XU, Caijun; Wang, Hua; Wang, Jianglin; Ge, Linlin: Adaptive filter in SAR interferometry derived DEM. In: Geo-spatial information science : quarterly = Diqiu-kongjian-xinxi-kexue-xuebao. 8.2005,3, p.193-196, 3 ill., 2 tab. ISSN 1009-5020.

1652
Yan, Junjie; Liu, Liangming; Ma, Haolu; Xu, Zhihui: Application of MODIS data on the ice flood monitoring of Yellow River. In: Geomatics and information science of Wuhan University. 29.2004,8, p.679-681. [Chin. with Engl. rés.]. ISSN 1671-8860; 1000-050X.

1653
Yeh, Anthony Gar-on; Li, Xia: Integration of neural networks and cellular automata for urban planning. In: Geo-spatial information science : quarterly = Diqiu-kongjian-xinxi-kexue-xuebao. 7.2004,1, p.6-13, 6 ill. ISSN 1009-5020.

1654
Yu, Jie; Pietrzak, Ursula; Peterson, Jim: Land-parcel land-use history as a key to site selection for documenting soil contamination risk : a case study from Australian suburbia. In: Geo-spatial information science : quarterly = Diqiu-kongjian-xinxi-kexue-xuebao. 8.2005,4, p.257-261 + 275, 4 ill., 1 tab. ISSN 1009-5020.

1655
Zeylmans, Maarten: Algemeen beschikbare globale ruimtelijke datasets. In: Geo-Info : tijdschrift voor Geo-Informatie Nederland, GIN. 2.2005,4, p.184-186, 7 ill. Generally disposable global spatial datasets. [Dutch]. ISSN 1572-5464.

1656
Zhang, Jingxiong; Li, Deren: Bayesian and geostatistical approaches to combining categorical data derived from visual and digital processing of remotely sensed images. In: Geo-spatial information science : quarterly = Diqiu-kongjian-xinxi-kexue-xuebao. 8.2005,2, p.90-97, 2 ill., 3 tab. ISSN 1009-5020.

1657
Zhang, Jingxiong; Li, Deren: Facets of uncertainty in digital elevation and slope modeling. In: Geo-spatial information science : quarterly = Diqiu-kongjian-xinxi-kexue-xuebao. 8.2005,3, p.163-170, 9 ill. ISSN 1009-5020.

1658
Zhang, Qiaoping; Couloigner, Isabelle: Automatic road change detection and GIS updating from high spatial remotely-sensed imagery. In: Geo-spatial information science : quarterly = Diqiu-kongjian-xinxi-kexue-xuebao. 7.2004,2, p.89-95, 7 ill. ISSN 1009-5020.

1659
Zhang, Zuxun: Digital photogrammetry and computer vision. In: Geomatics and information science of Wuhan University. 29.2004,12, p.1035-1039 + p.1105, 7 ill. [Chin. with Engl. rés.]. ISSN 1671-8860; 1000-050X.

1660
Zhao, Hongmei; Li, Jonathan: Urban change detection and population prediction modeling using remotely sensed images. In: Geomatica. 59.2005,2, p.159-173, 10 ill., 5 tab. ISSN 1195-1036.

1661
Zheng, Shunyi; Zhang, Zuxun; Zhang, Jianqing: Image relaxation matching based on feature points for DSM generation. In: Geo-spatial information science : quarterly = Diqiu-kongjian-xinxi-kexue-xuebao. 7.2004,4, p.243-248, 5 ill. ISSN 1009-5020.

1662
Zhou, Chunxia; E, Dongchen; Liao, Mingshen: Feasibility of InSAR application to antarctic mapping. In: Geomatics and information science of Wuhan University. 29.2004,7, p.619-623, 8 ill., 2 tab. [Chin. with Engl. rés.]. ISSN 1671-8860; 1000-050X.

1663
Zhou, Chunxia; Ge, Linlin; E, Dongchen; Chang, Hsingchun: A case study of using external DEM in InSAR DEM generation. In: Geo-spatial information science : quarterly = Diqiu-kongjian-xinxi-kexue-xuebao. 8.2005,1, p.14-18, 4 ill., 3 tab. ISSN 1009-5020.

1664
Zhu, Guobin; Blumberg, Dan G.: An urban open space extraction method : combining spectral and geometric characteristics. In: Geo-spatial information science : quarterly = Diqiu-kongjian-xinxi-kexue-xuebao. 7.2004,4, p.249-254, 4 ill. ISSN 1009-5020.

c. Data Collection for Thematic Maps
Thematische Kartendaten-Aufnahme
Lever cartographique thématique

1665
Anand, P.H.: GPS data base for urban traffic management. In: Cartographic technologies for water, land and infrastructure development : XXIV INCA international congress, Kolkata, October 6 – 9, 2004 ; [... important contributions presented at the XXIV INCA International Congress on the Theme "Cartographic Technologies for Water, Land and Infrastructure Development"...]. Ed.: Dasgupta, Ajit Kumar. – Hyderabad: Indian National Cartographic Association 2005, p.507-521, 12 ill., 2 tab. (Indian cartographer ; 24.2004).

1666
Ashok, Prashasti; Singh, J.P.; Ekka, N.S.: Application of satellite imagery and GIS in land cover / land use monitoring and mapping in Central Sind Catchment. In: Cartographic technologies for water, land and infrastructure development : XXIV INCA international congress, Kolkata, October 6 – 9, 2004 ; [... important contributions presented at the XXIV INCA International Congress on the Theme "Cartographic Technologies for Water, Land and Infrastructure Development"...]. Ed.: Dasgupta, Ajit Kumar. – Hyderabad: Indian National Cartographic Association 2005, p.358-366, 5 ill., 2 tab. (Indian cartographer ; 24.2004).

1667
Bach, Martin; Breuer, Lutz; Frede, Hans-Georg; Huisman, Johann A.: Kongruenz unterschiedlicher Informationsquellen zur Flächennutzung. In: Photogrammetrie, Fernerkundung, Geoinformation : PFG ; Organ der Deutschen Gesellschaft für Photogrammetrie und Fernerkundung e.V. 2005,3, p.235-243, 1 ill., 4 tab. ISSN 1432-8364.

1668
Bach, Martin; Hietel, Elke; Frede, Hans-Georg; Waldhart, Rainer: Überprüfung der Landnutzungsmodelle ATKIS, CORINE Land Cover und Landsat-Klassifikation anhand Feldkartierung. In: Photogrammetrie, Fernerkundung, Geoinformation : PFG ; Organ der Deutschen Gesellschaft für Photogrammetrie und Fernerkundung e.V. 2005,2, p.135-145, 1 ill., 5 tab. ISSN 1432-8364.

1669
Bastariya, V. S.: Water resource management with GIS, remote sensing and modern cartographic devices. In: Bridging the digital divide and taking cartography at grassroots level : 25th INCA international congress, Sagar, Nov. 28 – Dec. 1, 2005. Ed.: Trivedi, R. K. – Ahmedabad: Indian National Cartographic Association 2005, p.221-225, 2 ill. (Indian cartographer ; 25.2005).

1670
Bond, J.; Chrzanowski, A.; Wilkins, R.: Using GPS for augmenting deformation monitoring systems in open pit mines : problems and solutions. In: Geomatica. 59.2005,1, p.73-82, 12 ill., 3 tab. ISSN 1195-1036.

1671
Bozheva, Aleksandra M.; Petrov, Andrey N.; Sugumaran, Ramanathan: The effect of spatial resolution of remotely sensed data in dasymetric mapping of residential areas. In: GIScience and remote sensing. 42.2005,2, p.113-130, 5 ill., 5 tab. ISSN 1548-1603.

1672
Chikhaoui, Mohamed; Bonn, Ferdinand; Bokoye, Amadou Idrissa: A spectral index for land degradation mapping using ASTER data : application to a semi-arid Mediterranean catchment. In: International journal of applied earth observation and geoinformation : JAG ; the official quarterly publication of the International Institute for Aerospace Survey and Earth Sciences (ITC). 7.2005,2, p.140-153, 10 ill., 5 tab. ISSN 0303-2434.

1673
Choudhury, Swagata: Application of remote sensing and GIS in soil erosion modelling & land evaluation. In: Cartographic technologies for water, land and infrastructure development : XXIV INCA international congress, Kolkata, October 6 – 9, 2004 ; [... important contributions presented at the XXIV INCA International Congress on the Theme "Cartographic Technologies for Water, Land and Infrastructure Development"...]. Ed.: Dasgupta, Ajit Kumar. – Hyderabad: Indian National Cartographic Association 2005, p.281-289, 15 ill., 2 tab. (Indian cartographer ; 24.2004).

1674
Coast, Steve: OpenStreetMap. In: The Bulletin of the Society of Cartographers. 39.2005,1-2, p.62, 1 ill. ISSN 0036-1984.

1675
Derby, Francis W.: Planning the designing of an application-driven GIS. In: Surveying and land information science : an official journal of ACSM devoted to the sciences of surveying and mapping, land information and related fields. 64.2004,1, p.53-63, 5 ill., 5 tab. ISSN 1538-1242; 1052-2905.

1676
Frohn, Robert: Satellite mapping and monitoring of wild rice. In: GIScience and remote sensing. 42.2005,4, p.358-367, 8 ill., 1 tab. ISSN 1548-1603.

1677
Fuller, R.M.; Cox, R.; Clarke, R.T.; Rothery, P.; Hill, R.A.; Smith, G.M.; Thomson, A.G.; Brown, N.J.; Howard, D.C.; Stott, A.P.: The UK land cover map 2000 : planning, construction and calibration of a remotely sensed, user-oriented map of broad habitats. In: International journal of applied earth observation and geoinformation : JAG ; the official quarterly publication of the International Institute for Aerospace Survey and Earth Sciences (ITC). 7.2005,3, p.202-216, 3 ill., 3 tab. ISSN 0303-2434.

1678
Geist, Thomas; Höfle, Bernhard; Rutzinger, Martin; Stötter, Johann: Der Einsatz von flugzeuggestützten Laserscanner Daten für geowissenschaftliche Untersuchungen in Gebirgsräumen. In: Photogrammetrie, Fernerkundung, Geoinformation : PFG ; Organ der Deutschen Gesellschaft für Photogrammetrie und Fernerkundung e.V. 2005,3, p.183-190, 3 ill., 1 tab. ISSN 1432-8364.

1679
Ghosal, Subhojit; Sarkar, Ashis: Mapping the landuse / landcover of a geographical space through digital image processing of satellite data. In: Cartographic technologies for water, land and infrastructure development : XXIV INCA international congress, Kolkata, October 6 – 9, 2004 ; [... important contributions presented at the XXIV INCA International Congress on the Theme "Cartographic Technologies for Water, Land and Infrastructure Development"...]. Ed.: Dasgupta, Ajit Kumar. – Hyderabad: Indian National Cartographic Association 2005, p.346-352, 8 ill., 3 tab. (Indian cartographer ; 24.2004).

1680
Giri, J.D.; Mohan, V.; Tailor, B.L.; Singh, R.S.; Shyampura, R.L.: Remote sensing and GIS application for assessing groundwater potential around Udaipur, Rajasthan. In: Cartographic technologies for water, land and infrastructure development : XXIV INCA international congress, Kolkata, October 6 – 9, 2004 ; [... important contributions presented at the XXIV INCA International Congress on the Theme "Cartographic Technologies for Water, Land and Infrastructure Development"...]. Ed.: Dasgupta, Ajit Kumar. – Hyderabad: Indian National Cartographic Association 2005, p.66-77, 5 ill. (Indian cartographer ; 24.2004).

1681
Gupta, R.K.; Vijayan, D.: Thermal stress monitoring of dry deciduous ecosystem. In: Bridging the digital divide and taking cartography at grassroots level : 25th INCA international congress, Sagar, Nov. 28 – Dec. 1, 2005. Ed.: Trivedi, R. K. – Ahmedabad: Indian National Cartographic Association 2005, p.44-48, 4 ill., 1 tab. (Indian cartographer ; 25.2005).

1682
Han, Xuepei; Liao, Banggu: Spatial coordinate system transformation for coastal data integration. In: Geomatics and information science of Wuhan University. 29.2004,10, p.933-936, 4 ill., 1 tab. [Chin. with Engl. rés.]. ISSN 1671-8860; 1000-050X.

1683
Hazeu, G.: Landelijk Grondegebruiksbestand Nederland (LGN5). In: Geo-Info : tijdschrift voor Geo-Informatie Nederland, GIN. 2.2005,10, p.456-462, 9 ill., 1 tab. National land use Netherlands (LGN5). [Dutch with Engl. and French rés.]. ISSN 1572-5464.

1684
Heuberger, Michael: Angepasste nachhaltige Strategien für die Geodatenerfassung im Hinblick auf die Einbindung von Daten in das ZerO-M Projekt. – Wien: 2005, 119 p., 37 ill., 11 tab. [Dipl. Arb. Univ. Wien].

1685
Hochschild, Volker; Weise, Christian; Selsam, Peter: Die Aktualisierung der "Digitalen Grundkarte Landwirtschaft" in Thüringen mit Hilfe von Fernerkundungsdaten. In: Photogrammetrie, Fernerkundung, Geoinformation : PFG ; Organ der Deutschen Gesellschaft für Photogrammetrie und Fernerkundung e.V. 2005,3, p.201-208, 5 ill. ISSN 1432-8364.

1686
Köhler, Petra; Lechtenbörger, Christiane; Müller, Matthias: Risikokarte Deutschland – Methoden und Werkzeuge zur Datenbereitstellung. In: Photogrammetrie, Fernerkundung, Geoinformation : PFG ; Organ der Deutschen Gesellschaft für Photogrammetrie und Fernerkundung e.V. 2005,4, p.321-327, 3 ill. ISSN 1432-8364.

1687
Land cover classification system classification system software version 2 : based on the orig. software version 1. Ed.: Di Gregorio, Antonio. ; Food and Agriculture Organization of the United Nations (FAO). – Rome: 2005, 1 CD-ROM + 1 user manual. (Environment and natural resources series). ISBN 92-5-105327-8.

1688
Landes, Tania; Grussenmeyer, Pierre; Najjar, Georges: Télédétection et photogrammétrie, chaînons dans la détermination du climat urbain à Strasbourg. In: XYZ : revue de l'Association Française de Topographie. 103.2005,2, p.27-34, 12 ill., 2 tab. ISSN 0290-9057.

1689
Latifovic, Rasim; Fytas, Kostas; Chen, Jing; Paraszczak, Jacek: Assessing land cover change resulting from large surface mining development. In: International journal of applied earth observation and geoinformation : JAG ; the official quarterly publication of the International Institute for Aerospace Survey and Earth Sciences (ITC). 7.2005,1, p.29-48, 16 ill., 3 tab. ISSN 0303-2434.

1690
Leckie, Donald G.; Cloney, Ed; Joyce, Steve P.: Automated detection and mapping of crown discolouration caused by jack pine budworm with 2.5 m resolution multispectral imagery. In: International journal of applied earth observation and geoinformation : JAG ; the official quarterly publication of the International Institute for Aerospace Survey and Earth Sciences (ITC). 7.2005,1, p.61-77, 4 ill., 3 tab. ISSN 0303-2434.

1691
Lencinas, José D.: Native forest mapping in Patagonian Andes based on optical satellite imagery. In: Photogrammetrie, Fernerkundung, Geoinformation : PFG ; Organ der Deutschen Gesellschaft für Photogrammetrie und Fernerkundung e.V. 2005,2, p.147-156, 3 ill., 3 tab. ISSN 1432-8364.

1692
Liu, Chun; Shi, Wenzhong; Liu, Dajie: Quality control for attribute data in digital land information. In: Geomatics and information science of Wuhan University. 29.2004,3, p.244-248, 3 ill., 5 tab. [Chin. with Engl. rés.]. ISSN 1671-8860; 1000-050X.

1693
Lung, Tobias: Landbedeckungsänderungen im Gebiet "Kakamega Forest und assoziierte Waldgebiete" (Westkenia) : multispektrale Klassifikation von Landsat-Satellitenbilddaten und Auswertung mittels Methoden im Raster-GIS = Landcover change in the region of Kakamega Forest and associated forest areas (Westkenya). – Karlsruhe: Fachhochschule Karlsruhe, Hochschule für Technik, Fachbereich Geoinformationswesen 2004, XVI, 114 p., ill., mp. (Karlsruher geowissenschaftliche Schriften, Reihe A, Kartographie und Geographie ; 15). [Zugl.: Karlsruhe, Fachhochsch., Diplom-Arbeit, 2004; Zugl.: enthalten in Reihe BIOTA East Africa report, 3] ISBN 3-89063-017-0.

1694
Maingi, John K.; Luhn, William M.: Mapping insect-induced pine mortality in the Daniel Boone National Forest, Kentucky using Landsat TM and ETM+ data. In: GIScience and remote sensing. 42.2005,3, p.224-250, 8 ill., 4 tab. ISSN 1548-1603.

1695
Mandal, D.K.: Role of RS and GIS on the study of ground water potential of Doon Valley area. In: Cartographic technologies for water, land and infrastructure development : XXIV INCA international congress, Kolkata, October 6 – 9, 2004 ; [... important contributions presented at the XXIV INCA International Congress on the Theme "Cartographic Technologies for Water, Land and Infrastructure Development"...]. Ed.: Dasgupta, Ajit Kumar. – Hyderabad: Indian National Cartographic Association 2005, p.57-65, 1 ill., 1 tab. (Indian cartographer ; 24.2004).

1696
Mapa agrológico : capacidad agrológica de las tierras de la Comunidad de Madrid. Ed.: Dirección General de Urbanismo y Planificación Regional. – Madrid: Dirección General de Urbanismo y Planificación Regional 2005, 81 p., 3 ill., 14 tab. [Span.]. ISBN 84-451-2759-4.

1697
Mishra, Vandana; Srivastava, Abhishek; Srivastava, Shweta: Digital image processing of IRS-IC LISS-III data for natural resource classification. In: Cartographic technologies for water, land and infrastructure development : XXIV INCA international congress, Kolkata, October 6 – 9, 2004 ; [... important contributions presented at the XXIV INCA International Congress on the Theme "Cartographic Technologies for Water, Land and Infrastructure Development"...]. Ed.: Dasgupta, Ajit Kumar. – Hyderabad: Indian National Cartographic Association 2005, p.257-265, 5 ill., 2 tab. (Indian cartographer ; 24.2004).

1698
Montello, Daniel R.; Gray, M. Violet: Miscommunicating with isoline preference maps : design principles for thematic maps. In: Cartographic perspectives : journal of the North American Cartographic Information Society. 50.2005, p.24-33,. ISSN 1048-9053.

1699
Mücher, C. A. ; Bunce, R.G.H.; Jongman, R.H.G.; Klijn, J.A.; Koomen, A.J.M.; Metzger, M..J.; Wascher, D.M.: Identification and characterisation of environments and landscapes in Europe. – Wageningen: Alterra, Research Instituut voor de Groene Ruimte 2003, 119 p., ill., mp. (Alterra-rapport ; 832).

1700
Mukherjee, Sudershan: Landuse mapping : a first aid to contain environmental pollution. In: Cartographic technologies for water, land and infrastructure development : XXIV INCA international congress, Kolkata, October 6 – 9, 2004 ; [... important contributions presented at the XXIV INCA International Congress on the Theme "Cartographic Technologies for Water, Land and Infrastructure Development"...]. Ed.: Dasgupta, Ajit Kumar. – Hyderabad: Indian National Cartographic Association 2005 (Indian cartographer ; 24.2004).

1701
Nasipuri, Pritam; Mitra, D.S.; Majumdar, T.J.: Generation of thermal inertia image over a part of Gujarat : a new tool for geological mapping. In: International journal of applied earth observation and geoinformation : JAG ; the official quarterly publication of the International Institute for Aerospace Survey and Earth Sciences (ITC). 7.2005,2, p.129-139, 9 ill, 1 tab. ISSN 0303-2434.

1702
Raha, Atanu Kumar: Real time forest cover mapping using IRS-P6 data. In: Cartographic technologies for water, land and infrastructure development : XXIV INCA international congress, Kolkata, October 6 – 9, 2004 ; [... important contributions presented at the XXIV INCA International Congress on the Theme "Cartographic Technologies for Water, Land and Infrastructure Development"...]. Ed.: Dasgupta, Ajit Kumar. – Hyderabad: Indian National Cartographic Association 2005, p.333-340, 4 tab. (Indian cartographer ; 24.2004).

1703
Ram, Balak; Patidar, M.; Rastogi, Ankita; Singh, Gopal: Evaluation of biophysical resources though cadastral information, remotely sensed data digital cartography for microlevel land use planning in arid agro-ecosystem. In: Cartographic technologies for water, land and infrastructure development : XXIV INCA international congress, Kolkata, October 6 – 9, 2004 ; [... important contributions presented at the XXIV INCA International Congress on the Theme "Cartographic Technologies for Water, Land and Infrastructure Development"...]. Ed.: Dasgupta, Ajit Kumar. – Hyderabad: Indian National Cartographic Association 2005, p.313-323, 8 ill., 5 tab. (Indian cartographer ; 24.2004).

1704
Ray, Amit K.; Chaudhuri, Buddhadeb: Tectonic appraisal of the Narmada-Tapti-Kutch linear belt and the Cambay basin in western India. In: Cartographic technologies for water, land and infrastructure development : XXIV INCA international congress, Kolkata, October 6 – 9, 2004 ; [... important contributions presented at the XXIV INCA International Congress on the Theme "Cartographic Technologies for Water, Land and Infrastructure Development"...]. Ed.: Dasgupta, Ajit Kumar. – Hyderabad: Indian National Cartographic Association 2005, p.247-256, 10 ill. (Indian cartographer ; 24.2004).

1705
Sarkar, Dipak: Remote sensing and computer cartographic technique involving GIS for agricultural land management : a case study in Subarnarekha watershed, district Ranchi, Jharkhand. In: Cartographic technologies for water, land and infrastructure development : XXIV INCA international congress, Kolkata, October 6 – 9, 2004 ; [... important contributions presented at the XXIV INCA International Congress on the Theme "Cartographic Technologies for Water, Land and Infrastructure Development"...]. Ed.: Dasgupta, Ajit Kumar. – Hyderabad: Indian National Cartographic Association 2005, p.398-406, 3 ill., 5 tab. (Indian cartographer ; 24.2004).

1706
Schmidtlein, Sebastian; Grabner, Sabine; Sassin, Julia: Eine Fallstudie zum Einsatz abbildender Spektroskopie in der Grünlandkartierung. In: Photogrammetrie, Fernerkundung, Geoinformation : PFG ; Organ der Deutschen Gesellschaft für Photogrammetrie und Fernerkundung e.V. 2005,3, p.219-226, 4 ill., 1 tab. ISSN 1432-8364.

1707
Sensarma, Kakali; Bhattacharyya, S.; Sikdar, P.: Application of remote sensing and GIS for managing a vast waterlogged area in Murshidabad district, West Bengal. In: Cartographic technologies for water, land and infrastructure development : XXIV INCA international congress, Kolkata, October 6 – 9, 2004 ; [... important contributions presented at the XXIV INCA International Congress on the Theme "Cartographic Technologies for Water, Land and Infrastructure Development"...]. Ed.: Dasgupta, Ajit Kumar. – Hyderabad: Indian National Cartographic Association 2005, p.296-307, 2 ill., 2 tab. (Indian cartographer ; 24.2004).

1708
Shi, Dong; Chen, Jun; Zhu, Qing: Oil-gas reservoir evaluation based on GIS. In: Geomatics and information science of Wuhan University. 29.2004,7, p.592-596, 5 ill., 2 tab. [Chin. with Engl. rés.]. ISSN 1671-8860; 1000-050X.

1709
Stümer, Wolfgang ; Köhl, Michael: Kombination von terrestrischen Aufnahmen und Fernerkundungsdaten mit Hilfe der k-Nächste-Nachbarn-Methode zur Klassifizierung und Kartierung von Wäldern. In: Photogrammetrie, Fernerkundung, Geoinformation : PFG ; Organ der Deutschen Gesellschaft für Photogrammetrie und Fernerkundung e.V. 2005,1, p.23-36, 5 ill., 2 tab. ISSN 1432-8364.

1710
Walter, Meike; Schaab, Gertud: WebGIS zur Unterstüßtzung von Online-Geodatenkatalogen : Realisierung für das BIOTA-Ostafrika-Projekt. In: Kartographische Nachrichten : KN ; Fachzeitschrift für Geoinformation und Visualisierung ; Organ der Deutschen Gesellschaft für Kartographie e.V., der Schweizerischen Gesellschaft für Kartographie und der Österreichischen Kartographischen Kommission in der Österreichischen Geographischen Gesellschaft. 55.2005,1, p.17-25, 7 ill., 3 tab. ISSN 0022-9164.

6. Map Drafting and Map Design
Kartenentwurf und Kartengestaltung
Préparation et conception cartographiques

1711
Medyńska-Gulij, Beata: Barwy hipsometryczne na przeglądowych mapach ogólnogeograficznych z obrazem lasów. In: Polski przegląd kartograficzny. 36.2004,3, p.202-204,6 ill. Hipsometric tints on general geographical maps with presentation of forests. [Pol.]. ISSN 0324-8321.

1712
Porter, Richard T.: Pitcairn island : a gazetteer, with notes on the mapping of the island since 1767. – Southampton: 2004, 51 p., mp.

a. Map Editing
Kartenredaktion
Rédaction cartographique

1713
Bautrénas, Arturas: Colour perception in thematic maps. In: Cartography and cartosemiotics : the selected problems of theoretical cartography 2003 : proceedings of a joint seminar of the ICA Commission on theoretical cartography and Centre for cartography, Vilnius University. Ed.: Wolodtschenko, Alexander; Česnulevičius, Algimantas; Beconytė, Giedre. – Vilnius: Vilnius University; Lithuanian Cartographic Society; International Cartographic Association 2004, p.2-11, 14 ill.

1714
Biuk-Aghai, Robert P.: A mobile GIS application to heavily resource-constrained devices. In: Geo-spatial information science : quarterly = Diqiu-kongjian-xinxi-kexue-xuebao. 7.2004,1, p.50-57, 8 ill. ISSN 1009-5020.

1715
Bláha, Jan D.: Hodnocení kartografických děl z hlediska estetiky a uživatelské vstřícnosti. In: Kartografické listy. 13.2005, p.14-24, 2 ill. Assessment of cartographic works from the point of view of their aesthetics and user-friendliness. [Slovak with Engl. rés.].

1716
Brewer, Cynthia A.: Designing better maps : a guide for GIS users. – Redlands: ESRI Press 2005, 203 p., ill., mp. – 1. ed. [Includes bibliographical references (p. 201)] ISBN 1-589-48089-9.

1717
Cosgrove, Denis E.; Della Dora, Veronica: Mapping global war : Los Angeles, the Pacific, and Charles Owens's pictorial cartography. In: Annals of the Association of American Geographers. 2, p.373-390, 9 ill. ISSN 0004-5608.

1718
Davies, John: Uncle Joe knew where you lived : the story of Soviet mapping of Britain (part II). In: Sheetlines / The Charles Close Society for the Study of Ordnance Survey Maps. 73.2005, p.6-2011 ill. ISSN 0962-8207.

1719
Dillemuth, Julie: Map design evaluation for mobile display. In: Auto-Carto 2005 : research symposium proceedings. 2005, p.285-301, 10 ill., 6 tab. (Cartography and geographic information science : an official journal of ACSM devoted to the advancement of cartography in all its aspects ; 32.2005,4).

1720
Fagerqvist, Meith: Hur klarar några vanliga kartografiska program av att hantera kartografin?. In: Kart & bildteknik : mapping and image science. 20.2005,4, p.10-11, 3 ill. How do some usual cartographic programs work as cartography manager?. [Swed.]. ISSN 1651-792X.

1721
Fan, Hong; Tang, Guoqiang; Zhang, Zuxun; Du, Daosheng: A Hopfield neural network algorithm for automatic name placement for point feature. In: Geo-spatial information science : quarterly = Diqiu-kongjian-xinxi-kexue-xuebao. 7.2004,2, p.144-147, 1 ill., 1 tab. ISSN 1009-5020.

1722
Fei, Lifan: Solving graphic conflicts between streets and buildings in map compilation by simualting human cartographers. In: Geomatics and information science of Wuhan University. 29.2004,5, p.426-432, 13 ill. [Chin. with Engl. rés.]. ISSN 1671-8860; 1000-050X.

1723
Frangeš, Stanislav; Bokunić, Mladen: Kartografika karata biciklistićkih ruta. In: Geodetski list : glasilo Hrvatskoga Geodetskog Drustva. 59(82).2005,3, p.199-210, 14 ill. Map graphics of bicycle routes. ISSN 0016-710x.

1724
Homoet, Michael; Schmittwilken, Jörg; Plümer, Lutz: Kostenlos kombinieren und kommentieren : cooperative Web Map Clients erlauben Kommentare auf Web Maps. In: GeoBit : Geoinformationstechnologie für die Praxis. 2005,3, p.18-209, 4 ill. ISSN 1430-3663.

1725
Hurni, Lorenz: Anwendung kartographischer Medien im Rahmen aktueller I+K-Technologien. In: Kartographische Nachrichten : KN ; Fachzeitschrift für Geoinformation und Visualisierung ; Organ der Deutschen Gesellschaft für Kartographie e.V., der Schweizerischen Gesellschaft für Kartographie und der Österreichischen Kartographischen Kommission in der Österreichischen Geographischen Gesellschaft. 55.2005,5, p.244-249, 4 ill., 4 tab. ISSN 0022-9164.

1726
Koch, Wolf Günther: Map design and cartographic visualization – only a terminological problem. In: Projektowanie i redakcja map = Map design and map compilation. Ed.: Uniwersytet Wrocławski. – Wrocław: Uniwersytet Wrocławski 2005, p.28-37, 4 ill. (Główne problemy współczesnej kartografii ; 2005). [Auch erschienen in: "Beiträge zur wissenschaftlichen Kartographie" (2007)].

1727
Lan, Xiaoji; Jiang, Yongfa; Lü, Güonian; Geng, Huamei: Automatic placement of GIS vector map annotation in area feature by long-diagonal. In: Geo-spatial information science : quarterly = Diqiu-kongjian-xinxi-kexue-xuebao. 8.2005,4, p.276-281, 7 ill., 3 tab. ISSN 1009-5020.

1728
Lechthaler, Mirjanka: Bildschirmgerechte kartographische Visualisierung der Geobasisdaten in digitalen Atlas-Informationssystemen. In: Angewandte Geoinformatik 2005 : Beiträge zum 17. AGIT-Symposium Salzburg. Ed.: Strobl, Josef; Blaschke, Thomas; Griesebner, Gerald. – Heidelberg: Herbert-Wichmann-Verlag 2005, p.403-412, 5 ill.

1729
Leonowicz, Anna: Redagowanie kartogramów prostych i złożonych a preferencje ich użytkowników. In: Projektowanie i redakcja map = Map design and map compilation. Ed.: Uniwersytet Wrocławski. – Wrocław: Uniwersytet Wrocławski 2005, p.157-166, 4 ill. (Główne problemy współczesnej kartografii ; 2005) Design of one-variable and two-variable chorophet maps and the map users preferences. [Pol. with Engl. res.].

1730
Mapmaker's vision, beholder's eyes : the art of maps ; the exhibition October 1, 2004 – January 15, 2005. Gallery guide editor and exhibition curator: Katherine R. Goodwin. – Arlington, TX: Special Collections, University of Texas at Arlington Libraries 2004, 23 p., 8 mp. [Includes bibliographical references (p.23); "Exhibition ... created in conjunction with the Fourth Biennial Virginia Garrett Lectures on the History of Cartography"–P. 4].

1731
Medyńska-Gulij, Beata: Powinności kartografa przy redakcji map turystycznych. In: Projektowanie i redakcja map = Map design and map compilation. Ed.: Uniwersytet Wrocławski. – Wrocław: Uniwersytet Wrocławski 2005, p.199-204, 3 ill. (Główne problemy współczesnej kartografii ; 2005) Cartographer duties in tourist map edition. [Pol. with Engl. res.].

1732
Meng, Liqiu: Egocentric design of map-based mobile services. In: The Cartographic Journal. 42.2005,1, p.5-13, 8 ill. ISSN 0008-7041.

1733
Neudeck, Stefan: Vorschläge zur Gestaltung thematischer Karten für die Bildschirmvisualisierung. In: Kartographische Nachrichten : KN ; Fachzeitschrift für Geoinformation und Visualisierung ; Organ der Deutschen Gesellschaft für Kartographie e.V., der Schweizerischen Gesellschaft für Kartographie und der Österreichischen Kartographischen Kommission in der Österreichischen Geographischen Gesellschaft. 55.2005,1, p.31-35, 6 ill. ISSN 0022-9164.

1734
Ober, Emanuel A.: Optimierung von Nationalparkkarten : Anforderungen der Nationalparkverwaltungen und Nationalparkbesucher : exemplarische Umsetzung: Nationalparkkarte Donauauen. – Wien: 2005, XII, 92 p., 34 ill., 1 mp., 9 tab. [Dipl. Arb. Univ. Wien].

1735
Omer, Itzhak; Goldblatt, Ran; Or, Udi: Virtual city design based on urban image theory. In: The Cartographic Journal. 42.2005,1, p.15-26, 8 ill., 2 tab. ISSN 0008-7041.

1736
Ostrowski, Wiesław: Transformacja teorii w praktycznym redagowaniu mapy. In: Projektowanie i redakcja map = Map design and map compilation. Ed.: Uniwersytet Wrocławski. – Wrocław: Uniwersytet Wrocławski 2005, p.38-47, 5 ill. (Główne problemy współczesnej kartografii ; 2005) Transformation of theory in the practical map editing process.

1737
Pasławski, Jacek: Some remarks on map elaboration for the visually impaired (on an example of a map of Warsaw). In: Cartography and cartosemiotics : the selected problems of theoretical cartography 2003 : proceedings of a joint seminar of the ICA Commission on theoretical cartography and Centre for cartography, Vilnius University. Ed.: Wolodtschenko, Alexander; Česnulevičius, Algimantas; Beconytè, Giedre. – Vilnius: Vilnius University; Lithuanian Cartographic Society; International Cartographic Association 2004, p.61-64, 3 ill.

1738
Perkins, Chris; Scarle, Nick; Thomson, Anna Z.: Designs on community mapping : (re)cycling and walking. In: The Bulletin of the Society of Cartographers. 39.2005,1-2, p.63-70, 5 ill. ISSN 0036-1984.

1739
Pravda, Ián: O chybách na mapách. In: Kartografické listy. 12.2004, p.92-103, 8 ill. About the errors in maps. [Slovak with Engl. rés.].

1740
Projektowanie i redakcja map = Map design and map compilation. Ed.: Uniwersytet Wrocławski. – Wrocław: Uniwersytet Wrocławski 2005, 224 p., ill., mp. (Główne problemy współczesnej kartografii ; 2005). [Pol. and Engl.].

1741
Punia, Milap; Doi, R. D.: Visual perception and cartographic design. In: Bridging the digital divide and taking cartography at grassroots level : 25th INCA international congress, Sagar, Nov. 28 – Dec. 1, 2005. Ed.: Trivedi, R. K. – Ahmedabad: Indian National Cartographic Association 2005, p.79-82, 3 ill. (Indian cartographer ; 25.2005).

1742
Reichenbacher, Tumasch: Adaptive Kartengestaltung für mobile Nutzer. In: Kartographische Nachrichten : KN ; Fachzeitschrift für Geoinformation und Visualisierung ; Organ der Deutschen Gesellschaft für Kartographie e.V., der Schweizerischen Gesellschaft für Kartographie und der Österreichischen Kartographischen Kommission in der Österreichischen Geographischen Gesellschaft. 55.2005,4, p.175-180, 5 ill. ISSN 0022-9164.

1743
Rice, Matt; Jacobson, R.Daniel; Golledge, Reginald G.; Jones, David: Design considerations for haptic and auditory map interfaces. In: Auto-Carto 2005 : research symposium proceedings. 2005, p.381-391, 6 ill. (Cartography and geographic information science : an official journal of ACSM devoted to the advancement of cartography in all its aspects ; 32.2005,4).

1744
Spallek, Waldemar: Problemy redakcyjne opracowania map geologicznych w atlasach szkolnych. In: Projektowanie i redakcja map = Map design and map compilation. Ed.: Uniwersytet Wrocławski. – Wrocław: Uniwersytet Wrocławski 2005, p.184-198, 5 ill. (Główne problemy współczesnej kartografii ; 2005) Problems of compilation and design of geological maps in school atlases. [Pol. with Engl. res.].

1745
Stani-Fertl, Roman: Geographische Namen als redaktionelles Problem : systematische Untersuchung der Exonyme mit einer Anleitung zu deren Verwendung in der redaktionellen Praxis. – Wien: 2005, 163 p., 3 ill., 11 tab. [Diss. TU Wien].

1746
Wenderlein, Werner: Das kollektiv Bedeutsame. In: Allgemeine Vermessungs-Nachrichten : AVN ; Zeitschrift für alle Bereiche des Vermessungswesens. 112.2005,3, p.99-103, 2 ill. ISSN 0002-5968.

b. Map Types, Cartographic Methods
Kartentypen, kartographische Methoden
Types cartographiques, méthodes cartographiques

1747
Ai, Tinghua: Visualization of uncertainty geographic phenomena based on Monte Carlo method. In: Geomatics and information science of Wuhan University. 29.2004,3, p.239-243, 2 ill. [Chin. with Engl. rés.]. ISSN 1671-8860; 1000-050X.

1748
Andrieu, Dominique: L'intérêt de l'usage des cartogrammes: l'exemple de la cartographie de l'élection présidentielle française de 2002. In: M@ppemonde : revue trimestrielle sur l'image géographique et les formes du territoire. 77.2005,1, 14 p., 7 ill. ISSN 0764-3470.

1749
Breščak, Marko: Izdelava dinamične karte. In: Geodetski vestnik : glasilo Zveze Geodetov Slovenije. 48.2004,2, p.179-187, 3 ill. Dynamic map production. [Sloven. with Engl. rés.]. ISSN 0351-0271.

1750
Brink, Lowie: De aardrijskundige wandkaarten van uitgeverij W.J. Thieme & Cie. In: De wereld tussen twee stokken : de geschiedenis van de Nederlandse schoolwandkaarten. Ed.: Brink, Lowie; Holl, Lucy. – Nijmegen: Antiquariaat De Wereld aan de Wand 2005, p.59-66, 10 ill., 1 tab. The geographical wall maps from WJ Thieme & Cie. Publishers. [Dutch with Engl. and French rés.].

1751
Brink, Lowie: De Nederlandse schoolwandkaarten uitgerold: Een en al ontwikkelingen vanaf 1820. In: De wereld tussen twee stokken : de geschiedenis van de Nederlandse schoolwandkaarten. Ed.: Brink, Lowie; Holl, Lucy. – Nijmegen: Antiquariaat De Wereld aan de Wand 2005, p.3-40, 18 ill., 1 tab. The Dutch school wall maps unfolded : developments since 1820. [Dutch].

1752
Brunet, Roger: D'une erreur commune à propos de cartes et de modèles : commentaire sur «Quel fond de carte pour l'Australie?» de Patrick Poncet. In: M@ppemonde : revue trimestrielle sur l'image géographique et les formes du territoire. 74.2004,2, 2 p. ISSN 0764-3470.

1753
Cebrykow, Paweł: Z problematyki określania dokładności map izopletowych. In: Polski przegląd kartograficzny. 36.2004,4, p.259-265, 3 ill. Problems in establishing the accuracy of isopleth maps. [Pol. with Engl. and Russ. rés.]. ISSN 0324-8321.

1754
Chainey, Spencer; Reid, Svein; Stuart, Neil: When is a hotspot a hotspot? A procedure for creating statistically robust hotspot maps of crime. In: Socio-economic applications of geographic information science : [based on contributions at the 2001 GIS research UK conference ; innovations in GIS, 9]. Ed.: Kidner, David; Higgs, Gary; White, Sean. – London [u.a.]: Taylor & Francis 2003, p.21-36, 7 ill. (Innovations in GIS ; 9).

1755
Cromley, Robert G.: An alternative to maximum contrast symbolization for classed chloropleth mapping. In: The Cartographic Journal. 42.2005,2, p.137-144, 5 ill. ISSN 0008-7041.

1756
Das neu entdeckte Schlarraffenland : Johann Andreas Schnebelins Erklärung der Wunder-seltzamen Land-Charten UTOPIAE aus dem Jahr 1694. Ed.: Reitinger, Franz. – Bad Langensalza: Rockstuhl 2004, 336 p, ill., mp. [Reprint] ISBN 3-936030-38-3.

1757
Davis, Benjamin: Choosing a method for poverty mapping. Ed.: Food and Agriculture Organization of the United Nations (FAO). – Rome: Food and Agriculture Organization of the United Nations (FAO) 2003, IX, 48 p., 9 mp., 2 tab. ISBN 92-5-104920-3; 978-92-5-104920-4.

1758
Dorling, Danny: New maps of the world, its people, and their lives. In: The Bulletin of the Society of Cartographers. 39.2005,1-2, p.35-40, 12 ill. ISSN 0036-1984.

1759
Doyle, Julie; Han, Qiang; Weakliam, Joe; Bertolotto, Michela; Wilson, David: Developing non-proprietary personalized maps for web and mobile environments. In: Web and wireless geographical information systems : 4th international workshop, W2GIS 2004, Goyang, Korea, November 2004 ; revised selected papers. Ed.: Kwon, Yon-Jin; Bouju, Alain; Claramunt, Christophe. – Berlin [u.a.]: 2005, p.181-194, 6 ill., 1 tab.

1760
Fiorani, Francesca: The marvel of maps : art, cartography and politics in Renaissance Italy. Ed.: Yale Univ. Press. Yale Univ. Press 2005, IX, 347 p., ill., mp. [Includes bibliographical references and index].

1761
Geng, Hong; Tang, Xu; Zhu, Guorui: Method for plotting the affected area of urban roads based on spatial competing. In: Geomatics and information science of Wuhan University. 29.2004,6, p.521-524, 7 ill. [Chin. with Engl. rés.]. ISSN 1671-8860; 1000-050X.

1762
Głażewski, Andrzej: Methodological aspects of designing topographic map symbols. In: Geodezja i kartografia : kwartalnik naukowy. 53.2004,1, p.49-64, 4 ill., 4 tab. [Engl. with Pol. and Russ. rés.]. ISSN 0016-7134.

1763
Guy, Russell: A dealer's perspective on the future of paper maps. In: The Cartographic Journal. 42.2005,3, p.262-267, 2 tab. ISSN 0008-7041.

1764
Han, Xuepei; Liao, Banggu: Spatial coordinate system transformation for coastal data integration. In: Geomatics and information science of Wuhan University. 29.2004,10, p.933-936, 4 ill., 1 tab. [Chin. with Engl. rés.]. ISSN 1671-8860; 1000-050X.

1765
Hawley, Kevin; Moellering, Harold: A comparative analysis of areal interpolation methods. In: Auto-Carto 2005 : research symposium proceedings. 2005, p.411-423,5 ill., 4 tab. (Cartography and geographic information science : an official journal of ACSM devoted to the advancement of cartography in all its aspects ; 32.2005,4).

1766
Hüttermann, Armin: Streifenkarten – selbst erstellt : Schüler zeichnen Kartenskizzen auf der Grundlage eigener Beobachtungen. In: Thematische Karten. – Seelze: Friedrich 2005, p.14-18, 6 ill. (Geographie heute : Themen, Modelle, Materialien für die Unterrichtspraxis aller Schulstufen ; 26.2005,229). [Zugl.: Geographie heute : Themen, Modelle, Materialien für die Unterrichtspraxis aller Schulstufen. 26.2005,229].

1767
Knorz, Gerhard: Visualisierung von Zusammenhängen – von der Wissenskarte zur interaktiven graphischen Topic Map. In: Online-Findbücher, Suchmaschinen und Portale. Beiträge des 6. Archivwissenschaftlichen Kolloquiums der Archivschule Marburg. Ed.: Menne-Haritz, Angelika. – Marburg: Archivschule Marburg 2002, p.195-218, 8 ill. (Veröffentlichungen der Archivschule Marburg, Institut für Archivwissenschaft ; 35).

1768
Koller-Weiss, Katharina: Aegidius Tschudis grosse Manuskriptkarte des schweizerischen Raums und der angrenzenden Gebiete, um 1565. In: Cartographica Helvetica : Fachzeitschrift für Kartengeschichte. 2005,32, p.3-16, 7 ill., 1 portr. ISSN 1015-8480.

1769
Legrand, Christel; Duchene, Cécile; Lecordix, François: Propagation des déplacements pendant un processus de généralisation. In: 22e Conférence cartographique internationale, La Corogne 9-16 Juillet 2005. 2005, p.38-45, 8 ill. (Le Monde des Cartes : revue du Comité Français de Cartographie ; 186.2005).

1770
Li, Chengming; Wang, Jizhou; Liu, Yong: Theory and application of moving GIS. In: Geomatics and information science of Wuhan University. 29.2004,11, p.990-993, 6 ill. [Chin. with Engl. rés.]. ISSN 1671-8860; 1000-050X.

1771
Li, Deren; Zhu, Xinyan; Gong, Jianya: From digital map to spatial information multi-grid : a thought of spatial information multi-grid theory. In: Geomatics and information science of Wuhan University. 28.2003,6, p.642-650. [Chin. with Engl. rés.]. ISSN 1671-8860; 1000-050X.

1772
Li, Lin; Miao, Lei: Models of temporal dynamic map. In: Geomatics and information science of Wuhan University. 29.2004,6, p.484-487, 3 ill., 1 tab. [Chin. with Engl. rés.]. ISSN 1671-8860; 1000-050X.

1773
Lin, Zongjian; Xuan, Wenling; Wang, Yan: A novel method for high resolution image positioning. In: Geomatics and information science of Wuhan University. 29.2004,4, p.363-366, 5 ill. [Chin. with Engl. rés.]. ISSN 1671-8860; 1000-050X.

1774
Liu, Yanfang; Ren, Zhouqiao: Cultivated land compensation model based on five-tuple array. In: Geomatics and information science of Wuhan University. 29.2004,6, p.475-478 + p.487, 2 ill., 1 tab. [Chin. with Engl. rés.]. ISSN 1671-8860; 1000-050X.

1775
Lovrić, Paško; Kosek, Melita: Cartography at the end of the 20th century = Kartografija krajem 20. stoljeća. In: Five centuries of maps and charts of Croatia = Pet stoljeća geografskih i pomorskih karata Hrvatske. Ed.: Novak, Drago. – Zagreb: Školska Knjiga 2005, p.62-85, 9 ill. [Croat. and Engl.].

1776
Luo, Fang; Ai, Tinghua; Wang, Hong: An algorithm to create topological relationship based on closed coordinate chain data. In: Geomatics and information science of Wuhan University. 29.2004,6, p.558-561, 5 ill. [Chin. with Engl. rés.]. ISSN 1671-8860; 1000-050X.

1777
Medyńska-Gulij, Beata: Barwy hipsometryczne na przeglądowych mapach ogólnogeograficznych z obrazem lasów. In: Polski przegląd kartograficzny. 36.2004,3, p.202-204,6 ill. Hipsometric tints on general geographical maps with presentation of forests. [Pol.]. ISSN 0324-8321.

1778
Meng, Liqiu: Egocentric design of map-based mobile services. In: The Cartographic Journal. 42.2005,1, p.5-13, 8 ill. ISSN 0008-7041.

1779
Morschel, Jean; Fox, Dennis: Une méthode de cartographie du risque érosif: application aux collines du Terrefort lauragais. In: M@ppemonde : revue trimestrielle sur l'image géographique et les formes du territoire. 76.2004,4, 11 p., 4 ill., 3 tab. ISSN 0764-3470.

1780
Peltre, Pierre: Cartogrammes, anamorphoses, interactivité : une pédagogie des cartes pour le thème "population et développement". In: Le Monde des Cartes : revue du Comité Français de Cartographie. 183.2005, p.25-35, 10 ill. ISSN 1634-3522.

1781
Poncet, Patrick: Quel fond de carte pour l'Australie?. In: M@ppemonde : revue trimestrielle sur l'image géographique et les formes du territoire. 74.2004,2, 8 p., 4 ill. ISSN 0764-3470.

1782
Pravda, Ján: Georeliéf na mapách. In: Geodetický a kartografický obzor. 51.2005,8, p.173-179, 24 ill. Geo-relief on the maps. [Czech with Engl. rés.]. ISSN 0016-7096.

1783
Pravda, Ján: Niekol'ko poznámok o logike mapy. In: Geografický časopis : časopis geografického ústavu Slovenskej Akadémie Vied. 56.2004,3, p.249-262, 10 ill. Some comments on web logic. [Slov. with Engl. rés.]. ISSN 0016-7193.

1784
Qian, Jun; Shu, Ning: Correction of control point slope based on EM algorithm and shading of single SAR image. In: Geomatics and information science of Wuhan University. 29.2004,12, p.1089-1092, 5 ill., 2 tab. [Chin. with Engl. rés.]. ISSN 1671-8860; 1000-050X.

1785
Qiao, Chaofei; Zhao, Renliang; Chen, Jun; Chen, Yunhao: A method for generating contour tree based on Voronoi interior adjacency. In: Geo-spatial information science : quarterly = Diqiu-kongjian-xinxi-kexue-xuebao. 8.2005,4, p.287-290 + 310, 2 ill. ISSN 1009-5020.

1786
Reitinger, Franz: Die Wunder-seltzame Land-Charten Utopiae : Ein Hauptwerk barocker Lachkultur. In: Das neu entdeckte Schlarraffenland : Johann Andreas Schnebelins Erklärung der Wunder-seltzamen Land-Charten UTOPIAE aus dem Jahr 1694. Ed.: Reitinger, Franz. – Bad Langensalza: Rockstuhl 2004, p.275-336.

1787
Reitinger, Franz: The persuasiveness of cartography : Michel Le Nobletz (1577-1652) and the School of Le Conquet (France). In: Cartographica : the international journal for geographic information and geovisualization. 40.2005,3, p.79-103, 5 ill. ISSN 0340-0654; 0317-7173.

1788
Rodier, Xavier: Représentation de l'espace gaulois d'après Grégoire de Tours. In: M@ppemonde : revue trimestrielle sur l'image géographique et les formes du territoire. 76.2004,4, 5 p., 10 ill. ISSN 0764-3470.

1789
Schafer, Wendy A.; Ganoe, Craig H.; Xiao, Lu; Coch, Gabriel; Carroll, John M.: Designing the next generation of distributed, geocollaborative tools. In: Cartography and geographic information science : an official journal of ACSM devoted to the advancement of cartography in all its aspects. 32.2005,2, p.101-112, 5 ill. ISSN 1523-0406.

1790
Seger, Martin: "Landcover Austria" und "Landscape Metrics" : neue Karten zur (Kultur-)Landschaftsstruktur in Österreich. In: Mitteilungen der Österreichischen Geographischen Gesellschaft : MÖGG ; Jahresband. 147.2005, p.139-160, 6 ill., 1 tab. ISSN 0029-9138.

1791
Shao, Lixia; He, Zongyi; Ai, Zixing; Song, Xiaodong: Automatic generalization of river network based on BP neural network techniques. In: Geomatics and information science of Wuhan University. 29.2004,6, p.555-557, 2 ill., 1 tab. [Chin. with Engl. rés.]. ISSN 1671-8860; 1000-050X.

1792
Tang, Xu; Liu, Yaolin; Wang, Pucha: Spatial analysis method for monitoring land value dynamically. In: Geomatics and information science of Wuhan University. 29.2004,6, p.517-520 + p.524, 6 ill., 2 tab. [Chin. with Engl. rés.]. ISSN 1671-8860; 1000-050X.

1793
Trummer, Karl: Stumme Karte : Bäche und Ortschaften des mittleren Burgenlandes. In: Geographisches Jahrbuch Burgenland. 2005, p.232-236, 4 ill.

1794
Turchi, Peter: Maps of the imagination : the writer as cartographer. – San Antonio, TX: Trinity Univ. Press 2005, 245 p., ill., mp. [Includes bibliographical references (p. [237]-240)] ISBN 1-595-34005-X.

1795
Váňa, Pavel: Analýza metod tvorby a využití map v síti Internet. In: Kartografické listy. 13.2005, p.111-126, 2 ill. The analysis of methods of the maps creation and use on the Internet. [Slovak with Engl. rés.].

1796
Wang, Tao; Wu, Hehai: Extraction of hierarchical skeleton of areal object based on multivariate analysis. In: Geomatics and information science of Wuhan University. 29.2004,6, p.533-536, 6 ill. [Chin. with Engl. rés.]. ISSN 1671-8860; 1000-050X.

1797
Watelet, Marcel: L'après-Waterloo : cartographie et paysage mémoriel. Essai de typologie. In: Waterloo : monuments et représentations de mémoires européennes (1792-2001) : actes du colloque international de Louvain-la-Neuve, organisé par l'Association Franco-Européenne de Waterloo le 20 octobre 2001. – Louvain-la-Neuve: Association Franco-Européenne de Waterloo 2003, p.269-296, 8 ill.

1798
Xiao, Ningchuan; Armstrong, Marc P.: Supporting the comparison of choropleth maps using an evolutionary algorithm. In: Auto-Carto 2005 : research symposium proceedings. 2005, p.347-358,14 ill., 1 tab. (Cartography and geographic information science : an official journal of ACSM devoted to the advancement of cartography in all its aspects ; 32.2005,4).

1799
Zhang, Qing-Nian: Labeling dense maps for location-based services. In: Web and wireless geographical information systems : 4th international workshop, W2GIS 2004, Goyang, Korea, November 2004 ; revised selected papers. Ed.: Kwon, Yon-Jin; Bouju, Alain; Claramunt, Christophe. – Berlin [u.a.]: 2005, p.195-205, 4 ill.

1800
Zhang, Yuanyu; Li, Lin; Jin, Yuping; Zhu, Haihong: Structured design of dendritic river networks based on graph. In: Geomatics and information science of Wuhan University. 29.2004,6, p.537-539 + p.543, 5 ill. [Chin. with Engl. rés.]. ISSN 1671-8860; 1000-050X.

1801
Zipf, Alexander: Using Styled Layer Descriptor (SLD) for the dynamic generation of user- and context-adaptive mobile maps – a technical framework. In: Web and wireless geographical information systems : 5th International Workshop, W2GIS 2005, Lausanne, Switzerland, December 15-16, 2005 ; proceedings. Ed.: Li, Ki-Joune; Vangenot, Christelle. – Berlin [u.a.]: Axel Springer AG 2005, p.183-193, 8 ill. (Lecture notes in computer science ; 3833).

c. Map Scale, Sheet Layout, Sheet Numbering and Naming
Kartenmaßstab, Blattschnitt, Blattbezeichnung
Echelle cartographique, découpage des feuilles, numéros et noms des feuilles

1802
Arnberg, Wolter; Wästfelt, Anders: Från bild till tolkning och visualisering – en fråga om information, skala och modell. In: Kart & bildteknik : mapping and image science. 20.2005,1, p.25-28, 2 ill. From the image to representation and visualization – a question of information, scale and model. [Swed.]. ISSN 1651-792X.

1803
Cheng, Tao; Fisher, Pete; Li, Zhilin: Double vagueness : uncertainty in multi-scale fuzzy assigment of duneness. In: Geo-spatial information science : quarterly = Diqiu-kongjian-xinxi-kexue-xuebao. 7.2004,1, p.58-66, 6 ill. ISSN 1009-5020.

1804
Engberg, Lars E.; Persson, Inger: Nytt indexsystem och bladindelning. In: Nya lantmätaren. 2005,4, p.14-16, 7 ill., 3 tab. New index and sheet system. [Swed.].

1805
Engberg, Lars E.; Persson, Inger: Nytt indexsystem och ny bladindelning. In: Kart & bildteknik : mapping and image science. 20.2005,1, p.7-9, 7 ill. Useful index system and new sheet division. [Swed.]. ISSN 1651-792X.

1806
Huang, Hui: Multi-scale GIS data model based on edge-node and atom attribute. In: Geomatics and information science of Wuhan University. 29.2004,12, p.1067-1070, 3 ill., 2 tab. [Chin. with Engl. rés.]. ISSN 1671-8860; 1000-050X.

1807
Lechthaler, Mirjanka: Značenje kartografskog mjerila u interaktivnom multimedijskom kartografskom informacijskom sustavu = The relevance of cartographic scale in interactive and multimedia cartographic information systems. In: Kartografija i geoinformacije : KiG ; znanstveno-stručno-informativni časopis Hrvatskoga kartografskog društva. 3.2004, p.6-20, 16 ill. [Croat. and Engl.]. ISSN 1333-896X.

1808
Wang, Yanmin; Li, Deren; Gong, Jianya: A multi-scale GIS scheme and its data model. In: Geomatics and information science of Wuhan University. 28.2003,4, p.458-462, 3 ill. [Chin. with Engl. rés.]. ISSN 1671-8860; 1000-050X.

1809
Wu, Fan: Scaleless representations for polyline spatial data based on wavelet analysis. In: Geomatics and information science of Wuhan University. 29.2004,6, p.488-491, 3 ill. [Chin. with Engl. rés.]. ISSN 1671-8860; 1000-050X.

1810
Yang, Zuqiao; Guo, Qingsheng: Multi-scale representation of DEM based on lifting scheme. In: Geomatics and information science of Wuhan University. 28.2003,4, p.496-498, 1 ill. [Chin. with Engl. rés.]. ISSN 1671-8860; 1000-050X.

d. Map Projection, Mathematical Cartography
Kartennetzentwurf, mathematische Kartographie
Projection cartographique, cartographie mathématique

1811
Ai, Tinghua: Visualization of uncertainty geographic phenomena based on Monte Carlo method. In: Geomatics and information science of Wuhan University. 29.2004,3, p.239-243, 2 ill. [Chin. with Engl. rés.]. ISSN 1671-8860; 1000-050X.

1812
Almqvist, Allan: Övergång till nationellt referenssystem för Malmö. In: Kart & bildteknik : mapping and image science. 20.2005,1, p.22-24, 2 ill. Transition to a national reference system for Malmö. [Swed.]. ISSN 1651-792X.

1813
Bahuguna, P.P.: Connection of mine plans to national grid system in India. In: Indian Surveyor : the journal of the institution of surveyors. 59.2005,1, p.42-58, 12 ill., 3 tab. ISSN 0970-3470.

1814
Cai, Jinhua; Long, Yi; Wu, Hehai; Chen, Dan: Automatic determination of fractal non-scale interval of map objects on inverse 'S' mathematical model. In: Geomatics and information science of Wuhan University. 29.2004,3, p.249-253, 6 ill., 1 tab. [Chin. with Engl. rés.]. ISSN 1671-8860; 1000-050X.

1815
Casaca, João Martins; Matos, João Luís de; Dias, José Miguel Baio: Topografia geral : [GPS, fotogrametria, detecção remota, modelação numérica do relevo]. – Lisboa: Lidel 2000, 306 p., ill., mp. General Topography : [GPS, photogrammetry, remote sensing, digital terrain modeling]. [Port.]. [Includes bibliographical references and index] ISBN 972-757-135-2; 978-972-757-135-2.

1816
Castner, Henry: The Robinson XI projection. In: Cartographic perspectives : journal of the North American Cartographic Information Society. 51.2005, p.63-66, 2 ill. ISSN 1048-9053.

1817
Cebrykow, Paweł: Metodawygładzania kartogramu jako alternatywa dla tradycyjnych sosobów wykonywania map izopletowych. In: Polski przegląd kartograficzny. 37.2005,1, p.3-12, 8 ill., 2 tab. Chloropleth smoothing method as an alternative to traditional methods of isopleth map preparation. [Pol.with Engl. and Russ. rés.]. ISSN 0324-8321.

1818
Chen, Chujiang; Li, Deren: Practical research of IKONOS-2 geopositioning and its accuracy in Tibet of China. In: Geo-spatial information science : quarterly = Diqiu-kongjian-xinxi-kexue-xuebao. 8.2005,1, p.33-38, 1 ill. ISSN 1009-5020.

1819
Chen, Junyong; Dang, Yamin: Influence of adoptment of geocentric 3D coordinate system on Chinese existent maps. In: Geo-spatial information science : quarterly = Diqiu-kongjian-xinxi-kexue-xuebao. 8.2005,2, p.79-84, 8 tab. ISSN 1009-5020.

1820
Csordásné, Marton Melinda: Matematikai modell a birtokrendezés támogatására. In: Geodézia és kartográfia. 57.2004,2, p.24-30, 3 ill. Math model of land consolidation in Hungary. [Hung. with Engl. rés.]. ISSN 0016-7118.

1821
D'Hollander, Raymond: Loxodromie et projection de Mercator. Ed.: Institut Océanographique. – Paris [u.a.]: Institut Océanographique 2005, 239 p., ill., mp. ISBN 2-903581-31-2.

1822
Di Martino, Ferdinando; Giordano, Michele: I sistemi informativi territoriali : teoria i metodi. – Roma: Aracne 2005, X, 425 p., ill., mp. The territorial information systems : theory and methods. [Ital.]. [Contains bibl. and notes] ISBN 88-548-0172-0; 978-88-548-0172-1.

1823
Dorling, Danny: New maps of the world, its people, and their lives. In: The Bulletin of the Society of Cartographers. 39.2005,1-2, p.35-40, 12 ill. ISSN 0036-1984.

1824
Droppová, Veronika: Aplikácia pseudocylindrických zobrazení pre mapy sveta. In: Geodetický a kartografický obzor. 51.2005,10, p.226-230, 2 ill., 2 tab. Application of pseudocylindrical projections for the world map series. [Czech with Engl. rés.]. ISSN 0016-7096.

1825
Elek, István: Az automatikus raszter-vektor konverzió lehetőségéről. In: Geodézia és kartográfia. 57.2005,2, p.10-17, 10 ill. Automatic raster-vector conversion and its possibilities. [Hung. with Engl. rés.]. ISSN 0016-7118.

1826
Forstner, Gustav: Längenfehler und Ausgangsmeridiane in alten Landkarten und Positionstabellen. Ed.: Studiengang Geodäsie und Geoinformation der Universität der Bundeswehr München. – Neubiberg: Univ. d. Bundeswehr München, Fak. f. Bauingenieur- u. Vermessungswesen 2005, VIII, 321 p., ill., mp. (Schriftenreihe / Studiengang Geodäsie und Geoinformation Universität der Bundeswehr München ; 80). [Zugl.: München, Univ. der Bundeswehr, Diss., 2005].

1827
García-Asenjo, Luis; Hernández, David; Llácer, César: Estudio de la influencia de las correcciones geodésicas sobre trabajos topográficos realizados a partir de mediciones clásicas y de GPS. In: Topografía y cartografía : TOPCART ; revista del Colegio Oficial de Ingenieros Técnicos en Topografía. 22.2005,127, p.42-59, 1 ill. Studies on the influence of geodetic corrections on topographic works based on traditional measurement and GPS. [Span.]. ISSN 0212-9280.

1828
Gaspar, Joaquim Alves: Cartas e projecçoes cartográficas. – Lisboa: Lidel 2005, 331 p., ill., mp. – 3. ed. actualizada e aumentada. Maps and cartographic projections. [Port.]. ISBN 972-757-371-1; 978-972-757-371-4.

1829
Han, Xuepei; Liao, Banggu: Spatial coordinate system transformation for coastal data integration. In: Geomatics and information science of Wuhan University. 29.2004,10, p.933-936, 4 ill., 1 tab. [Chin. with Engl. rés.]. ISSN 1671-8860; 1000-050X.

1830
Haunert, Jan-Henrik: Geometrietypwechsel in einer Multi-Resolution-Datenbank. In: Tagung 2004 / Arbeitsgruppe Automation in der Kartographie. Ed.: Bundesamt für Kartographie und Geodäsie <Deutschland>. - Frankfurt a.M.: Bundesamt für Kartographie und Geodäsie <Deutschland> 2005, p.49-58, 5 ill. (Mitteilungen des Bundesamtes für Kartographie und Geodäsie ; 34).

1831
Jezek, Jan: Transformace souradnic v GIS produktech. In: Geodetický a kartografický obzor. 51(93).2005,6-7, p.129-133, 1 ill., 1 tab. Transformations between coordinates in GIS products. [Czech with Engl. rés.]. ISSN 0016-7096.

1832
Jiao, Wenhai; Wei, Ziqing; Liu, Guangming; He, Tao: Spectrum analysis of transformnation parameters between PZ-90 GLONASS and ITRF. In: Geomatics and information science of Wuhan University. 28.2003,6, p.740-744, 7 ill., 2 tab. [Chin. with Engl. rés.]. ISSN 1671-8860; 1000-050X.

1833
Kern, Friedel; Schwenzer, Susanne Petra: Im Labyrinth der Koordinatensysteme : Probleme bei der der Nutzung der amtlichen topographischen Karten. In: Mitteilungen / Deutscher Verein für Vermessungswesen, Landesverein Hessen e.V. ; Landesverein Thüringen. 2005,1, p.2-16, 3 tab. ISSN 0949-7900; 0173-6280.

1834
Koreň, Milan: Priestorové modely krajiny. In: Kartografické listy. 12.2004, p.37-47, 1 ill. Spatial models of landscape. [Slovak with Engl. rés.].

1835
Lapaine, Miljenko: Map projections for air navigation. In: Annual of the Croatian academy of engineering. 2002, p.51-62, 9ill. ISSN 1332-3482.

1836
Li, Feipeng; Yang, Zhigao; Qin, Qianqing; Li, Deren: Real-time compression of high-resolution remote sensing image. In: Geomatics and information science of Wuhan University. 29.2004,3, p.259-263, 5 ill. [Chin. with Engl. rés.]. ISSN 1671-8860; 1000-050X.

1837
Meňkyová, Lenka: Algoritmus interpolácie rastrového modelu georeliéfu lagrangeovými polynómami. In: Kartografické listy. 12.2004, p.48-57, 10 ill., 1 tab. The algorithm of georelief raster model Interpolation usign Lagrange polynoms. [Slovak with Engl. rés.].

1838
Nikolov, Marian; Bochev, Toma; Tashkov, Toshko; Petrov, Georgi: Koordinatni sistemi v B"lgarija, transformacii i programa MTSTrans. In: Geodezija, kartografija, zemeustrojstvo. 45.2005,1/2, p.3-6, 1 ill. Bulgarian datums and transformations. MTSTrans software. [Bulg. with Engl. rés.]. ISSN 0324-1610.

1839
Pearson, Chris: The national spatial reference system readjustment of NAD 83. In: Surveying and land information science : an official journal of ACSM devoted to the sciences of surveying and mapping, land information and related fields. 65.2005,2, p.69-74. ISSN 1538-1242; 1052-2905.

1840
Plan, Lukas: Richtwerte für die Angabe der Lagegenauigkeit von Koordinaten. In: Höhlenkundliche Mitteilungen des Landesvereines für Höhlenkunde in Wien und Niederösterreich. 61.2005,1, p.7-9, 1 ill.

1841
Schuhr, Peter: Vergleich zweier Berechnungsverfahren zur Gauß-Krüger Abbildung breiter Meridianstreifen. In: VGI : österreichische Zeitschrift für Vermessung & Geoinformation. 93.2005,1, p.45-47, 4 tab. ISSN 0029-9650.

1842
Seong, Jeong Chang: Assessing resampling accuracy of categorical data using random points. In: Auto-Carto 2005 : research symposium proceedings. 2005, p.393-400, 8 ill., 1 tab. (Cartography and geographic information science : an official journal of ACSM devoted to the advancement of cartography in all its aspects ; 32.2005,4).

1843
Shen, Yunzhong: Method for calculating transformation parameters by way of integrating GPS data observed in different periods. In: Geomatics and information science of Wuhan University. 28.2003,6, p.728-731, 1 ill., 2 tab. [Chin. with Engl. rés.]. ISSN 1671-8860; 1000-050X.

1844
Shen, Yunzhong: Method for calculating transformation parameters by way of integrating GPS data observed in different periods. In: Geomatics and information science of Wuhan University. 28.2003,6, p.728-731, 1 ill., 2 tab. [Chin. with Engl. rés.]. ISSN 1671-8860; 1000-050X.

1845
Shi, Yimin: Advantages of geodesic coordinate system and its application to exact positioning of large cities. In: Geomatics and information science of Wuhan University. 28.2003,6, p.710-713, 1 ill. [Chin. with Engl. rés.]. ISSN 1671-8860; 1000-050X.

1846
Steinberg, G.; Even-Tzur, G.: Establishment of national grid based on permanent GPS Stations in Israel. In: Surveying and land information science : an official journal of ACSM devoted to the sciences of surveying and mapping, land information and related fields. 65.2005,1, p.47-52, 3 ill. ISSN 1538-1242; 1052-2905.

1847
Tinnachote, C.; Chen, Xiaoyong: An approach for object-based positional error model. In: Journal of spatial science. 1.2005, p.1-12, 11 ill., 1 tab.

1848
Varga, József: Volt-e Ivanicsi (Ivanič) Sztereografikus Vetületi Rendszer?. In: Geodézia és kartográfia. 57.2004,4, p.21-26, 5 ill. Was there an Ivanič stereographic projection?. [Hung. with Engl. rés.]. ISSN 0016-7118.

1849
Wieczorek, Małgorzata; Zalewski, Wojciech: Od Merkatora do Space Oblique Mercator. In: Polski przegląd kartograficzny. 37.2005,3, p.196-212, 8 ill., 1 tab. From Mercator to Space Oblique Mercator. [Pol. with Engl. and Russ. rés.]. ISSN 0324-8321.

1850
Yu, Xiaohong: Correlation adjustment and accuracy analysis in map digitization data processsing. In: Geomatics and information science of Wuhan University. 28.2003,5, p.555-558, 4 tab. [Chin. with Engl. rés.]. ISSN 1671-8860; 1000-050X.

1851
Zeng, Wenxian; Tao, Benzao: Non-linear adjustment model of three-dimensional coordinate fransformation. In: Geomatics and information science of Wuhan University. 28.2003,5, p.566-568, 4 tab. [Chin. with Engl. rés.]. ISSN 1671-8860; 1000-050X.

1852
Zhong, Yexun: Mathematical definition of geographical space and analysis of limit factors for cartographic symbols. In: Geomatics and information science of Wuhan University. 29.2004,1, p.29-33. [Chin. with Engl. rés.]. ISSN 1671-8860; 1000-050X.

e. Legend, Drafting Instructions, Map Specifications, Symbol Legends Legende, Zeichenvorschriften, Musterblätter, Signaturenmaßstab Légende, spécifications cartographiques, échelle d'un symbole

1853
Frangeš, Stanislav; Riba, Dolores; Slevka, Berto: Razlike u kartografici katastarskih planova. In: Geodetski list : glasilo Hrvatskoga Geodetskog Drustva. 58(81).2004,4, p.287-298, 9 ill. Differences in the map graphics of cadastral plans. [Croat. with Engl. rés.]. ISSN 0016-710x.

1854
Freitag, Ulrich: Functions and design of map legends in various cartographic environments. In: Projektowanie i redakcja map = Map design and map compilation. Ed.: Uniwersytet Wrocławski. – Wrocław: Uniwersytet Wrocławski 2005, p.48-64,8 ill. (Główne problemy współczesnej kartografii ; 2005).

1855
Głażewski, Andrzej: Methodological aspects of designing topographic map symbols. In: Geodezja i kartografia : kwartalnik naukowy. 53.2004,1, p.49-64, 4 ill., 4 tab. [Engl. with Pol. and Russ. rés.]. ISSN 0016-7134.

1856
Głażewski, Andrzej: Podstawy metodyczne w projektowaniu znaków map topograficznych. In: Projektowanie i redakcja map = Map design and map compilation. Ed.: Uniwersytet Wrocławski. – Wrocław: Uniwersytet Wrocławski 2005, p.73-88, 5 ill., 2 tab. (Główne problemy współczesnej kartografii ; 2005) Methodological basis of designing topographic map symbols. [Pol. with Engl. res.].

1857
He, Zhonghuan: Designing technique of complicated linear symbols in GIS symbol database. In: Geomatics and information science of Wuhan University. 29.2004,2, p.132-134, 10 ill. [Chin. with Engl. rés.]. ISSN 1671-8860; 1000-050X.

1858
Kałamucki, Krysztof: Legenda mapy -ogniwo scalające wizję kartografa, mapę i jej użytkownika. In: Projektowanie i redakcja map = Map design and map compilation. Ed.: Uniwersytet Wrocławski. – Wrocław: Uniwersytet Wrocławski 2005, p.147-156, 1 ill. (Główne problemy współczesnej kartografii ; 2005) Map legend : a link between the cartographer's vision, the map and its user. [Pol. with Engl. res.].

1859
Normes et spécifications techniques pour l'établissement des cartes géologiques au 1/50000 et 1/100000 du Maroc. By: Sadiqui, Mohammed. – Rabat: 2003, 130 p., ill. (Notes et mémoires du service géologique ; 430). ISBN 9981-886-20-3.

1860
Pasławski, Jacek: Wybrane problemy opracowania legendy ilościowych form prezentacji. In: Projektowanie i redakcja map = Map design and map compilation. Ed.: Uniwersytet Wrocławski. – Wrocław: Uniwersytet Wrocławski 2005, p.140-146, 8 ill. (Główne problemy współczesnej kartografii ; 2005) Certain issues of the quantitative map legend preparation.

1861
Pavlicko, Peter; Peterson, Ingmar: Large-scale topographic web maps : using scalable vector graphics. In: Cartographic perspectives : journal of the North American Cartographic Information Society. 50.2005, p.34-46, 7 ill. ISSN 1048-9053.

1862
Slevka, Berto; Frangeš, Stanislav: Cestovna raskrižja u više razina na kartografskim prikazima različitih mjerila. In: Geodetski list : glasilo Hrvatskoga Geodetskog Drustva. 58(81).2004,3, p.235-249, 7 ill., 6 tab. Multilevel road crossings on cartographic presentations at various scales. [Croat. with Engl. rés.]. ISSN 0016-710x.

1863
Sponagel, Herbert: Bodenkundliche Kartieranleitung : mit 103 Tabellen und 31 Listen ; Ad-hoc-Arbeitsgruppe Boden der Staatlichen Geologischen Dienste und der Bundesanstalt für Geowissenschaften und Rohstoffe. Ed.: Bundesanstalt für Geowissenschaften und Rohstoffe. – Stuttgart: Schweizerbart 2005, 438 p., ill., mp. – 5., verb. und erw. Aufl. [Literaturverz. S. 416 – 419] ISBN 3-510-95920-5.

1864
Uehlein, Ulrich: Das Planzeichen als visuelle Variable : ein Beitrag zur theoretischen Fundierung und methodischen Operationalisierung der kartographischen Informationscodierung in der raumbezogenen Umweltplanung. – Berlin: Mensch & Buch Verl. 2005, 224 p., ill., mp. [Zugl.: Berlin, Techn. Universität, Diss.] ISBN 3-86664-002-1.

1865
Vasilev, Stanislav: Za klasifikacijata na znacite v kartografijata. In: Geodezija, kartografija, zemeustrojstvo. 45.2005,3/4, p.27-32, 26 ill. On mapping symbols classification. [Bulg. with Engl. rés.]. ISSN 0324-1610.

1866
Yin, Zhangcai; Li, Lin; Zhu, Haihong; Tong, Xuejuan: Description model of map symbols based on SVG. In: Geomatics and information science of Wuhan University. 29.2004,6, p.544-547, 8 ill. [Chin. with Engl. rés.]. ISSN 1671-8860; 1000-050X.

f. Generalization
Generalisierung
Généralisation

1867
Ai, Tinghua: Displacement of building cluster using field analysis method. In: Geo-spatial information science : quarterly = Diqiu-kongjian-xinxi-kexue-xuebao. 6.2003,2, p.55-62, 4 ill. ISSN 1009-5020.

1868
Ai, Tinghua; Liu, Yaolin: Spatial relation resolution and spatial relation abstraction. In: Geo-spatial information science : quarterly = Diqiu-kongjian-xinxi-kexue-xuebao. 6.2003,4, p.10-16, 4 ill. ISSN 1009-5020.

1869
Cai, Zhongliang; Wu, Hehai; Du, Qingyun; Liao, Chujiang: Interactive generalization on large-scale topographical map supported by a database platform. In: Geo-spatial information science : quarterly = Diqiu-kongjian-xinxi-kexue-xuebao. 6.2003,4, p.17-26, 5 ill., 3 tab. ISSN 1009-5020.

1870
Du, Wei; Ai, Tinghua; Xu, Zheng: A polygon simplification method based on combinatorial optimization. In: Geomatics and information science of Wuhan University. 29.2004,6, p.548-550, 2 ill. [Chin. with Engl. rés.]. ISSN 1671-8860; 1000-050X.

1871
Dunkars, Mats: Ny metod för generaliserad kartografering = New method for cartographic generalisation. In: Nya lantmätaren. 2005,4, p.18-20, 4 ill. [Swed.].

1872
Fei, Lifan: Solving graphic conflicts between streets and buildings in map compilation by simualting human cartographers. In: Geomatics and information science of Wuhan University. 29.2004,5, p.426-432, 13 ill. [Chin. with Engl. rés.]. ISSN 1671-8860; 1000-050X.

1873
Friedmannová, Lucie; Konečný, Milan; Staněk, Karel: Tvorba otevřeného regionálního atlasu. In: Kartografické listy. 13.2005, p.43-52, 8 ill. The open regional atlas making. [Slovak with Engl. rés.].

1874
Gökgöz, Türkay: Generalization of contours using deviation angles and error bands. In: The Cartographic Journal. 42.2005,2, p.145-156, 25 ill. ISSN 0008-7041.

1875
Kochman, Małgorzata; Olszewski, Robert: Wieloskalowe modelowanie rzeźby terenu : Część I. In: Polski przegląd kartograficzny. 37.2005,3, p.171-184, 6 ill. Multiscale modeling of relief. [Pol. with Engl. and Russ. rés.]. ISSN 0324-8321.

1876
Kochman, Małgorzata; Olszewski, Robert: Wieloskalowe modelowanie rzeźby terenu : Część II. In: Polski przegląd kartograficzny. 37.2005,4, p.267-273, 7 ill. Multiscale modelling of relief : Part II. [Pol. with Engl. and Russ. rés.]. ISSN 0324-8321.

1877
La carte demain : les recherches en automatisation. In: IGN magazine. 18.2003, p.12-14, ill. ISSN 1624-9305.

1878
Lovrić, Paško; Kosek, Melita: Cartography at the end of the 20th century = Kartografija krajem 20. stoljeća. In: Five centuries of maps and charts of Croatia = Pet stoljeća geografskih i pomorskih karata Hrvatske. Ed.: Novak, Drago. – Zagreb: Školska Knjiga 2005, p.62-85, 9 ill. [Croat. and Engl.].

1879
Nakos, Byron P.; Mitropoulos, Vasilis Ch.: Critical point detection using the Length Ratio (LR) for line generalization. In: Cartographica : the international journal for geographic information and geovisualization. 40.2005,3, p.35-51, 10 ill., 4 tab. ISSN 0340-0654; 0317-7173.

1880
Olszewski, Robert; Żyła, Andrzej: Utilisation of artificial neural networks for determination of morphometric features of the terrain relief. In: Geodezja i kartografia : kwartalnik naukowy. 53.2004,1, p.65-75, 6 ill. [Engl. with Pol. and Russ. rés.]. ISSN 0016-7134.

1881
Rocchini, D.: Resolution problems in calculating landscape metrics. In: Journal of spatial science. 2.2005, p.25-35, 4 ill., 1 tab.

1882
Sabo, M. N.; Cardenas, A.; Bédard, Yvan; Bernier, Eveline: Introduction du concept de patrons géométriques et application aux bâtiments afin de faciliter leur généralisation cartographique à la volée. In: Geomatica. 59.2005,3, p.295-311, 14 ill., 1 tab. ISSN 1195-1036.

1883
Schönherr, H.: Zur Rolle der Kartographie – Aspekte und Perspektiven. In: Mitteilungen und Veröffentlichungen zum Vermessungswesen aus den Themenbereichen Geodäsie, Geoinformation und Landmanagement / Deutscher Verein für Vermessungswesen, Landesverein Baden-Württemberg e.V. 52.2005,1, p.41-58. ISSN 0940-2942.

1884
Tcholeev, Ivan: Obv"rzvane na topografskata i spatnikova informacija pri modelirane na formite na relefa. In: Geodezija, kartografija, zemeustrojstvo. 45.2005,1/2, p.20-23, 3 ill. Integration of topographic and satellite information in relief form modelling. [Bulg. with Engl. rés.]. ISSN 0324-1610.

1885
Wu, Fan: Scaleless representations for polyline spatial data based on wavelet analysis. In: Geomatics and information science of Wuhan University. 29.2004,6, p.488-491, 3 ill. [Chin. with Engl. rés.]. ISSN 1671-8860; 1000-050X.

1886
Zarycki, Tomasz: Struktura mapy w ujęciu pragmatycznym. In: Polski przegląd kartograficzny. 36.2004,2, p.75-82, 1 ill. Map structure in pragmatic approach. [Pol. with Engl. and Russ. rés.]. ISSN 0324-8321.

g. Geographical Names, Toponymy Namenschreibung, Ortsnamenkunde Orthographie des noms géographiques, toponymie

1887
Alphabetischer Index : Bearb. von Eckhard Eggers. By: Eggers, Eckhard; Schmid, Wolfgang P.; Krahe, Hans. 2005, XXIII, 560 p. + 1 CD-ROM. (Hydronymia Germaniae ; Reihe A, Sonderbd. 1).

1888
Andrews, K. S.: The spread of Welsh on Seventh Series one-inch maps : Ymlediad y Cymry ar fapiau un modfedd (Cyfres Saith). In: Sheetlines / The Charles Close Society for the Study of Ordnance Survey Maps. 74.2005, p.17-23, 1 ill., 2 tab. ISSN 0962-8207.

1889
Anreiter, Peter: Die Schichtung der Tiroler Gewässernamen. In: Gewässernamen in Bayern und Österreich : 3. Kolloquium des Arbeitskreises für Bayerisch-Österreichische Namenforschung (Regensburg, 27./28.Februar 2004). Ed.: Greule, Albrecht. – Regensburg: Edition Vulpes 2005, p.35-49, 1 ill., 2 tab. (Regensburger Studien zur Namenforschung ; 1).

1890
Bédard, Yvan: Traité canadien de toponymie de langue française. – Saint-Nicolas, Québec: Ed. du Phalanstère 2003, 112p. [Includes bibliographical references (p. 107)] ISBN 2-9807848.

1891
Biolik, Maria: Die fließenden Gewässer = Nazwy wód płynących. 2005, 235 p., mp. (Hydronymia Europaea ; 19). [Pol. and Germ.].

1892
Blatter, Erich: Neues aus der Toponymie. In: Geo-Info : tijdschrift voor Geo-Informatie Nederland, GIN. 103.2005,4, p.184-186, 3 ill. ISSN 1572-5464.

1893
Blažiene, Grasilda: Baltische Ortsnamen in Ostpreußen. – Stuttgart: Franz Steiner Verlag 2005, 413 p., mp. (Hydronymia Europaea : Sonderband ; 3). ISBN 3-515-08845-8; 978-3-515-08845-9.

1894
Cassi, Laura: Nuovi spunti di ricerca sui nomi di luogo. In: Corona Alpium II : miscellanea di studi in onore di Carlo Alberto Mastrelli. Ed.: Istituto di Studi per l'Alto Adige <Firenze>. – Firenze: Istituto di Studi per l'Alto Adige <Firenze> 2003, p.159-165. [Ital.].

1895
Clark, Ian D.: Value of Victorian Aboriginal clan names for toponymic research. In: The Globe. 57.2005, p.13-16, 1 tab. ISSN 0311-3930.

1896
Das Flussgebiet der Unterweser und der mittleren Weser. Bearb. von Ulf Borchers unter Verwendung der Vorarb. von Wolfgang Kramer. 2005, 172 p., mp. (Hydronymia Germaniae ; Reihe A, Lfg. 18).

1897
Dictionnaire toponymique des communes suisses : DTS = Lexikon der schweizerischen Gemeindenamen. Ed.: Huber [u.a.]. Centre de Dialectologie, Université de Neuchâtel.Réd. Florence Cattin...Documentation Dorothée Aquino-Weber... Huber [u.a.] 2005, 1102 p., ill. [Germ., French and Ital.]. [Literaturverz. p.1041-1085].

1898
Ellingsve, Eli Johanne: Stedsnavn på Svalbard = Names on Svalbard. – Trondheim: Tapir Akademisk Forlag 2005, 186 p., ill., mp. [Norweg. and Engl.]. [Includes bibliographical references (p.185-[186])] ISBN 82-519-2011-6.

1899
Fastnacht, Dorothea: Die Gewässernamen in den ehemaligen Landkreisen Ebermannstadt und Staffelstein. In: Gewässernamen in Bayern und Österreich : 3. Kolloquium des Arbeitskreises für Bayerisch-Österreichische Namenforschung (Regensburg, 27./28.Februar 2004). Ed.: Greule, Albrecht. – Regensburg: Edition Vulpes 2005, p.51-63, 1 ill. (Regensburger Studien zur Namenforschung ; 1).

1900
George, Dieter: Zur Diskussion über Gewässernamen des Altlandkreises Lichtenfels. In: Gewässernamen in Bayern und Österreich : 3. Kolloquium des Arbeitskreises für Bayerisch-Österreichische Namenforschung (Regensburg, 27./28.Februar 2004). Ed.: Greule, Albrecht. – Regensburg: Edition Vulpes 2005, p.65-74 (Regensburger Studien zur Namenforschung ; 1).

1901
Gewässernamen in Bayern und Österreich : 3. Kolloquium des Arbeitskreises für Bayerisch-Österreichische Namenforschung (Regensburg, 27./28.Februar 2004). Ed.: Greule, Albrecht. – Regensburg: Edition Vulpes 2005, 257 p., ill., mp. (Regensburger Studien zur Namenforschung ; 1). ISBN 3-939112-00-3.

1902
Gregor, Viktor: Príspevok k otázke geografického názvoslovia v Tatrách. In: Geodetický a kartografický obzor. 51.2005,2, p.39-41, 3 ill. Contributions to questions concerning geographic names in the Tatra. [Czech]. ISSN 0016-7096.

1903
Greule, Albrecht; Janka, Wolfgang; Schuh, Robert: Der Gewässername Wondreb. In: Gewässernamen in Bayern und Österreich : 3. Kolloquium des Arbeitskreises für Bayerisch-Österreichische Namenforschung (Regensburg, 27./28.Februar 2004). Ed.: Greule, Albrecht. – Regensburg: Edition Vulpes 2005, p.75-83 (Regensburger Studien zur Namenforschung ; 1).

1904
Grothenn, Dieter: Standardisierung geographischer Namen in den deutschen Küstengewässern. In: Kartographische Nachrichten : KN ; Fachzeitschrift für Geoinformation und Visualisierung ; Organ der Deutschen Gesellschaft für Kartographie e.V., der Schweizerischen Gesellschaft für Kartographie und der Österreichischen Kartographischen Kommission in der Österreichischen Geographischen Gesellschaft. 55.2005,3, p.125-129, 4 ill. ISSN 0022-9164.

1905
Hinrichs, Wiard: Die geographischen Namen der Campschen Karte. In: Die große handgezeichnete Campsche Karte von Ostfriesland von 1806 : (Staatsbibliothek zu Berlin Preußischer Kulturbesitz, Kart. N 27299). Ed.: Henninger, Wolfgang; Kappelhoff, Bernd. – Hannover: 2005, p.55-72 (Veröffentlichungen der Historischen Kommission für Niedersachsen und Bremen ; 226).

1906
Hohensinner, Karl: Namensänderungen bei Gewässernamen am Nordrand Oberösterreichs. In: Gewässernamen in Bayern und Österreich : 3. Kolloquium des Arbeitskreises für Bayerisch-Österreichische Namenforschung (Regensburg, 27./28.Februar 2004). Ed.: Greule, Albrecht. – Regensburg: Edition Vulpes 2005, p.85-94 (Regensburger Studien zur Namenforschung ; 1).

1907
Holzer, Georg: Slavische Gewässernamen in Niederöstereich : ihre Bildung und ihr Verhältnis zu den Geländenamen. In: Gewässernamen in Bayern und Österreich : 3. Kolloquium des Arbeitskreises für Bayerisch-Österreichische Namenforschung (Regensburg, 27./28.Februar 2004). Ed.: Greule, Albrecht. – Regensburg: Edition Vulpes 2005, p.95-109 (Regensburger Studien zur Namenforschung ; 1).

1908
Hrodzenskaja voblasc'. By: Haponenka, I. A.; Lemcjuhova, V. P. – Minsk: Tèchnalohija 2004, 469 p., mp. (Nazvy naselenych punktaŷ Rèspubliki Belarus' : narmatyŷny davednik) Hrodna region. [Belarus.]. ISBN 985-458-098-9.

1909
Illert, Andreas: Erfassung, Verwaltung und Standardisierung geographischer Namen in Afrika : Trainingskurse der Vereinten Nationen in Khartum und Maputo. In: Kartographische Nachrichten : KN ; Fachzeitschrift für Geoinformation und Visualisierung ; Organ der Deutschen Gesellschaft für Kartographie e.V., der Schweizerischen Gesellschaft für Kartographie und der Österreichischen Kartographischen Kommission in der Österreichischen Geographischen Gesellschaft. 55.2005,2, p.87-88, 2 ill. ISSN 0022-9164.

1910
Kaemmerer, Margarete: Ortsnamenverzeichnis der Ortschaften jenseits von Oder und Neiße. – Leer: Rautenberg 2005, 230 p., mp. ISBN 3-8003-3086-5.

1911
Kattnig, Franz; Kulnik, Michael; Zerzer, Janko: Zweisprachiges Kärnten : zweisprachiges Ortsnamenverzeichnis von Südkärnten = Dvojezicna Koroska. – Klagenfurt: Hermagoras 2005, 115, 144 p., ill., mp. – 2., vollst. überarb. und vervollst. Ausg. [Text dt. und slow.] ISBN 3-7086-0106-8.

1912
Kim, Shim: The name and limit of the East Sea. – Seoul: Jiyoungsa 2005, 396 p., ill., mp. – 1. ed. [Includes bibliographical references] ISBN 89-7555142-3.

1913
Klauck, Hans Peter: Lexikon der saarländischen Orte, Gehöfte, Mühlen, Industrieanlagen und Wohnplätze : mit Angaben zu Pfarr- und Standesamtszugehörigkeiten. Ed.: Kreisarchiv <Saarlouis>. – Saarlouis: Kreisarchiv <Saarlouis> 2005, 469 p., ill., mp. (Veröffentlichung der Vereinigung für die Heimatkunde im Landkreis Saarlouis e.V. : Sonderband ; 10). [Ortsverzeichnis] ISBN 3-933926-37-8.

1914
Lange, Dietrich: Geographisches Ortsregister Ostpreußen. – Königslutter: SOL Verlag 2005, 1 CD-ROM, 12 cm – überarb. Aufl. [Parallel als Buch-Ausg. erschienen] ISBN 3-934652-50-6.

1915
Liedtke, Herbert: Namen und Abgrenzungen von Landschaften in der Bundesrepublik Deutschland. – Flensburg: Deutsche Akademie für Landeskunde 2002, 156 p., 1 mp.-suppl. – 3. Aufl. (Forschungen zur deutschen Landeskunde ; 239). ISBN 3-88143-050-4.

1916
Lucarno, Guido: La toponomastica come affermazione della sovranità nazionale : il caso della Val Roia (Alpi Marittime). In: Bollettino della Associazione Italiana di Cartografia. 42.2005,123/125, p.349-359, 1 tab. Toponomastics as an expression of national sovereign : the case of Val Roia (Maritime Alps). [Ital. with Engl. rés.]. ISSN 0044-9733.

1917
Mann, Joel F.: An international glossary of place name elements. – Lanham, Md. [u.a.]: Scarecrow Press 2005, XXII, 189 p. ISBN 0-8108-5040-0.

1918
Minskaja voblasc'. By: Haponenka, I. A.; Lemcjuhova, V. P. – Minsk: Tėchnalohija 2003, 604 p., mp. (Nazvy naselenych punktaŷ Rėspubliki Belarus' : narmatyŷny davednik) Minsk region. [Belarus.]. ISBN 985-458-054-7.

1919
Nazvy naselenych punktaŷ Rėspubliki Belarus' : narmatyŷny davednik. By: Haponenka, I. A.; Lemcjuhova, V. P. – Minsk: Tėchnalohija 2003. [Belarus.]. [Consists of 6 vol.].

1920
Ormeling, Ferjan: Standaardisatie van Nederlandse exoniemen. In: Geo-Info : tijdschrift voor Geo-Informatie Nederland, GIN. 2.2005,2, p.78-82, 3 ill. Standardization of exonyms in the Netherlands. [Dutch]. ISSN 1572-5464.

1921
Ormeling, Ferjan: Verzameling en vaststelling van de spelling van aardrijkskundige namen in Nederland. In: Geo-Info : tijdschrift voor Geo-Informatie Nederland, GIN. 2.2005,4, p.194-197, 1 ill., 2 tab. Collecting and checking the orthography of geographical names in the Netherlands. [Dutch]. ISSN 1572-5464.

1922
Pohl, Heinz Dieter: Slawische (und slowenische) Gewässernamen in Kärnten und Osttirol. In: Gewässernamen in Bayern und Österreich : 3. Kolloquium des Arbeitskreises für Bayerisch-Österreichische Namenforschung (Regensburg, 27./28.Februar 2004). Ed.: Greule, Albrecht. – Regensburg: Edition Vulpes 2005, p.111-121 (Regensburger Studien zur Namenforschung ; 1).

1923
Pokorny, Siegfried: Der Gewässername Creußen. In: Gewässernamen in Bayern und Österreich : 3. Kolloquium des Arbeitskreises für Bayerisch-Österreichische Namenforschung (Regensburg, 27./28.Februar 2004). Ed.: Greule, Albrecht. – Regensburg: Edition Vulpes 2005, p.123-136 (Regensburger Studien zur Namenforschung ; 1).

1924
Rocchini, Claudio: Il trattamento della toponomastica della cartografia digitale. In: Bollettino della Associazione Italiana di Cartografia. 42.2005,123/125, p.171-177, 5 ill. The management of toponomastic data in digital cartography. ISSN 0044-9733.

1925
Rodier, Xavier: Représentation de l'espace gaulois d'après Grégoire de Tours. In: M@ppemonde : revue trimestrielle sur l'image géographique et les formes du territoire. 76.2004,4, 5 p., 10 ill. ISSN 0764-3470.

1926
Rothmaler, Eva: Ortsnamen in Borno (Nordnigeria). – Köln: Köppe 2003, IX, 247 p., mp. [Zugl.: Hamburg, Univ., Diss., 2002 u.d.T.: Rothmaler, Eva: Untersuchungen zu Ortsnamen in Borno (Nordnigeria)] ISBN 3-89645-465-X.

1927
Sandoy, Ragnhild: Stedsnavn og landskapsnavn i moderne byutvikling. In: Kart og plan : vitenskapelig tidsskrift. 98.2005,4, p.250-256, 2 ill. Traditional place names in modern town development. [Norw. with Engl. rés.]. ISSN 0047-3278.

1928
Scheuringer, Hermann: Die Ranna östlich von Passau und ihre Zuflüsse. In: Gewässernamen in Bayern und Österreich : 3. Kolloquium des Arbeitskreises für Bayerisch-Österreichische Namenforschung (Regensburg, 27./28.Februar 2004). Ed.: Greule, Albrecht. – Regensburg: Edition Vulpes 2005, p.181-191, 4 ill. (Regensburger Studien zur Namenforschung ; 1).

1929
Schuh, Robert: Das "Historische Ortsnamenbuch von Bayern" (HONB) : Stand und Perspektiven. In: Gewässernamen in Bayern und Österreich : 3. Kolloquium des Arbeitskreises für Bayerisch-Österreichische Namenforschung (Regensburg, 27./28.Februar 2004). Ed.: Greule, Albrecht. – Regensburg: Edition Vulpes 2005, p.221-233 (Regensburger Studien zur Namenforschung ; 1).

1930
Stani-Fertl, Roman: Geographische Namen als redaktionelles Problem : systematische Untersuchung der Exonyme mit einer Anleitung zu deren Verwendung in der redaktionellen Praxis. – Wien: 2005, 163 p., 3 ill., 11 tab. [Diss. TU Wien].

1931
Steiner, Thaddäus: Flurnamen der Gemeinde Pfronten / Allgäu. In: Gewässernamen in Bayern und Österreich : 3. Kolloquium des Arbeitskreises für Bayerisch-Österreichische Namenforschung (Regensburg, 27./28.Februar 2004). Ed.: Greule, Albrecht. – Regensburg: Edition Vulpes 2005, p.235-243, 3 ill., 1 tab. (Regensburger Studien zur Namenforschung ; 1).

1932
Steiner, Thaddäus: Füssen : ehemaliger Landkreis Füssen. Ed.: Bayerische Akademie der Wissenschaften / Kommission für Bayerische Landesgeschichte. – München: Bayerische Akademie der Wissenschaften / Kommission für Bayerische Landesgeschichte 2005, 40, 276 p., ill., mp + 1 mp.-suppl. (Historisches Ortsnamenbuch von Bayern / Schwaben ; 9). ISBN 3-7696-6861-8.

1933
Toniolo, Sandro: I perché e i nomi della geografia. Ed.: Istituto Geografico Militare. – Firenze: Istituto Geografico Militare 2005, 300 p., ill., mp. (L'universo : geografia, cartografia, studi urbani, territoriali e ambientali ; 85.2005,6, Suppl.).

1934
Wauer, Sophie: Die Ortsnamen des Kreises Beeskow-Storkow. – Stuttgart: Franz Steiner Verlag 2005, 269 p., mp. (Brandenburgisches Namenbuch ; 12). [Literaturverz. S. 237 – 249] ISBN 3-515-08664-1.

1935
Wiesinger, Peter: Probleme um Gewässernamen in Oberösterreich. In: Gewässernamen in Bayern und Österreich : 3. Kolloquium des Arbeitskreises für Bayerisch-Österreichische Namenforschung (Regensburg, 27./28.Februar 2004). Ed.: Greule, Albrecht. – Regensburg: Edition Vulpes 2005, p.193-212 (Regensburger Studien zur Namenforschung ; 1).

1936
Zych, Maciej: Dwujęzyczne nazewnictwo geograficzne w Polsce. In: Polski przegląd kartograficzny. 37.2005,4, p.382-297, 14 ill., 1 tab. Bilingual geographical names in Poland. [Pol. with Engl. and Russ. rés.]. ISSN 0324-8321.

1937
Zych, Maciej: Zasady użycia łącznika w polskich nazwach miejscowości. In: Polski przegląd kartograficzny. 37.2005,4, p.115-118 Use of hyphen in the Polish names of localities. [Pol.]. ISSN 0324-8321.

7. Map Revision
Kartenaktualisierung
Mise à jour des cartes

1938
Georoute®, itinéraire d'une aventure. In: IGN magazine. 10.2002, p.4-8, ill. ISSN 1624-9305.

1939
Henninger, Walter; Gläßel, Helmut: Vom Gebietstopographen zum Kartenpixel. In: Mitteilungen des DVW-Bayern e.V. 57.2005,3, p.387-400, 10 ill. ISSN 0723-6336.

1940
Henwood, Bill: Ruins, ridges and reservoirs : notes on some 1:50,000 First Series 'bar' reprints. In: Sheetlines / The Charles Close Society for the Study of Ordnance Survey Maps. 74.2005, p.24-27, 4 ill. ISSN 0962-8207.

1941
Herczeg, Ferenc: A digitális topográfiai és a digitális földmérési alaptérkép adatkapcsolata. In: Geodézia és kartográfia. 57.2005,2, p.18-23, 1 ill., 3 tab. Data relationship between topographic and digital base map. [Hung. with Engl. rés.]. ISSN 0016-7118.

1942
Hochschild, Volker; Weise, Christian; Selsam, Peter: Die Aktualisierung der "Digitalen Grundkarte Landwirtschaft" in Thüringen mit Hilfe von Fernerkundungsdaten. In: Photogrammetrie, Fernerkundung, Geoinformation : PFG ; Organ der Deutschen Gesellschaft für Photogrammetrie und Fernerkundung e.V. 2005,3, p.201-208, 5 ill. ISSN 1432-8364.

1943
How to keep your Admiralty charts up-to-date. Ed.: Great Britain / Hydrographic Office. – Taunton: Great Britain / Hydrographic Office 2005, 56 p., ill., mp. – 3rd ed. (NP : Admiralty charts and publications ; 294). ISBN 0-7077-1521-0.

1944
Kang, Hae-Kyong ; Li, Ki-Joune: A framework for dynamic updates of map data in mobile devices. In: Web and wireless geographical information systems : 5th International Workshop, W2GIS 2005, Lausanne, Switzerland, December 15-16, 2005 ; proceedings. Ed.: Li, Ki-Joune; Vangenot, Christelle. – Berlin [u.a.]: Axel Springer AG 2005, p.66-77, 6 ill. (Lecture notes in computer science ; 3833).

1945
L'avènement de la révision numérique. In: IGN magazine. 18.2003, p.8-9, ill. ISSN 1624-9305.

1946
Marchesini, Claudio: Determinazione delle variazioni della costa sabbiosa per l'aggiornamento della cartografia. In: Bollettino della Associazione Italiana di Cartografia. 42.2005,123/125, p.417-419, 1 ill. Evaluation of the sand coast variations for the cartographic update. [Ital. with Engl. rés.]. ISSN 0044-9733.

1947
Pradhan, J. B.: Updating of topographical maps by mobile mapping system. In: Bridging the digital divide and taking cartography at grassroots level : 25th INCA international congress, Sagar, Nov. 28 – Dec. 1, 2005. Ed.: Trivedi, R. K. – Ahmedabad: Indian National Cartographic Association 2005, p.110-112 (Indian cartographer ; 25.2005).

1948
Ramirez, J. Paul: Updating geospatial data : a theoretical framework. In: Surveying and land information science : an official journal of ACSM devoted to the sciences of surveying and mapping, land information and related fields. 65.2005,4, p.245-254, 6 ill. ISSN 1538-1242; 1052-2905.

1949
Ruiz Morales, Mario: Mejora de la Precisión Posicional : una herramienta necesaria para actualizar e integrar los datos de un SIG. In: Topografía y cartografía : TOPCART ; revista del Colegio Oficial de Ingenieros Técnicos en Topografía. 22.2005,128, p.46-55, 14 ill., 1 tab. Improvement of positional precision : a necessary tool for updating and integrating dates of a SIG. [Span. with Engl. rés.]. ISSN 0212-9280.

1950
Saïd Allili, Mohand; Ziou, Djemel: Automatic change detection and updating of topographic databases by using satellite imagery : a level set approach. In: Geomatica. 59.2005,3, p.275-281, 5 ill. ISSN 1195-1036.

1951
Verdeil, Eric; Velut, Sébastien: Liban-Syrie: les cartes du changement. In: M@ppemonde : revue trimestrielle sur l'image géographique et les formes du territoire. 80.2005,4, 2 p. ISSN 0764-3470.

1952
Yarbrough, Lance; Easson, Greg: Eye of the storm : Google Earth assists Katrina response and recovery. In: Geomatica. 59.2005,4, p.451-453, 5 ill. ISSN 1195-1036.

F. Map Production, Practical Cartography
Kartenherstellung, Praktische Kartographie
Production des cartes, cartographie pratique

1. General Features
Allgemeines
Généralités

1953
Brunet, Roger: D'une erreur commune à propos de cartes et de modèles : commentaire sur «Quel fond de carte pour l'Australie?» de Patrick Poncet. In: M@ppemonde : revue trimestrielle sur l'image géographique et les formes du territoire. 74.2004,2, 2 p. ISSN 0764-3470.

1954
Les étapes de création de la «carte de base». In: IGN magazine. 18.2003, p.4-7, ill. ISSN 1624-9305.

1955
Lodovisi, Achille; Torresani, Stefano: Cartografia e informazione geografica : storia e tecniche. – Bologna: Pàtron 2005, 468 p., ill. – 2. ed. (Geografia e organizzazione dello sviluppo territoriale ; 33) Cartography and geographic information: history and techniques. [Ital.]. [Contains bibliography (p. 423-466), bibl. references, notes, name index and appendix] ISBN 88-555-2834-3.

1956
Loppnow, Mark: Cartographic techniques. In: Cartographic perspectives : journal of the North American Cartographic Information Society. 50.2005, p.47-50, 1 ill. ISSN 1048-9053.

1957
Plank, Irmgard: Problematik der Globenbild-Erstellung für virtuelle Globen : gezeigt anhand der Faksimilierung eines historischen Globus und der Umsetzung von Globenbildern für einen virtuellen Globus für Unterrichtszwecke. – Wien: 2005, 120 p., 67 ill., 12 tab. [Dipl. Arb. Univ. Wien].

1958
Poncet, Patrick: Quel fond de carte pour l'Australie?. In: M@ppemonde : revue trimestrielle sur l'image géographique et les formes du territoire. 74.2004,2, 8 p., 4 ill. ISSN 0764-3470.

1959
Singh, R. B.: Advent of modern cartography in nautical charting. In: Bridging the digital divide and taking cartography at grassroots level : 25th INCA international congress, Sagar, Nov. 28 – Dec. 1, 2005. Ed.: Trivedi, R. K. – Ahmedabad: Indian National Cartographic Association 2005, p.248-252 (Indian cartographer ; 25.2005).

2. Traditional Reprographic Techniques
Herkömmliche Zeichen- und Reproduktionsverfahren
Procédés de dessin reprographiques traditionnelles en cartographie

a. General Features
Allgemeines
Généralités

1960
Cruickshank, J.L.: The Reichsamt für Landesaufnahme and The Ordnance Survey : a comparison of two mapping organisations between 1919 and the Second World War (part II). In: Sheetlines / The Charles Close Society for the Study of Ordnance Survey Maps. 73.2005, p.39-52, 2 ill. ISSN 0962-8207.

1961
Schütz, H.: Von der Abteilung "Reproduktions- und Drucktechnik" zum "Verlag Geoinformation". In: 100 Jahre Amtsgebäude Krotenthallergasse : see you: www.bev.gv.at ; [1905 – 2005]. [inhaltl. Gestaltung: BEV – Bundesamt für Eich- und Vermessungswesen, Gruppe Vermessung]. Österreich / Bundesamt für Eich- und Vermessungswesen. – Wien: 2005, p.70-84, 10 ill.

b. Drawing, Engraving and Scribing Techniques
Zeichenverfahren, Gravurverfahren
Procédés de dessin, de gravure simple et avancée, matériaux, instruments

1962
Boorsch, Suzanne: The case for Francesco Rosselli as the engraver of Berlinghieri's Geographia. In: Imago Mundi : the international journal for the history of cartography. 56.2004,2, p.152-169, 13 ill. [Engl. with French, Germ. and Span. rés.]. ISSN 0308-5694.

1963
Carhart, George S.: How long did it take to engrave an early modern map? A consideration of craft practices. In: Imago Mundi : the international journal for the history of cartography. 56.2004,2, p.194-197, 1 ill. ISSN 0308-5694.

c. **Map Lettering Techniques**
Kartenbeschriftungsverfahren
Procédés des écritures cartographiques

1964
Fan, Hong; Tang, Guoqiang; Zhang, Zuxun; Du, Daosheng: A Hopfield neural network algorithm for automatic name placement for point feature. In: Geo-spatial information science : quarterly = Diqiu-kongjian-xinxi-kexue-xuebao. 7.2004,2, p.144-147, 1 ill., 1 tab. ISSN 1009-5020.

1965
Fan, Hong; Zhang, Zuxun; Du, Daosheng: Quality evaluation model for map labeling. In: Geo-spatial information science : quarterly = Diqiu-kongjian-xinxi-kexue-xuebao. 8.2005,1, p.72-78, 1 ill. ISSN 1009-5020.

1966
Kolbe, Thomas H.; Schulz, Daniela; Plümer, Lutz: 3D-Beschriftung von Wegevideos für die Fußgängernavigation. In: Tagung 2004 / Arbeitsgruppe Automation in der Kartographie. Ed.: Bundesamt für Kartographie und Geodäsie <Deutschland>. – Frankfurt a.M.: Bundesamt für Kartographie und Geodäsie <Deutschland> 2005, p.59-70, 9 ill. (Mitteilungen des Bundesamtes für Kartographie und Geodäsie ; 34).

1967
Lan, Xiaoji; Jiang, Yongfa; Lü, Güonian; Geng, Huamei: Automatic placement of GIS vector map annotation in area feature by long-diagonal. In: Geo-spatial information science : quarterly = Diqiu-kongjian-xinxi-kexue-xuebao. 8.2005,4, p.276-281, 7 ill., 3 tab. ISSN 1009-5020.

1968
Pravda, Ián: O chybách na mapách. In: Kartografické listy. 12.2004, p.92-103, 8 ill. About the errors in maps. [Slovak with Engl. rés.].

1969
Soukoup, Petr; Votoček, Michal: Automatické umísťování popisů plošných elementů mapy. In: Kartografické listy. 13.2005, p.111-117, 6 ill. Automatic area feature label placement. [Slovak with Engl. rés.].

1970
Zahn, Johann: Automatische Platzierung von Straßennamen am Beispiel der Digitalen Ortskarte Bayern. In: Tagung 2004 / Arbeitsgruppe Automation in der Kartographie. Ed.: Bundesamt für Kartographie und Geodäsie <Deutschland>. – Frankfurt a.M.: Bundesamt für Kartographie und Geodäsie <Deutschland> 2005, p.151-163, 25 ill. (Mitteilungen des Bundesamtes für Kartographie und Geodäsie ; 34).

1971
Zhang, Qing-Nian: Labeling dense maps for location-based services. In: Web and wireless geographical information systems : 4th international workshop, W2GIS 2004, Goyang, Korea, November 2004 ; revised selected papers. Ed.: Kwon, Yon-Jin; Bouju, Alain; Claramunt, Christophe. – Berlin [u.a.]: 2005, p.195-205, 4 ill.

d. **Photographic Techniques**
Photographische Reproduktionsverfahren
Procédés photographiques

1972
Das Licht ersetzt den Zeichner : die Erstellung von Karten und Plänen bei der Deutschen Reichsbahn in den 1930er Jahren. In: Industrie-Kultur : Denkmalpflege, Landschaft, Sozial-, Umwelt- und Technikgeschichte. 21.2002,4, p.18-19, 1 mp. ISSN 0949-3751.

1973
Mumford, Ian: On the invention of photolithography as applied to map making. In: The Portolan : the journal of the Washington Map Society. 58.2003, p.10-21, ill. ISSN 1096-1925.

f. **Reproduction and Presswork**
Vervielfältigungsverfahren und Druckverfahren
Procédés reprographiques et procédés d'impression

1974
Loppnow, Mark: Cartographic techniques. In: Cartographic perspectives : journal of the North American Cartographic Information Society. 50.2005, p.47-50, 1 ill. ISSN 1048-9053.

3. Computer-Assisted Map Techniques
Rechnergestützte Kartentechnik
Techniques cartographiques assistées par ordinateur

1975
Hobson, A.: SVG and LandXML for cadastral data on the web. In: Journal of spatial science. 1.2005, p.13-34, 21 ill., 1 tab.

a. **General Features**
Allgemeines
Généralités

1976
Avtar, Harvinder: Electronic navigational charts-features and advantages. In: Indian Surveyor : the journal of the institution of surveyors. 58(93).2004, p.30-37, 4 ill., 1 tab. ISSN 0970-3470.

1977
Bastariya, V. S.: Water resource management with GIS, remote sensing and modern cartographic devices. In: Bridging the digital divide and taking cartography at grassroots level : 25th INCA international congress, Sagar, Nov. 28 – Dec. 1, 2005. Ed.: Trivedi, R. K. – Ahmedabad: Indian National Cartographic Association 2005, p.221-225, 2 ill. (Indian cartographer ; 25.2005).

1978
Bat, M V: Feasibility and accuracy of map updation using high resolution imagery. In: Indian Surveyor : the journal of the institution of surveyors. 59.2005,2, p.42-43. ISSN 0970-3470.

1979
Bergqvist, Rickard; Tornberg, Jonas: GIS for describing and analysing regional logistics systems. In: Kart & bildteknik : mapping and image science. 20.2005,2, Beil., p.61-68, 7 ill. ISSN 1651-792X.

1980
Burak, Antje: Eine prozessorientierte landschaftsökologische Gliederung Deutschlands : ein konzeptioneller und methodischer Beitrag zur Typisierung von Landschaften in chorischer Dimension. Ed.: Deutsche Akademie für Landeskunde. – Flensburg: Deutsche Akademie für Landeskunde 2005, 249 p., ill., mp. + 1 CD-ROM, 1 mp.-suppl. (Forschungen zur deutschen Landeskunde). ISBN 3-88143-075-X.

1981
Chrisman, Nicholas R.: Communities of scholars : places of leverage in the history of automated cartography. In: Auto-Carto 2005 : research symposium proceedings. 2005, p.425-433, 1 ill. (Cartography and geographic information science : an official journal of ACSM devoted to the advancement of cartography in all its aspects ; 32.2005,4).

1982
Čižmar, Jozef: Kartografické modelovanie geoobjektov v prostredí GIS. In: Geodetický a kartografický obzor. 51.2005,6-7, p.109-114, 3 ill. Cartographic modelling of geoobjects in GIS. [Czech with Engl. rés.]. ISSN 0016-7096.

1983
Cruchaga, Luis Javier: Cartografía aplicada a la creación de maquetas a escala de gran y pequeño tamaño : de las UTM a las coordenadas de mecanización. In: Topografía y cartografía : TOPCART ; revista del Colegio Oficial de Ingenieros Técnicos en Topografía. 21.2004,124, p.13-16, 6 ill. Cartography applied to the cretaion of models of small and large scales : from UTM to mechanical coordinates. [Span.]. ISSN 0212-9280.

1984
Elek, István: Az automatikus raszter-vektor konverzió lehetőségéről. In: Geodézia és kartográfia. 57.2005,2, p.10-17, 10 ill. Automatic raster-vector conversion and its possibilities. [Hung. with Engl. rés.]. ISSN 0016-7118.

1985
Exploring geovisualization. Ed.: Dykes, Jason. – Amsterdam: Elsevier Science 2005, XIX, 710 p., ill, mp. + 1 CD-ROM. [Aufsatzsammlung] ISBN 0-08-044531-4; 0-08-044533-0.

1986
Fagerqvist, Meith: Hur klarar några vanliga kartografiska program av att hantera kartografin?. In: Kart & bildteknik : mapping and image science. 20.2005,4, p.10-11, 3 ill. How do some usual cartographic programs work as cartography manager?. [Swed.]. ISSN 1651-792X.

1987
Fan, Hong; Tang, Guoqiang; Zhang, Zuxun; Du, Daosheng: A Hopfield neural network algorithm for automatic name placement for point feature. In: Geo-spatial information science : quarterly = Diqiu-kongjian-xinxi-kexue-xuebao. 7.2004,2, p.144-147, 1 ill., 1 tab. ISSN 1009-5020.

1988
Federzoni, Laura: L'opera cartografica nell'epoca della sua riproducibilità digitale. In: Bollettino della Associazione Italiana di Cartografia. 42.2005,123/125, p.59-72. [Ital. with Engl. rés.]. ISSN 0044-9733.

1989
Flint, Doug: Innovations to increase productivity of Airborne Sensors. In: Photogrammetric Week '05 : [papers of the 50th Photogrammetric Week, Stuttgart (September 5 to 9, 2005)]. Ed.: Fritsch, Dieter. – Heidelberg: Herbert-Wichmann-Verlag 2005, p.69-77, 14 ill.

1990
Flynn, Rod; Mifsud, George: Vicmap topographic digital mapping. In: The Globe. 57.2005, p.27-34, 3 ill. ISSN 0311-3930.

1991
Friedmannová, Lucie; Konečný, Milan; Staněk, Karel: Tvorba otevřeného regionálního atlasu. In: Kartografické listy. 13.2005, p.43-52, 8 ill. The open regional atlas making. [Slovak with Engl. rés.].

1992
Gartner, Georg: Individualisierung in der Kartographie am Beispiel der Siedlungsselektion. In: Kartographische Nachrichten : KN ; Fachzeitschrift für Geoinformation und Visualisierung ; Organ der Deutschen Gesellschaft für Kartographie e.V., der Schweizerischen Gesellschaft für Kartographie und der Österreichischen Kartographischen Kommission in der Österreichischen Geographischen Gesellschaft. 55.2005,4, p.181-187, 2 ill. ISSN 0022-9164.

1993
Gong, Jianya; Jia, Wenjue; Chen, Yumin; Xie, Jibo: Development from platform GIS to cross-platform interoperable GIS. In: Geomatics and information science of Wuhan University. 29.2004,11, p.985-989, 6 ill. [Chin. with Engl. rés.]. ISSN 1671-8860; 1000-050X.

1994
Groen, Jan; Koomen, Eric; Piek, Maarten: Scenario's in kaart : model en ontwerpbenaderingen voor toekomstig ruimtegebruik. – Rotterdam: NAi Uitgevers 2004, 131 p., ill., mp. Scenarios in maps : model and design approaches for future space use. [Dutch]. ISBN 90-5662-377-x.

1995
Guo, Qingsheng; Wang, Xiaoyan: Study on light direction and color in hill-shading. In: Geomatics and information science of Wuhan University. 29.2004,1, p.20-23, 2 ill. [Chin. with Engl. rés.]. ISSN 1671-8860; 1000-050X.

1996
Gupta, R.K.; Vijayan, D.; Prasad, T. S.: Critical utility assessment of maximum likelihood and ann classifiers. In: Bridging the digital divide and taking cartography at grassroots level : 25th INCA international congress, Sagar, Nov. 28 – Dec. 1, 2005. Ed.: Trivedi, R. K. – Ahmedabad: Indian National Cartographic Association 2005, p.88-93, 1 ill., 6 tab. (Indian cartographer ; 25.2005).

1997
Henebichler, Wolfgang: Digitale kartographische Ausdrucksformen im Schulunterricht : technische Umsetzung eines Hyperglobus mittels Shockwave 3D. – Wien: 2005, IX, 145 p., 46 ill. + 1 CD. [Dipl. Arb. Univ. Wien].

1998
Henninger, Walter; Gläßel, Helmut: Vom Gebietstopographen zum Kartenpixel. In: Mitteilungen des DVW-Bayern e.V. 57.2005,3, p.387-400, 10 ill. ISSN 0723-6336.

1999
Impact des SIG en Côte d'Opale. In: IGN magazine. 20.2003, p.4-10, ill. ISSN 1624-9305.

2000
Jin, Hailiang; Gao, Jingxiang: Research on the algorithm of extracting ridge and valley lines from contour data. In: Geo-spatial information science : quarterly = Diqiu-kongjian-xinxi-kexue-xuebao. 8.2005,4, p.282-286, 8 ill., 3 tab. ISSN 1009-5020.

2001
Klanjšček, Matija; Radovan, Dalibor; Petrovič, Dušan: Zasnova vzpostavitve baze markiranih planinskij poti. In: Geodetski vestnik : glasilo Zveze Geodetov Slovenije. 49.2005,1, p.66-80, 4 ill. Establishing the database of marked alpine tracks. [Sloven. with Engl. rés.]. ISSN 0351-0271.

2002
Kostelecký, Jan: Software pro přímou transformaci mezi ETRS89 a S-JTSK – testování přesnosti. In: Geodetický a kartografický obzor. 50.2004,1, p.3-8, 6 ill. Software for direct transformation between ETRS89 and S-JTSK – accuracy testing. [Czech with Engl. rés.]. ISSN 0016-7096.

2003
Kumar, R.Siva: Accuracy issues in digital topographic databases. In: Indian Surveyor : the journal of the institution of surveyors. 55.2001,1, p.63-72. ISSN 0970-3470.

2004
Kusendová, Dagmar: Geografické informačné systémy a humánna geografia – vybrané teoreticko-metodologické a aplikačné aspekty. In: Acta Facultatis Rerum Naturalium Universitatis Comenianae : Geographica. 44.2003, p.89-140 Geographic information systems and human geography – some theoretical, methodological and application aspects. [Slovak with Engl. rés.]. ISSN 0231-715X.

2005
Kusendová, Dagmar: Terminológia počítačovej tvorby máp. In: Kartografická terminológia. Zborník referátov. – Bratislava: 2001, p.85-94 The terminology of the computer cretaion of maps. [Slovak with rés. in Engl.].

2006
La carte demain : les recherches en automatisation. In: IGN magazine. 18.2003, p.12-14, ill. ISSN 1624-9305.

2007
La réfection issue de la BD Topo®. In: IGN magazine. 18.2003, p.10-11, ill. ISSN 1624-9305.

2008
Lan, Xiaoji; Jiang, Yongfa; Lü, Güonian; Geng, Huamei: Automatic placement of GIS vector map annotation in area feature by long-diagonal. In: Geo-spatial information science : quarterly = Diqiu-kongjian-xinxi-kexue-xuebao. 8.2005,4, p.276-281, 7 ill., 3 tab. ISSN 1009-5020.

2009
Lan, Yueming; Tao, Benzao: Covariance function of place error for map digitizing data. In: Geomatics and information science of Wuhan University. 29.2004,1, p.63-66, 1 ill., 3 tab. [Chin. with Engl. rés.]. ISSN 1671-8860; 1000-050X.

2010
Le référentiel à grande échelle : l'avenir géoréférencé. In: IGN magazine. 24.2004, p.4-13, ill. ISSN 1624-9305.

2011
Lechthaler, Mirjanka: Značenje kartografskog mjerila u interaktivnom multimedijskom kartografskom informacijskom sustavu = The relevance of cartographic scale in interactive and multimedia cartographic information systems. In: Kartografija i geoinformacije : KiG ; znanstveno-stručno-informativni časopis Hrvatskoga kartografskog društva. 3.2004, p.6-20, 16 ill. [Croat. and Engl.]. ISSN 1333-896X.

2012
Lenz, Thomas: Thematische Karten in multimedialen Lernumgebungen : interaktive Kartographie am Beispiel Erzbergbau Carajás. In: Thematische Karten. – Seelze: Friedrich 2005, p.19-21, 9 ill. (Geographie heute : Themen, Modelle, Materialien für die Unterrichtspraxis aller Schulstufen ; 26.2005,229). [Zugl.: Geographie heute : Themen, Modelle, Materialien für die Unterrichtspraxis aller Schulstufen. 26.2005,229].

2013
Lewandowicz, Elżbieta: Identification of complex maximal boundaries on the basis of subregion description with directed graphs (digraphs). In: Geodezja i kartografia : kwartalnik naukowy. 53.2004,3/4, p.173-188, 12 ill., 1 tab. [Engl. with Pol. rés.]. ISSN 0016-7134.

2014
Li, Lin; Miao, Lei: Models of temporal dynamic map. In: Geomatics and information science of Wuhan University. 29.2004,6, p.484-487, 3 ill., 1 tab. [Chin. with Engl. rés.]. ISSN 1671-8860; 1000-050X.

2015
Liu, Gang: Remote sensing image segmentation with probabilistic neural networks. In: Geo-spatial information science : quarterly = Diqiu-kongjian-xinxi-kexue-xuebao. 8.2005,1, p.28-32 + 49, 3 ill., 3 tab. ISSN 1009-5020.

2016
Macnair, Andrew: Faden's 1797 map of Norfolk digitally redrawn. In: The Bulletin of the Society of Cartographers. 39.2005,1-2, p.71-77, 5 ill. ISSN 0036-1984.

2017
Mailänder, T.: Visualisierung von ALK-Daten mittels SVG (Scalable Vector Graphics). In: Mitteilungen und Veröffentlichungen zum Vermessungswesen aus den Themenbereichen Geodäsie, Geoinformation und Landmanagement / Deutscher Verein für Vermessungswesen, Landesverein Baden-Württemberg e.V. 51.2004,1, p.61-70, 6 ill. ISSN 0940-2942.

2018
Müller, Marina: 41. Sitzung der Arbeitsgruppe (AgA) Automation in der Kartographie : am 21./22.9.2004 in Hamburg. In: Photogrammetrie, Fernerkundung, Geoinformation : PFG ; Organ der Deutschen Gesellschaft für Photogrammetrie und Fernerkundung e.V. 2005,1, p.85-87. ISSN 1432-8364.

2019
Owings, Rich: GPS mapping : make your own maps. – Fort Bragg, CA: Ten Mile Press 2005. [Includes bibliographical references and index] ISBN 0-9760926-3-8.

2020
Plum, Hans; Armbruster, Volker: Hydrogeologische Landesaufnahme : vom Kartenwerk zum Fachinformationssystem. In: Berichte der Naturforschenden Gesellschaft zu Freiburg i. Br. 95.2005,1, p.155-171, 8 ill., 1 tab. ISSN 0028-0917.

2021
Pour un parcellaire informatisé : IGN – DGI: d' un commun accord. In: IGN magazine. 31.2005, p.4-10, ill. ISSN 1624-9305.

2022
Püschel, Rudolf: Die digitale Flurkarte im öffentlichen Baurecht : Teil 2: Verwendung der digitalen Flurkarte im öffentlichen Baurecht. In: Mitteilungen des DVW-Bayern e.V. 57.2005,1, p.87-112, 4 ill. ISSN 0723-6336.

2023
Rajasekhar, P.V.: Adaptability of satellite remote sensing in survey of India as a tool for topographic mapping : a case study. In: Indian Surveyor : the journal of the institution of surveyors. 50.2000,2, p.44-52. ISSN 0970-3470.

2024
Ramu, K.R.: Digitisation of cadastral survey maps. In: Indian Surveyor : the journal of the institution of surveyors. 59.2005,2, p.32-33. ISSN 0970-3470.

2025
Reichenbacher, Tumasch: Mobile cartography : adaptive visualisation of geographic information on mobile devices. – München: 2004, XIV, 175 p., 61 ill., 15 tab. [pdf-Dokument].

2026
Rousseaux, Vanessa: Langage graphique et transmission du savoir : la C.A.O. In: Le Monde des Cartes : revue du Comité Français de Cartographie. 183.2005, p.36-44, 4 mp. ISSN 1634-3522.

2027
Rožić, Nevio: Strategy and system of quality control of the official geographic data produced by private companies in Croatia. In: Geodetski list : glasilo Hrvatskoga Geodetskog Drustva. 58(81).2004,2, p.133-142. ISSN 0016-710x.

2028
Scheele, Theo: De stelling van Pythagoras in een modern jasje. In: Geo-Info : tijdschrift voor Geo-Informatie Nederland, GIN. 2.2005,3, p.134-139, 11 ill. The Pythagorean theorem modernised. [Dutch]. ISSN 1572-5464.

2029
Schuyler, Erle; Gibson, Rich; Walsh, Jo: Mapping hacks : tips & tools for electronic cartography. – Beijing [u.a.]: O'Reilly 2005, XXXVI, 525 p., ill., mp. ISBN 0-596-00703-5.

2030
Schwab, Andreas; Kussmaul, Gabriele: Thematische Karten mit GIS erstellen und auswerten : Anregungen für eine Untersuchung der Bevölkerungsentwicklung im Nahraum (Beispiel Bodensee-Oberschwaben). In: Thematische Karten. – Seelze: Friedrich 2005, p.38-45, 4 ill. (Geographie heute : Themen, Modelle, Materialien für die Unterrichtspraxis aller Schulstufen ; 26.2005,229). [Zugl.: Geographie heute : Themen, Modelle, Materialien für die Unterrichtspraxis aller Schulstufen. 26.2005,229].

2031
Shao, Zhenfeng; Li, Deren; Cheng, Qimin: 3D topological reconstruction of complicated buildings. In: Geomatics and information science of Wuhan University. 29.2004,11, p.999-1003, 6 ill. [Chin. with Engl. rés.]. ISSN 1671-8860; 1000-050X.

2032
Singh, Amrik; Koul, P.N.: Mapping and information technology – the present scenario. In: Indian Surveyor : the journal of the institution of surveyors. 54.2000,1, p.35-39. ISSN 0970-3470.

2033
Singh, R. M.; Trivedi, R. K.: New trends of digital cartography in cadastral mapping with special reference to remote sensing and GIS applications. In: Bridging the digital divide and taking cartography at grassroots level : 25th INCA international congress, Sagar, Nov. 28 – Dec. 1, 2005. Ed.: Trivedi, R. K. – Ahmedabad: Indian National Cartographic Association 2005, p.70-78, 4 ill. (Indian cartographer ; 25.2005).

2034
Šolar, Renata; Radovan, Dalibor: Projekt digitalizacije starih karata slovenskog prostora – u suradnji bibliotekarstvo i geodezija = The project of digitisation of old maps of Slovenian territory – librarianship and geodesy in cooperation. In: Kartografija i geoinformacije : KiG ; znanstveno-stručno-informativni časopis Hrvatskoga kartografskog društva. 3.2004, p.60-66, 3 ill. [Croat. and Engl.]. ISSN 1333-896X.

2035
Soukoup, Petr; Votoček, Michal: Automatické umíst'ování popisů plošných elementů mapy. In: Kartografické listy. 13.2005, p.111-117, 6 ill. Automatic area feature label placement. [Slovak with Engl. rés.].

2036
Štěpánek, Petr: Systém Doris : princip a výsledky analýzy dat Bernským softwarem. In: Geodetický a kartografický obzor. 51.2005,2, p.21-26, 3 ill., 3 tab. DORIS system : the principles and results of data analysis using the Bernesse software. ISSN 0016-7096.

2037
Tabor, Mark; Marshall, Paul: An integrated approach to production utilising the Intergraph DMC and TerraShare. In: Photogrammetric Week '05 : [papers of the 50th Photogrammetric Week, Stuttgart (September 5 to 9, 2005)]. Ed.: Fritsch, Dieter. – Heidelberg: Herbert-Wichmann-Verlag 2005, p.173-180, 4 ill.

2038
Tiwari, Mukul: Unified spatial database : a necessity of digital cartography. In: Bridging the digital divide and taking cartography at grassroots level : 25th INCA international congress, Sagar, Nov. 28 – Dec. 1, 2005. Ed.: Trivedi, R. K. – Ahmedabad: Indian National Cartographic Association 2005, p.83-84 (Indian cartographer ; 25.2005).

2039
Váňa, Pavel: Analýza metod tvorby a využití map v síti Internet. In: Kartografické listy. 13.2005, p.111-126, 2 ill. The analysis of methods of the maps creation and use on the Internet. [Slovak with Engl. rés.].

2040
Wang, Jizhou; Li, Chengming; Lin, Zongjian: Method for three-dimensional abstraction and description of city. In: Geomatics and information science of Wuhan University. 29.2004,8, p.674-678, 4 ill. [Chin. with Engl. rés.]. ISSN 1671-8860; 1000-050X.

2041
Warriner, Tim; Mandlburger, Gottfried: Generating a new high resolution DTM product from various data sources. In: Photogrammetric Week '05 : [papers of the 50th Photogrammetric Week, Stuttgart (September 5 to 9, 2005)]. Ed.: Fritsch, Dieter. – Heidelberg: Herbert-Wichmann-Verlag 2005, p.197-206, 4 ill., 4 tab.

2042
Wu, Jun; Chen, Danqing: Deblurring texture extraction from digital aerial image by reforming "Steep edge" curve. In: Geo-spatial information science : quarterly = Diqiu-kongjian-xinxi-kexue-xuebao. 8.2005,1, p.39-44, 8 ill. ISSN 1009-5020.

2043
Xu, Miaozhong; Li, Deren: A fast culling algorithm for visualization of terrain. In: Geomatics and information science of Wuhan University. 29.2004,12, p.1080-1083, 3 ill., 2 tab. [Chin. with Engl. rés.]. ISSN 1671-8860; 1000-050X.

2044
Zach, Renate: Koordinatengebundene Statistik im Geomarketing : am Beispiel der räumlichen Potential- und Marktdurchdringungsanalyse. – Wien: 2005, 96 p., 23 ill., 12 mp., 2 tab. [Dipl. Arb. Univ. Wien].

2045
Zeylmans, Maarten: Algemeen beschikbare globale ruimtelijke datasets. In: Geo-Info : tijdschrift voor Geo-Informatie Nederland, GIN. 2.2005,4, p.184-186, 7 ill. Generally disposable global spatial datasets. [Dutch]. ISSN 1572-5464.

2046
Zhang, Zuxun: Digital photogrammetry and computer vision. In: Geomatics and information science of Wuhan University. 29.2004,12, p.1035-1039 + p.1105, 7 ill. [Chin. with Engl. rés.]. ISSN 1671-8860; 1000-050X.

2047
Zhao, Lihua; Yang, Yuanxi; Zhang, Qin: Quality analysis of digitalized map by using strain tensor. In: Geomatics and information science of Wuhan University. 29.2004,8, p.725-727, 3 ill. [Chin. with Engl. rés.]. ISSN 1671-8860; 1000-050X.

2048
Zhou, Wensheng; Mao, Feng; Hu, Peng: Study of three-tier frame for open representation of geospatial data in web. In: Geomatics and information science of Wuhan University. 29.2004,1, p.43-47, 1 ill. [Chin. with Engl. rés.]. ISSN 1671-8860; 1000-050X.

2049
Zierhut, H.; Zill, V.: Einzug der digitalen Technik in die Kartographie. In: 100 Jahre Amtsgebäude Krotenthallergasse : see you: www.bev.gv.at ; [1905 – 2005]. [inhaltl. Gestaltung: BEV – Bundesamt für Eich- und Vermessungswesen, Gruppe Vermessung]. Österreich / Bundesamt für Eich- und Vermessungswesen. – Wien: 2005, p.50-69, 14 ill.

b. Data Acquisition and Data Storage Techniques
Verfahren der Datenerfassung und Datenspeicherung
Procédés de l'acquisition et de la mémorisation des données

2050
Beech, Geraldine: The National Archives map catalogur retrospective conversion project. In: The Cartographic Journal. 42.2005,3, p.241-244, 3 ill. ISSN 0008-7041.

2051
Heuberger, Michael: Angepasste nachhaltige Strategien für die Geodatenerfassung im Hinblick auf die Einbindung von Daten in das ZerO-M Projekt. – Wien: 2005, 119 p., 37 ill., 11 tab. [Dipl. Arb. Univ. Wien].

2052
Kopp, B.; Schucker, T.: Aspekte bei der Entwicklung von GEO-Samos : ein Vermessungsprogramm mit Innen- und Außendienstfunktionalität. In: Mitteilungen und Veröffentlichungen zum Vermessungswesen aus den Themenbereichen Geodäsie, Geoinformation und Landmanagement / Deutscher Verein für Vermessungswesen, Landesverein Baden-Württemberg e.V. 52.2005,1, p.89-102. ISSN 0940-2942.

2053
Larsgaard, Mary Lynette: Metaloging of digital geospatial data. In: The Cartographic Journal. 42.2005,3, p.231-237. ISSN 0008-7041.

2054
Li, Haiping; Zhuang, Dafang; Xiong, Liya: Technical method of collecting desertificated land spectrum data. In: Geomatics and information science of Wuhan University. 28.2003,4, p.484-487, 3 ill. [Chin.]. ISSN 1671-8860; 1000-050X.

2055
Pathak, Virendra; Bhargava, D. S.; Sharma, S. P.: GPS applications in mapping and utility services. In: Indian Surveyor : the journal of the institution of surveyors. 57.2003,2, p.41-46. ISSN 0970-3470.

2056
Ruan, Zhimin; Sun, Zhenbing: Spatial information publication based on Oracle Spatial and SVG. In: Geomatics and information science of Wuhan University. 29.2004,2, p.161-164, 1 tab. [Chin. with Engl. rés.]. ISSN 1671-8860; 1000-050X.

2057
Sandner, Peter: Landkartenabteilung der Zukunft : Archivierung digitaler georeferenzieller Topografiedaten des Hessischen Landesvermessungsamts. Ed.: Hessisches Hauptstaatsarchiv. Hessisches Hauptstaatsarchiv 2005, 75 p., ill. [Elektronische Ressource].

2058
Svedjemo, Gustav; Jungert, Erland: Ontology over the historical maps of Gotland 1693-1705. In: ScanGIS'2005 – Proceedings of the 10th Scandinavian Research Conference on Geographical Information Science, Stockholm, Sweden, 13-15 June 2005. Ed.: Tveite, Håvard; Hauska, Hans. Kungliga Tekniska Högskolan : KTH 2005, p.17-30, 5 ill., 3 tab.

2059
Uzsoki, Zoltán: A digitális topográfiai alaptérkép (DTA-10) előállítás technológiájának kidolgozása a Pécsi Geodézia Kft.-nél. In: Geodézia és kartográfia. 57,2005,4, p.10-15, 4 ill. Development of production technology of the digital topographic basemap (DTA-10) at the Geodesy of Pécs Ltd. [Hung. with Engl. rés.]. ISSN 0016-7118.

2060
Vilus, Igor; Landek, Ivan: Uspostava topografske baze podataka. In: Zbornik radova : Treći hrvatski congres o katastru s medjunarodnim sudjelovanjem. Ed.: Medak, Damir; Pribičević, Boško; Nikolić, Petar. – Zagreb: Hrvatsko Kartografsko Društvo 2005, p.193-201, 9 ill. Establishment of topographic database. [Croat.].

c. Data Processing Techniques, Digital Generalization
Verfahren der Datenaufbereitung, digitale Generalisierung
Procédés de la préparation des données, généralisation numérique

2061
Ai, Tinghua: Displacement of building cluster using field analysis method. In: Geo-spatial information science : quarterly = Diqiu-kongjian-xinxi-kexue-xuebao. 6.2003,2, p.55-62, 4 ill. ISSN 1009-5020.

2062
Ai, Tinghua: Visualization of uncertainty geographic phenomena based on Monte Carlo method. In: Geomatics and information science of Wuhan University. 29.2004,3, p.239-243, 2 ill. [Chin. with Engl. rés.]. ISSN 1671-8860; 1000-050X.

2063
Andrienko, Gennady; Andrienko, Natalia: Blending aggregation and selection : adapting parallel coordinates for the visualization of large datasets. In: The Cartographic Journal. 42.2005,1, p.49-60, 15 ill. ISSN 0008-7041.

2064
Apu, Russel A.; Gavrilova, Marina L.: Geo-mass : modeling massive terrain in real-time. In: Geomatica. 59.2005,3, p.313-322, 10 ill., 1 tab. ISSN 1195-1036.

2065
Arnberg, Wolter; Wästfelt, Anders: Från bild till tolkning och visualisering – en fråga om information, skala och modell. In: Kart & bildteknik : mapping and image science. 20.2005,1, p.25-28, 2 ill. From the image to representation and visualization – a question of information, scale and model. [Swed.]. ISSN 1651-792X.

2066
Attwenger, Maria; Neukum, Gerhard: Klassifikation von HRSC-Objektpunkten zur Generierung hochwertiger Geländemodelle der Marsoberfläche. In: Photogrammetrie, Fernerkundung, Geoinformation : PFG ; Organ der Deutschen Gesellschaft für Photogrammetrie und Fernerkundung e.V. 2005,5, p.395-402, 7 ill. ISSN 1432-8364.

2067
Biuk-Aghai, Robert P.: A mobile GIS application to heavily resource-constrained devices. In: Geo-spatial information science : quarterly = Diqiu-kongjian-xinxi-kexue-xuebao. 7.2004,1, p.50-57, 8 ill. ISSN 1009-5020.

2068
Burghardt, Dirk; Edwardes, Alistair; Purves, Ross; Weibel, Robert: Automatische Generalisierung dynamisch generierter Karten für mobile Endgeräte. In: Kartographische Nachrichten : KN ; Fachzeitschrift für Geoinformation und Visualisierung ; Organ der Deutschen Gesellschaft für Kartographie e.V., der Schweizerischen Gesellschaft für Kartographie und der Österreichischen Kartographischen Kommission in der Österreichischen Geographischen Gesellschaft. 55.2005,3, p.119-125, 8 ill., 1 tab. ISSN 0022-9164.

2069
Cai, Guoray; MacEachren, Alan M.: Supporting effective human interactions with geographic information during crises response. In: Geomatica. 59.2005,4, p.415-425, 6 ill. ISSN 1195-1036.

2070
Cai, Zhongliang; Wu, Hehai; Du, Qingyun; Liao, Chujiang: Interactive generalization on large-scale topographical map supported by a database platform. In: Geo-spatial information science : quarterly = Diqiu-kongjian-xinxi-kexue-xuebao. 6.2003,4, p.17-26, 5 ill., 3 tab. ISSN 1009-5020.

2071
Cecconi, Alessandro; Burghardt, Dirk; Weibel, Robert: Integration von Multirepräsentationsdatenbanken in den Generalisierungsprozess für die Internetkartographie. In: Kartographische Nachrichten : KN ; Fachzeitschrift für Geoinformation und Visualisierung ; Organ der Deutschen Gesellschaft für Kartographie e.V., der Schweizerischen Gesellschaft für Kartographie und der Österreichischen Kartographischen Kommission in der Österreichischen Geographischen Gesellschaft. 55.2005,1, p.11-17, 7 ill. ISSN 0022-9164.

2072
Chainey, Spencer; Reid, Svein; Stuart, Neil: When is a hotspot a hotspot? A procedure for creating statistically robust hotspot maps of crime. In: Socio-economic applications of geographic information science : [based on contributions at the 2001 GIS research UK conference ; innovations in GIS, 9]. Ed.: Kidner, David; Higgs, Gary; White, Sean. – London [u.a.]: Taylor & Francis 2003, p.21-36, 7 ill. (Innovations in GIS ; 9).

2073
Chen, Dan; Long, Yi; Cai, Jinhua: Layering-based breakpoint handling in contour line extraction. In: Geo-spatial information science : quarterly = Diqiu-kongjian-xinxi-kexue-xuebao. 6.2003,4, p.32-38 + p.72, 11 ill. ISSN 1009-5020.

2074
Chen, Tao; Ai, Tinghua: Automatic extraction of skeleton and center of area feature. In: Geomatics and information science of Wuhan University. 29.2004,5, p.443-446 + p.455, 7 ill. [Chin. with Engl. rés.]. ISSN 1671-8860; 1000-050X.

2075
Chrobak, Tadeusz: Testing broken lines – transformed with use of objective global algorithm – as simplified geometric data. In: Geodezja i kartografia : kwartalnik naukowy. 53.2004,2, p.131-135, 1 ill. [Engl. with Pol. rés.]. ISSN 0016-7134.

2076
Ding, Hong; Guo, Qingsheng; Du, Xiaochu: Measurement of similarity for spatial directions between areal objects. In: Geo-spatial information science : quarterly = Diqiu-kongjian-xinxi-kexue-xuebao. 7.2004,3, p.225-230, 5 ill. ISSN 1009-5020.

2077
Dorrer, Egon; Mayer, Helmut; Haase, Yvonne; Ostrovskiy, Alexey; Renter, Jörg; Rentsch, Matthias; Reznik, Sergiy; Neukum, Gerhard: Verbesserung räumlicher Daten durch "Shape-from-Shading". In: Photogrammetrie, Fernerkundung, Geoinformation : PFG ; Organ der Deutschen Gesellschaft für Photogrammetrie und Fernerkundung e.V. 2005,5, p.403-408, 2 ill. ISSN 1432-8364.

2078
Dunkars, Mats: Multiple representation databases for topographic information. Ed.: Royal Inst. of Technology, department of infrastructure. – Stockholm: Kungliga Tekniska Högskolan : KTH 2004, XVI, 164 p., ill., mp. (TRITA-INFRA ; 2004,36). [Zugl.: Stockholm, KTH, Diss., 2004] ISBN 91-7323-100-2.

2079
Elek, István: Az automatikus raszter-vektor konverzió lehetőségéről. In: Geodézia és kartográfia. 57.2005,2, p.10-17, 10 ill. Automatic raster-vector conversion and its possibilities. [Hung. with Engl. rés.]. ISSN 0016-7118.

2080
Guan, Qingfeng ; Wang, Liming; Clarke, Keith C.: An artificial-neural-network-based, constrained CA model for simulating urban growth. In: Auto-Carto 2005 : research symposium proceedings. 2005, p.369-380, 12 ill., 2 tab. (Cartography and geographic information science : an official journal of ACSM devoted to the advancement of cartography in all its aspects ; 32.2005,4).

2081
Guo, Diansheng; Gahegan, Mark; MacEachren, Alan M.; Zhou, Biliang: Multivariate analysis and geovisualization with an integrated geographic knowledge discovery approach. In: Cartography and geographic information science : an official journal of ACSM devoted to the advancement of cartography in all its aspects. 32.2005,2, p.113-132 14 ill., 1 tab. ISSN 1523-0406.

2082
Guo, Lizhen; Li, Lin: Automatic implementation of color design in administrative map. In: Geomatics and information science of Wuhan University. 29.2004,11, p.1025-1029, 9 ill., 2 tab. [Chin. with Engl. rés.]. ISSN 1671-8860; 1000-050X.

2083
Gurney, Stephen D.; Bartsch, Annett: Mapping the spatial distribution of geomorphological processes in the Okstindan area of northern Norway,using geomorphic process units as derived from remote sensing and ground survey. In: Fennia : international journal of geography / Societas Geographica Fenniae. 183.2005,1, p.1-14, 5ill. ISSN 0015-0010.

2084
Haunert, Jan-Henrik: Geometrietypwechsel in einer Multi-Resolution-Datenbank. In: Tagung 2004 / Arbeitsgruppe Automation in der Kartographie. Ed.: Bundesamt für Kartographie und Geodäsie <Deutschland>. – Frankfurt a.M.: Bundesamt für Kartographie und Geodäsie <Deutschland> 2005, p.49-58, 5 ill. (Mitteilungen des Bundesamtes für Kartographie und Geodäsie ; 34).

2085
Hellwich, Olaf; Reigber, Andreas; Guillaso, Stephan; Jäger, Marc; Neumann, Maxim; Bellmann, Anke: Current developments in airborne SAR Remote Sensing. In: Photogrammetric Week '05 : [papers of the 50th Photogrammetric Week, Stuttgart (September 5 to 9, 2005)]. Ed.: Fritsch, Dieter. – Heidelberg: Herbert-Wichmann-Verlag 2005, p.135-146, 26 ill.

2086
Herczeg, Ferenc: A DTA-10 jelenlegi helyzete és adattartalma. In: Geodézia és kartográfia. 57.2005,4, p.3-8, 3 ill., 2 tab. Present status and data contents of DTA-10. [Hung. with Engl. rés.]. ISSN 0016-7118.

2087
Huang, Hui: Multi-scale GIS data model based on edge-node and atom attribute. In: Geomatics and information science of Wuhan University. 29.2004,12, p.1067-1070, 3 ill., 2 tab. [Chin. with Engl. rés.]. ISSN 1671-8860; 1000-050X.

2088
Iwaniak, Adam; Chybicka, Izabela; Ostrowski, Wiesław; Paluszyński, Witold: Generalizacja danych topograficznych o szczegółowości 1:10 000 do skali 1:50 000 Część II. In: Polski przegląd kartograficzny. 36.2004,4, p.266-273, 5 ill. Generalization of topographic data from 1: 10 000 into 1:50 000 Part II. [Pol. with Engl. and Russ. rés.]. ISSN 0324-8321.

2089
Iwaniak, Adam; Ostrowski, Wiesław; Paluszyński, Witold: Generalizacja danych topograficznych o szczegółowości 1:10 000 do skali 1:50 000 Część I. In: Polski przegląd kartograficzny. 36.2004,3, p.177-186, 12 ill. Generalization of topographic data from 1: 10 000 into 1:50 000 Part I. [Pol. with Engl. and Russ. rés.]. ISSN 0324-8321.

2090
James, Patrick; Rayfield, Bronwyn; Fall, Andrew: Reserve network design combining spatial graph theory and species' spatial requirements. In: Geomatica. 59.2005,3, p.323-333, 6 ill., 1 tab. ISSN 1195-1036.

2091
Kao, David L.; Kramer, Marc G.; Love, Alison L.; Dungan, Jennifer L.; Pang, Alex T.: Visualizing distributions from multi-return lidar data to understand forest structure. In: The Cartographic Journal. 42.2005,1, p.35-47, 15 ill. ISSN 0008-7041.

2092
Krupski, Jan: Geograficzny kierunek w generalizacji ukształtowania terenu. In: Projektowanie i redakcja map = Map design and map compilation. Ed.: Uniwersytet Wrocławski. – Wrocław: Uniwersytet Wrocławski 2005, p.167-183, 8 ill., 1 tab. (Główne problemy współczesnej kartografii ; 2005) Geographical trend in generalization of terrain relief. [Pol. with Engl. res.].

2093
La vectorisation de la BD parcellaire® : vers un «tout vecteur» unifié. In: IGN magazine. 31.2005, p.12-13, ill. ISSN 1624-9305.

2094
Legrand, Christel; Duchene, Cécile; Lecordix, François: Propagation des déplacements pendant un processus de généralisation. In: 22e Conférence cartographique internationale, La Corogne 9-16 Juillet 2005. 2005, p.38-45, 8 ill. (Le Monde des Cartes : revue du Comité Français de Cartographie ; 186.2005).

2095
Li, Feipeng; Yang, Zhigao; Qin, Qianqing; Li, Deren: Real-time compression of high-resolution remote sensing image. In: Geomatics and information science of Wuhan University. 29.2004,3, p.259-263, 5 ill. [Chin. with Engl. rés.]. ISSN 1671-8860; 1000-050X.

2096
Liu, Jinxun; Chen, Jing M.; Price, David T.; Liu, Shuguang: NCWin : a component object model (COM) for processing and visualizing NetCDF data. In: The Cartographic Journal. 42.2005,1, p.69-77, 8 ill. ISSN 0008-7041.

2097
Ma, Zhaoting; Li, Chengming; Pan, Mao: An incremental LOD method based on grid and its application in distributed terrain visualization. In: Geo-spatial information science : quarterly = Diqiu-kongjian-xinxi-kexue-xuebao. 8.2005,2, p.128-132, 7 ill., 3 tab. ISSN 1009-5020.

2098
Mao, Jianhua; Guo, Qingsheng: Maintenance of spatial relation in map objects displacement. In: Geomatics and information science of Wuhan University. 28.2003,4, p.492-495, 10 ill. [Chin. with Engl. rés.]. ISSN 1671-8860; 1000-050X.

2099
Mennis, Jeremy; Viger, Roland; Tomlin, C. Dana: Cubic map algebra functions for spatio-temporal analysis. In: Cartography and geographic information science : an official journal of ACSM devoted to the advancement of cartography in all its aspects. 32.2005,1, p.17-32, 7 ill., 6 tab. ISSN 1523-0406.

2100
Moisuc, Bogdan; Davoine, Paule-Annick; Gensel, Jérôme; Martin, Hervé: Design of spatio-temporal information systems for natural risk management with an object-based knowledge representation approach. In: Geomatica. 59.2005,4, p.401-413, 10 ill. ISSN 1195-1036.

2101
Nathoo, F.; Dean, C. B.: Spatial multi-state models with application to revascularization intervention in Quebec. In: Geomatica. 59.2005,3, p.335-343, 8 ill., 4 tab. ISSN 1195-1036.

2102
Olszewski, Robert; Żyła, Andrzej: Wykorzystanie sztucznych sieci neuronowych w procesie generalizacji rzeźby terenu. In: Polski przegląd kartograficzny. 36.2004,2, p.82-91, 8 ill. Non-linear generalization of a digital terrain model using neural networks. ISSN 0324-8321.

2103
Oosterom, Peter van: Variable-scale topological data structures suitable for progressive data transfer : the GAP-face tree and GAP-edge forest. In: Auto-Carto 2005 : research symposium proceedings. 2005, p.331-364, 9 ill., 3 tab. (Cartography and geographic information science : an official journal of ACSM devoted to the advancement of cartography in all its aspects ; 32.2005,4).

2104
Ostrowski, Janusz: Uogólnienie treści tematycznej w procesie redakcji map glebowych w różnych skalach. In: Projektowanie i redakcja map = Map design and map compilation. Ed.: Uniwersytet Wrocławski. – Wrocław: Uniwersytet Wrocławski 2005, p.103-121, 3 ill., 12 tab. (Główne problemy współczesnej kartografii ; 2005) Generalization of the thematic content in the editing process of soil maps in various scales. [Pol. with Engl. res.].

2105
Pulsifer, Peter L.; Taylor, David Ruxton Fraser: The cartographer as mediator : cartographic representation from shared geographic information. – 1. ed. In: Cybercartography : theory and practice. Ed.: Taylor, David Ruxton Fraser. – Amsterdam: Elsevier Science 2005, p.149-179, 3 ill. (Modern cartography ; 4).

2106
Ruiz Morales, Mario: Mejora de la Precisión Posicional : una herramienta necesaria para actualizar e integrar los datos de un SIG. In: Topografía y cartografía : TOPCART ; revista del Colegio Oficial de Ingenieros Técnicos en Topografía. 22.2005,128, p.46-55, 14 ill., 1 tab. Improvement of positional precision : a necessary tool for updating and integrating dates of a SIG. [Span. with Engl. rés.]. ISSN 0212-9280.

2107
Sabo, M. N.; Cardenas, A.; Bédard, Yvan; Bernier, Eveline: Introduction du concept de patrons géométriques et application aux bâtiments afin de faciliter leur généralisation cartographique à la volée. In: Geomatica. 59.2005,3, p.295-311, 14 ill., 1 tab. ISSN 1195-1036.

2108
Saïd Allili, Mohand; Ziou, Djemel: Automatic change detection and updating of topographic databases by using satellite imagery : a level set approach. In: Geomatica. 59.2005,3, p.275-281, 5 ill. ISSN 1195-1036.

2109
Schafer, Wendy A.; Ganoe, Craig H.; Xiao, Lu; Coch, Gabriel; Carroll, John M.: Designing the next generation of distributed, geocollaborative tools. In: Cartography and geographic information science : an official journal of ACSM devoted to the advancement of cartography in all its aspects. 32.2005,2, p.101-112, 5 ill. ISSN 1523-0406.

2110
Shao, Lixia; He, Zongyi; Ai, Zixing; Song, Xiaodong: Automatic generalization of river network based on BP neural network techniques. In: Geomatics and information science of Wuhan University. 29.2004,6, p.555-557, 2 ill., 1 tab. [Chin. with Engl. rés.]. ISSN 1671-8860; 1000-050X.

2111
Srivastava, Aradhana; Kandya, A. K.; Mohan, S.; Ajai: Evaluation of SAR and optical data fusion for landcover discrimination. In: Bridging the digital divide and taking cartography at grassroots level : 25th INCA international congress, Sagar, Nov. 28 – Dec. 1, 2005. Ed.: Trivedi, R. K. – Ahmedabad: Indian National Cartographic Association 2005, p.169-174, 5 ill., 3 tab. (Indian cartographer ; 25.2005).

2112
Stalin, M.; Ramakrishnan, S. S.; Nagarajan, B.; Sanjeevi, S.: Fusion of quick bird digital images for generating large scale maps. In: Bridging the digital divide and taking cartography at grassroots level : 25th INCA international congress, Sagar, Nov. 28 – Dec. 1, 2005. Ed.: Trivedi, R. K. – Ahmedabad: Indian National Cartographic Association 2005, p.64-69, 2 ill., 3 tab. (Indian cartographer ; 25.2005).

2113
Stoter, J.E.: Generalisatie in de praktijk. In: Geo-Info : tijdschrift voor Geo-Informatie Nederland, GIN. 2.2005,7/8, p.328-334, 5 ill., 1 tab. Generalisation in practice. [Dutch with Engl. and French rés.]. ISSN 1572-5464.

2114
Stüber, Ralf: Generalisierung von Gebäudemodellen unter Wahrung der visuellen Richtigkeit. Ed.: Institut für Kartographie und Geoinformation. – Bonn: Institut für Kartographie und Geoinformation 2005, 131 p., ill. (Schriftenreihe des Instituts für Kartographie und Topographie der Rheinischen Friedrich-Wilhelms-Universität Bonn ; 32). [Zugl.: Bonn, Univ., Diss., 2005].

2115
Su, Junying; Cao, Hui; Zhang, Jianqing: Semi-automatic extraction technique of residential area in high resolution remote sensing image. In: Geomatics and information science of Wuhan University. 29.2004,9, p.791-795, 4 ill., 3 tab. [Chin. with Engl. rés.]. ISSN 1671-8860; 1000-050X.

2116
Szíjj, Nándor: Hogyan tovább állami topográfia? – digitális vagy digitalizált az 1:10 000 méretarányú topográfiai térkép?. In: Geodézia és kartográfia. 57.2005,4, p.16-20, 3 ill. national topography: how to proceed further?. [Hung. with Engl. rés.]. ISSN 0016-7118.

2117
Topographic maps: map graphics and generalisation. Ed.: Schweizerische Gesellschaft für Kartographie. Team of authors: Ernst Spiess... – Zürich: Schweizerische Gesellschaft für Kartographie 2005, 1 CD-ROM, 1 suppl.(12 p.) + 1 suppl.([1 Bl.]). (Cartographic publication series). [Elektronische Ressource; ; Deutsche Ausgabe u.d.T.: Topographische Karten: Kartengrafik und Generalisierung].

2118
Uzsoki, Zoltán: A digitális topográfiai alaptérkép (DTA-10) előállítás technológiájának kidolgozása a Pécsi Geodézia Kft.-nél. In: Geodézia és kartográfia. 57,2005,4, p.10-15, 4 ill. Development of production technology of the digital topographic basemap (DTA-10) at the Geodesy of Pécs Ltd. [Hung. with Engl. rés.]. ISSN 0016-7118.

2119
Wang, Ruisheng; Hu, Yong; Zhang, Xinmei: Extraction of road networks using pan-sharpened multispectral and panchromatic quickbird images. In: Geomatica. 59.2005,3, p.263-273, 9 ill., 1 tab. ISSN 1195-1036.

2120
Wang, Tao; Wu, Hehai: Extraction of hierarchical skeleton of areal object based on multivariate analysis. In: Geomatics and information science of Wuhan University. 29.2004,6, p.533-536, 6 ill. [Chin. with Engl. rés.]. ISSN 1671-8860; 1000-050X.

2121
Wang, Yanmin; Li, Deren; Gong, Jianya: A multi-scale GIS scheme and its data model. In: Geomatics and information science of Wuhan University. 28.2003,4, p.458-462, 3 ill. [Chin. with Engl. rés.]. ISSN 1671-8860; 1000-050X.

2122
Weng, Min; Wu, Hehai; Du, Qingyun; Cai, Zhongliang: An optimal route choice based on public traffic network model. In: Geomatics and information science of Wuhan University. 29.2004,6, p.500-503, 5 ill. [Chin. with Engl. rés.]. ISSN 1671-8860; 1000-050X.

2123
Willneff, J.; Poon, J.; Fraser, C.: Monoplotting applied to high-resolution satellite imagery. In: Journal of spatial science. 2.2005, p.1-11, 6 ill., 5 tab.

2124
Xu, Miaozhong; Li, Deren: Constitution and dynamic display for series LOD model of TIN terrain by deleting vertices. In: Geomatics and information science of Wuhan University. 28.2003,3, p.321-325, 4 ill. [Chin. with Engl. rés.]. ISSN 1671-8860; 1000-050X.

2125
Yang, Zuqiao; Guo, Qingsheng: Multi-scale representation of DEM based on lifting scheme. In: Geomatics and information science of Wuhan University. 28.2003,4, p.496-498, 1 ill. [Chin. with Engl. rés.]. ISSN 1671-8860; 1000-050X.

2126
Ying, Shen; Li, Lin: Consistent line simplification based on constraint points. In: Geomatics and information science of Wuhan University. 28.2003,4, p.488-491, 6 ill. [Chin. with Engl. rés.]. ISSN 1671-8860; 1000-050X.

2127
Yu, Xiaohong: Correlation adjustment and accuracy analysis in map digitization data processsing. In: Geomatics and information science of Wuhan University. 28.2003,5, p.555-558, 4 tab. [Chin. with Engl. rés.]. ISSN 1671-8860; 1000-050X.

2128
Zhang, Jingxiong; Li, Deren: Bayesian and geostatistical approaches to combining categorical data derived from visual and digital processing of remotely sensed images. In: Geo-spatial information science : quarterly = Diqiu-kongjian-xinxi-kexue-xuebao. 8.2005,2, p.90-97, 2 ill., 3 tab. ISSN 1009-5020.

2129
Zhang, Yuanyu; Li, Lin; Jin, Yuping; Zhu, Haihong: Structured design of dendritic river networks based on graph. In: Geomatics and information science of Wuhan University. 29.2004,6, p.537-539 + p.543, 5 ill. [Chin. with Engl. rés.]. ISSN 1671-8860; 1000-050X.

2130
Zhou, Min; Bertolotto, Michela: Efficiency generating multiple representations for web mapping. In: Web and wireless geographical information systems : 5th International Workshop, W2GIS 2005, Lausanne, Switzerland, December 15-16, 2005 ; proceedings. Ed.: Li, Ki-Joune; Vangenot, Christelle. – Berlin [u.a.]: Axel Springer AG 2005, p.54-65, 3 ill., 4 tab. (Lecture notes in computer science ; 3833).

d. Digital Models
Digitale Modelle
Modèles numériques

2131
Apu, Russel A.; Gavrilova, Marina L.: Geo-mass : modeling massive terrain in real-time. In: Geomatica. 59.2005,3, p.313-322, 10 ill., 1 tab. ISSN 1195-1036.

2132
Attwenger, Maria; Neukum, Gerhard: Klassifikation von HRSC-Objektpunkten zur Generierung hochwertiger Geländemodelle der Marsoberfläche. In: Photogrammetrie, Fernerkundung, Geoinformation : PFG ; Organ der Deutschen Gesellschaft für Photogrammetrie und Fernerkundung e.V. 2005,5, p.395-402, 7 ill. ISSN 1432-8364.

2133
Bajracharya, Sujan; Sideris, Michael G.: Terrain-aliasing effects on gravimetric geoid determination. In: Geodezja i kartografia : kwartalnik naukowy. 54.2005,1, p.3-16, 14 ill. [Engl. with Pol. rés.]. ISSN 0016-7134.

2134
Barber, Christopher P.; Shortridge, Ashton: Lidar elevation data for surface hydrologic modeling : resolution and representation issues. In: Auto-Carto 2005 : research symposium proceedings. 2005, p.401-410, 3 ill., 9 tab. (Cartography and geographic information science : an official journal of ACSM devoted to the advancement of cartography in all its aspects ; 32.2005,4).

2135
Beyer, Gert: Wavelettransformation hybrider Geländemodelle. – München: Verlag der Bayerischen Akademie der Wissenschaften 2005, 116 p., ill. (Deutsche Geodätische Kommission bei der Bayerischen Akademie der Wissenschaften, Reihe C, Dissertationen ; 570). [Zugl.: Dresden, Techn. Univ., Habil.-Schr., 2002] ISBN 3-7696-5009-3.

2136
Biswas, Sunit K.: A three-dimensional simulation of Tapi Estuary using compination of computer software – a modern vista in cartographic techniques. In: Bridging the digital divide and taking cartography at grassroots level : 25th INCA international congress, Sagar, Nov. 28 – Dec. 1, 2005. Ed.: Trivedi, R. K. – Ahmedabad: Indian National Cartographic Association 2005, p.253-254, 4 ill. (Indian cartographer ; 25.2005).

2137
Boldt, Kai-W.; Lechner, Marco; Zeh, Martin; Glaser, Rüdiger: Virtuelle Realität in den Geowissenschaften : interaktives E-Learning auf der Basis von Geodaten und photorealer 3D-Visualisierung. In: Kartographische Nachrichten : KN ; Fachzeitschrift für Geoinformation und Visualisierung ; Organ der Deutschen Gesellschaft für Kartographie e.V., der Schweizerischen Gesellschaft für Kartographie und der Österreichischen Kartographischen Kommission in der Österreichischen Geographischen Gesellschaft. 55.2005,2, p.70-75, 5 ill. ISSN 0022-9164.

2138
Brenk, S. van den; Velde, H.M. van der: Nieuwe technieken in de dagelijkse archeologische praktijk. In: Geo-Info : tijdschrift voor Geo-Informatie Nederland, GIN. 2.2005,10, p.476-481, 5 ill. New technologies in daily archeological practice. [Dutch with Engl. and French rés.]. ISSN 1572-5464.

2139
Casaca, João Martins; Matos, João Luís de; Dias, José Miguel Baio: Topografia geral : [GPS, fotogrametria, detecção remota, modelação numérica do relevo]. – Lisboa: Lidel 2000, 306 p., ill., mp. General Topography : [GPS, photogrammetry, remote sensing, digital terrain modeling]. [Port.]. [Includes bibliographical references and index] ISBN 972-757-135-2; 978-972-757-135-2.

2140
Čekada, Mihaela Triglav: Test uporabnosti fotoklinometrije za monoslikovno restitucijo. In: Geodetski vestnik : glasilo Zveze Geodetov Slovenije. 49.2005,3, p.395-406, 5 ill. Test of applicability of photoclinometry for single image restitution. [Sloven. with Engl. rés.]. ISSN 0351-0271.

2141
Čekada, Mihaela Triglav: Uporaba klinometrije za izdelavo digitalnih modelov reliefov planetov. In: Geodetski vestnik : glasilo Zveze Geodetov Slovenije. 48.2004,3, p.340-350, 2 ill. The production of digital elevation models of planets with an emphasis on clinometry. [Sloven. with Engl. rés.]. ISSN 0351-0271.

2142
Chen, Jing; Gong, Jianya; Zhu, Xinyan; Li, Qingquan: Web-based publication and interactive browsing for massive terrain data. In: Geomatics and information science of Wuhan University. 29.2004,3, p.264-268, 5 ill. [Chin. with Engl. rés.]. ISSN 1671-8860; 1000-050X.

2143
Chen, Renxi; Long, Yi: An algorithm for TIN generation considering triangle disposing. In: Geomatics and information science of Wuhan University. 28.2003,5, p.619-622, 11 ill. [Chin. with Engl. rés.]. ISSN 1671-8860; 1000-050X.

2144
Cheng, Tao; Fisher, Pete; Li, Zhilin: Double vagueness : uncertainty in multi-scale fuzzy assigment of duneness. In: Geo-spatial information science : quarterly = Diqiu-kongjian-xinxi-kexue-xuebao. 7.2004,1, p.58-66, 6 ill. ISSN 1009-5020.

2145
Dash, B. N.: GIS and 3 D analyses. In: Bridging the digital divide and taking cartography at grassroots level : 25th INCA international congress, Sagar, Nov. 28 – Dec. 1, 2005. Ed.: Trivedi, R. K. – Ahmedabad: Indian National Cartographic Association 2005, p.140-142 (Indian cartographer ; 25.2005).

2146
Deren, Li; Liu, Qiang; Zhu, Qing: An integrated representation of outdoor and indoor in CyberCity GIS. In: Geomatics and information science of Wuhan University. 28.2003,3, p.253-258, 3 ill. [Chin. with Engl. rés.]. ISSN 1671-8860; 1000-050X.

2147
Digitale Bildverarbeitung : Anwendungen in Photogrammetrie, Fernerkundung und GIS. Ed.: Bähr, Hans-Peter; Vögtle, Thomas. – Heidelberg: Herbert-Wichmann-Verlag 2005, IX, 325 p., ill. – 4., völlig neu bearb. Aufl. ISBN 3-87907-409-7.

2148
Dušátko, Drahomír: Vývoj kartografického znazornováni terénního reliéfu na mapách. In: Z Dějin geodézie a kartografie. 12, p.5-29, 39 ill. The development of the cartographical representation of terrain representation on the maps. [Czech].

2149
Eineder, Michael: Alpine Digital Elevation Models from radar interferometry : a generic approach to exploit multiple imaging geometries. In: Photogrammetrie, Fernerkundung, Geoinformation : PFG ; Organ der Deutschen Gesellschaft für Photogrammetrie und Fernerkundung e.V. 2005,6, p.477-485, 7 ill. ISSN 1432-8364.

2150
El-Sheimy, Naser; Valeo, Caterina; Habib, Ayman: Digital terrain modeling : acquisition, manipulation, and applications. – Boston, Mass. [u.a.]: Artech House 2005, XI, 257 p., ill. ISBN 1-580-53921-1.

2151
Eyton, J. Ronald: Unusual displays of DEMs. In: Cartographic perspectives : journal of the North American Cartographic Information Society. 50.2005, p.7-23, 12 ill. ISSN 1048-9053.

2152
Giese, Bernd; Oberst, Jürgen; Scholten, Frank; Hoffmann, Harald; Spiegel, Michael; Neukum, Gerhard: Ein hoch auflösendes digitales Oberflächenmodell des Marsmondes Phobos. In: Photogrammetrie, Fernerkundung, Geoinformation : PFG ; Organ der Deutschen Gesellschaft für Photogrammetrie und Fernerkundung e.V. 2005,5, p.435-440, 3 ill. ISSN 1432-8364.

2153
Gutjahr, Karlheinz; Raggam, Hannes; Franke, Martina: Herleitung digitaler Oberflächenmodelle aus hochauflösenden Stereo-Bilddaten im alpinen Gelände. In: VGI : österreichische Zeitschrift für Vermessung & Geoinformation. 93.2005,2. ISSN 0029-9650.

2154
Gwinner, Klaus; Scholten, Frank; Giese, Bernd; Oberst, Jürgen; Jaumann, Ralf; Spiegel, Michael; Schmidt, Ralph; Neukum, Gerhard: Hochauflösende digitale Geländemodelle auf der Grundlage von Mars Express HRSC-Daten. In: Photogrammetrie, Fernerkundung, Geoinformation : PFG ; Organ der Deutschen Gesellschaft für Photogrammetrie und Fernerkundung e.V. 2005,5, p.387-394, 7 ill., 2 tab. ISSN 1432-8364.

2155
Henninger, Walter; Gläßel, Helmut: Vom Gebietstopographen zum Kartenpixel. In: Mitteilungen des DVW-Bayern e.V. 57.2005,3, p.387-400, 10 ill. ISSN 0723-6336.

2156
Heuchel, Tobias: Experience in applying matching techniques using images from digital cameras. In: Photogrammetric Week '05 : [papers of the 50th Photogrammetric Week, Stuttgart (September 5 to 9, 2005)]. Ed.: Fritsch, Dieter. – Heidelberg: Herbert-Wichmann-Verlag 2005, p.181-188, 4 ill., 3 tab.

2157
Jiang, Wenping; Wu, Hehai; Du, Qingyun; Guo, Lizhen: Automatic generation technology of large-scale colored hill-shading. In: Geomatics and information science of Wuhan University. 29.2004,6, p.496-499, 5 ill. [Chin. with Engl. rés.]. ISSN 1671-8860; 1000-050X.

2158
Jin, Baoxuan; Bian, Fuling; Zuo, Xiaoqing; Wang, Fangxiong: Study on visualization of virtual city model based on Internet. In: Geo-spatial information science : quarterly = Diqiu-kongjian-xinxi-kexue-xuebao. 8.2005,2, p.115-121, 9 ill. ISSN 1009-5020.

2159
Jin, Hailiang; Gao, Jingxiang: Research on the algorithm of extracting ridge and valley lines from contour data. In: Geo-spatial information science : quarterly = Diqiu-kongjian-xinxi-kexue-xuebao. 8.2005,4, p.282-286, 8 ill., 3 tab. ISSN 1009-5020.

2160
Jordan, G.; Meijninger, B.M.L.; Hinsbergen, D.J.J. van: Extraction of morphotectonic features from DEMs : development and applications for study areas in Hungary and NW Greece. In: International journal of applied earth observation and geoinformation : JAG ; the official quarterly publication of the International Institute for Aerospace Survey and Earth Sciences (ITC)., p.163-182, 8 ill. ISSN 0303-2434.

2161
Kankane, Sanjay; Deshmukh, S. D.; Hari, K. R.: A new approach to enhance the accuracy in the preparation of 'DEM' using 'Surfer-8'. In: Bridging the digital divide and taking cartography at grassroots level : 25th INCA international congress, Sagar, Nov. 28 – Dec. 1, 2005. Ed.: Trivedi, R. K. – Ahmedabad: Indian National Cartographic Association 2005, p.107-109, 3 ill. (Indian cartographer ; 25.2005).

2162
Kettemann, R.: Schneller Informationsgewinn für Planer aus Laserscanner-Daten des Landesvermessungsamtes Baden-Württemberg. In: Mitteilungen und Veröffentlichungen zum Vermessungswesen aus den Themenbereichen Geodäsie, Geoinformation und Landmanagement / Deutscher Verein für Vermessungswesen, Landesverein Baden-Württemberg e.V. 51.2004,2, p.20-27, 7 ill. ISSN 0940-2942.

2163
Kochman, Małgorzata; Olszewski, Robert: Wieloskalowe modelowanie rzeźby terenu : Część I. In: Polski przegląd kartograficzny. 37.2005,3, p.171-184, 6 ill. Multiscale modeling of relief. [Pol. with Engl. and Russ. rés.]. ISSN 0324-8321.

2164
Kochman, Małgorzata; Olszewski, Robert: Wieloskalowe modelowanie rzeźby terenu : Część II. In: Polski przegląd kartograficzny. 37.2005,4, p.267-273, 7 ill. Multiscale modelling of relief : Part II. [Pol. with Engl. and Russ. rés.]. ISSN 0324-8321.

2165
Kolény, Mladen; Čerňanský, Jozef: Využitie ortofotomáp v prieskume urýchlenej plošnej vodnej erózie. In: Kartografické listy. 12.2004, p.29-36, 3 ill. Using of orthofotomaps in the survey of accelerated surface water erosion. [Slovak with Engl. rés.].

2166
Koreň, Milan: Priestorové modely krajiny. In: Kartografické listy. 12.2004, p.37-47, 1 ill. Spatial models of landscape. [Slovak with Engl. rés.].

2167
Kosmatin Fras, Mojca: Vpliv kakovosti vhodnih podatkov na kakovost ortofota. In: Geodetski vestnik : glasilo Zveze Geodetov Slovenije. 48.2004,2, p.167-178 Influence of input data on the quality of orthophoto. [Sloven. with Engl. rés.]. ISSN 0351-0271.

2168
Kovačič, Boštjan: Izdelava vizualizacije cestnega telesa za potrebe prostorske preveritve. In: Geodetski vestnik : glasilo Zveze Geodetov Slovenije. 48.2004,1, p.40-49, 12 ill., 2 tab. The making of road body visualization for spatial verification. ISSN 0351-0271.

2169
Krastev, Boris: Organizacijata i upravlenieto na geodezijata, kartografijata i kadast"ra v republika B"lgarija. In: Geodezija, kartografija, zemeustrojstvo. 45.2005,5/6, p.3-10 Organization and management of surveying, mapping and cadastral activities in Bulgaria. [Bulg.]. ISSN 0324-1610.

2170
Kraus, Karl; Otepka, Johannes: DTM modelling and visualization – Th SCOP approach. In: Photogrammetric Week '05 : [papers of the 50th Photogrammetric Week, Stuttgart (September 5 to 9, 2005)]. Ed.: Fritsch, Dieter. – Heidelberg: Herbert-Wichmann-Verlag 2005, p.241-252, 8 ill.

2171
Krüger, Tobias; Buchroithner, Manfred F.; Lehmann, Frank: GIS-gestützte Kartierung hochwasserschutzrelevanter topographischer Informationen mit HRSC-Daten. In: Photogrammetrie, Fernerkundung, Geoinformation : PFG ; Organ der Deutschen Gesellschaft für Photogrammetrie und Fernerkundung e.V. 2005,33, p.129-133, 6 ill. ISSN 1432-8364.

2172
Krynski, Jan; Mank, Magdalena; Grzyb, Malgorzata: Evaluation of digital terrain models in Poland in view of a cm geoid modelling. In: Geodezja i kartografia : kwartalnik naukowy. 54.2005,4, p.155-175, 21 ill., 13 tab. [Engl. with Pol. rés.]. ISSN 0016-7134.

2173
Kugler, Szófia; Barsi, Arpád; Mélykúti, Gábor; Ládai, András Dénes: Automatikus fotogrammetriai eljárással előállított digitális terepmodell beépített környezetben. In: Geodézia és kartográfia. 57.2005,12, p.12-17, 5 ill. Digital terrainmodelling generation in build-up area with automatic photogrammetric procedures. [Hung. with Engl. and German rés.]. ISSN 0016-7118.

2174
La géomatique appliquée : L'ABC du SIG. In: IGN magazine. 27.2005, p.4-10, ill. ISSN 1624-9305.

2175
Le projet Litto3D. In: IGN magazine. 26.2004, p.12-13, ill. ISSN 1624-9305.

2176
Le relief : de l'aplat à la 3D. In: IGN magazine. 26.2004, p.14-15, ill. ISSN 1624-9305.

2177
Les modèles numériques d'élévation : les recherches du matis. In: IGN magazine. 8.2001, p.10-11, ill. ISSN 1624-9305.

2178
Li, Zhilin; Zhu, Qing; Gold, Christopher: Digital terrain modeling : principles and methodology. – Boca Raton, Fla. [u.a.]: CRC Press 2005, XVI, 323 p., ill. [Literaturverz. S.307-318] ISBN 0-415-32462-9.

2179
Lin, Pingxian; Yu, Jie; Bian, Fuling: Acquisition of directional parameters in aerial images based on DEM data. In: Geo-spatial information science : quarterly = Diqiu-kongjian-xinxi-kexue-xuebao. 8.2005,1, p.23-27, 7 ill., 3 tab. ISSN 1009-5020.

2180
Lin, Zongjian; Xuan, Wenling; Wang, Yan: A novel method for high resolution image positioning. In: Geomatics and information science of Wuhan University. 29.2004,4, p.363-366, 5 ill. [Chin. with Engl. rés.]. ISSN 1671-8860; 1000-050X.

2181
Lindberg, Fredrik: Towards the use of local governmental 3-D data within urban climatology studies. In: Kart & bildteknik : mapping and image science. 20.2005,2, Beil., p.32-37, 6 ill. ISSN 1651-792X.

2182
Liu, Xuefeng; Meng, Lingkui; Zhao, Chunyu: DEM-based oil and gas migration pathway simulation of oil- and gas-bearing basin. In: Geomatics and information science of Wuhan University. 29.2004,4, p.371-375, 7 ill. [Chin. with Engl. rés.]. ISSN 1671-8860; 1000-050X.

2183
Liu, Zhifang; Zhang, Jianqing; Zhang, Zuxun; Fan, Hong: Change detection based on DSM and image features in urban areas. In: Geo-spatial information science : quarterly = Diqiu-kongjian-xinxi-kexue-xuebao. 6.2003,2, p.35-41, 4 ill. ISSN 1009-5020.

2184
Louvart, L.; Grateau, C.: Le projet Litto3D. In: 22e Conférence cartographique internationale, La Corogne 9-16 Juillet 2005. 2005, p.30-37, 8 ill. (Le Monde des Cartes : revue du Comité Français de Cartographie ; 186.2005).

2185
Ma, Zhaoting; Li, Chengming; Pan, Mao: An incremental LOD method based on grid and its application in distributed terrain visualization. In: Geo-spatial information science : quarterly = Diqiu-kongjian-xinxi-kexue-xuebao. 8.2005,2, p.128-132, 7 ill., 3 tab. ISSN 1009-5020.

2186
Mandlburger, Gottfried: Mosaikierung digitaler Geländemodelle. In: VGI : österreichische Zeitschrift für Vermessung & Geoinformation. 93.2005,3, p.132-136, 5 ill. ISSN 0029-9650.

2187
Markov, Marijan: Generalizacijata v geografskite bazi danni : zapazvane topologijata na dannite. In: Geodezija, kartografija, zemeustrojstvo. 45.2005,3/4, p.23-26, 5 ill. Generalization in geographical databases : data topology maintenance. [Bulg. with Engl. rés.]. ISSN 0324-1610.

2188
Marzo, C.; Losurdo, A.; Guerriero, L.; Colangelo, A.: Esperienze di utilizzo di tecnologie SAR nel calcolo del digital elevation model e nel monitoraggio di strutture edilizie interessate da deformazioni del territorio. In: Bollettino della Associazione Italiana di Cartografia. 42.2005,123/125, p.525-533, 11 ill. Experiences about interferometric technique in order to produce digital elevation model and in order to monitor buildings involved in deformations of the territory. [Ital. with Engl. rés.]. ISSN 0044-9733.

2189
Meňkyová, Lenka: Algoritmus interpolácie rastrového modelu georeliéfu lagrangeovými polynómami. In: Kartografické listy. 12.2004, p.48-57, 10 ill., 1 tab. The algorithm of georelief raster model Interpolation usign Lagrange polynoms. [Slovak with Engl. rés.].

2190
Olszewski, Robert; Żyła, Andrzej: Utilisation of artificial neural networks for determination of morphometric features of the terrain relief. In: Geodezja i kartografia : kwartalnik naukowy. 53.2004,1, p.65-75, 6 ill. [Engl. with Pol. and Russ. rés.]. ISSN 0016-7134.

2191
Olszewski, Robert; Żyła, Andrzej: Wykorzystanie sztucznych sieci neuronowych w procesie generalizacji rzeźby terenu. In: Polski przegląd kartograficzny. 36.2004,2, p.82-91, 8 ill. Non-linear generalization of a digital terrain model using neural networks. ISSN 0324-8321.

2192
Oster, Markus: Interaktive 3D-Geländemodelle : Chancen für individuell entwickelte Präsentationssysteme?. In: Kartographische Nachrichten : KN ; Fachzeitschrift für Geoinformation und Visualisierung ; Organ der Deutschen Gesellschaft für Kartographie e.V., der Schweizerischen Gesellschaft für Kartographie und der Österreichischen Kartographischen Kommission in der Österreichischen Geographischen Gesellschaft. 55.2005,4, p.193-200, 6 ill., 2 tab. ISSN 0022-9164.

2193
Pan, Li; Zheng, Hong; Zhang, Zuxun; Zhang, Jianqing: Genetic feature selection for texture classification. In: Geo-spatial information science : quarterly = Diqiu-kongjian-xinxi-kexue-xuebao. 7.2004,3, p.162-166, 1 ill. ISSN 1009-5020.

2194
Peng, Yipu; Liu, Wenxi: Real-time interactive multiresolution terrain model. In: Geomatics and information science of Wuhan University. 28.2003,4, p.480-483 + p. 502, 2 ill., 1 tab. [Chin. with Engl. rés.]. ISSN 1671-8860; 1000-050X.

2195
Qian, Jun; Shu, Ning: Correction of control point slope based on EM algorithm and shading of single SAR image. In: Geomatics and information science of Wuhan University. 29.2004,12, p.1089-1092, 5 ill., 2 tab. [Chin. with Engl. rés.]. ISSN 1671-8860; 1000-050X.

2196
Romme, Gerald: Converting digital terrain model data to conour shape files in ArcGIS. In: Bulletin / Association of Canadian Map Libraries and Archives. 124.2005, p.23-27, 13 ill. ISSN 0840-9331.

2197
Scholten, Frank; Roatsch, Thomas; Gwinner, Klaus; Matz, Klaus-Dieter; Mertens, Volker; Flohrer, Joachim; Wählisch, Marita; Giese, Bernd; Pischel, René; Oberst, Jürgen; Jaumann, Ralf; Neukum, Gerhard: Von Rohdaten aus dem Mars Express Orbit zu Digitalen Geländemodellen und Orthobildern : operationelle Verarbeitung von HRSC Daten. In: Photogrammetrie, Fernerkundung, Geoinformation : PFG ; Organ der Deutschen Gesellschaft für Photogrammetrie und Fernerkundung e.V. 2005,5, p.365-372, 6 ill., 2 tab. ISSN 1432-8364.

2198
Shi, Wenzhong; Shaker, Ahmed: Approximate approaches to geometric corrections of high resolution satellite imagery. In: Geo-spatial information science : quarterly = Diqiu-kongjian-xinxi-kexue-xuebao. 7.2004,1, p.24-30, 1 ill., 1 tab. ISSN 1009-5020.

2199
Šíma, Jiří; Egrmajerová, Lenka: Ověření přesnosti digitálního modelu reliéfu Základní báze geografických dat. In: Geodetický a kartografický obzor. 50.2004,11, p.213-231, 4 ill., 15 tab. Accuracy testing of digital terrain model of the fundamental base of geographic data. [Czech]. ISSN 0016-7096.

2200
Stalin, M.; Nagarajan, B.: Challenges in post-tsunami large scale mapping to depict changes in Tamil Nadu and Pondicherry Coast. In: Bridging the digital divide and taking cartography at grassroots level : 25th INCA international congress, Sagar, Nov. 28 – Dec. 1, 2005. Ed.: Trivedi, R. K. – Ahmedabad: Indian National Cartographic Association 2005, p.239-242, 3 ill. (Indian cartographer ; 25.2005).

2201
Storter, Jantien; Gorte, Ben: Altimetría en el catastro : integración de los puntos de altitud con los límites de las parcelas. In: Topografía y cartografía : TOPCART ; revista del Colegio Oficial de Ingenieros Técnicos en Topografía. 22.2005,127, p.60-66, 5 ill., 1 tab. Measuring heights in cataster : integration of altitude points with area limits. [Span. with Engl. rés.]. ISSN 0212-9280.

2202
Su, Guozhong; Yan, Li; Liu, Nan; Liu, Renyi: Visualization and damage assessment for flooded area. In: Geo-spatial information science : quarterly = Diqiu-kongjian-xinxi-kexue-xuebao. 7.2004,3, p.180-186, 6 ill. ISSN 1009-5020.

2203
Sui, Haigang; Hua, Li; Zhao, Haitao; Zhang, Yongli: A fast algorithm of cartographic sounding selection. In: Geo-spatial information science : quarterly = Diqiu-kongjian-xinxi-kexue-xuebao. 8.2005,4, p.262-268, 6 ill. ISSN 1009-5020.

2204
Taghvakish, Sina ; Jalal, Amin: Determinación del Peso Óptimo en una Spline de Lámina Fina para la generación de Modelos Digitales del Terreno. In: Topografía y cartografía : TOPCART ; revista del Colegio Oficial de Ingenieros Técnicos en Topografía. 22.2005,131, p.19-28, 5 ill., 4 tab. Determination of optimal weight in thin plate spline for the development of a Digital Terrain Model. [Span. with Engl. rés.]. ISSN 0212-9280.

2205
Tonkov, Dimit"r: Konzepzija za zifrov model na teritorijata. In: Geodezija, kartografija, zemeustrojstvo. 45.2005,5/6, p.27-28 A digital territory model concept. [Bulg. with Engl. rés.]. ISSN 0324-1610.

2206
Vajsáblová, Margita; Fencík, Robert: Analýza výškovej presnosti digitálneho modelu reliéfu územia kočín. In: Kartografické listy. 12.2004, p.13-20, 5 ill., 2 tab. Analysis of the vertical accuracy of digital model of relief of territory Kočín. [Slovak with Engl. rés.].

2207
Wälder, Olga: A method for sequential thinning of digital raster terrain models II : mixed locally adaptive wavelet-splines and anisotropy. In: Photogrammetrie, Fernerkundung, Geoinformation : PFG ; Organ der Deutschen Gesellschaft für Photogrammetrie und Fernerkundung e.V. 2005,2, p.123-128, 3 ill., 2 tab. ISSN 1432-8364.

2208
Wang, H.; Ai, Tinghua; Zhu, Guorui: Adaptive strategy on the visualization of electronic map. In: Geomatics and information science of Wuhan University. 29.2004,6, p.525-528, 8 ill. [Chin. with Engl. rés.]. ISSN 1671-8860; 1000-050X.

2209
Warriner, Tim; Mandlburger, Gottfried: Generating a new high resolution DTM product from various data sources. In: Photogrammetric Week '05 : [papers of the 50th Photogrammetric Week, Stuttgart (September 5 to 9, 2005)]. Ed.: Fritsch, Dieter. – Heidelberg: Herbert-Wichmann-Verlag 2005, p.197-206, 4 ill., 4 tab.

2210
Willneff, J.; Poon, J.; Fraser, C.: Monoplotting applied to high-resolution satellite imagery. In: Journal of spatial science. 2.2005, p.1-11, 6 ill., 5 tab.

2211
XU, Caijun; Wang, Hua; Wang, Jianglin; Ge, Linlin: Adaptive filter in SAR interferometry derived DEM. In: Geo-spatial information science : quarterly = Diqiu-kongjian-xinxi-kexue-xuebao. 8.2005,3, p.193-196, 3 ill., 2 tab. ISSN 1009-5020.

2212
Xu, Miaozhong; Li, Deren: Constitution and dynamic display for series LOD model of TIN terrain by deleting vertices. In: Geomatics and information science of Wuhan University. 28.2003,3, p.321-325, 4 ill. [Chin. with Engl. rés.]. ISSN 1671-8860; 1000-050X.

2213
Yang, Zuqiao; Guo, Qingsheng: Multi-scale representation of DEM based on lifting scheme. In: Geomatics and information science of Wuhan University. 28.2003,4, p.496-498, 1 ill. [Chin. with Engl. rés.]. ISSN 1671-8860; 1000-050X.

2214
Yilmaz, Erdal; Cetin, Yasemin Yardimci: Photo-realistic outdoors scene visualizations with PCs. In: Photogrammetric Week '05 : [papers of the 50th Photogrammetric Week, Stuttgart (September 5 to 9, 2005)]. Ed.: Fritsch, Dieter. – Heidelberg: Herbert-Wichmann-Verlag 2005, p.273-282, 7 ill.

2215
Yu, Jie; Bian, Fuling; Peterson, Jim; Li, Pingxiang: Interrelations between socio-economic development and environmental quality : a simulation integrating system dynamics models with GIS. In: Geo-spatial information science : quarterly = Diqiu-kongjian-xinxi-kexue-xuebao. 8.2005,3, p.176-182, 9 ill., 1 tab. ISSN 1009-5020.

2216
Yu, Ming; Zuo, Xiaoqing; Li, Qingquan: A view-dependent dynamic multi-resolution terrain model of TIN. In: Geomatics and information science of Wuhan University. 29.2004,12, p.1106-1110, 6 ill., 2 tab. [Chin. with Engl. rés.]. ISSN 1671-8860; 1000-050X.

2217
Zhang, Jingxiong; Li, Deren: Facets of uncertainty in digital elevation and slope modeling. In: Geo-spatial information science : quarterly = Diqiu-kongjian-xinxi-kexue-xuebao. 8.2005,3, p.163-170, 9 ill. ISSN 1009-5020.

2218
Zheng, Shunyi; Zhang, Zuxun; Zhang, Jianqing: Image relaxation matching based on feature points for DSM generation. In: Geo-spatial information science : quarterly = Diqiu-kongjian-xinxi-kexue-xuebao. 7.2004,4, p.243-248, 5 ill. ISSN 1009-5020.

2219
Zhou, Chunxia; E, Dongchen; Liao, Mingshen: Feasibility of InSAR application to antarctic mapping. In: Geomatics and information science of Wuhan University. 29.2004,7, p.619-623, 8 ill., 2 tab. [Chin. with Engl. rés.]. ISSN 1671-8860; 1000-050X.

2220
Zhou, Chunxia; Ge, Linlin; E, Dongchen; Chang, Hsingchun: A case study of using external DEM in InSAR DEM generation. In: Geo-spatial information science : quarterly = Diqiu-kongjian-xinxi-kexue-xuebao. 8.2005,1, p.14-18, 4 ill., 3 tab. ISSN 1009-5020.

2221
Zhou, Qing; Tian, Yixiang: A vector-based method for the extraction of catchment from grid DEMs. In: Geo-spatial information science : quarterly = Diqiu-kongjian-xinxi-kexue-xuebao. 8.2005,2, p.85-89, 2 ill., 3 tab. ISSN 1009-5020.

2222
Zhu, Qing; Gao, Yurong; Wei, Yongjun; Huang, Duo: Design of 3D models for 3D GIS. In: Geomatics and information science of Wuhan University. 28.2003,3, p.283-287, 6 ill. [Chin. with Engl. rés.]. ISSN 1671-8860; 1000-050X.

e. Data Presentation Techniques
Verfahren der Datenausgabe
Procédés de sortie des données

2223
Bielecka, Elżbieta; Ciołkosz, Andrzej: Mapa pokrycia terenu w Polsce w skali 1:1 000 000 jako wynik wizualizacji bazy danych CLC-2000. In: Polski przegląd kartograficzny. 36.2004,4, p.274-287, 7 ill. 2 tab. A map of land use in Poland in the scale of 1:1 000 000 as a result of visualization of CLC-2000 database. [Pol. with Engl. and Russ. rés.]. ISSN 0324-8321.

2224
Breščak, Marko: Izdelava dinamične karte. In: Geodetski vestnik : glasilo Zveze Geodetov Slovenije. 48.2004,2, p.179-187, 3 ill. Dynamic map production. [Sloven. with Engl. rés.]. ISSN 0351-0271.

2225
Bruin, Niek: GIS@MBO voor vakmensen met GIS-kennis. In: Geo-Info : tijdschrift voor Geo-Informatie Nederland, GIN. 2.2005.1, p.42-45, 5 ill. GIS@MBO for professionals with GIS-knowledge. [Dutch]. ISSN 1572-5464.

2226
Duan, Tao; Liu, Yaolin: Urban base land value evaluation based on mobile trend surface analysis. In: Geomatics and information science of Wuhan University. 29.2004,6, p.529-532, 5 ill. [Chin. with Engl. rés.]. ISSN 1671-8860; 1000-050X.

2227
Geng, Hong; Tang, Xu; Zhu, Guorui: Method for plotting the affected area of urban roads based on spatial competing. In: Geomatics and information science of Wuhan University. 29.2004,6, p.521-524, 7 ill. [Chin. with Engl. rés.]. ISSN 1671-8860; 1000-050X.

2228
Peterson, Michael P.: Pervasive public map displays. – 1. ed. In: Cybercartography : theory and practice. Ed.: Taylor, David Ruxton Fraser. – Amsterdam: Elsevier Science 2005, p.349-371, 8 ill. (Modern cartography ; 4).

2229
Ruan, Zhimin; Sun, Zhenbing: Spatial information publication based on Oracle Spatial and SVG. In: Geomatics and information science of Wuhan University. 29.2004,2, p.161-164, 1 tab. [Chin. with Engl. rés.]. ISSN 1671-8860; 1000-050X.

G. Spatial Information Systems Raumbezogene Informationssysteme Systèmes d'informations spatiales

1. General Features, Graphic Data Banks Allgemeines, graphische Datenbanken Généralités, banques de données graphiques

2230
Abd-el-Kader, Yann: Catalogage de traitements informatiques du domaine géographique, conception et expolitation d'un modèle de métadonnées. In: 22e Conférence cartographique internationale, La Corogne 9-16 Juillet 2005. 2005, p.22-29, 4 ill. (Le Monde des Cartes : revue du Comité Français de Cartographie ; 186.2005).

2231
Agostini, Eleonora ; Caroti, Gabriella; Ciucci, Iliano; Mazzini, Marino; Piemonte, Andrea: Utilizzo di veicoli MMS per la valutazione speditiva della qualità dell'aria e la validazione di modelli. In: Bollettino della Associazione Italiana di Cartografia. 42.2005,123/125, p.469-477, 8 ill. Use of MMS cars for the speedy evaluation of the air quality and the model validation. [Ital. with Engl. rés.]. ISSN 0044-9733.

2232
Allvar, Torsten: WX-banken ett steg mot framtida samverkan = WX-databases a step towards future cooperation. In: Kart & bildteknik : mapping and image science. 19.2004,1, p.22-25, 2 ill. [Swed.]. ISSN 1651-792X.

2233
Angewandte Geoinformatik 2005 : Beiträge zum 17. AGIT-Symposium Salzburg. Ed.: Strobl, Josef; Blaschke, Thomas; Griesebner, Gerald. – Heidelberg: Herbert-Wichmann-Verlag 2005, XV, 823 p., ill., mp. ISBN 3-87907-422-4.

2234
Auto-Carto 2005 : research symposium proceedings. 2005, p.217-433., ill., mp. (Cartography and geographic information science : an official journal of ACSM devoted to the advancement of cartography in all its aspects ; 32.2005,4). [Themenheft].

2235
Bartelme, Norbert: Geoinformatik : Modelle, Strukturen, Funktionen. – Berlin [u.a.]: Axel Springer AG 2005, X, 454 p. ISBN 3-540-20254-4.

2236
Beck, Michael: Interaktive Visualisierung der Erde im Internet und Intranet. In: Geomatik Schweiz : Geoinformation und Landmanagement. 103.2005,12, p.665-668, 5 ill. ISSN 0252-9424; 1660-4458.

2237
Bischoff, Hubert: Geodaten – quo vadis?. In: Kartographie – Ihnen werden wir's zeigen : Symposium 2007, 14-16. Mai 2007 Königslutter am Elm. – Bonn: Kirschbaum 2007, p.19-21 (Kartographische Schriften ; 14).

2238
Bond, J.; Chrzanowski, A.; Wilkins, R.: Using GPS for augmenting deformation monitoring systems in open pit mines : problems and solutions. In: Geomatica. 59.2005,1, p.73-82, 12 ill., 3 tab. ISSN 1195-1036.

2239
Brinkhoff, Thomas: Geodatenbanksysteme in Theorie und Praxis : Einführung in objektrelationale Geodatenbanken unter besonderer Berücksichtigung von Oracle Spatial. – Heidelberg: Herbert-Wichmann-Verlag 2005, XII, 466 p. ISBN 3-87907-433-X.

2240
Brown, David: Preservation and management of geospatial data. In: Bulletin / Association of Canadian Map Libraries and Archives. 123.2005, p.17-24, 2 ill. ISSN 0840-9331.

2241
Brunner-Friedrich, Beatrix: InMuKIS : Konzept eines benutzergruppenangepassten interaktiven multimedialen kartographischen Informationssystems für die Schule zur Präsentation raumbezogener Informationen. – Wien: 2005, 289 p. [Diss. TU Wien].

2242
Bucher, Bénédicte; Clough, Paul; Joho, Hideo; Purves, Ross; Syed, Awase Khirni;: La recherche géographique d'information sur le web : besoins et évaluation. In: 22e Conférence cartographique internationale, La Corogne 9-16 Juillet 2005. 2005, p.15-21, 2 ill., 2 tab. (Le Monde des Cartes : revue du Comité Français de Cartographie ; 186.2005).

2243
Buczkowski, Krzysztof: Spatial relations in a topographic information system. In: Geodezja i kartografia : kwartalnik naukowy. 53.2004,1, p.21-40, 20 ill., 4 tab. [Engl. with Pol. and Russ. rés.]. ISSN 0016-7134.

2244
Burmanje, Dorine; Molen, Paul van der: Téradat-infrastruktúra és földügyi igazgatás Európában. In: Geodézia és kartográfia. 57.2005,11, p.3-7 Spatial data infrastructures and land administration in Europe – high-level political support needed. [Hung. with Engl. rés.]. ISSN 0016-7118.

2245
Cai, Zhongliang; Wu, Hehai; Du, Qingyun; Liao, Chujiang: Interactive generalization on large-scale topographical map supported by a database platform. In: Geo-spatial information science : quarterly = Diqiu-kongjian-xinxi-kexue-xuebao. 6.2003,4, p.17-26, 5 ill., 3 tab. ISSN 1009-5020.

2246
Cecconi, Alessandro; Burghardt, Dirk; Weibel, Robert: Integration von Multirepräsentationsdatenbanken in den Generalisierungsprozess für die Internetkartographie. In: Kartographische Nachrichten : KN ; Fachzeitschrift für Geoinformation und Visualisierung ; Organ der Deutschen Gesellschaft für Kartographie e.V., der Schweizerischen Gesellschaft für Kartographie und der Österreichischen Kartographischen Kommission in der Österreichischen Geographischen Gesellschaft. 55.2005,1, p.11-17, 7 ill. ISSN 0022-9164.

2247
Cetl, Vlado; Roić, Miodrag; Šiško, Darko: Prema infrastrukturi prostornih podataka u Hrvastkoj = Towards a spatial data infrastructure in Croatia. In: Kartografija i geoinformacije : KiG ; znanstveno-stručno-informativni časopis Hrvatskoga kartografskog društva. 3.2004, p.36-50, 6 ill. [Croat. and Engl.]. ISSN 1333-896X.

2248
Chen, Jing; Gong, Jianya; Zhu, Xinyan; Li, Qingquan: Web-based publication and interactive browsing for massive terrain data. In: Geomatics and information science of Wuhan University. 29.2004,3, p.264-268, 5 ill. [Chin. with Engl. rés.]. ISSN 1671-8860; 1000-050X.

2249
Cullingworth, Christine: Issues surrounding the archiving of geospatial data. In: Bulletin / Association of Canadian Map Libraries and Archives. 124.2005, p.14-18. ISSN 0840-9331.

2250
Di Martino, Ferdinando; Giordano, Michele: I sistemi informativi territoriali : teoria i metodi. – Roma: Aracne 2005, X, 425 p., ill., mp. The territorial information systems : theory and methods. [Ital.]. [Contains bibl. and notes] ISBN 88-548-0172-0; 978-88-548-0172-1.

2251
Döllner, Jürgen: Geospatial digital rights management in geovisualization. In: The Cartographic Journal. 42.2005,1, p.27-34, 6 ill. ISSN 0008-7041.

2252
Dorninger, Peter; Neukum, Gerhard: Das "Topographische Mars Informationssystem" (TMIS): Konzept und Realisierung eines Systems zur Verwaltung planetenweiter Bild- und Topographiedaten. In: Photogrammetrie, Fernerkundung, Geoinformation : PFG ; Organ der Deutschen Gesellschaft für Photogrammetrie und Fernerkundung e.V. 2005,5, p.409-415, 2 ill., 3 tab. ISSN 1432-8364.

2253
Dunkars, Mats: Multiple representation databases for topographic information. Ed.: Royal Inst. of Technology, department of infrastructure. – Stockholm: Kungliga Tekniska Högskolan : KTH 2004, XVI, 164 p., ill., mp. (TRITA-INFRA ; 2004,36). [Zugl.: Stockholm, KTH, Diss., 2004] ISBN 91-7323-100-2.

2254
Dvořaček, Petr: Geoportál Zeměměřického úřadu. In: Geodetický a kartografický obzor. 51.2005,9, p.205-209, 4 ill. Geoportal of land survey office. [Czech with Engl. rés.]. ISSN 0016-7096.

2255
Eddy, Brian G.; Taylor, David Ruxton Fraser: Applying a Cybercartographic Human Interface (CHI) model to create a Cybercartographic Atlas of Canada's Trade with the World (CTW). – 1. ed. In: Cybercartography : theory and practice. Ed.: Taylor, David Ruxton Fraser. – Amsterdam: Elsevier Science 2005, p.517-540, 5 ill. (Modern cartography ; 4).

2256
Fagerqvist, Meith: Hur klarar några vanliga kartografiska program av att hantera kartografin?. In: Kart & bildteknik : mapping and image science. 20.2005,4, p.10-11, 3 ill. How do some usual cartographic programs work as cartography manager?. [Swed.]. ISSN 1651-792X.

2257
Fasching, Gerhard L.: Sicherheitsgeowesen unter besonderer Berücksichtigung neuer europäischer Geoinformationen und Kartenwerke. In: Vom Militärischen zum Sicherheitsgeowesen : Hans-Ludwig Ewert zum 75. Geburtstag. Ed.: Technische Universität Dresden / Institut für Geographie. – Dresden: Technische Universität Dresden / Institut für Geographie 2005, p.13-20, 4 ill. (Kartographische Bausteine : KB ; 33).

2258
Fornefeld, Martin; Oefinger, Peter: Verrechnungsmodelle für Geo-Webdienste : ein Beitrag für den Aufbau einer Geodateninfrastruktur in der Schweiz im Auftrag des Bundesamtes für Landestopographie (swisstopo) und der Koordination der Geoinformation und Geografischen Informationssysteme (KOGIS). – Düsseldorf: 2005, 27 p., ill. (Zeitschrift für deutsches Altertum und deutsche Literatur : ZfdA ; 135.2006,4).

2259
Gietler, Lydia: Performancetests für Web Map und Web Feature Services. In: Angewandte Geoinformatik 2005 : Beiträge zum 17. AGIT-Symposium Salzburg. Ed.: Strobl, Josef; Blaschke, Thomas; Griesebner, Gerald. – Heidelberg: Herbert-Wichmann-Verlag 2005, p.182-189, 2 ill., 2 tab.

2260
Graeff, Bastian; Schneeberger, Rudolf: E-Government-gerechte GIS-Infrastrukturen für Gemeinden : ein Plädoyer für mehr Kooperation. In: Geomatik Schweiz : Geoinformation und Landmanagement. 103.2005,5, p.236-239, 6 ill. ISSN 0252-9424; 1660-4458.

2261
Gubler, Erich: Geoinformationen als Bestandteil von E-Government. In: Geomatik Schweiz : Geoinformation und Landmanagement. 103.2005,5, p.225-228, 5 ill. ISSN 0252-9424; 1660-4458.

2262
Heipke, Christian: Web-based photogrammetric image and geospatial services – an overview. In: Photogrammetric Week '05 : [papers of the 50th Photogrammetric Week, Stuttgart (September 5 to 9, 2005)]. Ed.: Fritsch, Dieter. – Heidelberg: Herbert-Wichmann-Verlag 2005, p.157-163, 1 ill.

2263
Heuberger, Michael: Angepasste nachhaltige Strategien für die Geodatenerfassung im Hinblick auf die Einbindung von Daten in das ZerO-M Projekt. – Wien: 2005, 119 p., 37 ill., 11 tab. [Dipl. Arb. Univ. Wien].

2264
Hobson, A.: SVG and LandXML for cadastral data on the web. In: Journal of spatial science. 1.2005, p.13-34, 21 ill., 1 tab.

2265
Hummel, Reinhold: Entwicklungstendenzen im zukunftsorientierten Liegenschaftskataster. In: 4. Vermessungsingenieurtag 2002. Ed.: Fachhochschule Stuttgart, Hochschule für Technik. – Stuttgart: Fachhochschule Stuttgart, Hochschule für Technik 2002, p.8,1-10, 4 ill. (Veröffentlichungen der Fachhochschule Stuttgart, Hochschule für Technik ; 57).

2266
Ivánová, Ivana: Standardization of geographic information. In: Kartografické listy. 13.2005, p.61-69, 2 ill., 1 tab. [Engl. with Slovak rés.].

2267
Jia, Wenjue; Chen, Yumin; Gong, Jianya: Implementation of OGC web map service based on web service. In: Geo-spatial information science : quarterly = Diqiu-kongjian-xinxi-kexue-xuebao. 7.2004,2, p.148-152, 5 ill., 1 tab. ISSN 1009-5020.

2268
Katzlberger, Gernot; Kriz, Karel; Pucher, Alexander: ISOHIS-MAP – Informationssystem für isotop-hydrologische Daten. In: Angewandte Geoinformatik 2005 : Beiträge zum 17. AGIT-Symposium Salzburg. Ed.: Strobl, Josef; Blaschke, Thomas; Griesebner, Gerald. – Heidelberg: Herbert-Wichmann-Verlag 2005, p.315-319, 2 ill.

2269
Kettemann, R.: Geodaten in Baden-Württemberg werden interoperabel. In: Mitteilungen und Veröffentlichungen zum Vermessungswesen aus den Themenbereichen Geodäsie, Geoinformation und Landmanagement / Deutscher Verein für Vermessungswesen, Landesverein Baden-Württemberg e.V. 52.2005,1, p.79-88. ISSN 0940-2942.

2270
Lechthaler, Mirjanka: Koncept mobilne multimedijalne kartografske komunikacije. In: Geodetski list : glasilo Hrvatskoga Geodetskog Drustva. 58(81).2004,3, p.191-210, 20 ill. Concept of mobile multimedia cartographic communication. [Croat. with Engl. rés.]. ISSN 0016-710x.

2271
Li, Deren; Zhu, Xinyan; Gong, Jianya: From digital map to spatial information multi-grid : a thought of spatial information multi-grid theory. In: Geomatics and information science of Wuhan University. 28.2003,6, p.642-650. [Chin. with Engl. rés.]. ISSN 1671-8860; 1000-050X.

2272
Lindgaard, Gitte; Brown, Allison: Interface design challenges in virtual space. – 1. ed. In: Cybercartography : theory and practice. Ed.: Taylor, David Ruxton Fraser. – Amsterdam: Elsevier Science 2005, p.211-229 (Modern cartography ; 4).

2273
Longhorn, Roger: Open geodata policy issues. In: The Bulletin of the Society of Cartographers. 39.2005,1-2, p.13-19. ISSN 0036-1984.

2274
Luckhardt, Thomas; Bergmann, Frauke: Aufbau einer Berliner Geodateninfrastruktur (GDI-Berlin). In: Vermessung Brandenburg. 2005,2, p.14-23. ISSN 1430-7650.

2275
Moisuc, Bogdan; Davoine, Paule-Annick; Gensel, Jérôme; Martin, Hervé: Design of spatio-temporal information systems for natural risk management with an object-based knowledge representation approach. In: Geomatica. 59.2005,4, p.401-413, 10 ill. ISSN 1195-1036.

2276
Niksová, Nadezda: Aktivity Slovenskej republiky v projektoch EuroGeographics-SABE, EuroGlobalMap and EuroRegionalMap. In: Geodetický a kartografický obzor. 51(93).2005,6-7, p.105-109, 61 ill. Activities of the Slovak republic in projects EuroGeographics-SABE, EuroGlobalMap and EuroRegionalMap. [Slovak with Engl. rés.]. ISSN 0016-7096.

2277
Osch, Berry van: Google Earth : de aarde binnen handbereik. In: Geo-Info : tijdschrift voor Geo-Informatie Nederland, GIN. 2.2005,11, p.531, 3 ill. Google Earth : the earth in a hand-held terminal. [Dutch]. ISSN 1572-5464.

2278
Petrovič, Dušan: Kartografija i geoinformacije u Sloveniji = Cartography and geoinformation in Slovenia. In: Kartografija i geoinformacije : KiG ; znanstveno-stručno-informativni časopis Hrvatskoga kartografskog društva. 4.2005, p.16-28, 8 ill., 1 tab. [Croat. and Engl.]. ISSN 1333-896X.

2279
Pierkot, Christelle: Un modèle de métadonnées pour gérer les évolutions de données géographiques héterogènes et distribuées. In: 22e Conférence cartographique internationale, La Corogne 9-16 Juillet 2005. 2005, p.6-14, 5 ill. (Le Monde des Cartes : revue du Comité Français de Cartographie ; 186.2005).

2280
Plum, Hans; Armbruster, Volker: Hydrogeologische Landesaufnahme : vom Kartenwerk zum Fachinformationssystem. In: Berichte der Naturforschenden Gesellschaft zu Freiburg i. Br. 95.2005,1, p.155-171, 8 ill., 1 tab. ISSN 0028-0917.

2281
Pulsifer, Peter L.; Taylor, David Ruxton Fraser: The cartographer as mediator : cartographic representation from shared geographic information. – 1. ed. In: Cybercartography : theory and practice. Ed.: Taylor, David Ruxton Fraser. – Amsterdam: Elsevier Science 2005, p.149-179, 3 ill. (Modern cartography ; 4).

2282
Quak, C. W.: TOP10NL in GML3. In: Geo-Info : tijdschrift voor Geo-Informatie Nederland, GIN. 2.2005,11, p.504-510, 7 ill. [Dutch with Engl. and French rés.]. ISSN 1572-5464.

2283
Raheja, Jagdish Lal; Raghunath, S.: Scenario management for the Public Distribution System. In: Bridging the digital divide and taking cartography at grassroots level : 25th INCA international congress, Sagar, Nov. 28 – Dec. 1, 2005. Ed.: Trivedi, R. K. – Ahmedabad: Indian National Cartographic Association 2005, p.299-304, 8 ill., 1 tab. (Indian cartographer ; 25.2005).

2284
Rajabifard, A.; Binns, A.; Williamson, Ian: Administering the marine environment – the spatial dimension. In: Journal of spatial science. 2.2005, p.69-78, 3 ill., 1 tab.

2285
Ramirez, J. Paul: Updating geospatial data : a theoretical framework. In: Surveying and land information science : an official journal of ACSM devoted to the sciences of surveying and mapping, land information and related fields. 65.2005,4, p.245-254, 6 ill. ISSN 1538-1242; 1052-2905.

2286
Reichenbacher, Tumasch: Mobile cartography : adaptive visualisation of geographic information on mobile devices. – München: 2004, XIV, 175 p., 61 ill., 15 tab. [pdf-Dokument].

2287
Rose, Andreas; Scheu, Martin: Einbettung von Geoinformationen in E-Government-Prozesse. In: ZfV : Zeitschrift für Geodäsie, Geoinformation und Landmanagement. 130.2005,1, p.6-11, 6 ill. ISSN 1618-8950.

2288
Ruan, Zhimin; Sun, Zhenbing: Spatial information publication based on Oracle Spatial and SVG. In: Geomatics and information science of Wuhan University. 29.2004,2, p.161-164, 1 tab. [Chin. with Engl. rés.]. ISSN 1671-8860; 1000-050X.

2289
Ruas, Anne; Mustière, Sébastien: Bases de données gógraphiques et cartographiques et cartographiques à différents niveaux de détail. In: Le Monde des Cartes : revue du Comité Français de Cartographie. 185.2005, p.5-14, 7 ill. ISSN 1634-3522.

2290
Ruiz Morales, Mario: Mejora de la Precisión Posicional : una herramienta necesaria para actualizar e integrar los datos de un SIG. In: Topografía y cartografía : TOPCART ; revista del Colegio Oficial de Ingenieros Técnicos en Topografía. 22.2005,128, p.46-55, 14 ill., 1 tab. Improvement of positional precision : a necessary tool for updating and integrating dates of a SIG. [Span. with Engl. rés.]. ISSN 0212-9280.

2291
Sato, Yukiko; Masunaga, Yoshifumi: A novel indexing method for digital video contents using a 3-dimensional city map. In: Web and wireless geographical information systems : 4th international workshop, W2GIS 2004, Goyang, Korea, November 2004 ; revised selected papers. Ed.: Kwon, Yon-Jin; Bouju, Alain; Claramunt, Christophe. – Berlin [u.a.]: 2005, p.221-231,7 ill.

2292
Sato, Yukiko; Masunaga, Yoshifumi: A novel indexing method for digital video contents using a 3-dimensional city map. In: Web and wireless geographical information systems : 4th international workshop, W2GIS 2004, Goyang, Korea, November 2004 ; revised selected papers. Ed.: Kwon, Yon-Jin; Bouju, Alain; Claramunt, Christophe. – Berlin [u.a.]: 2005, p.221-231,7 ill.

2293
Schilcher, Matthäus; Donaubauer, Andreas: OGC specification for access to distributed geospatial data. In: Photogrammetric Week '05 : [papers of the 50th Photogrammetric Week, Stuttgart (September 5 to 9, 2005)]. Ed.: Fritsch, Dieter. – Heidelberg: Herbert-Wichmann-Verlag 2005, p.217-227, 9 ill.

2294
Singh, Amrik; Koul, P.N.: Mapping and information technology – the present scenario. In: Indian Surveyor : the journal of the institution of surveyors. 54.2000,1, p.35-39. ISSN 0970-3470.

2295
Singh, R. B.: Advent of modern cartography in nautical charting. In: Bridging the digital divide and taking cartography at grassroots level : 25th INCA international congress, Sagar, Nov. 28 – Dec. 1, 2005. Ed.: Trivedi, R. K. – Ahmedabad: Indian National Cartographic Association 2005, p.248-252 (Indian cartographer ; 25.2005).

2296
Sunder, J.D. Paul Sunder: Historical perspective and recent technological revolutions in cartography and survey. In: Bridging the digital divide and taking cartography at grassroots level : 25th INCA international congress, Sagar, Nov. 28 – Dec. 1, 2005. Ed.: Trivedi, R. K. – Ahmedabad: Indian National Cartographic Association 2005, p.85-87, 1 ill. (Indian cartographer ; 25.2005).

2297
Svedjemo, Gustav; Jungert, Erland: Ontology over the historical maps of Gotland 1693-1705. In: ScanGIS'2005 – Proceedings of the 10th Scandinavian Research Conference on Geographical Information Science, Stockholm, Sweden, 13-15 June 2005. Ed.: Tveite, Håvard; Hauska, Hans. Kungliga Tekniska Högskolan : KTH 2005, p.17-30, 5 ill., 3 tab.

2298
Tabor, Mark; Marshall, Paul: An integrated approach to production utilising the Intergraph DMC and TerraShare. In: Photogrammetric Week '05 : [papers of the 50th Photogrammetric Week, Stuttgart (September 5 to 9, 2005)]. Ed.: Fritsch, Dieter. – Heidelberg: Herbert-Wichmann-Verlag 2005, p.173-180, 4 ill.

2299
Tag der Geoinformationswirtschaft im Landtag von Nordrhein-Westfalen. In: Mitteilungen des DVW-Bayern e.V. 57.2005,1, p.117-121, 1 ill. ISSN 0723-6336.

2300
Taylor, David Ruxton Fraser: Remaining challenges and the future of cybercartography. – 1. ed. In: Cybercartography : theory and practice. Ed.: Taylor, David Ruxton Fraser. – Amsterdam: Elsevier Science 2005, p.541-560 (Modern cartography ; 4).

2301
Tiwari, Mukul: Unified spatial database : a necessity of digital cartography. In: Bridging the digital divide and taking cartography at grassroots level : 25th INCA international congress, Sagar, Nov. 28 – Dec. 1, 2005. Ed.: Trivedi, R. K. – Ahmedabad: Indian National Cartographic Association 2005, p.83-84 (Indian cartographer ; 25.2005).

2302
Vojtičko, Andrej: Realizácia koncepcie tvorby základnej báze ZB GIS v rezorte ÚGKK Slovenskej republiky za roky 2001 až 2005. In: Geodetický a kartografický obzor. 51(93).2005,6-7, p.145-150, 2 tab. Realization of conception of building ZB GIS in the organizations of geodesy, cartography and cadastre authority of the Slovak republic from 2001 to 2005. [Slovak with Engl. rés.]. ISSN 0016-7096.

2303
Walsh, Jo: Open geodata, free software and civic information. In: The Bulletin of the Society of Cartographers. 39.2005,1-2, p.25-27. ISSN 0036-1984.

2304
Wikstrøm, Marius; Tveite, Håvard: PostgreSQL/PostGIS og MapServer sammenlignet med ArcSDE og ArcIMS i ytelse på store geografiske datasett. In: Kart og plan : vitenskapelig tidsskrift. 98.2005,3, p.185-192, 6 ill. PostgreSQL/PostGIS and MapServer compared to ArcSDE and ArcIMS in performance on large geographical data sets. [Norw. with Engl. rés.]. ISSN 0047-3278.

2305
World spatial metadata standards : scientific and technical descriptions, and full descriptions with crosstable. Ed.: Moellering, Harold. Ed. Harold Moellering. – Amsterdam [u.a.]: Elsevier Science 2005, XIX, 689 p., ill. + 1 suppl. ISBN 0-08-0439-49-7.

2306
Wu, Xiaofang; Xu, Zhiyong; Cai, Zhongliang; Du, Qingyun: Design and implementation of high precision map symbol library based on GDI. In: Geomatics and information science of Wuhan University. 29.2004,10, p.928-932, 7 ill. [Chin. with Engl. rés.]. ISSN 1671-8860; 1000-050X.

2307
Yarbrough, Lance; Easson, Greg: Eye of the storm : Google Earth assists Katrina response and recovery. In: Geomatica. 59.2005,4, p.451-453, 5 ill. ISSN 1195-1036.

2308
Zhou, Wensheng; Mao, Feng; Hu, Peng: Study of three-tier frame for open representation of geospatial data in web. In: Geomatics and information science of Wuhan University. 29.2004,1, p.43-47, 1 ill. [Chin. with Engl. rés.]. ISSN 1671-8860; 1000-050X.

2. Geographical Information Systems (GIS) Geographische Informationssysteme Systèmes d'informations géographiques

2309
A research agenda for geographic information science. Ed.: McMaster, Robert Brainerd. Ed. by Robert B. McMaster. – Boca Raton, Fla. [u.a.]: CRC Press 2005, 402 p., ill., mp. [UCGIS research agenda] ISBN 0-8493-2728-8.

2310
Al-Adamat, Rida Ali; Baban, Serwan M.J.: Mapping groundwater level and depth in the Azraq Basin in Jordan using GIS. In: Surveying and land information science : an official journal of ACSM devoted to the sciences of surveying and mapping, land information and related fields. 64.2004,2, p.97-105, 8 ill., 2 tab. ISSN 1538-1242; 1052-2905.

2311
Al-Kodmany, Kheir: E-community participation: communicating spatial planning and design using web-based maps. In: Socio-economic applications of geographic information science : [based on contributions at the 2001 GIS research UK conference ; innovations in GIS, 9]. Ed.: Kidner, David; Higgs, Gary; White, Sean. – London [u.a.]: Taylor & Francis 2003, p.69-92, 11 ill. (Innovations in GIS ; 9).

2312
Anand, P.H.: GPS data base for urban traffic management. In: Cartographic technologies for water, land and infrastructure development : XXIV INCA international congress, Kolkata, October 6 – 9, 2004 ; [... important contributions presented at the XXIV INCA International Congress on the Theme "Cartographic Technologies for Water, Land and Infrastructure Development"...]. Ed.: Dasgupta, Ajit Kumar. – Hyderabad: Indian National Cartographic Association 2005, p.507-521, 12 ill., 2 tab. (Indian cartographer ; 24.2004).

2313
ArcGIS 9 – das Buch für Einsteiger : mit zahlreichen Übungsbeispielen = ArcView 9.1. Ed.: GI Geoinformatik GmbH <Augsburg>. – Heidelberg: Herbert-Wichmann-Verlag 2005, XV, 362 p., ill., mp. + 3 CD-ROMs. [CD-ROM A + B u.d.T.: ArcView 9.1] ISBN 3-87907-430-5.

2314
Bajpai, G. S.: Crime mapping and law enforcement : scope & applications. In: Bridging the digital divide and taking cartography at grassroots level : 25th INCA international congress, Sagar, Nov. 28 – Dec. 1, 2005. Ed.: Trivedi, R. K. – Ahmedabad: Indian National Cartographic Association 2005, p.154-157 (Indian cartographer ; 25.2005).

2315
Bandyopadhyay, Amitava: Urban landuse management : a journey from geoenvironmental appraisal to GIS application for appropriate planning : a case study. In: Cartographic technologies for water, land and infrastructure development : XXIV INCA international congress, Kolkata, October 6 – 9, 2004 ; [... important contributions presented at the XXIV INCA International Congress on the Theme "Cartographic Technologies for Water, Land and Infrastructure Development"...]. Ed.: Dasgupta, Ajit Kumar. – Hyderabad: Indian National Cartographic Association 2005, p.367-374, 6 ill. (Indian cartographer ; 24.2004).

2316
Barth, Hans Karl; Oppermann, Tobias: Landschaft erfahren – erkennen – erleben : auf dem GPS Karst-Lehrpfad der Paderborner Hochfläche. In: Geographische Rundschau. 57.2005,5, p.60-62, 4 ill.

2317
Bastariya, V. S.: Water resource management with GIS, remote sensing and modern cartographic devices. In: Bridging the digital divide and taking cartography at grassroots level : 25th INCA international congress, Sagar, Nov. 28 – Dec. 1, 2005. Ed.: Trivedi, R. K. – Ahmedabad: Indian National Cartographic Association 2005, p.221-225, 2 ill. (Indian cartographer ; 25.2005).

2318
Bauer, Rainer; Schilcher, Matthäus: Leitfaden für kommunale GIS-Einsteiger. In: Mitteilungen des DVW-Bayern e.V. 57.2005,2, p.257-276, 14 ill. ISSN 0723-6336.

2319
Baveja, S.D.: Potential application of geospatial data. In: Bridging the digital divide and taking cartography at grassroots level : 25th INCA international congress, Sagar, Nov. 28 – Dec. 1, 2005. Ed.: Trivedi, R. K. – Ahmedabad: Indian National Cartographic Association 2005, p.119-122 (Indian cartographer ; 25.2005).

2320
Bergqvist, Rickard; Tornberg, Jonas: GIS for describing and analysing regional logistics systems. In: Kart & bildteknik : mapping and image science. 20.2005,2, Beil., p.61-68, 7 ill. ISSN 1651-792X.

2321
Biallo, Giovanni: Introduzione ai sistemi informativi geografici. – Roma: MondoGIS 2005, 182 p., ill. – 2. ed. (I quaderni di MondoGIS) Introduction to geographic information systems. [Ital.]. [Contains bibliography] ISBN 88-901026-8-3; 978-88-901026-8-4.

2322
Bianchin, Alberta: Attualitá dell'approccio di Jacques Bertin nell'insegnamento della cartografia. In: Bollettino della Associazione Italiana di Cartografia. 42.2005,123/125, p.147-157, 3 ill. The actuality of Jacques Bertin's approach for contemporary cartography. ISSN 0044-9733.

2323
Biljecki, Zvonko; Gugić, Goran; Osmanagić, Aida; Paviĉić, Stipica; Rapaić, Mladen; Sajko, Petra; Tonković, Tomislav; Vencler, Daniel; Železnjak, Željko: Vojni geoinformacijski sustav Ministarstva obrane Republike Hrvatske = Military geoinformation system of the Ministry of Defence of the Republic of Croatia. In: Kartografija i geoinformacije : KiG ; znanstveno-stručno-informativni časopis Hrvatskoga kartografskog društva. 4.2005, p.46-57, 4 ill. [Croat. and Engl.]. ISSN 1333-896X.

2324
Bisson, M.; Favalli, M.; Fornaciai, A.; Mazzarini, F.; Isola, I.; Zanchetta, G.; Pareschi, M.T.: A rapid method to assess fire-related debris flow hazard in the Mediterranean region : an example from Sicily (southern Italy). In: International journal of applied earth observation and geoinformation : JAG ; the official quarterly publication of the International Institute for Aerospace Survey and Earth Sciences (ITC). 7.2005,3, p.217-231, 6 ill., 4 tab. ISSN 0303-2434.

2325
Biuk-Aghai, Robert P.: A mobile GIS application to heavily resource-constrained devices. In: Geo-spatial information science : quarterly = Diqiu-kongjian-xinxi-kexue-xuebao. 7.2004,1, p.50-57, 8 ill. ISSN 1009-5020.

2326
Boesler, Dorothee: DEGIS : das digitale Denkmal für Schleswig-Holstein. In: Kulturlandschaft digital : Forschung und Anwendung ; 15. Fachtagung des Umweltamtes (Landschaftsverband Rheinland) ; 11. Jahrestagung der Arbeitsgruppe Angewandte Historische Geographie (Arbeitskreis für Historische Kulturlandschaftsforschung ARKUM), 2. bis 5. März 2005 in Aachen ; Tagungsdokumentation. Ed.: Rheinland / Umweltamt. – Köln: Rheinland / Umweltamt 2005, p.100-105, 2 ill. (Kulturlandschaft : Zeitschrift für angewandte historische Geographie ; 15.2005).

2327
Bonansea, Enrico; Garnero, Gabriele; Godone, Danilo; Penon, Angelo; Vignola, Anna: Il contributo dell' ARPA Piemonte allo sviluppo dei flussi informativi territoriali e ambientali regionali. In: Bollettino della Associazione Italiana di Cartografia. 42.2005,123/125, p.515-523, 2 ill. ARPA Piemonte participation to the development of territorial and environmental regional information system. [Ital. with Engl. rés.]. ISSN 0044-9733.

2328
Boyd, Diane: Using ArcIMS to provide an index/download web site for the orthophotographs for Southern Ontario. In: Bulletin / Association of Canadian Map Libraries and Archives. 123.2005, p.27-28, 1 ill. ISSN 0840-9331.

2329
Brewer, Cynthia A.: Designing better maps : a guide for GIS users. – Redlands: ESRI Press 2005, 203 p., ill., mp. – 1. ed. [Includes bibliographical references (p. 201)] ISBN 1-589-48089-9.

2330
Bruin, Niek: GIS@MBO voor vakmensen met GIS-kennis. In: Geo-Info : tijdschrift voor Geo-Informatie Nederland, GIN. 2.2005.1, p.42-45, 5 ill. GIS@MBO for professionals with GIS-knowledge. [Dutch]. ISSN 1572-5464.

2331
Brun, Carmen: Die Qualität von Karten in geografischen Informationssystemen. – Zürich: Universität Zürich-Irchel, Geographisches Inst. 2000, V, 266 p., 96 ill., 5 tab. (Geoprocessing-Reihe ; 37). [Zugl.: Zürich, Univ., Diplomarbeit, 1998] ISBN 3-906254-37-2.

2332
Brůna, Vladimír; Křováková, Kateřina: Interpretace map stabilního katastru pro potřeby krajinné ekologie. In: Kartografické listy. 13.2005, p.25-33, 4 ill. Interpretation of stabile cadastre maps for landscape ecology purposes. [Slovak with Engl. rés.].

2333
Büttner, Thomas; Röhrer, Armin: GIS : gestützte Kulturlandschaftsinventarisationen (KLI). In: Kulturlandschaft digital : Forschung und Anwendung ; 15. Fachtagung des Umweltamtes (Landschaftsverband Rheinland) ; 11. Jahrestagung der Arbeitsgruppe Angewandte Historische Geographie (Arbeitskreis für Historische Kulturlandschaftsforschung ARKUM), 2. bis 5. März 2005 in Aachen ; Tagungsdokumentation. Ed.: Rheinland / Umweltamt. – Köln: Rheinland / Umweltamt 2005, p.114-121 (Kulturlandschaft : Zeitschrift für angewandte historische Geographie ; 15.2005).

2334
Burak, Antje: Eine prozessorientierte landschaftsökologische Gliederung Deutschlands : ein konzeptioneller und methodischer Beitrag zur Typisierung von Landschaften in chorischer Dimension. Ed.: Deutsche Akademie für Landeskunde. – Flensburg: Deutsche Akademie für Landeskunde 2005, 249 p., ill., mp. + 1 CD-ROM, 1 mp.-suppl. (Forschungen zur deutschen Landeskunde). ISBN 3-88143-075-X.

2335
Cai, Guoray; MacEachren, Alan M.: Supporting effective human interactions with geographic information during crises response. In: Geomatica. 59.2005,4, p.415-425, 6 ill. ISSN 1195-1036.

2336
Candura, Anna Rosa: Utilizzo del free GIS nella didattica : possibili applicazioni del CLC. In: Bollettino della Associazione Italiana di Cartografia. 42.2005,123/125, p.361-370, 2 ill. Use of free GIS in the didactics : possible applications of the CLD. [Ital. with Engl. rés.]. ISSN 0044-9733.

2337
Chakraborty, Premangshu; Haque, Mafizul: Cartography and tourism industry – application of cartography at grass roots level. In: Bridging the digital divide and taking cartography at grassroots level : 25th INCA international congress, Sagar, Nov. 28 – Dec. 1, 2005. Ed.: Trivedi, R. K. – Ahmedabad: Indian National Cartographic Association 2005, p.305-308, 1 ill. (Indian cartographer ; 25.2005).

2338
Chang, Kang-Tsung: Introduction to geographic information systems. – Boston [a.o.]: Mc-Graw-Hill 2002, XVIII, 348 p p., ill., mp. + 1 CD-ROM – 1. ed. [Includes bibliographical references and index] ISBN 0-07-238211-2; 0-07-112178-1.

2339
Chen, Dan; Long, Yi; Cai, Jinhua: Layering-based breakpoint handling in contour line extraction. In: Geo-spatial information science : quarterly = Diqiu-kongjian-xinxi-kexue-xuebao. 6.2003,4, p.32-38 + p.72, 11 ill. ISSN 1009-5020.

2340
Cheng, Penggen; Shi, Wenzhong; Gong, Jianya; Zhou, Guoqing: QTPV data model and algorithm and its application to geological exploration engineering. In: Geo-spatial information science : quarterly = Diqiu-kongjian-xinxi-kexue-xuebao. 8.2005,1, p.64-71, 11 ill. ISSN 1009-5020.

2341
Cheng, Qimin; Yang, Chongjun; Shao, Zhenfeng; Liu, Donglin; Gao, Liang: Design and implementation of WebGIS-based GPS vehicle monitoring system. In: Geo-spatial information science : quarterly = Diqiu-kongjian-xinxi-kexue-xuebao. 7.2004,2, p.96-100, 5 ill. ISSN 1009-5020.

2342
Chrisman, Nicholas R.: Communities of scholars : places of leverage in the history of automated cartography. In: Auto-Carto 2005 : research symposium proceedings. 2005, p.425-433, 1 ill. (Cartography and geographic information science : an official journal of ACSM devoted to the advancement of cartography in all its aspects ; 32.2005,4).

2343
Čižmar, Jozef: Kartografické modelovanie geoobjektov v prostredí GIS. In: Geodetický a kartografický obzor. 51.2005,6-7, p.109-114, 3 ill. Cartographic modelling of geoobjects in GIS. [Czech with Engl. rés.]. ISSN 0016-7096.

2344
Cobb, David: Crossroads – Bridging the Digital Divide. In: LIBER quarterly : the journal of European Research Libraries. 15.2005,1, p.16-27. ISSN 1435-5205.

2345
Conseil général de l'Ariège : la BD Topo® en réseaux. In: IGN magazine. 22.2004, p.4-10, ill. ISSN 1624-9305.

2346
Cullingworth, Christine: Implementation of geographic information systems (GIS) into library and archival systems. In: Bulletin / Association of Canadian Map Libraries and Archives. 122.2005, p.3-16, 23 ill. ISSN 0840-9331.

2347
Damoiseaux, Maurice: De grenzen van waterschappen in beeld. In: Geo-Info : tijdschrift voor Geo-Informatie Nederland, GIN. 2.2005,7/8, p.338-342, 5 ill. Boundaries of water boards in the picture. [Dutch with Engl. and French rés.]. ISSN 1572-5464.

2348
Dash, B. N.: GIS and 3 D analyses. In: Bridging the digital divide and taking cartography at grassroots level : 25th INCA international congress, Sagar, Nov. 28 – Dec. 1, 2005. Ed.: Trivedi, R. K. – Ahmedabad: Indian National Cartographic Association 2005, p.140-142 (Indian cartographer ; 25.2005).

2349
De ramp in kaart : van satellietbeeld tot basiskartering. In: Geografie. 14.2005,3, p.9-11, 4 ill. The catastrophe on map. [Dutch]. ISSN 0926-3837.

2350
DeMers, Michael N.: Fundamentals of geographic information systems. Ed.: 2005. 2005 2005, XI, 467 p. [3. ed., international ed.].

2351
Derby, Francis W.: Planning the designing of an application-driven GIS. In: Surveying and land information science : an official journal of ACSM devoted to the sciences of surveying and mapping, land information and related fields. 64.2004,1, p.53-63, 5 ill., 5 tab. ISSN 1538-1242; 1052-2905.

2352
Deren, Li; Liu, Qiang; Zhu, Qing: An integrated representation of outdoor and indoor in CyberCity GIS. In: Geomatics and information science of Wuhan University. 28.2003,3, p.253-258, 3 ill. [Chin. with Engl. rés.]. ISSN 1671-8860; 1000-050X.

2353
Deren, Li; Zhu, Qing; Liu, Qiang; Xu, Peng: From 2D to 3D GIS for CyberCity. In: Geo-spatial information science : quarterly = Diqiu-kongjian-xinxi-kexue-xuebao. 7.2004,1, p.1-5, 2 ill. ISSN 1009-5020.

2354
Diez, Dietrich: Luxemburg hat gesprochen: EuGH begrenzt den Schutzbereich des Rechts des Datenbankherstellers. In: Kartographische Nachrichten : KN ; Fachzeitschrift für Geoinformation und Visualisierung ; Organ der Deutschen Gesellschaft für Kartographie e.V., der Schweizerischen Gesellschaft für Kartographie und der Österreichischen Kartographischen Kommission in der Österreichischen Geographischen Gesellschaft. 55.2005,5, p.265-266. ISSN 0022-9164.

2355
Digitale Bildverarbeitung : Anwendungen in Photogrammetrie, Fernerkundung und GIS. Ed.: Bähr, Hans-Peter; Vögtle, Thomas. – Heidelberg: Herbert-Wichmann-Verlag 2005, IX, 325 p., ill. – 4., völlig neu bearb. Aufl. ISBN 3-87907-409-7.

2356
Ding, Hong; Guo, Qingsheng; Du, Xiaochu: Measurement of similarity for spatial directions between areal objects. In: Geo-spatial information science : quarterly = Diqiu-kongjian-xinxi-kexue-xuebao. 7.2004,3, p.225-230, 5 ill. ISSN 1009-5020.

2357
Dix, Andreas; Lange, Beate: Historische Industrielandschaft im Denkmalpflegeplan Bonn Beuel : GIS-gestützte Flächenanalyse und Objektaufnahme in der Lehre. In: Kulturlandschaft digital : Forschung und Anwendung ; 15. Fachtagung des Umweltamtes (Landschaftsverband Rheinland) ; 11. Jahrestagung der Arbeitsgruppe Angewandte Historische Geographie (Arbeitskreis für Historische Kulturlandschaftsforschung ARKUM), 2. bis 5. März 2005 in Aachen ; Tagungsdokumentation. Ed.: Rheinland / Umweltamt. – Köln: Rheinland / Umweltamt 2005, p.159-164, 4 ill., 1 tab. (Kulturlandschaft : Zeitschrift für angewandte historische Geographie ; 15.2005).

2358
Dodsworth, Eva: GIS Day 2005 : events on campuses across Canada. In: Bulletin / Association of Canadian Map Libraries and Archives. 124.2005, p.48-50, 2 ill. ISSN 0840-9331.

2359
Dong, Pinliang: Development of a GIS/GPS-based emergency response system. In: Geomatica. 59.2005,4, p.427-433, 13 ill. ISSN 1195-1036.

2360
Dubuc, Sylvie: A GIS-based analysis of the human factors in the deforestation process in India. In: The Bulletin of the Society of Cartographers. 39.2005,1-2, p.45-56, 10 ill., 3 tab. ISSN 0036-1984.

2361
Duvail, Stéphanie; Hogan, Rose; Mwambeso, Pili; XL Nandi, Revocatus; Elibariki, Richard: Apport de la cartographie à la gestion locale des ressources renouvelables dans les villages du district de Rufiji (Tanzanie). In: Géographie du littoral : approche géomatique. Textes réunis par Serge Suanez. – Rennes: Presses Universitaires <Rennes> 2005, p.51-66, 7 ill. (Norois : revue géographique des universités de l'Ouest ; environnement, aménagement, société ; 196.2005). [Themenheft der Zeitschrift:; Norois : revue géographique des universités de l'Ouest ; environnement, aménagement, société. 196.2005].

2362
Egli, Hans-Rudolf; Flury, Philipp; Frey, Thomas; Schiedt, Hans-Ulrich: GIS-Dufour – Verkehrs- und Raumanalyse auf historischer Grundlage. In: Geomatik Schweiz : Geoinformation und Landmanagement. 103.2005,5, p.246-249, 3 ill. ISSN 0252-9424; 1660-4458.

2363
Egli, Markus; Margreth, Michael; Vökt, Urs; Fitze, Peter; Tognina, Gianfranco; Keller, Felix: Modellierung von Bodentypen und Bodeneigenschaften im Oberengadin (Schweiz) mit Hilfe eines Geographischen Informationssystems (GIS). In: Geographica Helvetica : schweizerische Zeitschrift für Geographie. 60.2005,2, p.87-96, 3 ill., 5 tab. ISSN 0016-7312.

2364
Egli, Markus; Margreth, Michael; Völkt, Urs; Keller, Felix: Bodenmodellierung mit GIS im hochalpinen Raum. In: Geomatik Schweiz : Geoinformation und Landmanagement. 103.2005,8, p.458-462, 2 ill., 2 tab. ISSN 0252-9424; 1660-4458.

2365
Enhörning, Gunilla: The extension of Göteborg according to town plans 1866 – ca. 1920: the case of the Landeris. In: Kart & bildteknik : mapping and image science. 20.2005,2, Beil., p.48-60, 32 ill. ISSN 1651-792X.

2366
Exploring geovisualization. Ed.: Dykes, Jason. – Amsterdam: Elsevier Science 2005, XIX, 710 p., ill, mp. + 1 CD-ROM. [Aufsatzsammlung] ISBN 0-08-044531-4; 0-08-044533-0.

2367
Faytre, Ludovic: Visiaurif-risques : pour une connaissance partagée des risques majeurs en île-de-France. In: Le Monde des Cartes : revue du Comité Français de Cartographie. 185.2005, p.32-39, 4 ill. ISSN 1634-3522.

2368
Fecht, Michael; Geitner, Clemens; Heller, Armin; Stötter, Johann: Ermittlung der räumlichen Verteilung von Bodeneigenschaften – eine Kombination von GIS, Clusteranalyse und Geländearbeit. In: Angewandte Geoinformatik 2005 : Beiträge zum 17. AGIT-Symposium Salzburg. Ed.: Strobl, Josef; Blaschke, Thomas; Griesebner, Gerald. – Heidelberg: Herbert-Wichmann-Verlag 2005, p.155-164, 4 ill., 2 tab.

2369
Frančula, Nedjeljko: Kartografija u 21. stoljeću = Cartography in the 21st century. In: Kartografija i geoinformacije : KiG ; znanstveno-stručno-informativni časopis Hrvatskoga kartografskog društva. 4.2005, p.4-15, 10 ill. [Croat. and Engl.]. ISSN 1333-896X.

2370
Garnero, Gabriele; Rao, Sebastiano: La produzione pilota della CTRN del Piemonte sulla base delle specifiche IntesaGIS. In: Bollettino della Associazione Italiana di Cartografia. 42.2005,123/125, p.179-185,3 ill. The pilot production of digital regional technical cartography (CTRN) of Piemonte region according to the IntesaGIS standards. [Ital. with Engl. rés.]. ISSN 0044-9733.

2371
Geo-Government, wirtschaftliche Innovation durch Geodaten : 53. Deutscher Kartographentag der DGfK und 25. wissenschaftlich-technische Jahrestagung der DGPF, 21. – 23. September 2005 in Rostock ; Publikationen der Deutschen Gesellschaft für Photogrammetrie, Fernerkundung und Geoinformation e.V. ; Band 14. Ed.: Deutsche Gesellschaft für Photogrammetrie und Fernerkundung. – Postdam [u.a.]: DGPF 2005, 1 CD-ROM. [Elektronische Ressource; Aufsatzsammlung; Parallel als Buch-Ausg. erschienen].

2372
Geo-Government, wirtschaftliche Innovation durch Geodaten : Vorträge ; 25. wissenschaftlich-technische Jahrestagung der DGPF, 21. – 23. September 2005 in Rostock ; Publikationen der Deutschen Gesellschaft für Photogrammetrie, Fernerkundung und Geoinformation e.V. ; Band 14. Ed.: Seyfert, Eckhardt. – Postdam [u.a.]: Deutsche Gesellschaft für Photogrammetrie und Fernerkundung 2005, 491 p., ill. [Aufsatzsammlung; Parallel als CD-ROM-Ausg. erschienen].

2373
Geographical information systems : principles, techniques, management, and applications. Ed.: Longley, Paul A. John Wiley and Sons 2005, 1 CD-ROM – 2. ed., abridged. [Parallel als Buch-Ausg. erschienen].

2374
Geographical information systems : principles, techniques, management, and applications. Ed.: Longley, Paul A. John Wiley and Sons 2005, XLV, 358 p., ill. – 2. ed., abridged. [Parallel als CD-ROM-Ausg. erschienen].

2375
Giri, J.D.; Mohan, V.; Tailor, B.L.; Singh, R.S.; Shyampura, R.L.: Remote sensing and GIS application for assessing groundwater potential around Udaipur, Rajasthan. In: Cartographic technologies for water, land and infrastructure development : XXIV INCA international congress, Kolkata, October 6 – 9, 2004 ; [... important contributions presented at the XXIV INCA International Congress on the Theme "Cartographic Technologies for Water, Land and Infrastructure Development"...]. Ed.: Dasgupta, Ajit Kumar. – Hyderabad: Indian National Cartographic Association 2005, p.66-77, 5 ill. (Indian cartographer ; 24.2004).

2376
GIS in public health practice. Ed.: Maheswaran, Ravi; Craglia, Massimo. – Boca Raton, FL [u. a.]: CRC Press 2004, XI, 308 p., ill., mp. ISBN 0-415-30655-8; 978-0-415-30655-3.

2377
Gomarasca, Mario A.: Elementi di geomatica : con elementi di: geodesia e cartografia, fotogrammetria, telerilevamento, informatica, sistemi di ripresa, sistemi di posizionamento satellitare, elaborazione digitale. Ed.: Associazione italiana di rilevamento. Associazione italiana di rilevamento 2004, XLVI, 618 p., ill. Elements of geomatics : with elements of: geodetics and cartography, photogrammetry, remote sensing, informatics, recording systems, satellite navigation systems, digital elaboration. [Ital.]. [Contains bibliographies and dictionary (p.545-570)] ISBN 88-900943-7-0.

2378
Gong, Jianya; Jia, Wenjue; Chen, Yumin; Xie, Jibo: Development from platform GIS to cross-platform interoperable GIS. In: Geomatics and information science of Wuhan University. 29.2004,11, p.985-989, 6 ill. [Chin. with Engl. rés.]. ISSN 1671-8860; 1000-050X.

2379
Gregory, Ian N.: A place in history : a guide to using GIS in historical research. – Oxford: Oxbow Books 2003, V, 80 p., ill., mp. (AHDS guides to good practice series : History data service). [Literaturverz. S. 72 – 80] ISBN 1-8421-7036-8.

2380
Greulich, Gunther: The global land information explosion: GIS-ACSM-GLIS-GSDI-GITA-URISA-GE and the Atlantic Institute. In: Surveying and land information science : an official journal of ACSM devoted to the sciences of surveying and mapping, land information and related fields. 64.2004,4, p.253-257. ISSN 1538-1242; 1052-2905.

2381
Gupta, R.K.; Vijayan, D.; Prasad, T. S.: Critical utility assessment of maximum likelihood and ann classifiers. In: Bridging the digital divide and taking cartography at grassroots level : 25th INCA international congress, Sagar, Nov. 28 – Dec. 1, 2005. Ed.: Trivedi, R. K. – Ahmedabad: Indian National Cartographic Association 2005, p.88-93, 1 ill., 6 tab. (Indian cartographer ; 25.2005).

2382
Haala, Norbert: Towards virtual reality GIS. In: Photogrammetric Week '05 : [papers of the 50th Photogrammetric Week, Stuttgart (September 5 to 9, 2005)]. Ed.: Fritsch, Dieter. – Heidelberg: Herbert-Wichmann-Verlag 2005, p.285-294, 8 ill.

2383
Haas, Wim de; Eijnden, Bart van den: De Open Source GIS wereld. In: Geo-Info : tijdschrift voor Geo-Informatie Nederland, GIN. 2.2005,5, p.248-253, 3 ill., 1 tab. The Open Source GIS world. [Dutch with Engl. rés.]. ISSN 1572-5464.

2384
Harbeck, Rolf: Innovationen in Aus- und weiterbildung mit Geoinformationssystemen : eine Nachlese zur gleichnamigen Tagung am 2./3. Juni 2005 in Potsdam. In: Kartographische Nachrichten : KN ; Fachzeitschrift für Geoinformation und Visualisierung ; Organ der Deutschen Gesellschaft für Kartographie e.V., der Schweizerischen Gesellschaft für Kartographie und der Österreichischen Kartographischen Kommission in der Österreichischen Geographischen Gesellschaft. 55.2005,4, p.208-210, 2 ill., 1 tab. ISSN 0022-9164.

2385
He, Zhonghuan: Designing technique of complicated linear symbols in GIS symbol database. In: Geomatics and information science of Wuhan University. 29.2004,2, p.132-134, 10 ill. [Chin. with Engl. rés.]. ISSN 1671-8860; 1000-050X.

2386
Herczeg, Ferenc: A digitális topográfiai és a digitális földmérési alaptérkép adatkapcsolata. In: Geodézia és kartográfia. 57.2005,2, p.18-23, 1 ill., 3 tab. Data relationship between topographic and digital base map. [Hung. with Engl. rés.]. ISSN 0016-7118.

2387
Hertin, Paul W.: Datenbankschutz für topographische Landkarten? : eine Kontroverse zwischen den Landesvermessungsämtern und den privatwirtschaftlichen Verlegern von Kartographie. In: Kartographische Nachrichten : KN ; Fachzeitschrift für Geoinformation und Visualisierung ; Organ der Deutschen Gesellschaft für Kartographie e.V., der Schweizerischen Gesellschaft für Kartographie und der Österreichischen Kartographischen Kommission in der Österreichischen Geographischen Gesellschaft. 55.2005,1, p.25-30. ISSN 0022-9164.

2388
Hou, Enke; Wu, Lixin; Wu, Yuhua; Ju, Tianyi: Component-based topological data model for three-dimensional geology modeling. In: Geo-spatial information science : quarterly = Diqiu-kongjian-xinxi-kexue-xuebao. 8.2005,2, p.122-127, 2 ill., 12 tab. ISSN 1009-5020.

2389
Houtum, Ad van; Ekelen, Hans van: KLIC neemt Basiskaart On Line in gebruik. In: Geo-Info : tijdschrift voor Geo-Informatie Nederland, GIN. 2.2005,11, p.534-535, 2 ill. KLIC starts using Basiskaart On Line. [Dutch]. ISSN 1572-5464.

2390
Huang, Hui: Multi-scale GIS data model based on edge-node and atom attribute. In: Geomatics and information science of Wuhan University. 29.2004,12, p.1067-1070, 3 ill., 2 tab. [Chin. with Engl. rés.]. ISSN 1671-8860; 1000-050X.

2391
Hudecová, L'ubica: Komunikačné rozhrania katastra nehnutel'ností. In: Kartografické listy. 13.2005, p.53-60, 2 tab. Communication interfaces of the real estate cadastre. [Slovak with Engl. rés.].

2392
Impact des SIG en Côte d'Opale. In: IGN magazine. 20.2003, p.4-10, ill. ISSN 1624-9305.

2393
Jabbar, Mushtak Talib; Hu, Guangdao; Zhang, Zhenfei: Application of remote sensing and GIS technology to the study of desertification of arable lands in North Shaanxi, China. In: Geo-spatial information science : quarterly = Diqiu-kongjian-xinxi-kexue-xuebao. 7.2004,3, p.187-192, 1 ill., 7 tab. ISSN 1009-5020.

2394
Jain, Kamal; Ohri, Anurag: Rural road mapping using GPS. In: Indian Surveyor : the journal of the institution of surveyors. 57,2003,2, p.25-28, 5 ill. ISSN 0970-3470.

2395
Jaiswal, Rajeev Kumar; Thomas, T.; Nayak, T. R. ; Bhar, A. K.: Application of remote sensing & GIS for groundwater potential areas mapping. In: Bridging the digital divide and taking cartography at grassroots level : 25th INCA international congress, Sagar, Nov. 28 - Dec. 1, 2005. Ed.: Trivedi, R. K. – Ahmedabad: Indian National Cartographic Association 2005, p.216-220, 6 ill., 2 tab. (Indian cartographer ; 25.2005).

2396
Jezek, Jan: Transformace souradnic v GIS produktech. In: Geodetický a kartografický obzor. 51(93).2005,6-7, p.129-133, 1 ill., 1 tab. Transformations between coordinates in GIS products. [Czech with Engl. rés.]. ISSN 0016-7096.

2397
Kankane, Sanjay; Deshmukh, S. D.; Hari, K. R.: A new approach to enhance the accuracy in the preparation of 'DEM' using 'Surfer-8'. In: Bridging the digital divide and taking cartography at grassroots level : 25th INCA international congress, Sagar, Nov. 28 - Dec. 1, 2005. Ed.: Trivedi, R. K. – Ahmedabad: Indian National Cartographic Association 2005, p.107-109, 3 ill. (Indian cartographer ; 25.2005).

2398
Karstkarel, Nanka: Changes in shelf ice extent in West Antarctica between 1840 and 1960 : analysing historical maps in a Geographical Information System. Ed.: Arctisch Centrum <Groningen>. – Groningen: Arctisch Centrum <Groningen> 2005, X, 170 p., ill., mp. (Circumpolar studies ; 3). [Zugl.: @Groningen, Univ., Diss., 2005] ISBN 90-77922-04-0.

2399
Katona, Zoltán; Molnar, Attila: Magyarország térinformatikai szőlőültetvény-nyilvántartó rendszerének (VINGIS) kialakítása. In: Geodézia és kartográfia. 57.2005,10, p.24-27, 4 ill. Development of the geoinformatic vineyard register system (VINGIS) of Hungary. [Hung. with Engl. rés.]. ISSN 0016-7118.

2400
Keller, Christoph: Digitale Erfassung archäologischer Untersuchungen in Aachen. In: Kulturlandschaft digital : Forschung und Anwendung ; 15. Fachtagung des Umweltamtes (Landschaftsverband Rheinland) ; 11. Jahrestagung der Arbeitsgruppe Angewandte Historische Geographie (Arbeitskreis für Historische Kulturlandschaftsforschung ARKUM), 2. bis 5. März 2005 in Aachen ; Tagungsdokumentation. Ed.: Rheinland / Umweltamt. – Köln: Rheinland / Umweltamt 2005, p.23-30, 3 ill. (Kulturlandschaft : Zeitschrift für angewandte historische Geographie ; 15.2005).

2401
Klevisser, Florinda; Lo Rè, Addolorata: Applicazione di techniche G.I.S. per lo studio dell'evolizione della struttura urbana e degli effeti della planificazione: il caso della città di Trieste. In: Bollettino della Associazione Italiana di Cartografia. 42.2005,123/125, p.199-211, 6 ill. G.I.S. technologies for the study of urban structure changes and the effects of planning: the city of Trieste. ISSN 0044-9733.

2402
Korevaar, Willem; van der Schee, Joop: Modern aardrijskundeonderwijs met GIS op de kaart gezet. In: Geografie. 13.2004,9/10, p.44-46, 1 ill., 1 mp. Modern geography lessons with GIS on the map. [Dutch]. ISSN 0926-3837.

2403
Kovačič, Boštjan: Izdelava vizualizacije cestnega telesa za potrebe prostorske preveritve. In: Geodetski vestnik : glasilo Zveze Geodetov Slovenije. 48.2004,1, p.40-49, 12 ill., 2 tab. The making of road body visualization for spatial verification. ISSN 0351-0271.

2404
Kporfor, Jacob; Chen, Jiagou: Prediction of hydrothermal copper, gold, silver and lead-zinc in Northwestern Yunnan using weight of evidence model. In: Geo-spatial information science : quarterly = Diqiu-kongjian-xinxi-kexue-xuebao. 8.2005,3, p.230-234, 4 ill., 2 tab. ISSN 1009-5020.

2405
Krygier, John; Wood, Denis: Making maps : a visual guide to map design for GIS. – New York [u.a.]: Guilford Press 2005, XI, 303 p., ill., mp. [Includes bibliographical references and index] ISBN 1-593-85200-2.

2406
Kulturlandschaft digital : Forschung und Anwendung ; 15. Fachtagung des Umweltamtes (Landschaftsverband Rheinland) ; 11. Jahrestagung der Arbeitsgruppe Angewandte Historische Geographie (Arbeitskreis für Historische Kulturlandschaftsforschung ARKUM), 2. bis 5. März 2005 in Aachen ; Tagungsdokumentation. Ed.: Rheinland / Umweltamt. – Köln: Rheinland / Umweltamt 2005, 225 p., ill., mp. (Kulturlandschaft : Zeitschrift für angewandte historische Geographie ; 15.2005).

2407
Kumar, R.Siva: Accuracy issues in digital topographic databases. In: Indian Surveyor : the journal of the institution of surveyors. 55.2001,1, p.63-72. ISSN 0970-3470.

2408
Kunapo, Joshphar; Kunapo, Ratna Kumari; Peterson, Jim: Adaption of archival geographical data for provision of decision support using GIS : an exemplification from city of Casey, Victoria, Australia. In: Bridging the digital divide and taking cartography at grassroots level : 25th INCA international congress, Sagar, Nov. 28 – Dec. 1, 2005. Ed.: Trivedi, R. K. – Ahmedabad: Indian National Cartographic Association 2005, p.98-102, 4 ill. (Indian cartographer ; 25.2005).

2409
Kusendová, Dagmar: Geografické informačné systémy a humánna geografia – vybrané teoreticko-metodologické a aplikačné aspekty. In: Acta Facultatis Rerum Naturalium Universitatis Comenianae : Geographica. 44.2003, p.89-140 Geographic information systems and human geography – some theoretical, methodological and application aspects. [Slovak with Engl. rés.]. ISSN 0231-715X.

2410
Kusendová, Dagmar: Terminológia počítačovej tvorby máp. In: Kartografická terminológia. Zborník referátov. – Bratislava: 2001, p.85-94 The terminology of the computer cretaion of maps. [Slovak with rés. in Engl.].

2411
Kushwaha, Suraj Dev Kumar ; Patel, Nilanchal; Panda, Ranjan Kumar: Assessment of changes in environs of Ranchi City through remote sensing and GIS techniques. In: Bridging the digital divide and taking cartography at grassroots level : 25th INCA international congress, Sagar, Nov. 28 – Dec. 1, 2005. Ed.: Trivedi, R. K. – Ahmedabad: Indian National Cartographic Association 2005, p.193-195, 6 ill. (Indian cartographer ; 25.2005).

2412
Kwon, Yong-Jin; Kim, Do-Hyoung: Mobile SeoulSearch: a web-based mobile regional information retrieval system utilizing location information. In: Web and wireless geographical information systems : 4th international workshop, W2GIS 2004, Goyang, Korea, November 2004 ; revised selected papers. Ed.: Kwon, Yon-Jin; Bouju, Alain; Claramunt, Christophe. – Berlin [u.a.]: 2005, p.206-220, 11 ill., 1 tab.

2413
La communauté urbaine de Bordeaux : Bordeaux, ville pionnière. In: IGN magazine. 28.2005, p.4-10, ill. ISSN 1624-9305.

2414
La géomatique appliquée : L'ABC du SIG. In: IGN magazine. 27.2005, p.4-10, ill. ISSN 1624-9305.

2415
La région PACA : une longueur d'avance. In: IGN magazine. 25.2004, p.4-10, ill. ISSN 1624-9305.

2416
Ladstätter, Peter: Neue Entwicklung bei GIS-Servern : jenseits von Web Mapping. In: Tagung 2004 / Arbeitsgruppe Automation in der Kartographie. Ed.: Bundesamt für Kartographie und Geodäsie <Deutschland>. – Frankfurt a.M.: Bundesamt für Kartographie und Geodäsie <Deutschland> 2005, p.79-84, 5 ill. (Mitteilungen des Bundesamtes für Kartographie und Geodäsie ; 34).

2417
Lan, Xiaoji; Jiang, Yongfa; Lü, Güonian; Geng, Huamei: Automatic placement of GIS vector map annotation in area feature by long-diagonal. In: Geo-spatial information science : quarterly = Diqiu-kongjian-xinxi-kexue-xuebao. 8.2005,4, p.276-281, 7 ill., 3 tab. ISSN 1009-5020.

2418
Lazio, Peter: GPS geodesy and applications (GPS-GAP) – an internet based geodesy and GPS educational application. In: Surveying and land information science : an official journal of ACSM devoted to the sciences of surveying and mapping, land information and related fields. 65.2005,2, p.95-98. ISSN 1538-1242; 1052-2905.

2419
Le conservatoire du littoral : la nature restaurée. In: IGN magazine. 26.2004, p.4-10, ill. ISSN 1624-9305.

2420
Le référentiel à grande échelle : l'avenir géoréférencé. In: IGN magazine. 24.2004, p.4-13, ill. ISSN 1624-9305.

2421
Le SIGU : pôle géomatique de la ville du Havre. In: IGN magazine. 9.2002, p.6-9, ill. ISSN 1624-9305.

2422
Le système d'information géographique SIGMA®. In: IGN magazine. 17.2003, p.4-9, ill. ISSN 1624-9305.

2423
Le, Yanfen: A prototype temporal GIS for multiple spatio-temporal representations. In: Auto-Carto 2005 : research symposium proceedings. 2005, p.315-329, 16 ill. (Cartography and geographic information science : an official journal of ACSM devoted to the advancement of cartography in all its aspects ; 32.2005,4).

2424
Lechthaler, Mirjanka: Bildschirmgerechte kartographische Visualisierung der Geobasisdaten in digitalen Atlas-Informationssystemen. In: Angewandte Geoinformatik 2005 : Beiträge zum 17. AGIT-Symposium Salzburg. Ed.: Strobl, Josef; Blaschke, Thomas; Griesebner, Gerald. – Heidelberg: Herbert-Wichmann-Verlag 2005, p.403-412, 5 ill.

2425
Lechthaler, Mirjanka: Značenje kartografskog mjerila u interaktivnom multimedijskom kartografskom informacijskom sustavu = The relevance of cartographic scale in interactive and multimedia cartographic information systems. In: Kartografija i geoinformacije : KiG ; znanstveno-stručno-informativni časopis Hrvatskoga kartografskog društva. 3.2004, p.6-20, 16 ill. [Croat. and Engl.]. ISSN 1333-896X.

2426
Lentz, Sebastian: Geowissenschaftliche Karten und Kartenwerke oder Fachinformationssysteme : eine Analyse anhand des Nationalatlas Bundesrepublik Deutschland. In: Kartographische Nachrichten : KN ; Fachzeitschrift für Geoinformation und Visualisierung ; Organ der Deutschen Gesellschaft für Kartographie e.V., der Schweizerischen Gesellschaft für Kartographie und der Österreichischen Kartographischen Kommission in der Österreichischen Geographischen Gesellschaft. 55.2005,6, p.307-313, 3 ill., 2 tab. ISSN 0022-9164.

2427
Les SIG au service du monde rural, le pays basque montre l'exemple. In: IGN magazine. 32.2005, p.4-10, ill. ISSN 1624-9305.

2428
L'Europe géographique : en route vers l'harmonie. In: IGN magazine. 29.2005, p.4-10, ill. ISSN 1624-9305.

2429
Li, Chengming; Wang, Jizhou; Liu, Yong: Theory and application of moving GIS. In: Geomatics and information science of Wuhan University. 29.2004,11, p.990-993, 6 ill. [Chin. with Engl. rés.]. ISSN 1671-8860; 1000-050X.

2430
Li, Dajun; Guan, Yunlan; Gong, Jianya; Du, Daosheng: Entropy error model of planar geometry features in GIS. In: Geo-spatial information science : quarterly = Diqiu-kongjian-xinxi-kexue-xuebao. 6.2003,2, p.20-24, 4 ill. ISSN 1009-5020.

2431
Li, Jianping; Zhang, Bai; Gao, Feng: RS-and-GIS-supported forecast of grassland degradation in Southwest Songnen Plain by Markov model. In: Geo-spatial information science : quarterly = Diqiu-kongjian-xinxi-kexue-xuebao. 8.2005,2, p.104-109, 3 ill., 4 tab. ISSN 1009-5020.

2432
Li, Qingquan; Tang, Luliang; Zuo, Xiaoqing; Li, Xia: Transect-based three-dimensional road modeling and visualization. In: Geo-spatial information science : quarterly = Diqiu-kongjian-xinxi-kexue-xuebao. 7.2004,1, p.14-17, 5 ill. ISSN 1009-5020.

2433
Lindberg, Fredrik: Towards the use of local governmental 3-D data within urban climatology studies. In: Kart & bildteknik : mapping and image science. 20.2005,2, Beil., p.32-37, 6 ill. ISSN 1651-792X.

2434
Liu, Chun; Shi, Wenzhong; Liu, Dajie: Quality assessment of attribute data in GIS based on simple random sampling. In: Geo-spatial information science : quarterly = Diqiu-kongjian-xinxi-kexue-xuebao. 6.2003,2, p.13-19, 1 ill., 2 tab. ISSN 1009-5020.

2435
Liu, Chun; Tong, Xiaohua: Relationship of uncertainty between polygon segment and line segment for spatial data in GIS. In: Geo-spatial information science : quarterly = Diqiu-kongjian-xinxi-kexue-xuebao. 8.2005,3, p.183-188, 6 ill., 1 tab. ISSN 1009-5020.

2436
Liu, Xuefeng; Meng, Lingkui; Zhao, Chunyu: DEM-based oil and gas migration pathway simulation of oil- and gas-bearing basin. In: Geomatics and information science of Wuhan University. 29.2004,4, p.371-375, 7 ill. [Chin. with Engl. rés.]. ISSN 1671-8860; 1000-050X.

2437
Liu, Yanfang; Ren, Zhouqiao: Cultivated land compensation model based on five-tuple array. In: Geomatics and information science of Wuhan University. 29.2004,6, p.475-478 + p.487, 2 ill., 1 tab. [Chin. with Engl. rés.]. ISSN 1671-8860; 1000-050X.

2438
Lodovisi, Achille; Torresani, Stefano: Cartografia e informazione geografica : storia e tecniche. – Bologna: Pàtron 2005, 468 p., ill. – 2. ed. (Geografia e organizzazione dello sviluppo territoriale ; 33) Cartography and geographic information: history and techniques. [Ital.]. [Contains bibliography (p. 423-466), bibl. references, notes, name index and appendix] ISBN 88-555-2834-3.

2439
Lucchesi, Fabio: L'identità dei luoghi e la dimensione del tempo nella topografia. In: Bollettino della Associazione Italiana di Cartografia. 42.2005,123/125, p.25-37, 6 ill. The identity of places and the temporal dimension in topography. [Ital. with Engl. rés.]. ISSN 0044-9733.

2440
Ludwig, Robert: Geodateninfrastruktur in Bayern. In: Mitteilungen des DVW-Bayern e.V. 57.2005,2, p.203-223, 9 ill. ISSN 0723-6336.

2441
Mäs, Stephan ; Reinhardt, Wolfgang: Standardisierte Internetdienste bei der mobilen GIS-Datenerfassung. In: Geomatik Schweiz : Geoinformation und Landmanagement. 103.2005,12, p.656-660, 3 ill. ISSN 0252-9424; 1660-4458.

2442
Mandal, D.K.: Role of RS and GIS on the study of ground water potential of Doon Valley area. In: Cartographic technologies for water, land and infrastructure development : XXIV INCA international congress, Kolkata, October 6 – 9, 2004 ; [... important contributions presented at the XXIV INCA International Congress on the Theme "Cartographic Technologies for Water, Land and Infrastructure Development"...]. Ed.: Dasgupta, Ajit Kumar. – Hyderabad: Indian National Cartographic Association 2005, p.57-65, 1 ill., 1 tab. (Indian cartographer ; 24.2004).

2443
Manzoni, Giorgio; Robiglio, Claudia; Martinolli, Shaula; Rizzo, Raffaella Gabriella: Mobile mapping system e cartografia tematica stradale e turistica. In: Bollettino della Associazione Italiana di Cartografia. 42.2005,123/125, p.187-197, 12 ill. Mobile mapping system and road and tourist thematic cartography. [Ital. with Engl. rés.]. ISSN 0044-9733.

2444
Map and Geographic Information Collections in Transition Confernce : abstracts of presentations. In: Information bulletin / Western Association of Map Libraries. 36.2005,3, p.189-195. ISSN 0049-7282.

2445
Martinovich, László; Mishiro, Marcella; Iván, Gyula; Winkler, Péter; Katona, Zoltán; Mikesy, Gábor: VINGIS: A szőlőültetvények országos térinformatikai rendszere. In: Geodézia és kartográfia. 57.2005,10, p.19-23, 3 ill. VINGIS: The national geoinformatic system of vineyards. [Hung. with Engl. rés.]. ISSN 0016-7118.

2446
Masser, Ian: GIS worlds : creating spatial data infrastructures. – Redlands, Calif.: ESRI Press 2005, XXI, 312 p. – 1st ed. [Includes bibliographical references (p. 276-284) and index] ISBN 1-589-48122-4.

2447
Mastronunzio, Marco ; Mauro, Giovanni: Approccio GIS multitemporale per la stima delle variazioni del land cover in un'area transfrontaliera : la coltura della vigna nella penisola di Muggia. In: Bollettino della Associazione Italiana di Cartografia. 42.2005,123/125, p.421-433, 8 ill. Estimation of land cover changes by GIS methodology in a borderland zone : veneyard in the Muggia peninsula. [Ital. with Engl. rés.]. ISSN 0044-9733.

2448
Mastronunzio, Marco; Gonizzi Barsanti, Sara: Aggiornamento della cartografia archeologica in ambiente GIS il comune di cividale del Friuli. In: Bollettino della Associazione Italiana di Cartografia. 42.2005,123/125, p.407-416, 11 ill. Archeological cartography updating in GIS environment : the municipality of cividale del Friuli (Friuli-Venezia Giulia, Italy). [Ital. with Engl. rés.]. ISSN 0044-9733.

2449
Mičietová, Eva; Zahn, Ondrej; Valis, Juraj; Invanič, Jozef: Štruktúra, integrita, interoeprabilita a implementácia ZB GIS. In: Geodetický a kartografický obzor. 50.2004,6, p.113-125, 9 ill. Structure, integrity, interoperability and implementation of FB GIS. [Czech with Engl. rés.]. ISSN 0016-7096.

2450
Millward, Andrew: Connecting the landscape with a hydro network. GIS and water resource management. In: Cartouche : the operational publication of the Canadian Cartographic Association. 58.2005, p.8-9, 1 ill. ISSN 1183-2045.

2451
Mishra, D. K.; Diwan, P.: Correlation & characterisation of limestone deposits of Chhattisgarh through RS-GIS interface. In: Bridging the digital divide and taking cartography at grassroots level : 25th INCA international congress, Sagar, Nov. 28 – Dec. 1, 2005. Ed.: Trivedi, R. K. – Ahmedabad: Indian National Cartographic Association 2005, p.150-153, 5 ill. (Indian cartographer ; 25.2005).

2452
Moulder, Cathy: Map and geographic information collections in transition conference report, Library of Congress, Washington, DC : May 12-13, 2005. In: Bulletin / Association of Canadian Map Libraries and Archives. 123.2005, p.42-49, 4 ill. ISSN 0840-9331.

2453
Možucha, Marián: Cartographic modelling of interactions of FM signal with georelief. In: Kartografické listy. 12.2004, p.66-79, 16 ill., 1 tab. [Engl. with Slovak rés.].

2454
Nathoo, F.; Dean, C. B.: Spatial multi-state models with application to revascularization intervention in Quebec. In: Geomatica. 59.2005,3, p.335-343, 8 ill., 4 tab. ISSN 1195-1036.

2455
Nave, Jerry W.; Ali,Tarig A.; Wallace, Steven C.: Developing a GIS database for the Gray Fossil Site, Tennessee, based on modern surveying. In: Surveying and land information science : an official journal of ACSM devoted to the sciences of surveying and mapping, land information and related fields. 65.2005,4, p.259-264, 5 ill. ISSN 1538-1242; 1052-2905.

2456
Nyamaguma, Adolph; Du, Qingyun: Design and implementation of framework of mobile GIS based on phone terminal for environmental monitoring. In: Geo-spatial information science : quarterly = Diqiu-kongjian-xinxi-kexue-xuebao. 8.2005,1, p.45-49, 6 ill. ISSN 1009-5020.

2457
Oosterom, Peter J.M. van: Modelleren van constraints in GIS. In: Geo-Info : tijdschrift voor Geo-Informatie Nederland, GIN. 2.2005,9, p.422-428, 7 ill. Modelling Constraints in GIS. [Dutch with Engl. rés]. ISSN 1572-5464.

2458
Oosterom, P.J.M.; Ploeger, H.D.; Stoter, J.E.: Volumepercelen in de kadastrale registratie. In: Geo-Info : tijdschrift voor Geo-Informatie Nederland, GIN. 2.2005,2, p.84-89, 7 ill. Volume parcels in the cadastral registry. [Dutch with Engl. rés.]. ISSN 1572-5464.

2459
Parente, Claudio; Totaro, Pierluigi: Atlante storico dinamico delle circoscrizioni amministrative della Campania (1861-2000). In: Bollettino della Associazione Italiana di Cartografia. 42.2005,123/125, p.505, 7 ill. A dynamic historical atlas of administrative boundaries of Campania region (1861-2000). [Ital. with Engl. rés.]. ISSN 0044-9733.

2460
Pearson, Chris: The national spatial reference system readjustment of NAD 83. In: Surveying and land information science : an official journal of ACSM devoted to the sciences of surveying and mapping, land information and related fields. 65.2005,2, p.69-74. ISSN 1538-1242; 1052-2905.

2461
Penninga, Friso: 3D topografie: de volgende uitdaging in GIS-analysis. In: Geo-Info : tijdschrift voor Geo-Informatie Nederland, GIN. 2.2005,3, p.124-129, 7 ill. 3D topography: the next challenge in GIS-. [Dutch with Engl. and French rés.]. ISSN 1572-5464.

2462
Pennober, Gwenaëlle; Giraudet, Immanuel; Giraudet, Jacqueline; Madec-Cuq, Véronique; Gourmelon, Françoise; Simao da Silva, Alfredo; Campredon, Pierre: Planification côtière en Afrique de l'Ouest : retour d'expérience SIG en Guinée-Bissau. In: Géographie du littoral : approche géomatique. Textes réunis par Serge Suanez. – Rennes: Presses Universitaires <Rennes> 2005, p.67-79, 4 ill., 1 tab. (Norois : revue géographique des universités de l'Ouest ; environnement, aménagement, société ; 196.2005). [Themenheft der Zeitschrift:; ; ; ; ; Norois : revue géographique des universités de l'Ouest ; environnement, aménagement, société. 196.2005].

2463
Pomianowski, Wojciech: Metafory warstwy, mapy i stylu graficznego w ArcGIS, MapInfo i Aviso. In: Polski przegląd kartograficzny. 37.2005,3, p.185-195, 6 ill. Layer, map and style metaphors in ArcGIS, MapInfo and Aviso geographic information systems. [Pol. with Engl. and Russ. rés.]. ISSN 0324-8321.

2464
Pradhan, J. B.: Updating of topographical maps by mobile mapping system. In: Bridging the digital divide and taking cartography at grassroots level : 25th INCA international congress, Sagar, Nov. 28 – Dec. 1, 2005. Ed.: Trivedi, R. K. – Ahmedabad: Indian National Cartographic Association 2005, p.110-112 (Indian cartographer ; 25.2005).

2465
Prechtel, Nikolas: Animating geodata exemplified by the Dresden "Altai-GIS". In: Photogrammetrie, Fernerkundung, Geoinformation : PFG ; Organ der Deutschen Gesellschaft für Photogrammetrie und Fernerkundung e.V. 2005,1, p.37-46, 3 ill., 1 tab. ISSN 1432-8364.

2466
Raju, Prasada: Monitoring and prediction of landslide hazards using remotly sensed data and decision support systems. In: Bridging the digital divide and taking cartography at grassroots level : 25th INCA international congress, Sagar, Nov. 28 – Dec. 1, 2005. Ed.: Trivedi, R. K. – Ahmedabad: Indian National Cartographic Association 2005, p.205-211, 2 ill., 3 tab. (Indian cartographer ; 25.2005).

2467
Remote sensing & GIS for environmental studies : applications in geography ; [GGRS 2004, 1st Göttingen GIS & Remote Sensing Days – Environmental Studies, 7- 8 October 2004, Göttingen, Germany]. Ed.: Erasmi, Stefan. – Göttingen: Goltze 2005, XIV, 330 p., ill., mp. (Göttinger geographische Abhandlungen ; 113). ISBN 3-88452-113-6.

2468
Ren, Fu; Du, Qingyun: Change of geographic information service model in mobile context. In: Geo-spatial information science : quarterly = Diqiu-kongjian-xinxi-kexue-xuebao. 8.2005,4, p.269-275, 8 ill. ISSN 1009-5020.

2469
Rocchini, Claudio: Il trattamento della toponomastica della cartografia digitale. In: Bollettino della Associazione Italiana di Cartografia. 42.2005,123/125, p.171-177, 5 ill. The management of toponomastic data in digital cartography. ISSN 0044-9733.

2470
Rocchini, D.: Resolution problems in calculating landscape metrics. In: Journal of spatial science. 2.2005, p.25-35, 4 ill., 1 tab.

2471
Roche, Stéphane; Caron, Claude; Larfouilloux, Julien: La géomatique dans le cyberespace municipal Québécois. In: Geomatica. 59.2005,2, p.131-148, 4 ill., 3 tab., 4 mp. ISSN 1195-1036.

2472
Rösler-Goy, Michael: Datenbankschutz für topographische Karten : Gericht undtersagt Kartendigitalisierung. In: Kartographische Nachrichten : KN ; Fachzeitschrift für Geoinformation und Visualisierung ; Organ der Deutschen Gesellschaft für Kartographie e.V., der Schweizerischen Gesellschaft für Kartographie und der Österreichischen Kartographischen Kommission in der Österreichischen Geographischen Gesellschaft. 55.2005,6, p.325-326. ISSN 0022-9164.

2473
Romme, Gerald: Converting digital terrain model data to conour shape files in ArcGIS. In: Bulletin / Association of Canadian Map Libraries and Archives. 124.2005, p.23-27, 13 ill. ISSN 0840-9331.

2474
Roscher, Sabine; Bergemann, Frank; Bremond, Joerg; Gladis, Thomas; Harrer, Siegfried; Monnerjahn, Ursula; Münch, Eberhard: Biologische Vielfalt – Erhaltung und Nutzung genetischer Ressourcen. In: Standort : Zeitschrift für angewandte Geographie. 28.2004,3, p.126-132, 6 ill. ISSN 0174-3635.

2475
Rosengarten, Hartmut: Intergraph's World of Earth Imaging. In: Photogrammetric Week '05 : [papers of the 50th Photogrammetric Week, Stuttgart (September 5 to 9, 2005)]. Ed.: Fritsch, Dieter. – Heidelberg: Herbert-Wichmann-Verlag 2005, p.23-38, 5 ill.

2476
Rusanen, Jarmo; Muilu, Toivo; Colpaert, Alfred; Naukkarinen, Arvo: Georeferenced data as a tool for monitoring the concentration of population in Finland in 1970-1998. In: Fennia : international journal of geography / Societas Geographica Fenniae. 181.2003,2, p.129-144, 10 ill., 7 tab. ISSN 0015-0010.

2477
Sammartino, Simone; Totaro, Pierluigi: Atlante della bibliografia storica dei terremoti italiani. In: Bollettino della Associazione Italiana di Cartografia. 42.2005,123/125, p.479-490, 4 ill., 1 tab. Atlas of the historical bibliography of Italian earthquakes. [Ital. with Engl. rés.]. ISSN 0044-9733.

2478
Samuelsson, Lisa: Enkel GIS-användning har fått fäste. In: Nya lantmätaren. 2005,7, p.6-7, 3 ill. [Swed.].

2479
Sarkar, Dipak: Remote sensing and computer cartographic technique involving GIS for agricultural land management : a case study in Subarnarekha watershed, district Ranchi, Jharkhand. In: Cartographic technologies for water, land and infrastructure development : XXIV INCA international congress, Kolkata, October 6 – 9, 2004 ; [... important contributions presented at the XXIV INCA International Congress on the Theme "Cartographic Technologies for Water, Land and Infrastructure Development"...]. Ed.: Dasgupta, Ajit Kumar. – Hyderabad: Indian National Cartographic Association 2005, p.398-406, 3 ill., 5 tab. (Indian cartographer ; 24.2004).

2480
Schäfer, Dirk; Domrös, Manfred: Der Indische Ozean im globalen Zirkulationsgeschehen : Darstellungen im Atlas, als Kartenbeilage und mit einem WebGIS. In: Geographische Rundschau. 57.2005,4, p.66-70, 4 ill., 1 mp.-suppl.

2481
Scheele, Theo: De stelling van Pythagoras in een modern jasje. In: Geo-Info : tijdschrift voor Geo-Informatie Nederland, GIN. 2.2005,3, p.134-139, 11 ill. The Pythagorean theorem modernised. [Dutch]. ISSN 1572-5464.

2482
Schukraft, Andrea; Lenz, Roman: Geoinformationssysteme : Leitfaden zur Datenqualität für Planungsbüros und Behörden. Ed.: Runder Tisch GIS e.V. – München: Runder Tisch GIS e.V. 2005, 48 p., ill. – 1. Aufl. ISBN 3-935049-87-0.

2483
Schulze-Horsel, Michael; Novak, Hermann: Map2Day : ein innovatives webbasiertes Stadtinformationssystem. In: Geomatik Schweiz : Geoinformation und Landmanagement. 103.2005,12, p.661-664, 6 ill. ISSN 0252-9424; 1660-4458.

2484
Schuyler, Erle; Gibson, Rich; Walsh, Jo: Mapping hacks : tips & tools for electronic cartography. – Beijing [u.a.]: O'Reilly 2005, XXXVI, 525 p., ill., mp. ISBN 0-596-00703-5.

2485
Schwab, Andreas; Kussmaul, Gabriele: Thematische Karten mit GIS erstellen und auswerten : Anregungen für eine Untersuchung der Bevölkerungsentwicklung im Nahraum (Beispiel Bodensee-Oberschwaben). In: Thematische Karten. – Seelze: Friedrich 2005, p.38-45, 4 ill. (Geographie heute : Themen, Modelle, Materialien für die Unterrichtspraxis aller Schulstufen ; 26.2005,229). [Zugl.: Geographie heute : Themen, Modelle, Materialien für die Unterrichtspraxis aller Schulstufen. 26.2005,229].

2486
Shi, Dong; Chen, Jun; Zhu, Qing: Oil-gas reservoir evaluation based on GIS. In: Geomatics and information science of Wuhan University. 29.2004,7, p.592-596, 5 ill., 2 tab. [Chin. with Engl. rés.]. ISSN 1671-8860; 1000-050X.

2487
Shi, Wenzhong; Cao, Hui; Zhang, Jianqing: 3D urban building modeling based on high resolution satellite images. In: Geomatics and information science of Wuhan University. 29.2004,9, p.783-787, 3 ill., 1 tab. [Chin. with Engl. rés.]. ISSN 1671-8860; 1000-050X.

2488
Singh, R. M.; Trivedi, R. K.: New trends of digital cartography in cadastral mapping with special reference to remote sensing and GIS applications. In: Bridging the digital divide and taking cartography at grassroots level : 25th INCA international congress, Sagar, Nov. 28 – Dec. 1, 2005. Ed.: Trivedi, R. K. – Ahmedabad: Indian National Cartographic Association 2005, p.70-78, 4 ill. (Indian cartographer ; 25.2005).

2489
Singh, Ram; Sharma, Rama; Sharma, Arpita: GIS-analysis and thematic mapping of fisheries profile of India. In: Bridging the digital divide and taking cartography at grassroots level : 25th INCA international congress, Sagar, Nov. 28 – Dec. 1, 2005. Ed.: Trivedi, R. K. – Ahmedabad: Indian National Cartographic Association 2005, p.269-272, 3 ill. (Indian cartographer ; 25.2005).

2490
Sinha, A. K.; Kumar, Anup: Satellite data based landuse change analysis of Jaipur City and its hinterland, Rajasthan, India. In: Bridging the digital divide and taking cartography at grassroots level : 25th INCA international congress, Sagar, Nov. 28 – Dec. 1, 2005. Ed.: Trivedi, R. K. – Ahmedabad: Indian National Cartographic Association 2005, p.213-215, 2 ill., 1 tab. (Indian cartographer ; 25.2005).

2491
Skender, Ivica: GIS system architectures for the land databse support. In: Zbornik radova : Treći hrvatski congres o katastru s medjunarodnim sudjelovanjem. Ed.: Medak, Damir; Pribičević, Boško; Nikolić, Petar. – Zagreb: Hrvatsko Kartografsko Društvo 2005, p.281-287. [Croat.].

2492
Socio-economic applications of geographic information science : [based on contributions at the 2001 GIS research UK conference ; innovations in GIS, 9]. Ed.: Kidner, David; Higgs, Gary; White, Sean. – London [u.a.]: Taylor & Francis 2003, XIII, 287 p., ill., mp. (Innovations in GIS ; 9). ISBN 0-415-27910-0.

2493
Srinivas, P. V.: Village information system. In: Bridging the digital divide and taking cartography at grassroots level : 25th INCA international congress, Sagar, Nov. 28 – Dec. 1, 2005. Ed.: Trivedi, R. K. – Ahmedabad: Indian National Cartographic Association 2005, p.276-278 (Indian cartographer ; 25.2005).

2494
Steenbruggen John G.M.; Saeidi Mobarakeh, Sepideh: Tracking-services gepositioneerd. In: Geo-Info : tijdschrift voor Geo-Informatie Nederland, GIN. 2.2005,7/8, p.362-367, 6 ill. Tracking-services positioned. [Dutch with Engl. and French rés.]. ISSN 1572-5464.

2495
Steinberg, G.; Even-Tzur, G.: Establishment of national grid based on permanent GPS Stations in Israel. In: Surveying and land information science : an official journal of ACSM devoted to the sciences of surveying and mapping, land information and related fields. 65.2005,1, p.47-52, 3 ill. ISSN 1538-1242; 1052-2905.

2496
Strobl, Christian; Poitner, Ernst; Knauff, Monika: Digitale Karten im BIS-BY. In: Bodeninformationssystem Bayern : BIS-BY. Ed.: Bayern / Landesamt für Umwelt. – München: Bayern / Landesamt für Umwelt 2005, p.76-96, 14 ill., 2 tab. (Fachberichte ; 25).

2497
Su, Guozhong; Yan, Li; Liu, Nan; Liu, Renyi: Visualization and damage assessment for flooded area. In: Geo-spatial information science : quarterly = Diqiu-kongjian-xinxi-kexue-xuebao. 7.2004,3, p.180-186, 6 ill. ISSN 1009-5020.

2498
Sui, Haigang; Li, Deren; Gong, Jianya;: Automatic change detection for road networks from images based on GIS. In: Geo-spatial information science : quarterly = Diqiu-kongjian-xinxi-kexue-xuebao. 6.2003,4, p.44-50, 4 ill. ISSN 1009-5020.

2499
Tan, Guoxin; Shibasaki, Ryosuke; Matsumura, Kanichiro: Development of a GIS-based decision support system for assessing land use status. In: Geo-spatial information science : quarterly = Diqiu-kongjian-xinxi-kexue-xuebao. 7.2004,1, p.72-78, 6 ill. ISSN 1009-5020.

2500
Tarabocchia, Cesare: Un GIS quale metodo di lavoro nello studio del territorio da parte di una scuola media. In: Bollettino della Associazione Italiana di Cartografia. 42.2005,123/125, p.535-540, 7 ill. GIS as working method in studying space : a media school experience. [Ital. with Engl. rés.]. ISSN 0044-9733.

2501
Taylor, David Ruxton Fraser: The theory and practice of cybercartography : an introduction. – 1. ed. In: Cybercartography : theory and practice. Ed.: Taylor, David Ruxton Fraser. – Amsterdam: Elsevier Science 2005, p.1-13, 1 ill. (Modern cartography ; 4).

2502
Teeuw, Richard M.: Field techniques: GIS, GPS and remote sensing = GIS, GPS and remote sensing. – London: 2005, 368 p., ill., mp. + 1 CD-R. [CD-R u.d.T.: Geographical information sciences CD; CD-R enth.: Useful documents, GPS documents, useful software] ISBN 0-907649-88-2.

2503
Thuvander, Liane; Tornberg, Jonas: Visualisering av byggnadsrelaterad energianvändning. In: Kart & bildteknik : mapping and image science. 20.2005,2, Beil., p.38-47, 7 ill. Visualization of building related energy use. [Swed.]. ISSN 1651-792X.

2504
Timár, Gábor: GIS integration of the second military survey sections – a solution valid on the territory of Slovakia and Hungary. In: Kartografické listy. 12.2004, p.119-126, 2 ill. [Engl. with Slovak rés.].

2505
Tinnachote, C.; Chen, Xiaoyong: An approach for object-based positional error model. In: Journal of spatial science. 1.2005, p.1-12, 11 ill., 1 tab.

2506
Tomlinson, Roger F.: Thinking about GIS : Geographic Information System planning for managers. Ed.: ESRI Press. – Redlands, Calif.: ESRI Press 2005, XX, 307 p., ill. – [2. print.] Rev. and updated. ISBN 1-589-48119-4; 1-589-48070-8.

2507
Trivedi, R. K.: 25th INCA congress, 2005 : a report. In: Bridging the digital divide and taking cartography at grassroots level : 25th INCA international congress, Sagar, Nov. 28 – Dec. 1, 2005. Ed.: Trivedi, R. K. – Ahmedabad: Indian National Cartographic Association 2005 (Indian cartographer ; 25.2005).

2508
Ulugtekin, Necla: GIS eLearning experiences in Turkey. In: Photogrammetric Week '05 : [papers of the 50th Photogrammetric Week, Stuttgart (September 5 to 9, 2005)]. Ed.: Fritsch, Dieter. – Heidelberg: Herbert-Wichmann-Verlag 2005, p.303-319.

2509
Vasardani, Maria; Flewelling, Douglas: Cascading web map servers and GIS web services for emergency response management. In: Geomatica. 59.2005,4, p.435-444, 6 ill. ISSN 1195-1036.

2510
Verma, Mohit; Singh, R. M.; Adil, S. H.; Jain, V.: Use of GIS in planning & monitoring. In: Bridging the digital divide and taking cartography at grassroots level : 25th INCA international congress, Sagar, Nov. 28 – Dec. 1, 2005. Ed.: Trivedi, R. K. – Ahmedabad: Indian National Cartographic Association 2005, p.123-125, 1 ill. (Indian cartographer ; 25.2005).

2511
Volman, Rainer: Einsatz digitaler 3D-Daten inder Basler Nutzungsplanung. In: Geomatik Schweiz : Geoinformation und Landmanagement. 103.2005,6, p.354-355, 3 ill. ISSN 0252-9424; 1660-4458.

2512
Volz, Steffen: Modellierung und Nutzung von Relationen zwischen Mehrfachrepräsentätionen. In: Tagung 2004 / Arbeitsgruppe Automation in der Kartographie. Ed.: Bundesamt für Kartographie und Geodäsie <Deutschland>. – Frankfurt a.M.: Bundesamt für Kartographie und Geodäsie <Deutschland> 2005, p.119-129, 7 ill., 3 tab. (Mitteilungen des Bundesamtes für Kartographie und Geodäsie ; 34).

2513
Vries, Axel de; Weisensee, Manfred: Geoinformationssysteme im Internet : kommunale Anwendungen. In: Geomatik Schweiz : Geoinformation und Landmanagement. 103.2005,12, p.652-655, 2 ill., 1 tab. ISSN 0252-9424; 1660-4458.

2514
Walter, Meike; Schaab, Gertud: WebGIS zur Unterstüßtzung von Online-Geodatenkatalogen : Realisierung für das BIOTA-Ostafrika-Projekt. In: Kartographische Nachrichten : KN ; Fachzeitschrift für Geoinformation und Visualisierung ; Organ der Deutschen Gesellschaft für Kartographie e.V., der Schweizerischen Gesellschaft für Kartographie und der Österreichischen Kartographischen Kommission in der Österreichischen Geographischen Gesellschaft. 55.2005,1, p.17-25, 7 ill., 3 tab. ISSN 0022-9164.

2515
Walter, Volker: Phoogle the Web – Google's approach of spatial data visualisation. In: Photogrammetric Week '05 : [papers of the 50th Photogrammetric Week, Stuttgart (September 5 to 9, 2005)]. Ed.: Fritsch, Dieter. – Heidelberg: Herbert-Wichmann-Verlag 2005, p.321-330, 8 ill.

2516
Wang, Y.; Rizos, C.; Ge, L.; Tanner, M.; Dwyer, M.: Distributed artificial intelligence in GIS – geolet : a distributed geo-spatial information retriever. In: Journal of spatial science. 2.2005, p.37-50, 14 ill.

2517
Wang, Yanmin; Li, Deren; Gong, Jianya: A multi-scale GIS scheme and its data model. In: Geomatics and information science of Wuhan University. 28.2003,4, p.458-462, 3 ill. [Chin. with Engl. rés.]. ISSN 1671-8860; 1000-050X.

2518
Web and wireless geographical information systems : 5th International Workshop, W2GIS 2005, Lausanne, Switzerland, December 15-16, 2005 ; proceedings. Ed.: Li, Ki-Joune; Vangenot, Christelle. – Berlin [u.a.]: Axel Springer AG 2005, XI, 307 p., ill., mp. (Lecture notes in computer science ; 3833). ISBN 3-540-30848-2.

2519
Wettaufer, Chad: Tsunami disaster mapping portal. In: Cartouche : the operational publication of the Canadian Cartographic Association. 57.2005, p.13-14, 1 ill. ISSN 1183-2045.

2520
Woods, Cheryl; Dubreuil, Lorraine: Nineteenth century Canadian County Maps GIS Project. In: Bulletin / Association of Canadian Map Libraries and Archives. 123.2005, p.25-26,1 ill. ISSN 0840-9331.

2521
Wu, Qiang; Huang, Bo; Tay, Richard: Adaptive path finding for moving objects. In: Web and wireless geographical information systems : 5th International Workshop, W2GIS 2005, Lausanne, Switzerland, December 15-16, 2005 ; proceedings. Ed.: Li, Ki-Joune; Vangenot, Christelle. – Berlin [u.a.]: Axel Springer AG 2005, p.155-167, 7 ill., 1 tab. (Lecture notes in computer science ; 3833).

2522
Yeh, Anthony Gar-on; Li, Xia: Integration of neural networks and cellular automata for urban planning. In: Geo-spatial information science : quarterly = Diqiu-kongjian-xinxi-kexue-xuebao. 7.2004,1, p.6-13, 6 ill. ISSN 1009-5020.

2523
Yilmaz, Erdal; Cetin, Yasemin Yardimci: Photo-realistic outdoors scene visualizations with PCs. In: Photogrammetric Week '05 : [papers of the 50th Photogrammetric Week, Stuttgart (September 5 to 9, 2005)]. Ed.: Fritsch, Dieter. – Heidelberg: Herbert-Wichmann-Verlag 2005, p.273-282, 7 ill.

2524
Yu, Jie; Bian, Fuling; Peterson, Jim; Li, Pingxiang: Interrelations between socio-economic development and environmental quality : a simulation integrating system dynamics models with GIS. In: Geo-spatial information science : quarterly = Diqiu-kongjian-xinxi-kexue-xuebao. 8.2005,3, p.176-182, 9 ill., 1 tab. ISSN 1009-5020.

2525
Zhang, Qiaoping; Couloigner, Isabelle: Automatic road change detection and GIS updating from high spatial remotely-sensed imagery. In: Geo-spatial information science : quarterly = Diqiu-kongjian-xinxi-kexue-xuebao. 7.2004,2, p.89-95, 7 ill. ISSN 1009-5020.

2526
Zhang, Xuesong: Data model of large scale topographic maps for multi-applications. In: Geomatics and information science of Wuhan University. 29.2004,2, p.144-148, 3 ill. [Chin. with Engl. rés.]. ISSN 1671-8860; 1000-050X.

2527
Zhao, Hongmei; Li, Jonathan: Urban change detection and population prediction modeling using remotely sensed images. In: Geomatica. 59.2005,2, p.159-173, 10 ill., 5 tab. ISSN 1195-1036.

2528
Zhou, Qiming; Zhang, Wenjiang: A preliminary review on three-dimensional city model. In: Geo-spatial information science : quarterly = Diqiu-kongjian-xinxi-kexue-xuebao. 7.2004,2, p.79-88, 1 ill., 1 tab. ISSN 1009-5020.

2529
Zhu, Guobin; Blumberg, Dan G.: An urban open space extraction method : combining spectral and geometric characteristics. In: Geo-spatial information science : quarterly = Diqiu-kongjian-xinxi-kexue-xuebao. 7.2004,4, p.249-254, 4 ill. ISSN 1009-5020.

2530
Zhu, Qing; Gao, Yurong; Wei, Yongjun; Huang, Duo: Design of 3D models for 3D GIS. In: Geomatics and information science of Wuhan University. 28.2003,3, p.283-287, 6 ill. [Chin. with Engl. rés.]. ISSN 1671-8860; 1000-050X.

2531
Zhu, Qing; Huang, Duo; Yao, Xuefeng; Zhang, Yeting: An Oracle-based data management method for large database in CyberCity GIS. In: Geo-spatial information science : quarterly = Diqiu-kongjian-xinxi-kexue-xuebao. 6.2003,4, p.39-43, 3 ill., 2 tab. ISSN 1009-5020.

2532
Župan, Robert; Bokunić, Mladen; Frangeš, Stanislav: Iskustva i razvoj drugih drzava pri oblikovanju vojnih topografsko-kartografskih digitalnih sustava i karata te stanje u Republici Hrvatskoj. In: Geodetski list : glasilo Hrvatskoga Geodetskog Drustva. 59(82).2005,1, p.63-81, 9 ill. Experiences and developments in other states in the creation of military topographic and cartographic digital systems and maps, and the situation in the Republic Croatia. [Croat. with Engl. rés.]. ISSN 0016-710x.

3. Land Information Systems (LIS) Landinformationssysteme Systèmes d'informations du territoire

2533
Apagyi, Géza; Mihály, Szabolcs: Kataszteri rendszerünk helyzete és jövője. In: Geodézia és kartográfia. 57.2005,7, p.3-13, 8 ill. [Hung. with Engl. rés.]. ISSN 0016-7118.

2534
Bandyopadhyay, T.K.: Land information system for land management : a national perspective. In: Cartographic technologies for water, land and infrastructure development : XXIV INCA international congress, Kolkata, October 6 – 9, 2004 ; [... important contributions presented at the XXIV INCA International Congress on the Theme "Cartographic Technologies for Water, Land and Infrastructure Development"...]. Ed.: Dasgupta, Ajit Kumar. – Hyderabad: Indian National Cartographic Association 2005, p.388-391 (Indian cartographer ; 24.2004).

2535
Bhat, M.V.: Creation of a sustainable land information management survey of India provides holistic solution. In: Indian Surveyor : the journal of the institution of surveyors. 58(93).2004,2, p.15-24. ISSN 0970-3470.

2536
Constantin, P.: Die Einführung des Amtlichen Liegenschaftskataster-Informationssystem ALKIS in Baden-Württemberg. In: Mitteilungen und Veröffentlichungen zum Vermessungswesen aus den Themenbereichen Geodäsie, Geoinformation und Landmanagement / Deutscher Verein für Vermessungswesen, Landesverein Baden-Württemberg e.V. 52.2005,1, p.59-78. ISSN 0940-2942.

2537
Elek, István: Az adatbányászat osztályozási eljárásainak alkalmazása a vektoros térinformatikában. In: Geodézia és kartográfia. 57.2005,11, p.12-17, 5 ill. Data mining methods in vector based GIS. [Hung. with Engl. rés.]. ISSN 0016-7118.

2538
Enemark, Stig; Williamson, Ian; Wallace, J.: Building modern land administration systems in developed economies. In: Journal of spatial science. 2.2005, p.51-68, 3 ill., 3 tab.

2539
Fried, Günter: Bodeninformationssystem Bayern : Geodatenquelle für Wirtschaft, Wissenschaft, die bayerische Verwaltung und den Bürger. In: Mitteilungen des DVW-Bayern e.V. 57.2005,2, p.225-240, 10 ill. ISSN 0723-6336.

2540
Gleixner, Heinrich; Glock, Clemens; Maier, Andreas; Bangerdt, Waldemar: DeutschlandViewer : Integrierte Präsentation von verteilt vorliegenden Geobasis- und Geofachdaten über Internet. In: Mitteilungen des DVW-Bayern e.V. 57.2005,2, p.241-255, 8 ill. ISSN 0723-6336.

2541
Han, Qiong: Design and implementation of land management office automatic system. In: Geomatics and information science of Wuhan University. 28.2003,3, p.372-375, 3 ill. [Chin. with Engl. rés.]. ISSN 1671-8860; 1000-050X.

2542
Heckmann, Bernhard: Einführung des Lagebezugssystems ETRS 89/UTM beim Umstieg auf ALKIS. In: Mitteilungen / Deutscher Verein für Vermessungswesen, Landesverein Hessen e.V. ; Landesverein Thüringen. 2005,1, p.17-25, 2 ill., 5 tab. ISSN 0949-7900; 0173-6280.

2543
Husnjak, S.; Bogunović, M.; Pernar, R.; Kozina, B.; Kaučić, D.: Geoinformatička obrada podataka zu binitiranje zemljišta kulture vinograda na području općine Lepoglava = Geoinformatic processing of data for capability evaluation of land for vine-growing in the municipality of Lepoglava. In: Kartografija i geoinformacije : KiG ; znanstveno-stručno-informativni časopis Hrvatskoga kartografskog društva. 3.2004, p.52-59, 6 ill. [Croat. and Engl.]. ISSN 1333-896X.

2544
Ingwersen, Maik: Die Einführung des amtlichen Bezugssystems ETRS89 im Kataster- und Vermessungsamt der Landeshauptstadt Potsdam. In: NÖV : Nachrichten aus dem öffentlichen Vermessungsdienst Nordrhein-Westfalen. 38.2005,1, p.19-33, 2 ill., 4 tab.

2545
Kruif, Jan de: Stelsel basisregistraties komt nu van de grond. In: Geo-Info : tijdschrift voor Geo-Informatie Nederland, GIN. 2.2005,10, p.466-472, 5 ill. System of authentic registration comes to fruition. [Dutch with Engl. and French rés.]. ISSN 1572-5464.

2546
Liu, Chun; Shi, Wenzhong; Liu, Dajie: Quality control for attribute data in digital land information. In: Geomatics and information science of Wuhan University. 29.2004,3, p.244-248, 3 ill., 5 tab. [Chin. with Engl. rés.]. ISSN 1671-8860; 1000-050X.

2547
Nübel, Birgit: Das Liegenschaftskataster auf dem Weg zu ALKIS. In: LSA VERM : Zeitschrift für das öffentliche Vermessungswesen des Landes Sachsen-Anhalt. 11.2005,2, p.97-106, 2 ill., 6 tab. ISSN 1435-2338.

2548
Penninga, Friso: 3D topografie: de volgende uitdaging in GIS-analysis. In: Geo-Info : tijdschrift voor Geo-Informatie Nederland, GIN. 2.2005,3, p.124-129, 7 ill. 3D topography: the next challenge in GIS-. [Dutch with Engl. and French rés.]. ISSN 1572-5464.

2549
Roy, B.C.: Establishment of multipurpose land information system (LIS). In: Indian Surveyor : the journal of the institution of surveyors. 54.2000,1, p.40-44. ISSN 0970-3470.

H. Topographic Cartography Topographische Kartographie Cartographie topographique

1. General Features, Map Specifications Allgemeines und Zeichenvorschriften Généralités et spécifications

2550
Cannarozzo, Renato; Cucciarini, Lanfranco; Meschieri, William: Carte, misure, rilievi. – Bologna: Zanichelli 2004, Consists of two vol. Maps, measures, reliefs. [Ital.].

2551
Cruickshank, J.L.: The Reichsamt für Landesaufnahme and The Ordnance Survey : a comparison of two mapping organisations between 1919 and the Second World War (part I). In: Sheetlines / The Charles Close Society for the Study of Ordnance Survey Maps. 72.2005, p.9-22, 3 ill. ISSN 0962-8207.

2552
Cruickshank, J.L.: The Reichsamt für Landesaufnahme and The Ordnance Survey : a comparison of two mapping organisations between 1919 and the Second World War (part II). In: Sheetlines / The Charles Close Society for the Study of Ordnance Survey Maps. 73.2005, p.39-52, 2 ill. ISSN 0962-8207.

2553
Davies, John: Uncle Joe knew where you lived : the story of Soviet mapping of Britain (part I). In: Sheetlines / The Charles Close Society for the Study of Ordnance Survey Maps. 72.2005, p.26-38, 6 ill., 1 tab. ISSN 0962-8207.

2554
Davies, John: Uncle Joe knew where you lived : the story of Soviet mapping of Britain (part II). In: Sheetlines / The Charles Close Society for the Study of Ordnance Survey Maps. 73.2005, p.6-2011 ill. ISSN 0962-8207.

2555
Dorninger, Peter: Methoden zur Analyse und Visualisierung der Topographie am Beispiel des Planeten Mars. In: VGI : österreichische Zeitschrift für Vermessung & Geoinformation. 93.2005,2, p.59-71, 11 ill. ISSN 0029-9650.

2556
Dorninger, Peter; Neukum, Gerhard: Das "Topographische Mars Informationssystem" (TMIS): Konzept und Realisierung eines Systems zur Verwaltung planetenweiter Bild- und Topographiedaten. In: Photogrammetrie, Fernerkundung, Geoinformation : PFG ; Organ der Deutschen Gesellschaft für Photogrammetrie und Fernerkundung e.V. 2005,5, p.409-415, 2 ill., 3 tab. ISSN 1432-8364.

2557
Dunkars, Mats: Multiple representation databases for topographic information. Ed.: Royal Inst. of Technology, department of infrastructure. – Stockholm: Kungliga Tekniska Högskolan : KTH 2004, XVI, 164 p., ill., mp. (TRITA-INFRA ; 2004,36). [Zugl.: Stockholm, KTH, Diss., 2004] ISBN 91-7323-100-2.

2558
Field, Harry L.: Landscape surveying. – Clifton Park, NY: Thomson Delmar Learning 2004, XIII, 178 p., ill. [Includes index] ISBN 1-4018-0961-8; 978-1-4018-0961-4.

2559
Flynn, Rod; Mifsud, George: Vicmap topographic digital mapping. In: The Globe. 57.2005, p.27-34, 3 ill. ISSN 0311-3930.

2560
Harbeck, Rolf: Zur Situation der amtlichen topographischen Kartographie in Deutschland. In: Kartographische Nachrichten : KN ; Fachzeitschrift für Geoinformation und Visualisierung ; Organ der Deutschen Gesellschaft für Kartographie e.V., der Schweizerischen Gesellschaft für Kartographie und der Österreichischen Kartographischen Kommission in der Österreichischen Geographischen Gesellschaft. 55.2005,6, p.297-307, 9 ill. ISSN 0022-9164.

2561
Kern, Friedel; Schwenzer, Susanne Petra: Im Labyrinth der Koordinatensysteme : Probleme bei der der Nutzung der amtlichen topographischen Karten. In: Mitteilungen / Deutscher Verein für Vermessungswesen, Landesverein Hessen e.V. ; Landesverein Thüringen. 2005,1, p.2-16, 3 tab. ISSN 0949-7900; 0173-6280.

2562
Lucht, Roland: Kartenverfälschung in der DDR : verklärende Rückschau oder kritische Aufarbeitung?. In: Kartographische Nachrichten : KN ; Fachzeitschrift für Geoinformation und Visualisierung ; Organ der Deutschen Gesellschaft für Kartographie e.V., der Schweizerischen Gesellschaft für Kartographie und der Österreichischen Kartographischen Kommission in der Österreichischen Geographischen Gesellschaft. 55.2005,2, p.89-91. ISSN 0022-9164.

2563
Luo, Fang; Ai, Tinghua; Wang, Hong: An algorithm to create topological relationship based on closed coordinate chain data. In: Geomatics and information science of Wuhan University. 29.2004,6, p.558-561, 5 ill. [Chin. with Engl. rés.]. ISSN 1671-8860; 1000-050X.

2564
Oliver, Richard, R.: Ordnance survey maps : a concise guide for historians. Ed.: The Charles Close Society. – London: The Charles Close Society 2005, 256 p., ill., mp. – 2. ed., rev. and expanded. [Includes bibliographical references and index] ISBN 1-87059-824-5.

2565
Pavlicko, Peter; Peterson, Ingmar: Large-scale topographic web maps : using scalable vector graphics. In: Cartographic perspectives : journal of the North American Cartographic Information Society. 50.2005, p.34-46, 7 ill. ISSN 1048-9053.

2566
Pfahlbusch, René: Bemerkungen zur Entgegnung von D. Unverhau "Offensichtlich vom Standpunkt der Ehre aus betrachtet" (KN 1/2005, Seite 36). In: Kartographische Nachrichten : KN ; Fachzeitschrift für Geoinformation und Visualisierung ; Organ der Deutschen Gesellschaft für Kartographie e.V., der Schweizerischen Gesellschaft für Kartographie und der Österreichischen Kartographischen Kommission in der Österreichischen Geographischen Gesellschaft. 55.2005,1, p.39-40. ISSN 0022-9164.

2567
Saïd Allili, Mohand; Ziou, Djemel: Automatic change detection and updating of topographic databases by using satellite imagery : a level set approach. In: Geomatica. 59.2005,3, p.275-281, 5 ill. ISSN 1195-1036.

2568
Sandner, Peter: Landkartenabteilung der Zukunft : Archivierung digitaler georeferenzieller Topografiedaten des Hessischen Landesvermessungsamts. Ed.: Hessisches Hauptstaatsarchiv. Hessisches Hauptstaatsarchiv 2005, 75 p., ill. [Elektronische Ressource].

2569
Stoter, J.E.: Generalisatie in de praktijk. In: Geo-Info : tijdschrift voor Geo-Informatie Nederland, GIN. 2.2005,7/8, p.328-334, 5 ill., 1 tab. Generalisation in practice. [Dutch with Engl. and French rés.]. ISSN 1572-5464.

2570
Topographic maps: map graphics and generalisation. Ed.: Schweizerische Gesellschaft für Kartographie. Team of authors: Ernst Spiess... – Zürich: Schweizerische Gesellschaft für Kartographie 2005, 1 CD-ROM, 1 suppl.(12 p.) + 1 suppl.([1 Bl.]). (Cartographic publication series). [Elektronische Ressource; ; Deutsche Ausgabe u.d.T.: Topographische Karten: Kartengrafik und Generalisierung].

2571
Unverhau, Dagmar: Offensichtlich vom Standpunkt der Ehre aus betrachtet : eine Entgegnung auf René Pfahlbuschs " 'Kartenverfälschung'" in Deutschlanrd?!" (KN 5, 2004, S.218-224). In: Kartographische Nachrichten : KN ; Fachzeitschrift für Geoinformation und Visualisierung ; Organ der Deutschen Gesellschaft für Kartographie e.V., der Schweizerischen Gesellschaft für Kartographie und der Österreichischen Kartographischen Kommission in der Österreichischen Geographischen Gesellschaft. 55.2005,1, p.36-39. ISSN 0022-9164.

2572
Watt, David: Soviet military mapping. In: Sheetlines / The Charles Close Society for the Study of Ordnance Survey Maps. 74.2005, p.9-12, 1 ill. ISSN 0962-8207.

2. Maps Grouped According to Scale Maßstabsbestimmte Kartengruppen Cartes groupées d'après les échelles

2573
Carrère, Jean: L'IGN à Djibouti. In: Du tropique au cercle polaire. Ed.: Institut Géographique National. – Paris: Institut Géographique National 2001, p.1-99, ill., mp. (Les cahiers historiques de l'IGN ; 2.2001).

2574
Fasching, Gerhard L.: Sicherheitsgeowesen unter besonderer Berücksichtigung neuer europäischer Geoinformationen und Kartenwerke. In: Vom Militärischen zum Sicherheitsgeowesen : Hans-Ludwig Ewert zum 75. Geburtstag. Ed.: Technische Universität Dresden / Institut für Geographie. – Dresden: Technische Universität Dresden / Institut für Geographie 2005, p.13-20, 4 ill. (Kartographische Bausteine : KB ; 33).

2575
Petrovič, Dušan: Kartografija i geoinformacije u Sloveniji = Cartography and geoinformation in Slovenia. In: Kartografija i geoinformacije : KiG ; znanstveno-stručno-informativni časopis Hrvatskoga kartografskog društva. 4.2005, p.16-28, 8 ill., 1 tab. [Croat. and Engl.]. ISSN 1333-896X.

2576
Semotanová, Eva: Místopis Kladska na Historické mapě Čech Františka Palackého ve srovnání s názvoslovím vybraných map středních měřítek. In: Vladimír Wolf et Opera Corcontica : sborník příspěvků k šedesátinám Prof. PhDr. Vladimíra Wolfa. – Hradec Králové: 2002, p.326-347, 3 ill. (Dissertationes historicae ; 7.2002) Die Topographie des Glatzer Landes auf der Historischen Karte Böhmens von František Palacký im Vergleich zur Terminologie ausgewählter Karten des mittleren Maßstabes.

a. Map Scales larger than 1:10 000
Karten bis 1:10 000
Cartes jusqu'à l'échelle 1:10 000

2577
Blauw, Maili: "Eene aanschouwelijke voorstelling van den waterstaat" : de Waterstaatskaart van Nederland, 1865-1992. In: Caert-thresoor : tijdschrift voor de geschiedenis van de kartografie in Nederland. 24.2005,24, p.112-119, 7 ill. A graphic representation of the "waterstaat" : the "Waterstaats" map of The Netherlands, 1865-1992. ISSN 0167-4994.

2578
Cai, Zhongliang; Wu, Hehai; Du, Qingyun; Liao, Chujiang: Interactive generalization on large-scale topographical map supported by a database platform. In: Geo-spatial information science : quarterly = Diqiu-kongjian-xinxi-kexue-xuebao. 6.2003,4, p.17-26, 5 ill., 3 tab. ISSN 1009-5020.

2579
Fleet, Christopher; Kowal, Kimberly: Planning the migration to OS MasterMap in the UK Legal Deposit Libraries. In: The Cartographic Journal. 42.2005,3, p.214-221, 4 ill., 1 tab. ISSN 0008-7041.

2580
Flint, Doug: Innovations to increase productivity of Airborne Sensors. In: Photogrammetric Week '05 : [papers of the 50th Photogrammetric Week, Stuttgart (September 5 to 9, 2005)]. Ed.: Fritsch, Dieter. – Heidelberg: Herbert-Wichmann-Verlag 2005, p.69-77, 14 ill.

2581
Gołaszewski, Janusz: Spuścizna kartograficzna Schaffgotschów w zasobie Archiwum Państwowego we Wrocławiu. In: Rocznik jeleniogórski. 27.2005, p.127-146, 4 ill. The cartographic heritage of the Schaffgotsch family in the stock of the National Archive in Wroclaw. [Pol. with Czech and Germ. rés.]. ISSN 0080-3480.

2582
Heckmann, Bernhard: Einführung des Lagebezugssystems ETRS 89/UTM beim Umstieg auf ALKIS. In: Mitteilungen / Deutscher Verein für Vermessungswesen, Landesverein Hessen e.V. ; Landesverein Thüringen. 2005,1, p.17-25, 2 ill., 5 tab. ISSN 0949-7900; 0173-6280.

2583
Herzfeld, Günter: Aufgabe und Bedeutung des Liegenschaftskatasters. In: Nachrichtenblatt der Vermessungs- und Katasterverwaltung Rheinland-Pfalz. 48.2005,2, p.115-121, 2 ill. ISSN 0939-2378.

2584
Ivković, Mira: Erneuerung der Katasterpläne in der Republik Kroatien. In: Allgemeine Vermessungs-Nachrichten : AVN ; Zeitschrift für alle Bereiche des Vermessungswesens. 112.2005,2, p.58-64. ISSN 0002-5968.

2585
Jellema, Michiel: Gemeentelijke samenwerking in GBKN-Zuid. In: Geo-Info : tijdschrift voor Geo-Informatie Nederland, GIN. 2.2005,3, p.154-159, 7 ill. Municipal cooperation in GBKN-South. [Dutch]. ISSN 1572-5464.

2586
Jiang, Wenping; Wu, Hehai; Du, Qingyun; Guo, Lizhen: Automatic generation technology of large-scale colored hill-shading. In: Geomatics and information science of Wuhan University. 29.2004,6, p.496-499, 5 ill. [Chin. with Engl. rés.]. ISSN 1671-8860; 1000-050X.

2587
Kohli, Alexander: Wiederaufbau des Katasters im Kosovo. In: Geomatik Schweiz : Geoinformation und Landmanagement. 103.2005,11, p.613-616, 3 ill., 1 tab. ISSN 0252-9424; 1660-4458.

2588
Lehmann, Hartmut; Gehrke, Stephan; Albertz, Jörg; Wählisch, Marita; Neukum, Gerhard: Großmaßstäbige topographische und thematische Mars-Karten. In: Photogrammetrie, Fernerkundung, Geoinformation : PFG ; Organ der Deutschen Gesellschaft für Photogrammetrie und Fernerkundung e.V. 2005,5, p.423-428, 2 ill. ISSN 1432-8364.

2589
Mastronunzio, Marco; Gonizzi Barsanti, Sara: Aggiornamento della cartografia archeologica in ambiente GIS il comune di cividale del Friuli. In: Bollettino della Associazione Italiana di Cartografia. 42.2005,123/125, p.407-416, 11 ill. Archeological cartography updating in GIS environment : the municipality of cividale del Friuli (Friuli-Venezia Giulia, Italy). [Ital. with Engl. rés.]. ISSN 0044-9733.

2590
Nübel, Birgit: Das Liegenschaftskataster auf dem Weg zu ALKIS. In: LSA VERM : Zeitschrift für das öffentliche Vermessungswesen des Landes Sachsen-Anhalt. 11.2005,2, p.97-106, 2 ill., 6 tab. ISSN 1435-2338.

2591
Olejnizak, Klaus: Die Anfänge des Liegenschaftskatasters im Raum Trier (von 1720 bis 1934). In: Nachrichtenblatt der Vermessungs- und Katasterverwaltung Rheinland-Pfalz. 48.2005,2, p.98-114, 25 ill., 3 tab. ISSN 0939-2378.

2592
Pavlicko, Peter; Peterson, Ingmar: Large-scale topographic web maps : using scalable vector graphics. In: Cartographic perspectives : journal of the North American Cartographic Information Society. 50.2005, p.34-46, 7 ill. ISSN 1048-9053.

2593
Püschel, Rudolf: Die digitale Flurkarte im öffentlichen Baurecht : Teil 2: Verwendung der digitalen Flurkarte im öffentlichen Baurecht. In: Mitteilungen des DVW-Bayern e.V. 57.2005,1, p.87-112, 4 ill. ISSN 0723-6336.

2594
Raju, Prasada; Ghosh, Sujata; Saibaba, J.: Status of large scale mapping in the context of space technology : a review. In: Cartographic technologies for water, land and infrastructure development : XXIV INCA international congress, Kolkata, October 6 – 9, 2004 ; [... important contributions presented at the XXIV INCA International Congress on the Theme "Cartographic Technologies for Water, Land and Infrastructure Development"...]. Ed.: Dasgupta, Ajit Kumar. – Hyderabad: Indian National Cartographic Association 2005, p.375-387, 2 tab. (Indian cartographer ; 24.2004).

2595
Riebau, Michaela H.: Die schwedische Matrikelkarte von Vorpommern und ihrte Bedeutung für die Erforschung der Bodendenkmäler dargestellt am Beispiel der Gebiete um Greifswald-Wusterhusen und der Insel Usedom. – Langenweißbach: Beier & Beran 2005, 210 p., 16 Taf., ill., mp. (Beiträge zur Ur- und Frühgeschichte Mitteleuropas ; 41). [Zugl.: Greifswald, Univ., Diss., 2003].

2596
Šrámková, Renáta: Digitálne ortofotomapy slovenskej republiky. In: Kartografické listy. 12.2004, p.114-118, 1 ill. Continuous Orthophotomaps of the Slovak Republic. [Slovak with Engl. rés.].

2597
Stalin, M.; Ramakrishnan, S. S.; Nagarajan, B.; Sanjeevi, S.: Fusion of quick bird digital images for generating large scale maps. In: Bridging the digital divide and taking cartography at grassroots level : 25th INCA international congress, Sagar, Nov. 28 – Dec. 1, 2005. Ed.: Trivedi, R. K. – Ahmedabad: Indian National Cartographic Association 2005, p.64-69, 2 ill., 3 tab. (Indian cartographer ; 25.2005).

2598
Ternes, Hans-Peter: Die "Neue Regierung" und ihre wechselvolle Nutzung 1905-2005 : das Dienstgebäude des Vermessungs- und Katasteramtes Trier. In: Nachrichtenblatt der Vermessungs- und Katasterverwaltung Rheinland-Pfalz. 48.2005,2, p.73-83, 9 ill., 6 suppl. ISSN 0939-2378.

2599
Zhang, Xuesong: Data model of large scale topographic maps for multi-applications. In: Geomatics and information science of Wuhan University. 29.2004,2, p.144-148, 3 ill. [Chin. with Engl. rés.]. ISSN 1671-8860; 1000-050X.

2600
Zwart, Hans: GBKN-'samenwerking' in Flevoland. In: Geo-Info : tijdschrift voor Geo-Informatie Nederland, GIN. 2.2005,6, p.311-313, 3 ill. GBKN-cooperation in Flevoland. [Dutch]. ISSN 1572-5464.

b. Map Scales from 1:10 000 to 1:300 000 Karten von 1:10 000 bis 1:300 000 Cartes de l'échelle 1:10 000 à l'échelle 1:300 000

2601
Altermatt, Urs: Johann Baptist Altermatt und seine Carte topographique du Canton de Soleure 1795-1798 = Carte topographique du Canton de Soleure faite en 1796, 97 et 1798. Ed.: Stüdeli, Hugo. – Solothurn: Selbstverl. 2005, 72 p., 1 mp. auf 4 Bl. – Normalausg., Faks.-Ausg. von 1798. [Orig.-Vorlage: kolor. Handzeichn., Staatsarchiv Solothurn] ISBN 3-03-300547-0.

2602
Borges, Klas Ernald: Att hitta rätt... In: Kart & bildteknik : mapping and image science. 19.2004,3, p.24-27, 2 ill. The right way to find ... [Swed.]. ISSN 1651-792X.

2603
Busch, Andreas; Gerke, Markus; Grünreich, Dietmar; Heipke, Christian; Liedtke, Claus-Eberhard; Müller, Sönke: Automatisierte Verifikation topographischer Geoinformation unter Nutzung optischer Fernerkundungsdaten : Systemdesign und praktische Ergabnisse. In: Photogrammetrie, Fernerkundung, Geoinformation : PFG ; Organ der Deutschen Gesellschaft für Photogrammetrie und Fernerkundung e.V. 2005,2, p.111-122, 4 ill., 4 tab. ISSN 1432-8364.

2604
Cavelti Hammer, Madlena: Die Carte topographique de l'Égypte des Ägypten-Feldzugs von Napoleon, 1798/99. In: Cartographica Helvetica : Fachzeitschrift für Kartengeschichte. 2005,31, p.21-30, 11 ill. ISSN 1015-8480.

2605
Dash, B. N.: GIS and 3 D analyses. In: Bridging the digital divide and taking cartography at grassroots level : 25th INCA international congress, Sagar, Nov. 28 – Dec. 1, 2005. Ed.: Trivedi, R. K. – Ahmedabad: Indian National Cartographic Association 2005, p.140-142 (Indian cartographer ; 25.2005).

2606
Die große handgezeichnete Campsche Karte von Ostfriesland von 1806 : (Staatsbibliothek zu Berlin Preußischer Kulturbesitz, Kart. N 27299). Ed.: Henninger, Wolfgang; Kappelhoff, Bernd. – Hannover: 2005, 73 p. + 6 mp.-suppl. (Veröffentlichungen der Historischen Kommission für Niedersachsen und Bremen ; 226). ISBN 3-7752-6026-9.

2607
Diez, Dietrich: Luxemburg hat gesprochen: EuGH begrenzt den Schutzbereich des Rechts des Datenbankherstellers. In: Kartographische Nachrichten : KN ; Fachzeitschrift für Geoinformation und Visualisierung ; Organ der Deutschen Gesellschaft für Kartographie e.V., der Schweizerischen Gesellschaft für Kartographie und der Österreichischen Kartographischen Kommission in der Österreichischen Geographischen Gesellschaft. 55.2005,5, p.265-266. ISSN 0022-9164.

2608
Fischer, Hanspeter: Die Carte de l'Empereur (1808 – 1812) und die Carte militaire de l'Allemagne (1822 – 1830). In: Cartographica Helvetica : Fachzeitschrift für Kartengeschichte. 2005,31, p.15-20, 6 ill., 1 portr. ISSN 1015-8480.

2609
Henwood, Bill: Ruins, ridges and reservoirs : notes on some 1:50,000 First Series 'bar' reprints. In: Sheetlines / The Charles Close Society for the Study of Ordnance Survey Maps. 74.2005, p.24-27, 4 ill. ISSN 0962-8207.

2610
Hertin, Paul W.: Datenbankschutz für topographische Landkarten? : eine Kontroverse zwischen den Landesvermessungsämtern und den privatwirtschaftlichen Verlegern von Kartographie. In: Kartographische Nachrichten : KN ; Fachzeitschrift für Geoinformation und Visualisierung ; Organ der Deutschen Gesellschaft für Kartographie e.V., der Schweizerischen Gesellschaft für Kartographie und der Österreichischen Kartographischen Kommission in der Österreichischen Geographischen Gesellschaft. 55.2005,1, p.25-30. ISSN 0022-9164.

2611
Iwaniak, Adam; Chybicka, Izabela; Ostrowski, Wiesław; Paluszyński, Witold: Generalizacja danych topograficznych o szczegółowości 1:10 000 do skali 1:50 000 Część II. In: Polski przegląd kartograficzny. 36.2004,4, p.266-273, 5 ill. Generalization of topographic data from 1: 10 000 into 1:50 000 Part II. [Pol. with Engl. and Russ. rés.]. ISSN 0324-8321.

2612
Iwaniak, Adam; Ostrowski, Wiesław; Paluszyński, Witold: Generalizacja danych topograficznych o szczegółowości 1:10 000 do skali 1:50 000 Część I. In: Polski przegląd kartograficzny. 36.2004,3, p.177-186, 12 ill. Generalization of topographic data from 1: 10 000 into 1:50 000 Part I. [Pol. with Engl. and Russ. rés.]. ISSN 0324-8321.

2613
Krüger, Tobias; Buchroithner, Manfred F.; Lehmann, Frank: GIS-gestützte Kartierung hochwasserschutzrelevanter topographischer Informationen mit HRSC-Daten. In: Photogrammetrie, Fernerkundung, Geoinformation : PFG ; Organ der Deutschen Gesellschaft für Photogrammetrie und Fernerkundung e.V. 2005,33, p.129-133, 6 ill. ISSN 1432-8364.

2614
Lin, Zongjian; Xuan, Wenling; Wang, Yan: A novel method for high resolution image positioning. In: Geomatics and information science of Wuhan University. 29.2004,4, p.363-366, 5 ill. [Chin. with Engl. rés.]. ISSN 1671-8860; 1000-050X.

2615
MacLaren, I. S.: Mapper of mountains : M.P. Bridgland in the Canadian Rockies, 1902 – 1930. Ed.: University <Calgary, Alberta>. – Edmonton, Alta.: University <Calgary, Alberta> 2005, XVII, 240 p., ill., mp. ISBN 0-88864-456-6.

2616
Mittermaier, R.; Paul, G.: Die topographische Landesaufnahme im Wandel der Zeit : Von der Vierten zur Fünften Landesaufnahme. In: 100 Jahre Amtsgebäude Krotenthallergasse : see you: www.bev.gv.at ; [1905 – 2005]. [inhaltl. Gestaltung: BEV – Bundesamt für Eich- und Vermessungswesen, Gruppe Vermessung]. Österreich / Bundesamt für Eich- und Vermessungswesen. – Wien: 2005, p.39-49, 9 ill., 2 tab.

2617
Oliver, Richard, R.: A guide to the ordnance survey one-inch seventh series. – London: The Charles Close Society 2004, 68 p., mp. – 2. ed. [Includes bibliographical references] ISBN 1-87059-823-7.

2618
Ottoson, Lars: Den svenska topografiska kartläggningen 200 år. In: Kart & bildteknik : mapping and image science. 20.2005,2, p.14-16, 4 ill. 200 years of Swedish topographic survey. [Swed.]. ISSN 1651-792X.

2619
Rösler-Goy, Michael: Datenbankschutz für topographische Karten : Gericht undtersagt Kartendigitalisierung. In: Kartographische Nachrichten : KN ; Fachzeitschrift für Geoinformation und Visualisierung ; Organ der Deutschen Gesellschaft für Kartographie e.V., der Schweizerischen Gesellschaft für Kartographie und der Österreichischen Kartographischen Kommission in der Österreichischen Geographischen Gesellschaft. 55.2005,6, p.325-326. ISSN 0022-9164.

2620
Russian military mapping : a guide to using the most comprehensive source of global geospatial intelligence = Spravočnik oficera po topografičeskim i special'nym kartam <engl.>. By: Smirnova, Yuliya. – Minneapolis: East View Cartographic 2005, 187 p., ill., mp. ISBN 0-9742973-1-3.

2621
Schumacher, Heinrich: Die Ostfriesland-Karten des niederländischen Artillerie-Kapitäns Willem Camp. In: Die große handgezeichnete Campsche Karte von Ostfriesland von 1806 : (Staatsbibliothek zu Berlin Preußischer Kulturbesitz, Kart. N 27299). Ed.: Henninger, Wolfgang; Kappelhoff, Bernd. – Hannover: 2005, p.31-50, 6 ill., 2 tab. (Veröffentlichungen der Historischen Kommission für Niedersachsen und Bremen ; 226).

2622
Šrámková, Renáta: Digitálne ortofotomapy slovenskej republiky. In: Kartografické listy. 12.2004, p.114-118, 1 ill. Continuous Orthophotomaps of the Slovak Republic. [Slovak with Engl. rés.].

2623
Warriner, Tim; Mandlburger, Gottfried: Generating a new high resolution DTM product from various data sources. In: Photogrammetric Week '05 : [papers of the 50th Photogrammetric Week, Stuttgart (September 5 to 9, 2005)]. Ed.: Fritsch, Dieter. – Heidelberg: Herbert-Wichmann-Verlag 2005, p.197-206, 4 ill., 4 tab.

3. Content of Topographic Maps Inhaltselemente topographischer Karten Eléments du contenu des cartes topographiques

a. Planimetry Situation Planimétrie

2624
Gartner, Georg: Individualisierung in der Kartographie am Beispiel der Siedlungsselektion. In: Kartographische Nachrichten : KN ; Fachzeitschrift für Geoinformation und Visualisierung ; Organ der Deutschen Gesellschaft für Kartographie e.V., der Schweizerischen Gesellschaft für Kartographie und der Österreichischen Kartographischen Kommission in der Österreichischen Geographischen Gesellschaft. 55.2005,4, p.181-187, 2 ill. ISSN 0022-9164.

2625
Hebdaś, Jacek: Zmiany w koncepcju i redakcji map topograficznych w ostatnim dziesięcioleciu na przykładzie prezentacji dróg. In: Projektowanie i redakcja map = Map design and map compilation. Ed.: Uniwersytet Wrocławski. – Wrocław: Uniwersytet Wrocławski 2005, p.89-102, 3 ill., 1 tab. (Główne problemy wspólczesnej kartografii ; 2005) Changes in concept and editorial form of topographic maps in recent decade on the example of roads presentation. [Pol. with Engl. res.].

2626
Hodson, Yolande: Coloured roads on ordnance survey first edition 1 : 2500 plans and one-inch maps 1897-1935, and the rights of way disclaimer. In: The Cartographic Journal. 42.2005,2, p.85-110, 14 ill. ISSN 0008-7041.

2627
Liu, Zhengrong: Methods and prospects of road and linear structure automatic extraction from remote sensing images. In: Geo-spatial information science : quarterly = Diqiu-kongjian-xinxi-kexue-xuebao. 6.2003,2, p.63-68. ISSN 1009-5020.

2628
Sabo, M. N.; Cardenas, A.; Bédard, Yvan; Bernier, Eveline: Introduction du concept de patrons géométriques et application aux bâtiments afin de faciliter leur généralisation cartographique à la volée. In: Geomatica. 59.2005,3, p.295-311, 14 ill., 1 tab. ISSN 1195-1036.

2629
Shao, Lixia; He, Zongyi; Ai, Zixing; Song, Xiaodong: Automatic generalization of river network based on BP neural network techniques. In: Geomatics and information science of Wuhan University. 29.2004,6, p.555-557, 2 ill., 1 tab. [Chin. with Engl. rés.]. ISSN 1671-8860; 1000-050X.

2630
Shao, Zhenfeng; Li, Deren; Cheng, Qimin: 3D topological reconstruction of complicated buildings. In: Geomatics and information science of Wuhan University. 29.2004,11, p.999-1003, 6 ill. [Chin. with Engl. rés.]. ISSN 1671-8860; 1000-050X.

2631
Stüber, Ralf: Generalisierung von Gebäudemodellen unter Wahrung der visuellen Richtigkeit. Ed.: Institut für Kartographie und Geoinformation. – Bonn: Institut für Kartographie und Geoinformation 2005, 131 p., ill. (Schriftenreihe des Instituts für Kartographie und Topographie der Rheinischen Friedrich-Wilhelms-Universität Bonn ; 32). [Zugl.: Bonn, Univ., Diss., 2005].

2632
Trummer, Karl: Stumme Karte : Bäche und Ortschaften des mittleren Burgenlandes. In: Geographisches Jahrbuch Burgenland. 2005, p.232-236, 4 ill.

2633
Wheeler, R.C.: What is a place?. In: Sheetlines / The Charles Close Society for the Study of Ordnance Survey Maps. 74.2005, p.28-32, 4 ill. ISSN 0962-8207.

2634
Zhang, Yuanyu; Li, Lin; Jin, Yuping; Zhu, Haihong: Structured design of dendritic river networks based on graph. In: Geomatics and information science of Wuhan University. 29.2004,6, p.537-539 + p.543, 5 ill. [Chin. with Engl. rés.]. ISSN 1671-8860; 1000-050X.

b. Relief Gelände Terrain

2635
Aliprandi, Laura; Aliprandi, Giorgio: Cartografia : disegno del territorio. In: Enciclopedia della Valle d'Aosta. Ed.: Giglio, Pietro; Pecchio, Oriana. – Bologna: Zanichelli 2005, p.26-33, 5 mp. Cartography : design of the territory. [Ital.].

2636
Buchroithner, Manfred F.: Modeling of three-dimensional geodata sets for true-3D lenticular foil displays. In: Photogrammetrie, Fernerkundung, Geoinformation : PFG ; Organ der Deutschen Gesellschaft für Photogrammetrie und Fernerkundung e.V. 2005,1, p.47-56, 6 ill., 1 tab. ISSN 1432-8364.

2637
Carpine-Lancre, Jacqueline: Une entreprise majeure de la cartographie océanographique : la Carte génerale bathymétrique des océans. In: Le Monde des Cartes : revue du Comité Français de Cartographie. 184.2005, p.67-89, 10 ill., 2 tab. ISSN 1634-3522.

2638
Chen, Dan; Long, Yi; Cai, Jinhua: Layering-based breakpoint handling in contour line extraction. In: Geo-spatial information science : quarterly = Diqiu-kongjian-xinxi-kexue-xuebao. 6.2003,4, p.32-38 + p.72, 11 ill. ISSN 1009-5020.

2639
Der Schönbuch im Kartenbild der Jahrhunderte : Katalog einer Ausstellung ; [Ausstellung im Winterrefektorium des Klosters Bebenhausen vom 20. Juni bis 21. Juli 1996]. By: Grees, Hermann; Beck, Rolf; Rosner, Hans-Joachim. – Tübingen: Geographisches Institut der Universität Tübingen 2002, 139 p., ill., mp. (Kleinere Arbeiten aus dem Geographischen Institut der Universität Tübingen ; 27.2002). ISBN 3-88121-060-1.

2640
Döllner, Jürgen: Constraints as means of controling usage of geovirtual environments. In: Cartography and geographic information science : an official journal of ACSM devoted to the advancement of cartography in all its aspects. 32.2005,2, p.69-79, 8 ill. ISSN 1523-0406.

2641
Dušátko, Drahomír: Vývoj kartografického znazornováni terénního reliéfu na mapách. In: Z Dějin geodézie a kartografie. 12, p.5-29, 39 ill. The development of the cartographical representation of terrain representation on the maps. [Czech].

2642
Eineder, Michael: Alpine Digital Elevation Models from radar interferometry : a generic approach to exploit multiple imaging geometries. In: Photogrammetrie, Fernerkundung, Geoinformation : PFG ; Organ der Deutschen Gesellschaft für Photogrammetrie und Fernerkundung e.V. 2005,6, p.477-485, 7 ill. ISSN 1432-8364.

2643
Feldmann, Hans-Uli: Der Topograph Charles Jacot-Guillarmod (1868 – 1925): einer der Pioniere der Schweizer Felddarstellung. In: Cartographica Helvetica : Fachzeitschrift für Kartengeschichte. 2005,31, p.3-13, 14 ill., 1 portr. ISSN 1015-8480.

2644
Guo, Lizhen; Li, Lin; Zhang, Yuanyu: Color design of the hillshading map based on the visual image. In: Geomatics and information science of Wuhan University. 29.2004,6, p.492-495, 5 ill., 1 tab. [Chin. with Engl. rés.]. ISSN 1671-8860; 1000-050X.

2645
Jiang, Wenping; Wu, Hehai; Du, Qingyun; Guo, Lizhen: Automatic generation technology of large-scale colored hill-shading. In: Geomatics and information science of Wuhan University. 29.2004,6, p.496-499, 5 ill. [Chin. with Engl. rés.]. ISSN 1671-8860; 1000-050X.

2646
Kriz, Karel: 4th ICA Mountain Cartography Workshop : Vall de Núria, Catalonia, Spain. In: ICA News = Nouvelles de l'ACI. 43.2004, p.6-7, 1 ill.

2647
Kriz, Karel: The 4th ICA Mountain Cartography Workshop, Vall de Núria, Catalonia, Spain (30 September – 2 October 2004). In: Cartographica : the international journal for geographic information and geovisualization. 40,1/2 (Monograph ; 54);, p.147-149, 1 ill. ISSN 0340-0654; 0317-7173.

2648
Krupski, Jan: Geograficzny kierunek w generalizacji ukształtowania terenu. In: Projektowanie i redakcja map = Map design and map compilation. Ed.: Uniwersytet Wrocławski. – Wrocław: Uniwersytet Wrocławski 2005, p.167-183, 8 ill., 1 tab. (Główne problemy współczesnej kartografii ; 2005) Geographical trend in generalization of terrain relief. [Pol. with Engl. res.].

2649
Le Berre, Iwan; Hénaff, Alain; Devogèle, Thomas; Mascret, Ariane; Wenzel, Franck: SPOT5 : un outil pertinent pour le suivi du trait de côte?. In: Géographie du littoral : approche géomatique. Textes réunis par Serge Suanez. – Rennes: Presses Universitaires <Rennes> 2005, p.23-35, 7 ill., 4 tab. (Norois : revue géographique des universités de l'Ouest ; environnement, aménagement, société ; 196.2005). [Themenheft der Zeitschrift:; ; ; ; Norois : revue géographique des universités de l'Ouest ; environnement, aménagement, société. 196.2005].

2650
Le relief : de l'aplat à la 3D. In: IGN magazine. 26.2004, p.14-15, ill. ISSN 1624-9305.

2651
Ormeling, Ferjan: 3rd ICA Mountain Cartography Workshop. In: ICA News = Nouvelles de l'ACI. 41.2003.

2652
Pawlak, Władysław: Historia jednej mapy. In: Projektowanie i redakcja map = Map design and map compilation. Ed.: Uniwersytet Wrocławski. – Wrocław: Uniwersytet Wrocławski 2005, p.9-27, 11 ill. (Glówne problemy wspólczesnej kartografii ; 2005) History of one map. [Pol. with Engl. res.].

2653
Pravda, Ján: Georeliéf na mapách. In: Geodetický a kartografický obzor. 51.2005,8, p.173-179, 24 ill. Geo-relief on the maps. [Czech with Engl. rés.]. ISSN 0016-7096.

2654
Wang, Tao; Wu, Hehai: Construction and applications of topological relation among contour lines. In: Geomatics and information science of Wuhan University. 29.2004,5, p.438-442, 5 ill. [Chin. with Engl. rés.]. ISSN 1671-8860; 1000-050X.

2655
Xu, Miaozhong; Li, Deren: A fast culling algorithm for visualization of terrain. In: Geomatics and information science of Wuhan University. 29.2004,12, p.1080-1083, 3 ill., 2 tab. [Chin. with Engl. rés.]. ISSN 1671-8860; 1000-050X.

I. Thematic Cartography Thematische Kartographie Cartographie thématique

1. General Features, Map Specifications Allgemeines und Zeichenvorschriften Généralités et feuilles types

2656
Bautrénas, Arturas: Colour perception in thematic maps. In: Cartography and cartosemiotics : the selected problems of theoretical cartography 2003 : proceedings of a joint seminar of the ICA Commission on theoretical cartography and Centre for cartography, Vilnius University. Ed.: Wolodtschenko, Alexander; Česnulevičius, Algimantas; Beconytė, Giedre. – Vilnius: Vilnius University; Lithuanian Cartographic Society; International Cartographic Association 2004, p.2-11, 14 ill.

2657
Brink, Lowie: De Nederlandse schoolwandkaarten uitgerold: Een en al ontwikkelingen vanaf 1820. In: De wereld tussen twee stokken : de geschiedenis van de Nederlandse schoolwandkaarten. Ed.: Brink, Lowie; Holl, Lucy. – Nijmegen: Antiquariaat De Wereld aan de Wand 2005, p.3-40, 18 ill., 1 tab. The Dutch school wall maps unfolded : developments since 1820. [Dutch].

2658
Cromley, Robert G.: An alternative to maximum contrast symbolization for classed choropleth mapping. In: The Cartographic Journal. 42.2005,2, p.137-144, 5 ill. ISSN 0008-7041.

2659
Dorling, Danny: New maps of the world, its people, and their lives. In: The Bulletin of the Society of Cartographers. 39.2005,1-2, p.35-40, 12 ill. ISSN 0036-1984.

2660
Dumbliauskienė, Marytė: Methodology for evaluation of the communicative quality of the thematic maps (Lithuanian experience). In: Cartography and cartosemiotics : the selected problems of theoretical cartography 2003 : proceedings of a joint seminar of the ICA Commission on theoretical cartography and Centre for cartography, Vilnius University. Ed.: Wolodtschenko, Alexander; Česnulevičius, Algimantas; Beconytė, Giedre. – Vilnius: Vilnius University; Lithuanian Cartographic Society; International Cartographic Association 2004, p.31-40, 5 ill.

2661
Ellsiepen, Iris: Methoden der effizienten Informationsübermittlung durch Bildschirmkarten. Ed.: Institut für Kartographie und Geoinformation. – Bonn: Institut für Kartographie und Geoinformation 2005, 190 p., ill., mp., 1 CD-ROM. (Schriftenreihe des Instituts für Kartographie und Topographie der Rheinischen Friedrich-Wilhelms-Universität Bonn ; 31). [Beispiele auf CD-ROM oder im Internet verfügbar; Zugl.: Bonn, Univ., Diss., 2004].

2662
Glasze, Georg; Szöcs, Andreas: Thematische Karte und statistische Darstellungsmethoden. Ed.: Geographisches Institut <Mainz>. – Mainz: Geographisches Institut <Mainz> 2005, 101 p. – 5. Aufl. (Mainzer Skripten zum Geographiestudium ; 5).

2663
Knorz, Gerhard: Visualisierung von Zusammenhängen – von der Wissenskarte zur interaktiven graphischen Topic Map. In: Online-Findbücher, Suchmaschinen und Portale. Beiträge des 6. Archivwissenschaftlichen Kolloquiums der Archivschule Marburg. Ed.: Menne-Haritz, Angelika. – Marburg: Archivschule Marburg 2002, p.195-218, 8 ill. (Veröffentlichungen der Archivschule Marburg, Institut für Archivwissenschaft ; 35).

2664
Kühne, Olaf: Interpretation und Manipulation in der thematischen Kartographie : Schüler überprüfen Kartenaussagen. In: Thematische Karten. – Seelze: Friedrich 2005, p.32-37, 6 ill. (Geographie heute : Themen, Modelle, Materialien für die Unterrichtspraxis aller Schulstufen ; 26.2005,229). [Zugl.: Geographie heute : Themen, Modelle, Materialien für die Unterrichtspraxis aller Schulstufen. 26.2005,229].

2665
Leonowicz, Anna: Redagowanie kartogramów prostych i złożonych a preferencje ich użytkowników. In: Projektowanie i redakcja map = Map design and map compilation. Ed.: Uniwersytet Wrocławski. – Wrocław: Uniwersytet Wrocławski 2005, p.157-166, 4 ill. (Główne problemy współczesnej kartografii ; 2005) Design of one-variable and two-variable chorophеth maps and the map users preferences. [Pol. with Engl. res.].

2666
Montello, Daniel R.; Gray, M. Violet: Miscommunicating with isoline preference maps : design principles for thematic maps. In: Cartographic perspectives : journal of the North American Cartographic Information Society. 50.2005, p.24-33,. ISSN 1048-9053.

2667
Nag, Prithvish: Thematic mapping & cartography : Prof. S. P. Chatterjee Memorial Lecture 2005. In: Bridging the digital divide and taking cartography at grassroots level : 25th INCA international congress, Sagar, Nov. 28 – Dec. 1, 2005. Ed.: Trivedi, R. K. – Ahmedabad: Indian National Cartographic Association 2005, p.5-7 (Indian cartographer ; 25.2005).

2668
Neudeck, Stefan: Vorschläge zur Gestaltung thematischer Karten für die Bildschirmvisualisierung. In: Kartographische Nachrichten : KN ; Fachzeitschrift für Geoinformation und Visualisierung ; Organ der Deutschen Gesellschaft für Kartographie e.V., der Schweizerischen Gesellschaft für Kartographie und der Österreichischen Kartographischen Kommission in der Österreichischen Geographischen Gesellschaft. 55.2005,1, p.31-35, 6 ill. ISSN 0022-9164.

2669
Thematische Karten. – Seelze: Friedrich 2005, 48 p., ill., mp. (Geographie heute : Themen, Modelle, Materialien für die Unterrichtspraxis aller Schulstufen ; 26.2005,229). [Themenheft].

2670
Xiao, Ningchuan; Armstrong, Marc P.: Supporting the comparison of choropleth maps using an evolutionary algorithm. In: Auto-Carto 2005 : research symposium proceedings. 2005, p.347-358,14 ill., 1 tab. (Cartography and geographic information science : an official journal of ACSM devoted to the advancement of cartography in all its aspects ; 32.2005,4).

2. Maps Grouped According to Scale
Maßstabsbestimmte Kartengruppen
Cartes groupées d'après les échelles

a. Map Scales larger than 1:10 000
Karten bis 1:10 000
Cartes jusqu'à l'échelle 1:10 000

2671
Lehmann, Hartmut; Gehrke, Stephan; Albertz, Jörg; Wählisch, Marita; Neukum, Gerhard: Großmaßstäbige topographische und thematische Mars-Karten. In: Photogrammetrie, Fernerkundung, Geoinformation : PFG ; Organ der Deutschen Gesellschaft für Photogrammetrie und Fernerkundung e.V. 2005,5, p.423-428, 2 ill. ISSN 1432-8364.

2672
Raju, Prasada; Ghosh, Sujata; Saibaba, J.: Status of large scale mapping in the context of space technology : a review. In: Cartographic technologies for water, land and infrastructure development : XXIV INCA international congress, Kolkata, October 6 – 9, 2004 ; [... important contributions presented at the XXIV INCA International Congress on the Theme "Cartographic Technologies for Water, Land and Infrastructure Development"...]. Ed.: Dasgupta, Ajit Kumar. – Hyderabad: Indian National Cartographic Association 2005, p.375-387, 2 tab. (Indian cartographer ; 24.2004).

b. Map Scales from 1:10 000 to 1:300 000
Karten von 1:10 000 bis 1:300 000
Cartes de l'échelle 1:10 000 à l'échelle 1:300 000

2673
Mapa agrológico : capacidad agrológica de las tierras de la Comunidad de Madrid. Ed.: Dirección General de Urbanismo y Planificación Regional. – Madrid: Dirección General de Urbanismo y Planificación Regional 2005, 81 p., 3 ill., 14 tab. [Span.]. ISBN 84-451-2759-4.

2674
Pravda, Ián; Feranec, Ján: Ukážky mapovej prezentácie dátových vrstiev Corine land cover Slovenskla. In: Kartografické listy. 13.2005, p.101-110, 7 ill. Samples of map presentation of data layers CORINE land cover Slovakia. [Slovak with Engl. rés.].

c. Map Scales smaller than 1:300 000
Karten kleiner als 1:300 000
Cartes à une échelle de moins de 1:300 000

2675
Naissance d'une nouvelle série routière : les cartes régionales. In: IGN magazine. 5.2001, p.6-8, ill. ISSN 1624-9305.

2676
Pravda, Ián; Feranec, Ján: Ukážky mapovej prezentácie dátových vrstiev Corine land cover Slovenskla. In: Kartografické listy. 13.2005, p.101-110, 7 ill. Samples of map presentation of data layers CORINE land cover Slovakia. [Slovak with Engl. rés.].

3. Maps Grouped According to Content
Inhaltsbestimmte Kartengruppen
Cartes groupées d'après leur contenu

2677
Le SIGU : pôle géomatique de la ville du Havre. In: IGN magazine. 9.2002, p.6-9, ill. ISSN 1624-9305.

2678
Lenz, Thomas: Story Maps : Einführung in das Verständnis thematischer Karten. In: Thematische Karten. – Seelze: Friedrich 2005, p.11-13, 3 ill. (Geographie heute : Themen, Modelle, Materialien für die Unterrichtspraxis aller Schulstufen ; 26.2005,229). [Zugl.: Geographie heute : Themen, Modelle, Materialien für die Unterrichtspraxis aller Schulstufen. 26.2005,229].

2679
Lenz, Thomas: Thematische Karten im Geographieunterricht. In: Thematische Karten. – Seelze: Friedrich 2005, p.2-9, 8 ill. (Geographie heute : Themen, Modelle, Materialien für die Unterrichtspraxis aller Schulstufen ; 26.2005,229). [Zugl.: Geographie heute : Themen, Modelle, Materialien für die Unterrichtspraxis aller Schulstufen. 26.2005,229].

2680
Macias, Andrzej; Medyńska-Gulij, Beata: Koncepcja mapy tematycznej geografia a jej redakcyjne opracowanie przez kartografa. In: Polski przegląd kartograficzny. 37.2005,4, p.274-281, 3 ill. Geographer's concept of a map and ist editing by a cartographer. [Pol. with Engl. and Russ. rés.]. ISSN 0324-8321.

2681
Orthophotographie et partage de l'information : le Grand Lyon. In: IGN magazine. 4.2001, p.6-8, ill. ISSN 1624-9305.

Administration / Verwaltung / Administration

2682
Boetticher, Manfred von: Kartographische Darstellung historischer Zusammenhänge im archivischen Internetauftritt – Neue Formen einer benutzungsorientierten Suchstrategie. In: Online-Findbücher, Suchmaschinen und Portale. Beiträge des 6. Archivwissenschaftlichen Kolloquiums der Archivschule Marburg. Ed.: Menne-Haritz, Angelika. – Marburg: Archivschule Marburg 2002, p.129-134, 1 ill. (Veröffentlichungen der Archivschule Marburg, Institut für Archivwissenschaft ; 35).

2683
Guo, Lizhen; Li, Lin: Automatic implementation of color design in administrative map. In: Geomatics and information science of Wuhan University. 29.2004,11, p.1025-1029, 9 ill., 2 tab. [Chin. with Engl. rés.]. ISSN 1671-8860; 1000-050X.

2684
Jellema, Michiel: Gemeentelijke samenwerking in GBKN-Zuid. In: Geo-Info : tijdschrift voor Geo-Informatie Nederland, GIN. 2.2005,3, p.154-159, 7 ill. Municipal cooperation in GBKN-South. [Dutch]. ISSN 1572-5464.

2685
Luo, Fang; Ai, Tinghua; Wang, Hong: An algorithm to create topological relationship based on closed coordinate chain data. In: Geomatics and information science of Wuhan University. 29.2004,6, p.558-561, 5 ill. [Chin. with Engl. rés.]. ISSN 1671-8860; 1000-050X.

2686
Parente, Claudio; Totaro, Pierluigi: Atlante storico dinamico delle circoscrizioni amministrative della Campania (1861-2000). In: Bollettino della Associazione Italiana di Cartografia. 42.2005,123/125, p.505, 7 ill. A dynamic historical atlas of administrative boundaries of Campania region (1861-2000). [Ital. with Engl. rés.]. ISSN 0044-9733.

2687
Rose, Andreas; Scheu, Martin: Einbettung von Geoinformationen in E-Government-Prozesse. In: ZfV : Zeitschrift für Geodäsie, Geoinformation und Landmanagement. 130.2005,1, p.6-11, 6 ill. ISSN 1618-8950.

2688
Velsen, J.F.: Juridische argumenten voor een centrale leidingenregistratie, een weerword uit de praktijk. In: Geo-Info : tijdschrift voor Geo-Informatie Nederland, GIN. 2.2005,3, p.130-132, 2 ill. Legal arguments for a central cable register, an answer from practical experience. [Dutch]. ISSN 1572-5464.

2689
Wieser, Erich: ALKIS im E-Government. In: ZfV : Zeitschrift für Geodäsie, Geoinformation und Landmanagement. 130.2005,2, p.70-76, 2 ill. ISSN 1618-8950.

Aeronautics / Luftfahrt / Aéronautique

2690
Vaitkevičienė, Jelena: Usability aspects of aeronautical charts. In: Cartography and cartosemiotics : the selected problems of theoretical cartography 2003 : proceedings of a joint seminar of the ICA Commission on theoretical cartography and Centre for cartography, Vilnius University. Ed.: Wolodtschenko, Alexander; Česnulevičius, Algimantas; Beconytė, Giedre. – Vilnius: Vilnius University; Lithuanian Cartographic Society; International Cartographic Association 2004, 9 p., 4 ill., 1 tab.

Agriculture / Landwirtschaft / Agriculture

2691
Frohn, Robert: Satellite mapping and monitoring of wild rice. In: GIScience and remote sensing. 42.2005,4, p.358-367, 8 ill., 1 tab. ISSN 1548-1603.

2692
Hochschild, Volker; Weise, Christian; Selsam, Peter: Die Aktualisierung der "Digitalen Grundkarte Landwirtschaft" in Thüringen mit Hilfe von Fernerkundungsdaten. In: Photogrammetrie, Fernerkundung, Geoinformation : PFG ; Organ der Deutschen Gesellschaft für Photogrammetrie und Fernerkundung e.V. 2005,3, p.201-208, 5 ill. ISSN 1432-8364.

2693
Husnjak, S.; Bogunović, M.; Pernar, R.; Kozina, B.; Kaučić, D.: Geoinformatička obrada podataka zu binitiranje zemljišta kulture vinograda na području općine Lepoglava = Geoinformatic processing of data for capability evaluation of land for vine-growing in the municipality of Lepoglava. In: Kartografija i geoinformacije : KiG ; znanstveno-stručno-informativni časopis Hrvatskoga kartografskog društva. 3.2004, p.52-59, 6 ill. [Croat. and Engl.]. ISSN 1333-896X.

2694
Kushwaha, Suraj Dev Kumar ; Patel, Nilanchal; Panda, Ranjan Kumar: Assessment of changes in environs of Ranchi City through remote sensing and GIS techniques. In: Bridging the digital divide and taking cartography at grassroots level : 25th INCA international congress, Sagar, Nov. 28 – Dec. 1, 2005. Ed.: Trivedi, R. K. – Ahmedabad: Indian National Cartographic Association 2005, p.193-195, 6 ill. (Indian cartographer ; 25.2005).

2695
Mapa agrológico : capacidad agrológica de las tierras de la Comunidad de Madrid. Ed.: Dirección General de Urbanismo y Planificación Regional. – Madrid: Dirección General de Urbanismo y Planificación Regional 2005, 81 p., 3 ill., 14 tab. [Span.]. ISBN 84-451-2759-4.

2696
Nayak, T. R.; Chhaya Pandey; Jain, J. L.: Change detection in landuse of Sagar Lake catchment through satellite data. In: Bridging the digital divide and taking cartography at grassroots level : 25th INCA international congress, Sagar, Nov. 28 – Dec. 1, 2005. Ed.: Trivedi, R. K. – Ahmedabad: Indian National Cartographic Association 2005, p.179-181, 3 ill., 1 tab. (Indian cartographer ; 25.2005).

2697
Pare, Poorva: Rural land use organization : a micro study. In: Cartographic technologies for water, land and infrastructure development : XXIV INCA international congress, Kolkata, October 6 – 9, 2004 ; [... important contributions presented at the XXIV INCA International Congress on the Theme "Cartographic Technologies for Water, Land and Infrastructure Development"...]. Ed.: Dasgupta, Ajit Kumar. – Hyderabad: Indian National Cartographic Association 2005, p.271-280, 4 ill., 2 tab. (Indian cartographer ; 24.2004).

2698
Ram, Balak ; Chauhan, J. S.: Delineation and assessment of lands available for developing alternate land use systems in Jodhpur District of arid Rajasthan. In: Bridging the digital divide and taking cartography at grassroots level : 25th INCA international congress, Sagar, Nov. 28 – Dec. 1, 2005. Ed.: Trivedi, R. K. – Ahmedabad: Indian National Cartographic Association 2005, p.188-192, 1 ill., 2 tab. (Indian cartographer ; 25.2005).

2699
Roy Barman, Nivedita: Topic: maximum linkage regions of agricultural development in Purba and Paschim Medinipur districts of West Bengal. In: Cartographic technologies for water, land and infrastructure development : XXIV INCA international congress, Kolkata, October 6 – 9, 2004 ; [... important contributions presented at the XXIV INCA International Congress on the Theme "Cartographic Technologies for Water, Land and Infrastructure Development"...]. Ed.: Dasgupta, Ajit Kumar. – Hyderabad: Indian National Cartographic Association 2005, p.290-295, 3 ill. (Indian cartographer ; 24.2004).

2700
Sinha, A. K.; Kumar, Anup: Satellite data based landuse change analysis of Jaipur City and its hinterland, Rajasthan, India. In: Bridging the digital divide and taking cartography at grassroots level : 25th INCA international congress, Sagar, Nov. 28 – Dec. 1, 2005. Ed.: Trivedi, R. K. – Ahmedabad: Indian National Cartographic Association 2005, p.213-215, 2 ill., 1 tab. (Indian cartographer ; 25.2005).

2701
Sukumar B.; Ahalya Sukumar; Devavrathan S.: Delineation of drought prone areas in Palakkad District, Kerala using satellite imagery. In: Bridging the digital divide and taking cartography at grassroots level : 25th INCA international congress, Sagar, Nov. 28 – Dec. 1, 2005. Ed.: Trivedi, R. K. – Ahmedabad: Indian National Cartographic Association 2005, p.175-178, 4 ill., 1 tab. (Indian cartographer ; 25.2005).

2702
Svedjemo, Gustav; Jungert, Erland: Ontology over the historical maps of Gotland 1693-1705. In: ScanGIS'2005 – Proceedings of the 10th Scandinavian Research Conference on Geographical Information Science, Stockholm, Sweden, 13-15 June 2005. Ed.: Tveite, Håvard; Hauska, Hans. Kungliga Tekniska Högskolan : KTH 2005, p.17-30, 5 ill., 3 tab.

Archaeology / Archäologie / Archéologie

2703
Brenk, S. van den; Velde, H.M. van der: Nieuwe technieken in de dagelijkse archeologische praktijk. In: Geo-Info : tijdschrift voor Geo-Informatie Nederland, GIN. 2.2005,10, p.476-481, 5 ill. New technologies in daily archeological practice. [Dutch with Engl. and French rés.]. ISSN 1572-5464.

2704
Keller, Christoph: Digitale Erfassung archäologischer Untersuchungen in Aachen. In: Kulturlandschaft digital : Forschung und Anwendung ; 15. Fachtagung des Umweltamtes (Landschaftsverband Rheinland) ; 11. Jahrestagung der Arbeitsgruppe Angewandte Historische Geographie (Arbeitskreis für Historische Kulturlandschaftsforschung ARKUM), 2. bis 5. März 2005 in Aachen ; Tagungsdokumentation. Ed.: Rheinland / Umweltamt. – Köln: Rheinland / Umweltamt 2005, p.23-30, 3 ill. (Kulturlandschaft : Zeitschrift für angewandte historische Geographie ; 15.2005).

2705
Mastronunzio, Marco; Gonizzi Barsanti, Sara: Aggiornamento della cartografia archeologica in ambiente GIS il comune di cividale del Friuli. In: Bollettino della Associazione Italiana di Cartografia. 42.2005,123/125, p.407-416, 11 ill. Archeological cartography updating in GIS environment : the municipality of cividale del Friuli (Friuli-Venezia Giulia, Italy). [Ital. with Engl. rés.]. ISSN 0044-9733.

2706
Schneider, Alois: Tauberbischofsheim. Ed.: Stadt Tauberbischofsheim; Landesamt für Denkmalpflege. – Stuttgart: Stadt Tauberbischofsheim; Landesamt für Denkmalpflege 2005, 166 p., ill., mp. + 6 mp. (Archäologischer Stadtkataster Baden-Württemberg ; 29.2005). ISBN 3-927714-82-8.

Astronomy / Astronomie / Astronomie

2707
Celestial images : antiquarian astronomical charts and maps from the Mendillo Collection. Ed.: Boston University. – Boston, Mass. [u.a.]: Boston University 2005, 87 p., ill. ISBN 1-88145-022-8; 978-1-88145-022-1.

2708
Künzl, Ernst: Himmelsgloben und Sternkarten : Astronomie und Astrologie in Vorzeit und Altertum. – Darmstadt: Wissenschaftliche Buchgesellschaft 2005, 127 p., ill., mp. ISBN 3-534-18773-3.

2709
The role of visual representations in astronomy : history and research practice ; contributions to a colloqium held at Göttingen in 1999. By: Hentschel, Klaus; Wittmann, Axel D. – Thun [u.a.]: Deutsch 2000, 148 p., ill. (Acta historica astronomiae ; 9). ISBN 3-8171-1630-6.

Biology / Biologie / Biologie

2710
Biotopkartierung Berlin : Grundlagen – Standards – Bewertung. Ed.: Berlin / Senatsverwaltung für Stadtentwicklung. – Berlin: Berlin / Senatsverwaltung für Stadtentwicklung 2005, 1 CD-ROM, 2 Beil. – 2., veränd. Aufl., Version 2.1. [Enth. insges. 7 Werke] ISBN 3-00016814-1.

2711
Maingi, John K.; Luhn, William M.: Mapping insect-induced pine mortality in the Daniel Boone National Forest, Kentucky using Landsat TM and ETM+ data. In: GIScience and remote sensing. 42.2005,3, p.224-250, 8 ill., 4 tab. ISSN 1548-1603.

2712
Reiter, Karl; Wrbka, Thomas; Grabherr, Georg: Ist Biodiversität der Ausdruck struktureller Diversität in der Landschaft?. In: Angewandte Geoinformatik 2005 : Beiträge zum 17. AGIT-Symposium Salzburg. Ed.: Strobl, Josef; Blaschke, Thomas; Griesebner, Gerald. – Heidelberg: Herbert-Wichmann-Verlag 2005, p.574-583, 2 ill., 1 tab.

2713
Walter, Meike; Schaab, Gertud: WebGIS zur Unterstüßtzung von Online-Geodatenkatalogen : Realisierung für das BIOTA-Ostafrika-Projekt. In: Kartographische Nachrichten : KN ; Fachzeitschrift für Geoinformation und Visualisierung ; Organ der Deutschen Gesellschaft für Kartographie e.V., der Schweizerischen Gesellschaft für Kartographie und der Österreichischen Kartographischen Kommission in der Österreichischen Geographischen Gesellschaft. 55.2005,1, p.17-25, 7 ill., 3 tab. ISSN 0022-9164.

Climatology and meteorology / Klimatologie und Meteorologie / Climatologie et météorologie

2714
Brunner, Kurt: Kartographie und Geoinformation : Karten als Klimazeugen. In: Mitteilungen der Österreichischen Geographischen Gesellschaft : MÖGG ; Jahresband. 147.2005, p.237-264, 19 ill. ISSN 0029-9138.

2715
Gray, Rick: Agroclimatic atlas of Alberta, 1971-2000: a review. In: Cartouche : the operational publication of the Canadian Cartographic Association. 58.2005, p.20-21. ISSN 1183-2045.

2716
Ishikawa, Toru; Barnston, Anthony G. ; Kastens, Kim A.; Louchouarn, Patrick; Ropelewski, Chester F.: Climate forecast maps as a communication and decision-support tool : an empirical test with prospective policy makers. In: Cartography and geographic information science : an official journal of ACSM devoted to the advancement of cartography in all its aspects. 32.2005,1, p.3-16, 6 ill. ISSN 1523-0406.

2717
Landes, Tania; Grussenmeyer, Pierre; Najjar, Georges: Télédétection et photogrammétrie, chaînons dans la détermination du climat urbain à Strasbourg. In: XYZ : revue de l'Association Française de Topographie. 103.2005,2, p.27-34, 12 ill., 2 tab. ISSN 0290-9057.

2718
Lindberg, Fredrik: Towards the use of local governmental 3-D data within urban climatology studies. In: Kart & bildteknik : mapping and image science. 20.2005,2, Beil., p.32-37, 6 ill. ISSN 1651-792X.

2719
Schäfer, Dirk; Domrös, Manfred: Der Indische Ozean im globalen Zirkulationsgeschehen : Darstellungen im Atlas, als Kartenbeilage und mit einem WebGIS. In: Geographische Rundschau. 57.2005,4, p.66-70, 4 ill., 1 mp.-suppl.

2720
Shravankumar, V.; Sukumar, B.; Sukumar, Ahalya: Identification of areas that need water conservation based upon coefficient of variability of rainfall in Kerala through GIS technique. In: Cartographic technologies for water, land and infrastructure development : XXIV INCA international congress, Kolkata, October 6 – 9, 2004 ; [... important contributions presented at the XXIV INCA International Congress on the Theme "Cartographic Technologies for Water, Land and Infrastructure Development"...]. Ed.: Dasgupta, Ajit Kumar. – Hyderabad: Indian National Cartographic Association 2005, p.125-131, 6 ill., 2 tab. (Indian cartographer ; 24.2004).

2721
Sukumar B.; Ahalya Sukumar; Devavrathan S.: Delineation of drought prone areas in Palakkad District, Kerala using satellite imagery. In: Bridging the digital divide and taking cartography at grassroots level : 25th INCA international congress, Sagar, Nov. 28 – Dec. 1, 2005. Ed.: Trivedi, R. K. – Ahmedabad: Indian National Cartographic Association 2005, p.175-178, 4 ill., 1 tab. (Indian cartographer ; 25.2005).

Culture / Kultur / Culture

2722
Boesler, Dorothee: DEGIS : das digitale Denkmal für Schleswig-Holstein. In: Kulturlandschaft digital : Forschung und Anwendung ; 15. Fachtagung des Umweltamtes (Landschaftsverband Rheinland) ; 11. Jahrestagung der Arbeitsgruppe Angewandte Historische Geographie (Arbeitskreis für Historische Kulturlandschaftsforschung ARKUM), 2. bis 5. März 2005 in Aachen ; Tagungsdokumentation. Ed.: Rheinland / Umweltamt. – Köln: Rheinland / Umweltamt 2005, p.100-105, 2 ill. (Kulturlandschaft : Zeitschrift für angewandte historische Geographie ; 15.2005).

2723
Cha, Kyung-Ho: Der Äquator – Weltrand und Weltmitte. In: Topographien der Literatur : deutsche Literatur im transnationalen Kontext. Ed.: Böhme, Hartmut. – Stuttgart: Metzler 2005, p.673-697, 1 ill. (Germanistische Symposien-Berichtsbände : im Auftrag der Germanistischen Kommission der Deutschen Forschungsgemeinschaft und in Verbindung mit der "Deutschen Vierteljahrsschrift für Literaturwissenschaft und Geistesgeschichte" ; 27).

2724
Clark, Ian D.: Value of Victorian Aboriginal clan names for toponymic research. In: The Globe. 57.2005, p.13-16, 1 tab. ISSN 0311-3930.

2725
Holenstein, Elmar: Geographie der Philosophie und Philosophie der Geographie : Vorüberlegungen zu einem Atlas zu den Geschichten der Philosophie. In: Kulturen vergleichen : sozial- und kulturwissenschaftliche Grundlagen und Kontroversen. Ed.: Srubar, Ilja; Renn, Joachim; Wenzel, Ulrich. – Wiesbaden: VS Verlag 2005, p.37-47.

2726
Kugler, Hartmut: Zur kognitiven Kartierung mittelalterlicher Epik : Jean Bodels >drei Materien< und die >Matière de la Germanie<. In: Topographien der Literatur : deutsche Literatur im transnationalen Kontext. Ed.: Böhme, Hartmut. – Stuttgart: Metzler 2005, p.244-263 (Germanistische Symposien-Berichtsbände : im Auftrag der Germanistischen Kommission der Deutschen Forschungsgemeinschaft und in Verbindung mit der "Deutschen Vierteljahrsschrift für Literaturwissenschaft und Geistesgeschichte" ; 27).

2727
Mosayebi, Elli; Mueller Inderbitzin, Christian: Bomarzo, Beobachtungen anhand einer neuen Karte. Ed.: Technische Hochschule <Zürich> / Institut für Landschaftsarchitektur. – Zürich: Technische Hochschule <Zürich> / Institut für Landschaftsarchitektur 2005, 54 p., ill., mp. + 1 Kt.-Beil. (Pamphlet ; 3). [Zugl.: Zürich, ETH, Diplomwahlfacharbeit, 2003. – Zsfassung in engl. und franz. Sprache] ISBN 3-906441-06-7.

2728
Perry, Joanne M.: Penn State University Libraries : building a literary map for the web. In: Cartographic perspectives : journal of the North American Cartographic Information Society. 50.2005, p.50-52. ISSN 1048-9053.

2729
Pilipaitis, Albinas-Algirdas: Discoursive transformation of cartographic information of Lithuanian cultural heritage. In: Cartography and cartosemiotics : the selected problems of theoretical cartography 2003 : proceedings of a joint seminar of the ICA Commission on theoretical cartography and Centre for cartography, Vilnius University. Ed.: Wolodtschenko, Alexander; Česnulevičius, Algimantas; Beconytė, Giedre. – Vilnius: Vilnius University; Lithuanian Cartographic Society; International Cartographic Association 2004, p.65-67.

2730
Presetschnik, Roland: Online-Lösungen von kartographischen Denkmal-Abfragesystemen. – Wien: 2005, 100 p., 60 ill., 20 tab. [Dipl. Arb. TU Wien].

2731
Scheuer, Hans Jürgen: Topographie in Literatur und Kartographie des 12./13. Jahrhunderts (Hereford-Karte, >Straßburger Alexander<). In: Topographien der Literatur : deutsche Literatur im transnationalen Kontext. Ed.: Böhme, Hartmut. – Stuttgart: Metzler 2005, p.12-36, 1 ill. (Germanistische Symposien-Berichtsbände : im Auftrag der Germanistischen Kommission der Deutschen Forschungsgemeinschaft und in Verbindung mit der "Deutschen Vierteljahrsschrift für Literaturwissenschaft und Geistesgeschichte" ; 27).

2732
Tang, Chenxi: Romantische Orientierungstechnik : Kartographie und Dichtung um 1800. In: Topographien der Literatur : deutsche Literatur im transnationalen Kontext. Ed.: Böhme, Hartmut. – Stuttgart: Metzler 2005, p.151-176 (Germanistische Symposien-Berichtsbände : im Auftrag der Germanistischen Kommission der Deutschen Forschungsgemeinschaft und in Verbindung mit der "Deutschen Vierteljahrsschrift für Literaturwissenschaft und Geistesgeschichte" ; 27).

2733
Topographien der Literatur : deutsche Literatur im transnationalen Kontext. Ed.: Böhme, Hartmut. – Stuttgart: Metzler 2005, XXIII, 792 p., ill., mp. (Germanistische Symposien-Berichtsbände : im Auftrag der Germanistischen Kommission der Deutschen Forschungsgemeinschaft und in Verbindung mit der "Deutschen Vierteljahrsschrift für Literaturwissenschaft und Geistesgeschichte" ; 27). [Aufsatzsammlung] ISBN 3-476-02117-3; 978-3-476-02117-5.

2734
Vöckler, Kai: Die Kunst der Kartierung. In: Leipzig Protestatlas : Text Bild Karte. Ed.: General Panel für Experimentale e.V. – Leipzig: General Panel für Experimentale e.V. 2005, p.46-69, ill.

2735
Vorsey, Louis de: The role of native American maps in the discovery and exploration of North America. In: Journal of the International Map Collectors' Society. 103.2005, p.5-20, 6 ill.

Demography / Demographie / Démographie

2736
Eckert, Denis; Jégou, Laurent: Description technique et commentaires sur la réalisation du document interactif «Évolution récente de la population de Russie (1979-2002): cartographie interactive». In: M@ppemonde : revue trimestrielle sur l'image géographique et les formes du territoire. 74.2004,2. ISSN 0764-3470.

2737
Eckert, Denis; Jégou, Laurent: Évolution récente de la population de Russie (1979-2002): cartographie interactive. In: M@ppemonde : revue trimestrielle sur l'image géographique et les formes du territoire. 74.2004,2, 12 p., 9 ill. ISSN 0764-3470.

2738
Peltre, Pierre: Cartogrammes, anamorphoses, interactivité : une pédagogie des cartes pour le thème "population et développement". In: Le Monde des Cartes : revue du Comité Français de Cartographie. 183.2005, p.25-35, 10 ill. ISSN 1634-3522.

2739
Rusanen, Jarmo; Muilu, Toivo; Colpaert, Alfred; Naukkarinen, Arvo: Georeferenced data as a tool for monitoring the concentration of population in Finland in 1970-1998. In: Fennia : international journal of geography / Societas Geographica Fenniae. 181.2003,2, p.129-144, 10 ill., 7 tab. ISSN 0015-0010.

2740
Schwab, Andreas; Kussmaul, Gabriele: Thematische Karten mit GIS erstellen und auswerten : Anregungen für eine Untersuchung der Bevölkerungsentwicklung im Nahraum (Beispiel Bodensee-Oberschwaben). In: Thematische Karten. – Seelze: Friedrich 2005, p.38-45, 4 ill. (Geographie heute : Themen, Modelle, Materialien für die Unterrichtspraxis aller Schulstufen ; 26.2005,229). [Zugl.: Geographie heute : Themen, Modelle, Materialien für die Unterrichtspraxis aller Schulstufen. 26.2005,229].

2741
Shrivastava, V.K.: Mapping potential of employment in informal sector in India : the case of pilgrimage, fairs and festivals. In: Bridging the digital divide and taking cartography at grassroots level : 25th INCA international congress, Sagar, Nov. 28 – Dec. 1, 2005. Ed.: Trivedi, R. K. – Ahmedabad: Indian National Cartographic Association 2005, p.49-51, 3 ill. (Indian cartographer ; 25.2005).

2742
Zhao, Hongmei; Li, Jonathan: Urban change detection and population prediction modeling using remotely sensed images. In: Geomatica. 59.2005,2, p.159-173, 10 ill., 5 tab. ISSN 1195-1036.

Ecology / Ökologie / Écologie

2743
Brůna, Vladimír; Křováková, Kateřina: Interpretace map stabilního katastru pro potřeby krajinné ekologie. In: Kartografické listy. 13.2005, p.25-33, 4 ill. Interpretation of stabile cadastre maps for landscape ecology purposes. [Slovak with Engl. rés.].

2744
Burak, Antje: Eine prozessorientierte landschaftsökologische Gliederung Deutschlands : ein konzeptioneller und methodischer Beitrag zur Typisierung von Landschaften in chorischer Dimension. Ed.: Deutsche Akademie für Landeskunde. – Flensburg: Deutsche Akademie für Landeskunde 2005, 249 p., ill., mp. + 1 CD-ROM, 1 mp.-suppl. (Forschungen zur deutschen Landeskunde). ISBN 3-88143-075-X.

2745
Dutkiewicz, Cassilde: Essai méthodologique d'un outil de diagnostic : la carte écodynamique (exemple sur le littoral dunaire de Merlimont-plage et du Touquet-sud (Pas-de-Calais)). In: Le Monde des Cartes : revue du Comité Français de Cartographie. 185.2005, p.15-22, 4 ill. ISSN 1634-3522.

2746
Duvail, Stéphanie; Hogan, Rose; Mwambeso, Pili; XL Nandi, Revocatus; Elibariki, Richard: Apport de la cartographie à la gestion locale des ressources renouvelables dans les villages du district de Rufiji (Tanzanie). In: Géographie du littoral : approche géomatique. Textes réunis par Serge Suanez. – Rennes: Presses Universitaires <Rennes> 2005, p.51-66, 7 ill. (Norois : revue géographique des universités de l'Ouest ; environnement, aménagement, société ; 196.2005). [Themenheft der Zeitschrift:; Norois : revue géographique des universités de l'Ouest ; environnement, aménagement, société. 196.2005].

2747
Gupta, R.K.; Vijayan, D.: Thermal stress monitoring of dry deciduous ecosystem. In: Bridging the digital divide and taking cartography at grassroots level : 25th INCA international congress, Sagar, Nov. 28 – Dec. 1, 2005. Ed.: Trivedi, R. K. – Ahmedabad: Indian National Cartographic Association 2005, p.44-48, 4 ill., 1 tab. (Indian cartographer ; 25.2005).

2748
James, Patrick; Rayfield, Bronwyn; Fall, Andrew: Reserve network design combining spatial graph theory and species' spatial requirements. In: Geomatica. 59.2005,3, p.323-333, 6 ill., 1 tab. ISSN 1195-1036.

2749
Klimánek, Martin: Internet thematic atlas of the University Training Forest on the MapServer. In: Projektowanie i redakcja map = Map design and map compilation. Ed.: Uniwersytet Wrocławski. – Wrocław: Uniwersytet Wrocławski 2005, p.219-224, 2 ill. (Glówne problemy wspólczesnej kartografii ; 2005).

2750
Le Conservatoire botanique national alpin de Gap-Charance : l'écologie par les cartes. In: IGN magazine. 11.2002, p.4-9, ill. ISSN 1624-9305.

2751
Metzger, Marc J.; Leemans, Rik; Schröter, Dagmar: A multidisciplinary multi-scale framework for assessing vulnerabilities to global. In: International journal of applied earth observation and geoinformation : JAG ; the official quarterly publication of the International Institute for Aerospace Survey and Earth Sciences (ITC). 7.2005,4, p.253-267, 12 ill., 2 tab. ISSN 0303-2434.

2752
Neubert, Marco; Walz, Ulrich: Historische Landschaftsanalyse für grenzüberschreitende Nationalparkregionen. In: Angewandte Geoinformatik 2005 : Beiträge zum 17. AGIT-Symposium Salzburg. Ed.: Strobl, Josef; Blaschke, Thomas; Griesebner, Gerald. – Heidelberg: Herbert-Wichmann-Verlag 2005, p.513-518, 3 ill., 1 tab.

2753
Ober, Emanuel A.: Optimierung von Nationalparkkarten : Anforderungen der Nationalparkverwaltungen und Nationalparkbesucher : exemplarische Umsetzung: Nationalparkkarte Donauauen. – Wien: 2005, XII, 92 p., 34 ill., 1 mp., 9 tab. [Dipl. Arb. Univ. Wien].

2754
Pennober, Gwenaëlle; Giraudet, Immanuel; Giraudet, Jacqueline; Madec-Cuq, Véronique; Gourmelon, Françoise; Simao da Silva, Alfredo; Campredon, Pierre: Planification côtière en Afrique de l'Ouest : retour d'expérience SIG en Guinée-Bissau. In: Géographie du littoral : approche géomatique. Textes réunis par Serge Suanez. – Rennes: Presses Universitaires <Rennes> 2005, p.67-79, 4 ill., 1 tab. (Norois : revue géographique des universités de l'Ouest ; environnement, aménagement, société ; 196.2005). [Themenheft der Zeitschrift:; ; ; ; ; Norois : revue géographique des universités de l'Ouest ; environnement, aménagement, société. 196.2005].

2755
Schröder, Winfried; Schmidt, Gunther; Pesch, Roland: Mapping Germany's ecoregions for environmental monitoring purposes. In: Die Erde : Zeitschrift der Gesellschaft für Erdkunde, Berlin ; Forum für Erdsystem- und Erdraumforschung. 136.2005,4, p.375-292, 6 ill., 1 tab. ISSN 0013-9998.

2756
Shevchenko, Victor: Cartosemiotic principles in creation of regional ecological-geographical maps. In: Cartography and cartosemiotics : the selected problems of theoretical cartography 2003 : proceedings of a joint seminar of the ICA Commission on theoretical cartography and Centre for cartography, Vilnius University. Ed.: Wolodtschenko, Alexander; Česnulevičius, Algimantas; Beconytė, Giedre. – Vilnius: Vilnius University; Lithuanian Cartographic Society; International Cartographic Association 2004, p.68-74, 2 ill.

Economics / Wirtschaft / Économie

2757
Axhausen, Kay W.: Zeitkarten der Schweiz : 1950-2000. Ed.: Hurni, Lorenz. – Zürich: Technische Hochschule Zürich 2005, 71 p., ill., mp. ISBN 3-906441-09-1.

2758
Das Gupta, S.P.: The Web map as a tool for economic development : a challenge to cartographers. In: Cartographic technologies for water, land and infrastructure development : XXIV INCA international congress, Kolkata, October 6 – 9, 2004 ; [... important contributions presented at the XXIV INCA International Congress on the Theme "Cartographic Technologies for Water, Land and Infrastructure Development"...]. Ed.: Dasgupta, Ajit Kumar. – Hyderabad: Indian National Cartographic Association 2005, p.230-246, 8 ill. (Indian cartographer ; 24.2004).

2759
Dix, Andreas; Lange, Beate: Historische Industrielandschaft im Denkmalpflegeplan Bonn Beuel : GIS-gestützte Flächenanalyse und Objektaufnahme in der Lehre. In: Kulturlandschaft digital : Forschung und Anwendung ; 15. Fachtagung des Umweltamtes (Landschaftsverband Rheinland) ; 11. Jahrestagung der Arbeitsgruppe Angewandte Historische Geographie (Arbeitskreis für Historische Kulturlandschaftsforschung ARKUM), 2. bis 5. März 2005 in Aachen ; Tagungsdokumentation. Ed.: Rheinland / Umweltamt. – Köln: Rheinland / Umweltamt 2005, p.159-164, 4 ill., 1 tab. (Kulturlandschaft : Zeitschrift für angewandte historische Geographie ; 15.2005).

2760
Duan, Tao; Liu, Yaolin: Urban base land value evaluation based on mobile trend surface analysis. In: Geomatics and information science of Wuhan University. 29.2004,6, p.529-532, 5 ill. [Chin. with Engl. rés.]. ISSN 1671-8860; 1000-050X.

2761
Eddy, Brian G.; Taylor, David Ruxton Fraser: Applying a Cybercartographic Human Interface (CHI) model to create a Cybercartographic Atlas of Canada's Trade with the World (CTW). – 1. ed. In: Cybercartography : theory and practice. Ed.: Taylor, David Ruxton Fraser. – Amsterdam: Elsevier Science 2005, p.517-540, 5 ill. (Modern cartography ; 4).

2762
Peltre, Pierre: Cartogrammes, anamorphoses, interactivité : une pédagogie des cartes pour le thème "population et développement". In: Le Monde des Cartes : revue du Comité Français de Cartographie. 183.2005, p.25-35, 10 ill. ISSN 1634-3522.

2763
Shrivastava, V.K.: Mapping potential of employment in informal sector in India : the case of pilgrimage, fairs and festivals. In: Bridging the digital divide and taking cartography at grassroots level : 25th INCA international congress, Sagar, Nov. 28 – Dec. 1, 2005. Ed.: Trivedi, R. K. – Ahmedabad: Indian National Cartographic Association 2005, p.49-51, 3 ill. (Indian cartographer ; 25.2005).

2764
Singh, Ram; Sharma, Rama; Sharma, Arpita: GIS-analysis and thematic mapping of fisheries profile of India. In: Bridging the digital divide and taking cartography at grassroots level : 25th INCA international congress, Sagar, Nov. 28 – Dec. 1, 2005. Ed.: Trivedi, R. K. – Ahmedabad: Indian National Cartographic Association 2005, p.269-272, 3 ill. (Indian cartographer ; 25.2005).

2765
Socio-economic applications of geographic information science : [based on contributions at the 2001 GIS research UK conference ; innovations in GIS, 9]. Ed.: Kidner, David; Higgs, Gary; White, Sean. – London [u.a.]: Taylor & Francis 2003, XIII, 287 p., ill., mp. (Innovations in GIS ; 9). ISBN 0-415-27910-0.

2766
Tang, Xu; Liu, Yaolin; Wang, Pucha: Spatial analysis method for monitoring land value dynamically. In: Geomatics and information science of Wuhan University. 29.2004,6, p.517-520 + p.524, 6 ill., 2 tab. [Chin. with Engl. rés.]. ISSN 1671-8860; 1000-050X.

2767
Thuvander, Liane; Tornberg, Jonas: Visualisering av byggnadsrelaterad energianvändning. In: Kart & bildteknik : mapping and image science. 20.2005,2, Beil., p.38-47, 7 ill. Visualization of building related energy use. [Swed.]. ISSN 1651-792X.

2768
Wallert, Werner: "Was kosten 0,5 Liter Pilsner Urquell?" : Dokumentation einer Kartierung von Bierpreisen in Prag. In: Thematische Karten. – Seelze: Friedrich 2005, p.46-47, 1 ill. (Geographie heute : Themen, Modelle, Materialien für die Unterrichtspraxis aller Schulstufen ; 26.2005,229). [Zugl.: Geographie heute : Themen, Modelle, Materialien für die Unterrichtspraxis aller Schulstufen. 26.2005,229].

2769
Yu, Jie; Bian, Fuling; Peterson, Jim; Li, Pingxiang: Interrelations between socio-economic development and environmental quality : a simulation integrating system dynamics models with GIS. In: Geo-spatial information science : quarterly = Diqiu-kongjian-xinxi-kexue-xuebao. 8.2005,3, p.176-182, 9 ill., 1 tab. ISSN 1009-5020.

2770
Zach, Renate: Koordinatengebundene Statistik im Geomarketing : am Beispiel der räumlichen Potential- und Marktdurchdringungsanalyse. – Wien: 2005, 96 p., 23 ill., 12 mp., 2 tab. [Dipl. Arb. Univ. Wien].

Environment / Umwelt / Environnement

2771
Agostini, Eleonora ; Caroti, Gabriella; Ciucci, Iliano; Mazzini, Marino; Piemonte, Andrea: Utilizzo di veicoli MMS per la valutazione speditiva della qualità dell'aria e la validazione di modelli. In: Bollettino della Associazione Italiana di Cartografia. 42.2005,123/125, p.469-477, 8 ill. Use of MMS cars for the speedy evaluation of the air quality and the model validation. [Ital. with Engl. rés.]. ISSN 0044-9733.

2772
Allenbach, Bernard: Cartographie rapide des catastrophes naturelles avec les satellites. In: Le Monde des Cartes : revue du Comité Français de Cartographie. 185.2005, p.25-31, 5 ill. ISSN 1634-3522.

2773
Bernard, Lars: INSPIRE : der Weg zu einer Europäischen Geodateninfrastruktur. In: Kartographische Nachrichten : KN ; Fachzeitschrift für Geoinformation und Visualisierung ; Organ der Deutschen Gesellschaft für Kartographie e.V., der Schweizerischen Gesellschaft für Kartographie und der Österreichischen Kartographischen Kommission in der Österreichischen Geographischen Gesellschaft. 55.2005,5, p.232-236, 2 ill. ISSN 0022-9164.

2774
Bisson, M.; Favalli, M.; Fornaciai, A.; Mazzarini, F.; Isola, I.; Zanchetta, G.; Pareschi, M.T.: A rapid method to assess fire-related debris flow hazard in the Mediterranean region : an example from Sicily (southern Italy). In: International journal of applied earth observation and geoinformation : JAG ; the official quarterly publication of the International Institute for Aerospace Survey and Earth Sciences (ITC). 7.2005,3, p.217-231, 6 ill., 4 tab. ISSN 0303-2434.

2775
Bonansea, Enrico; Garnero, Gabriele; Godone, Danilo; Penon, Angelo; Vignola, Anna: Il contributo dell' ARPA Piemonte allo sviluppo dei flussi informativi territoriali e ambientali regionali. In: Bollettino della Associazione Italiana di Cartografia. 42.2005,123/125, p.515-523, 2 ill. ARPA Piemonte participation to the development of territorial and environmental regional information system. [Ital. with Engl. rés.]. ISSN 0044-9733.

2776
Bouchon, Sara: Pour und approche géographique des risques liés aux infrastructures critiques : comment cartographier les territoires de la vulnérabilité des réseaux?. In: Le Monde des Cartes : revue du Comité Français de Cartographie. 183.2005, p.16-17. ISSN 1634-3522.

2777
Bouchon, Sara; Trémolières, Audrey: Spatialisation et représentation des vulnérabilités et des risques. In: Le Monde des Cartes : revue du Comité Français de Cartographie. 183.2005, p.23-24. ISSN 1634-3522.

2778
Danado, J.; Dias, E.; Romäo, T.; Correia, N.; Trabuco, A.; Santos, C.; Serpa, J.; Costa, M.; Câmara, A.: Mobile environment visualization. In: The Cartographic Journal. 42.2005,1, p.61-68, 6 ill., 1 tab. ISSN 0008-7041.

2779
Dautun, Carole; Tixier, Jérôme; Bony Dandrieux, Aurélia; Dusserre, Gilles: Évaluation de la vulnérabilité d'un territoire à la proximité d'un site industriel. In: Le Monde des Cartes : revue du Comité Français de Cartographie. 183.2005, p.13-15, 2 ill. ISSN 1634-3522.

2780
Dubuc, Sylvie: A GIS-based analysis of the human factors in the deforestation process in India. In: The Bulletin of the Society of Cartographers. 39.2005,1-2, p.45-56, 10 ill., 3 tab. ISSN 0036-1984.

2781
Faytre, Ludovic: Visiaurif-risques : pour une connaissance partagée des risques majeurs en île-de-France. In: Le Monde des Cartes : revue du Comité Français de Cartographie. 185.2005, p.32-39, 4 ill. ISSN 1634-3522.

2782
Geist, Thomas; Höfle, Bernhard; Rutzinger, Martin; Stötter, Johann: Der Einsatz von flugzeuggestützten Laserscanner Daten für geowissenschaftliche Untersuchungen in Gebirgsräumen. In: Photogrammetrie, Fernerkundung, Geoinformation : PFG ; Organ der Deutschen Gesellschaft für Photogrammetrie und Fernerkundung e.V. 2005,3, p.183-190, 3 ill., 1 tab. ISSN 1432-8364.

2783
Hagen, Dietrich: Die jämmerliche Flut von 1717 : Untersuchungen zu einer Karte des frühen 18. Jahrhunderts. – Oldenburg: KomRegis 2005, 92 p., ill., mp. [Literaturverz. S. 85-89; Im Jahr nach der Weihnachtsflut genannten Sturmflut von 1717 entstand eine Landkarte der Nordseeküste, auf der diese Naturkatastrophe bildhaft dargestellt wurde. Der Autor setzt sich mit allen Bestandteilen dieser Karte auseinander, dokumentiert die Texte und schafft damit einen Schlüssel zu ihrem Verständnis.] ISBN 3-938501-08-1.

2784
Jabbar, Mushtak Talib; Hu, Guangdao; Zhang, Zhenfei: Application of remote sensing and GIS technology to the study of desertification of arable lands in North Shaanxi, China. In: Geo-spatial information science : quarterly = Diqiu-kongjian-xinxi-kexue-xuebao. 7.2004,3, p.187-192, 1 ill., 7 tab. ISSN 1009-5020.

2785
Köhler, Petra; Lechtenbörger, Christiane; Müller, Matthias: Risikokarte Deutschland – Methoden und Werkzeuge zur Datenbereitstellung. In: Photogrammetrie, Fernerkundung, Geoinformation : PFG ; Organ der Deutschen Gesellschaft für Photogrammetrie und Fernerkundung e.V. 2005,4, p.321-327, 3 ill. ISSN 1432-8364.

2786
Kolény, Mladen; Čerňanský, Jozef: Využitie ortofotomáp v prieskume urýchlenej plošnej vodnej erózie. In: Kartografické listy. 12.2004, p.29-36, 3 ill. Using of orthofotomaps in the survey of accelerated surface water erosion. [Slovak with Engl. rés.].

2787
Li, Haiping; Zhuang, Dafang; Xiong, Liya: Technical method of collecting desertificated land spectrum data. In: Geomatics and information science of Wuhan University. 28.2003,4, p.484-487, 3 ill. [Chin.]. ISSN 1671-8860; 1000-050X.

2788
Li, Jianping; Zhang, Bai; Gao, Feng: RS-and-GIS-supported forecast of grassland degradation in Southwest Songnen Plain by Markov model. In: Geo-spatial information science : quarterly = Diqiu-kongjian-xinxi-kexue-xuebao. 8.2005,2, p.104-109, 3 ill., 4 tab. ISSN 1009-5020.

2789
MacFarlane, Robert: Tranquillity assessment and mapping. In: The Bulletin of the Society of Cartographers. 39.2005,1-2, p.41-44, 5 ill., 1 tab. ISSN 0036-1984.

2790
Metzger, Marc J.; Leemans, Rik; Schröter, Dagmar: A multidisciplinary multi-scale framework for assessing vulnerabilities to global. In: International journal of applied earth observation and geoinformation : JAG ; the official quarterly publication of the International Institute for Aerospace Survey and Earth Sciences (ITC). 7.2005,4, p.253-267, 12 ill., 2 tab. ISSN 0303-2434.

2791
Moisuc, Bogdan; Davoine, Paule-Annick; Gensel, Jérôme; Martin, Hervé: Design of spatio-temporal information systems for natural risk management with an object-based knowledge representation approach. In: Geomatica. 59.2005,4, p.401-413, 10 ill. ISSN 1195-1036.

2792
Morschel, Jean; Fox, Dennis: Une méthode de cartographie du risque érosif: application aux collines du Terrefort lauragais. In: M@ppemonde : revue trimestrielle sur l'image géographique et les formes du territoire. 76.2004,4, 11 p., 4 ill., 3 tab. ISSN 0764-3470.

2793
Mücher, C. A. ; Bunce, R.G.H.; Jongman, R.H.G.; Klijn, J.A.; Koomen, A.J.M.; Metzger, M..J.; Wascher, D.M.: Identification and characterisation of environments and landscapes in Europe. – Wageningen: Alterra, Research Instituut voor de Groene Ruimte 2003, 119 p., ill., mp. (Alterra-rapport ; 832).

2794
Nyamaguma, Adolph; Du, Qingyun: Design and implementation of framework of mobile GIS based on phone terminal for environmental monitoring. In: Geo-spatial information science : quarterly = Diqiu-kongjian-xinxi-kexue-xuebao. 8.2005,1, p.45-49, 6 ill. ISSN 1009-5020.

2795
Pradhan, D. K.: Role of cartography in disaster management. In: Bridging the digital divide and taking cartography at grassroots level : 25th INCA international congress, Sagar, Nov. 28 – Dec. 1, 2005. Ed.: Trivedi, R. K. – Ahmedabad: Indian National Cartographic Association 2005, p.158-160, 2 ill. (Indian cartographer ; 25.2005).

2796
Raju, Prasada: Monitoring and prediction of landslide hazards using remotly sensed data and decision support systems. In: Bridging the digital divide and taking cartography at grassroots level : 25th INCA international congress, Sagar, Nov. 28 – Dec. 1, 2005. Ed.: Trivedi, R. K. – Ahmedabad: Indian National Cartographic Association 2005, p.205-211, 2 ill., 3 tab. (Indian cartographer ; 25.2005).

2797
Remote sensing & GIS for environmental studies : applications in geography ; [GGRS 2004, 1st Göttingen GIS & Remote Sensing Days – Environmental Studies, 7- 8 October 2004, Göttingen, Germany]. Ed.: Erasmi, Stefan. – Göttingen: Goltze 2005, XIV, 330 p., ill., mp. (Göttinger geographische Abhandlungen ; 113). ISBN 3-88452-113-6.

2798
Roscher, Sabine; Bergemann, Frank; Bremond, Joerg; Gladis, Thomas; Harrer, Siegfried; Monnerjahn, Ursula; Münch, Eberhard: Biologische Vielfalt – Erhaltung und Nutzung genetischer Ressourcen. In: Standort : Zeitschrift für angewandte Geographie. 28.2004,3, p.126-132, 6 ill. ISSN 0174-3635.

2799
Saragosa, Claudio; Chiti, Michela: Le relazioni tra insediamento umano e sistema ambientale : metodi di lettura dei modelli insediativi locali. In: Bollettino della Associazione Italiana di Cartografia. 42.2005,123/125, p.491-504, 6 ill. The relations between human settlements and environmental systems : methods and environmental systems : methods of interpreting local settling models. [Ital. with Engl. rés.]. ISSN 0044-9733.

2800
Schwarz, Ulrich; Schmedtje, Ursula: Karten des Donaueinzugsgebietes für die Internationale Kommission zum Schutz der Donau (IKSD). In: Angewandte Geoinformatik 2005 : Beiträge zum 17. AGIT-Symposium Salzburg. Ed.: Strobl, Josef; Blaschke, Thomas; Griesebner, Gerald. – Heidelberg: Herbert-Wichmann-Verlag 2005, p.670-675, 2 ill., 1 tab.

2801
Shravankumar, V.; Sukumar, B.; Sukumar, Ahalya: Identification of areas that need water conservation based upon coefficient of variability of rainfall in Kerala through GIS technique. In: Cartographic technologies for water, land and infrastructure development : XXIV INCA international congress, Kolkata, October 6 – 9, 2004 ; [... important contributions presented at the XXIV INCA International Congress on the Theme "Cartographic Technologies for Water, Land and Infrastructure Development"...]. Ed.: Dasgupta, Ajit Kumar. – Hyderabad: Indian National Cartographic Association 2005, p.125-131, 6 ill., 2 tab. (Indian cartographer ; 24.2004).

2802
Simon, Doris; Schaab, Gertrud; Düpmeier, Clemens: Ein Kartendienst für die dynamische Erzeugung von Karten für den Themenpark Boden-Geologie-Natur. In: Kartographische Nachrichten : KN ; Fachzeitschrift für Geoinformation und Visualisierung ; Organ der Deutschen Gesellschaft für Kartographie e.V., der Schweizerischen Gesellschaft für Kartographie und der Österreichischen Kartographischen Kommission in der Österreichischen Geographischen Gesellschaft. 55.2005,4, p.187-193, 6 ill. ISSN 0022-9164.

2803
Su, Guozhong; Yan, Li; Liu, Nan; Liu, Renyi: Visualization and damage assessment for flooded area. In: Geo-spatial information science : quarterly = Diqiu-kongjian-xinxi-kexue-xuebao. 7.2004,3, p.180-186, 6 ill. ISSN 1009-5020.

2804
Trémolières, Audrey: Risques industriels majeurs réflexions sur l'approche territoriale et la cartographie. In: Le Monde des Cartes : revue du Comité Français de Cartographie. 183.2005, p.16-17, 2 ill. ISSN 1634-3522.

2805
Uehlein, Ulrich: Das Planzeichen als visuelle Variable : ein Beitrag zur theoretischen Fundierung und methodischen Operationalisierung der kartographischen Informationscodierung in der raumbezogenen Umweltplanung. – Berlin: Mensch & Buch Verl. 2005, 224 p., ill., mp. [Zugl.: Berlin, Techn. Universität, Diss.] ISBN 3-86664-002-1.

2806
Une, Hiroshi; Okuyama, Shoji; Nemoto, Toshio: Emergent provision of geographic information concerning the Mid Niigata Prefecture Earthquake of 2004. In: Map : journal of the Japan Cartographers Association. 43.2005,2, p.1-10, 14 ill. [Jap. with Engl. rés.]. ISSN 0009-4897.

2807
Vincent, Marc: Établissement de cartes, départementales de l'aléa retrait-gonflement des argiles. In: Le Monde des Cartes : revue du Comité Français de Cartographie. 185.2005, p.40-43, 7 ill. ISSN 1634-3522.

2808
Wettaufer, Chad: Tsunami disaster mapping portal. In: Cartouche : the operational publication of the Canadian Cartographic Association. 57.2005, p.13-14, 1 ill. ISSN 1183-2045.

2809
Xu, Jeff Zhiznong; Wang, Chun; Hu, Yonggang: A web-based risk assessment system and service for child safety : the case of mid-town Toronto. In: Geomatica. 59.2005,2, p.149-158, 6 ill., 7 tab. ISSN 1195-1036.

2810
Yu, Jie; Bian, Fuling; Peterson, Jim; Li, Pingxiang: Interrelations between socio-economic development and environmental quality : a simulation integrating system dynamics models with GIS. In: Geo-spatial information science : quarterly = Diqiu-kongjian-xinxi-kexue-xuebao. 8.2005,3, p.176-182, 9 ill., 1 tab. ISSN 1009-5020.

Ethnography / Ethnographie / Ethnographie

2811
Schmoll, Friedemann: Wie kommt das Volk in die Karte? : Zur Visualisierung volkskundlichen Wissens im "Atlas der deutschen Volkskunde". In: Der Bilderalltag : Perspektiven einer volkskundlichen Bildwissenschaft. Ed.: Gerndt, Helge; Haibl, Michaela. – Münster [u.a.]: 2005, p.233-250, 5 ill. (Münchner Beiträge zur Volkskunde ; 33.2005).

Forestry / Forstwirtschaft / Sylviculture

2812
Der Schönbuch im Kartenbild der Jahrhunderte : Katalog einer Ausstellung ; [Ausstellung im Winterrefektorium des Klosters Bebenhausen vom 20. Juni bis 21. Juli 1996]. By: Grees, Hermann; Beck, Rolf; Rosner, Hans-Joachim. – Tübingen: Geographisches Institut der Universität Tübingen 2002, 139 p., ill., mp. (Kleinere Arbeiten aus dem Geographischen Institut der Universität Tübingen ; 27.2002). ISBN 3-88121-060-1.

2813
Fraiss, Alexandra; Noll, Markus; Wietrzyk, Christian: With lumberjacks on tour – die digitale Forstkarte der Stadtgemeinde Bruck an der Mur. In: Angewandte Geoinformatik 2005 : Beiträge zum 17. AGIT-Symposium Salzburg. Ed.: Strobl, Josef; Blaschke, Thomas; Griesebner, Gerald. – Heidelberg: Herbert-Wichmann-Verlag 2005, p.176-181, 6 ill., 2 tab.

2814
Ginzler, Christian; Mathys, Lukas; Wicki, Patrick: Luftbildeinsatz im dritten Landesforstinventar der Schweiz. In: Mitteilungen des DVW-Bayern e.V. 57.2005,4, p.495-505, 5 ill. ISSN 0723-6336.

2815
Gupta, R.K.; Vijayan, D.; Prasad, T. S.: Critical utility assessment of maximum likelihood and ann classifiers. In: Bridging the digital divide and taking cartography at grassroots level : 25th INCA international congress, Sagar, Nov. 28 – Dec. 1, 2005. Ed.: Trivedi, R. K. – Ahmedabad: Indian National Cartographic Association 2005, p.88-93, 1 ill., 6 tab. (Indian cartographer ; 25.2005).

2816
James, Patrick; Rayfield, Bronwyn; Fall, Andrew: Reserve network design combining spatial graph theory and species' spatial requirements. In: Geomatica. 59.2005,3, p.323-333, 6 ill., 1 tab. ISSN 1195-1036.

2817
Kao, David L.; Kramer, Marc G.; Love, Alison L.; Dungan, Jennifer L.; Pang, Alex T.: Visualizing distributions from multi-return lidar data to understand forest structure. In: The Cartographic Journal. 42.2005,1, p.35-47, 15 ill. ISSN 0008-7041.

2818
Klimánek, Martin: Internet thematic atlas of the University Training Forest on the MapServer. In: Projektowanie i redakcja map = Map design and map compilation. Ed.: Uniwersytet Wrocławski. – Wrocław: Uniwersytet Wrocławski 2005, p.219-224, 2 ill. (Główne problemy współczesnej kartografii ; 2005).

2819
Knaut, Wilfried: Großräumige Waldgrenzermittlungen – Erfahrungsbericht. In: Mitteilungen des DVW-Bayern e.V. 57.2005,4, p.507-518, 10 ill. ISSN 0723-6336.

2820
Leckie, Donald G.; Cloney, Ed; Joyce, Steve P.: Automated detection and mapping of crown discolouration caused by jack pine budworm with 2.5 m resolution multispectral imagery. In: International journal of applied earth observation and geoinformation : JAG ; the official quarterly publication of the International Institute for Aerospace Survey and Earth Sciences (ITC). 7.2005,1, p.61-77, 4 ill., 3 tab. ISSN 0303-2434.

2821
Lencinas, José D.: Native forest mapping in Patagonian Andes based on optical satellite imagery. In: Photogrammetrie, Fernerkundung, Geoinformation : PFG ; Organ der Deutschen Gesellschaft für Photogrammetrie und Fernerkundung e.V. 2005,2, p.147-156, 3 ill., 3 tab. ISSN 1432-8364.

2822
Lung, Tobias: Landbedeckungsänderungen im Gebiet "Kakamega Forest und assoziierte Waldgebiete" (Westkenia) : multispektrale Klassifikation von Landsat-Satellitenbilddaten und Auswertung mittels Methoden im Raster-GIS = Landcover change in the region of Kakamega Forest and associated forest areas (Westkenya). – Karlsruhe: Fachhochschule Karlsruhe, Hochschule für Technik, Fachbereich Geoinformationswesen 2004, XVI, 114 p., ill., mp. (Karlsruher geowissenschaftliche Schriften, Reihe A, Kartographie und Geographie ; 15). [Zugl.: Karlsruhe, Fachhochsch., Diplom-Arbeit, 2004; Zugl.: enthalten in Reihe BIOTA East Africa report, 3] ISBN 3-89063-017-0.

2823
Maingi, John K.; Luhn, William M.: Mapping insect-induced pine mortality in the Daniel Boone National Forest, Kentucky using Landsat TM and ETM+ data. In: GIScience and remote sensing. 42.2005,3, p.224-250, 8 ill., 4 tab. ISSN 1548-1603.

2824
Pietruńko, Grzegorz: Mapy w gospodarce leśnej. In: Projektowanie i redakcja map = Map design and map compilation. Ed.: Uniwersytet Wrocławski. – Wrocław: Uniwersytet Wrocławski 2005, p.122-139, 8 ill. (Główne problemy współczesnej kartografii ; 2005) Maps in forest administration. [Pol. with Engl. res.].

2825
Raha, Atanu Kumar: Real time forest cover mapping using IRS-P6 data. In: Cartographic technologies for water, land and infrastructure development : XXIV INCA international congress, Kolkata, October 6 – 9, 2004 ; [... important contributions presented at the XXIV INCA International Congress on the Theme "Cartographic Technologies for Water, Land and Infrastructure Development"...]. Ed.: Dasgupta, Ajit Kumar. – Hyderabad: Indian National Cartographic Association 2005, p.333-340, 4 tab. (Indian cartographer ; 24.2004).

2826
Singh, S. P.; Phukan, B. R.; Manish, M.; Mishra, Apurva: Application of cartographic techniques at grass root level for sustainable fire management : a case study of Betul District. In: Bridging the digital divide and taking cartography at grassroots level : 25th INCA international congress, Sagar, Nov. 28 – Dec. 1, 2005. Ed.: Trivedi, R. K. – Ahmedabad: Indian National Cartographic Association 2005, p.143-149, 6 ill., 5 tab. (Indian cartographer ; 25.2005).

2827
Stümer, Wolfgang ; Köhl, Michael: Kombination von terrestrischen Aufnahmen und Fernerkundungsdaten mit Hilfe der k-Nächste-Nachbarn-Methode zur Klassifizierung und Kartierung von Wäldern. In: Photogrammetrie, Fernerkundung, Geoinformation : PFG ; Organ der Deutschen Gesellschaft für Photogrammetrie und Fernerkundung e.V. 2005,1, p.23-36, 5 ill., 2 tab. ISSN 1432-8364.

Geochemistry / Geochemie / Géochimie

2828
Katzlberger, Gernot; Kriz, Karel; Pucher, Alexander: ISOHIS-MAP – Informationssystem für isotop-hydrologische Daten. In: Angewandte Geoinformatik 2005 : Beiträge zum 17. AGIT-Symposium Salzburg. Ed.: Strobl, Josef; Blaschke, Thomas; Griesebner, Gerald. – Heidelberg: Herbert-Wichmann-Verlag 2005, p.315-319, 2 ill.

2829
Sinha, Ravi Kumar; Kumar, R. Vijay; Rajan, P. Sundar: Geochemical mapping : an aid to multithematic development. In: Cartographic technologies for water, land and infrastructure development : XXIV INCA international congress, Kolkata, October 6 – 9, 2004 ; [... important contributions presented at the XXIV INCA International Congress on the Theme "Cartographic Technologies for Water, Land and Infrastructure Development"...]. Ed.: Dasgupta, Ajit Kumar. – Hyderabad: Indian National Cartographic Association 2005, p.431-440, 3 ill. (Indian cartographer ; 24.2004).

Geology / Geologie / Géologie

2830
Asch, Kristine; Lahner, Lothar: Moderne Kartographie im Dienst der Geologie in der Bundesanstalt für Geowissenschaften und Rohstoffe. In: Kartographische Nachrichten : KN ; Fachzeitschrift für Geoinformation und Visualisierung ; Organ der Deutschen Gesellschaft für Kartographie e.V., der Schweizerischen Gesellschaft für Kartographie und der Österreichischen Kartographischen Kommission in der Österreichischen Geographischen Gesellschaft. 55.2005,5, p.258-264, 4 ill. ISSN 0022-9164.

2831
Benomar, Tarik Bashir; Bian, Fuling: Improved geological mapping using Landsat-5 TM data in Weixi area, Yunnan province, China. In: Geo-spatial information science : quarterly = Diqiu-kongjian-xinxi-kexue-xuebao. 8.2005,2, p.110-114, 4 ill., 4 tab. ISSN 1009-5020.

2832
Boer, Adri den: Bodemkartering 21e eeuw. In: Geo-Info : tijdschrift voor Geo-Informatie Nederland, GIN. 2.2005,12, p.578-580, 3 ill. Soil mapping in the 21st century. [Dutch]. ISSN 1572-5464.

2833
Brink, Lowie: Een zee zo zwart als de nacht : de geologische schoolwandkaart van Noord-Holland van W. Kloeke. In: De wereld tussen twee stokken : de geschiedenis van de Nederlandse schoolwandkaarten. Ed.: Brink, Lowie; Holl, Lucy. – Nijmegen: Antiquariaat De Wereld aan de Wand 2005, p.77-82, 5 ill. A sea as black as the night : the geological school wall map of North Holland by W. Kloeke. [Dutch with Engl. rés.].

2834
Cheng, Penggen; Shi, Wenzhong; Gong, Jianya; Zhou, Guoqing: QTPV data model and algorithm and its application to geological exploration engineering. In: Geo-spatial information science : quarterly = Diqiu-kongjian-xinxi-kexue-xuebao. 8.2005,1, p.64-71, 11 ill. ISSN 1009-5020.

2835
Giri, J.D.; Mohan, V.; Tailor, B.L.; Singh, R.S.; Shyampura, R.L.: Remote sensing and GIS application for assessing groundwater potential around Udaipur, Rajasthan. In: Cartographic technologies for water, land and infrastructure development : XXIV INCA international congress, Kolkata, October 6 – 9, 2004 ; [... important contributions presented at the XXIV INCA International Congress on the Theme "Cartographic Technologies for Water, Land and Infrastructure Development"...]. Ed.: Dasgupta, Ajit Kumar. – Hyderabad: Indian National Cartographic Association 2005, p.66-77, 5 ill. (Indian cartographer ; 24.2004).

2836
Hou, Enke; Wu, Lixin; Wu, Yuhua; Ju, Tianyi: Component-based topological data model for three-dimensional geology modeling. In: Geo-spatial information science : quarterly = Diqiu-kongjian-xinxi-kexue-xuebao. 8.2005,2, p.122-127, 2 ill., 12 tab. ISSN 1009-5020.

2837
Hubmann, Bernhard; Cernajsek, Tillfried: 175 Jahre geologische Karte der Steiermark. In: Mitteilungen des Naturwissenschaftlichen Vereines für Steiermark. 134.2005, p.5-22. ISSN 0369-1136.

2838
Hubmann, Bernhard; Cernajsek, Tillfried: Die erste geologische Gebietskarte des Grazer Paläozoikums von Conrad Clar aus dem Jahr 1877. In: Joannea Geologie und Paläontologie. 6.2005, p.5-16, 3 ill. ISSN 1562-9449.

2839
Jordan, G.; Meijninger, B.M.L.; Hinsbergen, D.J.J. van: Extraction of morphotectonic features from DEMs : development and applications for study areas in Hungary and NW Greece. In: International journal of applied earth observation and geoinformation : JAG ; the official quarterly publication of the International Institute for Aerospace Survey and Earth Sciences (ITC)., p.163-182, 8 ill. ISSN 0303-2434.

2840
Kankane, Sanjay; Deshmukh, S. D.; Hari, K. R.: A new approach to enhance the accuracy in the preparation of 'DEM' using 'Surfer-8'. In: Bridging the digital divide and taking cartography at grassroots level : 25th INCA international congress, Sagar, Nov. 28 – Dec. 1, 2005. Ed.: Trivedi, R. K. – Ahmedabad: Indian National Cartographic Association 2005, p.107-109, 3 ill. (Indian cartographer ; 25.2005).

2841
Kaur, D.: Evaluation and monitoring water resource potential and management in Dewas Tahsil (Dewas district) M.P. In: Cartographic technologies for water, land and infrastructure development : XXIV INCA international congress, Kolkata, October 6 – 9, 2004 ; [... important contributions presented at the XXIV INCA International Congress on the Theme "Cartographic Technologies for Water, Land and Infrastructure Development"...]. Ed.: Dasgupta, Ajit Kumar. – Hyderabad: Indian National Cartographic Association 2005, p.75-95, 16 ill., 2 tab. (Indian cartographer ; 24.2004).

2842
Ládai, András Dénes; Barsi, Arpád; Le Mouelic, Stéphane; Sotin, Christophe; Combe, Jean-Philippe: A Mars felszínének kőzettani vizsgálata hiperspektrális felvételek alapján. In: Geodézia és kartográfia. 57.2005,7, p.14-18, 10 ill. Geological investigations of the Mars surface with hyperspectral image processing. [Hung. with French rés.]. ISSN 0016-7118.

2843
Lawrence, David M.: Upheaval from the abyss : ocean floor mapping and the earth science revolution. – New Brunswick, NJ [u.a.]: Rutgers University Press 2002, XVII, 284 p., ill., mp. ISBN 0-8135-3028.

2844
Li, Hao; Zhang, Youjing; Hua, Xisheng; Yang, Biao: Geologic logging of digital photos and its basic algorithm. In: Geomatics and information science of Wuhan University. 29.2004,9, p.804-808, 5 ill., 1 tab. [Chin. with Engl. rés.]. ISSN 1671-8860; 1000-050X.

2845
Lippstreu, Lothar: Von den Anfängen der geologischen Kartierung im ehemaligen Prueßen – ein Beitrag zum Beginn der geologisch-agronomischen Kartierung im Norddeutschen Flachland vor 125 Jahren. In: Brandenburgische geowissenschaftliche Beiträge. 7.2000,1/2, p.5-19, 1 ill., 3 mp., 5 portr. ISSN 0947-1995.

2846
Liu, Xuefeng; Meng, Lingkui; Zhao, Chunyu: DEM-based oil and gas migration pathway simulation of oil- and gas-bearing basin. In: Geomatics and information science of Wuhan University. 29.2004,4, p.371-375, 7 ill. [Chin. with Engl. rés.]. ISSN 1671-8860; 1000-050X.

2847
Mandal, D.K.: Role of RS and GIS on the study of ground water potential of Doon Valley area. In: Cartographic technologies for water, land and infrastructure development : XXIV INCA international congress, Kolkata, October 6 – 9, 2004 ; [... important contributions presented at the XXIV INCA International Congress on the Theme "Cartographic Technologies for Water, Land and Infrastructure Development"...]. Ed.: Dasgupta, Ajit Kumar. – Hyderabad: Indian National Cartographic Association 2005, p.57-65, 1 ill., 1 tab. (Indian cartographer ; 24.2004).

2848
Nasipuri, Pritam; Mitra, D.S.; Majumdar, T.J.: Generation of thermal inertia image over a part of Gujarat : a new tool for geological mapping. In: International journal of applied earth observation and geoinformation : JAG ; the official quarterly publication of the International Institute for Aerospace Survey and Earth Sciences (ITC). 7.2005,2, p.129-139, 9 ill, 1 tab. ISSN 0303-2434.

2849
Normes et spécifications techniques pour l'établissement des cartes géologiques au 1/50000 et 1/100000 du Maroc. By: Sadiqui, Mohammed. – Rabat: 2003, 130 p., ill. (Notes et mémoires du service géologique ; 430). ISBN 9981-886-20-3.

2850
Plum, Hans; Armbruster, Volker: Hydrogeologische Landesaufnahme : vom Kartenwerk zum Fachinformationssystem. In: Berichte der Naturforschenden Gesellschaft zu Freiburg i. Br. 95.2005,1, p.155-171, 8 ill., 1 tab. ISSN 0028-0917.

2851
Rose, Edward P.F.: Specialist maps of the channel islands prepared by German military geologists during the second world war : German expertise deployed on British terrain. In: The Cartographic Journal. 42.2005,2, p.111-136, 26 ill. ISSN 0008-7041.

2852
Sammartino, Simone; Totaro, Pierluigi: Atlante della bibliografia storica dei terremoti italiani. In: Bollettino della Associazione Italiana di Cartografia. 42.2005,123/125, p.479-490, 4 ill., 1 tab. Atlas of the historical bibliography of Italian earthquakes. [Ital. with Engl. rés.]. ISSN 0044-9733.

2853
Schäfer-Weiss, Dorothea; Versemann, Jens: The influence of Goethe's Farbenlehre on early geological map colouring : Goethe's contribution to Christian Keferstein's General Charte von Teutschland. In: Imago Mundi : the international journal for the history of cartography. 57.2005,2, p.164-184, 1 ill., 4 plates. [Engl. with French, Germ. and Span. rés.]. ISSN 0308-5694.

2854
Shi, Dong; Chen, Jun; Zhu, Qing: Oil-gas reservoir evaluation based on GIS. In: Geomatics and information science of Wuhan University. 29.2004,7, p.592-596, 5 ill., 2 tab. [Chin. with Engl. rés.]. ISSN 1671-8860; 1000-050X.

2855
Soares, Richard: Index to geologic maps of Utah by U.S.G.S. Topographic Quadrangle Name, part 3 : 1971-1980, M-Z. In: Information bulletin / Western Association of Map Libraries. 36.2005,2, p.111-134. ISSN 0049-7282.

2856
Spallek, Waldemar: Problemy redakcyjne opracowania map geologicznych w atlasach szkolnych. In: Projektowanie i redakcja map = Map design and map compilation. Ed.: Uniwersytet Wrocławski. – Wrocław: Uniwersytet Wrocławski 2005, p.184-198, 5 ill. (Glówne problemy wspólczesnej kartografii ; 2005) Problems of compilation and design of geological maps in school atlases. [Pol. with Engl. res.].

2857
Tiwari, Deepmala; Mishra, Shweta; Patel, Vivekanand; Jain, J. L.: Geological evaluation of terrain using remote sensing techniques. In: Bridging the digital divide and taking cartography at grassroots level : 25th INCA international congress, Sagar, Nov. 28 - Dec. 1, 2005. Ed.: Trivedi, R. K. – Ahmedabad: Indian National Cartographic Association 2005, p.196-199, 2 ill. (Indian cartographer ; 25.2005).

2858
Vincent, Marc: Établissement de cartes, départementales de l'aléa retrait-gonflement des argiles. In: Le Monde des Cartes : revue du Comité Français de Cartographie. 185.2005, p.40-43, 7 ill. ISSN 1634-3522.

Geomorphology / Geomorphologie / Géomorphologie

2859
Bělka, Luboš: Využití stereoskopického pozorování pro geomorfologické mapování. In: Kartografické listy. 13.2005, p.5-13, 4 ill. Exploitation of steroscopic observation for geomorphological mapping. [Slovak with Engl. rés.].

2860
Cheng, Tao; Fisher, Pete; Li, Zhilin: Double vagueness : uncertainty in multi-scale fuzzy assigment of duneness. In: Geo-spatial information science : quarterly = Diqiu-kongjian-xinxi-kexue-xuebao. 7.2004,1, p.58-66, 6 ill. ISSN 1009-5020.

2861
Geomorfologische Kaart van Nederland. In: Geografie. 13.2004,2, p.11, 1 mp. Geomorphological map of the Netherlands. [Dutch]. ISSN 0926-3837.

2862
Gregori, Lucilia ; Troiani, Cristina: La Cascata delle Marmore (Terni – Umbria) : storia ed evoluzione di un "geomorfosito". In: Bollettino della Associazione Italiana di Cartografia. 42.2005,123/125, p.321-347, 21 ill. The Marmore Fall (Terni – Umbria Region) : history and evolution of a "geomorphosite". [Ital. with Engl. rés.]. ISSN 0044-9733.

2863
Gurney, Stephen D.; Bartsch, Annett: Mapping the spatial distribution of geomorphological processes in the Okstindan area of northern Norway,using geomorphic process units as derived from remote sensing and ground survey. In: Fennia : international journal of geography / Societas Geographica Fenniae. 183.2005,1, p.1-14, 5ill. ISSN 0015-0010.

2864
Harrison, Stephan; Jansson, Krister; Glasser, Neil: Reconstructing palaeoclimates in southern South America : the role of geomorphological mapping. In: The Bulletin of the Society of Cartographers. 39.2005,1-2, p.29-34, 1 tab., 1 mp. ISSN 0036-1984.

2865
Jin, Hailiang; Gao, Jingxiang: Research on the algorithm of extracting ridge and valley lines from contour data. In: Geo-spatial information science : quarterly = Diqiu-kongjian-xinxi-kexue-xuebao. 8.2005,4, p.282-286, 8 ill., 3 tab. ISSN 1009-5020.

2866
Jordan, G.; Meijninger, B.M.L.; Hinsbergen, D.J.J. van: Extraction of morphotectonic features from DEMs : development and applications for study areas in Hungary and NW Greece. In: International journal of applied earth observation and geoinformation : JAG ; the official quarterly publication of the International Institute for Aerospace Survey and Earth Sciences (ITC)., p.163-182, 8 ill. ISSN 0303-2434.

2867
Le Berre, Iwan; Hénaff, Alain; Devogèle, Thomas; Mascret, Ariane; Wenzel, Franck: SPOT5 : un outil pertinent pour le suivi du trait de côte?. In: Géographie du littoral : approche géomatique. Textes réunis par Serge Suanez. – Rennes: Presses Universitaires <Rennes> 2005, p.23-35, 7 ill., 4 tab. (Norois : revue géographique des universités de l'Ouest ; environnement, aménagement, société ; 196.2005). [Themenheft der Zeitschrift:; ; ; ; Norois : revue géographique des universités de l'Ouest ; environnement, aménagement, société. 196.2005].

2868
Moharana, P. C.: Present day geomorphic processes, land surface development and hazards in Churu District – assessment using visual remote sensing. In: Bridging the digital divide and taking cartography at grassroots level : 25th INCA international congress, Sagar, Nov. 28 – Dec. 1, 2005. Ed.: Trivedi, R. K. – Ahmedabad: Indian National Cartographic Association 2005, p.200-204, 3 ill., 1 tab. (Indian cartographer ; 25.2005).

2869
Možucha, Marián: Cartographic modelling of interactions of FM signal with georelief. In: Kartografické listy. 12.2004, p.66-79, 16 ill., 1 tab. [Engl. with Slovak rés.].

2870
Neogi, Sudipta; Pal, M.M.: Landforms and land use cartography for land resource development : an appraisal of NATMO projects. In: Cartographic technologies for water, land and infrastructure development : XXIV INCA international congress, Kolkata, October 6 – 9, 2004 ; [... important contributions presented at the XXIV INCA International Congress on the Theme "Cartographic Technologies for Water, Land and Infrastructure Development"...]. Ed.: Dasgupta, Ajit Kumar. – Hyderabad: Indian National Cartographic Association 2005, p.449-454, 1 ill. (Indian cartographer ; 24.2004).

2871
Sanjosé Blasco de, José Juan; Atkinson Gordo, Alan D.J.; Andrés de Pablo, Nuria ; Palacios Estremera, David; Zamorano Orozco, José Juan: Utilidad de las técnicas geomáticas para la prevención de catástrofes provocadas por el volcán Popocatépetl (Mexico). In: Topografía y cartografía : TOPCART ; revista del Colegio Oficial de Ingenieros Técnicos en Topografía. 22.2005,130, p.37-46, 13 ill., 2 tab. Utility of geomatical techniques for the prevention of catastrophes caused by the volcan Popocatépetl (Mexico). [Span. with Engl. rés.]. ISSN 0212-9280.

2872
Stabel, Edith: Satellitenbasierte Analyse der Morphodynamik großer Fließgewässer als Teil einer integrierten Hochwasservorsorge : am Beispiel des Oderhochwassers 1997. Ed.: Universität des Saarlandes <Saarbrücken>. – Saarbrücken: Selbstverlag 2005, 126 p., ill., mp. (Saarbrücker geographische Arbeiten ; 50). [Zsfassung in dt., engl., franz. und poln. Sprache; Zugl.: Saarbrücken, Univ., Diss., 2004] ISBN 3-924525-50-1.

Geophysics / Geophysik / Géophysique

2873
Guo, Jiming; Lin, Hui: Investigation of ionosphere TEC distribution in China region by GIM model. In: Geo-spatial information science : quarterly = Diqiu-kongjian-xinxi-kexue-xuebao. 8.2005,3, p.197-200, 3 ill., 1 tab. ISSN 1009-5020.

2874
Možucha, Marián: Cartographic modelling of interactions of FM signal with georelief. In: Kartografické listy. 12.2004, p.66-79, 16 ill., 1 tab. [Engl. with Slovak rés.].

2875
Ray, Amit K.; Chaudhuri, Buddhadeb: Tectonic appraisal of the Narmada-Tapti-Kutch linear belt and the Cambay basin in western India. In: Cartographic technologies for water, land and infrastructure development : XXIV INCA international congress, Kolkata, October 6 – 9, 2004 ; [... important contributions presented at the XXIV INCA International Congress on the Theme "Cartographic Technologies for Water, Land and Infrastructure Development"...]. Ed.: Dasgupta, Ajit Kumar. – Hyderabad: Indian National Cartographic Association 2005, p.247-256, 10 ill. (Indian cartographer ; 24.2004).

Geoscience / Geowissenschaften / Science de la terre

2876
Huber, Hans Georg; Weber-Blonsky, Michael; Miller, Karl-Heinz: Geowissenschaften im Dienst politischer Krisenreaktion und Konfliktlösung : das Amt für Geoinformationswesen der Bundeswehr. In: Kartographische Nachrichten : KN ; Fachzeitschrift für Geoinformation und Visualisierung ; Organ der Deutschen Gesellschaft für Kartographie e.V., der Schweizerischen Gesellschaft für Kartographie und der Österreichischen Kartographischen Kommission in der Österreichischen Geographischen Gesellschaft. 55.2005,3, p.141-147, 9 ill. ISSN 0022-9164.

2877
Lentz, Sebastian: Geowissenschaftliche Karten und Kartenwerke oder Fachinformationssysteme : eine Analyse anhand des Nationalatlas Bundesrepublik Deutschland. In: Kartographische Nachrichten : KN ; Fachzeitschrift für Geoinformation und Visualisierung ; Organ der Deutschen Gesellschaft für Kartographie e.V., der Schweizerischen Gesellschaft für Kartographie und der Österreichischen Kartographischen Kommission in der Österreichischen Geographischen Gesellschaft. 55.2005,6, p.307-313, 3 ill., 2 tab. ISSN 0022-9164.

2878
Simon, Doris; Schaab, Gertrud; Düpmeier, Clemens: Ein Kartendienst für die dynamische Erzeugung von Karten für den Themenpark Boden-Geologie-Natur. In: Kartographische Nachrichten : KN ; Fachzeitschrift für Geoinformation und Visualisierung ; Organ der Deutschen Gesellschaft für Kartographie e.V., der Schweizerischen Gesellschaft für Kartographie und der Österreichischen Kartographischen Kommission in der Österreichischen Geographischen Gesellschaft. 55.2005,4, p.187-193, 6 ill. ISSN 0022-9164.

Glaciology / Glaziologie / Glaciologie

2879
Geist, Thomas; Höfle, Bernhard; Rutzinger, Martin; Stötter, Johann: Der Einsatz von flugzeuggestützten Laserscanner Daten für geowissenschaftliche Untersuchungen in Gebirgsräumen. In: Photogrammetrie, Fernerkundung, Geoinformation : PFG ; Organ der Deutschen Gesellschaft für Photogrammetrie und Fernerkundung e.V. 2005,3, p.183-190, 3 ill., 1 tab. ISSN 1432-8364.

2880
Gruber, Walter; Slupetzky, Heinz: Gletscher-Monitoring : von terrestrischer Vermessung zu modernen Methoden der Fernerkundung anhand von Beispielen aus den Hohen Tauern und der Coast Range (B.C., Canada). In: Raumbilder im Wandel : 40 Jahre Geographie an der Universität Salzburg. Ed.: Breuste, Jürgen. – Salzburg: Universität Salzburg / Fachbereich für Geographie, Geologie und Mineralogie 2005, p.37-52, 18 ill. + 1 map-suppl. (Salzburger geographische Arbeiten ; 38).

2881
Karstkarel, Nanka: Changes in shelf ice extent in West Antarctica between 1840 and 1960 : analysing historical maps in a Geographical Information System. Ed.: Arctisch Centrum <Groningen>. – Groningen: Arctisch Centrum <Groningen> 2005, X, 170 p., ill., mp. (Circumpolar studies ; 3). [Zugl.: @Groningen, Univ., Diss., 2005] ISBN 90-77922-04-0.

2882
Pflüger, Börge: Das Meereis um Südgrönland 1777 – 2002 = Die Eisverhältnisse an der Südspitze Grönlands 1777 – 2002; Eiskartensammlung. Ed.: Geographische Gesellschaft <Hamburg>. – Hamburg: Geographische Gesellschaft <Hamburg> 2005, IV, 255 p., ill., mp. + 1 CD-ROM. (Mitteilungen der Geographischen Gesellschaft in Hamburg ; 97). [Zugl.: Hamburg, Univ., Fachbereich Geowiss., Diss., 2005 u.d.T.: Pflüger, Börge: Die Eisverhältnisse an der Südspitze Grönlands 1777 – 2002; CD-ROM u.d.T.: Eiskartensammlung] ISBN 3-515-08779-6.

2883
Prechtel, Nikolas: Animating geodata exemplified by the Dresden "Altai-GIS". In: Photogrammetrie, Fernerkundung, Geoinformation : PFG ; Organ der Deutschen Gesellschaft für Photogrammetrie und Fernerkundung e.V. 2005,1, p.37-46, 3 ill., 1 tab. ISSN 1432-8364.

2884
Yan, Junjie; Liu, Liangming; Ma, Haolu; Xu, Zhihui: Application of MODIS data on the ice flood monitoring of Yellow River. In: Geomatics and information science of Wuhan University. 29.2004,8, p.679-681. [Chin. with Engl. rés.]. ISSN 1671-8860; 1000-050X.

History / Geschichte / Histoire

2885
Bartoszewicz, Henryk: Siedzby rodowe na mapach i planach. In: Geodeta : magazyn geoinformacyjny. 1(116).2005, p.58-61, 5 ill. Family domiciles in maps and plans. [Pol.].

2886
Blaschke, Karlheinz: Das Städtewesen in Sachsen vom 12. bis zum 19. Jahrhundert : eine neue Karte im Atlas zur Geschichte und Landeskunde von Sachsen. In: Sachsenlandkurier : SLK ; Organ des Sächsischen Städte- und Gemeindetags ; Kommunalzeitschrift für die Städte und Gemeinden. 16.2005,2, p.76-82, 1 tab.

2887
Caprioli, Mauro; Salvemini, Biagio; Tarantino, Eufemia: L'insediamento meridionale e la sua rappresentazione cartografica : temi e prospettive di un atlante storico in costruzione. In: Bollettino della Associazione Italiana di Cartografia. 42.2005,123/125, p.371-383 Settlements in southern Italy and their cartographic representation : themes and perspectiv of an historical atlas under construction. ISSN 0044-9733.

2888
Egli, Hans-Rudolf ; Flury, Philipp; Frey, Thomas; Schiedt, Hans-Ulrich: GIS-Dufour in der Schweiz : System verwaltet 250 Jahre alte Raum- und Verkehrsdaten. In: GeoBit : Geoinformationstechnologie für die Praxis. 2005,10, p.34-35, 2 ill. ISSN 1430-3663.

2889
Gregory, Ian N.: A place in history : a guide to using GIS in historical research. – Oxford: Oxbow Books 2003, V, 80 p., ill., mp. (AHDS guides to good practice series : History data service). [Literaturverz. S. 72 – 80] ISBN 1-8421-7036-8.

2890
Holenstein, Elmar: Geographie der Philosophie und Philosophie der Geographie : Vorüberlegungen zu einem Atlas zu den Geschichten der Philosophie. In: Kulturen vergleichen : sozial- und kulturwissenschaftliche Grundlagen und Kontroversen. Ed.: Srubar, Ilja; Renn, Joachim; Wenzel, Ulrich. – Wiesbaden: VS Verlag 2005, p.37-47.

2891
Jeschke, Hans Peter: Die Ausstellung "Denkmal- und Erinnerungslandschaft Mauthausen / Gusen" im neuen Besucherzentrum der KZ-Gedenkstätte Mauthausen in Oberösterreich : zur Topographie und zum System des nationalsozialistischen Terrors in der Region Mauthausen, Gusen und St. Georgen. In: Kulturlandschaft digital : Forschung und Anwendung ; 15. Fachtagung des Umweltamtes (Landschaftsverband Rheinland) ; 11. Jahrestagung der Arbeitsgruppe Angewandte Historische Geographie (Arbeitskreis für Historische Kulturlandschaftsforschung ARKUM), 2. bis 5. März 2005 in Aachen ; Tagungsdokumentation. Ed.: Rheinland / Umweltamt. – Köln: Rheinland / Umweltamt 2005, p.144-153, 3 ill. (Kulturlandschaft : Zeitschrift für angewandte historische Geographie ; 15.2005).

2892
Kraker, A.M.J. de; Aalbersberg, G.: Digitised Reconstruction of the Westerschelde basin, 1550-2000. In: Kulturlandschaft digital : Forschung und Anwendung ; 15. Fachtagung des Umweltamtes (Landschaftsverband Rheinland) ; 11. Jahrestagung der Arbeitsgruppe Angewandte Historische Geographie (Arbeitskreis für Historische Kulturlandschaftsforschung ARKUM), 2. bis 5. März 2005 in Aachen ; Tagungsdokumentation. Ed.: Rheinland / Umweltamt. – Köln: Rheinland / Umweltamt 2005, p.136-143, 4 ill. (Kulturlandschaft : Zeitschrift für angewandte historische Geographie ; 15.2005).

2893
Parente, Claudio; Totaro, Pierluigi: Atlante storico dinamico delle circoscrizioni amministrative della Campania (1861-2000). In: Bollettino della Associazione Italiana di Cartografia. 42.2005,123/125, p.505, 7 ill. A dynamic historical atlas of administrative boundaries of Campania region (1861-2000). [Ital. with Engl. rés.]. ISSN 0044-9733.

2894
Poli, Daniela: Rappresentazione identitaria e processi storici di territorializzazione. In: Bollettino della Associazione Italiana di Cartografia. 52.2005,123/125, p.39-57, 11 ill. Identitarian representation and historical processes of territorialisation. [Ital. with Engl. rés.]. ISSN 0044-9733.

2895
Przybytek, Dariusz: Kartografia historyczna Śląska XVIII – XX wieku. – Wrocław: Wydawn. Uniwersytetu Wrocławskiego 2002, 187 p., ill., mp. (Acta Universitatis Wratislaviensis ; 2456) Historical cartography of Silesia, 18th to 20th century. [Pol. with Germ. rés.]. ISBN 83-229-2346-5; 978-83-229-2346-7.

2896
Sammartino, Simone; Totaro, Pierluigi: Atlante della bibliografia storica dei terremoti italiani. In: Bollettino della Associazione Italiana di Cartografia. 42.2005,123/125, p.479-490, 4 ill., 1 tab. Atlas of the historical bibliography of Italian earthquakes. [Ital. with Engl. rés.]. ISSN 0044-9733.

2897
Saragosa, Claudio; Chiti, Michela: Le relazioni tra insediamento umano e sistema ambientale : metodi di lettura dei modelli insediativi locali. In: Bollettino della Associazione Italiana di Cartografia. 42.2005,123/125, p.491-504, 6 ill. The relations between human settlements and environmental systems : methods and environmental systems : methods of interpreting local settling models. [Ital. with Engl. rés.]. ISSN 0044-9733.

2898
Semotanová, Eva: Historický atlas měst – evropský projekt ke srovnávacím dějinám městských aglomerací. In: Seminář a jeho hosté II : sborník příspěvk k nedožitým 70. narozeninám Doc. Phdr. Rostislava Nového. Ed.: Kreuz, Petr; Šustek, Vojtéch. – Praha: Scriptorium 2004, p.325-342 (Documenta Pragensia : sborník materiálí z Archivu Hlavního Města Prahy ; 23) Historical town's atlas – the European project to compare the history of town agglomerations. [Czech].

Hydrography / Hydrographie / Hydrographie

2899
Adhikari, S.K.; Prakash, D.; Sikdar, P.K.; Bhattacharya, B.B.: Groundwater management and development plan of drought prone districts of Nawapara and Kalahandi, Orissa. In: Cartographic technologies for water, land and infrastructure development : XXIV INCA international congress, Kolkata, October 6 – 9, 2004 ; [... important contributions presented at the XXIV INCA International Congress on the Theme "Cartographic Technologies for Water, Land and Infrastructure Development"...]. Ed.: Dasgupta, Ajit Kumar. – Hyderabad: Indian National Cartographic Association 2005, 160-184, 15 ill., 11 tab. (Indian cartographer ; 24.2004).

2900
Alphabetischer Index : Bearb. von Eckhard Eggers. By: Eggers, Eckhard; Schmid, Wolfgang P.; Krahe, Hans. 2005, XXIII, 560 p. + 1 CD-ROM. (Hydronymia Germaniae ; Reihe A, Sonderbd. 1).

2901
Anreiter, Peter: Die Schichtung der Tiroler Gewässernamen. In: Gewässernamen in Bayern und Österreich : 3. Kolloquium des Arbeitskreises für Bayerisch-Österreichische Namenforschung (Regensburg, 27./28.Februar 2004). Ed.: Greule, Albrecht. – Regensburg: Edition Vulpes 2005, p.35-49, 1 ill., 2 tab. (Regensburger Studien zur Namenforschung ; 1).

2902
Barber, Christopher P.; Shortridge, Ashton: Lidar elevation data for surface hydrologic modeling : resolution and representation issues. In: Auto-Carto 2005 : research symposium proceedings. 2005, p.401-410, 3 ill., 9 tab. (Cartography and geographic information science : an official journal of ACSM devoted to the advancement of cartography in all its aspects ; 32.2005,4).

2903
Bastariya, V. S.: Water resource management with GIS, remote sensing and modern cartographic devices. In: Bridging the digital divide and taking cartography at grassroots level : 25th INCA international congress, Sagar, Nov. 28 – Dec. 1, 2005. Ed.: Trivedi, R. K. – Ahmedabad: Indian National Cartographic Association 2005, p.221-225, 2 ill. (Indian cartographer ; 25.2005).

2904
Bellec, François: La cartographie nautique de L'Océan Indien : une hydrographie d'excellence. In: Baudin-Flinders dans l'Océan indien : voyages, découvertes, rencontre. sous la direction de Serge M. Rivière et Kumari R. Issur. – Paris: L'Harmattan 2007, p.43-56, 5 ill.

2905
Bhattacharya, Sraboni: Evolution of possible remedial measures to minimise the drainage and sewrage problem of greater Kolkata area. In: Cartographic technologies for water, land and infrastructure development : XXIV INCA international congress, Kolkata, October 6 – 9, 2004 ; [... important contributions presented at the XXIV INCA International Congress on the Theme "Cartographic Technologies for Water, Land and Infrastructure Development"...]. Ed.: Dasgupta, Ajit Kumar. – Hyderabad: Indian National Cartographic Association 2005, p.534-539, 2 mp. (Indian cartographer ; 24.2004).

2906
Biolik, Maria: Die fließenden Gewässer = Nazwy wód płynących. 2005, 235 p., mp. (Hydronymia Europaea ; 19). [Pol. and Germ.].

2907
Blauw, Maili: "Eene aanschouwelijke voorstelling van den waterstaat" : de Waterstaatskaart van Nederland, 1865-1992. In: Caert-thresoor : tijdschrift voor de geschiedenis van de kartografie in Nederland. 24.2005,24, p.112-119, 7 ill. A graphic representation of the "waterstaat" : the "Waterstaats" map of The Netherlands, 1865-1992. ISSN 0167-4994.

2908
Das Flussgebiet der Unterweser und der mittleren Weser. Bearb. von Ulf Borchers unter Verwendung der Vorarb. von Wolfgang Kramer. 2005, 172 p., mp. (Hydronymia Germaniae ; Reihe A, Lfg. 18).

2909
Fastnacht, Dorothea: Die Gewässernamen in den ehemaligen Landkreisen Ebermannstadt und Staffelstein. In: Gewässernamen in Bayern und Österreich : 3. Kolloquium des Arbeitskreises für Bayerisch-Österreichische Namenforschung (Regensburg, 27./28.Februar 2004). Ed.: Greule, Albrecht. – Regensburg: Edition Vulpes 2005, p.51-63, 1 ill. (Regensburger Studien zur Namenforschung ; 1).

2910
George, Dieter: Zur Diskussion über Gewässernamen des Altlandkreises Lichtenfels. In: Gewässernamen in Bayern und Österreich : 3. Kolloquium des Arbeitskreises für Bayerisch-Österreichische Namenforschung (Regensburg, 27./28.Februar 2004). Ed.: Greule, Albrecht. – Regensburg: Edition Vulpes 2005, p.65-74 (Regensburger Studien zur Namenforschung ; 1).

2911
Gewässernamen in Bayern und Österreich : 3. Kolloquium des Arbeitskreises für Bayerisch-Österreichische Namenforschung (Regensburg, 27./28.Februar 2004). Ed.: Greule, Albrecht. – Regensburg: Edition Vulpes 2005, 257 p., ill., mp. (Regensburger Studien zur Namenforschung ; 1). ISBN 3-939112-00-3.

2912
Giri, J.D.; Mohan, V.; Tailor, B.L.; Singh, R.S.; Shyampura, R.L.: Remote sensing and GIS application for assessing groundwater potential around Udaipur, Rajasthan. In: Cartographic technologies for water, land and infrastructure development : XXIV INCA international congress, Kolkata, October 6 – 9, 2004 ; [... important contributions presented at the XXIV INCA International Congress on the Theme "Cartographic Technologies for Water, Land and Infrastructure Development"...]. Ed.: Dasgupta, Ajit Kumar. – Hyderabad: Indian National Cartographic Association 2005, p.66-77, 5 ill. (Indian cartographer ; 24.2004).

2913
Granath, Lars: Kartans vita fläckar är blå. In: Kart & bildteknik : mapping and image science. 19.2004,1, p.14-17, 1 ill., 2 mp. The map's white spots are blue. [Swed.]. ISSN 1651-792X.

2914
Gregor, Viktor: Fotogrammetrické meranie tatranských plies pre hydrologický výskum. In: Geodetický a kartografický obzor. 50.2004,10, p.193-199, 2 ill., 5 tab. Fotogrammetry measurements of mountain lakes in the Tatras for hydrologic research. [Slov.]. ISSN 0016-7096.

2915
Gregori, Lucilia ; Troiani, Cristina: La Cascata delle Marmore (Terni - Umbria) : storia ed evoluzione di un "geomorfosito". In: Bollettino della Associazione Italiana di Cartografia. 42.2005,123/125, p.321-347, 21 ill. The Marmore Fall (Terni - Umbria Region) : history and evolution of a "geomorphosite". [Ital. with Engl. rés.]. ISSN 0044-9733.

2916
Greiner, Piotr: Mapy Kanału Kłodnickiego. In: Rocznik Muzeum w Gliwicach. 19.2004(2005), p.75-82, 18 ill. The maps of the Kłodnica Canal. [Pol. with Engl. and Germ. rés.]. ISSN 0860-0937.

2917
Greule, Albrecht; Janka, Wolfgang; Schuh, Robert: Der Gewässername Wondreb. In: Gewässernamen in Bayern und Österreich : 3. Kolloquium des Arbeitskreises für Bayerisch-Österreichische Namenforschung (Regensburg, 27./28.Februar 2004). Ed.: Greule, Albrecht. - Regensburg: Edition Vulpes 2005, p.75-83 (Regensburger Studien zur Namenforschung ; 1).

2918
Hagen, Dietrich: Die jämmerliche Flut von 1717 : Untersuchungen zu einer Karte des frühen 18. Jahrhunderts. - Oldenburg: KomRegis 2005, 92 p., ill., mp. [Literaturverz. S. 85-89; Im Jahr nach der Weihnachtsflut genannten Sturmflut von 1717 entstand eine Landkarte der Nordseeküste, auf der diese Naturkatastrophe bildhaft dargestellt wurde. Der Autor setzt sich mit allen Bestandteilen dieser Karte auseinander, dokumentiert die Texte und schafft damit einen Schlüssel zu ihrem Verständnis.] ISBN 3-938501-08-1.

2919
Hohensinner, Karl: Namensänderungen bei Gewässernamen am Nordrand Oberösterreichs. In: Gewässernamen in Bayern und Österreich : 3. Kolloquium des Arbeitskreises für Bayerisch-Österreichische Namenforschung (Regensburg, 27./28.Februar 2004). Ed.: Greule, Albrecht. - Regensburg: Edition Vulpes 2005, p.85-94 (Regensburger Studien zur Namenforschung ; 1).

2920
Holzer, Georg: Slavische Gewässernamen in Niederöstereich : ihre Bildung und ihr Verhältnis zu den Geländenamen. In: Gewässernamen in Bayern und Österreich : 3. Kolloquium des Arbeitskreises für Bayerisch-Österreichische Namenforschung (Regensburg, 27./28.Februar 2004). Ed.: Greule, Albrecht. - Regensburg: Edition Vulpes 2005, p.95-109 (Regensburger Studien zur Namenforschung ; 1).

2921
Jaiswal, Rajeev Kumar; Thomas, T.; Nayak, T. R. ; Bhar, A. K.: Application of remote sensing & GIS for groundwater potential areas mapping. In: Bridging the digital divide and taking cartography at grassroots level : 25th INCA international congress, Sagar, Nov. 28 - Dec. 1, 2005. Ed.: Trivedi, R. K. - Ahmedabad: Indian National Cartographic Association 2005, p.216-220, 6 ill., 2 tab. (Indian cartographer ; 25.2005).

2922
Katzlberger, Gernot; Kriz, Karel; Pucher, Alexander: ISOHIS-MAP - Informationssystem für isotop-hydrologische Daten. In: Angewandte Geoinformatik 2005 : Beiträge zum 17. AGIT-Symposium Salzburg. Ed.: Strobl, Josef; Blaschke, Thomas; Griesebner, Gerald. - Heidelberg: Herbert-Wichmann-Verlag 2005, p.315-319, 2 ill.

2923
Kaur, D.: Evaluation and monitoring water resource potential and management in Dewas Tahsil (Dewas district) M.P. In: Cartographic technologies for water, land and infrastructure development : XXIV INCA international congress, Kolkata, October 6 - 9, 2004 ; [... important contributions presented at the XXIV INCA International Congress on the Theme "Cartographic Technologies for Water, Land and Infrastructure Development"...]. Ed.: Dasgupta, Ajit Kumar. - Hyderabad: Indian National Cartographic Association 2005, p.75-95, 16 ill., 2 tab. (Indian cartographer ; 24.2004).

2924
Kozličić, Mithad: Panorame Dalmacije Guiseppea Riegera = I panorami della Damazia di giuseppe Rieger; The panoramas of Dalmatia by Guiseppe Rieger; Panoramen Dalmatiens von Giuseppe Rieger. - Split: Hrvatski Hydrografski Institut 2003, 159 p., ill., mp. (Posebna izdanja ; 1). [Croat, Ital., Engl., German]. ISBN 953-6165-07-4.

2925
Krüger, Tobias; Buchroithner, Manfred F.; Lehmann, Frank: GIS-gestützte Kartierung hochwasserschutzrelevanter topographischer Informationen mit HRSC-Daten. In: Photogrammetrie, Fernerkundung, Geoinformation : PFG ; Organ der Deutschen Gesellschaft für Photogrammetrie und Fernerkundung e.V. 2005,33, p.129-133, 6 ill. ISSN 1432-8364.

2926
Mandal, D.K.: Role of RS and GIS on the study of ground water potential of Doon Valley area. In: Cartographic technologies for water, land and infrastructure development : XXIV INCA international congress, Kolkata, October 6 - 9, 2004 ; [... important contributions presented at the XXIV INCA International Congress on the Theme "Cartographic Technologies for Water, Land and Infrastructure Development"...]. Ed.: Dasgupta, Ajit Kumar. - Hyderabad: Indian National Cartographic Association 2005, p.57-65, 1 ill., 1 tab. (Indian cartographer ; 24.2004).

2927
Millward, Andrew: Connecting the landscape with a hydro network. GIS and water resource management. In: Cartouche : the operational publication of the Canadian Cartographic Association. 58.2005, p.8-9, 1 ill. ISSN 1183-2045.

2928
Nag, Pritvish: Cargographic technologies for water, land and infrastructure development : keynote address. In: Cartographic technologies for water, land and infrastructure development : XXIV INCA international congress, Kolkata, October 6 – 9, 2004 ; [... important contributions presented at the XXIV INCA International Congress on the Theme "Cartographic Technologies for Water, Land and Infrastructure Development"...]. Ed.: Dasgupta, Ajit Kumar. – Hyderabad: Indian National Cartographic Association 2005, p.XVII-XXI (Indian cartographer ; 24.2004).

2929
Pendse, Sachin S.: Cartography as a tool in study of dredging. In: Bridging the digital divide and taking cartography at grassroots level : 25th INCA international congress, Sagar, Nov. 28 – Dec. 1, 2005. Ed.: Trivedi, R. K. – Ahmedabad: Indian National Cartographic Association 2005, p.255-258, 6 ill. (Indian cartographer ; 25.2005).

2930
Plum, Hans; Armbruster, Volker: Hydrogeologische Landesaufnahme : vom Kartenwerk zum Fachinformationssystem. In: Berichte der Naturforschenden Gesellschaft zu Freiburg i. Br. 95.2005,1, p.155-171, 8 ill., 1 tab. ISSN 0028-0917.

2931
Pohl, Heinz Dieter: Slawische (und slowenische) Gewässernamen in Kärnten und Osttirol. In: Gewässernamen in Bayern und Österreich : 3. Kolloquium des Arbeitskreises für Bayerisch-Österreichische Namenforschung (Regensburg, 27./28.Februar 2004). Ed.: Greule, Albrecht. – Regensburg: Edition Vulpes 2005, p.111-121 (Regensburger Studien zur Namenforschung ; 1).

2932
Pokorny, Siegfried: Der Gewässername Creußen. In: Gewässernamen in Bayern und Österreich : 3. Kolloquium des Arbeitskreises für Bayerisch-Österreichische Namenforschung (Regensburg, 27./28.Februar 2004). Ed.: Greule, Albrecht. – Regensburg: Edition Vulpes 2005, p.123-136 (Regensburger Studien zur Namenforschung ; 1).

2933
Raju, Prasada: Monitoring and prediction of landslide hazards using remotly sensed data and decision support systems. In: Bridging the digital divide and taking cartography at grassroots level : 25th INCA international congress, Sagar, Nov. 28 – Dec. 1, 2005. Ed.: Trivedi, R. K. – Ahmedabad: Indian National Cartographic Association 2005, p.205-211, 2 ill., 3 tab. (Indian cartographer ; 25.2005).

2934
Scheuringer, Hermann: Die Ranna östlich von Passau und ihre Zuflüsse. In: Gewässernamen in Bayern und Österreich : 3. Kolloquium des Arbeitskreises für Bayerisch-Österreichische Namenforschung (Regensburg, 27./28.Februar 2004). Ed.: Greule, Albrecht. – Regensburg: Edition Vulpes 2005, p.181-191, 4 ill. (Regensburger Studien zur Namenforschung ; 1).

2935
Schwarz, Ulrich; Schmedtje, Ursula: Karten des Donaueinzugsgebietes für die Internationale Kommission zum Schutz der Donau (IKSD). In: Angewandte Geoinformatik 2005 : Beiträge zum 17. AGIT-Symposium Salzburg. Ed.: Strobl, Josef; Blaschke, Thomas; Griesebner, Gerald. – Heidelberg: Herbert-Wichmann-Verlag 2005, p.670-675, 2 ill., 1 tab.

2936
Semotanová, Eva: Kdy zmizel ze starých maprybník Blato na Poděbradsku?. In: Z Dějin geodézie a kartografie. 12, p.30-38, 7 mp. When does the pond Blato disappear on old maps?. [Czech].

2937
Semotanová, Eva: Proměny holešovického meandru na mapách a plánech : Praha, město u vody. – Vyd. 1 In: Město a voda : Praha, město u vody ; sborník příspěvk°u z 22. vědecké konference Archivu hlavního města Prahy, uspořádané ve spolupráci s Institutem Mezinárodních Studií Fakulty Sociálních Věd Univerzity Karlovy ve dnech 7. a 8. října 2003 v Clam-Gallasově paláci v Praze ; [... Konferenci k Tématu "Město a Voda"]. Ed.: Fejtová, Olga. – Prag: Scriptorium 2005, p.13-26 (Documenta Pragensia : sborník materiálí z Archivu Hlavního Města Prahy ; 24) The changes of the Vltava Holešovice on maps and plans : Prague, city near the water. [Czech].

2938
Shravankumar, V.; Sukumar, B.; Sukumar, Ahalya: Identification of areas that need water conservation based upon coefficient of variability of rainfall in Kerala through GIS technique. In: Cartographic technologies for water, land and infrastructure development : XXIV INCA international congress, Kolkata, October 6 – 9, 2004 ; [... important contributions presented at the XXIV INCA International Congress on the Theme "Cartographic Technologies for Water, Land and Infrastructure Development"...]. Ed.: Dasgupta, Ajit Kumar. – Hyderabad: Indian National Cartographic Association 2005, p.125-131, 6 ill., 2 tab. (Indian cartographer ; 24.2004).

2939
Stabel, Edith: Satellitenbasierte Analyse der Morphodynamik großer Fließgewässer als Teil einer integrierten Hochwasservorsorge : am Beispiel des Oderhochwassers 1997. Ed.: Universität des Saarlandes <Saarbrücken>. – Saarbrücken: Selbstverlag 2005, 126 p., ill., mp. (Saarbrücker geographische Arbeiten ; 50). [Zsfassung in dt., engl., franz. und poln. Sprache; Zugl.: Saarbrücken, Univ., Diss., 2004] ISBN 3-924525-50-1.

2940
Stalin, M.; Nagarajan, B.: Challenges in post-tsunami large scale mapping to depict changes in Tamil Nadu and Pondicherry Coast. In: Bridging the digital divide and taking cartography at grassroots level : 25th INCA international congress, Sagar, Nov. 28 – Dec. 1, 2005. Ed.: Trivedi, R. K. – Ahmedabad: Indian National Cartographic Association 2005, p.239-242, 3 ill. (Indian cartographer ; 25.2005).

2941
Su, Guozhong; Yan, Li; Liu, Nan; Liu, Renyi: Visualization and damage assessment for flooded area. In: Geo-spatial information science : quarterly = Diqiu-kongjian-xinxi-kexue-xuebao. 7.2004,3, p.180-186, 6 ill. ISSN 1009-5020.

2942
Sui, Haigang; Hua, Li; Zhao, Haitao; Zhang, Yongli: A fast algorithm of cartographic sounding selection. In: Geo-spatial information science : quarterly = Diqiu-kongjian-xinxi-kexue-xuebao. 8.2005,4, p.262-268, 6 ill. ISSN 1009-5020.

2943
Thomas, T.; Jaiswal, R. K.; Bhar, A. K.: Estimation of SCS-CN for run-off prediction of a watershed using remote sensing techniques. In: Bridging the digital divide and taking cartography at grassroots level : 25th INCA international congress, Sagar, Nov. 28 – Dec. 1, 2005. Ed.: Trivedi, R. K. – Ahmedabad: Indian National Cartographic Association 2005, p.226-231, 4 ill., 3 tab. (Indian cartographer ; 25.2005).

2944
Vinod, R.V.; Sukumar, B.; Sukumar, Ahalya; Kumar, V. Shravan; Devavrathan, S.: Identification and delineation of wasteland for water conservation in Mogral river basin Kasaragod district, Kerala. In: Cartographic technologies for water, land and infrastructure development : XXIV INCA international congress, Kolkata, October 6 – 9, 2004 ; [... important contributions presented at the XXIV INCA International Congress on the Theme "Cartographic Technologies for Water, Land and Infrastructure Development"...]. Ed.: Dasgupta, Ajit Kumar. – Hyderabad: Indian National Cartographic Association 2005, p.142-150, 6 ill., 4 tab. (Indian cartographer ; 24.2004).

2945
Vischer, Daniel; Feldmann, Hans-Uli: Die erste Juragewässerkorrektion, 1868-1891. In: Cartographica Helvetica : Fachzeitschrift für Kartengeschichte. 2005,32, p.17-32, 17 ill., 1 portr. ISSN 1015-8480.

2946
Wiesinger, Peter: Probleme um Gewässernamen in Oberösterreich. In: Gewässernamen in Bayern und Österreich : 3. Kolloquium des Arbeitskreises für Bayerisch-Österreichische Namenforschung (Regensburg, 27./28.Februar 2004). Ed.: Greule, Albrecht. – Regensburg: Edition Vulpes 2005, p.193-212 (Regensburger Studien zur Namenforschung ; 1).

2947
Zhou, Qing; Tian, Yixiang: A vector-based method for the extraction of catchment from grid DEMs. In: Geo-spatial information science : quarterly = Diqiu-kongjian-xinxi-kexue-xuebao. 8.2005,2, p.85-89, 2 ill., 3 tab. ISSN 1009-5020.

Industry / Industrie / Industrie

2948
Lo Rè, Addolorata; Terrana, Medea: Evoluzione spaziale dell'area industriale di Trieste: applicazione di techniche GIS ad una serie di carte antiche. In: Bollettino della Associazione Italiana di Cartografia. 42.2005,123/125, p.213-222, 5 ill. Spatial development of industrial zone of Trieste city: application of GIS technique to some old map. [Ital. with Engl. rés.]. ISSN 0044-9733.

2949
Nagel, Jürgen G.; Schmidt, Martin: Historische Karten und Listen : zu den Möglichkeiten raumbezogener Industrialisierungsforschung. In: Industrie-Kultur : Denkmalpflege, Landschaft, Sozial-, Umwelt- und Technikgeschichte. 21.2002,4, p.2-3, 2 mp. ISSN 0949-3751.

Land use / Landnutzung / Utilisation du sol

2950
Al-Tahir, Raid; Ali, Asim: Assessing land cover changes in the coastal zone using aerial photography. In: Surveying and land information science : an official journal of ACSM devoted to the sciences of surveying and mapping, land information and related fields. 64.2004,2, p.107-112, 4 ill., 1 tab. ISSN 1538-1242; 1052-2905.

2951
Ashok, Prashasti; Singh, J.P.; Ekka, N.S.: Application of satellite imagery and GIS in land cover / land use monitoring and mapping in Central Sind Catchment. In: Cartographic technologies for water, land and infrastructure development : XXIV INCA international congress, Kolkata, October 6 – 9, 2004 ; [... important contributions presented at the XXIV INCA International Congress on the Theme "Cartographic Technologies for Water, Land and Infrastructure Development"...]. Ed.: Dasgupta, Ajit Kumar. – Hyderabad: Indian National Cartographic Association 2005, p.358-366, 5 ill., 2 tab. (Indian cartographer ; 24.2004).

2952
Bach, Martin; Breuer, Lutz; Frede, Hans-Georg; Huisman, Johann A.: Kongruenz unterschiedlicher Informationsquellen zur Flächennutzung. In: Photogrammetrie, Fernerkundung, Geoinformation : PFG ; Organ der Deutschen Gesellschaft für Photogrammetrie und Fernerkundung e.V. 2005,3, p.235-243, 1 ill., 4 tab. ISSN 1432-8364.

2953
Bach, Martin; Hietel, Elke; Frede, Hans-Georg; Waldhart, Rainer: Überprüfung der Landnutzungsmodelle ATKIS, CORINE Land Cover und Landsat-Klassifikation anhand Feldkartierung. In: Photogrammetrie, Fernerkundung, Geoinformation : PFG ; Organ der Deutschen Gesellschaft für Photogrammetrie und Fernerkundung e.V. 2005,2, p.135-145, 1 ill., 5 tab. ISSN 1432-8364.

2954
Bielecka, Elżbieta; Ciołkosz, Andrzej: Mapa pokrycia terenu w Polsce w skali 1:1 000 000 jako wynik wizualizacji bazy danych CLC-2000. In: Polski przegląd kartograficzny. 36.2004,4, p.274-287, 7 ill. 2 tab. A map of land use in Poland in the scale of 1:1 000 000 as a result of visualization of CLC-2000 database. [Pol. with Engl. and Russ. rés.]. ISSN 0324-8321.

2955
Bullinger, Roland; Hieber, Ulrich; Lenz, Thomas: Japans Industrie braucht Platz : die thematische Karte "Kobe – Neulandgewinnung" im Medienverbund. In: Thematische Karten. – Seelze: Friedrich 2005, p.27-31, 5 ill. (Geographie heute : Themen, Modelle, Materialien für die Unterrichtspraxis aller Schulstufen ; 26.2005,229). [Zugl.: Geographie heute : Themen, Modelle, Materialien für die Unterrichtspraxis aller Schulstufen. 26.2005,229].

2956
Cebecauerová, Martina; Cebecauer, Tomáš: Špecifické vizualizácie zmien krajinnej pokrývky ako nástroj poznávania krajiny. In: Kartografické listy. 13.2005, p.34-42, 9 ill. Specific visualizations of land cover changes as a tool of landscape cognition. [Slovak with Engl. rés.].

2957
Čerňanský, Jozef; Stanková, H.: Objektovo-orientovaná klasifikácia krajinnej pokrývky oblasti Chopok-Jasná. In: Kartografické listy. 12.2004, p.104-113, 4 ill., 1 tab. Object-oriented classification of Chopok-Jasná. [Slovak with Engl. rés.].

2958
Dubuc, Sylvie: A GIS-based analysis of the human factors in the deforestation process in India. In: The Bulletin of the Society of Cartographers. 39.2005,1-2, p.45-56, 10 ill., 3 tab. ISSN 0036-1984.

2959
Dukaczewski, Dariusz: Elektroniczna mapa animowana Gór Izerskich. In: Polski przegląd kartograficzny. 37.2005,1, p.23-36, 4 ill., 3 tab. Electronic animated map of Gór Izerskich. [Pol. with Engl. and Russ. rés.]. ISSN 0324-8321.

2960
Feranec, Ján; Pravda, Ján; Cebecauer, Tomáš; Ot'ahel', Ján; Husár, Karol; Machková, Nad'a: Mapové vyjadrenie zmien krajinnej pokryvky Slovenska za roky 1990 až 2000. In: Geodetický a kartografický obzor. 51.2005,6-7, p.157-164, 3 ill., 10 tab. Map representation of the changes of land cover of Slovakia in 1990-2000. [Czech with Engl. rés.]. ISSN 0016-7096.

2961
Fuller, R.M.; Cox, R.; Clarke, R.T.; Rothery, P.; Hill, R.A.; Smith, G.M.; Thomson, A.G.; Brown, N.J.; Howard, D.C.; Stott, A.P.: The UK land cover map 2000 : planning, construction and calibration of a remotely sensed, user-oriented map of broad habitats. In: International journal of applied earth observation and geoinformation : JAG ; the official quarterly publication of the International Institute for Aerospace Survey and Earth Sciences (ITC). 7.2005,3, p.202-216, 3 ill., 3 tab. ISSN 0303-2434.

2962
Ghosal, Subhojit; Sarkar, Ashis: Mapping the landuse / landcover of a geographical space through digital image processing of satellite data. In: Cartographic technologies for water, land and infrastructure development : XXIV INCA international congress, Kolkata, October 6 – 9, 2004 ; [... important contributions presented at the XXIV INCA International Congress on the Theme "Cartographic Technologies for Water, Land and Infrastructure Development"...]. Ed.: Dasgupta, Ajit Kumar. – Hyderabad: Indian National Cartographic Association 2005, p.346-352, 8 ill., 3 tab. (Indian cartographer ; 24.2004).

2963
Hazeu, G.: Landelijk Grondegebruiksbestand Nederland (LGN5). In: Geo-Info : tijdschrift voor Geo-Informatie Nederland, GIN. 2.2005,10, p.456-462, 9 ill., 1 tab. National land use Netherlands (LGN5). [Dutch with Engl. and French rés.]. ISSN 1572-5464.

2964
Husár, Karol: Priestorový vzt'ah susedstva na príklade krajinnej pokrývky Slovenska. In: Kartografické listy. 12.2004, p.21-28, 3 ill., 1 tab. Spatial relationships of neighbourhood on example of in Slovakia land cover. [Slovak with Engl. rés.].

2965
Husnjak, S.; Bogunović, M.; Pernar, R.; Kozina, B.; Kaučić, D.: Geoinformatička obrada podataka zu binitiranje zemljišta kulture vinograda na području općine Lepoglava = Geoinformatic processing of data for capability evaluation of land for vine-growing in the municipality of Lepoglava. In: Kartografija i geoinformacije : KiG ; znanstveno-stručno-informativni časopis Hrvatskoga kartografskog društva. 3.2004, p.52-59, 6 ill. [Croat. and Engl.]. ISSN 1333-896X.

2966
Jain, Sadhana ; Kumar, Amit; Sharma, Sachin: Space use inventory in the central part of Dehradun : an approach using high resolution satellite data. In: Bridging the digital divide and taking cartography at grassroots level : 25th INCA international congress, Sagar, Nov. 28 – Dec. 1, 2005. Ed.: Trivedi, R. K. – Ahmedabad: Indian National Cartographic Association 2005, p.116-118, 1 ill., 2 tab. (Indian cartographer ; 25.2005).

2967
Kaur, D.; Sah, Satish; Ghoshal, Shilpi; Kalmodia, G.: Changing pattern of urban land use of Indore metropolitan city. In: Cartographic technologies for water, land and infrastructure development : XXIV INCA international congress, Kolkata, October 6 – 9, 2004 ; [... important contributions presented at the XXIV INCA International Congress on the Theme "Cartographic Technologies for Water, Land and Infrastructure Development"...]. Ed.: Dasgupta, Ajit Kumar. – Hyderabad: Indian National Cartographic Association 2005, p.324-332, 7 ill., 6 tab. (Indian cartographer ; 24.2004).

2968
Land cover classification system classification system software version 2 : based on the orig. software version 1. Ed.: Di Gregorio, Antonio. ; Food and Agriculture Organization of the United Nations (FAO). – Rome: 2005, 1 CD-ROM + 1 user manual. (Environment and natural resources series). ISBN 92-5-105327-8.

2969
Landes, Tania; Grussenmeyer, Pierre; Najjar, Georges: Télédétection et photogrammétrie, chaînons dans la détermination du climat urbain à Strasbourg. In: XYZ : revue de l'Association Française de Topographie. 103.2005,2, p.27-34, 12 ill., 2 tab. ISSN 0290-9057.

2970
Latifovic, Rasim; Fytas, Kostas; Chen, Jing; Paraszczak, Jacek: Assessing land cover change resulting from large surface mining development. In: International journal of applied earth observation and geoinformation : JAG ; the official quarterly publication of the International Institute for Aerospace Survey and Earth Sciences (ITC). 7.2005,1, p.29-48, 16 ill., 3 tab. ISSN 0303-2434.

2971
Liu, Chun; Shi, Wenzhong; Liu, Dajie: Quality control for attribute data in digital land information. In: Geomatics and information science of Wuhan University. 29.2004,3, p.244-248, 3 ill., 5 tab. [Chin. with Engl. rés.]. ISSN 1671-8860; 1000-050X.

2972
Liu, Gang: Remote sensing image segmentation with probabilistic neural networks. In: Geo-spatial information science : quarterly = Diqiu-kongjian-xinxi-kexue-xuebao. 8.2005,1, p.28-32 + 49, 3 ill., 3 tab. ISSN 1009-5020.

2973
Liu, Yanfang; Ren, Zhouqiao: Cultivated land compensation model based on five-tuple array. In: Geomatics and information science of Wuhan University. 29.2004,6, p.475-478 + p.487, 2 ill., 1 tab. [Chin. with Engl. rés.]. ISSN 1671-8860; 1000-050X.

2974
Liu, Yaolin; Liu, Yanfang; Ming, Dongping: Urban expansion model based on cellular automata of decision-making with grey situation. In: Geomatics and information science of Wuhan University. 29.2004,1, p.7-13, 4 ill. [Chin. with Engl. rés.]. ISSN 1671-8860; 1000-050X.

2975
Lung, Tobias: Landbedeckungsänderungen im Gebiet "Kakamega Forest und assoziierte Waldgebiete" (Westkenia) : multispektrale Klassifikation von Landsat-Satellitenbilddaten und Auswertung mittels Methoden im Raster-GIS = Landcover change in the region of Kakamega Forest and associated forest areas (Westkenya). – Karlsruhe: Fachhochschule Karlsruhe, Hochschule für Technik, Fachbereich Geoinformationswesen 2004, XVI, 114 p., ill., mp. (Karlsruher geowissenschaftliche Schriften, Reihe A, Kartographie und Geographie ; 15). [Zugl.: Karlsruhe, Fachhochsch., Diplom-Arbeit, 2004; Zugl.: enthalten in Reihe BIOTA East Africa report, 3] ISBN 3-89063-017-0.

2976
Mastronunzio, Marco ; Mauro, Giovanni: Approccio GIS multitemporale per la stima delle variazioni del land cover in un'area transfrontaliera : la coltura della vigna nella penisola di Muggia. In: Bollettino della Associazione Italiana di Cartografia. 42.2005,123/125, p.421-433, 8 ill. Estimation of land cover changes by GIS methodology in a borderland zone : veneyard in the Muggia peninsula. [Ital. with Engl. rés.]. ISSN 0044-9733.

2977
Mukherjee, Sudershan: Landuse mapping : a first aid to contain environmental pollution. In: Cartographic technologies for water, land and infrastructure development : XXIV INCA international congress, Kolkata, October 6 – 9, 2004 ; [... important contributions presented at the XXIV INCA International Congress on the Theme "Cartographic Technologies for Water, Land and Infrastructure Development"...]. Ed.: Dasgupta, Ajit Kumar. – Hyderabad: Indian National Cartographic Association 2005 (Indian cartographer ; 24.2004).

2978
Neogi, Sudipta; Pal, M.M.: Landforms and land use cartography for land resource development : an appraisal of NATMO projects. In: Cartographic technologies for water, land and infrastructure development : XXIV INCA international congress, Kolkata, October 6 – 9, 2004 ; [... important contributions presented at the XXIV INCA International Congress on the Theme "Cartographic Technologies for Water, Land and Infrastructure Development"...]. Ed.: Dasgupta, Ajit Kumar. – Hyderabad: Indian National Cartographic Association 2005, p.449-454, 1 ill. (Indian cartographer ; 24.2004).

2979
O'Connor, Maura: Mapping Australia's transhumance : snow lease and stock-route maps of New South Wales. In: New Zealand map society journal. 17.2004, p.1-16, 9 ill. ISSN 0113-2458.

2980
Pravda, Ián; Feranec, Ján: Ukážky mapovej prezentácie dátových vrstiev Corine land cover Slovenskla. In: Kartografické listy. 13.2005, p.101-110, 7 ill. Samples of map presentation of data layers CORINE land cover Slovakia. [Slovak with Engl. rés.].

2981
Ram, Balak; Patidar, M.; Rastogi, Ankita; Singh, Gopal: Evaluation of biophysical resources though cadastral information, remotely sensed data digital cartography for microlevel land use planning in arid agro-ecosystem. In: Cartographic technologies for water, land and infrastructure development : XXIV INCA international congress, Kolkata, October 6 – 9, 2004 ; [... important contributions presented at the XXIV INCA International Congress on the Theme "Cartographic Technologies for Water, Land and Infrastructure Development"...]. Ed.: Dasgupta, Ajit Kumar. – Hyderabad: Indian National Cartographic Association 2005, p.313-323, 8 ill., 5 tab. (Indian cartographer ; 24.2004).

2982
Seger, Martin: "Landcover Austria" und "Landscape Metrics" : neue Karten zur (Kultur-)Landschaftsstruktur in Österreich. In: Mitteilungen der Österreichischen Geographischen Gesellschaft : MÖGG ; Jahresband. 147.2005, p.139-160, 6 ill., 1 tab. ISSN 0029-9138.

2983
Sensarma, Kakali; Bhattacharyya, S.; Sikdar, P.: Application of remote sensing and GIS for managing a vast waterlogged area in Murshidabad district, West Bengal. In: Cartographic technologies for water, land and infrastructure development : XXIV INCA international congress, Kolkata, October 6 – 9, 2004 ; [... important contributions presented at the XXIV INCA International Congress on the Theme "Cartographic Technologies for Water, Land and Infrastructure Development"...]. Ed.: Dasgupta, Ajit Kumar. – Hyderabad: Indian National Cartographic Association 2005, p.296-307, 2 ill., 2 tab. (Indian cartographer ; 24.2004).

2984
Srivastava, Aradhana; Kandya, A. K.; Mohan, S.; Ajai: Evaluation of SAR and optical data fusion for landcover discrimination. In: Bridging the digital divide and taking cartography at grassroots level : 25th INCA international congress, Sagar, Nov. 28 – Dec. 1, 2005. Ed.: Trivedi, R. K. – Ahmedabad: Indian National Cartographic Association 2005, p.169-174, 5 ill., 3 tab. (Indian cartographer ; 25.2005).

2985
Sunder, J.D. Paul Sunder: Land use mapping and land resource management. In: Cartographic technologies for water, land and infrastructure development : XXIV INCA international congress, Kolkata, October 6 – 9, 2004 ; [... important contributions presented at the XXIV INCA International Congress on the Theme "Cartographic Technologies for Water, Land and Infrastructure Development"...]. Ed.: Dasgupta, Ajit Kumar. – Hyderabad: Indian National Cartographic Association 2005, p.341-345 (Indian cartographer ; 24.2004).

2986
Tan, Guoxin; Shibasaki, Ryosuke; Matsumura, Kanichiro: Development of a GIS-based decision support system for assessing land use status. In: Geo-spatial information science : quarterly = Diqiu-kongjian-xinxi-kexue-xuebao. 7.2004,1, p.72-78, 6 ill. ISSN 1009-5020.

2987
Uhlířová, Lenka: Spatial-temporal analyses of landscape pattern changes in Horní Stakory cadastre (Kosmaonsy district). In: Historická geografie. 33.2005, p.21-37, 6 mp., 1 tab. [Engl. with Czech rés.].

2988
Volman, Rainer: Einsatz digitaler 3D-Daten inder Basler Nutzungsplanung. In: Geomatik Schweiz : Geoinformation und Landmanagement. 103.2005,6, p.354-355, 3 ill. ISSN 0252-9424; 1660-4458.

2989
Wit, Allard de: Land toepassingen van ENVISAT. In: Geo-Info : tijdschrift voor Geo-Informatie Nederland, GIN. 2.2005,7/8, p.352-354, 3 ill. Land use by ENVISAT. [Dutch]. ISSN 1572-5464.

2990
Yu, Jie; Pietrzak, Ursula; Peterson, Jim: Land-parcel land-use history as a key to site selection for documenting soil contamination risk : a case study from Australian suburbia. In: Geo-spatial information science : quarterly = Diqiu-kongjian-xinxi-kexue-xuebao. 8.2005,4, p.257-261 + 275, 4 ill., 1 tab. ISSN 1009-5020.

Landscape / Landschaft / Paysage

2991
Barth, Hans Karl; Oppermann, Tobias: Landschaft erfahren – erkennen – erleben : auf dem GPS Karst-Lehrpfad der Paderborner Hochfläche. In: Geographische Rundschau. 57.2005,5, p.60-62, 4 ill.

2992
Brůna, Vladimír; Křováková, Kateřina: Interpretace map stabilního katastru pro potřeby krajinné ekologie. In: Kartografické listy. 13.2005, p.25-33, 4 ill. Interpretation of stabile cadastre maps for landscape ecology purposes. [Slovak with Engl. rés.].

2993
Büttner, Thomas; Röhrer, Armin: GIS : gestützte Kulturlandschaftsinventarisationen (KLI). In: Kulturlandschaft digital : Forschung und Anwendung ; 15. Fachtagung des Umweltamtes (Landschaftsverband Rheinland) ; 11. Jahrestagung der Arbeitsgruppe Angewandte Historische Geographie (Arbeitskreis für Historische Kulturlandschaftsforschung ARKUM), 2. bis 5. März 2005 in Aachen ; Tagungsdokumentation. Ed.: Rheinland / Umweltamt. – Köln: Rheinland / Umweltamt 2005, p.114-121 (Kulturlandschaft : Zeitschrift für angewandte historische Geographie ; 15.2005).

2994
Burak, Antje: Eine prozessorientierte landschaftsökologische Gliederung Deutschlands : ein konzeptioneller und methodischer Beitrag zur Typisierung von Landschaften in chorischer Dimension. Ed.: Deutsche Akademie für Landeskunde. – Flensburg: Deutsche Akademie für Landeskunde 2005, 249 p., ill., mp. + 1 CD-ROM, 1 mp.-suppl. (Forschungen zur deutschen Landeskunde). ISBN 3-88143-075-X.

2995
Csaplovics, Elmar: Zur Topochronologie der Landschaft um den Neusiedler See bis zum Ende des 16. Jahrhunderts. Ed.: Burgenländisches Landesarchiv und Burgenländische Landesbibliothek <Eisenstadt>. – Eisenstadt: Burgenländisches Landesarchiv und Burgenländische Landesbibliothek <Eisenstadt> 2005, 224 p., ill., mp. (Burgenländische Forschungen ; 91). [Literaturverz. S. 206-223] ISBN 3-901517-50-2.

2996
Dix, Andreas; Lange, Beate: Historische Industrielandschaft im Denkmalpflegeplan Bonn Beuel : GIS-gestützte Flächenanalyse und Objektaufnahme in der Lehre. In: Kulturlandschaft digital : Forschung und Anwendung ; 15. Fachtagung des Umweltamtes (Landschaftsverband Rheinland) ; 11. Jahrestagung der Arbeitsgruppe Angewandte Historische Geographie (Arbeitskreis für Historische Kulturlandschaftsforschung ARKUM), 2. bis 5. März 2005 in Aachen ; Tagungsdokumentation. Ed.: Rheinland / Umweltamt. – Köln: Rheinland / Umweltamt 2005, p.159-164, 4 ill., 1 tab. (Kulturlandschaft : Zeitschrift für angewandte historische Geographie ; 15.2005).

2997
Dramstad, Wenche E.; Økland, R.H.; Pedersen, O.; Solstad, H.; Heergard, E.: Hva et kart kan fortelle. In: Kart og plan : vitenskapelig tidsskrift. 98.2005,2, p.117-123, 1 ill, 1 tab., What a map can reveal. [Norw. with Engl. rés.]. ISSN 0047-3278.

2998
Flury, Philipp: Verkehrssystem und Raumentwicklung in der Schweiz zwischen 1750 und 1910 : digitale Erfassung und Analyse auf der Grundlage von Kartenwerken des 19. Jahrhunderts. In: Kulturlandschaft digital : Forschung und Anwendung ; 15. Fachtagung des Umweltamtes (Landschaftsverband Rheinland) ; 11. Jahrestagung der Arbeitsgruppe Angewandte Historische Geographie (Arbeitskreis für Historische Kulturlandschaftsforschung ARKUM), 2. bis 5. März 2005 in Aachen ; Tagungsdokumentation. Ed.: Rheinland / Umweltamt. – Köln: Rheinland / Umweltamt 2005, p.165-170, 3 ill. (Kulturlandschaft : Zeitschrift für angewandte historische Geographie ; 15.2005).

2999
Haala, Norbert: Towards virtual reality GIS. In: Photogrammetric Week '05 : [papers of the 50th Photogrammetric Week, Stuttgart (September 5 to 9, 2005)]. Ed.: Fritsch, Dieter. – Heidelberg: Herbert-Wichmann-Verlag 2005, p.285-294, 8 ill.

3000
Han, Xuepei; Liao, Banggu: Spatial coordinate system transformation for coastal data integration. In: Geomatics and information science of Wuhan University. 29.2004,10, p.933-936, 4 ill., 1 tab. [Chin. with Engl. rés.]. ISSN 1671-8860; 1000-050X.

3001
Koreň, Milan: Priestorové modely krajiny. In: Kartografické listy. 12.2004, p.37-47, 1 ill. Spatial models of landscape. [Slovak with Engl. rés.].

3002
Kraker, A.M.J. de; Aalbersberg, G.: Digitised Reconstruction of the Westerschelde basin, 1550-2000. In: Kulturlandschaft digital : Forschung und Anwendung ; 15. Fachtagung des Umweltamtes (Landschaftsverband Rheinland) ; 11. Jahrestagung der Arbeitsgruppe Angewandte Historische Geographie (Arbeitskreis für Historische Kulturlandschaftsforschung ARKUM), 2. bis 5. März 2005 in Aachen ; Tagungsdokumentation. Ed.: Rheinland / Umweltamt. – Köln: Rheinland / Umweltamt 2005, p.136-143, 4 ill. (Kulturlandschaft : Zeitschrift für angewandte historische Geographie ; 15.2005).

3003
Kulturlandschaft digital : Forschung und Anwendung ; 15. Fachtagung des Umweltamtes (Landschaftsverband Rheinland) ; 11. Jahrestagung der Arbeitsgruppe Angewandte Historische Geographie (Arbeitskreis für Historische Kulturlandschaftsforschung ARKUM), 2. bis 5. März 2005 in Aachen ; Tagungsdokumentation. Ed.: Rheinland / Umweltamt. – Köln: Rheinland / Umweltamt 2005, 225 p., ill., mp. (Kulturlandschaft : Zeitschrift für angewandte historische Geographie ; 15.2005).

3004
Li, Dajun; Guan, Yunlan; Liu, Xianlin: From physical space to visual image space. In: Geo-spatial information science : quarterly = Diqiu-kongjian-xinxi-kexue-xuebao. 6.2003,2, p.42-47, 6 ill. ISSN 1009-5020.

3005
Liedtke, Herbert: Namen und Abgrenzungen von Landschaften in der Bundesrepublik Deutschland. – Flensburg: Deutsche Akademie für Landeskunde 2002, 156 p., 1 mp.-suppl. – 3. Aufl. (Forschungen zur deutschen Landeskunde ; 239). ISBN 3-88143-050-4.

3006
Mosayebi, Elli; Mueller Inderbitzin, Christian: Bomarzo, Beobachtungen anhand einer neuen Karte. Ed.: Technische Hochschule <Zürich> / Institut für Landschaftsarchitektur. – Zürich: Technische Hochschule <Zürich> / Institut für Landschaftsarchitektur 2005, 54 p., ill., mp. + 1 Kt.-Beil. (Pamphlet ; 3). [Zugl.: Zürich, ETH, Diplomwahlfacharbeit, 2003. – Zsfassung in engl. und franz. Sprache] ISBN 3-906441-06-7.

3007
Mücher, C. A. ; Bunce, R.G.H.; Jongman, R.H.G.; Klijn, J.A.; Koomen, A.J.M.; Metzger, M.J.; Wascher, D.M.: Identification and characterisation of environments and landscapes in Europe. – Wageningen: Alterra, Research Instituut voor de Groene Ruimte 2003, 119 p., ill., mp. (Alterra-rapport ; 832).

3008
Neubert, Marco; Walz, Ulrich: Historische Landschaftsanalyse für grenzüberschreitende Nationalparkregionen. In: Angewandte Geoinformatik 2005 : Beiträge zum 17. AGIT-Symposium Salzburg. Ed.: Strobl, Josef; Blaschke, Thomas; Griesebner, Gerald. – Heidelberg: Herbert-Wichmann-Verlag 2005, p.513-518, 3 ill., 1 tab.

3009
Reiter, Karl; Wrbka, Thomas; Grabherr, Georg: Ist Biodiversität der Ausdruck struktureller Diversität in der Landschaft?. In: Angewandte Geoinformatik 2005 : Beiträge zum 17. AGIT-Symposium Salzburg. Ed.: Strobl, Josef; Blaschke, Thomas; Griesebner, Gerald. – Heidelberg: Herbert-Wichmann-Verlag 2005, p.574-583, 2 ill., 1 tab.

3010
Rocchini, D.: Resolution problems in calculating landscape metrics. In: Journal of spatial science. 2.2005, p.25-35, 4 ill., 1 tab.

3011
Sarkar, Dipak: Remote sensing and computer cartographic technique involving GIS for agricultural land management : a case study in Subarnarekha watershed, district Ranchi, Jharkhand. In: Cartographic technologies for water, land and infrastructure development : XXIV INCA international congress, Kolkata, October 6 – 9, 2004 ; [... important contributions presented at the XXIV INCA International Congress on the Theme "Cartographic Technologies for Water, Land and Infrastructure Development"...]. Ed.: Dasgupta, Ajit Kumar. – Hyderabad: Indian National Cartographic Association 2005, p.398-406, 3 ill., 5 tab. (Indian cartographer ; 24.2004).

3012
Schröder, Winfried; Schmidt, Gunther; Pesch, Roland: Mapping Germany's ecoregions for environmental monitoring purposes. In: Die Erde : Zeitschrift der Gesellschaft für Erdkunde, Berlin ; Forum für Erdsystem- und Erdraumforschung. 136.2005,4, p.375-292, 6 ill., 1 tab. ISSN 0013-9998.

3013
Seger, Martin: "Landcover Austria" und "Landscape Metrics" : neue Karten zur (Kultur-)Landschaftsstruktur in Österreich. In: Mitteilungen der Österreichischen Geographischen Gesellschaft : MÖGG ; Jahresband. 147.2005, p.139-160, 6 ill., 1 tab. ISSN 0029-9138.

3014
Yilmaz, Erdal; Cetin, Yasemin Yardimci: Photo-realistic outdoors scene visualizations with PCs. In: Photogrammetric Week '05 : [papers of the 50th Photogrammetric Week, Stuttgart (September 5 to 9, 2005)]. Ed.: Fritsch, Dieter. – Heidelberg: Herbert-Wichmann-Verlag 2005, p.273-282, 7 ill.

Law / Recht / Loi

3015
Bajpai, G. S.: Crime mapping and law enforcement : scope & applications. In: Bridging the digital divide and taking cartography at grassroots level : 25th INCA international congress, Sagar, Nov. 28 – Dec. 1, 2005. Ed.: Trivedi, R. K. – Ahmedabad: Indian National Cartographic Association 2005, p.154-157 (Indian cartographer ; 25.2005).

3016
McKee, Susan: Remote Sensing issues at the Supreme Court of Canada. In: Bulletin / Association of Canadian Map Libraries and Archives. 123.2005, p.3-6. ISSN 0840-9331.

3017
Velsen, J.F.: Juridische argumenten voor een centrale leidingenregistratie, een weerword uit de praktijk. In: Geo-Info : tijdschrift voor Geo-Informatie Nederland, GIN. 2.2005,3, p.130-132, 2 ill. Legal arguments for a central cable register, an answer from practical experience. [Dutch]. ISSN 1572-5464.

Linguistic / Sprache / Linguistique

3018
Blasco Ferrer, Eduardo: ALI a confronto con ALD-I : breve collaudo geolinguistico e ricostruttivo. In: Corona Alpium II : miscellanea di studi in onore di Carlo Alberto Mastrelli. Ed.: Istituto di Studi per l'Alto Adige <Firenze>. – Firenze: Istituto di Studi per l'Alto Adige <Firenze> 2003, p.33-39. [Ital.].

3019
Brochard, Isabelle: «Té» ou «tcha»: une cartographie linguistique du thé. In: M@ppemonde : revue trimestrielle sur l'image géographique et les formes du territoire. 75.2004,3, 4 p., 1 mp., 4 tab. ISSN 0764-3470.

3020
Hofer, Lorenz: Sprachliche und politische Grenzen im (ehemaligen) Dialektkontinuum des Alemannischen am Beispiel der trinationalen Region Basel (Schweiz) in Karten von SprecherInnen. In: Linguistik online. 20.2004, 17 ill. ISSN 1615-3014.

Medicine / Medizin / Médicine

3021
Bhadra, Debasree: Role of cartography in the analysis of health services : a study of Bankura, West Bengal. In: Bridging the digital divide and taking cartography at grassroots level : 25th INCA international congress, Sagar, Nov. 28 – Dec. 1, 2005. Ed.: Trivedi, R. K. – Ahmedabad: Indian National Cartographic Association 2005, p.321-326, 5 ill., 3 tab. (Indian cartographer ; 25.2005).

3022
GIS in public health practice. Ed.: Maheswaran, Ravi; Craglia, Massimo. – Boca Raton, FL [u. a.]: CRC Press 2004, XI, 308 p., ill., mp. ISBN 0-415-30655-8; 978-0-415-30655-3.

3023
Koch, Tom: Cartographies of disease : maps, mapping and medicine. – Redlands, CA: ESRI Press 2005, XVII, 388 p., ill., mp. [Includes bibliographical references and index] ISBN 1-589-48120-8; 978-1-589-48120-6.

3024
Koch, Tom: Mapping the Miasma : air, health, and place in early medical mapping. In: Cartographic perspectives : journal of the North American Cartographic Information Society. 52.2005, p.4-27, 17 ill. ISSN 1048-9053.

3025
Nathoo, F.; Dean, C. B.: Spatial multi-state models with application to revascularization intervention in Quebec. In: Geomatica. 59.2005,3, p.335-343, 8 ill., 4 tab. ISSN 1195-1036.

3026
Robinson, Anthony C.; Chen, Jin; Lengerich, Eugene J.; Meyer, Hans G.; MacEachren, Alan M.: Combining usability techniques to design geovisualization tools for epidemiology. In: Auto-Carto 2005 : research symposium proceedings. 2005, p.243-255, 6 ill. (Cartography and geographic information science : an official journal of ACSM devoted to the advancement of cartography in all its aspects ; 32.2005,4).

3027
van der Schee, Joop: Nederlandse gezondheid in kaart. In: Geografie. 14.2005,8, p.38-40, 1 ill., 4 mp. Health in the Netherlands on map. [Dutch]. ISSN 0926-3837.

Military cartography / Militärkartographie / Cartographie militaire

3028
Beech, Geraldine; Gill, Eunice; Mitchell. Rose: Safeguarding the memory : major military map holdings in the UK. In: The Cartographic Journal. 42.2005,2, p.168-172, 2 ill. ISSN 0008-7041.

3029
Dalrymple, Helen: Planning D-day : relief model of Utah beach given to library. In: Information bulletin / The Library of Congress. 62.2003,4, p.86-87 + p.89, ill. ISSN 0041-7904.

3030
Dean, William G.: Remapping the war of 1812 – 1814. In: Bulletin / Association of Canadian Map Libraries and Archives. 122.2005, p.17-26, 6 mp. ISSN 0840-9331.

3031
Dušan, Adam: Analýza pozemních komunikcí ve vybraném území na 1. a 2. vojenském mapování. In: Historická geografie. 33.2005, p.71-95, 7 ill., 7 tab. Analysis of terrestrial communications in the region of interest on the maps of the first and second military mapping. [Czech with Engl. rés.].

3032
Finizio, Antonio Lucio: The colonial cartography of the Military Geographic Institute. In: Journal of the International Map Collectors' Society. 100.2005, p.5-15, 20 ill.

3033
Fischer, Hanspeter: Die Carte de l'Empereur (1808 - 1812) und die Carte militaire de l'Allemagne (1822 - 1830). In: Cartographica Helvetica : Fachzeitschrift für Kartengeschichte. 2005,31, p.15-20, 6 ill., 1 portr. ISSN 1015-8480.

3034
Frumin, Mitia: Honorable mention 2003 Ristow Prize for cartographic history and librarianship : Russian navy mapping activities in the Eastern and Southern Mediterranean (late 18th century). In: The Portolan : the journal of the Washington Map Society. 60.2004, p.13-26, 5 ill., 3 tab. ISSN 1096-1925.

3035
Hutson, James: Adventures in British America : papers found in Scottish castle shed light on revolutionary war era. In: Information bulletin / The Library of Congress. 62.2003,4, p.71-74, ill. ISSN 0041-7904.

3036
Korbelářová, Irena; Žáček, Rudolf: Slezsko v I. vojenském (tzv. josefském) mapováni : Edice komentáře. Ed.: Stredisko pro Vydávání Historických Pramenů. - Opava: Stredisko pro Vydávání Historických Pramenů 2005. (Prameny k dejinám Slezska ; 6) Silesia in the I. military (the so called Josefska) map : commented edition. [Czech]. ISBN 80-86224-52-X.

3037
Mikšovský, Miroslav; Zimová, Růžena: Soudobé vojonské státní mapové dílo na území České republiky. In: Geodetický a kartografický obzor. 50.2004,12, p.247-251 Up-to-date military state maps on the territory of the Czech republic. [Czech]. ISSN 0016-7096.

3038
Nováková, Pavlína: Jablunkovské šance - plány a map uložené ve Válečném archivu ve Vídni, Zemském archivu v Opavě a Vojenském historickém archivu v Praze. In: Cieszyńskie studia muzealne. 2.2005, p.184-187, 1 ill. + p.364 Jablunkov Fortifications - plans and maps kept in the War Archive / Kriegsarchiv in Vienna, Regional Archives /Zemský archiv in Opava and the War Historical Institute / Vojenský historický ústav in Prague. [Czech. with Engl. rés.]. ISSN 1733-9820.

3039
Pešt'ák, Jaroslav; Zimová, Růžena: Polohová přesnost objektů na mapách prvního a druhého vojenského mapování. In: Kartografické listy. 13.2005, p.92-100, 3 ill., 4 tab. Position accuracy of objects in the maps of 1st and 2nd military mapping. [Slovak with Engl. rés.].

3040
Russian military mapping : a guide to using the most comprehensive source of global geospatial intelligence = Spravočnik oficera po topografičeskim i special'nym kartam <engl.>. By: Smirnova, Yuliya. - Minneapolis: East View Cartographic 2005, 187 p., ill., mp. ISBN 0-9742973-1-3.

3041
Schumacher, Heinrich: Die Ostfriesland-Karten des niederländischen Artillerie-Kapitäns Willem Camp. In: Die große handgezeichnete Campsche Karte von Ostfriesland von 1806 : (Staatsbibliothek zu Berlin Preußischer Kulturbesitz, Kart. N 27299). Ed.: Henninger, Wolfgang; Kappelhoff, Bernd. - Hannover: 2005, p.31-50, 6 ill., 2 tab. (Veröffentlichungen der Historischen Kommission für Niedersachsen und Bremen ; 226).

3042
Timár, Gábor: GIS integration of the second military survey sections - a solution valid on the territory of Slovakia and Hungary. In: Kartografické listy. 12.2004, p.119-126, 2 ill. [Engl. with Slovak rés.].

3043
Watelet, Marcel: L'après-Waterloo : cartographie et paysage mémoriel. Essai de typologie. In: Waterloo : monuments et représentations de mémoires européennes (1792-2001) : actes du colloque international de Louvain-la-Neuve, organisé par l'Association Franco-Européenne de Waterloo le 20 octobre 2001. - Louvain-la-Neuve: Association Franco-Européenne de Waterloo 2003, p.269-296, 8 ill.

3044
Watt, David: Soviet military mapping. In: Sheetlines / The Charles Close Society for the Study of Ordnance Survey Maps. 74.2005, p.9-12, 1 ill. ISSN 0962-8207.

3045
Županì, Robert; Bokunić, Mladen; Frangeš, Stanislav: Iskustva i razvoj drugih drzava pri oblikovanju vojnih topografsko-kartografskih digitalnih sustava i karata te stanje u Republici Hrvatskoj. In: Geodetski list : glasilo Hrvatskoga Geodetskog Drustva. 59(82).2005,1, p.63-81, 9 ill. Experiences and developments in other states in the creation of military topographic and cartographic digital systems and maps, and the situation in the Republic Croatia. [Croat. with Engl. rés.]. ISSN 0016-710x.

Mining / Bergbau / Mines

3046
Bahuguna, P.P.: Connection of mine plans to national grid system in India. In: Indian Surveyor : the journal of the institution of surveyors. 59.2005,1, p.42-58, 12 ill., 3 tab. ISSN 0970-3470.

3047
Bartels, Christoph: "gründtliche Abbildung des uhralten Bergwercks" : historischer Erzbergbau des Harzes in Dokumenten und Animationen auf CD mit Begleitband. In: Industrie-Kultur : Denkmalpflege, Landschaft, Sozial-, Umwelt- und Technikgeschichte. 21.2002,4, p.7-9, 4 ill. ISSN 0949-3751.

3048
Bond, J.; Chrzanowski, A.; Wilkins, R.: Using GPS for augmenting deformation monitoring systems in open pit mines : problems and solutions. In: Geomatica. 59.2005,1, p.73-82, 12 ill., 3 tab. ISSN 1195-1036.

3049
Clarke, Mike: Die Untergrundkanäle bei Worsley und Zabrze : Planüberlieferungen zur britischen Industriegeschichte in preußischen Archiven. In: Industrie-Kultur : Denkmalpflege, Landschaft, Sozial-, Umwelt- und Technikgeschichte. 21.2002,4, p.20-21, 3 ill., 1 mp. ISSN 0949-3751.

3050
Eichholz, Klaus: Bergbauhistorische Karten der Grafschaft Mark als unbekannte Quellen der Orts- und Regionalgeschichte. In: Märkisches Jahrbuch für Geschichte. 105.2005, p.148-191. ISSN 0937-1621.

3051
Latifovic, Rasim; Fytas, Kostas; Chen, Jing; Paraszczak, Jacek: Assessing land cover change resulting from large surface mining development. In: International journal of applied earth observation and geoinformation : JAG ; the official quarterly publication of the International Institute for Aerospace Survey and Earth Sciences (ITC). 7.2005,1, p.29-48, 16 ill., 3 tab. ISSN 0303-2434.

3052
Lenz, Thomas: Thematische Karten in multimedialen Lernumgebungen : interaktive Kartographie am Beispiel Erzbergbau Carajás. In: Thematische Karten. – Seelze: Friedrich 2005, p.19-21, 9 ill. (Geographie heute : Themen, Modelle, Materialien für die Unterrichtspraxis aller Schulstufen ; 26.2005,229). [Zugl.: Geographie heute : Themen, Modelle, Materialien für die Unterrichtspraxis aller Schulstufen. 26.2005,229].

3053
Michał, Mączka: Die kartographischen Unterlagen der Plankammer des Oberbergamts Breslau : ihr Verhältnis zu den europäischen Industriegebieten und insbesondere zum Ruhrgebiet. In: Die Überlieferung der preußischen Bergverwaltung : Erfahrungen und Perspektiven zur Bearbeitung des sachthematischen Inventars der preußischen Berg-, Hütten- und Salinenverwaltung, 1763-1865. Ed.: Black-Veldtrup, Mechthild; Farrenkopf, Michael; Reininghaus, Wilfried. – Münster: Landesarchiv Nordrhein-Westfalen 2005, p. 80- 84 (Veröffentlichungen des Landesarchivs Nordrhein-Westfalen ; 1).

Natural resources / Bodenschätze / Ressources minières

3054
Bandyopadhyay, Amitava: Urban landuse management : a journey from geoenvironmental appraisal to GIS application for appropriate planning : a case study. In: Cartographic technologies for water, land and infrastructure development : XXIV INCA international congress, Kolkata, October 6 – 9, 2004 ; [... important contributions presented at the XXIV INCA International Congress on the Theme "Cartographic Technologies for Water, Land and Infrastructure Development"...]. Ed.: Dasgupta, Ajit Kumar. – Hyderabad: Indian National Cartographic Association 2005, p.367-374, 6 ill. (Indian cartographer ; 24.2004).

3055
Datta, M.M.: Modern cartography for natural resources mapping. In: Indian Surveyor : the journal of the institution of surveyors. 56.2002,2, p.133-. ISSN 0970-3470.

3056
Hickey, Robert J.: An investigation of the multispectral response patterns of West Australian bauxite deposits. In: Journal of spatial science. 2.2005, p.97-113, 16 ill., 1 tab.

3057
Kporfor, Jacob; Chen, Jiagou: Prediction of hydrothermal copper, gold, silver and lead-zinc in Northwestern Yunnan using weight of evidence model. In: Geo-spatial information science : quarterly = Diqiu-kongjian-xinxi-kexue-xuebao. 8.2005,3, p.230-234, 4 ill., 2 tab. ISSN 1009-5020.

3058
Michał, Mączka: Die kartographischen Unterlagen der Plankammer des Oberbergamts Breslau : ihr Verhältnis zu den europäischen Industriegebieten und insbesondere zum Ruhrgebiet. In: Die Überlieferung der preußischen Bergverwaltung : Erfahrungen und Perspektiven zur Bearbeitung des sachthematischen Inventars der preußischen Berg-, Hütten- und Salinenverwaltung, 1763-1865. Ed.: Black-Veldtrup, Mechthild; Farrenkopf, Michael; Reininghaus, Wilfried. – Münster: Landesarchiv Nordrhein-Westfalen 2005, p. 80- 84 (Veröffentlichungen des Landesarchivs Nordrhein-Westfalen ; 1).

3059
Mishra, D. K.; Diwan, P.: Correlation & characterisation of limestone deposits of Chhattisgarh through RS-GIS interface. In: Bridging the digital divide and taking cartography at grassroots level : 25th INCA international congress, Sagar, Nov. 28 – Dec. 1, 2005. Ed.: Trivedi, R. K. – Ahmedabad: Indian National Cartographic Association 2005, p.150-153, 5 ill. (Indian cartographer ; 25.2005).

3060
Mishra, Vandana; Srivastava, Abhishek; Srivastava, Shweta: Digital image processing of IRS-IC LISS-III data for natural resource classification. In: Cartographic technologies for water, land and infrastructure development : XXIV INCA international congress, Kolkata, October 6 – 9, 2004 ; [... important contributions presented at the XXIV INCA International Congress on the Theme "Cartographic Technologies for Water, Land and Infrastructure Development"...]. Ed.: Dasgupta, Ajit Kumar. – Hyderabad: Indian National Cartographic Association 2005, p.257-265, 5 ill., 2 tab. (Indian cartographer ; 24.2004).

3061
Pal, M.M.; Pal, Sikha: Mapping the status of land resources in India : a NATMO model. In: Cartographic technologies for water, land and infrastructure development : XXIV INCA international congress, Kolkata, October 6 – 9, 2004 ; [... important contributions presented at the XXIV INCA International Congress on the Theme "Cartographic Technologies for Water, Land and Infrastructure Development"...]. Ed.: Dasgupta, Ajit Kumar. – Hyderabad: Indian National Cartographic Association 2005, p.266-270, 1 ill., 1 tab. (Indian cartographer ; 24.2004).

3062
Ram, Balak; Patidar, M.; Rastogi, Ankita; Singh, Gopal: Evaluation of biophysical resources though cadastral information, remotely sensed data digital cartography for microlevel land use planning in arid agro-ecosystem. In: Cartographic technologies for water, land and infrastructure development : XXIV INCA international congress, Kolkata, October 6 – 9, 2004 ; [... important contributions presented at the XXIV INCA International Congress on the Theme "Cartographic Technologies for Water, Land and Infrastructure Development"...]. Ed.: Dasgupta, Ajit Kumar. – Hyderabad: Indian National Cartographic Association 2005, p.313-323, 8 ill., 5 tab. (Indian cartographer ; 24.2004).

3063
Sunder, J.D. Paul Sunder: Land use mapping and land resource management. In: Cartographic technologies for water, land and infrastructure development : XXIV INCA international congress, Kolkata, October 6 – 9, 2004 ; [... important contributions presented at the XXIV INCA International Congress on the Theme "Cartographic Technologies for Water, Land and Infrastructure Development"...]. Ed.: Dasgupta, Ajit Kumar. – Hyderabad: Indian National Cartographic Association 2005, p.341-345 (Indian cartographer ; 24.2004).

Oceanography / Ozeanographie / Océanographie

3064
Carpine-Lancre, Jacqueline: Une entreprise majeure de la cartographie océanographique : la Carte génerale bathymétrique des océans. In: Le Monde des Cartes : revue du Comité Français de Cartographie. 184.2005, p.67-89, 10 ill., 2 tab. ISSN 1634-3522.

3065
Cotonnec, Adeline; Fournier, Jérôme; Gouery, Pascal; Mokrani, Mouna; Anselme, Brice; Dréau, Alain; Dubreuil, Vincent; Panizza, Andrea C.; Talec, Pascal: Utilisation de données SPOT5 pour la cartographie des habitats bentiques littoraux : application à l'archipel des île Chausey (golfe normand-breton, France). In: Géographie du littoral : approche géomatique. Textes réunis par Serge Suanez. – Rennes: Presses Universitaires <Rennes> 2005, p.37-50, 6 ill., 4 tab. (Norois : revue géographique des universités de l'Ouest ; environnement, aménagement, société ; 196.2005). [Themenheft der Zeitschrift: Norois : revue géographique des universités de l'Ouest ; environnement, aménagement, société. 196.2005].

3066
Karstkarel, Nanka: Changes in shelf ice extent in West Antarctica between 1840 and 1960 : analysing historical maps in a Geographical Information System. Ed.: Arctisch Centrum <Groningen>. – Groningen: Arctisch Centrum <Groningen> 2005, X, 170 p., ill., mp. (Circumpolar studies ; 3). [Zugl.: @Groningen, Univ., Diss., 2005] ISBN 90-77922-04-0.

3067
Kim, Shim: The name and limit of the East Sea. – Seoul: Jiyoungsa 2005, 396 p., ill., mp. – 1. ed. [Includes bibliographical references] ISBN 89-7555142-3.

3068
Lawrence, David M.: Upheaval from the abyss : ocean floor mapping and the earth science revolution. – New Brunswick, NJ [u.a.]: Rutgers University Press 2002, XVII, 284 p., ill., mp. ISBN 0-8135-3028.

3069
Novak, Drago; Milinarić, Dubravka: Adriatic Coast and Islands in the Kitab-i Bahriye by Pîrî Reis = Jadranska obala i otoci u kfelu Kitab-i Bahriye Pîrîja Reisa. In: Five centuries of maps and charts of Croatia = Pet stoljeća geografskih i pomorskih karata Hrvatske. Ed.: Novak, Drago. – Zagreb: Školska Knjiga 2005, p.331-367, 18 ill. [Engl. and Croat.].

3070
Pflüger, Börge: Das Meereis um Südgrönland 1777 - 2002 = Die Eisverhältnisse an der Südspitze Grönlands 1777 - 2002; Eiskartensammlung. Ed.: Geographische Gesellschaft <Hamburg>. - Hamburg: Geographische Gesellschaft <Hamburg> 2005, IV, 255 p., ill., mp. + 1 CD-ROM. (Mitteilungen der Geographischen Gesellschaft in Hamburg ; 97). [Zugl.: Hamburg, Univ., Fachbereich Geowiss., Diss., 2005 u.d.T.: Pflüger, Börge: Die Eisverhältnisse an der Südspitze Grönlands 1777 - 2002; CD-ROM u.d.T.: Eiskartensammlung] ISBN 3-515-08779-6.

3071
Rajabifard, A.; Binns, A.; Williamson, Ian: Administering the marine environment - the spatial dimension. In: Journal of spatial science. 2.2005, p.69-78, 3 ill., 1 tab.

3072
Schäfer, Dirk; Domrös, Manfred: Der Indische Ozean im globalen Zirkulationsgeschehen : Darstellungen im Atlas, als Kartenbeilage und mit einem WebGIS. In: Geographische Rundschau. 57.2005,4, p.66-70, 4 ill., 1 mp.-suppl.

Pedology / Pedologie / Pédologie

3073
Boer, Adri den: Bodemkartering 21e eeuw. In: Geo-Info : tijdschrift voor Geo-Informatie Nederland, GIN. 2.2005,12, p.578-580, 3 ill. Soil mapping in the 21st century. [Dutch]. ISSN 1572-5464.

3074
Chikhaoui, Mohamed; Bonn, Ferdinand; Bokoye, Amadou Idrissa: A spectral index for land degradation mapping using ASTER data : application to a semi-arid Mediterranean catchment. In: International journal of applied earth observation and geoinformation : JAG ; the official quarterly publication of the International Institute for Aerospace Survey and Earth Sciences (ITC). 7.2005,2, p.140-153, 10 ill., 5 tab. ISSN 0303-2434.

3075
Choudhury, Swagata: Application of remote sensing and GIS in soil erosion modelling & land evaluation. In: Cartographic technologies for water, land and infrastructure development : XXIV INCA international congress, Kolkata, October 6 - 9, 2004 ; [... important contributions presented at the XXIV INCA International Congress on the Theme "Cartographic Technologies for Water, Land and Infrastructure Development"...]. Ed.: Dasgupta, Ajit Kumar. - Hyderabad: Indian National Cartographic Association 2005, p.281-289, 15 ill., 2 tab. (Indian cartographer ; 24.2004).

3076
Egli, Markus; Margreth, Michael; Vökt, Urs; Fitze, Peter; Tognina, Gianfranco; Keller, Felix: Modellierung von Bodentypen und Bodeneigenschaften im Oberengadin (Schweiz) mit Hilfe eines Geographischen Informationssystems (GIS). In: Geographica Helvetica : schweizerische Zeitschrift für Geographie. 60.2005,2, p.87-96, 3 ill., 5 tab. ISSN 0016-7312.

3077
Egli, Markus; Margreth, Michael; Völkt, Urs; Keller, Felix: Bodenmodellierung mit GIS im hochalpinen Raum. In: Geomatik Schweiz : Geoinformation und Landmanagement. 103.2005,8, p.458-462, 2 ill., 2 tab. ISSN 0252-9424; 1660-4458.

3078
Fecht, Michael; Geitner, Clemens; Heller, Armin; Stötter, Johann: Ermittlung der räumlichen Verteilung von Bodeneigenschaften - eine Kombination von GIS, Clusteranalyse und Geländearbeit. In: Angewandte Geoinformatik 2005 : Beiträge zum 17. AGIT-Symposium Salzburg. Ed.: Strobl, Josef; Blaschke, Thomas; Griesebner, Gerald. - Heidelberg: Herbert-Wichmann-Verlag 2005, p.155-164, 4 ill., 2 tab.

3079
Fried, Günter: Bodeninformationssystem Bayern : Geodatenquelle für Wirtschaft, Wissenschaft, die bayerische Verwaltung und den Bürger. In: Mitteilungen des DVW-Bayern e.V. 57.2005,2, p.225-240, 10 ill. ISSN 0723-6336.

3080
Historische und aktuelle Bodenkarten von Niederösterreich und der Nachbargebiete : Ausstellung von Exponaten aus der Privatsammlung von O. Nestroy, 23. Oktober bis 14. Dezember 2001 im Ausstellungsraum der NÖ Landesbibliothek Sankt Pölten. Ed.: Amt der Niederösterreichischen Landesregierung, Abt. NÖ Landesbibliothek. - Sankt Pölten: Amt der Niederösterreichischen Landesregierung, Abt. NÖ Landesbibliothek 2001. (Sonder- und Wechselausstellungen der Niederösterreichischen Landesbibliothek ; 21).

3081
Kolény, Mladen; Čerňanský, Jozef: Využitie ortofotomáp v prieskume urýchlenej plošnej vodnej erózie. In: Kartografické listy. 12.2004, p.29-36, 3 ill. Using of orthofotomaps in the survey of accelerated surface water erosion. [Slovak with Engl. rés.].

3082
Mapa agrológico : capacidad agrológica de las tierras de la Comunidad de Madrid. Ed.: Dirección General de Urbanismo y Planificación Regional. - Madrid: Dirección General de Urbanismo y Planificación Regional 2005, 81 p., 3 ill., 14 tab. [Span.]. ISBN 84-451-2759-4.

3083
Morschel, Jean; Fox, Dennis: Une méthode de cartographie du risque érosif: application aux collines du Terrefort lauragais. In: M@ppemonde : revue trimestrielle sur l'image géographique et les formes du territoire. 76.2004,4, 11 p., 4 ill., 3 tab. ISSN 0764-3470.

3084
Ostrowski, Janusz: Uogólnienie treści tematycznej w procesie redakcji map glebowych w różnych skalach. In: Projektowanie i redakcja map = Map design and map compilation. Ed.: Uniwersytet Wrocławski. – Wrocław: Uniwersytet Wrocławski 2005, p.103-121, 3 ill., 12 tab. (Główne problemy współczesnej kartografii ; 2005) Generalization of the thematic content in the editing process of soil maps in various scales. [Pol. with Engl. res.].

3085
Sahoo, A.K.; Sarkar, Dipak; Gajbhiye, K.S.: Soil resource mapping for land use planning : a case study in Tilimani Nala micro watershed, Ranchi district, Jharkhand. In: Cartographic technologies for water, land and infrastructure development : XXIV INCA international congress, Kolkata, October 6 – 9, 2004 ; [... important contributions presented at the XXIV INCA International Congress on the Theme "Cartographic Technologies for Water, Land and Infrastructure Development"...]. Ed.: Dasgupta, Ajit Kumar. – Hyderabad: Indian National Cartographic Association 2005, p.407-413, 2 ill., 5 tab. (Indian cartographer ; 24.2004).

3086
Sarkar, Dipak: Remote sensing and computer cartographic technique involving GIS for agricultural land management : a case study in Subarnarekha watershed, district Ranchi, Jharkhand. In: Cartographic technologies for water, land and infrastructure development : XXIV INCA international congress, Kolkata, October 6 – 9, 2004 ; [... important contributions presented at the XXIV INCA International Congress on the Theme "Cartographic Technologies for Water, Land and Infrastructure Development"...]. Ed.: Dasgupta, Ajit Kumar. – Hyderabad: Indian National Cartographic Association 2005, p.398-406, 3 ill., 5 tab. (Indian cartographer ; 24.2004).

3087
Sponagel, Herbert: Bodenkundliche Kartieranleitung : mit 103 Tabellen und 31 Listen ; Ad-hoc-Arbeitsgruppe Boden der Staatlichen Geologischen Dienste und der Bundesanstalt für Geowissenschaften und Rohstoffe. Ed.: Bundesanstalt für Geowissenschaften und Rohstoffe. – Stuttgart: Schweizerbart 2005, 438 p., ill., mp. – 5., verb. und erw. Aufl. [Literaturverz. S. 416 – 419] ISBN 3-510-95920-5.

3088
Strobl, Christian; Poitner, Ernst; Knauff, Monika: Digitale Karten im BIS-BY. In: Bodeninformationssystem Bayern : BIS-BY. Ed.: Bayern / Landesamt für Umwelt. – München: Bayern / Landesamt für Umwelt 2005, p.76-96, 14 ill., 2 tab. (Fachberichte ; 25).

Planning / Planung / Planification

3089
Adhikari, S.K.; Prakash, D.; Sikdar, P.K.; Bhattacharya, B.B.: Groundwater management and development plan of drought prone districts of Nawapara and Kalahandi, Orissa. In: Cartographic technologies for water, land and infrastructure development : XXIV INCA international congress, Kolkata, October 6 – 9, 2004 ; [... important contributions presented at the XXIV INCA International Congress on the Theme "Cartographic Technologies for Water, Land and Infrastructure Development"...]. Ed.: Dasgupta, Ajit Kumar. – Hyderabad: Indian National Cartographic Association 2005, 160-184, 15 ill., 11 tab. (Indian cartographer ; 24.2004).

3090
Al-Kodmany, Kheir: E-community participation: communicating spatial planning and design using web-based maps. In: Socio-economic applications of geographic information science : [based on contributions at the 2001 GIS research UK conference ; innovations in GIS, 9]. Ed.: Kidner, David; Higgs, Gary; White, Sean. – London [u.a.]: Taylor & Francis 2003, p.69-92, 11 ill. (Innovations in GIS ; 9).

3091
Bandyopadhyay, Amitava: Urban landuse management : a journey from geoenvironmental appraisal to GIS application for appropriate planning : a case study. In: Cartographic technologies for water, land and infrastructure development : XXIV INCA international congress, Kolkata, October 6 – 9, 2004 ; [... important contributions presented at the XXIV INCA International Congress on the Theme "Cartographic Technologies for Water, Land and Infrastructure Development"...]. Ed.: Dasgupta, Ajit Kumar. – Hyderabad: Indian National Cartographic Association 2005, p.367-374, 6 ill. (Indian cartographer ; 24.2004).

3092
Bandyopadhyay, T.K.: Land information system for land management : a national perspective. In: Cartographic technologies for water, land and infrastructure development : XXIV INCA international congress, Kolkata, October 6 – 9, 2004 ; [... important contributions presented at the XXIV INCA International Congress on the Theme "Cartographic Technologies for Water, Land and Infrastructure Development"...]. Ed.: Dasgupta, Ajit Kumar. – Hyderabad: Indian National Cartographic Association 2005, p.388-391 (Indian cartographer ; 24.2004).

3093
Bučo, Igor; Cigrovski-Detelić, Brankica: Geodätische Arbeiten bei der Urbanisierung von Buchten. In: Allgemeine Vermessungs-Nachrichten : AVN ; Zeitschrift für alle Bereiche des Vermessungswesens. 112.2005,11-12, p.3-62-372, 2 ill., 8 tab. ISSN 0002-5968.

3094
Caron, Patrick; Cheylan, Jean-Paul: Donner sens à l'information géographique pour accompagner les projets de territoire : cartes et représentations spatiales comme supports d'itinéraires croisés. In: Géocarrefour : revue de géographie de Lyon. 80.2005,2, p.111-122, 5 ill. ISSN 0035-113X; 1627-4873.

3095
Cartographic technologies for water, land and infrastructure development : XXIV INCA international congress, Kolkata, October 6 – 9, 2004 ; [... important contributions presented at the XXIV INCA International Congress on the Theme "Cartographic Technologies for Water, Land and Infrastructure Development"...]. Ed.: Dasgupta, Ajit Kumar. – Hyderabad: Indian National Cartographic Association 2005, XXV, 539 p., ill., mp. (Indian cartographer ; 24.2004).

3096
Das Gupta, S.P.: The Web map as a tool for economic development : a challenge to cartographers. In: Cartographic technologies for water, land and infrastructure development : XXIV INCA international congress, Kolkata, October 6 – 9, 2004 ; [... important contributions presented at the XXIV INCA International Congress on the Theme "Cartographic Technologies for Water, Land and Infrastructure Development"...]. Ed.: Dasgupta, Ajit Kumar. – Hyderabad: Indian National Cartographic Association 2005, p.230-246, 8 ill. (Indian cartographer ; 24.2004).

3097
Elementi di cartografia per l'architettura e l'urbanistica. By: Baratin, Laura; Orioli, Valentina. – Bologna: Pitagora 2004, 106 p., ill., mp. + 1 CD-ROM. Elements of cartography for architecture and urban planning. [Ital.]. [Contains bibliographical refs] ISBN 88-371-1532-6.

3098
Groen, Jan; Koomen, Eric; Piek, Maarten: Scenario's in kaart : model en ontwerpbenaderingen voor toekomstig ruimtegebruik. – Rotterdam: NAi Uitgevers 2004, 131 p., ill., mp. Scenarios in maps : model and design approaches for future space use. [Dutch]. ISBN 90-5662-377-x.

3099
Nag, Pritvish: Cargographic technologies for water, land and infrastructure development : keynote address. In: Cartographic technologies for water, land and infrastructure development : XXIV INCA international congress, Kolkata, October 6 – 9, 2004 ; [... important contributions presented at the XXIV INCA International Congress on the Theme "Cartographic Technologies for Water, Land and Infrastructure Development"...]. Ed.: Dasgupta, Ajit Kumar. – Hyderabad: Indian National Cartographic Association 2005, p.XVII-XXI (Indian cartographer ; 24.2004).

3100
Neogi, Sudipta; Pal, M.M.: Landforms and land use cartography for land resource development : an appraisal of NATMO projects. In: Cartographic technologies for water, land and infrastructure development : XXIV INCA international congress, Kolkata, October 6 – 9, 2004 ; [... important contributions presented at the XXIV INCA International Congress on the Theme "Cartographic Technologies for Water, Land and Infrastructure Development"...]. Ed.: Dasgupta, Ajit Kumar. – Hyderabad: Indian National Cartographic Association 2005, p.449-454, 1 ill. (Indian cartographer ; 24.2004).

3101
Perrone, Camilla: Il ruolo delle rappresentazioni "dense" nel governo del territorio : esperienze a cofronto. In: Bollettino della Associazione Italiana di Cartografia. 42.2005,123/125, p.447-458 the role of "thick" representation for territorial governance : comparing experiences. [Ital. with Engl. rés.]. ISSN 0044-9733.

3102
Pucher, Alexander; Gartner, Georg; Spanring, Christian: ÖROK Atlas Online – ein Forschungs- und Entwicklungsprojekt zur Erstellung eines Prototyps für "ÖROK Atlas Online". In: Angewandte Geoinformatik 2005 : Beiträge zum 17. AGIT-Symposium Salzburg. Ed.: Strobl, Josef; Blaschke, Thomas; Griesebner, Gerald. – Heidelberg: Herbert-Wichmann-Verlag 2005, p.553-558, 2 ill.

3103
Ram, Balak; Patidar, M.; Rastogi, Ankita; Singh, Gopal: Evaluation of biophysical resources though cadastral information, remotely sensed data digital cartography for microlevel land use planning in arid agro-ecosystem. In: Cartographic technologies for water, land and infrastructure development : XXIV INCA international congress, Kolkata, October 6 – 9, 2004 ; [... important contributions presented at the XXIV INCA International Congress on the Theme "Cartographic Technologies for Water, Land and Infrastructure Development"...]. Ed.: Dasgupta, Ajit Kumar. – Hyderabad: Indian National Cartographic Association 2005, p.313-323, 8 ill., 5 tab. (Indian cartographer ; 24.2004).

3104
Sahoo, A.K.; Sarkar, Dipak; Gajbhiye, K.S.: Soil resource mapping for land use planning : a case study in Tilimani Nala micro watershed, Ranchi district, Jharkhand. In: Cartographic technologies for water, land and infrastructure development : XXIV INCA international congress, Kolkata, October 6 – 9, 2004 ; [... important contributions presented at the XXIV INCA International Congress on the Theme "Cartographic Technologies for Water, Land and Infrastructure Development"...]. Ed.: Dasgupta, Ajit Kumar. – Hyderabad: Indian National Cartographic Association 2005, p.407-413, 2 ill., 5 tab. (Indian cartographer ; 24.2004).

3105
Sarkar, Dipak: Remote sensing and computer cartographic technique involving GIS for agricultural land management : a case study in Subarnarekha watershed, district Ranchi, Jharkhand. In: Cartographic technologies for water, land and infrastructure development : XXIV INCA international congress, Kolkata, October 6 – 9, 2004 ; [... important contributions presented at the XXIV INCA International Congress on the Theme "Cartographic Technologies for Water, Land and Infrastructure Development"...]. Ed.: Dasgupta, Ajit Kumar. – Hyderabad: Indian National Cartographic Association 2005, p.398-406, 3 ill., 5 tab. (Indian cartographer ; 24.2004).

3106
Szendrő, Dénes: Digitális térképek szerepe a II. nemzeti fejlesztési tervben. In: Geodézia és kartográfia. 57.2005,12, p.8-11 Digital maps in the second national development plan. [Hung. with Engl. rés.]. ISSN 0016-7118.

3107
Uehlein, Ulrich: Das Planzeichen als visuelle Variable : ein Beitrag zur theoretischen Fundierung und methodischen Operationalisierung der kartographischen Informationscodierung in der raumbezogenen Umweltplanung. – Berlin: Mensch & Buch Verl. 2005, 224 p., ill., mp. [Zugl.: Berlin, Techn. Universität, Diss.] ISBN 3-86664-002-1.

3108
Vinod, R.V.; Sukumar, B.; Sukumar, Ahalya; Kumar, V. Shravan; Devavrathan, S.: Identification and delineation of wasteland for water conservation in Mogral river basin Kasaragod district, Kerala. In: Cartographic technologies for water, land and infrastructure development : XXIV INCA international congress, Kolkata, October 6 – 9, 2004 ; [... important contributions presented at the XXIV INCA International Congress on the Theme "Cartographic Technologies for Water, Land and Infrastructure Development"...]. Ed.: Dasgupta, Ajit Kumar. – Hyderabad: Indian National Cartographic Association 2005, p.142-150, 6 ill., 4 tab. (Indian cartographer ; 24.2004).

3109
Vischer, Daniel; Feldmann, Hans-Uli: Die erste Juragewässerkorrektion, 1868-1891. In: Cartographica Helvetica : Fachzeitschrift für Kartengeschichte. 2005,32, p.17-32, 17 ill., 1 portr. ISSN 1015-8480.

Politics / Politik / Politique

3110
Andrieu, Dominique: L'intérêt de l'usage des cartogrammes: l'exemple de la cartographie de l'élection présidentielle française de 2002. In: M@ppemonde : revue trimestrielle sur l'image géographique et les formes du territoire. 77.2005,1, 14 p., 7 ill. ISSN 0764-3470.

3111
Biltcliffe, Pippa: Walter Crane and the Imperial Federation Map Showing the Extent of the British Empire. In: Imago Mundi : the international journal for the history of cartography. 57.2005,1, p.63-69, 2 ill., 2 plates. ISSN 0308-5694.

3112
Cosgrove, Denis E.; Della Dora, Veronica: Mapping global war : Los Angeles, the Pacific, and Charles Owens's pictorial cartography. In: Annals of the Association of American Geographers. 2, p.373-390, 9 ill. ISSN 0004-5608.

3113
Hurault, Jean; Frenay, Pierre: Sur la frontière Guyane – Brésil 1956 – 1961 – 1962 – 1991 : souvenirs et carnets de mission. – Paris: Institut Géographique National 2005, V, 154 p., ill. mp. (Les cahiers historiques de l'IGN ; 5).

3114
Lucht, Roland: Kartenverfälschung in der DDR : verklärende Rückschau oder kritische Aufarbeitung?. In: Kartographische Nachrichten : KN ; Fachzeitschrift für Geoinformation und Visualisierung ; Organ der Deutschen Gesellschaft für Kartographie e.V., der Schweizerischen Gesellschaft für Kartographie und der Österreichischen Kartographischen Kommission in der Österreichischen Geographischen Gesellschaft. 55.2005,2, p.89-91. ISSN 0022-9164.

3115
Lundén, Thomas: Att skapa stater – med kartan som vapen. In: Kart & bildteknik : mapping and image science. 19.2004,2, p.23-25, 2 ill. About the forming of states – with the support of maps. [Swed.]. ISSN 1651-792X.

3116
Pfahlbusch, René: Bemerkungen zur Entgegnung von D. Unverhau "Offensichtlich vom Standpunkt der Ehre aus betrachtet" (KN 1/2005, Seite 36). In: Kartographische Nachrichten : KN ; Fachzeitschrift für Geoinformation und Visualisierung ; Organ der Deutschen Gesellschaft für Kartographie e.V., der Schweizerischen Gesellschaft für Kartographie und der Österreichischen Kartographischen Kommission in der Österreichischen Geographischen Gesellschaft. 55.2005,1, p.39-40. ISSN 0022-9164.

3117
Raffestin, Claude: From text to image. In: Geopolitics. 5.2000,2, p.7-34, 26 mp. ISSN 1465-0045.

3118
Unverhau, Dagmar: Offensichtlich vom Standpunkt der Ehre aus betrachtet : eine Entgegnung auf René Pfahlbuschs " 'Kartenverfälschung'" in Deutschlanrd?!" (KN 5, 2004, S.218-224). In: Kartographische Nachrichten : KN ; Fachzeitschrift für Geoinformation und Visualisierung ; Organ der Deutschen Gesellschaft für Kartographie e.V., der Schweizerischen Gesellschaft für Kartographie und der Österreichischen Kartographischen Kommission in der Österreichischen Geographischen Gesellschaft. 55.2005,1, p.36-39. ISSN 0022-9164.

3119
Zukas, Alex: Terra Incognita / Terra Nullius : modern imperialism, maps, and deception. In: Lived topographies and their mediational forces. Ed.: Backhaus, Gary; Murungi, John. – Lanham, Md.: Lexington Books 2005, p.49-76, 2 ill.

Religion / Religion / Religion

3120
Brink, Lowie; Holl, Lucy: De aloude Moederkerk aan stokken : Van Luyns schoolwandkaart van katholiek Nederland. In: De wereld tussen twee stokken : de geschiedenis van de Nederlandse schoolwandkaarten. Ed.: Brink, Lowie; Holl, Lucy. – Nijmegen: Antiquariaat De Wereld aan de Wand 2005, p.89-90, 3 ill. The ancient mother church on sticks : Van Luyns school wall map of the Catholic Netherlands. [Dutch].

3121
Kusendová, Dagmar: Projekt atlasu katolícej cirkvi na slovensku. In: Kartografické listy. 13.2005, p.77-82, 3 ill. The project of the Atlas of the Catholic Church in Slovakia. [Slovak with Engl. rés.].

3122
O'Loughlin, Thomas: Map and text : a mid ninth-century map for the Book of Joshua. In: Imago Mundi : the international journal for the history of cartography. 57.2005,1, p.7-22, 1 ill., 1 plate. [Engl. with French, Germ. and Span. rés.]. ISSN 0308-5694.

Settlement / Siedlung / Habitat

3123
Ai, Tinghua: Displacement of building cluster using field analysis method. In: Geo-spatial information science : quarterly = Diqiu-kongjian-xinxi-kexue-xuebao. 6.2003,2, p.55-62, 4 ill. ISSN 1009-5020.

3124
Alshawabkeh, Yahya: Using Terretrial Laser Scanning for the 3D Reconstruction of Petra / Jordan. In: Photogrammetric Week '05 : [papers of the 50th Photogrammetric Week, Stuttgart (September 5 to 9, 2005)]. Ed.: Fritsch, Dieter. – Heidelberg: Herbert-Wichmann-Verlag 2005, p.39-47, 9 ill.

3125
Anand, P.H.: GPS data base for urban traffic management. In: Cartographic technologies for water, land and infrastructure development : XXIV INCA international congress, Kolkata, October 6 – 9, 2004 ; [... important contributions presented at the XXIV INCA International Congress on the Theme "Cartographic Technologies for Water, Land and Infrastructure Development"...]. Ed.: Dasgupta, Ajit Kumar. – Hyderabad: Indian National Cartographic Association 2005, p.507-521, 12 ill., 2 tab. (Indian cartographer ; 24.2004).

3126
Arnaud, Jean-Luc: Cartographie des mégapoles. In: Mégapoles méditerranéennes : géographie urbaine rétrospective ; actes du colloque ; (Rome, 8 – 11 mai 1996). – Paris: 2000, p.705-722, 6 ill.

3127
Arnaud, Jean-Luc: Corpus cartographique pour l'histoire de Damas, Syrie, à la fin de la période ottomane (1760-1924). In: Imago Mundi : the international journal for the history of cartography. 53.2001, p.46-70, 16 ill. ISSN 0308-5694.

3128
Arnaud, Jean-Luc: Dresser un plan de Tunis au début des années 1860. In: Biographies et récits de vie. – Tunis: 2005, p.157-167, 2 ill. (Alfa. Maghreb et sciences sociales ; 2005).

3129
Arnaud, Jean-Luc: Entre mythe et réalité, l' iconographie des villes du Proche-Orient durant la période moderne. In: Façonner le passé : représentations et cultures de l'histoire XVIe – XXe siècle. – Aix-en-Provence: Publications de l'Université de Provence 2004, p.219-240, 9 ill.

3130
Arnaud, Jean-Luc: Iconographie et cartographie des villes dans l'empire ottoman. In: Tourisme, voyages et littérature : VIes Rencontres Méditerranéennes du Tourisme. Ed.: Euzière Paul; Madani, Latifa. – Nice: Éditions du Losange 2005, p.141-153, 8 ill.

3131
Arnaud, Jean-Luc: L'image des villes dans les Six Voyages de Jean-Baptiste Tavernier : de l'auteur à l'éditeur. In: Anatolia moderna ; travaux et recherches de l'Institut Français d'Etudes Anatoliennes et de l'Observatoire Urbain d'Istanbul. 9.2000, p.97-112, 10 ill.

3132
Barrucand, Marianne: Damaskus und Saladin. In: Saladin und die Kreuzfahrer : [Begleitband zur Sonderausstellung " Saladin und die Kreuzfahrer"]. Ed.: Wieczorek, Alfried; Fansa, Mamoun; Meller, Harald. – Mainz: Verlag Philipp von Zabern 2005, p. 260-263, 3 ill. (Schriftenreihe des Landesmuseums für Natur und Mensch Oldenburg ; 17).

3133
Barrucand, Marianne: Das Kairo Saladins. In: Saladin und die Kreuzfahrer : [Begleitband zur Sonderausstellung " Saladin und die Kreuzfahrer"]. Ed.: Wieczorek, Alfried; Fansa, Mamoun; Meller, Harald. – Mainz: Verlag Philipp von Zabern 2005, p.264-267, 1 ill., 1 mp. (Schriftenreihe des Landesmuseums für Natur und Mensch Oldenburg ; 17).

3134
Bartoszewicz, Henryk: Siedzby rodowe na mapach i planach. In: Geodeta : magazyn geoinformacyjny. 1(116).2005, p.58-61, 5 ill. Family domiciles in maps and plans. [Pol.].

3135
Bergqvist, Rickard; Tornberg, Jonas: GIS for describing and analysing regional logistics systems. In: Kart & bildteknik : mapping and image science. 20.2005,2, Beil., p.61-68, 7 ill. ISSN 1651-792X.

3136
Bezoari, Giorgio; Monti, Carlo; Selvini, Attlio: La cartographie numérique de la ville de Milan. In: Geomatik Schweiz : Geoinformation und Landmanagement. 103.2005,8, p.454-457, 6 ill. ISSN 0252-9424; 1660-4458.

3137
Bhowmick, Chandrayee: Experimentation on the web cartography of urban road traffic management system. In: Cartographic technologies for water, land and infrastructure development : XXIV INCA international congress, Kolkata, October 6 – 9, 2004 ; [... important contributions presented at the XXIV INCA International Congress on the Theme "Cartographic Technologies for Water, Land and Infrastructure Development"...]. Ed.: Dasgupta, Ajit Kumar. – Hyderabad: Indian National Cartographic Association 2005, p.484-490, 5 ill. (Indian cartographer ; 24.2004).

3138
Blaschke, Karlheinz: Das Städtewesen in Sachsen vom 12. bis zum 19. Jahrhundert : eine neue Karte im Atlas zur Geschichte und Landeskunde von Sachsen. In: Sachsenlandkurier : SLK ; Organ des Sächsischen Städte- und Gemeindetags ; Kommunalzeitschrift für die Städte und Gemeinden. 16.2005,2, p.76-82, 1 tab.

3139
Böhm, Jan: Terrestrial laser scanning – a supplementary approach for 3D documentation and animation. In: Photogrammetric Week '05 : [papers of the 50th Photogrammetric Week, Stuttgart (September 5 to 9, 2005)]. Ed.: Fritsch, Dieter. – Heidelberg: Herbert-Wichmann-Verlag 2005, p.263-271, 6 ill.

3140
Bozheva, Aleksandra M.; Petrov, Andrey N.; Sugumaran, Ramanathan: The effect of spatial resolution of remotely sensed data in dasymetric mapping of residential areas. In: GIScience and remote sensing. 42.2005,2, p.113-130, 5 ill., 5 tab. ISSN 1548-1603.

3141
Brenner, Claus; Jülge, Katharina; Dold, Christoph; Gösseln, Guido von: Das virtuelle 3D-Stadtmodell von Hannover. In: Tagung 2004 / Arbeitsgruppe Automation in der Kartographie. Ed.: Bundesamt für Kartographie und Geodäsie <Deutschland>. – Frankfurt a.M.: Bundesamt für Kartographie und Geodäsie <Deutschland> 2005, p.21-32, 7 ill. (Mitteilungen des Bundesamtes für Kartographie und Geodäsie ; 34).

3142
Calatrava, Juan; Ruiz Morales, Mario: Los planos de Granada 1500 – 1909 : cartografía urbana e imagen de la ciudad. – Granada: 2005, 153 p., ill., mp. + 1 CD-ROM. (Los libros de la estrella : ciencia y medio ambiente ; 26.2005) The maps of Granada 1500 – 1909 : urban cartography and the image of the city. [Span.]. ISBN 84-7807-397-3; 978-84-7807-397-9.

3143
Caprioli, Mauro; Salvemini, Biagio; Tarantino, Eufemia: L'insediamento meridionale e la sua rappresentazione cartografica : temi e prospettive di un atlante storico in costruzione. In: Bollettino della Associazione Italiana di Cartografia. 42.2005,123/125, p.371-383 Settlements in southern Italy and their cartographic representation : themes and perspectiv of an historical atlas under construction. ISSN 0044-9733.

3144
Carta, Massimo; Zetti, Iacopo: Le carte del patrimonio territoriale come progetto di conoscenza. In: Bollettino della Associazione Italiana di Cartografia. 42.2005,123/125, p.385-405, 9 ill. Maps of territorial heritage as a project of knowledge. [Ital. with Engl. rés.]. ISSN 0044-9733.

3145
Das Salzburg-Panorama von Johann Michael Sattler. Ed.: Marx, Erich. – Salzburg: Salzburger Museum Carolino Augusteum 2005.

3146
Das Werk und sein Schöpfer. Ed.: Marx, Erich. – Salzburg: Salzburger Museum Carolino Augusteum 2005, 143 p., ill. mp. (Das Salzburg-Panorama von Johann Michael Sattler). ISBN 3-900088-12-8.

3147
Deren, Li; Liu, Qiang; Zhu, Qing: An integrated representation of outdoor and indoor in CyberCity GIS. In: Geomatics and information science of Wuhan University. 28.2003,3, p.253-258, 3 ill. [Chin. with Engl. rés.]. ISSN 1671-8860; 1000-050X.

3148
Deren, Li; Zhu, Qing; Liu, Qiang; Xu, Peng: From 2D to 3D GIS for CyberCity. In: Geospatial information science : quarterly = Diqiu-kongjian-xinxi-kexue-xuebao. 7.2004,1, p.1-5, 2 ill. ISSN 1009-5020.

3149
Döhle, Berend: 3D Modelle für Hamburg. In: Tagung 2004 / Arbeitsgruppe Automation in der Kartographie. Ed.: Bundesamt für Kartographie und Geodäsie <Deutschland>. - Frankfurt a.M.: Bundesamt für Kartographie und Geodäsie <Deutschland> 2005, p.33-36, 3 ill. (Mitteilungen des Bundesamtes für Kartographie und Geodäsie ; 34).

3150
Döllner, Jürgen: Constraints as means of controling usage of geovirtual environments. In: Cartography and geographic information science : an official journal of ACSM devoted to the advancement of cartography in all its aspects. 32.2005,2, p.69-79, 8 ill. ISSN 1523-0406.

3151
Duan, Tao; Liu, Yaolin: Urban base land value evaluation based on mobile trend surface analysis. In: Geomatics and information science of Wuhan University. 29.2004,6, p.529-532, 5 ill. [Chin. with Engl. rés.]. ISSN 1671-8860; 1000-050X.

3152
Elementi di cartografia per l'architettura e l'urbanistica. By: Baratin, Laura; Orioli, Valentina. - Bologna: Pitagora 2004, 106 p., ill., mp. + 1 CD-ROM. Elements of cartography for architecture and urban planning. [Ital.]. [Contains bibliographical refs] ISBN 88-371-1532-6.

3153
Enhörning, Gunilla: The extension of Göteborg according to town plans 1866 - ca. 1920: the case of the Landeris. In: Kart & bildteknik : mapping and image science. 20.2005,2, Beil., p.48-60, 32 ill. ISSN 1651-792X.

3154
Favreau-Lilie, Marie-Luise: Die italienischen Handelsniederlassungen. In: Saladin und die Kreuzfahrer : [Begleitband zur Sonderausstellung " Saladin und die Kreuzfahrer"]. Ed.: Wieczorek, Alfried; Fansa, Mamoun; Meller, Harald. - Mainz: Verlag Philipp von Zabern 2005, p.72-81, 6 ill. (Schriftenreihe des Landesmuseums für Natur und Mensch Oldenburg ; 17).

3155
Fei, Lifan: Solving graphic conflicts between streets and buildings in map compilation by simualting human cartographers. In: Geomatics and information science of Wuhan University. 29.2004,5, p.426-432, 13 ill. [Chin. with Engl. rés.]. ISSN 1671-8860; 1000-050X.

3156
Ferguson, W. S.: Maps and views of Derry 1600 - 1914 : a catalogue. Ed.: Royal Irish Academy <Dublin>. - Dublin: Royal Irish Academy <Dublin> 2005, XIV, 108 p., ill. [Includes bibliographical references] ISBN 1-904890-07-5.

3157
Grim, Tomáš: Sidla na Helwigově mapě Slezska. In: Z Dějin geodézie a kartografie. 12, p.95-99, 7 ill. Settlements on the Helwig map of Silesia. [Czech].

3158
Guan, Qingfeng ; Wang, Liming; Clarke, Keith C.: An artificial-neural-network-based, constrained CA model for simulating urban growth. In: Auto-Carto 2005 : research symposium proceedings. 2005, p.369-380, 12 ill., 2 tab. (Cartography and geographic information science : an official journal of ACSM devoted to the advancement of cartography in all its aspects ; 32.2005,4).

3159
Hegarty, Joe ; Carswell, James D.: SAMATS - triangle grouping and structure recovery for 3D building modeling and visualization. In: Web and wireless geographical information systems : 5th International Workshop, W2GIS 2005, Lausanne, Switzerland, December 15-16, 2005 ; proceedings. Ed.: Li, Ki-Joune; Vangenot, Christelle. - Berlin [u.a.]: Axel Springer AG 2005, p.267-280, 13 ill. (Lecture notes in computer science ; 3833).

3160
Hellwich, Olaf; Reigber, Andreas; Guillaso, Stephan; Jäger, Marc; Neumann, Maxim; Bellmann, Anke: Current developments in airborne SAR Remote Sensing. In: Photogrammetric Week '05 : [papers of the 50th Photogrammetric Week, Stuttgart (September 5 to 9, 2005)]. Ed.: Fritsch, Dieter. - Heidelberg: Herbert-Wichmann-Verlag 2005, p.135-146, 26 ill.

3161
Hirsch, Anton: Die Reichsstadt Schweinfurt "mitten im Frankenland" im Rahmen der frühen Kartographie. In: Schweinfurter historische Forschungen. Ed.: Müller, Uwe. hrsg. im Auftrag des Historischen Vereins Schweinfurt von Uwe Müller ... - Schweinfurt: Historischer Verein <Schweinfurt> 2005, p.325-386, 41 ill. (Veröffentlichungen des Historischen Vereins Schweinfurt ; N.F. 7).

3162
Historische Ansichten von Tolkewitz : Begleitheft zur Ausstellung im Turmzimmer der Bethlehemkirche Dresden-Tolkewitz ; 22.August bis 19.September 2004. Ed.: Evang.-Luth. Bethlehemkirchgemeinde Dresden-Tolkewitz. Hrsg. von Hans-Peter Hasse [Text: Martin Kaden]. Evang.-Luth. Bethlehemkirchgemeinde Dresden-Tolkewitz 2005, 63 p., ill., mp. [2., korr. Aufl.].

3163
Jabbar, Mushtak Talib; Hu, Guangdao; Zhang, Zhenfei: Application of remote sensing and GIS technology to the study of desertification of arable lands in North Shaanxi, China. In: Geo-spatial information science : quarterly = Diqiu-kongjian-xinxi-kexue-xuebao. 7.2004,3, p.187-192, 1 ill., 7 tab. ISSN 1009-5020.

3164
Jin, Baoxuan; Bian, Fuling; Zuo, Xiaoqing; Wang, Fangxiong: Study on visualization of virtual city model based on Internet. In: Geo-spatial information science : quarterly = Diqiu-kongjian-xinxi-kexue-xuebao. 8.2005,2, p.115-121, 9 ill. ISSN 1009-5020.

3165
Klevisser, Florinda; Lo Rè, Addolorata: Applicazione di techniche G.I.S. per lo studio dell'evolizione della struttura urbana e degli effeti della planificazione: il caso della città di Trieste. In: Bollettino della Associazione Italiana di Cartografia. 42.2005,123/125, p.199-211, 6 ill. G.I.S. technologies for the study of urban structure changes and the effects of planning: the city of Trieste. ISSN 0044-9733.

3166
Kučera, Zdeněk: Bílina a Bílinsko na 7. sekci Müllerovy mapy Čech. In: Z Dějin geodézie a kartografie. 12, p.39-41, 1 mp. Bílina and Bílinsko on the map sheet No. 7 of the Müller map of Silesia. [Czech].

3167
Kugler, Szófia; Barsi, Arpád; Mélykúti, Gábor; Ládai, András Dénes: Automatikus fotogrammetriai eljárássai előállitott digitális terepmodell beépített környezetben. In: Geodézia és kartográfia. 57.2005,12, p.12-17, 5 ill. Digital terrainmodelling generation in build-up area with automatic photogrammetric procedures. [Hung. with Engl. and German rés.]. ISSN 0016-7118.

3168
Li, Chaokui; Zhu, Qing; Zhang, Yeting; Huang, Duo; Zhao, Jie; Chen, Songlin: Spatial decision support applications based on three-dimensional city models. In: Geo-spatial information science : quarterly = Diqiu-kongjian-xinxi-kexue-xuebao. 7.2004,2, p.135-143, 10 ill. ISSN 1009-5020.

3169
Lindberg, Fredrik: Towards the use of local governmental 3-D data within urban climatology studies. In: Kart & bildteknik : mapping and image science. 20.2005,2, Beil., p.32-37, 6 ill. ISSN 1651-792X.

3170
Liu, Yanfang; Ren, Zhouqiao: Cultivated land compensation model based on five-tuple array. In: Geomatics and information science of Wuhan University. 29.2004,6, p.475-478 + p.487, 2 ill., 1 tab. [Chin. with Engl. rés.]. ISSN 1671-8860; 1000-050X.

3171
Liu, Zhifang; Zhang, Jianqing; Zhang, Zuxun; Fan, Hong: Change detection based on DSM and image features in urban areas. In: Geo-spatial information science : quarterly = Diqiu-kongjian-xinxi-kexue-xuebao. 6.2003,2, p.35-41, 4 ill. ISSN 1009-5020.

3172
López Rodríguez, Omar: La cartografía de Santiago de Cuba : una fuente inagotable. Ed.: Santiago de Cuba / Oficina del Conservador de la Ciudad. – Santiago de Cuba: Santiago de Cuba / Oficina del Conservador de la Ciudad 2005, 59 p., ill., mp. – 1. ed. The cartography of Santiago de Cuba : an inexhaustible source. [Span.]. ISBN 84-8095-404-3.

3173
Magister, Karl-Heinz: New York und die Macht der Karten : Kartographie von Migration, Urbanisierung und Ethnizität. In: TopoGraphien der Moderne : Medien zur Repräsentation und Konstruktion von Räumen. Ed.: Stockhammer, Robert. – München: 2005, p.341-382, 2 ill., 7 mp. (Trajekte : Zeitschrift des Zentrums für Literaturforschung Berlin).

3174
Matschenz, Andreas: Vom Selter-Plan zur digitalen K5 : Versuch einer Berliner Stadtkarten-Genealogie. In: Kartographische Nachrichten : KN ; Fachzeitschrift für Geoinformation und Visualisierung ; Organ der Deutschen Gesellschaft für Kartographie e.V., der Schweizerischen Gesellschaft für Kartographie und der Österreichischen Kartographischen Kommission in der Österreichischen Geographischen Gesellschaft. 55.2005,3, p.129-136, 4 ill. ISSN 0022-9164.

3175
Mayer, Helmut: What next: autonomous photogrammetric image understanding?. In: Photogrammetric Week '05 : [papers of the 50th Photogrammetric Week, Stuttgart (September 5 to 9, 2005)]. Ed.: Fritsch, Dieter. – Heidelberg: Herbert-Wichmann-Verlag 2005, p.331-339, 9 ill.

3176
Meier, Walter: 10 Jahre 3D-Stadtmodell Kanton Basel-Stadt. In: Geomatik Schweiz : Geoinformation und Landmanagement. 103.2005,6, p.348-350, 1 ill. ISSN 0252-9424; 1660-4458.

3177
Meng, Liqiu: Egocentric design of map-based mobile services. In: The Cartographic Journal. 42.2005,1, p.5-13, 8 ill. ISSN 0008-7041.

3178
Morphet, Patricia: Mapping Toronto's growth using building construction dates. In: Cartouche : the operational publication of the Canadian Cartographic Association. 58.2005, p.23. ISSN 1183-2045.

3179
Omer, Itzhak; Goldblatt, Ran; Or, Udi: Virtual city design based on urban image theory. In: The Cartographic Journal. 42.2005,1, p.15-26, 8 ill., 2 tab. ISSN 0008-7041.

3180
Opll, Ferdinand: Katasterkarten und Ansichten der Stadt Wien (spätes 18. bis frühes 19. Jahrhundert). In: Wiener Geschichtsblätter. 60.2005,4, p.15-28. ISSN 0043-5317.

3181
Perrone, Camilla: Il ruolo delle rappresentazioni "dense" nel governo del territorio : esperienze a cofronto. In: Bollettino della Associazione Italiana di Cartografia. 42.2005,123/125, p.447-458 the role of "thick" representation for territorial governance : comparing experiences. [Ital. with Engl. rés.]. ISSN 0044-9733.

3182
Pinon, Pierre: Les plans de Paris : histoire d'une capitale. – Paris: Le Passage 2005, 135 p., mp. – [2. Aufl.]. ISBN 2-8474-2061-4.

3183
Rottensteiner, Franz: Automatische Ableitung detaillierter Gebäudemodelle für 3D Stadtmodelle. In: VGI : österreichische Zeitschrift für Vermessung & Geoinformation. 93.2005,4, p.179-185, 7 ill. ISSN 0029-9650.

3184
Sabo, M. N.; Cardenas, A.; Bédard, Yvan; Bernier, Eveline: Introduction du concept de patrons géométriques et application aux bâtiments afin de faciliter leur généralisation cartographique à la volée. In: Geomatica. 59.2005,3, p.295-311, 14 ill., 1 tab. ISSN 1195-1036.

3185
Sandoy, Ragnhild: Stedsnavn og landskapsnavn i moderne byutvikling. In: Kart og plan : vitenskapelig tidsskrift. 98.2005,4, p.250-256, 2 ill. Traditional place names in modern town development. [Norw. with Engl. rés.]. ISSN 0047-3278.

3186
Saragosa, Claudio; Chiti, Michela: Le relazioni tra insediamento umano e sistema ambientale : metodi di lettura dei modelli insediativi locali. In: Bollettino della Associazione Italiana di Cartografia. 42.2005,123/125, p.491-504, 6 ill. The relations between human settlements and environmental systems : methods and environmental systems : methods of interpreting local settling models. [Ital. with Engl. rés.]. ISSN 0044-9733.

3187
Sato, Yukiko; Masunaga, Yoshifumi: A novel indexing method for digital video contents using a 3-dimensional city map. In: Web and wireless geographical information systems : 4th international workshop, W2GIS 2004, Goyang, Korea, November 2004 ; revised selected papers. Ed.: Kwon, Yon-Jin; Bouju, Alain; Claramunt, Christophe. – Berlin [u.a.]: 2005, p.221-231,7 ill.

3188
Sato, Yukiko; Masunaga, Yoshifumi: A novel indexing method for digital video contents using a 3-dimensional city map. In: Web and wireless geographical information systems : 4th international workshop, W2GIS 2004, Goyang, Korea, November 2004 ; revised selected papers. Ed.: Kwon, Yon-Jin; Bouju, Alain; Claramunt, Christophe. – Berlin [u.a.]: 2005, p.221-231,7 ill.

3189
Schans, René van der: Waar het gebeurde : de plek van de geschiedenis. In: Geo-Info : tijdschrift voor Geo-Informatie Nederland, GIN. 2.2005,5, p.238-243, 21 ill. Where it happened : the place of history. [Dutch with Engl. rés.]. ISSN 1572-5464.

3190
Schefcik, Leopold: Die Kartographie der Stadt im 21. Jahrhundert. – Wien: 2005, 246 p. [Dipl. Arb. TU Wien].

3191
Schildwächter, Ralph; Poesch, Tony; Wettels, Pierre; Zeile, Peter: 3D Stadtmodell Bamberg : Visualisierung mit 3D-Game-Engines. In: Allgemeine Vermessungs-Nachrichten : AVN ; Zeitschrift für alle Bereiche des Vermessungswesens. 112.2005,1, p.2-6, 4 ill. ISSN 0002-5968.

3192
Schuh, Robert: Das "Historische Ortsnamenbuch von Bayern" (HONB) : Stand und Perspektiven. In: Gewässernamen in Bayern und Österreich : 3. Kolloquium des Arbeitskreises für Bayerisch-Österreichische Namenforschung (Regensburg, 27./28.Februar 2004). Ed.: Greule, Albrecht. – Regensburg: Edition Vulpes 2005, p.221-233 (Regensburger Studien zur Namenforschung ; 1).

3193
Schulze-Horsel, Michael; Novak, Hermann: Map2Day : ein innovatives webbasiertes Stadtinformationssystem. In: Geomatik Schweiz : Geoinformation und Landmanagement. 103.2005,12, p.661-664, 6 ill. ISSN 0252-9424; 1660-4458.

3194
Semotanová, Eva: Historický atlas měst – evropský projekt ke srovnávacím dějinám městských aglomerací. In: Seminář a jeho hosté II : sborník příspěvk k nedožitým 70. narozeninám Doc. Phdr. Rostislava Nového. Ed.: Kreuz, Petr; Šustek, Vojtěch. – Praha: Scriptorium 2004, p.325-342 (Documenta Pragensia : sborník materiálí z Archivu Hlavního Města Prahy ; 23) Historical town's atlas – the European project to compare the history of town agglomerations. [Czech].

3195
Semotanová, Eva: Proměny holešovického meandru na mapách a plánech : Praha, město u vody. – Vyd. 1 In: Město a voda : Praha, město u vody ; sborník příspěvk°u z 22. vědecké konference Archivu hlavního města Prahy, uspořádané ve spolupráci s Institutem Mezinárodních Studií Fakulty Sociálních Věd Univerzity Karlovy ve dnech 7. a 8. října 2003 v Clam-Gallasově paláci v Praze ; [... Konferenci k Tématu "Město a Voda"]. Ed.: Fejtová, Olga. – Prag: Scriptorium 2005, p.13-26 (Documenta Pragensia : sborník materiálí z Archivu Hlavního Města Prahy ; 24) The changes of the Vltava Holešovice on maps and plans : Prague, city near the water. [Czech].

3196
Shi, Wenzhong; Cao, Hui; Zhang, Jianqing: 3D urban building modeling based on high resolution satellite images. In: Geomatics and information science of Wuhan University. 29.2004,9, p.783-787, 3 ill., 1 tab. [Chin. with Engl. rés.]. ISSN 1671-8860; 1000-050X.

3197
Spyra, Janusz: Najstarsze plany Cieszyna. In: Cieszyńskie studia muzealne. 2.2005, p.188-207, 3 ill. + p.364-365. [Pol. with Engl. rés.]. ISSN 1733-9820.

3198
Steiner, Thaddäus: Flurnamen der Gemeinde Pfronten / Allgäu. In: Gewässernamen in Bayern und Österreich : 3. Kolloquium des Arbeitskreises für Bayerisch-Österreichische Namenforschung (Regensburg, 27./28.Februar 2004). Ed.: Greule, Albrecht. – Regensburg: Edition Vulpes 2005, p.235-243, 3 ill., 1 tab. (Regensburger Studien zur Namenforschung ; 1).

3199
Su, Junying; Cao, Hui; Zhang, Jianqing: Semi-automatic extraction technique of residential area in high resolution remote sensing image. In: Geomatics and information science of Wuhan University. 29.2004,9, p.791-795, 4 ill., 3 tab. [Chin. with Engl. rés.]. ISSN 1671-8860; 1000-050X.

3200
Svedjemo, Gustav; Jungert, Erland: Ontology over the historical maps of Gotland 1693-1705. In: ScanGIS'2005 – Proceedings of the 10th Scandinavian Research Conference on Geographical Information Science, Stockholm, Sweden, 13-15 June 2005. Ed.: Tveite, Håvard; Hauska, Hans. Kungliga Tekniska Högskolan : KTH 2005, p.17-30, 5 ill., 3 tab.

3201
Tang, Xu; Liu, Yaolin; Wang, Pucha: Spatial analysis method for monitoring land value dynamically. In: Geomatics and information science of Wuhan University. 29.2004,6, p.517-520 + p.524, 6 ill., 2 tab. [Chin. with Engl. rés.]. ISSN 1671-8860; 1000-050X.

3202
Thuvander, Liane; Tornberg, Jonas: Visualisering av byggnadsrelaterad energianvändning. In: Kart & bildteknik : mapping and image science. 20.2005,2, Beil., p.38-47, 7 ill. Visualization of building related energy use. [Swed.]. ISSN 1651-792X.

3203
Vöckler, Kai: Die Kunst der Kartierung. In: Leipzig Protestatlas : Text Bild Karte. Ed.: General Panel für Experimentale e.V. – Leipzig: General Panel für Experimentale e.V. 2005, p.46-69, ill.

3204
Vrenko, Dunja; Petrovič, Dušan: Izdelava trirazsežnega modela mesta slovenske konjice. In: Geodetski vestnik : glasilo Zveze Geodetov Slovenije. 49.2005,2, p.231-240, 7 ill. Composition of a three-dimensional city model of Slovenske Konjice. [Sloven. with Engl. rés.]. ISSN 0351-0271.

3205
Wallace, Timothy; Heuvel, Charles van den: Truth and accountability in geographic and historical visualizations. In: The Cartographic Journal. 42.2005,2, p.173-181, 4 ill. ISSN 0008-7041.

3206
Wang, Jizhou; Li, Chengming; Lin, Zongjian: Method for three-dimensional abstraction and description of city. In: Geomatics and information science of Wuhan University. 29.2004,8, p.674-678, 4 ill. [Chin. with Engl. rés.]. ISSN 1671-8860; 1000-050X.

3207
Whitfield, Peter: Cities of the world : a history in maps. Ed.: British Library. – London: British Library 2005, 208 p., ill., mp.

3208
Wilmersdorf, Erich: Bereitstellung kartographischer Produkte aus dem kommunalen Geodatenhaushalt mittels Webservices. In: Tagung 2004 / Arbeitsgruppe Automation in der Kartographie. Ed.: Bundesamt für Kartographie und Geodäsie <Deutschland>. – Frankfurt a.M.: Bundesamt für Kartographie und Geodäsie <Deutschland> 2005, p.141-150, 7 ill. (Mitteilungen des Bundesamtes für Kartographie und Geodäsie ; 34).

3209
Wu, Jun; Chen, Danqing: Deblurring texture extraction from digital aerial image by reforming "Steep edge" curve. In: Geo-spatial information science : quarterly = Diqiu-kongjian-xinxi-kexue-xuebao. 8.2005,1, p.39-44, 8 ill. ISSN 1009-5020.

3210
Yeh, Anthony Gar-on; Li, Xia: Integration of neural networks and cellular automata for urban planning. In: Geo-spatial information science : quarterly = Diqiu-kongjian-xinxi-kexue-xuebao. 7.2004,1, p.6-13, 6 ill. ISSN 1009-5020.

3211
Zahn, Johann: Automatische Platzierung von Straßennamen am Beispiel der Digitalen Ortskarte Bayern. In: Tagung 2004 / Arbeitsgruppe Automation in der Kartographie. Ed.: Bundesamt für Kartographie und Geodäsie <Deutschland>. – Frankfurt a.M.: Bundesamt für Kartographie und Geodäsie <Deutschland> 2005, p.151-163, 25 ill. (Mitteilungen des Bundesamtes für Kartographie und Geodäsie ; 34).

3212
Zhao, Hongmei; Li, Jonathan: Urban change detection and population prediction modeling using remotely sensed images. In: Geomatica. 59.2005,2, p.159-173, 10 ill., 5 tab. ISSN 1195-1036.

3213
Zhou, Qiming; Zhang, Wenjiang: A preliminary review on three-dimensional city model. In: Geo-spatial information science : quarterly = Diqiu-kongjian-xinxi-kexue-xuebao. 7.2004,2, p.79-88, 1 ill., 1 tab. ISSN 1009-5020.

3214
Zhu, Guobin; Blumberg, Dan G.: An urban open space extraction method : combining spectral and geometric characteristics. In: Geo-spatial information science : quarterly = Diqiu-kongjian-xinxi-kexue-xuebao. 7.2004,4, p.249-254, 4 ill. ISSN 1009-5020.

3215
Zhu, Qing; Huang, Duo; Yao, Xuefeng; Zhang, Yeting: An Oracle-based data management method for large database in CyberCity GIS. In: Geo-spatial information science : quarterly = Diqiu-kongjian-xinxi-kexue-xuebao. 6.2003,4, p.39-43, 3 ill., 2 tab. ISSN 1009-5020.

Sociology / Soziologie / Sociologie

3216
Bajpai, G. S.: Crime mapping and law enforcement : scope & applications. In: Bridging the digital divide and taking cartography at grassroots level : 25th INCA international congress, Sagar, Nov. 28 – Dec. 1, 2005. Ed.: Trivedi, R. K. – Ahmedabad: Indian National Cartographic Association 2005, p.154-157 (Indian cartographer ; 25.2005).

3217
Chainey, Spencer; Reid, Svein; Stuart, Neil: When is a hotspot a hotspot? A procedure for creating statistically robust hotspot maps of crime. In: Socio-economic applications of geographic information science : [based on contributions at the 2001 GIS research UK conference ; innovations in GIS, 9]. Ed.: Kidner, David; Higgs, Gary; White, Sean. – London [u.a.]: Taylor & Francis 2003, p.21-36, 7 ill. (Innovations in GIS ; 9).

3218
Davis, Benjamin: Choosing a method for poverty mapping. Ed.: Food and Agriculture Organization of the United Nations (FAO). – Rome: Food and Agriculture Organization of the United Nations (FAO) 2003, IX, 48 p., 9 mp., 2 tab. ISBN 92-5-104920-3; 978-92-5-104920-4.

3219
Socio-economic applications of geographic information science : [based on contributions at the 2001 GIS research UK conference ; innovations in GIS, 9]. Ed.: Kidner, David; Higgs, Gary; White, Sean. – London [u.a.]: Taylor & Francis 2003, XIII, 287 p., ill., mp. (Innovations in GIS ; 9). ISBN 0-415-27910-0.

3220
Srivastava, Vandita; Vyas, R. N.: Locational deprivation study in Dehradun municipal corporation area. In: Bridging the digital divide and taking cartography at grassroots level : 25th INCA international congress, Sagar, Nov. 28 – Dec. 1, 2005. Ed.: Trivedi, R. K. – Ahmedabad: Indian National Cartographic Association 2005, p.113-115, 4 ill. (Indian cartographer ; 25.2005).

Statistics / Statistik / Statistique

3221
Glasze, Georg; Szöcs, Andreas: Thematische Karte und statistische Darstellungsmethoden. Ed.: Geographisches Institut <Mainz>. – Mainz: Geographisches Institut <Mainz> 2005, 101 p. – 5. Aufl. (Mainzer Skripten zum Geographiestudium ; 5).

3222
Meyer, Werner: Amtliche Statistik – bessere thematische Karten dank geostatistischen Verfahren (Kriging). In: Angewandte Geoinformatik 2005 : Beiträge zum 17. AGIT-Symposium Salzburg. Ed.: Strobl, Josef; Blaschke, Thomas; Griesebner, Gerald. – Heidelberg: Herbert-Wichmann-Verlag 2005, p.437-446, 6 ill., 1 tab.

3223
Mishra, Kaustubh Narayan: Graphical representation of statistical data-causes and consequences. In: Bridging the digital divide and taking cartography at grassroots level : 25th INCA international congress, Sagar, Nov. 28 – Dec. 1, 2005. Ed.: Trivedi, R. K. – Ahmedabad: Indian National Cartographic Association 2005, p.126-129, 5 ill. (Indian cartographer ; 25.2005).

3224
Spruijt, Desmond: Hoe gastvrij is Europa?. In: Geografie. 14.2005,8, p.17-19, 9 ill. How hospitable is Europe?. [Dutch]. ISSN 0926-3837.

3225
Tsoulos, Lysandros: System design considerations for the development of an electronic statistical atlas. In: Cartography and geographic information science : an official journal of ACSM devoted to the advancement of cartography in all its aspects. 32.2005,3, p.181-194, 6 ill. ISSN 1523-0406.

Tourism / Tourismus / Tourisme

3226
«Alpes sans frontières» : les montagnes ne séparent plus les hommes. In: IGN magazine. 2.2000, p.6-8, ill. ISSN 1624-9305.

3227
Chakraborty, Premangshu; Haque, Mafizul: Cartography and tourism industry – application of cartography at grass roots level. In: Bridging the digital divide and taking cartography at grassroots level : 25th INCA international congress, Sagar, Nov. 28 – Dec. 1, 2005. Ed.: Trivedi, R. K. – Ahmedabad: Indian National Cartographic Association 2005, p.305-308, 1 ill. (Indian cartographer ; 25.2005).

3228
Golay, David: "Harter" oder "sanfter" Tourismus?. In: Thematische Karten. – Seelze: Friedrich 2005, p.22-26, 5 ill., 1 tab (Geographie heute : Themen, Modelle, Materialien für die Unterrichtspraxis aller Schulstufen ; 26.2005,229).

3229
Manzoni, Giorgio; Robiglio, Claudia; Martinolli, Shaula; Rizzo, Raffaella Gabriella: Mobile mapping system e cartografia tematica stradale e turistica. In: Bollettino della Associazione Italiana di Cartografia. 42.2005,123/125, p.187-197, 12 ill. Mobile mapping system and road and tourist thematic cartography. [Ital. with Engl. rés.]. ISSN 0044-9733.

3230
Perkins, Chris; Scarle, Nick; Thomson, Anna Z.: Designs on community mapping : (re)cycling and walking. In: The Bulletin of the Society of Cartographers. 39.2005,1-2, p.63-70, 5 ill. ISSN 0036-1984.

3231
Woźniak, Michał: Niemieckie mapy turystyczne Karkonoszy do 1945 roku. In: Polski przegląd kartograficzny. 37.2005,2, p.101-110, 4 mp. German tourist maps of Karkonosze before 1945. [Pol. with Engl. and Russ. rés.]. ISSN 0324-8321.

Traffic / Verkehr / Transports

3232
Anand, P.H.: GPS data base for urban traffic management. In: Cartographic technologies for water, land and infrastructure development : XXIV INCA international congress, Kolkata, October 6 – 9, 2004 ; [... important contributions presented at the XXIV INCA International Congress on the Theme "Cartographic Technologies for Water, Land and Infrastructure Development"...]. Ed.: Dasgupta, Ajit Kumar. – Hyderabad: Indian National Cartographic Association 2005, p.507-521, 12 ill., 2 tab. (Indian cartographer ; 24.2004).

3233
Bergqvist, Rickard; Tornberg, Jonas: GIS for describing and analysing regional logistics systems. In: Kart & bildteknik : mapping and image science. 20.2005,2, Beil., p.61-68, 7 ill. ISSN 1651-792X.

3234
Betal, Himanshu R.: Mapping and analysis of railway transport in India. In: Bridging the digital divide and taking cartography at grassroots level : 25th INCA international congress, Sagar, Nov. 28 – Dec. 1, 2005. Ed.: Trivedi, R. K. – Ahmedabad: Indian National Cartographic Association 2005, p.264-268, 4 ill., 4 tab. (Indian cartographer ; 25.2005).

3235
Betal, Himanshu R.: Role of cartography in water, air and surface transport. In: Cartographic technologies for water, land and infrastructure development : XXIV INCA international congress, Kolkata, October 6 – 9, 2004 ; [... important contributions presented at the XXIV INCA International Congress on the Theme "Cartographic Technologies for Water, Land and Infrastructure Development"...]. Ed.: Dasgupta, Ajit Kumar. – Hyderabad: Indian National Cartographic Association 2005, p.476-483, 5 tab. 2 mp. (Indian cartographer ; 24.2004).

3236
Bhattacharya, Sraboni: Evolution of possible remedial measures to minimise the drainage and sewrage problem of greater Kolkata area. In: Cartographic technologies for water, land and infrastructure development : XXIV INCA international congress, Kolkata, October 6 – 9, 2004 ; [... important contributions presented at the XXIV INCA International Congress on the Theme "Cartographic Technologies for Water, Land and Infrastructure Development"...]. Ed.: Dasgupta, Ajit Kumar. – Hyderabad: Indian National Cartographic Association 2005, p.534-539, 2 mp. (Indian cartographer ; 24.2004).

3237
Bhowmick, Chandrayee: Experimentation on the web cartography of urban road traffic management system. In: Cartographic technologies for water, land and infrastructure development : XXIV INCA international congress, Kolkata, October 6 – 9, 2004 ; [... important contributions presented at the XXIV INCA International Congress on the Theme "Cartographic Technologies for Water, Land and Infrastructure Development"...]. Ed.: Dasgupta, Ajit Kumar. – Hyderabad: Indian National Cartographic Association 2005, p.484-490, 5 ill. (Indian cartographer ; 24.2004).

3238
Cheng, Qimin; Yang, Chongjun; Shao, Zhenfeng; Liu, Donglin; Gao, Liang: Design and implementation of WebGIS-based GPS vehicle monitoring system. In: Geo-spatial information science : quarterly = Diqiu-kongjian-xinxi-kexue-xuebao. 7.2004,2, p.96-100, 5 ill. ISSN 1009-5020.

3239
Coast, Steve: OpenStreetMap. In: The Bulletin of the Society of Cartographers. 39.2005,1-2, p.62, 1 ill. ISSN 0036-1984.

3240
Du, Yongtao: Contesting spatial order : merchant geography in late-Ming China. In: The Portolan : the journal of the Washington Map Society. 63.2005, p.10-31, 2 mp., 1 tab. ISSN 1096-1925.

3241
Egli, Hans-Rudolf ; Flury, Philipp; Frey, Thomas; Schiedt, Hans-Ulrich: GIS-Dufour in der Schweiz : System verwaltet 250 Jahre alte Raum- und Verkehrsdaten. In: GeoBit : Geoinformationstechnologie für die Praxis. 2005,10, p.34-35, 2 ill. ISSN 1430-3663.

3242
Egli, Hans-Rudolf; Flury, Philipp; Frey, Thomas; Schiedt, Hans-Ulrich: GIS-Dufour – Verkehrs- und Raumanalyse auf historischer Grundlage. In: Geomatik Schweiz : Geoinformation und Landmanagement. 103.2005,5, p.246-249, 3 ill. ISSN 0252-9424; 1660-4458.

3243
Ferrar, M.J.: The Venerable Bede and the Tabula Peutingeriana. In: The Cartographic Journal. 42.2005,2, p.157-167, 4 ill. ISSN 0008-7041.

3244
Flury, Philipp: Verkehrssystem und Raumentwicklung in der Schweiz zwischen 1750 und 1910 : digitale Erfassung und Analyse auf der Grundlage von Kartenwerken des 19. Jahrhunderts. In: Kulturlandschaft digital : Forschung und Anwendung ; 15. Fachtagung des Umweltamtes (Landschaftsverband Rheinland) ; 11. Jahrestagung der Arbeitsgruppe Angewandte Historische Geographie (Arbeitskreis für Historische Kulturlandschaftsforschung ARKUM), 2. bis 5. März 2005 in Aachen ; Tagungsdokumentation. Ed.: Rheinland / Umweltamt. – Köln: Rheinland / Umweltamt 2005, p.165-170, 3 ill. (Kulturlandschaft : Zeitschrift für angewandte historische Geographie ; 15.2005).

3245
Frangeš, Stanislav; Bokunić, Mladen: Kartografika karata biciklističkih ruta. In: Geodetski list : glasilo Hrvatskoga Geodetskog Drustva. 59(82).2005,3, p.199-210, 14 ill. Map graphics of bicycle routes. ISSN 0016-710x.

3246
Freutsmiedl, Johannes: Römische Straßen der Tabula Peutingeriana in Noricum und Raetien. – Büchenbach: Verlag Dr. Faustus 2005, 239 p., ill., mp. ISBN 3-933474-36-1.

3247
Geng, Hong; Tang, Xu; Zhu, Guorui: Method for plotting the affected area of urban roads based on spatial competing. In: Geomatics and information science of Wuhan University. 29.2004,6, p.521-524, 7 ill. [Chin. with Engl. rés.]. ISSN 1671-8860; 1000-050X.

3248
Georoute®, itinéraire d'une aventure. In: IGN magazine. 10.2002, p.4-8, ill. ISSN 1624-9305.

3249
Gillavry, Edward Mac: Routeplanners en autonavigatie : geo-informatie in beweging. In: Geo-Info : tijdschrift voor Geo-Informatie Nederland, GIN. 2.2005,7/8, p.346-351, 5 ill. Routeplanners and in-car navigation : geo-information on the move. [Dutch with English and French rés.]. ISSN 1572-5464.

3250
Hesche, Jens: Eisenbahnkarten deutschsprachiger Länder (Deutschland, Österreich, Schweiz). 2005, 1. Band: XXV, 399 p., 97 tab.; 2. Band: Kartenkatalog: XIX, 513 p.; 3. Band XIX, 9 p., 278 ill., 4 mp. [Besteht aus 3 Bänden; Diss. Univ. Wien].

3251
Jain, Kamal; Ohri, Anurag: Rural road mapping using GPS. In: Indian Surveyor : the journal of the institution of surveyors. 57,2003,2, p.25-28, 5 ill. ISSN 0970-3470.

3252
Li, Qingquan; Tang, Luliang; Zuo, Xiaoqing; Li, Xia: Transect-based three-dimensional road modeling and visualization. In: Geo-spatial information science : quarterly = Diqiu-kongjian-xinxi-kexue-xuebao. 7.2004,1, p.14-17, 5 ill. ISSN 1009-5020.

3253
Naissance d'une nouvelle série routière : les cartes régionales. In: IGN magazine. 5.2001, p.6-8, ill. ISSN 1624-9305.

3254
O'Connor, Maura: Mapping Australia's transhumance : snow lease and stock-route maps of New South Wales. In: New Zealand map society journal. 17.2004, p.1-16, 9 ill. ISSN 0113-2458.

3255
Poppe, Eddie: Ijswegenkaarten. In: Geo-Info : tijdschrift voor Geo-Informatie Nederland, GIN. 2.2005,2, p.77, 1 mp. Iceway maps. ISSN 1572-5464.

3256
Poppe, Eddie: Skatekaarten. In: Geo-Info : tijdschrift voor Geo-Informatie Nederland, GIN. 2.2005,9, p.430, 2 ill. Skater maps. [Dutch]. ISSN 1572-5464.

3257
Saha, Swapna: Role of cartography in surface transport. In: Cartographic technologies for water, land and infrastructure development : XXIV INCA international congress, Kolkata, October 6 – 9, 2004 ; [... important contributions presented at the XXIV INCA International Congress on the Theme "Cartographic Technologies for Water, Land and Infrastructure Development"...]. Ed.: Dasgupta, Ajit Kumar. – Hyderabad: Indian National Cartographic Association 2005, p.530-533, 1 tab. (Indian cartographer ; 24.2004).

3258
Schiedt, Hans-Ulrich: Die Karte der Schweiz von Joseph Edmund Woerl, 1835/36. In: Cartographica Helvetica : Fachzeitschrift für Kartengeschichte. 2005,32, p.33-39, 6 ill. ISSN 1015-8480.

3259
Schmidt-Rutsch, Olaf: Pläne für Doppelschleusen und Schiffstunnel : Verkehrsprobleme an der Ruhr und ihre möglichen Lösungen vor 160 Jahren. In: Industrie-Kultur : Denkmalpflege, Landschaft, Sozial-, Umwelt- und Technikgeschichte. 21.2002,4, p.22-23, 2 mp. ISSN 0949-3751.

3260
Slevka, Berto; Frangeš, Stanislav: Cestovna raskrižja u više razina na kartografskim prikazima različitih mjerila. In: Geodetski list : glasilo Hrvatskoga Geodetskog Drustva. 58(81).2004,3, p.235-249, 7 ill., 6 tab. Multilevel road crossings on cartographic presentations at various scales. [Croat. with Engl. rés.]. ISSN 0016-710x.

3261
Sui, Haigang; Li, Deren; Gong, Jianya;: Automatic change detection for road networks from images based on GIS. In: Geo-spatial information science : quarterly = Diqiu-kongjian-xinxi-kexue-xuebao. 6.2003,4, p.44-50, 4 ill. ISSN 1009-5020.

3262
Wang, Ruisheng; Hu, Yong; Zhang, Xinmei: Extraction of road networks using pan-sharpened multispectral and panchromatic quickbird images. In: Geomatica. 59.2005,3, p.263-273, 9 ill., 1 tab. ISSN 1195-1036.

3263
Weng, Min; Wu, Hehai; Du, Qingyun; Cai, Zhongliang: An optimal route choice based on public traffic network model. In: Geomatics and information science of Wuhan University. 29.2004,6, p.500-503, 5 ill. [Chin. with Engl. rés.]. ISSN 1671-8860; 1000-050X.

3264
Zhang, Qiaoping; Couloigner, Isabelle: Automatic road change detection and GIS updating from high spatial remotely-sensed imagery. In: Geo-spatial information science : quarterly = Diqiu-kongjian-xinxi-kexue-xuebao. 7.2004,2, p.89-95, 7 ill. ISSN 1009-5020.

3265
Zuo, Xiaoqing; Li, Qingquan; Tang, Luliang: 3D modeling and data organization of highway. In: Geomatics and information science of Wuhan University. 29.2004,2, p.179-183, 6 ill. [Chin. with Engl. rés.]. ISSN 1671-8860; 1000-050X.

Vegetation / Vegetation / Végétation

3266
Dramstad, Wenche E.; Økland, R.H.; Pedersen, O.; Solstad, H.; Heergard, E.: Hva et kart kan fortelle. In: Kart og plan : vitenskapelig tidsskrift. 98.2005,2, p.117-123, 1 ill, 1 tab., What a map can reveal. [Norw. with Engl. rés.]. ISSN 0047-3278.

3267
Frohn, Robert: Satellite mapping and monitoring of wild rice. In: GIScience and remote sensing. 42.2005,4, p.358-367, 8 ill., 1 tab. ISSN 1548-1603.

3268
Katiyar, S. K.; Kumar, Anand: Forest density mapping using remotely sensed imagery : some operational issues. In: Bridging the digital divide and taking cartography at grassroots level : 25th INCA international congress, Sagar, Nov. 28 – Dec. 1, 2005. Ed.: Trivedi, R. K. – Ahmedabad: Indian National Cartographic Association 2005, p.137-139 (Indian cartographer ; 25.2005).

3269
Land cover classification system classification system software version 2 : based on the orig. software version 1. Ed.: Di Gregorio, Antonio. ; Food and Agriculture Organization of the United Nations (FAO). – Rome: 2005, 1 CD-ROM + 1 user manual. (Environment and natural resources series). ISBN 92-5-105327-8.

3270
Lencinas, José D.: Native forest mapping in Patagonian Andes based on optical satellite imagery. In: Photogrammetrie, Fernerkundung, Geoinformation : PFG ; Organ der Deutschen Gesellschaft für Photogrammetrie und Fernerkundung e.V. 2005,2, p.147-156, 3 ill., 3 tab. ISSN 1432-8364.

3271
Li, Jianping; Zhang, Bai; Gao, Feng: RS-and-GIS-supported forecast of grassland degradation in Southwest Songnen Plain by Markov model. In: Geo-spatial information science : quarterly = Diqiu-kongjian-xinxi-kexue-xuebao. 8.2005,2, p.104-109, 3 ill., 4 tab. ISSN 1009-5020.

3272
Pan, Li; Zheng, Hong; Zhang, Zuxun; Zhang, Jianqing: Genetic feature selection for texture classification. In: Geo-spatial information science : quarterly = Diqiu-kongjian-xinxi-kexue-xuebao. 7.2004,3, p.162-166, 1 ill. ISSN 1009-5020.

3273
Schmidtlein, Sebastian; Grabner, Sabine; Sassin, Julia: Eine Fallstudie zum Einsatz abbildender Spektroskopie in der Grünlandkartierung. In: Photogrammetrie, Fernerkundung, Geoinformation : PFG ; Organ der Deutschen Gesellschaft für Photogrammetrie und Fernerkundung e.V. 2005,3, p.219-226, 4 ill., 1 tab. ISSN 1432-8364.

J. Atlas Cartography
Atlas-Kartographie
Cartographie relative à la réalisation des atlas

1. General Features
Allgemeines
Généralités

3274
Carmen Reyes, María del: Cybercartography from a modeling perspective. – 1. ed. In: Cybercartography : theory and practice. Ed.: Taylor, David Ruxton Fraser. – Amsterdam: Elsevier Science 2005, p.63-97, 11 ill. (Modern cartography ; 4).

3275
Datta, M.M.: National infrastructure atlas – an urgent need. In: Indian Surveyor : the journal of the institution of surveyors. 58.2003,2, p.34-36. ISSN 0970-3470.

3276
Hüttermann, Armin: Karte und Atlas. In: Erdkunde-Didaktik : Praxishandbuch für die Sekundarstufe I und II. Ed.: Schallhorn, Eberhard. – Berlin: Cornelsen Verlag Scriptor 2004, p.199-205.

3277
Katalog kart i atlasov, izdannych v 1986-1996 gg. : Tom 2 (1993-1996). By: Ivanova, L. G. – Moskva: Kartgeocentr – Geodezizdat 2002, 128 p. (Katalog kart i atlasov, izdannych v 1986 – 1996 gg.) Catalogue of maps and atlases published between 1986 and 1996 : Vol. 2 (1993-1996). [Russ.]. ISBN 5-86066-057-X.

3278
Keller, Wilfried: Tirol als Einheit im Kartenbild : Teil 1: Ein Rückblick auf 50 Jahr Atlasgeschichte. In: Südtirol in Wort und Bild. 49.2005,2, p.19-27, 25 ill.

3279
Kil'djuševskij, L.: Zerkalo mira : pjat' vekov geografičeskogo atlasa iz sobranija Rossijskoj Nacional'noj Biblioteki ; katalog Vystavki v Rossijskoj Nacional'noj Biblioteke, Posvjaščennoj Okončaniju Proekta po Restavracii Niderlanskogo Atlasa 16 Veka ; 24 sentjabrja-15 oktjabrja 2004 = Speculum orbis terrae. – Sankt Petersburg: OM-Press 2005, 161 p., mp. [Russ. and Engl.]. [Nebent.: Iz fondov Rossijskoj Nacional'noj Biblioteki = In the collection of the National Library of Russia].

3280
Konopska, Beata: Ewolucja sygnetu wydawniczego Książnicy-Atlas. In: Polski przegląd kartograficzny. 36.2004,1, p.32-36, 12 ill. Evolution of the imprint of the Książnicy-Atlas. [Pol.]. ISSN 0324-8321.

3281
Konopska, Beata: Ewolucja sygnetu wydawniczego Spółki Akcyjnej Atlas i Instytutu Kartograficznego im. Eugeniusza Romera. In: Polski przegląd kartograficzny. 36.2004,3, p.204-208, 7 ill. Evolution of the publisher's imprint of Spółka Akcyjna Atlas and E. Romer's Cartographical Institute. [Pol.]. ISSN 0324-8321.

3282
Kozáková, Magdaléna: Současné proměny atlasové kartografie. In: Kartografické listy. 13.2005, p.70-76, 3 ill., 1 tab. Current changes of atlas cartography. [Slovak with Engl. rés.].

3283
Lechthaler, Mirjanka: Bildschirmgerechte kartographische Visualisierung der Geobasisdaten in digitalen Atlas-Informationssystemen. In: Angewandte Geoinformatik 2005 : Beiträge zum 17. AGIT-Symposium Salzburg. Ed.: Strobl, Josef; Blaschke, Thomas; Griesebner, Gerald. – Heidelberg: Herbert-Wichmann-Verlag 2005, p.403-412, 5 ill.

3284
Martínez, Elvia; Carmen Reyes, María del: Cybercartography and society. – 1. ed. In: Cybercartography : theory and practice. Ed.: Taylor, David Ruxton Fraser. – Amsterdam: Elsevier Science 2005, p.99-121 (Modern cartography ; 4).

2. World Atlases, Reference Atlases
Weltatlanten
Atlas mondiaux, atlas de référence

3285
Africa, Asia and America, including the "secret" atlas of the Dutch East India Company (VOC) : descriptive catalogue of volumes 35-46 of the atlas. Comp. by Peter van der Krogt and Erlend de Groot. 2005, 644 p., ill., mp. (The atlas Blaeu-Van der Hem of the Austrian National Library). ISBN 90-6194-199-7.

3286
Blankemeijer, Rolf: Plaat of staat? : de titelpagina van het Theatrum Orbis Terrarum. In: Caert-thresoor : tijdschrift voor de geschiedenis van de kartografie in Nederland. 24.2005,3, p.73-78, 4 ill., 1 tab. State or plate? : the titlepages of the Theatrum Orbis Terrarum. ISSN 0167-4994.

3287
Donkers, Henk: 's Neerlands oudste wereldatlas. In: Geografie. 14.2005,2, p.16-19, 3 ill., 2 mp. The oldest Netherlands world atlas. [Dutch]. ISSN 0926-3837.

3288
Heijden, Henk A.M. van der: De Atlas Calenberg : een 18de -eeuwse verzamelatlas van de wereld in twintig delen. In: Caert-thresoor : tijdschrift voor de geschiedenis van de kartografie in Nederland. 24.2005,2, p.62-66, 3 ill. The Calenberg-atlas : an eighteenth-century "atlas factice" of the world in twenty volumes. ISSN 0167-4994.

3289
Kupčík, Ivan: Neznámé portolánové atlasy z 15. a z pocátku 16. století v benátském Rovigu. In: Z Dějin geodézie a kartografie. 12, p.82-94, 16 mp. Unknown Portolan atlases from 15th and beginning of 16th centuries in Rovigo (Venice). [Czech].

3290
Shirley, Rodney: A Lafreri atlas in the Biblioteca Marucelliana, Florence. In: Journal of the International Map Collectors' Society. 100.2005, p.29-31.

3. Topographic Atlases Topographische Atlanten Atlas topographiques

3291
Sieber, René; Hurni, Lorenz: Atlas der Schweiz 2. In: Geomatik Schweiz : Geoinformation und Landmanagement. 103.2005,1, p.26-29, 4 ill. ISSN 0252-9424; 1660-4458.

4. Thematic Atlases, Planning Atlases Thematische Atlanten, Planungsatlanten Atlas thématiques, atlas de planification

3292
Astengo, Corradino: Tradition et innovation dans la cartographie nautique manuscrite : l'atlas RésGeEE5610 de la Bibliothèque nationale de France. In: Le Monde des Cartes : revue du Comité Français de Cartographie. 184.2005, p.23-30, 4 ill. ISSN 1634-3522.

3293
Blasco Ferrer, Eduardo: ALI a confronto con ALD-I : breve collaudo geolinguistico e ricostruttivo. In: Corona Alpium II : miscellanea di studi in onore di Carlo Alberto Mastrelli. Ed.: Istituto di Studi per l'Alto Adige <Firenze>. – Firenze: Istituto di Studi per l'Alto Adige <Firenze> 2003, p.33-39. [Ital.].

3294
Caprioli, Mauro; Salvemini, Biagio; Tarantino, Eufemia: L'insediamento meridionale e la sua rappresentazione cartografica : temi e prospettive di un atlante storico in costruzione. In: Bollettino della Associazione Italiana di Cartografia. 42.2005,123/125, p.371-383 Settlements in southern Italy and their cartographic representation : themes and perspectiv of an historical atlas under construction. ISSN 0044-9733.

3295
Crom, Wolfgang: Goering's Atlas : die Wiederentdeckung geheimer Karten. In: Mitteilungen / Freundeskreis für Cartographica in der Stiftung Preussischer Kulturbesitz e.V. 18.2005, p.25-30, 1 mp. ISSN 1612-9512.

3296
Datta, M.M.: National infrastructure atlas – an urgent need. In: Indian Surveyor : the journal of the institution of surveyors. 58(93).2004,2, p.34-36. ISSN 0970-3470.

3297
Eddy, Brian G.; Taylor, David Ruxton Fraser: Applying a Cybercartographic Human Interface (CHI) model to create a Cybercartographic Atlas of Canada's Trade with the World (CTW). – 1. ed. In: Cybercartography : theory and practice. Ed.: Taylor, David Ruxton Fraser. – Amsterdam: Elsevier Science 2005, p.517-540, 5 ill. (Modern cartography ; 4).

3298
Gray, Rick: Agroclimatic atlas of Alberta, 1971-2000: a review. In: Cartouche : the operational publication of the Canadian Cartographic Association. 58.2005, p.20-21. ISSN 1183-2045.

3299
Hanauer, R.: Vermessung von archäologischen Geländedenkmälern in Baden-Württemberg. In: Mitteilungen und Veröffentlichungen zum Vermessungswesen aus den Themenbereichen Geodäsie, Geoinformation und Landmanagement / Deutscher Verein für Vermessungswesen, Landesverein Baden-Württemberg e.V. 51.2004.2, p.84-97, 14 ill. ISSN 0940-2942.

3300
Holenstein, Elmar: Geographie der Philosophie und Philosophie der Geographie : Vorüberlegungen zu einem Atlas zu den Geschichten der Philosophie. In: Kulturen vergleichen : sozial- und kulturwissenschaftliche Grundlagen und Kontroversen. Ed.: Srubar, Ilja; Renn, Joachim; Wenzel, Ulrich. – Wiesbaden: VS Verlag 2005, p.37-47.

3301
Kusendová, Dagmar: Projekt atlasu katolícej cirkvi na slovensku. In: Kartografické listy. 13.2005, p.77-82, 3 ill. The project of the Atlas of the Catholic Church in Slovakia. [Slovak with Engl. rés.].

3302
Lechthaler, Mirjanka; Spanring, Christian; Katzlberger, Gernot: Kartografski koncept atlasnog informacijskog sustava "ÖROK atlas online" - AIS Austrije = Cartographic concept of atlas information system "ÖROK atlas online" - AIS Austria. In: Kartografija i geoinformacije : KiG ; znanstveno-stručno-informativni časopis Hrvatskoga kartografskog društva. 4.2005, p.30-45, 8 ill., 2 tab. [Croat. and Engl.]. ISSN 1333-896X.

3303
Lentz, Sebastian: Geowissenschaftliche Karten und Kartenwerke oder Fachinformationssysteme : eine Analyse anhand des Nationalatlas Bundesrepublik Deutschland. In: Kartographische Nachrichten : KN ; Fachzeitschrift für Geoinformation und Visualisierung ; Organ der Deutschen Gesellschaft für Kartographie e.V., der Schweizerischen Gesellschaft für Kartographie und der Österreichischen Kartographischen Kommission in der Österreichischen Geographischen Gesellschaft. 55.2005,6, p.307-313, 3 ill., 2 tab. ISSN 0022-9164.

3304
Parente, Claudio; Totaro, Pierluigi: Atlante storico dinamico delle circoscrizioni amministrative della Campania (1861-2000). In: Bollettino della Associazione Italiana di Cartografia. 42.2005,123/125, p.505, 7 ill. A dynamic historical atlas of administrative boundaries of Campania region (1861-2000). [Ital. with Engl. rés.]. ISSN 0044-9733.

3305
Pucher, Alexander; Gartner, Georg; Spanring, Christian: ÖROK Atlas Online - ein Forschungs- und Entwicklungsprojekt zur Erstellung eines Prototyps für "ÖROK Atlas Online". In: Angewandte Geoinformatik 2005 : Beiträge zum 17. AGIT-Symposium Salzburg. Ed.: Strobl, Josef; Blaschke, Thomas; Griesebner, Gerald. - Heidelberg: Herbert-Wichmann-Verlag 2005, p.553-558, 2 ill.

3306
Sammartino, Simone; Totaro, Pierluigi: Atlante della bibliografia storica dei terremoti italiani. In: Bollettino della Associazione Italiana di Cartografia. 42.2005,123/125, p.479-490, 4 ill., 1 tab. Atlas of the historical bibliography of Italian earthquakes. [Ital. with Engl. rés.]. ISSN 0044-9733.

3307
Semotanová, Eva: Historický atlas měst – evropský projekt ke srovnávacím dějinám městských aglomerací. In: Seminář a jeho hosté II : sborník příspěvk k nedožitým 70. narozeninám Doc. Phdr. Rostislava Nového. Ed.: Kreuz, Petr; Šustek, Vojtéch. – Praha: Scriptorium 2004, p.325-342 (Documenta Pragensia : sborník materiálí z Archivu Hlavního Města Prahy ; 23) Historical town's atlas – the European project to compare the history of town agglomerations. [Czech].

3308
Tomaszewska, Marta: Rozwiązania metodyczne stoswane na mapach ludnościowych w wybranych atlasach narodowych. In: Polski przegląd kartograficzny. 37.2005,2, p.111-115, 15 ill. Methodical solutions on maps of population in selected national atlases. [Pol.]. ISSN 0324-8321.

3309
Tsoulos, Lysandros: System design considerations for the development of an electronic statistical atlas. In: Cartography and geographic information science : an official journal of ACSM devoted to the advancement of cartography in all its aspects. 32.2005,3, p.181-194, 6 ill. ISSN 1523-0406.

3310
Vagnon, Emmanuelle: Un atlas retrouvé de Grazioso Benincasa : cartographie marine à la fin du XVe s. d'après les collections de la Bibliothèque national de France. In: Le Monde des Cartes : revue du Comité Français de Cartographie. 184.2005, p.12-22, 4 ill., 2 tab. ISSN 1634-3522.

3311
Zwakhals, Laurens; Roedig, Antje: De Nationale Atlas Volksgezondheid onderweg naar de toekomst. In: Geo-Info : tijdschrift voor Geo-Informatie Nederland, GIN. 2.2005,2, p.92-96, 3 ill. The National Atlas for Public Health on the way to the future. [Dutch with Engl. rés.]. ISSN 1572-5464.

5. School Atlases
Schulatlanten
Atlas scolaires

3312
Brink, Lowie: Roelf Bos uit de schaduw van Pieter Roelf Bos: Vergeten vernieuwer van het aardrijkskunde-onderwijs rond 1900. In: De wereld tussen twee stokken : de geschiedenis van de Nederlandse schoolwandkaarten. Ed.: Brink, Lowie; Holl, Lucy. – Nijmegen: Antiquariaat De Wereld aan de Wand 2005, p.55-58, 4 ill. Roelf Bos. [Dutch].

3313
Diercke-Drei-Handbuch : Materialien, Methoden und Modelle zum Diercke-Drei-Universalatlas ; [Erdkunde, Geschichte, Sozialkunde, Religionen, Sprachen, Naturwissenschaften]. By: Felsch, Matthias; Michael, Thomas. – Braunschweig: Westermann 2002. [Literaturangaben] ISBN 3-14-190670-X; 978-3-14-190670-7.

3314
Donkers, Henk: De Bosatlas : Van lelijk eendje tot monopolist. In: Geografie. 14.2005,9, p.56-58, 3 ill. The Bosatlas : from an ugly duckling to a monopolist. [Dutch]. ISSN 0926-3837.

3315
Lieb, Gerhard Karl; Pietsch, Marlies; Pirker, Dieter: "Schulatlas Steiermark" : ein neues Kooperationsprojekt zur Erarbeitung von Unterrichtsmaterialien für Schulen. In: Grazer Mitteilungen der Geographie und Raumforschung. 36.2005, p.17-19, 2 tab.

3316
Neumann, Joachim: Bericht über die Schulatlantenausstellung : Stuttgart 6.10.-17.12.2004. In: Mitteilungen / Freundeskreis für Cartographica in der Stiftung Preussischer Kulturbesitz e.V. 18.2005, p.32-34, 1 ill. ISSN 1612-9512.

3317
Spallek, Waldemar: Problemy redakcyjne opracowania map geologicznych w atlasach szkolnych. In: Projektowanie i redakcja map = Map design and map compilation. Ed.: Uniwersytet Wrocławski. – Wrocław: Uniwersytet Wrocławski 2005, p.184-198, 5 ill. (Glówne problemy wspólczesnej kartografii ; 2005) Problems of compilation and design of geological maps in school atlases. [Pol. with Engl. res.].

6. Regional Atlases Regionalatlanten Atlas régionaux

3318
Baulch, Samantha; MacDonald, Ronald: Cybercartography for education : the case of the Cybercartographic Atlas of Antarctica. – 1. ed. In: Cybercartography : theory and practice. Ed.: Taylor, David Ruxton Fraser. – Amsterdam: Elsevier Science 2005, p.491-515, 3 ill., 3 tab. (Modern cartography ; 4).

3319
Carmen Reyes, María del ; Martínez, Elvia: Technology and culture in cybercartography. – 1. ed. In: Cybercartography : theory and practice. Ed.: Taylor, David Ruxton Fraser. – Amsterdam: Elsevier Science 2005, p.123-148 (Modern cartography ; 4).

3320
Clavel, Christophe: L'atlas du Nord-Pas-de-Calais. In: M@ppemonde : revue trimestrielle sur l'image géographique et les formes du territoire. 74.2004,2, 2 p. ISSN 0764-3470.

3321
Datta, M.M.: National infrastructure atlas – an urgent need. In: Indian Surveyor : the journal of the institution of surveyors. 58(93).2004,2, p.34-36. ISSN 0970-3470.

3322
Donkers, Henk: Cartografisch pionierswerk : Monumentale Grote Atlas Nederlands Oost-Indië. In: Geografie. 13.2004,9/10, p.6-9, 3 mp. Cartographic achievement: The big comprehensive Atlas of the Netherlands East Indies. [Dutch]. ISSN 0926-3837.

3323
Friedmannová, Lucie; Konečný, Milan; Staněk, Karel: Tvorba otevřeného regionálního atlasu. In: Kartografické listy. 13.2005, p.43-52, 8 ill. The open regional atlas making. [Slovak with Engl. rés.].

3324
Hernando, Agustín: Sensibilidad territorial, imaginación geográfica y representación : el atlas geográfico de España (1804) producido por Tomás López. In: El atlas geográfico de España (1804) = Atlas geográfico de España, que comprende el mapa general del Reyno y los particulares de sus provincias. Ed.: España / Ministerio de Fomento. – Madrid: España / Ministerio de Fomento 2005, p.9-69, ill. Territorial sensitivity, geographical imagination and representation : the geographic atlas of Spain (1804) produced for Tomás López.

3325
Kupčík, Ivan: Atlas abreviado de Bohemia (1757) Thomase Lópeze z Univerzitní knihovný v Salamance. In: Z Dějin geodézie a kartografie. 12, p.42-46, 4 ill. Bílina and Bílinsko on the map sheet No. 7 of the Müller map of Silesia. [Czech].

3326
Lentz, Sebastian: Geowissenschaftliche Karten und Kartenwerke oder Fachinformationssysteme : eine Analyse anhand des Nationalatlas Bundesrepublik Deutschland. In: Kartographische Nachrichten : KN ; Fachzeitschrift für Geoinformation und Visualisierung ; Organ der Deutschen Gesellschaft für Kartographie e.V., der Schweizerischen Gesellschaft für Kartographie und der Österreichischen Kartographischen Kommission in der Österreichischen Geographischen Gesellschaft. 55.2005,6, p.307-313, 3 ill., 2 tab. ISSN 0022-9164.

3327
Pucher, Alexander; Gartner, Georg; Spanring, Christian: ÖROK Atlas Online – ein Forschungs- und Entwicklungsprojekt zur Erstellung eines Prototyps für "ÖROK Atlas Online". In: Angewandte Geoinformatik 2005 : Beiträge zum 17. AGIT-Symposium Salzburg. Ed.: Strobl, Josef; Blaschke, Thomas; Griesebner, Gerald. – Heidelberg: Herbert-Wichmann-Verlag 2005, p.553-558, 2 ill.

3328
Pulsifer, Peter L.; Parush, Avi: The development of the Cybercartographic Atlas of Antarctica. – 1. ed. In: Cybercartography : theory and practice. Ed.: Taylor, David Ruxton Fraser. – Amsterdam: Elsevier Science 2005, p.461-490, 14 ill. (Modern cartography ; 4).

3329
Rabl, Marion: Tirol Atlas (http://tirolatlas.uibk.ac.at) : modernes Atlasinformationssystem für Nord-, Ost- und Südtirol. In: GW-Unterricht : eine Zeitschrift des Vereins "Forum Wirtschaftserziehung" für Geographie und Wirtschaftskunde. 98.2005, p.57-62, 9 ill.

3330
Tsoulos, Lysandros: System design considerations for the development of an electronic statistical atlas. In: Cartography and geographic information science : an official journal of ACSM devoted to the advancement of cartography in all its aspects. 32.2005,3, p.181-194, 6 ill. ISSN 1523-0406.

K. Tactile Maps, Maps for the Blind
Taktile Karten, Blindenkarten
Cartes tactiles, cartes pour aveugles

3331
Araujo de Almeida, Regina; Tsuji, Bruce: Ineractive mapping for people who are blind or visually impaired. – 1. ed. In: Cybercartography : theory and practice. Ed.: Taylor, David Ruxton Fraser. – Amsterdam: Elsevier Science 2005, p.411-431 (Modern cartography ; 4).

3332
Hruštincová, Gabriela: Hmatové mapy (tyflomapy). In: Geodetický a kartografický obzor. 51.2005,6-7, p.136-139, 3 ill. Tactile maps (Typhlomaps). [Czech with Engl. rés.]. ISSN 0016-7096.

3333
Pasławski, Jacek: Some remarks on map elaboration for the visually impaired (on an example of a map of Warsaw). In: Cartography and cartosemiotics : the selected problems of theoretical cartography 2003 : proceedings of a joint seminar of the ICA Commission on theoretical cartography and Centre for cartography, Vilnius University. Ed.: Wolodtschenko, Alexander; Česnulevičius, Algimantas; Beconytè, Giedre. – Vilnius: Vilnius University; Lithuanian Cartographic Society; International Cartographic Association 2004, p.61-64, 3 ill.

3334
Rice, Matt; Jacobson, R.Daniel; Golledge, Reginald G.; Jones, David: Design considerations for haptic and auditory map interfaces. In: Auto-Carto 2005 : research symposium proceedings. 2005, p.381-391, 6 ill. (Cartography and geographic information science : an official journal of ACSM devoted to the advancement of cartography in all its aspects ; 32.2005,4).

L. Film and Computer Screen Maps
Film- und Bildschirmkarten
Cartes cinématographiques et cartes écran

3335
Ai, Tinghua: Visualization of uncertainty geographic phenomena based on Monte Carlo method. In: Geomatics and information science of Wuhan University. 29.2004,3, p.239-243, 2 ill. [Chin. with Engl. rés.]. ISSN 1671-8860; 1000-050X.

3336
Al-Kodmany, Kheir: E-community participation: communicating spatial planning and design using web-based maps. In: Socio-economic applications of geographic information science : [based on contributions at the 2001 GIS research UK conference ; innovations in GIS, 9]. Ed.: Kidner, David; Higgs, Gary; White, Sean. – London [u.a.]: Taylor & Francis 2003, p.69-92, 11 ill. (Innovations in GIS ; 9).

3337
Andrienko, Gennady; Andrienko, Natalia: Blending aggregation and selection : adapting parallel coordinates for the visualization of large datasets. In: The Cartographic Journal. 42.2005,1, p.49-60, 15 ill. ISSN 0008-7041.

3338
Araujo de Almeida, Regina; Tsuji, Bruce: Ineractive mapping for people who are blind or visually impaired. – 1. ed. In: Cybercartography : theory and practice. Ed.: Taylor, David Ruxton Fraser. – Amsterdam: Elsevier Science 2005, p.411-431 (Modern cartography ; 4).

3339
Arnberg, Wolter; Wästfelt, Anders: Från bild till tolkning och visualisering – en fråga om information, skala och modell. In: Kart & bildteknik : mapping and image science. 20.2005,1, p.25-28, 2 ill. From the image to representation and visualization – a question of information, scale and model. [Swed.]. ISSN 1651-792X.

3340
Ashok, Prashasti; Singh, J.P.; Ekka, N.S.: Application of satellite imagery and GIS in land cover / land use monitoring and mapping in Central Sind Catchment. In: Cartographic technologies for water, land and infrastructure development : XXIV INCA international congress, Kolkata, October 6 – 9, 2004 ; [... important contributions presented at the XXIV INCA International Congress on the Theme "Cartographic Technologies for Water, Land and Infrastructure Development"...]. Ed.: Dasgupta, Ajit Kumar. – Hyderabad: Indian National Cartographic Association 2005, p.358-366, 5 ill., 2 tab. (Indian cartographer ; 24.2004).

3341
Auto-Carto 2005 : research symposium proceedings. 2005, p.217-433., ill., mp. (Cartography and geographic information science : an official journal of ACSM devoted to the advancement of cartography in all its aspects ; 32.2005,4). [Themenheft].

3342
Avtar, Harvinder: Electronic navigational charts-features and advantages. In: Indian Surveyor : the journal of the institution of surveyors. 58(93).2004, p.30-37, 4 ill., 1 tab. ISSN 0970-3470.

3343
Bandyopadhyay, Amitava: Urban landuse management : a journey from geoenvironmental appraisal to GIS application for appropriate planning : a case study. In: Cartographic technologies for water, land and infrastructure development : XXIV INCA international congress, Kolkata, October 6 – 9, 2004 ; [... important contributions presented at the XXIV INCA International Congress on the Theme "Cartographic Technologies for Water, Land and Infrastructure Development"...]. Ed.: Dasgupta, Ajit Kumar. – Hyderabad: Indian National Cartographic Association 2005, p.367-374, 6 ill. (Indian cartographer ; 24.2004).

3344
Baulch, Samantha; MacDonald, Ronald: Cybercartography for education : the case of the Cybercartographic Atlas of Antarctica. – 1. ed. In: Cybercartography : theory and practice. Ed.: Taylor, David Ruxton Fraser. – Amsterdam: Elsevier Science 2005, p.491-515, 3 ill., 3 tab. (Modern cartography ; 4).

3345
Beck, Michael: Interaktive Visualisierung der Erde im Internet und Intranet. In: Geomatik Schweiz : Geoinformation und Landmanagement. 103.2005,12, p.665-668, 5 ill. ISSN 0252-9424; 1660-4458.

3346
Bezoari, Giorgio; Monti, Carlo; Selvini, Attlio: La cartographie numérique de la ville de Milan. In: Geomatik Schweiz : Geoinformation und Landmanagement. 103.2005,8, p.454-457, 6 ill. ISSN 0252-9424; 1660-4458.

3347
Bhowmick, Chandrayee: Experimentation on the web cartography of urban road traffic management system. In: Cartographic technologies for water, land and infrastructure development : XXIV INCA international congress, Kolkata, October 6 – 9, 2004 ; [... important contributions presented at the XXIV INCA International Congress on the Theme "Cartographic Technologies for Water, Land and Infrastructure Development"...]. Ed.: Dasgupta, Ajit Kumar. – Hyderabad: Indian National Cartographic Association 2005, p.484-490, 5 ill. (Indian cartographer ; 24.2004).

3348
Biuk-Aghai, Robert P.: A mobile GIS application to heavily resource-constrained devices. In: Geo-spatial information science : quarterly = Diqiu-kongjian-xinxi-kexue-xuebao. 7.2004,1, p.50-57, 8 ill. ISSN 1009-5020.

3349
Boldt, Kai-W.; Lechner, Marco; Zeh, Martin; Glaser, Rüdiger: Virtuelle Realität in den Geowissenschaften : interaktives E-Learning auf der Basis von Geodaten und photorealer 3D-Visualisierung. In: Kartographische Nachrichten : KN ; Fachzeitschrift für Geoinformation und Visualisierung ; Organ der Deutschen Gesellschaft für Kartographie e.V., der Schweizerischen Gesellschaft für Kartographie und der Österreichischen Kartographischen Kommission in der Österreichischen Geographischen Gesellschaft. 55.2005,2, p.70-75, 5 ill. ISSN 0022-9164.

3350
Boyd, Diane: Using ArcIMS to provide an index/download web site for the orthophotographs for Southern Ontario. In: Bulletin / Association of Canadian Map Libraries and Archives. 123.2005, p.27-28, 1 ill. ISSN 0840-9331.

3351
Brenner, Claus; Jülge, Katharina; Dold, Christoph; Gösseln, Guido von: Das virtuelle 3D-Stadtmodell von Hannover. In: Tagung 2004 / Arbeitsgruppe Automation in der Kartographie. Ed.: Bundesamt für Kartographie und Geodäsie <Deutschland>. – Frankfurt a.M.: Bundesamt für Kartographie und Geodäsie <Deutschland> 2005, p.21-32, 7 ill. (Mitteilungen des Bundesamtes für Kartographie und Geodäsie ; 34).

3352
Breščak, Marko: Izdelava dinamične karte. In: Geodetski vestnik : glasilo Zveze Geodetov Slovenije. 48.2004,2, p.179-187, 3 ill. Dynamic map production. [Sloven. with Engl. rés.]. ISSN 0351-0271.

3353
Brewer, Cynthia A.: Designing better maps : a guide for GIS users. – Redlands: ESRI Press 2005, 203 p., ill., mp. – 1. ed. [Includes bibliographical references (p. 201)] ISBN 1-589-48089-9.

3354
Brun, Carmen: Die Qualität von Karten in geografischen Informationssystemen. – Zürich: Universität Zürich-Irchel, Geographisches Inst. 2000, V, 266 p., 96 ill., 5 tab. (Geoprocessing-Reihe ; 37). [Zugl.: Zürich, Univ., Diplomarbeit, 1998] ISBN 3-906254-37-2.

3355
Buchroithner, Manfred F.; Gründemann, Thomas; Habermann, Klaus; Neukum, Gerhard: Multitemporale und großformatige Echt-3D-Hartkopien der Marsoberfläche. In: Photogrammetrie, Fernerkundung, Geoinformation : PFG ; Organ der Deutschen Gesellschaft für Photogrammetrie und Fernerkundung e.V. 2005,5, p.429-434, 5 ill., 1 tab. ISSN 1432-8364.

3356
Burghardt, Dirk; Edwardes, Alistair; Purves, Ross; Weibel, Robert: Automatische Generalisierung dynamisch generierter Karten für mobile Endgeräte. In: Kartographische Nachrichten : KN ; Fachzeitschrift für Geoinformation und Visualisierung ; Organ der Deutschen Gesellschaft für Kartographie e.V., der Schweizerischen Gesellschaft für Kartographie und der Österreichischen Kartographischen Kommission in der Österreichischen Geographischen Gesellschaft. 55.2005,3, p.119-125, 8 ill., 1 tab. ISSN 0022-9164.

3357
Buřil, Tomáš; Traurig, Michal: Kartografie a Internet. In: Geodetický a kartografický obzor. 50.2004,2, p.30-32, 2 ill. Cartography and Internet. [Czech]. ISSN 0016-7096.

3358
Caquard, Sébastien; Taylor, David Ruxton Fraser: Art, maps and cybercartography : stimulating reflexivity among map-users. – 1. ed. In: Cybercartography : theory and practice. Ed.: Taylor, David Ruxton Fraser. – Amsterdam: Elsevier Science 2005, p.265-307, 6 ill. (Modern cartography ; 4).

3359
Carmen Reyes, María del: Cybercartography from a modeling perspective. – 1. ed. In: Cybercartography : theory and practice. Ed.: Taylor, David Ruxton Fraser. – Amsterdam: Elsevier Science 2005, p.63-97, 11 ill. (Modern cartography ; 4).

3360
Carmen Reyes, María del ; Martínez, Elvia: Technology and culture in cybercartography. – 1. ed. In: Cybercartography : theory and practice. Ed.: Taylor, David Ruxton Fraser. – Amsterdam: Elsevier Science 2005, p.123-148 (Modern cartography ; 4).

3361
Cecconi, Alessandro; Burghardt, Dirk; Weibel, Robert: Integration von Multirepräsentationsdatenbanken in den Generalisierungsprozess für die Internetkartographie. In: Kartographische Nachrichten : KN ; Fachzeitschrift für Geoinformation und Visualisierung ; Organ der Deutschen Gesellschaft für Kartographie e.V., der Schweizerischen Gesellschaft für Kartographie und der Österreichischen Kartographischen Kommission in der Österreichischen Geographischen Gesellschaft. 55.2005,1, p.11-17, 7 ill. ISSN 0022-9164.

3362
Chen, Jing; Gong, Jianya; Zhu, Xinyan; Li, Qingquan: Web-based publication and interactive browsing for massive terrain data. In: Geomatics and information science of Wuhan University. 29.2004,3, p.264-268, 5 ill. [Chin. with Engl. rés.]. ISSN 1671-8860; 1000-050X.

3363
Cheng, Qimin; Yang, Chongjun; Shao, Zhenfeng; Liu, Donglin; Gao, Liang: Design and implementation of WebGIS-based GPS vehicle monitoring system. In: Geo-spatial information science : quarterly = Diqiu-kongjian-xinxi-kexue-xuebao. 7.2004,2, p.96-100, 5 ill. ISSN 1009-5020.

3364
Clavel, Christophe: L'atlas du Nord-Pas-de-Calais. In: M@ppemonde : revue trimestrielle sur l'image géographique et les formes du territoire. 74.2004,2, 2 p. ISSN 0764-3470.

3365
Corbett, Jon; Wade, Kevin: Player perspective : using computer game engines for 3 D cartography. In: Cartographica : the international journal for geographic information and geovisualization. 40.2005,3, p.113-120, 3 ill., 1 tab. ISSN 0340-0654; 0317-7173.

3366
Cullingworth, Christine: Implementation of geographic information systems (GIS) into library and archival systems. In: Bulletin / Association of Canadian Map Libraries and Archives. 122.2005, p.3-16, 23 ill. ISSN 0840-9331.

3367
Cybercartography : theory and practice. Ed.: Taylor, David Ruxton Fraser. – Amsterdam: Elsevier Science 2005, XX, 574 p., 1 CD-ROM – 1. ed. (Modern cartography ; 4). ISBN 0-444-51629-8.

3368
Dahlberg, Mats: Proffsteknik för räddningstjänsten. In: Nya lantmätaren. 2005,9, p.4-5, 2 ill. [Swed.].

3369
Danado, J.; Dias, E.; Romão, T.; Correia, N.; Trabuco, A.; Santos, C.; Serpa, J.; Costa, M.; Câmara, A.: Mobile environment visualization. In: The Cartographic Journal. 42.2005,1, p.61-68, 6 ill., 1 tab. ISSN 0008-7041.

3370
Das Gupta, S.P.: The Web map as a tool for economic development : a challenge to cartographers. In: Cartographic technologies for water, land and infrastructure development : XXIV INCA international congress, Kolkata, October 6 – 9, 2004 ; [... important contributions presented at the XXIV INCA International Congress on the Theme "Cartographic Technologies for Water, Land and Infrastructure Development"...]. Ed.: Dasgupta, Ajit Kumar. – Hyderabad: Indian National Cartographic Association 2005, p.230-246, 8 ill. (Indian cartographer ; 24.2004).

3371
De ramp in kaart : van satellietbeeld tot basiskartering. In: Geografie. 14.2005,3, p.9-11, 4 ill. The catastrophe on map. [Dutch]. ISSN 0926-3837.

3372
Deren, Li; Liu, Qiang; Zhu, Qing: An integrated representation of outdoor and indoor in CyberCity GIS. In: Geomatics and information science of Wuhan University. 28.2003,3, p.253-258, 3 ill. [Chin. with Engl. rés.]. ISSN 1671-8860; 1000-050X.

3373
Deren, Li; Zhu, Qing; Liu, Qiang; Xu, Peng: From 2D to 3D GIS for CyberCity. In: Geo-spatial information science : quarterly = Diqiu-kongjian-xinxi-kexue-xuebao. 7.2004,1, p.1-5, 2 ill. ISSN 1009-5020.

3374
Di Martino, Ferdinando; Giordano, Michele: I sistemi informativi territoriali : teoria i metodi. – Roma: Aracne 2005, X, 425 p., ill., mp. The territorial information systems : theory and methods. [Ital.]. [Contains bibl. and notes] ISBN 88-548-0172-0; 978-88-548-0172-1.

3375
Dickmann, Frank: Potenziale einer "Remote Cartography" : Applikationen auf zentralen Servern zur internetgestützten Kartenherstellung. In: GeoBit : Geoinformationstechnologie für die Praxis. 2005,10, p.22-24, 5 ill. ISSN 1430-3663.

3376
Dickmann, Frank: Vom Web-Mapping zur "Remote Cartography"? : die Nutzungsmöglichkeiten von Fremdrechnern zur Kartenkonstruktion im Internet. In: Kartographische Nachrichten : KN ; Fachzeitschrift für Geoinformation und Visualisierung ; Organ der Deutschen Gesellschaft für Kartographie e.V., der Schweizerischen Gesellschaft für Kartographie und der Österreichischen Kartographischen Kommission in der Österreichischen Geographischen Gesellschaft. 55.2005,2, p.76-82, 5 ill. ISSN 0022-9164.

3377
Dillemuth, Julie: Map design evaluation for mobile display. In: Auto-Carto 2005 : research symposium proceedings. 2005, p.285-301, 10 ill., 6 tab. (Cartography and geographic information science : an official journal of ACSM devoted to the advancement of cartography in all its aspects ; 32.2005,4).

3378
Döhle, Berend: 3D Modelle für Hamburg. In: Tagung 2004 / Arbeitsgruppe Automation in der Kartographie. Ed.: Bundesamt für Kartographie und Geodäsie <Deutschland>. – Frankfurt a.M.: Bundesamt für Kartographie und Geodäsie <Deutschland> 2005, p.33-36, 3 ill. (Mitteilungen des Bundesamtes für Kartographie und Geodäsie ; 34).

3379
Döllner, Jürgen: Constraints as means of controling usage of geovirtual environments. In: Cartography and geographic information science : an official journal of ACSM devoted to the advancement of cartography in all its aspects. 32.2005,2, p.69-79, 8 ill. ISSN 1523-0406.

3380
Döllner, Jürgen: Geospatial digital rights management in geovisualization. In: The Cartographic Journal. 42.2005,1, p.27-34, 6 ill. ISSN 0008-7041.

3381
Dong, Pinliang: Development of a GIS/GPS-based emergency response system. In: Geomatica. 59.2005,4, p.427-433, 13 ill. ISSN 1195-1036.

3382
Dorninger, Peter: Methoden zur Analyse und Visualisierung der Topographie am Beispiel des Planeten Mars. In: VGI : österreichische Zeitschrift für Vermessung & Geoinformation. 93.2005,2, p.59-71, 11 ill. ISSN 0029-9650.

3383
Doyle, Julie; Han, Qiang; Weakliam, Joe; Bertolotto, Michela; Wilson, David: Developing non-proprietary personalized maps for web and mobile environments. In: Web and wireless geographical information systems : 4th international workshop, W2GIS 2004, Goyang, Korea, November 2004 ; revised selected papers. Ed.: Kwon, Yon-Jin; Bouju, Alain; Claramunt, Christophe. – Berlin [u.a.]: 2005, p.181-194, 6 ill., 1 tab.

3384
Dukaczewski, Dariusz: Elektroniczna mapa animowana Gór Izerskich. In: Polski przegląd kartograficzny. 37.2005,1, p.23-36, 4 ill., 3 tab. Electronic animated map of Gór Izerskich. [Pol. with Engl. and Russ. rés.]. ISSN 0324-8321.

3385
Eckert, Denis; Jégou, Laurent: Description technique et commentaires sur la réalisation du document interactif «Évolution récente de la population de Russie (1979-2002): cartographie interactive». In: M@ppemonde : revue trimestrielle sur l'image géographique et les formes du territoire. 74.2004,2. ISSN 0764-3470.

3386
Eckert, Denis; Jégou, Laurent: Évolution récente de la population de Russie (1979-2002): cartographie interactive. In: M@ppemonde : revue trimestrielle sur l'image géographique et les formes du territoire. 74.2004,2, 12 p., 9 ill. ISSN 0764-3470.

3387
Eddy, Brian G.; Taylor, David Ruxton Fraser: Applying a Cybercartographic Human Interface (CHI) model to create a Cybercartographic Atlas of Canada's Trade with the World (CTW). – 1. ed. In: Cybercartography : theory and practice. Ed.: Taylor, David Ruxton Fraser. – Amsterdam: Elsevier Science 2005, p.517-540, 5 ill. (Modern cartography ; 4).

3388
Eddy, Brian G.; Taylor, David Ruxton Fraser: Exploring the concept of cybercartography using the holonic tenets of integral theory. – 1. ed. In: Cybercartography : theory and practice. Ed.: Taylor, David Ruxton Fraser. – Amsterdam: Elsevier Science 2005, p.35-61, 6 ill., 2 tab. (Modern cartography ; 4).

3389
Ellsiepen, Iris: Methoden der effizienten Informationsübermittlung durch Bildschirmkarten. Ed.: Institut für Kartographie und Geoinformation. – Bonn: Institut für Kartographie und Geoinformation 2005, 190 p., ill., mp., 1 CD-ROM. (Schriftenreihe des Instituts für Kartographie und Topographie der Rheinischen Friedrich-Wilhelms-Universität Bonn ; 31). [Beispiele auf CD-ROM oder im Internet verfügbar; Zugl.: Bonn, Univ., Diss., 2004].

3390
Exploring geovisualization. Ed.: Dykes, Jason. – Amsterdam: Elsevier Science 2005, XIX, 710 p., ill, mp. + 1 CD-ROM. [Aufsatzsammlung] ISBN 0-08-044531-4; 0-08-044533-0.

3391
Eyton, J. Ronald: Unusual displays of DEMs. In: Cartographic perspectives : journal of the North American Cartographic Information Society. 50.2005, p.7-23, 12 ill. ISSN 1048-9053.

3392
Fairhurst, Richard: Next-generation webmapping. In: The Bulletin of the Society of Cartographers. 39.2005,1-2, p.57-61. ISSN 0036-1984.

3393
Fan, Hong; Zhang, Zuxun; Du, Daosheng: Quality evaluation model for map labeling. In: Geo-spatial information science : quarterly = Diqiu-kongjian-xinxi-kexue-xuebao. 8.2005,1, p.72-78, 1 ill. ISSN 1009-5020.

3394
Flynn, Rod; Mifsud, George: Vicmap topographic digital mapping. In: The Globe. 57.2005, p.27-34, 3 ill. ISSN 0311-3930.

3395
Fraiss, Alexandra; Noll, Markus; Wietrzyk, Christian: With lumberjacks on tour – die digitale Forstkarte der Stadtgemeinde Bruck an der Mur. In: Angewandte Geoinformatik 2005 : Beiträge zum 17. AGIT-Symposium Salzburg. Ed.: Strobl, Josef; Blaschke, Thomas; Griesebner, Gerald. – Heidelberg: Herbert-Wichmann-Verlag 2005, p.176-181, 6 ill., 2 tab.

3396
Frančula, Nedjeljko: Kartografija u 21. stoljeću = Cartography in the 21st century. In: Kartografija i geoinformacije : KiG ; znanstveno-stručno-informativni časopis Hrvatskoga kartografskog društva. 4.2005, p.4-15, 10 ill. [Croat. and Engl.]. ISSN 1333-896X.

3397
Fried, Günter: Bodeninformationssystem Bayern : Geodatenquelle für Wirtschaft, Wissenschaft, die bayerische Verwaltung und den Bürger. In: Mitteilungen des DVW-Bayern e.V. 57.2005,2, p.225-240, 10 ill. ISSN 0723-6336.

3398
Friedmannová, Lucie; Konečný, Milan; Staněk, Karel: Tvorba otevřeného regionálního atlasu. In: Kartografické listy. 13.2005, p.43-52, 8 ill. The open regional atlas making. [Slovak with Engl. rés.].

3399
Garnero, Gabriele; Rao, Sebastiano: La produzione pilota della CTRN del Piemonte sulla base delle specifiche IntesaGIS. In: Bollettino della Associazione Italiana di Cartografia. 42.2005,123/125, p.179-185,3 ill. The pilot production of digital regional technical cartography (CTRN) of Piemonte region according to the IntesaGIS standards. [Ital. with Engl. rés.]. ISSN 0044-9733.

3400
Gartner, Georg: TeleCartography : a new means of Geocommunication. – 1. ed. In: Cybercartography : theory and practice. Ed.: Taylor, David Ruxton Fraser. – Amsterdam: Elsevier Science 2005, p.373-387, 1 ill. (Modern cartography ; 4).

3401
Gehrke, Stephan; Neukum, Gerhard: Das kartographische Softwarepaket Planetary Image Mapper (PIMap). In: Photogrammetrie, Fernerkundung, Geoinformation : PFG ; Organ der Deutschen Gesellschaft für Photogrammetrie und Fernerkundung e.V. 2005,5, p.417-422, 4 ill. ISSN 1432-8364.

3402
Georoute®, itinéraire d'une aventure. In: IGN magazine. 10.2002, p.4-8, ill. ISSN 1624-9305.

3403
Ghosal, Subhojit; Sarkar, Ashis: Mapping the landuse / landcover of a geographical space through digital image processing of satellite data. In: Cartographic technologies for water, land and infrastructure development : XXIV INCA international congress, Kolkata, October 6 – 9, 2004 ; [... important contributions presented at the XXIV INCA International Congress on the Theme "Cartographic Technologies for Water, Land and Infrastructure Development"...]. Ed.: Dasgupta, Ajit Kumar. – Hyderabad: Indian National Cartographic Association 2005, p.346-352, 8 ill., 3 tab. (Indian cartographer ; 24.2004).

3404
Gietler, Lydia: Performancetests für Web Map und Web Feature Services. In: Angewandte Geoinformatik 2005 : Beiträge zum 17. AGIT-Symposium Salzburg. Ed.: Strobl, Josef; Blaschke, Thomas; Griesebner, Gerald. – Heidelberg: Herbert-Wichmann-Verlag 2005, p.182-189, 2 ill., 2 tab.

3405
Gillavry, Edward Mac: Routeplanners en autonavigatie : geo-informatie in beweging. In: Geo-Info : tijdschrift voor Geo-Informatie Nederland, GIN. 2.2005,7/8, p.346-351, 5 ill. Routeplanners and in-car navigation : geo-information on the move. [Dutch with English and French rés.]. ISSN 1572-5464.

3406
Gong, Jianya; Jia, Wenjue; Chen, Yumin; Xie, Jibo: Development from platform GIS to cross-platform interoperable GIS. In: Geomatics and information science of Wuhan University. 29.2004,11, p.985-989, 6 ill. [Chin. with Engl. rés.]. ISSN 1671-8860; 1000-050X.

3407
Greenspan, Brian: Mapping play : what cybercartographers can learn from popular culture. – 1. ed. In: Cybercartography : theory and practice. Ed.: Taylor, David Ruxton Fraser. – Amsterdam: Elsevier Science 2005, p.309-329 (Modern cartography ; 4).

3408
Guo, Diansheng; Gahegan, Mark; MacEachren, Alan M.; Zhou, Biliang: Multivariate analysis and geovisualization with an integrated geographic knowledge discovery approach. In: Cartography and geographic information science : an official journal of ACSM devoted to the advancement of cartography in all its aspects. 32.2005,2, p.113-132 14 ill., 1 tab. ISSN 1523-0406.

3409
Haala, Norbert: Towards virtual reality GIS. In: Photogrammetric Week '05 : [papers of the 50th Photogrammetric Week, Stuttgart (September 5 to 9, 2005)]. Ed.: Fritsch, Dieter. – Heidelberg: Herbert-Wichmann-Verlag 2005, p.285-294, 8 ill.

3410
Haas, Wim de; Eijnden, Bart van den: De Open Source GIS wereld. In: Geo-Info : tijdschrift voor Geo-Informatie Nederland, GIN. 2.2005,5, p.248-253, 3 ill., 1 tab. The Open Source GIS world. [Dutch with Engl. rés.]. ISSN 1572-5464.

3411
Haunert, Jan-Henrik: Geometrietypwechsel in einer Multi-Resolution-Datenbank. In: Tagung 2004 / Arbeitsgruppe Automation in der Kartographie. Ed.: Bundesamt für Kartographie und Geodäsie <Deutschland>. – Frankfurt a.M.: Bundesamt für Kartographie und Geodäsie <Deutschland> 2005, p.49-58, 5 ill. (Mitteilungen des Bundesamtes für Kartographie und Geodäsie ; 34).

3412
Hazeu, G.: Landelijk Grondegebruiksbestand Nederland (LGN5). In: Geo-Info : tijdschrift voor Geo-Informatie Nederland, GIN. 2.2005,10, p.456-462, 9 ill., 1 tab. National land use Netherlands (LGN5). [Dutch with Engl. and French rés.]. ISSN 1572-5464.

3413
Heere, Elger ; Storms, Martijn: Kadaster 1832 toegepast; de pilotprojecten van De WoonOmgeving. In: Caert-thresoor : tijdschrift voor de geschiedenis van de kartografie in Nederland. 24.2005,3, p.93-98, 12 ill. Applications of the 1832 cadastre; the pilot projects of "De WoonOmgeving". ISSN 0167-4994.

3414
Hegarty, Joe ; Carswell, James D.: SAMATS – triangle grouping and structure recovery for 3D building modeling and visualization. In: Web and wireless geographical information systems : 5th International Workshop, W2GIS 2005, Lausanne, Switzerland, December 15-16, 2005 ; proceedings. Ed.: Li, Ki-Joune; Vangenot, Christelle. – Berlin [u.a.]: Axel Springer AG 2005, p.267-280, 13 ill. (Lecture notes in computer science ; 3833).

3415
Hobson, A.: SVG and LandXML for cadastral data on the web. In: Journal of spatial science. 1.2005, p.13-34, 21 ill., 1 tab.

3416
Homoet, Michael; Schmittwilken, Jörg; Plümer, Lutz: Kostenlos kombinieren und kommentieren : cooperative Web Map Clients erlauben Kommentare auf Web Maps. In: GeoBit : Geoinformationstechnologie für die Praxis. 2005,3, p.18-209, 4 ill. ISSN 1430-3663.

3417
Houtum, Ad van; Ekelen, Hans van: KLIC neemt Basiskaart On Line in gebruik. In: Geo-Info : tijdschrift voor Geo-Informatie Nederland, GIN. 2.2005,11, p.534-535, 2 ill. KLIC starts using Basiskaart On Line. [Dutch]. ISSN 1572-5464.

3418
Huang, Peizhi; Poh-Chin, Lai: Problems on visualization of spatio-temporal data. In: Geomatics and information science of Wuhan University. 29.2004,7, p.584-587, 6 ill. [Chin. with Engl. rés.]. ISSN 1671-8860; 1000-050X.

3419
Hurni, Lorenz: Anwendung kartographischer Medien im Rahmen aktueller I+K-Technologien. In: Kartographische Nachrichten : KN ; Fachzeitschrift für Geoinformation und Visualisierung ; Organ der Deutschen Gesellschaft für Kartographie e.V., der Schweizerischen Gesellschaft für Kartographie und der Österreichischen Kartographischen Kommission in der Österreichischen Geographischen Gesellschaft. 55.2005,5, p.244-249, 4 ill., 4 tab. ISSN 0022-9164.

3420
Jia, Wenjue; Chen, Yumin; Gong, Jianya: Implementation of OGC web map service based on web service. In: Geo-spatial information science : quarterly = Diqiu-kongjian-xinxi-kexue-xuebao. 7.2004,2, p.148-152, 5 ill., 1 tab. ISSN 1009-5020.

3421
Jin, Baoxuan; Bian, Fuling; Zuo, Xiaoqing; Wang, Fangxiong: Study on visualization of virtual city model based on Internet. In: Geo-spatial information science : quarterly = Diqiu-kongjian-xinxi-kexue-xuebao. 8.2005,2, p.115-121, 9 ill. ISSN 1009-5020.

3422
Kang, Hae-Kyong ; Li, Ki-Joune: A framework for dynamic updates of map data in mobile devices. In: Web and wireless geographical information systems : 5th International Workshop, W2GIS 2005, Lausanne, Switzerland, December 15-16, 2005 ; proceedings. Ed.: Li, Ki-Joune; Vangenot, Christelle. – Berlin [u.a.]: Axel Springer AG 2005, p.66-77, 6 ill. (Lecture notes in computer science ; 3833).

3423
Kardos, Julian; Moore, Antoni; Benwell, George: Exploring the hidden potential of common spatial data models to visualize uncertainty. In: Auto-Carto 2005 : research symposium proceedings. 2005, p.359-367, 5 ill., 1 tab. (Cartography and geographic information science : an official journal of ACSM devoted to the advancement of cartography in all its aspects ; 32.2005,4).

3424
Katzlberger, Gernot; Kriz, Karel; Pucher, Alexander: ISOHIS-MAP – Informationssystem für isotop-hydrologische Daten. In: Angewandte Geoinformatik 2005 : Beiträge zum 17. AGIT-Symposium Salzburg. Ed.: Strobl, Josef; Blaschke, Thomas; Griesebner, Gerald. – Heidelberg: Herbert-Wichmann-Verlag 2005, p.315-319, 2 ill.

3425
Kettemann, R.: Geodaten in Baden-Württemberg werden interoperabel. In: Mitteilungen und Veröffentlichungen zum Vermessungswesen aus den Themenbereichen Geodäsie, Geoinformation und Landmanagement / Deutscher Verein für Vermessungswesen, Landesverein Baden-Württemberg e.V. 52.2005,1, p.79-88. ISSN 0940-2942.

3426
Klimánek, Martin: Internet thematic atlas of the University Training Forest on the MapServer. In: Projektowanie i redakcja map = Map design and map compilation. Ed.: Uniwersytet Wrocławski. – Wrocław: Uniwersytet Wrocławski 2005, p.219-224, 2 ill. (Glówne problemy wspólczesnej kartografii ; 2005).

3427
Knorz, Gerhard: Visualisierung von Zusammenhängen – von der Wissenskarte zur interaktiven graphischen Topic Map. In: Online-Findbücher, Suchmaschinen und Portale. Beiträge des 6. Archivwissenschaftlichen Kolloquiums der Archivschule Marburg. Ed.: Menne-Haritz, Angelika. – Marburg: Archivschule Marburg 2002, p.195-218, 8 ill. (Veröffentlichungen der Archivschule Marburg, Institut für Archivwissenschaft ; 35).

3428
Koch, Wolf Günther: Map design and cartographic visualization – only a terminological problem. In: Projektowanie i redakcja map = Map design and map compilation. Ed.: Uniwersytet Wrocławski. – Wrocław: Uniwersytet Wrocławski 2005, p.28-37, 4 ill. (Glówne problemy wspólczesnej kartografii ; 2005). [Auch erschienen in: "Beiträge zur wissenschaftlichen Kartographie" (2007)].

3429
Kolbe, Thomas H.; Schulz, Daniela; Plümer, Lutz: 3D-Beschriftung von Wegevideos für die Fußgängernavigation. In: Tagung 2004 / Arbeitsgruppe Automation in der Kartographie. Ed.: Bundesamt für Kartographie und Geodäsie <Deutschland>. – Frankfurt a.M.: Bundesamt für Kartographie und Geodäsie <Deutschland> 2005, p.59-70, 9 ill. (Mitteilungen des Bundesamtes für Kartographie und Geodäsie ; 34).

3430
Korevaar, Willem; van der Schee, Joop: Modern aardrijskundeonderwijs met GIS op de kaart gezet. In: Geografie. 13.2004,9/10, p.44-46, 1 ill., 1 mp. Modern geography lessons with GIS on the map. [Dutch]. ISSN 0926-3837.

3431
Kovačič, Boštjan: Izdelava vizualizacije cestnega telesa za potrebe prostorske preveritve. In: Geodetski vestnik : glasilo Zveze Geodetov Slovenije. 48.2004,1, p.40-49, 12 ill., 2 tab. The making of road body visualization for spatial verification. ISSN 0351-0271.

3432
Kraker, A.M.J. de; Aalbersberg, G.: Digitised Reconstruction of the Westerschelde basin, 1550-2000. In: Kulturlandschaft digital : Forschung und Anwendung ; 15. Fachtagung des Umweltamtes (Landschaftsverband Rheinland) ; 11. Jahrestagung der Arbeitsgruppe Angewandte Historische Geographie (Arbeitskreis für Historische Kulturlandschaftsforschung ARKUM), 2. bis 5. März 2005 in Aachen ; Tagungsdokumentation. Ed.: Rheinland / Umweltamt. – Köln: Rheinland / Umweltamt 2005, p.136-143, 4 ill. (Kulturlandschaft : Zeitschrift für angewandte historische Geographie ; 15.2005).

3433
Kraus, Karl; Otepka, Johannes: DTM modelling and visualization – Th SCOP approach. In: Photogrammetric Week '05 : [papers of the 50th Photogrammetric Week, Stuttgart (September 5 to 9, 2005)]. Ed.: Fritsch, Dieter. – Heidelberg: Herbert-Wichmann-Verlag 2005, p.241-252, 8 ill.

3434
Krygier, John; Wood, Denis: Making maps : a visual guide to map design for GIS. – New York [u.a.]: Guilford Press 2005, XI, 303 p., ill., mp. [Includes bibliographical references and index] ISBN 1-593-85200-2.

3435
Kulturlandschaft digital : Forschung und Anwendung ; 15. Fachtagung des Umweltamtes (Landschaftsverband Rheinland) ; 11. Jahrestagung der Arbeitsgruppe Angewandte Historische Geographie (Arbeitskreis für Historische Kulturlandschaftsforschung ARKUM), 2. bis 5. März 2005 in Aachen ; Tagungsdokumentation. Ed.: Rheinland / Umweltamt. – Köln: Rheinland / Umweltamt 2005, 225 p., ill., mp. (Kulturlandschaft : Zeitschrift für angewandte historische Geographie ; 15.2005).

3436
Kusendová, Dagmar: Terminológia počítačovej tvorby máp. In: Kartografická terminológia. Zborník referátov. – Bratislava: 2001, p.85-94 The terminology of the computer cretaion of maps. [Slovak with rés. in Engl.].

3437
Kwon, Yong-Jin; Kim, Do-Hyoung: Mobile SeoulSearch: a web-based mobile regional information retrieval system utilizing location information. In: Web and wireless geographical information systems : 4th international workshop, W2GIS 2004, Goyang, Korea, November 2004 ; revised selected papers. Ed.: Kwon, Yon-Jin; Bouju, Alain; Claramunt, Christophe. – Berlin [u.a.]: 2005, p.206-220, 11 ill., 1 tab.

3438
La réfection issue de la BD Topo®. In: IGN magazine. 18.2003, p.10-11, ill. ISSN 1624-9305.

3439
Lauriault, Tracey P.: Cybercartography and the New Economy : collaborative research in action. – 1. ed. In: Cybercartography : theory and practice. Ed.: Taylor, David Ruxton Fraser. – Amsterdam: Elsevier Science 2005, p.181-210, 3 ill., 6 tab. (Modern cartography ; 4).

3440
L'avènement de la révision numérique. In: IGN magazine. 18.2003, p.8-9, ill. ISSN 1624-9305.

3441
Le SIGU : pôle géomatique de la ville du Havre. In: IGN magazine. 9.2002, p.6-9, ill. ISSN 1624-9305.

3442
Le, Yanfen: A prototype temporal GIS for multiple spatio-temporal representations. In: Auto-Carto 2005 : research symposium proceedings. 2005, p.315-329, 16 ill. (Cartography and geographic information science : an official journal of ACSM devoted to the advancement of cartography in all its aspects ; 32.2005,4).

3443
Lechthaler, Mirjanka: Bildschirmgerechte kartographische Visualisierung der Geobasisdaten in digitalen Atlas-Informationssystemen. In: Angewandte Geoinformatik 2005 : Beiträge zum 17. AGIT-Symposium Salzburg. Ed.: Strobl, Josef; Blaschke, Thomas; Griesebner, Gerald. – Heidelberg: Herbert-Wichmann-Verlag 2005, p.403-412, 5 ill.

3444
Lechthaler, Mirjanka: Koncept mobilne multimedijalne kartografske komunikacije. In: Geodetski list : glasilo Hrvatskoga Geodetskog Drustva. 58(81).2004,3, p.191-210, 20 ill. Concept of mobile multimedia cartographic communication. [Croat. with Engl. rés.]. ISSN 0016-710x.

3445
Lechthaler, Mirjanka: Značenje kartografskog mjerila u interaktivnom multimedijskom kartografskom informacijskom sustavu = The relevance of cartographic scale in interactive and multimedia cartographic information systems. In: Kartografija i geoinformacije : KiG ; znanstveno-stručno-informativni časopis Hrvatskoga kartografskog društva. 3.2004, p.6-20, 16 ill. [Croat. and Engl.]. ISSN 1333-896X.

3446
Lechthaler, Mirjanka; Spanring, Christian; Katzlberger, Gernot: Kartografski koncept atlasnog informacijskog sustava "ÖROK atlas online" – AIS Austrije = Cartographic concept of atlas information system "ÖROK atlas online" – AIS Austria. In: Kartografija i geoinformacije : KiG ; znanstveno-stručno-informativni časopis Hrvatskoga kartografskog društva. 4.2005, p.30-45, 8 ill., 2 tab. [Croat. and Engl.]. ISSN 1333-896X.

3447
Lenschau-Teglers, Annie; Gade Rønsberg, Vivi: Digitised Maps in the Danish Map Collection. In: LIBER quarterly : the journal of European Research Libraries. 15.2005,1, p.45-48. ISSN 1435-5205.

3448
Lenz, Thomas: Thematische Karten in multimedialen Lernumgebungen : interaktive Kartographie am Beispiel Erzbergbau Carajás. In: Thematische Karten. – Seelze: Friedrich 2005, p.19-21, 9 ill. (Geographie heute : Themen, Modelle, Materialien für die Unterrichtspraxis aller Schulstufen ; 26.2005,229). [Zugl.: Geographie heute : Themen, Modelle, Materialien für die Unterrichtspraxis aller Schulstufen. 26.2005,229].

3449
Li, Dajun; Guan, Yunlan; Liu, Xianlin: From physical space to visual image space. In: Geo-spatial information science : quarterly = Diqiu-kongjian-xinxi-kexue-xuebao. 6.2003,2, p.42-47, 6 ill. ISSN 1009-5020.

3450
Li, Qingquan; Tang, Luliang; Zuo, Xiaoqing; Li, Xia: Transect-based three-dimensional road modeling and visualization. In: Geo-spatial information science : quarterly = Diqiu-kongjian-xinxi-kexue-xuebao. 7.2004,1, p.14-17, 5 ill. ISSN 1009-5020.

3451
Lindgaard, Gitte; Brown, Allison: Interface design challenges in virtual space. – 1. ed. In: Cybercartography : theory and practice. Ed.: Taylor, David Ruxton Fraser. – Amsterdam: Elsevier Science 2005, p.211-229 (Modern cartography ; 4).

3452
Liu, Jinxun; Chen, Jing M.; Price, David T.; Liu, Shuguang: NCWin : a component object model (COM) for processing and visualizing NetCDF data. In: The Cartographic Journal. 42.2005,1, p.69-77, 8 ill. ISSN 0008-7041.

3453
Ma, Zhaoting; Li, Chengming; Pan, Mao: An incremental LOD method based on grid and its application in distributed terrain visualization. In: Geo-spatial information science : quarterly = Diqiu-kongjian-xinxi-kexue-xuebao. 8.2005,2, p.128-132, 7 ill., 3 tab. ISSN 1009-5020.

3454
Mallinger-Hohensinn, Andreas: Der digitale Franziszeische Kataster. Weltneuheit: Digitalisierung des Franziszeischen Katasters – Daten von 1824 bis 1830 über Internet abrufbar. In: GW-Unterricht : eine Zeitschrift des Vereins "Forum Wirtschaftserziehung" für Geographie und Wirtschaftskunde. 98.2005, p.98-99, 1 ill.

3455
Manzoni, Giorgio; Robiglio, Claudia; Martinolli, Shaula; Rizzo, Raffaella Gabriella: Mobile mapping system e cartografia tematica stradale e turistica. In: Bollettino della Associazione Italiana di Cartografia. 42.2005,123/125, p.187-197, 12 ill. Mobile mapping system and road and tourist thematic cartography. [Ital. with Engl. rés.]. ISSN 0044-9733.

3456
Martínez, Elvia; Carmen Reyes, María del: Cybercartography and society. – 1. ed. In: Cybercartography : theory and practice. Ed.: Taylor, David Ruxton Fraser. – Amsterdam: Elsevier Science 2005, p.99-121 (Modern cartography ; 4).

3457
Meier, Walter: 10 Jahre 3D-Stadtmodell Kanton Basel-Stadt. In: Geomatik Schweiz : Geoinformation und Landmanagement. 103.2005,6, p.348-350, 1 ill. ISSN 0252-9424; 1660-4458.

3458
Meng, Liqiu: Egocentric design of map-based mobile services. In: The Cartographic Journal. 42.2005,1, p.5-13, 8 ill. ISSN 0008-7041.

3459
Meyer, Werner: Amtliche Statistik – bessere thematische Karten dank geostatistischen Verfahren (Kriging). In: Angewandte Geoinformatik 2005 : Beiträge zum 17. AGIT-Symposium Salzburg. Ed.: Strobl, Josef; Blaschke, Thomas; Griesebner, Gerald. – Heidelberg: Herbert-Wichmann-Verlag 2005, p.437-446, 6 ill., 1 tab.

3460
Mitchell, Tyler: Web mapping illustrated : [using open source GIS toolkits]. – Beijing [u.a.]: O'Reilly 2005, XVI, 349 p., ill., mp. – 1st ed. ISBN 0-596-00865-1.

3461
Moisuc, Bogdan; Davoine, Paule-Annick; Gensel, Jérôme; Martin, Hervé: Design of spatio-temporal information systems for natural risk management with an object-based knowledge representation approach. In: Geomatica. 59.2005,4, p.401-413, 10 ill. ISSN 1195-1036.

3462
Monmonier, Mark: POMP and circumstance : plain old map products in a cybercartographic world. – 1. ed. In: Cybercartography : theory and practice. Ed.: Taylor, David Ruxton Fraser. – Amsterdam: Elsevier Science 2005, p.15-34, 5 ill., 2 tab. (Modern cartography ; 4).

3463
Müller, Andreas: Datenexploration und Wissenskommunikation in der Geovisualisierung. In: Kartographische Nachrichten : KN ; Fachzeitschrift für Geoinformation und Visualisierung ; Organ der Deutschen Gesellschaft für Kartographie e.V., der Schweizerischen Gesellschaft für Kartographie und der Österreichischen Kartographischen Kommission in der Österreichischen Geographischen Gesellschaft. 55.2005,5, p.236-243, 8 ill., 1 tab. ISSN 0022-9164.

3464
Müller, Marina: 41. Sitzung der Arbeitsgruppe (AgA) Automation in der Kartographie : am 21./22.9.2004 in Hamburg. In: Photogrammetrie, Fernerkundung, Geoinformation : PFG ; Organ der Deutschen Gesellschaft für Photogrammetrie und Fernerkundung e.V. 2005,1, p.85-87. ISSN 1432-8364.

3465
Neudeck, Stefan: Vorschläge zur Gestaltung thematischer Karten für die Bildschirmvisualisierung. In: Kartographische Nachrichten : KN ; Fachzeitschrift für Geoinformation und Visualisierung ; Organ der Deutschen Gesellschaft für Kartographie e.V., der Schweizerischen Gesellschaft für Kartographie und der Österreichischen Kartographischen Kommission in der Österreichischen Geographischen Gesellschaft. 55.2005,1, p.31-35, 6 ill. ISSN 0022-9164.

3466
Neumann, Karl; Kupfer, Andreas; Mathiak, Brigitte: Umsetzung des Signaturenkataloges SK25 bei der XML-basierten Erzeugung kartenähnlicher Graphiken. In: Tagung 2004 / Arbeitsgruppe Automation in der Kartographie. Ed.: Bundesamt für Kartographie und Geodäsie <Deutschland>. – Frankfurt a.M.: Bundesamt für Kartographie und Geodäsie <Deutschland> 2005, p.107-118, 4 ill. (Mitteilungen des Bundesamtes für Kartographie und Geodäsie ; 34).

3467
Niklasson, Henrik: Unik kartskatt på Internet. In: Nya lantmätaren. 2004,10, p.6-7, 2 mp. Unique map treasure in the Internet. [Swed.].

3468
Nohr, Rolf F.: "Nun haben wir endlich in unserem Heim ein Fenster zur Welt" : Kartographien und Topographien des Fernsehens. In: TopoGraphien der Moderne : Medien zur Repräsentation und Konstruktion von Räumen. Ed.: Stockhammer, Robert. – München: 2005, p.383-401, 5 ill. (Trajekte : Zeitschrift des Zentrums für Literaturforschung Berlin).

3469
Omer, Itzhak; Goldblatt, Ran; Or, Udi: Virtual city design based on urban image theory. In: The Cartographic Journal. 42.2005,1, p.15-26, 8 ill., 2 tab. ISSN 0008-7041.

3470
Orthophotographie et partage de l'information : le Grand Lyon. In: IGN magazine. 4.2001, p.6-8, ill. ISSN 1624-9305.

3471
Osch, Berry van: Google Earth : de aarde binnen handbereik. In: Geo-Info : tijdschrift voor Geo-Informatie Nederland, GIN. 2.2005,11, p.531, 3 ill. Google Earth : the earth in a hand-held terminal. [Dutch]. ISSN 1572-5464.

3472
Oster, Markus: Interaktive 3D-Geländemodelle : Chancen für individuell entwickelte Präsentationssysteme?. In: Kartographische Nachrichten : KN ; Fachzeitschrift für Geoinformation und Visualisierung ; Organ der Deutschen Gesellschaft für Kartographie e.V., der Schweizerischen Gesellschaft für Kartographie und der Österreichischen Kartographischen Kommission in der Österreichischen Geographischen Gesellschaft. 55.2005,4, p.193-200, 6 ill., 2 tab. ISSN 0022-9164.

3473
Patterson, Tom: Looking closer : a guide to making bird's-eye views of national park service cultural and historical sites. In: Cartographic perspectives : journal of the North American Cartographic Information Society. 52.2005, p.59-75, 24 ill. ISSN 1048-9053.

3474
Pavlicko, Peter; Peterson, Ingmar: Large-scale topographic web maps : using scalable vector graphics. In: Cartographic perspectives : journal of the North American Cartographic Information Society. 50.2005, p.34-46, 7 ill. ISSN 1048-9053.

3475
Penninga, Friso: 3D topografie: de volgende uitdaging in GIS-analysis. In: Geo-Info : tijdschrift voor Geo-Informatie Nederland, GIN. 2.2005,3, p.124-129, 7 ill. 3D topography: the next challenge in GIS-. [Dutch with Engl. and French rés.]. ISSN 1572-5464.

3476
Peters, Alex; Chapeskie, Andrew: Pikangikum first national atlas. In: Cartouche : the operational publication of the Canadian Cartographic Association. 57.2005, p.10-11, 1 ill. ISSN 1183-2045.

3477
Peterson, Michael P.: Pervasive public map displays. – 1. ed. In: Cybercartography : theory and practice. Ed.: Taylor, David Ruxton Fraser. – Amsterdam: Elsevier Science 2005, p.349-371, 8 ill. (Modern cartography ; 4).

3478
Petrella, Marco: La cartografia storica in rete. Proposte per la ricerca, la valutazione, la strutturazione. In: Bollettino della Associazione Italiana di Cartografia. 42.2005,123/125, p.263-272 Historical cartography in the net. Proposals for searching, evaluating and structuring internet sources. [Ital. with Engl. rés.]. ISSN 0044-9733.

3479
Plank, Irmgard: Problematik der Globenbild-Erstellung für virtuelle Globen : gezeigt anhand der Faksimilierung eines historischen Globus und der Umsetzung von Globenbildern für einen virtuellen Globus für Unterrichtszwecke. – Wien: 2005, 120 p., 67 ill., 12 tab. [Dipl. Arb. Univ. Wien].

3480
Pomianowski, Wojciech: Metafory warstwy, mapy i stylu graficznego w ArcGIS, MapInfo i Aviso. In: Polski przegląd kartograficzny. 37.2005,3, p.185-195, 6 ill. Layer, map and style metaphors in ArcGIS, MapInfo and Aviso geographic information systems. [Pol. with Engl. and Russ. rés.]. ISSN 0324-8321.

3481
Prechtel, Nikolas: Animating geodata exemplified by the Dresden "Altai-GIS". In: Photogrammetrie, Fernerkundung, Geoinformation : PFG ; Organ der Deutschen Gesellschaft für Photogrammetrie und Fernerkundung e.V. 2005,1, p.37-46, 3 ill., 1 tab. ISSN 1432-8364.

3482
Presetschnik, Roland: Online-Lösungen von kartographischen Denkmal-Abfragesystemen. – Wien: 2005, 100 p., 60 ill., 20 tab. [Dipl. Arb. TU Wien].

3483
Pucher, Alexander; Gartner, Georg; Spanring, Christian: ÖROK Atlas Online – ein Forschungs- und Entwicklungsprojekt zur Erstellung eines Prototyps für "ÖROK Atlas Online". In: Angewandte Geoinformatik 2005 : Beiträge zum 17. AGIT-Symposium Salzburg. Ed.: Strobl, Josef; Blaschke, Thomas; Griesebner, Gerald. – Heidelberg: Herbert-Wichmann-Verlag 2005, p.553-558, 2 ill.

3484
Püschel, Rudolf: Die digitale Flurkarte im öffentlichen Baurecht : Teil 2: Verwendung der digitalen Flurkarte im öffentlichen Baurecht. In: Mitteilungen des DVW-Bayern e.V. 57.2005,1, p.87-112, 4 ill. ISSN 0723-6336.

3485
Pulsifer, Peter L.; Parush, Avi: The development of the Cybercartographic Atlas of Antarctica. – 1. ed. In: Cybercartography : theory and practice. Ed.: Taylor, David Ruxton Fraser. – Amsterdam: Elsevier Science 2005, p.461-490, 14 ill. (Modern cartography ; 4).

3486
Quak, C. W.: TOP10NL in GML3. In: Geo-Info : tijdschrift voor Geo-Informatie Nederland, GIN. 2.2005,11, p.504-510, 7 ill. [Dutch with Engl. and French rés.]. ISSN 1572-5464.

3487
Rabl, Marion: Tirol Atlas (http://tirolatlas.uibk.ac.at) : modernes Atlasinformationssystem für Nord-, Ost- und Südtirol. In: GW-Unterricht : eine Zeitschrift des Vereins "Forum Wirtschaftserziehung" für Geographie und Wirtschaftskunde. 98.2005, p.57-62, 9 ill.

3488
Raheja, Jagdish Lal; Raghunath, S.: Scenario management for the Public Distribution System. In: Bridging the digital divide and taking cartography at grassroots level : 25th INCA international congress, Sagar, Nov. 28 – Dec. 1, 2005. Ed.: Trivedi, R. K. – Ahmedabad: Indian National Cartographic Association 2005, p.299-304, 8 ill., 1 tab. (Indian cartographer ; 25.2005).

3489
Ram, Balak; Patidar, M.; Rastogi, Ankita; Singh, Gopal: Evaluation of biophysical resources though cadastral information, remotely sensed data digital cartography for microlevel land use planning in arid agro-ecosystem. In: Cartographic technologies for water, land and infrastructure development : XXIV INCA international congress, Kolkata, October 6 – 9, 2004 ; [... important contributions presented at the XXIV INCA International Congress on the Theme "Cartographic Technologies for Water, Land and Infrastructure Development"...]. Ed.: Dasgupta, Ajit Kumar. – Hyderabad: Indian National Cartographic Association 2005, p.313-323, 8 ill., 5 tab. (Indian cartographer ; 24.2004).

3490
Reichenbacher, Tumasch: Adaptive Kartengestaltung für mobile Nutzer. In: Kartographische Nachrichten : KN ; Fachzeitschrift für Geoinformation und Visualisierung ; Organ der Deutschen Gesellschaft für Kartographie e.V., der Schweizerischen Gesellschaft für Kartographie und der Österreichischen Kartographischen Kommission in der Österreichischen Geographischen Gesellschaft. 55.2005,4, p.175-180, 5 ill. ISSN 0022-9164.

3491
Reichenbacher, Tumasch: Mobile cartography : adaptive visualisation of geographic information on mobile devices. – München: 2004, XIV, 175 p., 61 ill., 15 tab. [pdf-Dokument].

3492
Reiter, Karl; Wrbka, Thomas; Grabherr, Georg: Ist Biodiversität der Ausdruck struktureller Diversität in der Landschaft?. In: Angewandte Geoinformatik 2005 : Beiträge zum 17. AGIT-Symposium Salzburg. Ed.: Strobl, Josef; Blaschke, Thomas; Griesebner, Gerald. – Heidelberg: Herbert-Wichmann-Verlag 2005, p.574-583, 2 ill., 1 tab.

3493
Riedl, Andreas: MUGL – Multimediales Globenmuseum. In: Mitteilungen der Österreichischen Geographischen Gesellschaft : MÖGG ; Jahresband. 147.2005, p.265-282, 13 ill. ISSN 0029-9138.

3494
Roberts, Shelley; Parush, Avi; Lindgaard, Gitte: Cognitive theories and aids to support navigation of multimedia information space. – 1. ed. In: Cybercartography : theory and practice. Ed.: Taylor, David Ruxton Fraser. – Amsterdam: Elsevier Science 2005, p.231-256, 5 ill., 1 tab. (Modern cartography ; 4).

3495
Robinson, Anthony C.; Chen, Jin; Lengerich, Eugene J.; Meyer, Hans G.; MacEachren, Alan M.: Combining usability techniques to design geovisualization tools for epidemiology. In: Auto-Carto 2005 : research symposium proceedings. 2005, p.243-255, 6 ill. (Cartography and geographic information science : an official journal of ACSM devoted to the advancement of cartography in all its aspects ; 32.2005,4).

3496
Roche, Stéphane; Caron, Claude; Larfouilloux, Julien: La géomatique dans le cyberespace municipal Québécois. In: Geomatica. 59.2005,2, p.131-148, 4 ill., 3 tab., 4 mp. ISSN 1195-1036.

3497
Rosengarten, Hartmut: Intergraph's World of Earth Imaging. In: Photogrammetric Week '05 : [papers of the 50th Photogrammetric Week, Stuttgart (September 5 to 9, 2005)]. Ed.: Fritsch, Dieter. – Heidelberg: Herbert-Wichmann-Verlag 2005, p.23-38, 5 ill.

3498
Rottensteiner, Franz: Automatische Ableitung detaillierter Gebäudemodelle für 3D Stadtmodelle. In: VGI : österreichische Zeitschrift für Vermessung & Geoinformation. 93.2005,4, p.179-185, 7 ill. ISSN 0029-9650.

3499
Ruan, Zhimin; Sun, Zhenbing: Spatial information publication based on Oracle Spatial and SVG. In: Geomatics and information science of Wuhan University. 29.2004,2, p.161-164, 1 tab. [Chin. with Engl. rés.]. ISSN 1671-8860; 1000-050X.

3500
Sarkar, Dipak: Remote sensing and computer cartographic technique involving GIS for agricultural land management : a case study in Subarnarekha watershed, district Ranchi, Jharkhand. In: Cartographic technologies for water, land and infrastructure development : XXIV INCA international congress, Kolkata, October 6 – 9, 2004 ; [... important contributions presented at the XXIV INCA International Congress on the Theme "Cartographic Technologies for Water, Land and Infrastructure Development"...]. Ed.: Dasgupta, Ajit Kumar. – Hyderabad: Indian National Cartographic Association 2005, p.398-406, 3 ill., 5 tab. (Indian cartographer ; 24.2004).

3501
Sato, Yukiko; Masunaga, Yoshifumi: A novel indexing method for digital video contents using a 3-dimensional city map. In: Web and wireless geographical information systems : 4th international workshop, W2GIS 2004, Goyang, Korea, November 2004 ; revised selected papers. Ed.: Kwon, Yon-Jin; Bouju, Alain; Claramunt, Christophe. – Berlin [u.a.]: 2005, p.221-231,7 ill.

3502
Sato, Yukiko; Masunaga, Yoshifumi: A novel indexing method for digital video contents using a 3-dimensional city map. In: Web and wireless geographical information systems : 4th international workshop, W2GIS 2004, Goyang, Korea, November 2004 ; revised selected papers. Ed.: Kwon, Yon-Jin; Bouju, Alain; Claramunt, Christophe. – Berlin [u.a.]: 2005, p.221-231,7 ill.

3503
Schiewe, Jochen: E-Learning-Angebote zur Aus- und Weiterbildung in der Kartographie : Status und Bewertung. In: Kartographische Nachrichten : KN ; Fachzeitschrift für Geoinformation und Visualisierung ; Organ der Deutschen Gesellschaft für Kartographie e.V., der Schweizerischen Gesellschaft für Kartographie und der Österreichischen Kartographischen Kommission in der Österreichischen Geographischen Gesellschaft. 55.2005,5, p.250-257, 3 ill., 1 tab. ISSN 0022-9164.

3504
Schilcher, Matthäus; Donaubauer, Andreas: OGC specification for access to distributed geospatial data. In: Photogrammetric Week '05 : [papers of the 50th Photogrammetric Week, Stuttgart (September 5 to 9, 2005)]. Ed.: Fritsch, Dieter. – Heidelberg: Herbert-Wichmann-Verlag 2005, p.217-227, 9 ill.

3505
Schildwächter, Ralph; Poesch, Tony; Wettels, Pierre; Zeile, Peter: 3D Stadtmodell Bamberg : Visualisierung mit 3D-Game-Engines. In: Allgemeine Vermessungs-Nachrichten : AVN ; Zeitschrift für alle Bereiche des Vermessungswesens. 112.2005,1, p.2-6, 4 ill. ISSN 0002-5968.

3506
Schönfeld, Ralf: Das GPS-Handbuch : GPS-Handgeräte in der Praxis. – Münster: Edition Octopus / Monsenstein und Vannerdat OHG 2005.

3507
Schönfeld, Ralf: Grundlagen, Basis-Funktionen, Navigation und Orientierung, Karten. – Münster: Edition Octopus / Monsenstein und Vannerdat OHG 2005, 474 p. (Das GPS-Handbuch : GPS-Handgeräte in der Praxis ; Bd.1).

3508
Schönfeld, Ralf: PC-Software, sowie digitale Karten, GPS-Empfänger der Fa. Garmin. – Münster: Edition Octopus / Monsenstein und Vannerdat OHG 2005, 399 p., ill., mp. (Das GPS-Handbuch : GPS-Handgeräte in der Praxis). ISBN 3-86582-238-X.

3509
Schulze-Horsel, Michael; Novak, Hermann: Map2Day : ein innovatives webbasiertes Stadtinformationssystem. In: Geomatik Schweiz : Geoinformation und Landmanagement. 103.2005,12, p.661-664, 6 ill. ISSN 0252-9424; 1660-4458.

3510
Schuyler, Erle; Gibson, Rich; Walsh, Jo: Mapping hacks : tips & tools for electronic cartography. – Beijing [u.a.]: O'Reilly 2005, XXXVI, 525 p., ill., mp. ISBN 0-596-00703-5.

3511
Sieber, René; Hurni, Lorenz: Atlas der Schweiz 2. In: Geomatik Schweiz : Geoinformation und Landmanagement. 103.2005,1, p.26-29, 4 ill. ISSN 0252-9424; 1660-4458.

3512
Strobl, Christian; Poitner, Ernst; Knauff, Monika: Digitale Karten im BIS-BY. In: Bodeninformationssystem Bayern : BIS-BY. Ed.: Bayern / Landesamt für Umwelt. – München: Bayern / Landesamt für Umwelt 2005, p.76-96, 14 ill., 2 tab. (Fachberichte ; 25).

3513
Stüber, Ralf: Generalisierung von Gebäudemodellen unter Wahrung der visuellen Richtigkeit. Ed.: Institut für Kartographie und Geoinformation. – Bonn: Institut für Kartographie und Geoinformation 2005, 131 p., ill. (Schriftenreihe des Instituts für Kartographie und Topographie der Rheinischen Friedrich-Wilhelms-Universität Bonn ; 32). [Zugl.: Bonn, Univ., Diss., 2005].

3514
Su, Guozhong; Yan, Li; Liu, Nan; Liu, Renyi: Visualization and damage assessment for flooded area. In: Geo-spatial information science : quarterly = Diqiu-kongjian-xinxi-kexue-xuebao. 7.2004,3, p.180-186, 6 ill. ISSN 1009-5020.

3515
Tagung 2004 / Arbeitsgruppe Automation in der Kartographie. Ed.: Bundesamt für Kartographie und Geodäsie <Deutschland>. – Frankfurt a.M.: Bundesamt für Kartographie und Geodäsie <Deutschland> 2005, 165 p., ill., mp. (Mitteilungen des Bundesamtes für Kartographie und Geodäsie ; 34). ISBN 3-89888-794-4.

3516
Tarabocchia, Cesare: Un GIS quale metodo di lavoro nello studio del territorio da parte di una scuola media. In: Bollettino della Associazione Italiana di Cartografia. 42.2005,123/125, p.535-540, 7 ill. GIS as working method in studying space : a media school experience. [Ital. with Engl. rés.]. ISSN 0044-9733.

3517
Taylor, David Ruxton Fraser: Remaining challenges and the future of cybercartography. – 1. ed. In: Cybercartography : theory and practice. Ed.: Taylor, David Ruxton Fraser. – Amsterdam: Elsevier Science 2005, p.541-560 (Modern cartography ; 4).

3518
Taylor, David Ruxton Fraser: The theory and practice of cybercartography : an introduction. – 1. ed. In: Cybercartography : theory and practice. Ed.: Taylor, David Ruxton Fraser. – Amsterdam: Elsevier Science 2005, p.1-13, 1 ill. (Modern cartography ; 4).

3519
Théberge, Paul: Sound maps : music and sound in cybercartography. – 1. ed. In: Cybercartography : theory and practice. Ed.: Taylor, David Ruxton Fraser. – Amsterdam: Elsevier Science 2005, p.389-410 (Modern cartography ; 4).

3520
Thuvander, Liane; Tornberg, Jonas: Visualisering av byggnadsrelaterad energianvändning. In: Kart & bildteknik : mapping and image science. 20.2005,2, Beil., p.38-47, 7 ill. Visualization of building related energy use. [Swed.]. ISSN 1651-792X.

3521
Trbovich, Patricia Leean; Lindgaard, Gitte; Dillon, Richard F.: Cybercartography : a multimodal approach. – 1. ed. In: Cybercartography : theory and practice. Ed.: Taylor, David Ruxton Fraser. – Amsterdam: Elsevier Science 2005, p.257-284, 5 ill. (Modern cartography ; 4).

3522
Triglav, Joc: Podatki geodetske uprave republike slovenije in zemljiške knijge na svetovnem spletu. In: Geodetski vestnik : glasilo Zveze Geodetov Slovenije. 49.2005,1, p.35-54, 14 ill. Electronic access to web data services of Slovenian state surveying service and land registry. [Sloven. with Engl. rés.]. ISSN 0351-0271.

3523
Tsoulos, Lysandros: System design considerations for the development of an electronic statistical atlas. In: Cartography and geographic information science : an official journal of ACSM devoted to the advancement of cartography in all its aspects. 32.2005,3, p.181-194, 6 ill. ISSN 1523-0406.

3524
Váňa, Pavel: Analýza metod tvorby a využití map v síti Internet. In: Kartografické listy. 13.2005, p.111-126, 2 ill. The analysis of methods of the maps creation and use on the Internet. [Slovak with Engl. rés.].

3525
Vasardani, Maria; Flewelling, Douglas: Cascading web map servers and GIS web services for emergency response management. In: Geomatica. 59.2005,4, p.435-444, 6 ill. ISSN 1195-1036.

3526
Vatsa, G.S.; Singh, Umesh K.: Indian electronic navigational charts marching towards self-reliance. In: Cartographic technologies for water, land and infrastructure development : XXIV INCA international congress, Kolkata, October 6 – 9, 2004 ; [... important contributions presented at the XXIV INCA International Congress on the Theme "Cartographic Technologies for Water, Land and Infrastructure Development"...]. Ed.: Dasgupta, Ajit Kumar. – Hyderabad: Indian National Cartographic Association 2005, p.503-506, 3 ill., 1 tab. (Indian cartographer ; 24.2004).

3527
Verbree, Edward; Most, Arno van der ; Quak, Wilko; Oosterom, Peter van: Towards a 3D feature overlay through a tetrahedral mesh data structure. In: Auto-Carto 2005 : research symposium proceedings. 2005, p.303-314, 7 ill. (Cartography and geographic information science : an official journal of ACSM devoted to the advancement of cartography in all its aspects ; 32.2005,4).

3528
Volman, Rainer: Einsatz digitaler 3D-Daten inder Basler Nutzungsplanung. In: Geomatik Schweiz : Geoinformation und Landmanagement. 103.2005,6, p.354-355, 3 ill. ISSN 0252-9424; 1660-4458.

3529
Vrenko, Dunja; Petrovič, Dušan: Izdelava trirazsežnega modela mesta slovenske konjice. In: Geodetski vestnik : glasilo Zveze Geodetov Slovenije. 49.2005,2, p.231-240, 7 ill. Composition of a three-dimensional city model of Slovenske Konjice. [Sloven. with Engl. rés.]. ISSN 0351-0271.

3530
Wallace, Timothy; Heuvel, Charles van den: Truth and accountability in geographic and historical visualizations. In: The Cartographic Journal. 42.2005,2, p.173-181, 4 ill. ISSN 0008-7041.

3531
Walsh, Jo: Open geodata, free software and civic information. In: The Bulletin of the Society of Cartographers. 39.2005,1-2, p.25-27. ISSN 0036-1984.

3532
Walter, Volker: Phoogle the Web – Google's approach of spatial data visualisation. In: Photogrammetric Week '05 : [papers of the 50th Photogrammetric Week, Stuttgart (September 5 to 9, 2005)]. Ed.: Fritsch, Dieter. – Heidelberg: Herbert-Wichmann-Verlag 2005, p.321-330, 8 ill.

3533
Wang, H.; Ai, Tinghua; Zhu, Guorui: Adaptive strategy on the visualization of electronic map. In: Geomatics and information science of Wuhan University. 29.2004,6, p.525-528, 8 ill. [Chin. with Engl. rés.]. ISSN 1671-8860; 1000-050X.

3534
Wang, Y.; Rizos, C.; Ge, L.; Tanner, M.; Dwyer, M.: Distributed artificial intelligence in GIS – geolet : a distributed geo-spatial information retriever. In: Journal of spatial science. 2.2005, p.37-50, 14 ill.

3535
Web and wireless geographical information systems : 5th International Workshop, W2GIS 2005, Lausanne, Switzerland, December 15-16, 2005 ; proceedings. Ed.: Li, Ki-Joune; Vangenot, Christelle. – Berlin [u.a.]: Axel Springer AG 2005, XI, 307 p., ill., mp. (Lecture notes in computer science ; 3833). ISBN 3-540-30848-2.

3536
Wettaufer, Chad: Tsunami disaster mapping portal. In: Cartouche : the operational publication of the Canadian Cartographic Association. 57.2005, p.13-14, 1 ill. ISSN 1183-2045.

3537
Wikstrøm, Marius; Tveite, Håvard: PostgreSQL/PostGIS og MapServer sammenlignet med ArcSDE og ArcIMS i ytelse på store geografiske datasett. In: Kart og plan : vitenskapelig tidsskrift. 98.2005,3, p.185-192, 6 ill. PostgreSQL/PostGIS and MapServer compared to ArcSDE and ArcIMS in performance on large geographical data sets. [Norw. with Engl. rés.]. ISSN 0047-3278.

3538
Wilmersdorf, Erich: Bereitstellung kartographischer Produkte aus dem kommunalen Geodatenhaushalt mittels Webservices. In: Tagung 2004 / Arbeitsgruppe Automation in der Kartographie. Ed.: Bundesamt für Kartographie und Geodäsie <Deutschland>. – Frankfurt a.M.: Bundesamt für Kartographie und Geodäsie <Deutschland> 2005, p.141-150, 7 ill. (Mitteilungen des Bundesamtes für Kartographie und Geodäsie ; 34).

3539
Wu, Qiang; Huang, Bo; Tay, Richard: Adaptive path finding for moving objects. In: Web and wireless geographical information systems : 5th International Workshop, W2GIS 2005, Lausanne, Switzerland, December 15-16, 2005 ; proceedings. Ed.: Li, Ki-Joune; Vangenot, Christelle. – Berlin [u.a.]: Axel Springer AG 2005, p.155-167, 7 ill., 1 tab. (Lecture notes in computer science ; 3833).

3540
Wu, Xiaofang; Xu, Zhiyong; Cai, Zhongliang; Du, Qingyun: Design and implementation of high precision map symbol library based on GDI. In: Geomatics and information science of Wuhan University. 29.2004,10, p.928-932, 7 ill. [Chin. with Engl. rés.]. ISSN 1671-8860; 1000-050X.

3541
Xu, Jeff Zhiznong; Wang, Chun; Hu, Yonggang: A web-based risk assessment system and service for child safety : the case of mid-town Toronto. In: Geomatica. 59.2005,2, p.149-158, 6 ill., 7 tab. ISSN 1195-1036.

3542
Xu, Miaozhong; Li, Deren: A fast culling algorithm for visualization of terrain. In: Geomatics and information science of Wuhan University. 29.2004,12, p.1080-1083, 3 ill., 2 tab. [Chin. with Engl. rés.]. ISSN 1671-8860; 1000-050X.

3543
Yilmaz, Erdal; Cetin, Yasemin Yardimci: Photo-realistic outdoors scene visualizations with PCs. In: Photogrammetric Week '05 : [papers of the 50th Photogrammetric Week, Stuttgart (September 5 to 9, 2005)]. Ed.: Fritsch, Dieter. – Heidelberg: Herbert-Wichmann-Verlag 2005, p.273-282, 7 ill.

3544
Yin, Zhangcai; Li, Lin; Long, Yi; Zhang, Yuanyu: Design of area map symbols in layers. In: Geomatics and information science of Wuhan University. 29.2004,12, p.1111-1114, 5 ill., 1 tab. [Chin. with Engl. rés.]. ISSN 1671-8860; 1000-050X.

3545
Yu, Jie; Bian, Fuling; Peterson, Jim; Li, Pingxiang: Interrelations between socio-economic development and environmental quality : a simulation integrating system dynamics models with GIS. In: Geo-spatial information science : quarterly = Diqiu-kongjian-xinxi-kexue-xuebao. 8.2005,3, p.176-182, 9 ill., 1 tab. ISSN 1009-5020.

3546
Zahn, Johann: Automatische Platzierung von Straßennamen am Beispiel der Digitalen Ortskarte Bayern. In: Tagung 2004 / Arbeitsgruppe Automation in der Kartographie. Ed.: Bundesamt für Kartographie und Geodäsie <Deutschland>. – Frankfurt a.M.: Bundesamt für Kartographie und Geodäsie <Deutschland> 2005, p.151-163, 25 ill. (Mitteilungen des Bundesamtes für Kartographie und Geodäsie ; 34).

3547
Zhang, Chuanrong; Li, Weidong: The roles of web feature and web map services in real-time geospatial data sharing for time-critical applications. In: Auto-Carto 2005 : research symposium proceedings. 2005, p.269-283, 11 ill. (Cartography and geographic information science : an official journal of ACSM devoted to the advancement of cartography in all its aspects ; 32.2005,4).

3548
Zhang, Qing-Nian: Labeling dense maps for location-based services. In: Web and wireless geographical information systems : 4th international workshop, W2GIS 2004, Goyang, Korea, November 2004 ; revised selected papers. Ed.: Kwon, Yon-Jin; Bouju, Alain; Claramunt, Christophe. – Berlin [u.a.]: 2005, p.195-205, 4 ill.

3549
Zhou, Min; Bertolotto, Michela: Efficiency generating multiple representations for web mapping. In: Web and wireless geographical information systems : 5th International Workshop, W2GIS 2005, Lausanne, Switzerland, December 15-16, 2005 ; proceedings. Ed.: Li, Ki-Joune; Vangenot, Christelle. – Berlin [u.a.]: Axel Springer AG 2005, p.54-65, 3 ill., 4 tab. (Lecture notes in computer science ; 3833).

3550
Zipf, Alexander: Using Styled Layer Descriptor (SLD) for the dynamic generation of user- and context-adaptive mobile maps – a technical framework. In: Web and wireless geographical information systems : 5th International Workshop, W2GIS 2005, Lausanne, Switzerland, December 15-16, 2005 ; proceedings. Ed.: Li, Ki-Joune; Vangenot, Christelle. – Berlin [u.a.]: Axel Springer AG 2005, p.183-193, 8 ill. (Lecture notes in computer science ; 3833).

M. Map-like Representations
Kartenverwandte Darstellungen
Représentations paracartographiques

1. General Features
Allgemeines
Généralités

3551
Fondersmith, John: Looking for "maps on stone" in Washington. In: The Portolan : the journal of the Washington Map Society. 62.2005, p.66. ISSN 1096-1925.

3552
Geissenhainer, Lori: Truth and beauty – the real world of maps (maps on siilk). In: The Portolan : the journal of the Washington Map Society. 55.2003, p.38-40, 1 ill. ISSN 1096-1925.

3553
Smeltzer, Ronald K.: An early American planisphere : Pettengill's Stellarota of 1828 – addendum. In: Rittenhouse : journal of the American Scientific Instrument Enterprise. 19.2005,1, p.63-64.

3554
Smeltzer, Ronald K.: An early American planisphere : Pettengill's Stellarota of 1828. In: Rittenhouse : journal of the American Scientific Instrument Enterprise. 18.2004,2, p.31-39, 1 ill.

2. Three-Dimensional Representations
Dreidimensionale Darstellungen
Représentations tridimensionnelles

3555
Bartha, Lajos: Az első magyar feliratú földgömbök szelvényei. In: Cartographica Hungarica. 8.2004, p.10-13 Segments of the first globe with Hungarian names. [Hung.]. ISSN 1418-270X.

3556
Burrell, Carolyn: Cradle globes in the USA : an overview. In: Globe studies : the journal of the International Coronelli Society ; English version of Der Globusfreund. 51/52.2003/04, p.109-126, 7 ill. [Engl. with French rés.].

3557
Burrell, Carolyn: Rollgloben (cradle globes) in den USA : ein kurzer Überblick. In: Der Globusfreund : wissenschaftliche Zeitschrift für Globenkunde. 51/52.2003/04, p.113-131, 7 ill. [German with Engl. rés.]. ISSN 0436-0664.

3558
Cruchaga, Luis Javier: Cartografía aplicada a la creación de maquetas a escala de gran y pequeño tamaño : de las UTM a las coordenadas de mecanización. In: Topografía y cartografía : TOPCART ; revista del Colegio Oficial de Ingenieros Técnicos en Topografía. 21.2004,124, p.13-16, 6 ill. Cartography applied to the cretaion of models of small and large scales : from UTM to mechanical coordinates. [Span.]. ISSN 0212-9280.

3559
Cuvigny, Hélène: Une sphère céleste antique en argent ciselé. In: Gedenkschrift Ulrike Horak : (P. Horak). Ed.: Harrauer, Hermann; Pintaudi, Rosario. – Firenze: Gonnelli, Edizioni 2004, p.345-[381], 11 ill. (Papyrologica Florentina ; 34.2004).

3560
Dalrymple, Helen: Planning D-day : relief model of Utah beach given to library. In: Information bulletin / The Library of Congress. 62.2003,4, p.86-87 + p.89, ill. ISSN 0041-7904.

3561
Dekker, Elly: Die Sammlung von Planetenbahnen, Sphären und Globen in Florenz. In: Der Globusfreund : wissenschaftliche Zeitschrift für Globenkunde. 51/52.2003/04, p.87-105, 7 ill. [German with Engl. rés.]. ISSN 0436-0664.

3562
Dekker, Elly: The collection of orbs, spheres and globes in Florence. In: Globe studies : the journal of the International Coronelli Society ; English version of Der Globusfreund. 51/52.2003/04, p.85-102, 6 ill. [Engl. with french rés.].

3563
Döllner, Jürgen: Constraints as means of controling usage of geovirtual environments. In: Cartography and geographic information science : an official journal of ACSM devoted to the advancement of cartography in all its aspects. 32.2005,2, p.69-79, 8 ill. ISSN 1523-0406.

3564
Dolz, Wolfram: Die "Geographische Universal-Zeig und Schlag-Uhr" von Johann Baptist Homann und die kleinen Globen von Sichelbarth und Doppelmayr als wichtige Bestandteile astronomischer Uhren des 18. Jahrhunderts. In: Der Globusfreund : wissenschaftliche Zeitschrift für Globenkunde. 51/52.2003/04, p.33-45, 3 ill. ISSN 0436-0664.

3565
Dolz, Wolfram: Die "Wiedergeburt" des Gottorfer Globus in Schleswig. In: Kartographische Nachrichten : KN ; Fachzeitschrift für Geoinformation und Visualisierung ; Organ der Deutschen Gesellschaft für Kartographie e.V., der Schweizerischen Gesellschaft für Kartographie und der Österreichischen Kartographischen Kommission in der Österreichischen Geographischen Gesellschaft. 55.2005,6, p.324-325, 3 ill. ISSN 0022-9164.

3566
Dolz, Wolfram: Johann Baptist Homann's geographic universal clock and the small globes of Sichelbarth and Doppelmayr : important components of 18th-century astronomical clocks. In: Globe studies : the journal of the International Coronelli Society ; English version of Der Globusfreund. 51/52.2003/04, p.33-45, 3 ill. [Engl. with French rés.].

3567
Gauvin, Jean-François: Mid-18th century traditions in globe making : a comparative study on the Valks, Didier Robert de Vaugondy and Åkerman. In: Globe studies : the journal of the International Coronelli Society ; English version of Der Globusfreund. 51/52.2003/04, p.47-57, 1 ill. [Engl. with French rés.].

3568
Gauvin, Jean-François: Traditionen des Globenbaus um 1750 : die Valks, Didier Robert de Vaugondy und Åkerman im Vergleich. In: Der Globusfreund : wissenschaftliche Zeitschrift für Globenkunde. 51/52.2003/04, p.47-58, 1 ill., 1 tab. [German with French rés.]. ISSN 0436-0664.

3569
Hauschke, Sven: Elector John Frederick of Saxony and Johannes Schöner, astronomer and mathematician: the globe pair of 1533/1534 at Weimar. In: Globe studies : the journal of the International Coronelli Society ; English version of Der Globusfreund. 51/52.2003/04, p.9-19, 2 ill.

3570
Hauschke, Sven: Globen und wissenschaftliche Instrumente. In: Quasi Centrum Europae : Europa kauft in Nürnberg ; 1400 – 1800. Ed.: Germanisches Nationalmuseum. – Nürnberg: Verlag des Germanischen Nationalmuseums 2002, p.364-389, ill.

3571
Hauschke, Sven: Kurfürst Johann Friedrich von Sachsen und der Astronom und Mathematiker Johannes Schöner : Das Globenpaar von 1533/1534 in Weimar. In: Der Globusfreund : wissenschaftliche Zeitschrift für Globenkunde. 51/52.2003/04, p.9-19, 2 ill. ISSN 0436-0664.

3572
Kluckert, Ehrenfried: Vom Himmelsglobus zum Sternentheater : die Vorgeschichte des Planetariums. – Bremgarten: Donzelli-Kluckert-Verlag 2005, 143 p., ill. – 1. Aufl. (Caelum ; 1). [Literaturverz.: S. 130-132] ISBN 3-933284-14-7.

3573
Kraupe, Thomas W.: Denn was innen, das ist draußen : die Geschichte des modernen Planetariums. – Bremgarten: Donzelli-Kluckert-Verlag 2005, 166 p., ill., mp. (Caelum ; 2). ISBN 3-933284-15-5.

3574
Künzl, Ernst: Himmelsgloben und Sternkarten : Astronomie und Astrologie in Vorzeit und Altertum. – Darmstadt: Wissenschaftliche Buchgesellschaft 2005, 127 p., ill., mp. ISBN 3-534-18773-3.

3575
Kummer, Werner: J. A. Brandegger, F. Schneider, J. C. Dibold, J. C. Garthe and W. Müller : minor German globe makers in the late 18th and early 19th centuries. In: Globe studies : the journal of the International Coronelli Society ; English version of Der Globusfreund. 51/52.2003/04, p.59-71, 6 ill. [Engl. with French rés.].

3576
Kummer, Werner: J. A. Brandegger, F. Schneider, J. C. Dibold, J. C. Garthe und W. Müller : weniger bekannte deutsche Globenhersteller des späten 18. und 19. Jahrhunderts. In: Der Globusfreund : wissenschaftliche Zeitschrift für Globenkunde. 51/52.2003/04, p.59-71, 6 ill. [German with Engl. rés.]. ISSN 0436-0664.

3577
Le relief : de l'aplat à la 3D. In: IGN magazine. 26.2004, p.14-15, ill. ISSN 1624-9305.

3578
Milanesi, Marica: Vincenzo Coronelli and his globes : an assessment. In: Journal of the International Map Collectors' Society. 100.2005, p.17-27.

3579
Mokre, Jan: Das Globenmuseum der Österreichischen Nationalbibliothek. Ed.: Allmayer-Beck, Peter E. – Wien: Bibliophile Edition 2005, 71 p., ill.

3580
Mokre, Jan: The Globe Museum of the Austrian National Library. – [Wien]: Bibliophile Edition 2005, 71 p., ill., mp.

3581
Mucha, Ludvík: Padesát let mezinárodní Coronelliho globografické společnosti. In: Z Dějin geodézie a kartografie. 12, p.74-75 Fifty years of the International Coronelli Globographical Society. [Czech].

3582
Müller, Guido: Gustav Pelikan (1840-1919) : ein bedeutender österreichischer Kartograf und Geoplastiker. In: Raumbilder im Wandel : 40 Jahre Geographie an der Universität Salzburg. Ed.: Breuste, Jürgen. – Salzburg: Universität Salzburg / Fachbereich für Geographie, Geologie und Mineralogie 2005, p.27-36, 1 portr., 2 ill. (Salzburger geographische Arbeiten ; 38).

3583
Newig, Jürgen: A new tellurium utilising parallel light. In: Globe studies : the journal of the International Coronelli Society ; English version of Der Globusfreund. 51/52.2003/04, p.127-132, 1 ill. [Engl. with French rés.].

3584
Newig, Jürgen: Ein neues Tellurium mit gerichtetem Licht. In: Der Globusfreund : wissenschaftliche Zeitschrift für Globenkunde. 51/52.2003/04, p.133-138, 1 ill. [German with Engl. rés.]. ISSN 0436-0664.

3585
Niederöst, Jana: Das Relief der Urschweiz von Ludwig Pfyffer (1716-1802) : 3D-Rekonstruktion, Analyse und Interpretation. Ed.: Institut für Geodäsie und Photogrammetrie <Zürich>. – Zürich: Institut für Geodäsie und Photogrammetrie <Zürich> 2005, 211 p., ill., mp. (Mitteilungen / Institut für Geodäsie und Photogrammetrie an der Eidgenössischen Technischen Hochschule Zürich ; 89). [Zugl.: Zürich, Techn. Hochsch., Diss., 2005] ISBN 3-906467-56-2.

3586
Oberschelp, Arnold: Ein astronomischer Erdglobus. In: Sterne und Weltraum : SuW ; Zeitschrift für Astronomie. 41.2002,8, p.79-81, 5 ill. ISSN 0039-1263.

3587
Oestmann, Günther: Der Himmelsglobus des Jakob Rabus (1546). In: Der Globusfreund : wissenschaftliche Zeitschrift für Globenkunde. 51/52.2003/04, p.21-32, 8 ill. [German with Engl. rés.]. ISSN 0436-0664.

3588
Oestmann, Günther: The celestial globe of Jacobus Rabus (1546). In: Globe studies : the journal of the International Coronelli Society ; English version of Der Globusfreund. 51/52.2003/04, p.21-32, 8 ill. [Engl. with French rés.].

3589
Riedl, Andreas: MUGL – Multimediales Globenmuseum. In: Mitteilungen der Österreichischen Geographischen Gesellschaft : MÖGG ; Jahresband. 147.2005, p.265-282, 13 ill. ISSN 0029-9138.

3590
Scharfe, Martin: Das Relief des Großvaters – ein Vorgriff aufs 20. Jahrhundert. In: Alpenverein / Österreichischer Alpenverein. 60(130).2005,2, p.49.

3591
Sumira, Sylvia: Der geheimnisvolle Innenraum des Globus. In: Der Globusfreund : wissenschaftliche Zeitschrift für Globenkunde. 51/52.2003/04, p.139-146, 2 ill. [German with Engl. rés.]. ISSN 0436-0664.

3592
Sumira, Sylvia: Secrets of the inner globe. In: Globe studies : the journal of the International Coronelli Society ; English version of Der Globusfreund. 51/52.2003/04, p.133-140, 2 ill. [Engl. with French rés.].

3593
Szykuła, Krystyna: Bemerkenswerte Globen in der Kartensammlung der Universitätsbibliothek in Breslau (Wrocław). In: Der Globusfreund : wissenschaftliche Zeitschrift für Globenkunde. 51/52.2003/04, p.107-112, 3 ill. [German with Engl. rés.]. ISSN 0436-0664.

3594
Szykuła, Krystyna: Remarkable globes in the collection of Wrocław (Breslau) university library's map collection. In: Globe studies : the journal of the International Coronelli Society ; English version of Der Globusfreund. 51/52.2003/04, p.103-108, 3 ill. [Engl. with French rés.].

3595
Tomberger, Harald: Computergestützte Methoden zur Untersuchung historischer Globen : Techniken zur digitalen Erfassung sowie die Entwicklung einer Software für die Analyse. – Wien: 2005, 97 p., 49 ill., 2 tab. [Dipl. Arb. Univ. Wien].

3596
Valerio, Vladimiro: Giovanni Maria Cassini's globe gores (1790/92) – a study of text and images. In: Globe studies : the journal of the International Coronelli Society ; English version of Der Globusfreund. 51/52.2003/04, p.73-84, 6 ill. [Engl. with french rés.].

3597
Valerio, Vladimiro: Giovanni Maria Cassini's Globusstreifen (1790/1792) – eine Text- und Bildstudie. In: Der Globusfreund : wissenschaftliche Zeitschrift für Globenkunde. 51/52.2003/04, p.73-85, 6 ill. [German with Engl. rés.]. ISSN 0436-0664.

3598
Wolf, Elisabeth: Kartographie – eine wissenschaftliche Disziplin, Globographie – eine Teildisziplin?. – Wien: 2005, 111p., 9 ill., 3 tab. [Dipl. Arb. Univ. Wien].

3. Two-Dimensional Representations Zweidimensionale Darstellungen Représentations bidimensionnelles

3599
Alshawabkeh, Yahya: Using Terretrial Laser Scanning for the 3D Reconstruction of Petra / Jordan. In: Photogrammetric Week '05 : [papers of the 50th Photogrammetric Week, Stuttgart (September 5 to 9, 2005)]. Ed.: Fritsch, Dieter. – Heidelberg: Herbert-Wichmann-Verlag 2005, p.39-47, 9 ill.

3600
Axhausen, Kay W.: Zeitkarten der Schweiz : 1950-2000. Ed.: Hurni, Lorenz. – Zürich: Technische Hochschule Zürich 2005, 71 p., ill., mp. ISBN 3-906441-09-1.

3601
Biswas, Sunit K.: A three-dimensional simulation of Tapi Estuary using compination of computer software – a modern vista in cartographic techniques. In: Bridging the digital divide and taking cartography at grassroots level : 25th INCA international congress, Sagar, Nov. 28 – Dec. 1, 2005. Ed.: Trivedi, R. K. – Ahmedabad: Indian National Cartographic Association 2005, p.253-254, 4 ill. (Indian cartographer ; 25.2005).

3602
Böhm, Jan: Terrestrial laser scanning – a supplementary approach for 3D documentation and animation. In: Photogrammetric Week '05 : [papers of the 50th Photogrammetric Week, Stuttgart (September 5 to 9, 2005)]. Ed.: Fritsch, Dieter. – Heidelberg: Herbert-Wichmann-Verlag 2005, p.263-271, 6 ill.

3603
Boldt, Kai-W.; Lechner, Marco; Zeh, Martin; Glaser, Rüdiger: Virtuelle Realität in den Geowissenschaften : interaktives E-Learning auf der Basis von Geodaten und photorealer 3D-Visualisierung. In: Kartographische Nachrichten : KN ; Fachzeitschrift für Geoinformation und Visualisierung ; Organ der Deutschen Gesellschaft für Kartographie e.V., der Schweizerischen Gesellschaft für Kartographie und der Österreichischen Kartographischen Kommission in der Österreichischen Geographischen Gesellschaft. 55.2005,2, p.70-75, 5 ill. ISSN 0022-9164.

3604
Brenner, Claus; Jülge, Katharina; Dold, Christoph; Gösseln, Guido von: Das virtuelle 3D-Stadtmodell von Hannover. In: Tagung 2004 / Arbeitsgruppe Automation in der Kartographie. Ed.: Bundesamt für Kartographie und Geodäsie <Deutschland>. – Frankfurt a.M.: Bundesamt für Kartographie und Geodäsie <Deutschland> 2005, p.21-32, 7 ill. (Mitteilungen des Bundesamtes für Kartographie und Geodäsie ; 34).

3605
Buchroithner, Manfred F.: Modeling of three-dimensional geodata sets for true-3D lenticular foil displays. In: Photogrammetrie, Fernerkundung, Geoinformation : PFG ; Organ der Deutschen Gesellschaft für Photogrammetrie und Fernerkundung e.V. 2005,1, p.47-56, 6 ill., 1 tab. ISSN 1432-8364.

3606
Buchroithner, Manfred F.; Gründemann, Thomas; Habermann, Klaus; Neukum, Gerhard: Multitemporale und großformatige Echt-3D-Hartkopien der Marsoberfläche. In: Photogrammetrie, Fernerkundung, Geoinformation : PFG ; Organ der Deutschen Gesellschaft für Photogrammetrie und Fernerkundung e.V. 2005,5, p.429-434, 5 ill., 1 tab. ISSN 1432-8364.

3607
Cheng, Penggen; Shi, Wenzhong; Gong, Jianya; Zhou, Guoqing: QTPV data model and algorithm and its application to geological exploration engineering. In: Geo-spatial information science : quarterly = Diqiu-kongjian-xinxi-kexue-xuebao. 8.2005,1, p.64-71, 11 ill. ISSN 1009-5020.

3608
Corbett, Jon; Wade, Kevin: Player perspective : using computer game engines for 3 D cartography. In: Cartographica : the international journal for geographic information and geovisualization. 40.2005,3, p.113-120, 3 ill., 1 tab. ISSN 0340-0654; 0317-7173.

3609
Das Salzburg-Panorama von Johann Michael Sattler. Ed.: Marx, Erich. – Salzburg: Salzburger Museum Carolino Augusteum 2005.

3610
Das Werk und sein Schöpfer. Ed.: Marx, Erich. – Salzburg: Salzburger Museum Carolino Augusteum 2005, 143 p., ill. mp. (Das Salzburg-Panorama von Johann Michael Sattler). ISBN 3-900088-12-8.

3611
Deren, Li; Liu, Qiang; Zhu, Qing: An integrated representation of outdoor and indoor in CyberCity GIS. In: Geomatics and information science of Wuhan University. 28.2003,3, p.253-258, 3 ill. [Chin. with Engl. rés.]. ISSN 1671-8860; 1000-050X.

3612
Deren, Li; Zhu, Qing; Liu, Qiang; Xu, Peng: From 2D to 3D GIS for CyberCity. In: Geo-spatial information science : quarterly = Diqiu-kongjian-xinxi-kexue-xuebao. 7.2004,1, p.1-5, 2 ill. ISSN 1009-5020.

3613
Döhle, Berend: 3D Modelle für Hamburg. In: Tagung 2004 / Arbeitsgruppe Automation in der Kartographie. Ed.: Bundesamt für Kartographie und Geodäsie <Deutschland>. – Frankfurt a.M.: Bundesamt für Kartographie und Geodäsie <Deutschland> 2005, p.33-36, 3 ill. (Mitteilungen des Bundesamtes für Kartographie und Geodäsie ; 34).

3614
Dorninger, Peter; Neukum, Gerhard: Das "Topographische Mars Informationssystem" (TMIS): Konzept und Realisierung eines Systems zur Verwaltung planetenweiter Bild- und Topographiedaten. In: Photogrammetrie, Fernerkundung, Geoinformation : PFG ; Organ der Deutschen Gesellschaft für Photogrammetrie und Fernerkundung e.V. 2005,5, p.409-415, 2 ill., 3 tab. ISSN 1432-8364.

3615
Dorrer, Egon; Mayer, Helmut; Haase, Yvonne; Ostrovskiy, Alexey; Renter, Jörg; Rentsch, Matthias; Reznik, Sergiy; Neukum, Gerhard: Verbesserung räumlicher Daten durch "Shape-from-Shading". In: Photogrammetrie, Fernerkundung, Geoinformation : PFG ; Organ der Deutschen Gesellschaft für Photogrammetrie und Fernerkundung e.V. 2005,5, p.403-408, 2 ill. ISSN 1432-8364.

3616
Ferguson, W. S.: Maps and views of Derry 1600 – 1914 : a catalogue. Ed.: Royal Irish Academy <Dublin>. – Dublin: Royal Irish Academy <Dublin> 2005, XIV, 108 p., ill. [Includes bibliographical references] ISBN 1-904890-07-5.

3617
Gehrke, Stephan; Neukum, Gerhard: Das kartographische Softwarepaket Planetary Image Mapper (PIMap). In: Photogrammetrie, Fernerkundung, Geoinformation : PFG ; Organ der Deutschen Gesellschaft für Photogrammetrie und Fernerkundung e.V. 2005,5, p.417-422, 4 ill. ISSN 1432-8364.

3618
Glasze, Georg; Szöcs, Andreas: Thematische Karte und statistische Darstellungsmethoden. Ed.: Geographisches Institut <Mainz>. – Mainz: Geographisches Institut <Mainz> 2005, 101 p. – 5. Aufl. (Mainzer Skripten zum Geographiestudium ; 5).

3619
Haala, Norbert: Towards virtual reality GIS. In: Photogrammetric Week '05 : [papers of the 50th Photogrammetric Week, Stuttgart (September 5 to 9, 2005)]. Ed.: Fritsch, Dieter. – Heidelberg: Herbert-Wichmann-Verlag 2005, p.285-294, 8 ill.

3620
Hegarty, Joe ; Carswell, James D.: SAMATS – triangle grouping and structure recovery for 3D building modeling and visualization. In: Web and wireless geographical information systems : 5th International Workshop, W2GIS 2005, Lausanne, Switzerland, December 15-16, 2005 ; proceedings. Ed.: Li, Ki-Joune; Vangenot, Christelle. – Berlin [u.a.]: Axel Springer AG 2005, p.267-280, 13 ill. (Lecture notes in computer science ; 3833).

3621
Hellwich, Olaf; Reigber, Andreas; Guillaso, Stephan; Jäger, Marc; Neumann, Maxim; Bellmann, Anke: Current developments in airborne SAR Remote Sensing. In: Photogrammetric Week '05 : [papers of the 50th Photogrammetric Week, Stuttgart (September 5 to 9, 2005)]. Ed.: Fritsch, Dieter. – Heidelberg: Herbert-Wichmann-Verlag 2005, p.135-146, 26 ill.

3622
Henebichler, Wolfgang: Digitale kartographische Ausdrucksformen im Schulunterricht : technische Umsetzung eines Hyperglobus mittels Shockwave 3D. – Wien: 2005, IX, 145 p., 46 ill. + 1 CD. [Dipl. Arb. Univ. Wien].

3623
Hou, Enke; Wu, Lixin; Wu, Yuhua; Ju, Tianyi: Component-based topological data model for three-dimensional geology modeling. In: Geo-spatial information science : quarterly = Diqiu-kongjian-xinxi-kexue-xuebao. 8.2005,2, p.122-127, 2 ill., 12 tab. ISSN 1009-5020.

3624
Jin, Baoxuan; Bian, Fuling; Zuo, Xiaoqing; Wang, Fangxiong: Study on visualization of virtual city model based on Internet. In: Geo-spatial information science : quarterly = Diqiu-kongjian-xinxi-kexue-xuebao. 8.2005,2, p.115-121, 9 ill. ISSN 1009-5020.

3625
Kochman, Małgorzata; Olszewski, Robert: Wieloskalowe modelowanie rzeźby terenu : Część I. In: Polski przegląd kartograficzny. 37.2005,3, p.171-184, 6 ill. Multiscale modeling of relief. [Pol. with Engl. and Russ. rés.]. ISSN 0324-8321.

3626
Kochman, Małgorzata; Olszewski, Robert: Wieloskalowe modelowanie rzeźby terenu : Część II. In: Polski przegląd kartograficzny. 37.2005,4, p.267-273, 7 ill. Multiscale modelling of relief : Part II. [Pol. with Engl. and Russ. rés.]. ISSN 0324-8321.

3627
Kolbe, Thomas H.; Schulz, Daniela; Plümer, Lutz: 3D-Beschriftung von Wegevideos für die Fußgängernavigation. In: Tagung 2004 / Arbeitsgruppe Automation in der Kartographie. Ed.: Bundesamt für Kartographie und Geodäsie <Deutschland>. – Frankfurt a.M.: Bundesamt für Kartographie und Geodäsie <Deutschland> 2005, p.59-70, 9 ill. (Mitteilungen des Bundesamtes für Kartographie und Geodäsie ; 34).

3628
Kozličić, Mithad: Panorame Dalmacije Guiseppea Riegera = I panorami della Damazia di giuseppe Rieger; The panoramas of Dalmatia by Guiseppe Rieger; Panoramen Dalmatiens von Giuseppe Rieger. – Split: Hrvatski Hydrografski Institut 2003, 159 p., ill., mp. (Posebna izdanja ; 1). [Croat, Ital., Engl., German]. ISBN 953-6165-07-4.

3629
Kraus, Karl; Otepka, Johannes: DTM modelling and visualization – Th SCOP approach. In: Photogrammetric Week '05 : [papers of the 50th Photogrammetric Week, Stuttgart (September 5 to 9, 2005)]. Ed.: Fritsch, Dieter. – Heidelberg: Herbert-Wichmann-Verlag 2005, p.241-252, 8 ill.

3630
Kugler, Szófia; Barsi, Arpád; Mélykúti, Gábor; Ládai, András Dénes: Automatikus fotogrammetriai eljárással előállitott digitális terepmodell beépített környezetben. In: Geodézia és kartográfia. 57.2005,12, p.12-17, 5 ill. Digital terrainmodelling generation in build-up area with automatic photogrammetric procedures. [Hung. with Engl. and German rés.]. ISSN 0016-7118.

3631
Leonowicz, Anna: Redagowanie kartogramów prostych i złożonych a preferencje ich użytkowników. In: Projektowanie i redakcja map = Map design and map compilation. Ed.: Uniwersytet Wrocławski. – Wrocław: Uniwersytet Wrocławski 2005, p.157-166, 4 ill. (Główne problemy współczesnej kartografii ; 2005) Design of one-variable and two-variable choropheth maps and the map users preferences. [Pol. with Engl. res.].

3632
Li, Chaokui; Zhu, Qing; Zhang, Yeting; Huang, Duo; Zhao, Jie; Chen, Songlin: Spatial decision support applications based on three-dimensional city models. In: Geo-spatial information science : quarterly = Diqiu-kongjian-xinxi-kexue-xuebao. 7.2004,2, p.135-143, 10 ill. ISSN 1009-5020.

3633
Li, Dajun; Guan, Yunlan; Liu, Xianlin: From physical space to visual image space. In: Geo-spatial information science : quarterly = Diqiu-kongjian-xinxi-kexue-xuebao. 6.2003,2, p.42-47, 6 ill. ISSN 1009-5020.

3634
Li, Qingquan; Tang, Luliang; Zuo, Xiaoqing; Li, Xia: Transect-based three-dimensional road modeling and visualization. In: Geo-spatial information science : quarterly = Diqiu-kongjian-xinxi-kexue-xuebao. 7.2004,1, p.14-17, 5 ill. ISSN 1009-5020.

3635
Lindberg, Fredrik: Towards the use of local governmental 3-D data within urban climatology studies. In: Kart & bildteknik : mapping and image science. 20.2005,2, Beil., p.32-37, 6 ill. ISSN 1651-792X.

3636
Louvart, L.; Grateau, C.: Le projet Litto3D. In: 22e Conférence cartographique internationale, La Corogne 9-16 Juillet 2005. 2005, p.30-37, 8 ill. (Le Monde des Cartes : revue du Comité Français de Cartographie ; 186.2005).

3637
Maas, Hans-Gerd: Adquisition von 3D-GIS-Daten durch Flugzeug-Laserscanning. In: Kartographische Nachrichten : KN ; Fachzeitschrift für Geoinformation und Visualisierung ; Organ der Deutschen Gesellschaft für Kartographie e.V., der Schweizerischen Gesellschaft für Kartographie und der Österreichischen Kartographischen Kommission in der Österreichischen Geographischen Gesellschaft. 55.2005,1, p.3-11, 10 ill. ISSN 0022-9164.

3638
Mayer, Helmut: What next: autonomous photogrammetric image understanding?. In: Photogrammetric Week '05 : [papers of the 50th Photogrammetric Week, Stuttgart (September 5 to 9, 2005)]. Ed.: Fritsch, Dieter. – Heidelberg: Herbert-Wichmann-Verlag 2005, p.331-339, 9 ill.

3639
Meier, Walter: 10 Jahre 3D-Stadtmodell Kanton Basel-Stadt. In: Geomatik Schweiz : Geoinformation und Landmanagement. 103.2005,6, p.348-350, 1 ill. ISSN 0252-9424; 1660-4458.

3640
Mishra, Kaustubh Narayan: Graphical representation of statistical data-causes and consequences. In: Bridging the digital divide and taking cartography at grassroots level : 25th INCA international congress, Sagar, Nov. 28 – Dec. 1, 2005. Ed.: Trivedi, R. K. – Ahmedabad: Indian National Cartographic Association 2005, p.126-129, 5 ill. (Indian cartographer ; 25.2005).

3641
Müller, Andreas: Datenexploration und Wissenskommunikation in der Geovisualisierung. In: Kartographische Nachrichten : KN ; Fachzeitschrift für Geoinformation und Visualisierung ; Organ der Deutschen Gesellschaft für Kartographie e.V., der Schweizerischen Gesellschaft für Kartographie und der Österreichischen Kartographischen Kommission in der Österreichischen Geographischen Gesellschaft. 55.2005,5, p.236-243, 8 ill., 1 tab. ISSN 0022-9164.

3642
Opll, Ferdinand: Katasterkarten und Ansichten der Stadt Wien (spätes 18. bis frühes 19. Jahrhundert). In: Wiener Geschichtsblätter. 60.2005,4, p.15-28. ISSN 0043-5317.

3643
Oster, Markus: Interaktive 3D-Geländemodelle : Chancen für individuell entwickelte Präsentationssysteme?. In: Kartographische Nachrichten : KN ; Fachzeitschrift für Geoinformation und Visualisierung ; Organ der Deutschen Gesellschaft für Kartographie e.V., der Schweizerischen Gesellschaft für Kartographie und der Österreichischen Kartographischen Kommission in der Österreichischen Geographischen Gesellschaft. 55.2005,4, p.193-200, 6 ill., 2 tab. ISSN 0022-9164.

3644
Pätzold, Stefan: Die Pforzheimer Stadtansichten des Georg Gadner (1594) und des Matthäus Merian (1643). – 2. Aufl In: Pforzheim zur Zeit Reuchlins : anlässlich des 550. Geburtsjahres von Johannes Reuchlin. – Ubstadt-Weiher: Verl. für Regionalgeschichte 2005, p.50-56, 2 ill. (Ängste und Auswege : Bilder aus Umbruchszeiten in Pforzheim ; 2).

3645
Patterson, Tom: Looking closer : a guide to making bird's-eye views of national park service cultural and historical sites. In: Cartographic perspectives : journal of the North American Cartographic Information Society. 52.2005, p.59-75, 24 ill. ISSN 1048-9053.

3646
Peltre, Pierre: Cartogrammes, anamorphoses, interactivité : une pédagogie des cartes pour le thème "population et développement". In: Le Monde des Cartes : revue du Comité Français de Cartographie. 183.2005, p.25-35, 10 ill. ISSN 1634-3522.

3647
Penninga, Friso: 3D topografie: de volgende uitdaging in GIS-analysis. In: Geo-Info : tijdschrift voor Geo-Informatie Nederland, GIN. 2.2005,3, p.124-129, 7 ill. 3D topography: the next challenge in GIS-. [Dutch with Engl. and French rés.]. ISSN 1572-5464.

3648
Photographic reconnaissance and photographic intelligence, 1939-1944. – Fulbourne: GeoInformation historic 2003. [Originally published: 1945, in UK air ministries serial evidence camera] ISBN 0-9545270-0-3; 978-0-9545270-0-6.

3649
Plank, Irmgard: Problematik der Globenbild-Erstellung für virtuelle Globen : gezeigt anhand der Faksimilierung eines historischen Globus und der Umsetzung von Globenbildern für einen virtuellen Globus für Unterrichtszwecke. – Wien: 2005, 120 p., 67 ill., 12 tab. [Dipl. Arb. Univ. Wien].

3650
Rejas, Juan G.; Martínez, Rubén; Sánchez, José A.; Ojeda, Juan C.: Georeferenciación directa de imágenes : calibración de la Unidad de Medida Inercial (IMU) en sensores ópticos. In: Topografía y cartografía : TOPCART ; revista del Colegio Oficial de Ingenieros Técnicos en Topografía. 22.2005,127, p.3-11, 8 ill., 1 tab. Georeferencing directed by images : calibration of the Inertial Measurement Unit (IMU) with optical sensors. [Span.]. ISSN 0212-9280.

3651
Rottensteiner, Franz: Automatische Ableitung detaillierter Gebäudemodelle für 3D Stadtmodelle. In: VGI : österreichische Zeitschrift für Vermessung & Geoinformation. 93.2005,4, p.179-185, 7 ill. ISSN 0029-9650.

3652
Sato, Yukiko; Masunaga, Yoshifumi: A novel indexing method for digital video contents using a 3-dimensional city map. In: Web and wireless geographical information systems : 4th international workshop, W2GIS 2004, Goyang, Korea, November 2004 ; revised selected papers. Ed.: Kwon, Yon-Jin; Bouju, Alain; Claramunt, Christophe. – Berlin [u.a.]: 2005, p.221-231,7 ill.

3653
Sato, Yukiko; Masunaga, Yoshifumi: A novel indexing method for digital video contents using a 3-dimensional city map. In: Web and wireless geographical information systems : 4th international workshop, W2GIS 2004, Goyang, Korea, November 2004 ; revised selected papers. Ed.: Kwon, Yon-Jin; Bouju, Alain; Claramunt, Christophe. – Berlin [u.a.]: 2005, p.221-231,7 ill.

3654
Schmidt, Frank: Dreidimensionale Sohlmodelle : Dokumentation der Fliessgewässer im Tiefbauamt des Kantons Basel-Stadt ; optimierte Nutzung flächenhafter Peildaten am Beispiel der Rheinsohle. In: Geomatik Schweiz : Geoinformation und Landmanagement. 103.2005,6, p.358-359, 2 ill. ISSN 0252-9424; 1660-4458.

3655
Scholten, Frank; Roatsch, Thomas; Gwinner, Klaus; Matz, Klaus-Dieter; Mertens, Volker; Flohrer, Joachim; Wählisch, Marita; Giese, Bernd; Pischel, René; Oberst, Jürgen; Jaumann, Ralf; Neukum, Gerhard: Von Rohdaten aus dem Mars Express Orbit zu Digitalen Geländemodellen und Orthobildern : operationelle Verarbeitung von HRSC Daten. In: Photogrammetrie, Fernerkundung, Geoinformation : PFG ; Organ der Deutschen Gesellschaft für Photogrammetrie und Fernerkundung e.V. 2005,5, p.365-372, 6 ill., 2 tab. ISSN 1432-8364.

3656
Schulze-Horsel, Michael; Novak, Hermann: Map2Day : ein innovatives webbasiertes Stadtinformationssystem. In: Geomatik Schweiz : Geoinformation und Landmanagement. 103.2005,12, p.661-664, 6 ill. ISSN 0252-9424; 1660-4458.

3657
Shao, Zhenfeng; Li, Deren; Cheng, Qimin: 3D topological reconstruction of complicated buildings. In: Geomatics and information science of Wuhan University. 29.2004,11, p.999-1003, 6 ill. [Chin. with Engl. rés.]. ISSN 1671-8860; 1000-050X.

3658
Shi, Wenzhong; Cao, Hui; Zhang, Jianqing: 3D urban building modeling based on high resolution satellite images. In: Geomatics and information science of Wuhan University. 29.2004,9, p.783-787, 3 ill., 1 tab. [Chin. with Engl. rés.]. ISSN 1671-8860; 1000-050X.

3659
Skála, Petr: Nejmenší mapu můžete vid. In: Geodetický a kartografický obzor. 50.2004,9, p.[193], 2 ill. The smallest maps can only be seen under the microscope. [Czech]. ISSN 0016-7096.

3660
Verbree, Edward; Most, Arno van der ; Quak, Wilko; Oosterom, Peter van: Towards a 3D feature overlay through a tetrahedral mesh data structure. In: Auto-Carto 2005 : research symposium proceedings. 2005, p.303-314, 7 ill. (Cartography and geographic information science : an official journal of ACSM devoted to the advancement of cartography in all its aspects ; 32.2005,4).

3661
Vrenko, Dunja; Petrovič, Dušan: Izdelava trirazsežnega modela mesta slovenske konjice. In: Geodetski vestnik : glasilo Zveze Geodetov Slovenije. 49.2005,2, p.231-240, 7 ill. Composition of a three-dimensional city model of Slovenske Konjice. [Sloven. with Engl. rés.]. ISSN 0351-0271.

3662
Wang, Jizhou; Li, Chengming; Lin, Zongjian: Method for three-dimensional abstraction and description of city. In: Geomatics and information science of Wuhan University. 29.2004,8, p.674-678, 4 ill. [Chin. with Engl. rés.]. ISSN 1671-8860; 1000-050X.

3663
Whitfield, Peter: Cities of the world : a history in maps. Ed.: British Library. – London: British Library 2005, 208 p., ill., mp.

3664
Willneff, J.; Poon, J.; Fraser, C.: Monoplotting applied to high-resolution satellite imagery. In: Journal of spatial science. 2.2005, p.1-11, 6 ill., 5 tab.

3665
Wu, Jun; Chen, Danqing: Deblurring texture extraction from digital aerial image by reforming "Steep edge" curve. In: Geo-spatial information science : quarterly = Diqiu-kongjian-xinxi-kexue-xuebao. 8.2005,1, p.39-44, 8 ill. ISSN 1009-5020.

3666
Yilmaz, Erdal; Cetin, Yasemin Yardimci: Photo-realistic outdoors scene visualizations with PCs. In: Photogrammetric Week '05 : [papers of the 50th Photogrammetric Week, Stuttgart (September 5 to 9, 2005)]. Ed.: Fritsch, Dieter. – Heidelberg: Herbert-Wichmann-Verlag 2005, p.273-282, 7 ill.

3667
Zhou, Qiming; Zhang, Wenjiang: A preliminary review on three-dimensional city model. In: Geo-spatial information science : quarterly = Diqiu-kongjian-xinxi-kexue-xuebao. 7.2004,2, p.79-88, 1 ill., 1 tab. ISSN 1009-5020.

3668
Zhu, Qing; Gao, Yurong; Wei, Yongjun; Huang, Duo: Design of 3D models for 3D GIS. In: Geomatics and information science of Wuhan University. 28.2003,3, p.283-287, 6 ill. [Chin. with Engl. rés.]. ISSN 1671-8860; 1000-050X.

3669
Zuo, Xiaoqing; Li, Qingquan; Tang, Luliang: 3D modeling and data organization of highway. In: Geomatics and information science of Wuhan University. 29.2004,2, p.179-183, 6 ill. [Chin. with Engl. rés.]. ISSN 1671-8860; 1000-050X.

N. Use of Maps Kartennutzung Utilisation des cartes

1. General Features, Accessories for Map Use Allgemeines, Hilfsmittel des Kartengebrauchs Généralités, accessoires pour l'utilisation des cartes

3670
Baveja, S.D.: Potential application of geospatial data. In: Bridging the digital divide and taking cartography at grassroots level : 25th INCA international congress, Sagar, Nov. 28 – Dec. 1, 2005. Ed.: Trivedi, R. K. – Ahmedabad: Indian National Cartographic Association 2005, p.119-122 (Indian cartographer ; 25.2005).

3671
Bláha, Jan D.: Hodnocení kartografických děl z hlediska estetiky a uživatelské vstřícnosti. In: Kartografické listy. 13.2005, p.14-24, 2 ill. Assessment of cartographic works from the point of view of their aesthetics and user-friendliness. [Slovak with Engl. rés.].

3672
Broida, Rick: How to do everything with your GPS. – New York [u.a.]: McGraw Hill/Osborne 2004, XIV, 294 p., ill. mp. ISBN 0-07-223171-8.

3673
Carmen Reyes, María del ; Martínez, Elvia: Technology and culture in cybercartography. – 1. ed. In: Cybercartography : theory and practice. Ed.: Taylor, David Ruxton Fraser. – Amsterdam: Elsevier Science 2005, p.123-148 (Modern cartography ; 4).

3674
Das Verhältnis von Text-und Kartentradition in der Geographie des Klaudios Ptolemaios. von Florian Mittenhuber. – Bern: Selbstverlag 2005, 1 CD-ROM, 1 Beil. [Bern, Univ., Diss., 2004].

3675
Doyle, Julie; Han, Qiang; Weakliam, Joe; Bertolotto, Michela; Wilson, David: Developing non-proprietary personalized maps for web and mobile environments. In: Web and wireless geographical information systems : 4th international workshop, W2GIS 2004, Goyang, Korea, November 2004 ; revised selected papers. Ed.: Kwon, Yon-Jin; Bouju, Alain; Claramunt, Christophe. – Berlin [u.a.]: 2005, p.181-194, 6 ill., 1 tab.

3676
Eddy, Brian G.; Taylor, David Ruxton Fraser: Applying a Cybercartographic Human Interface (CHI) model to create a Cybercartographic Atlas of Canada's Trade with the World (CTW). – 1. ed. In: Cybercartography : theory and practice. Ed.: Taylor, David Ruxton Fraser. – Amsterdam: Elsevier Science 2005, p.517-540, 5 ill. (Modern cartography ; 4).

3677
Eichholz, Klaus: Bergbauhistorische Karten der Grafschaft Mark als unbekannte Quellen der Orts- und Regionalgeschichte. In: Märkisches Jahrbuch für Geschichte. 105.2005, p.148-191. ISSN 0937-1621.

3678
Ellsiepen, Iris: Methoden der effizienten Informationsübermittlung durch Bildschirmkarten. Ed.: Institut für Kartographie und Geoinformation. – Bonn: Institut für Kartographie und Geoinformation 2005, 190 p., ill., mp., 1 CD-ROM. (Schriftenreihe des Instituts für Kartographie und Topographie der Rheinischen Friedrich-Wilhelms-Universität Bonn ; 31). [Beispiele auf CD-ROM oder im Internet verfügbar; Zugl.: Bonn, Univ., Diss., 2004].

3679
Flatness, James: Gaining geographical perspective : geography and map collections aid understanding. In: Information bulletin / The Library of Congress. 62.2003,9, p.182-183, ill. ISSN 0041-7904.

3680
Fuller, R.M.; Cox, R.; Clarke, R.T.; Rothery, P.; Hill, R.A.; Smith, G.M.; Thomson, A.G.; Brown, N.J.; Howard, D.C.; Stott, A.P.: The UK land cover map 2000 : planning, construction and calibration of a remotely sensed, user-oriented map of broad habitats. In: International journal of applied earth observation and geoinformation : JAG ; the official quarterly publication of the International Institute for Aerospace Survey and Earth Sciences (ITC). 7.2005,3, p.202-216, 3 ill., 3 tab. ISSN 0303-2434.

3681
Ginsberg, Bill: 24th IMCoS International Symposium in Denver. In: Journal of the International Map Collectors' Society. 103.2005.

3682
Greenspan, Brian: Mapping play : what cybercartographers can learn from popular culture. – 1. ed. In: Cybercartography : theory and practice. Ed.: Taylor, David Ruxton Fraser. – Amsterdam: Elsevier Science 2005, p.309-329 (Modern cartography ; 4).

3683
Höh, Rainer: GPS-Outdoor-Navigation. – Bielefeld: Reise-Know-How-Verlag Rump 2005, 160 p., ill., mp. – 4. aktualisierte Aufl. ISBN 3-8317-1116-X.

3684
Höh, Rainer: GPS-Outdoor-Navigation. – Bielefeld: Reise-Know-How-Verlag Rump 2000, 160 p., ill., mp. – 1. Aufl. ISBN 3-89416-762-9.

3685
Ishikawa, Toru; Barnston, Anthony G. ; Kastens, Kim A.; Louchouarn, Patrick; Ropelewski, Chester F.: Climate forecast maps as a communication and decision-support tool : an empirical test with prospective policy makers. In: Cartography and geographic information science : an official journal of ACSM devoted to the advancement of cartography in all its aspects. 32.2005,1, p.3-16, 6 ill. ISSN 1523-0406.

3686
Kingsley-Hughes, Kathie: Hacking GPS. – Indianapolis, IN: Wiley 2005, 350 p., ill. ISBN 0-7645-8424-3.

3687
Kwon, Yong-Jin; Kim, Do-Hyoung: Mobile SeoulSearch: a web-based mobile regional information retrieval system utilizing location information. In: Web and wireless geographical information systems : 4th international workshop, W2GIS 2004, Goyang, Korea, November 2004 ; revised selected papers. Ed.: Kwon, Yon-Jin; Bouju, Alain; Claramunt, Christophe. – Berlin [u.a.]: 2005, p.206-220, 11 ill., 1 tab.

3688
Lindgaard, Gitte; Brown, Allison: Interface design challenges in virtual space. – 1. ed. In: Cybercartography : theory and practice. Ed.: Taylor, David Ruxton Fraser. – Amsterdam: Elsevier Science 2005, p.211-229 (Modern cartography ; 4).

3689
Magister, Karl-Heinz: New York und die Macht der Karten : Kartographie von Migration, Urbanisierung und Ethnizität. In: TopoGraphien der Moderne : Medien zur Repräsentation und Konstruktion von Räumen. Ed.: Stockhammer, Robert. – München: 2005, p.341-382, 2 ill., 7 mp. (Trajekte : Zeitschrift des Zentrums für Literaturforschung Berlin).

3690
Martínez, Elvia; Carmen Reyes, María del: Cybercartography and society. – 1. ed. In: Cybercartography : theory and practice. Ed.: Taylor, David Ruxton Fraser. – Amsterdam: Elsevier Science 2005, p.99-121 (Modern cartography ; 4).

3691
Millea, Nick: Map library usage in the United Kingdom : a vision for the future?. In: The Cartographic Journal. 42.2005,3, p.202-213, 11 ill., 10 tab. ISSN 0008-7041.

3692
Mosayebi, Elli; Mueller Inderbitzin, Christian: Bomarzo, Beobachtungen anhand einer neuen Karte. Ed.: Technische Hochschule <Zürich> / Institut für Landschaftsarchitektur. – Zürich: Technische Hochschule <Zürich> / Institut für Landschaftsarchitektur 2005, 54 p., ill., mp. + 1 Kt.-Beil. (Pamphlet ; 3). [Zugl.: Zürich, ETH, Diplomwahlfacharbeit, 2003. – Zsfassung in engl. und franz. Sprache] ISBN 3-906441-06-7.

3693
Schröder, Winfried; Schmidt, Gunther; Pesch, Roland: Mapping Germany's ecoregions for environmental monitoring purposes. In: Die Erde : Zeitschrift der Gesellschaft für Erdkunde, Berlin ; Forum für Erdsystem- und Erdraumforschung. 136.2005,4, p.375-292, 6 ill., 1 tab. ISSN 0013-9998.

3694
Schulz, Michael: Anwenderwissen als Parameter kartographischer Präsentationen. In: Kartographische Nachrichten : KN ; Fachzeitschrift für Geoinformation und Visualisierung ; Organ der Deutschen Gesellschaft für Kartographie e.V., der Schweizerischen Gesellschaft für Kartographie und der Österreichischen Kartographischen Kommission in der Österreichischen Geographischen Gesellschaft. 55.2005,3, p.136-141, 2 ill., 2 tab. ISSN 0022-9164.

3695
Sponberg Pedly, Mary: The commerce of cartography : making and marketing maps in eighteenth-century France and England. – Chicago, Ill.: Univ. of Chicago Press 2005, XV, 345p., ill., mp. ISBN 0-226-65341-2.

3696
Stockhammer, Robert: Verortung : die Macht der Karten und die Literatur, im 20. Jahrhundert. In: TopoGraphien der Moderne : Medien zur Repräsentation und Konstruktion von Räumen. Ed.: Stockhammer, Robert. – München: 2005, p.319-340, 4 ill. (Trajekte : Zeitschrift des Zentrums für Literaturforschung Berlin).

3697
Trbovich, Patricia Leean; Lindgaard, Gitte; Dillon, Richard F.: Cybercartography : a multimodal approach. – 1. ed. In: Cybercartography : theory and practice. Ed.: Taylor, David Ruxton Fraser. – Amsterdam: Elsevier Science 2005, p.257-284, 5 ill. (Modern cartography ; 4).

3698
Vaitkevičienė, Jelena: Usability aspects of aeronautical charts. In: Cartography and cartosemiotics : the selected problems of theoretical cartography 2003 : proceedings of a joint seminar of the ICA Commission on theoretical cartography and Centre for cartography, Vilnius University. Ed.: Wolodtschenko, Alexander; Česnulevičius, Algimantas; Beconytė, Giedre. – Vilnius: Vilnius University; Lithuanian Cartographic Society; International Cartographic Association 2004, 9 p., 4 ill., 1 tab.

3699
Vöckler, Kai: Die Kunst der Kartierung. In: Leipzig Protestatlas : Text Bild Karte. Ed.: General Panel für Experimentale e.V. – Leipzig: General Panel für Experimentale e.V. 2005, p.46-69, ill.

3700
Vries, Axel de; Weisensee, Manfred: Geoinformationssysteme im Internet : kommunale Anwendungen. In: Geomatik Schweiz : Geoinformation und Landmanagement. 103.2005,12, p.652-655, 2 ill., 1 tab. ISSN 0252-9424; 1660-4458.

3701
Welch, Grace: A basic bibliography for new map librarians. In: Bulletin / Association of Canadian Map Libraries and Archives. 122.2005, p.27-28. ISSN 0840-9331.

3702
Zhang, Chuanrong; Li, Weidong: The roles of web feature and web map services in real-time geospatial data sharing for time-critical applications. In: Auto-Carto 2005 : research symposium proceedings. 2005, p.269-283, 11 ill. (Cartography and geographic information science : an official journal of ACSM devoted to the advancement of cartography in all its aspects ; 32.2005,4).

3703
Zukas, Alex: Terra Incognita / Terra Nullius : modern imperialism, maps, and deception. In: Lived topographies and their mediational forces. Ed.: Backhaus, Gary; Murungi, John. – Lanham, Md.: Lexington Books 2005, p.49-76, 2 ill.

2. Perception, Cognitive Maps Wahrnehmung, kognitive Karten Perception, cartes cognitives

3704
Bäärnhielm, Göran: Resan till Stora Skälmslandet och ett geografiskt instrument från 1700-talet. In: Kart & bildteknik : mapping and image science. 19.2004,4, p.24-27, 9 ill. The journey to Utopia and a geographical instrument from the 18th century. [Swed.]. ISSN 1651-792X.

3705
Bautrénas, Arturas: Colour perception in thematic maps. In: Cartography and cartosemiotics : the selected problems of theoretical cartography 2003 : proceedings of a joint seminar of the ICA Commission on theoretical cartography and Centre for cartography, Vilnius University. Ed.: Wolodtschenko, Alexander; Česnulevičius, Algimantas; Beconytė, Giedre. – Vilnius: Vilnius University; Lithuanian Cartographic Society; International Cartographic Association 2004, p.2-11, 14 ill.

3706
Brown, Barry; Laurier, Eric: Maps and journeys : an ethno-methodological investigation. In: Cartographica : the international journal for geographic information and geovisualization. 40.2005,3, p.17-33, 7 ill. ISSN 0340-0654; 0317-7173.

3707
Caquard, Sébastien; Taylor, David Ruxton Fraser: Art, maps and cybercartography : stimulating reflexivity among map-users. – 1. ed. In: Cybercartography : theory and practice. Ed.: Taylor, David Ruxton Fraser. – Amsterdam: Elsevier Science 2005, p.265-307, 6 ill. (Modern cartography ; 4).

3708
Caron, Patrick; Cheylan, Jean-Paul: Donner sens à l'information géographique pour accompagner les projets de territoire : cartes et représentations spatiales comme supports d'itinéraires croisés. In: Géocarrefour : revue de géographie de Lyon. 80.2005,2, p.111-122, 5 ill. ISSN 0035-113X; 1627-4873.

3709
Česnulevičius, Algimantas: Gnoseological aspects of geographical space perception by 17th and 18th century Lithuanian maps. In: Cartography and cartosemiotics : the selected problems of theoretical cartography 2003 : proceedings of a joint seminar of the ICA Commission on theoretical cartography and Centre for cartography, Vilnius University. Ed.: Wolodtschenko, Alexander; Česnulevičius, Algimantas; Beconytė, Giedre. – Vilnius: Vilnius University; Lithuanian Cartographic Society; International Cartographic Association 2004, p.25-30, 4 ill., 1 tab.

3710
Domnick, Immelyn: Probleme sehen – Ansichtssache : Wahrnehmung von kartographischen Darstellungen als visuelle Kommunikationsmittel in der Entwicklungszusammenarbeit. Ed.: Institut für Geoforschung <Berlin>. – Berlin: Institut für Geoforschung <Berlin> 2005, VII, 215 p., ill., mp. – 1. Aufl. (Geo3-Forum ; 1). [Zugl.: Berlin, Freie Univ., Diss., 2005] ISBN 3-9809581-9-1.

3711
Englund, Peter: Vandring i aldrig skådade landskap. In: Kart & bildteknik : mapping and image science. 19.2004,4, p.15-19, 7 ill. Excursion to never seen landscapes. [Swed.]. ISSN 1651-792X.

3712
Gillavry, Edward Mac: Kaarten van alledag. In: Geo-Info : tijdschrift voor Geo-Informatie Nederland, GIN. 2.2005,11, p.524-525, 3 ill. Everyday maps. [Dutch]. ISSN 1572-5464.

3713
Knorz, Gerhard: Visualisierung von Zusammenhängen – von der Wissenskarte zur interaktiven graphischen Topic Map. In: Online-Findbücher, Suchmaschinen und Portale. Beiträge des 6. Archivwissenschaftlichen Kolloquiums der Archivschule Marburg. Ed.: Menne-Haritz, Angelika. – Marburg: Archivschule Marburg 2002, p.195-218, 8 ill. (Veröffentlichungen der Archivschule Marburg, Institut für Archivwissenschaft ; 35).

3714
Lloyd, Robert Earl; Bunch, Rick L.: Individual differences in map reading spatial abilities using perceptual and memory processes. In: Cartography and geographic information science : an official journal of ACSM devoted to the advancement of cartography in all its aspects. 32.2005,1, p.33-46, 7 ill., 3 tab. ISSN 1523-0406.

3715
Lloyd, Robert Earl: Assessment of simulated cognitive maps : the influence of prior knowledge from cartographic maps. In: Cartography and geographic information science : an official journal of ACSM devoted to the advancement of cartography in all its aspects. 32.2005,3, p.161-179, 12 ill., 4 tab. ISSN 1523-0406.

3716
Lloyd, Robert Earl: Attention on maps. In: Cartographic perspectives : journal of the North American Cartographic Information Society. 52.2005, p.28-57, 6 ill. ISSN 1048-9053.

3717
Noy, Rick van: Surveying the interior : literary cartographers and the sense of place. – Reno, NV: 2003, XXII, 220 p., 11 ill. [Includes bibliographical references and index] ISBN 0-87417-548-8.

3718
Punia, Milap; Doi, R. D.: Visual perception and cartographic design. In: Bridging the digital divide and taking cartography at grassroots level : 25th INCA international congress, Sagar, Nov. 28 – Dec. 1, 2005. Ed.: Trivedi, R. K. – Ahmedabad: Indian National Cartographic Association 2005, p.79-82, 3 ill. (Indian cartographer ; 25.2005).

3719
Radoczky, Verena: Karten für Fußgängernavigation : kann die Bildung des mentalen Modells beeinflusst werden?. In: Angewandte Geoinformatik 2005 : Beiträge zum 17. AGIT-Symposium Salzburg. Ed.: Strobl, Josef; Blaschke, Thomas; Griesebner, Gerald. – Heidelberg: Herbert-Wichmann-Verlag 2005, p.568-573, 8 ill.

3720
Roberts, Shelley; Parush, Avi; Lindgaard, Gitte: Cognitive theories and aids to support navigation of multimedia information space. – 1. ed. In: Cybercartography : theory and practice. Ed.: Taylor, David Ruxton Fraser. – Amsterdam: Elsevier Science 2005, p.231-256, 5 ill., 1 tab. (Modern cartography ; 4).

3721
Siwek, Tadeusz: Kartograficzny obraz nierzeczywistych krain. In: Polski przegląd kartograficzny. 37.2005,3, p.213-216, 3 ill. Cartographic images of imaginary territories. [Pol.]. ISSN 0324-8321.

3722
Špūraitė, Jurga: Visual perception of signs in tourist maps. In: Cartography and cartosemiotics : the selected problems of theoretical cartography 2003 : proceedings of a joint seminar of the ICA Commission on theoretical cartography and Centre for cartography, Vilnius University. Ed.: Wolodtschenko, Alexander; Česnulevičius, Algimantas; Beconytė, Giedre. – Vilnius: Vilnius University; Lithuanian Cartographic Society; International Cartographic Association 2004, p.75-87, 9 ill.

3723
Turchi, Peter: Maps of the imagination : the writer as cartographer. – San Antonio, TX: Trinity Univ. Press 2005, 245 p., ill., mp. [Includes bibliographical references (p. [237]-240)] ISBN 1-595-34005-X.

3724
Turnbull, David: Masons, tricksters and cartographers : comparative studies in the sociology of scientific and indigenous knowledge. – London [u.a.]: Routledge 2003, X, 263 p., ill., mp. – Repr. ISBN 90-5823-001-5; 978-90-5823-001-0.

3. Map Reading and Map Interpretation, Cartometry Kartenlesen, Karteninterpretation, Kartometrie Lecture des cartes, interprétation des cartes, cartométrie

3725
Boetticher, Manfred von: Kartographische Darstellung historischer Zusammenhänge im archivischen Internetauftritt – Neue Formen einer benutzungsorientierten Suchstrategie. In: Online-Findbücher, Suchmaschinen und Portale. Beiträge des 6. Archivwissenschaftlichen Kolloquiums der Archivschule Marburg. Ed.: Menne-Haritz, Angelika. – Marburg: Archivschule Marburg 2002, p.129-134, 1 ill. (Veröffentlichungen der Archivschule Marburg, Institut für Archivwissenschaft ; 35).

3726
Borges, Klas Ernald: Att hitta rätt... In: Kart & bildteknik : mapping and image science. 19.2004,3, p.24-27, 2 ill. The right way to find ... [Swed.]. ISSN 1651-792X.

3727
Bretterbauer, Kurt: Zur Konstruktion von Verzerrungslinien mittels der multiquadratischen Methode von Hardy. In: Kartographische Nachrichten : KN ; Fachzeitschrift für Geoinformation und Visualisierung ; Organ der Deutschen Gesellschaft für Kartographie e.V., der Schweizerischen Gesellschaft für Kartographie und der Österreichischen Kartographischen Kommission in der Österreichischen Geographischen Gesellschaft. 55.2005,2, p.83-85, 1 ill., 1 tab. ISSN 0022-9164.

3728
Brown, Barry; Laurier, Eric: Maps and journeys : an ethno-methodological investigation. In: Cartographica : the international journal for geographic information and geovisualization. 40.2005,3, p.17-33, 7 ill. ISSN 0340-0654; 0317-7173.

3729
Brunner, Kurt: Kartographie und Geoinformation : Karten als Klimazeugen. In: Mitteilungen der Österreichischen Geographischen Gesellschaft : MÖGG ; Jahresband. 147.2005, p.237-264, 19 ill. ISSN 0029-9138.

3730
Csaplovics, Elmar: Zur Topochronologie der Landschaft um den Neusiedler See bis zum Ende des 16. Jahrhunderts. Ed.: Burgenländisches Landesarchiv und Burgenländische Landesbibliothek <Eisenstadt>. – Eisenstadt: Burgenländisches Landesarchiv und Burgenländische Landesbibliothek <Eisenstadt> 2005, 224 p., ill., mp. (Burgenländische Forschungen ; 91). [Literaturverz. S. 206-223] ISBN 3-901517-50-2.

3731
Egli, Hans-Rudolf; Flury, Philipp; Frey, Thomas; Schiedt, Hans-Ulrich: GIS-Dufour – Verkehrs- und Raumanalyse auf historischer Grundlage. In: Geomatik Schweiz : Geoinformation und Landmanagement. 103.2005,5, p.246-249, 3 ill. ISSN 0252-9424; 1660-4458.

3732
Freitag, Ulrich: Functions and design of map legends in various cartographic environments. In: Projektowanie i redakcja map = Map design and map compilation. Ed.: Uniwersytet Wrocławski. – Wrocław: Uniwersytet Wrocławski 2005, p.48-64,8 ill. (Glówne problemy wspólczesnej kartografii ; 2005).

3733
Gartner, Georg: Individualisierung in der Kartographie am Beispiel der Siedlungsselektion. In: Kartographische Nachrichten : KN ; Fachzeitschrift für Geoinformation und Visualisierung ; Organ der Deutschen Gesellschaft für Kartographie e.V., der Schweizerischen Gesellschaft für Kartographie und der Österreichischen Kartographischen Kommission in der Österreichischen Geographischen Gesellschaft. 55.2005,4, p.181-187, 2 ill. ISSN 0022-9164.

3734
Harrison, Stephan; Jansson, Krister; Glasser, Neil: Reconstructing palaeoclimates in southern South America : the role of geomorphological mapping. In: The Bulletin of the Society of Cartographers. 39.2005,1-2, p.29-34, 1 tab., 1 mp. ISSN 0036-1984.

3735
Karstkarel, Nanka: Changes in shelf ice extent in West Antarctica between 1840 and 1960 : analysing historical maps in a Geographical Information System. Ed.: Arctisch Centrum <Groningen>. – Groningen: Arctisch Centrum <Groningen> 2005, X, 170 p., ill., mp. (Circumpolar studies ; 3). [Zugl.: @Groningen, Univ., Diss., 2005] ISBN 90-77922-04-0.

3736
Kleeman, Grant; Hutchinson, Nick: Maps in classrooms. In: The Globe. 57.2005, p.1-12, 1 ill. ISSN 0311-3930.

3737
Kühne, Olaf: Interpretation und Manipulation in der thematischen Kartographie : Schüler überprüfen Kartenaussagen. In: Thematische Karten. – Seelze: Friedrich 2005, p.32-37, 6 ill. (Geographie heute : Themen, Modelle, Materialien für die Unterrichtspraxis aller Schulstufen ; 26.2005,229). [Zugl.: Geographie heute : Themen, Modelle, Materialien für die Unterrichtspraxis aller Schulstufen. 26.2005,229].

3738
Lloyd, Robert Earl; Bunch, Rick L.: Individual differences in map reading spatial abilities using perceptual and memory processes. In: Cartography and geographic information science : an official journal of ACSM devoted to the advancement of cartography in all its aspects. 32.2005,1, p.33-46, 7 ill., 3 tab. ISSN 1523-0406.

3739
Lloyd, Robert Earl: Attention on maps. In: Cartographic perspectives : journal of the North American Cartographic Information Society. 52.2005, p.28-57, 6 ill. ISSN 1048-9053.

3740
Matkin, Robert B.: Map reading. – Skipton: Dalesman 2005, 32 p., ill., mp. – Reprint. [Originally published: Clapham : Dalesman, 1979] ISBN 1-85568-096-3.

3741
Neubert, Marco; Walz, Ulrich: Historische Landschaftsanalyse für grenzüberschreitende Nationalparkregionen. In: Angewandte Geoinformatik 2005 : Beiträge zum 17. AGIT-Symposium Salzburg. Ed.: Strobl, Josef; Blaschke, Thomas; Griesebner, Gerald. – Heidelberg: Herbert-Wichmann-Verlag 2005, p.513-518, 3 ill., 1 tab.

3742
Ridder, Detlef: Unterwegs mit GPS, Kompass & Höhenmesser. – Bonn: Bhv-Verlag 2005, 207 p., ill., mp. + 1 CD-ROM – 1. Aufl. ISBN 3-8266-7386-7.

3743
Saragosa, Claudio; Chiti, Michela: Le relazioni tra insediamento umano e sistema ambientale : metodi di lettura dei modelli insediativi locali. In: Bollettino della Associazione Italiana di Cartografia. 42.2005,123/125, p.491-504, 6 ill. The relations between human settlements and environmental systems : methods and environmental systems : methods of interpreting local settling models. [Ital. with Engl. rés.]. ISSN 0044-9733.

3744
Schwab, Andreas; Kussmaul, Gabriele: Thematische Karten mit GIS erstellen und auswerten : Anregungen für eine Untersuchung der Bevölkerungsentwicklung im Nahraum (Beispiel Bodensee-Oberschwaben). In: Thematische Karten. – Seelze: Friedrich 2005, p.38-45, 4 ill. (Geographie heute : Themen, Modelle, Materialien für die Unterrichtspraxis aller Schulstufen ; 26.2005,229). [Zugl.: Geographie heute : Themen, Modelle, Materialien für die Unterrichtspraxis aller Schulstufen. 26.2005,229].

3745
Schwieder, Wolfram: Richtig Kartenlesen : [Kartendefinition, Generalisieren, Geländedarstellung, Signaturen, Kartenschrift, Koordinaten ; Maßstab, Entfernungen, Kartentypen, digitale Karten, Praxis-Tipps, Bezugsquellen]. – Bielefeld: Reise-Know-How-Verlag Rump 2005, 160 p., ill., mp. ISBN 3-8317-1393-6.

3746
Welkamp, Frans: Zakboek Kaart, Kompas, GPS. – Baarn: Tirion 2005, 94 p., ill., mp. Manual map, compass, GPS. [Dutch]. ISBN 90-439-0570-4; 978-90-439-0570-1.

4. Functions of Maps
Funktionsbereiche der Kartographie
Domaines de fonction des cartes

3747
Pathak, Virendra; Bhargava, D. S.; Sharma, S. P.: GPS applications in mapping and utility services. In: Indian Surveyor : the journal of the institution of surveyors. 57.2003,2, p.41-46. ISSN 0970-3470.

Cadastral mapping / Katasterkartographie / Cartographie cadastrale

3748
Apagyi, Géza; Mihály, Szabolcs: Kataszteri rendszerünk helyzete és jövője. In: Geodézia és kartográfia. 57.2005,7, p.3-13, 8 ill. [Hung. with Engl. rés.]. ISSN 0016-7118.

3749
Arnaud, Jean-Luc: Un outil cartographique : le cadastre informatisé d'Alexandrie. In: Études alexandrines. 6.2002, p.159-175, 8 mp. ISSN 1110-6441.

3750
Arunachalam, B.: Todarmal lecture, 2005 : Indian prelude to British cadastral and revenue maps. In: Bridging the digital divide and taking cartography at grassroots level : 25th INCA international congress, Sagar, Nov. 28 – Dec. 1, 2005. Ed.: Trivedi, R. K. – Ahmedabad: Indian National Cartographic Association 2005, p.1-4 (Indian cartographer ; 25.2005).

3751
Bähr, Hans-Peter; Philips, Jürgen; Jacomino, Sergio; Müller, Marina: Daseinsvorsorge und Katastersubstanz in Brasilien – von verbaler Grenzbeschreibung zum Koordinatenkataster. In: ZfV : Zeitschrift für Geodäsie, Geoinformation und Landmanagement. 130.2005,6, p.387-393, 3 ill. ISSN 1618-8950.

3752
Berger, Andreas: Brandenburgisches Landeshauptarchiv, Repositur 37, Herrschaft Lübbenau : das Kartenverzeichnis. ; Brandenburgisches Landeshauptarchiv <Potsdam>. – Berlin: 2001, II, 204 p., mp.

3753
Bolenz, Eckhard: Johann Gottfried Brügelmann hatte einen Plan ... : politische Entwicklung und kartografisches Erfassungswesen um 1800. In: Industrie-Kultur : Denkmalpflege, Landschaft, Sozial-, Umwelt- und Technikgeschichte. 21.2002,4, p.16-17, 3 ill. ISSN 0949-3751.

3754
Borges, Klas Ernald: Att hitta rätt... In: Kart & bildteknik : mapping and image science. 19.2004,3, p.24-27, 2 ill. The right way to find ... [Swed.]. ISSN 1651-792X.

3755
Brůna, Vladimír; Křováková, Kateřina: Interpretace map stabilního katastru pro potřeby krajinné ekologie. In: Kartografické listy. 13.2005, p.25-33, 4 ill. Interpretation of stabile cadastre maps for landscape ecology purposes. [Slovak with Engl. rés.].

3756
Buhot, Clotilde: Analyse comparative de la proprieté foncière à partir des matrices cadastrales dans deux communes insulaires (Île-de Batz et Île de Bréhat). In: Géographie du littoral : approche géomatique. Textes réunis par Serge Suanez. – Rennes: Presses Universitaires <Rennes> 2005, p.81-90, 5 ill., 1 tab. (Norois : revue géographique des universités de l'Ouest ; environnement, aménagement, société ; 196.2005). [Themenheft der Zeitschrift:; ; ; ; Norois : revue géographique des universités de l'Ouest ; environnement, aménagement, société. 196.2005].

3757
Cetl, Vlado; Roić, Miodrag; Šiško, Darko: Prema infrastrukturi prostornih podataka u Hrvastkoj = Towards a spatial data infrastructure in Croatia. In: Kartografija i geoinformacije : KiG ; znanstveno-stručno-informativni časopis Hrvatskoga kartografskog društva. 3.2004, p.36-50, 6 ill. [Croat. and Engl.]. ISSN 1333-896X.

3758
Constantin, P.: Die Einführung des Amtlichen Liegenschaftskataster-Informationssystem ALKIS in Baden-Württemberg. In: Mitteilungen und Veröffentlichungen zum Vermessungswesen aus den Themenbereichen Geodäsie, Geoinformation und Landmanagement / Deutscher Verein für Vermessungswesen, Landesverein Baden-Württemberg e.V. 52.2005,1, p.59-78. ISSN 0940-2942.

3759
Dohle, Oskar: Hieronimuskataster und Francizäischer Kataster : zwei Schlüsselquellen zur regionalen Geschichte des Landes Salzburg. In: Mitteilungen der Gesellschaft für Salzburger Landeskunde. 145.2005, p.33-66, 20 ill. ISSN 0435-8279.

3760
Ehrensvärd, Ulla: Jordeböcker på franska. In: Kart & bildteknik : mapping and image science. 19.2004,1, p.26-27 Jordeböcker (land register) in France. [Swed.]. ISSN 1651-792X.

3761
Enemark, Stig; Williamson, Ian; Wallace, J.: Building modern land administration systems in developed economies. In: Journal of spatial science. 2.2005, p.51-68, 3 ill., 3 tab.

3762
Fábián, József: Külterületi átnézeti térképek szolgáltatása a KÜVET forgalomba helyezését követõen. In: Geodézia és kartográfia. 57.2005,7, p.19-23, 5 ill. Service of outskirts general map after the putting in force of outskirts vectorial map. [Hung. with Engl. rés.]. ISSN 0016-7118.

3763
Frangeš, Stanislav; Riba, Dolores; Slevka, Berto: Razlike u kartografici katastarskih planova. In: Geodetski list : glasilo Hrvatskoga Geodetskog Drustva. 58(81).2004,4, p.287-298, 9 ill. Differences in the map graphics of cadastral plans. [Croat. with Engl. rés.]. ISSN 0016-710x.

3764
Gyula, Deme: Gondolatok múltról és jelenről – ahogyan egy földmérő látja. In: Geodézia és kartográfia. 57.2005,5, p.26-34, 1 ill., 1 tab. [Hung. with Engl. rés.]. ISSN 0016-7118.

3765
Han, Qiong: Design and implementation of land management office automatic system. In: Geomatics and information science of Wuhan University. 28.2003,3, p.372-375, 3 ill. [Chin. with Engl. rés.]. ISSN 1671-8860; 1000-050X.

3766
Heckmann, Bernhard: Einführung des Lagebezugssystems ETRS 89/UTM beim Umstieg auf ALKIS. In: Mitteilungen / Deutscher Verein für Vermessungswesen, Landesverein Hessen e.V. ; Landesverein Thüringen. 2005,1, p.17-25, 2 ill., 5 tab. ISSN 0949-7900; 0173-6280.

3767
Heere, Elger ; Storms, Martijn: Kadaster 1832 toegepast; de pilotprojecten van De WoonOmgeving. In: Caert-thresoor : tijdschrift voor de geschiedenis van de kartografie in Nederland. 24.2005,3, p.93-98, 12 ill. Applications of the 1832 cadastre; the pilot projects of "De WoonOmgeving". ISSN 0167-4994.

3768
Herzfeld, Günter: Aufgabe und Bedeutung des Liegenschaftskatasters. In: Nachrichtenblatt der Vermessungs- und Katasterverwaltung Rheinland-Pfalz. 48.2005,2, p.115-121, 2 ill. ISSN 0939-2378.

3769
Hobson, A.: SVG and LandXML for cadastral data on the web. In: Journal of spatial science. 1.2005, p.13-34, 21 ill., 1 tab.

3770
Horňanský, Imrich: K otázke evidovania podzemných stavieb v katastrálnom operáte. In: Geodetický a kartografický obzor. 51.2005,11, p.242-246 To the question of inventory of underground buildings in cadastral documentation. [Czech with Engl. rés.]. ISSN 0016-7096.

3771
Horňanský, Imrich: Kataster nehnutel'ností v zrkadle 40. výročia zákona o evidencii nehnutel'ností na Slovensku. In: Geodetický a kartografický obzor. 51.2005,3, p.55-60, 3 tab. The cadastre of real estates on occasion of the 40th anniversary of recording the real estates. [Czech with Engl. rés.]. ISSN 0016-7096.

3772
Hudecová, L'ubica: Komunikačné rozhrania katastra nehnutel'ností. In: Kartografické listy. 13.2005, p.53-60, 2 tab. Communication interfaces of the real estate cadastre. [Slovak with Engl. rés.].

3773
Hummel, Reinhold: Entwicklungstendenzen im zukunftsorientierten Liegenschaftskataster. In: 4. Vermessungsingenieurtag 2002. Ed.: Fachhochschule Stuttgart, Hochschule für Technik. – Stuttgart: Fachhochschule Stuttgart, Hochschule für Technik 2002, p.8,1-10, 4 ill. (Veröffentlichungen der Fachhochschule Stuttgart, Hochschule für Technik ; 57).

3774
Il libro delle mappe dell'Arcidiacono Riperti : un cabreo astigiano del Settecento. Ed.: Sereno, Paola. – Asti: Asti <Provincia> 2002, 188 p., ill., mp. + 8 mp. in a case. The book of maps of the Archdeacon Riperti : a cabreo (cadaster) of the Asti region from the 18th century. [Ital.]. ISBN 88-88491-12-0.

3775
Impact des SIG en Côte d'Opale. In: IGN magazine. 20.2003, p.4-10, ill. ISSN 1624-9305.

3776
Ingwersen, Maik: Die Einführung des amtlichen Bezugssystems ETRS89 im Kataster- und Vermessungsamt der Landeshauptstadt Potsdam. In: NÖV : Nachrichten aus dem öffentlichen Vermessungsdienst Nordrhein-Westfalen. 38.2005,1, p.19-33, 2 ill., 4 tab.

3777
Ivković, Mira: Erneuerung der Katasterpläne in der Republik Kroatien. In: Allgemeine Vermessungs-Nachrichten : AVN ; Zeitschrift für alle Bereiche des Vermessungswesens. 112.2005,2, p.58-64. ISSN 0002-5968.

3778
Kettemann, Rainer: Neue Entwicklungen bei der Automatisierten Liegenschaftskarte BW – Betrachtungen aus Anwendersicht -. In: 4. Vermessungsingenieurtag 2002. Ed.: Fachhochschule Stuttgart, Hochschule für Technik. – Stuttgart: Fachhochschule Stuttgart, Hochschule für Technik 2002, p.1,1-13, 15 ill. (Veröffentlichungen der Fachhochschule Stuttgart, Hochschule für Technik ; 57).

3779
Kohli, Alexander: Wiederaufbau des Katasters im Kosovo. In: Geomatik Schweiz : Geoinformation und Landmanagement. 103.2005,11, p.613-616, 3 ill., 1 tab. ISSN 0252-9424; 1660-4458.

3780
Košir, Janez: Vzpostavitev evidence bonitete zemljišč v zemljiškem katastru. In: Geodetski vestnik : glasilo Zveze Geodetov Slovenije. 49.2005,2, p.241-253, 3 ill. Establishing the register of land quality within the land cadastre. [Sloven. with Engl. rés.]. ISSN 0351-0271.

3781
Kuntzsch, Brigitte: Karten auf Stein : In der größten Steinbibliothek der Welt lagern die ersten Katasterkarten Bayerns. In: Industrie-Kultur : Denkmalpflege, Landschaft, Sozial-, Umwelt- und Technikgeschichte. 21.2002,4, p.4-6, 2 ill., 2 mp. ISSN 0949-3751.

3782
La communauté urbaine de Bordeaux : Bordeaux, ville pionnière. In: IGN magazine. 28.2005, p.4-10, ill. ISSN 1624-9305.

3783
La vectorisation de la BD parcellaire® : vers un «tout vecteur» unifié. In: IGN magazine. 31.2005, p.12-13, ill. ISSN 1624-9305.

3784
Le référentiel à grande échelle : l'avenir géoréférencé. In: IGN magazine. 24.2004, p.4-13, ill. ISSN 1624-9305.

3785
Le registre parcellaire graphique : vers une cartographie de la France agricole. In: IGN magazine. 15.2003, p.4-9, ill. ISSN 1624-9305.

3786
Lindblad, Per: Digital registerkarta – den fulländade approximationen eller bara en grov modell av verkligheten?. In: Kart & bildteknik : mapping and image science. 19.2004,3, p.10-13, 2 ill. Digital register map – the realisation of an estimation or only one rough model of reality. [Swed.]. ISSN 1651-792X.

3787
Mailänder, T.: Visualisierung von ALK-Daten mittels SVG (Scalable Vector Graphics). In: Mitteilungen und Veröffentlichungen zum Vermessungswesen aus den Themenbereichen Geodäsie, Geoinformation und Landmanagement / Deutscher Verein für Vermessungswesen, Landesverein Baden-Württemberg e.V. 51.2004,1, p.61-70, 6 ill. ISSN 0940-2942.

3788
Mallinger-Hohensinn, Andreas: Der digitale Franziszeische Kataster. Weltneuheit: Digitalisierung des Franziszeischen Katasters – Daten von 1824 bis 1830 über Internet abrufbar. In: GW-Unterricht : eine Zeitschrift des Vereins "Forum Wirtschaftserziehung" für Geographie und Wirtschaftskunde. 98.2005, p.98-99, 1 ill.

3789
Morphet, Patricia: Mapping Toronto's growth using building construction dates. In: Cartouche : the operational publication of the Canadian Cartographic Association. 58.2005, p.23. ISSN 1183-2045.

3790
Nübel, Birgit: Das Liegenschaftskataster auf dem Weg zu ALKIS. In: LSA VERM : Zeitschrift für das öffentliche Vermessungswesen des Landes Sachsen-Anhalt. 11.2005,2, p.97-106, 2 ill., 6 tab. ISSN 1435-2338.

3791
OICRF : a study and documentation centre for cadastre, land administration and affiliated fields of interest. Ed.: International Office of Cadastre and Land Records. – Apeldoorn: International Office of Cadastre and Land Records 2004. [Datenbank – Fachbibliographie (Online-Ressource)].

3792
Olejnizak, Klaus: Die Anfänge des Liegenschaftskatasters im Raum Trier (von 1720 bis 1934). In: Nachrichtenblatt der Vermessungs- und Katasterverwaltung Rheinland-Pfalz. 48.2005,2, p.98-114, 25 ill., 3 tab. ISSN 0939-2378.

3793
Oosterom, P.J.M.; Ploeger, H.D.; Stoter, J.E.: Volumepercelen in de kadastrale registratie. In: Geo-Info : tijdschrift voor Geo-Informatie Nederland, GIN. 2.2005,2, p.84-89, 7 ill. Volume parcels in the cadastral registry. [Dutch with Engl. rés.]. ISSN 1572-5464.

3794
Opll, Ferdinand: Katasterkarten und Ansichten der Stadt Wien (spätes 18. bis frühes 19. Jahrhundert). In: Wiener Geschichtsblätter. 60.2005,4, p.15-28. ISSN 0043-5317.

3795
Pesaro, Allesandro: Il segna e la memoria : due secoli di mappe e cartografie manoscritte a S. Daniele del Friuli. – Udine: Forum 2004, VII, 127 p., ill., mp. The sign and the memory : two centuries of maps and handwritten cartogrpahy for S. Daniele di Friuli. [Ital.]. [Contains bibliography and notes] ISBN 88-8420-228-0.

3796
Pour un parcellaire informatisé : IGN – DGI: d' un commun accord. In: IGN magazine. 31.2005, p.4-10, ill. ISSN 1624-9305.

3797
Pressenda, Paola: Il cabreo della Prebenda Arcidiaconale del Capitolo della Cattedrale di Asti e l'attività dell'agrimensore Petrino Musso. In: Il libro delle mappe dell'Arcidiacono Riperti : un cabreo astigiano del Settecento. Ed.: Sereno, Paola. – Asti: Asti <Provincia> 2002, p.43-61, 8 ill., 1 tab. The cadaster of the archdeaconal benefice of the capitol of the Asti Cathedral and the activities of the land surveyor Petrino Musso. [Ital.].

3798
Pressenda, Paola: Le mappe del cabreo : repertorio cartobibliographico. In: Il libro delle mappe dell'Arcidiacono Riperti : un cabreo astigiano del Settecento. Ed.: Sereno, Paola. – Asti: Asti <Provincia> 2002, p.115-182, 27 ill. Cadastral maps : cartobibliographical repertory. [Ital.].

3799
Püschel, Rudolf: Die digitale Flurkarte im öffentlichen Baurecht : Teil 2: Verwendung der digitalen Flurkarte im öffentlichen Baurecht. In: Mitteilungen des DVW-Bayern e.V. 57.2005,1, p.87-112, 4 ill. ISSN 0723-6336.

3800
Ramu, K.R.: Digitisation of cadastral survey maps. In: Indian Surveyor : the journal of the institution of surveyors. 59.2005,2, p.32-33. ISSN 0970-3470.

3801
Riebau, Michaela H.: Die schwedische Matrikelkarte von Vorpommern und ihrte Bedeutung für die Erforschung der Bodendenkmäler dargestellt am Beispiel der Gebiete um Greifswald-Wusterhusen und der Insel Usedom. – Langenweißbach: Beier & Beran 2005, 210 p., 16 Taf., ill., mp. (Beiträge zur Ur- und Frühgeschichte Mitteleuropas ; 41). [Zugl.: Greifswald, Univ., Diss., 2003].

3802
Ruiz Lendínez, Juan José; Blázques Parra, Elidia Beatriz: Gestión del Inventario de Bienes Inmuebles del Estado : aportación de las bases de datos catastrales. In: Topografía y cartografía : TOPCART ; revista del Colegio Oficial de Ingenieros Técnicos en Topografía. 22.2005,131, p.49-53,1 ill. Management of the State Property Inventary: contribution of cadastrial databases. [Span. with Engl. rés.]. ISSN 0212-9280.

3803
Sándor, Simon: A Nemzeti Kataszteri Program felgyorsítása. In: Geodézia és kartográfia. 57.2005,9, p.17-22, 7 ill. Speeding up of the Hungarian Cadaster Programme (NCP). [Hung.]. ISSN 0016-7118.

3804
Schneider, Alois: Tauberbischofsheim. Ed.: Stadt Tauberbischofsheim; Landesamt für Denkmalpflege. – Stuttgart: Stadt Tauberbischofsheim; Landesamt für Denkmalpflege 2005, 166 p., ill., mp. + 6 mp. (Archäologischer Stadtkataster Baden-Württemberg ; 29.2005). ISBN 3-927714-82-8.

3805
Sereno, Paola: "Far riconoscer per misura giudiciale" : la formazione dei cabrei e delle mappe cabreistiche. In: Il libro delle mappe dell'Arcidiacono Riperti : un cabreo astigiano del Settecento. Ed.: Sereno, Paola. – Asti: Asti <Provincia> 2002, p.19-42, 11 ill. Legalize by judicial measurement : the formation of "Cabrei" (cadasters) and of cadastral maps.

3806
Singh, R. M.; Trivedi, R. K.: New trends of digital cartography in cadastral mapping with special reference to remote sensing and GIS applications. In: Bridging the digital divide and taking cartography at grassroots level : 25th INCA international congress, Sagar, Nov. 28 – Dec. 1, 2005. Ed.: Trivedi, R. K. – Ahmedabad: Indian National Cartographic Association 2005, p.70-78, 4 ill. (Indian cartographer ; 25.2005).

3807
Šrámková, Renáta: Digitálne ortofotomapy slovenskej republiky. In: Kartografické listy. 12.2004, p.114-118, 1 ill. Continuous Orthophotomaps of the Slovak Republic. [Slovak with Engl. rés.].

3808
Storter, Jantien; Gorte, Ben: Altimetría en el catastro : integración de los puntos de altitud con los límites de las parcelas. In: Topografía y cartografía : TOPCART ; revista del Colegio Oficial de Ingenieros Técnicos en Topografía. 22.2005,127, p.60-66, 5 ill., 1 tab. Measuring heights in cataster : integration of altitude points with area limits. [Span. with Engl. rés.]. ISSN 0212-9280.

3809
Ternes, Hans-Peter: Die "Neue Regierung" und ihre wechselvolle Nutzung 1905-2005 : das Dienstgebäude des Vermessungs- und Katasteramtes Trier. In: Nachrichtenblatt der Vermessungs- und Katasterverwaltung Rheinland-Pfalz. 48.2005,2, p.73-83, 9 ill., 6 suppl. ISSN 0939-2378.

3810
Tollin, Clas: Geometrisk jordebok P2 över Gudhems härad. In: Kart & bildteknik : mapping and image science. 19.2004,2, p.26-28, 3 ill. Geometric land register P2 regarding Gudhem. [Swed.]. ISSN 1651-792X.

3811
Triglav, Joc: Podatki geodetske uprave republike slovenije in zemljiške knijge na svetovnem spletu. In: Geodetski vestnik : glasilo Zveze Geodetov Slovenije. 49.2005,1, p.35-54, 14 ill. Electronic access to web data services of Slovenian state surveying service and land registry. [Sloven. with Engl. rés.]. ISSN 0351-0271.

3812
Uhlířová, Lenka: Spatial-temporal analyses of landscape pattern changes in Horní Stakory cadastre (Kosmaonsy district). In: Historická geografie. 33.2005, p.21-37, 6 mp., 1 tab. [Engl. with Czech rés.].

3813
Vandenbroucke, Martijn: An extraordinary example of local cartography : the land books of Baron von Plotho. In: BIMCC newsletter / Brussels International Map Collectors' Circle. 21.2005, p.21-23, 2 ill., 1 tab. ISSN 1379-3306.

3814
Vuyk, Aad: Gegevensmodel voor kleinschalige kartografie bij gemeenten. In: Geo-Info : tijdschrift voor Geo-Informatie Nederland, GIN. 2.2005,3, p.140-142, 5 ill. Information model for small scale cartography on the local community level. [Dutch]. ISSN 1572-5464.

3815
Wieser, Erich: ALKIS im E-Government. In: ZfV : Zeitschrift für Geodäsie, Geoinformation und Landmanagement. 130.2005,2, p.70-76, 2 ill. ISSN 1618-8950.

3816
Zölitz-Möller, Reinhard: Die Schwedische Landesaufnahme von Vorpommern 1692-1709 : herausragendes Katasterwerk und Quelle für die Kulturlandschaftsforschung in einem peripheren Raum. In: Siedlungsforschung : Archäologie, Geschichte, Geographie. 22.2004, p.145-158. ISSN 0175-0046.

Journalistic cartography / Medienkartographie / Cartographie journalistique

3817
Cosgrove, Denis: Maps, mapping, modernity : art and cartography in the twentieth century. In: Imago Mundi : the international journal for the history of cartography. 57.2005,1, p.35-54, 7 ill., 3 plates. [Engl. with French, Germ. and Span. rés.]. ISSN 0308-5694.

3818
Cosgrove, Denis E.; Della Dora, Veronica: Mapping global war : Los Angeles, the Pacific, and Charles Owens's pictorial cartography. In: Annals of the Association of American Geographers. 2, p.373-390, 9 ill. ISSN 0004-5608.

3819
Faby, Holger: Kartographische Aspekte des Cross-Media-Publishing. In: Angewandte Geoinformatik 2005 : Beiträge zum 17. AGIT-Symposium Salzburg. Ed.: Strobl, Josef; Blaschke, Thomas; Griesebner, Gerald. – Heidelberg: Herbert-Wichmann-Verlag 2005, p.146-154.

3820
Théberge, Paul: Sound maps : music and sound in cybercartography. – 1. ed. In: Cybercartography : theory and practice. Ed.: Taylor, David Ruxton Fraser. – Amsterdam: Elsevier Science 2005, p.389-410 (Modern cartography ; 4).

3821
Velde, Wannes van de: De Golfoorlog : kwaliteit van kaarten in kranten. In: Geo-Info : tijdschrift voor Geo-Informatie Nederland, GIN. 2.2005,4, p.206-209, 4 ill., 2 tab The Gulf war : quality of maps in newspapers. [Dutch with Engl. and French rés.]. ISSN 1572-5464.

Military cartography / Militärkartographie / Cartographie militaire

3822
Biljecki, Zvonko; Gugić, Goran; Osmanagić, Aida; Pavičić, Stipica; Rapaić, Mladen; Sajko, Petra; Tonković, Tomislav; Vencler, Daniel; Železnjak, Željko: Vojni geoinformacijski sustav Ministarstva obrane Republike Hrvatske = Military geoinformation system of the Ministry of Defence of the Republic of Croatia. In: Kartografija i geoinformacije : KiG ; znanstveno-stručno-informativni časopis Hrvatskoga kartografskog društva. 4.2005, p.46-57, 4 ill. [Croat. and Engl.]. ISSN 1333-896X.

3823
Dalrymple, Helen: Planning D-day : relief model of Utah beach given to library. In: Information bulletin / The Library of Congress. 62.2003,4, p.86-87 + p.89, ill. ISSN 0041-7904.

3824
Fasching, Gerhard L.: Sicherheitsgeowesen unter besonderer Berücksichtigung neuer europäischer Geoinformationen und Kartenwerke. In: Vom Militärischen zum Sicherheitsgeowesen : Hans-Ludwig Ewert zum 75. Geburtstag. Ed.: Technische Universität Dresden / Institut für Geographie. – Dresden: Technische Universität Dresden / Institut für Geographie 2005, p.13-20, 4 ill. (Kartographische Bausteine : KB ; 33).

3825
Fasching, Gerhard L.: Von der Militärgeographie zum Institut für Militärisches Geowesen : 50 Jahre "MilGeo"-Dienst in Österreich. In: Österreichische militärische Zeitschrift. 43.2005, p.27-38, 10 ill. ISSN 0048-1440.

3826
Hesse, Peter C.: Normandy models and maps : a personal reminiscence. In: The Portolan : the journal of the Washington Map Society. 61.2004, p.29-36,4 ill. ISSN 1096-1925.

3827
Huber, Hans Georg; Weber-Blonsky, Michael; Miller, Karl-Heinz: Geowissenschaften im Dienst politischer Krisenreaktion und Konfliktlösung : das Amt für Geoinformationswesen der Bundeswehr. In: Kartographische Nachrichten : KN ; Fachzeitschrift für Geoinformation und Visualisierung ; Organ der Deutschen Gesellschaft für Kartographie e.V., der Schweizerischen Gesellschaft für Kartographie und der Österreichischen Kartographischen Kommission in der Österreichischen Geographischen Gesellschaft. 55.2005,3, p.141-147, 9 ill. ISSN 0022-9164.

3828
Hutson, James: Adventures in British America : papers found in Scottish castle shed light on revolutionary war era. In: Information bulletin / The Library of Congress. 62.2003,4, p.71-74, ill. ISSN 0041-7904.

3829
Konias, Andrzej: Wojskowe zdjęcia topograficzne na obszarze Małopolski i Górnego Śląska od połowi XVIII do początku XX wieku. In: Sprawozdania z posiedzeń komisji naukowych. 2.2002 (2000), p.107-108, 1 mp. Military topographic photographies in Lesser Poland and Upper Silesia since the middle of the 18th to the beginning of the 20th centuries. [Pol.]. ISSN 0079-354X.

3830
Photographic reconnaissance and photographic intelligence, 1939-1944. – Fulbourne: GeoInformation historic 2003. [Originally published: 1945, in UK air ministries serial evidence camera] ISBN 0-9545270-0-3; 978-0-9545270-0-6.

3831
Russian military mapping : a guide to using the most comprehensive source of global geospatial intelligence = Spravočnik oficera po topografičeskim i special'nym kartam <engl.>. By: Smirnova, Yuliya. – Minneapolis: East View Cartographic 2005, 187 p., ill., mp. ISBN 0-9742973-1-3.

3832
Stams, Werner: Prof. Dr. sc. techn. Hans-Ludwig Ewert 75 Jahre. In: Vom Militärischen zum Sicherheitsgeowesen : Hans-Ludwig Ewert zum 75. Geburtstag. Ed.: Technische Universität Dresden / Institut für Geographie. – Dresden: Technische Universität Dresden / Institut für Geographie 2005, p.9-12 (Kartographische Bausteine : KB ; 33).

3833
Stams, Werner: Prof. Dr.-Ing. Hans-Ludwig Ewert 75 Jahre. In: Kartographische Nachrichten : KN ; Fachzeitschrift für Geoinformation und Visualisierung ; Organ der Deutschen Gesellschaft für Kartographie e.V., der Schweizerischen Gesellschaft für Kartographie und der Österreichischen Kartographischen Kommission in der Österreichischen Geographischen Gesellschaft. 55.2005,2, p.107-109, 1 portr. ISSN 0022-9164.

3834
Vom Militärischen zum Sicherheitsgeowesen : Hans-Ludwig Ewert zum 75. Geburtstag. Ed.: Technische Universität Dresden / Institut für Geographie. – Dresden: Technische Universität Dresden / Institut für Geographie 2005, 66 p., ill., mp. (Kartographische Bausteine : KB ; 33). ISBN 978-3-86780-082-2.

3835
Wildmann, Radek: Mapová tvorba a proces její standardizace v GeoSI AČR. In: Geodetický a kartografický obzor. 51.2005,6-7, p.114-123, 12 ill., 2 tab. Cartographic production and its standardization process in geographic service of the Czech Armed Forces. [Czech with Engl. rés.]. ISSN 0016-7096.

3836
Župan, Robert; Bokunić, Mladen; Frangeš, Stanislav: Iskustva i razvoj drugih drzava pri oblikovanju vojnih topografsko-kartografskih digitalnih sustava i karata te stanje u Republici Hrvatskoj. In: Geodetski list : glasilo Hrvatskoga Geodetskog Drustva. 59(82).2005,1, p.63-81, 9 ill. Experiences and developments in other states in the creation of military topographic and cartographic digital systems and maps, and the situation in the Republic Croatia. [Croat. with Engl. rés.]. ISSN 0016-710x.

Navigational mapping / Navigationskartographie / Cartographie de navigation

3837
Aczel, Amir D.: Der Kompass : eine Erfindung verändert die Welt. – Reinbek: Rowohlt 2005, 174 p., ill., mp. [Literaturverzeichnis S. 164 – [167]; Amerikanische Originalausgabe The riddle of the compass : the invention that changed the world] ISBN 3-498-00056-X.

3838
Astengo, Corradino: Tradition et innovation dans la cartographie nautique manuscrite : l'atlas RésGeEE5610 de la Bibliothèque nationale de France. In: Le Monde des Cartes : revue du Comité Français de Cartographie. 184.2005, p.23-30, 4 ill. ISSN 1634-3522.

3839
Astengo, Corradino: Una carta da navigare del 1567. In: Itineraria : letteratura di viaggio e conoscenza del mondo dall'Antichità al Rinascimento. 2.2003, p.289-303, 2 ill. A sea chart of 1567. [Ital.]. ISSN 1594-1019.

3840
Avtar, Harvinder: Electronic navigational charts-features and advantages. In: Indian Surveyor : the journal of the institution of surveyors. 58(93).2004, p.30-37, 4 ill., 1 tab. ISSN 0970-3470.

3841
Bacqué-Grammont, Jean-Louis: Les portulans et les cartes de Pîrî Re'îs, écrivain nautique ottoman. In: Le Monde des Cartes : revue du Comité Français de Cartographie. 184.2005, p.31-55, 5 ill. ISSN 1634-3522.

3842
Bellec, François: La cartographie nautique de L'Océan Indien : une hydrographie d'excellence. In: Baudin-Flinders dans l'Océan indien : voyages, découvertes, rencontre. sous la direction de Serge M. Rivière et Kumari R. Issur. – Paris: L'Harmattan 2007, p.43-56, 5 ill.

3843
Benker, Uli: GPS : Praxisbuch und Ratgeber für die GPS-Navigation auf Outdoor-Touren. – München: Bruckmann 2005, 192 p., ill., mp. – 1. Aufl. ISBN 3-7654-4252-6.

3844
Blake, John: The sea chart : the illustrated history of nautical maps and navigational charts. – London: Conway Maritime Press 2005, 160 p., ill., mp. – Reprinted. [Includes bibliograhical references (S. 158) and index] ISBN 0-85177-945-X.

3845
Bouet-Leboeuf, Jean-Louis: Carte marine : 40 ans d'évolution ; de la carte national à la carte internationale numérique ; une révolution. In: Le Monde des Cartes : revue du Comité Français de Cartographie. 184.2005, p.90-106, 23 ill. ISSN 1634-3522.

3846
Brown, Barry; Laurier, Eric: Maps and journeys : an ethno-methodological investigation. In: Cartographica : the international journal for geographic information and geovisualization. 40.2005,3, p.17-33, 7 ill. ISSN 0340-0654; 0317-7173.

3847
Chapuis, Olivier: Naissance d'une carte marine au XIXe siècle : la méthode Beautemps-Peaupré appliqué à Belle-Île. In: Le Monde des Cartes : revue du Comité Français de Cartographie. 184.2005, p.56-66, 8 ill. ISSN 1634-3522.

3848
Dahlberg, Mats: Proffsteknik för räddningstjänsten. In: Nya lantmätaren. 2005,9, p.4-5, 2 ill. [Swed.].

3849
David, Andrew: Admiral Nelson, Alexander Dalrymple and the early years of the Hydrographical Office. In: Journal of the International Map Collectors' Society. 102.2005, p.5-19, 11 ill., 1 portr.

3850
David, Andrew: Admiralty surveys of Cornwall 1681-1810. In: Journal of the International Map Collectors' Society. 100.2005, p.33-47, 7 ill.

3851
D'Hollander, Raymond: Loxodromie et projection de Mercator. Ed.: Institut Océanographique. – Paris [u.a.]: Institut Océanographique 2005, 239 p., ill., mp. ISBN 2-903581-31-2.

3852
Ferrar, M.J.: The Venerable Bede and the Tabula Peutingeriana. In: The Cartographic Journal. 42.2005,2, p.157-167, 4 ill. ISSN 0008-7041.

3853
Frangeš, Stanislav; Bokunić, Mladen: Kartografika karata biciklističkih ruta. In: Geodetski list : glasilo Hrvatskoga Geodetskog Drustva. 59(82).2005,3, p.199-210, 14 ill. Map graphics of bicycle routes. ISSN 0016-710x.

3854
Georoute®, itinéraire d'une aventure. In: IGN magazine. 10.2002, p.4-8, ill. ISSN 1624-9305.

3855
Gillavry, Edward Mac: Routeplanners en autonavigatie : geo-informatie in beweging. In: Geo-Info : tijdschrift voor Geo-Informatie Nederland, GIN. 2.2005,7/8, p.346-351, 5 ill. Routeplanners and in-car navigation : geo-information on the move. [Dutch with English and French rés.]. ISSN 1572-5464.

3856
Gordyeyev, Anton: Concerning structure of navigation charts. In: Cartography and cartosemiotics : the selected problems of theoretical cartography 2003 : proceedings of a joint seminar of the ICA Commission on theoretical cartography and Centre for cartography, Vilnius University. Ed.: Wolodtschenko, Alexander; Česnulevičius, Algimantas; Beconytè, Giedre. – Vilnius: Vilnius University; Lithuanian Cartographic Society; International Cartographic Association 2004, p.41-48, 8 tab.

3857
Hollander, Raymond d': Cartographier la mer. In: XYZ : revue de l'Association Française de Topographie. 105.2005,4, p.20-21, 2 ill. ISSN 0290-9057.

3858
How to keep your Admiralty charts up-to-date. Ed.: Great Britain / Hydrographic Office. – Taunton: Great Britain / Hydrographic Office 2005, 56 p., ill., mp. – 3rd ed. (NP : Admiralty charts and publications ; 294). ISBN 0-7077-1521-0.

3859
Jain, Kamal; Ohri, Anurag: Rural road mapping using GPS. In: Indian Surveyor : the journal of the institution of surveyors. 57,2003,2, p.25-28, 5 ill. ISSN 0970-3470.

3860
Kok, Hans: Luchtvaartkaarten voor "long-range navigation" in de periode 1940-1970. In: Caert-thresoor : tijdschrift voor de geschiedenis van de kartografie in Nederland. 24.2005,3, p.84-92, 9 ill. Aeronautical charts for long-range navigation 1940-1970. ISSN 0167-4994.

3861
Kupčík, Ivan: Neznámé portolánové atlasy z 15. a z pocátku 16. století v benátském Rovigu. In: Z Dějin geodézie a kartografie. 12, p.82-94, 16 mp. Unknown Portolan atlases from 15th and beginning of 16th centuries in Rovigo (Venice). [Czech].

3862
Lapaine, Miljenko: Map projections for air navigation. In: Annual of the Croatian academy of engineering. 2002, p.51-62, 9ill. ISSN 1332-3482.

3863
Lin, Pingxian; Yu, Jie; Bian, Fuling: Acquisition of directional parameters in aerial images based on DEM data. In: Geo-spatial information science : quarterly = Diqiu-kongjian-xinxi-kexue-xuebao. 8.2005,1, p.23-27, 7 ill., 3 tab. ISSN 1009-5020.

3864
Mansfeld, Werner: Satellitenortung und Navigation : Grundlagen und Anwendung globaler Satellitennavigationssysteme. – Wiesbaden: Vieweg 2004, XII, 352 p., ill., mp. – 2., überarb. und erg. Aufl. [Literaturverz. S. 333 – 342] ISBN 3-528-16886-2; 978-3-528-16886-5.

3865
Meng, Liqiu: Egocentric design of map-based mobile services. In: The Cartographic Journal. 42.2005,1, p.5-13, 8 ill. ISSN 0008-7041.

3866
Penney, Gerald: "The earliest known map of St. John's" : Henry Southwood's 1675 inset of St. John's Harbour. In: Bulletin / Association of Canadian Map Libraries and Archives. 123.2005, p.7-16, 18 ill. ISSN 0840-9331.

3867
Pflederer, Richard: Catalogue of the portolan charts and atlases in the British Library : based on a detailed physical inspection completed on site during the years 2000-2001. Prepared by Richard Pflederer. – [Williamsburg, Va.]: Selbstverlag 2005, 341 p. – 3. printing. [CD-ROM-Ausg. u.d.T.: Portolan charts and atlases of the British Library].

3868
Putman, Robert: Nederlandse zeekaarten uit de Gouden Eeuw. – Abcoude: Uniepers 2005, 144 p., ill., mp.

3869
Radoczky, Verena: Karten für Fußgängernavigation : kann die Bildung des mentalen Modells beeinflusst werden?. In: Angewandte Geoinformatik 2005 : Beiträge zum 17. AGIT-Symposium Salzburg. Ed.: Strobl, Josef; Blaschke, Thomas; Griesebner, Gerald. – Heidelberg: Herbert-Wichmann-Verlag 2005, p.568-573, 8 ill.

3870
Ritchie, Steve: From up in the attic to Creechbarrow Down : the Hydrographic Office home at last. In: Journal of the International Map Collectors' Society. 102.2005, p.21-29, 9 ill., 1 portr.

3871
Robson, John: James Cook's contribution to the mapping of Newfoundland and Newfoundland's contribution to the career of James Cook. In: Bulletin / Association of Canadian Map Libraries and Archives. 124.2005, p.3-13, 9 ill. ISSN 0840-9331.

3872
Schönfeld, Ralf: Das GPS-Handbuch : GPS-Handgeräte in der Praxis. – Münster: Edition Octopus / Monsenstein und Vannerdat OHG 2005.

3873
Schönfeld, Ralf: Grundlagen, Basis-Funktionen, Navigation und Orientierung, Karten. – Münster: Edition Octopus / Monsenstein und Vannerdat OHG 2005, 474 p. (Das GPS-Handbuch : GPS-Handgeräte in der Praxis ; Bd.1).

3874
Schönfeld, Ralf: PC-Software, sowie digitale Karten, GPS-Empfänger der Fa. Garmin. – Münster: Edition Octopus / Monsenstein und Vannerdat OHG 2005, 399 p., ill., mp. (Das GPS-Handbuch : GPS-Handgeräte in der Praxis). ISBN 3-86582-238-X.

3875
Sea charts of the British Isles : a voyage of discovery around Britain & Ireland's coastline. By: Blake, John. – London: Conway Maritime Press 2005, 128 p., ill., mp. [Literaturverz. S. 126] ISBN 1-8448-6024-8; 978-1-8448-6024-1.

3876
Slukan Altić, Mirela: New findings on the Portolan Atlas by Diogo Homem = Novi podaci o portulanskom atlasu Dioga Homema. In: Five centuries of maps and charts of Croatia = Pet stoljeća geografskih i pomorskih karata Hrvatske. Ed.: Novak, Drago. – Zagreb: Školska Knjiga 2005, p.408-428, 10 ill. [Engl. and Croat.].

3877
Steenbruggen John G.M.; Saeidi Mobarakeh, Sepideh: Tracking-services gepositioneerd. In: Geo-Info : tijdschrift voor Geo-Informatie Nederland, GIN. 2.2005,7/8, p.362-367, 6 ill. Tracking-services positioned. [Dutch with Engl. and French rés.]. ISSN 1572-5464.

3878
Vagnon, Emmanuelle: Un atlas retrouvé de Grazioso Benincasa : cartographie marine à la fin du XVe s. d'après les collections de la Bibliothèque national de France. In: Le Monde des Cartes : revue du Comité Français de Cartographie. 184.2005, p.12-22, 4 ill., 2 tab. ISSN 1634-3522.

3879
Vatsa, G.S.; Singh, Umesh K.: Indian electronic navigational charts marching towards self-reliance. In: Cartographic technologies for water, land and infrastructure development : XXIV INCA international congress, Kolkata, October 6 – 9, 2004 ; [... important contributions presented at the XXIV INCA International Congress on the Theme "Cartographic Technologies for Water, Land and Infrastructure Development"...]. Ed.: Dasgupta, Ajit Kumar. – Hyderabad: Indian National Cartographic Association 2005, p.503-506, 3 ill., 1 tab. (Indian cartographer ; 24.2004).

3880
Wagner, Jörg F.: From Bohnenberger's machine to integrated navigation systems, 200 years of inertial navigation. In: Photogrammetric Week '05 : [papers of the 50th Photogrammetric Week, Stuttgart (September 5 to 9, 2005)]. Ed.: Fritsch, Dieter. – Heidelberg: Herbert-Wichmann-Verlag 2005, p.123-134, 10 ill., 1 tab.

3881
Weng, Min; Wu, Hehai; Du, Qingyun; Cai, Zhongliang: An optimal route choice based on public traffic network model. In: Geomatics and information science of Wuhan University. 29.2004,6, p.500-503, 5 ill. [Chin. with Engl. rés.]. ISSN 1671-8860; 1000-050X.

3882
Wu, Qiang; Huang, Bo; Tay, Richard: Adaptive path finding for moving objects. In: Web and wireless geographical information systems : 5th International Workshop, W2GIS 2005, Lausanne, Switzerland, December 15-16, 2005 ; proceedings. Ed.: Li, Ki-Joune; Vangenot, Christelle. – Berlin [u.a.]: Axel Springer AG 2005, p.155-167, 7 ill., 1 tab. (Lecture notes in computer science ; 3833).

3883
Yarbrough, Lance; Easson, Greg: Eye of the storm : Google Earth assists Katrina response and recovery. In: Geomatica. 59.2005,4, p.451-453, 5 ill. ISSN 1195-1036.

3884
Zahn, Johann: Automatische Platzierung von Straßennamen am Beispiel der Digitalen Ortskarte Bayern. In: Tagung 2004 / Arbeitsgruppe Automation in der Kartographie. Ed.: Bundesamt für Kartographie und Geodäsie <Deutschland>. – Frankfurt a.M.: Bundesamt für Kartographie und Geodäsie <Deutschland> 2005, p.151-163, 25 ill. (Mitteilungen des Bundesamtes für Kartographie und Geodäsie ; 34).

Planning cartography / Planungskartographie / Cartographie en aménagement

3885
Al-Kodmany, Kheir: E-community participation: communicating spatial planning and design using web-based maps. In: Socio-economic applications of geographic information science : [based on contributions at the 2001 GIS research UK conference ; innovations in GIS, 9]. Ed.: Kidner, David; Higgs, Gary; White, Sean. – London [u.a.]: Taylor & Francis 2003, p.69-92, 11 ill. (Innovations in GIS ; 9).

3886
Bajpai, G. S.: Crime mapping and law enforcement : scope & applications. In: Bridging the digital divide and taking cartography at grassroots level : 25th INCA international congress, Sagar, Nov. 28 – Dec. 1, 2005. Ed.: Trivedi, R. K. – Ahmedabad: Indian National Cartographic Association 2005, p.154-157 (Indian cartographer ; 25.2005).

3887
Bauer, Kurt W.: A control survey and mapping project for an urbanizing region (a study in persistence). In: Surveying and land information science : an official journal of ACSM devoted to the sciences of surveying and mapping, land information and related fields. 65.2005,2, p.75-83, 5 ill. ISSN 1538-1242; 1052-2905.

3888
Betal, Himanshu R.: Mapping and analysis of railway transport in India. In: Bridging the digital divide and taking cartography at grassroots level : 25th INCA international congress, Sagar, Nov. 28 – Dec. 1, 2005. Ed.: Trivedi, R. K. – Ahmedabad: Indian National Cartographic Association 2005, p.264-268, 4 ill., 4 tab. (Indian cartographer ; 25.2005).

3889
Bhadra, Debasree: Role of cartography in the analysis of health services : a study of Bankura, West Bengal. In: Bridging the digital divide and taking cartography at grassroots level : 25th INCA international congress, Sagar, Nov. 28 – Dec. 1, 2005. Ed.: Trivedi, R. K. – Ahmedabad: Indian National Cartographic Association 2005, p.321-326, 5 ill., 3 tab. (Indian cartographer ; 25.2005).

3890
Bučo, Igor; Cigrovski-Detelić, Brankica: Geodätische Arbeiten bei der Urbanisierung von Buchten. In: Allgemeine Vermessungs-Nachrichten : AVN ; Zeitschrift für alle Bereiche des Vermessungswesens. 112.2005,11-12, p.3-62-372, 2 ill., 8 tab. ISSN 0002-5968.

3891
Cai, Guoray; MacEachren, Alan M.: Supporting effective human interactions with geographic information during crises response. In: Geomatica. 59.2005,4, p.415-425, 6 ill. ISSN 1195-1036.

3892
Carta, Massimo; Zetti, Iacopo: Le carte del patrimonio territoriale come progetto di conoscenza. In: Bollettino della Associazione Italiana di Cartografia. 42.2005,123/125, p.385-405, 9 ill. Maps of territorial heritage as a project of knowledge. [Ital. with Engl. rés.]. ISSN 0044-9733.

3893
Cetl, Vlado; Roić, Miodrag; Šiško, Darko: Prema infrastrukturi prostornih podataka u Hrvastkoj = Towards a spatial data infrastructure in Croatia. In: Kartografija i geoinformacije : KiG ; znanstveno-stručno-informativni časopis Hrvatskoga kartografskog društva. 3.2004, p.36-50, 6 ill. [Croat. and Engl.]. ISSN 1333-896X.

3894
Conseil général de l'Ariège : la BD Topo® en réseaux. In: IGN magazine. 22.2004, p.4-10, ill. ISSN 1624-9305.

3895
Dong, Pinliang: Development of a GIS/GPS-based emergency response system. In: Geomatica. 59.2005,4, p.427-433, 13 ill. ISSN 1195-1036.

3896
Duvail, Stéphanie; Hogan, Rose; Mwambeso, Pili; XL Nandi, Revocatus; Elibariki, Richard: Apport de la cartographie à la gestion locale des ressources renouvelables dans les villages du district de Rufiji (Tanzanie). In: Géographie du littoral : approche géomatique. Textes réunis par Serge Suanez. – Rennes: Presses Universitaires <Rennes> 2005, p.51-66, 7 ill. (Norois : revue géographique des universités de l'Ouest ; environnement, aménagement, société ; 196.2005). [Themenheft der Zeitschrift:; Norois : revue géographique des universités de l'Ouest ; environnement, aménagement, société. 196.2005].

3897
Geng, Hong; Tang, Xu; Zhu, Guorui: Method for plotting the affected area of urban roads based on spatial competing. In: Geomatics and information science of Wuhan University. 29.2004,6, p.521-524, 7 ill. [Chin. with Engl. rés.]. ISSN 1671-8860; 1000-050X.

3898
GIS in public health practice. Ed.: Maheswaran, Ravi; Craglia, Massimo. – Boca Raton, FL [u. a.]: CRC Press 2004, XI, 308 p., ill., mp. ISBN 0-415-30655-8; 978-0-415-30655-3.

3899
Groen, Jan; Koomen, Eric; Piek, Maarten: Scenario's in kaart : model en ontwerpbenaderingen voor toekomstig ruimtegebruik. – Rotterdam: NAi Uitgevers 2004, 131 p., ill., mp. Scenarios in maps : model and design approaches for future space use. [Dutch]. ISBN 90-5662-377-x.

3900
Gupta, R.K.; Vijayan, D.: Thermal stress monitoring of dry deciduous ecosystem. In: Bridging the digital divide and taking cartography at grassroots level : 25th INCA international congress, Sagar, Nov. 28 – Dec. 1, 2005. Ed.: Trivedi, R. K. – Ahmedabad: Indian National Cartographic Association 2005, p.44-48, 4 ill., 1 tab. (Indian cartographer ; 25.2005).

3901
Impact des SIG en Côte d'Opale. In: IGN magazine. 20.2003, p.4-10, ill. ISSN 1624-9305.

3902
James, Patrick; Rayfield, Bronwyn; Fall, Andrew: Reserve network design combining spatial graph theory and species' spatial requirements. In: Geomatica. 59.2005,3, p.323-333, 6 ill., 1 tab. ISSN 1195-1036.

3903
Kettemann, R.: Schneller Informationsgewinn für Planer aus Laserscanner-Daten des Landesvermessungsamtes Baden-Württemberg. In: Mitteilungen und Veröffentlichungen zum Vermessungswesen aus den Themenbereichen Geodäsie, Geoinformation und Landmanagement / Deutscher Verein für Vermessungswesen, Landesverein Baden-Württemberg e.V. 51.2004,2, p.20-27, 7 ill. ISSN 0940-2942.

3904
Kunapo, Joshphar; Kunapo, Ratna Kumari; Peterson, Jim: Adaption of archival geographical data for provision of decision support using GIS : an exemplification from city of Casey, Victoria, Australia. In: Bridging the digital divide and taking cartography at grassroots level : 25th INCA international congress, Sagar, Nov. 28 – Dec. 1, 2005. Ed.: Trivedi, R. K. – Ahmedabad: Indian National Cartographic Association 2005, p.98-102, 4 ill. (Indian cartographer ; 25.2005).

3905
La communauté urbaine de Bordeaux : Bordeaux, ville pionnière. In: IGN magazine. 28.2005, p.4-10, ill. ISSN 1624-9305.

3906
La région PACA : une longueur d'avance. In: IGN magazine. 25.2004, p.4-10, ill. ISSN 1624-9305.

3907
Le conservatoire du littoral : la nature restaurée. In: IGN magazine. 26.2004, p.4-10, ill. ISSN 1624-9305.

3908
Le référentiel à grande échelle : l'avenir géoréférencé. In: IGN magazine. 24.2004, p.4-13, ill. ISSN 1624-9305.

3909
Li, Chaokui; Zhu, Qing; Zhang, Yeting; Huang, Duo; Zhao, Jie; Chen, Songlin: Spatial decision support applications based on three-dimensional city models. In: Geo-spatial information science : quarterly = Diqiu-kongjian-xinxi-kexue-xuebao. 7.2004,2, p.135-143, 10 ill. ISSN 1009-5020.

3910
Liu, Yanfang; Ren, Zhouqiao: Cultivated land compensation model based on five-tuple array. In: Geomatics and information science of Wuhan University. 29.2004,6, p.475-478 + p.487, 2 ill., 1 tab. [Chin. with Engl. rés.]. ISSN 1671-8860; 1000-050X.

3911
Lucchesi, Fabio: L'identità dei luoghi e la dimensione del tempo nella topografia. In: Bollettino della Associazione Italiana di Cartografia. 42.2005,123/125, p.25-37, 6 ill. The identity of places and the temporal dimension in topography. [Ital. with Engl. rés.]. ISSN 0044-9733.

3912
Moisuc, Bogdan; Davoine, Paule-Annick; Gensel, Jérôme; Martin, Hervé: Design of spatio-temporal information systems for natural risk management with an object-based knowledge representation approach. In: Geomatica. 59.2005,4, p.401-413, 10 ill. ISSN 1195-1036.

3913
Pendse, Sachin S.: Cartography as a tool in study of dredging. In: Bridging the digital divide and taking cartography at grassroots level : 25th INCA international congress, Sagar, Nov. 28 – Dec. 1, 2005. Ed.: Trivedi, R. K. – Ahmedabad: Indian National Cartographic Association 2005, p.255-258, 6 ill. (Indian cartographer ; 25.2005).

3914
Pennober, Gwenaëlle; Giraudet, Immanuel; Giraudet, Jacqueline; Madec-Cuq, Véronique; Gourmelon, Françoise; Simao da Silva, Alfredo; Campredon, Pierre: Planification côtière en Afrique de l'Ouest : retour d'expérience SIG en Guinée-Bissau. In: Géographie du littoral : approche géomatique. Textes réunis par Serge Suanez. – Rennes: Presses Universitaires <Rennes> 2005, p.67-79, 4 ill., 1 tab. (Norois : revue géographique des universités de l'Ouest ; environnement, aménagement, société ; 196.2005). [Themenheft der Zeitschrift:; ; ; ; ; Norois : revue géographique des universités de l'Ouest ; environnement, aménagement, société. 196.2005].

3915
Poli, Daniela: Rappresentazione identitaria e processi storici di territorializzazione. In: Bollettino della Associazione Italiana di Cartografia. 52.2005,123/125, p.39-57, 11 ill. Identitarian representation and historical processes of territorialisation. [Ital. with Engl. rés.]. ISSN 0044-9733.

3916
Pradhan, D. K.: Role of cartography in disaster management. In: Bridging the digital divide and taking cartography at grassroots level : 25th INCA international congress, Sagar, Nov. 28 – Dec. 1, 2005. Ed.: Trivedi, R. K. – Ahmedabad: Indian National Cartographic Association 2005, p.158-160, 2 ill. (Indian cartographer ; 25.2005).

3917
Püschel, Rudolf: Die digitale Flurkarte im öffentlichen Baurecht : Teil 2: Verwendung der digitalen Flurkarte im öffentlichen Baurecht. In: Mitteilungen des DVW-Bayern e.V. 57.2005,1, p.87-112, 4 ill. ISSN 0723-6336.

3918
Raheja, Jagdish Lal; Raghunath, S.: Scenario management for the Public Distribution System. In: Bridging the digital divide and taking cartography at grassroots level : 25th INCA international congress, Sagar, Nov. 28 – Dec. 1, 2005. Ed.: Trivedi, R. K. – Ahmedabad: Indian National Cartographic Association 2005, p.299-304, 8 ill., 1 tab. (Indian cartographer ; 25.2005).

3919
Rajabifard, A.; Binns, A.; Williamson, Ian: Administering the marine environment – the spatial dimension. In: Journal of spatial science. 2.2005, p.69-78, 3 ill., 1 tab.

3920
Roche, Stéphane; Caron, Claude; Larfouilloux, Julien: La géomatique dans le cyberespace municipal Québécois. In: Geomatica. 59.2005,2, p.131-148, 4 ill., 3 tab., 4 mp. ISSN 1195-1036.

3921
Singh, R. B.: Advent of modern cartography in nautical charting. In: Bridging the digital divide and taking cartography at grassroots level : 25th INCA international congress, Sagar, Nov. 28 – Dec. 1, 2005. Ed.: Trivedi, R. K. – Ahmedabad: Indian National Cartographic Association 2005, p.248-252 (Indian cartographer ; 25.2005).

3922
Srinivas, P. V.: Village information system. In: Bridging the digital divide and taking cartography at grassroots level : 25th INCA international congress, Sagar, Nov. 28 – Dec. 1, 2005. Ed.: Trivedi, R. K. – Ahmedabad: Indian National Cartographic Association 2005, p.276-278 (Indian cartographer ; 25.2005).

3923
Stabel, Edith: Satellitenbasierte Analyse der Morphodynamik großer Fließgewässer als Teil einer integrierten Hochwasservorsorge : am Beispiel des Oderhochwassers 1997. Ed.: Universität des Saarlandes <Saarbrücken>. – Saarbrücken: Selbstverlag 2005, 126 p., ill., mp. (Saarbrücker geographische Arbeiten ; 50). [Zsfassung in dt., engl., franz. und poln. Sprache; Zugl.: Saarbrücken, Univ., Diss., 2004] ISBN 3-924525-50-1.

3924
Stalin, M.; Nagarajan, B.: Challenges in post-tsunami large scale mapping to depict changes in Tamil Nadu and Pondicherry Coast. In: Bridging the digital divide and taking cartography at grassroots level : 25th INCA international congress, Sagar, Nov. 28 – Dec. 1, 2005. Ed.: Trivedi, R. K. – Ahmedabad: Indian National Cartographic Association 2005, p.239-242, 3 ill. (Indian cartographer ; 25.2005).

3925
Szendrő, Dénes: Digitális térképek szerepe a II. nemzeti fejlesztési tervben. In: Geodézia és kartográfia. 57.2005,12, p.8-11 Digital maps in the second national development plan. [Hung. with Engl. rés.]. ISSN 0016-7118.

3926
Tang, Xu; Liu, Yaolin; Wang, Pucha: Spatial analysis method for monitoring land value dynamically. In: Geomatics and information science of Wuhan University. 29.2004,6, p.517-520 + p.524, 6 ill., 2 tab. [Chin. with Engl. rés.]. ISSN 1671-8860; 1000-050X.

3927
Thomas, T.; Jaiswal, R. K.; Bhar, A. K.: Estimation of SCS-CN for run-off prediction of a watershed using remote sensing techniques. In: Bridging the digital divide and taking cartography at grassroots level : 25th INCA international congress, Sagar, Nov. 28 – Dec. 1, 2005. Ed.: Trivedi, R. K. – Ahmedabad: Indian National Cartographic Association 2005, p.226-231, 4 ill., 3 tab. (Indian cartographer ; 25.2005).

3928
Uehlein, Ulrich: Das Planzeichen als visuelle Variable : ein Beitrag zur theoretischen Fundierung und methodischen Operationalisierung der kartographischen Informationscodierung in der raumbezogenen Umweltplanung. – Berlin: Mensch & Buch Verl. 2005, 224 p., ill., mp. [Zugl.: Berlin, Techn. Universität, Diss.] ISBN 3-86664-002-1.

3929
Vasardani, Maria; Flewelling, Douglas: Cascading web map servers and GIS web services for emergency response management. In: Geomatica. 59.2005,4, p.435-444, 6 ill. ISSN 1195-1036.

3930
Verma, Mohit; Singh, R. M.; Adil, S. H.; Jain, V.: Use of GIS in planning & monitoring. In: Bridging the digital divide and taking cartography at grassroots level : 25th INCA international congress, Sagar, Nov. 28 – Dec. 1, 2005. Ed.: Trivedi, R. K. – Ahmedabad: Indian National Cartographic Association 2005, p.123-125, 1 ill. (Indian cartographer ; 25.2005).

3931
Volman, Rainer: Einsatz digitaler 3D-Daten inder Basler Nutzungsplanung. In: Geomatik Schweiz : Geoinformation und Landmanagement. 103.2005,6, p.354-355, 3 ill. ISSN 0252-9424; 1660-4458.

3932
Yeh, Anthony Gar-on; Li, Xia: Integration of neural networks and cellular automata for urban planning. In: Geo-spatial information science : quarterly = Diqiu-kongjian-xinxi-kexue-xuebao. 7.2004,1, p.6-13, 6 ill. ISSN 1009-5020.

3933
Yu, Jie; Pietrzak, Ursula; Peterson, Jim: Land-parcel land-use history as a key to site selection for documenting soil contamination risk : a case study from Australian suburbia. In: Geo-spatial information science : quarterly = Diqiu-kongjian-xinxi-kexue-xuebao. 8.2005,4, p.257-261 + 275, 4 ill., 1 tab. ISSN 1009-5020.

School cartography / Schulkartographie / Cartographie scolaire

3934
Barth, Hans Karl; Oppermann, Tobias: Landschaft erfahren – erkennen – erleben : auf dem GPS Karst-Lehrpfad der Paderborner Hochfläche. In: Geographische Rundschau. 57.2005,5, p.60-62, 4 ill.

3935
Baulch, Samantha; MacDonald, Ronald: Cybercartography for education : the case of the Cybercartographic Atlas of Antarctica. – 1. ed. In: Cybercartography : theory and practice. Ed.: Taylor, David Ruxton Fraser. – Amsterdam: Elsevier Science 2005, p.491-515, 3 ill., 3 tab. (Modern cartography ; 4).

3936
Boldt, Kai-W.; Lechner, Marco; Zeh, Martin; Glaser, Rüdiger: Virtuelle Realität in den Geowissenschaften : interaktives E-Learning auf der Basis von Geodaten und photorealer 3D-Visualisierung. In: Kartographische Nachrichten : KN ; Fachzeitschrift für Geoinformation und Visualisierung ; Organ der Deutschen Gesellschaft für Kartographie e.V., der Schweizerischen Gesellschaft für Kartographie und der Österreichischen Kartographischen Kommission in der Österreichischen Geographischen Gesellschaft. 55.2005,2, p.70-75, 5 ill. ISSN 0022-9164.

3937
Brink, Lowie: De aardrijkskundige wandkaarten van uitgeverij W.J. Thieme & Cie. In: Geo-Info : tijdschrift voor Geo-Informatie Nederland, GIN. 2.2005,9, p.410-417,10 ill, 1 tab. The geographical wall maps from WJ Thieme & Cie Publishers. [Dutch with Engl. and French rés.]. ISSN 1572-5464.

3938
Brink, Lowie: De Nederlandse schoolwandkaarten uitgerold: Een en al ontwikkelingen vanaf 1820. In: De wereld tussen twee stokken : de geschiedenis van de Nederlandse schoolwandkaarten. Ed.: Brink, Lowie; Holl, Lucy. – Nijmegen: Antiquariaat De Wereld aan de Wand 2005, p.3-40, 18 ill., 1 tab. The Dutch school wall maps unfolded : developments since 1820. [Dutch].

3939
Brink, Lowie: De Schoolkart van Insulinde van R. Schuiling : een overzicht van de Indische cartografie in 1898 op vijf m^2. In: De wereld tussen twee stokken : de geschiedenis van de Nederlandse schoolwandkaarten. Ed.: Brink, Lowie; Holl, Lucy. – Nijmegen: Antiquariaat De Wereld aan de Wand 2005, p.67-76, 4 ill., 1 portr. R. Schuiling's Schoolkaart van Insulinde : a survey of the cartography in the Dutch East Indies in 1898 on five m^2. [Dutch].

3940
Brink, Lowie: Een zee zo zwart als de nacht : de geologische schoolwandkaart van Noord-Holland van W. Kloeke. In: De wereld tussen twee stokken : de geschiedenis van de Nederlandse schoolwandkaarten. Ed.: Brink, Lowie; Holl, Lucy. – Nijmegen: Antiquariaat De Wereld aan de Wand 2005, p.77-82, 5 ill. A sea as black as the night : the geological school wall map of North Holland by W. Kloeke. [Dutch with Engl. rés.].

3941
Brink, Lowie: 'Herzien door K. Zeeman' : het verhaal van de gedreven schoolkartograaf. In: De wereld tussen twee stokken : de geschiedenis van de Nederlandse schoolwandkaarten. Ed.: Brink, Lowie; Holl, Lucy. – Nijmegen: Antiquariaat De Wereld aan de Wand 2005, p.48-54, 5 ill. 'Revised by K. Zeeman' : the story of the zealous school cartographer. [Dutch with Engl., and French rés.].

3942
Brink, Lowie: Roelf Bos uit de schaduw van Pieter Roelf Bos: Vergeten vernieuwer van het aardrijkskunde-onderwijs rond 1900. In: De wereld tussen twee stokken : de geschiedenis van de Nederlandse schoolwandkaarten. Ed.: Brink, Lowie; Holl, Lucy. – Nijmegen: Antiquariaat De Wereld aan de Wand 2005, p.55-58, 4 ill. Roelf Bos. [Dutch].

3943
Brink, Lowie; Holl, Lucy: De aardrijkskundige wandkaarten van Noordhoff en Wolters : van de ene herdruk naar de andere. In: De wereld tussen twee stokken : de geschiedenis van de Nederlandse schoolwandkaarten. Ed.: Brink, Lowie; Holl, Lucy. – Nijmegen: Antiquariaat De Wereld aan de Wand 2005, p.41-47, 3 ill. 2 tab. The geographic wall charts of Noordhoff en Wolters : from one reprint to the next. [Dutch with Engl. and French rés.].

3944
Brink, Lowie; Holl, Lucy: De aloude Moederkerk aan stokken : Van Luyns schoolwandkaart van katholiek Nederland. In: De wereld tussen twee stokken : de geschiedenis van de Nederlandse schoolwandkaarten. Ed.: Brink, Lowie; Holl, Lucy. – Nijmegen: Antiquariaat De Wereld aan de Wand 2005, p.89-90, 3 ill. The ancient mother church on sticks : Van Luyns school wall map of the Catholic Netherlands. [Dutch].

3945
Brink, Lowie; Holl, Lucy: Mijlpaal of mislukking? Een gewaagd experiment van uitgeverij Ten Brink in de onderwijskartografie. In: De wereld tussen twee stokken : de geschiedenis van de Nederlandse schoolwandkaarten. Ed.: Brink, Lowie; Holl, Lucy. – Nijmegen: Antiquariaat De Wereld aan de Wand 2005, p.83-86, 4 ill. Landmark or failure? A risky experiment of publisher Ten Brink in educational cartography. [Dutch with Engl. rés.].

3946
Brink, Lowie; Holl, Lucy: Schoolkarten vol plaatjes : Aardrijkskunde-onderwijs met de methode Bakker en Rusch. In: De wereld tussen twee stokken : de geschiedenis van de Nederlandse schoolwandkaarten. Ed.: Brink, Lowie; Holl, Lucy. – Nijmegen: Antiquariaat De Wereld aan de Wand 2005, p.87-88, 3 ill. School maps full of images : geography teaching with the method Bakker and Rusch. [Dutch].

3947
Brunner-Friedrich, Beatrix: InMuKIS : Konzept eines benutzergruppenangepassten interaktiven multimedialen kartographischen Informationssystems für die Schule zur Präsentation raumbezogener Informationen. – Wien: 2005, 289 p. [Diss. TU Wien].

3948
Bullinger, Roland; Hieber, Ulrich; Lenz, Thomas: Japans Industrie braucht Platz : die thematische Karte "Kobe – Neulandgewinnung" im Medienverbund. In: Thematische Karten. – Seelze: Friedrich 2005, p.27-31, 5 ill. (Geographie heute : Themen, Modelle, Materialien für die Unterrichtspraxis aller Schulstufen ; 26.2005,229). [Zugl.: Geographie heute : Themen, Modelle, Materialien für die Unterrichtspraxis aller Schulstufen. 26.2005,229].

3949
Calandra, Lina Maria: Luoghi nel tempo: cartografia e didattica della geografia nell'esempio dell'Abruzzo. In: Bollettino della Associazione Italiana di Cartografia. 42.2005,123/125, p.129-146, 1 ill., 5 tab. Places in time: cartography and teaching geography in Abruzzo. ISSN 0044-9733.

3950
Candura, Anna Rosa: Utilizzo del free GIS nella didattica : possibili applicazioni del CLC. In: Bollettino della Associazione Italiana di Cartografia. 42.2005,123/125, p.361-370, 2 ill. Use of free GIS in the didactics : possible applications of the CLD. [Ital. with Engl. rés.]. ISSN 0044-9733.

3951
Cannarozzo, Renato; Cucciarini, Lanfranco; Meschieri, William: Carte, misure, rilievi. – Bologna: Zanichelli 2004, Consists of two vol. Maps, measures, reliefs. [Ital.].

3952
De wereld tussen twee stokken : de geschiedenis van de Nederlandse schoolwandkaarten. Ed.: Brink, Lowie; Holl, Lucy. – Nijmegen: Antiquariaat De Wereld aan de Wand 2005, 95 p., ill. + 1 CD-ROM. The world between two sticks : the history of the Dutch school wall maps. [Dutch]. [CD-ROM enth.: Karten und Kartenausschnitte] ISBN 90-9020052-5; 978-90-9020052-1.

3953
Diercke-Drei-Handbuch : Materialien, Methoden und Modelle zum Diercke-Drei-Universalatlas ; [Erdkunde, Geschichte, Sozialkunde, Religionen, Sprachen, Naturwissenschaften]. By: Felsch, Matthias; Michael, Thomas. – Braunschweig: Westermann 2002. [Literaturangaben] ISBN 3-14-190670-X; 978-3-14-190670-7.

3954
Fortna, Benjamin C.: Change in the school maps of the late Ottoman Empire. In: Imago Mundi : the international journal for the history of cartography. 57.2005,1, p.23-34, 4 ill., 1 plate. [Engl. with French, Germ. and Span. rés.]. ISSN 0308-5694.

3955
Golay, David: "Harter" oder "sanfter" Tourismus?. In: Thematische Karten. – Seelze: Friedrich 2005, p.22-26, 5 ill., 1 tab (Geographie heute : Themen, Modelle, Materialien für die Unterrichtspraxis aller Schulstufen ; 26.2005,229).

3956
Harbeck, Rolf: Innovationen in Aus- und weiterbildung mit Geoinformationssystemen : eine Nachlese zur gleichnamigen Tagung am 2./3. Juni 2005 in Potsdam. In: Kartographische Nachrichten : KN ; Fachzeitschrift für Geoinformation und Visualisierung ; Organ der Deutschen Gesellschaft für Kartographie e.V., der Schweizerischen Gesellschaft für Kartographie und der Österreichischen Kartographischen Kommission in der Österreichischen Geographischen Gesellschaft. 55.2005,4, p.208-210, 2 ill., 1 tab. ISSN 0022-9164.

3957
Henebichler, Wolfgang: Digitale kartographische Ausdrucksformen im Schulunterricht : technische Umsetzung eines Hyperglobus mittels Shockwave 3D. – Wien: 2005, IX, 145 p., 46 ill. + 1 CD. [Dipl. Arb. Univ. Wien].

3958
Hüttermann, Armin: Karte und Atlas. In: Erdkunde-Didaktik : Praxishandbuch für die Sekundarstufe I und II. Ed.: Schallhorn, Eberhard. – Berlin: Cornelsen Verlag Scriptor 2004, p.199-205.

3959
Hüttermann, Armin: Streifenkarten – selbst erstellt : Schüler zeichnen Kartenskizzen auf der Grundlage eigener Beobachtungen. In: Thematische Karten. – Seelze: Friedrich 2005, p.14-18, 6 ill. (Geographie heute : Themen, Modelle, Materialien für die Unterrichtspraxis aller Schulstufen ; 26.2005,229). [Zugl.: Geographie heute : Themen, Modelle, Materialien für die Unterrichtspraxis aller Schulstufen. 26.2005,229].

3960
Kleeman, Grant; Hutchinson, Nick: Maps in classrooms. In: The Globe. 57.2005, p.1-12, 1 ill. ISSN 0311-3930.

3961
Korevaar, Willem; van der Schee, Joop: Modern aardrijkskundeonderwijs met GIS op de kaart gezet. In: Geografie. 13.2004,9/10, p.44-46, 1 ill., 1 mp. Modern geography lessons with GIS on the map. [Dutch]. ISSN 0926-3837.

3962
Kühne, Olaf: Interpretation und Manipulation in der thematischen Kartographie : Schüler überprüfen Kartenaussagen. In: Thematische Karten. – Seelze: Friedrich 2005, p.32-37, 6 ill. (Geographie heute : Themen, Modelle, Materialien für die Unterrichtspraxis aller Schulstufen ; 26.2005,229). [Zugl.: Geographie heute : Themen, Modelle, Materialien für die Unterrichtspraxis aller Schulstufen. 26.2005,229].

3963
Laubscher, Raphael; Tschachtli, Eduard: Geodaten – warum und wie Menschen die Erde vermessen. – Zug: Klett u. Balmer 2004, 33 p., ill., mp. ISBN 3-264-83515-0; 978-3-264-83515-1.

3964
Lenz, Thomas: Story Maps : Einführung in das Verständnis thematischer Karten. In: Thematische Karten. – Seelze: Friedrich 2005, p.11-13, 3 ill. (Geographie heute : Themen, Modelle, Materialien für die Unterrichtspraxis aller Schulstufen ; 26.2005,229). [Zugl.: Geographie heute : Themen, Modelle, Materialien für die Unterrichtspraxis aller Schulstufen. 26.2005,229].

3965
Lenz, Thomas: Thematische Karten im Geographieunterricht. In: Thematische Karten. – Seelze: Friedrich 2005, p.2-9, 8 ill. (Geographie heute : Themen, Modelle, Materialien für die Unterrichtspraxis aller Schulstufen ; 26.2005,229). [Zugl.: Geographie heute : Themen, Modelle, Materialien für die Unterrichtspraxis aller Schulstufen. 26.2005,229].

3966
Lenz, Thomas: Thematische Karten in multimedialen Lernumgebungen : interaktive Kartographie am Beispiel Erzbergbau Carajás. In: Thematische Karten. – Seelze: Friedrich 2005, p.19-21, 9 ill. (Geographie heute : Themen, Modelle, Materialien für die Unterrichtspraxis aller Schulstufen ; 26.2005,229). [Zugl.: Geographie heute : Themen, Modelle, Materialien für die Unterrichtspraxis aller Schulstufen. 26.2005,229].

3967
Lieb, Gerhard Karl; Pietsch, Marlies; Pirker, Dieter: "Schulatlas Steiermark" : ein neues Kooperationsprojekt zur Erarbeitung von Unterrichtsmaterialien für Schulen. In: Grazer Mitteilungen der Geographie und Raumforschung. 36.2005, p.17-19, 2 tab.

3968
Oberoi, G.S.: Map awareness mission (use maps, they are invaluable) : topographical maps in education. In: Indian Surveyor : the journal of the institution of surveyors. 58(93).2004,1, p.26-29. ISSN 0970-3470.

3969
Oberschelp, Arnold: Ein astronomischer Erdglobus. In: Sterne und Weltraum : SuW ; Zeitschrift für Astronomie. 41.2002,8, p.79-81, 5 ill. ISSN 0039-1263.

3970
Papotti, Davide; Walsh, Rachel A.: Il ruolo della cartografia nell'insegnamento della lingua italiana come L2: una rassegna dei libri di testo per gli studenti universitari negli Stati Uniti. In: Bollettino della Associazione Italiana di Cartografia. 42.2005,123/125, p.105-118, 6 ill. The role of cartography in learning Italian as a second language: a review of textbooks for university students in the U.S.A. [Ital. with Engl. rés.]. ISSN 0044-9733.

3971
Plank, Irmgard: Problematik der Globenbild-Erstellung für virtuelle Globen : gezeigt anhand der Faksimilierung eines historischen Globus und der Umsetzung von Globenbildern für einen virtuellen Globus für Unterrichtszwecke. – Wien: 2005, 120 p., 67 ill., 12 tab. [Dipl. Arb. Univ. Wien].

3972
Reitinger, Franz: The persuasiveness of cartography : Michel Le Nobletz (1577-1652) and the School of Le Conquet (France). In: Cartographica : the international journal for geographic information and geovisualization. 40.2005,3, p.79-103, 5 ill. ISSN 0340-0654; 0317-7173.

3973
Sarno, Emilio: La cartografia e l'educazione alla modellizzazione. In: Bollettino della Associazione Italiana di Cartografia. 42.2005,123/125, p.119-128, 4 ill. Cartography and education for modeling. ISSN 0044-9733.

3974
Schwab, Andreas; Kussmaul, Gabriele: Thematische Karten mit GIS erstellen und auswerten : Anregungen für eine Untersuchung der Bevölkerungsentwicklung im Nahraum (Beispiel Bodensee-Oberschwaben). In: Thematische Karten. – Seelze: Friedrich 2005, p.38-45, 4 ill. (Geographie heute : Themen, Modelle, Materialien für die Unterrichtspraxis aller Schulstufen ; 26.2005,229). [Zugl.: Geographie heute : Themen, Modelle, Materialien für die Unterrichtspraxis aller Schulstufen. 26.2005,229].

3975
Tarabocchia, Cesare: Un GIS quale metodo di lavoro nello studio del territorio da parte di una scuola media. In: Bollettino della Associazione Italiana di Cartografia. 42.2005,123/125, p.535-540, 7 ill. GIS as working method in studying space : a media school experience. [Ital. with Engl. rés.]. ISSN 0044-9733.

3976
Thematische Karten. – Seelze: Friedrich 2005, 48 p., ill., mp. (Geographie heute : Themen, Modelle, Materialien für die Unterrichtspraxis aller Schulstufen ; 26.2005,229). [Themenheft].

3977
Trummer, Karl: Stumme Karte : Bäche und Ortschaften des mittleren Burgenlandes. In: Geographisches Jahrbuch Burgenland. 2005, p.232-236, 4 ill.

3978
Wallert, Werner: "Was kosten 0,5 Liter Pilsner Urquell?" : Dokumentation einer Kartierung von Bierpreisen in Prag. In: Thematische Karten. – Seelze: Friedrich 2005, p.46-47, 1 ill. (Geographie heute : Themen, Modelle, Materialien für die Unterrichtspraxis aller Schulstufen ; 26.2005,229). [Zugl.: Geographie heute : Themen, Modelle, Materialien für die Unterrichtspraxis aller Schulstufen. 26.2005,229].

Tourist mapping / Tourismuskartographie / Cartographie touristique

3979
Benker, Uli: GPS : Praxisbuch und Ratgeber für die GPS-Navigation auf Outdoor-Touren. – München: Bruckmann 2005, 192 p., ill., mp. – 1. Aufl. ISBN 3-7654-4252-6.

3980
Chakraborty, Premangshu; Haque, Mafizul: Cartography and tourism industry – application of cartography at grass roots level. In: Bridging the digital divide and taking cartography at grassroots level : 25th INCA international congress, Sagar, Nov. 28 – Dec. 1, 2005. Ed.: Trivedi, R. K. – Ahmedabad: Indian National Cartographic Association 2005, p.305-308, 1 ill. (Indian cartographer ; 25.2005).

3981
Conseil général de l'Ariège : la BD Topo® en réseaux. In: IGN magazine. 22.2004, p.4-10, ill. ISSN 1624-9305.

3982
Edward, Mary Rosaline: Prospect of a cartographic tourist package. In: Bridging the digital divide and taking cartography at grassroots level : 25th INCA international congress, Sagar, Nov. 28 – Dec. 1, 2005. Ed.: Trivedi, R. K. – Ahmedabad: Indian National Cartographic Association 2005, p.296-298, 5 ill. (Indian cartographer ; 25.2005).

3983
Kolbe, Thomas H.; Schulz, Daniela; Plümer, Lutz: 3D-Beschriftung von Wegevideos für die Fußgängernavigation. In: Tagung 2004 / Arbeitsgruppe Automation in der Kartographie. Ed.: Bundesamt für Kartographie und Geodäsie <Deutschland>. – Frankfurt a.M.: Bundesamt für Kartographie und Geodäsie <Deutschland> 2005, p.59-70, 9 ill. (Mitteilungen des Bundesamtes für Kartographie und Geodäsie ; 34).

3984
Medyńska-Gulij, Beata: Powinności kartografa przy redakcji map turystycznych. In: Projektowanie i redakcja map = Map design and map compilation. Ed.: Uniwersytet Wrocławski. – Wrocław: Uniwersytet Wrocławski 2005, p.199-204, 3 ill. (Główne problemy współczesnej kartografii ; 2005) Cartographer duties in tourist map edition. [Pol. with Engl. res.].

3985
Ober, Emanuel A.: Optimierung von Nationalparkkarten : Anforderungen der Nationalparkverwaltungen und Nationalparkbesucher : exemplarische Umsetzung: Nationalparkkarte Donauauen. – Wien: 2005, XII, 92 p., 34 ill., 1 mp., 9 tab. [Dipl. Arb. Univ. Wien].

3986
Poppe, Eddie: Skatekaarten. In: Geo-Info : tijdschrift voor Geo-Informatie Nederland, GIN. 2.2005,9, p.430, 2 ill. Skater maps. [Dutch]. ISSN 1572-5464.

3987
Radoczky, Verena: Karten für Fußgängernavigation : kann die Bildung des mentalen Modells beeinflusst werden?. In: Angewandte Geoinformatik 2005 : Beiträge zum 17. AGIT-Symposium Salzburg. Ed.: Strobl, Josef; Blaschke, Thomas; Griesebner, Gerald. – Heidelberg: Herbert-Wichmann-Verlag 2005, p.568-573, 8 ill.

3988
Ridder, Detlef: Unterwegs mit GPS, Kompass & Höhenmesser. – Bonn: Bhv-Verlag 2005, 207 p., ill., mp. + 1 CD-ROM – 1. Aufl. ISBN 3-8266-7386-7.

3989
Simon, Doris; Schaab, Gertrud; Düpmeier, Clemens: Ein Kartendienst für die dynamische Erzeugung von Karten für den Themenpark Boden-Geologie-Natur. In: Kartographische Nachrichten : KN ; Fachzeitschrift für Geoinformation und Visualisierung ; Organ der Deutschen Gesellschaft für Kartographie e.V., der Schweizerischen Gesellschaft für Kartographie und der Österreichischen Kartographischen Kommission in der Österreichischen Geographischen Gesellschaft. 55.2005,4, p.187-193, 6 ill. ISSN 0022-9164.

3990
Špūraitė, Jurga: Visual perception of signs in tourist maps. In: Cartography and cartosemiotics : the selected problems of theoretical cartography 2003 : proceedings of a joint seminar of the ICA Commission on theoretical cartography and Centre for cartography, Vilnius University. Ed.: Wolodtschenko, Alexander; Česnulevičius, Algimantas; Beconytė, Giedre. – Vilnius: Vilnius University; Lithuanian Cartographic Society; International Cartographic Association 2004, p.75-87, 9 ill.

3991
Welkamp, Frans: Zakboek Kaart, Kompas, GPS. – Baarn: Tirion 2005, 94 p., ill., mp. Manual map, compass, GPS. [Dutch]. ISBN 90-439-0570-4; 978-90-439-0570-1.

3992
Wörz, Oskar: Kartenmenschen : Gedanken und Erinnerungen anlässlich einer kartografischen Reise. In: Alpenverein / Österreichischer Alpenverein. 60(130).2005,3, p.34-36, 6 ill.

5. Maps in Other Media Verwendung von Karten in anderen Medien Utilisation des cartes dans d'autres médias

3993
Casey, Edward S.: Earth-mapping : artists reshaping landscape. – Minneapolis: University of Minnesota Press 2005, XXIV, 242 p., ill. [Includes bibliographical references and index] ISBN 0-8166-4332-6; 0-8166-4333-4.

3994
Kozica, Kazimierz: Dawne mapy odbijane na jedwabiu. In: Polski przegląd kartograficzny. 37.2005,4, p.303-307 Ancient maps printed on silk. [Pol.]. ISSN 0324-8321.

3995
La Galleria delle carte geografiche in Vaticano = The Gallery of maps in the Vatican. Ed.: Malafarina, Gianfranco. Fotografie di Alessandro Angeli. – Modena: Librerie Panini 2005, 156 p., ill. (Mirabilia Italiae / Guide ; 5). [Ital. and Engl.].

3996
Nohr, Rolf F.: "Nun haben wir endlich in unserem Heim ein Fenster zur Welt" : Kartographien und Topographien des Fernsehens. In: TopoGraphien der Moderne : Medien zur Repräsentation und Konstruktion von Räumen. Ed.: Stockhammer, Robert. – München: 2005, p.383-401, 5 ill. (Trajekte : Zeitschrift des Zentrums für Literaturforschung Berlin).

3997
Tobé, Erik: Kompassrosor på frimärken. In: Kart & bildteknik : mapping and image science. 19.2004,3, p.14-17, 7 ill. Compass rose on stamps. ISSN 1651-792X.

3998
Wrona, Jerzy: Kartografia na etykietach zapałczanych. In: Polski przegląd kartograficzny. 36.2004,2, p.106-110, 6 ill. Cartography on matchbox labels. [Pol. with Engl. and Russ. rés.]. ISSN 0324-8321.

O. Regional Cartography Regionale Kartographie Cartographie régionale

1. General Features Allgemeines Généralités

3999
Enemark, Stig; Williamson, Ian; Wallace, J.: Building modern land administration systems in developed economies. In: Journal of spatial science. 2.2005, p.51-68, 3 ill., 3 tab.

4000
Shingareva, Kira B.; Zimbelman, Jim; Buchroithner, Manfred F.; Hargitai, Henrik I.: The realization of ICA Commission projects on planetary cartography. In: Cartographica : the international journal for geographic information and geovisualization. 40.2005,4, p.105-114, 5 ill. ISSN 0340-0654; 0317-7173.

2. Regions Regionen Régions

a. The World Welt Le monde

4001
Beck, Michael: Interaktive Visualisierung der Erde im Internet und Intranet. In: Geomatik Schweiz : Geoinformation und Landmanagement. 103.2005,12, p.665-668, 5 ill. ISSN 0252-9424; 1660-4458.

4002
Dorling, Danny: New maps of the world, its people, and their lives. In: The Bulletin of the Society of Cartographers. 39.2005,1-2, p.35-40, 12 ill. ISSN 0036-1984.

4003
Hong-Schunka, S. M.; Ptak, Roderich: Die koreanische Weltkarte in St. Ottilien : ein Beitrag zur Kartographie des Ferdinand Verbiest. In: Zeitschrift der Deutschen Morgenländischen Gesellschaft : ZDMG. 154.2004,1, p.201-218, 2 ill. ISSN 0341-0137.

b. Oceans and Seas Ozeane und Meere Les océans et les mers

4004
Avtar, Harvinder: Electronic navigational charts-features and advantages. In: Indian Surveyor : the journal of the institution of surveyors. 58(93).2004, p.30-37, 4 ill., 1 tab. ISSN 0970-3470.

4005
Bodenstein, Wulf: Pictures at a gallery I : La mer. Terreur et fascination = The sea. Fright and fascination. In: BIMCC newsletter / Brussels International Map Collectors' Circle. 22.2005, p.4, 1 ill. ISSN 1379-3306.

4006
Bučo, Igor; Cigrovski-Detelić, Brankica: Geodätische Arbeiten bei der Urbanisierung von Buchten. In: Allgemeine Vermessungs-Nachrichten : AVN ; Zeitschrift für alle Bereiche des Vermessungswesens. 112.2005,11-12, p.3-62-372, 2 ill., 8 tab. ISSN 0002-5968.

4007
Cotonnec, Adeline; Fournier, Jérôme; Gouery, Pascal; Mokrani, Mouna; Anselme, Brice; Dréau, Alain; Dubreuil, Vincent; Panizza, Andrea C.; Talec, Pascal: Utilisation de données SPOT5 pour la cartographie des habitats bentiques littoraux : application à l'archipel des île Chausey (golfe normand-breton, France). In: Géographie du littoral : approche géomatique. Textes réunis par Serge Suanez. – Rennes: Presses Universitaires <Rennes> 2005, p.37-50, 6 ill., 4 tab. (Norois : revue géographique des universités de l'Ouest ; environnement, aménagement, société ; 196.2005). [Themenheft der Zeitschrift: Norois : revue géographique des universités de l'Ouest ; environnement, aménagement, société. 196.2005].

4008
Grothenn, Dieter: Standardisierung geographischer Namen in den deutschen Küstengewässern. In: Kartographische Nachrichten : KN ; Fachzeitschrift für Geoinformation und Visualisierung ; Organ der Deutschen Gesellschaft für Kartographie e.V., der Schweizerischen Gesellschaft für Kartographie und der Österreichischen Kartographischen Kommission in der Österreichischen Geographischen Gesellschaft. 55.2005,3, p.125-129, 4 ill. ISSN 0022-9164.

4009
How to keep your Admiralty charts up-to-date. Ed.: Great Britain / Hydrographic Office. – Taunton: Great Britain / Hydrographic Office 2005, 56 p., ill., mp. – 3rd ed. (NP : Admiralty charts and publications ; 294). ISBN 0-7077-1521-0.

4010
Karstkarel, Nanka: Changes in shelf ice extent in West Antarctica between 1840 and 1960 : analysing historical maps in a Geographical Information System. Ed.: Arctisch Centrum <Groningen>. – Groningen: Arctisch Centrum <Groningen> 2005, X, 170 p., ill., mp. (Circumpolar studies ; 3). [Zugl.: @Groningen, Univ., Diss., 2005] ISBN 90-77922-04-0.

4011
Kim, Shim: The name and limit of the East Sea. – Seoul: Jiyoungsa 2005, 396 p., ill., mp. – 1. ed. [Includes bibliographical references] ISBN 89-7555142-3.

4012
Le Berre, Iwan; Hénaff, Alain; Devogèle, Thomas; Mascret, Ariane; Wenzel, Franck: SPOT5 : un outil pertinent pour le suivi du trait de côte?. In: Géographie du littoral : approche géomatique. Textes réunis par Serge Suanez. – Rennes: Presses Universitaires <Rennes> 2005, p.23-35, 7 ill., 4 tab. (Norois : revue géographique des universités de l'Ouest ; environnement, aménagement, société ; 196.2005). [Themenheft der Zeitschrift:; ; ; ; Norois : revue géographique des universités de l'Ouest ; environnement, aménagement, société. 196.2005].

4013
Louvart, L.; Grateau, C.: Le projet Litto3D. In: 22e Conférence cartographique internationale, La Corogne 9-16 Juillet 2005. 2005, p.30-37, 8 ill. (Le Monde des Cartes : revue du Comité Français de Cartographie ; 186.2005).

4014
Milli, Manuela; Nobili, Alessandro; Surace, Luciano: La rappresentazione del fondo marino nella cartografia nautica e terrestre. In: Bollettino della Associazione Italiana di Cartografia. 42.2005,123/125, p.159-169, 14 ill. The representation of marine floor in nautical and terrestrial cartography. ISSN 0044-9733.

4015
Rajabifard, A.; Binns, A.; Williamson, Ian: Administering the marine environment – the spatial dimension. In: Journal of spatial science. 2.2005, p.69-78, 3 ill., 1 tab.

4016
Schäfer, Dirk; Domrös, Manfred: Der Indische Ozean im globalen Zirkulationsgeschehen : Darstellungen im Atlas, als Kartenbeilage und mit einem WebGIS. In: Geographische Rundschau. 57.2005,4, p.66-70, 4 ill., 1 mp.-suppl.

4017
Vatsa, G.S.; Singh, Umesh K.: Indian electronic navigational charts marching towards self-reliance. In: Cartographic technologies for water, land and infrastructure development : XXIV INCA international congress, Kolkata, October 6 – 9, 2004 ; [... important contributions presented at the XXIV INCA International Congress on the Theme "Cartographic Technologies for Water, Land and Infrastructure Development"...]. Ed.: Dasgupta, Ajit Kumar. – Hyderabad: Indian National Cartographic Association 2005, p.503-506, 3 ill., 1 tab. (Indian cartographer ; 24.2004).

c. Africa
Afrika
L'Afrique

4018
Illert, Andreas: Erfassung, Verwaltung und Standardisierung geographischer Namen in Afrika : Trainingskurse der Vereinten Nationen in Khartum und Maputo. In: Kartographische Nachrichten : KN ; Fachzeitschrift für Geoinformation und Visualisierung ; Organ der Deutschen Gesellschaft für Kartographie e.V., der Schweizerischen Gesellschaft für Kartographie und der Österreichischen Kartographischen Kommission in der Österreichischen Geographischen Gesellschaft. 55.2005,2, p.87-88, 2 ill. ISSN 0022-9164.

Algeria / Algerien / Algérie

4019
Rousseaux, Vanessa: Langage graphique et transmission du savoir : la C.A.O. In: Le Monde des Cartes : revue du Comité Français de Cartographie. 183.2005, p.36-44, 4 mp. ISSN 1634-3522.

Djibouti / Dschibuti / Djibouti

4020
Carrère, Jean: L'IGN à Djibouti. In: Du tropique au cercle polaire. Ed.: Institut Géographique National. – Paris: Institut Géographique National 2001, p.1-99, ill., mp. (Les cahiers historiques de l'IGN ; 2.2001).

Egypt / Ägypten / Égypte

4021
Arnaud, Jean-Luc: Un outil cartographique : le cadastre informatisé d'Alexandrie. In: Études alexandrines. 6.2002, p.159-175, 8 mp. ISSN 1110-6441.

4022
Barrucand, Marianne: Das Kairo Saladins. In: Saladin und die Kreuzfahrer : [Begleitband zur Sonderausstellung " Saladin und die Kreuzfahrer"]. Ed.: Wieczorek, Alfried; Fansa, Mamoun; Meller, Harald. – Mainz: Verlag Philipp von Zabern 2005, p.264-267, 1 ill., 1 mp. (Schriftenreihe des Landesmuseums für Natur und Mensch Oldenburg ; 17).

4023
Cavelti Hammer, Madlena: Die Carte topographique de l'Égypte des Ägypten-Feldzugs von Napoleon, 1798/99. In: Cartographica Helvetica : Fachzeitschrift für Kartengeschichte. 2005,31, p.21-30, 11 ill. ISSN 1015-8480.

4024
Domnick, Immelyn: Probleme sehen – Ansichtssache : Wahrnehmung von kartographischen Darstellungen als visuelle Kommunikationsmittel in der Entwicklungszusammenarbeit. Ed.: Institut für Geoforschung <Berlin>. – Berlin: Institut für Geoforschung <Berlin> 2005, VII, 215 p., ill., mp. – 1. Aufl. (Geo3-Forum ; 1). [Zugl.: Berlin, Freie Univ., Diss., 2005] ISBN 3-9809581-9-1.

4025
Szűcs, László: Földmérés és térképezés az ókori Egyiptomban. In: Geodézia és kartográfia. 57.2005,7, p.24-28, 7 ill. Surveying and mapping at the Ancient Egypt. [Hung. with Engl. rés.]. ISSN 0016-7118.

Ethiopia / Äthiopien / Éthiopie

4026
Slukan Altić, Mirela: Mirko Seljan (1871 - 1913). In: Cartographica Helvetica : Fachzeitschrift für Kartengeschichte. 2005,31, p.31-38, 7 ill., 2 portr. ISSN 1015-8480.

Ghana / Ghana / Ghana

4027
Brambilla, Chiara: Confini, cartografia e identità : l'esempio della frontiera coloniale tra Ghana e Togo. In: Bollettino della Associazione Italiana di Cartografia. 42.2005,123/125, p.285-296, 5 ill. Borders, cartography and identity : The case of the colonial frontier between Ghana and Togo. [Ital. with Engl. rés.]. ISSN 0044-9733.

Guinea-Bissau / Guinea-Bissau / Guinée-Bissau

4028
Borges, Klas Ernald: Att hitta rätt... In: Kart & bildteknik : mapping and image science. 19.2004,3, p.24-27, 2 ill. The right way to find ... [Swed.]. ISSN 1651-792X.

4029
Pennober, Gwenaëlle; Giraudet, Immanuel; Giraudet, Jacqueline; Madec-Cuq, Véronique; Gourmelon, Françoise; Simao da Silva, Alfredo; Campredon, Pierre: Planification côtière en Afrique de l'Ouest : retour d'expérience SIG en Guinée-Bissau. In: Géographie du littoral : approche géomatique. Textes réunis par Serge Suanez. – Rennes: Presses Universitaires <Rennes> 2005, p.67-79, 4 ill., 1 tab. (Norois : revue géographique des universités de l'Ouest ; environnement, aménagement, société ; 196.2005). [Themenheft der Zeitschrift:; ; ; ; ; Norois : revue géographique des universités de l'Ouest ; environnement, aménagement, société. 196.2005].

Kenya / Kenia / Kenya

4030
Lung, Tobias: Landbedeckungsänderungen im Gebiet "Kakamega Forest und assoziierte Waldgebiete" (Westkenia) : multispektrale Klassifikation von Landsat-Satellitenbilddaten und Auswertung mittels Methoden im Raster-GIS = Landcover change in the region of Kakamega Forest and associated forest areas (Westkenya). – Karlsruhe: Fachhochschule Karlsruhe, Hochschule für Technik, Fachbereich Geoinformationswesen 2004, XVI, 114 p., ill., mp. (Karlsruher geowissenschaftliche Schriften, Reihe A, Kartographie und Geographie ; 15). [Zugl.: Karlsruhe, Fachhochsch., Diplom-Arbeit, 2004; Zugl.: enthalten in Reihe BIOTA East Africa report, 3] ISBN 3-89063-017-0.

4031
Walter, Meike; Schaab, Gertud: WebGIS zur Unterstüßtzung von Online-Geodatenkatalogen : Realisierung für das BIOTA-Ostafrika-Projekt. In: Kartographische Nachrichten : KN ; Fachzeitschrift für Geoinformation und Visualisierung ; Organ der Deutschen Gesellschaft für Kartographie e.V., der Schweizerischen Gesellschaft für Kartographie und der Österreichischen Kartographischen Kommission in der Österreichischen Geographischen Gesellschaft. 55.2005,1, p.17-25, 7 ill., 3 tab. ISSN 0022-9164.

Morocco / Marokko / Maroc

4032
Chikhaoui, Mohamed; Bonn, Ferdinand; Bokoye, Amadou Idrissa: A spectral index for land degradation mapping using ASTER data : application to a semi-arid Mediterranean catchment. In: International journal of applied earth observation and geoinformation : JAG ; the official quarterly publication of the International Institute for Aerospace Survey and Earth Sciences (ITC). 7.2005,2, p.140-153, 10 ill., 5 tab. ISSN 0303-2434.

4033
Normes et spécifications techniques pour l'établissement des cartes géologiques au 1/50000 et 1/100000 du Maroc. By: Sadiqui, Mohammed. – Rabat: 2003, 130 p., ill. (Notes et mémoires du service géologique ; 430). ISBN 9981-886-20-3.

4034
Rousseaux, Vanessa: Langage graphique et transmission du savoir : la C.A.O. In: Le Monde des Cartes : revue du Comité Français de Cartographie. 183.2005, p.36-44, 4 mp. ISSN 1634-3522.

Mozambique / Mosambik / Mozambique

4035
Palmer, Hilary C.: Lieutnant H. E. O'Neill RN v. The Reverend W. P. Johnson: the controversy surrounding the true source of the Lujenda River: a late-nineteenth century example of science challenging instinct as the basis of "discovery". In: Terrae incognitae : the journal for the history of discoveries the official publication of the Society for the History of Discoveries. 36.2004, p.70-82, 5 ill. ISSN 0082-2884.

Nigeria / Nigeria / Nigeria

4036
Rothmaler, Eva: Ortsnamen in Borno (Nordnigeria). – Köln: Köppe 2003, IX, 247 p., mp. [Zugl.: Hamburg, Univ., Diss., 2002 u.d.T.: Rothmaler, Eva: Untersuchungen zu Ortsnamen in Borno (Nordnigeria)] ISBN 3-89645-465-X.

Republic of South Africa / Südafrika / Afrique du Sud

4037
Etherington, Norman: A false emptiness : how historians may have been misled by early nineteenth century maps of South-eastern Africa. In: Imago Mundi : the international journal for the history of cartography. 56.2004,1, p.67-86, 12 ill., 1 plate. [Engl. with French, Germ. and Span. rés.]. ISSN 0308-5694.

Togo / Togo / Togo

4038
Brambilla, Chiara: Confini, cartografia e identità : l'esempio della frontiera coloniale tra Ghana e Togo. In: Bollettino della Associazione Italiana di Cartografia. 42.2005,123/125, p.285-296, 5 ill. Borders, cartography and identity : The case of the colonial frontier between Ghana and Togo. [Ital. with Engl. rés.]. ISSN 0044-9733.

Tunisia / Tunesien / Tunisie

4039
Arnaud, Jean-Luc: Dresser un plan de Tunis au début des années 1860. In: Biographies et récits de vie. – Tunis: 2005, p.157-167, 2 ill. (Alfa. Maghreb et sciences sociales ; 2005).

4040
Rousseaux, Vanessa: Langage graphique et transmission du savoir : la C.A.O. In: Le Monde des Cartes : revue du Comité Français de Cartographie. 183.2005, p.36-44, 4 mp. ISSN 1634-3522.

d. The Americas
Amerika
L'Amérique

4041
Dean, William G.: Remapping the war of 1812 – 1814. In: Bulletin / Association of Canadian Map Libraries and Archives. 122.2005, p.17-26, 6 mp. ISSN 0840-9331.

Argentina / Argentinien / Argentine

4042
Lencinas, José D.: Native forest mapping in Patagonian Andes based on optical satellite imagery. In: Photogrammetrie, Fernerkundung, Geoinformation : PFG ; Organ der Deutschen Gesellschaft für Photogrammetrie und Fernerkundung e.V. 2005,2, p.147-156, 3 ill., 3 tab. ISSN 1432-8364.

4043
Martiníc Beros, Mateo: El Canal Beagle en un mapa del siglo XVII. In: Anales del Instituto de la Patagonia. – Punta Arenas: 0, p.7-13, ill. The canal Beagle on a map of the 17th century. [Span.].

4044
Tocho, Claudia; Vergos, Georgios S.; Sideris, Michael G.: A new marine geoid model for Argentina combining altimetry, shipborne gravity data and CHAMP/GRACE-type EGMs. In: Geodezja i kartografia : kwartalnik naukowy. 54.2005,4, p.177-189, 3 ill., 8 tab. [Engl. with Pol. rés.]. ISSN 0016-7134.

Brazil / Brasilien / Brésil

4045
Bähr, Hans-Peter; Philips, Jürgen; Jacomino, Sergio; Müller, Marina: Daseinsvorsorge und Katastersubstanz in Brasilien – von verbaler Grenzbeschreibung zum Koordinatenkataster. In: ZfV : Zeitschrift für Geodäsie, Geoinformation und Landmanagement. 130.2005,6, p.387-393, 3 ill. ISSN 1618-8950.

4046
Cartografia da conquista do território das Minas. By: Costa, Antônio Gilberto; Renger, Friedrich Ewald; Furtado, Júnia Ferreira; Santos, Márcia Maria Duarte do. – Belo Horizonte: UFMG 2004, 245 p., ill., mp. Cartography of the conquest of the Minas territory. [Port.]. ISBN 85-7041-386-6.

4047
Hurault, Jean; Frenay, Pierre: Sur la frontière Guyane – Brésil 1956 – 1961 – 1962 – 1991 : souvenirs et carnets de mission. – Paris: Institut Géographique National 2005, V, 154 p., ill. mp. (Les cahiers historiques de l'IGN ; 5).

4048
Kupčík, Ivan: Vývoj mapového znázornění Amazonie. In: K pramenům Amazonky. Ed.: Janský, Bohumír. – Praha: 2004, p.118-129, 10 mp. Development of the cartographical representation of Amazonia.

4049
Lenz, Thomas: Thematische Karten in multimedialen Lernumgebungen : interaktive Kartographie am Beispiel Erzbergbau Carajás. In: Thematische Karten. – Seelze: Friedrich 2005, p.19-21, 9 ill. (Geographie heute : Themen, Modelle, Materialien für die Unterrichtspraxis aller Schulstufen ; 26.2005,229). [Zugl.: Geographie heute : Themen, Modelle, Materialien für die Unterrichtspraxis aller Schulstufen. 26.2005,229].

Canada / Kanada / Canada

4050
Bajracharya, Sujan; Sideris, Michael G.: Density and gravity interpolation effects on Helmert geoid determination. In: Geodezja i kartografia : kwartalnik naukowy. 54.2005,2, p.51-68, 11 ill., 8 tab. [Engl. with Pol. rés.]. ISSN 0016-7134.

4051
Bédard, Yvan: Traité canadien de toponymie de langue française. – Saint-Nicolas, Québec: Ed. du Phalanstère 2003, 112p. [Includes bibliographical references (p. 107)] ISBN 2-9807848.

4052
Boyd, Diane: Using ArcIMS to provide an index/download web site for the orthophotographs for Southern Ontario. In: Bulletin / Association of Canadian Map Libraries and Archives. 123.2005, p.27-28, 1 ill. ISSN 0840-9331.

4053
Cardinal, Louis: Record of an ideal : Father Francesco Guiseppe Bressani's 1657 map of New France. In: The Portolan : the journal of the Washington Map Society. 61.2004, p.13-28, 8 ill. ISSN 1096-1925.

4054
Chrisman, Nicholas R.: Communities of scholars : places of leverage in the history of automated cartography. In: Auto-Carto 2005 : research symposium proceedings. 2005, p.425-433, 1 ill. (Cartography and geographic information science : an official journal of ACSM devoted to the advancement of cartography in all its aspects ; 32.2005,4).

4055
Eddy, Brian G.; Taylor, David Ruxton Fraser: Applying a Cybercartographic Human Interface (CHI) model to create a Cybercartographic Atlas of Canada's Trade with the World (CTW). – 1. ed. In: Cybercartography : theory and practice. Ed.: Taylor, David Ruxton Fraser. – Amsterdam: Elsevier Science 2005, p.517-540, 5 ill. (Modern cartography ; 4).

4056
Fotopoulos, G.; Sideris, M.G.: Spatial modeling and analysis of adjusted residuals over a network of GPS-levelling benchmarks. In: Geomatica. 59.2005,3, p.251-262, 10 ill., 3 tab. ISSN 1195-1036.

4057
Gray, Rick: Agroclimatic atlas of Alberta, 1971-2000: a review. In: Cartouche : the operational publication of the Canadian Cartographic Association. 58.2005, p.20-21. ISSN 1183-2045.

4058
Gruber, Walter; Slupetzky, Heinz: Gletscher-Monitoring : von terrestrischer Vermessung zu modernen Methoden der Fernerkundung anhand von Beispielen aus den Hohen Tauern und der Coast Range (B.C., Canada). In: Raumbilder im Wandel : 40 Jahre Geographie an der Universität Salzburg. Ed.: Breuste, Jürgen. – Salzburg: Universität Salzburg / Fachbereich für Geographie, Geologie und Mineralogie 2005, p.37-52, 18 ill. + 1 map-suppl. (Salzburger geographische Arbeiten ; 38).

4059
Hubbard, Mina: The woman who mapped the Labrador : the life and expedition diary of Mina Hubbard. Ed.: Buchanan, Roberta. Ed. by Roberta Buchanan. – Montreal [u.a.]: McGill-Queen's University Press 2005, XXI, 506 p., ill., mp. ISBN 0-7735-2924-1.

4060
Kingdon, Robert; Vaniček, Petr; Santos, Marcelo; Ellmann, Artu; Tenzer, Robert: Toward an improved orthometric height system for Canada. In: Geomatica. 59.2005,3, p.241-24912, 12 ill., 1 tab. ISSN 1195-1036.

4061
Larmour, Judy: Laying down the lines : a history of land surveying in Alberta. – Calgary: Brindle & Glass Publishing 2005, X, 325 p., ill., mp. ISBN 1-89714-202-1.

4062
Latifovic, Rasim; Fytas, Kostas; Chen, Jing; Paraszczak, Jacek: Assessing land cover change resulting from large surface mining development. In: International journal of applied earth observation and geoinformation : JAG ; the official quarterly publication of the International Institute for Aerospace Survey and Earth Sciences (ITC). 7.2005,1, p.29-48, 16 ill., 3 tab. ISSN 0303-2434.

4063
MacLaren, I. S.: Mapper of mountains : M.P. Bridgland in the Canadian Rockies, 1902 – 1930. Ed.: University <Calgary, Alberta>. – Edmonton, Alta.: University <Calgary, Alberta> 2005, XVII, 240 p., ill., mp. ISBN 0-88864-456-6.

4064
McKee, Susan: Remote Sensing issues at the Supreme Court of Canada. In: Bulletin / Association of Canadian Map Libraries and Archives. 123.2005, p.3-6. ISSN 0840-9331.

4065
Morphet, Patricia: Mapping Toronto's growth using building construction dates. In: Cartouche : the operational publication of the Canadian Cartographic Association. 58.2005, p.23. ISSN 1183-2045.

4066
Nisbet, Jack: The mapmaker's eye : David Thompson on the Columbia Plateau. Ed.: Washington State University. – Pullman, Wash.: Washington State University 2005, XII, 180 p., ill., mp. – 1. printing. [Includes bibliographical references (p.[171]-173) and index] ISBN 0-87422-285-0.

4067
Peters, Alex; Chapeskie, Andrew: Pikangikum first national atlas. In: Cartouche : the operational publication of the Canadian Cartographic Association. 57.2005, p.10-11, 1 ill. ISSN 1183-2045.

4068
Robson, John: James Cook's contribution to the mapping of Newfoundland and Newfoundland's contribution to the career of James Cook. In: Bulletin / Association of Canadian Map Libraries and Archives. 124.2005, p.3-13, 9 ill. ISSN 0840-9331.

4069
Roche, Stéphane; Caron, Claude; Larfouilloux, Julien: La géomatique dans le cyberespace municipal Québécois. In: Geomatica. 59.2005,2, p.131-148, 4 ill., 3 tab., 4 mp. ISSN 1195-1036.

4070
Rockwell, Ken: New mapping of Western North America. In: Information bulletin / Western Association of Map Libraries. 36.2005,2, p.143-147. ISSN 0049-7282.

4071
Rockwell, Ken: New mapping of Western North America. In: Information bulletin / Western Association of Map Libraries. 36.2005,3, p.210-217. ISSN 0049-7282.

4072
Rockwell, Ken: New mapping of Western North America. In: Information bulletin / Western Association of Map Libraries. 37.2005,1, p.25-30. ISSN 0049-7282.

4073
Vorsey, Louis de: The role of native American maps in the discovery and exploration of North America. In: Journal of the International Map Collectors' Society. 103.2005, p.5-20, 6 ill.

4074
Woods, Cheryl; Dubreuil, Lorraine: Nineteenth century Canadian County Maps GIS Project. In: Bulletin / Association of Canadian Map Libraries and Archives. 123.2005, p.25-26,1 ill. ISSN 0840-9331.

4075
Xu, Jeff Zhiznong; Wang, Chun; Hu, Yonggang: A web-based risk assessment system and service for child safety : the case of mid-town Toronto. In: Geomatica. 59.2005,2, p.149-158, 6 ill., 7 tab. ISSN 1195-1036.

4076
Zhao, Hongmei; Li, Jonathan: Urban change detection and population prediction modeling using remotely sensed images. In: Geomatica. 59.2005,2, p.159-173, 10 ill., 5 tab. ISSN 1195-1036.

Chile / Chile / Chili

4077
Harrison, Stephan; Jansson, Krister; Glasser, Neil: Reconstructing palaeoclimates in southern South America : the role of geomorphological mapping. In: The Bulletin of the Society of Cartographers. 39.2005,1-2, p.29-34, 1 tab., 1 mp. ISSN 0036-1984.

4078
Martiníc Beros, Mateo: El Canal Beagle en un mapa del siglo XVII. In: Anales del Instituto de la Patagonia. – Punta Arenas: 0, p.7-13, ill. The canal Beagle on a map of the 17th century. [Span.].

Cuba / Kuba / Cuba

4079
López Rodríguez, Omar: La cartografía de Santiago de Cuba : una fuente inagotable. Ed.: Santiago de Cuba / Oficina del Conservador de la Ciudad. – Santiago de Cuba: Santiago de Cuba / Oficina del Conservador de la Ciudad 2005, 59 p., ill., mp. – 1. ed. The cartography of Santiago de Cuba : an inexhaustible source. [Span.]. ISBN 84-8095-404-3.

Ecuador / Ecuador / Équateur

4080
Davis, Benjamin: Choosing a method for poverty mapping. Ed.: Food and Agriculture Organization of the United Nations (FAO). – Rome: Food and Agriculture Organization of the United Nations (FAO) 2003, IX, 48 p., 9 mp., 2 tab. ISBN 92-5-104920-3; 978-92-5-104920-4.

Greenland / Grönland / Groenland

4081
Frenay, Pierre: L'IGN au Groenland : 1959 – 1968. In: Du tropique au cercle polaire. Ed.: Institut Géographique National. – Paris: Institut Géographique National 2001, p.1-43, ill., mp. (Les cahiers historiques de l'IGN ; 2.2001).

4082
Pflüger, Börge: Das Meereis um Südgrönland 1777 – 2002 = Die Eisverhältnisse an der Südspitze Grönlands 1777 – 2002; Eiskartensammlung. Ed.: Geographische Gesellschaft <Hamburg>. – Hamburg: Geographische Gesellschaft <Hamburg> 2005, IV, 255 p., ill., mp. + 1 CD-ROM. (Mitteilungen der Geographischen Gesellschaft in Hamburg ; 97). [Zugl.: Hamburg, Univ., Fachbereich Geowiss., Diss., 2005 u.d.T.: Pflüger, Börge: Die Eisverhältnisse an der Südspitze Grönlands 1777 – 2002; CD-ROM u.d.T.: Eiskartensammlung] ISBN 3-515-08779-6.

Honduras / Honduras / Honduras

4083
Davis, Benjamin: Choosing a method for poverty mapping. Ed.: Food and Agriculture Organization of the United Nations (FAO). – Rome: Food and Agriculture Organization of the United Nations (FAO) 2003, IX, 48 p., 9 mp., 2 tab. ISBN 92-5-104920-3; 978-92-5-104920-4.

Mexico / Mexiko / Mexique

4084
Carmen Reyes, María del ; Martínez, Elvia: Technology and culture in cybercartography. – 1. ed. In: Cybercartography : theory and practice. Ed.: Taylor, David Ruxton Fraser. – Amsterdam: Elsevier Science 2005, p.123-148 (Modern cartography ; 4).

4085
Rebert, Paula: Views of the borderlands : the report on the United States and Mexican Boundary Survey, 1857-1859. In: Terrae incognitae : the journal for the history of discoveries the official publication of the Society for the History of Discoveries. 37.2005, p.75-90, 9 ill. ISSN 0082-2884.

4086
Sanjosé Blasco de, José Juan; Atkinson Gordo, Alan D.J.; Andrés de Pablo, Nuria ; Palacios Estremera, David; Zamorano Orozco, José Juan: Utilidad de las técnicas geomáticas para la prevención de catástrofes provocadas por el volcán Popocatépetl (Mexico). In: Topografía y cartografía : TOPCART ; revista del Colegio Oficial de Ingenieros Técnicos en Topografía. 22.2005,130, p.37-46, 13 ill., 2 tab. Utility of geomatical techniques for the prevention of catastrophes caused by the volcan Popocatépetl (Mexico). [Span. with Engl. rés.]. ISSN 0212-9280.

4087
Thrower, Norman J.W.: How the west was mapped : the cartography of the North American Southwest ; from Waldseemüller to Whitney. Ed.: American Geographical Society Collection of the Golda Meir Library. – Milwaukee, Wisc.: American Geographical Society Collection of the Golda Meir Library 2001, 20 p., 16 ill. (American Geographical Society Collection special publication ; 7). ISBN 1-879281-22-8.

Trinidad and Tobago / Trinidad und Tobago / Trinité-et-Tobago

4088
Al-Tahir, Raid; Ali, Asim: Assessing land cover changes in the coastal zone using aerial photography. In: Surveying and land information science : an official journal of ACSM devoted to the sciences of surveying and mapping, land information and related fields. 64.2004,2, p.107-112, 4 ill., 1 tab. ISSN 1538-1242; 1052-2905.

United States of America / USA / États-Unis d'Amérique

4089
Andrew, Paige G.: Cataloging sheet maps : the basics. – New York [u.a.]: Haworth Information Press 2003, XV, 240 p., ill., mp. [Includes bibliographical references (p. 229-231) and index] ISBN 0-7890-1482-3; 978-0-7890-1482-5.

4090
Bauer, Kurt W.: A control survey and mapping project for an urbanizing region (a study in persistence). In: Surveying and land information science : an official journal of ACSM devoted to the sciences of surveying and mapping, land information and related fields. 65.2005,2, p.75-83, 5 ill. ISSN 1538-1242; 1052-2905.

4091
Bozheva, Aleksandra M.; Petrov, Andrey N.; Sugumaran, Ramanathan: The effect of spatial resolution of remotely sensed data in dasymetric mapping of residential areas. In: GIScience and remote sensing. 42.2005,2, p.113-130, 5 ill., 5 tab. ISSN 1548-1603.

4092
Brown, Wesley A.: J. H. Colton's territories of New Mexico and Utah. In: The Portolan : the journal of the Washington Map Society. 62.2005, p.48-51, 1 mp. ISSN 1096-1925.

4093
Cardinal, Louis: Record of an ideal : Father Francesco Guiseppe Bressani's 1657 map of New France. In: The Portolan : the journal of the Washington Map Society. 61.2004, p.13-28, 8 ill. ISSN 1096-1925.

4094
Chrisman, Nicholas R.: Communities of scholars : places of leverage in the history of automated cartography. In: Auto-Carto 2005 : research symposium proceedings. 2005, p.425-433, 1 ill. (Cartography and geographic information science : an official journal of ACSM devoted to the advancement of cartography in all its aspects ; 32.2005,4).

4095
Dalrymple, Helen: Rivers, Edens, Empires : Exhibition charts the "Revealing" of America. In: Information bulletin / The Library of Congress. 62.2003,6, p.123-1235 + 128-129, 8 ill. ISSN 0041-7904.

4096
Derby, Francis W.: Planning the designing of an application-driven GIS. In: Surveying and land information science : an official journal of ACSM devoted to the sciences of surveying and mapping, land information and related fields. 64.2004,1, p.53-63, 5 ill., 5 tab. ISSN 1538-1242; 1052-2905.

4097
Engstrom, Kathryn: Washington in maps 1606 – 2000, Iris Miller. In: Information bulletin / The Library of Congress. 62.2003,5, p.112-113, 3 ill. ISSN 0041-7904.

4098
Flatness, James: Cartographic materials acquired in response to 9/11. In: Newsletter : Philip Lee Phillips Society. 7.2002,2=8.2003,1, p.20-22, 3 ill.

4099
Flatness, James: Touchton funds preservation of Florida maps. In: Newsletter : Philip Lee Phillips Society. 7.2002,2=8.2003,1, p.6-8, 2 ill.

4100
Francaviglia, Richard V.: Mapping and imagination in the Great Basin : a cartographic history. – Reno, Nev.: 2005, XVIII,231 p., ill., mp. – 1. print. [Includes bibliographical references (p.197-215, 217-222)] ISBN 0-87417-609-3.

4101
Frohn, Robert: Satellite mapping and monitoring of wild rice. In: GIScience and remote sensing. 42.2005,4, p.358-367, 8 ill., 1 tab. ISSN 1548-1603.

4102
Hales, John: Shooting polaris : a personal survey in the American West. – Columbia, MO: Univ. of Missouri Press 2005, VIII, 275 p., ill. ISBN 0-8262-1616-1; 978-0-8262-1616-8.

4103
Hellmann, Paul T.: Historical gazetteer of the United States. Ed.: Routledge. Routledge 2005, XVII, 865 p. [Includes index].

4104
Hutson, James: Adventures in British America : papers found in Scottish castle shed light on revolutionary war era. In: Information bulletin / The Library of Congress. 62.2003,4, p.71-74, ill. ISSN 0041-7904.

4105
Magister, Karl-Heinz: New York und die Macht der Karten : Kartographie von Migration, Urbanisierung und Ethnizität. In: TopoGraphien der Moderne : Medien zur Repräsentation und Konstruktion von Räumen. Ed.: Stockhammer, Robert. – München: 2005, p.341-382, 2 ill., 7 mp. (Trajekte : Zeitschrift des Zentrums für Literaturforschung Berlin).

4106
Maingi, John K.; Luhn, William M.: Mapping insect-induced pine mortality in the Daniel Boone National Forest, Kentucky using Landsat TM and ETM+ data. In: GIScience and remote sensing. 42.2005,3, p.224-250, 8 ill., 4 tab. ISSN 1548-1603.

4107
Montello, Daniel R.; Gray, M. Violet: Miscommunicating with isoline preference maps : design principles for thematic maps. In: Cartographic perspectives : journal of the North American Cartographic Information Society. 50.2005, p.24-33,. ISSN 1048-9053.

4108
Nisbet, Jack: The mapmaker's eye : David Thompson on the Columbia Plateau. Ed.: Washington State University. – Pullman, Wash.: Washington State University 2005, XII, 180 p., ill., mp. – 1. printing. [Includes bibliographical references (p.[171]-173) and index] ISBN 0-87422-285-0.

4109
Noy, Rick van: Surveying the interior : literary cartographers and the sense of place. – Reno, NV: 2003, XXII, 220 p., 11 ill. [Includes bibliographical references and index] ISBN 0-87417-548-8.

4110
Patterson, Tom: Looking closer : a guide to making bird's-eye views of national park service cultural and historical sites. In: Cartographic perspectives : journal of the North American Cartographic Information Society. 52.2005, p.59-75, 24 ill. ISSN 1048-9053.

4111
Pearson, Chris: The national spatial reference system readjustment of NAD 83. In: Surveying and land information science : an official journal of ACSM devoted to the sciences of surveying and mapping, land information and related fields. 65.2005,2, p.69-74. ISSN 1538-1242; 1052-2905.

4112
Perry, Joanne M.: Penn State University Libraries : building a literary map for the web. In: Cartographic perspectives : journal of the North American Cartographic Information Society. 50.2005, p.50-52. ISSN 1048-9053.

4113
Ramirez, J. Paul: Updating geospatial data : a theoretical framework. In: Surveying and land information science : an official journal of ACSM devoted to the sciences of surveying and mapping, land information and related fields. 65.2005,4, p.245-254, 6 ill. ISSN 1538-1242; 1052-2905.

4114
Rebert, Paula: Views of the borderlands : the report on the United States and Mexican Boundary Survey, 1857-1859. In: Terrae incognitae : the journal for the history of discoveries the official publication of the Society for the History of Discoveries. 37.2005, p.75-90, 9 ill. ISSN 0082-2884.

4115
Reinhartz, Dennis: Ambition and enterprise : Zebulon Pike's maps relationg to the exploration of the southern Louisiana Purchase. In: Journal of the International Map Collectors' Society. 103.2005, p.25-37, 7 ill., 2 portr.

4116
Reitinger, Franz: Wahlkampf und Politkarriere. Landkartensatire in England und den Vereinigten Staaten 1750-1850. In: Visuelle Wahlkampfkommunikation. Ed.: Knieper, Thomas; Müller, Marion G. – Köln: Von Halem 2004, p.45-75.

4117
Rockwell, Ken: New mapping of Western North America. In: Information bulletin / Western Association of Map Libraries. 36.2005,2, p.143-147. ISSN 0049-7282.

4118
Rockwell, Ken: New mapping of Western North America. In: Information bulletin / Western Association of Map Libraries. 36.2005,3, p.210-217. ISSN 0049-7282.

4119
Rockwell, Ken: New mapping of Western North America. In: Information bulletin / Western Association of Map Libraries. 37.2005,1, p.25-30. ISSN 0049-7282.

4120
Scheel, Eugene: Early detailed map of Loudoun County Virginia. In: The Portolan : the journal of the Washington Map Society. 62.2005, p.45-47, 3 ill. ISSN 1096-1925.

4121
Smith, Scot; Nunley, Janet; Dewitt, Bon; Genc, Levent: Assessment of the use of remote sensing techniques for locating and mapping ordinary high water lines for Lakes Kissimmee and Hatchineha in Florida. In: Surveying and land information science : an official journal of ACSM devoted to the sciences of surveying and mapping, land information and related fields. 64.2004,2, p.113-129, 13 ill. ISSN 1538-1242; 1052-2905.

4122
Soares, Richard: Index to geologic maps of Utah by U.S.G.S. Topographic Quadrangle Name, part 3 : 1971-1980, M-Z. In: Information bulletin / Western Association of Map Libraries. 36.2005,2, p.111-134. ISSN 0049-7282.

4123
Sukhwal, B.L.: Job prospects for cartographers in US versus Indian scenario. In: Bridging the digital divide and taking cartography at grassroots level : 25th INCA international congress, Sagar, Nov. 28 – Dec. 1, 2005. Ed.: Trivedi, R. K. – Ahmedabad: Indian National Cartographic Association 2005, p.52 (Indian cartographer ; 25.2005).

4124
Thrower, Norman J.W.: How the west was mapped : the cartography of the North American Southwest ; from Waldseemüller to Whitney. Ed.: American Geographical Society Collection of the Golda Meir Library. – Milwaukee, Wisc.: American Geographical Society Collection of the Golda Meir Library 2001, 20 p., 16 ill. (American Geographical Society Collection special publication ; 7). ISBN 1-879281-22-8.

4125
Vorsey, Louis de: Historical maps as evidence : geographer calls on young George Washington's maps as evidence in nation's longest runnig land case. In: The Portolan : the journal of the Washington Map Society. 59.2004, p.42-52,5 ill. ISSN 1096-1925.

4126
Vorsey, Louis de: The role of native American maps in the discovery and exploration of North America. In: Journal of the International Map Collectors' Society. 103.2005, p.5-20, 6 ill.

4127
Wiesner, Hartmut: Briefe an Tina O. : über das Navigieren, Messen und Kartieren in Lewisiana. In: "Mit dem Boot über die Rocky Mountains – unter Wölfen, Büffeln, Bären und Indianern" : die Reise von Lewis und Clark. Ed.: Stinshoff, Richard; Leeb, Anne; Gelderblom, Anne. – Oldenburg: Isensee-Verlag 2005, p.68-[93], 12 ill. (Schriftenreihe des Landesmuseums für Natur und Mensch Oldenburg ; 40).

4128
Wooldridge, William C.: Ortelius's Chesapeake. In: The Portolan : the journal of the Washington Map Society. 61.2004, p.37-40, 2 ill. ISSN 1096-1925.

e. Asia
Asien
L'Asie

4129
Favreau-Lilie, Marie-Luise: Die italienischen Handelsniederlassungen. In: Saladin und die Kreuzfahrer : [Begleitband zur Sonderausstellung " Saladin und die Kreuzfahrer"]. Ed.: Wieczorek, Alfried; Fansa, Mamoun; Meller, Harald. – Mainz: Verlag Philipp von Zabern 2005, p.72-81, 6 ill. (Schriftenreihe des Landesmuseums für Natur und Mensch Oldenburg ; 17).

4130
Prechtel, Nikolas: Animating geodata exemplified by the Dresden "Altai-GIS". In: Photogrammetrie, Fernerkundung, Geoinformation : PFG ; Organ der Deutschen Gesellschaft für Photogrammetrie und Fernerkundung e.V. 2005,1, p.37-46, 3 ill., 1 tab. ISSN 1432-8364.

Afghanistan / Afghanistan / Afghanistan

4131
Cook, Cynthia: Historical maps of Afghanistan in the collections of the Library of Congress. In: The Portolan : the journal of the Washington Map Society. 59.2004, p.35-41, 5 mp. ISSN 1096-1925.

Bangladesh / Bangladesch / Bangladesh

4132
Madan, P.L.: River Ganga : a cartographic mystery. – New Dehli: Manohar Publ. 2005, 110 p., mp. [Includes bibliographical references, p. 109-110] ISBN 81-7304637-9.

China / China / Chine

4133
Benomar, Tarik Bashir; Bian, Fuling: Improved geological mapping using Landsat-5 TM data in Weixi area, Yunnan province, China. In: Geo-spatial information science : quarterly = Diqiu-kongjian-xinxi-kexue-xuebao. 8.2005,2, p.110-114, 4 ill., 4 tab. ISSN 1009-5020.

4134
Biuk-Aghai, Robert P.: A mobile GIS application to heavily resource-constrained devices. In: Geo-spatial information science : quarterly = Diqiu-kongjian-xinxi-kexue-xuebao. 7.2004,1, p.50-57, 8 ill. ISSN 1009-5020.

4135
Chen, Chujiang; Li, Deren: Practical research of IKONOS-2 geopositioning and its accuracy in Tibet of China. In: Geo-spatial information science : quarterly = Diqiu-kongjian-xinxi-kexue-xuebao. 8.2005,1, p.33-38, 1 ill. ISSN 1009-5020.

4136
Chen, Junyong; Dang, Yamin: Influence of adoptment of geocentric 3D coordinate system on Chinese existent maps. In: Geo-spatial information science : quarterly = Diqiu-kongjian-xinxi-kexue-xuebao. 8.2005,2, p.79-84, 8 tab. ISSN 1009-5020.

4137
Dreyer-Eimbcke, Oswald: Matteo Ricci and his Chinese Jesuit cartography. In: Journal of the International Map Collectors' Society. 102.2005, p.48-49.

4138
Du, Yongtao: Contesting spatial order : merchant geography in late-Ming China. In: The Portolan : the journal of the Washington Map Society. 63.2005, p.10-31, 2 mp., 1 tab. ISSN 1096-1925.

4139
Duan, Tao; Liu, Yaolin: Urban base land value evaluation based on mobile trend surface analysis. In: Geomatics and information science of Wuhan University. 29.2004,6, p.529-532, 5 ill. [Chin. with Engl. rés.]. ISSN 1671-8860; 1000-050X.

4140
Gong, Jianya; Jia, Wenjue; Chen, Yumin; Xie, Jibo: Development from platform GIS to cross-platform interoperable GIS. In: Geomatics and information science of Wuhan University. 29.2004,11, p.985-989, 6 ill. [Chin. with Engl. rés.]. ISSN 1671-8860; 1000-050X.

4141
Guan, Qingfeng ; Wang, Liming; Clarke, Keith C.: An artificial-neural-network-based, constrained CA model for simulating urban growth. In: Auto-Carto 2005 : research symposium proceedings. 2005, p.369-380, 12 ill., 2 tab. (Cartography and geographic information science : an official journal of ACSM devoted to the advancement of cartography in all its aspects ; 32.2005,4).

4142
Guo, Jiming; Lin, Hui: Investigation of ionosphere TEC distribution in China region by GIM model. In: Geo-spatial information science : quarterly = Diqiu-kongjian-xinxi-kexue-xuebao. 8.2005,3, p.197-200, 3 ill., 1 tab. ISSN 1009-5020.

4143
Guo, Lizhen; Li, Lin: Automatic implementation of color design in administrative map. In: Geomatics and information science of Wuhan University. 29.2004,11, p.1025-1029, 9 ill., 2 tab. [Chin. with Engl. rés.]. ISSN 1671-8860; 1000-050X.

4144
Guo, Lizhen; Li, Lin; Zhang, Yuanyu: Color design of the hillshading map based on the visual image. In: Geomatics and information science of Wuhan University. 29.2004,6, p.492-495, 5 ill., 1 tab. [Chin. with Engl. rés.]. ISSN 1671-8860; 1000-050X.

4145
Jabbar, Mushtak Talib; Hu, Guangdao; Zhang, Zhenfei: Application of remote sensing and GIS technology to the study of desertification of arable lands in North Shaanxi, China. In: Geo-spatial information science : quarterly = Diqiu-kongjian-xinxi-kexue-xuebao. 7.2004,3, p.187-192, 1 ill., 7 tab. ISSN 1009-5020.

4146
Kporfor, Jacob; Chen, Jiagou: Prediction of hydrothermal copper, gold, silver and lead-zinc in Northwestern Yunnan using weight of evidence model. In: Geo-spatial information science : quarterly = Diqiu-kongjian-xinxi-kexue-xuebao. 8.2005,3, p.230-234, 4 ill., 2 tab. ISSN 1009-5020.

4147
Li, Haiping; Zhuang, Dafang; Xiong, Liya: Technical method of collecting desertificated land spectrum data. In: Geomatics and information science of Wuhan University. 28.2003,4, p.484-487, 3 ill. [Chin.]. ISSN 1671-8860; 1000-050X.

4148
Li, Jianping; Zhang, Bai; Gao, Feng: RS-and-GIS-supported forecast of grassland degradation in Southwest Songnen Plain by Markov model. In: Geo-spatial information science : quarterly = Diqiu-kongjian-xinxi-kexue-xuebao. 8.2005,2, p.104-109, 3 ill., 4 tab. ISSN 1009-5020.

4149
Li, Xiaocong: Chinese maps in the collections of the Library of Congress. In: The Portolan : the journal of the Washington Map Society. 62.2005, p.37-44, 4 ill. ISSN 1096-1925.

4150
Liu, Gang: Remote sensing image segmentation with probabilistic neural networks. In: Geo-spatial information science : quarterly = Diqiu-kongjian-xinxi-kexue-xuebao. 8.2005,1, p.28-32 + 49, 3 ill., 3 tab. ISSN 1009-5020.

4151
Liu, Xuefeng; Meng, Lingkui; Zhao, Chunyu: DEM-based oil and gas migration pathway simulation of oil- and gas-bearing basin. In: Geomatics and information science of Wuhan University. 29.2004,4, p.371-375, 7 ill. [Chin. with Engl. rés.]. ISSN 1671-8860; 1000-050X.

4152
Liu, Yaolin; Liu, Yanfang; Ming, Dongping: Urban expansion model based on cellular automata of decision-making with grey situation. In: Geomatics and information science of Wuhan University. 29.2004,1, p.7-13, 4 ill. [Chin. with Engl. rés.]. ISSN 1671-8860; 1000-050X.

4153
Luo, Fang; Ai, Tinghua; Wang, Hong: An algorithm to create topological relationship based on closed coordinate chain data. In: Geomatics and information science of Wuhan University. 29.2004,6, p.558-561, 5 ill. [Chin. with Engl. rés.]. ISSN 1671-8860; 1000-050X.

4154
Ren, Fu; Du, Qingyun: Change of geographic information service model in mobile context. In: Geo-spatial information science : quarterly = Diqiu-kongjian-xinxi-kexue-xuebao. 8.2005,4, p.269-275, 8 ill. ISSN 1009-5020.

4155
Shi, Dong; Chen, Jun; Zhu, Qing: Oil-gas reservoir evaluation based on GIS. In: Geomatics and information science of Wuhan University. 29.2004,7, p.592-596, 5 ill., 2 tab. [Chin. with Engl. rés.]. ISSN 1671-8860; 1000-050X.

4156
Tang, Xu; Liu, Yaolin; Wang, Pucha: Spatial analysis method for monitoring land value dynamically. In: Geomatics and information science of Wuhan University. 29.2004,6, p.517-520 + p.524, 6 ill., 2 tab. [Chin. with Engl. rés.]. ISSN 1671-8860; 1000-050X.

4157
Wu, Lianxi; Su, Xiaoxia: RS image fusion technique for information preservation. In: Geo-spatial information science : quarterly = Diqiu-kongjian-xinxi-kexue-xuebao. 7.2004,4, p.274-278, 6 ill. ISSN 1009-5020.

4158
Yan, Junjie; Liu, Liangming; Ma, Haolu; Xu, Zhihui: Application of MODIS data on the ice flood monitoring of Yellow River. In: Geomatics and information science of Wuhan University. 29.2004,8, p.679-681. [Chin. with Engl. rés.]. ISSN 1671-8860; 1000-050X.

4159
Yu, Jie; Bian, Fuling; Peterson, Jim; Li, Pingxiang: Interrelations between socio-economic development and environmental quality : a simulation integrating system dynamics models with GIS. In: Geo-spatial information science : quarterly = Diqiu-kongjian-xinxi-kexue-xuebao. 8.2005,3, p.176-182, 9 ill., 1 tab. ISSN 1009-5020.

India / Indien / Inde

4160
Adhikari, S.K.; Prakash, D.; Sikdar, P.K.; Bhattacharya, B.B.: Groundwater management and development plan of drought prone districts of Nawapara and Kalahandi, Orissa. In: Cartographic technologies for water, land and infrastructure development : XXIV INCA international congress, Kolkata, October 6 – 9, 2004 ; [... important contributions presented at the XXIV INCA International Congress on the Theme "Cartographic Technologies for Water, Land and Infrastructure Development"...]. Ed.: Dasgupta, Ajit Kumar. – Hyderabad: Indian National Cartographic Association 2005, 160-184, 15 ill., 11 tab. (Indian cartographer ; 24.2004).

4161
Anand, P.H.: GPS data base for urban traffic management. In: Cartographic technologies for water, land and infrastructure development : XXIV INCA international congress, Kolkata, October 6 – 9, 2004 ; [... important contributions presented at the XXIV INCA International Congress on the Theme "Cartographic Technologies for Water, Land and Infrastructure Development"...]. Ed.: Dasgupta, Ajit Kumar. – Hyderabad: Indian National Cartographic Association 2005, p.507-521, 12 ill., 2 tab. (Indian cartographer ; 24.2004).

4162
Arunachalam, B.: Todarmal lecture, 2005 : Indian prelude to British cadastral and revenue maps. In: Bridging the digital divide and taking cartography at grassroots level : 25th INCA international congress, Sagar, Nov. 28 – Dec. 1, 2005. Ed.: Trivedi, R. K. – Ahmedabad: Indian National Cartographic Association 2005, p.1-4 (Indian cartographer ; 25.2005).

4163
Ashok, Prashasti; Singh, J.P.; Ekka, N.S.: Application of satellite imagery and GIS in land cover / land use monitoring and mapping in Central Sind Catchment. In: Cartographic technologies for water, land and infrastructure development : XXIV INCA international congress, Kolkata, October 6 – 9, 2004 ; [... important contributions presented at the XXIV INCA International Congress on the Theme "Cartographic Technologies for Water, Land and Infrastructure Development"...]. Ed.: Dasgupta, Ajit Kumar. – Hyderabad: Indian National Cartographic Association 2005, p.358-366, 5 ill., 2 tab. (Indian cartographer ; 24.2004).

4164
Avtar, Harvinder: Electronic navigational charts-features and advantages. In: Indian Surveyor : the journal of the institution of surveyors. 58(93).2004, p.30-37, 4 ill., 1 tab. ISSN 0970-3470.

4165
Bahuguna, P.P.: Connection of mine plans to national grid system in India. In: Indian Surveyor : the journal of the institution of surveyors. 59.2005,1, p.42-58, 12 ill., 3 tab. ISSN 0970-3470.

4166
Bandyopadhyay, Amitava: Urban landuse management : a journey from geoenvironmental appraisal to GIS application for appropriate planning : a case study. In: Cartographic technologies for water, land and infrastructure development : XXIV INCA international congress, Kolkata, October 6 – 9, 2004 ; [... important contributions presented at the XXIV INCA International Congress on the Theme "Cartographic Technologies for Water, Land and Infrastructure Development"...]. Ed.: Dasgupta, Ajit Kumar. – Hyderabad: Indian National Cartographic Association 2005, p.367-374, 6 ill. (Indian cartographer ; 24.2004).

4167
Bandyopadhyay, T.K.: Land information system for land management : a national perspective. In: Cartographic technologies for water, land and infrastructure development : XXIV INCA international congress, Kolkata, October 6 – 9, 2004 ; [... important contributions presented at the XXIV INCA International Congress on the Theme "Cartographic Technologies for Water, Land and Infrastructure Development"...]. Ed.: Dasgupta, Ajit Kumar. – Hyderabad: Indian National Cartographic Association 2005, p.388-391 (Indian cartographer ; 24.2004).

4168
Betal, Himanshu R.: Mapping and analysis of railway transport in India. In: Bridging the digital divide and taking cartography at grassroots level : 25th INCA international congress, Sagar, Nov. 28 – Dec. 1, 2005. Ed.: Trivedi, R. K. – Ahmedabad: Indian National Cartographic Association 2005, p.264-268, 4 ill., 4 tab. (Indian cartographer ; 25.2005).

4169
Betal, Himanshu R.: Role of cartography in water, air and surface transport. In: Cartographic technologies for water, land and infrastructure development : XXIV INCA international congress, Kolkata, October 6 – 9, 2004 ; [... important contributions presented at the XXIV INCA International Congress on the Theme "Cartographic Technologies for Water, Land and Infrastructure Development"...]. Ed.: Dasgupta, Ajit Kumar. – Hyderabad: Indian National Cartographic Association 2005, p.476-483, 5 tab. 2 mp. (Indian cartographer ; 24.2004).

4170
Bhadra, Debasree: Role of cartography in the analysis of health services : a study of Bankura, West Bengal. In: Bridging the digital divide and taking cartography at grassroots level : 25th INCA international congress, Sagar, Nov. 28 – Dec. 1, 2005. Ed.: Trivedi, R. K. – Ahmedabad: Indian National Cartographic Association 2005, p.321-326, 5 ill., 3 tab. (Indian cartographer ; 25.2005).

4171
Bhat, M.V.: Creation of a sustainable land information management survey of India provides holistic solution. In: Indian Surveyor : the journal of the institution of surveyors. 58(93).2004,2, p.15-24. ISSN 0970-3470.

4172
Bhattacharya, Sraboni: Evolution of possible remedial measures to minimise the drainage and sewrage problem of greater Kolkata area. In: Cartographic technologies for water, land and infrastructure development : XXIV INCA international congress, Kolkata, October 6 – 9, 2004 ; [... important contributions presented at the XXIV INCA International Congress on the Theme "Cartographic Technologies for Water, Land and Infrastructure Development"...]. Ed.: Dasgupta, Ajit Kumar. – Hyderabad: Indian National Cartographic Association 2005, p.534-539, 2 mp. (Indian cartographer ; 24.2004).

4173
Bhowmick, Chandrayee: Experimentation on the web cartography of urban road traffic management system. In: Cartographic technologies for water, land and infrastructure development : XXIV INCA international congress, Kolkata, October 6 – 9, 2004 ; [... important contributions presented at the XXIV INCA International Congress on the Theme "Cartographic Technologies for Water, Land and Infrastructure Development"...]. Ed.: Dasgupta, Ajit Kumar. – Hyderabad: Indian National Cartographic Association 2005, p.484-490, 5 ill. (Indian cartographer ; 24.2004).

4174
Biswas, Sunit K.: A three-dimensional simulation of Tapi Estuary using compination of computer software – a modern vista in cartographic techniques. In: Bridging the digital divide and taking cartography at grassroots level : 25th INCA international congress, Sagar, Nov. 28 – Dec. 1, 2005. Ed.: Trivedi, R. K. – Ahmedabad: Indian National Cartographic Association 2005, p.253-254, 4 ill. (Indian cartographer ; 25.2005).

4175
Bridging the digital divide and taking cartography at grassroots level : 25th INCA international congress, Sagar, Nov. 28 – Dec. 1, 2005. Ed.: Trivedi, R. K. – Ahmedabad: Indian National Cartographic Association 2005, XXIII, 348 p., ill., mp. (Indian cartographer ; 25.2005). [Aufsatzsammlung].

4176
Cartographic technologies for water, land and infrastructure development : XXIV INCA international congress, Kolkata, October 6 – 9, 2004 ; [... important contributions presented at the XXIV INCA International Congress on the Theme "Cartographic Technologies for Water, Land and Infrastructure Development"...]. Ed.: Dasgupta, Ajit Kumar. – Hyderabad: Indian National Cartographic Association 2005, XXV, 539 p., ill., mp. (Indian cartographer ; 24.2004).

4177
Choudhury, Swagata: Application of remote sensing and GIS in soil erosion modelling & land evaluation. In: Cartographic technologies for water, land and infrastructure development : XXIV INCA international congress, Kolkata, October 6 – 9, 2004 ; [... important contributions presented at the XXIV INCA International Congress on the Theme "Cartographic Technologies for Water, Land and Infrastructure Development"...]. Ed.: Dasgupta, Ajit Kumar. – Hyderabad: Indian National Cartographic Association 2005, p.281-289, 15 ill., 2 tab. (Indian cartographer ; 24.2004).

4178
Dash, B. N.: GIS and 3 D analyses. In: Bridging the digital divide and taking cartography at grassroots level : 25th INCA international congress, Sagar, Nov. 28 – Dec. 1, 2005. Ed.: Trivedi, R. K. – Ahmedabad: Indian National Cartographic Association 2005, p.140-142 (Indian cartographer ; 25.2005).

4179
Datta, M.M.: Cartographic education beyond 2000. In: Indian Surveyor : the journal of the institution of surveyors. 56.2002,1, p.25-30. ISSN 0970-3470.

4180
Datta, M.M.: Modern cartography for natural resources mapping. In: Indian Surveyor : the journal of the institution of surveyors. 56.2002,2, p.133-. ISSN 0970-3470.

4181
Datta, M.M.: National infrastructure atlas – an urgent need. In: Indian Surveyor : the journal of the institution of surveyors. 58.2003,2, p.34-36. ISSN 0970-3470.

4182
Datta, M.M.: National infrastructure atlas – an urgent need. In: Indian Surveyor : the journal of the institution of surveyors. 58(93).2004,2, p.34-36. ISSN 0970-3470.

4183
Dubuc, Sylvie: A GIS-based analysis of the human factors in the deforestation process in India. In: The Bulletin of the Society of Cartographers. 39.2005,1-2, p.45-56, 10 ill., 3 tab. ISSN 0036-1984.

4184
Edward, Mary Rosaline: Prospect of a cartographic tourist package. In: Bridging the digital divide and taking cartography at grassroots level : 25th INCA international congress, Sagar, Nov. 28 – Dec. 1, 2005. Ed.: Trivedi, R. K. – Ahmedabad: Indian National Cartographic Association 2005, p.296-298, 5 ill. (Indian cartographer ; 25.2005).

4185
Ghosal, Subhojit; Sarkar, Ashis: Mapping the landuse / landcover of a geographical space through digital image processing of satellite data. In: Cartographic technologies for water, land and infrastructure development : XXIV INCA international congress, Kolkata, October 6 – 9, 2004 ; [... important contributions presented at the XXIV INCA International Congress on the Theme "Cartographic Technologies for Water, Land and Infrastructure Development"...]. Ed.: Dasgupta, Ajit Kumar. – Hyderabad: Indian National Cartographic Association 2005, p.346-352, 8 ill., 3 tab. (Indian cartographer ; 24.2004).

4186
Giri, J.D.; Mohan, V.; Tailor, B.L.; Singh, R.S.; Shyampura, R.L.: Remote sensing and GIS application for assessing groundwater potential around Udaipur, Rajasthan. In: Cartographic technologies for water, land and infrastructure development : XXIV INCA international congress, Kolkata, October 6 – 9, 2004 ; [... important contributions presented at the XXIV INCA International Congress on the Theme "Cartographic Technologies for Water, Land and Infrastructure Development"...]. Ed.: Dasgupta, Ajit Kumar. – Hyderabad: Indian National Cartographic Association 2005, p.66-77, 5 ill. (Indian cartographer ; 24.2004).

4187
Jain, Kamal; Ohri, Anurag: Rural road mapping using GPS. In: Indian Surveyor : the journal of the institution of surveyors. 57,2003,2, p.25-28, 5 ill. ISSN 0970-3470.

4188
Jain, Sadhana ; Kumar, Amit; Sharma, Sachin: Space use inventory in the central part of Dehradun : an approach using high resolution satellite data. In: Bridging the digital divide and taking cartography at grassroots level : 25th INCA international congress, Sagar, Nov. 28 – Dec. 1, 2005. Ed.: Trivedi, R. K. – Ahmedabad: Indian National Cartographic Association 2005, p.116-118, 1 ill., 2 tab. (Indian cartographer ; 25.2005).

4189
Jaiswal, Rajeev Kumar; Thomas, T.; Nayak, T. R. ; Bhar, A. K.: Application of remote sensing & GIS for groundwater potential areas mapping. In: Bridging the digital divide and taking cartography at grassroots level : 25th INCA international congress, Sagar, Nov. 28 – Dec. 1, 2005. Ed.: Trivedi, R. K. – Ahmedabad: Indian National Cartographic Association 2005, p.216-220, 6 ill., 2 tab. (Indian cartographer ; 25.2005).

4190
Kankane, Sanjay; Deshmukh, S. D.; Hari, K. R.: A new approach to enhance the accuracy in the preparation of 'DEM' using 'Surfer-8'. In: Bridging the digital divide and taking cartography at grassroots level : 25th INCA international congress, Sagar, Nov. 28 – Dec. 1, 2005. Ed.: Trivedi, R. K. – Ahmedabad: Indian National Cartographic Association 2005, p.107-109, 3 ill. (Indian cartographer ; 25.2005).

4191
Katiyar, S. K.; Kumar, Anand: Forest density mapping using remotely sensed imagery : some operational issues. In: Bridging the digital divide and taking cartography at grassroots level : 25th INCA international congress, Sagar, Nov. 28 – Dec. 1, 2005. Ed.: Trivedi, R. K. – Ahmedabad: Indian National Cartographic Association 2005, p.137-139 (Indian cartographer ; 25.2005).

4192
Kaur, D.: Evaluation and monitoring water resource potential and management in Dewas Tahsil (Dewas district) M.P. In: Cartographic technologies for water, land and infrastructure development : XXIV INCA international congress, Kolkata, October 6 – 9, 2004 ; [... important contributions presented at the XXIV INCA International Congress on the Theme "Cartographic Technologies for Water, Land and Infrastructure Development"...]. Ed.: Dasgupta, Ajit Kumar. – Hyderabad: Indian National Cartographic Association 2005, p.75-95, 16 ill., 2 tab. (Indian cartographer ; 24.2004).

4193
Kaur, D.; Sah, Satish; Ghoshal, Shilpi; Kalmodia, G.: Changing pattern of urban land use of Indore metropolitan city. In: Cartographic technologies for water, land and infrastructure development : XXIV INCA international congress, Kolkata, October 6 – 9, 2004 ; [... important contributions presented at the XXIV INCA International Congress on the Theme "Cartographic Technologies for Water, Land and Infrastructure Development"...]. Ed.: Dasgupta, Ajit Kumar. – Hyderabad: Indian National Cartographic Association 2005, p.324-332, 7 ill., 6 tab. (Indian cartographer ; 24.2004).

4194
Kushwaha, Suraj Dev Kumar ; Patel, Nilanchal; Panda, Ranjan Kumar: Assessment of changes in environs of Ranchi City through remote sensing and GIS techniques. In: Bridging the digital divide and taking cartography at grassroots level : 25th INCA international congress, Sagar, Nov. 28 – Dec. 1, 2005. Ed.: Trivedi, R. K. – Ahmedabad: Indian National Cartographic Association 2005, p.193-195, 6 ill. (Indian cartographer ; 25.2005).

4195
Madan, P.L.: River Ganga : a cartographic mystery. – New Dehli: Manohar Publ. 2005, 110 p., mp. [Includes bibliographical references, p. 109-110] ISBN 81-7304637-9.

4196
Maily, Bikas: Past, present and future of surveying. In: Indian Surveyor : the journal of the institution of surveyors. 58(93).2004,2, p.37-44. ISSN 0970-3470.

4197
Mandal, D.K.: Role of RS and GIS on the study of ground water potential of Doon Valley area. In: Cartographic technologies for water, land and infrastructure development : XXIV INCA international congress, Kolkata, October 6 – 9, 2004 ; [... important contributions presented at the XXIV INCA International Congress on the Theme "Cartographic Technologies for Water, Land and Infrastructure Development"...]. Ed.: Dasgupta, Ajit Kumar. – Hyderabad: Indian National Cartographic Association 2005, p.57-65, 1 ill., 1 tab. (Indian cartographer ; 24.2004).

4198
Mishra, D. K.; Diwan, P.: Correlation & characterisation of limestone deposits of Chhattisgarh through RS-GIS interface. In: Bridging the digital divide and taking cartography at grassroots level : 25th INCA international congress, Sagar, Nov. 28 – Dec. 1, 2005. Ed.: Trivedi, R. K. – Ahmedabad: Indian National Cartographic Association 2005, p.150-153, 5 ill. (Indian cartographer ; 25.2005).

4199
Mishra, Vandana; Srivastava, Abhishek; Srivastava, Shweta: Digital image processing of IRS-IC LISS-III data for natural resource classification. In: Cartographic technologies for water, land and infrastructure development : XXIV INCA international congress, Kolkata, October 6 – 9, 2004 ; [... important contributions presented at the XXIV INCA International Congress on the Theme "Cartographic Technologies for Water, Land and Infrastructure Development"...]. Ed.: Dasgupta, Ajit Kumar. – Hyderabad: Indian National Cartographic Association 2005, p.257-265, 5 ill., 2 tab. (Indian cartographer ; 24.2004).

4200
Moharana, P. C.: Present day geomorphic processes, land surface development and hazards in Churu District – assessment using visual remote sensing. In: Bridging the digital divide and taking cartography at grassroots level : 25th INCA international congress, Sagar, Nov. 28 – Dec. 1, 2005. Ed.: Trivedi, R. K. – Ahmedabad: Indian National Cartographic Association 2005, p.200-204, 3 ill., 1 tab. (Indian cartographer ; 25.2005).

4201
Mukherjee, Sudershan: Landuse mapping : a first aid to contain environmental pollution. In: Cartographic technologies for water, land and infrastructure development : XXIV INCA international congress, Kolkata, October 6 – 9, 2004 ; [... important contributions presented at the XXIV INCA International Congress on the Theme "Cartographic Technologies for Water, Land and Infrastructure Development"...]. Ed.: Dasgupta, Ajit Kumar. – Hyderabad: Indian National Cartographic Association 2005 (Indian cartographer ; 24.2004).

4202
Nag, P.: Maponomics. In: Indian Surveyor : the journal of the institution of surveyors. 56.2002,2, p.137-146, 4 ill. ISSN 0970-3470.

4203
Nag, Prithvish: Thematic mapping & cartography : Prof. S. P. Chatterjee Memorial Lecture 2005. In: Bridging the digital divide and taking cartography at grassroots level : 25th INCA international congress, Sagar, Nov. 28 – Dec. 1, 2005. Ed.: Trivedi, R. K. – Ahmedabad: Indian National Cartographic Association 2005, p.5-7 (Indian cartographer ; 25.2005).

4204
Nasipuri, Pritam; Mitra, D.S.; Majumdar, T.J.: Generation of thermal inertia image over a part of Gujarat : a new tool for geological mapping. In: International journal of applied earth observation and geoinformation : JAG ; the official quarterly publication of the International Institute for Aerospace Survey and Earth Sciences (ITC). 7.2005,2, p.129-139, 9 ill, 1 tab. ISSN 0303-2434.

4205
Nayak, T. R.; Chhaya Pandey; Jain, J. L.: Change detection in landuse of Sagar Lake catchment through satellite data. In: Bridging the digital divide and taking cartography at grassroots level : 25th INCA international congress, Sagar, Nov. 28 – Dec. 1, 2005. Ed.: Trivedi, R. K. – Ahmedabad: Indian National Cartographic Association 2005, p.179-181, 3 ill., 1 tab. (Indian cartographer ; 25.2005).

4206
Neogi, Sudipta; Pal, M.M.: Landforms and land use cartography for land resource development : an appraisal of NATMO projects. In: Cartographic technologies for water, land and infrastructure development : XXIV INCA international congress, Kolkata, October 6 – 9, 2004 ; [... important contributions presented at the XXIV INCA International Congress on the Theme "Cartographic Technologies for Water, Land and Infrastructure Development"...]. Ed.: Dasgupta, Ajit Kumar. – Hyderabad: Indian National Cartographic Association 2005, p.449-454, 1 ill. (Indian cartographer ; 24.2004).

4207
Oberoi, G.S.: Map awareness mission (use maps, they are invaluable) : topographical maps in education. In: Indian Surveyor : the journal of the institution of surveyors. 58(93).2004,1, p.26-29. ISSN 0970-3470.

4208
Osmaston, Gordon: Memories of surveying in India 1919 – 1939. Ed.: Osmaston, Timothy G. – Windermere: Selbstverl. 2005, 55 p., ill., mp.

4209
Pal, M.M.; Pal, Sikha: Mapping the status of land resources in India : a NATMO model. In: Cartographic technologies for water, land and infrastructure development : XXIV INCA international congress, Kolkata, October 6 – 9, 2004 ; [... important contributions presented at the XXIV INCA International Congress on the Theme "Cartographic Technologies for Water, Land and Infrastructure Development"...]. Ed.: Dasgupta, Ajit Kumar. – Hyderabad: Indian National Cartographic Association 2005, p.266-270, 1 ill., 1 tab. (Indian cartographer ; 24.2004).

4210
Pare, Poorva: Rural land use organization : a micro study. In: Cartographic technologies for water, land and infrastructure development : XXIV INCA international congress, Kolkata, October 6 – 9, 2004 ; [... important contributions presented at the XXIV INCA International Congress on the Theme "Cartographic Technologies for Water, Land and Infrastructure Development"...]. Ed.: Dasgupta, Ajit Kumar. – Hyderabad: Indian National Cartographic Association 2005, p.271-280, 4 ill., 2 tab. (Indian cartographer ; 24.2004).

4211
Raha, Atanu Kumar: Real time forest cover mapping using IRS-P6 data. In: Cartographic technologies for water, land and infrastructure development : XXIV INCA international congress, Kolkata, October 6 – 9, 2004 ; [... important contributions presented at the XXIV INCA International Congress on the Theme "Cartographic Technologies for Water, Land and Infrastructure Development"...]. Ed.: Dasgupta, Ajit Kumar. – Hyderabad: Indian National Cartographic Association 2005, p.333-340, 4 tab. (Indian cartographer ; 24.2004).

4212
Rajasekhar, P.V.: Adaptability of satellite remote sensing in survey of India as a tool for topographic mapping : a case study. In: Indian Surveyor : the journal of the institution of surveyors. 50.2000,2, p.44-52. ISSN 0970-3470.

4213
Raju, Prasada: Monitoring and prediction of landslide hazards using remotly sensed data and decision support systems. In: Bridging the digital divide and taking cartography at grassroots level : 25th INCA international congress, Sagar, Nov. 28 – Dec. 1, 2005. Ed.: Trivedi, R. K. – Ahmedabad: Indian National Cartographic Association 2005, p.205-211, 2 ill., 3 tab. (Indian cartographer ; 25.2005).

4214
Raju, Prasada; Ghosh, Sujata; Saibaba, J.: Status of large scale mapping in the context of space technology : a review. In: Cartographic technologies for water, land and infrastructure development : XXIV INCA international congress, Kolkata, October 6 – 9, 2004 ; [... important contributions presented at the XXIV INCA International Congress on the Theme "Cartographic Technologies for Water, Land and Infrastructure Development"...]. Ed.: Dasgupta, Ajit Kumar. – Hyderabad: Indian National Cartographic Association 2005, p.375-387, 2 tab. (Indian cartographer ; 24.2004).

4215
Ram, Balak ; Chauhan, J. S.: Delineation and assessment of lands available for developing alternate land use systems in Jodhpur District of arid Rajasthan. In: Bridging the digital divide and taking cartography at grassroots level : 25th INCA international congress, Sagar, Nov. 28 – Dec. 1, 2005. Ed.: Trivedi, R. K. – Ahmedabad: Indian National Cartographic Association 2005, p.188-192, 1 ill., 2 tab. (Indian cartographer ; 25.2005).

4216
Ram, Balak; Patidar, M.; Rastogi, Ankita; Singh, Gopal: Evaluation of biophysical resources though cadastral information, remotely sensed data digital cartography for microlevel land use planning in arid agro-ecosystem. In: Cartographic technologies for water, land and infrastructure development : XXIV INCA international congress, Kolkata, October 6 – 9, 2004 ; [... important contributions presented at the XXIV INCA International Congress on the Theme "Cartographic Technologies for Water, Land and Infrastructure Development"...]. Ed.: Dasgupta, Ajit Kumar. – Hyderabad: Indian National Cartographic Association 2005, p.313-323, 8 ill., 5 tab. (Indian cartographer ; 24.2004).

4217
Ramu, K.R.: Digitisation of cadastral survey maps. In: Indian Surveyor : the journal of the institution of surveyors. 59.2005,2, p.32-33. ISSN 0970-3470.

4218
Ray, Amit K.; Chaudhuri, Buddhadeb: Tectonic appraisal of the Narmada-Tapti-Kutch linear belt and the Cambay basin in western India. In: Cartographic technologies for water, land and infrastructure development : XXIV INCA international congress, Kolkata, October 6 – 9, 2004 ; [... important contributions presented at the XXIV INCA International Congress on the Theme "Cartographic Technologies for Water, Land and Infrastructure Development"...]. Ed.: Dasgupta, Ajit Kumar. – Hyderabad: Indian National Cartographic Association 2005, p.247-256, 10 ill. (Indian cartographer ; 24.2004).

4219
Roy Barman, Nivedita: Topic: maximum linkage regions of agricultural development in Purba and Paschim Medinipur districts of West Bengal. In: Cartographic technologies for water, land and infrastructure development : XXIV INCA international congress, Kolkata, October 6 – 9, 2004 ; [... important contributions presented at the XXIV INCA International Congress on the Theme "Cartographic Technologies for Water, Land and Infrastructure Development"...]. Ed.: Dasgupta, Ajit Kumar. – Hyderabad: Indian National Cartographic Association 2005, p.290-295, 3 ill. (Indian cartographer ; 24.2004).

4220
Roy, B.C.: Establishment of multipurpose land information system (LIS). In: Indian Surveyor : the journal of the institution of surveyors. 54.2000,1, p.40-44. ISSN 0970-3470.

4221
Saha, Swapna: Role of cartography in surface transport. In: Cartographic technologies for water, land and infrastructure development : XXIV INCA international congress, Kolkata, October 6 – 9, 2004 ; [... important contributions presented at the XXIV INCA International Congress on the Theme "Cartographic Technologies for Water, Land and Infrastructure Development"...]. Ed.: Dasgupta, Ajit Kumar. – Hyderabad: Indian National Cartographic Association 2005, p.530-533, 1 tab. (Indian cartographer ; 24.2004).

4222
Sahoo, A.K.; Sarkar, Dipak; Gajbhiye, K.S.: Soil resource mapping for land use planning : a case study in Tilimani Nala micro watershed, Ranchi district, Jharkhand. In: Cartographic technologies for water, land and infrastructure development : XXIV INCA international congress, Kolkata, October 6 – 9, 2004 ; [... important contributions presented at the XXIV INCA International Congress on the Theme "Cartographic Technologies for Water, Land and Infrastructure Development"...]. Ed.: Dasgupta, Ajit Kumar. – Hyderabad: Indian National Cartographic Association 2005, p.407-413, 2 ill., 5 tab. (Indian cartographer ; 24.2004).

4223
Sarkar, Dipak: Remote sensing and computer cartographic technique involving GIS for agricultural land management : a case study in Subarnarekha watershed, district Ranchi, Jharkhand. In: Cartographic technologies for water, land and infrastructure development : XXIV INCA international congress, Kolkata, October 6 – 9, 2004 ; [... important contributions presented at the XXIV INCA International Congress on the Theme "Cartographic Technologies for Water, Land and Infrastructure Development"...]. Ed.: Dasgupta, Ajit Kumar. – Hyderabad: Indian National Cartographic Association 2005, p.398-406, 3 ill., 5 tab. (Indian cartographer ; 24.2004).

4224
Sensarma, Kakali; Bhattacharyya, S.; Sikdar, P.: Application of remote sensing and GIS for managing a vast waterlogged area in Murshidabad district, West Bengal. In: Cartographic technologies for water, land and infrastructure development : XXIV INCA international congress, Kolkata, October 6 – 9, 2004 ; [... important contributions presented at the XXIV INCA International Congress on the Theme "Cartographic Technologies for Water, Land and Infrastructure Development"...]. Ed.: Dasgupta, Ajit Kumar. – Hyderabad: Indian National Cartographic Association 2005, p.296-307, 2 ill., 2 tab. (Indian cartographer ; 24.2004).

4225
Shravankumar, V.; Sukumar, B.; Sukumar, Ahalya: Identification of areas that need water conservation based upon coefficient of variability of rainfall in Kerala through GIS technique. In: Cartographic technologies for water, land and infrastructure development : XXIV INCA international congress, Kolkata, October 6 – 9, 2004 ; [... important contributions presented at the XXIV INCA International Congress on the Theme "Cartographic Technologies for Water, Land and Infrastructure Development"...]. Ed.: Dasgupta, Ajit Kumar. – Hyderabad: Indian National Cartographic Association 2005, p.125-131, 6 ill., 2 tab. (Indian cartographer ; 24.2004).

4226
Shrivastava, V.K.: Mapping potential of employment in informal sector in India : the case of pilgrimage, fairs and festivals. In: Bridging the digital divide and taking cartography at grassroots level : 25th INCA international congress, Sagar, Nov. 28 – Dec. 1, 2005. Ed.: Trivedi, R. K. – Ahmedabad: Indian National Cartographic Association 2005, p.49-51, 3 ill. (Indian cartographer ; 25.2005).

4227
Singh, Amrik; Koul, P.N.: Mapping and information technology – the present scenario. In: Indian Surveyor : the journal of the institution of surveyors. 54.2000,1, p.35-39. ISSN 0970-3470.

4228
Singh, Ram; Sharma, Rama; Sharma, Arpita: GIS-analysis and thematic mapping of fisheries profile of India. In: Bridging the digital divide and taking cartography at grassroots level : 25th INCA international congress, Sagar, Nov. 28 – Dec. 1, 2005. Ed.: Trivedi, R. K. – Ahmedabad: Indian National Cartographic Association 2005, p.269-272, 3 ill. (Indian cartographer ; 25.2005).

4229
Singh, S. P.; Phukan, B. R.; Manish, M.; Mishra, Apurva: Application of cartographic techniques at grass root level for sustainable fire management : a case study of Betul District. In: Bridging the digital divide and taking cartography at grassroots level : 25th INCA international congress, Sagar, Nov. 28 – Dec. 1, 2005. Ed.: Trivedi, R. K. – Ahmedabad: Indian National Cartographic Association 2005, p.143-149, 6 ill., 5 tab. (Indian cartographer ; 25.2005).

4230
Sinha, A. K.; Kumar, Anup: Satellite data based landuse change analysis of Jaipur City and its hinterland, Rajasthan, India. In: Bridging the digital divide and taking cartography at grassroots level : 25th INCA international congress, Sagar, Nov. 28 – Dec. 1, 2005. Ed.: Trivedi, R. K. – Ahmedabad: Indian National Cartographic Association 2005, p.213-215, 2 ill., 1 tab. (Indian cartographer ; 25.2005).

4231
Sinha, Ravi Kumar; Kumar, R. Vijay; Rajan, P. Sundar: Geochemical mapping : an aid to multithematic development. In: Cartographic technologies for water, land and infrastructure development : XXIV INCA international congress, Kolkata, October 6 – 9, 2004 ; [... important contributions presented at the XXIV INCA International Congress on the Theme "Cartographic Technologies for Water, Land and Infrastructure Development"...]. Ed.: Dasgupta, Ajit Kumar. – Hyderabad: Indian National Cartographic Association 2005, p.431-440, 3 ill. (Indian cartographer ; 24.2004).

4232
Srivastava, Aradhana; Kandya, A. K.; Mohan, S.; Ajai: Evaluation of SAR and optical data fusion for landcover discrimination. In: Bridging the digital divide and taking cartography at grassroots level : 25th INCA international congress, Sagar, Nov. 28 – Dec. 1, 2005. Ed.: Trivedi, R. K. – Ahmedabad: Indian National Cartographic Association 2005, p.169-174, 5 ill., 3 tab. (Indian cartographer ; 25.2005).

4233
Srivastava, Vandita; Vyas, R. N.: Locational deprivation study in Dehradun municipal corporation area. In: Bridging the digital divide and taking cartography at grassroots level : 25th INCA international congress, Sagar, Nov. 28 – Dec. 1, 2005. Ed.: Trivedi, R. K. – Ahmedabad: Indian National Cartographic Association 2005, p.113-115, 4 ill. (Indian cartographer ; 25.2005).

4234
Stalin, M.; Nagarajan, B.: Challenges in post-tsunami large scale mapping to depict changes in Tamil Nadu and Pondicherry Coast. In: Bridging the digital divide and taking cartography at grassroots level : 25th INCA international congress, Sagar, Nov. 28 – Dec. 1, 2005. Ed.: Trivedi, R. K. – Ahmedabad: Indian National Cartographic Association 2005, p.239-242, 3 ill. (Indian cartographer ; 25.2005).

4235
Sukhwal, B.L.: Job prospects for cartographers in US versus Indian scenario. In: Bridging the digital divide and taking cartography at grassroots level : 25th INCA international congress, Sagar, Nov. 28 – Dec. 1, 2005. Ed.: Trivedi, R. K. – Ahmedabad: Indian National Cartographic Association 2005, p.52 (Indian cartographer ; 25.2005).

4236
Sukumar B.; Ahalya Sukumar; Devavrathan S.: Delineation of drought prone areas in Palakkad District, Kerala using satellite imagery. In: Bridging the digital divide and taking cartography at grassroots level : 25th INCA international congress, Sagar, Nov. 28 – Dec. 1, 2005. Ed.: Trivedi, R. K. – Ahmedabad: Indian National Cartographic Association 2005, p.175-178, 4 ill., 1 tab. (Indian cartographer ; 25.2005).

4237
Sunder, J.D. Paul Sunder: Historical perspective and recent technological revolutions in cartography and survey. In: Bridging the digital divide and taking cartography at grassroots level : 25th INCA international congress, Sagar, Nov. 28 – Dec. 1, 2005. Ed.: Trivedi, R. K. – Ahmedabad: Indian National Cartographic Association 2005, p.85-87, 1 ill. (Indian cartographer ; 25.2005).

4238
Sunder, J.D. Paul Sunder: Land use mapping and land resource management. In: Cartographic technologies for water, land and infrastructure development : XXIV INCA international congress, Kolkata, October 6 – 9, 2004 ; [... important contributions presented at the XXIV INCA International Congress on the Theme "Cartographic Technologies for Water, Land and Infrastructure Development"...]. Ed.: Dasgupta, Ajit Kumar. – Hyderabad: Indian National Cartographic Association 2005, p.341-345 (Indian cartographer ; 24.2004).

4239
Vatsa, G.S.; Singh, Umesh K.: Indian electronic navigational charts marching towards self-reliance. In: Cartographic technologies for water, land and infrastructure development : XXIV INCA international congress, Kolkata, October 6 – 9, 2004 ; [... important contributions presented at the XXIV INCA International Congress on the Theme "Cartographic Technologies for Water, Land and Infrastructure Development"...]. Ed.: Dasgupta, Ajit Kumar. – Hyderabad: Indian National Cartographic Association 2005, p.503-506, 3 ill., 1 tab. (Indian cartographer ; 24.2004).

4240
Vinod, R.V.; Sukumar, B.; Sukumar, Ahalya; Kumar, V. Shravan; Devavrathan, S.: Identification and delineation of wasteland for water conservation in Mogral river basin Kasaragod district, Kerala. In: Cartographic technologies for water, land and infrastructure development : XXIV INCA international congress, Kolkata, October 6 – 9, 2004 ; [... important contributions presented at the XXIV INCA International Congress on the Theme "Cartographic Technologies for Water, Land and Infrastructure Development"...]. Ed.: Dasgupta, Ajit Kumar. – Hyderabad: Indian National Cartographic Association 2005, p.142-150, 6 ill., 4 tab. (Indian cartographer ; 24.2004).

Indonesia / Indonesien / Indonésie

4241
Brink, Lowie: De Schoolkart van Insulinde van R. Schuiling : een overzicht van de Indische cartografie in 1898 op vijf m^2. In: De wereld tussen twee stokken : de geschiedenis van de Nederlandse schoolwandkaarten. Ed.: Brink, Lowie; Holl, Lucy. – Nijmegen: Antiquariaat De Wereld aan de Wand 2005, p.67-76, 4 ill., 1 portr. R. Schuiling's Schoolkaart van Insulinde : a survey of the cartography in the Dutch East Indies in 1898 on five m^2. [Dutch].

4242
Donkers, Henk: Cartografisch pionierswerk : Monumentale Grote Atlas Nederlands Oost-Indië. In: Geografie. 13.2004,9/10, p.6-9, 3 mp. Cartographic achievement: The big comprehensive Atlas of the Netherlands East Indies. [Dutch]. ISSN 0926-3837.

4243
Hooghoff, Pieke; Ormeling, Ferjan: Wilhelm Linnemann : ervaringen bij het karteren van Nederlands-Indië, 1926-1936. In: Caert-thresoor : tijdschrift voor de geschiedenis van de kartografie in Nederland. 24.2005,1, p.14-34, 19 ill., 1 tab., 1 portr. Wilhelm Linnemann : experiences in the mapping of the Dutch East Indies 1926-1936. ISSN 0167-4994.

4244
Parry, David E.: The cartography of the East Indian Islands : insulae indiae orientalis. – London: Countrywide Ed. 2005, 241 p., ill., mp. ISBN 0-9551701-1-7.

Israel / Israel / Israël

4245
Baumgärtner, Ingrid: Jerusalem, Nabel der Welt. In: Saladin und die Kreuzfahrer : [Begleitband zur Sonderausstellung " Saladin und die Kreuzfahrer"]. Ed.: Wieczorek, Alfried; Fansa, Mamoun; Meller, Harald. – Mainz: Verlag Philipp von Zabern 2005, p.288-293, 4 ill. (Schriftenreihe des Landesmuseums für Natur und Mensch Oldenburg ; 17).

4246
O'Loughlin, Thomas: Map and text : a mid ninth-century map for the Book of Joshua. In: Imago Mundi : the international journal for the history of cartography. 57.2005,1, p.7-22, 1 ill., 1 plate. [Engl. with French, Germ. and Span. rés.]. ISSN 0308-5694.

4247
Steinberg, G.; Even-Tzur, G.: Establishment of national grid based on permanent GPS Stations in Israel. In: Surveying and land information science : an official journal of ACSM devoted to the sciences of surveying and mapping, land information and related fields. 65.2005,1, p.47-52, 3 ill. ISSN 1538-1242; 1052-2905.

4248
Wajntraub, Eva; Wajntraub, Gimpel: Jacob Ziegler (1470? – 1549?) : an enlightened man from a dark period. In: Journal of the International Map Collectors' Society. 100.2005, p.49-54, 7 ill., 1 portr.

4249
Zhu, Guobin; Blumberg, Dan G.: An urban open space extraction method : combining spectral and geometric characteristics. In: Geo-spatial information science : quarterly = Diqiu-kongjian-xinxi-kexue-xuebao. 7.2004,4, p.249-254, 4 ill. ISSN 1009-5020.

Japan / Japan / Japon

4250
Bullinger, Roland; Hieber, Ulrich; Lenz, Thomas: Japans Industrie braucht Platz : die thematische Karte "Kobe – Neulandgewinnung" im Medienverbund. In: Thematische Karten. – Seelze: Friedrich 2005, p.27-31, 5 ill. (Geographie heute : Themen, Modelle, Materialien für die Unterrichtspraxis aller Schulstufen ; 26.2005,229). [Zugl.: Geographie heute : Themen, Modelle, Materialien für die Unterrichtspraxis aller Schulstufen. 26.2005,229].

4251
Une, Hiroshi; Okuyama, Shoji; Nemoto, Toshio: Emergent provision of geographic information concerning the Mid Niigata Prefecture Earthquake of 2004. In: Map : journal of the Japan Cartographers Association. 43.2005,2, p.1-10, 14 ill. [Jap. with Engl. rés.]. ISSN 0009-4897.

Jordan / Jordanien / Jordanie

4252
Al-Adamat, Rida Ali; Baban, Serwan M.J.: Mapping groundwater level and depth in the Azraq Basin in Jordan using GIS. In: Surveying and land information science : an official journal of ACSM devoted to the sciences of surveying and mapping, land information and related fields. 64.2004,2, p.97-105, 8 ill., 2 tab. ISSN 1538-1242; 1052-2905.

4253
Alshawabkeh, Yahya: Using Terretrial Laser Scanning for the 3D Reconstruction of Petra / Jordan. In: Photogrammetric Week '05 : [papers of the 50th Photogrammetric Week, Stuttgart (September 5 to 9, 2005)]. Ed.: Fritsch, Dieter. – Heidelberg: Herbert-Wichmann-Verlag 2005, p.39-47, 9 ill.

Lebanon / Libanon / Liban

4254
Verdeil, Eric; Velut, Sébastien: Liban-Syrie: les cartes du changement. In: M@ppemonde : revue trimestrielle sur l'image géographique et les formes du territoire. 80.2005,4, 2 p. ISSN 0764-3470.

Malaysia / Malaysia / Malaisie

4255
Parry, David E.: The cartography of the East Indian Islands : insulae indiae orientalis. – London: Countrywide Ed. 2005, 241 p., ill., mp. ISBN 0-9551701-1-7.

Palestine / Palästina / Palestine

4256
O'Loughlin, Thomas: Map and text : a mid ninth-century map for the Book of Joshua. In: Imago Mundi : the international journal for the history of cartography. 57.2005,1, p.7-22, 1 ill., 1 plate. [Engl. with French, Germ. and Span. rés.]. ISSN 0308-5694.

Philippines / Philippinen / Philippines

4257
Parry, David E.: The cartography of the East Indian Islands : insulae indiae orientalis. – London: Countrywide Ed. 2005, 241 p., ill., mp. ISBN 0-9551701-1-7.

Russian Federation / Russische Föderation / Fédération de Russie

4258
Bagrow, Leo: Istorija russkoj kartografii. – Moskva: Centrpoligraf 2005, 522 p., ill., mp. A history of Russian cartography. [Russ.]. [Literaturverz. S. 512-521; In kyrill. Schr., russ.] ISBN 5-954167-6-4.

4259
Boulay, Steve: Historic maps of Russia. In: The Portolan : the journal of the Washington Map Society. 61.2004, p.49-52, 6 ill. ISSN 1096-1925.

4260
Brenner, Karel: Vývoj mapového zobrazení Kurilských ostrovů a Sachalinu. In: Z Dějin geodézie a kartografie. 12, p.104-112, 11 mp. The development of the cartographical representation of the Kurill island and Sachalin. [Czech].

Syria / Syrien / Syrie

4261
Arnaud, Jean-Luc: Corpus cartographique pour l'histoire de Damas, Syrie, à la fin de la période ottomane (1760-1924). In: Imago Mundi : the international journal for the history of cartography. 53.2001, p.46-70, 16 ill. ISSN 0308-5694.

4262
Barrucand, Marianne: Damaskus und Saladin. In: Saladin und die Kreuzfahrer : [Begleitband zur Sonderausstellung " Saladin und die Kreuzfahrer"]. Ed.: Wieczorek, Alfried; Fansa, Mamoun; Meller, Harald. - Mainz: Verlag Philipp von Zabern 2005, p. 260-263, 3 ill. (Schriftenreihe des Landesmuseums für Natur und Mensch Oldenburg ; 17).

4263
Verdeil, Eric; Velut, Sébastien: Liban-Syrie: les cartes du changement. In: M@ppemonde : revue trimestrielle sur l'image géographique et les formes du territoire. 80.2005,4, 2 p. ISSN 0764-3470.

Turkey / Türkei / Turquie

4264
Ulugtekin, Necla: GIS eLearning experiences in Turkey. In: Photogrammetric Week '05 : [papers of the 50th Photogrammetric Week, Stuttgart (September 5 to 9, 2005)]. Ed.: Fritsch, Dieter. - Heidelberg: Herbert-Wichmann-Verlag 2005, p.303-319.

f. Australia and the Pacific Islands
Australien und Ozeanien
L'Australie et l'Océanie

Australia / Australien / Australie

4265
Brunet, Roger: D'une erreur commune à propos de cartes et de modèles : commentaire sur «Quel fond de carte pour l'Australie?» de Patrick Poncet. In: M@ppemonde : revue trimestrielle sur l'image géographique et les formes du territoire. 74.2004,2, 2 p. ISSN 0764-3470.

4266
Clark, Ian D.: Value of Victorian Aboriginal clan names for toponymic research. In: The Globe. 57.2005, p.13-16, 1 tab. ISSN 0311-3930.

4267
Enemark, Stig; Williamson, Ian; Wallace, J.: Building modern land administration systems in developed economies. In: Journal of spatial science. 2.2005, p.51-68, 3 ill., 3 tab.

4268
Flynn, Rod; Mifsud, George: Vicmap topographic digital mapping. In: The Globe. 57.2005, p.27-34, 3 ill. ISSN 0311-3930.

4269
Goodman, Jordan: The Rattlesnake : a voyage of discovery to the Coral Sea. - London: Faber and Faber 2005, X, 357 p., ill. mp. [Includes bibliographical references (S. 303 - 314) and index] ISBN 0-571-21073-2.

4270
Hickey, Robert J.: An investigation of the multispectral response patterns of West Australian bauxite deposits. In: Journal of spatial science. 2.2005, p.97-113, 16 ill., 1 tab.

4271
Kleeman, Grant; Hutchinson, Nick: Maps in classrooms. In: The Globe. 57.2005, p.1-12, 1 ill. ISSN 0311-3930.

4272
Kunapo, Joshphar; Kunapo, Ratna Kumari; Peterson, Jim: Adaption of archival geographical data for provision of decision support using GIS : an exemplification from city of Casey, Victoria, Australia. In: Bridging the digital divide and taking cartography at grassroots level : 25th INCA international congress, Sagar, Nov. 28 - Dec. 1, 2005. Ed.: Trivedi, R. K. - Ahmedabad: Indian National Cartographic Association 2005, p.98-102, 4 ill. (Indian cartographer ; 25.2005).

4273
Penna, N.; Lo, J.; Luton, G.: Geodetic GPS analysis of land Victoria's GPSnet. In: Journal of spatial science. 1.2005, p.45-57, 4 ill., 6 tab.

4274
Poncet, Patrick: Quel fond de carte pour l'Australie?. In: M@ppemonde : revue trimestrielle sur l'image géographique et les formes du territoire. 74.2004,2, 8 p., 4 ill. ISSN 0764-3470.

4275
Prescott, Dorothy F.: Bibliography of the history of Australia's national topographic mapping agencies. Ed.: International Cartographic Association / Commission f. history of cartography. - Victoria: International Cartographic Association / Commission f. history of cartography 2003, 40 p.

4276
Steed, Jim; Allmann, J.: The accuracy of Australia's geodetic network. In: Journal of spatial science. 1.2005, p.35-44, 6 ill., 1 tab.

4277
Yu, Jie; Pietrzak, Ursula; Peterson, Jim: Land-parcel land-use history as a key to site selection for documenting soil contamination risk : a case study from Australian suburbia. In: Geo-spatial information science : quarterly = Diqiu-kongjian-xinxi-kexue-xuebao. 8.2005,4, p.257-261 + 275, 4 ill., 1 tab. ISSN 1009-5020.

New Zealand / Neuseeland / Nouvelle-Zélande

4278
Holm, Janet: Caught mapping : the life and times of New Zealand's early surveyors. – Christchurch: Hazard Press 2005, 302 p., ill., mp. ISBN 1-87727-086-5.

4279
Marshall, Brian: From sextants to satellites : a cartographic time line for New Zealand. 2005, 136 p. (New Zealand map society journal ; 18.2005). [Bibliographical references p.111-125].

4280
O'Connor, Maura: Mapping Australia's transhumance : snow lease and stock-route maps of New South Wales. In: New Zealand map society journal. 17.2004, p.1-16, 9 ill. ISSN 0113-2458.

4281
Snowdon, Ian: Bits of real estate : digitizing the Church map collection of heritage maps at Auckland City Libraries. In: New Zealand map society journal. 17.2004, p.27-33, 3 ill. ISSN 0113-2458.

4282
Williams, Lynette J.: 'X' marks the spot: Newall's map of the Waikato. In: New Zealand map society journal. 17.2004, p.17-26, 2 ill. ISSN 0113-2458.

g. Europe
Europa
L'Europe

4283
Alphabetischer Index : Bearb. von Eckhard Eggers. By: Eggers, Eckhard; Schmid, Wolfgang P.; Krahe, Hans. 2005, XXIII, 560 p. + 1 CD-ROM. (Hydronymia Germaniae ; Reihe A, Sonderbd. 1).

4284
Brochard, Isabelle: «Té» ou «tcha»: une cartographie linguistique du thé. In: M@ppemonde : revue trimestrielle sur l'image géographique et les formes du territoire. 75.2004,3, 4 p., 1 mp., 4 tab. ISSN 0764-3470.

4285
Burmanje, Dorine; Molen, Paul van der: Téradat-infrastruktúra és földügyi igazgatás Európában. In: Geodézia és kartográfia. 57.2005,11, p.3-7 Spatial data infrastructures and land administration in Europe – high-level political support needed. [Hung. with Engl. rés.]. ISSN 0016-7118.

4286
Diez, Dietrich: Luxemburg hat gesprochen: EuGH begrenzt den Schutzbereich des Rechts des Datenbankherstellers. In: Kartographische Nachrichten : KN ; Fachzeitschrift für Geoinformation und Visualisierung ; Organ der Deutschen Gesellschaft für Kartographie e.V., der Schweizerischen Gesellschaft für Kartographie und der Österreichischen Kartographischen Kommission in der Österreichischen Geographischen Gesellschaft. 55.2005,5, p.265-266. ISSN 0022-9164.

4287
Geist, Thomas; Höfle, Bernhard; Rutzinger, Martin; Stötter, Johann: Der Einsatz von flugzeuggestützten Laserscanner Daten für geowissenschaftliche Untersuchungen in Gebirgsräumen. In: Photogrammetrie, Fernerkundung, Geoinformation : PFG ; Organ der Deutschen Gesellschaft für Photogrammetrie und Fernerkundung e.V. 2005,3, p.183-190, 3 ill., 1 tab. ISSN 1432-8364.

4288
Kulturlandschaft digital : Forschung und Anwendung ; 15. Fachtagung des Umweltamtes (Landschaftsverband Rheinland) ; 11. Jahrestagung der Arbeitsgruppe Angewandte Historische Geographie (Arbeitskreis für Historische Kulturlandschaftsforschung ARKUM), 2. bis 5. März 2005 in Aachen ; Tagungsdokumentation. Ed.: Rheinland / Umweltamt. – Köln: Rheinland / Umweltamt 2005, 225 p., ill., mp. (Kulturlandschaft : Zeitschrift für angewandte historische Geographie ; 15.2005).

4289
Mücher, C. A. ; Bunce, R.G.H.; Jongman, R.H.G.; Klijn, J.A.; Koomen, A.J.M.; Metzger, M..J.; Wascher, D.M.: Identification and characterisation of environments and landscapes in Europe. – Wageningen: Alterra, Research Instituut voor de Groene Ruimte 2003, 119 p., ill., mp. (Alterra-rapport ; 832).

4290
Pravda, Ián; Feranec, Ján: Ukážky mapovej prezentácie dátových vrstiev Corine land cover Slovenskla. In: Kartografické listy. 13.2005, p.101-110, 7 ill. Samples of map presentation of data layers CORINE land cover Slovakia. [Slovak with Engl. rés.].

4291
Schmidt, Frank: Dreidimensionale Sohlmodelle : Dokumentation der Fliessgewässer im Tiefbauamt des Kantons Basel-Stadt ; optimierte Nutzung flächenhafter Peildaten am Beispiel der Rheinsohle. In: Geomatik Schweiz : Geoinformation und Landmanagement. 103.2005,6, p.358-359, 2 ill. ISSN 0252-9424; 1660-4458.

4292
Schumacher, Heinrich: De kartering van Oost-Friesland door Willem Pieter Camp, 1798-1804. In: Caert-thresoor : tijdschrift voor de geschiedenis van de kartografie in Nederland. 24.2005,2, p.45-51, 6 ill., 1 portr. The mapping of East Frisia by Willem Pieter Camp 1798-1804. ISSN 0167-4994.

4293
Schwarz, Ulrich; Schmedtje, Ursula: Karten des Donaueinzugsgebietes für die Internationale Kommission zum Schutz der Donau (IKSD). In: Angewandte Geoinformatik 2005 : Beiträge zum 17. AGIT-Symposium Salzburg. Ed.: Strobl, Josef; Blaschke, Thomas; Griesebner, Gerald. – Heidelberg: Herbert-Wichmann-Verlag 2005, p.670-675, 2 ill., 1 tab.

4294
Semotanová, Eva: Historický atlas měst – evropský projekt ke srovnávacím dějinám městských aglomerací. In: Seminář a jeho hosté II : sborník příspěvk k nedožitým 70. narozeninám Doc. Phdr. Rostislava Nového. Ed.: Kreuz, Petr; Šustek, Vojtěch. – Praha: Scriptorium 2004, p.325-342 (Documenta Pragensia : sborník materiálí z Archivu Hlavního Města Prahy ; 23) Historical town's atlas – the European project to compare the history of town agglomerations. [Czech].

4295
Spruijt, Desmond: Hoe gastvrij is Europa?. In: Geografie. 14.2005,8, p.17-19, 9 ill. How hospitable is Europe?. [Dutch]. ISSN 0926-3837.

4296
Tsoulos, Lysandros: System design considerations for the development of an electronic statistical atlas. In: Cartography and geographic information science : an official journal of ACSM devoted to the advancement of cartography in all its aspects. 32.2005,3, p.181-194, 6 ill. ISSN 1523-0406.

4297
Witschas, Sabine: Cross-border mapping : Grenzerfahrungen kartographischer ARt. In: Kartographische Nachrichten : KN ; Fachzeitschrift für Geoinformation und Visualisierung ; Organ der Deutschen Gesellschaft für Kartographie e.V., der Schweizerischen Gesellschaft für Kartographie und der Österreichischen Kartographischen Kommission in der Österreichischen Geographischen Gesellschaft. 55.2005,4, p.201-207, 10 ill. ISSN 0022-9164.

Austria / Österreich / Autriche

4298
100 Jahre Amtsgebäude Krotenthallergasse : see you: www.bev.gv.at ; [1905 – 2005]. [inhaltl. Gestaltung: BEV – Bundesamt für Eich- und Vermessungswesen, Gruppe Vermessung]. ; Österreich / Bundesamt für Eich- und Vermessungswesen. – Wien: 2005, 88 p., ill., mp.

4299
Anreiter, Peter: Die Schichtung der Tiroler Gewässernamen. In: Gewässernamen in Bayern und Österreich : 3. Kolloquium des Arbeitskreises für Bayerisch-Österreichische Namenforschung (Regensburg, 27./28.Februar 2004). Ed.: Greule, Albrecht. – Regensburg: Edition Vulpes 2005, p.35-49, 1 ill., 2 tab. (Regensburger Studien zur Namenforschung ; 1).

4300
Buchroithner, Manfred F.: Modeling of three-dimensional geodata sets for true-3D lenticular foil displays. In: Photogrammetrie, Fernerkundung, Geoinformation : PFG ; Organ der Deutschen Gesellschaft für Photogrammetrie und Fernerkundung e.V. 2005,1, p.47-56, 6 ill., 1 tab. ISSN 1432-8364.

4301
Csaplovics, Elmar: Zur Topochronologie der Landschaft um den Neusiedler See bis zum Ende des 16. Jahrhunderts. Ed.: Burgenländisches Landesarchiv und Burgenländische Landesbibliothek <Eisenstadt>. – Eisenstadt: Burgenländisches Landesarchiv und Burgenländische Landesbibliothek <Eisenstadt> 2005, 224 p., ill., mp. (Burgenländische Forschungen ; 91). [Literaturverz. S. 206-223] ISBN 3-901517-50-2.

4302
Das Salzburg-Panorama von Johann Michael Sattler. Ed.: Marx, Erich. – Salzburg: Salzburger Museum Carolino Augusteum 2005.

4303
Das Werk und sein Schöpfer. Ed.: Marx, Erich. – Salzburg: Salzburger Museum Carolino Augusteum 2005, 143 p., ill. mp. (Das Salzburg-Panorama von Johann Michael Sattler). ISBN 3-900088-12-8.

4304
Dohle, Oskar: Hieronimuskataster und Francizäischer Kataster : zwei Schlüsselquellen zur regionalen Geschichte des Landes Salzburg. In: Mitteilungen der Gesellschaft für Salzburger Landeskunde. 145.2005, p.33-66, 20 ill. ISSN 0435-8279.

4305
Fecht, Michael; Geitner, Clemens; Heller, Armin; Stötter, Johann: Ermittlung der räumlichen Verteilung von Bodeneigenschaften – eine Kombination von GIS, Clusteranalyse und Geländearbeit. In: Angewandte Geoinformatik 2005 : Beiträge zum 17. AGIT-Symposium Salzburg. Ed.: Strobl, Josef; Blaschke, Thomas; Griesebner, Gerald. – Heidelberg: Herbert-Wichmann-Verlag 2005, p.155-164, 4 ill., 2 tab.

4306
Fraiss, Alexandra; Noll, Markus; Wietrzyk, Christian: With lumberjacks on tour – die digitale Forstkarte der Stadtgemeinde Bruck an der Mur. In: Angewandte Geoinformatik 2005 : Beiträge zum 17. AGIT-Symposium Salzburg. Ed.: Strobl, Josef; Blaschke, Thomas; Griesebner, Gerald. – Heidelberg: Herbert-Wichmann-Verlag 2005, p.176-181, 6 ill., 2 tab.

4307
Franzen, M.; Gold, W.; Kohlhofer, G.; Ries, Ch.; Rudolf, N.: Photogrammetrie und Fernerkundung im BEV. In: 100 Jahre Amtsgebäude Krotenthallergasse : see you: www.bev.gv.at ; [1905 – 2005]. [inhaltl. Gestaltung: BEV – Bundesamt für Eich- und Vermessungswesen, Gruppe Vermessung]. Österreich / Bundesamt für Eich- und Vermessungswesen. – Wien: 2005, p.28-38, 18 ill.

4308
Gewässernamen in Bayern und Österreich : 3. Kolloquium des Arbeitskreises für Bayerisch-Österreichische Namenforschung (Regensburg, 27./28.Februar 2004). Ed.: Greule, Albrecht. – Regensburg: Edition Vulpes 2005, 257 p., ill., mp. (Regensburger Studien zur Namenforschung ; 1). ISBN 3-939112-00-3.

4309
Gruber, Walter; Slupetzky, Heinz: Gletscher-Monitoring : von terrestrischer Vermessung zu modernen Methoden der Fernerkundung anhand von Beispielen aus den Hohen Tauern und der Coast Range (B.C., Canada). In: Raumbilder im Wandel : 40 Jahre Geographie an der Universität Salzburg. Ed.: Breuste, Jürgen. – Salzburg: Universität Salzburg / Fachbereich für Geographie, Geologie und Mineralogie 2005, p.37-52, 18 ill. + 1 map-suppl. (Salzburger geographische Arbeiten ; 38).

4310
Gutjahr, Karlheinz; Raggam, Hannes; Franke, Martina: Herleitung digitaler Oberflächenmodelle aus hochauflösenden Stereo-Bilddaten im alpinen Gelände. In: VGI : österreichische Zeitschrift für Vermessung & Geoinformation. 93.2005,2. ISSN 0029-9650.

4311
Hesche, Jens: Eisenbahnkarten deutschsprachiger Länder (Deutschland, Österreich, Schweiz). 2005, 1. Band: XXV, 399 p., 97 tab.; 2. Band: Kartenkatalog: XIX, 513 p.; 3. Band XIX, 9 p., 278 ill., 4 mp. [Besteht aus 3 Bänden; Diss. Univ. Wien].

4312
Historische und aktuelle Bodenkarten von Niederösterreich und der Nachbargebiete : Ausstellung von Exponaten aus der Privatsammlung von O. Nestroy, 23. Oktober bis 14. Dezember 2001 im Ausstellungsraum der NÖ Landesbibliothek Sankt Pölten. Ed.: Amt der Niederösterreichischen Landesregierung, Abt. NÖ Landesbibliothek. – Sankt Pölten: Amt der Niederösterreichischen Landesregierung, Abt. NÖ Landesbibliothek 2001. (Sonder- und Wechselausstellungen der Niederösterreichischen Landesbibliothek ; 21).

4313
Hohensinner, Karl: Namensänderungen bei Gewässernamen am Nordrand Oberösterreichs. In: Gewässernamen in Bayern und Österreich : 3. Kolloquium des Arbeitskreises für Bayerisch-Österreichische Namenforschung (Regensburg, 27./28.Februar 2004). Ed.: Greule, Albrecht. – Regensburg: Edition Vulpes 2005, p.85-94 (Regensburger Studien zur Namenforschung ; 1).

4314
Holzer, Georg: Slavische Gewässernamen in Niederöstereich : ihre Bildung und ihr Verhältnis zu den Geländenamen. In: Gewässernamen in Bayern und Österreich : 3. Kolloquium des Arbeitskreises für Bayerisch-Österreichische Namenforschung (Regensburg, 27./28.Februar 2004). Ed.: Greule, Albrecht. – Regensburg: Edition Vulpes 2005, p.95-109 (Regensburger Studien zur Namenforschung ; 1).

4315
Hubmann, Bernhard; Cernajsek, Tillfried: 175 Jahre geologische Karte der Steiermark. In: Mitteilungen des Naturwissenschaftlichen Vereines für Steiermark. 134.2005, p.5-22. ISSN 0369-1136.

4316
Hubmann, Bernhard; Cernajsek, Tillfried: Die erste geologische Gebietskarte des Grazer Paläozoikums von Conrad Clar aus dem Jahr 1877. In: Joannea Geologie und Paläontologie. 6.2005, p.5-16, 3 ill. ISSN 1562-9449.

4317
Jeschke, Hans Peter: Die Ausstellung "Denkmal- und Erinnerungslandschaft Mauthausen / Gusen" im neuen Besucherzentrum der KZ-Gedenkstätte Mauthausen in Oberösterreich : zur Topographie und zum System des nationalsozialistischen Terrors in der Region Mauthausen, Gusen und St. Georgen. In: Kulturlandschaft digital : Forschung und Anwendung ; 15. Fachtagung des Umweltamtes (Landschaftsverband Rheinland) ; 11. Jahrestagung der Arbeitsgruppe Angewandte Historische Geographie (Arbeitskreis für Historische Kulturlandschaftsforschung ARKUM), 2. bis 5. März 2005 in Aachen ; Tagungsdokumentation. Ed.: Rheinland / Umweltamt. – Köln: Rheinland / Umweltamt 2005, p.144-153, 3 ill. (Kulturlandschaft : Zeitschrift für angewandte historische Geographie ; 15.2005).

4318
Kastner-Masilko, Horst: Franciscus de Paula Triesnecker : 1745 – 1817 ; Astronom, Mathematiker und Landvermesser aus Mallon bei Kirchberg am Wagram. – Gösing am Wagram: Edition Weinviertel 2005, 184 p., ill., mp. – 1. Aufl. [Literaturverz. S.169-174] ISBN 3-901616-73-X.

4319
Kattnig, Franz; Kulnik, Michael; Zerzer, Janko: Zweisprachiges Kärnten : zweisprachiges Ortsnamenverzeichnis von Südkärnten = Dvojezicna Koroska. – Klagenfurt: Hermagoras 2005, 115, 144 p., ill., mp. – 2., vollst. überarb. und vervollst. Ausg. [Text dt. und slow.] ISBN 3-7086-0106-8.

4320
Keller, Wilfried: Tirol als Einheit im Kartenbild : Teil 1: Ein Rückblick auf 50 Jahr Atlasgeschichte. In: Südtirol in Wort und Bild. 49.2005,2, p.19-27, 25 ill.

4321
Krüger, Tobias; Buchroithner, Manfred F.; Lehmann, Frank: GIS-gestützte Kartierung hochwasserschutzrelevanter topographischer Informationen mit HRSC-Daten. In: Photogrammetrie, Fernerkundung, Geoinformation : PFG ; Organ der Deutschen Gesellschaft für Photogrammetrie und Fernerkundung e.V. 2005,33, p.129-133, 6 ill. ISSN 1432-8364.

4322
Lechthaler, Mirjanka; Spanring, Christian; Katzlberger, Gernot: Kartografski koncept atlasnog informacijskog sustava "ÖROK atlas online" - AIS Austrije = Cartographic concept of atlas information system "ÖROK atlas online" - AIS Austria. In: Kartografija i geoinformacije : KiG ; znanstveno-stručno-informativni časopis Hrvatskoga kartografskog društva. 4.2005, p.30-45, 8 ill., 2 tab. [Croat. and Engl.]. ISSN 1333-896X.

4323
Mallinger-Hohensinn, Andreas: Der digitale Franziszeische Kataster. Weltneuheit: Digitalisierung des Franziszeischen Katasters - Daten von 1824 bis 1830 über Internet abrufbar. In: GW-Unterricht : eine Zeitschrift des Vereins "Forum Wirtschaftserziehung" für Geographie und Wirtschaftskunde. 98.2005, p.98-99, 1 ill.

4324
Mang, Reinhard: IMG und BEV - eine Erfolgsstory. In: 100 Jahre Amtsgebäude Krotenthallergasse : see you: www.bev.gv.at ; [1905 - 2005]. [inhaltl. Gestaltung: BEV - Bundesamt für Eich- und Vermessungswesen, Gruppe Vermessung]. Österreich / Bundesamt für Eich- und Vermessungswesen. - Wien: 2005, p.18-27, 10 ill.

4325
Mittermaier, R.; Paul, G.: Die topographische Landesaufnahme im Wandel der Zeit : Von der Vierten zur Fünften Landesaufnahme. In: 100 Jahre Amtsgebäude Krotenthallergasse : see you: www.bev.gv.at ; [1905 - 2005]. [inhaltl. Gestaltung: BEV - Bundesamt für Eich- und Vermessungswesen, Gruppe Vermessung]. Österreich / Bundesamt für Eich- und Vermessungswesen. - Wien: 2005, p.39-49, 9 ill., 2 tab.

4326
Müller, Guido: Gustav Pelikan (1840-1919) : ein bedeutender österreichischer Kartograf und Geoplastiker. In: Raumbilder im Wandel : 40 Jahre Geographie an der Universität Salzburg. Ed.: Breuste, Jürgen. - Salzburg: Universität Salzburg / Fachbereich für Geographie, Geologie und Mineralogie 2005, p.27-36, 1 portr., 2 ill. (Salzburger geographische Arbeiten ; 38).

4327
Ober, Emanuel A.: Optimierung von Nationalparkkarten : Anforderungen der Nationalparkverwaltungen und Nationalparkbesucher : exemplarische Umsetzung: Nationalparkkarte Donauauen. - Wien: 2005, XII, 92 p., 34 ill., 1 mp., 9 tab. [Dipl. Arb. Univ. Wien].

4328
Opll, Ferdinand: Katasterkarten und Ansichten der Stadt Wien (spätes 18. bis frühes 19. Jahrhundert). In: Wiener Geschichtsblätter. 60.2005,4, p.15-28. ISSN 0043-5317.

4329
Pohl, Heinz Dieter: Slawische (und slowenische) Gewässernamen in Kärnten und Osttirol. In: Gewässernamen in Bayern und Österreich : 3. Kolloquium des Arbeitskreises für Bayerisch-Österreichische Namenforschung (Regensburg, 27./28.Februar 2004). Ed.: Greule, Albrecht. - Regensburg: Edition Vulpes 2005, p.111-121 (Regensburger Studien zur Namenforschung ; 1).

4330
Pucher, Alexander; Gartner, Georg; Spanring, Christian: ÖROK Atlas Online - ein Forschungs- und Entwicklungsprojekt zur Erstellung eines Prototyps für "ÖROK Atlas Online". In: Angewandte Geoinformatik 2005 : Beiträge zum 17. AGIT-Symposium Salzburg. Ed.: Strobl, Josef; Blaschke, Thomas; Griesebner, Gerald. - Heidelberg: Herbert-Wichmann-Verlag 2005, p.553-558, 2 ill.

4331
Rabl, Marion: Tirol Atlas (http://tirolatlas.uibk.ac.at) : modernes Atlasinformationssystem für Nord-, Ost- und Südtirol. In: GW-Unterricht : eine Zeitschrift des Vereins "Forum Wirtschaftserziehung" für Geographie und Wirtschaftskunde. 98.2005, p.57-62, 9 ill.

4332
Reiter, Karl; Wrbka, Thomas; Grabherr, Georg: Ist Biodiversität der Ausdruck struktureller Diversität in der Landschaft?. In: Angewandte Geoinformatik 2005 : Beiträge zum 17. AGIT-Symposium Salzburg. Ed.: Strobl, Josef; Blaschke, Thomas; Griesebner, Gerald. - Heidelberg: Herbert-Wichmann-Verlag 2005, p.574-583, 2 ill., 1 tab.

4333
Schmidtlein, Sebastian; Grabner, Sabine; Sassin, Julia: Eine Fallstudie zum Einsatz abbildender Spektroskopie in der Grünlandkartierung. In: Photogrammetrie, Fernerkundung, Geoinformation : PFG ; Organ der Deutschen Gesellschaft für Photogrammetrie und Fernerkundung e.V. 2005,3, p.219-226, 4 ill., 1 tab. ISSN 1432-8364.

4334
Seger, Martin: "Landcover Austria" und "Landscape Metrics" : neue Karten zur (Kultur-)Landschaftsstruktur in Österreich. In: Mitteilungen der Österreichischen Geographischen Gesellschaft : MÖGG ; Jahresband. 147.2005, p.139-160, 6 ill., 1 tab. ISSN 0029-9138.

4335
Stöhr, G.; Strenn, L.: 100 Jahre Amtsgebäude Krotenthallergasse des BEV. In: 100 Jahre Amtsgebäude Krotenthallergasse : see you: www.bev.gv.at ; [1905 – 2005]. [inhaltl. Gestaltung: BEV – Bundesamt für Eich- und Vermessungswesen, Gruppe Vermessung]. Österreich / Bundesamt für Eich- und Vermessungswesen. – Wien: 2005, p.7-17, 15 ill.

4336
Trummer, Karl: Stumme Karte : Bäche und Ortschaften des mittleren Burgenlandes. In: Geographisches Jahrbuch Burgenland. 2005, p.232-236, 4 ill.

4337
Wiesinger, Peter: Probleme um Gewässernamen in Oberösterreich. In: Gewässernamen in Bayern und Österreich : 3. Kolloquium des Arbeitskreises für Bayerisch-Österreichische Namenforschung (Regensburg, 27./28.Februar 2004). Ed.: Greule, Albrecht. – Regensburg: Edition Vulpes 2005, p.193-212 (Regensburger Studien zur Namenforschung ; 1).

4338
Wilmersdorf, Erich: Bereitstellung kartographischer Produkte aus dem kommunalen Geodatenhaushalt mittels Webservices. In: Tagung 2004 / Arbeitsgruppe Automation in der Kartographie. Ed.: Bundesamt für Kartographie und Geodäsie <Deutschland>. – Frankfurt a.M.: Bundesamt für Kartographie und Geodäsie <Deutschland> 2005, p.141-150, 7 ill. (Mitteilungen des Bundesamtes für Kartographie und Geodäsie ; 34).

Belarus / Weißrussland / Biélorussie

4339
Biolik, Maria: Die fließenden Gewässer = Nazwy wód płynących. 2005, 235 p., mp. (Hydronymia Europaea ; 19). [Pol. and Germ.].

4340
Hrodzenskaja voblasc'. By: Haponenka, I. A.; Lemcjuhova, V. P. – Minsk: Tèchnalohija 2004, 469 p., mp. (Nazvy naselenych punktaŷ Rèspubliki Belarus' : narmatyŷny davednik) Hrodna region. [Belarus.]. ISBN 985-458-098-9.

4341
Minskaja voblasc'. By: Haponenka, I. A.; Lemcjuhova, V. P. – Minsk: Tèchnalohija 2003, 604 p., mp. (Nazvy naselenych punktaŷ Rèspubliki Belarus' : narmatyŷny davednik) Minsk region. [Belarus.]. ISBN 985-458-054-7.

4342
Nazvy naselenych punktaŷ Rèspubliki Belarus' : narmatyŷny davednik. By: Haponenka, I. A.; Lemcjuhova, V. P. – Minsk: Tèchnalohija 2003. [Belarus.]. [Consists of 6 vol.].

Belgium / Belgien / Belgique

4343
Buisseret, David: Re-examining "Ground on which was fought the memorable battle of Waterloo". In: Mapline : a quarterly newsletter published by the Hermon Dunlap Smith Center for the History of Cartography at the Newberry Library. 97/98.2004, p.1-3, 2 ill.

4344
Leenders, Eric: Is there still a "Scheldt question"?. In: BIMCC newsletter / Brussels International Map Collectors' Circle. 22.2005, p.21-23, 6 ill. ISSN 1379-3306.

4345
Vandenbroucke, Martijn: An extraordinary example of local cartography : the land books of Baron von Plotho. In: BIMCC newsletter / Brussels International Map Collectors' Circle. 21.2005, p.21-23, 2 ill., 1 tab. ISSN 1379-3306.

4346
Watelet, Marcel: L'après-Waterloo : cartographie et paysage mémoriel. Essai de typologie. In: Waterloo : monuments et représentations de mémoires européennes (1792-2001) : actes du colloque international de Louvain-la-Neuve, organisé par l'Association Franco-Européenne de Waterloo le 20 octobre 2001. – Louvain-la-Neuve: Association Franco-Européenne de Waterloo 2003, p.269-296, 8 ill.

Bulgaria / Bulgarien / Bulgarie

4347
Ficker, Friedbert: Nikolaus Dankov und die Kartographie in Bulgarien. In: Zeitschrift für Balkanologie. 41.2005, 1, p.15-28, 5 ill. ISSN 0044-2356.

4348
Nikolov, Marian; Bochev, Toma; Tashkov, Toshko; Petrov, Georgi: Koordinatni sistemi v B"lgarija, transformacii i programa MTSTrans. In: Geodezija, kartografija, zemeustrojstvo. 45.2005,1/2, p.3-6, 1 ill. Bulgarian datums and transformations. MTSTrans software. [Bulg. with Engl. rés.]. ISSN 0324-1610.

4349
Orachev, Atanas: Bulgaria in the European cartographic concepts until XIX century. – Sofia: Borina 2005, 143 p., ill., mp. ISBN 954-500135-6.

Croatia / Kroatien / Croatie

4350
Biljecki, Zvonko; Gugić, Goran; Osmanagić, Aida; Pavičić, Stipica; Rapaić, Mladen; Sajko, Petra; Tonković, Tomislav; Vencler, Daniel; Železnjak, Željko: Vojni geoinformacijski sustav Ministarstva obrane Republike Hrvatske = Military geoinformation system of the Ministry of Defence of the Republic of Croatia. In: Kartografija i geoinformacije : KiG ; znanstveno-stručno-informativni časopis Hrvatskoga kartografskog društva. 4.2005, p.46-57, 4 ill. [Croat. and Engl.]. ISSN 1333-896X.

4351
Bučo, Igor; Cigrovski-Detelić, Brankica: Geodätische Arbeiten bei der Urbanisierung von Buchten. In: Allgemeine Vermessungs-Nachrichten : AVN ; Zeitschrift für alle Bereiche des Vermessungswesens. 112.2005,11-12, p.3-62-372, 2 ill., 8 tab. ISSN 0002-5968.

4352
Čanković, Dušanka: Five centuries of the Adriatic on maps = Pet stoljeća Jadrana na kartama. In: Five centuries of maps and charts of Croatia = Pet stoljeća geografskih i pomorskih karata Hrvatske. Ed.: Novak, Drago. – Zagreb: Školska Knjiga 2005, p.203-224, 15 ill. [Summaries of all articles, short biographies of the authors, list of illustrations, and index of names at the end of the book].

4353
Cetl, Vlado; Roić, Miodrag; Šiško, Darko: Prema infrastrukturi prostornih podataka u Hrvastkoj = Towards a spatial data infrastructure in Croatia. In: Kartografija i geoinformacije : KiG ; znanstveno-stručno-informativni časopis Hrvatskoga kartografskog društva. 3.2004, p.36-50, 6 ill. [Croat. and Engl.]. ISSN 1333-896X.

4354
Faričić, Josip; Simičić, Zdenko: Kornati na starim geografskim i pomorskim kartama = Kornati Islands on old geographic maps and charts. In: Kartografija i geoinformacije : KiG ; znanstveno-stručno-informativni časopis Hrvatskoga kartografskog društva. 4.2005, p.58-77, 15 ill. [Croat. and Engl.]. ISSN 1333-896X.

4355
Five centuries of maps and charts of Croatia = Pet stoljeća geografskih i pomorskih karata Hrvatske. Ed.: Novak, Drago. – Zagreb: Školska Knjiga 2005, 467 p., ill., mp. [Croat. and Engl.]. [Summaries, short biographies of the authors, list of illustrations and index of names at the end of the book] ISBN 953-0-61571-X.

4356
Frančula, Nedjeljko; Frangeš, Stanislav: Bolonjska deklaracija i reforma studija na Geodetskom fakultetu Sveučilišta u Zagrebu. In: Geodetski list : glasilo Hrvatskoga Geodetskog Drustva. 58(81).2004,3, p.211-217, 3 tab. The Bologna declaration and the reform of study at the faculty of geodesy of the university of Zagreb. [Croat.]. ISSN 0016-710x.

4357
Frančula, Nedjeljko; Lapaine, Miljenko: Geodesy in Croatia from 1878 to 2003. In: Annual of the Croatian academy of engineering. 2003, p.13-28, 3 ill. ISSN 1332-3482.

4358
Frangeš, Stanislav; Bokunić, Mladen: Kartografika karata biciklističkih ruta. In: Geodetski list : glasilo Hrvatskoga Geodetskog Drustva. 59(82).2005,3, p.199-210, 14 ill. Map graphics of bicycle routes. ISSN 0016-710x.

4359
Frangeš, Stanislav; Riba, Dolores; Slevka, Berto: Razlike u kartografici katastarskih planova. In: Geodetski list : glasilo Hrvatskoga Geodetskog Drustva. 58(81).2004,4, p.287-298, 9 ill. Differences in the map graphics of cadastral plans. [Croat. with Engl. rés.]. ISSN 0016-710x.

4360
Husnjak, S.; Bogunović, M.; Pernar, R.; Kozina, B.; Kaučić, D.: Geoinformatička obrada podataka zu binitiranje zemljišta kulture vinograda na području općine Lepoglava = Geoinformatic processing of data for capability evaluation of land for vine-growing in the municipality of Lepoglava. In: Kartografija i geoinformacije : KiG ; znanstveno-stručno-informativni časopis Hrvatskoga kartografskog društva. 3.2004, p.52-59, 6 ill. [Croat. and Engl.]. ISSN 1333-896X.

4361
Ivković, Mira: Erneuerung der Katasterpläne in der Republik Kroatien. In: Allgemeine Vermessungs-Nachrichten : AVN ; Zeitschrift für alle Bereiche des Vermessungswesens. 112.2005,2, p.58-64. ISSN 0002-5968.

4362
Kisić, Anica: The origins pf Camocio's and Rosaccio's Isolario in Croatian collections = O Camocijevu i Rosaccijevu izolaru iz hrvatskih zbirki. In: Five centuries of maps and charts of Croatia = Pet stoljeća geografskih i pomorskih karata Hrvatske. Ed.: Novak, Drago. – Zagreb: Školska Knjiga 2005, p.293-330, 30 ill. [Engl. and Croat.].

4363
Kozličić, Mithad: Historical development of the mapping of Croatian lands = Povijesni razvoj kartografiranja hrvatskih zemalja. In: Five centuries of maps and charts of Croatia = Pet stoljeća geografskih i pomorskih karata Hrvatske. Ed.: Novak, Drago. – Zagreb: Školska Knjiga 2005, p.22-44, 8 ill. [Croat. and Engl.].

4364
Kozličić, Mithad: Panorame Dalmacije Guiseppea Riegera = I panorami della Damazia di giuseppe Rieger; The panoramas of Dalmatia by Guiseppe Rieger; Panoramen Dalmatiens von Giuseppe Rieger. – Split: Hrvatski Hydrografski Institut 2003, 159 p., ill., mp. (Posebna izdanja ; 1). [Croat, Ital., Engl., German]. ISBN 953-6165-07-4.

4365
Lapaine, Miljenko: Centar za geoinformacije i kartografiju Akademije tehničkih znanosti Hrvatske = Centre for geoinformation and cartography of the Croatian academy of engineering. In: Kartografija i geoinformacije : KiG ; znanstveno-stručno-informativni časopis Hrvatskoga kartografskog društva. 4.2005, p.188-189. [Croat. and Engl.]. ISSN 1333-896X.

4366
Lapaine, Miljenko; Kljajić, Ivka: Some important persons in Croatian Cartography = Nekoliko važnih osoba za hrvatsku kartografiju. In: Five centuries of maps and charts of Croatia = Pet stoljeća geografskih i pomorskih karata Hrvatske. Ed.: Novak, Drago. – Zagreb: Školska Knjiga 2005, p.113-166, 39 ill. [Engl. and Croat.].

4367
Lučić, Josip: Cartography in the Republic of Dubrovnik = O kartografiji u Dubrovačkoj Republici. In: Five centuries of maps and charts of Croatia = Pet stoljeća geografskih i pomorskih karata Hrvatske. Ed.: Novak, Drago. – Zagreb: Školska Knjiga 2005, p.225-255, 17 ill. [Engl. and Croat.].

4368
Marković, Mirko: Scientific study of old maps of Croatia = Stare karte Hrvatske i njihovo znanstveno izučavanje. In: Five centuries of maps and charts of Croatia = Pet stoljeća geografskih i pomorskih karata Hrvatske. Ed.: Novak, Drago. – Zagreb: Školska Knjiga 2005, p.13-21, 5 ill. [Croat. and Engl.].

4369
Miletić-Drder, Mira: The atlas of the adriatic coast by C.F. Beautemps-Beaupré. In: Five centuries of maps and charts of Croatia = Pet stoljeća geografskih i pomorskih karata Hrvatske. Ed.: Novak, Drago. – Zagreb: Školska Knjiga 2005, p.390-407, 5 ill. Atlas jadranske obale C.F. Beautemps-Beaupréa. [Engl. and Croat.].

4370
Novak, Drago: Napoleon's map of Dalmatia from 1807 = Napoleonova karta Dalmacije iz 1807. godine. In: Five centuries of maps and charts of Croatia = Pet stoljeća geografskih i pomorskih karata Hrvatske. Ed.: Novak, Drago. – Zagreb: Školska Knjiga 2005, p.369-389, 9 ill. [Engl. and Croat.].

4371
Novak, Drago; Milinarić, Dubravka: Adriatic Coast and Islands in the Kitab-i Bahriye by Pîrî Reis = Jadranska obala i otoci u kfelu Kitab-i Bahriye Pîrîja Reisa. In: Five centuries of maps and charts of Croatia = Pet stoljeća geografskih i pomorskih karata Hrvatske. Ed.: Novak, Drago. – Zagreb: Školska Knjiga 2005, p.331-367, 18 ill. [Engl. and Croat.].

4372
Novak, Drago; Mlinarić, Dubravka; Lapaine, Miljenko: Usporedbena studija osmanskog kartografiranja hrvatske obale i otoka u 16. stoljeću = A comparative analysis of the 16th century Ottoman mapping of the Croatian coast and islands. In: Kartografija i geoinformacije : KiG ; znanstveno-stručno-informativni časopis Hrvatskoga kartografskog društva. 4.2005, p.78-110, 20 ill., 3 tab. [Croat. and Engl.]. ISSN 1333-896X.

4373
Novosel-Žic, Petrica; Richter-Novosel, Željka: Croatian cartographers of the 16th and 17th centuries = Hrvatski kartografi 16. i 17. stoljeća. In: Five centuries of maps and charts of Croatia = Pet stoljeća geografskih i pomorskih karata Hrvatske. Ed.: Novak, Drago. – Zagreb: Školska Knjiga 2005, p.86-111, 11 ill. [Croat. and Engl.].

4374
Pandžić, Ankica: Territorial boundaries and geographical and polizical division of Croatia = Granice i geografsko-politička podijeljenost Hrvatske. In: Five centuries of maps and charts of Croatia = Pet stoljeća geografskih i pomorskih karata Hrvatske. Ed.: Novak, Drago. – Zagreb: Školska Knjiga 2005, p.45-61, 12 ill. [Croat. and Engl.].

4375
Pastoureau, Mireille: Some interesting maps of Croatia = Neke zanimlijive karte Hrvatske koje se čuvaju u Bibliothèque Nationale u Parizu. In: Five centuries of maps and charts of Croatia = Pet stoljeća geografskih i pomorskih karata Hrvatske. Ed.: Novak, Drago. – Zagreb: Školska Knjiga 2005, p.167-178, 6 ill. [Engl. and Croat.].

4376
Rožić, Nevio: Strategy and system of quality control of the official geographic data produced by private companies in Croatia. In: Geodetski list : glasilo Hrvatskoga Geodetskog Drustva. 58(81).2004,2, p.133-142. ISSN 0016-710x.

4377
Slukan Altić, Mirela: Povijesna kartografija : kartografski izvori u povijesnim znanostima. – Samobor: 2003, 495 p., ill., mp. (Biblioteca Geographia Croatica ; 18) Historical cartography : cartographic sources in historical sciences. [Hung. with Engl. rés.]. [English summary: Cartographic sources in historical sciences] ISBN 953-7004-75-9.

4378
Župan, Robert; Bokunić, Mladen; Frangeš, Stanislav: Iskustva i razvoj drugih drzava pri oblikovanju vojnih topografsko-kartografskih digitalnih sustava i karata te stanje u Republici Hrvatskoj. In: Geodetski list : glasilo Hrvatskoga Geodetskog Drustva. 59(82).2005,1, p.63-81, 9 ill. Experiences and developments in other states in the creation of military topographic and cartographic digital systems and maps, and the situation in the Republic Croatia. [Croat. with Engl. rés.]. ISSN 0016-710x.

Czech Republic / Tschechische Republik / République tchèque

4379
Černohorský, Jiří; Kolář, Rudolf; Kostelecký, Jan; Šimek, Jaroslav: Rozvoj geodetických základů České republiky v kontextu EUREF. In: Geodetický a kartografický obzor. 50.2004,4-5, p.63-79, 16 ill., 1 tab. Development of geodetic control in the Czech republic in context of EUREF. [Czech with Engl. rés.]. ISSN 0016-7096.

4380
Dvořaček, Petr: Geoportál Zeměměřického úřadu. In: Geodetický a kartografický obzor. 51.2005,9, p.205-209, 4 ill. Geoportal of land survey office. [Czech with Engl. rés.]. ISSN 0016-7096.

4381
Klimánek, Martin: Internet thematic atlas of the University Training Forest on the MapServer. In: Projektowanie i redakcja map = Map design and map compilation. Ed.: Uniwersytet Wrocławski. – Wrocław: Uniwersytet Wrocławski 2005, p.219-224, 2 ill. (Glówne problemy wspólczesnej kartografii ; 2005).

4382
Korbelářová, Irena; Žáček, Rudolf: Slezsko v I. vojenském (tzv. josefském) mapováni : Edice komentáře. Ed.: Stredisko pro Vydávání Historických Pramenů. – Opava: Stredisko pro Vydávání Historických Pramenů 2005. (Prameny k dejinám Slezska ; 6) Silesia in the I. military (the so called Josefska) map : commented edition. [Czech]. ISBN 80-86224-52-X.

4383
Kostelecký, Jan: Software pro přímou transformaci mezi ETRS89 a S-JTSK – testování přesnosti. In: Geodetický a kartografický obzor. 50.2004,1, p.3-8, 6 ill. Software for direct transformation between ETRS89 and S-JTSK – accuracy testing. [Czech with Engl. rés.]. ISSN 0016-7096.

4384
Kučera, Zdeněk: Bílina a Bílinsko na 7. sekci Müllerovy mapy Čech. In: Z Dějin geodézie a kartografie. 12, p.39-41, 1 mp. Bílina and Bílinsko on the map sheet No. 7 of the Müller map of Silesia. [Czech].

4385
Kučera, Zdeněk; Vacek, Miroslav; Veverka, Jaroslav: Bílinsko na starých mapách. Ed.: Město Bílina. – Bílina: Město Bílina 2003, 50 p., mp. Bilina in old maps. [Pol.]. ISBN 80-2392260-2.

4386
Kupčík, Ivan: Atlas abreviado de Bohemia (1757) Thomase Lópeze z Univerzitní knihovný v Salamance. In: Z Dějin geodézie a kartografie. 12, p.42-46, 4 ill. Bílina and Bílinsko on the map sheet No. 7 of the Müller map of Silesia. [Czech].

4387
Mikšovský, Miroslav; Zimová, Růžena: Soudobé vojonské státní mapové dílo na území České republiky. In: Geodetický a kartografický obzor. 50.2004,12, p.247-251 Up-to-date military state maps on the territory of the Czech republic. [Czech]. ISSN 0016-7096.

4388
Neumann, Jan: "Vzhled jevu" jako kartografie termínu "feature" v českém překladu mezinárodních norem geografické informace. In: Geodetický a kartografický obzor. 50(92).2004,12, p.32-34 The Czech translation equivalent of the term "feature" as "vzhled jevu" in the Czech translation of international standards of geographic information. ISSN 0016-7096.

4389
Nováková, Pavlína: Jablunkovské šance – plány a map uložené ve Válečném archivu ve Vídni, Zemském archivu v Opavě a Vojenském historickém archivu v Praze. In: Cieszyńskie studia muzealne. 2.2005, p.184-187, 1 ill. + p.364 Jablunkov Fortifications – plans and maps kept in the War Archive / Kriegsarchiv in Vienna, Regional Archives /Zemský archiv in Opava and the War Historical Institute / Vojenský historický ústav in Prague. [Czech. with Engl. rés.]. ISSN 1733-9820.

4390
Pravda, Ján: Sémantika a spisovnost' kartografických termínov. In: Geodetický a kartografický obzor. 50.2004,9, p.179-183, 2 ill. Semantics and standard level of language with cartographic terms. [Czech]. ISSN 0016-7096.

4391
Radouch, Ferdinand; Vanko, Ján: 50 let ústředního úřadu pro obor geodezie a kartografie. In: Geodetický a kartografický obzor. 50.2004,9, p.173-174 50 years of central office for geodesy and cartography. [Czech]. ISSN 0016-7096.

4392
Semotanová, Eva: Kdy zmizel ze starých maprybník Blato na Poděbradsku?. In: Z Dějin geodézie a kartografie. 12, p.30-38, 7 mp. When does the pond Blato disappear on old maps?. [Czech].

4393
Semotanová, Eva: Místopis Kladska na Historické mapě Čech Františka Palackého ve srovnání s názvoslovím vybraných map středních měřítek. In: Vladimír Wolf et Opera Corcontica : sborník příspěvků k šedesátinám Prof. PhDr. Vladimíra Wolfa. – Hradec Králové: 2002, p.326-347, 3 ill. (Dissertationes historicae ; 7.2002) Die Topographie des Glatzer Landes auf der Historischen Karte Böhmens von František Palacký im Vergleich zur Terminologie ausgewählter Karten des mittleren Maßstabes.

4394
Semotanová, Eva: Proměny holešovického meandru na mapách a plánech : Praha, město u vody. – Vyd. 1 In: Město a voda : Praha, město u vody ; sborník příspěvk°u z 22. vědecké konference Archivu hlavního města Prahy, uspořádané ve spolupráci s Institutem Mezinárodních Studií Fakulty Sociálních Věd Univerzity Karlovy ve dnech 7. a 8. října 2003 v Clam-Gallasově paláci v Praze ; [... Konferenci k Tématu "Město a Voda"]. Ed.: Fejtová, Olga. – Prag: Scriptorium 2005, p.13-26 (Documenta Pragensia : sborník materiálí z Archivu Hlavního Města Prahy ; 24) The changes of the Vltava Holešovice on maps and plans : Prague, city near the water. [Czech].

4395
Šíma, Jiří; Egrmajerová, Lenka: Ověření přesnosti digitálního modelu reliéfu Základní báze geografických dat. In: Geodetický a kartografický obzor. 50.2004,11, p.213-231, 4 ill., 15 tab. Accuracy testing of digital terrain model of the fundamental base of geographic data. [Czech]. ISSN 0016-7096.

4396
Spyra, Janusz: Najstarsze plany Cieszyna. In: Cieszyńskie studia muzealne. 2.2005, p.188-207, 3 ill. + p.364-365. [Pol. with Engl. rés.]. ISSN 1733-9820.

4397
Uhlířová, Lenka: Spatial-temporal analyses of landscape pattern changes in Horní Stakory cadastre (Kosmaonsy district). In: Historická geografie. 33.2005, p.21-37, 6 mp., 1 tab. [Engl. with Czech rés.].

4398
Vatrt, Viliam; Dušátko, Drahomír: Vojenský topografický ústav Dobruška padesálitelý (1951-2001). In: Z Dějin geodézie a kartografie. 12, p.47-51, 4 ill. 50th anniversary of the military topographical institution in Dobruska. [Czech].

4399
Wallert, Werner: "Was kosten 0,5 Liter Pilsner Urquell?" : Dokumentation einer Kartierung von Bierpreisen in Prag. In: Thematische Karten. – Seelze: Friedrich 2005, p.46-47, 1 ill. (Geographie heute : Themen, Modelle, Materialien für die Unterrichtspraxis aller Schulstufen ; 26.2005,229). [Zugl.: Geographie heute : Themen, Modelle, Materialien für die Unterrichtspraxis aller Schulstufen. 26.2005,229].

4400
Wildmann, Radek: Mapová tvorba a proces její standardizace v GeoSI AČR. In: Geodetický a kartografický obzor. 51.2005,6-7, p.114-123, 12 ill., 2 tab. Cartographic production and its standardization process in geographic service of the Czech Armed Forces. [Czech with Engl. rés.]. ISSN 0016-7096.

Denmark / Dänemark / Danemark

4401
Dreyer-Eimbcke, Oswald: Dänemark auf dem Kartenbild : Kartenausstellung in der Königlichen Bibliothek in Kopenhagen. In: Mitteilungen / Freundeskreis für Cartographica in der Stiftung Preussischer Kulturbesitz e.V. 18.2005, p.30-32. ISSN 1612-9512.

4402
Enemark, Stig; Williamson, Ian; Wallace, J.: Building modern land administration systems in developed economies. In: Journal of spatial science. 2.2005, p.51-68, 3 ill., 3 tab.

Finland / Finnland / Finlande

4403
Häkli, Esko: Map Collections as National Treasures. In: LIBER quarterly : the journal of European Research Libraries. 13.2003,1, p.21-27. ISSN 1435-5205.

4404
Rusanen, Jarmo; Muilu, Toivo; Colpaert, Alfred; Naukkarinen, Arvo: Georeferenced data as a tool for monitoring the concentration of population in Finland in 1970-1998. In: Fennia : international journal of geography / Societas Geographica Fenniae. 181.2003,2, p.129-144, 10 ill., 7 tab. ISSN 0015-0010.

France / Frankreich / France

4405
Aliprandi, Giorgio; Aliprandi, Laura: Storia della cartografia alpina. – Torino: Priuli & Verlucca 2005, 359 p., ill., mp. – Nuova ed. ampliata. (Le grandi Alpi nella cartografia : 1482 – 1885) The history of the alpine cartography. [Ital.]. ISBN 88-8068-278-4; 978-88-8068-278-3.

4406
Aliprandi, Laura; Aliprandi, Giorgio: Cartografia : disegno del territorio. In: Enciclopedia della Valle d'Aosta. Ed.: Giglio, Pietro; Pecchio, Oriana. – Bologna: Zanichelli 2005, p.26-33, 5 mp. Cartography : design of the territory. [Ital.].

4407
«Alpes sans frontières» : les montagnes ne séparent plus les hommes. In: IGN magazine. 2.2000, p.6-8, ill. ISSN 1624-9305.

4408
Andrieu, Dominique: L'intérêt de l'usage des cartogrammes: l'exemple de la cartographie de l'élection présidentielle française de 2002. In: M@ppemonde : revue trimestrielle sur l'image géographique et les formes du territoire. 77.2005,1, 14 p., 7 ill. ISSN 0764-3470.

4409
Buhot, Clotilde: Analyse comparative de la propriété foncière à partir des matrices cadastrales dans deux communes insulaires (Île-de Batz et Île de Bréhat). In: Géographie du littoral : approche géomatique. Textes réunis par Serge Suanez. – Rennes: Presses Universitaires <Rennes> 2005, p.81-90, 5 ill., 1 tab. (Norois : revue géographique des universités de l'Ouest ; environnement, aménagement, société ; 196.2005). [Themenheft der Zeitschrift:; ; ; ; Norois : revue géographique des universités de l'Ouest ; environnement, aménagement, société. 196.2005].

4410
Cavelti Hammer, Madlena: Die Carte topographique de l'Égypte des Ägypten-Feldzugs von Napoleon, 1798/99. In: Cartographica Helvetica : Fachzeitschrift für Kartengeschichte. 2005,31, p.21-30, 11 ill. ISSN 1015-8480.

4411
Chapuis, Olivier: Naissance d'une carte marine au XIXe siècle : la méthode Beautemps-Peaupré appliqué à Belle-Île. In: Le Monde des Cartes : revue du Comité Français de Cartographie. 184.2005, p.56-66, 8 ill. ISSN 1634-3522.

4412
Clavel, Christophe: L'atlas du Nord-Pas-de-Calais. In: M@ppemonde : revue trimestrielle sur l'image géographique et les formes du territoire. 74.2004,2, 2 p. ISSN 0764-3470.

4413
Du tropique au cercle polaire. Ed.: Institut Géographique National. – Paris: Institut Géographique National 2001, 99 p., 45 p., ill., mp. (Les cahiers historiques de l'IGN ; 2.2001).

4414
Ehrensvärd, Ulla: Jordeböcker på franska. In: Kart & bildteknik : mapping and image science. 19.2004,1, p.26-27 Jordeböcker (land register) in France. [Swed.]. ISSN 1651-792X.

4415
Faytre, Ludovic: Visiaurif-risques : pour une connaissance partagée des risques majeurs en île-de-France. In: Le Monde des Cartes : revue du Comité Français de Cartographie. 185.2005, p.32-39, 4 ill. ISSN 1634-3522.

4416
Fischer, Hanspeter: Die Carte de l'Empereur (1808 – 1812) und die Carte militaire de l'Allemagne (1822 – 1830). In: Cartographica Helvetica : Fachzeitschrift für Kartengeschichte. 2005,31, p.15-20, 6 ill., 1 portr. ISSN 1015-8480.

4417
Georoute®, itinéraire d'une aventure. In: IGN magazine. 10.2002, p.4-8, ill. ISSN 1624-9305.

4418
Hesse, Peter C.: Normandy models and maps : a personal reminiscence. In: The Portolan : the journal of the Washington Map Society. 61.2004, p.29-36,4 ill. ISSN 1096-1925.

4419
Hurault, Jean; Frenay, Pierre: Sur la frontière Guyane – Brésil 1956 – 1961 – 1962 – 1991 : souvenirs et carnets de mission. – Paris: Institut Géographique National 2005, V, 154 p., ill. mp. (Les cahiers historiques de l'IGN ; 5).

4420
IGN espace à bord de Spot 5 : la terre vue des étoiles. In: IGN magazine. 14.2003, p.4-12, ill. ISSN 1624-9305.

4421
Impact des SIG en Côte d'Opale. In: IGN magazine. 20.2003, p.4-10, ill. ISSN 1624-9305.

4422
La carte demain : les recherches en automatisation. In: IGN magazine. 18.2003, p.12-14, ill. ISSN 1624-9305.

4423
La cartothèque de l'IGN : tour d'horizon d'une collection. In: IGN magazine. 13.2002, p.4-9, ill. ISSN 1624-9305.

4424
La communauté urbaine de Bordeaux : Bordeaux, ville pionnière. In: IGN magazine. 28.2005, p.4-10, ill. ISSN 1624-9305.

4425
La réfection issue de la BD Topo®. In: IGN magazine. 18.2003, p.10-11, ill. ISSN 1624-9305.

4426
La région PACA : une longueur d'avance. In: IGN magazine. 25.2004, p.4-10, ill. ISSN 1624-9305.

4427
La vectorisation de la BD parcellaire® : vers un «tout vecteur» unifié. In: IGN magazine. 31.2005, p.12-13, ill. ISSN 1624-9305.

4428
Landes, Tania; Grussenmeyer, Pierre; Najjar, Georges: Télédétection et photogrammétrie, chaînons dans la détermination du climat urbain à Strasbourg. In: XYZ : revue de l'Association Française de Topographie. 103.2005,2, p.27-34, 12 ill., 2 tab. ISSN 0290-9057.

4429
L'avènement de la révision numérique. In: IGN magazine. 18.2003, p.8-9, ill. ISSN 1624-9305.

4430
Le Conservatoire botanique national alpin de Gap-Charance : l'écologie par les cartes. In: IGN magazine. 11.2002, p.4-9, ill. ISSN 1624-9305.

4431
Le conservatoire du littoral : la nature restaurée. In: IGN magazine. 26.2004, p.4-10, ill. ISSN 1624-9305.

4432
Le Paris des lumières : d'après le plan de Turgot (1734 – 1739) ; [à l'occasion de l'Exposition Paris 1730 d'après le Plan de Turgot, Centre Historique des Archives Nationales, Musée d'Histoire de France, du 12 octobre 2005 au 9 janvier 2006]. By: Fierro, Alfred; Sarazin, Jean-Yves. – Paris: 2005, 143 p., ill., mp. ISBN 2-7118-4985-6; 978-2-7118-4985-7.

4433
Le projet Litto3D. In: IGN magazine. 26.2004, p.12-13, ill. ISSN 1624-9305.

4434
Le référentiel à grande échelle : l'avenir géoréférencé. In: IGN magazine. 24.2004, p.4-13, ill. ISSN 1624-9305.

4435
Le référentiel à grande échelle : un grand enjeu pour l'IGN. In: IGN magazine. 6.2001. [Numéro spécial RGE] ISSN 1624-9305.

4436
Le registre parcellaire graphique : vers une cartographie de la France agricole. In: IGN magazine. 15.2003, p.4-9, ill. ISSN 1624-9305.

4437
Le relief : de l'aplat à la 3D. In: IGN magazine. 26.2004, p.14-15, ill. ISSN 1624-9305.

4438
Le SIGU : pôle géomatique de la ville du Havre. In: IGN magazine. 9.2002, p.6-9, ill. ISSN 1624-9305.

4439
Le système d'information géographique SIGMA®. In: IGN magazine. 17.2003, p.4-9, ill. ISSN 1624-9305.

4440
Les étapes de création de la «carte de base». In: IGN magazine. 18.2003, p.4-7, ill. ISSN 1624-9305.

4441
Les modèles numériques d'élévation : les recherches du matis. In: IGN magazine. 8.2001, p.10-11, ill. ISSN 1624-9305.

4442
Les SIG au service du monde rural, le pays basque montre l'exemple. In: IGN magazine. 32.2005, p.4-10, ill. ISSN 1624-9305.

4443
L'IGN en direct du ciel : la photographie aérienne. In: IGN magazine. 7.2001, p.4-9, ill. ISSN 1624-9305.

4444
Louvart, L.; Grateau, C.: Le projet Litto3D. In: 22e Conférence cartographique internationale, La Corogne 9-16 Juillet 2005. 2005, p.30-37, 8 ill. (Le Monde des Cartes : revue du Comité Français de Cartographie ; 186.2005).

4445
Morschel, Jean; Fox, Dennis: Une méthode de cartographie du risque érosif: application aux collines du Terrefort lauragais. In: M@ppemonde : revue trimestrielle sur l'image géographique et les formes du territoire. 76.2004,4, 11 p., 4 ill., 3 tab. ISSN 0764-3470.

4446
Naissance d'une nouvelle série routière : les cartes régionales. In: IGN magazine. 5.2001, p.6-8, ill. ISSN 1624-9305.

4447
Neumann, Joachim: Bericht über die Schulatlantenausstellung : Stuttgart 6.10.-17.12.2004. In: Mitteilungen / Freundeskreis für Cartographica in der Stiftung Preussischer Kulturbesitz e.V. 18.2005, p.32-34, 1 ill. ISSN 1612-9512.

4448
Orthophotographie et partage de l'information : le Grand Lyon. In: IGN magazine. 4.2001, p.6-8, ill. ISSN 1624-9305.

4449
Petto, Christine M.: From "l'État, c'est moi" to "L'État, c'est l'État" : mapping in early modern France. In: Cartographica : the international journal for geographic information and geovisualization. 40.2005,3, p.53-78,7 ill. ISSN 0340-0654; 0317-7173.

4450
Pinon, Pierre: Les plans de Paris : histoire d'une capitale. – Paris: Le Passage 2005, 135 p., mp. – [2. Aufl.]. ISBN 2-8474-2061-4.

4451
Pour un parcellaire informatisé : IGN – DGI: d' un commun accord. In: IGN magazine. 31.2005, p.4-10, ill. ISSN 1624-9305.

4452
Prises de vues aériennes : le «tout numérique». In: IGN magazine. 30.2005, p.4-13, ill. ISSN 1624-9305.

4453
Rodier, Xavier: Représentation de l'espace gaulois d'après Grégoire de Tours. In: M@ppemonde : revue trimestrielle sur l'image géographique et les formes du territoire. 76.2004,4, 5 p., 10 ill. ISSN 0764-3470.

4454
Sponberg Pedly, Mary: The commerce of cartography : making and marketing maps in eighteenth-century France and England. – Chicago, Ill.: Univ. of Chicago Press 2005, XV, 345p., ill., mp. ISBN 0-226-65341-2.

Germany / Deutschland / Allemagne

4455
Altiner, Yüksel: Diagnoseausgleichung SAPOS : Integration von SAPOS-Stationen in Internationale Netze. In: ZfV : Zeitschrift für Geodäsie, Geoinformation und Landmanagement. 130.2005,4, p.209-217, 10 ill. ISSN 1618-8950.

4456
Bach, Martin; Breuer, Lutz; Frede, Hans-Georg; Huisman, Johann A.: Kongruenz unterschiedlicher Informationsquellen zur Flächennutzung. In: Photogrammetrie, Fernerkundung, Geoinformation : PFG ; Organ der Deutschen Gesellschaft für Photogrammetrie und Fernerkundung e.V. 2005,3, p.235-243, 1 ill., 4 tab. ISSN 1432-8364.

4457
Bach, Martin; Hietel, Elke; Frede, Hans-Georg; Waldhart, Rainer: Überprüfung der Landnutzungsmodelle ATKIS, CORINE Land Cover und Landsat-Klassifikation anhand Feldkartierung. In: Photogrammetrie, Fernerkundung, Geoinformation : PFG ; Organ der Deutschen Gesellschaft für Photogrammetrie und Fernerkundung e.V. 2005,2, p.135-145, 1 ill., 5 tab. ISSN 1432-8364.

4458
Bartels, Christoph: "gründtliche Abbildung des uhralten Bergwercks" : historischer Erzbergbau des Harzes in Dokumenten und Animationen auf CD mit Begleitband. In: Industrie-Kultur : Denkmalpflege, Landschaft, Sozial-, Umwelt- und Technikgeschichte. 21.2002,4, p.7-9, 4 ill. ISSN 0949-3751.

4459
Bauer, Rainer; Schilcher, Matthäus: Leitfaden für kommunale GIS-Einsteiger. In: Mitteilungen des DVW-Bayern e.V. 57.2005,2, p.257-276, 14 ill. ISSN 0723-6336.

4460
Begleitband zur Kartenausstellung in der Friedrichsburg Vohenstrauß anlässlich des Jubiläums "500 Jahre Pfalz Neuburg". Ed.: Heimatkundlicher Arbeitskreis Vohenstrauß e. V. – Vohenstrauß: Heimatkundlicher Arbeitskreis Vohenstrauß e. V. 2005, 231 p., ill., mp. (Streifzüge : Beiträge zur Heimatkunde und Heimatgeschichte der Stadt und Großgemeinde Vohenstrauß und Umgebung ; 27).

4461
Berger, Andreas: Brandenburgisches Landeshauptarchiv, Repositur 37, Herrschaft Lübbenau : das Kartenverzeichnis. ; Brandenburgisches Landeshauptarchiv <Potsdam>. – Berlin: 2001, II, 204 p., mp.

4462
Bernard, Lars: INSPIRE : der Weg zu einer Europäischen Geodateninfrastruktur. In: Kartographische Nachrichten : KN ; Fachzeitschrift für Geoinformation und Visualisierung ; Organ der Deutschen Gesellschaft für Kartographie e.V., der Schweizerischen Gesellschaft für Kartographie und der Österreichischen Kartographischen Kommission in der Österreichischen Geographischen Gesellschaft. 55.2005,5, p.232-236, 2 ill. ISSN 0022-9164.

4463
Biotopkartierung Berlin : Grundlagen – Standards – Bewertung. Ed.: Berlin / Senatsverwaltung für Stadtentwicklung. – Berlin: Berlin / Senatsverwaltung für Stadtentwicklung 2005, 1 CD-ROM, 2 Beil. – 2., veränd. Aufl., Version 2.1. [Enth. insges. 7 Werke] ISBN 3-00016814-1.

4464
Blaschke, Karlheinz: Das Städtewesen in Sachsen vom 12. bis zum 19. Jahrhundert : eine neue Karte im Atlas zur Geschichte und Landeskunde von Sachsen. In: Sachsenlandkurier : SLK ; Organ des Sächsischen Städte- und Gemeindetags ; Kommunalzeitschrift für die Städte und Gemeinden. 16.2005,2, p.76-82, 1 tab.

4465
Bliß, Winfried: Carl Ludwig von Oesfeld. In: Mitteilungen / Freundeskreis für Cartographica in der Stiftung Preussischer Kulturbesitz e.V. 18.2005, p.6-16, 1 mp. ISSN 1612-9512.

4466
Blumer, R.; Butenuth, J.; Münzenmayer, H.: Johann Gottlieb Friedrich Bohnenberger und der große astronomische Kreis der Fa. Reichenbach-Utzschneider im Tübinger Observatorium. In: Mitteilungen und Veröffentlichungen zum Vermessungswesen aus den Themenbereichen Geodäsie, Geoinformation und Landmanagement / Deutscher Verein für Vermessungswesen, Landesverein Baden-Württemberg e.V. 52.2005,2, p.96-104, 7 ill. ISSN 0940-2942.

4467
Boesler, Dorothee: DEGIS : das digitale Denkmal für Schleswig-Holstein. In: Kulturlandschaft digital : Forschung und Anwendung ; 15. Fachtagung des Umweltamtes (Landschaftsverband Rheinland) ; 11. Jahrestagung der Arbeitsgruppe Angewandte Historische Geographie (Arbeitskreis für Historische Kulturlandschaftsforschung ARKUM), 2. bis 5. März 2005 in Aachen ; Tagungsdokumentation. Ed.: Rheinland / Umweltamt. – Köln: Rheinland / Umweltamt 2005, p.100-105, 2 ill. (Kulturlandschaft : Zeitschrift für angewandte historische Geographie ; 15.2005).

4468
Bolenz, Eckhard: Johann Gottfried Brügelmann hatte einen Plan ... : politische Entwicklung und kartografisches Erfassungswesen um 1800. In: Industrie-Kultur : Denkmalpflege, Landschaft, Sozial-, Umwelt- und Technikgeschichte. 21.2002,4, p.16-17, 3 ill. ISSN 0949-3751.

4469
Brenner, Claus; Jülge, Katharina; Dold, Christoph; Gösseln, Guido von: Das virtuelle 3D-Stadtmodell von Hannover. In: Tagung 2004 / Arbeitsgruppe Automation in der Kartographie. Ed.: Bundesamt für Kartographie und Geodäsie <Deutschland>. – Frankfurt a.M.: Bundesamt für Kartographie und Geodäsie <Deutschland> 2005, p.21-32, 7 ill. (Mitteilungen des Bundesamtes für Kartographie und Geodäsie ; 34).

4470
Büttner, Thomas; Röhrer, Armin: GIS : gestützte Kulturlandschaftsinventarisationen (KLI). In: Kulturlandschaft digital : Forschung und Anwendung ; 15. Fachtagung des Umweltamtes (Landschaftsverband Rheinland) ; 11. Jahrestagung der Arbeitsgruppe Angewandte Historische Geographie (Arbeitskreis für Historische Kulturlandschaftsforschung ARKUM), 2. bis 5. März 2005 in Aachen ; Tagungsdokumentation. Ed.: Rheinland / Umweltamt. – Köln: Rheinland / Umweltamt 2005, p.114-121 (Kulturlandschaft : Zeitschrift für angewandte historische Geographie ; 15.2005).

4471
Burak, Antje: Eine prozessorientierte landschaftsökologische Gliederung Deutschlands : ein konzeptioneller und methodischer Beitrag zur Typisierung von Landschaften in chorischer Dimension. Ed.: Deutsche Akademie für Landeskunde. – Flensburg: Deutsche Akademie für Landeskunde 2005, 249 p., ill., mp. + 1 CD-ROM, 1 mp.-suppl. (Forschungen zur deutschen Landeskunde). ISBN 3-88143-075-X.

4472
Busch, Andreas; Gerke, Markus; Grünreich, Dietmar; Heipke, Christian; Liedtke, Claus-Eberhard; Müller, Sönke: Automatisierte Verifikation topographischer Geoinformation unter Nutzung optischer Fernerkundungsdaten : Systemdesign und praktische Ergabnisse. In: Photogrammetrie, Fernerkundung, Geoinformation : PFG ; Organ der Deutschen Gesellschaft für Photogrammetrie und Fernerkundung e.V. 2005,2, p.111-122, 4 ill., 4 tab. ISSN 1432-8364.

4473
Constantin, P.: Die Einführung des Amtlichen Liegenschaftskataster-Informationssystem ALKIS in Baden-Württemberg. In: Mitteilungen und Veröffentlichungen zum Vermessungswesen aus den Themenbereichen Geodäsie, Geoinformation und Landmanagement / Deutscher Verein für Vermessungswesen, Landesverein Baden-Württemberg e.V. 52.2005,1, p.59-78. ISSN 0940-2942.

4474
Das Flussgebiet der Unterweser und der mittleren Weser. Bearb. von Ulf Borchers unter Verwendung der Vorarb. von Wolfgang Kramer. 2005, 172 p., mp. (Hydronymia Germaniae ; Reihe A, Lfg. 18).

4475
Das Licht ersetzt den Zeichner : die Erstellung von Karten und Plänen bei der Deutschen Reichsbahn in den 1930er Jahren. In: Industrie-Kultur : Denkmalpflege, Landschaft, Sozial-, Umwelt- und Technikgeschichte. 21.2002,4, p.18-19, 1 mp. ISSN 0949-3751.

4476
Das Reisetagebuch des Hauptmanns Bendemann : aus der preußischen Landesvermessung des Sauerlandes im 19. Jahrhundert. Ed.: Fröhlich, Hans; Spata, Manfred. – Sankt Augustin: Selbstverlag Fröhlich 2004, 84 p., ill. + 2 mps. + 1 DVD-R – 2., erw. Aufl.

4477
Der Schönbuch im Kartenbild der Jahrhunderte : Katalog einer Ausstellung ; [Ausstellung im Winterrefektorium des Klosters Bebenhausen vom 20. Juni bis 21. Juli 1996]. By: Grees, Hermann; Beck, Rolf; Rosner, Hans-Joachim. – Tübingen: Geographisches Institut der Universität Tübingen 2002, 139 p., ill., mp. (Kleinere Arbeiten aus dem Geographischen Institut der Universität Tübingen ; 27.2002). ISBN 3-88121-060-1.

4478
Die große handgezeichnete Campsche Karte von Ostfriesland von 1806 : (Staatsbibliothek zu Berlin Preußischer Kulturbesitz, Kart. N 27299). Ed.: Henninger, Wolfgang; Kappelhoff, Bernd. – Hannover: 2005, 73 p. + 6 mp.-suppl. (Veröffentlichungen der Historischen Kommission für Niedersachsen und Bremen ; 226). ISBN 3-7752-6026-9.

4479
Dix, Andreas; Lange, Beate: Historische Industrielandschaft im Denkmalpflegeplan Bonn Beuel : GIS-gestützte Flächenanalyse und Objektaufnahme in der Lehre. In: Kulturlandschaft digital : Forschung und Anwendung ; 15. Fachtagung des Umweltamtes (Landschaftsverband Rheinland) ; 11. Jahrestagung der Arbeitsgruppe Angewandte Historische Geographie (Arbeitskreis für Historische Kulturlandschaftsforschung ARKUM), 2. bis 5. März 2005 in Aachen ; Tagungsdokumentation. Ed.: Rheinland / Umweltamt. – Köln: Rheinland / Umweltamt 2005, p.159-164, 4 ill., 1 tab. (Kulturlandschaft : Zeitschrift für angewandte historische Geographie ; 15.2005).

4480
Döhle, Berend: 3D Modelle für Hamburg. In: Tagung 2004 / Arbeitsgruppe Automation in der Kartographie. Ed.: Bundesamt für Kartographie und Geodäsie <Deutschland>. – Frankfurt a.M.: Bundesamt für Kartographie und Geodäsie <Deutschland> 2005, p.33-36, 3 ill. (Mitteilungen des Bundesamtes für Kartographie und Geodäsie ; 34).

4481
Ehrmanntraut, Ewald: Strategie zum Aufbau der Geodateninfrastruktur Hessen (GDI-HE). In: Mitteilungen / Deutscher Verein für Vermessungswesen, Landesverein Hessen e.V. ; Landesverein Thüringen. 2005,2, p.2-5, 2 ill. ISSN 0949-7900; 0173-6280.

4482
Eichholz, Klaus: Bergbauhistorische Karten der Grafschaft Mark als unbekannte Quellen der Orts- und Regionalgeschichte. In: Märkisches Jahrbuch für Geschichte. 105.2005, p.148-191. ISSN 0937-1621.

4483
Fastnacht, Dorothea: Die Gewässernamen in den ehemaligen Landkreisen Ebermannstadt und Staffelstein. In: Gewässernamen in Bayern und Österreich : 3. Kolloquium des Arbeitskreises für Bayerisch-Österreichische Namenforschung (Regensburg, 27./28.Februar 2004). Ed.: Greule, Albrecht. – Regensburg: Edition Vulpes 2005, p.51-63, 1 ill. (Regensburger Studien zur Namenforschung ; 1).

4484
Fischer, H.: Ignaz Ambros von Amman – sein Leben, seine Werke. In: Mitteilungen und Veröffentlichungen zum Vermessungswesen aus den Themenbereichen Geodäsie, Geoinformation und Landmanagement / Deutscher Verein für Vermessungswesen, Landesverein Baden-Württemberg e.V. 52.2005,2, p.105-115, 2 ill. ISSN 0940-2942.

4485
Fischer, Hanspeter: Die Carte de l'Empereur (1808 – 1812) und die Carte militaire de l'Allemagne (1822 – 1830). In: Cartographica Helvetica : Fachzeitschrift für Kartengeschichte. 2005,31, p.15-20, 6 ill., 1 portr. ISSN 1015-8480.

4486
Fischer, Hanspeter: Die Rauch'sche Landtafel der Herrschaft Waldburg von 1626. In: Im Oberland : Kultur, Geschichte, Natur; Beiträge aus Oberschwaben und dem Allgäu. 16.2005,2, p.29-36, 8 ill. ISSN 0939-8864.

4487
Fried, Günter: Bodeninformationssystem Bayern : Geodatenquelle für Wirtschaft, Wissenschaft, die bayerische Verwaltung und den Bürger. In: Mitteilungen des DVW-Bayern e.V. 57.2005,2, p.225-240, 10 ill. ISSN 0723-6336.

4488
George, Dieter: Zur Diskussion über Gewässernamen des Altlandkreises Lichtenfels. In: Gewässernamen in Bayern und Österreich : 3. Kolloquium des Arbeitskreises für Bayerisch-Österreichische Namenforschung (Regensburg, 27./28.Februar 2004). Ed.: Greule, Albrecht. – Regensburg: Edition Vulpes 2005, p.65-74 (Regensburger Studien zur Namenforschung ; 1).

4489
Gewässernamen in Bayern und Österreich : 3. Kolloquium des Arbeitskreises für Bayerisch-Österreichische Namenforschung (Regensburg, 27./28.Februar 2004). Ed.: Greule, Albrecht. – Regensburg: Edition Vulpes 2005, 257 p., ill., mp. (Regensburger Studien zur Namenforschung ; 1). ISBN 3-939112-00-3.

4490
Gleixner, Heinrich; Glock, Clemens; Maier, Andreas; Bangerdt, Waldemar: DeutschlandViewer : Integrierte Präsentation von verteilt vorliegenden Geobasis- und Geofachdaten über Internet. In: Mitteilungen des DVW-Bayern e.V. 57.2005,2, p.241-255, 8 ill. ISSN 0723-6336.

4491
Greule, Albrecht; Janka, Wolfgang; Schuh, Robert: Der Gewässername Wondreb. In: Gewässernamen in Bayern und Österreich : 3. Kolloquium des Arbeitskreises für Bayerisch-Österreichische Namenforschung (Regensburg, 27./28.Februar 2004). Ed.: Greule, Albrecht. – Regensburg: Edition Vulpes 2005, p.75-83 (Regensburger Studien zur Namenforschung ; 1).

4492
Grothenn, Dieter: Standardisierung geographischer Namen in den deutschen Küstengewässern. In: Kartographische Nachrichten : KN ; Fachzeitschrift für Geoinformation und Visualisierung ; Organ der Deutschen Gesellschaft für Kartographie e.V., der Schweizerischen Gesellschaft für Kartographie und der Österreichischen Kartographischen Kommission in der Österreichischen Geographischen Gesellschaft. 55.2005,3, p.125-129, 4 ill. ISSN 0022-9164.

4493
Hagen, Dietrich: Die jämmerliche Flut von 1717 : Untersuchungen zu einer Karte des frühen 18. Jahrhunderts. – Oldenburg: KomRegis 2005, 92 p., ill., mp. [Literaturverz. S. 85-89; Im Jahr nach der Weihnachtsflut genannten Sturmflut von 1717 entstand eine Landkarte der Nordseeküste, auf der diese Naturkatastrophe bildhaft dargestellt wurde. Der Autor setzt sich mit allen Bestandteilen dieser Karte auseinander, dokumentiert die Texte und schafft damit einen Schlüssel zu ihrem Verständnis.] ISBN 3-938501-08-1.

4494
Hanauer, R.: Vermessung von archäologischen Geländedenkmälern in Baden-Württemberg. In: Mitteilungen und Veröffentlichungen zum Vermessungswesen aus den Themenbereichen Geodäsie, Geoinformation und Landmanagement / Deutscher Verein für Vermessungswesen, Landesverein Baden-Württemberg e.V. 51.2004.2, p.84-97, 14 ill. ISSN 0940-2942.

4495
Harbeck, Rolf: Zur Situation der amtlichen topographischen Kartographie in Deutschland. In: Kartographische Nachrichten : KN ; Fachzeitschrift für Geoinformation und Visualisierung ; Organ der Deutschen Gesellschaft für Kartographie e.V., der Schweizerischen Gesellschaft für Kartographie und der Österreichischen Kartographischen Kommission in der Österreichischen Geographischen Gesellschaft. 55.2005,6, p.297-307, 9 ill. ISSN 0022-9164.

4496
Heckmann, Bernhard: Einführung des Lagebezugssystems ETRS 89/UTM beim Umstieg auf ALKIS. In: Mitteilungen / Deutscher Verein für Vermessungswesen, Landesverein Hessen e.V. ; Landesverein Thüringen. 2005,1, p.17-25, 2 ill., 5 tab. ISSN 0949-7900; 0173-6280.

4497
Hertin, Paul W.: Datenbankschutz für topographische Landkarten? : eine Kontroverse zwischen den Landesvermessungsämtern und den privatwirtschaftlichen Verlegern von Kartographie. In: Kartographische Nachrichten : KN ; Fachzeitschrift für Geoinformation und Visualisierung ; Organ der Deutschen Gesellschaft für Kartographie e.V., der Schweizerischen Gesellschaft für Kartographie und der Österreichischen Kartographischen Kommission in der Österreichischen Geographischen Gesellschaft. 55.2005,1, p.25-30. ISSN 0022-9164.

4498
Hesche, Jens: Eisenbahnkarten deutschsprachiger Länder (Deutschland, Österreich, Schweiz). 2005, 1. Band: XXV, 399 p., 97 tab.; 2. Band: Kartenkatalog: XIX, 513 p.; 3. Band XIX, 9 p., 278 ill., 4 mp. [Besteht aus 3 Bänden; Diss. Univ. Wien].

4499
Hinrichs, Wiard: Die geographischen Namen der Campschen Karte. In: Die große handgezeichnete Campsche Karte von Ostfriesland von 1806 : (Staatsbibliothek zu Berlin Preußischer Kulturbesitz, Kart. N 27299). Ed.: Henninger, Wolfgang; Kappelhoff, Bernd. – Hannover: 2005, p.55-72 (Veröffentlichungen der Historischen Kommission für Niedersachsen und Bremen ; 226).

4500
Hirsch, Anton: Die Reichsstadt Schweinfurt "mitten im Frankenland" im Rahmen der frühen Kartographie. In: Schweinfurter historische Forschungen. Ed.: Müller, Uwe. hrsg. im Auftrag des Historischen Vereins Schweinfurt von Uwe Müller ... – Schweinfurt: Historischer Verein <Schweinfurt> 2005, p.325-386, 41 ill. (Veröffentlichungen des Historischen Vereins Schweinfurt ; N.F. 7).

4501
Historische Ansichten von Tolkewitz : Begleitheft zur Ausstellung im Turmzimmer der Bethlehemkirche Dresden-Tolkewitz ; 22.August bis 19.September 2004. Ed.: Evang.-Luth. Bethlehemkirchgemeinde Dresden-Tolkewitz. Hrsg. von Hans-Peter Hasse [Text: Martin Kaden]. Evang.-Luth. Bethlehemkirchgemeinde Dresden-Tolkewitz 2005, 63 p., ill., mp. [2., korr. Aufl.].

4502
Hochschild, Volker; Weise, Christian; Selsam, Peter: Die Aktualisierung der "Digitalen Grundkarte Landwirtschaft" in Thüringen mit Hilfe von Fernerkundungsdaten. In: Photogrammetrie, Fernerkundung, Geoinformation : PFG ; Organ der Deutschen Gesellschaft für Photogrammetrie und Fernerkundung e.V. 2005,3, p.201-208, 5 ill. ISSN 1432-8364.

4503
Hummel, Reinhold: Entwicklungstendenzen im zukunftsorientierten Liegenschaftskataster. In: 4. Vermessungsingenieurtag 2002. Ed.: Fachhochschule Stuttgart, Hochschule für Technik. – Stuttgart: Fachhochschule Stuttgart, Hochschule für Technik 2002, p.8,1-10, 4 ill. (Veröffentlichungen der Fachhochschule Stuttgart, Hochschule für Technik ; 57).

4504
Ingwersen, Maik: Die Einführung des amtlichen Bezugssystems ETRS89 im Kataster- und Vermessungsamt der Landeshauptstadt Potsdam. In: NÖV : Nachrichten aus dem öffentlichen Vermessungsdienst Nordrhein-Westfalen. 38.2005,1, p.19-33, 2 ill., 4 tab.

4505
Karten, Pläne und Übersichtstafeln im Stadtarchiv Hof : Findmittel mit Abbildungen von Hofer Stadtplänen von 1811 bis 1960. Ed.: Nordoberfränkischer Verein für Natur-, Geschichts- und Landeskunde. – Hof: Nordoberfränkischer Verein für Natur-, Geschichts- und Landeskunde 2005, 1 DVD-ROM. (Veröffentlichungen des Stadtarchivs Hof ; 7).

4506
Keller, Christoph: Digitale Erfassung archäologischer Untersuchungen in Aachen. In: Kulturlandschaft digital : Forschung und Anwendung ; 15. Fachtagung des Umweltamtes (Landschaftsverband Rheinland) ; 11. Jahrestagung der Arbeitsgruppe Angewandte Historische Geographie (Arbeitskreis für Historische Kulturlandschaftsforschung ARKUM), 2. bis 5. März 2005 in Aachen ; Tagungsdokumentation. Ed.: Rheinland / Umweltamt. – Köln: Rheinland / Umweltamt 2005, p.23-30, 3 ill. (Kulturlandschaft : Zeitschrift für angewandte historische Geographie ; 15.2005).

4507
Kettemann, R.: Schneller Informationsgewinn für Planer aus Laserscanner-Daten des Landesvermessungsamtes Baden-Württemberg. In: Mitteilungen und Veröffentlichungen zum Vermessungswesen aus den Themenbereichen Geodäsie, Geoinformation und Landmanagement / Deutscher Verein für Vermessungswesen, Landesverein Baden-Württemberg e.V. 51.2004,2, p.20-27, 7 ill. ISSN 0940-2942.

4508
Kettemann, Rainer: Neue Entwicklungen bei der Automatisierten Liegenschaftskarte BW – Betrachtungen aus Anwendersicht -. In: 4. Vermessungsingenieurtag 2002. Ed.: Fachhochschule Stuttgart, Hochschule für Technik. – Stuttgart: Fachhochschule Stuttgart, Hochschule für Technik 2002, p.1,1-13, 15 ill. (Veröffentlichungen der Fachhochschule Stuttgart, Hochschule für Technik ; 57).

4509
Klauck, Hans Peter: Lexikon der saarländischen Orte, Gehöfte, Mühlen, Industrieanlagen und Wohnplätze : mit Angaben zu Pfarr- und Standesamtszugehörigkeiten. Ed.: Kreisarchiv <Saarlouis>. – Saarlouis: Kreisarchiv <Saarlouis> 2005, 469 p., ill., mp. (Veröffentlichung der Vereinigung für die Heimatkunde im Landkreis Saarlouis e.V. : Sonderband ; 10). [Ortsverzeichnis] ISBN 3-933926-37-8.

4510
Knaut, Wilfried: Großräumige Waldgrenzermittlungen – Erfahrungsbericht. In: Mitteilungen des DVW-Bayern e.V. 57.2005,4, p.507-518, 10 ill. ISSN 0723-6336.

4511
Köhler, Petra; Lechtenbörger, Christiane; Müller, Matthias: Risikokarte Deutschland – Methoden und Werkzeuge zur Datenbereitstellung. In: Photogrammetrie, Fernerkundung, Geoinformation : PFG ; Organ der Deutschen Gesellschaft für Photogrammetrie und Fernerkundung e.V. 2005,4, p.321-327, 3 ill. ISSN 1432-8364.

4512
Kuntzsch, Brigitte: Karten auf Stein : In der größten Steinbibliothek der Welt lagern die ersten Katasterkarten Bayerns. In: Industrie-Kultur : Denkmalpflege, Landschaft, Sozial-, Umwelt- und Technikgeschichte. 21.2002,4, p.4-6, 2 ill., 2 mp. ISSN 0949-3751.

4513
Land- und Flurkarten betreffend Gebiete des Kurfürstentums bzw. Königreichs Württemberg : 1804-1840, 1934-1937, (1970) und o.J. Ed.: Hauptstaatsarchiv <Stuttgart>. – Stuttgart: Hauptstaatsarchiv <Stuttgart> 2005, 61 p. (Repertorien / Hauptstaatsarchiv Stuttgart ; Bestand N,60). [Bearb.-Stand 4. November 2005].

4514
Lenk, Martin: IMAGI – das Gremium des Bundes zur Koordinierung des Geoinformationswesens in der Bundesverwaltung. In: Mitteilungen des Bundesamtes für Kartographie und Geodäsie. 57.2005,4, p.519-529, 3 ill. ISSN 1436-3445.

4515
Lentz, Sebastian: Geowissenschaftliche Karten und Kartenwerke oder Fachinformationssysteme : eine Analyse anhand des Nationalatlas Bundesrepublik Deutschland. In: Kartographische Nachrichten : KN ; Fachzeitschrift für Geoinformation und Visualisierung ; Organ der Deutschen Gesellschaft für Kartographie e.V., der Schweizerischen Gesellschaft für Kartographie und der Österreichischen Kartographischen Kommission in der Österreichischen Geographischen Gesellschaft. 55.2005,6, p.307-313, 3 ill., 2 tab. ISSN 0022-9164.

4516
Liedtke, Herbert: Namen und Abgrenzungen von Landschaften in der Bundesrepublik Deutschland. – Flensburg: Deutsche Akademie für Landeskunde 2002, 156 p., 1 mp.-suppl. – 3. Aufl. (Forschungen zur deutschen Landeskunde ; 239). ISBN 3-88143-050-4.

4517
Lippstreu, Lothar: Von den Anfängen der geologischen Kartierung im ehemaligen Prueßen – ein Beitrag zum Beginn der geologisch-agronomischen Kartierung im Norddeutschen Flachland vor 125 Jahren. In: Brandenburgische geowissenschaftliche Beiträge. 7.2000,1/2, p.5-19, 1 ill., 3 mp., 5 portr. ISSN 0947-1995.

4518
Lucht, Roland: Kartenverfälschung in der DDR : verklärende Rückschau oder kritische Aufarbeitung?. In: Kartographische Nachrichten : KN ; Fachzeitschrift für Geoinformation und Visualisierung ; Organ der Deutschen Gesellschaft für Kartographie e.V., der Schweizerischen Gesellschaft für Kartographie und der Österreichischen Kartographischen Kommission in der Österreichischen Geographischen Gesellschaft. 55.2005,2, p.89-91. ISSN 0022-9164.

4519
Ludwig, Robert: Geodateninfrastruktur in Bayern. In: Mitteilungen des DVW-Bayern e.V. 57.2005,2, p.203-223, 9 ill. ISSN 0723-6336.

4520
Mailänder, T.: Visualisierung von ALK-Daten mittels SVG (Scalable Vector Graphics). In: Mitteilungen und Veröffentlichungen zum Vermessungswesen aus den Themenbereichen Geodäsie, Geoinformation und Landmanagement / Deutscher Verein für Vermessungswesen, Landesverein Baden-Württemberg e.V. 51.2004,1, p.61-70, 6 ill. ISSN 0940-2942.

4521
Matschenz, Andreas: Vom Selter-Plan zur digitalen K5 : Versuch einer Berliner Stadtkarten-Genealogie. In: Kartographische Nachrichten : KN ; Fachzeitschrift für Geoinformation und Visualisierung ; Organ der Deutschen Gesellschaft für Kartographie e.V., der Schweizerischen Gesellschaft für Kartographie und der Österreichischen Kartographischen Kommission in der Österreichischen Geographischen Gesellschaft. 55.2005,3, p.129-136, 4 ill. ISSN 0022-9164.

4522
Nagel, Jürgen G.; Schmidt, Martin: Historische Karten und Listen : zu den Möglichkeiten raumbezogener Industrialisierungsforschung. In: Industrie-Kultur : Denkmalpflege, Landschaft, Sozial-, Umwelt- und Technikgeschichte. 21.2002,4, p.2-3, 2 mp. ISSN 0949-3751.

4523
Neumann, Joachim: 50 Jahre VKViD : Wettbewerber in einem Boot. In: Kartographische Nachrichten : KN ; Fachzeitschrift für Geoinformation und Visualisierung ; Organ der Deutschen Gesellschaft für Kartographie e.V., der Schweizerischen Gesellschaft für Kartographie und der Österreichischen Kartographischen Kommission in der Österreichischen Geographischen Gesellschaft. 55.2005,3, p.147-153, 4 ill. ISSN 0022-9164.

4524
Neumann, Joachim: Bericht über die Schulatlantenausstellung : Stuttgart 6.10.-17.12.2004. In: Mitteilungen / Freundeskreis für Cartographica in der Stiftung Preussischer Kulturbesitz e.V. 18.2005, p.32-34, 1 ill. ISSN 1612-9512.

4525
Noack, Helmut: Allgemeiner geschichtlicher Abriss. In: Nachrichtenblatt der Vermessungs- und Katasterverwaltung Rheinland-Pfalz. 48.2005,2, p.54-72, 13 ill., 6 portr. ISSN 0939-2378.

4526
Nübel, Birgit: Das Liegenschaftskataster auf dem Weg zu ALKIS. In: LSA VERM : Zeitschrift für das öffentliche Vermessungswesen des Landes Sachsen-Anhalt. 11.2005,2, p.97-106, 2 ill., 6 tab. ISSN 1435-2338.

4527
Olejnizak, Klaus: Die Anfänge des Liegenschaftskatasters im Raum Trier (von 1720 bis 1934). In: Nachrichtenblatt der Vermessungs- und Katasterverwaltung Rheinland-Pfalz. 48.2005,2, p.98-114, 25 ill., 3 tab. ISSN 0939-2378.

4528
Pätzold, Stefan: Die Pforzheimer Stadtansichten des Georg Gadner (1594) und des Matthäus Merian (1643). – 2. Aufl In: Pforzheim zur Zeit Reuchlins : anlässlich des 550. Geburtsjahres von Johannes Reuchlin. – Ubstadt-Weiher: Verl. für Regionalgeschichte 2005, p.50-56, 2 ill. (Ängste und Auswege : Bilder aus Umbruchszeiten in Pforzheim ; 2).

4529
Panten, Albert: Studien zum Danewerk. In: Archäologische Nachrichten aus Schleswig-Holstein : Mitteilungen der Archäologischen Gesellschaft Schleswig-Holstein e.V. 13.2005, p.132-159, 16 ill. ISSN 0942-9107.

4530
Parent, Thomas: Ortsgrundrisse als Geschichtsquellen : das Beispiel des Glasmacherorts Gernheim/Weser. In: Industrie-Kultur : Denkmalpflege, Landschaft, Sozial-, Umwelt- und Technikgeschichte. 21.2002,4, p.10-15, 7 ill. ISSN 0949-3751.

4531
Pfahlbusch, René: Bemerkungen zur Entgegnung von D. Unverhau "Offensichtlich vom Standpunkt der Ehre aus betrachtet" (KN 1/2005, Seite 36). In: Kartographische Nachrichten : KN ; Fachzeitschrift für Geoinformation und Visualisierung ; Organ der Deutschen Gesellschaft für Kartographie e.V., der Schweizerischen Gesellschaft für Kartographie und der Österreichischen Kartographischen Kommission in der Österreichischen Geographischen Gesellschaft. 55.2005,1, p.39-40. ISSN 0022-9164.

4532
Plum, Hans; Armbruster, Volker: Hydrogeologische Landesaufnahme : vom Kartenwerk zum Fachinformationssystem. In: Berichte der Naturforschenden Gesellschaft zu Freiburg i. Br. 95.2005,1, p.155-171, 8 ill., 1 tab. ISSN 0028-0917.

4533
Pokorny, Siegfried: Der Gewässername Creußen. In: Gewässernamen in Bayern und Österreich : 3. Kolloquium des Arbeitskreises für Bayerisch-Österreichische Namenforschung (Regensburg, 27./28.Februar 2004). Ed.: Greule, Albrecht. – Regensburg: Edition Vulpes 2005, p.123-136 (Regensburger Studien zur Namenforschung ; 1).

4534
Przybytek, Dariusz: Kartografia historyczna Śląska XVIII – XX wieku. – Wrocław: Wydawn. Uniwersytetu Wrocławskiego 2002, 187 p., ill., mp. (Acta Universitatis Wratislaviensis ; 2456) Historical cartography of Silesia, 18th to 20th century. [Pol. with Germ. rés.]. ISBN 83-229-2346-5; 978-83-229-2346-7.

4535
Püschel, Rudolf: Die digitale Flurkarte im öffentlichen Baurecht : Teil 2: Verwendung der digitalen Flurkarte im öffentlichen Baurecht. In: Mitteilungen des DVW-Bayern e.V. 57.2005,1, p.87-112, 4 ill. ISSN 0723-6336.

4536
Reindl, Wolfgang: Geodateninfrastruktur in Deutschland : Geschäfts- und Koordinierungsstelle GDI-DE in Frankfurt a. Main. In: Mitteilungen des DVW-Bayern e.V. 57.2005,4, p.530-537, 1 ill. ISSN 0723-6336.

4537
Riebau, Michaela H.: Die schwedische Matrikelkarte von Vorpommern und ihrte Bedeutung für die Erforschung der Bodendenkmäler dargestellt am Beispiel der Gebiete um Greifswald-Wusterhusen und der Insel Usedom. – Langenweißbach: Beier & Beran 2005, 210 p., 16 Taf., ill., mp. (Beiträge zur Ur- und Frühgeschichte Mitteleuropas ; 41). [Zugl.: Greifswald, Univ., Diss., 2003].

4538
Rösler-Goy, Michael: Datenbankschutz für topographische Karten : Gericht undtersagt Kartendigitalisierung. In: Kartographische Nachrichten : KN ; Fachzeitschrift für Geoinformation und Visualisierung ; Organ der Deutschen Gesellschaft für Kartographie e.V., der Schweizerischen Gesellschaft für Kartographie und der Österreichischen Kartographischen Kommission in der Österreichischen Geographischen Gesellschaft. 55.2005,6, p.325-326. ISSN 0022-9164.

4539
Roscher, Sabine; Bergemann, Frank; Bremond, Joerg; Gladis, Thomas; Harrer, Siegfried; Monnerjahn, Ursula; Münch, Eberhard: Biologische Vielfalt – Erhaltung und Nutzung genetischer Ressourcen. In: Standort : Zeitschrift für angewandte Geographie. 28.2004,3, p.126-132, 6 ill. ISSN 0174-3635.

4540
Rose, Andreas; Scheu, Martin: Einbettung von Geoinformationen in E-Government-Prozesse. In: ZfV : Zeitschrift für Geodäsie, Geoinformation und Landmanagement. 130.2005,1, p.6-11, 6 ill. ISSN 1618-8950.

4541
Rose, Edward P.F.: Specialist maps of the channel islands prepared by German military geologists during the second world war : German expertise deployed on British terrain. In: The Cartographic Journal. 42.2005,2, p.111-136, 26 ill. ISSN 0008-7041.

4542
Sandner, Peter: Landkartenabteilung der Zukunft : Archivierung digitaler georeferenzieller Topografiedaten des Hessischen Landesvermessungsamts. Ed.: Hessisches Hauptstaatsarchiv. Hessisches Hauptstaatsarchiv 2005, 75 p., ill. [Elektronische Ressource].

4543
Schäfer-Weiss, Dorothea; Versemann, Jens: The influence of Goethe's Farbenlehre on early geological map colouring : Goethe's contribution to Christian Keferstein's General Charte von Teutschland. In: Imago Mundi : the international journal for the history of cartography. 57.2005,2, p.164-184, 1 ill., 4 plates. [Engl. with French, Germ. and Span. rés.]. ISSN 0308-5694.

4544
Scheuringer, Hermann: Die Ranna östlich von Passau und ihre Zuflüsse. In: Gewässernamen in Bayern und Österreich : 3. Kolloquium des Arbeitskreises für Bayerisch-Österreichische Namenforschung (Regensburg, 27./28.Februar 2004). Ed.: Greule, Albrecht. – Regensburg: Edition Vulpes 2005, p.181-191, 4 ill. (Regensburger Studien zur Namenforschung ; 1).

4545
Schmidt-Rutsch, Olaf: Pläne für Doppelschleusen und Schiffstunnel : Verkehrsprobleme an der Ruhr und ihre möglichen Lösungen vor 160 Jahren. In: Industrie-Kultur : Denkmalpflege, Landschaft, Sozial-, Umwelt- und Technikgeschichte. 21.2002,4, p.22-23, 2 mp. ISSN 0949-3751.

4546
Schmoll, Friedemann: Wie kommt das Volk in die Karte? : Zur Visualisierung volkskundlichen Wissens im "Atlas der deutschen Volkskunde". In: Der Bilderalltag : Perspektiven einer volkskundlichen Bildwissenschaft. Ed.: Gerndt, Helge; Haibl, Michaela. – Münster [u.a.]: 2005, p.233-250, 5 ill. (Münchner Beiträge zur Volkskunde ; 33.2005).

4547
Schneid, S.; Meichle, H.: Normalhöhen in Baden-Württemberg, Arbeiten zur Einführung von Höhen im System des Deutschen Haupthöhennetzes 1992. In: Mitteilungen und Veröffentlichungen zum Vermessungswesen aus den Themenbereichen Geodäsie, Geoinformation und Landmanagement / Deutscher Verein für Vermessungswesen, Landesverein Baden-Württemberg e.V. 52.2005,2, p.29-62, 13 ill. ISSN 0940-2942.

4548
Schneider, Alois: Tauberbischofsheim. Ed.: Stadt Tauberbischofsheim; Landesamt für Denkmalpflege. – Stuttgart: Stadt Tauberbischofsheim; Landesamt für Denkmalpflege 2005, 166 p., ill., mp. + 6 mp. (Archäologischer Stadtkataster Baden-Württemberg ; 29.2005). ISBN 3-927714-82-8.

4549
Schröder, Winfried; Schmidt, Gunther; Pesch, Roland: Mapping Germany's ecoregions for environmental monitoring purposes. In: Die Erde : Zeitschrift der Gesellschaft für Erdkunde, Berlin ; Forum für Erdsystem- und Erdraumforschung. 136.2005,4, p.375-292, 6 ill., 1 tab. ISSN 0013-9998.

4550
Schuh, Robert: Das "Historische Ortsnamenbuch von Bayern" (HONB) : Stand und Perspektiven. In: Gewässernamen in Bayern und Österreich : 3. Kolloquium des Arbeitskreises für Bayerisch-Österreichische Namenforschung (Regensburg, 27./28.Februar 2004). Ed.: Greule, Albrecht. – Regensburg: Edition Vulpes 2005, p.221-233 (Regensburger Studien zur Namenforschung ; 1).

4551
Schumacher, Heinrich: Bibliographie der Campschen Karten von Ostfriesland. In: Die große handgezeichnete Campsche Karte von Ostfriesland von 1806 : (Staatsbibliothek zu Berlin Preußischer Kulturbesitz, Kart. N 27299). Ed.: Henninger, Wolfgang; Kappelhoff, Bernd. – Hannover: 2005, p.51-54 (Veröffentlichungen der Historischen Kommission für Niedersachsen und Bremen ; 226).

4552
Schumacher, Heinrich: Die Ostfriesland-Karten des niederländischen Artillerie-Kapitäns Willem Camp. In: Die große handgezeichnete Campsche Karte von Ostfriesland von 1806 : (Staatsbibliothek zu Berlin Preußischer Kulturbesitz, Kart. N 27299). Ed.: Henninger, Wolfgang; Kappelhoff, Bernd. – Hannover: 2005, p.31-50, 6 ill., 2 tab. (Veröffentlichungen der Historischen Kommission für Niedersachsen und Bremen ; 226).

4553
Simon, Doris; Schaab, Gertrud; Düpmeier, Clemens: Ein Kartendienst für die dynamische Erzeugung von Karten für den Themenpark Boden-Geologie-Natur. In: Kartographische Nachrichten : KN ; Fachzeitschrift für Geoinformation und Visualisierung ; Organ der Deutschen Gesellschaft für Kartographie e.V., der Schweizerischen Gesellschaft für Kartographie und der Österreichischen Kartographischen Kommission in der Österreichischen Geographischen Gesellschaft. 55.2005,4, p.187-193, 6 ill. ISSN 0022-9164.

4554
Steiner, Thaddäus: Flurnamen der Gemeinde Pfronten / Allgäu. In: Gewässernamen in Bayern und Österreich : 3. Kolloquium des Arbeitskreises für Bayerisch-Österreichische Namenforschung (Regensburg, 27./28.Februar 2004). Ed.: Greule, Albrecht. – Regensburg: Edition Vulpes 2005, p.235-243, 3 ill., 1 tab. (Regensburger Studien zur Namenforschung ; 1).

4555
Steiner, Thaddäus: Füssen : ehemaliger Landkreis Füssen. Ed.: Bayerische Akademie der Wissenschaften / Kommission für Bayerische Landesgeschichte. – München: Bayerische Akademie der Wissenschaften / Kommission für Bayerische Landesgeschichte 2005, 40, 276 p., ill., mp + 1 mp.-suppl. (Historisches Ortsnamenbuch von Bayern / Schwaben ; 9). ISBN 3-7696-6861-8.

4556
Stößel, Wolfgang: Geodateninfrastruktur in Bayern. In: Mitteilungen des DVW-Bayern e.V. 57.2005,4, p.538-544, 2 ill. ISSN 0723-6336.

4557
Strobl, Christian; Poitner, Ernst; Knauff, Monika: Digitale Karten im BIS-BY. In: Bodeninformationssystem Bayern : BIS-BY. Ed.: Bayern / Landesamt für Umwelt. – München: Bayern / Landesamt für Umwelt 2005, p.76-96, 14 ill., 2 tab. (Fachberichte ; 25).

4558
Stümer, Wolfgang ; Köhl, Michael: Kombination von terrestrischen Aufnahmen und Fernerkundungsdaten mit Hilfe der k-Nächste-Nachbarn-Methode zur Klassifizierung und Kartierung von Wäldern. In: Photogrammetrie, Fernerkundung, Geoinformation : PFG ; Organ der Deutschen Gesellschaft für Photogrammetrie und Fernerkundung e.V. 2005,1, p.23-36, 5 ill., 2 tab. ISSN 1432-8364.

4559
Ternes, Hans-Peter: Die "Neue Regierung" und ihre wechselvolle Nutzung 1905-2005 : das Dienstgebäude des Vermessungs- und Katasteramtes Trier. In: Nachrichtenblatt der Vermessungs- und Katasterverwaltung Rheinland-Pfalz. 48.2005,2, p.73-83, 9 ill., 6 suppl. ISSN 0939-2378.

4560
Torge, Wolfgang: Der lange Weg der preußischen Landesvermessung : zum 100. Todestag von Oscar Schreiber (1829-1905). In: ZfV : Zeitschrift für Geodäsie, Geoinformation und Landmanagement. 130.2005,6, p.359-371, 6 ill. ISSN 1618-8950.

4561
Unverhau, Dagmar: Offensichtlich vom Standpunkt der Ehre aus betrachtet : eine Entgegnung auf René Pfahlbuschs " 'Kartenverfälschung' " in Deutschlanrd?!" (KN 5, 2004, S.218-224). In: Kartographische Nachrichten : KN ; Fachzeitschrift für Geoinformation und Visualisierung ; Organ der Deutschen Gesellschaft für Kartographie e.V., der Schweizerischen Gesellschaft für Kartographie und der Österreichischen Kartographischen Kommission in der Österreichischen Geographischen Gesellschaft. 55.2005,1, p.36-39. ISSN 0022-9164.

4562
Wauer, Sophie: Die Ortsnamen des Kreises Beeskow-Storkow. – Stuttgart: Franz Steiner Verlag 2005, 269 p., mp. (Brandenburgisches Namenbuch ; 12). [Literaturverz. S. 237 – 249] ISBN 3-515-08664-1.

4563
Westfälisches Ruhrgebiet : Stadt Bochum, Stadt Bottrop, Stadt Dortmund, Stadt Gelsenkirchen, Stadt Herne, Kreis Recklinghausen. Bearb. von Michael Schmitt unter Mitarb. von Patrick Schuchert. – Münster: Ardey 2005, 352 p., ill., mp. (Westfalia picta : Erfassung westfälischer Ortsansichten vor 1900 ; 9). ISBN 3-87023-238-2.

4564
Winkler, Richard: Die handgezeichneten Karten des Staatsarchivs Bamberg bis 1780. Ed.: Bayern / Generaldirektion der Staatlichen Archive. – München: Bayern / Generaldirektion der Staatlichen Archive 2005, IX, 574 p., 16 [Bl.], mp. (Schriften zur Heimatpflege in Oberfranken : Reihe 1, Geschichte und Museumswesen ; 4). ISBN 3-921635-93-4.

4565
Zahn, Johann: Automatische Platzierung von Straßennamen am Beispiel der Digitalen Ortskarte Bayern. In: Tagung 2004 / Arbeitsgruppe Automation in der Kartographie. Ed.: Bundesamt für Kartographie und Geodäsie <Deutschland>. – Frankfurt a.M.: Bundesamt für Kartographie und Geodäsie <Deutschland> 2005, p.151-163, 25 ill. (Mitteilungen des Bundesamtes für Kartographie und Geodäsie ; 34).

Great Britain / Großbritannien / Grande Bretagne

4566
Andrews, K. S.: The spread of Welsh on Seventh Series one-inch maps : Ymlediad y Cymry ar fapiau un modfedd (Cyfres Saith). In: Sheetlines / The Charles Close Society for the Study of Ordnance Survey Maps. 74.2005, p.17-23, 1 ill., 2 tab. ISSN 0962-8207.

4567
Archer, David: Living dinosaurs : a pessimistic view of the digital future?. In: The Cartographic Journal. 42.2005,3, p.260-261. ISSN 0008-7041.

4568
Barber, Peter: John Darby's map of the parish of Smallburgh in Norfolk, 1582. In: Imago Mundi : the international journal for the history of cartography. 57.2005,1, p.55-58, 4 ill., 1 plate. ISSN 0308-5694.

4569
Beech, Geraldine; Gill, Eunice; Mitchell. Rose: Safeguarding the memory : major military map holdings in the UK. In: The Cartographic Journal. 42.2005,2, p.168-172, 2 ill. ISSN 0008-7041.

4570
Broderick, George: Placenames of the Isle of Man : Douglas and appendices ; vol. 7. – Tübingen: Niemeyer 2005, XIII, 750 p., mp. ISBN 3-484-40135-4.

4571
David, Andrew: Admiralty surveys of Cornwall 1681-1810. In: Journal of the International Map Collectors' Society. 100.2005, p.33-47, 7 ill.

4572
Davies, John: Uncle Joe knew where you lived : the story of Soviet mapping of Britain (part I). In: Sheetlines / The Charles Close Society for the Study of Ordnance Survey Maps. 72.2005, p.26-38, 6 ill., 1 tab. ISSN 0962-8207.

4573
Davies, John: Uncle Joe knew where you lived : the story of Soviet mapping of Britain (part II). In: Sheetlines / The Charles Close Society for the Study of Ordnance Survey Maps. 73.2005, p.6-2011 ill. ISSN 0962-8207.

4574
Delano-Smith, Catherine: Stamped signs on manuscript maps in the Renaissance. In: Imago Mundi : the international journal for the history of cartography. 57.2005,1, p.59-62, 2 ill., 1 plate. ISSN 0308-5694.

4575
Edwards, Jess: Writing, geometry, and space in seventeenth-century England and America : circles in the sand. – London [u.a.]: Routledge 2005, X,166 p., ill. (Routledge studies in Renaissance literature and culture ; 5). [Includes bibliographical references and index] ISBN 0-415-32341-X.

4576
Fairhurst, Richard: Next-generation webmapping. In: The Bulletin of the Society of Cartographers. 39.2005,1-2, p.57-61. ISSN 0036-1984.

4577
Ferguson, W. S.: Maps and views of Derry 1600 – 1914 : a catalogue. Ed.: Royal Irish Academy <Dublin>. – Dublin: Royal Irish Academy <Dublin> 2005, XIV, 108 p., ill. [Includes bibliographical references] ISBN 1-904890-07-5.

4578
Ferrar, M.J.: The Venerable Bede and the Tabula Peutingeriana. In: The Cartographic Journal. 42.2005,2, p.157-167, 4 ill. ISSN 0008-7041.

4579
Fleet, Christopher; Kowal, Kimberly: Planning the migration to OS MasterMap in the UK Legal Deposit Libraries. In: The Cartographic Journal. 42.2005,3, p.214-221, 4 ill., 1 tab. ISSN 0008-7041.

4580
Fuller, R.M.; Cox, R.; Clarke, R.T.; Rothery, P.; Hill, R.A.; Smith, G.M.; Thomson, A.G.; Brown, N.J.; Howard, D.C.; Stott, A.P.: The UK land cover map 2000 : planning, construction and calibration of a remotely sensed, user-oriented map of broad habitats. In: International journal of applied earth observation and geoinformation : JAG ; the official quarterly publication of the International Institute for Aerospace Survey and Earth Sciences (ITC). 7.2005,3, p.202-216, 3 ill., 3 tab. ISSN 0303-2434.

4581
Herbert, Francis: Cartobibliography : one British overview. In: The Cartographic Journal. 42.2005,3, p.255-257. ISSN 0008-7041.

4582
Hodson, Yolande: Coloured roads on ordnance survey first edition 1 : 2500 plans and one-inch maps 1897-1935, and the rights of way disclaimer. In: The Cartographic Journal. 42.2005,2, p.85-110, 14 ill. ISSN 0008-7041.

4583
How to keep your Admiralty charts up-to-date. Ed.: Great Britain / Hydrographic Office. – Taunton: Great Britain / Hydrographic Office 2005, 56 p., ill., mp. – 3rd ed. (NP : Admiralty charts and publications ; 294). ISBN 0-7077-1521-0.

4584
MacFarlane, Robert: Tranquillity assessment and mapping. In: The Bulletin of the Society of Cartographers. 39.2005,1-2, p.41-44, 5 ill., 1 tab. ISSN 0036-1984.

4585
Macnair, Andrew: Faden's 1797 map of Norfolk digitally redrawn. In: The Bulletin of the Society of Cartographers. 39.2005,1-2, p.71-77, 5 ill. ISSN 0036-1984.

4586
Millea, Nick: Map library usage in the United Kingdom : a vision for the future?. In: The Cartographic Journal. 42.2005,3, p.202-213, 11 ill., 10 tab. ISSN 0008-7041.

4587
Needell, Keith: Printed maps of Somersetshire 1575-1850. – Muswell Hill: Needell 2005, 2 vol.

4588
Oliver, Richard, R.: A guide to the ordnance survey one-inch seventh series. – London: The Charles Close Society 2004, 68 p., mp. – 2. ed. [Includes bibliographical references] ISBN 1-87059-823-7.

4589
Oliver, Richard, R.: Ordnance survey maps : a concise guide for historians. Ed.: The Charles Close Society. – London: The Charles Close Society 2005, 256 p., ill., mp. – 2. ed., rev. and expanded. [Includes bibliographical references and index] ISBN 1-87059-824-5.

4590
Parry, R.B.: Moving on : where should the University map collection be going. In: The Cartographic Journal. 42.2005,3, p.197-201. ISSN 0008-7041.

4591
Perkins, Chris; Scarle, Nick; Thomson, Anna Z.: Designs on community mapping : (re)cycling and walking. In: The Bulletin of the Society of Cartographers. 39.2005,1-2, p.63-70, 5 ill. ISSN 0036-1984.

4592
Porter, Richard T.: Pitcairn island : a gazetteer, with notes on the mapping of the island since 1767. – Southampton: 2004, 51 p., mp.

4593
Rose, Edward P.F.: Specialist maps of the channel islands prepared by German military geologists during the second world war : German expertise deployed on British terrain. In: The Cartographic Journal. 42.2005,2, p.111-136, 26 ill. ISSN 0008-7041.

4594
Sea charts of the British Isles : a voyage of discovery around Britain & Ireland's coastline. By: Blake, John. – London: Conway Maritime Press 2005, 128 p., ill., mp. [Literaturverz. S. 126] ISBN 1-8448-6024-8; 978-1-8448-6024-1.

4595
Smith, Mike J.: Open access journal publication : methods of implementation and copyright issues. In: The Bulletin of the Society of Cartographers. 39.2005,1-2, p.21-24. ISSN 0036-1984.

4596
Sponberg Pedly, Mary: The commerce of cartography : making and marketing maps in eighteenth-century France and England. – Chicago, Ill.: Univ. of Chicago Press 2005, XV, 345p., ill., mp. ISBN 0-226-65341-2.

Greece / Griechenland / Grèce

4597
Dora, Veronica della: Mapping science and myth on the holy mountain : renaissance and enlightenment ; visions on Mount Athos. In: The Portolan : the journal of the Washington Map Society. 62.2005, p.10-29, 9 ill. ISSN 1096-1925.

4598
Jordan, G.; Meijninger, B.M.L.; Hinsbergen, D.J.J. van: Extraction of morphotectonic features from DEMs : development and applications for study areas in Hungary and NW Greece. In: International journal of applied earth observation and geoinformation : JAG ; the official quarterly publication of the International Institute for Aerospace Survey and Earth Sciences (ITC)., p.163-182, 8 ill. ISSN 0303-2434.

Hungary / Ungarn / Hongrie

4599
Apagyi, Géza; Mihály, Szabolcs: Kataszteri rendszerünk helyzete és jövője. In: Geodézia és kartográfia. 57.2005,7, p.3-13, 8 ill. [Hung. with Engl. rés.]. ISSN 0016-7118.

4600
Busics, György: Az ETRS89 és a HD72 rendszerek közötti térbeli hasonlósági transzformáció néhány gyakorlati kérdése. In: Geodézia és kartográfia. 57.2005,1, p.14-19, 5 ill. Some practical questions of the ETRS89-HD72 local 3D transformations. [Hung. with Engl. rés.]. ISSN 0016-7118.

4601
Csaplovics, Elmar: Zur Topochronologie der Landschaft um den Neusiedler See bis zum Ende des 16. Jahrhunderts. Ed.: Burgenländisches Landesarchiv und Burgenländische Landesbibliothek <Eisenstadt>. – Eisenstadt: Burgenländisches Landesarchiv und Burgenländische Landesbibliothek <Eisenstadt> 2005, 224 p., ill., mp. (Burgenländische Forschungen ; 91). [Literaturverz. S. 206-223] ISBN 3-901517-50-2.

4602
Elek, István: Az adatbányászat osztályozási eljárásainak alkalmazása a vektoros térinformatikában. In: Geodézia és kartográfia. 57.2005,11, p.12-17, 5 ill. Data mining methods in vector based GIS. [Hung. with Engl. rés.]. ISSN 0016-7118.

4603
Fábián, József: Külterületi átnézeti térképek szolgáltatása a KÜVET forgalomba helyezését követően. In: Geodézia és kartográfia. 57.2005,7, p.19-23, 5 ill. Service of outskirts general map after the putting in force of outskirts vectorial map. [Hung. with Engl. rés.]. ISSN 0016-7118.

4604
Forgács, Zoltán: Szerzői jogi kérdések a digitális térképek vonatkozásában. In: Geodézia és kartográfia. 57.2005,5, p.23-25 Copyright of digital maps. [Hung. with Engl. rés.]. ISSN 0016-7118.

4605
Herczeg, Ferenc: A DTA-10 jelenlegi helyzete és adattartalma. In: Geodézia és kartográfia. 57.2005,4, p.3-8, 3 ill., 2 tab. Present status and data contents of DTA-10. [Hung. with Engl. rés.]. ISSN 0016-7118.

4606
Jordan, G.; Meijninger, B.M.L.; Hinsbergen, D.J.J. van: Extraction of morphotectonic features from DEMs : development and applications for study areas in Hungary and NW Greece. In: International journal of applied earth observation and geoinformation : JAG ; the official quarterly publication of the International Institute for Aerospace Survey and Earth Sciences (ITC)., p.163-182, 8 ill. ISSN 0303-2434.

4607
Karsay, Ferenc: A magyar geodézia szakmatörténetének elmúlt negyedszázada. In: Geodézia és kartográfia. 57.2005,3, p.17-25 About the quarter of the last century on the history of Hungarian geodesy. [Hung. with Engl. rés.]. ISSN 0016-7118.

4608
Karsay, Ferenc: A magyar kartográfia szakmatörténetének elmúlt negyadszázada I. rész. In: Geodézia és kartográfia. 57,2005,5, p.13-19 About the quarter of the last century on the history of Hungarian cartography I part. [Hung.]. ISSN 0016-7118.

4609
Karsay, Ferenc: A magyar kartográfia szakmatörténetének elmúlt negyedszázada II. rész. In: Geodézia és kartográfia. 57.2005,6, p.19-25 About the quarter of the last century on the history of Hungarian cartography II part. [Hung. with Engl. rés.]. ISSN 0016-7118.

4610
Néma, Sandor: A Győr megyei úrbéri térképek digitalizálása, a helytörténetírás és történetírás. In: Geodézia és kartográfia. 57.2005,11, p.8-11, 8 ill. Writing local history and the digitalisation of the fief maps in Győr County. [Hung. with Geman rés.]. ISSN 0016-7118.

4611
Papp, Júlia: The catalogue of Bernhard Paul Moll (1697-1780) and his Atlas Hungaricus. In: Imago Mundi : the international journal for the history of cartography. 57.2005,2, p.185-194, 5 ill., 2 plates. [Engl. with French, Germ. and Span. rés.]. ISSN 0308-5694.

4612
Papp-Váry, Arpád: Torzított turistatérképek Magyarországon. In: Geodézia és kartográfia. 57.2005,11, p.18-23, 2 ill. Distorted hiking maps in Hungary. [Hung. with Engl. rés.]. ISSN 0016-7118.

4613
Sándor, Simon: A Nemzeti Kataszteri Program felgyorsítása. In: Geodézia és kartográfia. 57.2005,9, p.17-22, 7 ill. Speeding up of the Hungarian Cadaster Programme (NCP). [Hung.]. ISSN 0016-7118.

4614
Szendrő, Dénes: Digitális térképek szerepe a II. nemzeti fejlesztési tervben. In: Geodézia és kartográfia. 57.2005,12, p.8-11 Digital maps in the second national development plan. [Hung. with Engl. rés.]. ISSN 0016-7118.

4615
Szíjj, Nándor: Hogyan tovább állami topográfia? – digitális vagy digitalizált az 1:10 000 méretarányú topográfiai térkép?. In: Geodézia és kartográfia. 57.2005,4, p.16-20, 3 ill. national topography: how to proceed further?. [Hung. with Engl. rés.]. ISSN 0016-7118.

4616
Timár, Gábor: GIS integration of the second military survey sections – a solution valid on the territory of Slovakia and Hungary. In: Kartografické listy. 12.2004, p.119-126, 2 ill. [Engl. with Slovak rés.].

4617
Uzsoki, Zoltán: A digitális topográfiai alaptérkép (DTA-10) előállítás technológiájának kidolgozása a Pécsi Geodézia Kft.-nél. In: Geodézia és kartográfia. 57,2005,4, p.10-15, 4 ill. Development of production technology of the digital topographic basemap (DTA-10) at the Geodesy of Pécs Ltd. [Hung. with Engl. rés.]. ISSN 0016-7118.

4618
Varga, József: Volt-e Ivanicsi (Ivanič) Sztereografikus Vetületi Rendszer?. In: Geodézia és kartográfia. 57.2004,4, p.21-26, 5 ill. Was there an Ivanič stereographic projection?. [Hung. with Engl. rés.]. ISSN 0016-7118.

4619
Völgyesi, Lajos; Kenyeres, Ambrus; Papp, Gábor; Tóth, Gyula: A geoidmeghatározás jelenlegi helyzete Magyarországon. In: Geodézia és kartográfia. 57.2005,1, p.4-12, 7 ill. The present state of geoid determination in Hungary. [Hung. with Engl. rés.]. ISSN 0016-7118.

4620
Völgyesi, Lajos; Tóth, Gyula; Csapó, Géza; Szabó, Zoltán: Az eötvös-inga mérések geodéziai célú hasznosításának helyzete Magyarországon. In: Geodézia és kartográfia. 57.2005,5, p.3-12, 9 ill. The present state of geodetic apllications of Torsion balance measurements in Hungary. [Hung. with Engl. rés.]. ISSN 0016-7118.

Ireland / Irland / Irlande

4621
Doherty, Gillian: The Irish ordnance survey : history, culture and memory. – Dublin: Four Courts Press 2004, 237 p., ill. [Includes bibliographical references (p. 213-228) and index] ISBN 1-85182-861-3.

4622
Sea charts of the British Isles : a voyage of discovery around Britain & Ireland's coastline. By: Blake, John. – London: Conway Maritime Press 2005, 128 p., ill., mp. [Literaturverz. S. 126] ISBN 1-8448-6024-8; 978-1-8448-6024-1.

Italy / Italien / Italie

4623
Aliprandi, Giorgio; Aliprandi, Laura: Storia della cartografia alpina. – Torino: Priuli & Verlucca 2005, 359 p., ill., mp. – Nuova ed. ampliata. (Le grandi Alpi nella cartografia : 1482 – 1885) The history of the alpine cartography. [Ital.]. ISBN 88-8068-278-4; 978-88-8068-278-3.

4624
Aliprandi, Laura; Aliprandi, Giorgio: Cartografia : disegno del territorio. In: Enciclopedia della Valle d'Aosta. Ed.: Giglio, Pietro; Pecchio, Oriana. – Bologna: Zanichelli 2005, p.26-33, 5 mp. Cartography : design of the territory. [Ital.].

4625
«Alpes sans frontières» : les montagnes ne séparent plus les hommes. In: IGN magazine. 2.2000, p.6-8, ill. ISSN 1624-9305.

4626
Bezoari, Giorgio; Monti, Carlo; Selvini, Attlio: La cartographie numérique de la ville de Milan. In: Geomatik Schweiz : Geoinformation und Landmanagement. 103.2005,8, p.454-457, 6 ill. ISSN 0252-9424; 1660-4458.

4627
Bisson, M.; Favalli, M.; Fornaciai, A.; Mazzarini, F.; Isola, I.; Zanchetta, G.; Pareschi, M.T.: A rapid method to assess fire-related debris flow hazard in the Mediterranean region : an example from Sicily (southern Italy). In: International journal of applied earth observation and geoinformation : JAG ; the official quarterly publication of the International Institute for Aerospace Survey and Earth Sciences (ITC). 7.2005,3, p.217-231, 6 ill., 4 tab. ISSN 0303-2434.

4628
Blasco Ferrer, Eduardo: ALI a confronto con ALD-I : breve collaudo geolinguistico e ricostruttivo. In: Corona Alpium II : miscellanea di studi in onore di Carlo Alberto Mastrelli. Ed.: Istituto di Studi per l'Alto Adige <Firenze>. – Firenze: Istituto di Studi per l'Alto Adige <Firenze> 2003, p.33-39. [Ital.].

4629
Bonansea, Enrico; Garnero, Gabriele; Godone, Danilo; Penon, Angelo; Vignola, Anna: Il contributo dell' ARPA Piemonte allo sviluppo dei flussi informativi territoriali e ambientali regionali. In: Bollettino della Associazione Italiana di Cartografia. 42.2005,123/125, p.515-523, 2 ill. ARPA Piemonte participation to the development of territorial and environmental regional information system. [Ital. with Engl. rés.]. ISSN 0044-9733.

4630
Candura, Anna Rosa: Utilizzo del free GIS nella didattica : possibili applicazioni del CLC. In: Bollettino della Associazione Italiana di Cartografia. 42.2005,123/125, p.361-370, 2 ill. Use of free GIS in the didactics : possible applications of the CLD. [Ital. with Engl. rés.]. ISSN 0044-9733.

4631
Caprioli, Mauro; Salvemini, Biagio; Tarantino, Eufemia: L'insediamento meridionale e la sua rappresentazione cartografica : temi e prospettive di un atlante storico in costruzione. In: Bollettino della Associazione Italiana di Cartografia. 42.2005,123/125, p.371-383 Settlements in southern Italy and their cartographic representation : themes and perspectiv of an historical atlas under construction. ISSN 0044-9733.

4632
Carrabetta, Anna: Vulcani, paesaggio e richiami archeologici nelle carte d'autore tra Settecento e Ottocento. In: L'universo: geografia, cartografia, studi urbani, territoriali e ambientali. 84.2004,5, p.658-670, 6 ill. Volcanos, landscape and archeological findings on the maps of artists fom the 17th and 18th centuries. [Ital.]. ISSN 0042-0409.

4633
Carta, Massimo; Zetti, Iacopo: Le carte del patrimonio territoriale come progetto di conoscenza. In: Bollettino della Associazione Italiana di Cartografia. 42.2005,123/125, p.385-405, 9 ill. Maps of territorial heritage as a project of knowledge. [Ital. with Engl. rés.]. ISSN 0044-9733.

4634
Cassi, Laura: Nuovi spunti di ricerca sui nomi di luogo. In: Corona Alpium II : miscellanea di studi in onore di Carlo Alberto Mastrelli. Ed.: Istituto di Studi per l'Alto Adige <Firenze>. – Firenze: Istituto di Studi per l'Alto Adige <Firenze> 2003, p.159-165. [Ital.].

4635
Conti, Simonetta: Cartografia e Paludi nel Lazio. In: L'universo: geografia, cartografia, studi urbani, territoriali e ambientali. 85.2005,2, p.268-276, 8 mp. Cartography and the Paludi nel Lazio. [Ital.]. ISSN 0042-0409.

4636
Elementi di cartografia per l'architettura e l'urbanistica. By: Baratin, Laura; Orioli, Valentina. – Bologna: Pitagora 2004, 106 p., ill., mp. + 1 CD-ROM. Elements of cartography for architecture and urban planning. [Ital.]. [Contains bibliographical refs] ISBN 88-371-1532-6.

4637
Finizio, Antonio Lucio: The colonial cartography of the Military Geographic Institute. In: Journal of the International Map Collectors' Society. 100.2005, p.5-15, 20 ill.

4638
Garnero, Gabriele; Rao, Sebastiano: La produzione pilota della CTRN del Piemonte sulla base delle specifiche IntesaGIS. In: Bollettino della Associazione Italiana di Cartografia. 42.2005,123/125, p.179-185,3 ill. The pilot production of digital regional technical cartography (CTRN) of Piemonte region according to the IntesaGIS standards. [Ital. with Engl. rés.]. ISSN 0044-9733.

4639
Gigli, Stefania Quilici; Valerio, Vladimiro; Pettaco, Laura; Renda, Guiseppina: Cartografia storica della campania tra 1780 e 1980: esperienze di stratigrafia cartografica attraverso le tecnologie digitali. In: Bollettino della Associazione Italiana di Cartografia. 42.2005,123/125, p.73-90, 8 ill. Historical cartography of Campania (1780-1980). ISSN 0044-9733.

4640
Godlewska, Anne; Letourneau, Marcus R.; Schauerte, Paul: Maps, paintings and lies : portraying Napoleon's battlefields in Northern Italy. In: Imago Mundi : the international journal for the history of cartography. 57.2005,2, p.149-163, 3 ill., 9 plates. [Engl. with French, Germ. and Span. rés.]. ISSN 0308-5694.

4641
Gregori, Lucilia ; Troiani, Cristina: La Cascata delle Marmore (Terni – Umbria) : storia ed evoluzione di un "geomorfosito". In: Bollettino della Associazione Italiana di Cartografia. 42.2005,123/125, p.321-347, 21 ill. The Marmore Fall (Terni – Umbria Region) : history and evolution of a "geomorphosite". [Ital. with Engl. rés.]. ISSN 0044-9733.

4642
Il libro delle mappe dell'Arcidiacono Riperti : un cabreo astigiano del Settecento. Ed.: Sereno, Paola. – Asti: Asti <Provincia> 2002, 188 p., ill., mp. + 8 mp. in a case. The book of maps of the Archdeacon Riperti : a cabreo (cadaster) of the Asti region from the 18th century. [Ital.]. ISBN 88-88491-12-0.

4643
Johnson, Bert: Missa de la mapa mundi : a cartophonic mystery. In: The Portolan : the journal of the Washington Map Society. 63.2005, p.51-53. ISSN 1096-1925.

4644
Keller, Wilfried: Tirol als Einheit im Kartenbild : Teil 1: Ein Rückblick auf 50 Jahr Atlasgeschichte. In: Südtirol in Wort und Bild. 49.2005,2, p.19-27, 25 ill.

4645
Klevisser, Florinda; Lo Rè, Addolorata: Applicazione di techniche G.I.S. per lo studio dell'evolizione della struttura urbana e degli effeti della planificazione: il caso della città di Trieste. In: Bollettino della Associazione Italiana di Cartografia. 42.2005,123/125, p.199-211, 6 ill. G.I.S. technologies for the study of urban structure changes and the effects of planning: the city of Trieste. ISSN 0044-9733.

4646
La Galleria delle carte geografiche in Vaticano = The Gallery of maps in the Vatican. Ed.: Malafarina, Gianfranco. Fotografie di Alessandro Angeli. – Modena: Librerie Panini 2005, 156 p., ill. (Mirabilia Italiae / Guide ; 5). [Ital. and Engl.].

4647
La Lombardia e la Bergamasca : rappresentazioni cartografiche ; sec. XVI-XIX. Ed.: Moreschi, Emilio. – Bergamo: Ateneo di Scienze, Lettere ed Arti <Bergamo> 2005, 154 p., ill. Lombardy and the region of Bergamo : cartographic representations. [Ital.]. [Contains bibl. references, notes and index].

4648
Lago, Luciano: Italia : La 'fabrica' della figura. In: L'universo : geografia, cartografia, studi urbani, territoriali e ambientali. 85.2005,3, p.407-419, 5 ill. [Ital.]. ISSN 0042-0409; 0041-0409.

4649
Lago, Luciano: Paesaggi della memoria nella cartografia storica del territorio friulano. In: L'universo : geografia, cartografia, studi urbani, territoriali e ambientali. 85.2005,5, p.703-712, 3 ill. [Ital.]. ISSN 0042-0409; 0041-0409.

4650
Le antiche terre del Ducato di Spoleto : i territori di Spoleto e Terni nella cartografia dei secoli XVI – XIX. Ed.: Ronca, Fabrizio. – Terni: Arti Grafiche Celori 2005, XV, 298 p., ill., mp. The ancient lands of Ducato di Spoleto : the territories of Spoleto and Terni in the cartography of 16th to 19th centuries. [Ital.]. [Exibition catalogue: Mostra "Le Antiche Terre del Ducato di Spoleto. I Territori di Spoleto e Terni nella Cartografia dei Secoli XVI – XIX" ; (Terni) : 2005.09.16-10.15; Contains bibl. references, notes and name index].

4651
Le mappe storiche della Città di Crescentino : immagini cartografiche dei secoli XVIII e XIX. By: Cesare, Allessandra. – Crescentino: Città di Crescentino 2003, [34] p., mp. Historical maps of the city of Crescentino : cartographic images of the 18th and 19th centuries. [Ital.]. [Contains bibliography].

4652
Lo Rè, Addolorata; Terrana, Medea: Evoluzione spaziale dell'area industriale di Trieste: applicazione di techniche GIS ad una serie di carte antiche. In: Bollettino della Associazione Italiana di Cartografia. 42.2005,123/125, p.213-222, 5 ill. Spatial development of industrial zone of Trieste city: application of GIS technique to some old map. [Ital. with Engl. rés.]. ISSN 0044-9733.

4653
Lucarno, Guido: La toponomastica come affermazione della sovranità nazionale : il caso della Val Roia (Alpi Marittime). In: Bollettino della Associazione Italiana di Cartografia. 42.2005,123/125, p.349-359, 1 tab. Toponomastics as an expression of national sovereign : the case of Val Roia (Maritime Alps). [Ital. with Engl. rés.]. ISSN 0044-9733.

4654
Manzoni, Giorgio; Robiglio, Claudia; Martinolli, Shaula; Rizzo, Raffaella Gabriella: Mobile mapping system e cartografia tematica stradale e turistica. In: Bollettino della Associazione Italiana di Cartografia. 42.2005,123/125, p.187-197, 12 ill. Mobile mapping system and road and tourist thematic cartography. [Ital. with Engl. rés.]. ISSN 0044-9733.

4655
Mapping Augustan Rome. Dir. by Lothar Haselberger, ed. by Elisha Ann Dumser. – Portsmouth, RI: 2002, 275 p., ill., mp. + 2 mp.-suppl. (Journal of Roman archaeology : an international journal ; JRA / supplementary series ; 50). [Wörterbuch] ISBN 1-88782-950-4.

4656
Marchesini, Claudio: Determinazione delle variazioni della costa sabbiosa per l'aggiornamento della cartografia. In: Bollettino della Associazione Italiana di Cartografia. 42.2005,123/125, p.417-419, 1 ill. Evaluation of the sand coast variations for the cartographic update. [Ital. with Engl. rés.]. ISSN 0044-9733.

4657
Mastronunzio, Marco ; Mauro, Giovanni: Approccio GIS multitemporale per la stima delle variazioni del land cover in un'area transfrontaliera : la coltura della vigna nella penisola di Muggia. In: Bollettino della Associazione Italiana di Cartografia. 42.2005,123/125, p.421-433, 8 ill. Estimation of land cover changes by GIS methodology in a borderland zone : veneyard in the Muggia peninsula. [Ital. with Engl. rés.]. ISSN 0044-9733.

4658
Mastronunzio, Marco; Gonizzi Barsanti, Sara: Aggiornamento della cartografia archeologica in ambiente GIS il comune di cividale del Friuli. In: Bollettino della Associazione Italiana di Cartografia. 42.2005,123/125, p.407-416, 11 ill. Archeological cartography updating in GIS environment : the municipality of cividale del Friuli (Friuli-Venezia Giulia, Italy). [Ital. with Engl. rés.]. ISSN 0044-9733.

4659
Mauro, Giovanni; Lullo, Andrea di: L'utilizzo dei dati iperspettrali MIVIS Per un'analisi geografico-territoriale : la media valle del Tagliamento come caso di studio. In: Bollettino della Associazione Italiana di Cartografia. 42.2005,123/125, p.435-446, 5 ill. Hyperspectral data (MIVIS) to study the Tagliamento middle valley. [Ital. with Engl. rés.]. ISSN 0044-9733.

4660
Milli, Manuela; Nobili, Alessandro; Surace, Luciano: La rappresentazione del fondo marino nella cartografia nautica e terrestre. In: Bollettino della Associazione Italiana di Cartografia. 42.2005,123/125, p.159-169, 14 ill. The representation of marine floor in nautical and terrestrial cartography. ISSN 0044-9733.

4661
Moreschi, Emilio: La rappresentazione cartografica della Lombardia e della Bergamasca. In: La Lombardia e la Bergamasca : rappresentazioni cartografiche ; sec. XVI-XIX. Ed.: Moreschi, Emilio. – Bergamo: Ateneo di Scienze, Lettere ed Arti <Bergamo> 2005, p.19-128, mp. ill. The cartographic representation of Lombardy and the region of Bergamo. [Ital.].

4662
Naddeo, Barbara Ann: Topographies of difference : cartography of the city of Naples, 1627-1776. In: Imago Mundi : the international journal for the history of cartography. 56.2004,1, p.23-47, 13 ill. [Engl. with French, Germ. and Span. rés.]. ISSN 0308-5694.

4663
Pagani, Lelio: Il recupero di un prezioso documento : la carta del Museo Adriano Bernareggi, nel contesto della produzione cartografica di Cristoforo Sorte. In: La Lombardia e la Bergamasca : rappresentazioni cartografiche ; sec. XVI-XIX. Ed.: Moreschi, Emilio. – Bergamo: Ateneo di Scienze, Lettere ed Arti <Bergamo> 2005, p.129-148, 9 ill. The recovery of a precious document : the map of the museum Adriano Bernareggi, in context of the cartographical production of Cristoforo Sorte. [Ital.].

4664
Parente, Claudio; Totaro, Pierluigi: Atlante storico dinamico delle circoscrizioni amministrative della Campania (1861-2000). In: Bollettino della Associazione Italiana di Cartografia. 42.2005,123/125, p.505, 7 ill. A dynamic historical atlas of administrative boundaries of Campania region (1861-2000). [Ital. with Engl. rés.]. ISSN 0044-9733.

4665
Perrone, Camilla: Il ruolo delle rappresentazioni "dense" nel governo del territorio : esperienze a cofronto. In: Bollettino della Associazione Italiana di Cartografia. 42.2005,123/125, p.447-458 the role of "thick" representation for territorial governance : comparing experiences. [Ital. with Engl. rés.]. ISSN 0044-9733.

4666
Pesaro, Allesandro: Il segna e la memoria : due secoli di mappe e cartografie manoscritte a S. Daniele del Friuli. – Udine: Forum 2004, VII, 127 p., ill., mp. The sign and the memory : two centuries of maps and handwritten cartogrpahy for S. Daniele di Friuli. [Ital.]. [Contains bibliography and notes] ISBN 88-8420-228-0.

4667
Poli, Daniela: Rappresentazione identitaria e processi storici di territorializzazione. In: Bollettino della Associazione Italiana di Cartografia. 52.2005,123/125, p.39-57, 11 ill. Identitarian representation and historical processes of territorialisation. [Ital. with Engl. rés.]. ISSN 0044-9733.

4668
Polto, Corradina: L'atlante di Marinelli e la cartografia storica : il caso di alcuni tipi geografici della Sicilia orientale. In: L'universo : geografia, cartografia, studi urbani, territoriali e ambientali. 85.2005,6, p.835-848, 17 ill. [Ital.]. ISSN 0042-0409; 0041-0409.

4669
Pressenda, Paola: Il cabreo della Prebenda Arcidiaconale del Capitolo della Cattedrale di Asti e l'attività dell'agrimensore Petrino Musso. In: Il libro delle mappe dell'Arcidiacono Riperti : un cabreo astigiano del Settecento. Ed.: Sereno, Paola. – Asti: Asti <Provincia> 2002, p.43-61, 8 ill., 1 tab. The cadaster of the archdeaconal benefice of the capitol of the Asti Cathedral and the activities of the land surveyor Petrino Musso. [Ital.].

4670
Pressenda, Paola: Le mappe del cabreo : repertorio cartobibliographico. In: Il libro delle mappe dell'Arcidiacono Riperti : un cabreo astigiano del Settecento. Ed.: Sereno, Paola. – Asti: Asti <Provincia> 2002, p.115-182, 27 ill. Cadastral maps : cartobibliographical repertory. [Ital.].

4671
Rabl, Marion: Tirol Atlas (http://tirolatlas.uibk.ac.at) : modernes Atlasinformationssystem für Nord-, Ost- und Südtirol. In: GW-Unterricht : eine Zeitschrift des Vereins "Forum Wirtschaftserziehung" für Geographie und Wirtschaftskunde. 98.2005, p.57-62, 9 ill.

4672
Rappresentare e misurare il mondo : da Vespucci alla modernità. Ed.: Cantile, Andrea; Lazzi, Giovanna; Rombai, Leonardo. – Firenze: Polistampa 2004, 342 p., ill., mp. Representing and measuring the world : from Vespucci to modern era. [Ital.]. [Contains bibliography] ISBN 88-8304-817-2.

4673
Sammartino, Simone; Totaro, Pierluigi: Atlante della bibliografia storica dei terremoti italiani. In: Bollettino della Associazione Italiana di Cartografia. 42.2005,123/125, p.479-490, 4 ill., 1 tab. Atlas of the historical bibliography of Italian earthquakes. [Ital. with Engl. rés.]. ISSN 0044-9733.

4674
Sereno, Paola: "Far riconoscer per misura giudiciale" : la formazione dei cabrei e delle mappe cabreistiche. In: Il libro delle mappe dell'Arcidiacono Riperti : un cabreo astigiano del Settecento. Ed.: Sereno, Paola. – Asti: Asti <Provincia> 2002, p.19-42, 11 ill. Legalize by judicial measurement : the formation of "Cabrei" (cadasters) and of cadastral maps.

4675
Tra mappe, catasti, cabrei : la rappresentazione del territorio e del paessagio della provincia di Terni tra Settecento e Ottocento. By: Ciuffetti, Augusto; Arca Petrucci, Marcella. – Terni: Provincia di Terni 2003. (Collana "Conoscere e sapere" : cataloghi per la conoscenza e la valorizzazione dei beni culturali nel territorio della Provincia di Terni ; 14) About maps, cadastres : the representation of the territory and the countryside of the province of Terni in the eighteenth and nineteenth centuries. [Ital.]. [Contains notes].

4676
Valerio, Vladimiro: La cartografia storica nell'analisi territoriale. Esame e considerazioni storiche sulla Fagianeria annessa al Real Palazzo di Portici. In: L'universo : geografia, cartografia, studi urbani, territoriali e ambientali. 85.2005,1, p.106-129, 20 ill. [Ital.]. ISSN 0042-0409; 0041-0409.

4677
Ventura, Antonio: L' Italia di Piri Re'is : la cartografia turca alla corte di Solimano il Magnifico. – Lecce: Capone editore 2000, 95 p., ill., mp. The Italy of Piri Re'is : the Turkish cartography at the court of Solimano il Magnifico. [Ital.]. [First publ. in 3 vols. 1988-1991; Contains bibliography and notes] ISBN 88-8349-008-8.

Lithuania / Litauen / Lituanie

4678
Česnulevičius, Algimantas: Gnoseological aspects of geographical space perception by 17th and 18th century Lithuanian maps. In: Cartography and cartosemiotics : the selected problems of theoretical cartography 2003 : proceedings of a joint seminar of the ICA Commission on theoretical cartography and Centre for cartography, Vilnius University. Ed.: Wolodtschenko, Alexander; Česnulevičius, Algimantas; Beconytė, Giedre. – Vilnius: Vilnius University; Lithuanian Cartographic Society; International Cartographic Association 2004, p.25-30, 4 ill., 1 tab.

4679
Dumbliauskienė, Marytė: Methodology for evaluation of the communicative quality of the thematic maps (Lithuanian experience). In: Cartography and cartosemiotics : the selected problems of theoretical cartography 2003 : proceedings of a joint seminar of the ICA Commission on theoretical cartography and Centre for cartography, Vilnius University. Ed.: Wolodtschenko, Alexander; Česnulevičius, Algimantas; Beconytė, Giedre. – Vilnius: Vilnius University; Lithuanian Cartographic Society; International Cartographic Association 2004, p.31-40, 5 ill.

4680
Pilipaitis, Albinas-Algirdas: Discoursive transformation of cartographic information of Lithuanian cultural heritage. In: Cartography and cartosemiotics : the selected problems of theoretical cartography 2003 : proceedings of a joint seminar of the ICA Commission on theoretical cartography and Centre for cartography, Vilnius University. Ed.: Wolodtschenko, Alexander; Česnulevičius, Algimantas; Beconytė, Giedre. – Vilnius: Vilnius University; Lithuanian Cartographic Society; International Cartographic Association 2004, p.65-67.

Luxemburg / Luxemburg / Luxembourg

4681
Une collaboration entre l'IGN et l'ACT : la cartographie du Luxembourg. In: IGN magazine. 3.2001, p.6-8, ill. ISSN 1624-9305.

Netherlands / Niederlande / Pays-Bas

4682
Augusteijn, Joost: Een kaart van Drenthe door Gaspar Bouttats. In: Caert-thresoor : tijdschrift voor de geschiedenis van de kartografie in Nederland. 24.2005,2, p.60-61, 4 ill. A map of Drenthe by Gaspar Bouttats. ISSN 0167-4994.

4683
Blauw, Maili: "Eene aanschouwelijke voorstelling van den waterstaat" : de Waterstaatskaart van Nederland, 1865-1992. In: Caert-thresoor : tijdschrift voor de geschiedenis van de kartografie in Nederland. 24.2005,24, p.112-119, 7 ill. A graphic representation of the "waterstaat" : the "Waterstaats" map of The Netherlands, 1865-1992. ISSN 0167-4994.

4684
Boer, Adri den: Bodemkartering 21e eeuw. In: Geo-Info : tijdschrift voor Geo-Informatie Nederland, GIN. 2.2005,12, p.578-580, 3 ill. Soil mapping in the 21st century. [Dutch]. ISSN 1572-5464.

4685
Brenk, S. van den; Velde, H.M. van der: Nieuwe technieken in de dagelijkse archeologische praktijk. In: Geo-Info : tijdschrift voor Geo-Informatie Nederland, GIN. 2.2005,10, p.476-481, 5 ill. New technologies in daily archeological practice. [Dutch with Engl. and French rés.]. ISSN 1572-5464.

4686
Brink, Lowie: De aardrijskundige wandkaarten van uitgeverij W.J. Thieme & Cie. In: De wereld tussen twee stokken : de geschiedenis van de Nederlandse schoolwandkaarten. Ed.: Brink, Lowie; Holl, Lucy. – Nijmegen: Antiquariaat De Wereld aan de Wand 2005, p.59-66, 10 ill., 1 tab. The geographical wall maps from WJ Thieme & Cie. Publishers. [Dutch with Engl. and French rés.].

4687
Brink, Lowie: De Nederlandse schoolwandkaarten uitgerold: Een en al ontwikkelingen vanaf 1820. In: De wereld tussen twee stokken : de geschiedenis van de Nederlandse schoolwandkaarten. Ed.: Brink, Lowie; Holl, Lucy. – Nijmegen: Antiquariaat De Wereld aan de Wand 2005, p.3-40, 18 ill., 1 tab. The Dutch school wall maps unfolded : developments since 1820. [Dutch].

4688
Brink, Lowie: Een zee zo zwart als de nacht : de geologische schoolwandkaart van Noord-Holland van W. Kloeke. In: De wereld tussen twee stokken : de geschiedenis van de Nederlandse schoolwandkaarten. Ed.: Brink, Lowie; Holl, Lucy. – Nijmegen: Antiquariaat De Wereld aan de Wand 2005, p.77-82, 5 ill. A sea as black as the night : the geological school wall map of North Holland by W. Kloeke. [Dutch with Engl. rés.].

4689
Brink, Lowie: Roelf Bos uit de schaduw van Pieter Roelf Bos: Vergeten vernieuwer van het aardrijkskunde-onderwijs rond 1900. In: De wereld tussen twee stokken : de geschiedenis van de Nederlandse schoolwandkaarten. Ed.: Brink, Lowie; Holl, Lucy. – Nijmegen: Antiquariaat De Wereld aan de Wand 2005, p.55-58, 4 ill. Roelf Bos. [Dutch].

4690
Brink, Lowie; Holl, Lucy: De aloude Moederkerk aan stokken : Van Luyns schoolwandkaart van katholiek Nederland. In: De wereld tussen twee stokken : de geschiedenis van de Nederlandse schoolwandkaarten. Ed.: Brink, Lowie; Holl, Lucy. – Nijmegen: Antiquariaat De Wereld aan de Wand 2005, p.89-90, 3 ill. The ancient mother church on sticks : Van Luyns school wall map of the Catholic Netherlands. [Dutch].

4691
Bruin, Niek: GIS@MBO voor vakmensen met GIS-kennis. In: Geo-Info : tijdschrift voor Geo-Informatie Nederland, GIN. 2.2005.1, p.42-45, 5 ill. GIS@MBO for professionals with GIS-knowledge. [Dutch]. ISSN 1572-5464.

4692
Cheng, Tao; Fisher, Pete; Li, Zhilin: Double vagueness : uncertainty in multi-scale fuzzy assigment of duneness. In: Geo-spatial information science : quarterly = Diqiu-kongjian-xinxi-kexue-xuebao. 7.2004,1, p.58-66, 6 ill. ISSN 1009-5020.

4693
Damoiseaux, Maurice: De grenzen van waterschappen in beeld. In: Geo-Info : tijdschrift voor Geo-Informatie Nederland, GIN. 2.2005,7/8, p.338-342, 5 ill. Boundaries of water boards in the picture. [Dutch with Engl. and French rés.]. ISSN 1572-5464.

4694
De wereld tussen twee stokken : de geschiedenis van de Nederlandse schoolwandkaarten. Ed.: Brink, Lowie; Holl, Lucy. – Nijmegen: Antiquariaat De Wereld aan de Wand 2005, 95 p., ill. + 1 CD-ROM. The world between two sticks : the history of the Dutch school wall maps. [Dutch]. [CD-ROM enth.: Karten und Kartenausschnitte] ISBN 90-9020052-5; 978-90-9020052-1.

4695
Doornbos, Willem G.: De Groninger provincie-wandkaart van Theodorus Beckeringh. In: Caert-thresoor : tijdschrift voor de geschiedenis van de kartografie in Nederland. 24.2005,4, p.105-11, 5 ill. The Groningen provincial map of Theodorus Beckeringh. ISSN 0167-4994.

4696
Geomorfologische Kaart van Nederland. In: Geografie. 13.2004,2, p.11, 1 mp. Geomorphological map of the Netherlands. [Dutch]. ISSN 0926-3837.

4697
Groen, Jan; Koomen, Eric; Piek, Maarten: Scenario's in kaart : model en ontwerpbenaderingen voor toekomstig ruimtegebruik. – Rotterdam: NAi Uitgevers 2004, 131 p., ill., mp. Scenarios in maps : model and design approaches for future space use. [Dutch]. ISBN 90-5662-377-x.

4698
Hazeu, G.: Landelijk Grondegebruiksbestand Nederland (LGN5). In: Geo-Info : tijdschrift voor Geo-Informatie Nederland, GIN. 2.2005,10, p.456-462, 9 ill., 1 tab. National land use Netherlands (LGN5). [Dutch with Engl. and French rés.]. ISSN 1572-5464.

4699
Heere, Elger ; Storms, Martijn: Kadaster 1832 toegepast; de pilotprojecten van De WoonOmgeving. In: Caert-thresoor : tijdschrift voor de geschiedenis van de kartografie in Nederland. 24.2005,3, p.93-98, 12 ill. Applications of the 1832 cadastre; the pilot projects of "De WoonOmgeving". ISSN 0167-4994.

4700
Heijden, Henk A.M. van der; Blonk, Dirk I.: De kaart van de Republiek der VII Provinciën 1615 – 1797. – Alphen aan den Rijn: Canaletto/Repro-Holland 2005, 442 p., ill., mp. The maps of the Republic of the VII provinces 1615-1797. [Dutch]. ISBN 90-6469-787-6.

4701
Houtum, Ad van; Ekelen, Hans van: KLIC neemt Basiskaart On Line in gebruik. In: Geo-Info : tijdschrift voor Geo-Informatie Nederland, GIN. 2.2005,11, p.534-535, 2 ill. KLIC starts using Basiskaart On Line. [Dutch]. ISSN 1572-5464.

4702
Huisman, Lennard: Kwaliteit van GPS-RTK referentiemethoden. In: Geo-Info : tijdschrift voor Geo-Informatie Nederland, GIN. 2.2005,3, p.144-149, 6 ill., 2 tab. Quality of GPS-RTK reference methods. [Dutch with Engl. and French rés.]. ISSN 1572-5464.

4703
Knockaert, Alysse; Brondeel, Marijke: 3 D historische reconstructie : meer dan een mooi plaatje!?. In: Geo-Info : tijdschrift voor Geo-Informatie Nederland, GIN. 2.2005,11, p.500-502, 5 ill. 3 D historical reconstruction : more than a nice map. [Dutch]. ISSN 1572-5464.

4704
Korevaar, Willem; van der Schee, Joop: Modern aardrijskundeonderwijs met GIS op de kaart gezet. In: Geografie. 13.2004,9/10, p.44-46, 1 ill., 1 mp. Modern geography lessons with GIS on the map. [Dutch]. ISSN 0926-3837.

4705
Kozieł, Andrzej: Haga w Kamieńcu Ząbkovickim, czyli słów kilka o cyklu holenderskich wedut z kamienickiego pałacu. In: Marmur dziejowy: studia z historii sztuki = Historical marble : studies in art history. – Poznań: Wydawnictwo Poznańskiego towarzystwa przyjaciól Nauk 2002, p.390-397, 7 ill. (Prace Komisji Historii Sztuki ; 32) Den Haag in Kamenz, oder einige Worte über den Zyklus der holländischen Veduten aus dem Kamenzer Schloss. [Pol. with Germ. rés.].

4706
Kraker, A.M.J. de; Aalbersberg, G.: Digitised Reconstruction of the Westerschelde basin, 1550-2000. In: Kulturlandschaft digital : Forschung und Anwendung ; 15. Fachtagung des Umweltamtes (Landschaftsverband Rheinland) ; 11. Jahrestagung der Arbeitsgruppe Angewandte Historische Geographie (Arbeitskreis für Historische Kulturlandschaftsforschung ARKUM), 2. bis 5. März 2005 in Aachen ; Tagungsdokumentation. Ed.: Rheinland / Umweltamt. – Köln: Rheinland / Umweltamt 2005, p.136-143, 4 ill. (Kulturlandschaft : Zeitschrift für angewandte historische Geographie ; 15.2005).

4707
Krogt, Peter van der: J.V.D. Werbata, een topograaf uit Oost-Indië, karteert in West-Indië : de eerste topografische kaarten van de Nederlandse Antillen, 1911-1915. In: Caert-thresoor : tijdschrift voor de geschiedenis van de kartografie in Nederland. 24.2005,1, p.3-13, 8 ill., 2 portr. J.V.D. Werbata, East-Indian topographer, maps the Dutch-West-Indies : the first topographical maps of the Dutch Antilles, 1911-1915. ISSN 0167-4994.

4708
Kruif, Jan de: Stelsel basisregistraties komt nu van de grond. In: Geo-Info : tijdschrift voor Geo-Informatie Nederland, GIN. 2.2005,10, p.466-472, 5 ill. System of authentic registration comes to fruition. [Dutch with Engl. and French rés.]. ISSN 1572-5464.

4709
Leenders, Eric: Is there still a "Scheldt question"?. In: BIMCC newsletter / Brussels International Map Collectors' Circle. 22.2005, p.21-23, 6 ill. ISSN 1379-3306.

4710
Oosterom, P.J.M.; Ploeger, H.D.; Stoter, J.E.: Volumepercelen in de kadastrale registratie. In: Geo-Info : tijdschrift voor Geo-Informatie Nederland, GIN. 2.2005,2, p.84-89, 7 ill. Volume parcels in the cadastral registry. [Dutch with Engl. rés.]. ISSN 1572-5464.

4711
Ormeling, Ferjan: Verzameling en vaststelling van de spelling van aardrijkskundige namen in Nederland. In: Geo-Info : tijdschrift voor Geo-Informatie Nederland, GIN. 2.2005,4, p.194-197, 1 ill., 2 tab. Collecting and checking the orthography of geographical names in the Netherlands. [Dutch]. ISSN 1572-5464.

4712
Poppe, Eddie: Ijswegenkaarten. In: Geo-Info : tijdschrift voor Geo-Informatie Nederland, GIN. 2.2005,2, p.77, 1 mp. Iceway maps. ISSN 1572-5464.

4713
Quak, C. W.: TOP10NL in GML3. In: Geo-Info : tijdschrift voor Geo-Informatie Nederland, GIN. 2.2005,11, p.504-510, 7 ill. [Dutch with Engl. and French rés.]. ISSN 1572-5464.

4714
Ridder, A.J.J. den: Topografische Kaart Breda. In: Geo-Info : tijdschrift voor Geo-Informatie Nederland, GIN. 2.2005,4, p.188-192, 11 ill., 2 tab. Topographic map Breda. [Dutch with Engl. and French rés.]. ISSN 1572-5464.

4715
van der Schee, Joop: Nederlandse gezondheid in kaart. In: Geografie. 14.2005,8, p.38-40, 1 ill., 4 mp. Health in the Netherlands on map. [Dutch]. ISSN 0926-3837.

4716
Velsen, J.F.: Juridische argumenten voor een centrale leidingenregistratie, een weerword uit de praktijk. In: Geo-Info : tijdschrift voor Geo-Informatie Nederland, GIN. 2.2005,3, p.130-132, 2 ill. Legal arguments for a central cable register, an answer from practical experience. [Dutch]. ISSN 1572-5464.

4717
Vuyk, Aad: Gegevensmodel voor kleinschalige kartografie bij gemeenten. In: Geo-Info : tijdschrift voor Geo-Informatie Nederland, GIN. 2.2005,3, p.140-142, 5 ill. Information model for small scale cartography on the local community level. [Dutch]. ISSN 1572-5464.

4718
Wallace, Timothy; Heuvel, Charles van den: Truth and accountability in geographic and historical visualizations. In: The Cartographic Journal. 42.2005,2, p.173-181, 4 ill. ISSN 0008-7041.

4719
Zwakhals, Laurens; Roedig, Antje: De Nationale Atlas Volksgezondheid onderweg naar de toekomst. In: Geo-Info : tijdschrift voor Geo-Informatie Nederland, GIN. 2.2005,2, p.92-96, 3 ill. The National Atlas for Public Health on the way to the future. [Dutch with Engl. rés.]. ISSN 1572-5464.

4720
Zwart, Hans: GBKN-'samenwerking' in Flevoland. In: Geo-Info : tijdschrift voor Geo-Informatie Nederland, GIN. 2.2005,6, p.311-313, 3 ill. GBKN-cooperation in Flevoland. [Dutch]. ISSN 1572-5464.

Norway / Norwegen / Norvège

4721
Ellingsve, Eli Johanne: Stedsnavn på Svalbard = Names on Svalbard. – Trondheim: Tapir Akademisk Forlag 2005, 186 p., ill., mp. [Norweg. and Engl.]. [Includes bibliographical references (p.185-[186])] ISBN 82-519-2011-6.

4722
Gurney, Stephen D.; Bartsch, Annett: Mapping the spatial distribution of geomorphological processes in the Okstindan area of northern Norway,using geomorphic process units as derived from remote sensing and ground survey. In: Fennia : international journal of geography / Societas Geographica Fenniae. 183.2005,1, p.1-14, 5ill. ISSN 0015-0010.

4723
Sandoy, Ragnhild: Stedsnavn og landskapsnavn i moderne byutvikling. In: Kart og plan : vitenskapelig tidsskrift. 98.2005,4, p.250-256, 2 ill. Traditional place names in modern town development. [Norw. with Engl. rés.]. ISSN 0047-3278.

4724
Tobé, Erik: Perfekt karta med enkla metoder. In: Kart & bildteknik : mapping and image science. 19.2004,2, p.14, 1 ill. Perfect map with a clear method. [Swed.]. ISSN 1651-792X.

Poland / Polen / Pologne

4725
Bartoszewicz, Henryk: Siedzby rodowe na mapach i planach. In: Geodeta : magazyn geoinformacyjny. 1(116).2005, p.58-61, 5 ill. Family domiciles in maps and plans. [Pol.].

4726
Bielecka, Elżbieta; Ciołkosz, Andrzej: Mapa pokrycia terenu w Polsce w skali 1:1 000 000 jako wynik wizualizacji bazy danych CLC-2000. In: Polski przegląd kartograficzny. 36.2004,4, p.274-287, 7 ill. 2 tab. A map of land use in Poland in the scale of 1:1 000 000 as a result of visualization of CLC-2000 database. [Pol. with Engl. and Russ. rés.]. ISSN 0324-8321.

4727
Biolik, Maria: Die fließenden Gewässer = Nazwy wód płynących. 2005, 235 p., mp. (Hydronymia Europaea ; 19). [Pol. and Germ.].

4728
Blažiene, Grasilda: Baltische Ortsnamen in Ostpreußen. – Stuttgart: Franz Steiner Verlag 2005, 413 p., mp. (Hydronymia Europaea : Sonderband ; 3). ISBN 3-515-08845-8; 978-3-515-08845-9.

4729
Gołaszewski, Janusz: Spuścizna kartograficzna Schaffgotschów w zasobie Archiwum Państwowego we Wrocławiu. In: Rocznik jeleniogórski. 27.2005, p.127-146, 4 ill. The cartographic heritage of the Schaffgotsch family in the stock of the National Archive in Wroclaw. [Pol. with Czech and Germ. rés.]. ISSN 0080-3480.

4730
Greiner, Piotr: Mapy Kanału Kłodnickiego. In: Rocznik Muzeum w Gliwicach. 19.2004(2005), p.75-82, 18 ill. The maps of the Kłodnica Canal. [Pol. with Engl. and Germ. rés.]. ISSN 0860-0937.

4731
Grim, Tomáš: Sídla na Helwigově mapě Slezska. In: Z Dějin geodézie a kartografie. 12, p.95-99, 7 ill. Settlements on the Helwig map of Silesia. [Czech].

4732
Iwaniak, Adam; Chybicka, Izabela; Ostrowski, Wiesław; Paluszyński, Witold: Generalizacja danych topograficznych o szczegółowości 1:10 000 do skali 1:50 000 Część II. In: Polski przegląd kartograficzny. 36.2004,4, p.266-273, 5 ill. Generalization of topographic data from 1: 10 000 into 1:50 000 Part II. [Pol. with Engl. and Russ. rés.]. ISSN 0324-8321.

4733
Iwaniak, Adam; Ostrowski, Wiesław; Paluszyński, Witold: Generalizacja danych topograficznych o szczegółowości 1:10 000 do skali 1:50 000 Część I. In: Polski przegląd kartograficzny. 36.2004,3, p.177-186, 12 ill. Generalization of topographic data from 1: 10 000 into 1:50 000 Part I. [Pol. with Engl. and Russ. rés.]. ISSN 0324-8321.

4734
Kaemmerer, Margarete: Ortsnamenverzeichnis der Ortschaften jenseits von Oder und Neiße. – Leer: Rautenberg 2005, 230 p., mp. ISBN 3-8003-3086-5.

4735
Krynski, Jan; Lyszkowicz, Adam: Study on choice of geopotential model for quasigeoid determination in Poland. In: Geodezja i kartografia : kwartalnik naukowy. 54.2005,1, p.17-36, 9 ill., 5 tab. [Engl. with Pol. rés.]. ISSN 0016-7134.

4736
Krynski, Jan; Mank, Magdalena; Grzyb, Malgorzata: Evaluation of digital terrain models in Poland in view of a cm geoid modelling. In: Geodezja i kartografia : kwartalnik naukowy. 54.2005,4, p.155-175, 21 ill., 13 tab. [Engl. with Pol. rés.]. ISSN 0016-7134.

4737
Lange, Dietrich: Geographisches Ortsregister Ostpreußen. – Königslutter: SOL Verlag 2005, 1 CD-ROM, 12 cm – überarb. Aufl. [Parallel als Buch-Ausg. erschienen] ISBN 3-934652-50-6.

4738
Mapa Górnego Śląska z uwzględniem stosunków językowych, granic powiatowych i kolei żelaznych z 1904 roku. In: Ziemia Śląska. 6.2005, p.455-459, i mp., 1 tab. The map of upper Silesia in consideration of language, district boundaries and railway from the year 1904. ISSN 0860-6676.

4739
Medyńska-Gulij, Beata: Mapy księstw śląskich świdnickiego, jaworskiego i legnickiego z II połowy XVII wieku Fryderyka Khünoviusa = Die Karten der schlesischen Fürstentümer Schweidnitz, Jauer und Liegnitz von Friedrich Khünovius aus der 2. Hälfte des 17. Jahrhunderts. – Wrocław: GAJT Wydawnictwo 2002, 133 p., 43 ill. + 3 mp.-suppl. Fryderyk Khünovius's maps of Silesian duchies (Świdnica, Jawor and Legnica) from the second half of the 17th century. [Pol. with Engl. and Germ. rés.]. ISBN 83-88178-17-2.

4740
Pasławski, Jacek: O inicjatywie wydania przed I wojną światową polskich arkuszy Międzynarodowej Mapy Świata 1:1 000 000. In: Polski przegląd kartograficzny. 36.2004,1, p.26-29, 1 ill. On the initiative to publish Polish sheets of the International Map of the World 1:1 000 000 before the World War I. [Pol.]. ISSN 0324-8321.

4741
Pasławski, Jacek: Some remarks on map elaboration for the visually impaired (on an example of a map of Warsaw). In: Cartography and cartosemiotics : the selected problems of theoretical cartography 2003 : proceedings of a joint seminar of the ICA Commission on theoretical cartography and Centre for cartography, Vilnius University. Ed.: Wolodtschenko, Alexander; Česnulevičius, Algimantas; Beconytė, Giedre. – Vilnius: Vilnius University; Lithuanian Cartographic Society; International Cartographic Association 2004, p.61-64, 3 ill.

4742
Pietruńko, Grzegorz: Mapy w gospodarce leśnej. In: Projektowanie i redakcja map = Map design and map compilation. Ed.: Uniwersytet Wrocławski. – Wrocław: Uniwersytet Wrocławski 2005, p.122-139, 8 ill. (Glówne problemy wspólczesnej kartografii ; 2005) Maps in forest administration. [Pol. with Engl. res.].

4743
Przybytek, Dariusz: Kartografia historyczna Śląska XVIII – XX wieku. – Wrocław: Wydawn. Uniwersytetu Wrocławskiego 2002, 187 p., ill., mp. (Acta Universitatis Wratislaviensis ; 2456) Historical cartography of Silesia, 18th to 20th century. [Pol. with Germ. rés.]. ISBN 83-229-2346-5; 978-83-229-2346-7.

4744
Skrycki, Radosław: Kartografia Nowej Marchii do końca XVIII wieku. In: Polski przegląd kartograficzny. 36.2004,4, p.295-301, 5 ill. Cartography of Nowa Marchia at the end of the 18th century. ISSN 0324-8321.

4745
Spyra, Janusz: Najstarsze plany Cieszyna. In: Cieszyńskie studia muzealne. 2.2005, p.188-207, 3 ill. + p.364-365. [Pol. with Engl. rés.]. ISSN 1733-9820.

4746
Szaniawska, Lucyna: Project to include Index Sheets in the Polish National Bibliography of Cartographic Materials. In: LIBER quarterly : the journal of European Research Libraries. 15.2005,1, p.65-74. ISSN 1435-5205.

4747
Woźniak, Michał: Niemieckie mapy turystyczne Karkonoszy do 1945 roku. In: Polski przegląd kartograficzny. 37.2005,2, p.101-110, 4 mp. German tourist maps of Karkonosze before 1945. [Pol. with Engl. and Russ. rés.]. ISSN 0324-8321.

4748
Wytyczak, Roman: Mapa Śląska M. Quada z XVI w., księstwa cieszy T.C. Lottera z XVIII w. i Ukrainy wedł W. Beauplana z XVII stulecia – nowe nabytki gabinetu kartografii Ossolineum = Die Karte Schlesiens von M. Quos aus dem 16. Jahrhundert, des Herzogtums Teschen von T.C. Lotter aus dem 18. Jahrhundert und der Ukraine von W. Beauplan aus dem 17. Jahrhundert – Neuerwertb des Kartographiekabinetts des Ossolineums. In: Czasopismo Zakladu Narodowego Imienia Ossolińskich. 13.2002, p.177-187, 6 ill. [Pol. with Germ. rés.]. ISSN 1230-221X.

4749
Zych, Maciej: Dwujęzyczne nazewnictwo geograficzne w Polsce. In: Polski przegląd kartograficzny. 37.2005,4, p.382-297, 14 ill., 1 tab. Bilingual geographical names in Poland. [Pol. with Engl. and Russ. rés.]. ISSN 0324-8321.

4750
Zych, Maciej: Zasady użycia łącznika w polskich nazwach miejscowości. In: Polski przegląd kartograficzny. 37.2005,4, p.115-118 Use of hyphen in the Polish names of localities. [Pol.]. ISSN 0324-8321.

Russian Federation / Russische Föderation / Fédération de Russie

4751
Bagrow, Leo: Istorija russkoj kartografii. – Moskva: Centrpoligraf 2005, 522 p., ill., mp. A history of Russian cartography. [Russ.]. [Literaturverz. S. 512-521; In kyrill. Schr., russ.] ISBN 5-954167-6-4.

4752
Blažiene, Grasilda: Baltische Ortsnamen in Ostpreußen. – Stuttgart: Franz Steiner Verlag 2005, 413 p., mp. (Hydronymia Europaea : Sonderband ; 3). ISBN 3-515-08845-8; 978-3-515-08845-9.

4753
Boulay, Steve: Historic maps of Russia. In: The Portolan : the journal of the Washington Map Society. 61.2004, p.49-52, 6 ill. ISSN 1096-1925.

4754
Eckert, Denis; Jégou, Laurent: Description technique et commentaires sur la réalisation du document interactif «Évolution récente de la population de Russie (1979-2002): cartographie interactive». In: M@ppemonde : revue trimestrielle sur l'image géographique et les formes du territoire. 74.2004,2. ISSN 0764-3470.

4755
Eckert, Denis; Jégou, Laurent: Évolution récente de la population de Russie (1979-2002): cartographie interactive. In: M@ppemonde : revue trimestrielle sur l'image géographique et les formes du territoire. 74.2004,2, 12 p., 9 ill. ISSN 0764-3470.

4756
Lange, Dietrich: Geographisches Ortsregister Ostpreußen. – Königslutter: SOL Verlag 2005, 1 CD-ROM, 12 cm – überarb. Aufl. [Parallel als Buch-Ausg. erschienen] ISBN 3-934652-50-6.

4757
Russian military mapping : a guide to using the most comprehensive source of global geospatial intelligence = Spravočnik oficera po topografičeskim i special'nym kartam <engl.>. By: Smirnova, Yuliya. – Minneapolis: East View Cartographic 2005, 187 p., ill., mp. ISBN 0-9742973-1-3.

Serbia / Serbien / Serbie

4758
Kohli, Alexander: Wiederaufbau des Katasters im Kosovo. In: Geomatik Schweiz : Geoinformation und Landmanagement. 103.2005,11, p.613-616, 3 ill., 1 tab. ISSN 0252-9424; 1660-4458.

Slovakia / Slowakei / Slovaquie

4759
Bělka, Luboš: Využití stereoskopického pozorování pro geomorfologické mapování. In: Kartografické listy. 13.2005, p.5-13, 4 ill. Exploitation of steroscopic observation for geomorphological mapping. [Slovak with Engl. rés.].

4760
Cebecauerová, Martina; Cebecauer, Tomáš: Špecifické vizualizácie zmien krajinnej pokrývky ako nástroj poznávania krajiny. In: Kartografické listy. 13.2005, p.34-42, 9 ill. Specific visualizations of land cover changes as a tool of landscape cognition. [Slovak with Engl. rés.].

4761
Čerňanský, Jozef; Stanková, H.: Objektovo-orientovaná klasifikácia krajinnej pokrývky oblasti Chopok-Jasná. In: Kartografické listy. 12.2004, p.104-113, 4 ill., 1 tab. Object-oriented classification of Chopok-Jasná. [Slovak with Engl. rés.].

4762
Feranec, Ján; Pravda, Ján; Cebecauer, Tomáš; Ot'ahel', Ján; Husár, Karol; Machková, Nad'a: Mapové vyjadrenie zmien krajinnej pokryvky Slovenska za roky 1990 až 2000. In: Geodetický a kartografický obzor. 51.2005,6-7, p.157-164, 3 ill., 10 tab. Map representation of the changes of land cover of Slovakia in 1990-2000. [Czech with Engl. rés.]. ISSN 0016-7096.

4763
Ficor, Dusan: Koexistencia státnej a privátnej kartografie v podmienkach Slovenskej republiky. In: Geodetický a kartografický obzor. 51(93).2005,6-7, p.101-104 Co-existence of the state and private cartography in the Slovak Republic. [Czech with Engl. rés.]. ISSN 0016-7096.

4764
Friedmannová, Lucie; Konečný, Milan; Staněk, Karel: Tvorba otevřeného regionálního atlasu. In: Kartografické listy. 13.2005, p.43-52, 8 ill. The open regional atlas making. [Slovak with Engl. rés.].

4765
Gregor, Viktor: Fotogrammetrické meranie tatranských plies pre hydrologický výskum. In: Geodetický a kartografický obzor. 50.2004,10, p.193-199, 2 ill., 5 tab. Fotogrammetry measurements of mountain lakes in the Tatras for hydrologic research. [Slov.]. ISSN 0016-7096.

4766
Gregor, Viktor: Morfologické zmeny tatranských plies zanášaním. In: Geodetický a kartografický obzor. 51.2005,1, p.9-14, 9 ill. Morphological changes of the Tatras mountains lakes due to silting. [Czech with Engl. rés.]. ISSN 0016-7096.

4767
Gregor, Viktor: Príspevok k otázke geografického názvoslovia v Tatrách. In: Geodetický a kartografický obzor. 51.2005,2, p.39-41, 3 ill. Contributions to questions concerning geographic names in the Tatra. [Czech]. ISSN 0016-7096.

4768
Hefty, Ján: Výsledky geodetických meraní využitel'ných na štúdium neotektonických pohybov na území Slovenska. In: Geodetický a kartografický obzor. 21.2005,9, p.185-195, 5 ill. Results of geodetic measurements applied for study of neo-tectonic movements on the territory of Slovakia. ISSN 0016-7096.

4769
Horňanský, Imrich: Kataster nehnutel'ností v zrkadle 40. výročia zákona o evidencii nehnutel'ností na Slovensku. In: Geodetický a kartografický obzor. 51.2005,3, p.55-60, 3 tab. The cadastre of real estates on occasion of the 40th anniversary of recording the real estates. [Czech with Engl. rés.]. ISSN 0016-7096.

4770
Hudecová, L'ubica: Komunikačné rozhrania katastra nehnutel'ností. In: Kartografické listy. 13.2005, p.53-60, 2 tab. Communication interfaces of the real estate cadastre. [Slovak with Engl. rés.].

4771
Husár, Karol: Priestorový vzt'ah susedstva na príklade krajinnej pokrývky Slovenska. In: Kartografické listy. 12.2004, p.21-28, 3 ill., 1 tab. Spatial relationships of neighbourhood on example of in Slovakia land cover. [Slovak with Engl. rés.].

4772
Ivánová, Ivana: Standardization of geographic information. In: Kartografické listy. 13.2005, p.61-69, 2 ill., 1 tab. [Engl. with Slovak rés.].

4773
Kolény, Mladen; Čerňanský, Jozef: Využitie ortofotomáp v prieskume urýchlenej plošnej vodnej erózie. In: Kartografické listy. 12.2004, p.29-36, 3 ill. Using of orthofotomaps in the survey of accelerated surface water erosion. [Slovak with Engl. rés.].

4774
Koreň, Milan: Priestorové modely krajiny. In: Kartografické listy. 12.2004, p.37-47, 1 ill. Spatial models of landscape. [Slovak with Engl. rés.].

4775
Kusendová, Dagmar: Projekt atlasu katolícej cirkvi na slovensku. In: Kartografické listy. 13.2005, p.77-82, 3 ill. The project of the Atlas of the Catholic Church in Slovakia. [Slovak with Engl. rés.].

4776
Machajdíková, Elena; Ragačová, Júlia: Slovensko na mapách v. 16. – 20. storočí. In: Kartografické listy. 13.2005, p.83-91, 5 ill. Slovakia on maps from the 16th to 20th centuries. [Slovak with Engl. rés.].

4777
Možucha, Marián: Cartographic modelling of interactions of FM signal with georelief. In: Kartografické listy. 12.2004, p.66-79, 16 ill., 1 tab. [Engl. with Slovak rés.].

4778
Niksová, Nadezda: Aktivity Slovenskej republiky v projektoch EuroGeographics-SABE, EuroGlobalMap and EuroRegionalMap. In: Geodetický a kartografický obzor. 51(93).2005,6-7, p.105-109, 61 ill. Activities of the Slovak republic in projects EuroGeographics-SABE, EuroGlobalMap and EuroRegionalMap. [Slovak with Engl. rés.]. ISSN 0016-7096.

4779
Pešt'ák, Jaroslav; Zimová, Růžena: Polohová přesnost objektů na mapách prvního a druhého vojenského mapování. In: Kartografické listy. 13.2005, p.92-100, 3 ill., 4 tab. Position accuracy of objects in the maps of 1st and 2nd military mapping. [Slovak with Engl. rés.].

4780
Pravda, Ián; Feranec, Ján: Ukážky mapovej prezentácie dátových vrstiev Corine land cover Slovenskla. In: Kartografické listy. 13.2005, p.101-110, 7 ill. Samples of map presentation of data layers CORINE land cover Slovakia. [Slovak with Engl. rés.].

4781
Pravda, Ján: Sémantika a spisovnost' kartografických termínov. In: Geodetický a kartografický obzor. 50.2004,9, p.179-183, 2 ill. Semantics and standard level of language with cartographic terms. [Czech]. ISSN 0016-7096.

4782
Radouch, Ferdinand; Vanko, Ján: 50 let ústředního úřadu pro obor geodezie a kartografie. In: Geodetický a kartografický obzor. 50.2004,9, p.173-174 50 years of central office for geodesy and cartography. [Czech]. ISSN 0016-7096.

4783
Šrámková, Renáta: Digitálne ortofotomapy slovenskej republiky. In: Kartografické listy. 12.2004, p.114-118, 1 ill. Continuous Orthophotomaps of the Slovak Republic. [Slovak with Engl. rés.].

4784
Timár, Gábor: GIS integration of the second military survey sections – a solution valid on the territory of Slovakia and Hungary. In: Kartografické listy. 12.2004, p.119-126, 2 ill. [Engl. with Slovak rés.].

4785
Vajsáblová, Margita; Fencík, Robert: Analýza výškovej presnosti digitálneho modelu reliéfu územia kočín. In: Kartografické listy. 12.2004, p.13-20, 5 ill., 2 tab. Analysis of the vertical accuracy of digital model of relief of territory Kočín. [Slovak with Engl. rés.].

4786
Vojtičko, Andrej: Realizácia koncepcie tvorby základnej báze ZB GIS v rezorte ÚGKK Slovenskej republiky za roky 2001 až 2005. In: Geodetický a kartografický obzor. 51(93).2005,6-7, p.145-150, 2 tab. Realization of conception of building ZB GIS in the organizations of geodesy, cartography and cadastre authority of the Slovak republic from 2001 to 2005. [Slovak with Engl. rés.]. ISSN 0016-7096.

Slovenia / Slowenien / Slovénie

4787
Breščak, Marko: Izdelava dinamične karte. In: Geodetski vestnik : glasilo Zveze Geodetov Slovenije. 48.2004,2, p.179-187, 3 ill. Dynamic map production. [Sloven. with Engl. rés.]. ISSN 0351-0271.

4788
Drder, Mira Miletić: Kartografska i grafička zbirka Nacionalne i sveučilišne knjižnice u Ljubljani = Map and graphic collection of the National and University Library in Ljubljana. In: Kartografija i geoinformacije : KiG ; znanstveno-stručno-informativni časopis Hrvatskoga kartografskog društva. 3.2004, p.112-115, 6 ill. [Croat. and Engl.]. ISSN 1333-896X.

4789
Košir, Janez: Vzpostavitev evidence bonitete zemljišč v zemljiškem katastru. In: Geodetski vestnik : glasilo Zveze Geodetov Slovenije. 49.2005,2, p.241-253, 3 ill. Establishing the register of land quality within the land cadastre. [Sloven. with Engl. rés.]. ISSN 0351-0271.

4790
Petrovič, Dušan: Kartografija i geoinformacije u Sloveniji = Cartography and geoinformation in Slovenia. In: Kartografija i geoinformacije : KiG ; znanstveno-stručno-informativni časopis Hrvatskoga kartografskog društva. 4.2005, p.16-28, 8 ill., 1 tab. [Croat. and Engl.]. ISSN 1333-896X.

4791
Petrovič, Dušan; Brumec, Miran; Radovan, Dalibor: Geodetski in topografski sistem v prostorskem načrtovanju – od geodetskih podlag do koordinate. In: Geodetski vestnik : glasilo Zveze Geodetov Slovenije. 49.2005,4, p.545-557, 6 ill. Geodetic and topographic system in spatial planning – from geodetic plans to the coordinate. [Sloven. with Engl. rés.]. ISSN 0351-0271.

4792
Šolar, Renata; Radovan, Dalibor: Projekt digitalizacije starih karata slovenskog prostora – u suradnji bibliotekarstvo i geodezija = The project of digitisation of old maps of Slovenian territory – librarianship and geodesy in cooperation. In: Kartografija i geoinformacije : KiG ; znanstveno-stručno-informativni časopis Hrvatskoga kartografskog društva. 3.2004, p.60-66, 3 ill. [Croat. and Engl.]. ISSN 1333-896X.

4793
Triglav, Joc: Podatki geodetske uprave republike slovenije in zemljiške knjige na svetovnem spletu. In: Geodetski vestnik : glasilo Zveze Geodetov Slovenije. 49.2005,1, p.35-54, 14 ill. Electronic access to web data services of Slovenian state surveying service and land registry. [Sloven. with Engl. rés.]. ISSN 0351-0271.

4794
Vrenko, Dunja; Petrovič, Dušan: Izdelava trirazsežnega modela mesta slovenske konjice. In: Geodetski vestnik : glasilo Zveze Geodetov Slovenije. 49.2005,2, p.231-240, 7 ill. Composition of a three-dimensional city model of Slovenske Konjice. [Sloven. with Engl. rés.]. ISSN 0351-0271.

Spain / Spanien / Espagne

4795
Calatrava, Juan; Ruiz Morales, Mario: Los planos de Granada 1500 – 1909 : cartografía urbana e imagen de la ciudad. – Granada: 2005, 153 p., ill., mp. + 1 CD-ROM. (Los libros de la estrella : ciencia y medio ambiente ; 26.2005) The maps of Granada 1500 – 1909 : urban cartography and the image of the city. [Span.]. ISBN 84-7807-397-3; 978-84-7807-397-9.

4796
Catálogo de cartografía histórica de Sevilla : A – L. Ed.: Instituto de Cartografía de Andalucía. – Sevilla: Consejería de Obras Publicas y Transportes 2004, p.1-759, ill. (Catálogo de cartografía histórica de Sevilla) Catalogue of the historic cartography of Seville : A – L. [Span.]. ISBN 84-8095-383-7.

4797
Catálogo de cartografía histórica de Sevilla : Índices. Ed.: Instituto de Cartografía de Andalucía. – Sevilla: Consejería de Obras Publicas y Transportes 2004, p.1567-1888, ill. (Catálogo de cartografía histórica de Sevilla) Catalogue of the historic cartography of Seville : Indexes. [Span.]. ISBN 84-8095-385-3.

4798
Catálogo de cartografía histórica de Sevilla : M – Z. Ed.: Instituto de Cartografía de Andalucía. – Sevilla: Consejería de Obras Publicas y Transportes 2004, p.769-1557, ill. (Catálogo de cartografía histórica de Sevilla) Catalogue of the historic cartography of Seville : M – Z. [Span.]. ISBN 84-8095-384-5.

4799
Catálogo de cartografía histórica de Sevilla. Ed.: Instituto de Cartografía de Andalucía. – Sevilla: Consejería de Obras Publicas y Transportes 2004, Bde 1 – 3. Catalogue of the historic cartography of Seville. [Span.]. ISBN 84-8095-382-9.

4800
Chueca Pazos, Manuel: Ingeniería en geomática y topografía : proyectos de futuro y convergencia Europea. In: Topografía y cartografía : TOPCART ; revista del Colegio Oficial de Ingenieros Técnicos en Topografía. 21.2004,125, p.54-63, 5 ill. Engineering in geomatics and topography : projects of the future and European convergence. [Span.]. ISSN 0212-9280.

4801
Cuadrado, Óscar; Asenjo, Luis García; Hernández, David; Nuñez, Alfonso: Planificación y ejecución de redes de control de calidad en procesos cartográficos : el proyecto RGPA en el Principado de Asturias. In: Topografía y cartografía : TOPCART ; revista del Colegio Oficial de Ingenieros Técnicos en Topografía. 21.2004,125, p.42-52, 4 ill., 4 tab. Planning and realization of quality control in cartographic procedures : the project RGPA in the Principality of Asturias. [Span.]. ISSN 0212-9280.

4802
Hernando, Agustín: Sensibilidad territorial, imaginación geográfica y representación : el atlas geográfico de España (1804) producido por Tomás López. In: El atlas geográfico de España (1804) = Atlas geográfico de España, que comprende el mapa general del Reyno y los particulares de sus provincias. Ed.: España / Ministerio de Fomento. – Madrid: España / Ministerio de Fomento 2005, p.9-69, ill. Territorial sensitivity, geographical imagination and representation : the geographic atlas of Spain (1804) produced for Tomás López.

4803
Imago Cataloniae : mapes de Cataluña, huellas de la historia = Imago Cataloniae : maps of Catalonia, the imprint of history. Ed.: Generalitat de Catalunya. – Barcelona: Generalitat de Catalunya 2005. [Span. and Engl.]. [Literaturverz. S. 281] ISBN 84-393-6950-6; 84-97852-25-7.

4804
Lilje, Boo G.: La enseñanza de la topografía en el Instituto Técnico de Lun (Suecia). In: Topografía y cartografía : TOPCART ; revista del Colegio Oficial de Ingenieros Técnicos en Topografía. 22.2005,129, p.48-55, 5 ill. Topographic education at the Institut of Technics at Lund (Sweden). [Span. with Engl. rés.]. ISSN 0212-9280.

4805
Mapa agrológico : capacidad agrológica de las tierras de la Comunidad de Madrid. Ed.: Dirección General de Urbanismo y Planificación Regional. – Madrid: Dirección General de Urbanismo y Planificación Regional 2005, 81 p., 3 ill., 14 tab. [Span.]. ISBN 84-451-2759-4.

4806
Montaner, Maria Carme: Cartografia de la província de Barcelona : 1833 – 2000. Ed.: *Diputació de Barcelona, Xarxa de Municipis. – Barcelona: *Diputació de Barcelona, Xarxa de Municipis 2003, 179 p., ill., mp. Cartography of the province of Barcelona. [Catalan]. [Includes bibliographical references and index] ISBN 84-7794-874-7.

4807
Pinyana i Gari, Maria Carme: Cartografia històrica de la Corona d'Aragó : segles XVI a XVIII ; collecció de la Universitat Jaume I. – Castello: 2005, 219 p., mp. Historical cartography of Aragón : XVI to XVIII century ; collection of the University Jaume I. [Span.]. ISBN 84-8021-539-9; 978-84-8021-539-8.

4808
Ruiz Lendínez, Juan José; Blázques Parra, Elidia Beatriz: Gestión del Inventario de Bienes Inmuebles del Estado : aportación de las bases de datos catastrales. In: Topografía y cartografía : TOPCART ; revista del Colegio Oficial de Ingenieros Técnicos en Topografía. 22.2005,131, p.49-53,1 ill. Management of the State Property Inventary: contribution of cadastrial databases. [Span. with Engl. rés.]. ISSN 0212-9280.

4809
Ruiz Morales, Mario: El mejor cartógrafo andalusí y su paradójica descripción de Granada. In: Topografía y cartografía : TOPCART ; revista del Colegio Oficial de Ingenieros Técnicos en Topografía. 21.2004,125, p.39-41, 3 ill. The best Andalus cartographer and his paradoxical description of Granada. [Span.]. ISSN 0212-9280.

4810
Ruiz Morales, Mario: Laussedat y la Academia de Ciencias de España (I). In: Topografía y cartografía : TOPCART ; revista del Colegio Oficial de Ingenieros Técnicos en Topografía. 22.2005,128, p.27-34, 8 ill. Laussedat and the Spanish Academy of Science. [Span.]. ISSN 0212-9280.

4811
Ruiz Morales, Mario: Laussedat y la Academia de Ciencias de España (y II). In: Topografía y cartografía : TOPCART ; revista del Colegio Oficial de Ingenieros Técnicos en Topografía. 22.2005,129, p.29-47, 3 tab. Laussedat and the Spanish Academy of Science. [Span.]. ISSN 0212-9280.

4812
Ruiz Morales, Mario; Ruiz Bustos, Mónica: Jorge Juan y sus proyectos para un mapa de España. Ed.: Universidad <Granada>. – Granada: Universidad <Granada> 2005, 136 p., ill. (Monográfica : Biblioteca de humanidades ; Chrónica nova de estudios históricos ; 91) Jorge Juan and his plans for a map of Spain. [Span. and Engl.]. ISBN 84-338-3506-8.

4813
VIII Congreso Nacional de Topografía y Cartografía TOP-CART 2004. In: Topografía y cartografía : TOPCART ; revista del Colegio Oficial de Ingenieros Técnicos en Topografía. 22.2005,126, p.32-33 VIII National Congress of Topography and Cartography TOP-CART. [Span.]. ISSN 0212-9280.

4814
VIII Congreso Nacional de topografía y cartografía : TOP-CART 2004. In: Topografía y cartografía : TOPCART ; revista del Colegio Oficial de Ingenieros Técnicos en Topografía. 21.2004,125, p.3-17, ill. ISSN 0212-9280.

Sweden / Schweden / Suède

4815
Allvar, Torsten: WX-banken ett steg mot framtida samverkan = WX-databases a step towards future cooperation. In: Kart & bildteknik : mapping and image science. 19.2004,1, p.22-25, 2 ill. [Swed.]. ISSN 1651-792X.

4816
Almqvist, Allan: Övergång till nationellt referenssystem för Malmö. In: Kart & bildteknik : mapping and image science. 20.2005,1, p.22-24, 2 ill. Transition to a national reference system for Malmö. [Swed.]. ISSN 1651-792X.

4817
Bergqvist, Rickard; Tornberg, Jonas: GIS for describing and analysing regional logistics systems. In: Kart & bildteknik : mapping and image science. 20.2005,2, Beil., p.61-68, 7 ill. ISSN 1651-792X.

4818
Dahlberg, Mats: Proffsteknik för räddningstjänsten. In: Nya lantmätaren. 2005,9, p.4-5, 2 ill. [Swed.].

4819
Ehrensvärd, Ulla: Jordeböcker på franska. In: Kart & bildteknik : mapping and image science. 19.2004,1, p.26-27 Jordeböcker (land register) in France. [Swed.]. ISSN 1651-792X.

4820
Elg, Margareta: En enkät om katografiutbildning. In: Kart & bildteknik : mapping and image science. 19.2004,3, p.18-20, 4 ill. A survey on cartography instruction. [Swed.]. ISSN 1651-792X.

4821
Engberg, Lars E.; Persson, Inger: Nytt indexsystem och bladindelning. In: Nya lantmätaren. 2005,4, p.14-16, 7 ill., 3 tab. New index and sheet system. [Swed.].

4822
Engberg, Lars E.; Persson, Inger: Nytt indexsystem och ny bladindelning. In: Kart & bildteknik : mapping and image science. 20.2005,1, p.7-9, 7 ill. Useful index system and new sheet division. [Swed.]. ISSN 1651-792X.

4823
Enhörning, Gunilla: The extension of Göteborg according to town plans 1866 – ca. 1920: the case of the Landeris. In: Kart & bildteknik : mapping and image science. 20.2005,2, Beil., p.48-60, 32 ill. ISSN 1651-792X.

4824
Grånäs, Karin: Tio frågor till Kartografiska Sällskapets nya ordförande. In: Kart & bildteknik : mapping and image science. 19.2004,2, p.12-13, 2 ill. Ten questions to the new president of the Swedish Cartographic Society. [Swed.]. ISSN 1651-792X.

4825
Käck, Bengt Olof: Halmstad 1696. In: Nya lantmätaren. 2005,5, p.13, 1 mp. [Swed.].

4826
Käck, Bengt Olof: Månadens karta : Baggårds by i Nordmalings socken. In: Nya lantmätaren. 2005,4, p.7, 2 ill. [Swed.].

4827
Lindberg, Fredrik: Towards the use of local governmental 3-D data within urban climatology studies. In: Kart & bildteknik : mapping and image science. 20.2005,2, Beil., p.32-37, 6 ill. ISSN 1651-792X.

4828
Lindblad, Per: Digital registerkarta – den fulländade approximationen eller bara en grov modell av verkligheten?. In: Kart & bildteknik : mapping and image science. 19.2004,3, p.10-13, 2 ill. Digital register map – the realisation of an estimation or only one rough model of reality. [Swed.]. ISSN 1651-792X.

4829
Niklasson, Henrik: Unik kartskatt på Internet. In: Nya lantmätaren. 2004,10, p.6-7, 2 mp. Unique map treasure in the Internet. [Swed.].

4830
Ottoson, Lars: Den svenska topografiska kartläggningen 200 år. In: Kart & bildteknik : mapping and image science. 20.2005,2, p.14-16, 4 ill. 200 years of Swedish topographic survey. [Swed.]. ISSN 1651-792X.

4831
Ottoson, Patrik: Medlemmarnas åsikter om Kartografiska Sällskapet. In: Kart & bildteknik : mapping and image science. 20.1005,2, p.20-22, ill. Membership opinion survey about Kartografiska Sällskapet. [Swed.]. ISSN 1651-792X.

4832
Samuelsson, Göran: Det svenska Lantmäteriets digitala arkiv. In: Kart & bildteknik : mapping and image science. 19.2004,4, p.6-10, 7 ill. The Swedish land survey's digital archive. [Swed.]. ISSN 1651-792X.

4833
Samuelsson, Lisa: Enkel GIS-användning har fått fäste. In: Nya lantmätaren. 2005,7, p.6-7, 3 ill. [Swed.].

4834
Svedjemo, Gustav; Jungert, Erland: Ontology over the historical maps of Gotland 1693-1705. In: ScanGIS'2005 – Proceedings of the 10th Scandinavian Research Conference on Geographical Information Science, Stockholm, Sweden, 13-15 June 2005. Ed.: Tveite, Håvard; Hauska, Hans. Kungliga Tekniska Högskolan : KTH 2005, p.17-30, 5 ill., 3 tab.

4835
Thuvander, Liane; Tornberg, Jonas: Visualisering av byggnadsrelaterad energianvändning. In: Kart & bildteknik : mapping and image science. 20.2005,2, Beil., p.38-47, 7 ill. Visualization of building related energy use. [Swed.]. ISSN 1651-792X.

4836
Tobé, Erik: Perfekt karta med enkla metoder. In: Kart & bildteknik : mapping and image science. 19.2004,2, p.14, 1 ill. Perfect map with a clear method. [Swed.]. ISSN 1651-792X.

4837
Tollin, Clas: Geometrisk jordebok P2 över Gudhems härad. In: Kart & bildteknik : mapping and image science. 19.2004,2, p.26-28, 3 ill. Geometric land register P2 regarding Gudhem. [Swed.]. ISSN 1651-792X.

4838
Zölitz-Möller, Reinhard: Die Schwedische Landesaufnahme von Vorpommern 1692-1709 : herausragendes Katasterwerk und Quelle für die Kulturlandschaftsforschung in einem peripheren Raum. In: Siedlungsforschung : Archäologie, Geschichte, Geographie. 22.2004, p.145-158. ISSN 0175-0046.

Switzerland / Schweiz / Suisse

4839
Aliprandi, Giorgio; Aliprandi, Laura: Storia della cartografia alpina. – Torino: Priuli & Verlucca 2005, 359 p., ill., mp. – Nuova ed. ampliata. (Le grandi Alpi nella cartografia : 1482 – 1885) The history of the alpine cartography. [Ital.]. ISBN 88-8068-278-4; 978-88-8068-278-3.

4840
Altermatt, Urs: Johann Baptist Altermatt und seine Carte topographique du Canton de Soleure 1795-1798 = Carte topographique du Canton de Soleure faite en 1796, 97 et 1798. Ed.: Stüdeli, Hugo. – Solothurn: Selbstverl. 2005, 72 p., 1 mp. auf 4 Bl. – Normalausg., Faks.-Ausg. von 1798. [Orig.-Vorlage: kolor. Handzeichn., Staatsarchiv Solothurn] ISBN 3-03-300547-0.

4841
Axhausen, Kay W.: Zeitkarten der Schweiz : 1950-2000. Ed.: Hurni, Lorenz. – Zürich: Technische Hochschule Zürich 2005, 71 p., ill., mp. ISBN 3-906441-09-1.

4842
Cavelti Hammer, Madlena: Les monuments suisses sous le consulat et l'Empire figurant sur les cartes et les plans. In: Waterloo : monuments et représentations de mémoires européennes (1792-2001) : actes du colloque international de Louvain-la-Neuve, organisé par l'Association Franco-Européenne de Waterloo le 20 octobre 2001. – Louvain-la-Neuve: Association Franco-Européenne de Waterloo 2003, p.115-126, 1 portr., 2 ill.

4843
Dictionnaire toponymique des communes suisses : DTS = Lexikon der schweizerischen Gemeindenamen. Ed.: Huber [u.a.]. Centre de Dialectologie, Université de Neuchâtel.Réd. Florence Cattin...Documentation Dorothée Aquino-Weber... Huber [u.a.] 2005, 1102 p., ill. [Germ., French and Ital.]. [Literaturverz. p.1041-1085].

4844
Egli, Hans-Rudolf ; Flury, Philipp; Frey, Thomas; Schiedt, Hans-Ulrich: GIS-Dufour in der Schweiz : System verwaltet 250 Jahre alte Raum- und Verkehrsdaten. In: GeoBit : Geoinformationstechnologie für die Praxis. 2005,10, p.34-35, 2 ill. ISSN 1430-3663.

4845
Egli, Hans-Rudolf; Flury, Philipp; Frey, Thomas; Schiedt, Hans-Ulrich: GIS-Dufour – Verkehrs- und Raumanalyse auf historischer Grundlage. In: Geomatik Schweiz : Geoinformation und Landmanagement. 103.2005,5, p.246-249, 3 ill. ISSN 0252-9424; 1660-4458.

4846
Egli, Markus; Margreth, Michael; Vökt, Urs; Fitze, Peter; Tognina, Gianfranco; Keller, Felix: Modellierung von Bodentypen und Bodeneigenschaften im Oberengadin (Schweiz) mit Hilfe eines Geographischen Informationssystems (GIS). In: Geographica Helvetica : schweizerische Zeitschrift für Geographie. 60.2005,2, p.87-96, 3 ill., 5 tab. ISSN 0016-7312.

4847
Egli, Markus; Margreth, Michael; Völkt, Urs; Keller, Felix: Bodenmodellierung mit GIS im hochalpinen Raum. In: Geomatik Schweiz : Geoinformation und Landmanagement. 103.2005,8, p.458-462, 2 ill., 2 tab. ISSN 0252-9424; 1660-4458.

4848
Feldmann, Hans-Uli: Der Topograph Charles Jacot-Guillarmod (1868 – 1925): einer der Pioniere der Schweizer Felddarstellung. In: Cartographica Helvetica : Fachzeitschrift für Kartengeschichte. 2005,31, p.3-13, 14 ill., 1 portr. ISSN 1015-8480.

4849
Flury, Philipp: Verkehrssystem und Raumentwicklung in der Schweiz zwischen 1750 und 1910 : digitale Erfassung und Analyse auf der Grundlage von Kartenwerken des 19. Jahrhunderts. In: Kulturlandschaft digital : Forschung und Anwendung ; 15. Fachtagung des Umweltamtes (Landschaftsverband Rheinland) ; 11. Jahrestagung der Arbeitsgruppe Angewandte Historische Geographie (Arbeitskreis für Historische Kulturlandschaftsforschung ARKUM), 2. bis 5. März 2005 in Aachen ; Tagungsdokumentation. Ed.: Rheinland / Umweltamt. – Köln: Rheinland / Umweltamt 2005, p.165-170, 3 ill. (Kulturlandschaft : Zeitschrift für angewandte historische Geographie ; 15.2005).

4850
Fornefeld, Martin; Oefinger, Peter: Verrechnungsmodelle für Geo-Webdienste : ein Beitrag für den Aufbau einer Geodateninfrastruktur in der Schweiz im Auftrag des Bundesamtes für Landestopographie (swisstopo) und der Koordination der Geoinformation und Geografischen Informationssysteme (KOGIS). – Düsseldorf: 2005, 27 p., ill. (Zeitschrift für deutsches Altertum und deutsche Literatur : ZfdA ; 135.2006,4).

4851
Fotopoulos, G.; Sideris, M.G.: Spatial modeling and analysis of adjusted residuals over a network of GPS-levelling benchmarks. In: Geomatica. 59.2005,3, p.251-262, 10 ill., 3 tab. ISSN 1195-1036.

4852
Ginzler, Christian; Mathys, Lukas; Wicki, Patrick: Luftbildeinsatz im dritten Landesforstinventar der Schweiz. In: Mitteilungen des DVW-Bayern e.V. 57.2005,4, p.495-505, 5 ill. ISSN 0723-6336.

4853
Ginzler, Christian; Mathys, Lukas; Wicki, Patrick: Luftbildeinsatz im dritten Landesforstinventar der Schweiz. In: DVW Bayern. Mitteilungsblatt. 57.2005,4, p.495-555, 5 ill., 2 tab.

4854
Graeff, Bastian; Schneeberger, Rudolf: E-Government-gerechte GIS-Infrastrukturen für Gemeinden : ein Plädoyer für mehr Kooperation. In: Geomatik Schweiz : Geoinformation und Landmanagement. 103.2005,5, p.236-239, 6 ill. ISSN 0252-9424; 1660-4458.

4855
Gubler, Erich: Geoinformationen als Bestandteil von E-Government. In: Geomatik Schweiz : Geoinformation und Landmanagement. 103.2005,5, p.225-228, 5 ill. ISSN 0252-9424; 1660-4458.

4856
Hesche, Jens: Eisenbahnkarten deutschsprachiger Länder (Deutschland, Österreich, Schweiz). 2005, 1. Band: XXV, 399 p., 97 tab.; 2. Band: Kartenkatalog: XIX, 513 p.; 3. Band XIX, 9 p., 278 ill., 4 mp. [Besteht aus 3 Bänden; Diss. Univ. Wien].

4857
Hofer, Lorenz: Sprachliche und politische Grenzen im (ehemaligen) Dialektkontinuum des Alemannischen am Beispiel der trinationalen Region Basel (Schweiz) in Karten von SprecherInnen. In: Linguistik online. 20.2004, 17 ill. ISSN 1615-3014.

4858
Koller-Weiss, Katharina: Aegidius Tschudis grosse Manuskriptkarte des schweizerischen Raums und der angrenzenden Gebiete, um 1565. In: Cartographica Helvetica : Fachzeitschrift für Kartengeschichte. 2005,32, p.3-16, 7 ill., 1 portr. ISSN 1015-8480.

4859
Meier, Walter: 10 Jahre 3D-Stadtmodell Kanton Basel-Stadt. In: Geomatik Schweiz : Geoinformation und Landmanagement. 103.2005,6, p.348-350, 1 ill. ISSN 0252-9424; 1660-4458.

4860
Meyer, Werner: Amtliche Statistik – bessere thematische Karten dank geostatistischen Verfahren (Kriging). In: Angewandte Geoinformatik 2005 : Beiträge zum 17. AGIT-Symposium Salzburg. Ed.: Strobl, Josef; Blaschke, Thomas; Griesebner, Gerald. – Heidelberg: Herbert-Wichmann-Verlag 2005, p.437-446, 6 ill., 1 tab.

4861
Niederöst, Jana: Das Relief der Urschweiz von Ludwig Pfyffer (1716-1802) : 3D-Rekonstruktion, Analyse und Interpretation. Ed.: Institut für Geodäsie und Photogrammetrie <Zürich>. – Zürich: Institut für Geodäsie und Photogrammetrie <Zürich> 2005, 211 p., ill., mp. (Mitteilungen / Institut für Geodäsie und Photogrammetrie an der Eidgenössischen Technischen Hochschule Zürich ; 89). [Zugl.: Zürich, Techn. Hochsch., Diss., 2005] ISBN 3-906467-56-2.

4862
Plann und Grundriß vom gantzen Deßenberg und angrentzenden Landschafften auff demselben : gezeichnet von Samuel Bodmer, 1709. In: Schriftenreihe Verein Bielerseeschutz VBS. 14.2005, 8 p., 6 ill.

4863
Schiedt, Hans-Ulrich: Die Karte der Schweiz von Joseph Edmund Woerl, 1835/36. In: Cartographica Helvetica : Fachzeitschrift für Kartengeschichte. 2005,32, p.33-39, 6 ill. ISSN 1015-8480.

4864
Schmidt, Frank: Dreidimensionale Sohlmodelle : Dokumentation der Fliessgewässer im Tiefbauamt des Kantons Basel-Stadt ; optimierte Nutzung flächenhafter Peildaten am Beispiel der Rheinsohle. In: Geomatik Schweiz : Geoinformation und Landmanagement. 103.2005,6, p.358-359, 2 ill. ISSN 0252-9424; 1660-4458.

4865
Sieber, René; Hurni, Lorenz: Atlas der Schweiz 2. In: Geomatik Schweiz : Geoinformation und Landmanagement. 103.2005,1, p.26-29, 4 ill. ISSN 0252-9424; 1660-4458.

4866
Vischer, Daniel; Feldmann, Hans-Uli: Die erste Juragewässerkorrektion, 1868-1891. In: Cartographica Helvetica : Fachzeitschrift für Kartengeschichte. 2005,32, p.17-32, 17 ill., 1 portr. ISSN 1015-8480.

Turkey / Türkei / Turquie

4867
Ulugtekin, Necla: GIS eLearning experiences in Turkey. In: Photogrammetric Week '05 : [papers of the 50th Photogrammetric Week, Stuttgart (September 5 to 9, 2005)]. Ed.: Fritsch, Dieter. – Heidelberg: Herbert-Wichmann-Verlag 2005, p.303-319.

Ukraine / Ukraine / Ukraine

4868
Sossa, Rostyslav Ivanovyč: Kartohrafuvannja terytoriï Ukraïny : istorija, perspektyvy, naukovi osnovy. – Kyïv: Naukova dumka 2005, 290 p., 76 ill., 14 tab. ISBN 966-00-0455-9.

4869
Wytyczak, Roman: Mapa Śląska M. Quada z XVI w., księstwa cieszy T.C. Lottera z XVIII w. i Ukrainy wedł W. Beauplana z XVII stulecia – nowe nabytki gabinetu kartografii Ossolineum = Die Karte Schlesiens von M. Quos aus dem 16. Jahrhundert, des Herzogtums Teschen von T.C. Lotter aus dem 18. Jahrhundert und der Ukraine von W. Beauplan aus dem 17. Jahrhundert – Neuerwertb des Kartographiekabinetts des Ossolineums. In: Czasopismo Zakladu Narodowego Imienia Ossolińskich. 13.2002, p.177-187, 6 ill. [Pol. with Germ. rés.]. ISSN 1230-221X.

h. Polar Regions
Polargebiete
Les régions polaires

Antarctica / Antarktis / Antarctique

4870
Baulch, Samantha; MacDonald, Ronald: Cybercartography for education : the case of the Cybercartographic Atlas of Antarctica. – 1. ed. In: Cybercartography : theory and practice. Ed.: Taylor, David Ruxton Fraser. – Amsterdam: Elsevier Science 2005, p.491-515, 3 ill., 3 tab. (Modern cartography ; 4).

4871
Karstkarel, Nanka: Changes in shelf ice extent in West Antarctica between 1840 and 1960 : analysing historical maps in a Geographical Information System. Ed.: Arctisch Centrum <Groningen>. – Groningen: Arctisch Centrum <Groningen> 2005, X, 170 p., ill., mp. (Circumpolar studies ; 3). [Zugl.: @Groningen, Univ., Diss., 2005] ISBN 90-77922-04-0.

4872
Pulsifer, Peter L.; Parush, Avi: The development of the Cybercartographic Atlas of Antarctica. – 1. ed. In: Cybercartography : theory and practice. Ed.: Taylor, David Ruxton Fraser. – Amsterdam: Elsevier Science 2005, p.461-490, 14 ill. (Modern cartography ; 4).

4873
Zhou, Chunxia; E, Dongchen; Liao, Mingshen: Feasibility of InSAR application to antarctic mapping. In: Geomatics and information science of Wuhan University. 29.2004,7, p.619-623, 8 ill., 2 tab. [Chin. with Engl. rés.]. ISSN 1671-8860; 1000-050X.

i. Outer Space
Weltraum
L'espace cosmique

4874
Attwenger, Maria; Neukum, Gerhard: Klassifikation von HRSC-Objektpunkten zur Generierung hochwertiger Geländemodelle der Marsoberfläche. In: Photogrammetrie, Fernerkundung, Geoinformation : PFG ; Organ der Deutschen Gesellschaft für Photogrammetrie und Fernerkundung e.V. 2005,5, p.395-402, 7 ill. ISSN 1432-8364.

4875
Buchroithner, Manfred F.; Gründemann, Thomas; Habermann, Klaus; Neukum, Gerhard: Multitemporale und großformatige Echt-3D-Hartkopien der Marsoberfläche. In: Photogrammetrie, Fernerkundung, Geoinformation : PFG ; Organ der Deutschen Gesellschaft für Photogrammetrie und Fernerkundung e.V. 2005,5, p.429-434, 5 ill., 1 tab. ISSN 1432-8364.

4876
Čekada, Mihaela Triglav: Uporaba klinometrije za izdelavo digitalnih modelov reliefov planetov. In: Geodetski vestnik : glasilo Zveze Geodetov Slovenije. 48.2004,3, p.340-350, 2 ill. The production of digital elevation models of planets with an emphasis on clinometry. [Sloven. with Engl. rés.]. ISSN 0351-0271.

4877
Dorrer, Egon; Mayer, Helmut; Haase, Yvonne; Ostrovskiy, Alexey; Renter, Jörg; Rentsch, Matthias; Reznik, Sergiy; Neukum, Gerhard: Verbesserung räumlicher Daten durch "Shape-from-Shading". In: Photogrammetrie, Fernerkundung, Geoinformation : PFG ; Organ der Deutschen Gesellschaft für Photogrammetrie und Fernerkundung e.V. 2005,5, p.403-408, 2 ill. ISSN 1432-8364.

4878
Gehrke, Stephan; Neukum, Gerhard: Das kartographische Softwarepaket Planetary Image Mapper (PIMap). In: Photogrammetrie, Fernerkundung, Geoinformation : PFG ; Organ der Deutschen Gesellschaft für Photogrammetrie und Fernerkundung e.V. 2005,5, p.417-422, 4 ill. ISSN 1432-8364.

4879
Giese, Bernd; Oberst, Jürgen; Scholten, Frank; Hoffmann, Harald; Spiegel, Michael; Neukum, Gerhard: Ein hoch auflösendes digitales Oberflächenmodell des Marsmondes Phobos. In: Photogrammetrie, Fernerkundung, Geoinformation : PFG ; Organ der Deutschen Gesellschaft für Photogrammetrie und Fernerkundung e.V. 2005,5, p.435-440, 3 ill. ISSN 1432-8364.

4880
Newig, Jürgen: A new tellurium utilising parallel light. In: Globe studies : the journal of the International Coronelli Society ; English version of Der Globusfreund. 51/52.2003/04, p.127-132, 1 ill. [Engl. with French rés.].

4881
Newig, Jürgen: Ein neues Tellurium mit gerichtetem Licht. In: Der Globusfreund : wissenschaftliche Zeitschrift für Globenkunde. 51/52.2003/04, p.133-138, 1 ill. [German with Engl. rés.]. ISSN 0436-0664.

Mars / Mars / Mars

4882
Dorninger, Peter: Methoden zur Analyse und Visualisierung der Topographie am Beispiel des Planeten Mars. In: VGI : österreichische Zeitschrift für Vermessung & Geoinformation. 93.2005,2, p.59-71, 11 ill. ISSN 0029-9650.

4883
Dorninger, Peter; Neukum, Gerhard: Das "Topographische Mars Informationssystem" (TMIS): Konzept und Realisierung eines Systems zur Verwaltung planetenweiter Bild- und Topographiedaten. In: Photogrammetrie, Fernerkundung, Geoinformation : PFG ; Organ der Deutschen Gesellschaft für Photogrammetrie und Fernerkundung e.V. 2005,5, p.409-415, 2 ill., 3 tab. ISSN 1432-8364.

4884
Eyton, J. Ronald: Unusual displays of DEMs. In: Cartographic perspectives : journal of the North American Cartographic Information Society. 50.2005, p.7-23, 12 ill. ISSN 1048-9053.

4885
Gwinner, Klaus; Scholten, Frank; Giese, Bernd; Oberst, Jürgen; Jaumann, Ralf; Spiegel, Michael; Schmidt, Ralph; Neukum, Gerhard: Hochauflösende digitale Geländemodelle auf der Grundlage von Mars Express HRSC-Daten. In: Photogrammetrie, Fernerkundung, Geoinformation : PFG ; Organ der Deutschen Gesellschaft für Photogrammetrie und Fernerkundung e.V. 2005,5, p.387-394, 7 ill., 2 tab. ISSN 1432-8364.

4886
Heipke, Christian; Albertz, Jörg; Attwenger, Maria; Gehrke, Stephan; Lehmann, Hartmut; Neukum, Gerhard: HRSC auf Mars Express : photogrammetrische und kartographische Auswertungen. In: ZfV : Zeitschrift für Geodäsie, Geoinformation und Landmanagement. 130.2005,6, p.379-386, 11 ill., 1 tab. ISSN 1618-8950.

4887
Ládai, András Dénes; Barsi, Arpád; Le Mouelic, Stéphane; Sotin, Christophe; Combe, Jean-Philippe: A Mars felszínének kőzettani vizsgálata hiperspektrális felvételek alapján. In: Geodézia és kartográfia. 57.2005,7, p.14-18, 10 ill. Geological investigations of the Mars surface with hyperspectral image processing. [Hung. with French rés.]. ISSN 0016-7118.

4888
Lehmann, Hartmut; Gehrke, Stephan; Albertz, Jörg; Wählisch, Marita; Neukum, Gerhard: Großmaßstäbige topographische und thematische Mars-Karten. In: Photogrammetrie, Fernerkundung, Geoinformation : PFG ; Organ der Deutschen Gesellschaft für Photogrammetrie und Fernerkundung e.V. 2005,5, p.423-428, 2 ill. ISSN 1432-8364.

4889
Scholten, Frank; Roatsch, Thomas; Gwinner, Klaus; Matz, Klaus-Dieter; Mertens, Volker; Flohrer, Joachim; Wählisch, Marita; Giese, Bernd; Pischel, René; Oberst, Jürgen; Jaumann, Ralf; Neukum, Gerhard: Von Rohdaten aus dem Mars Express Orbit zu Digitalen Geländemodellen und Orthobildern : operationelle Verarbeitung von HRSC Daten. In: Photogrammetrie, Fernerkundung, Geoinformation : PFG ; Organ der Deutschen Gesellschaft für Photogrammetrie und Fernerkundung e.V. 2005,5, p.365-372, 6 ill., 2 tab. ISSN 1432-8364.

Index of Authors
Autorenregister
Liste des Auteurs

Bei Fragen zur Produktsicherheit wenden Sie sich bitte an:
If you have any questions regarding product safety,
please contact:

Walter de Gruyter GmbH
Genthiner Straße 13
10785 Berlin
productsafety@degruyterbrill.com